Sabine Kuban

Frühe Eisenbetonkonstruktionen in Berlin 1880–1918

Fraunhofer IRB ■ Verlag

Impressum

Bibliografische Information der Deutschen Nationalbibliothek:
Die Deutsche Nationalbibliothek verzeichnet diese Publikation in der Deutschen Nationalbibliografie; detaillierte bibliografische Daten sind im Internet über www.dnb.de abrufbar.

ISBN (Print): 978-3-7388-0716-5
ISBN (E-Book): 978-3-7388-0717-2

Text und Inhalt: Sabine Kuban
Lektorat: Marie Anderson
Umschlaggestaltung: Anke Thomas, Büro für Gestaltung, Berlin
Druck: BoD – Books on Demand, Norderstedt

Zugl.: Diss., BTU Cottbus-Senftenberg, 2019

Titelbild: O. A. (1914), Die Anwendung des Eisenbetons beim Neubau des Aquariums im Zoologischen Garten zu Berlin. In: Beton und Eisen, Jahrgang 13 (Heft 7) 1914, S. 168.
Bilder auf der Buchrückseite: Büroalltag in der Firmenzentrale von Hennebique aus: Q., L. (1912), Les Transformations des Buréaux de la Maison HENNEBIQUE à Paris. In: Le Béton Armé, Jahrgang 15, (Heft 172), S. 133 | Firmenwerbung aus: Lolat Eisenbeton [Hrsg.] (1904) Lolat-Eisenbeton. 4. Aufl. Berlin, S. 1 | Fassadenansicht Geschäftshaus Lembke aus: Mecenseffy, Emil von (1922), Die künstlerische Gestaltung der Eisenbetonbauten. 3. neubearb. Aufl. Wilhelm Ernst & Sohn Verlag (Handbuch für Eisenbetonbau, 10), Berlin, S. 82 | Bewehrungsplan einer Hallenrahmenkonstruktion aus: Szalla (1910), Fahrzeugdepot „Persiusstraße“ Berlin. In: Beton und Eisen Jahrgang 9 (Heft 3), Tafel III | Baustelleneinblick bei der Herstellung einer Fundamentplatte aus: Kaufmann, G. (1914), Neuere Ausführungen der Bulbeisendecke im Hochbau und Ingenieurbauwesen. In: Beton und Eisen, Jahrgang 13 (Heft 2) 1914, S. 31.

Fraunhofer-Informationszentrum Raum und Bau IRB
Nobelstraße 12, 70569 Stuttgart
Telefon +49 711 970-2500
Telefax +49 711 970-2508
irb@irb.fraunhofer.de
www.baufachinformation.de

Frühe Eisenbetonkonstruktionen in Berlin, 1880–1918

Frühe Eisenbetonkonstruktionen in Berlin, 1880–1918

Von der Fakultät für Architektur, Bauingenieurwesen und Stadtplanung
der Brandenburgischen Technischen Universität Cottbus-Senftenberg
zur Erlangung des akademischen Grades eines
Doktor der Ingenieurwissenschaften genehmigte Dissertation

vorgelegt von
Diplom-Ingenieurin (FH) M. Eng.
Sabine Kuban

aus Potsdam

Gutachter: Prof. Dr.-Ing. Werner Lorenz
Gutachter: Prof. Dr.-Ing. Klaus Rheidt
Gutachter: Prof. Dr. phil. Andreas Kahlow

Tag der Disputation: 11.06.2019

„Die Charaktereigenschaften – Mut, Ehrlichkeit, Liebe und Respekt vor der angenommenen Aufgabe sind unendlich mehr notwendig für den Ingenieur als die Intelligenz, die als ein Werkzeug der Moral zu Diensten steht.“[1]

[1] Frei übersetzt nach Eugène Freyssinet, in Marrey (2000), S. 100.

Kurzfassung

Die Entwicklung von Eisen- bzw. Stahlbeton nimmt ihren Anfang mit der industriellen Herstellung hochwertiger Zemente und hochwertiger eiserner Bewehrung im 19. Jahrhundert. Basierend auf einem französischen Patent kann der Beginn für das Bauen mit Eisenbeton in Deutschland auf das Jahr 1880 datiert werden.

Durch eine private Initiative gelangte die Idee 1886 nach Berlin, in die Stadt, die zu dieser Zeit vielmehr für kühne und imposante Eisenkonstruktionen bekannt war. Die Zeit um die Jahrhundertwende war geprägt von einem gesellschaftlichen Umbruch durch die Industrialisierung und durch die politischen Veränderungen, die 1871 mit der deutschen Reichseinigung einhergingen.

Die vorliegende Arbeit konzentriert sich auf Berlin und seine nähere Umgebung entsprechend den Grenzen von 1920 in der Zeit zwischen 1880 und 1918. Die Eingrenzung auf den städtischen Kontext erlaubt eine detaillierte Auseinandersetzung mit den Veränderungen einer lokal eingegrenzten Bauindustrie durch die Einführung einer neuen Bauweise.

Einführend werden einige der Randbedingungen, welche die Einführung des Bauens mit Eisenbeton begleiteten und prägten, erläutert. Darunter findet sich auch eine ausführliche Auseinandersetzung mit der Entwicklung lokaler Bauunternehmen, die mit Eisenbeton gebaut haben. Im Fokus der Untersuchung stehen die realisierten Konstruktionen. Basierend auf einer umfangreichen Quellenrecherche wird eine signifikante Anzahl von in Berlin gebauten Tragwerken genauer untersucht. Mit dem Schwerpunkt auf den ingenieurtechnischen Anforderungen und Tragwerkslösungen werden die Tragwerke in sechs Kategorien unterschieden. Dies ermöglicht einerseits eine detaillierte Betrachtung der Entwicklung innerhalb einer Tragwerkskategorie und andererseits, auch übergreifende Einflüsse und gegenseitige Beförderungen genauer zu analysieren. Im Ergebnis bewertet die vorliegende Studie die Ereignisse in Berlin im Vergleich mit anderen Städten.

Die Existenz und Beschaffenheit historischer Tragwerke – nicht nur in Berlin – erfordert eine genaue Kenntnis ihrer Geschichte, um einen substanzschonenden und nachhaltigen Umgang mit ihnen pflegen zu können. So werden auch einige der Bauwerke der Fallstudien gerade umgebaut oder erweitert. Die Arbeit dokumentiert in diesem Sinne interessante Tragwerke mit ihren besonderen Ausführungslösungen und eröffnet die Gelegenheit, sich auch über Berlin hinaus detailliert mit den Anfängen des Stahlbetonbaus auseinanderzusetzen.

Abstract

The development of reinforced concrete began with the industrial production of high-quality cements and iron reinforcement in the 19th century. Based on a French patent, the beginning of reinforced concrete construction in Germany can be dated back to the year 1880. The idea came to Berlin in 1886 by a private initiative. At this time Berlin was known for its bold and imposing iron constructions. Around the turn of the century Berlin and Prussia were characterised by a social upheaval due to industrialisation and the political changes that accompanied the unification of Germany in 1871.

The present work concentrates on Berlin and its immediate surroundings corresponding to borders of 1920 in the period between 1880 and 1918. The urban context allows a detailed examination of the changes when introducing a new construction method in a locally limited building industry.

Beginning with the boundary conditions that accompanied and influenced the introduction of reinforced concrete construction the thesis includes a detailed analysis of the development of local construction companies that built with reinforced concrete. The focus of the investigation is on actual constructions. Based on an extensive research of sources, a significant number of structures built in Berlin were examined in more detail. With a focus on engineering requirements and structural solutions, the structures are divided into six categories. On the one hand, this enables a detailed examination of the development within a structural category and, on the other hand, a more precise evaluation of the overall influences and mutual promotions. As a result, the present study evaluates the events in Berlin in comparison with other cities.

The existence of historical structures not only in Berlin requires a precise knowledge of their history in order to deal with them in a sustainable way that preserves their substance. Some of the buildings in the case studies are currently being rebuilt or extended. In this sense, the work documents interesting structures with their special construction solutions and opens up the opportunity to concentrate in detail on the beginnings of reinforced concrete construction also beyond Berlin.

Danksagung

Meine Forschungen zu den Anfängen des Bauens mit Stahlbeton in Berlin ermöglichten mir einen genauen Blick in die Geschichte der Stadt und zugleich in eine Epoche spannender Umbrüche. Die beispielhaften Untersuchungen an ausgewählten Tragwerken boten mir die Möglichkeit, meinen Schwerpunkt auf das Bauen im Bestand weiter auszubauen und zu vertiefen. Die vorliegende Arbeit entstand während meiner Zeit als akademische Mitarbeiterin von Prof. Dr.-Ing. Werner Lorenz am Lehrstuhl Bautechnikgeschichte und Tragwerkserhaltung in Cottbus.

Beim Erstellen dieser Arbeit haben mich zahlreiche Personen unterstützt, denen ich an dieser Stelle meinen Dank aussprechen möchte. Zuallererst gilt mein Dank Werner Lorenz. Als Doktorvater und erster Betreuer hat er mich immer wieder gefordert und gefördert. Seine konstruktive Kritik hat maßgeblich zur gewählten inhaltlichen Auseinandersetzung und Strukturierung der Arbeit beigetragen. Weiterhin gilt mein Dank Prof. Dr. phil. Andreas Kahlow, der als zweiter Betreuer ebenfalls wichtige Hinweise und Kritik geäußert hat.

Außerdem danke ich meinen Kollegen vom Lehrstuhl Bautechnikgeschichte und Tragwerkserhaltung. Ohne eure Unterstützung, euren Zuspruch und eure Motivation, vor allem zum Ende des Schreibprozesses hin, hätte die Arbeit sicherlich nicht ihre finale Qualität erreicht.

Mein Dank gilt weiterhin den Kollegen vom Institut für Bau- und Kunstgeschichte der Brandenburgischen Technischen Universität Cottbus-Senftenberg und dem Graduiertenkolleg 1913 „Kulturelle und technische Werte historischer Bauten“, die mir ebenfalls in zahlreichen Diskussionen mit kritischen Anmerkungen, hilfreichen Hinweisen und konstruktiver Kritik bereichernd zur Seite gestanden haben.

Meine Forschungen wären natürlich nicht ohne die Inanspruchnahme zahlreicher öffentlicher Bibliotheken, Plankammern und Archive möglich gewesen; deshalb sei an dieser Stelle den Institutionen und vor allem ihren Mitarbeiterinnen und Mitarbeitern ausdrücklich gedankt. Glücklicherweise traf ich dort stets auf günstige Umstände. Dabei möchte ich insbesondere dem Landesarchiv Berlin, dem Rheinisch-Westfälischen Wirtschaftsarchiv in Köln, dem Archiv des Technikmuseums Berlin und den Bauaktenarchiven der Bauaufsichtsämter der Berliner Verwaltungsbezirke herzlich danken.

Weiterhin gilt mein Dank den Eigentümern, die mir Zugang und Informationen zu ihren jeweiligen Gebäuden ermöglicht haben.

Zudem möchte ich mich beim Graduiertenkolleg 1913 „Kulturelle und technische Werte historischer Bauten“ für die finanzielle Unterstützung bei der Beschaffung von Archivmaterialien und der Übernahme von Reisekosten bedanken. Gegen Ende, schließlich, als weitere Unterstützung wurden meine Forschungen durch ein sogenanntes GradV Abschlussstipendium des Landes Brandenburg – organisiert durch die Graduate Research School der Brandenburgischen Technischen Universität Cottbus-Senftenberg – gefördert.

Darüber hinaus bedanke ich mich herzlich bei den belgischen Kollegen Prof. Dr. Ine Wouters, Prof. Dr. Inge Bertels, Dr. Stephanie van de Voorde von der Vrije Universiteit Brussel und Prof. Dr. Bernard Espion von der Université libre de Bruxelles. Mein Aufenthalt in Brüssel im Frühjahr 2018 war inhaltlich wie persönlich sehr bereichernd für mich.

Mein besonderer Dank gilt meiner Familie und meinen Freunden. Vor allem meine Mutter hat mich in den letzten Jahren immer wieder bestärkt und ermuntert. Vielen Dank!

Inhaltsverzeichnis

Kurzfassung i
Abstract ii
Danksagung iii
Inhaltsverzeichnis v
1. Einführung 1

1.1 Anlass 1
1.2 Forschungsstand 2
1.3 Leitfragen 5
1.4 Methodik 6

1.4.1 Literaturquellen 7
1.4.2 Objektliste 9
1.4.3 Archivrecherche 9
1.4.4 Messtechnische Untersuchung der Tragwerke 11

1.5 Struktur und Inhalt der Arbeit 12

2 Rahmenbedingungen der Einführung des Bauens mit Eisenbeton 16

2.1 Betoneisenbau oder Eisenbetonbau – Zur Begriffsbildung 19
2.2 Eisenbeton als universelle Idee – Von Patenten, Systemen und Bauweisen 20
2.3 Die Konkurrenz zwischen Eisenbau und Eisenbetonbau 24
2.4 Aus Erfahrung wird Theorie 27

2.4.1 Versuchsbasierter Erkenntnisprozess 29
2.4.2 Entwicklung erster Bemessungstheorien 31
2.4.3 Wissensvermittlung in der Baupraxis 37

2.5 Zum Einfluss institutioneller Interessenvertretungen 40
2.6 Zum Wandel in der preußischen Gesetzgebung 42

2.6.1 Die Rolle der höheren Baubeamten 42
2.6.2 Einführung des Eisenbetons in das Baurecht 44
2.6.3 Die 1. Behördlichen Bestimmungen zum Bauen mit Eisenbeton 45

2.7 Zwischenfazit – Von einer Mode zu einer anerkannten Bauweise 51

3 Die Anfänge des Bauens mit Eisenbeton in Berlin 53

3.1 Der Berliner Eisenbetonbau im Spiegel historischer Jahresstatistiken 53

3.1.1 Beschäftigtenzahlen 54
3.1.2 Berufsbezeichnungen 57
3.1.3 Herkunft bzw. Verteilung der Rohstoffe 59

3.2 Eisenbetonbau in der Lehre 64
3.3 Die Berliner Bauverwaltung 66
3.4 Persönlichkeiten des Berliner Eisenbetonbaus 71
3.5 Berliner Eisenbetonbauunternehmen 79

3.5.1 Herkunft und Entwicklung 83
3.5.2 Historische Unternehmensschriften und -werbung 99

3.5.3 Technischer Wandel auf den Baustellen 103
3.6 Zum Einfluss der Firma Hennebique 106
3.7 Zwischenfazit – Bauen mit Eisenbeton in Berlin 108
4 Frühe Eisenbetonkonstruktionen in Berlin 111
4.1 Auftraggeber und Anwendungsbereiche von Eisenbetonkonstruktionen 112
4.1.1 Zeitliche und räumliche Verteilung der Tragwerke 115
4.2 Entwicklung der Eisenbetontragwerke 115
4.2.1 Behälterkonstruktionen 116
4.2.2 Deckenkonstruktionen 126
4.2.3 Stockwerksrahmen 138
4.2.4 Hallenrahmen 144
4.2.5 Gewölbte Dachtragwerke 150
4.2.6 Brücken 162
4.3 Entwicklungen bei der Bemessung der Eisenbetontragwerke 168
4.4 Zwischenfazit – Die Etablierung einer neuen Bauweise 173
5 Der frühe Eisenbeton in Berlin und seine Bedeutung in der Bautechnikgeschichte 174
5.1 Die Bedeutung des Bauens mit Eisenbeton in der Berliner Bautechnikgeschichte .. 177
5.1.1 Zur Ungleichzeitigkeit der an der Einführung beteiligten Akteure 177
5.1.2 Die Anfänge der statischen Bemessung 178
5.1.3 Auswirkungen der Behördlichen Regelung 179
5.1.4 Der Einfluss der lokalen Bauunternehmen 179
5.2 Bauen mit Eisenbeton in Metropolen jenseits von Berlin 180
5.2.1 Leipzig, Königreich Sachsen 181
5.2.2 München, Königreich Bayern 181
5.2.3 Brüssel, Belgien 184
5.2.4 Bologna, Italien 185
5.2.5 Sankt Petersburg, Russland 188
5.3 Berlin – Experimentierfeld für den späteren Erfolg 191
5.4 Ausblick 192
Anhänge
Anhang A – Die Fallstudien 2
A1. Einführung in den Katalog 2
A2. Tragwerkskategorie 1 – Behälterkonstruktionen 3
Bötzow-Brauerei, Pankow 3
Aquarium, Tiergarten 15
A3. Tragwerkskategorie 2 – Deckenkonstruktionen 30
Schultheiss-Brauerei, Prenzlauer Berg 30
Hermannshof, Neukölln 44
A4. Tragwerkskategorie 3 – Stockwerksrahmen 60

Viktoriaspeicher, Kreuzberg 60
Aquarium, Tiergarten 77

A5. Tragwerkskategorie 4 – Hallenrahmen ... 87

Saalbau Bötzow-Brauerei, Pankow 87
Flugzeughallen, Karlshorst 98

A6. Tragwerkskategorie 5 – Gewölbte Dachtragwerke ... 112

Musikpavillon, Hoppegarten 112
Friedrichstraßen-Passage, Mitte 119

A7. Tragwerkskategorie 6 – Brückentragwerke ... 137

Prinzregentenbrücke, Wilmersdorf 137
Avusbrücke Cordesstraße, Charlottenburg 151

Anhang B – Quellen- und Abbildungsverzeichnis

B1. Literaturverzeichnis ... 1
B2. Abbildungen ... 29

Anhang C

C1. Die Objektliste ... 1
C2. Bauzeitliche Statiken ... 90
C3. Kurzübersicht der Massivdeckensysteme nach Colby ... 98

1. Einführung

1.1 Anlass

Stahlbeton war der dominierende Baustoff im 20. Jahrhundert und prägt auch heute noch das weltweite Bauen. Als angehende Bauingenieurin kommt man bereits im Studium unmittelbar mit diesem Baustoff in Berührung. Die zu bearbeitenden Bauaufgaben umfassen heute nicht nur den Neubau von Stahlbetontragwerken, sondern auch den Umgang mit Bestandsgebäuden.
Durch die Arbeit am Lehrstuhl für Bautechnikgeschichte und Tragwerkserhaltung der Brandenburgischen Technischen Universität ergab sich die Möglichkeit für mich, das Thema der Bestandsgebäude aus Stahl-, oder besser, Eisenbeton genauer zu untersuchen. Während am Lehrstuhl bereits einige Arbeiten zum historischen Eisenbau im 19. Jahrhundert entstanden sind, war das Feld des Stahlbetons vergleichsweise wenig bearbeitet worden. Stahlbeton, der um 1900 noch Eisenbeton hieß, als neues, unbekanntes Baumaterial musste sich erst einmal gegen den vorherrschenden Eisenbau durchsetzen. Diese Konkurrenzsituation genauer zu untersuchen, versprach einige interessante Aspekte: Wie entwickelt sich eine neue Konstruktionsweise? Welche Nischen für den Gebrauch gab es, und wie wurden die Möglichkeiten, die es gab, tatsächlich genutzt?
Die Stadt Berlin im Rahmen dieses Forschungsvorhabens besser kennenzulernen, hatte ebenfalls einen Reiz für mich. So erforderte die Recherche zahlreiche Ortsbesichtigungen, die Inaugenscheinnahme von Tragwerken und die Untersuchung vorhandener Konstruktionen, die sonst vielfach nicht zugänglich sind.
Vielfach sind die frühen, vor 1918 realisierten Bauten heute in Vergessenheit geraten. Es gibt sicherlich einige herausragende Konstruktionen, die allein schon durch ihre Größe ins Auge fallen und damit auch im öffentlichen Bewusstsein verankert sind. Aber die Fülle an „kleinen" Konstruktionen, deren Konzeption und Ausführung mitunter nicht weniger herausfordernd war, wird meist kaum beachtet und weniger wertgeschätzt als große, auffällige Konstruktionen. Es liegt auch in der dem Eisenbeton eigenen Entwicklungsgeschichte begründet, dass die frühen Ausführungen zu einem großen Teil nicht von außen sichtbar und damit relativ schwer einzuordnen sind. Dabei bot die Forschungsarbeit eine wunderbare Möglichkeit, genau diese Konstruktionen aufzuspüren, in näheren Augenschein zu nehmen und als quasi verborgene Geschichte der Stadt Berlin wieder ans Tageslicht zu befördern.
Weitere Aspekte, sich dem Thema zu widmen, waren die Auseinandersetzung mit der Geschichte einer Bauweise sowie die Erarbeitung von Anregungen für den Umgang mit Bestandsbauwerken im Sinne einer substanzschonenden Erhaltung.
Die Charakterisierung von Eisenbetontragwerken gestaltet sich mitunter sperrig. Vielfach bleibt ein wichtiger Teil des Tragwerks, die Bewehrung, verborgen und ist nicht sichtbar. Eisenbeton- und auch die späteren Stahlbetontragwerke beinhalten also versteckte ingenieurtechnische Werte, die nach der Fertigstellung des Tragwerks sehr schwer einzuschätzen sind. Umso schwieriger ist es, zu formulieren, warum bestimmte Tragwerkselemente schützenswert sind. Vor allem auch die Variantenvielfalt der Betonmischungen, der Bewehrungsausführungen, der Formgebung und der Oberflächengestaltung bei den frühen Ausführungen bleibt mitunter unbeachtet, wobei gerade diese Aspekte den technischen Wert einer frühen Eisenbetonkonstruktion ausmachen können.
Erfreulicherweise gab es in den letzten Jahren einige deutsche und auch internationale Initiativen sich eingehender mit frühen Stahlbetonkonstruktionen zu beschäftigen, beispielsweise die Wissenschaftlich-Technische Arbeitsgemeinschaft für Bauwerkserhaltung und Denkmalpflege

(WTA), deren Fachgruppe Beton zurzeit an der Formulierung eines neuen Merkblattes für „Historische Betonkonstruktionen“ arbeitet, oder auch das International Council on Monuments and Sites (ICOMOS) mit der Teilnahme am InnovaConcrete Projekt[2].
Nicht zuletzt war ein Anlass zu dieser Arbeit, auch bei anderen Bauschaffenden ein besseres Verständnis für diese frühen Eisenbetonkonstruktionen zu wecken.

1.2 Forschungsstand

Bisher wurde das Thema der frühen Eisenbetonkonstruktionen in Berlin explizit lediglich in einer Diplomarbeit aus dem Jahr 1990 behandelt[3]. Darüber hinaus fehlte eine detaillierte wissenschaftliche Auseinandersetzung. Es zeigten sich große Fehlstellen bei der Untersuchung damals tätiger Baufirmen, der Tragwerke und der Einflüsse, die sich gegebenenfalls bis heute daraus ergeben. Für die Bearbeitung des Themas lässt sich der relevante Forschungsstand in die drei Bereiche Eisenbeton, entsprechende Unternehmen[4] und den Standort Berlin aufteilen.
Die allgemeine Geschichte des Eisenbetons in der westlichen Kultur wurde in Überblickswerken wie dem von Collins (2004) bereits bearbeitet. Seine Auseinandersetzung mit dem Baustoff behandelt die allgemeinen Anfänge in Europa und Amerika sowie im Schwerpunkt das Wirken von Auguste Perret (1874–1954)[5] und dessen Einfluss auf die Architektur des 20. Jahrhunderts. Bei Huberti (1964), Dartsch (1984) und Pauser (1994) wurden gleichfalls allgemeine Erkenntnisse zu den Anfängen des Eisenbetons in Deutschland und Österreich sowie international zusammengetragen, während im Fokus späterer Auseinandersetzungen zum historischen Stahlbeton Konstruktionen aus den 1950er bis 1970er Jahren standen.[6]
Zu Beginn der 2000er Jahre initiierten die Bauforscherin Uta Hassler und der Denkmalpfleger Hartwig Schmidt eine Tagungsreihe und mehrere Publikationen über die Erforschung der allgemeinen deutschen Geschichte des Stahlbetonbaus.[7]
Bauwerksbezogen erschien zuletzt mit Füßl et al. (2015) eine Publikation zur Entstehung und zum Bauprozess des Deutschen Museums in München, während von Veihelmann (2016) die Geschichte des Stampfbetonbrückenbaus mit Bezügen zum Eisenbetonbau ausgearbeitet wurde. Schließlich ist hier die Arbeit von Rehm (2019) zu nennen, der die Entwicklung des Eisenbetons im Hochbau für den Raum München untersucht hat.

---

2 InnovaConcrete ist ein durch die Europäische Union gefördertes Projekt, das darauf abzielt, Denkmäler aus Beton und Stahlbeton, des bedeutendsten, greifbaren Kulturerbes im 20. Jahrhundert, zu erhalten (http://www.innovaconcrete.eu, Zugriff Mai 2021).

3 Vgl. Dittrich (1990).

4 Bei der Bearbeitung historischer Themen ist es mitunter schwierig, das heutige Verständnis bestimmter Sachverhalte auf die historischen Bedingungen zu übertragen. Im Rahmen dieser Arbeit wird beispielsweise nicht zwischen Unternehmen und Firma unterschieden, da beide Begriffe historisch gleichbedeutend verwendet wurden. Nach dem aktuellen Handelsgesetzbuch ist ein Unternehmen keine Firma. Vielmehr kann eine Firma die Teilmenge eines Unternehmens sein. Freiberuflich Tätige melden ihr Unternehmen beim Finanzamt an. Das Recht, sein Unternehmen Firma zu nennen, erwirbt man erst durch die Eintragung ins Handelsregister.

5 Ursprünglich in Brüssel geboren, wurde Perret ein wegweisender französischer Architekt, der vor allem ab den 1920er Jahren Eisenbeton als sichtbares Stilmittel einsetzte. Gleichsam verbunden mit dem Namen ist das Unternehmen „Perret et Fils“, ein Eisenbetonbauunternehmen, das Auguste Perret zusammen mit seinen Brüdern führte.

6 Beispielsweise vergleichen May und Espion (2020) die Anfänge des Spannbetonbaus in Deutschland und Belgien, wohingegen in der Reihe Wahrzeichen der Ingenieurbaukunst, der Bundesingenieurkammer verschiedene Bauwerke aus der Zeit in den Fokus genommen werden siehe u.a. Andrä et al. (2012), Lorenz et al. (2013), Di Calandra Roccolino (2017), Ludwig et al. (2018), Dicleli (2020).

7 Vgl. Schmidt (1999); Hassler und Schmidt (2004).

Die Bedeutung von Stahlbeton bei der Entwicklung der Statik und den damit verbundenen Theorien zur Bemessung hat Kurrer (2016) in seiner „Geschichte der Baustatik" detailliert erläutert. Die zuletzt erschienene englische Übersetzung mit mehr als tausend Seiten bietet einen wunderbaren Einstieg in das Thema und ergänzt kenntnisreich die teils unübersichtliche Abfolge der Ereignisse bei der theoretischen Entwicklung von Bemessungskonzepten.

Im internationalen Kontext wurde die Geschichte des Eisenbetons verschiedentlich erarbeitet. Die dabei entstandenen Forschungsarbeiten konzentrieren sich meist auf einen bestimmten geografischen Raum, angefangen mit einer Zusammenstellung der Geschichte der britischen Bauindustrie durch Bowley (1966), die dabei auch die Einführung des Stahlbetons auf der britischen Insel thematisiert. Im Weiteren erschien mit Gregotti (1992) eine Sammlung von Texten unter anderem von den beiden Architekturhistorikern Cyrille Simonet und Gwenaël Delhumeau, die die Anfänge des Eisenbetons in Frankreich und Belgien beinhalten. Der Schwerpunkt der Publikation liegt dabei zum einen auf der Nutzung der unterschiedlichen Patente und zum anderen auf der Sonderrolle von François Hennebique (1842–1921)[8], der zeitweise in beiden Ländern ein Zentralbüro unterhalten hat und dessen Stammpatent von 1892 immensen Einfluss auf die Entwicklung von Eisenbeton hatte. Nachdem die Firma 1967 ihre Arbeiten eingestellt hatte, blieb das Firmenarchiv erhalten und bietet bis heute ausgezeichnete Möglichkeiten der Erforschung.[9] Im Vergleich dazu wurde die Geschichte von Monier, der zweiten wirkungsmächtigen Persönlichkeit im frühen Eisenbetonbau, erst durch Bosc (2001) thematisiert.

Im gleichen Jahr hat Iori (2001) ihre Forschungsergebnisse zur Geschichte des Eisenbetons in Italien bis zum Zweiten Weltkrieg publiziert. Daran anschließend haben zuletzt Mochi und Predari (2012) eine Studie für Bologna erarbeitet, die neben einer Einführung in die Entwicklung des Eisenbetonbaus in Italien mit Silvio Canevazzi und Attilio Muggia zwei italienische Eisenbetoningenieure genauer vorgestellt sowie einige ausgewählte Gebäude in Bologna beschreibt. Darüber hinaus hat sich Schlimme (2012a, 2012b, 2014) mit der Geschichte von Hennebique und der Patentnutzung in Italien beschäftigt und vor allem den damit verbundenen Wissenstransfer thematisiert.

Etwa zur gleichen Zeit entstanden mit den Dissertationen von Heinemann (2009) und Van de Voorde (2010) umfangreiche Zusammenstellungen der Eisenbetongeschichte in den Niederlanden und Belgien. Während Heinemann sich mit Hilfe zahlreicher Materialproben stärker auf das Material und seine Charakteristika konzentriert, steht bei Van de Voorde die Anwendung einer aus den Sozialwissenschaften entlehnten Netzwerktheorie, um die Verbindungen und Abhängigkeiten zwischen beteiligten Akteuren genauer zu untersuchen, im Mittelpunkt. Im Weiteren sind bis heute zahlreiche Studien zum belgischen Eisenbeton entstanden, unter anderem Wouters und Leus (2009), Hellebois (2013a), Hellebois (2013b), Espion und Hellebois (2013), Espion et al. (2016) und Wouters et al. (2018).

Zusätzlich dazu gab es auch Untersuchungen in Ländern außerhalb Europas. So hat beispielsweise Tappin (2001) die Geschichte der Einführung von Stahlbeton in Indien diskutiert, während Naudascher und Dimitrov (2007) ihre Untersuchungen auf Bulgarien beschränkten und

---

[8] François Hennebique war Maurer und Bauunternehmer, der sein Eisenbetonunternehmen zuerst von Brüssel und dann von Paris aus lenkte. Hennebique hat die spätere Entwicklung von Eisenbeton maßgeblich beeinflusst (siehe dazu auch Kapitel 3.8 und 5.2.3).

[9] Vgl. Delhumeau et al. (1993) und Van de Voorde (2009).

Wermiel (2009) ihren Fokus auf Kalifornien und damit auf die Anfänge der Einführung von Eisenbeton in den Vereinigten Staaten von Amerika richtete.
Für die Geschichte des Eisenbetons ergibt sich in Bezug auf Akteure und Unternehmen ein sehr heterogenes Bild, das im westlichen Europa stark von Hennebique dominiert wird. Die Rolle und die Bedeutung von Hennebique sind nicht hoch genug zu bewerten, allerdings sollte dabei das Missverhältnis, das durch fehlende Archivunterlagen für andere Unternehmen besteht, berücksichtigt werden. Glücklicherweise gibt es immer wieder unerwartete Funde von Unterlagen aus längst verloren geglaubten Firmenarchiven. So konnte zuletzt für Belgien durch Culot et al. (2018) das Firmenarchiv der Firma Blaton wissenschaftlich aufbereitet publiziert werden.
Im deutschsprachigen Raum war der Einfluss von Hennebique von Anfang an geringer als in anderen Ländern, dies hat Kierdorf (2009) bereits in einem Artikel thematisiert. Allerdings sind auch hier fehlende oder verlorengegangene Archive von privaten Bauunternehmen ein maßgeblicher Grund für die bisherige nur bruchstückhafte Auseinandersetzung zum genauen Einfluss von Hennebique. Diese Lücke an Informationen konnten Basiner et al. (2012) für die Firma Gebrüder Rank in München, Stegmann (2014) für das Unternehmen Dyckerhoff & Widmann und Adam et al. (2015) für die Firma Max Pommer in Leipzig etwas füllen. Bei diesen Publikationen liegt der Fokus klar auf der Unternehmensgeschichte, wobei teilweise abgebildete Bauwerke als Vergleichsbeispiele dienen können. Vor allem die Arbeit von Stegmann beinhaltet eine umfangreiche und anschauliche Zusammenstellung von realisierten Gebäuden in Form eines Kataloges.
Während zur Geschichte des Eisenbetons eine große Vielfalt an Publikationen vorliegt und auch verschiedene Untersuchungen zu Firmen- und Unternehmensentwicklungen bereits publiziert wurden, finden sich zum Bauwesen der Stadt Berlin weniger Quellen. Allen voran bietet der Architekten- und Ingenieurverein (AIV) mit seiner seit 1877 herausgegebenen Reihe „Berlin und seine Bauten“ wertvolle Informationen zur Architekturgeschichte Berlins. Diese Zusammenstellungen umfassen nicht nur architektonisch gestaltete Repräsentationsgebäude, sondern beispielsweise auch Bauten der Stadttechnik.[10]
Wie zuvor erwähnt, war ein Ausgangspunkt für die Bearbeitung des Themas die Diplomarbeit von Dittrich (1990). Die Arbeit beginnt mit einer überblickshaften Zusammenstellung von Einflussfaktoren (u. a. Baustoff, Herstellung, Systeme, Gesetzgebung) und berichtet dann steckbriefartig von Konstruktionen in Berlin und über die Stadt hinaus. Dabei werden ausschließlich Hochbauten behandelt, die nach 1900 entstanden sind, Brücken oder Behälter werden nicht betrachtet. Des Weiteren finden sich kaum Angaben zu lokalen Baufirmen und auch die Konstruktionen der Beton- und Monierbau AG bzw. ihrer Vorgängerunternehmen, die seit 1886 in Berlin ausgeführt wurden, finden keine Erwähnung. Insgesamt werden in der Arbeit rund 36 Eisenbetonbauten in Berlin beschrieben, die im Vergleich (siehe Anhang C1) nur einen kleinen Anteil der tatsächlich realisierten Konstruktionen ausmachen. Insgesamt bietet die Arbeit erste Anregungen hinsichtlich der Auswahl von Archiven und zur Quellenlage bei einzelnen Bauten.
Ergänzend dazu bietet Bernhardt (1998) einen sozialgeschichtlich geprägten Einblick in die Verhältnisse der Berliner Bauindustrie um 1900. Sein Schwerpunkt sind die Terraingeschäfte und damit verbunden der Wohnungsbau in der Stadt. Eine methodische Grundlage ist dabei die Auswertung statistischer Dokumentationen der Stadt Berlin.[11]

---

[10] Vgl. Architekten- und Ingenieur-Verein zu Berlin (2006).

[11] Eine Auswertung statistischer Daten findet in der Arbeit von Dittrich (1990) keine Erwähnung.

Die Analyse ausgewählter, in den öffentlichen Statistiken zu Berlin dokumentierter Informationen (siehe Kap. 3.1) stellte auch für diese Arbeit eine sinnvolle Ergänzung dar. Es gibt zwar einzelne Untersuchungen – wie Hohorst et al. (1974), Lohauß (2012) oder auch Tag und Voy (2012) – zur Arbeit des Amtes für Statistik während des Kaiserreiches und den Volkszählungen insgesamt, aber eine Auswertung mit Blick auf die Entwicklungen des Eisenbetons in Berlin liegt so noch nicht vor.
Für die Einordnung der verwaltungsorganisatorischen Besonderheiten und Befugnisse der Berliner Bauverwaltung sowie für das Selbstverständnis der Architekten und Ingenieure bieten die Angaben bei Grünert (1983), Bolenz (1991), Baier (2005) und König (2006) einen guten Überblick.
Zusätzlich zu den oben genannten, maßgeblichen Werken gibt es eine Vielzahl weiterer Publikationen, die in den folgenden Kapiteln Erwähnung finden. Diese Aufteilung erwies sich für den Schreib- und hoffentlich auch für den Leseprozess als sinnvoll, da die Vielzahl an unterschiedlichen Informationen so konzentrierter und detaillierter zusammengefasst erscheint.

1.3 Leitfragen

Nach Auswertung der vorhandenen Forschungsliteratur wird deutlich, dass das Thema der frühen Eisenbetonkonstruktionen in Berlin ein Forschungsdesiderat ist. Zwar bietet die Arbeit von Dittrich (1990) erste Anhaltspunkte zu Protagonisten und ausgeführten Bauwerken, allerdings eröffnen die in den letzten Jahren publizierten Untersuchungsergebnisse zur Entwicklung der Bauweise[12] sowie von Bauunternehmen[13] oder auch Entwicklungen in anderen Städten und Ländern[14] eine deutliche Fortführung und Ergänzung der Untersuchung.
Als bautechnikgeschichtliche Forschungsarbeit umfasst die vorliegende Arbeit neben klassischen ingenieurwissenschaftlichen Fragestellungen, beispielsweise zur Bautechnik, auch geschichtswissenschaftliche Ansätze, um „Strukturen, Prozesse und handelnde Personen aus den jeweiligen Bedingungen ihrer Zeit heraus zu verstehen und zu beurteilen."[15] In Anbetracht dieses bautechnikgeschichtlichen Ansatzes, der nicht nur das Produkt (das Tragwerk), sondern auch den Prozess und den Kontext desselben untersucht, werden verschiedene Leitfragen formuliert.
Zuerst gilt es, Fragen nach dem allgemeinen Kontext zu beantworten:

- Was kennzeichnet die Bauweise?
- Welche rechtlichen und ökonomischen Randbedingungen haben die Zeit geprägt?
- Wie genau lässt sich die Berliner Bauindustrie im Untersuchungszeitraum charakterisieren? Woher kamen die Baumaterialien?

Dabei wird unterschieden, ob es sich um allgemeine, über das Stadtgebiet hinausgehende Themen handelt oder ob es Themen sind, die tatsächlich vorwiegend nur den Stadtkontext betreffen.

---

12 Zur Entwicklung der Bemessung siehe beispielsweise Jürges (2000), Seelhofer-Schilling (2008), Hellebois (2013b) sowie Kurrer (2016).

13 Zur Geschichte des Unternehmens bzw. der Verwendung des Patents von Hennebique in Deutschland siehe Kierdorf (2009) und Adam et al. (2015). Stegmann (2014) hat das Bauunternehmen Dyckerhoff & Widmann untersucht.

14 Für Leipzig siehe Krieg (2017) oder für München siehe Rehm (2019). Im europäischen Kontext beispielsweise untersuchen Mochi und Predari (2012) die Stadt Bologna (Italien) sowie Van de Voorde (2010) Belgien und Heinemann (2009) die Niederlande.

15 Siehe Stier und Krauss (2005), S. 9.

Die Randbedingungen umfassen verschiedene Aspekte, beispielsweise auch die gesetzlichen Rahmenbedingungen zur Zeit der Einführung von Eisenbeton.
Im Rahmen meiner Bearbeitung ergab sich eine zusätzliche Schwerpunktsetzung durch die Thematisierung der am Bau beteiligten Unternehmen, Ingenieure und Architekten. Hier liegt der Fokus auf den Eisenbeton herstellenden Bauunternehmen und Ingenieuren, von denen einige historische Quellen dokumentiert sind (bspw. Max Hamann Baugeschäft)[16]. Einen zweiten Themenkomplex bilden die tatsächlich realisierten Bauwerke. Daran schließen sich weitere Fragestellungen an:

- Wie viele und welche Gebäude wurden im Untersuchungszeitraum gebaut?
- Wie lassen sich die Konstruktionen charakterisieren?
- Welche Unternehmen waren am Markt tätig?
- Welche Patente und Systeme kamen zur Anwendung?

Abschließend steht die Frage nach der Bedeutung von Eisenbeton – nicht nur in der Bautechnikgeschichte Berlins – im Mittelpunkt:

- Gab es spezifische Entwicklungen bspw. bei der Planung oder im Bauprozeß?
- Wie unterscheiden sich diese eventuell von anderen, bereits etablierten Bautechniken?

1.4 Methodik

Wie bereits im Inhaltsverzeichnis oder auch in den vorhergehenden Beschreibungen ersichtlich, verortet sich die Arbeit disziplinär in der Bautechnikgeschichte. Ursprünglich aus der Architekturgeschichte heraus entwickelt, behandelt Bautechnikgeschichte weiterreichend Aspekte des Bauens und der Bautechnik. Im ersten thematisch relevanten Journal der für die Disziplinbildung vorausweisend aktiven britischen Construction History Society von 1985[17] werden zwei maßgebende Untersuchungsstränge definiert: Zum einen die Geschichte der Baustatik und des Weiteren die Geschichte des praktischen Bauens (der Bauprozesse). Damit erweitert die Bautechnikgeschichte also das Untersuchungsfeld der Architekturgeschichte und grenzt sich sogleich auch davon ab. Kennzeichnend ist dabei vielfach der Anwendungsbezug der Untersuchungen, den gerade praktisch arbeitende Architekten und Ingenieure in den Diskurs einbringen. In der Zwischenzeit ist die Disziplinbildung deutlich vorangeschritten und hat neue Impulse, gerade durch die dreijährlich stattfindenden internationalen Kongresse, zuletzt 2021 in Lissabon, erhalten. Unter Beachtung der disziplinären Verortung lassen sich drei Untersuchungsfelder festhalten. Bezogen auf das Thema der vorliegenden Arbeit sind dies erstens der Prozess der Herstellung von Eisenbeton, zum Zweiten der historische Kontext der Einführungszeit und zum Dritten die gebauten Tragwerke selbst.
Die zu bearbeitenden Untersuchungsfelder hatten damit einen unmittelbaren Einfluss auf die Methodik. Zu Beginn stand eine Literaturrecherche, an die sich eine Archivrecherche angliederte. Nachdem ein erster Überblick über die entstandenen Tragwerke erarbeitet werden konnte, galt es, aus den dokumentierten Objekten aussagekräftige Fallstudien auszuwählen, die detailliert untersucht werden konnten. Die Auswahl der Fallstudien konzentrierte sich auf Tragwerke

[16] Max Hamann Baugeschäft (1923), siehe auch Kapitel 3.5.
[17] Das Journal erscheint seit 1985 und trägt heute den Titel „Construction History. International Journal of the Construction History Society (CHS)“.

des Hoch- und Brückenbaus. Im Fokus der Analysen standen ingenieurtechnische Aspekte, die beispielsweise Fragen der Bemessung oder zum technischen Entwurf beinhalteten. Dazu erfolgte eine vertiefte Archivrecherche speziell zu den gebauten Tragwerken und den dazu dokumentierten Entwurfs- und Planungsunterlagen. Nach finaler Auswahl der Fallstudien wurden diese ergänzend zur Literatur- und Archivrecherche vor Ort untersucht. Die Vorortuntersuchungen erfolgten zerstörungsfrei.

Im Ergebnis konnten Erkenntnisse sowohl zum Entwurf als auch zur Ausführung und Realisierung gewonnen werden. Im Folgenden werden die einzelnen methodischen Ansätze noch einmal ausführlich erläutert.

1.4.1 Literaturquellen

Am Beginn der Bearbeitung stand eine Quellenrecherche, bei der unter anderem bauzeitliche Fachzeitschriften und Publikationen ausgewertet wurden. Gerade die zahlreichen Zeitschriftenartikel, die auch die Bauweise an sich thematisieren, sind ein Beleg für die durchaus kritische Rezeption und den schwierigen Start der Bauweise.

Die Recherchen berücksichtigten die im Folgenden benannten Fachzeitschriften, wobei die Angaben zur Erscheinungsdauer der Information und der zeitlichen Einordnung dienen. Die neuzeitlicheren Publikationen wurden ergänzend ausgewertet. Von den folgenden Zeitschriften wurden die Jahrgänge innerhalb des Untersuchungszeitraumes (1880–1918) durchgesehen:

- Z(C)entralblatt der Bauverwaltung (ZBBv); Berlin: 1.1881 – 64. 1944; Organ der Preußischen Staatsbauverwaltung, 1931 Vereinigung mit der Zeitschrift für Bauwesen
- Zeitschrift für Bauwesen; Berlin: 1.1851 – 73.1923, hervorgegangen aus dem Notizblatt des Architekten-Vereins zu Berlin
- Deutsche Bauzeitung; Berlin: 1.1867 – 52.1918; 1. Herausgeber Architekten-Verein zu Berlin, ab 1871 Verband Deutscher Architekten- und Ingenieurvereine; hervorgegangen aus dem Wochenblatt des Architekten-Vereins zu Berlin; Annoncenteil separat und sehr umfangreich, allerdings weitestgehend verloren
- Tonindustrie Zeitung; Berlin: 1.1876/77 – 69.1945,1/2; 101.1977,7/8 – 103.1979; Fachberichte zu keramischen Werkstoffen und der Steine- und Erdenindustrie
- Beton und Eisen (BuE); Berlin: 1.1901 – 41.1942; ab 1904 Verlag Ernst & Sohn; ab 1943 dann als Beton- und Stahlbetonbau fortgesetzt
- Zement und Beton; Berlin: 1.1902 – 10.1911; Illustrierte Fachschrift für Zement- und Betonbau, Ton-Industrie Zeitung Verlag
- Armierter Beton: Monatsschrift für Theorie und Praxis des gesamten Betonbaues; Springer Verlag; Berlin: 1.1909 – 12.1920

Bei den nachfolgend aufgelisteten Zeitschriften wurden ergänzend lediglich einzelne, ausgesuchte Exemplare durchgesehen:

- Die schweizerische Baukunst; Bern: 1.1909 – 12.1920; Organ des Bundes schweizerischer Architekten
- Stahl und Eisen; Düsseldorf: 1.1881 – 65.1945, 66/67.1947 bis heute; Zeitschrift für die Herstellung und Verarbeitung von Eisen und Stahl
- Blätter für Architektur und Kunsthandwerk; Berlin: 1.1888 – 29.1917 (Veröffentlichung eingestellt)

- Zement; Berlin: 1.1914 – 33.1944; Organ des Sonderringes Zement, der Fachgruppe Zement-Industrie und des Arbeitsringes Zement
- Beton- und Stahlbetonbau; Berlin: 42.1943 – 44.1945; 45.1950 bis heute
- Bautechnik – Zeitschrift für den gesamten Ingenieurbau; Berlin: 1.1923 – 23.1945; 24.1947 bis heute
- Zeitschrift für Betonbau; Wien: 1.1913 – 6.1918; Internationale Zeitschrift für Zement, Beton und Eisenbeton, Herausgeber Prof. Dr.-Ing. Saliger Technische Universität Wien
- Zeitschrift für Architektur und Ingenieurwesen; Hannover: 1.1896 – 65.1919; 66.1920 – 67.1921; Organ des Verbandes Deutscher Architekten- und Ingenieurvereine; hervorgegangen aus der Zeitschrift des Architekten- und Ingenieurvereins zu Hannover
- Construction and Building Materials; Amsterdam: 1.1987 bis heute
- Der Bauingenieur; Düsseldorf: 1.1920 – 23.1942; 24.1949 bis heute
- Der Prüfingenieur; das Magazin der Bundesvereinigung der Prüfingenieure für Bautechnik; Berlin: 1.1992 bis heute
- Werk, Bauen + Wohnen (Schweizer Ausgabe); Zürich: 1.1913 bis heute; Organ des Bundes Schweizer Architekten

Darüber hinaus ist eine umfängliche Zahl an Literatur aus der Zeit um 1900 erhalten geblieben, die sich auf die Bauweise bzw. deren Ausführung und Anwendung konzentriert.[18] Nach der damaligen Jahrhundertwende kam es zu einer stärkeren Trennung in ingenieurwissenschaftliche Bemessungs- und Berechnungsanleitungen und eher architektonisch geprägte Bauwerksmonografien. Bereits zum Ende des Untersuchungszeitraumes und in den Folgejahren bis heute ist eine umfangreiche Sekundärliteratur erhalten geblieben, deren inhaltliche Schwerpunktsetzungen und Analysen stark von der Zeit geprägt sind, in der sie erschienen. So kam es gerade bei sehr prominenten Bauwerken oft zu einer Häufung von Publikationen[19], die teilweise die gleichen Inhalte unreflektiert wiedergeben, und vermutlich lassen sich zahlreiche kleinere Konstruktionen in der Literatur gar nicht wiederfinden.

Für die Erarbeitung des historischen Kontextes wurden im Weiteren statistische Erhebungen, die in regelmäßigen Abständen von der Stadt Berlin bzw. den preußischen Behörden erfasst wurden, ausgewertet. Dabei wurde auf eine komplette Marktanalyse des Berliner Eisenbetonbaus verzichtet, vielmehr wurden durch Auswertung der Daten dreier ausgewählter Indikatoren – Zahl der Beschäftigten, Herkunft bzw. Verteilung der Rohstoffe und Berufsbezeichnungen – die Entwicklungstendenzen des Marktes näher bestimmt und analysiert. Insgesamt ist zu beachten, dass die Arbeit mit statistischen Daten immer Graubereiche beinhaltet. So änderte sich innerhalb des Untersuchungszeitraums mitunter die Zählweise, bestimmte Informationen wurden nicht mehr oder in anderen Zusammenhängen abgefragt, und in den Publikationen wurde eine andere Gewichtung präferiert. Dennoch stehen mit den statistischen Erhebungen insgesamt umfangreiche Informationen über die Verhältnisse in Berlin zur Verfügung, die aber meist nur indirekte Rückschlüsse auf das Bauen mit Eisenbeton ermöglichen. Den statistischen Auswertungen in Kap. 3.1 liegen zwei Quellenarten zugrunde:

---

[18] Beispielhaft sei hier verwiesen auf kurze Zeitschriftenartikel wie O. A. (1890c, 1891b, 1892a), aber auch umfangreichere Publikationen wie die von Büsing und Schumann (1892); Linse (1903); Kux (1905); Ast (1907); Atlas Portland Cement Company (1907); Kersten (1907); Colby (1909); Hart (1909); Boerner (1910); Frank (1910).

[19] Eines der am umfangreichsten publizierten Bauwerke war die Friedrichstraßenpassage (siehe Anhang A6).

Erstens sind das die tatsächlichen Jahresstatistiken, welche die Zahlen der Befragungen unkommentiert tabellarisch dokumentieren.[20] Zweitens sind das kommentierte Jahrbücher, die vom jeweiligen Amt für Statistik in Buchform publiziert wurden und bereits Entwicklungstendenzen diskutieren.[21]
Bedingt durch die spezifischen Eigenarten der Erfassung und deren Veränderung in einem längeren Zeitraum, können bestimmte Fragen aus heutiger Perspektive nicht mehr eindeutig geklärt werden (dazu mehr in Kapitel 3.1). Dennoch erwiesen sich die statistischen Daten als eine wunderbare Ergänzung zu den Informationen aus anderen Quellen.

1.4.2 Objektdatensammlung

Im Ergebnis der Literaturrecherche entstand eine Datensammlung zu in Berlin realisierten Eisenbetonobjekten. Die Bandbreite der Objektliste, insgesamt 369 Objekte (siehe Anhang C1), umfasst einzelne Decken oder Wände bis hin zu monolithisch verbundenen Rahmenkonstruktionen (siehe Kapitel 3.4). In Abhängigkeit von der Quellenlage werden zu jedem Objekt unter anderem der Bautyp, die Nutzungskategorie, die Tragwerkstypen und die am Bau Beteiligten erfasst (siehe auch Kapitel 4.1.1). Dabei ist anzumerken, dass ein Bauprojekt Kombinationen verschiedener Tragwerke aufweisen kann und bei der Ausführung mitunter verschiedene Systeme zur Anwendung gekommen sind.
Aus den erfassten Objekten nun aber eine Übersicht zum „Gesamtbauvolumen“ abzuleiten, sollte vermieden werden. Es ist anzunehmen, dass gerade in der Anfangszeit, bis zur Jahrhundertwende 1900, fast jedes noch so kleine Bauvorhaben publiziert wurde, um die neue Bauweise zu vermarkten. Mit steigendem Bekanntheitsgrad von Eisenbeton hatten sich die Vermarktungsstrategien allerdings verändert (Kapitel 3.2). Nun galt es, eher besondere Ausführungen im Detail zu präsentieren und weniger die Masse der einfachen Anwendungen. Dies zeigt sich nicht nur in den Artikeln der Bauzeitschriften, sondern auch bei den wenigen noch erhaltenen Firmenbroschüren. Hatten diese in der Anfangszeit eher den Charakter eines Werkverzeichnisses, dem die gesamte Bautätigkeit zu entnehmen war, änderte sich die inhaltliche Schwerpunktsetzung beispielsweise nach 50 Jahren Betriebsdauer hin zu einem kurzen geschichtlichen Abriss und einer umfangreichen, vor allem bildlichen Präsentation besonders anspruchsvoller Bauaufgaben der damals letzten fünf bis zehn Jahre.[22]

1.4.3 Archivrecherche

Auf Grund der durch Kriegsschäden bedingten schwierigen Quellenlage in Berlin sind die noch vorhandenen Informationen sehr unterschiedlich. Angefangen bei lückenhaften bauzeitlichen Konstruktions- und Ausführungsplänen einzelner Tragwerke, gilt dies leider auch für firmeninterne Unterlagen (Geschäftsberichte, Bemessungsvorschriften, Ausführungshinweise etc.) der ausführenden Eisenbetonfirmen. Es sind zwar noch einige wenige Firmenbroschüren vorhanden,

20 Vgl. Kaiserliches Statistisches Amt (1897, 1898, 1899, 1910a, 1910b).
21 Vgl. Böckh (1888, 1893, 1898, 1902); Silbergeleit (1909, 1913, 1920); o. A. (1908, 1913).
22 Vergleiche dazu beispielsweise Geschäftsberichte wie O. A. (1889) oder auch Beton- und Monierbau Aktien-Gesellschaft (1964).

die von Berliner Unternehmen veröffentlicht wurden, aber daraus lässt sich nur ein sehr begrenzter Einblick in die näheren Verhältnisse gewinnen.[23]

Gerade für die Auseinandersetzung mit den Unternehmensgeschichten boten Archivalien aus Wirtschaftsarchiven und Technikmuseen einen weiteren Zugang. Dabei gab es deutliche regionale Unterschiede in den Beständen, abhängig von der Bekanntheit und der Größe des Unternehmens. Vor allem bei kleineren, mittelständischen Unternehmen ist es bis heute nicht üblich, die eigenen Bestände zu sammeln oder zu archivieren. Und auch Ingenieure, die neben der Statik durchaus auch umfangreiche Plansätze produzierten, zeigten ein eher geringes Verständnis für die Aufbewahrung ihrer Arbeitsergebnisse – dieser Umstand prägt noch heute die Arbeit in den meisten Ingenieurbüros.

Schwierig gestaltete sich vor allem auch die Auseinandersetzung mit Unternehmen, die ihren Hauptsitz mehrfach verlegt hatten, sodass verschiedene Archive Akten zum gleichen Unternehmen aufweisen, dies den Archivmitarbeitern aber mitunter gar nicht bewusst ist.

Abschließend hierzu sei noch ein Hinweis zum Berlin-Brandenburgischen Wirtschaftsarchiv gegeben: Entgegen meiner ersten Annahme, finden sich hier aktuell leider keine Bestände zu lokalen Bauunternehmen oder -firmen. Folgende Archive wurden im Rahmen der Recherchearbeiten unter anderen frequentiert:

- Architekturmuseum der Technischen Universität Berlin
- Bauamt Gemeinde Hoppegarten
- Bauaktenkammer/Planarchiv der Bezirke Friedrichshain-Kreuzberg, Lichtenberg, Neukölln, Pankow-Prenzlauer Berg, Tempelhof-Schöneberg,
- Brandenburgisches Landeshauptarchiv, Potsdam
- Bundesarchiv, Abt. Reich, Berlin
- Landesarchiv Berlin
- Landesdenkmalamt Berlin
- Archiv der Senatsverwaltung, Abteilung X, Berlin

Für die Recherchen zu den in Berlin tätigen Akteuren (Ingenieure und Bauunternehmen) ergaben die Bestände der folgenden Archive wertvolle Informationen:

- Architekten- und Ingenieur-Verein, Berlin
- Deutsches Museum, München
- Geheimes Staatsarchiv Preußischer Kulturbesitz, Berlin
- Hessisches Wirtschaftsarchiv, Darmstadt
- Rheinisch-Westfälisches Wirtschaftsarchiv, Köln
- Stadtarchiv Neustadt an der Weinstraße
- Technikmuseum Berlin

Die Veröffentlichungs- und Vervielfältigungsrechte speziell der aus Archivalien entnommenen Abbildungen verbleiben bei den genannten Archiven.

[23] Der Charakter der Firmenschriften ist durchaus unterschiedlich. Einige sind reine Aufzählungen der ausgeführten Bauwerke, als eine Art Portfolio zu Werbezwecken. Andere enthalten detaillierte Bemessungsannahmen zusätzlich zu ausführlicheren Baubeschreibungen (siehe Kapitel 3.5.2).

1.4.4 Messtechnische Untersuchung der Tragwerke

Die einzelnen Tragwerke gelten im disziplinären Verständnis ebenfalls als Quelle. Durch Vorortuntersuchungen werden die archivalischen Befunde im besten Fall ergänzt, mitunter aber auch in Frage gestellt. Im Ergebnis bilden die Resultate der messtechnischen Untersuchungen einen wichtigen Teil der Auseinandersetzung mit historischen Tragwerken.

Für die nachträgliche Analyse historischer Eisenbetontragwerke bleibt trotz aller Sorgfalt eine Schwierigkeit erhalten. Aktuell gibt es kein zerstörungsfreies, bildgebendes Prüfverfahren, durch das die Positionierung und die Form der kompletten Bewehrung einwandfrei wiedergegeben werden kann.[24] Idealerweise werden verschiedene Untersuchungsmethoden (Archivrecherche, messtechnische Untersuchung) miteinander kombiniert.

Im Rahmen der konstruktiven Bestandsaufnahmen[25] wurde auf eine Anwendung des Röntgenverfahrens verzichtet. Für die Bearbeitung der Fragestellungen im Rahmen dieser Arbeit waren die durch die eingesetzten und im Folgenden erläuterten Untersuchungsmethoden erzeugten indirekten Ergebnisse jedoch ausreichend.

Die Fallstudien wurden fotografisch dokumentiert, textlich beschrieben und messtechnisch analysiert. Neben der Überprüfung der Gebäudegeometrie wurde auch die Betondeckung ermittelt und die Bewehrung lokalisiert sowie die Betonfestigkeit überprüft. Durch die Zusammenführung aller Erkenntnisse ergab sich ein einheitlicheres Bild der Konstruktion und der darin versteckten ingenieurtechnischen Werte.

Untersuchung der Betonfestigkeit (Rückprallhammer/Schmidthammer):

Die ursprünglich zum Bau konzipierte Festigkeit wurde meist in den statischen Berechnungen festgehalten, bzw. orientierte sich ab 1904 an den gesetzlichen Vorgaben. Eine Untersuchung der Betonfestigkeit kann zur Verifizierung des tatsächlichen Zustands beitragen. Dabei ist zu beachten, dass es bei den frühen Eisenbetonkonstruktionen, abhängig vom Wasser/Zement-Wert bzw. dem Zementgehalt, mitunter zu einer relativ hohen Nachverdichtung kam.[26]

Als zerstörungsfreie Untersuchungsmethode ist der sogenannte Rückprallhammer eine anerkannte Methode. Alternativ besteht die Möglichkeit, allerdings zerstörend, mittels Bohrkernproben die Festigkeit zu prüfen.

Bei der Untersuchung mit dem Rückprallhammer wird die Betonfestigkeit nicht direkt, sondern in Korrelation mit dem elastischen Verhalten des Betons bestimmt. Grundsätzlich lassen sich damit Rückschlüsse auf die aktuell vorhandene Betonfestigkeit ermitteln.[27] Verfahrensbedingt erfolgen die Untersuchungen stichprobenartig und erlauben nur einen begrenzten Blick auf die Konstruktion. Weiterhin konzentriert sich die Festigkeitsermittlung auf oberflächennahe Bauteilschichten (bis zu 3 cm). Die strukturellen Eigenschaften dieser Betonrandzonen können sich über die Lebensdauer des Bauwerks hinweg im Vergleich zum Kern verändern. Insbesondere

[24] So ist auch die Untersuchung mittels Röntgen beispielsweise bei größeren Bauteilgeometrien nur bedingt anwendbar. Eine Röntgenuntersuchung bedarf umfangreicher Kenntnisse in der Anwendung und vor allem Erfahrungen bei der Deutung bzw. Auswertung der Meßergebnisse.

[25] Eine konstruktive Bestandsaufnahme ist eine erweiterte Bauaufnahme. Der Fokus liegt hierbei nicht nur auf der Gebäudegeometrie, sondern vielmehr auf der Erfassung des Tragwerks und der Identifizierung eingesetzter Materialien sowie auf der Dokumentation des aktuellen Zustands.

[26] Siehe Walz (1977).

[27] Einen vergleichenden Überblick zu den gesetzlich vorgeschriebenen Betonfestigkeiten gibt unter anderem Fingerloos (2008).

durch die Karbonatisierung und die damit zusammenhängenden chemischen Prozesse ergibt sich bei Betonbauteilen eine Verfestigung der Oberfläche. Bei vergleichsweise alten Gebäuden ist hier mit einer deutlich umfangreicheren Schicht zu rechnen. Eine Aussage zu den Festigkeiten im Kern kann nur mittels Bohrkernprobe getroffen werden.[28] Die Ergebnisse der Rückprallhammer-Untersuchung geben nur eine Tendenz wieder.

Untersuchung der Bewehrungsverteilung (Profometer)

Eine Untersuchung zum Vorhandensein von Bewehrung, deren Positionierung und der vorhandenen Betondeckung ist über ein indirektes, magnetinduktives Verfahren möglich. Das Verfahren basiert auf der Potenzialdifferenz zwischen Bewehrung und Betonoberfläche, die bis zu 100 mV betragen kann. Die Puls-Induktionsmethode, oder auch Wirbelstromprinzip genannt, ist das einzige bildgebende Verfahren, das nicht durch die Zusammensetzung oder Feuchte des Betons beeinflusst wird. Der Nachweis einzelner Bewehrungsstäbe ist allerdings nur bis in eine Tiefe von zehn Zentimetern ab der Betonoberkante möglich. Für die Einstellung des Messgerätes ist eine Angabe des Durchmessers der gesuchten Bewehrung vorzugeben. Je genauer diese Angabe gemacht wird, gegebenenfalls auf Grundlage vorhandener bauzeitlicher Planungen, desto genauer werden die Messergebnisse.

1.5 Struktur und Inhalt der Arbeit

Berlin als Reichshauptstadt war preußisches Verwaltungszentrum und die größte Industriemetropole in Kontinentaleuropa zum Ende des 19. Jahrhunderts. Der politische und soziale Sonderstatus hat die Stadt nicht nur in ihrer Architektur und im Stadtbild geprägt. Wie im Forschungsstand (Kapitel 1.2) bereits angedeutet, gilt das 19. Jahrhundert in Berlin vor allem als die Zeit der großen Eisenkonstruktionen. Gleichfalls finden sich in der Zeit die Anfänge der Entwicklung von Eisenbeton in Deutschland, hin zu dem Baustoff von heute. Angefangen 1833 mit der Gründung der ersten Romanzementfabrik bei Ulm bzw. um 1850 mit der Gründung der ersten Portlandzementfabrik bei Stettin[29] entstanden bis 1900 bereits erste Tragwerke unter Verwendung von bewehrtem Beton.

Mit der Zulassung und Veröffentlichung des Monier-Patents 1881 in Deutschland begann die allgemeine deutsche Eisenbetongeschichte. Der Untersuchungszeitraum dieser Arbeit beginnt 1880 und endet 1918, dem sogenannten Schicksalsjahr im Deutschen Reich. Der Erste Weltkrieg war zu Ende, für Deutschland verloren, mit unermesslich großen Opfern auf allen Seiten. Das Jahr 1918 war aber auch ein Neuanfang für die deutsche Bevölkerung, die sich mit der Weimarer Republik ihre Eigenständigkeit und Freiheit erkämpft und deren Gesellschaft sich durch Justizreformen modernisiert hatte, auf dem Weg, sich zu einem der fortschrittlichsten Staaten Europas zu entwickeln. Vor allem aber brachte das Jahr 1918, in dessen Verlauf 22 souveräne Fürsten sowie der deutsche Kaiser mehr oder weniger freiwillig auf ihre Ämter verzichteten, das „Ende der Monarchie in Deutschland"[30]. Gerade in Berlin, dem Hauptsitz der

[28] In der Literatur gibt es deutliche Unterschiede in den Angaben über die Auswirkung der Karbonatisierung auf die Untersuchung mittels Rückprallhammer, daher wird hier auf eine spezifische Festlegung verzichtet. Nach aktueller Norm DIN EN - 13791: 2018 darf in Deutschland bei Bestandsbauwerken die Betonfestigkeit mittels Rückprallhammer nur in Ergänzung mit der Festigkeitsuntersuchung von Bohrkernproben bestimmt werden.

[29] Ast (1907); zur gesamteuropäischen Geschichte siehe auch Huberti (1964), Pauser (1994) und Newby (2001b).

[30] Erenz (2018), S. 18-20.

preußischen Verwaltung und dem Amtssitz des Kaisers, kam es dadurch in den folgenden Jahren zu großen gesellschaftlichen Veränderungen.
In der Kriegszeit waren in Berlin noch zahlreiche Eisenbetonprojekte realisiert worden, die von einem immer besser werdenen Verständnis der Materialien geprägt waren und deren Analyse die Untersuchung abrundet. Die Nachkriegsjahre waren aber geprägt von Mangelwirtschaft und einem allgemein geringen Gesamtbauvolumen. Diese zeitliche und technische Zäsur wird durch den Untersuchungsrahmen der Arbeit aufgegriffen. Weiterhin umfasst der geografische Fokus für die Untersuchung zum Anfang des Bauens mit Eisenbeton in Berlin die Grenzen von 1920.[31]
Zu Beginn mehrheitlich als Eisenbeton[32] bezeichnet, änderte sich die Namensgebung erst nach dem Zweiten Weltkrieg zu Stahlbeton. Diesem Namenswechsel lag vor allem die veränderte Materialität der Bewehrungseisen zu Grunde. Aus den anfänglich verwendeten flusseisernen Drahteinlagen wurden Stab- und Profileinlagen, die schließlich zu den heute bekannten Bewehrungsstäben aus Stahl weiterentwickelt wurden.[33] Die vorliegende Arbeit verwendet den Begriff „Eisenbeton“ entsprechend. Ein Artikel von 1922 belegt, dass auch vier Jahre nach dem Ende des Untersuchungszeitraums (1880–1918) von keiner klaren Zuordnung des Begriffs „Stahlbeton“ auszugehen ist. Vielmehr wird hier der Stahlbeton als ein „Belagmaterial [das von] Prof. Kleinlogel in Darmstadt […] auf den Markt [gebracht wurde]“[34] bezeichnet.[35]
Nachdem in Kapitel 1 einführend Anlass, Forschungsstand, Leitfragen und Methodik erläutert werden, ist der Hauptteil der Arbeit durch die methodische Herangehensweise wie folgt strukturiert: Kapitel 2 konzentriert sich auf eine zusammenfassende Darstellung des allgemeinen zeitlichen Kontextes. Dabei wird schlaglichtartig die Einführung der neuen Bauweise anhand einzelner Randbedingungen, deren Wirkungsrahmen über die Grenzen von Berlin hinausgeht, untersucht. Diese umfassen nicht nur eine Erläuterung des zeitgenössischen Verständnisses des Begriffs „Eisenbeton“, sondern auch eine Differenzierung zwischen Patent, System und Bauweise; drei Begriffe, die gleichzeitig in Gebrauch waren, die aber im Rückblick eine genauere Differenzierung erfordern. Weiterhin gilt es, die Konkurrenz zum Eisenbau angemessen zu beschreiben, da dieser im 19. Jahrhundert das Bauwesen dominierte und die damit verbundenen institutionellen Strukturen teilweise aktiv einer Verbreitung des Eisenbetons entgegenarbeiteten. Für die Darstellung der Entwicklung der Bauweise aus ingenieurtechnischer Perspektive ist es notwendig, auch den theoretischen Erkenntnisprozess der bauzeitlichen Akteure nachzuvollziehen. Weiterhin werden die Bildung und der Wandel institutioneller Interessenvertretungen thematisiert. Vor allem mit Blick auf die gewachsenen Strukturen im Eisenbau war letzterer Aspekt nicht zu vernachlässigen. Zuletzt wird der Wandel der preußischen Baugesetzgebung untersucht,

---

31 Eine Fokussierung auf das Berlin des 19. Jahrhunderts erschien als nicht zielführend. Zum Ende des 19. Jahrhunderts war der Großstadtkern bereits stark mit den umliegenden Städten und Gemeinden verwachsen, wodurch sich eine Erweiterung des Untersuchungsraumes auf die Grenzen von Groß-Berlin von 1920 anbot. Gerade in den Industrieansiedlungen im Norden und Süden wurden zahlreiche Bauten in Eisenbeton realisiert.

32 Offenbar gab es um 1908 eine Initiative der österreichischen Ingenieure hin zum Begriff „Betoneisen“, der verschiedentlich auch in Deutschland synonym für Eisenbeton verwendet wurde (Sarrazin (1908), S. 184).

33 Zur Geschichte der Stahlbetonbewehrung siehe Bindseil und Schmitt (2002). Ausschlaggebend war der Versuch, eine gleichbleibende Qualität zu gewährleisten und durch spezielle Formgebung den Verbund zu stärken. Um 1907 waren die sogenannten Moniereisen noch immer in Verwendung, allerdings versuchten die Hersteller spezieller Formeisen sich ebenfalls am Markt zu etablieren. Nach deren Lesart waren die Moniereisen aus „minderwertige[m] Eisen“ gefertigt und in Form und Qualität den Spezialeisen nicht gleichzusetzen (O. A. (1907d), S. 55).

34 Ullrich (1922), S. 130.

35 Dabei handelte es sich offenbar um „eine auf kaltem Wege hergestellte, in beliebiger Stärke aufzubringende metallartige Haut [, die] in zusammenhängender Fläche als auch in fertigen Platten zur Ausführung gelang[t]“. Ebd. S. 131.

der sich als verhaltene Anerkennung der Bauweise charakterisieren lässt und der offenbar unmittelbar Einfluss auf die Einführung und vor allem auf die Verbreitung von Eisenbeton hatte.
Kapitel 3 widmet sich ergänzend dazu einigen für Berlin spezifischen Randbedingungen zur Zeit der Einführung. Dabei liegt der Fokus auf dem praktischen Bauen. Durch Auswertung vorhandener historischer Statistiken wird die Stellung des Bauwesens im Vergleich zu anderen Industrien analysiert und diskutiert; hierbei stehen die Beschäftigtenzahlen, die Entwicklung einer eigenen Berufsbezeichnung und die Herkunft der Rohstoffe im Zentrum. Darüber hinaus erfordert die besondere Situation der Stadt Berlin im Bereich der staatlichen und kommunalen Aufgabenverteilung einige ergänzende Anmerkungen zur Berliner Bauverwaltung. Der Schwerpunkt des Kapitels ist die Analyse und Bewertung der lokalen Akteure und deren Einflüsse auf die Entwicklung des Bauens mit Eisenbeton in Berlin. Die Ausarbeitung umfasst dabei Analysen einzelner Firmengeschichten, eine Zusammenstellung der Biografien relevanter Persönlichkeiten und eine Analyse von Firmenschriften und -werbung. Die detaillierten Betrachtungen in einem Teilbereich der Berliner Bauindustrie ermöglichen es, bestimmte Entwicklungen in einen größeren Kontext zu setzen. Die vorliegende Arbeit erweitert somit deutlich den Kenntnisstand zum Bauwesen in Berlin um die Jahrhundertwende 1900 und verknüpft vorhandene mit bisher unbeachteten und zum Teil offensichtlich in Vergessenheit geratenen Informationen.
Unter Beachtung der zuvor diskutierten Randbedingungen gliedert sich Kapitel 4 in zwei Teile. Unter Zugrundelegung der Daten aus der Objektliste (siehe Anhang C1), werden im ersten Teil einige komplexere Fragestellungen wie beispielweise eine Analyse der Anwendungsbereiche von Eisenbeton, die räumliche Verteilung der Tragwerke oder Rückschlüsse auf die Bauherrschaft thematisiert.
In Auswertung der Rechercheergebnisse zu den Fallstudien konzentriert sich der zweite Teil dann auf die Erläuterung und Bewertung der Entwicklungen im praktischen Bauen an expliziten Beispielen. Einerseits umfasst dies die Erarbeitung einzelner Entwicklungsstränge für sechs ausgewählte Tragwerkskategorien und andererseits eine Bewertung der Einflüsse lokaler Bauunternehmer sowie der Auswirkungen des praktischen Bauens auf die Bemessung.
In Kapitel 5 wird abschließend das Bauen mit Eisenbeton in Berlin in die bautechnikgeschichtliche Entwicklung eingeordnet. Dabei werden die Entwicklungen nicht nur mit zwei deutschen Städten (Leipzig und München), sondern zusätzlich auch mit drei internationalen Städten[36] verglichen.
Ergänzend zu den Ausführungen im Textteil umfasst die Arbeit drei detaillierte Anhänge. Anhang A enthält den Katalog der essenziellen Fallstudien (Anhang A1 bis A7). Darin sind ausführliche Beschreibungen der Fallstudien enthalten, die als Grundlage für das Verfassen von Kapitel 4 und 5 gedient haben. Die Quellenanalyse und vergleichende Bewertung der Fallstudien bildet die Grundlage der Auseinandersetzung mit der spezifischen Entwicklung der Tragwerke. Erst vor dem Hintergrund der tatsächlichen Realisierung erhalten die Aussagen über die Entwicklung der Tragwerke ihre Prägnanz.
Anhang B beinhaltet das Quellen- und Abbildungsverzeichnis für den Hauptteil und den Anhang A der Arbeit.
Schließlich umfasst Anhang C die Objektliste (Anhang C1) als eine systematische Übersicht der in der Untersuchungszeit realisierten und publizierten Tragwerke. Darüber hinaus enthält An-

[36] Die Auswahl umfasst Brüssel (Belgien), Bologna (Italien) und Sankt Petersburg (Russland).

hang C eine Übersicht zu den jeweiligen bauzeitlichen Statiken (Anhang C2) der für diese Arbeit grundlegenden Fallstudien sowie in Anhang C3 eine Kurzzusammenstellung von Massivdeckensystemen nach Colby[37].

[37] Colby (1909)

2 Rahmenbedingungen der Einführung des Bauens mit Eisenbeton

Ausgangspunkt für die Entwicklung von Eisenbeton waren Versuche und wissenschaftliche Untersuchungen mit hydraulischen Kalken und künstlich hydraulischem Zement, unter anderem von John Smeaton (1724–1792)[38], Joseph Aspdin (1778–1855)[39] und Johann Friedrich John (1782–1847)[40].[41]

Grundsätzlich lässt sich festhalten, dass die Herstellungsmethoden der Ausgangsmaterialien für Eisenbeton, qualitativ hochwertiger künstlich-hydraulischer Zement und tragfähige Eisenwerkstoffe, in Kontinentaleuropa und England zu Beginn des 19. Jahrhunderts bereits bekannt waren. In diese Zeit fällt gleichzeitig die Suche nach neuen feuerfesten Konstruktionen, da die üblicherweise eingesetzten Eisenkonstruktionen nicht feuerfest waren. Überliefert sind hierbei verschiedene Anwendungen von mit Zement ummantelten Eisenträgern, aber auch Deckenkonstruktionen mit Drahteinlagen als Bewehrung.

Mit den Namen Joseph-Louis Lambot (1814–1887)[42] und Josef Monier (1823–1906)[43] sind erste Patente in Frankreich um 1867 verbunden, deren Versuchsbauten mit bewehrtem Beton ausgeführt wurden. Bei diesen frühen Objekten gibt es bislang nur vereinzelte Hinweise auf ein grundlegendes Verständnis der Tragfähigkeitsanteile und das physikalische Zusammenwirken von Beton und Eisen. Eisen wurde wohl eher zur Formgebung genutzt und damit lediglich als Armierung in die Bauteilmitte schlanker Bauteile positioniert. Dennoch gelang es Monier im weiteren Verlauf seiner Tätigkeiten, seine Ideen länderübergreifend deutlich besser zu vermarkten. Noch heute werden Bewehrungsstäbe mitunter als „Moniereisen“ bezeichnet.

Das erste grundlegende deutsche Standardwerk dazu war die 1887 in Berlin veröffentlichte Monier-Broschüre. Als Firmenschrift konzipiert enthält sie neben Ausführungsbeispielen auch eine erste, auf Materialversuchen gestützte Bemessungstheorie (siehe Kapitel 2.4). Die Gesamtkonzeption, die wissenschaftlichen Versuchsreihen und schlussendlich der Druck der Broschüre wurden allesamt privat finanziert. Die Monier-Broschüre bildete den Ausgangspunkt für die bis heute andauernde wissenschaftlich-theoretische Auseinandersetzung mit dem Baustoff. Sie ist eine der ersten überlieferten Publikationen, in der das „Zusammenwirken zwischen technischem Versuch und technikwissenschaftlicher Theorienbildung einerseits sowie Baupraxis andererseits deutlich“[44] wird.

---

38 John Smeaton war ein englischer Ingenieur, der, bei der Rekonstruktion des Leuchtturmes von Eddystone, mit künstlich hydraulischem Mörtel für die Unterwasserfundamente arbeitete. Basierend auf den Erkenntnissen Vitruvs und Belidors erkannte er, dass der Tonanteil im Kalkstein bei gebranntem Kalk für die hydraulischen Eigenschaften entscheidend ist. Die Entwicklungsgeschichte von Portlandzement wurde bereits vielfach publiziert, siehe bspw. Emperger (1908) oder auch Quietmeyer (1910).

39 Joseph Aspdin, englischer Zementhersteller, griff 1824 die Bezeichnung von Smeaton auf und reichte ein Patent für Portlandzement ein. Damit legte er die Grundlage für die Zementindustrie. Erste Fabriken wurden in England um 1830 gegründet; vgl. Förster (1908b).

40 Johann Friedrich John war Professor für Chemie und Arznei in Berlin, später in Frankfurt a. d. Oder. Er sprach erstmals von einer chemischen Verbindung zwischen den einzelnen Bestandteilen (Kalk, Kiesel- oder Tonerde und Eisenoxid), die sich während der Erhärtung von Zement ausbildet. Siehe bspw. Dartsch (1984).

41 Für eine genauere Differenzierung der Zusammenhänge siehe unter anderem Huberti (1964), Dartsch (1984) oder auch Pauser (1994).

42 Joseph-Louis Lambot baute 1848 ein Boot aus Eisenbeton und reichte 1855 ein Patent zur Verwendung von bewehrtem Beton in Frankreich ein. Im gleichen Jahr zeigte er das Boot auf der Weltausstellung in Paris, wo dieses allerdings weitestgehend unbeachtet blieb; vgl. Herzog (1999).

43 Zum Leben von Joseph Monier und seiner Bedeutung bei der Entwicklung von Eisenbeton in Frankreich siehe auch Bosc (2001).

44 Kurrer (2016), S. 666.

François Hennebique arbeitete in Belgien und später in Frankreich ebenfalls mit Eisenbeton. Erste Bauausführungen unter Verwendung von Eisenbeton hatte er in den Jahren 1879–1880 realisiert. Sein erstes Patent mit dem Titel „Gitages et planchers tubulaires incombustibles, insonores et économiques" reichte er 1886 in Belgien ein.[45] In der Zeit bis 1892 entwickelte er die Bauweise weiter hin zu miteinander verbundenen Decken-Stützen-Konstruktionen. Als Ergebnis seiner Arbeit reichte er 1892 ein neues verbessertes Patent in Belgien, Frankreich und auch im Deutschen Reich ein. Dieses begründete seinen späteren Erfolg (siehe Abbildung 1). Sein ab 1898 veröffentlichtes Magazin „Le beton armé" wurde zum wegweisenden Format für Firmenwerbung und beförderte eine bessere Vermarktung von Eisenbeton.[46]

Abbildung 1: Konstruktive Details des Hennebique Patents von 1892 aus Christophe (1905), S. 78.

Im Grunde bestand Hennebiques Firmenpolitik darin, die Bemessungshilfen geheim zu halten sowie durch eine zentralisierte Projektbearbeitung in einem Hauptbüro eine gleichbleibende Qualität zu gewährleisten. Erst Wilhelm Ritter (1847–1906) erläuterte 1899 die theoretischen Annahmen der Hennebique'schen Idee einer größeren Leserschaft in einer detaillierten Publikation.[47]

45 Van de Voorde (2010), S. 37.

46 Für die detaillierte Entstehungsgeschichte der Zeitschrift sowie eine ausführliche Charakterisierung von François Hennebique siehe Van de Voorde (2009).

47 Zur Person Wilhelm Ritter siehe auch Kurrer (2016). Wilhelm Ritter veröffentlichte in der Schweizer Bauzeitung 1899 eine dreiteilige Artikelserie über die Bauweise Hennebique mit besonderer Beachtung der bemessungstheoretischen Annahmen. Ritter publizierte damit erstmals Details der Berechnungsweise für das System Hennebique, siehe dazu Ritter (1899a, 1899b, 1899c).

Im gleichen Jahr veröffentlichte Paul Christophe (1870–1957)[48] sein Buch „Le Beton armé" (dt. Übersetzung 1905). Darin sind nicht nur die beiden Hauptvertreter für Eisenbetonkonstruktionen Monier und Hennebique aufgeführt, vielmehr gelingt Christophe eine zeitgenössische Zusammenstellung aller marktüblichen Systeme und Patente sowie Bemessungsweisen. Ausgewählte zeitgenössische Ansätze unterschiedlicher Bemessungstheorien für Eisenbeton werden einander gegenübergestellt und diskutiert. Die Verbreitung der Publikation, vor allem begünstigt durch die Übersetzung in verschiedene Sprachen, erfolgte weltweit.

Diesen Überblickscharakter aufgreifend erschien 1908 „Der Eisenbetonbau" von Emil Mörsch (1872–1950)[49]. Mörsch hatte bereits 1902 in einer Firmenschrift der Wayss & Freytag AG[50] einen Beitrag zu Bemessungstheorien für Eisenbeton verfasst, der in der internationalen Fachwelt große Anerkennung fand (siehe dazu auch Kapitel 2.4.2).

Den wohl prägendsten publizistischen Einfluss auf die Eisenbetonbauweise hatte Friedrich Ignaz Edler von Emperger (1862–1942)[51], ein österreichischer Ingenieur mit praktischer Erfahrung in Österreich-Ungarn und Amerika. Er begründete die Zeitschrift „Beton und Eisen" (heute: „Beton- und Stahlbetonbau"), veranlasste die Publikation des Beton-Kalenders sowie der Reihe „Handbuch für Eisenbetonbau". Letztere war ein mehrreihiges enzyklopädisches Werk, das bis zu Empergers Tod in mehreren Auflagen herausgegebenen wurde. Es ist noch heute Sinnbild für ein unabhängiges, technisch und wissenschaftlich fundiertes Gemeinschaftswerk, um eine Bauweise voranzubringen.[52]

Zusätzlich dazu wurden vielfach thematisch entsprechende Artikel in den historischen Bauzeitschriften veröffentlicht sowie später Kongress- und Tagungsbände verschiedener Interessenverbände (Beton-Vereine, Architekten- und Ingenieur-Vereine, Zement-Verbände, Materialprüfanstalten etc.).

Diese überblickshafte Zusammenstellung am Beispiel der Fachpublikationen zeigt deutlich, dass Eisenbeton eine gesamteuropäische Geschichte hat. Erste Ansätze kamen aus Großbritannien, weitere Anwendungen dann aus Belgien und Frankreich, bevor Ingenieure aus dem deutschsprachigen Raum das theoretische Verständnis des Baustoffes maßgeblich erweiterten. Letzteres war ausschlaggebend für die Entwicklung und Ausführung zuverlässiger Tragwerke, die definierte Lasten übertragen konnten. Im Fokus der weiteren Ausführungen stehen die Verhältnisse in Preußen, während für Berlin spezifische Randbedingungen in Kapitel 3 erläutert werden.

---

48 Paul Christophe war Beamter der belgischen Straßen- und Brückenbauverwaltung. Zu seiner Rolle als Eisenbetonpionier und seinen Verdiensten siehe auch Espion und Hellebois (2013). Sein Einfluss bei der Formulierung einer passenden Bemessungstheorie wird in Kapitel 2.4.2 beschrieben.

49 Emil Mörsch war ein deutscher Bauingenieur, der unter anderem als Oberingenieur bei Wayss & Freytag arbeitete und später Professor an der Eidgenössischen Technischen Hochschule Zürich wurde. Sein Einfluss auf die Entwicklung einer Bemessungstheorie für Eisenbeton wird in Kapitel 2.4 erläutert.

50 Das Unternehmen Wayss & Freytag AG war um 1900 eines der großen deutschen Eisenbetonbauunternehmen und existiert bis heute. Zur Entwicklung des Unternehmens siehe auch Kapitel 3.6.

51 Friedrich Ignaz Edler von Emperger war ein österreichischer Bauingenieur, war ab 1901 Begründer der Schriftenreihe „Neue Bauweisen und Bauwerke aus Beton und Eisen", die sich später zur Zeitschrift „Beton & Eisen" (heute „Beton und Stahlbeton") weiterentwickelte. Weiterhin war er Herausgeber des Betonkalenders und des Handbuches für Eisenbetonbau. Auf Grund dieser beispiellosen publizistischen Tätigkeiten nimmt er eine herausragende Stellung unter den Eisenbetonpionieren ein.

52 Zur Bedeutung der Reihe „Handbuch für Eisenbetonbau" siehe Kierdorf (2007); eine Kurzbiografie von Fritz von Emperger findet sich u. a. bei Kurrer (2016).

2.1 Betoneisenbau oder Eisenbetonbau – Zur Begriffsbildung

Der Begriff „Eisenbeton“ wird heute in Fachkreisen nicht mehr benutzt, synonym dafür wird „Stahlbeton“ verwendet; dieser Begriff ist heute allgemein etabliert.[53] Zur Differenzierung erfolgt an dieser Stelle eine genaue(re) Begriffsbestimmung dessen, was zeitgenössisch als Eisenbeton bezeichnet wurde. In der Anfangszeit der Entwicklung des Baustoffes, etwa ab 1850, waren verschiedene Ausführungsarten von bewehrten Decken- und Wandkonstruktionen am deutschen und europäischen Markt erhältlich. Allerdings sind nicht alle Konstruktionen, die damals als Eisenbeton verkauft wurden, tatsächlich als solche im Sinne der Begriffsbestimmung dieser Arbeit zu bezeichnen.

Im Rahmen der Recherche fanden sich zahlreiche Versuche, diesem damals neuen, künstlichen Material einen Namen zu geben, bzw. die Besonderheit des Zusammenwirkens von Beton und Eisen in wenigen Worten zu erläutern. Einerseits geschah dies, um sich von anderen, traditionellen Bauweisen abzugrenzen, andererseits aus werbetechnischen Gründen, um die Besonderheit dieses Baumaterials in den Vordergrund zu bringen.

Zum besseren Verständnis und zur Eingrenzung des Begriffs sind im Folgenden einige prägnante Zitate aufgeführt, die das Material im Sinne der vorliegenden Arbeit beschreiben.

> Friedrich Ignaz Edler von Emperger:
> "Um dieses weite Feld, als dessen einfachstes Glied die gewöhnliche Mauerschließe anzusehen ist, besser zu übersehen, sei dasselbe in zwei Gruppen eingeteilt:
> I. In Beton-Eisenbauten oder Betonbauten mit Eisengerippe, in welchen das Eisen die statisch maßgebende Rolle spielt, und
> II. in Eisen-Betonbauten, die wir kürzer als armierten Beton bezeichnen können. [...]
> Im Falle II. ist die Güte und Herstellung des Betons von entscheidender Bedeutung.“[54]

> Emil Mörsch:
> "Unter dem Begriff Betoneisenkonstruktionen werden alle jene Konstruktionen zusammengefaßt, welche derartig aus Portlandzementbeton in Verbindung mit Eisen hergestellt werden, daß die beiden innig mit einander verbundenen Elemente zu gemeinsamer statischer Wirkung gegen äußere Beanspruchungen gelangen können."[55]

> Paul Christophe:
> „Mit Eisenbeton oder Eisenbetonbau bezeichnet man diejenigen Bauausführungen, bei denen ein Eisengerippe von Beton oder Zementmörtel umgeben ist, wobei die beiden Elemente so angeordnet werden, dass sie sich gegenseitig darin unterstützen, die beabsichtigte Festigkeit gegen äussere Kräfte und Einwirkungen zu erreichen.“[56]
> Ludwig Hess:[57]

---

53 Der Begriff „Eisenbeton“ war bis in die 1940er Jahren genutzt und dann erst durch „Stahlbeton“ abgelöst.

54 Emperger (1901), S. 5–6.

55 Mörsch (1903), S. 106.

56 Christophe (1905), S. 1.

57 Die Lebensdaten zu Ludwig Hess sind nicht dokumentiert. Hess hat als Professor an der höheren k. k. Staatsgewerbeschule in Brünn gearbeitet.

„Ordnet man das Eisen im Betonkörper so an, dass beide Materialien zu gemeinsamer statischer Wirkung gelangen können, so spricht man von einem Körper aus Eisenbeton.“[58]

Firmenbroschüre der Dyckerhoff & Widmann AG:
"Unter Eisenbeton versteht man Beton, der durch Einlegen von Eisen verstärkt wird, und zwar geht man dabei von dem Gedanken aus, durch den Beton, dessen Zugfestigkeit gering ist, nur die vorhandenen "Druck" -spannungen und durch das Eisen die "Zug" -spannungen aufzunehmen. Außerdem soll das Eisen auch noch zur Aufnahme eines Teiles der Schub- oder Scherspannungen dienen. Dementsprechend besteht die Eiseneinlage in der Regel aus Stäben, die dort verlegt werden, wo Zug- und Schubspannungen auftreten können. Das Zusammenwirken zweier so verschiedener Materialien, wie Beton und Eisen, wird hauptsächlich dadurch bedingt, dass der Beton fest am Eisen haftet und dass der Ausdehnungskoeffizient beider Stoffe fast gleich ist. Allerdings nimmt die Haftfähigkeit des Betons am Eisen ab, je magerer die Mischung ist, weshalb man bei Eisenbeton nicht unter ein bestimmtes Mischungsverhältnis, etwa 1:6, heruntergehen darf, wenn noch ein voraussetzungsgemäßes Zusammenwirken stattfinden soll."[59]

Insgesamt kennzeichnet Eisenbeton also die gemeinsame statische Wirkung von Eisen und Beton gegenüber äußeren Belastungen. Interessanterweise fehlt eine genaue Definition des Baumaterials vom Verfasser des ersten Grundlagenwerkes, der Monier-Broschüre[60]. Ohne eine eigene Interpretation vorzugeben, zitiert der Verfasser Gustav Adolf Wayss (1851–1917) aus zwei Gutachten, die vermutlich im Zuge einer gerichtlichen Auseinandersetzung mit dem Bauunternehmer Carl Rabitz (1823–1891) in Berlin entstanden sind.[61]
Im Sinne der vorliegenden Untersuchung wird Eisenbeton als die tragfähige Kombination von Eisen und Beton, bei der das Eisen nicht die statisch maßgebende Rolle spielt, sondern vielmehr beide Materialien statisch relevant geplant und realisiert werden, verstanden.

2.2 Eisenbeton als universelle Idee – Von Patenten, Systemen und Bauweisen

Bevor die einzelnen Akteure des Berliner Eisenbetonbaus vorgestellt werden, bietet es sich an, die Begriffe Patent, System und Bauweise sowie die sie verbindenden Zusammenhänge zu erläutern. Der individuelle zeitgenössische Gebrauch dieser Termini war nicht immer eindeutig und ist deshalb im Rückblick teilweise schwierig einzuordnen.
Das deutsche und auch das europäische Patentwesen erlebten im 19. Jahrhundert, bedingt durch die Industrialisierung, eine Hochphase. Patente, Gebrauchsmuster und Markennamen wurden unter Schutz gestellt und ermöglichten Firmen und Erfindern, ihre Ideen mit Rechtssicherheit sowohl im Inland als auch auf Basis nationalstaatlicher Abkommen im Ausland gewinnbringend zu nutzen. Nach §1 des damaligen deutschen Patentgesetztes heißt es: „Patente werden ertheilt

---

58 Hess (1908), S. 28.
59 Dyckerhoff-und-Widmann-Aktiengesellschaft (verschieden datiert), S. 109.
60 Wayss (1887b).
61 Über den Verlauf der Verhandlungen geben mehrere kurze Notizen in der Deutschen Bauzeitung Auskunft. Im Ergebnis verliert Rabitz, der den Prozess ursprünglich angestrengt hat, und Wayss kann seine Bauweise weiterhin ausführen und bewerben. Vgl. O. A. (1886a, 1886b), Wayss (1886c).

für neue Erfindungen, welche eine gewerbliche Verwerthung gestatten.“[62] In Abgrenzung dazu waren Gebrauchsmuster wie folgt definiert:

> „Modelle von Arbeitsgeräthschaften oder Gebrauchsgegenständen oder von Theilen derselben werden, insoweit sie dem Arbeits- oder Gebrauchszweck durch eine neue Gestaltung, Anordnung oder Vorrichtung dienen sollen, als Gebrauchsmuster nach Maßgabe dieses Gesetzes geschützt.“[63]

Sowohl Patente als auch Gebrauchsmuster sollten technische Erfindungen vor Missbrauch schützen. Dabei konnte aber nur ein Patent ein bestimmtes Verfahren schützen, Gebrauchsmuster umfassten eher technische Elemente (siehe dazu auch die Übersicht zum Unternehmen Lolat-Eisenbeton in Kapitel 3.5.2). Während bei einer Patentanmeldung eine Prüfung durch einen Patentprüfer hinsichtlich Neuheit und erfinderischer Tätigkeit erfolgte, schloss das Gebrauchsmuster nur ein Registrierungsrecht ein, ohne ausführliche Prüfung. Ein weiterer Unterschied war die Laufzeit. Patente unterlagen einer Schutzzeit von 15 Jahren, bei den Gebrauchsmustern umfasste sie nur zehn Jahre. Die jeweils mit der Eintragung verbundenen Schutzrechte galten nur in dem Land, in dem sie erlassen wurden.

Die Anfangszeit des deutschen Eisenbetons war beherrscht von zwei Patenten: dem von Josef Monier und dem von François Hennebique.[64] Beide Stammpatente wurden jeweils zuerst in Frankreich eingereicht und danach in weiteren europäischen Staaten angemeldet. Während Monier sein deutsches Patent bereits 1880 anmeldete, erfolgte die Patentanmeldung von Hennebique in Deutschland erst 1892, gut zwölf Jahre später.

Ausgangspunkt und lange Zeit prägend für die Entwicklungen in Berlin war das deutsche Monier-Patent von 1880. Bei der Analyse fällt auf, dass im deutschen Monier-Patent zwar bei weitem nicht alle von Monier in Frankreich entwickelten Elemente abgebildet waren (Abbildung 2 und Abbildung 3), aber Wayss nach Erhalt der Nutzungslizenz 1885 mit seinem Unternehmen sogenannte Monier-Konstruktionen errichtete (siehe auch Kapitel 3.4), die genau solche Elemente beinhalteten.[65]

Der Patentschutz für das Monier-Patent endete 1894. Allerdings war Wayss offenbar von Beginn an weniger vom Patentgedanken erfüllt. Die Analyse der von ihm herausgegebenen Firmenschrift „Das System Monier und seine Anwendung im Bauwesen“ (siehe Kapitel 3.5.2) belegt, dass Wayss vielmehr vom „Monier'schen Verfahren“ oder „Monier-Konstruktionen“ sowie nicht zuletzt vom titelgebenden „System Monier“ schrieb und interessanterweise eben nicht vom Monier-Patent[66].

---

[62] Glaser (1899), S. 7.

[63] Ebd. S. 23.

[64] Das Patent von Monier ist unter der Veröffentlichungsnummer 14673 einsehbar, Monier (1880). Das Patent von Hennebique wurde zeitgenössisch von Ritter (1899a) beschrieben.

[65] Im deutschen Patent von Monier (1880) finden sich beispielsweise keine Darstellungen von Balken oder Plattenbalken, wie sie im französischen Patent von 1878 noch abgebildet waren.

[66] Wayss (1887b), S. 2 ff.

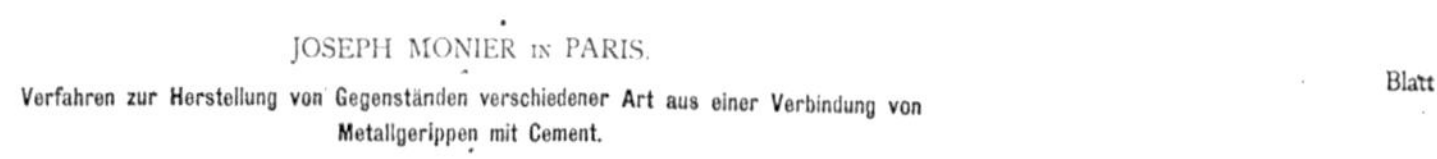

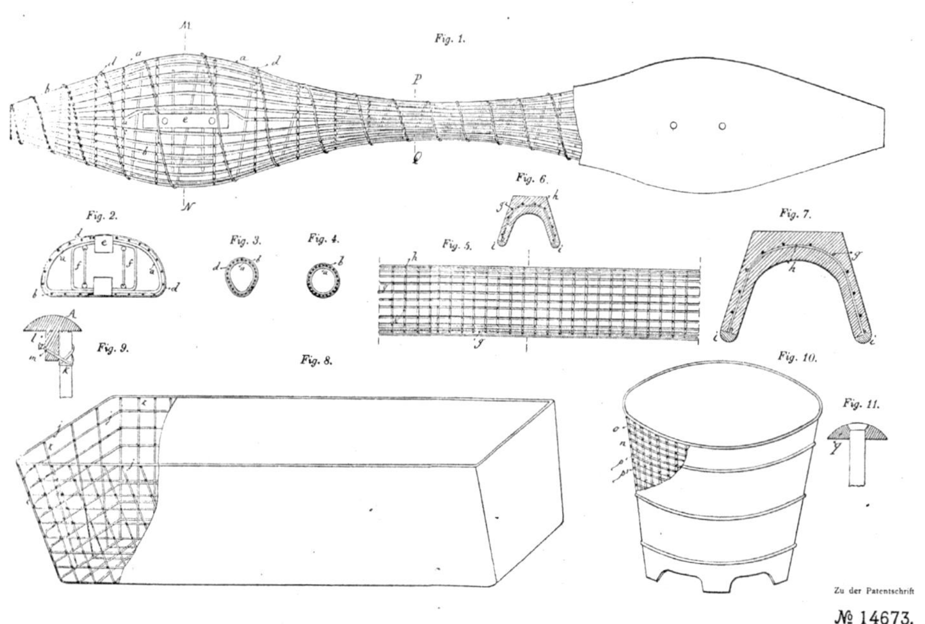

Abbildung 2: Blatt I der Abbildungen im deutschen Monierpatent von 1880, Monier (1880), S. 3–4.

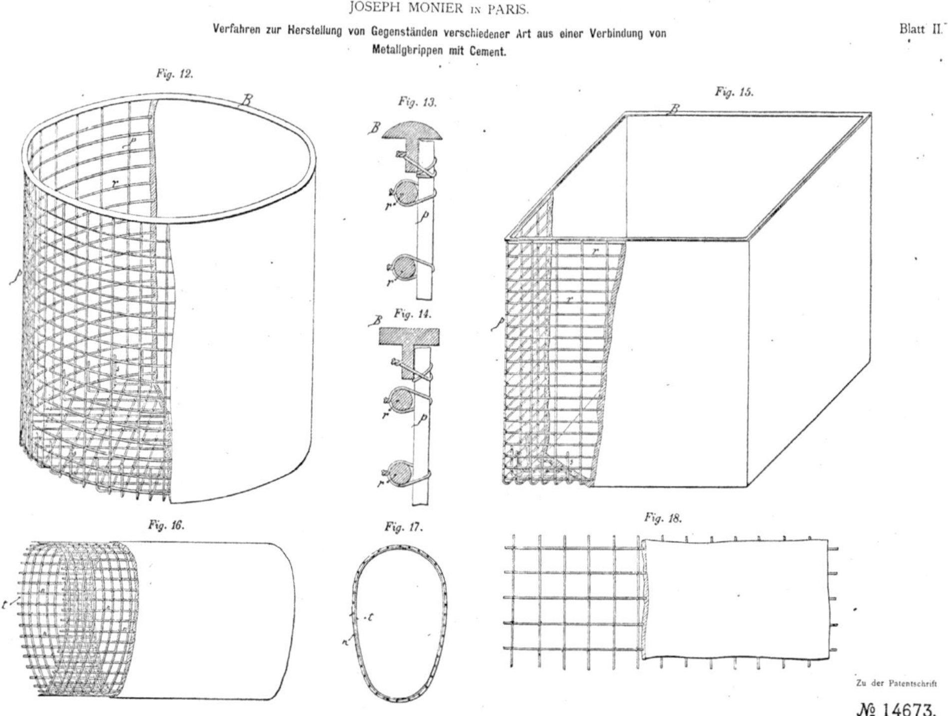

Abbildung 3: Blatt II der Abbildungen im deutschen Monierpatent von 1880, Monier (1880), S. 5–6.

Das Unternehmen G. A. Wayss bzw. seine Nachfolgeunternehmen vertrieben von Beginn an ein System, dessen Grundlage zwar ein Patent war, über das die Systemspezifikationen aber schon bald hinausgingen. Durch die Weiterverwendung des Namens hatte Wayss das Patent nach außen hin anscheinend weiterhin anerkannt. Allerdings veranlasste ihn offenbar sein technisches Verständnis, die patentimmanenten Defizite zu verbessern. Die Kennzeichen des Monier-Systems hat nach Christophe auch Colby[67] genauer beschrieben:

> "The Monier trellis consists of two series of parallel round rods, crossing each other at right angles. The lower rods, called the carrying rods or resisting rods, are placed in the direction of the span of the slab and form the 'resisting elements. The upper rods, called distribution rods, perform the two-fold function of holding the resistance rods at proper intervals apart and of distributing the load to them. The rods are tied together by wrapping the intersections with annealed wire. Many modifications of the Monier trellis have been introduced, as well as many devices of securing a rigid connection at the intersections."[68]

Zusammenfassend betrachtet war also für das Monier-System die Verwendung von Rundstäben kennzeichnend, die kreuzweise als Trag- und Verteilungsstäbe in Platten eingelegt und in Bereichen von Stützen und Auflagern abgebogen wurden. Vor allem aber war es dabei charakteristisch, dass die Bewehrung entsprechend einer theoretischen Bemessung positioniert wurde und demgemäß auch planmäßig belastet werden konnte.

Zeitgleich mit dem Monier-System fanden weitere Systeme in Deutschland Anwendung. So schrieb Mörsch noch 1902 von einer Vielzahl weiterer Systeme, die auf dem deutschen Markt erhältlich waren, allerdings verbunden mit der Einschränkung, dass „viele der Systeme sich nur auf eines der Anwendungsgebiete [Platten, Balken, Säulen oder Gewölbe Anm. d. V.] erstrecken“[69].

Die Entwicklung hin zu einer Eisenbeton Bauweise hatte damit ihren Anfang genommen. Durch den Erlass der 1. Behördlichen Bestimmungen in Preußen 1904 (siehe Kapitel 2.5) kam es in der Folgezeit zu einer spürbaren Reduzierung der Systeme und zu einer ersten Vereinheitlichung. Hatten sich die Systeme bisher über die Namen und zum Teil durch spezielle Berechnungsweisen definiert, mussten in Preußen und bald im ganzen Deutschen Reich nun alle Eisenbetonkonstruktionen nach einheitlichen Vorgaben dimensioniert werden. Es gab aber weiterhin Systeme, deren Namen mit bestimmten Ausführungsdetails verbunden wurden, so zum Beispiel das Kahn- oder das Keppich-System, die Differenzierung beschränkte sich im Allgemeinen auf besondere Querschnitts- und Stabformen der Bewehrung.

Mörsch schrieb zwar 1902 schon von der „heutige[n] Betoneisenbauweise [als] folgerichtige[r] Entwicklung der elementaren Konstruktionen Moniers“[70], allerdings dauerte der Vereinheitlichungsprozess noch einige Zeit länger. Vorerst hatte sich das Monier-System als Synonym für Eisenbetonkonstruktionen im deutschen Reich und Österreich durchgesetzt.

---

67 Albert Ladd Colby (1860–?) war ein US-amerikanischer Ingenieur, der im Auftrag der American Society of Civil Engineers, der American Society of Mechanical Engineers und anderen eine Studie zum Bauen mit Eisenbeton in Europa zusammengestellt und publiziert hat. Vgl. Colby (1909).

68 Colby (1909), S. 137.

69 Wayss und Mörsch (1902), S. 123.

70 Ebd. S. 9.

2.3 Die Konkurrenz zwischen Eisenbau und Eisenbetonbau

Mit der Entwicklung des Eisenbetonbaus erhielt der Eisenbau, der sich gut einhundert Jahre früher etabliert hatte, ernstzunehmende Konkurrenz. Einzelne Anwendungsgebiete waren dabei durchaus unterschiedlich betroffen, vor allem aber kam es bei Industriegebäuden und Brücken zu einem direkten Wettbewerb. Für einen Vergleich der beiden Bauweisen ist es angebracht, zuerst die jeweiligen Rohstoffe genauer in Augenschein zu nehmen. Denn obwohl der Eisenbau bereits stark im Bauwesen verankert war, profitierte der noch junge Eisenbetonbau von den etablierten Netzwerken der Zementhersteller, die seit 1855 im deutschsprachigen Raum künstlich-hydraulischen Zement mit gleichbleibend hoher Qualität produzierten.[71] Für die Zementhersteller war der Eisenbetonbau nur ein weiterer Absatzmarkt, der ihnen zusätzliche Gewinne brachte. Im Gegensatz dazu wurde er für die Eisenfabrikanten eher zu einem Verlustgeschäft, da der Absatz von Stabeisen als Bewehrung für Eisenbetonkonstruktionen eine Marktverschiebung nicht kompensieren konnte.

Der Eisenbau hat das 19. Jahrhundert nicht nur in Berlin stark geprägt.[72] Eine Konkurrenzsituation, die sich aus dem ebenfalls künstlichen, neuen Baustoff Eisenbeton ergab, war damit von Anfang an gegeben.

Sowohl die Eisen- als auch die Zementindustrie waren auf dem Gebiet des Deutschen Reichs stark gegliedert und in entsprechenden Verbänden organisiert. Diese Verbände – der Stahlwerksverband sowie die unterschiedlichen Trägerhändlervereinigungen für das Eisen und der Verein Deutscher Portlandzementfabrikanten und später der Deutsche Beton-Verein für den Zement bzw. Beton- und Eisenbetonbau – machten es sich zur Aufgabe, die Bauindustrie preispolitisch und absatzorientiert im Sinne ihrer Mitglieder zu beeinflussen.[73]

Direkte Vergleiche der Vorzüge der beiden Bauweisen sind in bauzeitlichen Quellen immer wieder erwähnt. Hier werden Bauteilversuche an dynamisch belasteten Zwischendecken im Rahmen von Baumaßnahmen an der französischen Westbahn beschrieben. Dabei hatte der Eisenbeton im Vergleich eine höhere Belastungsresistenz gegenüber Schwingungen bei einem um ein Drittel geringeren Eigengewicht und einer viermal höheren Belastung. Nach Meinung der Autoren Wayss und Mörsch[74] etwa war Eisenbeton also deutlich besser geeignet und dem reinen Eisenbau generell vorzuziehen.

Linse[75] beschreibt diese Konkurrenz 1903 etwas gemäßigter:

> „Es mag ja sein, dass mit der Zeit eine Verschiebung in der Art der Eisenerzeugnisse stattfindet, falls sich die neue Bauweise noch mehr ausbreiten und einbürgern sollte. Von einem Wenigerverbrauch an Eisenmaterial kann aber keineswegs die Rede sein, da der Eisenbeton an und für sich eine große Menge von Eisen erfordert [...]“[76].

---

71 Zur Geschichte der Zementherstellung siehe auch Quietmeyer (1910), Hirth (1911), Riepert (1927) und Huberti (1964).

72 Vgl. Lorenz (1995), Prokop (2012) und Espion et al. (2018).

73 Besonders die Kartellbildung und damit einhergehende Preisabsprachen in der Zementindustrie wurden bereits in den 20er und 30er Jahren des 20. Jahrhunderts in mehreren Studien untersucht, wie in Madelung (1913), Kühn (1927) oder auch Dorka (1929).

74 Vgl. Wayss und Mörsch (1902), S. 8 ff.

75 W. Linse (Lebensdaten nicht dokumentiert) war aktives Mitglied im Deutschen Betonverein und engagierte sich in dem Ausschuss zur Vorbereitung der 1. Behördlichen Bestimmungen. Aus dem Jahr 1903 ist eine Artikelserie zum Bauen mit Eisenbeton überliefert, der in der Zeitschrift Stahl und Eisen publiziert wurde, siehe Linse (1903). In diesem Artikel wird neben dem Autorennamen auch Aachen genannt, der genaue Bezug ist allerdings nicht erläutert.

76 Linse (1903), S. 272.

Knapp zehn Jahre später sah sich die Eisenindustrie offenbar sehr viel deutlicher in direkter Konkurrenz zum Eisenbetonbau. Dies dokumentiert beispielsweise eine Berichtigung zu einem Vortrag von Oberingenieur Fischmann, einem Mitglied des Stahlwerksverbandes, der auf der Hauptversammlung des Vereins Deutscher Eisenhüttenleute über die Verwendung von Eisen im Hochbau berichtete. Meisenhelder, damaliger Direktor des Deutschen Beton-Vereins, unterstellt in seiner Berichtigung mit dem Titel „Die Verwendung von Eisen im Hochbau“[77] dem Oberingenieur Fischmann starke Vorurteile gegenüber Eisenbeton und insgesamt eine stark einseitige Auslegung zu Gunsten des Eisenbaus. Im Gegensatz zu den von Fischmann angeführten Gründen für die schlechten Absatzzahlen der Eisenprodukte in den Jahren 1908 und 1909, so Meisenhelder, lägen die Gründe dafür nicht bei dem sich etablierenden Eisenbetonbau, sondern rein in der schlechten Konjunktur bedingt. Seiner bzw. der Meinung des Deutschen Beton-Vereins nach werde der „Gesamtabsatz an Eisen durch den Eisenbetonbau nicht beeinflußt [...] [, es wird] höchstens eine Verschiebung in den Mengen der einzelnen Produkte entstehen [...]“[78]. Weiterhin führt Meisenhelder noch eine Reihe von Anwendungsgebieten auf, in denen der Eisenbau sich von vornherein nicht habe etablieren können:

> „Gründungen aller Art, Pfähle, Platten, Brunnen, Futtermauern, Uferbefestigungen, Silos, Ladebühnen und Laderampen, Außenwände und Decken von Gebäuden, Flüssigkeitsbehälter aller Art, Kanäle und Rohrleitungen, Wehrbauten, Talsperren, Schornsteine, monumentale Türme, Eisenbetonbrücken als Ersatz für massive Brücken aus Mauerwerk oder Stampfbeton u. a.“[79]

Nach Meisenhelder liegen die Gründe dafür vor allem in der Rostanfälligkeit des Eisens und den vergleichsweise hohen Unterhaltungskosten.[80]

Ein weiteres Beispiel für die anhaltende Konkurrenz ist ein Diskussionsbeitrag auf der Jahresversammlung des Deutschen Beton-Vereins von 1911. „Der Stahlwerksverband hat[te] im Laufe des Jahres seine Propaganda gegen den Eisenbetonbau zugunsten der Verwendung eiserner Träger fortgesetzt.“[81] Zudem ist die Rede von polemischen Zeitungs- und Zeitschriftenartikeln sowie Sachbüchern, die eine weitere Etablierung der Eisenbetonindustrie verhindern sollten, sodass der Beitrag mit dem Appell endet, sich im Deutschen Beton-Verein zusammenzuschließen, um in dem „aufgenötigten Kampf gegen den Stahlwerksverband [...] etwas zu erreichen.“[82]

Aus Sicht der Eisenbauer und mit Begrenzung auf den Brückenbau schreibt Stöckle[83] in seiner volkswirtschaftlichen Studie, „dagegen wirkt sehr ungünstig auf den Markt, die Konkurrenz des Eisenbetons überhaupt der Betonbauweise“[84]. Stöckle thematisiert diese Konkurrenz, indem er einige der Verkaufsargumente der Eisenbetonindustrie wie Wirtschaftlichkeit, Feuersicherheit,

---

77 Meisenhelder (1907).

78 Ebd. S. 272.

79 Ebd.

80 Im Rückblick erscheint die Argumentation fragwürdig, da nach Merkl et al. (1985) der Eisenbehälterbau bereits 1830 seinen Anfang genommen hatte. In der Zeit um 1900 gab es deutlich mehr Varianten aus Eisen als aus Eisenbeton. Ein direkter zahlenmäßiger Vergleich nicht überliefert.

81 O. A. (1912b), S. 60.

82 Ebd. S. 61.

83 Gustav Stöckle war ein deutscher Staats- und Rechtswissenschaftler, der in seiner Studie von 1913 die vorhandenen „Entwicklungs-, Arbeiter- und Marktverhältnisse [...des] Brücken- und Eisenkonstruktionsbau bezw. [sic] in den diese Produkte herstellenden Fabriken“ (Stöckle (1913), Vorwort) dargestellt hat.

84 Stöckle (1913), S. 94. Die Zusammenstellung gibt dennoch einen guten Überblick über die Marktsituation und ermöglicht eine differenzierte, zeitgenössische Beschreibung der Konkurrenz zwischen Eisenbau und Eisenbetonbau.

Rostschutz, Tragfähigkeit und Unterhaltungskosten kritisch diskutiert. Nachdem der Eisenbeton seine anfänglichen Schwierigkeiten überwunden habe, sei die „Eisenbetonbauweise ein Modeartikel geworden und [wird] bisweilen von den Bauunternehmern nur deshalb vorgeschlagen und ausgeführt […], um nicht als rückständig zu gelten.“[85] Die Wirtschaftlichkeit ist dabei in seinen Augen nicht mehr der maßgebende Beweggrund für eine Auftragsvergabe.

Ein weiteres Argument, das er umfangreich behandelt, sind die Unterhaltungskosten für Eisenbeton: „[...] sollen wirklich solche nicht vorhanden sein! Von Seiten der Betonkonstrukteure wird dieses vielfach behauptet, doch glaube ich einen abwartenden Standpunkt einnehmen zu sollen dahingehend, dass bei dem geringen Alter von Eisenbetonbauausführungen, besonders bei Eisenbetonbrücken zurzeit noch ungenügende Erfahrungen vorliegen“[86]. Abschließend geht er auf den schwierigen Rückbau von Eisenbetonkonstruktionen ein, der im Vergleich zum Eisenbau einiges mehr an Arbeit, Kraft und Maschinen erfordere.

Genaue Zahlen zur tatsächlichen Konkurrenz kann Stöckle nicht liefern, da seine Versuche, darüber Informationen zu erhalten, meist wie folgt beantwortet werden: „Statistik wird bei uns keine geführt und zudem würden die Ermittelungen zuviel [sic] Zeit in Anspruch nehmen“[87]. Einzig einige preußische Eisenbahndirektionen übermittelten genauere Aufstellungen (Abbildung 4).

Direktions-Bezirke	Berlin		Breslau		Danzig		Frankfurt a. M.	
Jahr	Beton-bauten	Eisen-bauten	Beton-bauten	Eisen-bauten	Beton-bauten	Eisen-bauten	Beton-bauten	Eisen-bauten
1897							1 Brücke	9 Brück.
1898						1 Brücke		12 „
1899						6 Brück.	2 Brück.	15 „ 7 Hochb.
1900	bis 1907 dieser Art keine Bauten ausgeführt					2 „		13 Brück.
1901						3 „	1 Brücke	3 „
1902						8 „	1 „	2 „
1903					1 Brücke	2 „		5 „
1904							4 Brück.	9 „
1905					4 Brück.	4 „	10 „	31 „
1906					7 „	4 „	4 „ 1 Hochbau	2 „
1907					12 „	5 „	12 Brück.	20 „ 1 Hochb.
1908					24 „	33 „	10 „	22 Brück.
1909	26 Brück. 1 Hochb.	60 Brück. 6 Hochb.	70 meist kleine Brück. 4 Hochb.	65 Brück. 1 Hochb.	28 „	2 „	18 „ 1 Hochbau	12 „
1910					32 „	2 „	25 Brück.	16 „
1911					17 „ 3 Hochbaut.	2 „	75 „	16 „
Summe	27	66	74	66	128	74	165	195

Abbildung 4: Zusammenstellung ausgeführter Bahnbrücken, nach Baumaterial und Baujahr unterschieden; Stöckle (1913), S. 104.

[85] Ebd. S. 94.
[86] Ebd. S. 96.
[87] Ebd. S. 103.

Diese Zusammenstellung ist aber nur bedingt verwertbar. Erstens ist nicht überliefert, welche Eisenbahndirektionen die Zahlen tatsächlich geliefert hatten, sodass ein Abgleich mit anderen Archivalien und Rechercheergebnissen schwerfällt. Zweitens wird nicht zwischen Beton- und Eisenbetonbau unterschieden.

Abschließend sei noch auf eine Zusammenstellung Stöckles verwiesen, die die Vor- und Nachteile von Eisen- oder Eisenbetonkonstruktionen für bauzeitliche Planer von Bahnbrücken verdeutlicht:

> „Für Eisenbeton: Geringe Ausführungs- und Unterhaltungskosten; bei Brücken ist eine bessere Gleislage möglich, weil eine durchgebende Bettung vorhanden ist. Außerdem ist die Möglichkeit des Einlegens von Weichen auf der Brücke vorhanden. Für einbetonierte Walzträger ist eine geringe Konstruktionshöhe notwendig. Eine leichte Herstellung und Auswechslung der Brückendecke während des Betriebs kann vorgenommen werden. Die durchschnittlichen Herstellungskosten dieser Eisenbetonbrücken sind niedriger als bei Eisenbauwerken. Für Eisenbauten: Da eine geringste Konstruktionshöhe eingehalten werden kann, ist Eisen als Baustoff vorteilhafter anzuwenden in der Nähe von Bahnhöfen, schon wegen der Möglichkeit der freien Durchsicht. Für Eisen kann auch die schnellere Herstellung sprechen, fernerhin die Möglichkeit der Brückenverstärkung oder des Brückenabbruches. In Bezug auf die Unterhaltungskosten seien die Betonbrücken den reinen Steinbrücken gleich zu achten."[88]

Die angeführten Argumente gelten wahrscheinlich auch in begrenztem Maße für den Hochbau. Sie zeigen deutlich, dass es offensichtlich kein Patentrezept für die Verwendung eines bestimmten Baumaterials gab, sondern vielmehr die Randbedingungen eine deutlich größere Rolle spielten. Insofern bleibt fraglich, welchen Einfluss die aufgewandte Energie für den Konkurrenzkampf tatsächlich gebracht hat.

Weiterhin haben auch finanzielle Aspekte oder ästhetische Vorstellungen für die Wahl des Baumaterials, gerade bei sehr prominenten Konstruktionen, eine Rolle gespielt. Zusammenfassend betrachtet hatte sich Eisenbeton etwa um 1910 zu einer ernstzunehmenden Konkurrenz für den Eisenbau in der Bauindustrie entwickelt. Die allgegenwärtige Anwendung des neuen Baustoffs, dann auch in Konkurrenz zum traditionellen Mauerwerks- und Holzbau, wurde aber erst in den 1920er Jahren wirklich deutlich sichtbar.

2.4 Aus Erfahrung wird Theorie

Ähnlich den Bemühungen der Interessenvertretungen waren auch die Ingenieure daran interessiert, eine gleichbleibende Qualität der Tragwerke zu gewährleisten. Dies war erst durch die Entwicklung bzw. eine stetige Weiterentwicklung der theoretischen Kenntnisse möglich.

Das dem Eisenbetonbau ganz eigene Charakteristikum – die Kombination zweier eigenständig zum Lastabtrag verwendbarer Baustoffe – war gleichzeitig auch die größte Hürde. Um ein Verständnis für die spezielle Verbundwirkung zu erreichen, mussten einerseits die Baustoffe einzeln und in Kombination untersucht sowie andererseits statische Lösungen für die durch den neuen Baustoff möglichen Konstruktionen entwickelt werden. Die drei Bereiche Materialversuch, Bauteilversuch und statische Bemessung prägten von Beginn an die wissenschaftlichen Auseinandersetzungen mit dem Baustoff.

---

[88] Stöckle (1913) S. 106.

Bei den Materialversuchen profitierten die Eisenbetonpioniere von den Erkenntnissen, die im 19. Jahrhundert bereits mit Eisen und Zement erarbeitet wurden. Ergänzend erfolgten nun Untersuchungen des Betons und der Verbundwirkung bewehrter Elemente[89].
Für die Bauteilversuche wurden von Anfang an Versuchsreihen für Balken, Platten, Säulen und später auch für Plattenbalken konzipiert, deren Ergebnisauswertung in Dimensionierungstafeln dokumentiert wurde. Versuche mit Wandkonstruktionen finden sich kaum in der Literatur.
Die statische Modellierung wurde parallel dazu weiterentwickelt, um beispielsweise bei Rahmen eine passendere Bemessung zu ermöglichen. Erfolgte die Schnittkraftermittlung zu Beginn hauptsächlich auf Grundlage statisch bestimmter Systeme, fand mit der Zeit auch die Bemessung komplexer, statisch unbestimmter Tragwerke Einzug in das Bauen mit Eisenbeton.
Während die Industrie hier eng mit der Wissenschaft zusammenarbeitete, dauerte es einige Zeit, bevor die Regulierungsbehörden auf die veränderte Situation reagierten. Die Zeit zwischen 1887, der Veröffentlichung der Monier-Broschüre, und 1904, dem Erlass der ersten preußischen „Bestimmungen für die Ausführung von Konstruktionen aus Eisenbeton bei Hochbauten", kann als eine fast regellose Zeit charakterisiert werden.
Trotz fehlender behördlicher Regulierung, die vor allem in der Zeit um 1900 mehrfach bemängelt wurde, kam es zu zahlreichen Ausführungen von Bauwerken in Eisenbeton, sodass um 1902 „die Praxis der Theorie weit voraus geeilt"[90] war. Zu diesem Fazit kommt auch Wilhelm Petry[91] in seiner Rückschau auf die Entwicklung des Eisenbetonbaus und die Anfänge des Deutschen Ausschusses für Eisenbeton, dessen Bedeutung für die Einführung des Eisenbetonbaus ausführlich in Kapitel 2.5 dargestellt ist.[92] Im Zuge der Veröffentlichung der 1. Behördlichen Vorschriften erfolgte eine intensive Diskussion der gängigen Bemessungsmodelle und der offenen Fragen, beispielsweise zur Schubbemessung oder dem Ansatz von Betonzugspannungen. Einer ersten Vereinheitlichung der Bemessung folgte langsam eine Vereinheitlichung in der Konstruktion.
Wie bereits erwähnt, setzt sich Kurrer in seiner „Geschichte der Baustatik" mit der Entwicklung des Eisenbetons und dem daraus resultierenden Einfluss auf die Baustatik dezidiert auseinander. Ähnlich dem Baustoff Eisen, so Kurrer, wurde Eisenbeton bzw. Stahlbeton rückblickend zu einem „Motor der baustatischen Theoriebildung"[93]. Dabei sei es vor allem das wissenschaftlich-technische Versuchswesen, das die Fortschritte in der Stahlbetonbemessung befördere und schließlich zu einer „[...] technischen Revolution im Massivbau [führt], in deren Windschatten sich die moderne Bauindustrie entwickelt [...]"[94].
Die Verhältnisse in Berlin als Reichshauptstadt boten dabei ideale Voraussetzungen für alle Beteiligten. Hier entstanden auf engstem Raum wichtige Netzwerke zwischen Wissenschaft, Industrie und Verwaltung, die sich gegenseitig positiv beeinflussten.

---

89 Gerade im Verbund haben die unterschiedlichen E-Moduln einen Einfluss auf das Material- bzw. Bauteilverhalten.
90 Wayss und Mörsch (1902), S. 5.
91 Wilhelm Petry (1883-1936) war ein deutscher Bauingenieur, der zahlreiche Publikationen zum Beton- und Eisenbetonbau verantwortete.
92 Vgl. dazu Petry (1923).
93 Kurrer (2016), S. 696.
94 Ebd. S. 666.

2.4.1 Versuchsbasierter Erkenntnisprozess

> „[B]ei der Schaffung einer praxisgerechten Stahlbetontheorie durch Matthias Koenen, Armand Considère, Paul Christophe, Emil Mörsch u.a. [standen] die Werkstoff-Forschung und das Versuchswesen Pate."[95]

Zu Beginn fehlten für eine Bemessung des neuen künstlich zusammengesetzten Baustoffes sämtliche Grundlagen. Material- und Bauteilversuche boten die Möglichkeit, theoretische Annahmen zu prüfen und gegebenenfalls zu justieren. In Berlin wurde im Jahr 1871 die Mechanisch-technische Versuchsanstalt gegründet. Bereits um 1900 arbeiteten dort 83 Angestellte, um staatliche Forschungs- und Prüfaufgaben wahrzunehmen, deren Leistungen ein hohes internationales Ansehen innehatten. 1904 wurde die Versuchsanstalt mit der Chemisch-Technischen Versuchsanstalt zusammengeführt und nach Dahlem verlegt.[96] Dort ist diese noch heute als Bundesanstalt für Materialprüfung ansässig.

Ausgangspunkt für den Eisenbeton waren die Bauteilversuche, die Wayss 1886 auch bei der Berliner Materialprüfanstalt in Auftrag gegeben hatte.[97] Deren vertafelte Ergebnisse dienten eine Zeit lang als Grundlage für die Realisierungen in Berlin.[98] Darüber hinaus realisierte Wayss aber auch Konstruktionen, die sich so nicht in der Monier-Broschüre wiederfinden. Beispielsweise weicht der Musikpavillon in Hoppegarten (Anhang A6) in seiner Konstruktion deutlich von dem Standardrepertoire des Unternehmens ab. Als gebautes Experiment diente er sehr wahrscheinlich einem vertieften Verständnis für die Bauweise. Durch bauliche Experimente gelang es dem Unternehmen, das eigene Fachwissen zu erweitern und die Vorreiterrolle im Eisenbetonbau einzunehmen.

Die Zusammenarbeit zwischen Industrie und Wissenschaft blieb weiterhin intensiv, galten doch praktische Versuche durch Materialprüfanstalten lange Zeit als ausreichender Nachweis für die Standsicherheit von Eisenbetonkonstruktionen. Nach seinem Verlassen Berlins (siehe dazu Kapitel 3.4) führte Wayss um 1900 in Zusammenarbeit mit Emil Mörsch weitere Versuchsreihen durch (siehe Tabelle 1).

---

95 Kurrer (2016, S. 666). Zur Einordnung und Bedeutung der Errungenschaften der genannten Personen siehe Kapitel 2.4.2.

96 Rürup (1979), S. 18.

97 Zwar sind bei Hyatt (1877) bereits Versuche mit bewehrten Betonbalken und -platten überliefert, allerdings haben die in London gedruckte Publikation und auch seine späteren Arbeiten nie wirklich Bekanntheit in Europa erlangt. Nach Bosc (2001) findet sich ein 1889 publizierter Artikel in der französischen „La Semaine des constructeurs" über seine 1883 als US-amerikanisches Patent angemeldete bewehrte Betondecke, darüber hinaus wurden im Rahmen dieser Untersuchung aber keine weiteren Verweise auf eine Veröffentlichung der Versuchsergebnisse gefunden.

98 Siehe beispielsweise die Ausführungen zum Dach des Gärhauses der Schultheiss-Brauerei in Anhang A3.

Versuchsart	Material/ Element	Belastung	Anmerkungen
Material-versuch	Beton	Druck- und Zugfestigkeit Elastizität Schub Biegung	Versch. Probekörperform und Mischungsverhältnisse, bei Bedarf Abgleich mit Versuchsbedingungen, parabelförmiger Spannungsverlauf
	Eisenbeton	Verbundverhalten Biegung Schiefe Hauptspannungen	Rundeisenstäbe
Bauteil-versuch	Balken	Biegung	
	Platten	Biegung	1- und 2-lagig bewehrt
	Säulen	Druckfestigkeit Knicken Exzentrische Lasten	
	Platten-balken	Biegung Schub	

Tabelle 1: Übersicht der Material- und Bauteilversuche bis 1902, nach Wayss und Mörsch (1902), S. 51 ff.

Neben der Wayss & Freytag AG gab es zahlreiche weitere Forscher, Materialwissenschaftler, Ingenieure und Unternehmen, die sich der neuen Bauweise und den einzelnen Materialien annahmen, verschiedenste Material- und Bauteilversuche durchführten und diese in den bauzeitlichen Fachzeitschriften veröffentlichten.[99]
Nach der Gründung des Deutschen Beton-Vereins 1899 hat dieser unter Beteiligung privater Firmen und mit finanzieller Beteiligung verschiedener Ministerien des Deutschen Reiches sogenannte Arbeitspläne für weitere Materialversuche verabschiedet.[100] Dabei galten unter anderem die Versuche des französischen Wissenschaftlers Considère als beispielgebend.[101] Das durch den Deutschen Beton-Verein abgestimmte Versuchsprogramm und die gesicherte Finanzierung haben die intensiven Studien sicherlich maßgeblich befördert und geprägt.[102] Erneut durch wichtige Impulse aus Frankreich befördert setzte diese länderübergreifende, gesamtdeutsche Zusammenarbeit von Wissenschaft, Industrie und Verwaltung neue Maßstäbe für ein besseres Verständnis für Eisenbeton. Die einzelnen Ergebnisse führten in Summe zu einem kontinuierlich ansteigenden Wissen der inneren Zusammenhänge von Lastfluss und Spannungsverteilung. Die versuchsbasierte Theoriebildung prägt noch heute die wissenschaftliche Auseinandersetzung im Massivbau.
Neben Untersuchungen im Labor gab es von Beginn an baubegleitende Untersuchungen vor Ort bzw. an Proben von auf der Baustelle eingesetzten Materialien. Die damit verbundene Qualitäts-

[99] Bei Emperger (1908) findet sich ein Überblick der bis 1908 im Deutschen Reich, in Belgien, Frankreich, K. K. Österreich-Ungarn, der Schweiz und den USA durchgeführten Versuche.

[100] Zur Bedeutung des Deutschen Beton-Vereins siehe auch Kapitel 3.5.

[101] Armand Gabriel Considère (1841–1914) war ein französischer, sowohl im Staatsdienst als auch im privaten Büro tätiger Bauingenieur und Mitglied der Pariser Akademie der Wissenschaften. Auf ihn geht das Patent der umschnürten Stahlbetonstütze zurück (Kurrer (2016), S. 962).

[102] Eine Übersicht der im Beton-Verein und an den kooperierenden Körperschaften beteiligten Personen sowie die Ergebnisse der Arbeitspläne finden sich überblickshaft bei Petry (1923).

sicherung für Beton war gerade in der Anfangszeit enorm wichtig und wurde von Fachunternehmern teilweise auch eingefordert (siehe dazu auch Kapitel 2.4.2). Für Zemente existierten bereits strickte Qualitätsstandards, und so musste auch für das Betongemisch, in Anbetracht der großen Bandbreite eingesetzter Zuschläge, die Qualität nachgewiesen werden.
Ein letztes Mittel zum Nachweis der Tragsicherheit für die Baubehörden waren Belastungstests des bereits fertiggestellten, aber noch nicht für die Benutzung freigegebenen Bauwerks (siehe Abbildung 5). Diese Art der Nachweisführung wird zum Teil auch heute noch angewendet. Gerade beim Bauen im Bestand ist es üblich, über Probebelastungen beispielsweise Deckenfelder auf ein bestimmtes Lastniveau hin nachzuweisen.

Abbildung 5: Probebelastung nach Fertigstellung, Fabrikgebäude in Aachen, Lolat-Eisenbeton (1904), S. 118.

2.4.2 Entwicklung erster Bemessungstheorien

Nach Christophe „[verdankt d]er Eisenbeton den Ländern deutscher Zunge sein Glück“[103]. Für die Verwendung dieses neuen künstlichen Baumaterials fehlte es, wie bereits im vorherigen Abschnitt angedeutet, anfänglich an praktischer Erfahrung und theoretischem Verständnis. Die Schwierigkeiten der Bestimmung einer Bemessungstheorie begründet Christophe mit der fehlenden Ausbildung der ersten Eisenbetonpioniere. Monier, Inhaber einer großen Gärtnerei, ist dabei das wohl bekannteste Beispiel.

> „Die Entwickelung [sic] der Theorie hielt keineswegs mit der Praxis Schritt. Aber das Studium derselben wurde nicht ganz vernachlässigt. Die ersten Erbauer von Werken in Eisenbeton waren Nicht-Theoretiker. Mehrere derselben hatten überhaupt keine Ahnung von der Festigkeitslehre der Bauwerke. Gerade dieser Umstand wirkte hemmend auf die Verbreitung des Verfahrens.“[104]

[103] Christophe (1905), S. 3.
[104] Ebd. S. 5–6.

Umso erfolgreicher war die Kooperation von Wayss, einem eher traditionellen Praktiker, und Koenen, einem ausgebildeten Ingenieur und Statiker. Matthias Koenen (1849–1924)[105] entwickelte um 1887 auf Grundlage von Materialversuchen ein für die Biegebemessung von einfachen Balken und Platten (statisch bestimmt) maßgebendes „angenähertes Verfahren“[106]. Dieser kurze Artikel gilt als ein erster Meilenstein in der Entwicklung eines theoretischen Bemessungskonzeptes. In der darauffolgend publizierten Monier-Broschüre wurde das Verfahren noch einmal ausführlich beschrieben[107]. Trotz zahlreicher Vereinfachungen – homogenes Material, Ebenbleiben der Querschnitte, Spannungen proportional zu den Dehnungen, gerade Spannungsverteilung über den Betonquerschnitt, Nulllinie in Querschnittsmitte, Beton übernimmt keine Zugkraft, kein Einfluss durch unterschiedliche Steifigkeiten, sehr geringe Betondeckung – war dieses Verfahren hinreichend genau, um die innere Lastverteilung, oder, anders gesagt, die genaue Differenzierung der Verbundwirkung zwischen Beton und Eisen zu erfassen. Damit war erstmals eine zuverlässige Dimensionierung der notwendigen Eiseneinlagen für einfache, statisch bestimmte Konstruktionen möglich. Heinrich Müller-Breslau hatte seine Ideen zur Bemessung statisch unbestimmter Träger zwar bereits 1889 veröffentlicht[108], aber seine Überlegungen wurden für die Anwendung im Eisenbetonbau erst später relevant.

Im Folgenden werden die maßgeblichen Entwicklungsschritte der frühen Bemessungstheorien zusammengefasst. Über die Grenzen der Nationalstaaten hinweg gelang es den Forschern in der Folgezeit, einen intensiven Austausch untereinander zu etablieren und verschiedenste Erkenntnisse (von ersten Ideen bis hin zu detaillierten Berechnungsmodellen) in Zeitschriftenartikeln und Buchform nicht nur in Deutschland zu publizieren. In Tradition der Zusammenarbeit von Wayss und Koenen erfolgten weiterhin zahlreiche Bauteilversuche, durch die erst einmal die Verbundwirkung genauer untersucht wurde. Um 1890 veröffentlichte Paul Neumann einen Aufsatz, in dem er unter Mitwirkung der Betonzugfestigkeit das gemeinsame Wirken der Verbundkomponenten nachwies.[109] Weiterhin begrenzte er die Betonzugspannungen unter Annahme eines ungerissenen Querschnitts. Allerdings blieb bei diesem Verfahren die Zugfestigkeit des Eisens ungenutzt. 1894 veröffentlichten Edmond Coignet und Napoléon de Tédesco ihren Ansatz zum Nachweis von Tragfähigkeit und Durchbiegung.[110] Sie setzten ein konstantes Elastizitätsmodul und ein Verhältnis der Elastizitätsmodule von Beton und Stahl mit 10 zu 30 an. Die Spannungsverteilung im Beton war zwar dreieckig, aber die resultierende Druckkraft wurde nicht im Schwerpunkt des Dreiecks angesetzt. Bereits zwei Jahre später veröffentlichte Maximi-

---

105 Mehr zur Person und seiner Zusammenarbeit mit G. A. Wayss siehe Kapitel 3.5 und 3.6.

106 Koenen (1886), S. 462.

107 Wayss (1887b).

108 Heinrich Müller-Breslau (1851–1925) war ab 1888 Inhaber des Lehrstuhls für Statik der Baukonstruktionen und Brückenbau an der Technischen Hochschule Berlin. Unter Anwendung des Kraftgrößenverfahrens erarbeitete er eine Bemessungstheorie für statisch unbestimmte Stabwerke und begründete damit die Berliner Schule der Baustatik. Interessanterweise wurden seine Erkenntnisse erst 1947 ins Englische übersetzt, vgl. Baker (1956) und Bowley (1966).

109 Paul Neumann (1858-1921) war ein österreichischer Konstrukteur und ab 1894 Professor an der Deutschen Technischen Hochschule Brünn. Vgl. Kurrer (2016) und Pauser (1994).

110 Edmond Coignet (1856–1915) gründete ein eigenes Eisenbetonunternehmen in Frankreich. Sein Vater, François Coignet, entwarf 1847 eine bewehrte Decke. Siehe dazu Peters (1977); Herzog (1999); Newby (2001a); Benevolo (1964). Napoléon de Tédesco (1847–1922) veröffentlichte zusammen mit Coignet eine Arbeit mit dem Titel „Du calcul des ouvrages en ciment avec ossature metallique“ Coignet und Tédesco (1894) Hierin sind Ergebnisse zahlreicher Versuche zur Betonfestigkeit und innerer Lastverteilung basierend auf den unterschiedlichen Elastizitätsmodulen erläutert. Siehe dazu Rings (1910) und Hellebois (2013b).

lian Ritter von Thullie seine Überlegungen zur Biegebemessung bei unterschiedlichen Spannungszuständen, also im gerissenen und im ungerissenen Querschnitt.[111]
Josef Anton Spitzer wertete 1898 Versuche an Moniergewölben aus und verband die Ergebnisse mit denen von Neumann und von Bach.[112] Im Ergebnis definierte er ideelle Querschnittswerte und setzte plastisches Materialverhalten voraus. Allerdings war sein Ansatz laut Jürges wenig praxistauglich.[113]
Parallel zu den Entwicklungen der elatizitätstheoretischen Bemessung hielt die Anwendung von Erkenntnissen in der Schnittkraftermittlung für statisch unbestimmte Tragwerke offenbar nur langsam Einzug. Zu Beginn der Entwicklung war die Modellierung einfacher, statisch bestimmter Systeme vielfach vorherrschend. Noch 1895 wird beispielsweise die Bauweise Hennebique als Kombination von Einfeldbalken mit bewehrten Platten beschrieben:

> „Dieser Balken arbeitet also ganz ähnlich wie gewöhnliche auf zwei Stützen freitragende Holz- oder Eisenbalken und ergiebt [sic], auf dieselbe Art belastet, gleiche Kräfte und Seilpolygone. [...] Betonplatten [Hourdis] [...] ähnlich dem Balken zusammengesetzt [und] in Verbindung mit den Balken stehend, [bilden] den eigentlichen Boden [...].“[114]

Knapp 15 Jahre nach Einführung der Monierbauweise in Berlin erschien ein umfassendes Kompendium zum Eisenbeton von Paul Christophe in Belgien. Und obwohl die deutsche Übersetzung erst 1905 folgte, hatte die Publikation einen immensen Einfluss. Christophe beschreibt darin nicht nur zahlreiche verschiedene Eisenbetonsysteme, die zu der Zeit am europäischen Markt erhältlich waren, sondern er geht auch ins Detail der Theoriebildung. Sein Vorschlag für eine Bemessungstheorie setzt einerseits einen vollkommenen Verbund von Eisen und Beton, das Ebenbleiben der Querschnitte, die Gültigkeit des Hookeschen Gesetzes bei Betondruckelastizität, keinen Ansatz von Betonzugspannungen sowie kein Schwinden oder Kriechen voraus. Andererseits führt er verschiedene Ansätze – die lineare bzw. dreiecksförmige Druckspannungsverteilung nach Koenen und die Lage der neutralen Faser nach Coignet und de Tédesco – zusammen. Im Ergebnis plädiert er für ein konstantes Verhältnis der Elastizitäts-Module von Beton und Eisen (n-Verfahren).[115] Diese umfassende Bemessungstheorie, später auch als „Deutsches Verfahren“ bekannt, bildete die Grundlage der Angaben in den 1. Behördlichen Bestimmungen zum Bauen mit Eisenbeton in Preußen und später der deutschen Eisenbeton- bzw. Stahlbetonbemessung nach DIN 1045 bis 1971.[116] Die Annahmen über die Vorteile, die eine umseitig

---

[111] Maximilian Ritter von Thullie (1852–1940) war ein österreichischer Wissenschaftler, der verschiedene Publikationen zu Baustatik und Brückenbau publizierte.

[112] Josef Anton Spitzer (1856–1922) war als Bauingenieur langjähriger Mitarbeiter und späterer Direktor der G. A. Wayss (Wien). Carl von Bach (1847–1931) war Leiter der Materialprüfanstalt der Technischen Hochschule Stuttgart. Im Auftrag von Wayss & Freytag wurden dort zahlreiche Bauteilversuche durchgeführt.

[113] Siehe Jürges (2000), S. 45.

[114] Favre (1895), S. 31. Der Autorname ist nur als A. Favre überliefert. Vermutlich handelt es sich dabei um den Schweizer Bauingenieur Armand Favre, der 1891 eine Zementröhrenfabrik in Zürich gegründet hat, die auch Zementdielen und bewehrte Platten herstellte. Vgl. O. A. (1966), S. 697.

[115] Das sogenannte n-Verfahren beschreibt eine Bemessungsannahme. Dabei steht n für den Koeffizienten der E-Module von Eisen zu Beton und basiert auf folgenden mechanischen Grundsätzen: Ebenbleiben der Querschnitte, Dehnungen proportional zu den Spannungen, der Gradlinigkeitshypothese und der Vernachlässigung von Betonzugspannungen. „Das n-Verfahren ist ein deterministisch abgesichertes Gebrauchslastverfahren. Deterministische Sicherheitskonzepte wurden im Bauwesen etwa zu Beginn dieses Jahrhunderts definiert. Sie setzen lineare Zusammenhänge aller mechanischen Größen voraus und berücksichtigen demzufolge lediglich einen globalen Sicherheitsbeiwert auf der Materialseite, was zum Begriff der zulässigen Spannungen führte.“ Jürges (2000), S. 63.

[116] Vgl. Kurrer (2016), S. 683.

aufliegende Platte gegenüber einer nur auf zwei Seiten gelagerten hat, fanden 1916 ebenfalls Eingang in die preußischen Bestimmungen.
Neben dem von Monier hat sich ab 1890 das System Hennebique als zweites grundlegendes Konstruktionssystem etabliert. Bedingt durch die Vermarktungs- und Informationspolitik von Hennebique, war zu den theoretischen Grundlagen bis zum mehrteiligen Aufsatz von Wilhelm Ritter 1899, in dem erstmals öffentlich die Hennebique'sche Bemessungstheorie analysiert wurde, wenig bekannt.[117] Ritter weist unter anderem auf grundlegende Falschannahmen hin, so wird ein rechteckiger Spannungsverlauf für Beton angesetzt und das Gleichgewicht der Kräfte kann sich nur bei Momentengleichheit ergeben. Darüber hinaus diskutiert er eine mitwirkende Plattenbreite bei Plattenbalken, schlägt einen parabelförmigen Spannungsverlauf für die Druckspannungsverteilung im Beton vor und entwickelt ein Fachwerkmodell für Stahlbetonbalken, um vorhandene Schubspannungen zu kompensieren. Mit Blick auf die Thematik der Schnittkraftermittlung statisch unbestimmter Systeme schreibt Ritter nun bereits von durchlaufenden Trägern, deren Momentenermittlung die Einspannung über der Stütze mit $ql^2/10$ in Anrechnung bringt.[118]
Im gleichen Jahr veröffentlichte der französische Forscher Considère die Ergebnisse seiner Versuche zur Bestimmung der Zugfestigkeit von Beton. Im Ergebnis schlägt er eine zulässige Betonzugspannung von 12 kg/cm² vor.[119]
1902 publizierte Mörsch im Auftrag von Wayss & Freytag eine Sammlung von Berechnungsvorgaben mit einer Kritik an Hennebique, einer Erläuterung der Annahmen für statisch unbestimmte Systeme und einem Plädoyer für eine vereinfachte, ohne Anwendung von virtuellen Verschiebungen auskommende Berechnung für monolithische Konstruktionen. Er weist darauf hin, dass dadurch nur eine geringe Ersparnis resultiert, die den Rechenaufwand nicht rechtfertigt. Die inhaltlichen Übereinstimmungen mit Christophe sind deutlich und im Text auch nachgewiesen. In Ergänzung erweitert Mörsch seine Bemessungstafeln mit einem E-Modulverhältnis von n=10 für damals handelsüblichen Beton und Stahl. Für die Schubbemessung von Balken und Plattenbalken gibt er Formeln vor, um die erforderliche Bügelanzahl zu bemessen. Genauere Details zur Bewehrungsführung sind nicht angegeben. Die Anwendungsorientierung ist bei Mörsch ein wichtiges Kriterium für die Weiterentwicklung der Berechnungsmethoden. Diese sollen „genügend einfach [sein], um ihre fortlaufende tägliche Anwendung zu gestatten"[120]. Darüber hinaus fehlten noch grundlegende Erkenntnisse zum elastischen Verhalten des Betons und der Verbundwirkung von bewehrten Konstruktionen.
Fritz Edler von Emperger bestimmte bzw. berichtigte 1902 die Annahmen zur Biegesteifigkeit und Biegezugfestigkeit von Stahlbetonbalken und erweiterte die Bruchgrenzen, die von Thullie definiert hatte.[121]
Etwa zur selben Zeit reichte Considère in Paris ein Patent zur Herstellung von Betonkörpern mit spiralförmiger Bewehrung ein. Seine Überlegungen basierten auf den Arbeiten von Koenen,

[117] Wilhelm Ritter (1847–1906) war unter anderem Professor für graphische Statik und Brückenbau an der ETH Zürich.
[118] Ritter (1899b), S. 49.
[119] Jürges (2000), S. 40.
[120] Wayss und Mörsch (1902), S. 49.
[121] Jürges (2000).

Louis Auguste Harel de la Noé[122] sowie auf eigenen Versuchsreihen. In Letzteren wurde deutlich, dass die Längsbewehrung die Druckfestigkeit nicht beeinflusst, die Umschnürungswirkung der Spiralbewehrung aber einen positiven Einfluss auf die Bruchfestigkeit hat. Im weiteren Verlauf erfolgten auch im deutschsprachigen Raum Versuche und erste Anwendungen spiralförmiger Bewehrung, wobei lange diskutiert wurde, welches die zweckmäßigste Form der Querbewehrung in Druckgliedern sein könnte. In Reaktion auf allgemeine Forderungen nach einer einheitlichen Regelung für das Bauen mit Eisenbeton und unter Anerkennung der gewonnenen Erkenntnisse wurden in Preußen 1904 die „Bestimmungen für die Ausführung von Konstruktionen aus Eisenbeton bei Hochbauten" veröffentlicht. Diese Leitsätze beinhalten Formeln, die sich auf den Überlegungen von Christophe begründen. Für Schubspannungen im Beton ist ein Grenzwert von maximal 4,5 kg/cm² angegeben, mit dem Verweis auf Erhöhung bei nachgewiesener Schubfestigkeit. Der Querschnitt kann planmäßig keine Betonzugspannungen aufnehmen. Ein rechnerischer Ansatz der Festigkeitssteigerung bei bewehrten Druckgliedern fand erst ab 1916 Eingang in die deutschen Bestimmungen.[123]

Trotz der einheitlichen Regelung der Bemessungsansätze gab es immer noch Schwierigkeiten, passende statische Modelle für die neuen Konstruktionen zu definieren. Die in Balkenträgern vorhandenen Schubkräfte oder auch Eckmomente bei Rahmenecken erforderten ein komplexes theoretisches Verständnis der inneren Zusammenhänge, um eine adäquate Bewehrungswahl und -positionierung zu finden. Im Eisenbetonbau konzentrierten sich die Ingenieure lange auf die statische Modellierung einzelner Elemente statt auf umfassende Tragwerksmodelle.

Nach Veröffentlichung der Bestimmungen von 1904 wurde die Zahl der Handbücher, Regelwerke und Bemessungshilfen immer zahlreicher. Die grundlegenden Bemessungsformeln blieben dabei vorerst aber dieselben. Vielmehr ging es um eine lesbare Aufbereitung der Inhalte für die praktisch arbeitenden Ingenieure und Bautechniker. Bereits in der Monier-Broschüre wurden Tafeln veröffentlicht, die bei der Dimensionierung von Eisenbetondecken Hilfestellung gaben. Diese Hilfsmittel zur Bestimmung der Querschnittsabmessungen finden sich auch in zahlreichen nach 1904 veröffentlichten Quellen.[124] Maßgebend war dabei der Wunsch, den Zeitaufwand für die Berechnung zu reduzieren. Inwieweit dies tatsächlich Eingang in die Berechnungspraxis gefunden hat, bleibt noch zu untersuchen.

1906 war Simon Zipkes[125] einer der ersten, der die Einspannwirkung von Stahlbetonstäben – hier am Vierendeelträger – thematisierte. Im selben Jahr publizierte Mörsch, erneut in Kooperation mit Wayss & Freytag, die zweite, deutlich erweiterte Auflage von „Der Eisenbetonbau, seine Theorie und Anwendung". Trotz zahlreicher Übereinstimmungen mit den Inhalten aus der ersten Auflage beinhaltete das Werk nun umfangreichere Versuchsbeispiele und einen komplexeren Teil zur Bemessungstheorie.[126] Die bei monolithischen Konstruktionen vorhandenen Ein-

---

[122] Louis Auguste Harel de la Noé (1852–1931) war ein französischer Bauingenieur, der beim Bau der Bahnstrecke des „Petit Train des Côtes-du-Nord" mehrere Brücken aus Stahlbeton realisierte und 1901 Chefingenieur der Ponts et Chaussées wurde. Considère verweist auf Noé, allerdings ohne genauere Angaben. Vgl. Seelhofer-Schilling (2008).

[123] Detailliertere Informationen zur Entwicklungsgeschichte der umschnürten Stützen finden sich in Seelhofer-Schilling (2008).

[124] Beispielsweise bei Ast (1907), Turley (1909) oder auch Weidmann (1910).

[125] Die Lebensdaten und weitere Informationen zu Simon Zipkes sind nicht dokumentiert.

[126] Interessanterweise veränderte sich im Vergleich mit der Ausgabe von 1902 der innere Aufbau des Buches. Die Publikation von 1902 fasste die Historie und die gebauten Beispiele zusammen und setzte den Theorieteil ans Ende. 1906 ähnelte das Werk eher der Monier-Broschüre. So wurden dort nach einer Einleitung und Zusammenfassung der Historie die Bemessungstheorie beschrieben und dann gebaute Beispiele aufgeführt.

spannmomente werden hier wieder mit dem Verweis auf eine geringe Ersparnis bei genauerer Berechnung für unbedeutend erklärt. Die Angaben zur Schubspannungsbemessung sind deutlich detaillierter ausgearbeitet. Mit Verweis auf in der Zwischenzeit erfolgte Bauteilversuche (Abbildungen von durch Belastung gerissene Balken) sind nun genaue Skizzen zur Bewehrungsführung und Berechnungsbeispiele angegeben. Seine hier zusammengefassten Überlegungen und darüber hinausgehende zusätzliche Bauteilversuche begründen die „klassische Fachwerkanalogie nach Mörsch“[127]. Vermutlich bedingt durch die neuen Erkenntnisse der Schubversuche von Mörsch beinhalten die 1907 für Preußen erlassenen „Bestimmungen für die Ausführung von Konstruktionen aus Eisenbeton bei Hochbauten“ nun eine Vorgabe für anzusetzende Schubspannungen.[128]

Für die Berechnung statisch unbestimmter Rahmen erschien 1909 ein erstes Buch von Ejnar Björnstad.[129] Diesem folgten zahlreiche weitere Artikel und Bücher, so etwa von Kleinlogel[130] oder auch Gehler[131]. In Reaktion auf die gewonnenen Erkenntnisse wurden 1916 die „Bestimmungen für Ausführungen von Bauwerken aus Eisenbeton“ erlassen. Sie beinhalteten unter anderem nun detailliertere Berechnungsvorgaben für Schubspannungen und eine auf 4,0 kg/cm² maximal begrenzte Betonschubspannung.[132]

Ausgehend von den ersten Werkstoff- und Bauteilversuchen entwickelte sich im Eisenbetonbau eine fruchtbare Synergie zwischen versuchsbasierten Erkenntnissen und den daraus entwickelten theoretischen Modellen der Verbundwirkung. Die Anwendung von Eisenbeton bei Rahmentragwerken, die nachweislich rechnerisch entsprechend dimensioniert wurden, erfolgte erst nach 1910 (siehe auch Kapitel 4.2.3). Zwar gab es vorab schon Konstruktionen, in denen Stützen mit Balken auf Grund der durchgehenden Längsbewehrung monolithisch verbunden wurden, allerdings erfolgte deren rechnerischer Nachweis als Einzelelemente des Tragwerks (siehe Kapitel A3 bzw. A4).[133]

Weitestgehend unabhängig von den Überlegungen zur Definition einer Bemessungstheorie galt natürlich auch im frühen Eisenbetonbau das, zu der Zeit übliche, globale Sicherheitskonzept. Während heute, unter Verwendung des semi-probabilistischen Sicherheitskonzeptes, die Ein-

---

[127] Jürges (2000), S. 96.

[128] Während der Jahresversammlung des Deutschen Beton-Vereins erläuterte Mörsch ausführlich erfolgte Versuche zum Schubtragverhalten bewehrter Eisenbetonbalken sowie die daraus resultierenden Erkenntnisse. Mörsch (1907).

[129] Björnstad (1909). Die Lebensdaten von Björnstad sind nicht dokumentiert. Er arbeitete als Stahlbauingenieur bei Beuchelt & Co. in Grünberg (Schlesien).

[130] Die Publikation zu Rahmen-Werken war nach Kurrer die „mit Abstand erfolgreichste“ Kurrer (2016), S. 700. Adolf Kleinlogel (1877–1958) selbst war Bauingenieur und arbeitete u. a. für die Wayss & Freytag AG sowie später als Schriftleiter von BuE.

[131] Kurrer (2016), S. 700. Willy Gehler (1876–1953) ist vor allem für die Bauten der Firma Dyckerhoff & Widmann, die er als dortiger Oberingenieur betreut hat (Jahrhunderthalle in Breslau), und sein Wirken als Professor für Statik der Baukonstruktionen, Eisenbrückenbau und Festigkeitslehre an der Technischen Hochschule Dresden bekannt. Sein Wirken wurde unlängst in einem von der DFG geförderten Forschungsprojekt untersucht: Willy Gehler (1876–1953) – Spitzenforschung, politische Selbstmobilisierung und historische Rezeption eines bedeutenden Bauingenieurs und Hochschullehrers im „Jahrhundert der Extreme“, Curbach et al. (2018).

[132] Vgl. Ministerium der öffentlichen Arbeiten (13.01.1916).

[133] Entwicklungsschritte in der Eisenbetonbemessung haben zuletzt überblickshaft Kurrer (2016) überblickshaft und Kurrer (2016) sowie Seelhofer-Schilling (2008) detaillierter analysiert. Während Jürges in seiner Dissertation eine Übersicht zur Entwicklung der „Biege-, Schub- und Verformungsbemessung im Stahlbetonbau“ Jürges (2000) erarbeitet hat, konzentriert sich Seelhofer-Schilling auf die geschichtliche Entwicklung der umschnürten Stützen, mit Fokus auf die werkstofflichen Untersuchungen, die den Erkenntnisprozess begleitet und befördert haben. Kurrer knüpft insgesamt daran an und verdeutlicht darüber hinaus die Bedeutung des Stahlbetonbaus bei der Weiterentwicklung der modernen Baustatik.

wirkungsseite mit von der Art und Dauer der Einwirkung abhängigen Sicherheitsfaktoren beaufschlagt wird, war es im Untersuchungszeit üblich, die Widerstandseite, also die Kennwerte des Werkstoffs zu reduzieren. Der Bauteilnachweis war erfolgreich, wenn die zulässigen Spannungen nicht überschritten wurden.

2.4.3 Wissensvermittlung in der Baupraxis

„Die kräftig aufstrebende Beton- und Eisenbetonindustrie erfordert dringend ein mit Betonarbeiten genau vertrautes Arbeiterpersonal“[134]. So formulierte es Ingenieur Weidner auf der Jahresversammlung des Deutschen Beton-Vereins 1906. Er verwies auf die gravierenden Folgen einer schlechten Ausführung und der damit verbundenen finanziellen Verluste bei Bauherren und der Betonindustrie, beginnend beim Mischen des Mörtels, über die richtige Art des Einbringens und Stampfens und des Verlegens der Bewehrung bis hin zur Oberflächenbehandlung.

Historisch gliederte sich das Bauhandwerk in Maurer, Zimmerer und ungelernte Bauhilfsarbeiter. Für die fachliche Ausbildung der Bauhandwerker wurde in Berlin 1864/65 eine vom Handwerkerverein geführte Baugewerkschule gegründet, die ab 1914 staatlich organisiert und 1971 in die heutige Technische Fachhochschule Berlin eingegliedert wurde.[135] Bedingt durch die speziellen Anforderungen (Schalung, Betonmischung, Verarbeitung und Nachbearbeitung) erforderten der Betonbau und der Eisenbetonbau eine gemischte Kombination der Fähigkeiten. Einerseits war damit dem ungelernten Arbeiter die Möglichkeit gegeben, sich beim Arbeiten selbst weiterzubilden, andererseits hatte der Betonbau immer auch den Ruf als billiges oder auch minderwertiges Bauen. Rückblickend hat der Eisenbetonbau zu einer veränderten Wahrnehmung und Gewichtung der traditionellen Gewerke beigetragen.[136] Hatten die traditionellen Gewerke bzw. deren Vertreter bis dahin beispielsweise fast monopolhaft die Ausbildung und Arbeitslöhne auf den Baustellen diktiert, waren sie nun mit einer neuen Bauweise konfrontiert, deren Fachkräfte auf Grund der fehlenden handwerklichen Ausbildung direkt in den Unternehmen ausgebildet wurden.[137] Nach dem britischen Hennebique-Vertreter L. G. Mouchel waren die Anforderungen an die Betonarbeiter nicht sehr hoch. So schrieb er 1905:

> “[…] to take any labourer of ordinary intelligence and to make of him an apt worker in a very few days – I was going to say hours. So when you read that one of the drawbacks of ferro concrete lies in the necessity of skilled labour, please do not believe a word of it. So far as the Hennebique system is concerned, it is not so; and surely I can speak with authority on the subject, since I had to form, myself, my own gangs of men when I introduced reinforced concrete into this country […]”[138].

---

134 Aus der Niederschrift eines Vortrags auf der Jahresversammlung des Deutschen Beton-Vereins, vgl. O. A. (1905a).

135 Przesdzing (2016).

136 Forty (2012), S. 226.

137 In seiner Dissertation zu dem Thema „Die Industrialisierung im Eisenbetonbau“ an der Technischen Hochschule „Fridericiana“ in Karlsruhe schreibt Fritz Becker sogar von einer mehrjährigen Ausbildung. „Nach einjähriger Ausübung [der Bereitung und Verarbeitung des Betons, des Schneidens und Biegens der Eiseneinlagen, ihr Verlegen und Einflechten] wird der Bauhilfsarbeiter Zementarbeiter oder Flechter und nach weiterer, mindestens zweijähriger Tätigkeit Zementfacharbeiter […]“; Becker (1931), S. 38.

138 Mouchel (1904), S. 57. Dies steht deutlich im Widerspruch zu den in Deutschland etwa zur gleichen Zeit geäußerten Kommentaren über eine einheitliche Regelung der Ausbildung, um dem „Pfuschertum“ vorzugreifen (siehe Kapitel 3.2). Vor allem auch im Hinblick auf den fatalen Unfall auf einer Hennebique-Baustelle in der Schweiz im Jahr 1903 sind diese Worte sehr kritisch zu betrachten.

Allerdings war diese Beschreibung anscheinend stärker einer besseren Vermarktung von Eisenbeton zugedacht. Die Beschreibung der Arbeitsverhältnisse auf den Baustellen des italienischen Lizenznehmers Porcheddu lesen sich im Vergleich dazu deutlich anders: „Porcheddu […] provide[d] specialised workers to coordinate the assembly of moulds, the folding and the placing of rebars and the casting of concrete […]“[139].
Für die Verhältnisse von Bauprojekten nach dem System Hennebique im Deutschen Reich kann auf die Erfahrungen der Firma Max Pommer aus Leipzig verwiesen werden. Auf Grund von fehlenden Erfahrungen des eigenen Personals und in der Bauverwaltung wurden in Vorbereitung eines ersten Bauprojektes ein Zeichner und ein Polier in das technische Büro nach Frankfurt am Main geschickt. Im weiteren Verlauf wurden zusätzlich zu den eigenen Mitarbeitern auch zwei Bauinspektoren der Leipziger Baupolizei in das Hauptbüro nach Paris entsandt.[140]
Auf Grund der zentralisierten Arbeitsweise und der guten Archivsituation sind diese recht detaillierten Angaben zur Ausbildung für das Unternehmen Hennebique mehrfach dokumentiert. Die Anwendung des Monier-Patents bot deutlich mehr Freiheiten, aber auch in Unternehmen, die dieses nutzten, wird es eine bestimmte Form der Ausbildung gegeben haben.
Diese internen Ausbildungen haben vermutlich dazu beigetragen, dass bestimmte Eisenbetonsysteme, die spezielle Formeisen nutzten, eine genaue Positionierung der Bewehrung oder auch eine spezielle Betonmischung verwendeten, jahrelang erfolgreich vermarktet werden konnten. Wie in Kapitel 3.1 beschrieben, finden sich in den offiziellen Statistiken sogenannte Betonfacharbeiter erst nach 1920 wieder; in einer Zeit also, in der Eisenbeton eine bereits stark vereinheitlichte Bauweise war.
Über das praktische Arbeiten auf den Baustellen früher Eisenbetonkonstruktionen konnten nur einige wenige Hinweise gefunden werden. Teilweise haben sich Fotografien der Baustellen erhalten, die Aufschluss über eingesetzte Technologien und Arbeitsabläufe geben. Weitere Quellen sind die Jahresberichte des Deutschen Beton-Vereins, in denen Diskussionen zwischen praktisch tätigen Eisenbetonherstellern überliefert sind, die sich beispielsweise zu Themen wie Arbeiten bei Frost und Salz als Zusatzmittel, um die Frostwirkung aufzuheben, austauschten. Die Frage nach einem möglichen Betonieren bei Frosttemperaturen wird schlussendlich bejaht, mit Verweis u. a. auf Erfahrungen aus dem Mauerwerksbau.[141] Ein anderes Beispiel ist ein Bericht zu Versuchen mit Transportbeton 1903 in Hamburg.[142] Auch in den Bauzeitschriften wurden praktische Tipps diskutiert; beispielhaft sei auf einen Beitrag im ZBBv verwiesen, in dem Öl als Zusatzstoff zur Förderung der Wasserundurchlässigkeit diskutiert wird.[143]
Weiterhin sei hier noch auf eine Publikation von 1906 verwiesen, die sich, deutlich weniger umfangreich als die theoretischen Abhandlungen aus den Ingenieurwissenschaften, explizit als „Leitfaden“ an „Techniker und Baugewerksmeister“ richtet.[144] Inhaltlicher Schwerpunkt (etwa die Hälfte des Umfangs) sind zwar ebenfalls beispielhafte Ausführungen, allerdings ergänzt mit bautechnischen Details der Bewehrungsführung. Etwa ein Viertel der Zusammenstellung konzentriert sich auf die Bemessung von Eisenbetonkonstruktionen. In einem weiteren Viertel wird

[139] Sanna (2003), S. 1811.
[140] Adam et al. (2015), S. 70 ff.
[141] O. A. (1905a), S. 60.
[142] Magens (1908), S. 189.
[143] Brabandt (1912).
[144] Weder (1906), Vorwort. Reinhard Weder war Ingenieur und Lehrer am Technikum Hildburghausen. Diese Institution existiert noch heute als „Staatliches Berufsbildendes Schulzentrum Hildburghausen“.

dann noch die Ausführung auf der Baustelle behandelt, angefangen mit der Einschätzung und Mischung der Baumaterialien, der Positionierung der Eiseneinlagen, Hinweisen zur Schalung und schließlich der tatsächlichen Betonage. Interessanterweise war bei den praktischen Bauhandwerkern die Mischung des Betons offenbar abhängig vom System. So wird hier für die Zusammensetzung der Zuschläge zwischen den Systemen von Monier, Melan und Hennebique unterschieden. Für allgemeine Hinweise zur Ausführung wird auf die preußischen Bestimmungen verwiesen.[145] Weiterhin erläutert wird der Einsatz von Salz als Frostschutzmittel (2-4% Wasserlösung) sowie der Einsatz von Soda zum schnelleren Abbinden. Allerdings folgt der Hinweis, dass es dadurch zu Ausblühungen kommen kann. Die Frage der Menge des Anmachwassers wird nicht explizit benannt. Bei der Erläuterung der Betonbereitung wird zwischen Maschinen- und Handmischung unterschieden. Bei der Maschinenmischung erfolgt die „Wasserzuführung [...] aus einem besonderen Wasserkasten“ und kann „beliebig reguliert werden“. Bei der Handmischung, hängt die „Menge des Wassers, die beizugeben ist, [...] im Wesentlichen von der Temperatur ab und [... ist] deshalb ziemlich verschieden.“ Die richtige Wassermenge soll wie folgt bestimmt werden:

> „Um festzustellen, ob der Wasserzusatz genügend ist, nimmt man etwas Beton und ballt ihn in der Hand zusammen, dabei muß sich das Wasser an der Oberfläche zeigen und der Ballen nach Öffnen der Hand seine Form behalten. Im Allgemeinen empfiehlt es sich dem Beton hier (bei Eisenbeton) etwas mehr Wasser zuzugeben, da derselbe hierdurch formbarer wird und sich besser an die Einlagen anschmiegt.“[146]

Abschließend werden noch kurz das lagenweise Einstampfen und die dabei eingesetzten Werkzeuge sowie die Positionierung der Bewehrung am Beispiel einer Monierbrücke erläutert. So sollten die Trag- und Verteilungsstäbe mit Drahtschlingen (Ø1 mm) verbunden werden. Für die Bewehrungseisen sollten lange Stäbe verwendet werden, wobei diese bei Bedarf in Bereichen ohne Zugspannungen gestoßen werden sollten. Als Abstandhalter sollten „flache Steinstückchen“ unter das Bewehrungsnetz gelegt werden.[147]

Für die Verarbeitung der Materialien wurden immer mehr und immer größere Maschinen verwendet. Bei Emperger findet sich eine Zusammenstellung der gängigen technischen Baustellenausrüstung, angefangen bei Mischmaschinen für den Beton über Vorrichtungen zum Biegen der Eisenstäbe bis hin zu Hebevorrichtungen für Hochbauten (mehr zur technischen Ausstattung auf den Baustellen siehe Kapitel 3.5.3).[148]

Die Vermittlung des Wissens erfolgte demnach vielfach über einschlägige Fachliteratur, Handbücher, vor allem aber durch mündliche Einweisung von erfahrenen Kollegen auf der Baustelle. Inwieweit einzelne Unternehmen interne Handlungsanweisungen verschriftlicht haben, bleibt offen, zurzeit gibt es keine dokumentierten Nachweise dazu. Die Einführung einer individuellen, praktischen Berufsausbildung begann vermutlich im Zuge der Etablierung einer eigenen Berufsbezeichnung (siehe Kapitel 3.1.2).

---

145 Weder (1906), Kapitel E.

146 Weder (1906), S. 102 ff.

147 Weder (1906), S. 115. In Ast (1907), S. 364 ff sind am Ende Tipps und Hinweise dazu aufgeführt, was die richtige Ausführung, Mischung, Rohstoffauswahl etc. angeht. Diese sind im Vergleich zu Weder (1906) aber sehr viel allgemeiner gehalten.

148 Emperger (1911)

2.5 Zum Einfluss institutioneller Interessenvertretungen

Der Stahlbetonbau wird heute als eine Untergruppe innerhalb der Branche der Bauwirtschaft verstanden, allerdings waren bei der Einführung der neuen Bauweise diese Grenzen noch nicht so klar erkennbar. Erste Initiativen zur Etablierung des Baumaterials erfolgten durch Firmen und Akteure, die in der Baustoffindustrie beheimatet waren. Zementhersteller wie Rudolf Dyckerhoff suchten nach neuen Absatzfeldern für den produzierten Zement.[149] Somit erklären sich die schrittweisen Versuche, einen passenden Verein zu gründen. Dieses schrittweise Vorgehen hatte aber auch den Vorteil, unterschiedliche Vermarktungsstrategien ausprobieren und verbessern zu können. Die Vereine konzentrierten sich dabei auf ein entsprechendes Publikationsprogramm und die Durchführung von bzw. Teilnahme an fachspezifischen Ausstellungen.

Im Vergleich mit anderen deutschen Städten hat der Hauptstadtstatus Berlins sicherlich dazu beigetragen, dass sich bereits im 19. Jahrhundert verschiedenste Akteure in der Stadt ansiedelten und damit eine direkte Kommunikation untereinander möglich wurde. Neben Vereinen umfasste dies auch Verlage, Zeitschriften, Bauunternehmen mit Hauptstadtbüro und auch die staatlichen Behörden.

Ausgangspunkt für den Eisenbeton war der „Deutsche Verein für die Fabrikation von Ziegeln, Tonwaren, Kalk und Zement", der 1865 von deutschen Ziegelherstellern um Rudolf Dyckerhoff gegründet wurde. Der Verein publizierte das sogenannte Notizblatt als Vereinsorgan, das aber nicht im regulären Buchhandel erhältlich war.[150] Es ist anzunehmen, dass die Öffentlichkeitsarbeit zu Beginn einen eher geringen Stellenwert hatte und vielmehr der fachliche Austausch unter den Ziegeleibesitzern und Fachbetrieben maßgebend für die Gründung des Vereins war. Erst 1876 erschien die Zeitschrift „Tonindustrie-Zeitung" als Ergänzung zur Deutschen Bauzeitung.

Die immer intensivere Diskussion von Fragen der Zementherstellung führte im Jahr 1877, wieder unter Beteiligung von Rudolf Dyckerhoff, zur Gründung des „Vereins Deutscher Cement-Fabrikanten", der sich 1889 in den „Verein Deutscher Portland-Cement Fabrikanten" umbenannte. Dieser Verein publizierte von Anfang an ausführliche Protokolle seiner Jahrestreffen sowie eine Beilage zur Deutschen Bauzeitung.[151]

Die steigende Zahl an Publikationen – Vorträge, Zeitschriften und Fachbücher – war ein Teil der Entwicklung der Interessenvertretungen. Ein zweiter Teil war die anfängliche Ausdifferenzierung der Branchenbeteiligten, die sich dann aber 1898 zum „Deutschen Beton-Verein", einem transdisziplinären Verein, zusammenschlossen. Der Deutsche Beton-Verein wurde von Mitgliedern der Industrie (Zement-Kunststein-, Beton- und Zementwerke), Bauingenieuren und Bauunternehmern sowie unter Beteiligung der Fachpresse in Berlin gegründet.[152] Die „Tonindustrie-Zeitung" wurde bereits auf der Gründungsversammlung als Vereinsorgan gewählt. Der Verein etablierte sich zur wegweisenden Institution bei der Beförderung der Bauweise und veranlasste später umfangreiche Versuche im Rahmen sogenannter Arbeitspläne I und II für Versuche mit Beton und zum Verhalten von Eisen in Mauerwerk. Die Zusammenarbeit bei unterschiedlichen Versuchsreihen ist in Kapitel 2.3 beschrieben. Die Kosten dafür wurden von Mitgliedern und

[149] Von Seiten der Eisen- und Stahlproduzenten gab es keine ähnlich umfänglichen Bemühungen. Vielmehr wurde der Eisenbetonbau als Konkurrent ausgemacht (siehe auch Kapitel 2.2).

[150] Vgl. dazu den Beitrag von F. (1871) in der Deutschen Bauzeitung.

[151] Verein Deutscher Zementwerke (2002).

[152] Eine Auswertung der Präsenzliste der Gründungsveranstaltung des Deutschen Beton-Vereins zeigt einen deutlichen Überhang von Beton- und Cementbauunternehmen, vgl. O. A. (1899b).

öffentlichen Ministerien finanziert.[153] Die Vorgehensweise und Ergebnisse der Versuche wurden dann auf den Jahresversammlungen präsentiert und auch publiziert. Diese Jahresversammlungen waren von einem umfangreichen Vortragsprogramm bestimmt, bei dem immer wieder Beispiele aus der Praxis vorgestellt wurden und disziplinübergreifend diskutiert wurde. Umfangreiche Protokolle wurden mit zahlreichen Bildern im Nachgang zu den Treffen publiziert.

Als Arbeitsausschuss des Beton-Vereins initiiert, wurde der „Deutsche Ausschuss für Eisenbeton" (heute DAfStb) am 8./9. Januar 1907 gegründet. Seine wesentlichen Aufgaben waren „[e]inmal die Durchführung von Versuchen auf dem Gebiete des Beton- und Eisenbetonbaues und sodann die Aufstellung amtlicher Ausführungs- und Prüfungsvorschriften für Beton- und Eisenbeton"[154]. Ein erster Schritt war dabei der Entwurf des III. Arbeitsplanes für Versuche mit Eisenbeton unter Beteiligung von Emil Mörsch und Eduard Züblin (1850–1916)[155], dem später noch weitere Arbeitspläne folgten. Weiterhin erstellte der Ausschuss ab 1911 Unfallstatistiken und führte eine Liste mit Sachverständigen, um negativen Nachrichten zur Bauweise frühzeitig entgegenwirken zu können. Damit war eine klare Aufgabentrennung vollzogen: Während der Deutsche Beton-Verein sich den allgemeinen Belangen des Bauens mit Beton- und Eisenbeton widmete, organisierte der Ausschuss die Vorarbeiten für gesetzliche Regelungen.

Der Deutsche Beton-Verein erscheint im internationalen Vergleich als eine Besonderheit. Die Organisationsform und die damit verbundenen Strukturen hatten einen sehr positiven Einfluss auf die Entwicklung von Eisenbeton im deutschsprachigen Raum. Durch die Sicherheit, im gesetzlichen Rahmen zu bauen und einen intensiven Austausch zwischen Forschung und praktischen Bauunternehmen pflegen zu können, wurde der Eisenbeton hierzulande offenbar schneller am Markt etabliert als vergleichsweise in anderen europäischen Ländern.[156]

Parallel dazu fanden sich auch bei anderen Vereinen, wie dem „Architekten- und Ingenieur-Verein Berlin", Unterstützer. Als einer der ersten Interessenverbände für am Berliner Bauwesen interessierte Personen gegründet, erlangten seine noch heute publizierten Zusammenstellungen, die unter dem Titel „Berlin und seine Bauten" (BusB) erscheinen, große Bekanntheit. Für die Einführung des Eisenbetonbaus allerdings spielte dieser Verein eine eher untergeordnete Rolle. Diese ist vielmehr als sinnbildlich für die Bauwirtschaft anzusehen, die auch erst von den Vorteilen überzeugt werden musste. Beispielhaft sei hier auf Matthias Koenen verwiesen, der bereits 1878 einen Mitgliedsantrag an den AIV Berlin richtete.[157] Die Mitgliedschaft konnte nur erlangen, wer neben einem passenden Lebenslauf auch zwei Empfehlungen von Mitgliedern vorweisen konnte. Eine Mitgliedschaft in diesem renommierten Verein versprach gute Kontakte für einen Jungingenieur zu Beginn seiner Tätigkeiten in Berlin. Während seiner rund zehn Jahre währenden Tätigkeit für die Firma Beton- und Monierbau AG hat Koenen nachweislich in Fachzeitschriften, aber auch beim AIV mehrfach Veranstaltungen zu Themen des Eisenbetonbaus publiziert und in Vorträgen darüber berichtet. Seine Mitgliedschaft im Deutschen Beton-Verein, für lange Zeit auch als Mitglied des Vorstands, bot ihm über den AIV Berlin hinaus die Möglichkeit, seine Aktivitäten in eigener Sache noch stärker zu konzentrieren.

---

[153] Genauer nachzulesen in Petry (1923).

[154] Ebd. S. 23.

[155] Eduard Züblin war ein Schweizer Bauingenieur und Bauunternehmer, der ab 1898 als Hennebique Konzessionär in Straßburg tätig war. Sein späteres Unternehmen Ed. Züblin AG mit Sitz in Stuttgart ist noch heute tätig.

[156] Vgl. Heinemann (2009); Van de Voorde (2010) und auch Jahren und Sui (2018).

[157] Koenen (1878).

Ein weiteres Mittel der Öffentlichkeitsarbeit und des fachlichen Austausches über die Grenzen der Vereine und auch über Ländergrenzen hinweg waren Fachausstellungen, angefangen mit einer Gewerbeausstellung in Antwerpen 1885, bei der Wayss das erste Mal mit Eisenbeton konfrontiert wurde, bis zur „Norddeutschen Gewerbe-, Industrie-, Handels-, Marine-, Hochseefischerei- und Kunstausstellung" 1890 in Bremen, zu der Wayss und Koenen dann bereits eine erste kühne Eisenbetonbrücke zu Werbezwecken realisierten. Auf der Gewerbeausstellung 1896 in Berlin präsentierten sich viele verschiedene handwerkliche, industrielle und kaufmännische Betriebe auf einem 900.000m² großen Grundstück im Treptower Park. Inwieweit Eisenbeton bei der Errichtung der Ausstellungsgebäude verwendet wurde und welche lokalen Eisenbetonunternehmen an der Ausstellung beteiligt waren, konnte im Rahmen dieser Untersuchung nicht eruiert werden. Im Rückblick war es die Weltausstellung in Paris im Jahr 1900, die auch für den Berliner Eisenbetonbau Maßstäbe setzte.[158] Maßgeblich für alle Bemühungen war das Streben nach einer einheitlichen Qualität der Ware (Zement, Eisenbeton), die Akquise neuer Aufträge und schlussendlich die Etablierung einer machtvollen Konkurrenz zu den traditionellen Bauweisen. Die Vernetzung innerhalb des Deutschen Beton-Vereins und sicherlich auch die zentral koordinierten Versuche waren zwei wichtige Bausteine bei der Zusammenarbeit der beteiligten Wissenschaftler und Ingenieure, die schließlich, wie in den folgenden Kapiteln beschrieben, zur Formulierung der 1. Behördlichen Bestimmungen zum Bauen mit Eisenbeton führten und damit die Grundlagen zur Vereinheitlichung der Bauweise schufen.

2.6 Zum Wandel in der preußischen Gesetzgebung

2.6.1 Die Rolle der höheren Baubeamten

Einer Charakterisierung der preußischen Baubeamten ist der Hinweis voranzustellen, dass es Unterschiede zwischen kommunalen und staatlichen Verwaltungen gab.

Die Baubelange bei zahlreichen Städten und Gemeinden in Preußen wurden bis weit nach 1900 durch ehrenamtliche Personen vertreten. Nur vereinzelt finden sich bereits vor 1875 angestellte Stadtbaumeister. Nachdem spezielle Bauverwaltungen in den Städten sich eher auf die Errichtung von Repräsentationsbauten beschränkten, führten spätere soziale und wirtschaftliche Randbedingungen dazu, dass auch Wohnungs- und Siedlungsbau, als soziale Aufgaben, in die Verantwortung der kommunalen Bauverwaltung integriert wurden.

> „Damit hatten um die Jahrhundertwende die Kommunalbaubeamten als zweite öffentliche Planungs- und Durchführungsbehörde neben den Staatsbauverwaltungen einen gewichtigen Platz eingenommen, den sie nach dem Ersten Weltkrieg noch weiter ausbauen sollten."[159]

Für die Arbeit im preußischen Staatsdienst etablierte sich früh eine praktische und theoretische Ausbildung als Grundvoraussetzung für eine Anstellung. Beispielhaft sei auf die „Vorschriften des Ministers der öffentlichen Arbeiten über die Ausbildung und Prüfung für den Staatsdienst im Baufache vom 1. Juli 1900"[160] verwiesen. Für die Anstellung im höheren Staatsdienst mussten eine Vorprüfung und zwei Hauptprüfungen bestanden werden. Zulassungsvoraussetzung zur Teilnahme an den Prüfungen war zum einen ein vor dem Studium erworbenes Reifezeugnis eines Gymnasiums bzw. Realgymnasiums im Deutschen Reich oder einer preußischen Oberreal-

[158] Siehe dazu Ramm (2010) bzw. Linse (1903).

[159] Bolenz (1991), S. 60.

[160] Münchgesang (1904), S. 158 ff.

schule und ein mehrjähriges Studium an einer technischen Hochschule im Deutschen Reich. Weiterhin musste eine praktische Ausbildung nach dem Bestehen der ersten Hauptprüfung erfolgt sein, um an der zweiten Hauptprüfung teilnehmen zu können.[161]

"[I]n ihrer konstruktiven Funktion waren die Baubeamten ohne Konkurrenz. In dieser Funktion besaßen sie den Einfluss auf die Baugestaltung und erhebliche Macht über die am Bau beteiligten Personen. Auf der unteren Verwaltungsebene (Kreisbaubeamte) war der Entscheidungsspielraum der Baubeamten, verglichen mit dem anderer Beamter, besonders groß. Auf höherer Verwaltungsebene, wie der Regierungs- oder Ministerialebene, wurde die Kompetenz der Baubeamten (Bauräte) trotz ihrer Wichtigkeit beschnitten. [...] Die Kompetenz der Staatsbaubeamten wuchs also nicht proportional zu ihrem Aufstieg in den Regierungsämtern. [...] So gesehen war die Einheit von Sachwissen und Kompetenz formal gewehrt [sic], nur war sie nicht in einer Person verwirklicht."[162]

Bolenz führt weiterhin aus, dass sich die Baubeamten "[t]rotz formaler Annäherung an die Juristen in der Ausbildung sowie Gleichstellung von Technischen Hochschulen und Universitäten um 1900 [...] weiterhin als Beamte zweiten Grades [fühlten] und [...] dies an Titel- und Kompetenzfragen fest[machten]. Was die Alimentation durch den Staat betraf, standen sich die Baubeamten allerdings nicht viel schlechter als ihre juristischen Kollegen – im Gegenteil, durch ihre reichlich verbriefte Nebentätigkeit besaßen sie die Möglichkeit, ihr Gehalt aufzubessern. Diese Tatsachen verweisen auf ein starkes "subjektives" Moment bei ihrer Statuseinschätzung, aber auch auf die Dauerhaftigkeit der gesellschaftlichen Wertschätzung hinsichtlich der traditionellen gesellschaftlichen Beamtenelite, die auch dann noch weiterbestand, als die Baubeamten ausbildungsmäßig gleichgezogen hatten."[163]

Gerade durch diese Nebentätigkeiten hatten zahlreiche Baubeamte einen steten Einblick in das Baugeschehen, und zwar nicht nur praktisch auf der Baustelle, sondern auch bei der Vorbereitung der statischen Berechnungen, die im Rahmen einer Baugenehmigung nachgewiesen werden mussten. Bereits im Untersuchungszeitraum gab es Prüfingenieure, die im Auftrag der preußischen Baupolizeibehörde kontrollierten, dass die jeweilige Statik in sich korrekt war und den gesetzlichen Vorschriften entsprach. War dies nicht der Fall, so forderten sie mit sogenannten Grüneinträgen Überarbeitungen, Ergänzungen oder auch Neuberechnungen ein. Während Wände aus Eisenbeton gesetzlich bis nach 1900 verboten waren, konnten zumindest in Einzelfallentscheidungen Konstruktionen wie der Musikpavillon in Hoppegarten entstehen (siehe Anhang A6).

Insgesamt fehlen genaue Angaben zu den neben dem Staatsdienst auch privat tätigen Baubeamten. Nach Auswertung der Informationen für die Fallstudien hat es anscheinend durchaus zahlreiche Verflechtungen von Aufgaben, Positionen und Protagonisten gegeben. Für die Entwicklung des Bauen mit Eisenbeton in Berlin trat unter den höheren Baubeamten vor allem eine Person hervor: Matthias Koenen. Näheres zu seiner Position als Regierungsbauführer findet sich in Kapitel 3.2 sowie im Besonderen zu seiner Person in Kapitel 3.4.

---

161 Der genaue Wortlaut der Verordnung ist Münchgesang (1904), S. 186 ff zu entnehmen. Die Ausbildung im preußischen Staatsdienst ist vielfach diskutiert und publiziert worden, siehe dazu ebenfalls Becker (1949); Bolenz (1991); König (2006) und speziell für Berlin auch Gottheiner (1906) und Grünert (1983).

162 Bolenz (1991), S. 142.

163 Ebd. S. 287 f.

2.6.2 Einführung des Eisenbetons in das Baurecht

Das öffentliche Baurecht war insgesamt eine Kombination der Vorgaben aus lokalen Bauverordnungen (zum Beispiel Gestaltungssatzungen) und denen der Baupolizeibehörden. Neben dem öffentlichen gab es auch ein privates Baurecht, das vor allem die rechtlichen Verpflichtungen und Einschränkungen bei Verträgen zwischen privaten Bauherren und von ihnen beauftragten ausführenden Firmen beinhaltete.

Eine allgemeine, einheitliche Gesetzgebung gab es im 'deutschen' Bauwesen lange Zeit nicht. Die Bauordnungen der Einzelstaaten variierten stark in Inhalt und Ausrichtung, wobei baurechtliche Aspekte im Vordergrund standen. Bei den baupolizeilichen Bestimmungen gab es ebenfalls keine Einheitlichkeit, da einzelne „Gemeinden durch Ortsstatut polizeiliche

> Vorschriften nach ihren besonderen Bedürfnissen aufstellen konnten. Die dadurch [entstandene] Verschiedenheit [... beruhte] auf [unterschiedlichen] Ortsrechten, Ortspolizeiverordnungen und Ortsstatuten, und die verschiedenartige historische Entwicklung des Gesamtanbaues einer Ortschaft, die Verschiedenheit des Klimas, der zur Verfügung stehenden Baustoffe, der Lebensgewohnheiten und Bedürfnisse und nicht in letzter Linie auch der wirtschaftlichen Verhältnisse. [...] Bis 1900 hatten nur einige Einzelstaaten (z.B. das Königreich Sachsen) eine für ihr Gebiet einheitlich gültige Bauordnung; in anderen Staaten (z.B. in Preussen) fehlte diese."[164]

Mit dem Erlass des einheitlich geltenden Bürgerlichen Gesetzbuches für das Deutsche Reich wurden dann erstmals reichsweite baurechtliche Aspekte, wie zum Beispiel Einschränkungen der Eigentumsnutzung, erlassen (§§ 906-924).[165] Darin war auch die Verpflichtung, eine Baugenehmigung für jeden Neubau einzuholen, festgeschrieben.[166] Es gab allerdings auch weiterhin Einzelstaaten, die zusätzliche baurechtliche Fragen in spezifischen Ausführungsgesetzen regelten.

In Abbildung 16 sind neben den Verantwortlichkeiten der einzelnen Verwaltungsebenen auch die Gültigkeitsbereiche der Gesetzgebung festgehalten. Die Unterscheidung erfolgt in drei Gruppen: allgemeine Gesetze, die reichsweit galten, Baupolizeigesetze und örtliche Bauordnungen. Während der Einfluss der reichsweit geltenden allgemeinen Gesetze über alle Verwaltungsebenen gleich war, zeigte sich bei den beiden anderen Gruppen ein differenzierteres Bild. Demgemäß hatten lokale Bauordnungen bei privaten und kommunalen Bauaufgaben im Vergleich zu den baupolizeilichen Vorschriften einen vorrangigen Einfluss. Bei Bauaufgaben auf Kreis- oder Provinzebene drehte sich das Verhältnis um; hier war den baupolizeilichen Vorschriften stärker Folge zu leisten. Auf Landesebene hatten örtliche Bauordnungen dann keinen Einfluss mehr.

Am Beispiel von Eisenbeton kann generell verfolgt werden, welche Einflüsse und Randbedingungen die Einführung einer neuen Bauweise positiv oder negativ beeinflussen. Um eine neue Bauweise marktrelevant einzuführen, bedarf es zuallererst erfahrener und kompetenter Bauhandwerker. Im Fall von Eisenbeton wird zweitens ein theoretisches Verständnis über die inneren Zusammenhänge zwingend notwendig. Drittens spielen rechtliche Rahmenbedingungen

---

[164] Mertens (1919), S. 1–2.

[165] Eine detaillierte Beschreibung ist Münchgesang (1904) und auch Hilse (1897) zu entnehmen. Zusätzlich dazu wurden weitere Erlasse und Vorgaben veröffentlicht, die die grundlegende Gesetzgebung erweiterten, um dabei aber die notwendige Flexibilität zu erhalten.

[166] Beispielsweise gab es diese Verpflichtung nicht in Frankreich, dort galt nach Baltz (1910), S. 111 die sogenannte Anzeigepflicht.

ebenfalls eine wichtige Rolle. Im Hinblick auf die Kosten kann es beispielsweise auftragsentscheidend sein, ob für eine spezifische Bauweise gesonderte Materialtests oder eine umfangreichere Antragsprüfung notwendig sind.
Die Erkenntnisse von Koenen und anderen, späteren Eisenbetoningenieuren hatten zunächst wenig Einfluss auf die Gesetzgebung. Beispielsweise wies die neue Baupolizeiordnung für den Stadtkreis Berlin, veröffentlicht 1897, keinen Passus zu Eisenbeton auf, obwohl dieser damals bereits zehn Jahre am Markt erhältlich war. Vielmehr bestand weiterhin die Forderung, „Umfassungswände und belastete Wände [...] in Massivbau [oder] in Eisenfachwerk oder Eisenwellblech“[167] auszuführen. Hinsichtlich behördlicher Regelungen kann die Zeit bis 1904 als ‚regellose Zeit‘ charakterisiert werden.[168] Um diesen Mangel an Regelungen und Gesetzen zu kompensieren, waren die Eisenbetonakteure bemüht, selbst Qualitätsstandards zu setzen.
Dazu bedienten sie sich zwei verschiedener Mittel. Zum einen war es üblich, die eigenen Ausführungsspezifika als ein System patentieren zu lassen.[169] Zum zweiten wurden bereits für den unbewehrten Betonbau Qualitätsstandards für die Güte von Zement und Sand vereinbart. Die sich daraus entwickelnde Materialuntersuchungskultur an den Materialprüfanstalten und ein intensiver Austausch in den einschlägigen Fachzeitschriften führten schnell dazu, dass ganze Eisenbetonkonstruktionen mittels Belastungsversuchen untersucht wurden.[170] Die Versuchsergebnisse wurden tabellarisch aufbereitet und dienten als Bemessungsgrundlage und Nachweis für die Baubehörden.
Erst der schwerwiegende Unfall während der Bauarbeiten am Hotel „Zum Bären” im August 1901 in Basel zeigte drastisch die Notwendigkeit einer einheitlichen Regelung auf. Bei der Ausführung einer Hennebique Konstruktion kam es zu einem Einsturz, bei dem mehrere Menschen ihr Leben verloren. Unfälle auf Baustellen, die Eisenbetonanwendungen beinhalteten, gab es zwar auch vorher im Deutschen Reich, allerdings war dabei noch kein Mensch gestorben.[171]
Sowohl im Deutschen Reich als auch international wurden daraufhin die Stimmen derer immer lauter, die einheitliche Vorschriften forderten. Dies waren zuallererst die ausführenden Firmen und Interessenverbände, aber auch beteiligte Wissenschaftler und Behörden. Nach Auswertung der Unfallursachen veröffentlichten die Städte Hamburg, Düsseldorf, Dresden und Frankfurt am Main um 1903 erste spezifische, aber noch lokal begrenzte Vorgaben für das Bauen mit Eisenbeton. Diese unterschieden sich aber noch deutlich in Länge und Schwerpunktsetzung voneinander.[172]
Ein weiterer Aspekt der mitunter zu beachten ist, waren die besonderen Regelungen beim Bauen von Eisenbahnstrecken und Bahnhöfen. Die Eisenbahnunternehmen hatten vielfach eigene Vorschriften, die zu beachten waren.

2.6.3 Die 1. Behördlichen Bestimmungen zum Bauen mit Eisenbeton

Die ersten reichsweiten „Bestimmungen für die Ausführung von Konstruktionen mit Eisenbeton bei Hochbauten“ wurden am 16. April 1904 durch den preußischen Minister für öffentliche

---

167 F. (1897), S. 449.
168 Siehe auch Kuban (2015).
169 Mehr zu den einzelnen Systemen und deren Unterschiede findet sich in Kapitel 2.2.
170 In den Bauzeitschriften wurden ab 1886 zahlreiche Artikel veröffentlicht, die Materialtests, Bauprojektbeschreibungen, Unfälle und theoretische Abhandlungen thematisierten.
171 Vgl. Emperger (1902).
172 In Linse (1903) sind die Vorschriften der einzelnen Städte detailliert in einem Artikel zusammengefasst.

Arbeiten erlassen.[173] Die Vorlage dazu hatte ein Komitee mit „Mitgliedern des „Verbandes Deutscher Architekten- und Ingenieur-Vereine“ sowie des „Deutschen Beton-Vereins“ (DBV) „[…] [und] noch einige in der Praxis stehende Sachverständige“ erarbeitet.[174] Die Bestimmungen waren international gesehen das erste national gültige, rechtsverbindliche Regelwerk (siehe Abbildung 6). Die Bestimmungen galten zwar erst einmal nur in Preußen, bekamen aber schnell einen Vorbildcharakter für die Staaten in anderen Reichsgebieten, die innerhalb kurzer Zeit eigene Verordnungen und Bestimmungen erließen.

Vorreiter waren auch die schweizerischen provisorischen Vorschriften, die allerdings einen anderen politischen Wirkungsgrad hatten. Ausgehend von dem oben erwähnten Unfall in Basel, wurden diese ebenfalls von einer Kommission erarbeitet und bereits im Januar 1904 veröffentlicht. Auf Grund der sprachlichen Nähe und auch der Nachbarschaft der Länder sind direkte Einflüsse nicht ausgeschlossen.[175]

Ähnlich den schweizerischen und deutschen Regelwerken war auch bei den französischen Instruktionen ein Unfall ausschlaggebend für die Formulierung der Regeln. Im April 1900 stürzte eine Fußgängerbrücke in der Nähe der Suffren Avenue auf dem Gelände der Pariser Weltausstellung ein.[176] Daraufhin wurde durch das Ministerium für öffentliche Arbeiten, Post und Telegrafie eine Kommission unter Beteiligung von Ingenieuren der Abteilung Ponts et Chaussées des Ministeriums gegründet. Im Ergebnis wurden die „Instructions relatives à l'emploi du béton armé“ in einem Rundschreiben veröffentlicht, und es galt ab dem 20. Oktober 1906 für alle Eisenbetonkonstruktionen, die im Auftrag des Ministeriums für öffentliche Arbeiten in Auftrag gegeben wurden, die Bedingung, dass deren Entwurf und Ausführung entsprechend diesen Instruktionen zu erfolgen hatten.[177]

Bedingt durch die unterschiedlichen politischen Systeme wiesen die ersten Vorschriften zum Bauen mit Eisenbeton jeweils einen unterschiedlichen Geltungscharakter auf. Demgemäß unterscheidet die Schattierung in Abbildung 6. Vorschriften mit Gesetzescharakter sind grau markiert, wohingegen gestreift markierte Vorschriften nur beim Vorliegen bestimmter Randbedingungen Anwendung fanden. Bereiche ohne Markierung sind eher als Richtlinien zu interpretieren, die nicht gesetzlich bindend waren.

---

173 Ministerium der öffentlichen Arbeiten (16.04.1904).

174 Der Entwurf wurde in der 2. Ausgabe der Zeitschrift "Beton & Eisen" 1904 veröffentlicht, siehe Deutscher Beton-Verein und Verband deutscher Architekten- und Ingenieur-Vereine (1904).

175 Kurrer (2016), S. 693 schreibt sogar, dass die inhaltliche Gliederung der Schweizer Vorschriften für Jahre zum Vorbild wurde, allerdings differenziert er nicht, für welche Länder dies zutraf.

176 Simonet (2005).

177 O. A. (1907e).

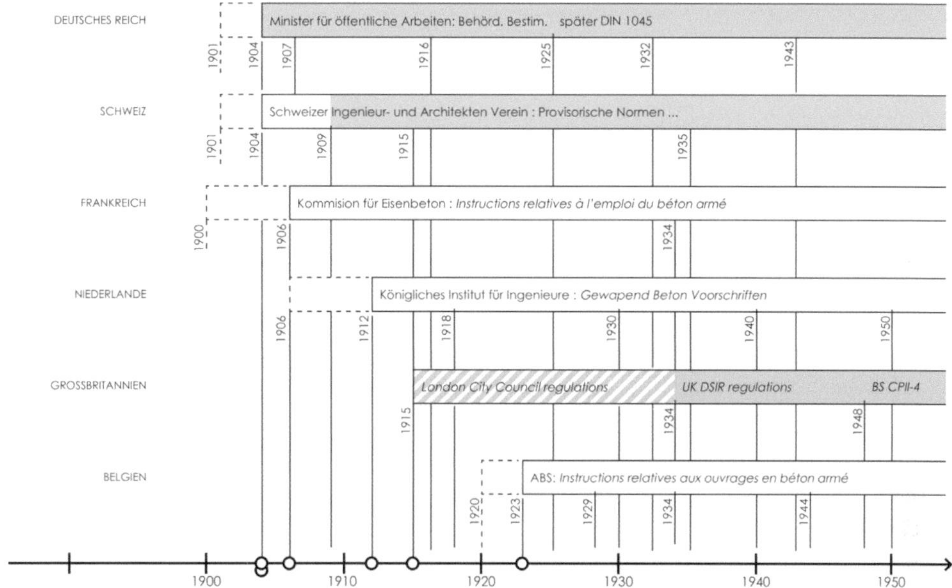

Abbildung 6: Übersicht zur Einführung von Eisenbetonvorschriften und deren Geltungscharakter.[178]

Auch International hatten die preußischen Bestimmungen teilweise einen Vorbildcharakter, beispielhaft sei auf einen Artikel von Prof. F. Schüle verwiesen, in dem er die deutschen Bestimmungen in Abgrenzung zu den schweizerischen erläutert und weiterhin ausführt: „Es ist für die Bedeutung der Fortschritte im Eisenbetonbau bezeichnend, dass für die erwähnten Punkte in einem Lande [dem Deutschen Reich, Anm. d. V.], in dem viele Systeme dieser Bauart angewendet werden, eine Einigung erzielt werden konnte“[179].

Im Vergleich der preußischen Bestimmungen mit Vorschriften und Regelwerken in anderen Ländern fallen zuallererst die unterschiedliche Benennung und der abweichende Geltungsrahmen auf.[180] Während die Schweizer und Franzosen von sogenannten Vorschriften sprechen, sind die niederländischen Regelungen eher als Anleitung zu interpretieren, und nur die preußischen Bestimmungen hatten tatsächlich einen rechtsverbindlichen Charakter. Weiterhin sind die schweizerischen und französischen Vorschriften deutlich von einer sehr viel liberaleren politischen Grundhaltung geprägt.[181] In Tabelle 2 sind die Inhalte der vier frühesten Eisenbetonvorschriften mit nationalem Geltungscharakter vergleichend einander gegenübergestellt.[182] Der

[178] Zur Entwicklung der eisenbetonspezifischen Baugesetzgebung siehe Van de Voorde et al. (2017).

[179] Nach Schüle (1904), S. 211. François Louis Schüle (1860–1925) war ein Schweizer Ingenieur, der 1901 als Professor für Baustatik und Baumaterialtechnologie an das Eidgenössische Polytechnikum in Zürich berufen wurde. Er war Mitglied der Kommission, die den Einsturz während der Bauarbeiten am Hotel "Zum Bären" untersucht hat, sowie Präsident und Berichterstatter der Schweizerischen Kommission für armierten Beton.

[180] Maßgebend für die Weiterentwicklung der Bauweise waren die wissenschaftlichen Auseinandersetzungen und Materialuntersuchungen in den damaligen europäischen Kernstaaten: Deutschland, Schweiz, Frankreich, Österreich und Niederlande. Weltweite Bedeutung erlangte Eisenbeton erst nach dem Ersten Weltkrieg. Dabei wurde oft die Fachkenntnis durch koloniale Besatzer oder europäische Baufirmen importiert.

[181] Auf eine genauere Auseinandersetzung mit diesem Aspekt wird hier verzichtet. Rauhut (2017) beschreibt in seiner Arbeit die Zusammenhänge der schweizerischen Baugesetzgebung anschaulich und detailliert.

[182] In einzelnen Städten wie beispielsweise Dresden, Frankfurt am Main oder auch New York gab es ebenfalls erste eigene Vorschriften für das Bauen mit Eisenbeton, siehe dazu Thompson (1903).

politische Wirkungsrahmen war unterschiedlich. Die französischen Vorschriften wurden, ähnlich den preußischen, zwar national von den Behörden anerkannt, im Gegensatz dazu stellten die niederländischen, ähnlich den schweizerischen, jedoch keine Handlungsanweisung für öffentliche Behörden dar, sondern kamen vielmehr einer Empfehlung gleich. In der Gegenüberstellung sind die einzelnen, inhaltlich unterschiedlichen Kapitel getrennt erfasst, wobei die Zellenhöhe näherungsweise dem Umfang der einzelnen Kapitel entspricht.

In der Folgezeit haben weitere Länder Bestimmungen erlassen, allen voran Österreich und Italien im Jahr 1907, Russland und Dänemark 1908, Ungarn 1909 und Schweden 1910. Allerdings basieren die späteren Vorschriften zu großen Teilen auf den zuerst veröffentlichten. Beispielsweise orientieren sich die belgischen von 1923 sehr stark an den französischen von 1906, und die russischen stark an den deutschen und französischen. Im Gegensatz dazu gab es Länder wie Spanien, die offensichtlich lange keine Veranlassung sahen, entsprechende Vorschriften überhaupt zu erlassen.[183]

<table>
<tr><th>Land</th><th>Schweiz (1904)</th><th>Deutsches Reich (1904)</th><th>Frankreich (1906)</th><th>Niederlande (1912)</th></tr>
<tr><td rowspan="9">Inhaltsangabe (die Höhe der Zelle deutet den Umfang der Angaben an).</td><td rowspan="2">Allgemeine Hinweise; Anforderungen an die Baugenehmigung</td><td rowspan="5">Allgemeine Hinweise; Anforderungen an die Baugenehmigung; Ausführungshinweise; Abnahme; Qualitätskontrolle</td><td rowspan="2">Annahmen für die Vorbereitung von Baumaßnahmen</td><td>Definitionen</td></tr>
<tr><td rowspan="2">Materialien</td></tr>
<tr><td rowspan="2">Grundlagen der Bemessung</td><td rowspan="3">Bemessung</td></tr>
<tr><td>Ausführungshinweise</td></tr>
<tr><td>Material, Charakteristika</td><td rowspan="4">Bemessung</td></tr>
<tr><td>Ausführungshinweise</td><td rowspan="3">Richtlinien für die Bemessung</td><td rowspan="2">Ausführungshinweise</td></tr>
<tr><td>Qualitätskontrolle</td></tr>
<tr><td rowspan="2">Ausnahmen</td><td rowspan="2">Materialtests</td></tr>
<tr><td>Berechnungsbeispiele</td><td>Eisenumschnürter Beton</td></tr>
</table>

Tabelle 2: Vergleich der Inhalte früher nationaler Eisenbetonvorschriften. Die Höhe der Zellen entspricht annäherungsweise dem Umfang der Paragraphen.

Insgesamt bestanden die preußischen Bestimmungen aus drei Kapiteln: generelle Vorgaben für den Baugenehmigungsprozess und die Ausführung, Vorgaben zur statischen Bemessung und interessanterweise auch Beispiele für statische Nachweise. Durch die Rechenbeispiele waren die preußischen Bestimmungen das einzige Regelwerk, das sich durch eine seinerzeit im Vergleich zu anderen europäischen Ländern erhöhte praktische Anwendbarkeit auszeichnete.

[183] Van de Voorde et al. (2017).

Die Einführung der Eisenbetonvorschriften beendete sowohl die ‚regellose' Zeit als auch die ‚Systemzeit' im Deutschen Reich.[184]

Auf die Frage, welches System sie anwende, erwiderte die Cementbau AG Hannover im Juli 1908 Folgendes:

> "In Germany, we do not work to any one System, because of the Government Reinforced Concrete Regulations and because it is difficult to obtain German patents for special systems."[185]

Auf dieselbe Frage antwortete der Ingenieur Franz Schlüter[186] aus Dortmund im September 1908:

> "Because of the Ministerial Regulations governing the calculation and erection of reinforced concrete constructions, we can no longer in Germany recognize certain systems of reinforcement. The constructions of the different firms differ only in small details as per example, in the use of stirrups, and in the methods of bending the rods."[187]

Mit den Bestimmungen von 1904 konnte eine Vereinheitlichung erreicht werden, die den Eisenbetonbauunternehmen und den Genehmigungsbehörden die Arbeit erleichterte. Innerhalb der weiteren Entwicklung wurden die Bestimmungen mehrfach ergänzt und erweitert. Die Änderungen von 1904 im Vergleich zu 1907 sind dabei noch relativ gering. Zusammenfassend lassen sie sich auf folgende Punkte eingrenzen:

- Reduzierung der Stahlzugspannung von 1200 auf 1000 kg/cm²
- Betondruckspannungen max. 1/6 der Würfelfestigkeit
- Zugfestigkeit für Beton entspricht 1/10 der Druckfestigkeit oder 2/3 der Versuchszugfestigkeit
- Betonschubspannungen max. 4,5 kg/cm²
- Anrechnung der Plattenbalkenbreite ab Balkenmitte bis max. 1/6 der Plattenbalkenlänge[188]

Die konstante Untersuchung von Bauteilproben durch von Bach, Möller, Mörsch und Schüle veranlasste den DBV bereits 1912, Abänderungen in den Bestimmungen zu beantragen.[189] Zwar wurde 1913 ein sogenannter Runderlass vom Ministerium für öffentliche Arbeiten zur Erhöhung der zulässigen Spannung für Bewehrungseisen erlassen, aber eine umfangreiche Überarbeitung der Bestimmungen erfolgte erst 1916.[190] Sie enthält einen zusätzlichen Anhang: die Bestimmun-

---

184 Nach Kurrer (2016), S. 682.

185 Colby (1909), S. 29.

186 Ursprünglich in Dortmund verortet, war Schlüter um 1921 Oberingenieur der Deutschen Torkret-Baugesellschaft in Berlin, vgl. Schlüter (1921).

187 Colby (1909), S. 29. Der Bericht von Colby (1909) zum Stand des europäischen Eisenbetons kann als eine Art Weiterführung der Zusammenstellung von Christophe (1905) gelesen werden, profitiert allerdings deutlich stärker von dem persönlichen Austausch des Autors mit aktiven Baufirmen in den jeweiligen Ländern.

188 O. A. (1907b), S. 186.

189 Die Änderungswünsche betrafen die Erhöhung der zulässigen Beanspruchung von Eisen und die Änderung der Haftspannungsberechnung, siehe O. A. (1912b).

190 Siehe Schick (1913). Der Deutsche Beton-Verein hatte bereits 1910 um eine Überarbeitung ersucht. Nach Diskussion der Notwendigkeit einer Überarbeitung in einem vom Deutschen Ausschuss für Eisenbeton 1912 extra gegründeten Unterausschuss erging eine Antwort an den Beton-Verein, verbunden mit der Aufforderung, einen Entwurf für Änderungen und Ergänzungen anzufertigen. Dieser Vorschlag wurde 1913 ausgearbeitet, und die neuen Bestimmungen sollten dann 1914 vorgestellt werden. Allerdings kam es kriegsbedingt zu Verzögerungen, sodass die Bestimmungen fast sechs Jahre später erst 1916 amtlich herausgegeben wurden. Siehe Petry (1923).

gen zu Probekörperwürfeln aus Beton für die Druckfestigkeitsprüfung. Diese Bestimmungen wurden erstmals von allen Bundesstaaten im deutschen Kaiserreich einheitlich eingeführt.

Die im Folgenden zusammengefassten Inhalte der Bestimmungen von 1916[191] weichen deutlich von denen in den Vorgängerversionen von 1904 bzw. 1907 ab:

- Die Sachkenntnis des Bauunternehmers ist nachzuweisen.
- Es gibt deutlich umfangreichere Bauvorlagen, und die Anzeigepflichten beim Bauamt sind ebenfalls zahlreicher.
- Das Verhältnis von Wasser zu Zement und dessen Einfluss auf die Festigkeit wird direkt angesprochen
- Der Beton soll nicht mehr gestampft, sondern verdichtet werden. Eine erdfeuchte Konsistenz ist nun die Ausnahme.
- Die Betonschubspannung darf max. 4,0 kg/cm² betragen, Schubspannungen im Verbundquerschnitt max. 14 kg/cm².
- Die Schalung wird differenziert beschrieben, bei Stützen mit einer Höhe von mehr als fünf Metern muss diese gesondert berechnet werden.[192]

Die nächste Ausgabe der Bestimmungen erfolgte erst wieder 1925. Diese war stark geprägt von den Erkenntnissen aus wissenschaftlichen Materialversuchen, die gerade auch durch Mörsch intensiv vorangebracht wurden. Diese Bestimmungen zeugen von einem deutlich detaillierteren Verständnis der materialtechnischen Zusammenhänge, sind noch stärker anwendungsorientiert und beinhalten noch ausführlichere Bemessungsvorgaben. Die in vier Teile aufgegliederten Bestimmungen wurden als Normenblätter direkt in das Normenwerk übernommen.[193] Die folgenden Übersichten (siehe Tabelle 3 und Tabelle 4) stellen relevante Kernpunkte der jeweiligen Bestimmung einander gegenüber.

	Beton				**Eisen**	**E_S/E_B**
	zul. σ_D	**zul. σ_Z**	**zul. τ_0**	**Prüfung**	**zul. σ_Z**	
1904	1/5 σ_{Bruch} 1/10 σ_{Bruch}	0	4,5 kg/cm²	Würfelkantenlänge 20-30cm, 28 Tage	1200 kg/cm² 5-fache Sicherheit bei Knicken	n = 15
1907	1/6 σ_{Bruch}	2/3 $\sigma_{Z,Versuch}$	4,5 kg/cm²	Würfelkantenlänge 30cm	1000 kg/cm²	n = 15
1916	40 bzw. 35 kg/cm²	0	4,0 kg/cm²	$\sigma_{Bruch} \leq$ 150 kg/cm²	1200 kg/cm² 1000 kg/cm² wenn h $\leq$ 10cm	n = 15

Tabelle 3: Übersicht zu den Berechnungsvorgaben der Bestimmungen von 1904, 1907 und 1916.[194]

[191] Ministerium der öffentlichen Arbeiten (13.01.1916).

[192] Die Unterschiede in den Bemessungsansätzen sind in Kapitel 2.4.2 genauer betrachtet.

[193] Siehe die Schriftenreihe des Deutschen Ausschusses für Stahlbeton, beispielsweise Deutscher Ausschuss für Stahlbeton (1918) oder auch Deutscher Ausschuss für Stahlbeton (1922). Zur Entwicklung der Stahlbetonnormen und deren Bedeutung für den kreativen Entwurfsprozess des Ingenieurs siehe Kurrer (2003).

[194] Die Angaben sind den folgenden Quellen entnommen: Ministerium der öffentlichen Arbeiten (16.04.1904), Ministerium der öffentlichen Arbeiten (24.05.1907) und Ministerium der öffentlichen Arbeiten (13.01.1916).

	Ausführungshinweise	
	Betondeckung, Bewehrungsabstand	**Bewehrungsführung**
1904	k. A.	Verhinderung von Verschiebungen gegen Beton
1907	> 1cm bei Platten, > 2cm bei Balken	k. A.
1916	> 1cm bei Platten, > 2cm bei Balken, im Freien Stababstand < 15cm in Platten, < 2cm bei Balken	Soll der Planung entsprechen, aufgebogene Enden

Tabelle 4: Übersicht zu den Ausführungsvorgaben der Bestimmungen von 1904, 1907 und 1916.

2.7 Zwischenfazit – Von einer Mode zu einer anerkannten Bauweise

Im Gegensatz zu seiner heutigen, weltweiten Verwendung führte Eisenbeton bei der Einführung der Bauweise eher ein Nischendasein. Zu Beginn hauptsächlich als weitere Verwendungsmöglichkeit für den selbstproduzierten Zement von den Zementherstellern gefördert, musste das Potenzial des neuen Baustoffes erst einmal erkannt werden. Die wegweisende Kombination, mit Eisen zu einem äußerst tragfähigen künstlichen Baustoff zu gelangen, erforderte die Beteiligung verschiedener Akteure.

Ein erster Höhepunkt waren die Patentanmeldungen Moniers, die genügend Freiraum ließen, um in der Weiterentwicklung durch Wayss zum Monier-System die Grundlagen für die spätere Bauweise zu beinhalten. Für Letztere wurde das Patent Hennebiques zum finalen Anstoß zur Ausbildung der spezifischen, monolithischen Konstruktionen, die es so beispielsweise im Eisenbau nicht gab.

Der traditionsreiche deutsche Eisenbau nahm lange Zeit aktiv an der Konkurrenzsituation mit dem Eisenbetonbau Anstoß, aber gerade im Industriebau und bei hoch belasteten Bauten sowie bei hohen Brandschutzanforderungen fand der Eisenbeton immer wieder als preiswerte Alternative Anwendung. Die Tragfähigkeit der ersten Konstruktionen wurde mangels bewährter Bemessungspraxis noch durch Versuche nachgewiesen. Die Kombination der Bemessung mit durch Versuche justierter statischer Modellbildung prägt bis heute den Stahlbeton, ebenso wie die Vernetzung von Wissenschaft, Industrie und Verwaltung. Wegweisend waren dabei die ersten, zentral organisierten Versuchsreihen des Deutschen Beton-Vereins, die grundlegende Fragestellungen zum Bauteilverhalten und den Charakteristika des Materials thematisierten. Spätere Tragwerke weisen entsprechend durchaus umfangreiche statische Nachweise auf, jedoch wurde bei Bedarf weiterhin der Nachweis durch Probebelastung von den Baupolizeibehörden eingefordert. Die notwendige Abstimmung zwischen Ingenieur und Baupolizeibehörde war teilweise sehr umfangreich.

Die ersten Regeln für die Bemessung, ebenso wie Hinweise zur praktischen Ausführung waren in Handbüchern dokumentiert, und weiterhin war der Austausch auf den Treffen der Interessenvertretungen sehr umfassend. Die Tagungsprotokolle des Deutschen Beton-Vereins wiesen in den Anfangsjahren vielfach Dokumentationen von intensiven Diskussionen zu spezifischen Themen der Nachweisführung und der Baupraxis auf. Die Praxis auf der Baustelle in der Anfangszeit des Eisenbetons ist hingegen kaum dokumentiert. Es ist anzunehmen, dass vielfach in mündlicher Überlieferung neue Kollegen eingearbeitet wurden. Gerade bei der Anwendung von firmenspezifischen Systemen ist zu vermuten, dass es eine Einweisung oder dergleichen gegeben hat. Rückblickend ist es schwierig, gerade den begleitenden Wissensaustausch innerhalb eines Bauprojektes sowohl in einem Unternehmen als auch bei der Zusammenarbeit von verschiedenen Unternehmen zu rekonstruieren.

Dies gilt ein Stück weit auch für die Analyse der Rolle der Baugesetzgebung. Offenbar taten sich die eher konservativen, preußischen Baubeamten zu Beginn schwer, den neuen Baustoff anzuerkennen. Vielfach mussten Bauteilversuche oder Probebelastungen in die Projektplanung integriert werden, was sicherlich einen nicht zu unterschätzenden Kostenfaktor beinhaltete. Die Anfangszeit des Eisenbetons, eine vergleichsweise regellose Zeit zwischen 1886 und 1904, ist somit einerseits gekennzeichnet von Konstruktionen, für die vorab Bauteilversuche erfolgt sind; andererseits aber auch durch experimentelle Konstruktionen, bei denen Entwurf und Ausführung der Wissenserweiterung dienten. Mitunter als Einzelfall genehmigt, wurden gerade bei Decken- und Balkenkonstruktionen in Industriebauten lange Zeit noch Probebelastungen eingefordert, um das tatsächliche Lastaufnahmevermögen nachzuweisen.

Auf der gesetzlichen Ebene war es lange Zeit nicht möglich, größere, mehrgeschossige Eisenbetonkonstruktionen zu realisieren. Erst durch den intensiven Austausch aller am Bauen mit Eisenbeton Beteiligten wurden 1904 die 1. Behördlichen Vorschriften in Preußen veröffentlicht. Damit setzte Preußen Maßstäbe. Zwar hatten auch die Schweizer ein ähnliches Regelwerk verfasst, allerdings war dessen Gültigkeit, bedingt durch das liberalere, politische System, nicht gleichwertig gesetzlich bindend.

Der Eisenbeton fand damit vergleichsweise schnell Einzug in das preußische Bauen. Knapp zwanzig Jahre nach Erlass des ersten Monierpatents gab es einen Regelkanon, der den Rahmen für die Bemessung und auch die Ausführung von Eisenbetonkonstruktionen festschrieb und der Vorbildcharakter für andere europäische Länder hatte.

Die durch die Regelungen angeregte Vereinheitlichung der Ausführung und Bemessung kennzeichnet allerdings erst einen Beginn. Noch bis in die 1920er Jahre hinein gab es verschiedene Systeme und unterschiedliche Berechnungsansätze. Darüber hinaus waren die einzelnen Prozesse auf der Baustelle noch stark handwerklich geprägt. Der Baustoff wurde zwar in der Hochphase der preußischen Industrialisierung eingeführt und es gelang auch, einzelne seiner Komponenten wie Zement oder Bewehrungseisen industriell zu fertigen, aber die Mischung, die Herstellung des künstlichen Baumaterials auf der Baustelle, oder auch der Aufbau der Schalung, blieben vorerst Handarbeit. Die Analyse der jeweiligen Fallstudien zeigt, wie deutlich sich teilweise die einzelnen Ausführungen in der Frühphase der Anwendung voneinander unterschieden (siehe Kapitel 4 und Anhang A).

3 Die Anfänge des Bauens mit Eisenbeton in Berlin

Im europäischen Kontext wurde bereits in der ersten Hälfte des 19. Jahrhunderts mit bewehrten Betonkonstruktionen experimentiert und gebaut. Bisher wurde das 19. Jahrhundert vielfach als das ‚eiserne' Jahrhundert definiert. Die bautechnikgeschichtlichen Untersuchungen unter anderem durch Lorenz (1995) und Prokop (2012), die den Eisenbau in Berlin untersucht haben, dienten der vorliegenden Arbeit als Inspiration dafür, sich auf einen Stadtraum und eine einzelne Konstruktionsart zu begrenzen.

Die Konkurrenz zwischen dem Eisenbau und dem Eisenbetonbau, die bei der Einführung von Letzterem entstand, wurde bereits in Kapitel 2.3 erläutert. Während der Eisenbau in der Zeit um 1900 seine Blütezeit durchlebte, gelang es den Protagonisten des Eisenbetons, diesen dennoch als Konkurrenten zu etablieren, und das in vergleichsweise sehr kurzer Zeit. In diesem Zusammenhang stellen sich zwei wichtige Fragen: Ab wann ist eine Bauweise tatsächlich etabliert? Und: Wer waren nun konkret die Protagonisten des Eisenbetonbaus in Berlin?

Im Folgenden wird einerseits diese Frage der Etablierung untersucht. Ein Anhaltspunkt ist dabei u. a. die Einführung einer eigenen Berufsbezeichnung für die Profession sowie die Einführung von speziellen Lehrveranstaltungen dazu. Ein weiterer Aspekt ist eine Betrachtung der Bauverwaltung und der von ihr beauftragten, öffentlichen Bauvorhaben, durch die mitunter Konjunkturimpulse gesetzt wurden. Als Grundlage für diese Analyse dienen Jahresstatistiken, die in Form einer ersten Bevölkerungszählung bereits seit 1816 in Preußen dokumentiert wurden. Ab 1867 wurde eine vereinheitlichte und zeitgleiche Erhebung dieser Daten in allen Landesteilen des späteren Deutschen Reiches durchgeführt. Nach der Reichsgründung 1871 wurde diese Großzählung alle fünf Jahre wiederholt.[195]

Andererseits widmet sich dieses Kapitel den einzelnen Persönlichkeiten und den lokalen Bauunternehmen, die den Eisenbetonbau in Berlin verantwortet haben.

3.1 Der Berliner Eisenbetonbau im Spiegel historischer Jahresstatistiken[196]

Die Analyse von Jahresstatistiken kann interessante Einblicke in die Vergangenheit geben und Informationen aus anderen historischen Publikationen sinnvoll ergänzen. Dies gilt vor allem bei einem vergleichsweise großen statistischen Datenbestand, wie es ihn für Berlin gab. In Ergänzung zu den alle fünf Jahre durchgeführten Großzählungen der Bevölkerung wurden lokal weitere Daten erhoben, beispielsweise ergänzte das Statistische Jahrbuch, das jährlich erschien, die großen, alle fünf Jahre durchgeführten Datenerhebungen des Census.[197] Diese Daten umfassen nicht nur die Zahlen der Bevölkerungsgröße, sondern geben auch Auskunft über Berufswahl, Geschlechterverhältnisse, Stellung im Beruf, Ausstattung und Größe von Betrieben, Anzahl der Baugenehmigungen und die Entwicklung börsennotierter Unternehmen.[198] Des Weiteren wurden wirtschaftliche Jahresberichte für das Deutsche Reich veröffentlicht, die sich auf die Zusammenstellung von wirtschaftsrelevanten Informationen beschränkten.

---

[195] Hohorst et al. (1974).

[196] Im Gegensatz zur geografischen Eingrenzung der Arbeit auf den Stadtraum von Groß-Berlin von 1920 begrenzen sich die hier diskutierten historischen Statistiken auf den Stadtraum Berlin in seinen sechs Kernbezirken. Der Einfluss benachbarter Städte wird beispielhaft an Charlottenburg und Rixdorf diskutiert.

[197] Siehe ebd. sowie Lohauß (2012).

[198] Eine allgemeine Charakterisierung der Bevölkerungszählungen sowie des Berliner Statistikamts findet sich detailliert in Tag und Voy (2012).

Vor diesem Hintergrund werden im Folgenden beispielhaft drei Kernaussagen der Jahresstatistiken auf ihre Relevanz hinsichtlich der Einführung von Eisenbeton in die Berliner Bauindustrie untersucht. Den Anfang macht die Analyse der Beschäftigtenzahlen insgesamt, um einen ersten Eindruck in die Verteilung innerhalb Berlins zu bekommen und auch den Rang der Bauindustrie im Vergleich zu anderen Industriezweigen darzustellen. Im Weiteren wird die Einführung einer spezifischen Berufsbezeichnung für die im Eisenbetonbau Beschäftigten analysiert. Schließlich ermöglicht die Auswertung der Zahlen von Ein- und Ausfuhr bestimmter Baumaterialien einen Aufschluss über die Anwendung der Bauweise innerhalb der Berliner Bauindustrie.

3.1.1 Beschäftigtenzahlen

Grundsätzlich hatte das Bauwesen im Vergleich zu anderen Industriezweigen in Berlin eine übergeordnete Bedeutung. Im Untersuchungszeitraum (1895–1925) wies es vergleichsweise hohe Beschäftigtenzahlen auf. Von insgesamt 13 unterschiedlichen Industriezweigen befand sich das Bauwesen immer unter den ersten fünf (siehe Abbildung 7 und Abbildung 8) beschäftigungsstärksten. Im Vergleich dazu beschäftigte 1895 nur die Bekleidungsindustrie deutlich mehr Personen. Bis 1907 hatte die Maschinen und Instrumente herstellende Industrie das Bauwesen überholt. Während das Bauwesen selbst lange Zeit eher weniger Maschinentechnik einsetzte[199], so waren im Rahmen der Industrialisierung andere herstellende Industriezweige deutlich stärker maschinell ausgestattet. Die Zahlen von 1917 sind durch den Ersten Weltkrieg beeinflusst. Entsprechend sind die Zahlen im Ganzen deutlich geringer und zeigen einen signifikanten Anstieg der Beschäftigten in der Metallverarbeitung (Rüstungsindustrie) und der Nahrungsmittelproduktion. Erst um 1925 haben sich die Verteilungsverhältnisse wieder denen vor dem Krieg angenähert. Zusätzlich dazu kam es 1920 zur Bildung von Groß-Berlin, sodass die Zahlen von 1925 nun auch die umliegenden, zuvor getrennt erfassten Städte und Gemeinden beinhalten.

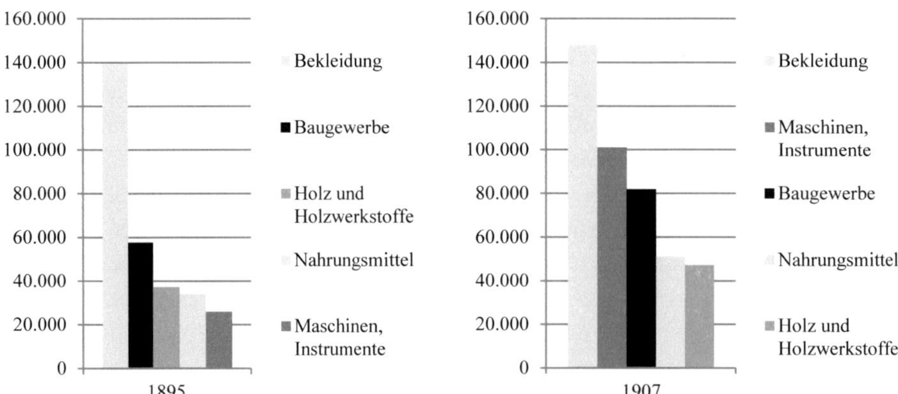

Abbildung 7: Vergleich der Beschäftigungsentwicklung der fünf zahlenmäßig größten Industriezweige in Berlin in den Jahren 1895 und 1907.[200]

[199] Reich (1918).

[200] Die Zahlen sind der Reihe nach folgenden Quellen entnommen: Kaiserliches Statistisches Amt (1897); Kaiserliches Statistisches Amt (1910b).

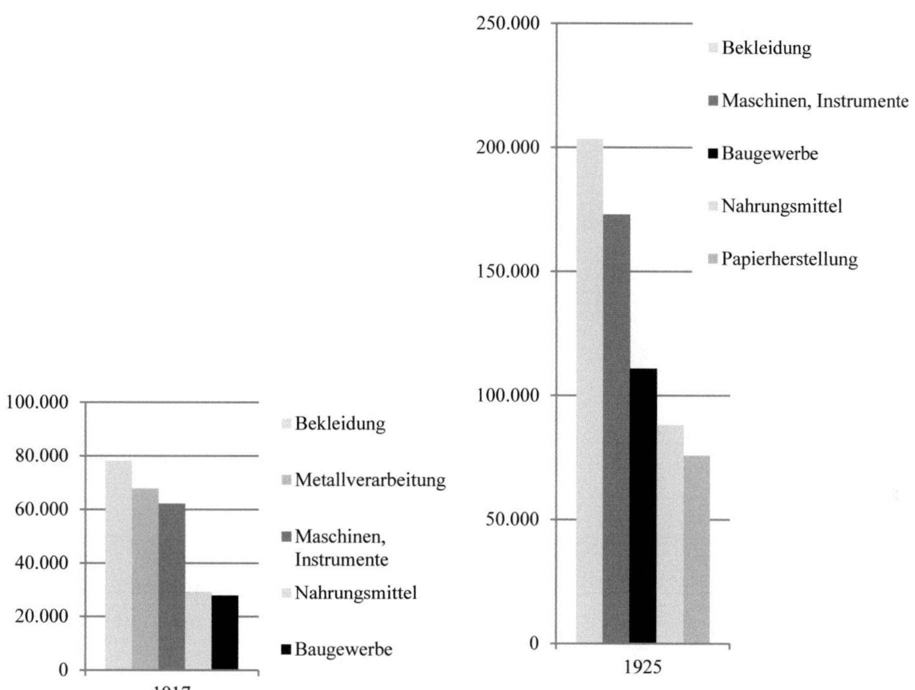

Abbildung 8: Vergleich der Beschäftigungsentwicklung der fünf zahlenmäßig größten Industriezweige in Berlin in den Jahren 1917 und 1925.[201]

Tabelle 5 zeigt die relative Veränderung der Anzahl der Beschäftigten zwischen 1895 und 1925 in den fünf stärksten Industriebranchen. Dabei wird zum einen deutlich, dass im Gegensatz zur marktbeherrschenden Bekleidungsindustrie das Bauwesen in der Zeit von 1895 bis 1925 ein wachsender Wirtschaftszweig war. Zum anderen zeigen die Zahlen aber auch, dass andere Industriezweige im Vergleich deutlich stärker gewachsen sind. Die Entwicklung des Bauwesens im Untersuchungszeitraum insgesamt kann somit eher als verhalten bezeichnet werden.

	1895	1907	1917	**1925**	**relative Veränderung**
Bekleidung	139.223	148.117	78.200	203.495	(-) 3.2
Bauwesen	**57.742**	81.882	27.981	**110.817**	**(+) 3.4**
Nahrungsmittel	34.011	51.179	29.342	88.193	(+) 6.2
Maschinen, Werkzeuge	25.942	101.074	62.154	172.976	(+) 23.8
Papierherstellung	12.489	25.564	9.584	75.936	(+) 10.1

Tabelle 5: In Ergänzung zu Abbildung 7 und Abbildung 8 sind hier noch einmal die absoluten Zahlen für den gleichen Zeitraum aufgeführt.

[201] Die Zahlen sind der Reihe nach folgenden Quellen entnommen: Kaiserliches Statistisches Amt (1897), Kaiserliches Statistisches Amt (1910b); Silbergeleit (1920); O. A. (1925).

Den Beschäftigtenzahlen der Stadt Berlin werden im Folgenden die Zahlen ausgewählter Nachbargemeinden gegenübergestellt (siehe Abbildung 9). Durch die Reichsgründung 1871 und die damit verbundene Ausrufung Berlins zur Hauptstadt wuchs die gesamte Region in den folgenden Jahrzehnten um zahlreiche neue Bewohner an, sodass auch die umliegenden Städte und Gemeinden von diesem Statuswechsel profitierten.[202] Aufgrund einer verbesserten verkehrstechnischen Anbindung ist anzunehmen, dass auch im Bauwesen eine gewisse Anzahl der Arbeiter aus dem Umland in die Stadt pendelte bzw., dass sich Gewerbe- und Betriebsgründungen im Umland vielleicht preiswerter bewerkstelligen ließen und deshalb dort angesiedelt wurden.

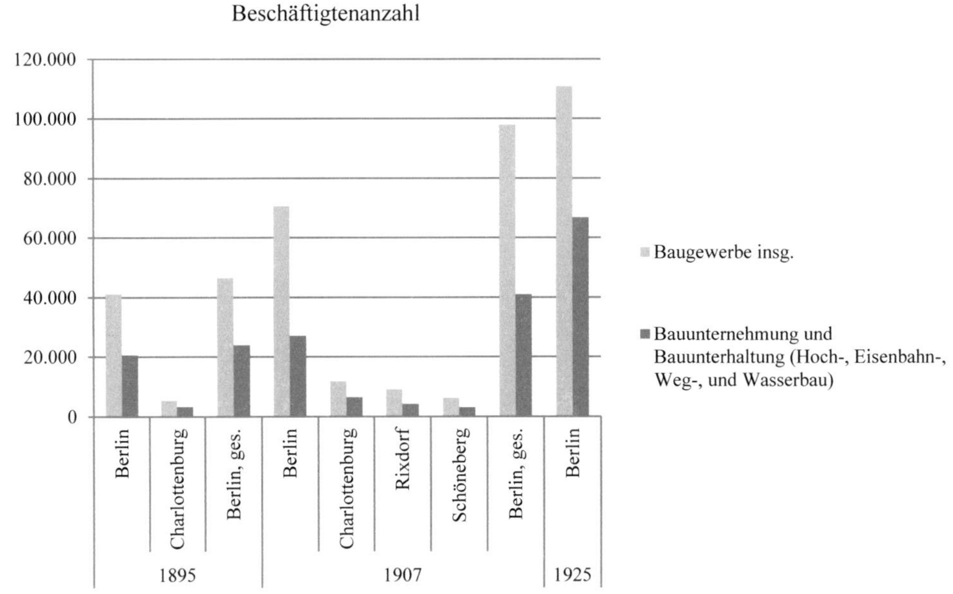

Abbildung 9: Vergleichende Übersicht der Beschäftigtenzahlen im Bauwesen in Berlin und dem Umland.

Die Stadt Charlottenburg wurde bereits 1895 als Großstadt in die behördliche Statistik aufgenommen. Allerdings stellen die Zahlen der Charlottenburger Bauindustrie eine eher geringe Beeinflussung der Gesamtberliner Bauindustrie dar. Weitere Vergleichszahlen der umliegenden, noch kleineren Städte wurden für 1895 entsprechend vernachlässigt. Ein Einfluss der umliegenden Gemeinden wird überhaupt erst nach 1907 deutlich sichtbar. An dieser Stelle sei dennoch ergänzend auf Bernhardt (1998) verwiesen, der in seiner Arbeit den Bauträgermarkt in Berlin für etwa denselben Zeitraum untersucht. Er schließt dabei das allgemeine Bauwesen für den Wohnungsbau mit ein und argumentiert wie folgt: „Strukturmerkmal des Baugewerbes war die aus den saisonalen und konjunkturellen Schwankungen der Bautätigkeit resultierende hohe räumli-

[202] Die Wandlung Berlins im ausgehenden 19. Jahrhundert, auch in bevölkerungsstatistischer Hinsicht, wurde bereits mehrfach untersucht; siehe Pinkenburg (1898), Ribbe (1987), Riechert (1987) sowie Bernhardt (1998) und Goebel (2003). Weiterhin sei auf Boberg et al. (1984) verwiesen, wo verschiedene Beiträge die Entwicklung Berlins zur Großstadt behandeln. Die Entwicklung von Eisenbeton spielt zwar in den Betrachtungen keine Rolle, weder als Industriezweig, der sich durch große bauliche Fabrikanlagen manifestiert, noch als signifikante Epoche innerhalb der Stadtentwicklung. Dafür finden sich aber zahlreiche Informationen, die indirekt Einblick in die damalige Situation geben, ein besseres Verständnis der Zusammenhänge befördern und erläutern, wie die Stadt und die Nachbargemeinden sich zum heutigen Berlin entwickelt haben.

che und soziale Mobilität vieler Bauarbeiter, -handwerker und -unternehmer [...]"[203]. Dies widerspricht, zumindest in erster Lesung, den hier recherchierten Daten. Allerdings führt Bernhardt weiter aus, dass „[im Jahrzehnt vor dem Ersten Weltkrieg] auch kurzfristig Arbeiter aus z. B. Potsdam, Spandau, Königs-Wusterhausen und der gesamten Provinz Brandenburg nach Berlin [kamen]"[204]. Die im Rahmen der vorliegenden Untersuchung ausgewählten Daten beziehen sich auf in den Betrieben beschäftigte Arbeiter und Angestellte. Schließlich bleibt fraglich, inwieweit saisonal beschäftigte Arbeiter darin enthalten sind.

Zusammenfassend betrachtet war das Bauwesen ein wichtiger Industriezweig in Berlin und der umgebenden Region. Wie genau das Bauen mit Eisenbeton in diesen Erfolg einzuordnen ist, bleibt zu überprüfen.

3.1.2 Berufsbezeichnungen

Jedem statistisch erfassten Industriezweig lag eine noch sehr viel differenziertere Gliederung von Berufsgruppen zugrunde. Ein Rückschluss auf die Entwicklung des Eisenbetons nach diesen Berufsgruppen erweist sich allerdings als schwierig. Die Auswertung zeigt, dass sich eine dem Eisenbeton eindeutig zuzuordnende Berufsbezeichnung erst nach dem Ersten Weltkrieg in den Statistiken wiederfand. Beispielhaft sei auf eine Diskussion im Rahmen der 9. Jahresversammlung des Deutschen Beton-Vereins[205] im Februar 1906 verwiesen. In dem der Diskussion vorangegangenen Beitrag wurde die Verantwortung der Handwerkskammern mehrfach angesprochen, die doch dafür Sorge zu tragen hätten, dass ausreichend geschulte Betonarbeiter zur Verfügung stehen, um dem „Pfuschertum" im Beton- und Eisenbetonbau einen Riegel vorzuschieben.[206] Der Rückschluss für die Zeit zwischen 1886 und 1918 kann demnach nur indirekt erfolgen. Für eine erste Analyse wurden drei bzw. vier Handwerksberufe ausgewählt (siehe Abbildung 10), in deren Aufgabengebiet auch Arbeiten fallen konnten, die beim Bauen mit Eisenbeton notwendig waren.

Es bleibt unklar, unter welcher Bezeichnung die im Eisenbetonbau tätigen Personen tatsächlich erfasst wurden. Insgesamt zeigt Abbildung 10, dass auch bei den Handwerksbetrieben der Einfluss der Nachbargemeinden auf Berlin eher gering war. Der zahlenmäßige Rückgang der im Maurerhandwerk Beschäftigen in 1925 könnte zu Gunsten der Einführung der Betonfacharbeiter gelesen werden.

Ergänzend zu den Handwerksberufen wurden weiterhin die Zahlen für eher wissenschaftlich ausgebildete Architekten, Ingenieure und Verwaltungsbeamte zusammengestellt. Grundlage dafür waren die Beschäftigenzahlen in der Berufsgruppe Hofstaat, Diplomatie, Reichs-, Staats- und Gemeindeverwaltung sowie Rechtspflege. Es ist anzunehmen, dass eine Reihe von Ingenieuren und Architekten ein Nebeneinkommen aus einer Regierungsposition bezogen hat. Nach Lesart der Unterscheidungen zwischen den Berufen in der historischen Statistik ist zu vermuten, dass diese Personen nicht in der Klasse „Bauwesen" enthalten sind. Diese Zahlen sind also ergänzend zu denen der im Bauwesen Beschäftigten zu betrachten. Interessanterweise zeigt die

[203] Bernhardt (1998), S. 123. Im Ergebnis der Untersuchungen von Reich (1918) hat der Wohnungsbau im Eisenbetonbau fast keine Rolle gespielt. Es gab zahlreiche Wohn- und Geschäftshäuser, die Elemente aus Eisenbeton beinhalteten, aber reine Wohnungsbauten, so wie Bernhardt sie versteht, sind nicht darunter. Inwieweit sich dies in irgendeiner Form auf die Auswahl saisonaler Arbeiter ausgewirkt hat, bleibt fraglich.

[204] Bernhardt (1998), S. 124.

[205] Zur Bedeutung und Einordnung des Vereins siehe Kapitel 2.5.

[206] Nach Weidner (1905), S. 121.

Statistik von 1895 eine explizite Differenzierung für das Bauwesen zwischen Privatarchitekten und Ingenieuren/Technikern auf. Diese findet sich in der Statistik von 1907 zwar nicht, aber mit Blick auf die Zahlen von 1925 ist ein eher geringer Anstieg zu vermuten.

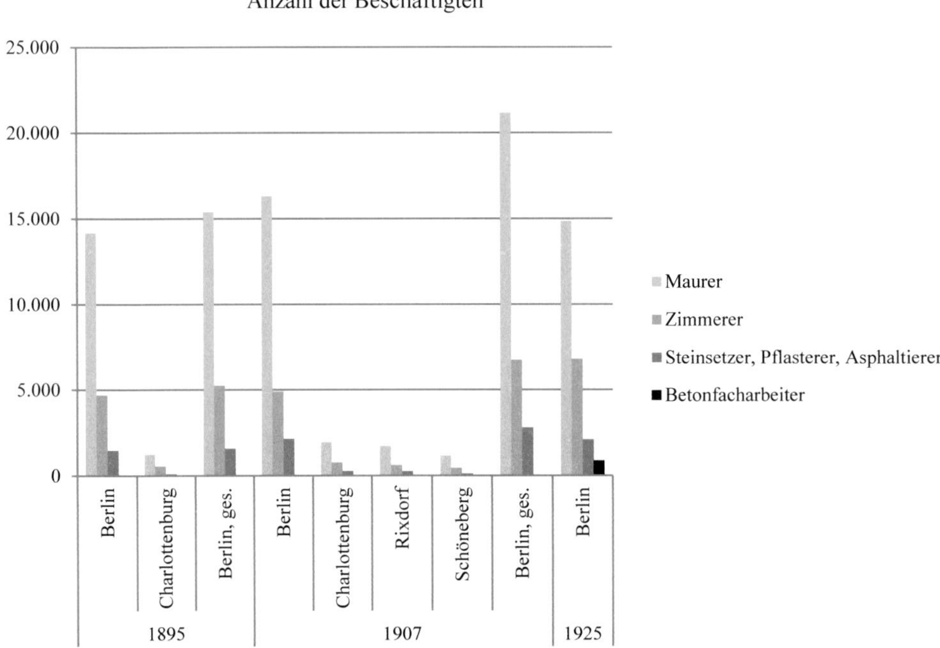

Abbildung 10: Vergleichende Übersicht der Beschäftigtenzahlen ausgewählter Handwerksberufe für Berlin und das Umland.

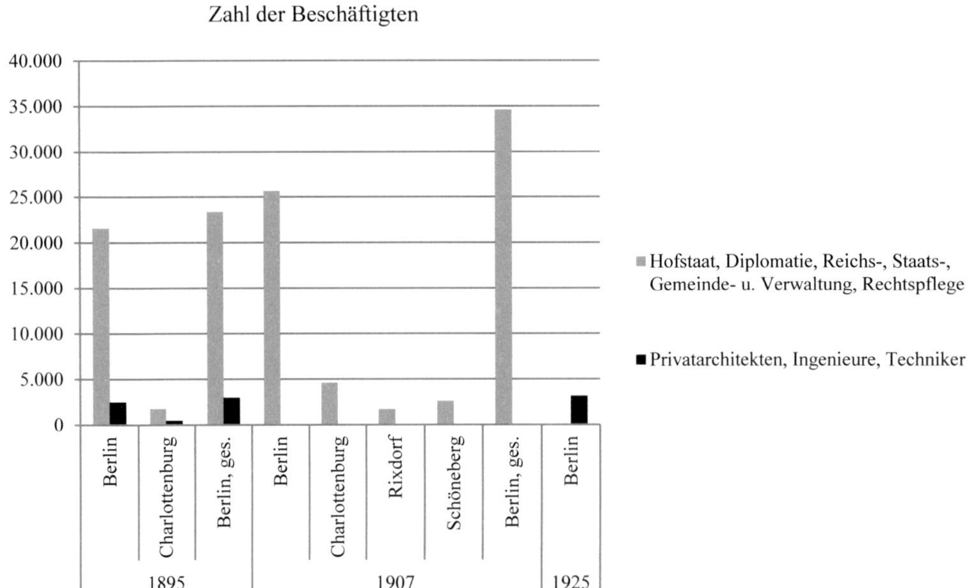

Abbildung 11: Vergleichende Übersicht der Beschäftigtenzahlen von Architekten und Ingenieuren für Berlin und das Umland.

Ein Vergleich der in Abbildung 10 und Abbildung 11 dargestellten Beschäftigtenzahlen bei Verwaltungsangestellten, die eher nicht saisonal beschäftigt wurden, zeigt einen ähnlichen Verlauf und einen ähnlich geringen Einfluss auf die Verhältnisse in Berlin durch die Nachbargemeinden. Eine differenzierte Untersuchung zum Einfluss der weiteren Berliner Umgebung, die unter anderem dann auch Potsdam und Spandau mit einschließt, muss einer späteren Analyse vorbehalten bleiben.

3.1.3 Herkunft bzw. Verteilung der Rohstoffe

Neben der Betrachtung von Zahlen der Beschäftigten innerhalb eines Industriezweigs lohnt sich ergänzend ein Blick auf die Herkunft der Baumaterialien bzw. der dafür verwendeten Rohstoffe. Die Verwendung spezifischer Rohstoffe kann auf einen größeren Umsatz am Markt hinweisen und damit indirekt auf eine gesteigerte Bauaktivität. Beim Eisenbeton lässt sich dies gut eingrenzen auf Materialien für die Bewehrung, den Zement sowie Sand und Kies als Zuschlagstoffe. Als Vergleich wurden ebenfalls die Mengen für Ziegelsteine recherchiert und angegeben, dem am weitesten verbreiteten Baumaterial in Berlin. Rohstoffe und Baumaterialien wurden zur damaligen Zeit hauptsächlich mit dem Schiff nach Berlin transportiert. Die Zahlen für den Warentransport per Eisenbahn sind sehr viel geringer, und der Transport auf der Straße (mittels Pferdekarren) dürfte zu vernachlässigen sein. Auf eine Untersuchung der Rohstoffimporte der Nachbargemeinden wird verzichtet, da für Berlin als Verkehrsknotenpunkt mit mehreren Hafenanlagen und Warenumschlagplätzen deutlichere Entwicklungen nachweisbar sind.
Ähnlich den Beschäftigten wurden auch Warengüter statistisch in größeren Gruppen erfasst, beispielsweise wurde Sand zusammen mit Erde, Lehm, Kies und Kalk gezählt.[207] Die Auswertung der statistischen Angaben im Folgenden konzentriert sich auf Eisen und Zement.

Eisen

Berlin und das Umland weisen keine natürlichen Erzressourcen auf. Somit mussten die Rohstoffe für die Verhüttung oder bereits verarbeitete Eisenwaren importiert werden. Es gab zwar eine nennenswerte Eisenindustrie (siehe Abbildung 12), diese produzierte mehrheitlich aber eher Maschinen, Kessel und andere Gerätschaften (siehe auch Beschäftigtenzahlen).
Die Art der Bewehrung von frühem Eisenbeton war sehr unterschiedlich. Verschiedene Stabquerschnittformen und -größen kamen zur Anwendung, weiterhin kleinere Eisenträger oder auch Flacheisen.[208] Die Bandbreite der Materialien erschwert es im Rückblick, genaue Zahlen zu benennen, vor allem, da Stabeisen in den Statistiken nicht gesondert erfasst wurde.[209] Explizite Übersichten der Eisenwerkstoffprodukte der in Berlin ansässigen Firmen konnten im Rahmen der vorliegenden Arbeit nicht ermittelt werden. Grundsätzlich war der Anteil an importierten verarbeiteten Eisenwaren im Vergleich zu anderen Baumaterialien sehr gering.[210] Offenbar

[207] Bei Emperger (1911) findet sich ein Hinweis auf sogenannten „Berliner Mauersand", der ein vergleichsweise geringes Raumgewicht (1,31 kg/l) und eine eher runde Körnung aufwies. Es ist anzunehmen, dass dieser Sand als Zuschlagstoff im Betonbau ebenso wie als Mörtelzusatz im Mauerwerksbau Verwendung fand. Auf Grund der Verwendung von Sand sowohl im Eisenbeton- als auch im Mauerwerksbau erscheint eine genauere Analyse der Zahlen wenig aussagekräftig.

[208] Das Bewehrungseisen, so wie es heute produziert und verbaut wird, wurde erst nach 1925 in Deutschland eingeführt. Für mehr Informationen zur Entwicklung der Bewehrungseisen siehe Bindseil und Schmitt (2002).

[209] Vgl. Stöckle (1913).

[210] Dies gilt auch für die Mengen an importiertem Erz und Roheisen, die noch geringer als die von verarbeitetem Eisen waren. Zugunsten einer besseren Übersichtlichkeit der Diagramme wurden diese Zahlen nicht eingearbeitet.

wurde der Bewehrungsdraht bzw. das Stabeisen mit kleinem Durchmesser für den Berliner Absatzmarkt eher lokal produziert, allerdings wiesen die Draht- und Stabeisen selbst zu dieser Zeit noch keine Kennzeichnung des herstellenden bzw. verarbeitenden Betriebes auf.

Abbildung 12: Teilübersicht zu Örtlichkeiten mit Eisenbauanstalten, Stöckle (1913), Anhang VI.

Für Berlin fehlen genaue Absatzzahlen für Stabeisen. Die Zahlen für das gesamte Deutsche Reich belegen einen schwankenden Verbrauch von Stabeisen (siehe Abbildung 13), der wahrscheinlich auch für Berlin zu vermuten ist. Offenbar gab es um die Jahrhundertwende von 1900 und dann wieder ab 1905 eine erhöhte Nachfrage an Stabeisen, welche die nach gewalzten Eisenträgern deutlich überstieg. Diese Zahlen waren sicherlich konjunkturbedingt schwankend, aber ein Erklärungsmodell für die Zeit um 1900 ist der gesteigerte Bedarf an Stabeisen einerseits durch die Verwendung als Bewehrung bei Eisenbetonkonstruktionen, andererseits vermutlich aber auch durch die Ausführung von Massivdecken, sogenannten Steineisendecken.[211]

Der gesteigerte Bedarf an Stabeisen nach 1905, der aber nur etwa drei Jahre anhielt, könnte deshalb durchaus mit der Etablierung des Eisenbetons und dem generellen konjunkturellen Aufschwung in Berlin zusammenhängen. Der deutlich geringere Absatz ab 1908 spiegelte eine auch in Berlin einsetzende Krise im Bauwesen wider.

[211] Siehe auch Fischer (2008).

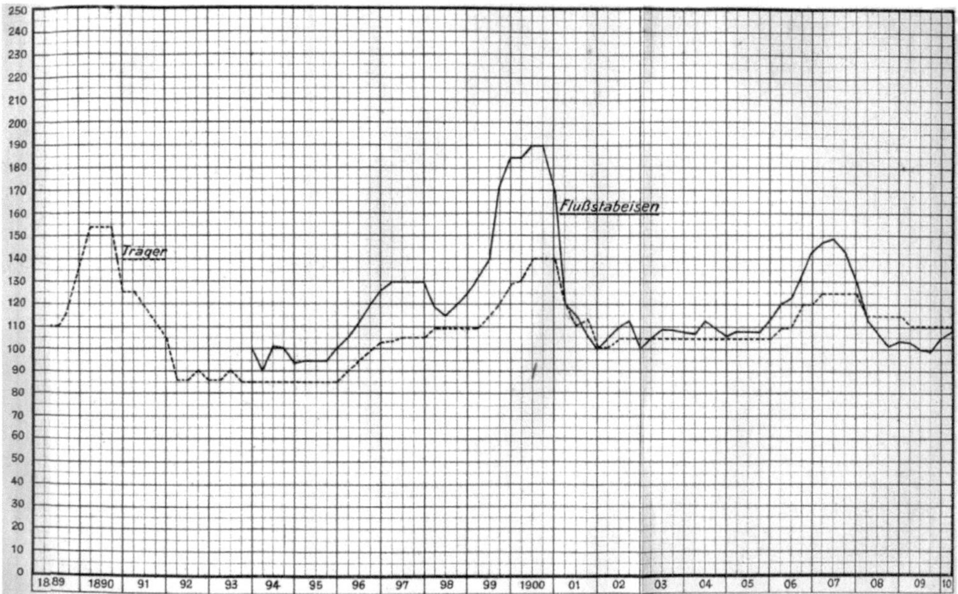

Abbildung 13: Absatz von Eisenprodukten im Deutschen Reich in Mark, Stöckle (1913), Anhang I.

Zement

Etwa 30 Kilometer südöstlich von Berlin gibt es natürliche Ressourcen, die seinerzeit eine Zementproduktion zuließen und teilweise noch heute abgebaut werden. Die Portlandzementfabrik Guthmann und Jeserig siedelte sich in Rüdersdorf als erste an und produzierte 1885 das erste Fass Zement. 1889 erreichte die Jahresproduktion bereits 22 Kilotonnen und 1914 dann 250 Kilotonnen.[212] Am Standort siedelten sich weitere Zementproduktionsfabriken an, die die Produktionsmengen für Zement in der direkten Umgebung von Berlin deutlich erhöhten und den Baustoff damit schnell und kostengünstig verfügbar machten.

Im deutschlandweiten Vergleich war Berlin bzw. die „ostelbische" Region kein wirkliches Zentrum. So lag „der Schwerpunkt der deutschen Zementindustrie [...] in den westelbischen Provinzen Preußens. Erst in weitem Abstande folgt Süddeutschland, wohingegen der Osten nur vier Zentren geringeren Umfanges aufzuweisen hat, von denen das oberschlesische Gebiet um Oppeln mit das älteste und bedeutendste ist."[213] In Süd- und Westdeutschland hatte sich jeweils ein Syndikat gebildet. Im Norden und Osten existierten sechs Verbände, die „unter Mitwirkung der Reichszementstelle im Jahre 1916 zu[r] Vereinigung [...] im "Norddeutschen Zement-Verband G.m.b.H. Berlin"[214] führte. Eine gesamtdeutsche Interessenvertretung bildete sich erst 1917 im „Deutschen Zementbund Berlin".[215] Die offene Preispolitik hat sicherlich einiges dazu beigetra-

[212] Rüdersdorfer Zement GmbH (2004).

[213] Dorka (1929), S. 10–11.

[214] Ebd. S. 15.

[215] Dorka (1929) beschreibt in seiner Abhandlung die Entwicklung der gesamtdeutschen Zementindustrie. In der Zeit um 1890 kam es aufgrund wirtschaftlicher Schwierigkeiten bereits zur Bildung von Kartellen, um die Produktion und den Absatz besser abzustimmen. In Berlin herrschte allerdings bis 1905 freie Preisbildung. „Erst nachdem die Preise 1910 erneut einen Tiefstand aufwiesen, kam es zwischen den interessierten Werken zu einer Vereinbarung, aufgrund welcher sich die beiden Rüdersdorfer Unternehmungen sowie die Stettiner, mitteldeutschen und Hannoverschen Bezirke verpflichteten, ihre für den Berliner Markt bestimmten Produkte durch die nunmehr gegründete Verkaufszentrale der Wirtschaft zukommen zu lassen und auf eigene Abschlüsse endgültig zu verzichten." (Dorka (1929), S. 15).

gen, dass Zement und damit auch Eisenbeton im Vergleich zu traditionellen Bauweisen eine günstige Alternative wurde.

Insgesamt profitierte die Berliner Zementindustrie von den bereits seit 1850 im Deutschen Reich gemachten Erfahrungen bei der Herstellung von Portlandzement. Zement konnte in einer sehr guten und vor allem gleichbleibenden Qualität in ausreichender Menge produziert werden. Die direkte Verfügbarkeit des Rohstoffs hatte sicherlich auch einen positiven Effekt auf den Preis in Konkurrenz zu anderen Baumaterialien. In anderen Ländern, beispielsweise in Belgien oder auch China, war der Anteil an importiertem Zement deutlich höher und damit der Zement auch preislich deutlich teurer. Zu Beginn der Einführung der Bauweise war dies sicherlich ein entscheidender Faktor, der zu einer verzögerten Einführung geführt haben könnte.[216]

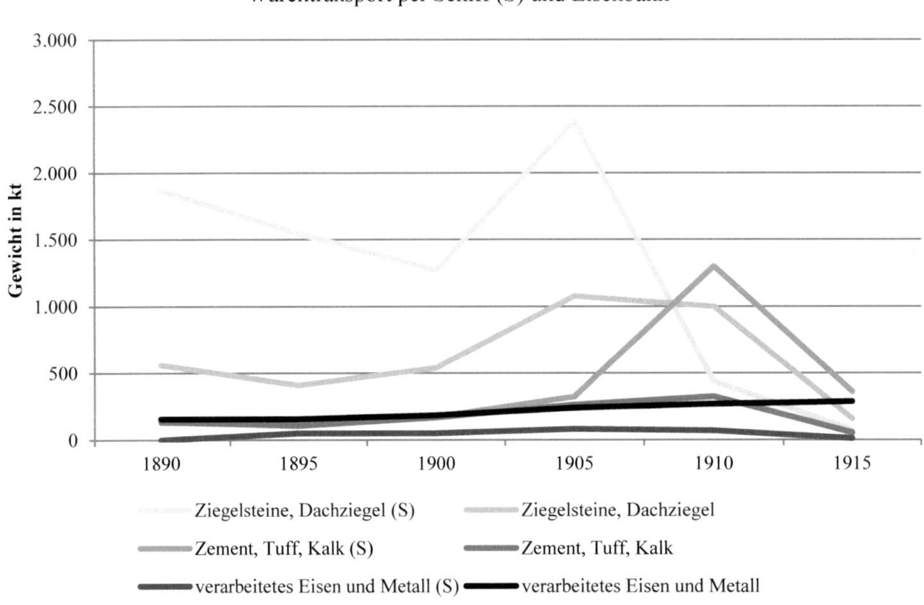

Abbildung 14: Übersicht zum Transport ausgewählter Baumaterialien nach Berlin per Schiff und Eisenbahn.

[216] Jahren und Sui (2018), S. 318.

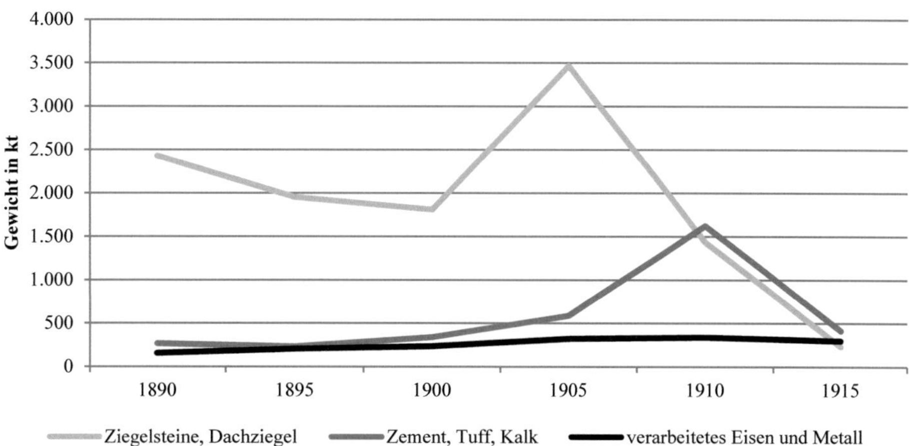

Abbildung 15: Zusammenfassende Übersicht zum Transportumfang ausgewählter Baumaterialien nach Berlin per Schiff und Bahn.

Die Auswertung der Diagramme in Abbildung 14 und Abbildung 15 zeigt deutlich die Vorherrschaft von Ziegelsteinen, die den Markt für Baumaterialien in Berlin bis nach 1900 klar dominierten.[217] Ab 1905 lässt sich einerseits ebenfalls die einsetzende Krise in der Bauindustrie ablesen sowie andererseits eine generelle Veränderung hin zu einem gesteigerten Verbrauch von Zement, Tuff und Kalk feststellen. Erst um 1910 drehte sich das Verhältnis soweit um, dass dann mehr Zement, Tuff und Kalk verwendet wurden als Ziegelsteine. In den Statistiken ist dokumentiert, dass der Anteil an Zement in der Klasse Zement, Tuff und Kalk bei dem Transport mit der Bahn etwa 30 Prozent betrug. Vermutlich waren die Verhältnisse insgesamt ähnlich verteilt. Zement war der einzige Rohstoff in der Gruppe Zement, Tuff und Kalk, der zur Errichtung lastabtragender Konstruktionen alternativ zu Mauerwerk eingesetzt werden konnte. Weiterhin ist die Veröffentlichung der ersten nationalen Bestimmungen zum Bauen mit Eisenbeton im Jahr 1904 zu beachten.[218] Ergänzend dazu zeigt die Auswertung der „Berliner Jahrbücher für Handel und Wirtschaft“ von 1907[219] und 1912[220], dass 1907 innerhalb der Klasse „Baumaterialien“ noch kein Eintrag zu „Eisenbeton“ zu finden war, während 1912 im gleichen Kapitel ein eigener Beitrag dazu eingearbeitet wurde. Offenbar wurde das Bauen mit Eisenbeton erst nach 1907 immer wichtiger, um dann auch in der Wirtschaftsliteratur einen Widerhall zu finden. Insgesamt erscheint es eindeutig, dass der Wandel auf dem Markt für Baumaterialien zugunsten von Zement auf einen erhöhten Einsatz bei Eisenbetonkonstruktionen zurückzuführen ist.

Transportierte Mengen an Eisendraht, der zu Beginn als Bewehrung Anwendung fand, sind statistisch zwar überliefert, aber deren zahlenmäßiger Anteil ist so gering, dass er schwer ins Verhältnis zu setzen ist. Insgesamt sind die Zahlen für verarbeitetes Eisen deutlich geringer als die importierten Mengen an Roheisen. Daher ist zu vermuten, dass der Bewehrungsdraht bzw.

[217] Der individuelle Verlauf des Imports von Ziegelsteinen.

[218] Ministerium der öffentlichen Arbeiten (16.04.1904).

[219] O. A. (1908a).

[220] O. A. (1913a).

die Stabeisen direkt in Berlin hergestellt wurden. Die vorliegenden Zahlen lassen diesbezüglich keine aussagekräftigen Schlüsse zu.
Die Berliner Bauindustrie wuchs, und offenbar setzte sich Eisenbeton erst nach 1910 als neue Bauweise gegenüber den traditionellen Bauweisen – Mauerwerksbau, Holzbau und Stahlbau – durch. Weiterhin begünstigten nunmehr strengere Baupolizeigesetze (Brandschutz), die eine Ausführung traditioneller Konstruktionsweisen erschwerten oder zu einem Materialwechsel beispielsweise von Holzbalkendecken zu Massivdecken führten, den Einsatz von Eisenbeton. Gemessen an der Definition neuer Berufsbezeichnungen und am Rohstoffimport erfuhr der Eisenbeton eine mindestens 30 Jahre dauernde Einführungsphase, bevor signifikante Änderungen in den Strukturen der Bauindustrie bzw. in den damit verbundenen statistischen Dokumentationen nachweisbar waren.

3.2 Eisenbetonbau in der Lehre

Berlin hat mit der Technischen Hochschule Charlottenburg, heute Technische Universität Berlin, eine lange Geschichte der Ingenieur- und Architektenausbildung. Nach dem Vorbild der französischen École Polytechnique ging die Technische Hochschule Charlottenburg 1879 aus der Zusammenführung der Königlichen Bauakademie (gegründet 1799) und der Gewerbeakademie (1821 gegründet) hervor.[221] Somit lag von Beginn an der Schwerpunkt auf der Ausbildung in technischen und baubezogenen Fächern sowie auf einer engen Verzahnung mit ortsansässigen Industrie- und Gewerbebetrieben.[222]
Die Technische Hochschule Charlottenburg war damit neben der Technischen Hochschule Aachen und der Technischen Hochschule Hannover eine der führenden Technischen Hochschulen in Preußen[223] und thematisierte als eine der ersten Hochschulen das Gebiet „Eisenbetonbau" in einer eigenen Vorlesung. Während an der École des Ponts et Chaussées in Paris Charles Rabut bereits 1897 eine erste Vorlesung zum „ciment armé" angeboten hatte,[224] führte Hermann Boost, ordentlicher Professor für Baukonstruktion, erst im Jahr 1903 eine unentgeltliche Vortrags- bzw. Vorlesungsreihe unter dem Titel „Theorie und Ausführung von Beton- und Eisenbetonbauten" für Bauingenieure und Architekten durch (siehe auch Kapitel 3.4.). Er begründete diesen Schritt in seiner späteren Publikation[225] durch den Einfluss der Weltausstellung in Paris im Jahr 1900 sowie die Gründung der Zeitschrift „Beton und Eisen" durch Emperger 1902.
Allerdings boten diese und andere einzelne Vortragsreihen vergleichsweise wenig Input und Ausstrahlungskraft; so berichtete noch 1908 Professor Max Förster aus Dresden vom „Eisenbetonbau [als] ganz neue[m] Wissensgebiete"[226], das im Fachstudium der Bauingenieure vermittelt wurde.

[221] Zur Herausbildung der unterschiedlichen Universitäten siehe Pfammatter (1997) sowie zur Entwicklung der Technischen Universität Berlin: Damm (1899); Becker (1949); Rürup (1979); Pfammatter (1997). Beide Institutionen waren höhere Bildungsanstalten mit einer eher schulischen Ausbildung und somit noch keine Universitäten. Die Ausbildung an der Königlichen Bauakademie war eher technischen Offizieren und späteren Beamten gewidmet, und die Ausbildung am Gewerbeinstitut orientierte sich eher an den Bedürfnissen des privaten Gewerbes.

[222] Im Laufe der Zeit entwickelte sich eine fruchtbare Zusammenarbeit zwischen Theorie und Praxis, wodurch einerseits an der Universität ein hoher Praxisbezug bestand und andererseits die Industrie direkt von Forschungsergebnissen, beispielsweise in Form von neu entwickelten Maschinen oder Verfahren, profitierte; siehe Rürup (1979).

[223] Ausschlaggebend für den Vergleich waren hierbei nach Damm (1899) die Angaben zu Etat und Anzahl der ordentlichen Professuren im Jahr 1899.

[224] Näheres bei Herzog (1999), S. 12.

[225] Boost (1920).

[226] Förster (1908a), S. 27. Max Förster (1867–1930) war ein deutscher Bauingenieur.

Mit Erlass der 1. Behördlichen Bestimmungen 1904, der Initiierung des Ausschusses für Eisenbeton (später Deutscher Ausschuss für Stahlbeton) 1907 und einem fortschreitenden Erkenntnisgewinn durch bauliche Realisierungen und wissenschaftliche Forschungen wurde das Thema Eisenbetonbau aber immer wichtiger, sodass ab dem Jahr 1910 eine dreisemestrige Lehrveranstaltung (Vorlesung und Übung) dazu an der TH Charlottenburg angeboten wurde. Unter dem Titel „Ausgewählte Kapitel über Eisenbetonbau“ wurden hier alle bekannten Grundlagen zu Bemessung, Entwurf und Ausführung vermittelt.[227] Dieser Kurs wurde vom Ministerium für Handel und Gewerbe verantwortet und vom Zivilingenieur Theodor Gesztessy[228] geleitet. Neben der Ausbildung angehender Bauingenieure sollte im Rahmen des Kurses 25 Oberlehrern verschiedener Baugewerkeschulen in Vorträgen und Besichtigungen von Baustellen der Eisenbetonbau „zur weiteren Ausbildung“ näher gebracht werden.[229]
Wie bereits in Kapitel 2.4.3 angedeutet, wurden analog zu der Einführung als Lehrfach aussagekräftige Lehrbücher ebenfalls erst relativ spät eingeführt. In einer Umfrage der Zeitschrift „Zement und Beton“ aus dem Jahr 1907 wird ersichtlich, dass an der Hochschule Braunschweig und an diversen Baugewerkschulen im Deutschen Reich einzelne Kurse angeboten wurden, teilweise als eine Art Vorlesung und Übung im Umfang von ein bis zwei Wochenstunden, oder aber nur als Teil anderer Vorlesungen, wie beispielsweise zur Mechanik oder zum Eisenbau. Beispielhaft für die in der Ausbildung genutzte Literatur sei hier auf zwei Publikationen verwiesen: Zum einen auf das sogenannte „Des Ingenieurs Taschenbuch“, ein mehrbändiges Werk, das vom Akademischen Verein Hütte herausgegeben wurde und sich ab 1909 auch explizit mit Eisenbetonbau beschäftigte. Die einzelnen Beiträge wurden von Fachleuten aus Wissenschaft und Praxis erarbeitet und geben Hinweise und Anleitung zur Bemessung und Ausführung.[230]
Zweitens wurde eine Publikation von Wilhelm Frank, einem Bauinspektor der königlichen Ministerialabteilung für den Straßen- und Wasserbau in Stuttgart, veröffentlicht. Noch 1910 schrieb er in seinem Vorwort: „Trotz der Reichhaltigkeit der Eisenbetonliteratur macht sich immer mehr fühlbar, dass es an einem, auch für Unterrichtszwecke geeignetem Lehrbuch fehlt, welches in erster Linie die praktischen Bedürfnisse des Konstrukteurs befriedigt […]“[231]. Sodann umfasst sein Buch Bemessungshilfen für typische Anwendungsbereiche im Eisenbetonbau, inklusive Verweisen auf Bauteil- und Materialversuche, zahlreiche Anwendungsbeispiele und Bemessungstafeln sowie jeweils geltende Bestimmungen zum Bauen mit Eisenbeton. Während die erste Auflage noch ohne Untertitel auskommt, benennt er sein Buch in der 2. Auflage interessanterweise als „kurzgefasstes Lehrbuch unter besonderer Berücksichtigung der Bedürfnisse

---

[227] Die Lehrveranstaltung verantwortete Privatdozent Dr.-Ing. habil. Emil Probst, ein Bauingenieur, der sich intensiv mit dem Material Eisenbeton beschäftigt hatte. Sein 1914 fertiggestelltes, aber erst 1917 publiziertes Buch „Vorlesungen über Eisenbeton“ lässt deutliche Rückschlüsse auf die Lehrinhalte an der Technischen Hochschule Charlottenburg zu. Siehe Knoche (2013).

[228] Die Lebensdaten sind nicht dokumentiert.

[229] Vgl. O. A. (1910a). Insgesamt umfasste der Kurs 30 Unterrichtsstunden, in denen theoretische und praktische Inhalte vermittelt wurden. Gesztessy führte in einem späteren Bericht über diesen Kurs weiterhin aus, dass er zusätzlich noch Kurse im Auftrag des deutschen Technikerverbandes und der Handwerkskammer Frankfurt/Oder durchgeführt habe. Dabei habe er vornehmlich älteren Technikern und vorgebildeten Fachleuten die „gebräuchlichsten Anwendungsformen [, …] praktische Bemerkungen […] und Hinweise auf die Berechnungsweise“ vorgeführt. (Gesztessy (1910), S. 609).

[230] Als ein Beispiel sei hier C. Kersten genannt, der 1907 noch in der Königlich Sächsischen Baugewerkenschule in Zittau lehrte und in der 20. Auflage der „Hütte“ von 1911 bereits als „Kgl. Oberlehrer a.D. und Filialleiter der A.-G. Dyckerhoff und Widmann, Straßburg i.E.“ aufgeführt wurde, siehe O. A. (1907a) sowie Kersten (1911).

[231] Frank (1910), Vorwort.

der Praxis“[232]. Die Forderung nach tatsächlicher Praxiserfahrung für Bauingenieurstudenten der Technischen Hochschulen und Techniker der Baugewerkschulen wurde erst um 1920 laut. Dementsprechend wurde ein Arbeitsnachweis geschaffen, der Erfahrungen in der Praxis belegte und für die Zulassung zur Diplomprüfung zu erbringen war.[233]

Die Publikationen dieser Zeit variieren mitunter stark in ihren Inhalten. Im Vergleich zu Frank behandelt Kleinlogel in seiner Publikation von 1910 weniger praktische Beispiele als vielmehr die Theorie.[234] Dies erscheint umso interessanter, da es sich dabei wieder um eine Firmenpublikation der Firma Wayss & Freytag handelt. Offenbar hatten sich die inhaltlichen Schwerpunkte über die Zeit verändert (siehe auch Kapitel 3.4).

Im Vergleich dazu und weiteren Fachpublikationen steht die von Emperger initiierte Reihe „Handbuch für Eisenbetonbau“[235] deutlich heraus. Unter Beteiligung zahlreicher Kollegen sowohl aus der Wissenschaft als auch aus der Praxis hat er damit ein umfangreiches, mehrbändiges Nachschlagewerk geschaffen, das Ingenieuren auch auf Grundlage zahlreicher Abbildungen sowohl beim Entwurf als auch bei der Planung des Bauablaufs, der Schalungsdetails und der Bewehrungsführung sinnvolle Anregungen geben konnte.

Ein Punkt, der in den bauzeitlichen Fachbüchern zuvor kaum Erwähnung fand, wurde auf Betreiben des Deutschen Beton-Vereins ab 1916 eingefordert und bis 1918 erarbeitetet: Die vereinheitlichten Ausschreibungsbedingungen sollten von Architekten und Behörden als Vertragsunterlagen genutzt werden. Allerdings konnte erst 1921 eine Einigung darüber unter Beteiligung des Deutschen Städtetages erzielt werden.

In Berlin fanden ab 1910, organisiert durch die örtliche Handwerkskammer, zusätzliche „Beton- und Eisenbetonbau“ Kurse statt. Dabei handelte es sich um zwei Kurse zu je vier Stunden pro Woche für insgesamt fünf Wochen, die sich explizit nur an Fachleute wie „Architekten, Bau-, Maurer- und Zimmermeister sowie deren Angestellte“ richteten.[236]

3.3 Die Berliner Bauverwaltung

Eine wesentliche Einflussgröße bei der Einführung von Eisenbeton war auch die öffentliche Bauverwaltung. Einerseits waren die dort tätigen Beamten von den Möglichkeiten, die der Baustoff bot, zu überzeugen, um entsprechende Baugenehmigungen zu erhalten. Andererseits bot das öffentliche Bauvolumen (Schulen, Verwaltungsgebäude etc.) attraktive Chancen, den neuen Baustoff am Markt zu etablieren.

Das 1871 neugegründete Deutsche Reich war ein Konglomerat verschiedener Staaten, darunter Preußen als größtem. Die staatlichen preußischen Behörden, so auch die Bauverwaltung, wurden im Verlauf der Reichseinigung zu Vorbildern für andere kleinere Staaten.

> "Die preußische Bauverwaltung war in das allgemeine Verwaltungsnetz eingebaut. Es gab zwei Verwaltungsformen: die traditionelle (zentrale) Staatsverwaltung und die im 19. Jahrhundert geschaffene besondere Form der preußischen Selbstverwaltung (eingeführt für Städte 1808, Landgemeinden in Westelbien 1856, Ostelbien 1891, Kreise 1872, Provinzen 1845/

---

232 Frank (1914).

233 Petry (1923).

234 Kleinlogel (1910); die Publikation hat Kleinlogel als Oberingenieur der Firma Wayss & Freytag verfasst. Als Grundlage dienten ihm dabei Publikationen von Mörsch, Förster und von Bach.

235 Das Handbuch erschien ab 1907 als mehrbändige Ausgabe in mehreren Auflagen bis in die 30er Jahre des 20. Jahrhunderts.

236 O. A. (1910c).

81). Beide Verwaltungsformen spielten sich auf verschiedenen Ebenen, der Provinz-, der Kreis- und der Kommunalebene ab.
Eine Abweichung der Staatsbauverwaltung von der allgemeinen Verwaltung ist zu vermerken. Für die Bauangelegenheiten waren die einzelnen Regierungsbezirke in besondere Baukreise eingeteilt und zwar sowohl in Wasserbau- als auch in Landbau- und Chausseebaukreise. Diese Einteilung konnte von der, in landrätliche Kreise abweichen, in denen sich die landschaftlichen Gegebenheiten nicht mit den politischen Grenzen deckten. Auch die Bezirkseinteilung für die Bauverwaltung unterschied sich an verschiedenen Stellen von den Grenzen der Regierungsbezirke. Chaussee- und Wasserbauten, die sich über mehrere Regierungsbezirke erstreckten, fielen in das Ressort des Oberpräsidenten, wie z.B. die Stromverwaltungen oder die Deichregulierungskommissionen."[237]

Die Zusammenarbeit der kommunalen und staatlichen Verwaltungen führte mitunter zu Konflikten, wenn sich Interessen oder Kompetenzen nicht deckten. Beispielhaft sei hier auf den Rückbau von Stadtmauern als Antwort auf das Bevölkerungswachstum oder die Anlage von Bahntrassen bzw. Bahnhöfen und den dadurch bedingten Einfluss auf die wirtschaftliche Entwicklung einer Stadt/Region verwiesen. Eine Übersicht der Kompetenzen und rechtlichen Verflechtungen bezogen auf die Ausführung von Bauprojekten gibt Abbildung 16. Für Berlin galt die dort dargestellte klare Trennung nur bedingt. Noch bis 1881 war die Stadt den Regierungsbehörden des brandenburgischen Bezirks Potsdam unterstellt. Zum 1. April 1881 bildete die Stadt einen von der Provinz Brandenburg ausgegliederten Stadtkreis mit einer eigenen kommunalen Aufsicht. Allerdings verblieb der Polizeipräsident als Abgeordneter des Innenministeriums als Institution und „fungierte faktisch als Regierungspräsident"[238]. Damit und durch Verflechtungen in weiteren Bereichen – u. a. Schul-, Kirchen-, Bauverwaltung[239] und Militär – hatte der preußische Staat weiterhin einen direkten Einfluss auf die Gegebenheiten in Berlin.

[237] Bolenz (1991), S. 57.
[238] Erbe (1987), S. 745.
[239] Genauer: die Ministrial-, Militär- und Baukommission, die später als Preußische Finanz- und Baudirektion Berlin bekannt wurde und deren Geschichte Grünert (1983) aufgearbeitet hat.

	Bauaufgaben	Ebene	Regierungsbehörde	Selbstverwaltung		Rechtliche Kompetenzen
Öffentliches Bauen	Straßenbau Kanalbau Hafenbau Staatshochbau Garnisionsbau	Land	Ministerium für öffentliche Arbeiten Technische Baubehörde			Nationale Ebene: ALR - Allgemeines Landrecht; BGB - Bürgerliches Gesetzbuch; RStGB - Strafgesetzbuch Baupolizeiliche und Gewerbepolizeiliche Ministerialerlasse
		Provinz		Landesdirektor Provinzialausschuss		
		Regierungsbezirk	Regierungspräsident Bezirksausschuss Bezirks- oder Regierungsbaubeamte	Provinzialbaubeamte (bes. Straße)		
	Straßenbau Wasserbau	Kreis	Kreisbauverwaltung Kreisbaubeamte		Landrat Kreisausschuss (allg. Baufragen)	
	Straßenbau Kanalisation Hochbau	Gemeinde			Kreiskommunalbaubeamte	Bürgermeister Stadt-/Gemeindeverwaltung Stadt-/Kommunalbaubeamter Örtliche Bauordnungen
Privates Bauen	Hochbau	Private Bauvorhaben				

Abbildung 16: Übersicht der Verwaltungs- und Rechtskompetenzen der preußischen Bauverwaltung nach Bolenz (1991), S. 387 f.

Während die umliegenden Städte und Gemeinden weiterhin zum Regierungsbezirk Potsdam gehörten, unterstanden die Städte Charlottenburg, Schöneberg und Rixdorf ab 1900 dem Polizeipräsidenten von Berlin, als Teil des ihm zugeordneten Landespolizeibezirkes. Die verwaltungstechnische Unterscheidung zwischen Berlin und den umliegenden Städten und Gemeinden erübrigte sich erst 1920 mit dem Zusammenschluss zu Groß-Berlin.

Die Bauverwaltung in Berlin war untergliedert in städtische und staatlich königliche Organe (siehe Abbildung 17), die über die Zeit mitunter verschiedene Aufgaben und Befugnisse innehatten. Darunter war auch die sogenannte Baupolizeibehörde. Die dort tätigen Beamten waren weniger mit der Vorbereitung und Ausführung von Bauvorhaben beschäftigt, als vielmehr mit der Überprüfung eingereichter Unterlagen hinsichtlich der Einhaltung gesetzlicher Auflagen.

In Berlin als preußischer Hauptstadt war also neben der königlich preußischen auch eine städtische Bauverwaltung zum einen mit der Baugesetzgebung und dessen Überprüfung befasst.[240] Zum anderen zählte zu den Aufgaben der Bauverwaltung auch die Errichtung und Unterhaltung öffentlicher Gebäude (Verwaltungsgebäude, Schulen, Krankenhäuser etc.).

> "Es gab keine größere Stadt, in der sich die Bürokratie nicht selbst mit repräsentativen Verwaltungsgebäuden ein Denkmal gesetzt hat. Für den wachsenden Zugriff des Staates legen die riesigen Justizpaläste, für die Macht der Kommunen legen die Rathausbauten der 2. Hälf-

240 Berlins Hauptstadtstatus fand auch darin Ausdruck, dass hier neue Bauverordnungen und Vorschriften zuerst veröffentlicht und umgesetzt wurden und erst später als eine Art Prototyp auch von anderen Städten und Staaten übernommen wurden; siehe Ehrlich (1933). Im Nachgang zu der 1875 erlassenen „Provinzialordnung“ übernahm die Stadt Berlin auch die Straßen- und Brückenbauverwaltung mit der entsprechenden Baupolizeibehörde vom preußischen Finanzministerium; vgl. Baltz (1910).

te des 19. Jahrhunderts Zeugnis ab. Bauwesen und traditionelle Herrschaft hatten stets prächtige Hochzeiten gefeiert.“[241]

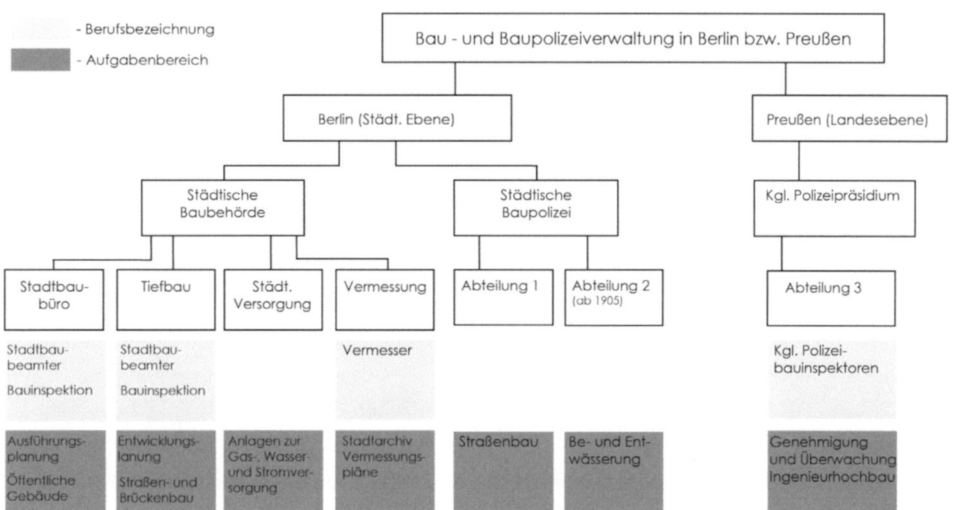

Abbildung 17: Vereinfachte Übersicht der Zuständigkeiten (mit Berufsbezeichnungen) der Bauverwaltung und Baupolizeibehörden in Berlin um 1906.[242]

Dies galt auch weiterhin bis nach dem Ersten Weltkrieg. Die Angaben in den Berliner statistischen Jahrbüchern geben einen kleinen Einblick in die finanzielle Ausstattung der kommunalen Bauverwaltung. Diese umfasste neben Verwaltungskosten auch Ausgaben zur Errichtung und Unterhaltung von Straßen und Gebäuden. Dabei lagen die verausgabten Kosten im Straßen- bzw. Brückenbau immer deutlich über den Hochbaukosten. Den geringsten Anteil hatten die Verwaltungskosten, also die Kosten, die für sämtliche Baubeamte, deren Hilfsarbeiter und die weitere Infrastruktur ausgegeben werden mussten.

	1885	**1890**	**1895**	**1900**	**1905**	**1910**	**1915**
Verwaltungs-ausgaben	115.516	154.411	50.617	194.267	163.165	-	-
Errichtung und Unterhaltung von Gebäuden	3.1 Mio.	6.7 Mio.	3.6 Mio.	4.4 Mio.	11.2 Mio.	1.1 Mio.	219.040
Errichtung und Unterhaltung von Straßen und Brücken	8.7 Mio.	12.7 Mio.	18.6 Mio.	16.5 Mio.	16.4 Mio.	11.4 Mio.	8.9 Mio.

Tabelle 6: Übersicht der jährlichen Ausgaben (in Mark) der Berliner Bauverwaltung.[243]

[241] Bolenz (1991), S. 64–66.

[242] Auf Grundlage der Angaben bei Münchgesang (1904), Baltz (1910), Grünert (1983) und Bolenz (1991) zeigt Abbildung 17 eine vereinfachte Übersicht der Berliner Bauverwaltung und der Baupolizeiverwaltung um 1906. Bei besonderen Bauvorhaben, beispielsweise im Eisenbahn- oder Wasserwesen, waren weitere Verwaltungseinheiten zuständig, im Sinne einer besseren Übersichtlichkeit sind diese jedoch hier nicht dargestellt.

Die Angaben über staatliche Ausgaben in Berlin sind nicht eindeutig dokumentiert. Allerdings waren sie vor 1900 offenbar deutlich höher als die der kommunalen. „Unter Zugrundelegung der vorliegenden Zahlen muss aber dem kommunalen Bereich ab 1900 das größere Ausgabenvolumen attestiert werden.“[244]

Zentraler Bestandteil der Bauverwaltung waren natürlich die ausführenden Verwaltungsbeamten.[245] Bei der Einführung des Bauens mit Eisenbeton in Berlin steht dabei ein Name deutlich heraus: Matthias Koenen.[246] Koenen arbeitete seit 1879 als Regierungsbaumeister in Berlin. In einem Nachruf auf Koenen verweist Nakonz (1925)[247] mehrfach auf dessen mathematische und technische Begabung. So hielt er „private Vorlesungen auf dem Gebiete der höheren Mathematik und ihrer Anwendung auf die Mechanik, Statik und Dynamik“, veröffentlichte wissenschaftliche Aufsätze und erwarb sich insgesamt einen hervorragenden Ruf als Ingenieur. Ab 1884 war er mit der „Berechnung und Bauleitung sämtlicher Stein- und Eisenkonstruktionen sowie der Berechnung der Lichtwirkungen im großen Sitzungssaale“ des Reichstagsneubaus beschäftigt.[248] In diese Zeit fällt auch seine für den Eisenbetonbau so bedeutungsvolle Begegnung mit Wayss. Im Rückblick auf seine Beteiligung an der Monier-Broschüre führte Koenen Folgendes aus:

> „Die Durchsicht und Verbesserung der Fahnenabzüge habe ich selbst vorgenommen; jedoch konnte ich dem dringenden Wunsche des Herrn Wayß, (sic) in dieser Druckschrift mit dem Titel: ‚Das System Monier in seiner Anwendung auf das gesamte Bauwesen‘ mit meinem Namen als Verfasser hervorzutreten, nicht entsprechen, weil ich eine offenkundige Mitwirkung an einem immerhin geschäftlichen Unternehmen mit meiner Stellung als Staatsbaubeamter nicht vereinbaren zu können glaubte.“[249]

Seine Stellung als Regierungsbaumeister gab Koenen jedoch nach der Veröffentlichung der Monier-Broschüre bald auf und trat in die Firma von Wayss ein. Dies nahm Wayss zum Anlass, seine Firma umzustrukturieren. In den Geschäftsberichten finden sich dazu folgende Ausführungen:

> "Berlin, 01.06.1888; Hiermit erlaube ich mir, Ihnen die ergebene Mittheilung zu machen, dass ich durch die stetig wachsende Ausdehnung meines seit 10 Jahren bestehenden Geschäfts veranlasst, unter Mitwirkung der Mitteldeutschen Creditbank Berlin und des Bankhauses Becker&Co. Leipzig meine Firma in eine Commanditgesellschaft umgewandelt habe, die unter der neuen Firma G. A. Wayss & Co. das Geschäft in unveränderter Weise weiter betreiben wird [...] unter dem obigen Firmenkopf zugleich machen wir Ihnen die ergebene Mittheilung dass als Vorstand des technischen Büreaus und zur Oberleitung der Bauten der seitherige Ingenieur des Reichstagsbaues Herr Regierungsbaumeister M. Koenen in unser Geschäft eingetreten ist. Wir haben diesen Herrn in der Weise Colletiv-Procura ertheilt, dass

---

243 Die Zusammenstellung erfolgte aus den Angaben in Böckh (1888, 1893, 1898, 1902) und Silbergeleit (1909, 1913, 1920).

244 Bolenz (1991), S. 64–66.

245 Zur Rolle der höheren Baubeamten im Allgemeinen siehe Kapitel 2.6.1.

246 Eine Kurzbiografie findet sich in Kapitel 3.4.

247 Walter Nakonz (1887–1967) war Bauingenieur und promovierte1914 zu dem Thema „Die Berechnung mehrstieliger Rahmen unter Anwendung statisch unbestimmter Hauptsysteme“ an der Technischen Hochschule Charlottenburg. Später war er als Generaldirektor der Beton- und Monierbau AG tätig.

248 Nakonz (1925), S. 18.

249 Koenen (1921), S. 348.

derselbe in Gemeinschaft mit Herrn G. Kaufmann oder in Gemeinschaft mit Herrn H. Wagenbreth zur Zeichnung der Firma berechtigt ist."[250]

Offenbar war die Verhandlungsposition von Koenen sehr gut, kam seine Anstellung als technischer Leiter doch der Position von Wayss fast gleich. Eine detaillierte Auseinandersetzung mit der Entwicklung der Firma folgt in Kapitel 3.4. Koenen nimmt durch seine Vorbildung, theoretischen Kenntnisse, Arbeitserfahrungen und sein Engagement für die Verbreitung und Anwendung von Eisenbeton zwar eine Sonderrolle ein, steht aber dennoch auch beispielhaft für andere Baubeamte innerhalb der zeitgenössischen Behörden.

3.4 Persönlichkeiten des Berliner Eisenbetonbaus

Im Folgenden werden für die Zeit der Einführung des Bauens mit Eisenbeton in Berlin wichtige Persönlichkeiten vorgestellt. Die Auswahl beschränkt sich dabei auf Personen, die in Berlin gelebt und gearbeitet haben und umfasst die wirkungsmächtigsten, ungeachtet der sicherlich deutlich höheren Anzahl an insgesamt beteiligten Protagonisten. Zu einem großen Teil sind, außer den Namen, kaum biografische Daten der jeweiligen Personen überliefert. Weitere Persönlichkeiten sind in Kapitel 3.5.1 genannt, sofern sie in Verbindung zu einem in Berlin tätigen Eisenbetonunternehmen standen.

Becher, Heinrich (1870–1926)[251]

Heinrich Becher wurde am 10. März 1870 als jüngstes von vier Kindern (zwei deutlich ältere Schwestern und ein Bruder) in Filehne (heute Wieleń in Polen) geboren. Nach erfolgreichem Abschluss des Gymnasiums in Ostrau studierte er Bauingenieurwesen an der Technischen Hochschule Charlottenburg, wo er später auch einige Zeit als Assistent tätig war. Im Jahr 1898 war er kurzzeitig im Dienst der preußischen Staatseisenbahnverwaltung und dort mit der Aufstellung und Prüfung statischer Berechnungen sowie dem Entwurf von Überbauten betraut.[252] Darüber hinaus war er als Bauführer beim Bau der Hamburger Untergrundbahn und als Lehrer an der Baugewerkschule in Detmold tätig.

Vermutlich noch vor 1900 ging Becher nach Berlin bzw. nach Schöneberg und gründete dort zusammen mit Franz Boerner ein Ingenieurbüro. Neben den Ingenieurtätigkeiten des Büros waren die beiden bis 1902 Herausgeber der „Bauingenieur-Zeitung“[253]. Im Jahr 1902 verließ Becher das Büro und wurde Ingenieur bei M. Czarnikow & Co. Im Jahr 1908 heiratete er Hertha Henrietta Joachim (1885–1973), eine Nichte von Carl Czarnikow. In der Zeit bis 1919 wurde er Oberingenieur, technischer Leiter und zuletzt auch Teilhaber des Unternehmens. Dabei bearbeitete und betreute Becher zahlreiche bedeutende Eisenbetonprojekte in Berlin, zum Beispiel die

---

250 Wayss (1886b), S. o. A.

251 Im Rahmen der Recherche konnte kein Bild zu Heinrich Becher aufgefunden werden. Biografische Informationen sind nur bruchstückhaft überliefert. Der umfangreichste Bestand findet sich im Leo Baeck Institute, Center for Jewish History New York. Dort wird die Moritz und Emma Czarnikow Family Collection (Signatur: AR 25123 / MF 891) aufbewahrt. Darin enthalten sind eine Kurzvita Bechers (siehe Reichsmilitärgericht Lietzensee in Charlottenburg, undatiert), eine Arbeitsbescheinigung für die Königliche Eisenbahn Direktion (25.10.1898) sowie ein sehr informativer Nachruf von O. A. (undatiert). Zudem ergänzen die unter seinem Namen veröffentlichten Patente – Becher und Czarnikow (1903); Becher (1903); Becher (1904) – die Informationen über seine Anstellung bzw. seine Expertise.

252 Siehe Königliche Eisenbahn Direktion (25.10.1898).

253 Dabei handelte es sich um eine Zeitschrift des Deutschen Beton-Vereins, die in der Zeit von 1900 bis 1905 erschien. Franz Boerner war später ebenfalls weiter publizistisch tätig, so hat er beispielsweise ab 1904 das Buch „Vorschriften und Formeln für die Berechnung von Massivbauten“, vgl. Boerner (1910), in mehreren Auflagen herausgegeben (siehe auch Kapitel 2.5).

Rippenkuppelkonstruktion der Staatsbibliothek, das Passage-Kaufhaus (siehe Kapitel 4.2.5), die Warenhäuser Jandorf am Kottbusser Damm (siehe Kapitel 4.2.2) und am Halleschen Tor sowie das Kaufhaus Wertheim in der Oranienstraße. Bis 1916 war er zudem aktives Mitglied im Deutschen Ausschuss für Eisenbeton und beteiligte sich an der Ausarbeitung der Bestimmungen für den Baustoff.

Nach seinem freiwilligen Ausscheiden aus dem Unternehmen wurde er Mitbegründer der Bauhütten-Bewegung[254] und leitete eine Forschungsgesellschaft zum wirtschaftlichen Baubetrieb. In seinem Fokus stand dabei die Einführung und Durchsetzung moderner Betriebsführungspraktiken im Bauwesen. Als vereidigter Sachverständiger für Beton- und Eisenbeton beim Landgericht I und II gründete er 1921 erneut ein Ingenieurbüro und war neben den gutachterlichen Tätigkeiten auch wieder als Ingenieur an verschiedenen Bauprojekten in Berlin beteiligt, so etwa beim Wiederaufbau der Sarottifabrik und beim Neubau der Druckerei der Ullstein AG. Letztere ist gemeinhin als erstes vollständig gegossenes Stahlbetongebäude in Berlin bekannt.[255]

Boost, Hermann (1864–1941)[256]

Hermann Boost studierte an der Königlich Technischen Hochschule zu Berlin Bauingenieurwesen und war Mitglied im Akademischen Verein Hütte (siehe auch Kapitel 3.2). Nach seinem Abschluss arbeitete er zunächst als Regierungsbaumeister bei der preußischen Straßen- und Wasserbauverwaltung und wurde dann zwischen 1894 und 1897 Assistent bei Professor Heinrich Müller-Breslau in Berlin. Von 1900 an war Boost zwei Jahre Professor an der Technischen Hochschule Aachen, bevor er wieder zurück nach Berlin an seine Ausbildungsstätte berufen wurde. Hier wirkte er bis 1929 als Professor für Baukonstruktionen in der Abteilung der Bauingenieure an der Königlich Technischen Hochschule zu Berlin. Auch wenn sein Lehrstuhl lange Zeit keinen Verweis auf Eisenbeton beinhaltete, so war Boost neben Siegmund Müller doch einer der ersten deutschen Bauingenieure, die Vorlesungen zum Eisenbeton anboten. Nach sei-

[254] Die „Bauhütte“ verstand sich als eine soziale Baugesellschaft mit dem Ziel, durch die tägliche Präsenz eines Arbeiters im Büro den einfachen Bauarbeitern einen Einblick in die Abläufe der Betriebsführung zu ermöglichen. Zudem waren die Arbeiter am Gewinn beteiligt.

[255] Alle biografischen Informationen entstammen einem mehrseitigen Nachruf, dessen Urheber jedoch nicht überliefert ist. Soweit bekannt, stimmen die Angaben mit anderen überlieferten Daten überein.

[256] Das Leben und Werk von Hermann Boost hat Knoche (2013) mit dem Fokus auf seine Anstellung an der TU Berlin zusammengestellt. Hier wird auszugsweise daraus zusammengefasst. Das Porträt stammt aus dem Universitätsarchiv der TU Berlin (o. Signatur,), Die Königliche Technische Hochschule Berlin, Kamerabildnisse, aufgenommen, in Kupfer geätzt und gedruckt von R. Dührkoop, Berlin 1907, Blatt 11.

ner Emeritierung wurde er ab dem Jahr 1933 beauftragt, wieder Vorlesungen zu halten, die bis Anfang der 1940er Jahre dokumentiert sind. Diese Vorlesungen zum Thema "Brücken für Kriegseisenbahnen" fanden an der Wehrtechnischen Fakultät der TH Berlin statt.[257] Neben seinen wissenschaftlichen Tätigkeiten war Boost gleichzeitig als Gutachter und Ingenieur in Berlin tätig.

Ernst, Georg (1880–1950)[258]

Nach dem Tod des Vaters übernahm Georg Ernst, zusammen mit seinen drei Brüdern, im Jahr 1902 den Berliner Verlag Ernst & Sohn. Unter seinem Wirken als Firmenleiter gelang es, den dann in Wilhelm Ernst & Sohn umbenannten Verlag zu einem der heute noch führenden, deutschsprachigen Verlage für das Bauwesen zu entwickeln. Selbst zwar nicht als Bauingenieur ausgebildet, erkannte Ernst doch frühzeitig „die durch den Stahlbetonbau induzierte zweite Revolution im Bauwesen“[259] und war im Ergebnis, in Zusammenarbeit mit Fritz von Emperger, maßgeblich an der Entwicklung der publizistischen Bandbreite im Eisen- und Stahlbetonbau beteiligt.

[257] https://cp.tu-berlin.de/person/1472 (Stand Mai 2021)

[258] Die Informationen zum Leben und Wirken von Georg Ernst basieren auf den Angaben von Kurrer (2016), S. 971. Das Porträt stammt aus Lohmeyer (1951).

[259] Kurrer (2016), S. 971.

Koenen, Matthias (1849–1924)[260]

Matthias Koenen wurde am 3. März 1849 in Glesch bei Köln geboren. Sein Vater war Maurer, wodurch er schon früh mit dem Bauen in Kontakt kam. Nach Abschluss seines Abiturs 1867 arbeitete er zuerst bei der Rheinischen Eisenbahn als Gehilfe und studierte dann zwischen 1868 und 1872 an der Bauakademie in Berlin. Dieses Studium beendete er mit dem erfolgreichen Abschluss der ersten Staatsprüfung zum Bauführer 1872. In den folgenden fünf Jahren arbeitete Koenen als „Bauführer im Wasserbau bei Sturmflutbauten an der vorpommerschen Küste und im Eisenbahnbau bei der Bergisch-, Märkischen Berlin-Wetzlarer und Danzig-Warschauer Bahn“[261], dabei arbeitete er unter anderem auch mit Schwedler zusammen. Nach zwei Jahren Vorbereitung nahm er erfolgreich an der zweiten Staatsprüfung teil und ließ sich 1879 als Regierungsbaumeister in Berlin nieder, wo er Entwürfe von Ingenieurbauten für industrielle und staatliche Unternehmungen verantwortete. Bereits im Januar 1878 beantragte er die Mitgliedschaft im Architekten- und Ingenieurverein Berlin. Neben seiner Ingenieurtätigkeit lehrte er die Fächer Mathematik, Baukonstruktionslehre, Baumechanik und Baustatik. Seine für die Geschichte des Berliner Eisenbetonbaus prominenteste Anstellung war wohl die Position als Bauleiter des Reichstagsneubaus ab 1884. In dieser Funktion kam er in Kontakt mit G. A. Wayss, und durch ihre Kooperation und auch spätere Zusammenarbeit entstand nicht nur die Monier-Broschüre, sondern auch eines der führenden Bauunternehmen des 20. Jahrhunderts. Koenen übernahm nach dem Ausscheiden von Wayss 1892 die Leitung desselben und war bis zu seinem Tod im Jahr 1924 im Aufsichtsrat des Unternehmens aktiv.

Als Ingenieur veröffentlichte Koenen neben der Monier-Broschüre zahlreiche Artikel und Publikationen, so zum Beispiel ab 1902 das Buch „Grundzüge für die statische Berechnung der Beton- und Eisenbetonbauten“, das 1911 bereits in vierter neubearbeiteter und erweiterter Auflage erschien. Darin enthalten sind Berechnungsweisen für Beton- und Eisenbetonkonstruktionen. Koenen beschreibt beispielsweise detailliert einen intern vorgespannten Plattenbalken mit direktem Verbund.[262] Abweichend von den Publikationen von Mörsch oder auch Hennebique

[260] Eine wertvolle Informationsquelle zur Biografie von Koenen sind der Nachruf von Nakonz (1925), der Artikel von Förster (1929) sowie die Zusammenstellung von Bornemann (1979). Darüber hinaus bietet der Mitgliedschaftsantrag von Koenen (1878), o. A., der beim AIV Berlin dokumentiert ist, zusätzliche Informationen aus den frühen Jahren seiner Tätigkeit. Seine Veröffentlichungen in den Bauzeitschriften (u. a. Koenen (1886) sowie Koenen (1921)), in Buchform (u. a. Wayss (1887b), Koenen (1911)) oder auch beantragte Patente (z. B. Koenen (1897)) ermöglichen einen weiteren Einblick in seine berufliche Entwicklung. Das Porträt stammt aus dem Nachruf von Nakonz (1925).

[261] Nakonz (1925), S. 18.

[262] Koenen (1911). Die Ausgabe von 1902 konnte nicht eingesehen werden.

erschienen Koenens Publikationen unter seinem eigenen Namen und nicht in Verbindung mit einem Unternehmen.

Des Weiteren beantragte Koenen auch verschiedene Patente für Eisenbetonkonstruktionen; die bekannteste darunter war vermutlich die der „Koenen'schen Voutenplatte". Es gab auch Anträge für eine Eisenbetonrippendecke und eine spezifische Stützenbewehrung. Insgesamt erweiterte Koenen damit die Anwendungsmöglichkeiten für Eisenbeton über die Grenzen Berlins hinaus.[263] Weiterhin engagierte er sich lange Jahre aktiv im Deutschen Beton-Verein, beispielsweise als Vertreter in der Kommission zur Erarbeitung der 1. Behördlichen Bestimmungen für Eisenbetonbauten (siehe Kapitel 2.6.3).[264] In seiner Person vereinten sich Kenntnisse und Erfahrungen von Theorie und Praxis. Als anerkannter Ingenieur in Berlin und dann als Geschäftsführer eines früh international tätigen Unternehmens hat er die Entwicklung von Eisenbeton in Berlin stark geprägt. Gebaute Beispiele sind noch heute erhalten und bezeugen seine außerordentlichen analytischen Fähigkeiten und umfangreichen Kenntnisse (siehe Kapitel 4).

Müller, Siegmund (1870–1946)[265]

Erste Berufserfahrungen sammelte Siegmund Müller vermutlich als Regierungsbaumeister im Ministerium für öffentliche Arbeiten in Berlin. Er wurde dann erster Ordinarius des Lehrstuhls für Statik der Hochbaukonstruktionen, der zwischen 1897 und 1900 an der Technischen Hochschule Berlin-Charlottenburg eingerichtet wurde. 1898 gewann er den Schinkelwettbewerb mit dem Entwurf eines Seehafens. Dies war offenbar ein Thema, dass ihn länger beschäftigen sollte. Ab 1904/1905 hielt Müller Vorlesungen zum Eisenbeton und war neben Hermann Boost (siehe auch Kapitel 3.2) einer der ersten Lehrkräfte überhaupt, die Kurse zum Eisenbeton sowohl für Bauingenieure als auch für Architekten anboten. In dieser Zeit bis etwa 1910 entstanden verschiedene Publikationen zum Eisenbeton, so auch ein Beitrag für den Schifffahrtskongress 1908 in Sankt Petersburg. Vor allem aber war es eine detaillierte Analyse der Eisenbetonkuppelkon-

---

[263] Vgl. Koenen (1911). Nach Seelhofer-Schilling (2008) hat Koenen sein System der Querversteifung bei Stützen nur selten angewendet, da er den Einfluss der Querbewehrung auf die Tragfähigkeit als zu gering erachtete.

[264] Die genaue Zusammensetzung der Kommission konnte nicht recherchiert werden, allerdings wird Koenen neben Bürstenbinder, Mörsch, Eiselen und Linse als ein Unterkommissionsmitglied genannt, dem bei einem jährlichen Treffen des Deutsche Beton-Vereins ausdrücklich für seine Mitarbeit an den Vorschriften gedankt wurde; siehe O. A. (1904c), S. 103.

[265] Müller war lange Zeit an der TU Berlin tätig, somit basieren die Angaben hier auf denen von Knoche (2013). Zusätzlich dazu hat Müller (1907a, 1907b, 1908, 1909) verschiedene Publikationen veröffentlicht, die das Gesamtbild ergänzen. Das Porträt stammt aus dem Universitätsarchiv der TU Berlin, o. Signatur, Die Königliche Technische Hochschule Berlin. Kamerabildnisse, aufgenommen, in Kupfer geätzt und gedruckt von R. Dührkoop, Berlin 1907, Blatt 18.

struktion des Passagekaufhauses (siehe Anhang A6), die noch heute mit seinem Namen assoziiert wird.
Müller blieb bis 1936 Professor für Statik der Hochbaukonstruktionen, bevor er emeritiert bzw. entfristet wurde. Im gleichen Jahr wurde er zum Ehrensenator der Technischen Hochschule Berlin gewählt. Müller verstarb am 21. Juni 1946 in Berlin.

Probst, Emil Heinrich (1877–1950)[266]

Ursprünglich in Galizien geboren, verbrachte Emil Heinrich Probst einen Großteil seiner Kindheit in Wien. Ab 1896 studierte er Bauingenieurwesen an der Universität Wien und arbeitete nach dem Abschluss seines Studiums 1903 in Paris, den USA und als Assistent bei Professor Schüle an der Eidgenössischen Technischen Hochschule Zürich. Für die Zeit nach 1906 ist seine Tätigkeit als Zivilingenieur in Berlin unter anderem am Königlichen Materialprüfamt Lichterfelde dokumentiert sowie erste Veröffentlichungen zu Themen des Eisenbetonbaus. Sowohl seine Dissertation als auch seine Habilitation – beide vermutlich 1909 – konzentrierten sich ebenfalls auf Themen des Eisenbetonbaus. Während seiner Zeit in Berlin war er darüber hinaus als Privatdozent an der Technischen Hochschule Berlin tätig und heiratete 1914 Elisabeth Leitholf[267]. Im Jahr 1915 wurde er als ordentlicher Professor für Eisenbetonbau an die Technische Hochschule Karlsruhe berufen. In seiner dortigen späteren Tätigkeit, aber auch weiterhin u. a. als Mitherausgeber der Zeitschrift „Der Bauingenieur" und als internationaler Repräsentant des Vereins Deutscher Ingenieure, erlangte er über den deutschen Sprachraum hinaus Bekanntheit.

---

[266] Neben Hermann Boost und Siegmund Müller war auch Probst zeitweise an der TU Berlin beschäftigt und findet ebenfalls bei Knoche (2013) Erwähnung. Zudem hat Seidl (2011) die biografischen Daten zur Person ausführlich zusammengetragen. Probst selbst hat mehrfach zum Thema Eisenbeton publiziert, u. a. Probst (1908, 1912, 1917). Das Porträt stammt aus dem KIT Archiv (o. A.).

[267] Genaue Nachweise dazu fehlen leider, aber eventuell handelte es sich dabei um eine Tochter von Otto Leitholf (1860-1939), einem in Berlin bekannten Statiker für Eisenkonstruktionen, der unter anderem auch am Bau des Aquariums beteiligt war (siehe Anhang A2).

Wayss, Gustav Adolf (1851–1917)[268]

Gustav Adolf Wayss wurde am 16. Oktober 1851 in der Nähe von Ulm geboren. Durch die selbstständige Arbeit seines Vaters im Eisenbahnbau kam Wayss bereits in frühester Kindheit mit dem Unternehmertum im Baugewerbe in Berührung. Nach erfolgreicher Beendigung der Oberrealschule in Ludwigsburg und einer mathematischen Vorschule des Polytechnikums Stuttgart studierte er von 1867 bis 1872 Ingenieurwesen in Stuttgart. Bereits vor Studienantritt absolvierte er ein praktisches Jahr bei den Württembergischen Staatseisenbahnen, und dahin kehrte er nach Abschluss des Studiums zurück. Bis zu seinem Umzug in die Schweiz 1877 erlangte er umfangreiche praktische Kenntnisse als Bauführer und mit dem Einsatz von Beton. Der Betonpionier Josef Schlierholz war dabei einer seiner Mentoren.

Im Jahr 1879 gründete Wayss zusammen mit Julius Diss in Frankfurt am Main das Unternehmen Diss & Wayss, das als Bauunternehmen auch unbewehrte Betonkonstruktionen ausführte. Dies war der Ausgangspunkt für die später weitreichenden unternehmerischen Tätigkeiten von Wayss. Bereits 1885 verlegte er seinen Firmensitz nach Berlin und unterschrieb, nach Verhandlungen mit dem Unternehmen Freytag & Heidschuch, 1886 einen Vertrag, durch den er die Lizenz zur Nutzung des Monier-Patents im Norden Deutschlands erhielt. Damit begann die Ära des Berliner Eisenbetons.

Wayss erweiterte sein Unternehmen bereits zum Ende des Jahres 1886, indem er es in die Kommanditgesellschaft G. A. Wayss & Co. umwandelte. Es war eine Qualität von G. A. Wayss, dass er von Anfang an Kooperationen mit anderen Beteiligten zu einem Bestandteil seiner Arbeit als Unternehmer machte. Damit war gewährleistet, dass ihm fehlende Kompetenzen durch andere kompensiert wurden, alle mit allen ins Gespräch kamen sowie dass gerade die Baugenehmigungsbehörden frühzeitig mit dem neuen Baustoff und seinem Tragvermögen konfrontiert wurden. Zu Beginn seines Schaffens in Berlin entstand die wegweisende Monier-Broschüre als Ergebnis einer ersten direkten Zusammenarbeit von Wayss und Koenen. Die darin aufbereiteten Bauteilversuche fanden ab Februar 1886 im Sinne einer Vermarktungsstrategie öffentlichkeitswirksam in Berlin und Köln statt. Wayss inszenierte diese ersten größeren Materialversuche als Schauversuche, zu denen er sogar Eintrittskarten verkaufte.[269] Als Unternehmer hatte Wayss bereits Erfahrung mit öffentlichkeitswirksamen Versuchen. Diese frühe Zusammenarbeit von

[268] Biografische Informationen zu Wayss sind vergleichsweise gut dokumentiert und wurden zuletzt in dem Artikel von Stegmann und Kuban (2017) übersichtlich zusammengestellt. Erste, allgemeine Informationen finden sich in Form von Verträgen, Geschäftsberichten und Firmenschriften, die im Rahmen seiner unternehmerischen Tätigkeit überliefert sind (siehe dazu Kapitel 3.5.1). Darüber hinaus bieten der Nachruf von Spitzer (1903) sowie die Kurzbiografie von Saliger (1948) eher persönliche Informationen. Zeitschriftenpublikationen wie Wayss (1885, 1886a, 1887a) oder auch die Monier-Broschüre, Wayss (1887a), sowie Patente, z. B. Wayss (1898), ergänzen das Gesamtbild. Das Porträt stammt aus dem Archiv Technisches Museum Wien (o. A.).

[269] Vgl. Wayss (1886a).

Wissenschaft und Industrie im Eisenbetonbau führte im Ergebnis zur Publikation des ersten Standardwerkes für die Dimensionierung von Eisenbetonelementen.[270] Die Entwicklung seines Unternehmens war damit aber noch nicht zu Ende, denn bereits 1889 kam es zur Umfirmierung des Wayss'schen Unternehmens in die Actien-Gesellschaft für Monier-Bauten, vorm. G. A. Wayss & Co. (AG BuM). Das Tätigkeitsfeld dieses Unternehmens war nicht nur auf Berlin beschränkt, es gab weitere Niederlassungen in Deutschland, Österreich und Russland, und 1890 wurde das Unternehmen Freytag & Heidschuch aufgekauft.[271] Trotz sehr erfolgreicher Tätigkeit in Berlin ging Wayss 1892 zurück in den südlichen Raum des Deutschen Reichs. Die Gründe dafür sind nicht dokumentiert.

Wayss konzentrierte sich in der unmittelbaren Folgezeit auf das Geschäft in Österreich, bevor er 1894 zusammen mit Conrad Freytag die Firmenanteile in Neustadt an der Haardt und weiterer süddeutscher Filialen von der AG Beton- und Monierbau zurückkaufte und das Unternehmen Wayss & Freytag gründete. Dieses gemeinsame Unternehmen wurde in späteren Jahren geradezu zum Symbol des deutschen Eisenbetons. Zu dieser Zeit war Wayss vermutlich auch wieder in Berlin ansässig; so ist ein Patent von 1898 erhalten, in dem Charlottenburg als Ortsangabe dokumentiert ist.[272] Auch in diesem gemeinsamen Unternehmen mit Freytag verstand es Wayss, seinen visionären Ansatz der Kooperationen weiterzuverfolgen. Bei Wayss & Freytag war Wayss zuerst Gesellschafter und ab 1900 bzw. der Umwandlung in eine Aktiengesellschaft Mitglied des Aufsichtsrats. Inwiefern er auch an der Geschäftsführung beteiligt war, bleibt unklar. Weiterhin fand er in Emil Mörsch, ähnlich wie zuvor bei Matthias Koenen, erneut einen kenntnisreichen Ingenieur, der die Weiterentwicklung einer Eisenbetonbemessungstheorie sowie der Bauweise insgesamt maßgeblich beeinflusste. Durch ihre Zusammenarbeit entstand „Der Betoneisenbau“[273], der sich später zu einem neuen Standardwerk für Eisenbeton entwickeln sollte. Diese Zusammenstellung wichtiger Kenntnisse und Erfahrungen beinhaltet neben aktuellen Ergebnissen von Material- und Bauteilversuchen auch Erkenntnisse zur Statik sowie eine detaillierte Kritik der Hennebique'schen Berechnungsweise. Wayss führte also auch in der neuen Firma die Tradition der Firmenbroschüren weiter.

1903 siedelte Wayss nach Österreich über und arbeitete dort bis 1912 aktiv als Ingenieur und für die Verbreitung der Betonbauweise. Für seine Verdienste als Mitbegründer und Vizepräsident des Österreichischen Beton-Vereins, heute Österreichische Bautechnik Vereinigung, wurde er 1907 zum k.u.k. Baurat ernannt. 1917 verstarb Wayss in Waidhofen an der Ybbs in Niederösterreich.[274]

Insgesamt betrachtet waren es weniger seine ingenieurtechnischen Kenntnisse, die Wayss zum Wegbereiter des Berliner Eisenbetons machten. Es waren vielmehr seine unternehmerischen Fähigkeiten, vor allem sein Vermögen, erfolgreich publikumswirksame Fachpublikationen und Demonstrationsbauten zu initiieren, sowie sein Talent, mit fachlich qualifizierten Theoretikern wie Koenen oder Mörsch erfolgreich zusammenzuarbeiten.

---

[270] Siehe Wayss (1887b).

[271] Actien-Gesellschaft für Monier-Bauten (1889–1975).

[272] Angaben entnommen aus Wayss (1898).

[273] Wayss und Mörsch (1902).

[274] Wie zuvor erwähnt, greifen Stegmann und Kuban (2017) das Datum des 100. Todestages auf und analysieren die Lebensgeschichte von G. A. Wayss ausführlich im zeitgenössischen Kontext.

3.5 Berliner Eisenbetonbauunternehmen

> „Der Experte für privates Bauen war und blieb der Bauhandwerksmeister. Trotz Beseitigung der Gewerbeschranken blieben im Bauhandwerk zünftische Traditionen sehr stark erhalten. Die staatliche Prüfungspflicht für Bauhandwerksmeister, die mit der Gefahrenträchtigkeit unsachgemäß ausgeführter Bauten begründet wurde, machte den Maurermeister, Zimmermeister etc. zum unübergehbaren Fachmann für die Bauausführungen, der u.a. auch das Entwerfen und Planen übernahm. Die Kenntnisse in Statik und Konstruktion, die in den staatlichen Prüfungen gefordert wurden, konnten nicht mehr allein durch handwerkliche Lehre vermittelt werden, sondern bedurften einer schulischen Ergänzung. [...] Mit der Gewerbeordnung des Norddeutschen Bundes 1869 endete die Sonderbehandlung des Bauhandwerks. Anstelle staatlicher Sorge um die gute Qualifikation der Bauhandwerker trat nun die ausschließliche Kontrolle der Produkte durch ein baupolizeiliches Normensystem, deren Nicht- Verletzung den Prüfstein für Sachverstand darstellte."[275]

Das Bauwesen veränderte sich im Verlauf des 19. Jahrhunderts erheblich. Neben handwerklichen Kleinbetrieben etablierten sich mehr und mehr Großbetriebe, die unter der Beteiligung von kaufmännisch gebildeten Geschäftsführern betrieben wurden und die durch Aktienverkäufe einer mehr oder weniger großen Zahl an Aktionären verpflichtet waren, Gewinne zu erzielen. Weiterhin übernahmen wissenschaftlich ausgebildete Ingenieure und Architekten die größeren und komplexeren Bauaufgaben, die zuvor noch von den Baumeistern geleistet wurden (siehe auch Kapitel 1.5). Innerhalb der Unternehmen kam es zu einer deutlichen Differenzierung zwischen den im Büro tätigen Theoretikern und den auf der Baustelle praktisch arbeitenden Bauhandwerkern.[276]

Darüber hinaus wurden die Bauprozesse stärker durch die eingesetzten Maschinen geprägt, die zu einer Rationalisierung und Vereinheitlichung der Bauprozesse führten. Ein sogenannter Maschinenpark erforderte eine kontinuierliche Auslastung und musste gewartet und unterhalten werden. Dennoch entstanden Bauwerke auch weiterhin durch einen vergleichsweise hohen Anteil an Handarbeit und waren im Ergebnis Einzelanfertigungen.

Die Entwicklung vom klassischen Handwerksbetrieb hin zu Baugeschäften und spezialisierten Unternehmen begann nach Einführung der Gewerbefreiheit 1810 in Preußen und wurde durch die Industrialisierung im Verlauf des 19. Jahrhunderts verstärkt. War der Bauherr ursprünglich direkt mit den am Bau Beteiligten einzeln vertraglich verbunden, erlangte der unternehmerisch tätige Handwerksmeister, der in der Regel eine größere Zahl an Gesellen beschäftigte und das Baumaterial beschaffte, nunmehr eine zentrale Vermittlungsrolle. Durch umfangreichere Bauaufgaben konnten diese unternehmerisch tätigen Handwerksmeister den steigenden Bedarf an ihrer Profession bald allerdings nicht mehr abdecken. Es etablierten sich Zwischenunternehmer, die eine Bandbreite an Tätigkeiten (Maurer-, Zimmer-, Tischlerarbeiten etc.) aus einer Hand anboten: die sogenannten Baugeschäfte.[277] Diese Entwicklung war sicherlich eine der Grundlagen für den Erfolg der Eisenbetonunternehmen, da gerade bei dieser Bauweise verschiedene Gewerke zusammenarbeiten mussten. Vor diesem Hintergrund erklärt sich vermutlich auch die

---

[275] Bolenz (1991), S. 287–291.

[276] Bei Rauhut (2017) findet sich exemplarisch die Beschreibung einer Großbaustelle in Zürich im ausgehenden 19. Jahrhundert. Die Verhältnisse in der Schweizer Hauptstadt waren durchaus mit denen in Berlin vergleichbar, zumindest was die strukturellen Änderungen des Bauwesens betraf.

[277] Zur Entwicklung der Bauwirtschaft in Preußen und Berlin siehe auch Pfarr (1983).

Vorreiterrolle von Frankreich und Belgien im Eisenbetonbau. Die Französische Revolution hatte hier nicht nur umfangreiche politische Folgen. Vielmehr waren in Folge in Frankreich und Belgien sogenannte Generalunternehmer im Bauwesen aktiv, die nicht mehr nur einem Handwerk verpflichtet waren, sondern verschiedene Dienstleistungen am Bau abdeckten. Diese waren also vergleichsweise früh mit Gewerke übergreifenden Problemen konfrontiert, für die Eisenbeton eine praktikablere Lösung bot.[278]

Die einzelnen Berliner Eisenbetonfirmen und ihre Strukturen sind im folgenden Kapitel detailliert beschrieben. Im Fokus stehen dabei ganzheitliche Entwicklungen, während die unterschiedlichen Organisationsstrukturen überblickshaft erläutert werden.

Die Stadt Berlin und ihr Umfeld boten für Bauunternehmen ein stetiges Betätigungsfeld, eine relativ einfache Versorgung mit Baumaterialien durch ein gutes Eisenbahnnetz und ausgebaute Wasserwege sowie ausreichend Arbeitskräfte (siehe Kapitel 3.1). Die Bauindustrie kennzeichnete ein vielfältiges Bild an Unternehmensformen: Neben Baugeschäften und Handwerksbetrieben in unterschiedlichen Unternehmensgrößen ab einer Person arbeiteten zusätzlich Privatarchitekten, Ingenieure und technische Zeichner, auch freiberuflich.[279] Die Entwicklung innerhalb der Berliner Bauindustrie, die eine zunehmende Zahl von Eisenbetonunternehmen verzeichnete, steht geradezu sinnbildlich für die Entwicklung Berlins hin zur Großstadt.

Nach Powell (2003) gibt es verschiedene Faktoren, die eine Spezialisierung von Baufirmen zur damaligen Zeit beförderten. Unter anderen waren danach ein großer Markt, eine hohe Risikobereitschaft der Unternehmer, eine fluktuierende Konjunktur, ausreichende Geldmittel und zahlreiche technische Entwicklungen dafür ausschlaggebend. Powells Liste müsste, zumindest für Berlin, noch um den Einfluss behördlicher Regelungen ergänzt werden, da hier nach dem Erlass der 1. Behördlichen Bestimmungen im Jahr 1904 eine zahlenmäßige Zunahme an Eisenbetonunternehmen zu verzeichnen war.

Wie in Kapitel 2.2 beschrieben, wurden mit Eisenbeton verschiedene Systeme assoziiert, denen nicht zwangsläufig ein Patent zugrunde lag. Die Auseinandersetzung mit Baufirmen zeigt ein ähnliches Bild. Nicht alle am Markt tätigen Unternehmen hatten ein auf sie bezogenes System etabliert oder ein bestimmtes Patent vertrieben.

Für eine detaillierte Dokumentation zu Eisenbetonbauunternehmen und deren Entwicklung im Deutschen Reich fehlen genauere Informationen. Ein erster Rückschluss auf die Situation kann indirekt, beginnend mit der Auswertung von Colby (1909) erfolgen. Seine Publikation listet insgesamt 54 verschiedene Systeme in Deutschland auf, von denen 17 ein eigenes Patent zugeordnet wird (siehe Tabelle 7). Colby führt weitere Systeme auf, deren Ursprung er in Frankreich und/oder Deutschland verortet, darunter Czarnikow und Donath, die nach heutigem Kenntnisstand jedoch eindeutig dem deutschen Markt, vielmehr auch direkt dem Berliner Markt zuzuordnen sind. Die mit (D) gekennzeichneten Systeme sind lediglich als Deckenkonstruktion bekannt geworden und werden vernachlässigt.

[278] Siehe beispielhaft zur Entwicklung belgischer Generalunternehmer Dobbels et al. (2017) bzw. für das Beispiel der Firma Blaton Culot et al. (2018). Eine Analyse der Situation von Bauhandwerkern und Baubetrieben in der Schweiz findet sich bei Rauhut (2017) .

[279] Es finden sich nur geringe Hinweise auf die Bürostrukturen von Bau- und Architekturunternehmen. Archivalien zu steuerlichen und versicherungstechnischen Inhalten und auch Unterlagen der Gewerbeaufsichtsbehörden wurden im Rahmen dieser Arbeit nicht ausgewertet.

System	patentiert	System	patentiert	System	patentiert
Ackermann (D)		Herbst (D)		Pohlmann (D)	
Bayer	x	Holzer (D)		Pötsch	x
Becher		Kiefer		Prüss	
Bramigk (D)		Kisse	x	Rabitz	
Bruckner	x	Klein (D)		Ramisch	
Bulla	x	Klett		Sachse	
Custodis		Knauer		Schlüter	
Czarnikow		Koenen (D)	x	Schweitzer	
Deumling		Kosten		Sohnius	
Dietrichkeit		Krauss	x	Strauss & Ruff	
Donath (D)		Leschintsky	x	Stolte (D)	x
Doucas		Lilienthal (D)	x	Wayss	
Ebert	x	Lolat	x	Weyhe	
Eggert		Luipold		Wissel	
Franke		Manke	x	Wolle	
Fraulob		Mannstaedt		Ziegler	
Gasterstädt		Möller (D)		Zimmer	
Habrich (D)		Müller (D)		Zöllner (D)	
Helm	x	Pinkemeyer			

Tabelle 7: Übersicht der im Deutschen Reich marktüblichen Eisenbetonsysteme bzw. Deckensysteme (D) nach Colby (1909).

Vernachlässigt man die Deckensysteme und ergänzt die Zusammenstellung mit Informationen der Recherchen für die Objektdatensammlung sowie den zu den Fallbeispielen gesichteten Archivunterlagen, ergibt sich die Übersicht in Tabelle 8.

Unternehmen	Bauakte	Publikation	Werbung	Firmen-schrift	Patent
Beton- und Monierbau AG	x	x	x	x	x
Alterthum & Zadeck	x				
Cementbau Actiengesellschaft Hannover		x		x	
Dyckerhoff & Widmann		x		x	
Held & Francke		x			x
Höfchen & Peschke		x	x		

Unternehmen	Bauakte	Publikation	Werbung	Firmen-schrift	Patent
J. Donath & Co.		x			
Kahneisen Gesellschaft Jordahl	x				x
Keppich Eisenbeton	x				
Eisenbetonbau Konrad Schwartz, GmbH	x				
M. Czarnikow & Co.	x	x	x		x
Max Hamann Bauge-schäft				x	
Th. Möbus GmbH Charlottenburg	x				
Lolat Eisenbeton AG	x	x		x	x
Paul Stolte, Deutsche Cementbau AG Berlin	x				x
Gottlieb Tesch GmbH	x				
Wayss & Freytag (Berlin)		x		x	

Tabelle 8: Übersicht zu den während der Untersuchungszeit in Berlin tätigen Eisenbetonunternehmen und den dazugehörigen schriftlichen Quellen.[280]

Die Angabe zu den Patenten in Tabelle 8 bezieht sich auf die Anmeldung eines oder mehrerer Patente im Namen eines Unternehmens oder eines dort Angestellten. Diese Patente fanden nicht zwangsläufig Umsetzung in einem Berliner Bauwerk. Diese Informationen geben vielmehr ergänzend einen Eindruck zur Bedeutung des jeweiligen Unternehmens.

Einen weiteren Zugang ermöglicht ein Blick in die Wirtschaftsdaten, die im Statistischen Jahrbuch der Stadt Berlin veröffentlicht wurden. Dort sind die 'wichtigsten' Unternehmen, die an der Berliner Börse gelistet waren, aufgeführt. Allerdings sind die Auswahlkriterien für die 'wichtigsten' nicht angegeben, somit bietet auch diese Zusammenstellung nur die Möglichkeit, eine Tendenz abzulesen.

[280] Es ist nicht auszuschließen, dass weitere Firmen aktiv waren bzw. weitere Systeme zur Anwendung gekommen sind. Die Auswertung der heute vorhandenen Unterlagen kann kein vollständiges Bild der bauzeitlichen Situation geben, sondern nur Hinweise und Tendenzen aufzeigen.

Zu den einzelnen Unternehmen wurden bis 1900 noch die jährlichen Bonuszahlungen in Mark angegeben, spätere Einträge weisen nur den letzten prozentualen Aktienwert auf. Die hier gezeigte Auswahl beschränkt sich auf die Firmen, die hinsichtlich der Recherchen mit Eisenbeton gearbeitet haben. Parallel dazu gab es auch Baufirmen, die zwar als 'wichtiges' Unternehmen Eintrag im Statistischen Jahrbuch fanden, aber anderweitig nicht mit dem Recherchethema in Verbindung gebracht werden konnten.[281]
Grundsätzlich lässt sich festhalten, dass, ähnlich der gesamten Bauindustrie, auch die Bauunternehmen über den betrachteten Zeitraum ihre jährlichen Bonuszahlungen steigern konnten bzw. der Aktienpreis, relativ gesehen, stieg. Weiterhin wird deutlich, dass die Unternehmen, die sich hauptsächlich dem Eisenbetonbau verschrieben hatten, erst 1910 Eintrag in die Liste fanden. Offenbar hatten sie ab diesem Zeitpunkt eine entsprechende Größe erreicht, die einen Eintrag rechtfertigte.
Die Herkunft und auch die weitere Entwicklung der Berliner Eisenbetonunternehmen waren sehr unterschiedlich, und nur wenige waren imstande, sich zu einem Großunternehmen, wie etwa die AG Beton- und Monierbau, weiterzuentwickeln. Einen Einblick in ausgewählte Firmengeschichten gibt das folgende Kapitel.

	1885	**1890**	**1895**	**1900 / 1905**	**1910**	**1914**
	Jährl. Bonus (M)	**Jährl. Bonus (M)**	**Jährl. Bonus (M)**	**Aktien-wert (%)**	**Aktien-wert (%)**	**Aktien-wert (%)**
Berliner Cement-bau AG	23.000	75.750	113.500	-	-	450.00
Beton- und Monierbau AG	-	-	-	-	171.00	139.25
Held & Francke	-	-	-	-	238.00	139.00

Tabelle 9: Übersicht ausgewählter, an der Berliner Börse gelisteten Bauunternehmen.[282]

3.5.1 Herkunft und Entwicklung

Mit den zwölf recherchierten Eisenbetonunternehmen lässt sich für Berlin eine Vielfalt nachweisen, die wahrscheinlich tatsächlich sogar noch größer war (siehe Tabelle 8).
Der Begriff 'Unternehmen' umfasst dabei unterschiedlich große Geschäftseinheiten. Meist gab es in zentraler Lage eine Hauptgeschäftsadresse, in der die Geschäftsführung und auch das technische Personal arbeiteten. Darüber hinaus gab es mitunter noch Lagerflächen für Material und die technische Ausrüstung bzw. Baumaschinen, die sich etwas außerhalb des Stadtzentrums befanden. Gegebenenfalls gehörte zu dem Unternehmen dann auch eine Zementfabrik mit den entsprechenden Anlagen. Gerade in der Anfangszeit wurden vielfach vorgefertigte Deckenelemente oder auch sogenannte Cementdielen verbaut, für die es vermutlich eine Art Werkstatt

[281] Die Berliner Cementbau AG war eine der sogenannten Terraingesellschaften, die weniger Bauprojekte realisierten als vielmehr durch den An- und Verkauf von Grundstücken Gewinn zu erzielen versuchten (siehe auch Bernhardt (1998)). Diese Angaben wurden vergleichend in die Übersicht mit aufgenommen.

[282] Die Zahlen in der Übersicht entstammen den folgenden Quellen: Böckh (1888, 1893, 1898, 1902) sowie Silbergeleit (1909, 1913, 1920).

gegeben haben wird. Gerade für den innerstädtischen Bereich ist anzunehmen, dass die Nutzung zusätzlicher Flächen für die Vorbereitung von Arbeiten oder die Zwischenlagerung von Material schwierig war. Der Innenstadtbereich verdichtete sich stark, und freie Flächen wurden teuer verkauft.

Eine Differenzierung der Betriebsgrößen im Sinne des Personalbestands und der verfügbaren Flächen ist quellenbedingt schwierig. In Auswertung der vorliegenden Informationen und zum besseren Verständnis der unterschiedlichen Entwicklungen der einzelnen Unternehmen werden drei Herkunftsarten der Unternehmen unterschieden:

Zuerst gab es Unternehmen, die bereits zur Mitte des 19. Jahrhunderts als klassische Bauunternehmen, beispielsweise im Mauerwerksbau sowie als Zementproduzenten (Dyckerhoff & Widmann) oder zementverarbeitende Unternehmen (Czarnikow & Co.), gegründet wurden. Mit den in der Zementverarbeitung gewonnenen Arbeitserfahrungen lagen ausreichend Kenntnisse vor, um dann nach Einführung der behördlichen Bestimmungen 1904 auch das Bauen mit Eisenbeton anzubieten. Gerade die Zementproduzenten erhofften sich damit eine Erhöhung des Zementabsatzes.[283]

Zweitens gab es Bauunternehmen, die gegründet wurden, um ausgewählte Patente zu verwerten. Für Berlin trifft dies auf das Unternehmen G. A. Wayss bzw. die spätere AG Beton- und Monierbau zu. Gustav Adolf Wayss war ursprünglich als Bauunternehmer im süddeutschen Raum aktiv, bevor er 1885 die Nutzungsrechte am Monier-Patent für den norddeutschen Raum erhielt und seinen Firmensitz von Frankfurt am Main nach Berlin verlegte. Dies war vermutlich seine zweite Unternehmensgründung. Laut §1 des Gründungvertrages war „Herr Gustaf [sic] Adolf Wayss [...] der alleinige Inhaber der Firma G. A. Wayss in Berlin. Sein Geschäftsbetrieb erstreckt sich auf die Ausführungen für Hoch-, Tief-, und Bergbau [nach] Reichspatent 14673".[284] Noch bis weit nach Ablauf des Monier-Patents 1894 gab es kein anderes Unternehmen in Berlin, das unter ähnlichen Vorsätzen gegründet wurde. Als Vorreiter steht die Firma G. A. Wayss stellvertretend für eine Gruppe von Eisenbetonunternehmen, die sich vor allem zum Ende des 19. Jahrhunderts gegründet hatten. Dafür initiierte ein ingenieurtechnisch ausgebildeter Geschäftsführer, der ein bestimmtes Produkt oder Patent zur Grundlage seiner Tätigkeit bestimmte, die Unternehmensgründung. International ist diese Strategie im Eisenbetonbau unmittelbar mit dem Namen Hennebique verbunden. Während die Patentnehmer des Monier-Patents relativ frei in der Ausnutzung waren, war François Hennebique von Anfang an darum bemüht, eine zentralistische Unternehmensstruktur aufzubauen.[285]

Die dritte Gruppe bestand aus Bauunternehmen, die erst nach Veröffentlichung der behördlichen Vorschriften von 1904 gegründet wurden. Dazu zählt beispielsweise die Firma Max Hamann oder auch Keppich Eisenbetonbau. Kennzeichen dieser Unternehmen waren neben den üblichen Bauarbeitern ingenieurtechnisch ausgebildete Fachkräfte, die für die Dimensionierung und Pla-

[283] Siehe Culot et al. (2018) zum internationalen Vergleich. Ähnlich der Firma Czarnikow hatte auch die belgische Firma Blaton mit der Realisierung von Kunststeinkonstruktionen angefangen.

[284] Die Vertragsurkunde zur Gründung einer Firma von G. A. Wayss zusammen mit Eduard Berthold als stillem Teilhaber und finanziert vom Bankhaus Becker & Co. Leipzig umfasst insgesamt 13 Paragraphen. Der Tag der Unterzeichnung war der 30.11.1886 (siehe Wayss (1886b). Die im Vertragstext genannte Patentschrift Nummer 14673 trägt den folgenden Titel: Verfahren zur Herstellung von Gegenständen verschiedener Art aus einer Verbindung von Metallgerippen und Cement (siehe Monier (1880)). Dabei handelt es sich um das sogenannte Monier-Patent für das Deutsche Reich.

[285] Zur Geschichte der Firma Hennebique siehe Simonet (1992); Delhumeau (1999); Delhumeau et al. (1993); Hellebois (2013b, 2013a); Van de Voorde (2009).

nung der Eisenbetonbauten angestellt waren. Gerade bei diesen Unternehmen ist zu vermuten, dass einige durch fehlende Sach- und Fachkenntnis dem „Pfuschertum“ (siehe Kapitel 2.2) zuzuordnen waren.

Es hat den Anschein, dass spätestens mit Beginn der Tätigkeit im Eisenbetonbau viele Bauunternehmen eine eigene Ingenieurabteilung einrichteten, die statische Berechnungen und notwendige Planzeichnungen erstellte. Mitunter wurde auch mit externen Statikern zusammengearbeitet, und bei komplizierten Konstruktionen, wie beispielsweise den frühen Rippenkuppeln, kam es auch zu Kooperationen mit Hochschulen (siehe Anhang A6). Die einzelnen Netzwerke zwischen Ingenieuren, Bauunternehmen und Hochschullehrern sind nur teilweise überliefert. Meist finden sich Querverweise dazu erst in den individuellen Bauakten.

Informationen zur internen Büroorganisation der Bauarbeiter, Techniker, Ingenieure und Geschäftsführer sind äußerst rar, selten sind genaue Zahlen zu Angestellten und deren Berufsausbildung dokumentiert. Hier kann nur beispielhaft auf zwei bauzeitliche Fotografien verwiesen werden (siehe Abbildung 18 und Abbildung 19), die zumindest einen Einblick in die Arbeitsbedingungen in den technischen Büros zulassen. Einen Eindruck zur Arbeitspraxis auf den Baustellen gibt Kapitel 3.5.3.

Abbildung 18: Das technische Büro der Grün & Bilfinger AG[286] um 1910, Grün & Bilfinger AG (1910).

[286] Die Grün & Bilfinger AG war ein um 1900 in Süddeutschland tätiges Bauunternehmen. Gegebenenfalls finden sich weitere Rückschlüsse auf interne Organisationsstrukturen bei den vergleichsweise gut untersuchten Architekturbüros, beispielsweise dem von Peter Behrens oder auch Paul Mebes.

Abbildung 19: Erstellung von Planzeichnungen im Pariser Hennebique Büro um 1912, O. A. (1912d), S. 135.

Die Auswahl der im Weiteren genauer betrachteten Unternehmen orientiert sich an den Fallbeispielen bzw. den Informationen in der Objektdatensammlung. Die Reihenfolge der Angaben ergibt sich chronologisch aus dem Beginn der Tätigkeit eines Unternehmens im Eisenbetonbau. Wie zuvor angedeutet, konnte ein Unternehmen mehrere Geschäftsadressen haben und bot sowohl Ingenieuraufgaben als auch Bauaufgaben an. Meist arbeitete eine größere Anzahl von Personen für das Unternehmen. So waren nicht nur auf der Baustelle unterschiedliche Handwerker und Angestellte tätig, sondern auch im Büro gab es unter anderen Ingenieure, Projektingenieure, Zeichner und Verwaltungsangestellte.

Entsprechend des Umfangs der dokumentierten Informationen wurden diese zusammengefasst und bei Bedarf tabellarisch aufbereitet. Es fällt auf, dass gerade zu Unternehmen, die erst vergleichsweise spät, also nach 1904 im Eisenbeton aktiv wurden, meist nur wenige Informationen überliefert sind. Ein Grund dafür könnte sein, dass durch die Vorherrschaft der bereits etablierten Unternehmen am Markt die jüngeren nicht lange aktiv blieben, da die Konkurrenz zu stark war. Nicht zu vergessen sind mögliche Einflüsse durch den Ersten Weltkrieg. Die Zeit unmittelbar nach Kriegsende war geprägt von Mangelwirtschaft und einer geringen Bautätigkeit; dies führte vermutlich auch dazu, dass nur wenige große Unternehmen noch aktiv waren.

G. A. Wayss (G. A. Wayss & Co.; Actiengesellschaft für Monier-Bauten, vorm. G. A. Wayss & Co.; Aktien-Gesellschaft für Beton- und Monierbau, Beton- und Monierbau Aktiengesellschaft)

Gustav Adolf Wayss gründete die nach seinem Namen benannte Firma 1886 in Berlin. Zu dieser Zeit hatte er bereits Erfahrungen im Beton- und Eisenbahnbau als Bauführer der Württembergischen Staatsbahnen und als Teilhaber des Unternehmens Diss & Wayss in Frankfurt am Main gesammelt. In kurzer Folge veränderte er den Firmennamen von G. A. Wayss zu G. A. Wayss &

Co. bzw. zu Actien-Gesellschaft für Monier-Bauten vorm. G. A. Wayss & Co. (siehe die diversen Firmenstempel in der folgenden Tabelle 10).
Grundlage für die Tätigkeit des Unternehmens war der Erhalt der Nutzungslizenz für das deutsche Monier-Patent. Wayss führte die neuartige Konstruktionsweise ab 1885 in Berlin ein. Dabei kam es anfangs wiederholt zu Patentstreitigkeiten mit anderen, in Berlin ansässigen Baufirmen. Zum einen mit dem Unternehmen Rabitz, das eine mögliche Konkurrenz zu seinem „Rabitz'schen Patentputz" – mit Drahtnetz bewehrte Gipsputzkonstruktionen – verbieten wollte, am Ende gegen Wayss aber erfolglos blieb.[287] Und zum Zweiten mit dem Unternehmen Cementbaugeschäft J. Donath & Co., das sich gegen Rabitz und auch Wayss gerichtlich erwehren musste, um seine Konstruktionen weiterhin ausführen zu können.[288]
In seiner Funktion als Unternehmensgründer und Geschäftsführer erweiterte Wayss nicht nur die Materialbandbreite im Bauwesen, sondern beförderte in den Jahren nach 1886 immens das allgemeine Verständnis der materiellen und strukturellen Zusammenhänge einer tragfähigen Kombination von Eisen und Beton. Dies geschah in enger Kooperation mit Matthias Koenen. Beide können als die maßgeblichen Wegbereiter für Eisenbeton in Berlin charakterisiert werden. Ein Ergebnis ihrer Kooperation, manifestiert in der G. A. Wayss & Co., ist die in der Monier-Broschüre publizierte erste Bemessungstheorie für einfache, bewehrte Bauteile.
Im Unternehmen G. A. Wayss findet nicht nur der Berliner Eisenbeton seinen Ursprung. Als Geschäftsführer war Wayss stets daran interessiert, mit anderen Ingenieuren und Materialprüfanstalten zu kooperieren. Ein weiteres markantes Kennzeichen des Unternehmens war eine durchaus beachtliche Öffentlichkeitsarbeit.
1891 übernahm Koenen die Leitung des Unternehmens, das später unter dem Namen „Beton- und Monierbau AG" firmierte. Seine Zeit der Geschäftsführung war wiederum durch eine eher verhaltene Öffentlichkeitsarbeit geprägt. Unter der Leitung Koenens expandierte das Unternehmen und gehörte bald zu den großen deutschen Bauunternehmen, die auch im Ausland tätig waren.

[287] In der Deutschen Bauzeitung sind dazu einige Kurzmeldungen erschienen, von denen hier nur beispielhaft zwei erwähnt sind: O. A. (1886a) und O. A. (1886b).

[288] Offenbar ging der Rechtsstreit über mehrere Instanzen. Der hier zitierte Artikel bezieht sich auf ein Urteil der Civilkammer 9 des Königlichen Landgerichts 1, die das Obergutachten des kaiserlichen Patentamtes zu Gunsten der Firma Cementbaugeschäft J. Donath & Co. bestätigte (siehe O. A. (1892b). Die Auseinandersetzungen vor Gericht und das vehemente Einfordern der Nutzungsrechte hatte zuallererst natürlich einen ökonomischen Anlass. Darüber hinaus konnte durch die Anwendung der Systeme ein Qualitätsanspruch eingelöst werden.

Firmenzeichen/ Briefkopf	Firmenstempel von 1889 bzw. 1892[289] Briefkopf mit Firmenwerbung[290] Firmenstempel um 1896[291]
Quellen zur Firmengeschichte	Wayss (1886b), O. A. (1924a), Beton- und Monierbau Aktien-Gesellschaft (1935), O. A. (1952), O. A. (1956), Beton- und Monierbau Aktien-Gesellschaft (1964), Leonhardt (1975)
Ursprung/ Herkunft	Detaillierte Informationen zum Firmengründer Gustav Adolf Wayss in Kapitel 3.4
Gründung	Die Firmengeschichte war insgesamt sehr wechselvoll, da das Unternehmen immer wieder neu gegründet wurde: - 30. November 1886 Gründung des Unternehmens G. A. Wayss Berlin - 1. Juni 1888 Umfirmierung in G. A. Wayss & Co - 20. Dezember 1889 Umfirmierung in Actien-Gesellschaft für Monier-Bauten, vorm. G. A. Wayss & Co - 1895 Umfirmierung in Beton- und Monierbau AG ohne die Beteiligung von G. A. Wayss, er verließ das Unternehmen bereits im Mai 1891
Geschäftsadressen	Alt-Moabit 97, Berlin NW (um 1886) Leipzigerstraße 100/102 Berlin (vor 1899) Potsdamerstraße 129/130 I und II./Ecke Eichbornstraße (ab 1899)
Frühere/Spätere	G. A. Wayss & Co.,

289 Entnommen aus Städtische Baupolizeiverwaltung (1890), o. A. und Städtische Baupolizeiverwaltung (1893), o. A.

290 Städtische Baupolizeiverwaltung (1892b), o. A.

291 Städtische Baupolizeiverwaltung (1892a), o. A.

Firmennamen	Actien-Gesellschaft für Monierbauten, vorm. G. A. Wayss & Co., Beton- und Monierbau Actien-Gesellschaft
Tätigkeitsfeld	Alle Anwendungen von Eisenbeton
Firmenstruktur/ Organisation/ assoziierte Mitarbeiter	Gustav Adolf Wayss (Unternehmensgründer) Eduard Berthold (stiller Teilhaber ab Dezember 1886) Matthias Koenen (Leiter des technischen Büros, Teilhaber ab 1888) G. Kaufmann (Teilhaber, Procura, 1888) H. Wagenbreth (Teilhaber, Procura, 1888) Carl Hanas (Projektingenieur für Fabrikneubau J. Pintsch 1891) J. A. Parl (Ingenieur, Projekt Schultheiss-Brauerei 1892) Goltze (Projektingenieur für Fabrikneubau J. Pintsch 1896) E. Saalwächter (Direktor 1898) Hart (Oberingenieur, Prinzregentenbrücke 1907) Dipl.-Ing. M. Salomonsen (Ingenieur)[292]
Mitgliedschaften/ Werbung/ Beteiligungen	Mit dem Unternehmen assoziierte Teilnehmer der DBV Hauptversammlungen in den Jahren 1898 und 1899: Reg. Baumeister M. Koenen; E. Saalwächter; H. Stricker; 1903: M. Koenen (als Einzelperson) 1908: Blume, Ingenieur; Boesig, Ingenieur; Braun, Ingenieur; Drügemüller, Ingenieur; Ende, Dipl.-Ingenieur; Hart, Oberingenieur; Hasselkuß, Dipl.-Ingenieur; M. Koenen, Direktor; R. Krause, Ingenieur; Kuhn, Ingenieur; Lorscheid, Dipl.-Ingenieur; Marold, Ingenieur; Merzrose; Meyer, Prokurist; B. Nicolaißen; Franz Patzsch; E. Roßteuscher; H. Ruef, Ingenieur; Saalwächter, Direktor; L. Sixt, Ingenieur; Sturmann, Ingenieur
System	Monier
Patente	Nutzungslizenz für das Patent von Josef Monier: DRP Nr. 14673: Verfahren zur Herstellung von Gegenständen verschiedener Art aus einer Verbindung von Metallgerippen mit Cement, 22. Dezember 1880 Matthias Koenen: DRP Nr. 141745: Eingespannte Voutenplatte für Decken, Brücken o.dgl., 23. Januar 1897 DRP Nr. 124879A: Rippendecke aus Beton mit Eiseneinlagen, 13. August 1899
Netzwerke	1888: Zweiggeschäfte in Köln, München u. a. 1890: Beteiligung an Julius Hueck & Co. Moskau; Ankauf von Freytag & Heidschuch (inkl. Fabrikgrundstück und Baugeschäft); Beteiligung an Actien-Gesellschaft für Beton- und andere Bau-Arbeiten, Moskau 1891: Ausgründung der Österreichischen Niederlassung G. A. Wayss & Co., Zweigniederlassungen in Leipzig, Hamburg, Königsberg und Dresden

Tabelle 10: Übersicht der vorliegenden Informationen zur Entwicklung des Unternehmens G. A. Wayss.

[292] Siehe Salomonsen (1912).

Kallmann und Schäfer Architekten

Soweit bekannt, handelte es sich bei Kallmann und Schäfer Architekten nicht um ein Bauunternehmen, sondern vielmehr um eine Kooperation zweier Architekten. Der erste Name könnte auf Ferdinand Kallmann zurückführen, der als Architekt und Maurermeister in Berlin in der Zeit um 1900 gearbeitet hat. Als Adresse ist die Kreuzbergerstraße 24 in Berlin überliefert, allerdings bleibt unklar, ob es sich dabei um eine Geschäftsadresse oder die Privatadresse Kallmanns gehandelt hat. Einige der von ihm geplanten Bauten sind noch vorhanden und stehen unter Denkmalschutz: das Mietshaus Mehringdamm 73, Kreuzberg; das Mietshaus Großbeerenstraße 35, Kreuzberg; die Gebäude der Eisengießerei J. Jachmann in Moabit und das Gerichtsgebäude in Neukölln. Weitere Informationen zu der Kooperation mit Schäfer bzw. zu Schäfer selbst, wurden nicht gefunden. Dennoch soll der Name hier Erwähnung finden, da Schäfer und Kallmann Architekten in der Zeit von 1899 bis 1901 als Konzessionäre von Hennebique acht Bauprojekte in Berlin verantwortet haben. Dabei haben sie mit verschiedenen anderen Architekten und, laut den Informationen des Hennebique Archivs, mit dem technischen Büro von Hennebique in Frankfurt am Main zusammengearbeitet.[293] Wie genau die Zusammenarbeit und die Aufgabenverteilung funktioniert haben, muss einer späteren Untersuchung vorbehalten bleiben. Ebenso bleibt unklar, welche Bauunternehmen die Bauarbeiten tatsächlich ausgeführt haben.

M. Czarnikow & Co.

Moritz Czarnikow gründete 1854 sein Unternehmen mit dem Namen M. Czarnikow. In Berlin war dieses Unternehmen bekannt für die Produktion von Zementkunststeinen sowie Statuen und Skulpturen, die in Parks und Gärten aufgestellt wurden. Gerade bei Statuen mit ausladenden Formen wurde die Zementmischung bzw. der Beton mit Eisen bewehrt. Dabei galt lange die Monier'sche Herangehensweise, dass das Eisen eher zur Formgebung genutzt und nicht statisch konstruktiv bemessen wurde.

Offenbar durch einen Generationenwechsel der Geschäftsführung bedingt – nach dem Tod des Vaters 1890 übernahm der Sohn die Leitung des Unternehmens – wurden Tragwerksausführungen in Eisenbeton in das Angebot der Firma mitaufgenommen. Spätestens in der Zusammenarbeit mit Heinrich Becher ab 1902 war nachweislich ein sachkundiger Ingenieur Teil des Unternehmens M. Czarnikow & Co., sodass dieses später sogar als Fachunternehmen für Eisenbetonrippenkuppeln bekannt wurde. Die Firma M. Czarnikow & Co. steht somit beispielhaft für die Gruppe von Unternehmen, die als Zement- oder Zementkunststeinhersteller angefangen hatten, bevor sie auch Eisenbetonkonstruktionen ausführten.

---

[293] https://archiwebture.citedelarchitecture.fr/rech/libre/resultats?q=Kallmann&inv=true&fond=true (Stand September 2021).

Firmenzeichen/ Briefkopf	M. Czarnikow & Co. Unternehmen für Beton- und Eisenbetonbau Kunststeinfabrik Gegründet 1854 :: Fernspr. Zentrum 4354 u. 5509 BERLIN W. 56, Werderscher Markt 10 Eisenbetonausführungen für Hoch- u. Tiefbau Fabriken, Lagerhäuser, Geschäftshäuser, Brücken ∴ Wasserbehälter, Silos, Futtermauern ∴ Massive Deckenkonstruktionen bis zu den grössten Spannweiten für jede Belastung Fundierungen ▪ Dichtungen ▫ Kunststeintreppen Fassaden ▪ Ornamente Werbung des Unternehmens[294]
Quellen zur Firmengeschichte	Colby (1909), O. A. (1912b), Brunsch (2006), Kierdorf (2009)
Ursprung/ Herkunft	Der Firmengründer Moritz Czarnikow (1825–1890) verstarb 1890, danach ging das Unternehmen an seinen einzigen Sohn Carl über. Die Umbenennung in M. Czarnikow & Co. erfolgte vermutlich erst nach 1900.
Gründung	1854
Geschäftsadressen	1899: Werderscher Markt 9, Berlin
Frühere/Spätere Firmennamen	Czarnikow & Co.
Tätigkeitsfeld:	Das Unternehmen Czarnikow handelte von Beginn an mit gegossenen Zementkunststeinen; vgl. Brunsch (2006).[295] Vermutlich mit Übernahme durch den Sohn um 1890 sowie spätestens mit dem Firmenbeitritt von Heinrich Becher 1902 veränderte bzw. erweiterte das Unternehmen sein Angebot. Erste Eisenbetonprojekte sind in Berlin ab 1905 nachweisbar.
Firmenstruktur/ Organisation/ Assoziierte Mitarbeiter	M. Czarnikow (Unternehmensgründer bzw. Fabrikbesitzer) Carl Czarnikow (Inhaber und Fabrikbesitzer zwischen 1890 und 1921) Heinrich Becher (Ingenieur im Büro Berlin von 1902–1919) Herbert Czarnikow (ab 1931 Prokurist im Unternehmen) Paul Wengel (ab 1931 Prokurist im Unternehmen)

[294] Entnommen O. A. (1912b).

[295] Zur Entwicklung und Verwendung von Zementkunststein im Berliner Raum, siehe Brunsch (2006).

Mitgliedschaften/ Werbung/ Beteiligungen	Mit dem Unternehmen assoziierte Teilnehmer der DBV Hauptversammlungen in den Jahren 1898 (Gründung) und 1899: Regierungsbaumeister Fröhlich; 1908: R. Heller, Dipl.-Ingenieur; Kornfeld; Heinrich von Massenbach, Ingenieur; R. Mesmer, Oberingenieur; Hans Thomas (ohne Berufsbezeichnung) Im Rahmen der Recherchen wurden keine Firmenbroschüren oder Ähnliches gefunden.
System	"A system of floors consisting of slabs moulded on the spot, and reinforced with horizontal flat iron strips, bent in snake-like form."[296] sowie Hennebique[297].
Patente	Heinrich Becher: US Nr. 731743: Concrete column with ball bearing, 24. Februar 1903 Heinrich Becher, Carl Czarnikow: DRP Nr. 20967B: Fabrikmäßig hergestellte Betonsäule mit Eiseneinlagen, 25. November 1903 CH Nr. 30156: Betonsäule mit Eiseneinlagen, 4. Januar 1904
Netzwerke	Schweizer Vertretung E. Imer-Schneider, Genf Es gibt Hinweise auf eine Bautätigkeit in Hamburg, die im Rahmen dieser Untersuchung nicht genauer analysiert werden konnten.[298]

Tabelle 11: Übersicht der vorliegenden Informationen über das Unternehmen M. Czarnikow & Co.

Lolat-Eisenbeton

Das Unternehmen Lolat-Eisenbeton war offenbar eines der Unternehmen, die nach Erlass der 1. Behördlichen Bestimmungen gegründet wurden. Nach ersten Erfahrungen im Bauunternehmen Gustav Lolat in Düsseldorf gründete Hans Bechtel (1870–1950), mit Einverständnis von Lolat, das Unternehmen 1904 in Breslau. Während seiner Tätigkeit in Düsseldorf war die dort ebenfalls ansässige Firma Carl Brandt als Lizenznehmerin von Hennebique aktiv. Vermutlich hat Bechtel also bereits in Düsseldorf erste Erfahrungen mit Eisenbeton gemacht.

Intern gab es drei Abteilungen, wobei Abteilung I unter dem Namen Lolat-Eisenbeton fast wie ein separates Unternehmen auftrat.[299] Zeitgleich gab es offenbar verschiedene Firmenadressen von Gustav Lolat selbst in Berlin.

Erste Bauprojekte sind bereits ab 1901 überliefert. Inwieweit diese noch durch das Bauunternehmen Gustav Lolat oder aber durch das Unternehmen von Bechtel ausgeführt wurden, bleibt

[296] Vgl. Colby (1909), S. 125.

[297] Nach Kierdorf (2009). Wie bereits beschrieben, sind diese Angaben nicht mit einer konkreten Quellenangabe belegt. In den Unterlagen des digitalen Hennebique Archivs finden sich keine Hinweise auf Czarnikow & Co., und auch bei den Auflistungen in der von Hennebique publizierten Firmenzeitschrift „Le béton armé" gibt es keinen Eintrag.

[298] Dieser Verweis bezieht sich auf eine Publikation, die demnächst erscheinen soll. Bardua, Sven: „Der Hamburger Ingenieurbauführer (Schriftenreihe des Hamburgischen Architekturarchivs, Band 37)", herausgegeben von Hamburgische Ingenieurkammer.

[299] Mit Lolat-Eisenbeton (1904) hat sich eine letztlich in vier Auflagen erschienene Firmenbroschüre aus dem Jahr 1904 überliefert, die die Unterschriften Bechtels und Gottschalks als Vertreter der Direktion aufweist. Es bleibt fraglich, inwieweit es innerhalb der Baugesellschaft für Lolat-Eisenbeton eine weitere separate Direktion für die Abteilung I gab oder ob dies eher aus besseren Vermarktungschancen heraus so publiziert wurde. Die Auflistung ausgeführter Arbeiten in der Firmenbroschüre liest sich dann auch wie eine Zusammenstellung aus Projekten der Baugesellschaft für Lolat-Eisenbeton GmbH in Breslau sowie des Bauunternehmens Gustav Lolat in Düsseldorf.

unklar. Es ist zu vermuten, dass es gerade in der Anfangszeit zu Überschneidungen und Ungenauigkeiten bei der Dokumentation der Firmennamen kam. Auch an anderen Orten war das Unternehmen bzw. eigens vor Ort gegründete Unternehmen mit ähnlich lautendem Namen von Beginn an tätig, etwa Baugesellschaft für Lolat-Eisenbeton GmbH Breslau oder auch Lolat Düsseldorf. Die Bautätigkeit in Breslau und Umgebung ist in Form von Archivalien wie technischen Dokumentationen, statischen Berechnungen, Plänen und Karten im Architekturmuseum der Stadt Wroclaw, ehemals Breslau, dokumentiert[300]. Auch in Belgien wurden ab etwa 1905 Eisenbetonprojekte realisiert. Offenbar gab es dort ein eigenständiges Büro in Brüssel, in dem auch statische Berechnungen durchgeführt wurden. Die Beteiligung an den Bauprojekten erfolgte meist über ein lokales Bauunternehmen.[301]

Am 1. Mai 1907 wandelte Bechtel die Gesellschaft in die Lolat-Eisenbeton Aktien-Gesellschaft Düsseldorf um. In der Folgezeit beteiligte sich das Unternehmen an der Oppeln-Fraundorfer Portlandzement AG und übernahm das Unternehmen G. A. Wayss Wien (mit den Geschäftsstellen in Linz und Salzburg). G. A. Wayss blieb bis zu seinem Tod 1917 Mitglied im Aufsichtsrat. 1916 wurde das Unternehmen in die HUTA Hoch- und Tiefbau AG umgewandelt. Diese bestand bis 1985.

Firmenzeichen/ Briefkopf	Unterschiedliche Firmenstempel aus einer Genehmigungstatik.[302] Briefkopf des Unternehmens[303]
Quellen zur Firmengeschichte	Lolat-Eisenbeton (1904), Kraft Sachistal (1954), Engels (1979), O. A. (1905b)
Ursprung/ Herkunft	Die Baugesellschaft für Lolat-Eisenbeton GmbH wurde 1904 von Hans Bechtel (1870–1950), einem aus Mannheim stammenden Bauingenieur, in Breslau gegründet.[304]

300 Das Archiv wurde bereits teilweise digitalisiert. Der Online-Katalog ist erreichbar unter http://ma.wroc.pl/en/construction-archive/search/ (Stand September 2021). Weitere Recherchen zu Gebäuden bzw. bestimmten Adressen sind vor Ort möglich.

301 Siehe o. A. (1905b).

302 Vgl. Königliches Polizei-Präsidium Bauinspektion Rixdorf (1904), o. A.

303 Königliches Polizei-Präsidium Bauinspektion Rixdorf (1904), o. A.

Gründung	1904
Geschäftsadressen	Lolat-Eisenbeton, Kleiststraße 39, Berlin W62 Gustav Lolat, Kurfürstenstraße 167 (im Jahr 1902) Gustav Lolat, Kaiserallee 65, Berlin Friedenau
Frühere/Spätere Firmennamen	Lolat-Eisenbeton ab 1907 Lolat-Eisenbeton Aktien-Gesellschaft ab 1916 HUTA Hoch- und Tiefbau AG
Tätigkeitsfeld:	Eisenbeton
Firmenstruktur/ Organisation/ assoziierte Mitarbeiter	Unternehmensgründer: Hans Bechtel Büro Berlin: Oberingenieur Otto Gottschalk, Willy Opitz, Dr.-Ing. L. Sachs Büro Breslau: Wilhelm Faulhaber (Ingenieur, verantwortlich für zahlreiche Projekte in Südrussland), Ludwig Küchle (Direktor) Büro Brüssel: Ingenieur Aronstein, Ingenieur Luder Weitere Personen: Gustav Adolf Wayss (Mitglied des Aufsichtsrats)
Mitgliedschaften/ Werbung/ Beteiligungen	Informationen zu Mitgliedschaften beispielsweise im DBV oder im AIV wurden im Rahmen der Recherchen nicht gefunden. Als Werbung hat sich eine Firmenbroschüre aus dem Jahr 1904 erhalten, siehe Kapitel 3.5.2.
System	In Lolat-Eisenbeton (1904) werden die Bemessungsgrundsätze detailliert erläutert. Mit Bezug auf Bach und seine Versuche mit Betonwürfeln und in Abgrenzung zur Balkenberechnung nach Ritter erläutert Gottschalk die einzelnen Annahmen zur Querschnitts- und Tragwerksbemessung (detaillierter in Kapitel 3.5.2). Dies kann als Teil des Systems Lolat angesehen werden. Darüber hinaus gibt es einige Patente, die überliefert sind und spezifische Bauteile einführen (Abstandhalter, Maueranker für den Anschluss der Deckenbewehrung, u. Ä.), die ebenfalls zum System Lolat gerechnet werden können.
Patente	Nach Lolat-Eisenbeton (1904) konnte das Unternehmen die folgenden, ursprünglich von Gustav Lolat angemeldeten Patente ebenfalls nutzen. Darüber hinaus wurden zusätzlich diverse deutsche Reichsgebrauchsmuster (DRGM)[305] sowie Patente in Österreich und Russland angemeldet. Gustav Lolat: DRP Nr. 151093: Einrichtung zur Sicherung des Abstandes zweier in verschiedenen Ebenen liegender Reihen von Eiseneinlagen. 1. Juni

[304] Engels (1979), S. 4 beschreibt G. A. Wayss als Mentor von Bechtel, der ihn darin bestärkt haben soll, die Gesellschaft in Breslau zu gründen; allerdings fehlen dazu genaue Angaben.

[305] Eine Nachfrage beim Deutschen Patent- und Markenamt zu weiteren Informationen über Gebrauchsmuster ergab, dass sämtliche Unterlagen aus der Zeit, entsprechend damals geltenden gesetzlichen Bestimmungen, vernichtet wurden.

	1902 Brevet d'Invention (Belgien) Nr. 165917: Pour armature intermédiaire en forme d'entier enlitze dans les plafonds en béton armé, pour renforcer la section transversale du fer à proximitté des appuis. 15. Oktober 1902 Brevet d'Invention (Belgien) Nr. 165918: Pour armature pour plafonds en béton armé, surbissée en la partie du milieu, qui absorbe les efforts de traction. 15. Oktober 1902 DRP Nr. 183341: Einrichtung zur Sicherung des Abstandes zweier in verschiedenen Ebenen liegender Reihen von Eiseneinlagen. 22. November 1905 DRP Nr. 192850: Einrichtung zum Abstandhalten zwischen den Zugeisen in Betonbalken. 30. November 1905 DRP Nr. 203587: Verfahren zur Herstellung von Eisenbetondecken aus mehreren vorher angefertigten Eisenbetonkörpern mit herausragenden Eiseneinlagen in der Zugzone, die zur Bildung des durchgehenden Zuggurtes miteinander verbunden werden. 28. August 1906 DRP Nr. 208704: Verfahren zur Herstellung von Hohlkörperdecken. 28. August 1906
Netzwerke	Firmennetzwerk aus mindestens drei Niederlassungen im Inland: Gustav Lolat Düsseldorf, Lolat-Eisenbeton Berlin, Baugesellschaft für Lolat-Eisenbeton Breslau[306] Die Gesellschaft hatte weitere Vertretungen in Halle (Saale), Hannover, Stettin, Nürnberg, St. Petersburg, Riga, Warschau, Kiew und Charkow.

Tabelle 12: Übersicht der Informationen über das Unternehmen Baugesellschaft für Lolat-Eisenbeton GmbH bzw. Lolat-Eisenbeton.

Max Hamann Baugeschäft

Das Baugeschäft wurde 1904 von Max Hamann und Otto Rohrbeck als offene Handelsgesellschaft in Berlin gegründet. Somit kann auch dieses Unternehmen zu der Gruppe gezählt werden, die in Reaktion auf den Erlass der 1. Behördlichen Bestimmungen gegründet wurden. Einzelheiten zu den Firmengründern und Informationen über die Anfänge des Unternehmens sind nicht bekannt, vermutlich erfolgte relativ schnell eine Spezialisierung auf Arbeiten im Tief- und Ingenieurbau. Die folgende Tabelle 13 gibt einen Überblick der vorhandenen Informationen.

[306] Gerade Lolat-Eisenbeton in Breslau hatte sich im Eisenbetonbau durch kühne Eisenbetonkonstruktionen einen Namen gemacht. Erwähnt seien an dieser Stelle beispielhaft das Wasserschloss für die Industrieausstellung in Görlitz und das Breslauer Schauspielhaus; siehe Engels (1979).

Firmenzeichen/ Briefkopf	Umschlag einer Firmenbroschüre[307] Max Hamann Baugeschäft (1929)
Quellen zur Firmengeschichte	Max Hamann Baugeschäft (1923), Max Hamann Baugeschäft (1929), O. A. (1954)
Ursprung/Herkunft	Das Baugeschäft wurde von Max Hamann und Otto Rohrbeck als offene Handelsgesellschaft gegründet, die sich später auf Arbeiten im Tief- und Ingenieurbau konzentrierte.
Gründung	1904
Geschäftsadressen	Köthener Straße 38, Berlin
Frühere/Spätere Firmennamen	1939 Max Hamann Kommanditgesellschaft
Tätigkeitsfeld:	Tief- und Ingenieurbau
Firmenstruktur/ Organisation/ Assoziierte Mitarbeiter	Als Inhaber des Baugeschäfts werden Max Hamann und Otto Rohrbeck genannt. Um 1930 verfügte das Unternehmen über einen großen Maschinenpark, einen eigenen Bauhof mit Sägewerk und einen Lagerplatz mit Gleisanbindung.
Mitgliedschaften/ Werbung/ Beteiligungen	K. A.
System	K. A.
Patente	K. A.
Netzwerke	Nach 1945 Ausgründung der Max Hamann Westdeutsche Bauunternehmung GmbH, Düsseldorf

Tabelle 13: Übersicht der Informationen über das Unternehmen Max Hamann Baugeschäft.

[307] Max Hamann Baugeschäft (1929).

Keppich Eisenbeton

Dieses Bauunternehmen wurde 1907 von Baumeister Arnold Keppich in Wilmersdorf gegründet.[308] Nach Analyse der Unterlagen zu den Fallstudien ist anzunehmen, dass es auch eine technische Abteilung gegeben hat. So hat sich der Name Dipl.-Ing. B. Bauer erhalten, der die Statik für den Saalbau der Bötzow-Brauerei verantwortete. Weitere dokumentierte Projekte des Unternehmens waren „die Konstruktion einer Straßenüberführung bei der neuen Hauptbahnhofsanlage in Wiesbaden (an der Kupfermühle in St. Km 39,7 + 19,3)“[309] nach dem System Wünsch, Baujahr etwa 1908. Des Weiteren ist eine Beteiligung an einem Geschäftshausneubau in Frankfurt/Oder für die Möbelfabrik Manz und Gerstenberg überliefert. Den architektonischen Entwurf für die 4-geschossige, verputze Eisenbetonkonstruktion verantwortete Paul Renner. Die Ausführung erfolgte zwischen 1910 und 1911.[310]

Eisenbetonbau Konrad Schwartz GmbH

Für die Eisenbetonbaugesellschaft Konrad Schwartz GmbH ist als Firmenadresse die Windscheidstraße 32 in Charlottenburg überliefert. Die Gründung und die Anfänge des Unternehmens sind nicht genau dokumentiert, ein erster Verweis zum Unternehmen und den von ihm angebotenen Leistungen „Eisenbetonbau im Hochbau, Tiefbau und Brückenbau“ stammt aus dem Jahr 1911.[311]

Innerhalb des Untersuchungszeitraumes konnten für Berlin keine weiteren Bauprojekte recherchiert werden, allerdings hat sich ein Hinweis auf ein Bauwerk in Großbeeren, einer kleinen Gemeinde im Umland von Berlin, erhalten. Dabei handelt es sich um einen Gedenkturm mit Gedächtnishalle in Erinnerung an einen Sieg preußischer Truppen während der Befreiungskriege 1813, der im August 1913 eröffnet wurde.[312] Ein weiteres Bauwerk, ein Autobus-Betriebshof mit Wohnanlage, entstand 1925 in Zusammenarbeit mit dem Architekten Jean Krämer und dem Ingenieur Gerhard Mensch. Die Gebäude der Anlage stehen heute unter Denkmalschutz.

Höfchen & Peschke, Berlin-Tempelhof

Das Bauunternehmen Höfchen & Peschke hat seinen Ursprung im traditionellen Maurer- und Zimmererhandwerk. 1893 in Berlin gegründet, findet sich der Name bereits vielfach bei den Aufzählungen der am Bau beteiligten Firmen der frühen Konstruktionen der Beton- und Monierbau AG. Eigene Ausführungen von Eisenbeton sind erst für die Zeit nach 1904 überliefert.

Gottlieb Tesch GmbH

Das Unternehmen Gottlieb Tesch war „ein alteingesessenes Berliner Bauunternehmen, das überwiegend im Ingenieurbau tätig war und sich im Besitz der Boswau & Knauer AG befand“[313] und wurde 1938 von der Julius Berger Tiefbau AG übernommen. Ab wann das Unternehmen tatsächlich Eisenbeton ausgeführt hat, bleibt offen.

---

308 Siehe E. (1907), S. 63.
309 Kersten (1908), S. 110.
310 Gramlich (2002), S. 140.
311 Vgl. O. A. (1911b), S. 6.
312 http://www.museen-teltow-flaeming.de (Stand September 2021).
313 Stier und Krauss (2005), S. 169–210.

Held & Francke

Ähnlich dem zuvor genannten Unternehmen haben auch Held & Franke ihren Ursprung im traditionellen Bauhandwerk. Noch bis 1913 arbeiteten sie bei Eisenbetonbauten meist mit der Beton- und Monierbau AG bzw. ihren Vorgängerfirmen zusammen. Es bleibt fraglich, inwieweit dieses Unternehmen selbst tatsächlich Eisenbeton ausgeführt hat bzw. wie die genaue Arbeitsteilung zwischen den Partnern bei der Projektrealisierung ausgesehen hat.

Cementbau-Actiengesellschaft, Hannover

Nach dem Namen zu urteilen, liegen die Anfänge dieses Unternehmens vermutlich in der Produktion von Zement, oder aber der Realisierung von unbewehrten Betonbauten. Möglich ist auch eine Verbindung zur Portlandzementfabrik in Hannover, die 1878 gegründet wurde. Nachweise über die Ausführung von Eisenbetonbauprojekten in Berlin sind ab 1907 dokumentiert.

Gebrüder Rank

Ursprünglich als Zimmereibetrieb 1862 im Großraum München gegründet, wurde das Unternehmen Gebrüder Rank 1899 von drei Söhnen des Unternehmensgründers in das Bauunternehmen Gebrüder Rank umgewandelt. Es ist an dieser Stelle erwähnt, da sich im Rahmen der Untersuchung ein Verweis auf, durch das Unternehmen ausgeführte Gebäude – die Flugzeughallen in Karlshorst – gefunden hat. Dessen Einfluss auf die Berliner Bauindustrie ist aber eher als gering anzusehen.
Das Unternehmen besteht noch heute und ist vor allem für seine ab 1908 realisierten Eisenbetonbauten, unter anderem nach dem System Hennebique, bekannt. Dabei umfassten die Arbeiten zur damaligen Zeit nicht nur die tatsächliche Ausführung, sondern vielfach auch den architektonischen Entwurf. Die jeweilige Ausbildung bzw. persönliche Begabung der Brüder und ihre enge Zusammenarbeit ermöglichten Angebote wie aus einer Hand.[314]

Zusätzlich zu den in Berlin ansässigen und tätigen Unternehmen gibt es zahlreiche Verweise auf Unternehmen, die im Allgemeinen nicht mit Berlin assoziiert werden. Das heißt, dass deren Hauptsitz und Haupttätigkeitsfeld eher im Süden und Westen des Deutschen Reiches angesiedelt waren. Offenbar gab es dabei aber immer wieder Kooperationen mit Berliner Architekten und Beteiligungen an den örtlichen Ausschreibungen. Dies betrifft zum Beispiel die Firmen Dyckerhoff & Widmann sowie Max Pommer, Leipzig. Für beide Firmen liegen eigene umfangreiche Publikationen zur Firmengeschichte vor.[315]

[314] Für genauere Informationen siehe Brandl (2013) und Basiner et al. (2012) sowie verschiedene Festschriften zu den 50-, 100-, und 125-jährigen Betriebsjubiläen.

[315] Die Firmengeschichte von Dyckerhoff & Widmann hat zuletzt Stegmann (2014) ausführlich aufgearbeitet. Eisenbetonbauten in Berlin sind darin in mehreren Katalogbeiträgen beschrieben. In Adam et al. (2015) ist die Firmengeschichte von Max Pommer, Leipzig aufgearbeitet, der als einer der wenigen langjährigen Hennebique Konzessionäre in Deutschland Eisenbetonbauten ausgeführt hat.

3.5.2 Historische Unternehmensschriften und -werbung

Die Zeit um 1900 war gekennzeichnet von broschierten und reich bebilderten Firmenbroschüren, die neben kurzen Unternehmensgeschichten und Beschreibungen möglicher Konstruktionen vielfach Fotografien von Bauwerken und Baustellen zeigten. Zumeist produziert und vertrieben, um neue Aufträge zu generieren, waren sie hauptsächlich an staatliche Baubeamte und Architektur- und Ingenieurbüros gerichtet. Gerade das Unternehmen von G. A. Wayss hat zahlreiche Firmenschriften, zu Beginn fast regelmäßig alle zwei Jahre, publiziert.

In späterer Zeit, etwa ab 1920, veränderten sich der Gebrauch und die Wahrnehmung der, in solchen Publikationen genutzten Abbildungen. Nun wurden hauptsächlich fertige Bauwerke dargestellt, deren Größe und Konstruktion beeindrucken sollte.

Die Kombination von Fotografie und Eisenbeton hatte auf beide Anwendungen äußerst positive Einflüsse. Neben der dokumentarischen Funktion, wie in Kapitel 3.5.3 beschrieben, ermöglichten Fotografien eine inszenierte Darstellung von Eisenbetonbauten, durch die eine bestimmte Ästhetik vermittelt werden konnte. So veränderte sich zum einen die öffentliche Wahrnehmung von Eisenbetonbauten hin zu einer gestalteten Architektur, während die Fotografie neue Möglichkeiten versprach und dadurch in neuen Anwendungen ausprobiert wurde. Die Geschichte dieser ganz speziellen Wechselbeziehung hat mehrere Dimensionen, die Forty (2012), ausgehend von der grundlegenden Gemeinsamkeit des negativ-positiv Prozesses[316], detailliert erläutert. In Bezug auf die folgende Analyse von Firmenschriften sei zusätzlich auf die Arbeiten von Simonet (1992) und Delhumeau (1999) verwiesen, die gerade die Bedeutung von Fotografien beispielhaft am Unternehmen Hennebique aufgearbeitet haben. Daran anknüpfend, aber in diesem Rahmen deutlich weniger detailliert, werden im Folgenden die für Berliner Unternehmen recherchierten Broschüren erläutert.

Die dokumentierten Informationen wurden meist für einen bestimmten Zweck, beispielsweise als Werbung publiziert und waren somit einer deutlich positiven Präsentation entsprechend gestaltet. Nach einer genauen Lektüre der Quellen ist davon auszugehen, dass Zahlen geschönt wurden, Berichte umfangreicher ausfielen und ein generell günstigeres Bild der jeweiligen Unternehmens gezeichnet wurde.

Monier-Broschüre

Im Gegensatz zum System Hennebique und der dait verbundenen Projektabwicklung über das Zentralbüro bot das Monier-Patent die Offenheit und die Möglichkeit, die Bauweise weiterzuentwickeln. Wayss und Koenen taten genau das. Durch das umfangreiche Versuchsprogramm, das der Monier-Broschüre zugrunde liegt, und dessen wissenschaftliche Auswertung, haben sie die Bauweise theoretisch erfassbar gemacht, und indem sie ihre Erkenntnisse publizierten, boten sie anderen Interessierten die Möglichkeit, an der Diskussion und der Erforschung der Bauweise teilzunehmen, ganz im Sinne einer Streitschrift.

Die Monier-Broschüre diente gleichzeitig auch als Werbeschrift der Firma. Einerseits, um in den Gesprächen mit Behörden auf gesicherte Annahmen verweisen zu können, die dann vielleicht doch zur Auftragsvergabe führten; andererseits aber auch, um effizienter, kostensparender pla-

---

[316] Bei der Fotografie entsteht in der Kamera ein Negativ, dass erst in der Dunkelkammer zu einem Positiv entwickelt wird. Im Vergleich dazu entstehen Eisenbetonbauten ähnlich. Die Schalung gibt das Negativ einer Form vor, das durch Ausfüllen mit Bewehrung und Beton in ein Positiv umgewandelt wird.

nen und bauen zu können: „Um endlich damit aufhören zu können, die Bauausführungen nach Monier's System durch unnöthigen Materialaufwand zu vertheuern, ohne andrerseits ihre Solidität in Frage zu stellen“[317]. Nicht zu vergessen, enthält die Monier-Broschüre auch noch gebaute Beispiele der Firma G. A. Wayss & Co. in der Art eines Portfolios. Am Anfang sind darüber hinaus zwei Gutachten aufgeführt, die vermutlich in einem Rechtsstreit mit Carl Rabitz entstanden sind. Durch zwei positive Gutachten, ausgestellt von unparteiischen gerichtlichen Gutachtern sollte der Bauweise vermutlich ebenfalls mehr Reputation zugesprochen werden.
Nicht zuletzt durch zahlreiche weitere Firmenbroschüren und Zeitschriftenartikel etablierte sich in der Folge der Name Monier-System als gebräuchliches Synonym für Eisenbeton. Dies erschwert im Rückblick eine genaue Differenzierung zwischen den einzelnen Baufirmen und Herstellern, die entsprechende Systeme unter ihrem Namen vertrieben, dabei aber durchaus auf den Grundlagen des Monier-Patents aufbauten.

Lolat-Eisenbeton

Aus dem Jahr 1904 hat sich eine Firmen- und Werbebroschüre des Unternehmens Lolat-Eisenbeton erhalten. Sie gliedert sich inhaltlich in vier Kapitel: Allgemeines über die Anwendung von Eisenbeton (drei Seiten); Konstruktionsgrundsätze und statische Berechnung der Eisenbetonkonstruktionen (60 Seiten); Aus unserer Praxis (76 Seiten); Anhang (29 Seiten). Während der erste Teil nur sehr kurz auf die Geschichte und die allgemeine Verantwortung der Eisenbetonbauer eingeht, werden in Teil 2 die Berechnungsgrundlagen genauer erläutert.
Die Publikation ist im Januar 1904 erschienen, also zeitgleich mit einem Abdruck der Provisorischen Schweizer Normen[318] und etwa drei Monate vor den 1. Behördlichen Bestimmungen in Preußen. Im Vergleich zu Letzteren lesen sich die Provisorischen Schweizer Normen weniger detailliert.
In der Publikation selbst finden sich Verweise auf Experten des Eisenbetons, wie zum Beispiel von Bach, Considére, Ritter oder auch Schüle. Die beiden Letztgenannten waren Schweizer Wissenschaftler, deren Arbeiten die Erstellung der Provisorischen Schweizer Normen sicherlich beeinflusst hatten. Allerdings weist die Einführung keine Zweigstellen in der Schweiz aus, es ist also anzunehmen, dass die Publikation gezielt für den deutschen Markt gedruckt wurde. Somit bietet sich ein Vergleich der Angaben der Firmenbroschüre mit denen der im April desselben Jahres erschienenen 1. Behördlichen Bestimmungen in Preußen an. Es gibt diesbezüglich einige Abweichungen und Unterschiede, die im Folgenden aufgeführt werden.

---

[317] Wayss (1887b), S. 35.
[318] O. A. (1904b).

Firmenschrift Lolat-Eisenbeton[319]	**1. Behördliche Bestimmungen in Preußen**[320]
Keine feste Vorgabe zum Verhältnis der E-Moduln von Eisen und Beton, da „der Elastizitätsmodul des Beton [mit der Beanspruchung] variiert [und von der Mischung abhängig ist]“[321]	Allgemein wird das Verhältnis der E-Moduln wie folgt festgelegt: $$\frac{E_{Eisen}}{E_{Beton}} = 15$$
Die zulässigen Beanspruchungen sind: $\sigma_{\mathrm{Bdruck}} = 30\ \mathrm{kg/cm^2}$, bei Stützen $\sigma_{\mathrm{BDruck}} = \frac{1}{10}\ \sigma_{BBruch}$ „der äußeren Betonhülle“[322] $\sigma_{\mathrm{BSchub}} = 4\ \mathrm{kg/cm^2}$, $\sigma_{\mathrm{Eisen}} = 1000\ \mathrm{kg/cm^2}$	Die zulässigen Beanspruchungen sind: $\sigma_{\mathrm{BDruck}} = \frac{1}{5}\ \sigma_{Bruch}$, bei Stützen $\sigma_{\mathrm{BDruck}} = \frac{1}{10}\ \sigma_{BBruch}$ $\sigma_{\mathrm{BSchub}} = 4{,}5\ \mathrm{kg/cm^2}$ $\sigma_{\mathrm{Eisen}} = 1200\ \mathrm{kg/cm^2}$
Der Faktor m (nach Schüle) berücksichtigt den Verlauf der Druckspannungen im Betonquerschnitt. Bei den allgemeinen Erläuterungen gilt m=1 (rechteckförmiger Spannungsverlauf) mit dem Verweis, in der tatsächlichen Berechnung Erfahrungswerte (etwa m=1,15) einzusetzen.	Die Spannungsverteilung der Betondruckzone wird dreiecksförmig angenommen. Es werden keine Betonzugspannungen angesetzt.
Die Ermittlung der neutralen Achse erfolgt mit einem um den Zugzonenanteil reduzierten Betonquerschnitt.	Die Ermittlung der neutralen Achse erfolgt mit dem kompletten Betonquerschnitt.
Der Nachweis für T-förmige Balken beinhaltet bei Bedarf den Druckanteil im Steg.	Der Nachweis für T-förmige Balken vernachlässigt mögliche Druckanteile im Steg.
Die Betondeckung wird als sogenannter „Konstruktionsverlust“ mit e bezeichnet. Als Erfahrungswert werden 1,5cm angesetzt.	Der Abstand zwischen Eisen und Oberfläche wird mit a bezeichnet. Rechnerisch werden 1,5cm angesetzt.
Bei Pfeilern und Stützen wird die Auswirkung des Schwindens vereinfacht erläutert. Demnach soll der Eisenquerschnitt in Pfeilern bzw. Stützen 1,2-1,5% des Betonquerschnitts und der Abstand der horizontalen Bügelbewehrung maximal 12 cm betragen. Knicknachweis nach Ritter bzw. Schwarz-Rankine.	Abstand der „Querverbände“ (Bügel) maximal $30A_s$ Knicknachweis nach Euler, wenn $h > 18A$

Tabelle 14: Auszugsweise Gegenüberstellung der Berechnungsweise Lolat mit den Angaben der 1. Behördlichen Bestimmungen Preußens.

[319] Lolat-Eisenbeton (1904).
[320] Ministerium der öffentlichen Arbeiten (16.04.1904).
[321] Ebd. S. 9.
[322] Ebd. S. 32.

Gerade im Vergleich mit der Monier-Broschüre weist die Firmenschrift von Lolat eine weitere Abweichung auf. Hier werden keine genauen Bewehrungsdetails gezeigt. Es gibt zwar einige Baustellenfotos und auch wenige konstruktive Zeichnungen, die aber in dem abgebildeten Maßstab keine genauen Details erkennen lassen. Es gibt keine Informationen über die Positionierung oder die Formgebung der Eisen. Einzig am Ende findet sich eine Tabelle zu möglichen Querschnitten von Rundstabeisen, aber das erklärt beispielsweise nicht, ob für die Bügelbewehrung auch tatsächlich Rundeisen eingesetzt wurden. Weiterhin gibt es kaum einen Hinweis auf die von Gustav Lolat patentrechtlich geschützten Abstandhalter, die als zickzackförmige Bandeisen Anwendung gefunden haben. Diese Abstandhalter sind nicht mit den von Hennebique eingesetzten Flacheisenbügeln vergleichbar. Auch wenn weitere Ausführungsdetails, wie die gevouteten Träger, einen Vergleich zum System Hennebqiue nahelegen, ist nicht davon auszugehen, dass es zwischen den Systemen tatsächlich Gemeinsamkeiten gibt. Zwar hat Kierdorf (2009) die Geschäftsstrategie von Gustav Lolat als eine Kopie der von Hennebique genutzten bezeichnet, allerdings erscheint dies im Ergebnis der Recherche fraglich. So konnte auf einen Hinweis von Karima Haoudi, einer belgischen Wissenschaftlerin, die Beteiligung der Lolat-Eisenbetongesellschaft bei einem Kirchenneubau in Belgien nachgewiesen werden. In der Firmenbroschüre von 1904 ist ein Zweiggeschäft in Brüssel angegeben. Viel mehr Informationen zur Organisation oder den beteiligten Personen finden sich allerdings nicht. Nach aktuellem Kenntnisstand und entgegen der Analyse von Kierdorf ist eher davon auszugehen, dass das Brüsseler Büro eigenständig war und eigene Ingenieure und vermutlich auch Zeichner beschäftigte.[323]

Max Hamann Baugeschäft

Von diesem Unternehmen haben sich zwei Firmenschriften erhalten. Der Anlass der Publikationen waren die Firmenjubiläen nach 25 und nach 50 Jahren. Beide Publikationen sind reich bebilderte Werbeschriften, die die Bandbreite der ausgeführten Bauprojekte darstellen. Darüber hinaus finden sich nur wenige Informationen zum Unternehmen, der Organisation oder den beteiligten Personen. Dennoch bieten diese Publikationen einen guten Überblick über das Tätigkeitsfeld und geben vereinzelt Einblick in Bauprozesse und Baustellenabläufe.

Im Vergleich zur Firmenschrift der Firma Lolat-Eisenbeton zeigen die Bilder hier keine Bauarbeiter oder andere Personen. Zahlreiche Abbildungen zeigen die Bauwerke während des Bauprozesses, allerdings wirken die Baustellen aufgeräumt, fast steril. Es erscheint, als seien hier für den Fotografen die Bauarbeiten extra unterbrochen wurden.

Cementbau-Actiengesellschaft, Hannover

Von der Cementbau-Actiengesellschaft sind einzelne Werbeblätter dokumentiert, deren ursprüngliche Verwendung unklar ist. Auf fünf davon sind Berliner Bauprojekte zu sehen, an deren Realisierung das Unternehmen offenbar beteiligt war. Die Bandbreite der dargestellten Leistungen umfasst die Ausführung einzelner Eisenbetondecken im Auftrag eines Generalunternehmers bis hin zur eigenständigen Gesamtausführung ganzer Gebäude. Eine Abbildung zeigt

[323] In einem bauzeitlichen Artikel einer örtlichen Tageszeitung sind die Namen Aronstein und Luder erwähnt. Die Namen finden sich nicht in den für Berlin ausgewerteten Archivalien. Der Artikel ist Bestandteil des Kirchenarchivs, eine genaue Quellenangabe zum Artikel ist nicht überliefert.

die Baustelle für den Kornversuchsspeicher, bei dem das Eisenbetonskelett bereits ausgeführt wurde. Alle anderen Abbildungen zeigen die Gebäude in einem fast fertigen Zustand.

Höfchen & Peschke

Von der Firma Höfchen & Peschke hat sich ein Werbeblatt von 1934 erhalten. Darin erscheint die Firma als ein Eisenbetonbauunternehmen, das auch Hohlsteindecken ausführt. Beispielhaft sind vier Abbildungen aufgeführt, die offenbar die Bandbreite der Ausführungen nachweisen sollen. Demnach gab es Bauprojekte für einzelne Schwimmbecken bis hin zu Brücken- und Hallenbauten im Verkehrs- und Industriebau. Inwieweit diese Ausführungen bereits innerhalb des Untersuchungszeitraums von dem Unternehmen angeboten wurden, bleibt fraglich.

3.5.3 Technischer Wandel auf den Baustellen

Die Einführung des Eisenbetonbaus in Berlin fiel in eine Zeit, in der das Bauwesen generell immer stärker durch die Industrialisierung geprägt wurde. War es die Einrichtung großer Sägewerke, die mit maschinellen Sägen im Holzbau zu einer immensen Produktionssteigerung führten, oder die Einführung des Hoffmann'schen Ringofens oder auch der Strangpresse zur standardisierten Herstellung von Ziegeln im Mauerwerksbau – es wurden immer mehr Maschinen bei der Produktion und Verarbeitung von Baumaterialien eingesetzt.
Auch der Eisenbetonbau profitierte von diesem technischen Wandel. Einerseits konnte durch die Einführung von Drehrohröfen um 1900 Zement in ausreichender Menge und vor allem in gleichbleibender Qualität im ganzen Deutschen Reich sehr viel günstiger produziert werden[324], andererseits war es zusätzlich möglich, Rundeisenstäbe für die Bewehrung zu produzieren, die deutlich größere Querschnitte aufwiesen als die zuvor genutzten Eisendrähte und ähnlich Zement, eine gleichbleibende, einheitlich hohe Qualität aufwiesen.
Über die Herstellung und Verarbeitung von Rohstoffen hinaus hatte der technische Wandel weitere Auswirkungen. So ermöglichte beispielsweise der motorbetriebene Transport eine schnellere Versorgung mit Baumaterialien auch über größere Entfernungen hinweg. Weiterhin veränderte sich die Arbeit auf der Baustelle. Wurde der Beton zu Beginn noch mit der Hand gemischt, so beschleunigte die Einführung maschineller Mischer die Arbeit und half gleichzeitig, eine gleichbleibende Qualität zu gewährleisten. Ebenso vereinfachte der Einsatz von Hebemaschinen oder motorisierten Kränen das Bauen in größeren Höhen.[325]
Vereinzelt sind Informationen über die beim Bauen eingesetzten Maschinen in den Bauakten der Fallstudien dokumentiert, allerdings lässt sich damit kein einheitliches Bild der technischen Ausrüstung auf den Baustellen wiedergeben.
Die maschinelle Ausrüstung der einzelnen Unternehmen war sehr unterschiedlich. Beispielsweise ist für die G. A. Wayss & Co. ein separates Grundstück in Berlin Lichtenberg überliefert, das offenbar zur Aufbewahrung von Materialien und Baumaschinen genutzt wurde.[326] Allerdings finden sich in den dokumentierten Unterlagen keine detaillierten Angaben zu Art und Zahl der maschinellen Ausstattung.
Einen Eindruck der Arbeitsbedingungen auf den Baustellen können mitunter Fotografien geben, die im Auftrag einzelner Firmen entstanden sind. Zum Teil wurden diese projektbegleitend

[324] Hirth (1911).
[325] Einen Überblick zum Geräteeinsatz beim Bauen mit Eisenbeton bietet Ramm (2007), S. 85–90.
[326] Actien-Gesellschaft für Monier-Bauten (1889–1975).

erstellt, sodass auch ein Rückschluss auf die einzelnen Arbeitsprozesse möglich ist. Im Folgenden sind beispielhaft Abbildung 20 und Abbildung 21 aus einer Firmenbroschüre der Firma Lolat-Eisenbeton aus dem Jahr 1904 dargestellt.[327] Diese Abbildungen ermöglichen zwar nur einen begrenzten Eindruck der damaligen Verhältnisse, aber es erscheint offensichtlich, dass bis 1904 die technische Ausstattung der Baustellen wenig maschinell ausgerüstet war. Vielfach sind nur einfache Handwerkszeuge erkennbar, die anscheinend von einer größeren Zahl an Arbeitern in Handarbeit genutzt wurden. Bei der Baustelle in Abbildung 20 kamen die Schalbretter offenbar geschnitten auf die Baustelle und der Transport innerhalb der Baustelle erfolgte durch die Arbeiter und nicht durch maschinelle Hebemaschinen. In Abbildung 21 ist erkennbar, dass die Bewehrung vor Ort in Form gebracht wurde und die Betonmischung ebenfalls direkt neben der Stelle der geplanten Verwendung per Hand gemischt wurde. Zudem ist erkennbar, dass die Verdichtung des eingebrachten Betons ebenfalls in Handarbeit erfolgte.

Abbildung 20: Baustelle der Firma Lolat in Bullay an der Mosel, Lolat-Eisenbeton (1904), S. 87.

[327] Zur Entwicklung der Firma siehe Kapitel 3.5.1.

Abbildung 21: Bauarbeiter der Firma Lolat in Breslau bei der Positionierung der Deckenbewehrung (Lolat-Eisenbeton (1904), S. 80).

Im Vergleich dazu zeigt eine Fotografie der Firma Max Hamann Bauunternehmung (Abbildung 22), die um 1911 entstanden ist, eine Baustelleneinrichtung, die mechanische Hebemaschinen aufweist. Inwieweit diese motorbetrieben waren, bleibt offen. Durch die unmittelbare Anbindung an den Landwehrkanal ist zu vermuten, dass sämtliche Baumaterialien mit dem Schiff transportiert wurden.

Abbildung 22: Positionierung der Bewehrung, Baustelle Zossener Brücke in Berlin (Max Hamann Baugeschäft (1929), S. 64).

3.6 Zum Einfluss der Firma Hennebique

Mit den frühen Eisenbetonsystemen in Westeuropa sind heute grundlegend zwei Namen verbunden: Monier und Hennebique.[328] Der Berliner Eisenbeton entwickelte sich unmittelbar durch den Einfluss des Monier-Patents. Etwa zehn Jahre nach Ausführung der ersten Monierkonstruktionen durch G. A. Wayss wurde in Berlin auch nach dem Hennebique Patent gebaut. In seinem Aufsatz „Why Hennebique failed in Germany“ thematisiert Kierdorf einige der Probleme, mit denen die Firma Hennebique auf dem deutschen Markt zu kämpfen hatte.[329] Diese Einschränkungen galten sicherlich auch für Berlin.

Die Durchsicht der Firmenzeitschrift „Le béton armé“ aus dem Jahr 1900 zeigt unter den Einträgen der Konzessionäre das Berliner Unternehmen Kallmann & Schäfer. Dieses war in der Zeit von 1899 bis 1901 Konzessionär der Firma Hennebique und führte, in Zusammenarbeit mit dem technischen Büro von Hennebique in Frankfurt am Main, insgesamt acht Bauprojekte in Berlin aus. Darunter waren Fabrik-, Geschäfts- und Verwaltungsgebäude. Im Jahr 1901 hat laut Max Pommer, einem Bauunternehmer aus Leipzig, Hennebique die „Gebrauchsmuster [für das Deutsche Reich] löschen lassen, so daß ich keinen Schutz mehr besitze u. infolge dessen andere das gleiche System ohne Lizenzgebühren ausführen.“[330] Vermutlich war das auch für Kallmann & Schäfer der Grund, die Konzession abzugeben. Ein weiteres, anderen Hennebique-Konstruktionen vergleichbares Tragwerk wurde in Berlin erst wieder 1915 in Form eines Getreidespeichers durch die Leipziger Firma Max Pommer realisiert.[331] Die genauen Gründe für die vergleichsweise schwierige Lage Hennebiques lassen sich aufgrund fehlender Quellen kaum rekonstruieren. Vielleicht war es tatsächlich der deutschen Arbeitsweise geschuldet, wie Simmonnet vermutet:

> „Hennebiques strength lied in the double practise of centralization (management of the works) and decentralization (market research), with a system of agents and concessionaries which was perfectly organized on a juridical basis. The German power was based on a play of redemption and alliances: in a way it was more ‚capitalistic‘ and intercepted the market by means of a stratagem of industrial concentration.“[332]

Auch andernorts begegnete man der Hennebique-Bauweise ebenfalls nur für eine kurze Zeit aufgeschlossener. Gerade im süd- und westdeutschen Raum wurden zwischen 1896 und 1903 insgesamt 640 Bauprojekte ausgeführt, gemäß der regionalen Zuordnung der heutigen deutschen Landesgrenzen. Es fällt auf, dass die Anwendung des Patents nach 1903 deutlich zurückging. Einerseits ist dies vermutlich im Erlöschen der Gebrauchsmuster begründet, aber auch in der beginnenden Vereinheitlichung durch die behördlichen Vorschriften. Wurden in der Zeit davor im Durchschnitt rund 90 Bauprojekte deutschlandweit im Jahr realisiert, waren es in der Zeit bis einschließlich 1904 nur noch 25 und bis einschließlich 1907 nur noch weitere neun Bauprojekte.

---

[328] In Hellebois (2013b) ist die Entwicklung der Bauweise Hennebique genauer aufgearbeitet. Bei Van de Voorde (2009) bzw. Van de Voorde (2010) wird unter anderem die Bedeutung der Firmenzeitschrift „Le béton armé“ für die Verbreitung der Bauweise aufgearbeitet.

[329] Kierdorf (2009). Ein zeitgenössischer Blick auf die Unterrepräsentation von Hennebique findet sich in Linse (1903).

[330] Adam et al. (2015), S. 83.

[331] Zur Geschichte der Firma Max Pommer siehe Adam et al. (2015). Weiterhin verweist Kierdorf auf die Firma „Czarnikow & Cie“ (Kierdorf (2009), S. 900) als Konzessionär von Hennebique, allerdings fanden sich im Rahmen der Recherchen keine Hinweise auf eine Verbindung. Dies gilt unter der Annahme, dass es sich um die Vorgängerfirma der M. Czarnikow & Co. in Berlin gehandelt hat.

[332] Simonet (1992), S. 10–11.

Spätere Ausführungen in Deutschland sind dann erst wieder zwischen 1923 und 1926 dokumentiert.[333]

Der Bauingenieur Max Förster berichtet 1908 über Hennebique:

> „Es kann nicht geleugnet werden, dass erst durch die mustergültigen Bauausführungen Hennebiques die Vorzüge der Monolithät der Eisenbetonbauten der Allgemeinheit vor Augen geführt wurden und zugleich die Vielseitigkeit seiner ebenso sinnreichen wie der heute allgemeinen Ausführungen auf allen Sondergebieten des Hoch- und Ingenieurbaus der heute allgemeinen Anwendungen des Verbundes - auch in anderen Ländern - die Wege geebnet hat; so beginnt denn mit Hennebiques Tätigkeit, welche durch seine geniale Mitarbeit an der 1900er Pariser Weltausstellung vor ein internationales Forum trat, eine neue Zeit für den Eisenbetonbau."[334]

Und auch in neuerer Zeit wird die Rolle Hennebiques bei der Entwicklung des Stahlbetonbaus nicht weniger wertgeschätzt: „Mit der Erfindung des Plattenbalkens und der bewehrten Stütze durch François Hennebique im Jahre 1892 und der Zusammenfassung von Stütze, Balken/Plattenbalken und Platte zum monolithischen Stahlbetonskelett ging der Stahlbetonbau aufs Ganze."[335]

In seiner Untersuchung zu den Anfängen von Eisenbeton in Frankreich bzw. dem wirtschaftlichen Erfolg der französischen Eisenbetonbauer argumentiert Simonet (1992), dass die unterschiedlich erfolgreichen Vermarktungsstrategien der Firmen Hennebique und Wayss & Freytag[336] in der jeweiligen ursprünglich angewendeten Bauweise (siehe Kapitel 3.5.1) begründet sind. Darüber hinaus sieht er aber auch einen Grund für einen mehr oder weniger ausgeprägten wirtschaftlichen Erfolg in den sozialen und kulturellen Eigenarten der Nationen, wobei gerade das Deutsche Reich zu der Zeit eine sehr dynamische Industrie aufwies. Weiterhin argumentiert er, dass bei deutschen Firmen die Berechnung und auch das Materialverhalten eine höhere Bedeutung einnahmen und dadurch zuverlässigere Tragwerke errichtet wurden, die langfristig von der Einsatzfähigkeit der Bauweise überzeugten.[337] Zusätzlich dazu unterschieden sich die lokalen Bauvorschriften durchaus voneinander, und die Ergebnisse aus Versuchen, die in Straßburg gemacht wurden, fanden nicht zwangsläufig auch in Leipzig oder Berlin Anerkennung.[338]

Insgesamt waren die Einflüsse durch Hennebique auf die Entwicklung des Eisenbetonbaus in Berlin eher indirekt. Die hier ausgeführten Bauten blieben in Anzahl und Wirkung hinter denen nach dem Monier-System realisierten zurück. Vielmehr ist davon auszugehen, dass sich auf Grundlage der von Wayss optimierten Monierkonstruktionen nach Ablauf des Patentschutzes

---

[333] Die Auswertung basiert auf den Einträgen in der digitalen Datenbank, die vom Cité de l'architecture et du patrimoine unter https://archiwebture.citedelarchitecture.fr/fonds/FRAPN02_BAH (Stand Juli 2021) zur Verfügung gestellt wird. Dabei handelt es sich um das Archiv der Firma Hennebique für die Zeit von 1870 bis 1965. Der rund 50.000 Akten umfassende Bestand, etwa ein Drittel des gesamten Aktenbestandes der Firma, beinhaltet neben Entwurfszeichnungen, Kalkulationen und auch Ausführungszeichnungen zusätzlich noch das Fotoarchiv der Firma.

[334] Förster (1908b), S. 29.

[335] Kurrer (2003), S. 799.

[336] Nach seinem Weggang von Berlin gründete G. A. Wayss zusammen mit Conrad Freytag um 1895 das Unternehmen Wayss & Freytag mit Sitz in Neustadt an der Haardt. In Folge entwickelte sich die Wayss & Freytag AG zu einem der größten Bauunternehmen Deutschlands, das bis heute existiert. Weitere Informationen zur Geschichte der Wayss & Freytag AG siehe Leonhardt (1975) sowie diverse Firmenschriften zu den Firmenjubiläen.

[337] Simmonnet (1992).

[338] Adam et al. (2015), S. 75.

und mit Einführung der preußischen Bestimmungen eine einheitliche Konstruktionsweise herausgebildet hat, die verschiedene Einflüsse vereinte.

3.7 Zwischenfazit – Bauen mit Eisenbeton in Berlin

Zusammenfassend betrachtet war das ausgehende 19. Jahrhundert in Berlin geprägt von gesamtgesellschaftlichen Wandlungsprozessen und einem großen wirtschaftlichen Wachstum. Durch die einsetzende Urbanisierung dehnte sich die Stadt aus, neue Wohngebäude und Industrieanlagen wurden errichtet, und auch die Infrastruktur wurde ausgebaut. Dies betraf nicht nur die Hauptstadt Berlin, sondern auch die in der näheren Umgebung vorhandenen kleineren Städte und Gemeinden. So überrascht es nicht, dass das Bauwesen bezüglich der Beschäftigungszahlen lange zu den führenden Industriezweigen gehörte. Als ideale Voraussetzung für die Einführung von Eisenbeton erwies sich das natürliche Vorkommen von Kalk in Rüdersdorf, sodass in unmittelbarer Nähe von Berlin Zement produziert werden konnte. Somit mussten nur die Bewehrung und das Zuschlagsmaterial über längere Strecken transportiert werden.

Ein signifikanter Wandel im Bauwesen lässt sich statistisch indirekt etwa um 1910 mit einem deutlichen Anstieg der nach Berlin transportierten Mengen an Zement nachweisen. Wurden bis dahin deutlich größere Mengen an Ziegelsteinen in die Stadt transportiert, veränderte sich das Verhältnis zu Gunsten von Zement bzw. der Klasse, in der Zement erfasst wurde, zusammen mit Tuff und Kalk.

Das Bauwesen, dessen Strukturen sich in dieser Zeit neben handwerklichen Kleinbetrieben zu durch Kapitalaktionäre finanzierten Großbetrieben weiterentwickelten, war ebenfalls von den Auswirkungen des Wandels betroffen. Der traditionelle Baumeister erhielt Konkurrenz durch wissenschaftlich ausgebildete Ingenieure und Architekten. Die anstehenden Bauaufgaben wurden größer und komplexer. Interessanterweise etablierte sich in den jährlichen Statistiken eine eigene Berufsbezeichnung für Eisenbeton erst nach 1918. Das Potenzial der Fachkräfte auf den Baustellen war vorhanden, allerdings benötigte deren Institutionalisierung noch einige Zeit.

Ein ähnliches Bild zeichnete sich auch im Einfluss der Bauverwaltung ab. Der Hauptstadtstatus von Berlin bedingte ein dichtes Netz an Verantwortlichkeiten sowohl in der kommunalen als auch in der staatlichen Bau- und Baupolizeiverwaltung. Insgesamt kennzeichnete ein hohes technisches Wissen und Verständnis die dort tätigen Beamten. Vor allem das praktische Arbeiten, teilweise im eigenen Büro, war, neben Aufgaben innerhalb der Bauverwaltung, ein Merkmal der preußischen Beamten. Dennoch dauerte es seine Zeit, bis Eisenbeton als Baumaterial anerkannt war und beispielsweise auch tragende Wandkonstruktionen aus Eisenbeton zugelassen wurden.

Als Lehrinhalt an den Hochschulen wurde das Bauen mit Eisenbeton erst nach 1910 fest in der Ausbildung der Ingenieure verankert. Erste Vorträge gab es zwar bereits um die Jahrhundertwende, allerdings beinhalteten diese keine umfassenden Lehrinhalte, sondern waren vermutlich eher mit Bildern illustrierte Erfahrungsberichte.

Um 1904 entstanden erste Handbücher, die sich mehrheitlich an praktisch tätige Ingenieure richteten. Diese beinhalteten neben ausführlichen Berechnungsbeispielen auch Hinweise zur Ausführung auf der Baustelle. Bis heute ist die Ausführung von Eisenbeton mit einem hohen Grad an Handarbeit verbunden und die Konstruktionen im Ergebnis meist eine Einzelanfertigung.

Startpunkt für das Bauen mit Eisenbeton in Berlin war die Firmengründung von Wayss 1886 und seine Anwendung des ursprünglich französischen Monier-Patents. Die Konstruktion und

Dimensionierung von frühen Eisenbetonelementen in Berlin wurde weitestgehend in der Firma von Wayss entwickelt. Ihre Zusammenarbeit, die eines eher unternehmerisch orientierten Ingenieurs und eines versierten Statikers war wegweisend für die Geschichte des Eisenbetons, ebenso wie die publizistische Tätigkeit von Wayss.

Fast monopolhaft beherrschte diese bzw. die spätere AG Beton- und Monierbau den Markt bis nach 1900. Zwar gab es parallel Unternehmen, die ebenfalls mit Beton arbeiteten, aber keine nennenswerten bewehrten Ausführungen im Hochbau verantworteten. Langfristig zeigte sich die Spezialisierung als Wettbewerbsvorteil, weil dadurch notwendiges Wissen selbst erarbeitet werden konnte und man damit anderen Unternehmen, die erst später ihr Portfolio erweiterten, deutlich voraus war. Deutliche Konkurrenz in Form von kleineren und größeren Bauunternehmen, die ebenfalls Ausführungen in Eisenbeton anboten, etablierte sich erst nach 1904. Für die Ausführung der frühen Eisenbetonkonstruktionen (zum Beispiel einzelne Deckenelemente) wurden die Eisenbeton Bauunternehmen meist nicht direkt beauftragt, sondern vielfach als Subunternehmer traditioneller Maurerfirmen (siehe Schultheiss- oder Bötzow-Brauerei). Vor allem galt dies bei Bauprojekten, wo die Gebäudehülle traditionell aus Mauerwerk errichtet wurde. Es gehört somit zur wechselvollen Geschichte der Einführung des Eisenbetons, dass sich die Wahrnehmung und Bedeutung darauf spezialisierter Unternehmen ebenfalls erst entwickeln musste.

Bei der Weiterentwicklung des Wayss'schen Monier-Systems kam der maßgebliche Einfluss wieder aus dem Ausland. Erst die Weiterführung hin zu monolithisch anmutenden Konstruktionen durch Hennebique verschaffte dem Eisenbeton in Berlin das notwendige Ansehen und Repertoire, wobei ein direkter Einfluss von Hennebique auf das Berliner Baugeschehen nicht nachgewiesen werden kann. Ein vor Ort ansässiger Konzessionär hatte die Nutzungsrechte schon wieder aufgegeben, bevor es zu einem ersten Höhepunkt in der Anwendung von Eisenbeton kam. Das Deutsche Reich und vor allem Berlin als aufstrebende Hauptstadtmetropole boten eine Vielzahl an Möglichkeiten, den neuen Baustoff einzusetzen. Hennebique war dabei nur eine Möglichkeit unter vielen.

Während Wayss für den Ursprung des Eisenbetons in Berlin steht, sind es meist Unternehmen, die sich zu einem späteren Zeitpunkt gegründet oder aber ihr Portfolio erst später erweitert haben, die eine Vielzahl an imposanten Bauten in Berlin realisiert haben. Diese Nachfolger profitierten indirekt von der Arbeit von Wayss und auch von Koenen, die gerade in den ersten 15 Jahren auf eigene Kosten diese Bauweise im Berliner Raum weiterentwickelten.

Allein die durch die Firmen von G. A. Wayss publizierten Firmenschriften haben eine Bandbreite an Informationen hinterlassen, die im Vergleich mit anderen lokalen Unternehmen ein deutliches Alleinstellungsmerkmal sind. Während Wayss diese Publikationen eher auch immer zur Akquise nutze, hat Koenen, der ebenfalls eine Reihe an Artikeln und Büchern publizierte, diese eher als Fachliteratur für Ingenieure konzipiert.

Da die Informationen zu den anderen Unternehmen deutlich weniger umfangreich sind, fällt es somit auch schwerer, eine entsprechende Einordnung zu geben, zumal die meisten Unternehmen bereits wenige Jahrzehnte nach ihrer Gründung nicht mehr aktiv waren. Die Zeit zwischen 1904 und den 1920er Jahren kann als eine deutliche Entwicklungsphase angesehen werden. Das theoretische und praktische Verständnis der Bauweise wurde stetig erweitert, dadurch konnten neue Konstruktionsarten (Rahmen, Rippenkuppeln, etc.) realisiert sowie deren Bemessung und statischen Nachweise effizienter ausgearbeitet werden. Die Veröffentlichung der 1. Behördlichen Bestimmungen hat sich aus heutiger Sicht als eine Art Initialzündung ausgewirkt. Unternehmen,

die schon lange Erfahrung mit Zement hatten, erweiterten ihr Portfolio um Eisenbeton, und es kam zu Neugründungen von Unternehmen.
Der Veröffentlichung der 1. Behördlichen Vorschriften kam zugute, dass es zwischen 1905 und 1908 einen allgemeinen konjunkturellen Aufschwung des Bauwesens in Berlin gab. Allerdings waren diese positiven Zeiten nur von kurzer Dauer. Spätestens mit dem Beginn des Ersten Weltkrieges ging das allgemeine Bauwesen stark zurück. Eisenbeton bewährte sich zwar als widerstandfähiges Baumaterial, was durch zahlreiche Rüstungs- und Militärbauten belegt ist, aber bedingt durch die Beschränkung der Ressourcen wurden nun alle Bauprojekte zuerst durch die sogenannte Bauten-Prüfstelle des Kriegsministeriums auf ihre Notwendigkeit hin geprüft, bevor eine Baugenehmigung erlassen wurde. Darüber hinaus kam es im späteren Verlauf des Krieges zu weiteren Beschränkungen, etwa der Beschlagnahme von Stab- und Moniereisen, die das Bauen insgesamt beeinträchtigten. Mit dem Ende des Ersten Weltkrieges endet auch im Rahmen der vorliegenden Untersuchung der frühe Eisenbetonbau. Die Ressourcenknappheit der Nachkriegszeit verlängerte den Zeitraum geringer Bautätigkeit.

4 Frühe Eisenbetonkonstruktionen in Berlin

Nachdem nun einige Randbedingungen zum Bauen mit Eisenbeton in Berlin erläutert sind, stehen in diesem Kapitel die gebauten Tragwerke im Mittelpunkt. Dabei wird zwischen sechs Tragwerkskategorien unterschieden, deren Entwicklung dann im Einzelnen anhand der Analyse von Fall- und Vergleichsstudien in Anhang A untersucht wird. Diese Studien wurden aus den in der Objektliste erfassten Hoch- und Ingenieurbauwerken ausgewählt (siehe Anhang C1). Die Auswahl orientierte sich dabei an unterschiedlichen Tragwerkskategorien[339] und umfasst Bauwerke mit einem wegweisenden bzw. repräsentativen Charakter. Insgesamt steht die Aussagefähigkeit derselben hinsichtlich der Identifikation von Entwicklungen bzw. Veränderungen im Bauen mit Eisenbeton in Berlin im Fokus. Ein weiteres Kriterium der Auswahl war eine gute Quellenlage. Maßgebend war dabei einerseits die Menge an Informationen in Publikationen, Archivalien und anderen schriftlichen Quellen sowie andererseits, ob das Objekt selbst noch vorhanden ist[340]. Die Analyse und Bewertung der Archivalien konzentriert sich schwerpunktmäßig auf die statischen Berechnungen, die im Rahmen des Bauantrages eingereicht wurden. Zusammenfassend dargestellt erfolgte die Auswahl der Fallstudien unter Maßgabe der folgenden Kriterien:

- Wegweisender bzw. repräsentativer Charakter der Tragwerke
- Anwendung spezifischer Berechnungsmethoden beim Entwurf
- Aussagefähigkeit hinsichtlich der Identifikation von spezifischen Entwicklungen
- Beispiel eines noch erhaltenen Tragwerkstyps
- Gute Quellenlage

Als erste Tragwerkskategorie wurden Behälterkonstruktionen untersucht. Runde, freistehende Behälter bilden eine der Urformen der Anwendung von Eisenbeton im Monier'schen Sinn. So schreibt Mörsch:

> „Das Moniersystem mit seinem engmaschigen Drahtgeflecht war sehr geeignet zur Herstellung von Flüssigkeitsbehältern aller Art. Nachdem eine brauchbare Rechnungsmethode für die Platten gefunden war, ließen sich die Wandstärken und Eiseneinlagen mit Sicherheit feststellen. Wir finden daher schon frühe (sic) eine ausgedehnte Anwendung des Eisenbetons in der Herstellung der verschiedensten Flüssigkeitsbehälter für industrielle Zwecke. Infolge der günstigen Erfahrungen, die mit diesen Anlagen gemacht wurden, findet der armierte Beton auch heute noch auf dem genannten Gebiet eine zunehmende Verbreitung."[341].

Wayss und Koenen definierten bereits in der Monier-Broschüre einen ersten Bemessungsansatz für „freistehende cylindrische Wasserbehälter"[342]. Es bleibt fraglich, wie weit dieser in die Praxis übertragen wurde – im Rahmen der Recherchen ist es nicht gelungen, eine solche Berechnung für Berlin konkret zu belegen. Die Ausführung von rechteckigen Behältern erfolgte erst, nachdem eine verlässliche Biegebemessungstheorie entwickelt worden war (siehe Kapitel 2.4.2). Deckenkonstruktionen zählen ebenfalls zu den ersten Anwendungsbereichen für Eisenbeton. Rückblickend waren sie vermutlich sogar ausschlaggebend für die weitere Entwicklung. Im

---

339 Unterschieden werden Behälterkonstruktionen, Decken, Stockwerks- und Hallenrahmen, gewölbte Dachtragwerke und Brücken.

340 Zur Methodik der konstruktiven Bestandsaufnahme siehe Kapitel 1.4.

341 Wayss & Freytag AG (1906a), S. 214.

342 Wayss (1887b), S. 33–34.

Zuge der Industrialisierung wurden feuerfeste Deckenkonstruktionen, die im Gegensatz zu Holzbalken- oder Eisenträgerdecken im Falle eines Feuers ihre Tragfähigkeit beibehielten, immer wichtiger. Eisenbetondecken waren im Grunde eine Weiterentwicklung der ersten Massivdecken, die noch als Kombination aus Füllsteinen und Eisenträgern realisiert wurden. Heute ist eine Vielzahl an Ausführungen und Deckensystemen dokumentiert, wodurch sich einzelne Entwicklungsschritte gut nachvollziehen lassen.[343]

Zwei weitere Tragwerkskategorien, die untersucht wurden, sind Stockwerks- und Hallenrahmen. Die Unterscheidung der zwei Rahmenkonstruktionen erscheint sinnvoll, da diese sich zeitlich unterschiedlich entwickelten. Stockwerksrahmen können als eine direkte Weiterentwicklung aus den im Holz- und Eisenbau übernommenen Konstruktionen mit balkenförmigen Unterzügen und deren Verbindung mit Stützen interpretiert werden. Auf Grund der Bauweise wurde die Bewehrung von Stützen in die Decken- bzw. Balkenebene geführt, sodass die Bewehrung ineinandergreift. Frühe Konstruktionen können in Knotenpunkten Redundanzen aufweisen, deren statische Modellierung erst zeitversetzt entwickelt wurde.

In Weiterentwicklung der Stockwerksrahmen überspannen Hallenrahmen einen in Grundriss und Höhe deutlich größeren Raum und bilden vielfach gleichzeitig die Dachkonstruktion. Der Eisen- und Stahlbau des 19. Jahrhunderts ist durch zahlreiche Hallenrahmen gekennzeichnet. Mit rund 110m Spannweite weist die Galerie des Machines in Paris, die anlässlich der Weltausstellung 1889 gebaut wurde, einen der größten auf. Nach Einführung des Eisenbetonbaus lag es nahe, dem Eisenbau auch im Bereich der Hallentragwerke Konkurrenz zu machen. Die auf Grund der größeren Spannweite entstandenen Einflussgrößen erforderten ein im Sinne einer effizienten Geometrie und Bewehrungsführung abgestimmtes Tragwerk, dessen Entwicklung einige Zeit benötigte. Auch hier galt es, Eckverbindungen konstruktiv besser auszuarbeiten und die Weiterleitung von Schubkräften durch die Bewehrungsführung zu gewährleisten.

Dies galt auch für die gewölbten Dachtragwerke. Durch den Baustoff Eisenbeton wurde es möglich, Konstruktionen zu realisieren, die eine Form ähnlich den lange tradierten Mauerwerkskuppeln aufwiesen. Im Gegensatz zu den massiven, vollwandigen Mauerwerkskuppeln konnten die Eisenbetontragwerke nun entweder in einzelne Rippen aufgelöst oder als dünnwandige Schale ausgeführt werden. Für die dabei entstehenden dreidimensionalen Tragwerke war die Entwicklung einer Bemessungstheorie noch anspruchsvoller.

Als sechste Tragwerkskategorie werden Brücken betrachtet. Durch den Ausbau der innerstädtischen Infrastruktur im 19. Jahrhundert und vorhandene Übergänge über die Spree wies Berlin um 1890 bereits eine große Zahl an verschiedenen Massiv- und Eisenbrücken auf. Im Rahmen der Verdichtung und des Ausbaus der innerstädtischen Verkehrsnetze für Fußgänger, Automobile und auch Eisenbahnen wurden weitere Brückenbauwerke notwendig. Durch den engen Stadtraum waren die ausgeführten Spannweiten vergleichsweise gering, dennoch ermöglichte die Verwendung des neuen Baustoffs neue Tragwerke, die über die Zeit weiterentwickelt wurden.

4.1 Auftraggeber und Anwendungsbereiche von Eisenbetonkonstruktionen

Im Rahmen dieser Arbeit wurden 369 Objekte[344] recherchiert und in die Objektliste (siehe Anhang C1) aufgenommen. Auf eine detaillierte statistische Auswertung wird im Folgenden ver-

---

[343] Siehe auch Fischer (2008).

[344] Bei den Objekten handelt es sich nicht nur um komplexe Bauwerke, sondern, vor allem in der Zeit bis 1904, vielfach um einzelne Elemente.

zichtet, da die Objektdatensammlung zu einem sehr großen Teil nur Objekte beinhaltet, über die in zeitgenössischen Fachzeitschriften berichtet wurde (siehe Kapitel 1.4). Eine statistische Auswertung wäre demnach wenig repräsentativ und unter bestimmten Gesichtspunkten einseitig, so lag beispielsweise in der Zeit nach 1910 der Fokus von relevanten Publikationen auf großen repräsentativen Gebäuden, und kleinere Ausführungen in Eisenbeton fanden dann kaum noch Erwähnung.

Dennoch ermöglicht die Zusammenstellung einen guten Überblick über die bauliche Entwicklung der Stadt Berlin um 1900. Für zahlreiche Einträge in der Objektdatensammlung konnte der Bauherr zwar nicht eindeutig recherchiert werden, aber in Auswertung der vorhandenen Informationen ist davon auszugehen, dass die Beauftragungen, Tragwerke in Eisenbeton zu realisieren, durch private Bauherren und Unternehmer deutlich zahlreicher waren als die der öffentlichen Auftraggeber. Die baulichen Aktivitäten der Stadt Berlin und der umgebenden Gemeinden waren im Untersuchungszeitraum zwar sehr vielfältig[345], aber ein möglicherweise gesteuerter Einfluss der Baubehörden auf die Entwicklung der Bauweise durch eine übermäßige Ausschreibung und Realisierung öffentlicher Bauten kann nicht nachgewiesen werden. Anscheinend wurde Eisenbeton für Deckenkonstruktionen in Verwaltungsgebäuden, Schulbauten, Krankenhäusern und Badeanstalten verwendet. Durch den immer noch neuen Hauptstadtstatus war das öffentliche Bauprogramm in der Stadt und den umliegenden Gemeinden von zahlreichen Neubauten und Erweiterungen gekennzeichnet. Die einzelnen Gemeinden waren dabei meist individuelle Auftraggeber mit eigenen Vorstellungen zu Architektur und Ausführungsdetails. Es gab noch kein einheitliches Bauprogramm für Berlin und seine Vororte.

Eine mögliche Erklärung für den anfangs zurückhaltenden Umgang der Behörden mit Eisenbeton kann in der konservativen Ausbildung der Baubeamten und dem Fehlen zuverlässiger Hand- und Lehrbücher liegen. Zugleich waren vermutlich die lange ungeregelte Nachweisführung und ein damit verbundener, höherer Aufwand im Genehmigungsprozess ein Grund für die geringe Zahl an Ausführungen in Eisenbeton.

Weiterhin fällt auf, dass die Gebäude durchaus mit großem zeitlichem Abstand voneinander entstanden sind, es gab in diesem Sinne keinen expliziten Bauboom für Eisenbeton, vielmehr setzte sich die Verwendung im Betrachtungszeitraum allmählich am Markt durch.

Ein weiterer Anwendungsbereich von Eisenbeton in Berlin waren mehrstöckige Bürogebäude, Fabrikanlagen und Kaufhäuser, die von privaten Bauherren in Auftrag gegeben wurden. Verweise auf die Anwendung von Eisenbeton in Wohngebäuden finden sich im Untersuchungszeitraum nicht. Bei den privaten Bauherren handelte es sich vielfach um die Eigentümer der Fabrik- und Industrieanlagen oder aber Büro- oder Geschäftshäusern. Es bleibt offen, ob es spezifische Netzwerke innerhalb der Berliner Unternehmerschaft gegeben hat, die die wachsende Zahl an Ausführungen von Eisenbeton positiv beeinflusst haben. Es ist denkbar, dass ein Großteil, gerade der frühen Ausführungen, durch mündliche Weiterempfehlung beauftragt wurde. Trotz der publizistischen Aktivitäten von G. A. Wayss und ersten frühen Berichten in den Bauzeitungen musste sich Eisenbeton als günstiges und tragfähiges Baumaterial erst einmal gegen die traditionellen Bautechniken behaupten. Auch bei diesen privaten Bauprojekten kamen in der Zeit vor 1900 am häufigsten Decken zur Ausführung. Bewehrte Eisenbetonwände finden sich zwar schon in der Monier-Broschüre, allerdings blieb deren Ausführungshäufigkeit weit hinter jener

[345] Einen Überblick für die Zeit bis 1895 gibt eine Artikelfolge von Pinkenburg (1898), einem Stadtbauinspektor.

der Decken zurück. Ein in den Bauakten dokumentierter Austausch zwischen dem Architekten und der Genehmigungsbehörde bezüglich des Einbaus von Monierwänden im Dachgeschoss des Gärkellers[346] der Bötzow-Brauerei zeigt deutlich, dass die Legislative um 1890 noch nicht von den Vorzügen der Bauweise überzeugt war.[347] So schreibt auch Pauser: „Der Wandbau mit Beton als Baustoff erreichte lange nicht die Bedeutung wie der Deckenbau.“[348]. Dies galt für den gesamten deutschsprachigen Raum, vor allem auch in Berlin, da in der damaligen Bauordnung Eisenbeton explizit nicht als Baumaterial für massive Wände zugelassen war. Für Wandkonstruktionen wurde bis weit nach dem Ersten Weltkrieg hauptsächlich Ziegelmauerwerk als Baumaterial eingesetzt.

Ein weiteres Anwendungsgebiet von Eisenbeton waren Balken und Stützen. Die Balken unterstützten Decken bei größeren Spannweiten in Form von Neben- und Hauptträgern. Diese Balkensysteme waren gerade bei Fabrikbauten ein kennzeichnendes Element der Konstruktion. Gleichzeitig mit den Balken wurden auch Stützen eingeführt, deren Querschnitt sich bei mehreren übereinanderliegenden Geschossen meist nach oben hin reduzierte. Die Balken und Stützen bildeten bald Stockwerksrahmenkonstruktionen, die vor allem in Industriebauten und Verwaltungsgebäuden mit hohen Flächenlasten Verwendung fanden. Die Weiterentwicklung von Rahmen hin zu Hallenrahmen lässt sich auch in Berlin nachweisen. Zwar konnten die Spannweiten der Hallen nicht mit denen im Eisenbau konkurrieren, dennoch gab es Werkzeug- und Fahrzeughallen, die zum Teil mehrschiffig zur Ausführung gebracht wurden (siehe Kapitel A5).

Ein interessanter Aspekt ist die Ausführung von Sakralbauten. Für die Untersuchungszeit konnten vier verschiedene Bauprojekte in dieser Kategorie nachgewiesen werden, von denen zwei Kirchen und zwei Synagogen waren. Offenbar war mit dem Material keine konfessionelle Befürwortung oder Einschränkung verbunden, aber immerhin waren die Synagogenbauten allein vom Bauvolumen her deutlich größer als die Kirchen. Die Ausführung der Synagoge in Charlottenburg beinhaltete darüber hinaus ein beeindruckendes Kuppeltragwerk (siehe Kapitel 4.2.5). Es bleibt offen, ob private Beziehungen und Verflechtungen innerhalb einer Religionsgemeinschaft, möglicherweise zur Beauftragung bestimmter Bauunternehmen geführt haben. Beispielsweise war gerade in Berlin das jüdische Unternehmertum um 1900 sehr stark vertreten und wirtschaftlich gut gestellt. Beispielhaft sei auf die Entstehung der Villenkolonie Alsen verwiesen, die ein ganz eigenes Bauprogramm erforderte. Ursprünglich von Konrad Alsen, einem jüdischen Unternehmer in Berlin gegründet, entstanden dort zahlreiche luxuriöse Sommerresidenzen für ebenfalls meist jüdische Berliner Unternehmer und Fabrikanten am kleinen Wannsee. Durch den stetigen Zuwachs der Bevölkerung wurde im Weiteren auch die Infrastruktur ausgebaut. Hinsichtlich der Brücken wurden offenbar deutlich mehr Straßenbrücken als Bahnbrücken gebaut. Dies erscheint an sich logisch, da das Eisenbahnnetz und auch die innerstädtischen Verbindungen für die S-Bahn in Berlin bereits mit Einführung der Eisenbahn meist in Eisen realisiert wurden und demnach gut ausgebaut waren. Die neu angelegten Straßen entstanden hauptsächlich durch die stärkere Anbindung der umliegenden Vororte und damit zur Überbrückung bereits vorhandener Schienenwege und im Zuge der Einführung des Automobils. Dadurch wuchs gerade zum Ende des Untersuchungszeitraums der Individualverkehr deutlich an. Lang-

---

346 Die Bezeichnung „Gärkeller“ umfasst historisch nicht nur unterirdische Kellerräume, sondern auch mehrgeschossige Hochbauten. Siehe auch die Ausführungen zur Gärkellerdecke der Schultheiss-Brauerei (Anhang A3).

347 Städtische Baupolizeiverwaltung (1892b), S. o. A.

348 Pauser (1994), S. 216.

fristig kam es so auch zum Neubau von Straßen, da vorhandene Straßenquerschnitte verbreitert oder auch höhere Lasten angesetzt wurden.
In der Zeit nach 1904 waren es meist private Hochbauprojekte, die neue Maßstäbe setzten – etwa die Kuppel der Friedrichstraßenpassage – oder aber durch eine neue Ausführung von Eisenbeton – wie das Rahmentragwerk des Aquariums – bestimmt waren. Es gab zwar auch öffentliche Aufträge, allerdings erscheint die Verwendung des Eisenbetons in den privaten Bauprojekten mitunter deutlich kühner und wegweisender.

4.1.1 Zeitliche und räumliche Verteilung der Tragwerke

Zu Beginn der Untersuchungszeit um 1890 wurde ein großer Teil der Eisenbetonprojekte in den Bauzeitschriften und Fachmagazinen veröffentlicht. Allerdings zeigt die Recherche, dass gerade in späteren Jahren, etwa ab 1910, in den bauzeitlichen Publikationen nur noch ein kleiner Teil aller Eisenbetonprojekte insgesamt erwähnt wurde. Der Schwerpunkt lag dann eher auf einer außergewöhnlichen Verwendung des Baustoffs oder aber auf Bauwerken, die durch ihre Spannweite oder Größe beeindruckten. Die zeitliche Entwicklung lässt sich daher nicht mehr direkt bewerten. Allein die Tatsache, dass Eisenbeton nunmehr als bekannte Bauweise wahrgenommen wurde, zeigt, dass seine Anwendung die anfänglichen Schwierigkeiten offensichtlich hinter sich gelassen hatte. Bauen mit Eisenbeton war zum Ende des Untersuchungszeitraums zur Normalität geworden, sodass ein Großteil der dann auf diese Weise realisierten Bauten offensichtlich weniger erwähnenswert geworden war.
Eine Analyse der räumlichen Verteilung der Eisenbetonprojekte erbrachte auch keine aussagekräftigen Rückschlüsse. Dies ist hauptsächlich durch den geografischen Rahmen der Untersuchung bedingt. In der Zeit zwischen 1886 und 1918 gab es keine abgestimmte Stadtplanung für die gesamte Stadt Berlin. Für Entwicklungen auf dieser Makro-Ebene der Stadtplanung wurden erst durch die Gründung von Groß-Berlin im Jahr 1920 die notwendigen Grundlagen geschaffen. Zuvor gab es lediglich stadtplanerische Vorgaben auf verschiedenen Mikro-Ebenen, die mit den einzelnen Städten und Gemeinden korrespondierten. Ob die Ausführung von Eisenbeton bei Industrie- oder Verwaltungsgebäuden dazu führte, dass auch bei späteren, benachbarten Gebäuden ebenfalls Eisenbeton zur Anwendung kam, kann nur vermutet werden. Innerhalb des heutigen Stadtgebiets lassen sich keine Zentren bestimmter Gebäudetypologien nachweisen. Die Verteilung der Eisenbetongebäude innerhalb der Stadtgrenzen gleicht eher einem Patchwork-Muster. Eine genaue Untersuchung der Entwicklung und Zusammensetzung dieser separaten Industrie-, Verwaltungs- oder Handelszentren innerhalb der jeweiligen Stadt bzw. Gemeinde bleibt weiteren Untersuchungen vorbehalten.

4.2 Entwicklung der Eisenbetontragwerke

Die Analysen der Fallbeispiele in Berlin (siehe Tabelle 15 und Anhang A2 bis A7) zeigen, dass hier die Entwicklungen nicht unbedingt immer stringent in eine Richtung verliefen.
Die Etablierung neuer Berechnungsweisen beispielsweise dauerte mitunter einige Jahre, bevor sich die Theorie in der Praxis durchgesetzt hatte. Dies gilt auch für die Entwicklung neuer Tragwerke, die gerade beim Eisenbeton stark von den theoretischen Kenntnissen und Berechnungsmöglichkeiten abhingen. Dabei waren meist nicht nur die dieser speziellen Bauweise inhärenten Eigenschaften ausschlaggebend, sondern vielfach auch äußere Rahmenbedingungen. Weiterhin werden Entwicklungen im Allgemeinen auch immer wesentlich durch die beteiligten

Akteure bestimmt. Der Fokus der vorliegenden Untersuchungen konzentriert sich dementsprechend auf Bauunternehmen, Ingenieure und Architekten.

Tragwerkskategorie	**Fallstudie (früh)**	**Fallstudie (spät)**
Behälter	Bötzow-Brauerei, Pankow	Aquarium, Tiergarten
Deckenkonstruktionen	Schultheiss-Brauerei, Prenzlauer Berg	Hermannshof, Neuköln
Stockwerksrahmen	Viktoriaspeicher, Kreuzberg	Aquarium, Tiergarten
Hallenrahmen	Bötzow-Brauerei, Pankow	Flugzeughallen, Karlshorst
Gewölbte Dachtragwerke	Musikpavillon, Hoppegarten	Friedrichstraßen-Passage, Mitte
Brücken	Prinzregentenbrücke, Wilmersdorf	Avusbrücke Cordesstraße, Charlottenburg

Tabelle 15: Übersicht zu den ausgewählten Fallstudien[349]

4.2.1 Behälterkonstruktionen

International war man bereits seit den 1870er Jahren in der Lage, zylindrische Behälter aus Eisenbeton mit einem Fassungsvermögen von bis zu 1000m³ zu realisieren.[350] Die Verwendung eiserner Behälter ging ab dieser Zeit kontinuierlich zurück, da die Korrosionsgefahr der eisernen Konstruktionen immer deutlicher als Nachteil angesehen wurde.[351] Inwieweit die Verwendung von Eisenbeton in der Anfangszeit zu Schwierigkeiten führte, etwa zu undichten Behältern durch Schwindrisse im Beton, ist nicht dokumentiert. Soweit bekannt, wurde die Bewehrung nicht vorgespannt.[352]

[349] Die Auswahl der Fallstudien orientierte sich zum einen am Umfang vorhandener Informationen sowie an der Möglichkeit, die Konstruktion tatsächlich in Augenschein zu nehmen. Bis auf den Hallenrahmen der Bötzow Brauerei, den Musikpavillon und die Friedrichstraßen-Passage existieren die Tragwerke kaum verändert und werden teilweise noch nach bauzeitlicher Planung genutzt. Ein weiteres wichtiges Kriterium der Auswahl war einerseits die Neuartigkeit der Konstruktion (Musikpavillon, Friedrichstraßen-Passage) und andererseits die Beispielhaftigkeit der Anwendung (Behälter Bötzow Brauerei, Hermannshof) bzw. die Möglichkeit zur Nachverfolgung von Veränderungen im Planungsprozess (Vergleich Hermannshof und Aquarium). Ausführlichere Informationen folgen in Anhang A.

[350] Beispielhaft sei hier auf Josef Monier verwiesen, der bereits 1868 in Maisons-Alfort, Frankreich einen 200m³ fassenden Wasserbehälter realisiert haben soll; siehe dazu Merkl et al. (1985), S. 118 und Bosc (2001).

[351] Zur allgemeinen Konkurrenz zwischen Eisen und Eisenbeton siehe auch Kapitel 2.2.

[352] Die Entwicklung von Spannbeton wird im Allgemeinen in die Zeit ab 1920 datiert. Nach Merkl et al. (1985) wurden Spannbetonbehälter erst nach 1940 entwickelt.

Abbildung 23: Reservoir durch Monier errichtet, Bougival Frankreich 1872 (Bosc (2001), S. 83).

Die ersten Eisenbetonbehälter waren meist freistehende, im Grundriss runde, sogenannte zylindrische Flachbodenbehälter, die im Rahmen der Versorgungsnetzwerke von Städten und/oder Eisenbahnanlagen der Aufbewahrung von Wasser und anderen Flüssigkeiten dienten (siehe Abbildung 23). Mit einem Hinweis auf die Anfänge des Eisenbetons in Frankreich verweist Wayss bereits in der Monier-Broschüre auf die Ausführung von über 1000 Wasserbehältern mit Durchmessern bis zu 20m und Höhen bis zu 5m.[353] Dabei wurde der Behälterboden als nichttragend ausgeführt und ruhte auf einem Eisenbetongewölbe bzw. einer anderen Unterkonstruktion. Für Berlin konnte für die Zeit zwischen 1880 und 1918 der Bau von insgesamt 25 Behälterkonstruktionen[354] nachgewiesen werden, die mehrheitlich von Versorgungsunternehmen wie Gas- und Wasserwerken oder auch als Wasserbehälter in der Nähe von Eisenbahnanlagen in Auftrag gegeben wurden (siehe Anhang C1). Die stetig anwachsenden Bewohnerzahlen der Stadt erforderten einen Ausbau der Versorgungs- und Verkehrsinfrastruktur.

Das von Wayss beschriebene Konstruktionsprinzip[355] wurde auch beim **Reservoirturm des Gaswerks Charlottenburg** angewendet.[356] Die Bauausführung erfolgte durch die Aktien-Gesellschaft für Monierbauten im Jahr 1889 im Auftrag der Stadt Charlottenburg. Damit sind der Turm bzw. die Behälter eines der frühsten Beispiele der Verwendung von Eisenbeton in Berlin. Insgesamt wurden vier zylindrische Flachbodenbehälter, zum Teil mit Mehrkammersystem, mit einem Volumen von knapp 500m³ ausgeführt. Die Behälter wurden zur Aufbewahrung von Wasser und anderen Flüssigkeiten verwendet.[357] Ähnlich anderen frühen Beispielen, weisen die Behälter eine sehr geringe Wandungsdicke im Mittel von 6cm auf. In der Monier-Broschüre[358] ist eine Bemessungsformel zur Bestimmung der Wanddicke von Behältern angege-

353 Wayss (1887b), S. 1.

354 Einige Datensammlungseinträge umfassen zwar Informationen zu ausgeführten „Bassins", jedoch fehlen genauere Angaben zur Geometrie. Diese wurden bei den 25 Objekten nicht erfasst.

355 Wayss (1887b), S. 1.

356 Nähere Informationen zum Gaswerk in O. A. (1912c) und speziell zu den Behältern in Rehbein (1894). Eine bauzeitliche Statik zum Reservoirturm konnte nicht recherchiert werden. Die Behälter sind Teil der Objektliste. Die Mauerwerkskonstruktion des Turmes ist noch vorhanden, allerdings bleibt unklar, inwieweit die tatsächlichen Behälter im Inneren noch vorhanden sind, da eine Begehung nicht möglich war.

357 Einzelne Gebäudeabschnitte sind in O. A. (1912c) beschrieben, allerdings ohne den Reservoirturm.

358 Wayss (1887b).

ben, allerdings berücksichtigte diese nur Ringzugspannungen und blieb damit vorerst unzulänglich. Inwieweit dieser Bemessungsvorschlag Anwendung fand, konnte nicht nachgewiesen werden. Die Problematik einer Biegebemessung des Anschlusses der Zylinderwand an die Bodenplatte wird nicht behandelt, zu diesem generellen Anwendungsfall findet sich erst 1903 ein rechnerischer Nachweis von Robert Maillart.[359]

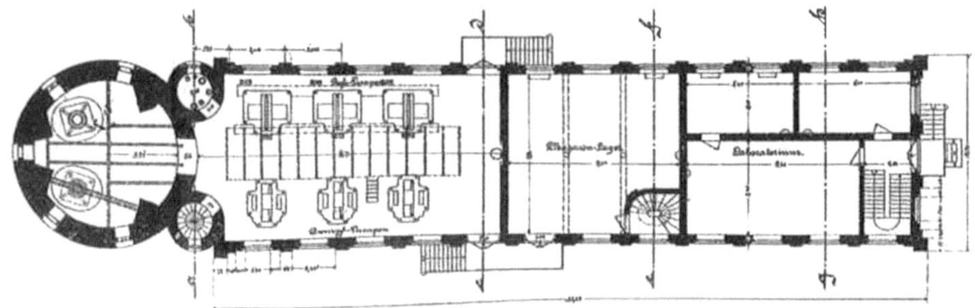

Abbildung 24: Grundriss Erdgeschoss Reservoirturmgebäude der Gasanstalt II in Charlottenburg (O. A. (1912c)).

Entgegen anderen bauzeitlichen Beispielen umschloss die aus Mauerwerk hergestellte Gebäudehülle des Turmes die Behälter und die technischen Anlagen (siehe Abbildung 24), ohne dass die Behälter in der äußeren Formgebung erkennbar wurden (siehe Abbildung 25). „Wassertürme mit runden Flachbodenbehältern in Eisenbeton sind in der öffentlichen Wasserversorgung vor und nach dem Ersten Weltkrieg in verschiedenster Bauart entstanden“[360].

[359] Siehe dazu Schöne (1999), S. 71. Robert Maillart (1872–1940) war ein Schweizer Bauingenieur, der heute vor allem für die Eleganz seiner richtungsweisenden Brückenkonstruktionen weltweit bekannt ist. Näheres dazu bei Billington (1979), Billington (1990) sowie Kurrer (2016), S. 1004 f.

[360] Merkl et al. (1985), S. 126.

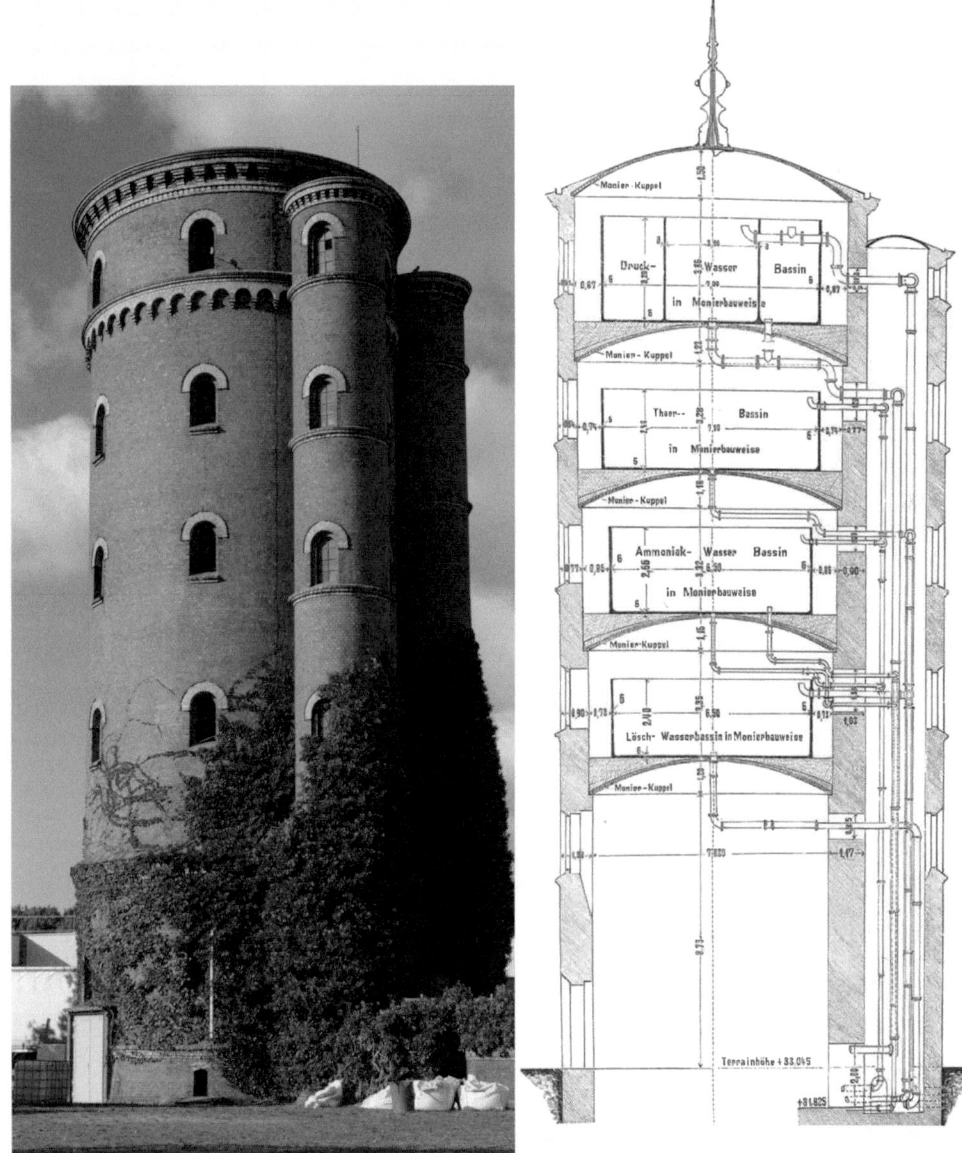

Abbildung 25: Links der Reservoirturm der ehemaligen Gasanstalt II in Charlottenburg (Foto: Wieczorek 2018); rechts Detailschnitt des Reservoirturmes und der darin enthaltene Monier-Behälter (Rehbein (1894), S. 14).

Die Behälter im Reservoirturm in Charlottenburg standen auf kuppelförmigen Decken nach dem Monier-System in vier Geschossen übereinander und waren über verschiedene Rohrleitungen miteinander sowie mit dem angrenzenden Reservoirgebäude verbunden (siehe Abbildung 25).

Während die Behälter im Reservoirturm in sich geschlossen waren, kam es bei der Ausführung eines **Eiskellers für die Charité** zu einer ungewöhnlicheren Anwendung von Eisenbeton.[361] Dabei wurde eine im Grundriss kreisförmige Behälterwand (Ø 5,80m) konstruiert, die allerdings nur auf einem Fundament aufstand und mit diesem nicht konstruktiv verbunden war (siehe Abbildung 26). Darüber hinaus wurde die Konstruktion mit senkrecht zur Behälterwand verlaufenden Wänden ausgesteift. Die Ausführung erfolgte 1892 durch die G. A. Wayss & Co.

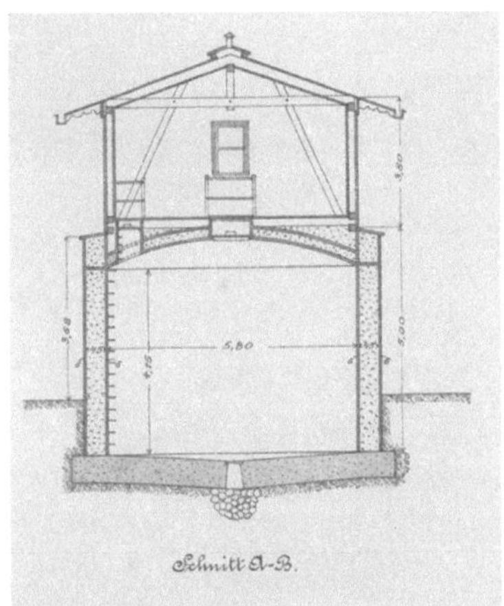

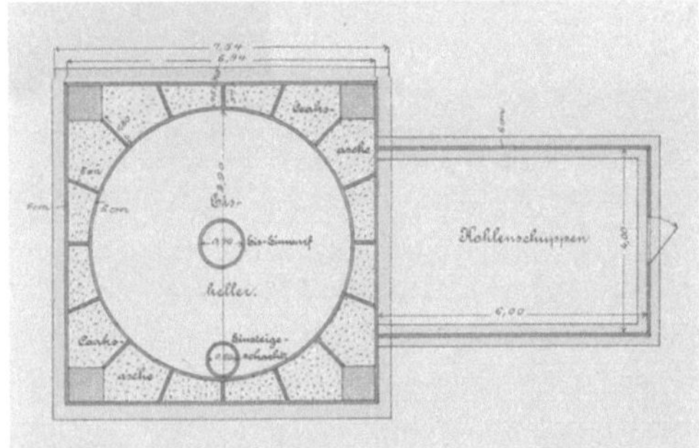

Abbildung 26: Ausschnitt der Konstruktionszeichnung in Grundriss und Schnitt für einen Eiskeller des Instituts für Infektionskrankheiten der Charité (Böttger (15.01.1892)).

Interessanterweise erinnert diese Ausführung in Ansätzen an spätere Kuppelkonstruktionen, die beispielsweise in Potsdam oder München ausgeführt wurden (siehe Kapitel 4.2.5).

Der städtische Kontext in Berlin bot mit seinen unterschiedlichen Versorgungseinrichtungen zahlreiche Möglichkeiten, kleinere und größere Behälter zu bauen, allerdings erscheinen diese in ihren Dimensionen, ihrer Konstruktion und Anzahl geringer als andernorts realisierte Behälter.

Beispielsweise wurden in Frankreich um 1890 zahlreiche Eisenbetonbehälter unterschiedlichster Form ausgeführt, darunter auch ein monolithischer, aus mehreren Schalen bestehender Behälter nach dem Prinzip von Intze, der wegweisend für die Entwicklung der späteren Stahlbetonschalen war.[362] Nachdem anfänglich die Formen aus dem Eisenbau übernommen wurden, war die

---

[361] Das Gebäude ist nicht überliefert. Trotz seiner vergleichsweise kleinen Dimension finden sich einige Quellennachweise mit konstruktiven Details, siehe dazu Böttger (15.01.1892), Rehbein (1894) sowie O. A. (1893a). Siehe im Weiteren auch Anhang C1.

[362] Kurrer (2016), S. 720 ff.

Bauart nach Intze die erste, die dem eher auf Druck zu belastenden Eisenbeton Rechnung trug. Typische Ausführungen der als Rotationskörper ausgebildeten Wasserbehälter wiesen ein Fassungsvermögen von 200m³ auf. Die Berliner Wasserwerke setzten ab 1897 verstärkt Eisenbeton für Behälter ein[363], allerdings kam bis nach 1900 auch noch Stampfbeton zur Anwendung. Beispielsweise wurde der **Erdhochbehälter der Wasserwerke am Müggelsee** mit mehreren Kammern und einem Gesamtvolumen von knapp 2000m³ in den Jahren 1906/07 von Dyckerhoff & Widmann in Stampfbeton errichtet (siehe Abbildung 27 bis Abbildung 29).[364] Bei diesem Bauprojekt kam Eisenbeton nur in Form von bewehrten Decken im Eingangsbereich zur Ausführung Die Formgebung der Tonnengewölbe und Wände der Behälter orientierte sich an der Stützlinie der aufzunehmenden Lasten (siehe Abbildung 29). Insgesamt wurde also ein auf Druck belastetes, mehrzelliges Gewölbe konstruiert, das durch aufliegende Erdlasten und den horizontal angreifenden Wasserdruck beansprucht wurde.

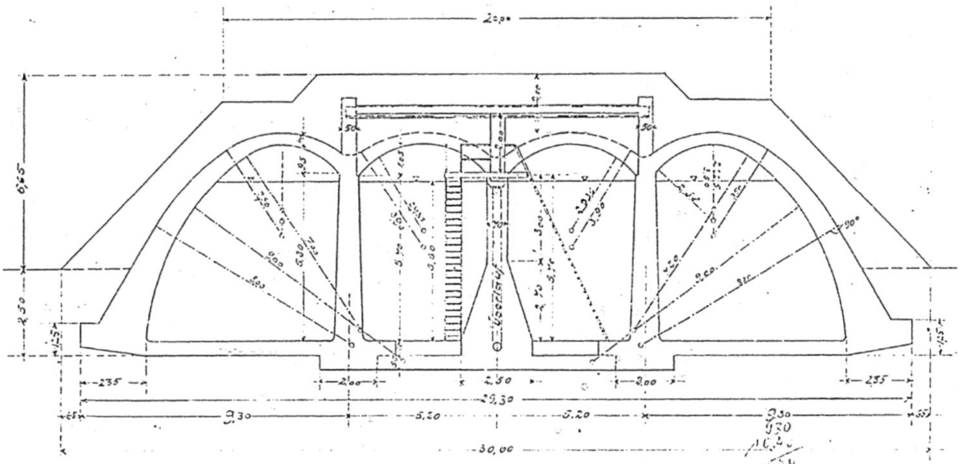

Abbildung 27: Querschnitt durch den Erdhochbehälter im Wasserwerk Müggelberge (Wasserwerk der Stadt Köpenick (1906), S. o. A.).

[363] Architekten- und Ingenieur-Verein zu Berlin (2006).

[364] In Wasserwerk der Stadt Köpenick (1906) und Architekten- und Ingenieur-Verein zu Berlin (2006) finden sich unterschiedliche Beschreibungen, allerdings deuten die Dimension der Konstruktion (bis zu 2,05m dicke Wände) und der Nachweis der Stützlinie auf eine unbewehrte Konstruktion hin. Eine Begehung des Objektes war nach Rücksprache mit dem Eigentümer nicht möglich. Das Objekt ist Teil der Objektliste.

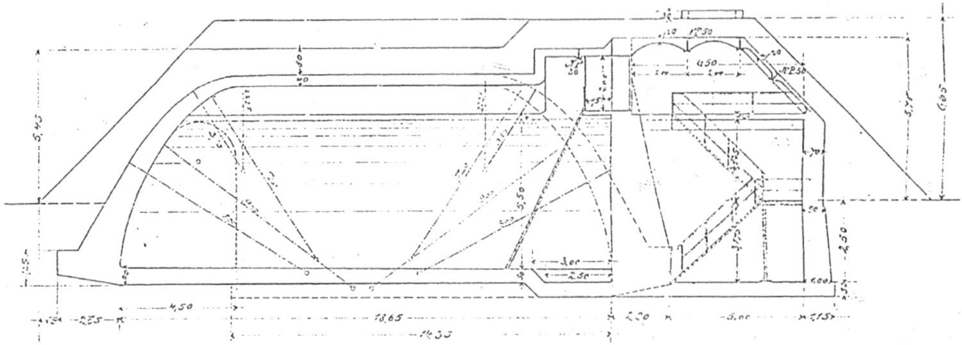

Abbildung 28: Längsschnitt durch den Erdhochbehälter im Wasserwerk Müggelberge (Wasserwerk der Stadt Köpenick (1906), S. o. A.).

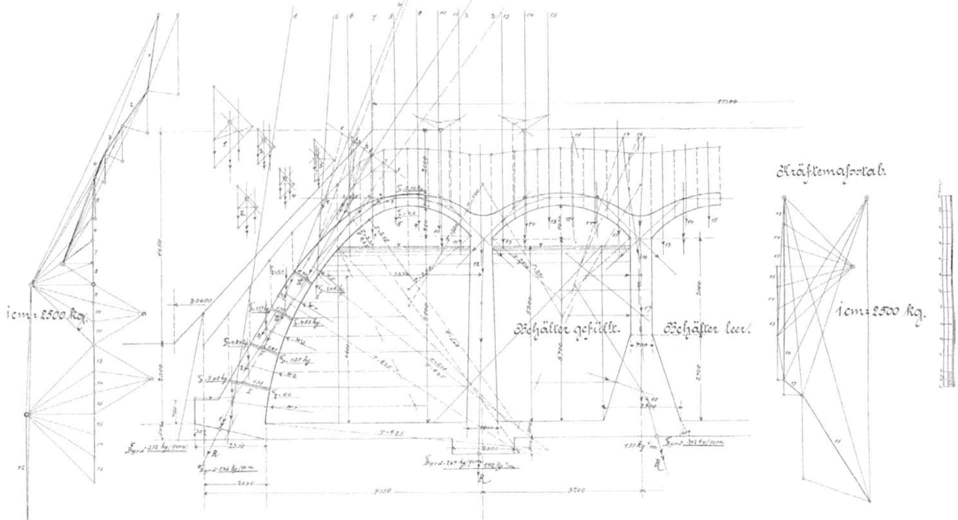

Abbildung 29: Übersicht zur Ermittlung der Stützlinien (Wasserwerk der Stadt Köpenick (1906), S. o. A.).

1904 entstand in England ein Wasserturm mit einem Fassungsvermögen von rund 1400m³ nach dem System Hennebique, dessen Behälterboden in Plattenbalkenbauweise ausgeführt wurde. Das aufgelöste Tragwerk des Unterbaus bestand aus 28 Stützen, die kreisförmig angeordnet waren und durch Querbalken ausgesteift wurden.[365] Etwa zur gleichen Zeit wurden im Süden Deutschlands durch die Firma Gebr. Rank ebenfalls Wassertürme nach dem System Hennebique, allerdings nur mit einem Fassungsvermögen von rund 60m³, ausgeführt. Nach außen einem Kirchturm nachempfunden, verbarg sich im Inneren ein quadratischer Flachbodenbehälter, dessen Boden in Plattenbalkenkonstruktion ausgeführt wurde.

Ein dem englischen Beispiel ähnlicher Wasserbehälter entstand erst 1912 durch die Firma Karl Brandt Düsseldorf in Osnabrück. Dort wurde ein Industrie-Wasserturm mit einem Fassungsvermögen von 1000m³ als zylindrischer Flachbodenbehälter mit nur einer Kammer ausgeführt. Der Behälterboden war als Plattenbalken ausgeführt. Vergleichbare Hennebique Konstruktionen lassen sich in Berlin nicht nachweisen.

[365] Merkl et al. (1985), S. 119.

Vermutlich aus dem Jahr 1909 hat sich eine Konstruktion mit jeweils sechs **Behältern** aus Eisenbeton in zwei Räumen im Kellergeschoß der **Bötzow-Brauerei** erhalten (siehe Abbildung 30 sowie die genaue Beschreibung in Anhang A2).[366]

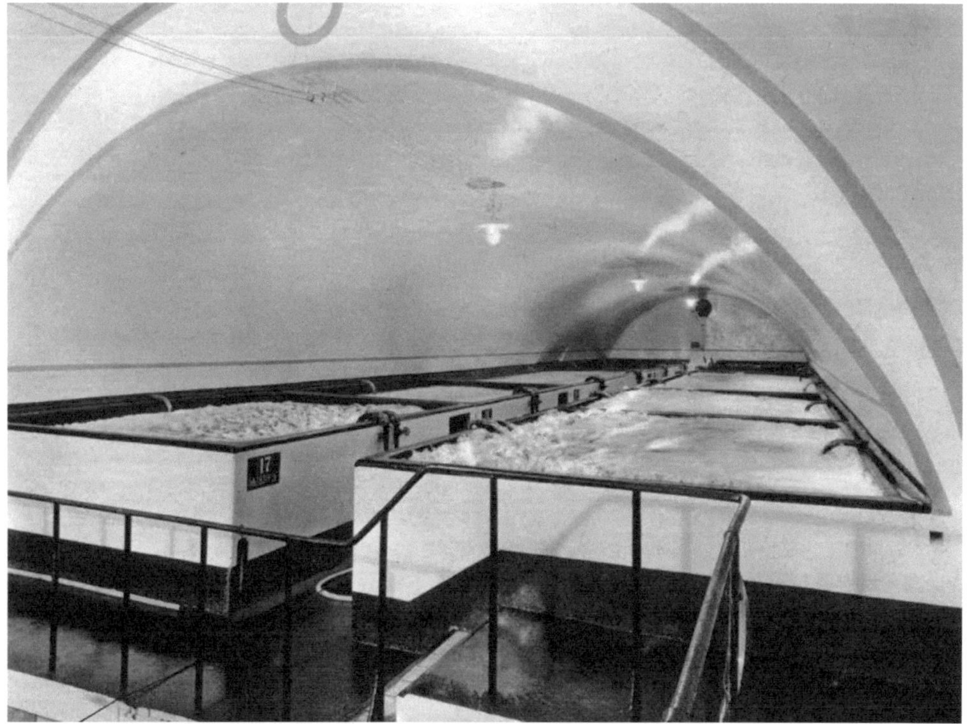

Abbildung 30: Ein Teil der Gärbehälter der Bötzow-Brauerei um 1939 (O. A. (verm. 1939), S. 47).

Auch in den oberirdischen Gebäuden auf dem Gelände wurde Eisenbeton vielfältig und über einen langen Zeitraum eingesetzt. Der Baustoff fand dabei sowohl in untergeordneter statischer Rolle, als auch als maßgebender Teil der Tragstruktur Verwendung (siehe Anhang A2).
Der Einbau der Behälter im Kellergeschoss erfolgte nachträglich und ordnete sich der vorhandenen Konstruktion unter. Die Behälter sind mit 22-43m³ Fassungsvermögen nicht besonders groß. Der Einbau in bestehende Kellerräume aus Mauerwerk war nahe liegend, um die Produktionsabläufe innerhalb der Brauerei sinnvoll zu gestalten. Die Behälter sind zweckmäßig integriert und optimal auf die Bedürfnisse der Nutzer konzipiert worden. Die Eisenbetonkonstruktion umfasst neben den Behältern auch eine Treppe und eine Galerie, die teilweise im Vordergrund in Abbildung 30 zu sehen ist. Die Elemente überzeugen in ihrer Einheitlichkeit und Kompaktheit. Es bleibt unklar, wann genau die Behälter entstanden sind. In der Geometrie, Bewehrungsführung und auch im mehrschaligen Aufbau der Behälterwände, inklusive einer Isolierschicht, zeigen

---

[366] Zur Bötzow Brauerei finden sich verschiedene Quellen. So beschreiben beispielsweise Dittrich (1886) und H. (1893) den Zustand der Brauerei gegen Ende des 19. Jahrhunderts. Die hauseigene Publikation O. A. (verm. 1939) greift diese Anfänge auf und beschreibt die Entwicklung bis ins frühe 20. Jahrhundert. Zudem haben sich baupolizeiliche Unterlagen erhalten, vgl. Städtische Baupolizeiverwaltung (1892b, 1909). Die Behälter sind insgesamt schlecht dokumentiert, konnten aber vor Ort untersucht werden. Sie sind Teil der Objektliste und ausführlich im Katalog (Anhang A) beschrieben.

sich deutliche Übereinstimmungen zu den Behältern im Aquarium im Tiergarten (siehe genaue folgende Beschreibung sowie Anhang A2). Mit Wanddicken von mehr als 20cm sind die Behälter noch immer funktionstauglich und deutlich dicker als Behälterkonstruktionen aus der Zeit vor 1900. Erst die Entwicklung der Biegebemessung hat dazu geführt, rechteckige Flachbodenbehälter überhaupt bemessen zu können. Der Übergang von runden zu eckigen Behältern bedingte ein neues statisches Konzept. Während die runden Behälter nur auf Zug beansprucht wurden, mussten eckige Konstruktionen auch für die Übertragung von Biegemomenten entlang der Behälterwände ausgelegt sein.

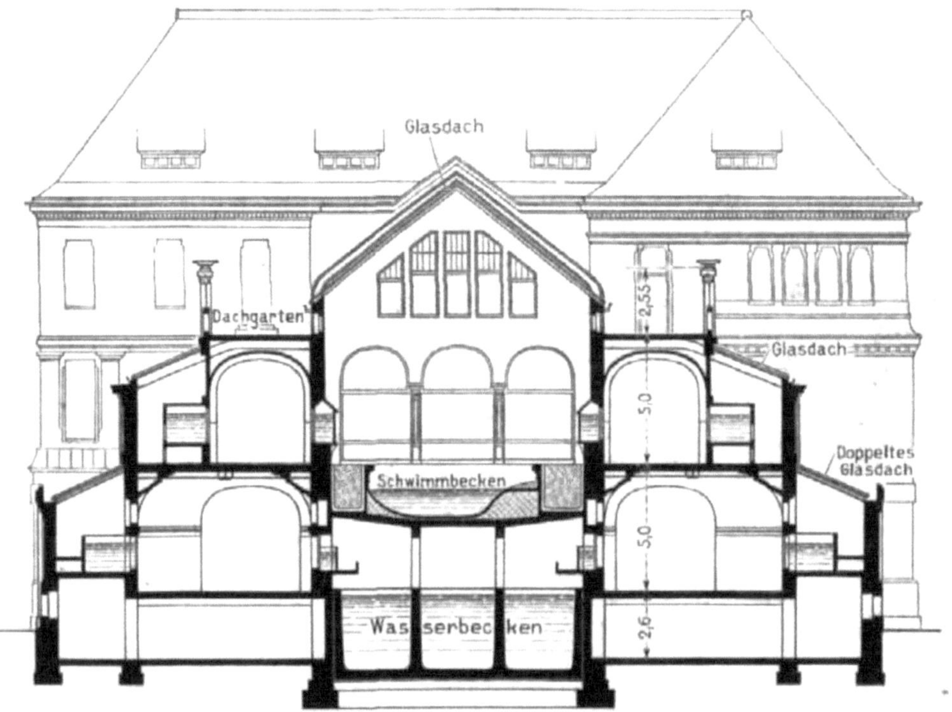

Abbildung 31: Querschnitt Aquarium (Sch. (1913), S. 480).

In Berlin kam es nach 1909 zur Ausführung von weiteren Behältern mit einem rechteckigen Grundriss. Sie wurden meist im Inneren von Gebäuden bzw. unter der Erde eingebaut, sodass sie von außen nicht erkennbar waren. Es handelte sich um eigenständige Behälterkonstruktionen, deren Konstruktion vom Tragwerk der umgebenden Gebäudehülle gelöst war.
Ursprünglich mit dem umgebenden Gebäude 1912 entstanden, sind die im Grundriss rechteckigen **Flachbodenbehälter des Aquariums**[367] auch eigenständig gegründet und binden nicht in das umgebende Bauwerk ein (siehe Abbildung 31). So sehr sich die äußeren Randbedingungen zwischen Bötzow-Brauerei und Aquarium unterscheiden, in der konstruktiven Analyse des

[367] Der Neubau des Aquariums in Berlin wurde bauzeitlich dokumentiert, sowohl allgemein bei Sch. (1913) als auch mit speziellem Blick auf die Verwendung von Eisenbeton durch O. A. (1914b). Kriegsschäden im Frühjahr 1945 machten einen teilweisen Wiederaufbau notwendig, der aufschlussreich bei Fiesinger (1953) beschrieben wird. Darüber hinaus ist in Königliches Polizei-Präsidium (1912) die Baugenehmigungsakte erhalten. Die Behälter sind im Katalog (Anhang A2) ausführlicher beschrieben und Teil der Objektliste.

Entwurfs und der Ausführung überwiegen doch die Gemeinsamkeiten, nämlich die Mehrschaligkeit, die Bewehrungsanordnung und die Abmessungen.

Die Behälter im Kellergeschoss des Aquariums sind mit mehr als 30cm starken Wänden ebenfalls sehr robust. Das Volumen umfasst jeweils $200m^3$. Die separate Gründung der Behälter im Kellergeschoss und die Anbindung an das darüber befindliche Krokodilbecken erforderten einen abgestimmten Tragwerksentwurf. Die Ausbildung der Wandköpfe als eine Art Randbalken begründet sich aus der Höhe der Behälterwände (3m). So war es möglich, für den Wandkopf eine Art horizontales Auflager zu schaffen und zugleich die darüber liegende Konstruktion anzubinden (siehe Abbildung 32). Durch darüber liegende Unterzüge und Stützen, die direkt in das Krokodilbassin einbinden sowie in Kombination mit den queraussteifenden Riegeln, die in den Achsen der Stützen verlaufen, entstand zwischen den Behältern und dem Krokodilbassin ein vom restlichen Gebäude getrennt gegründetes, räumliches Gittertragwerk.

Abbildung 32: Blick in die Zwischenebene unterhalb des späteren Krokodilbassins während der Bauzeit. Der Mann rechts steht auf dem Wandkopf einer Behälterzwischenwand (O. A. (1914b), S. 167).

Es bleibt unklar, ab wann das Unternehmen Eisenbetonbau Konrad Schwartz GmbH am Tragwerksentwurf beteiligt war.[368] Der Unternehmensstempel findet sich erst in der Nachtragsstatik, unter der Bemessung der Eisenbetonkonstruktionen: Stockwerksrahmen, Behälter und Krokodilbassin. Der Neubau des Aquariums steht für die Beteiligung eines Fachunternehmens, durch das eine Überarbeitung der statischen Nachweise und eine angepasste Bauausführung im Ergeb-

[368] In der sonst sehr umfänglichen Auflistung der am Bau Beteiligten in Sch. (1913) gibt es keinen Hinweis auf das Unternehmen.

nis zu einer außergewöhnlichen Konstruktion führten, die als ein wichtiges Beispiel für die Zeit um 1910 gelten kann.

In Mecenseffy (1911), einer in der Bauzeit des Aquariums erschienenen Publikation zur künstlerischen Gestaltung von Eisenbeton, findet sich ebenfalls ein Hinweis auf die Blumenbehälter bzw. Blumenkübel von Monier als die „älteste Erscheinungsform des Eisenbetons", allerdings findet sich keine eigene Kategorie für Behälter.[369] Unter der Überschrift „Gefäßbauten" wird auf Silogebäude sowie Wasser- und Leuchttürme verwiesen. Dabei geht es um die architektonische Außenwirkung, die bei Gefäßbauten durch die Behälterwände direkt beeinflusst wird, und weniger um die tatsächliche konstruktive Ausbildung der Behälter oder die Bemessung oder Positionierung der Bewehrung für die Behälter.

Die zuvor beschriebenen rechteckigen, separat gegründeten Flachbodenbehälter können als Vorgänger für spätere Schwimmbadanlagen, die ab den 1920er Jahren entstanden, angesehen werden. Eine Optimierung der Eisenbetonbauweise lässt sich an den Behälterkonstruktionen nicht explizit nachweisen, vielmehr profitierten die Konstruktionen von den Erfahrungen in anderen Anwendungsbereichen wie dem Hochbau oder bei Verkehrsbauwerken. Die geringe Zahl der realisierten Behälterkonstruktionen in Berlin lässt vermuten, dass es sich dabei eher um eine Nischenanwendung handelte.

4.2.2 Deckenkonstruktionen

Die Entwicklung massiver, feuerfester Decken war eine der großen Aufgaben im Bauwesen des 19. Jahrhunderts. Erste Anwendungen sind in den Publikationen von Wilkinson[370] und Hyatt überliefert (siehe Kapitel 2.4.1). Zur Zeit der Einführung von Eisenbeton waren die Tragkonstruktionen im Innenraum maßgeblich durch gusseiserne Stützen, Eisenprofilträger in Kombination mit Mauerwerk, bestimmt. Zu Beginn des 20. Jahrhunderts gab es im Deutschen Reich dann bereits eine sehr große Zahl verschiedener Patente und Systeme für bewehrte Deckenkonstruktionen (siehe Kapitel 3.4).[371]

Die Zahl der Ausführungsbeispiele von Eisenbetondecken ist im Vergleich zu denen der Behälter deutlich größer. Insgesamt konnte bei 220 Objekten die Ausführung von Eisenbetondecken recherchiert werden, die mehrheitlich von G. A. Wayss bzw. seinen Nachfolgeunternehmungen realisiert wurden.[372] Davon wurden etwa 2/3 als ebene und etwa 1/3 als gewölbte Konstruktion ausgeführt (siehe Anhang C1). In Berlin kamen Eisenbetondecken vor allem in Büro- und Geschäftshäusern sowie Industrie- und Verwaltungsgebäuden zur Anwendung, also dort, wo zum einen mit hohen Flächenlasten und zum anderen mit großen Spannweiten zu rechnen war. Bei Letzteren wurden vielfach gewölbte Decken ausgeführt. Parallel zu den vor Ort gestampften

[369] Siehe dazu Mecenseffy (1911), S. 148.

[370] W. E. Wilkinson hat 1854 in Großbritannien ein Patent für mit Drahtschlingen bewehrten Beton angemeldet. Nach Auswertung der zeichnerischen Detaillierungen zum Patent argumentiert Steiger (1995), dass Wilkinson bereits verstanden hatte, Eisen als Zugelement im Betonquerschnitt sinnvoll einzusetzen.

[371] Zur Differenzierung und Abgrenzung der einzelnen Ausführungsarten siehe Christophe (1905) oder Colby (1909). Weiterhin hat Fischer (2008) die Geschichte der Steineisendecken sowie Voormann (2009) die der Hohlsteindecken bereits umfangreich behandelt.

[372] Wie bereits in Kapitel 1.4 beschrieben, ist zu vermuten, dass die Zahl der tatsächlich realisierten Tragwerke deutlich höher ist. Die Auswahl der Objekte erfolgte in Auswertung bauzeitlicher Zeitschriften und Publikationen. Wobei kein Anspruch auf absolute Vollständigkeit besteht, da mitunter die Baubeschreibungen nicht detailliert genug formuliert wurden (z.B. fehlende Adresse).

Konstruktionen kamen teilweise auch vorgefertigte Deckenplattenelemente zur Anwendung, die gleichzeitig als verlorene Schalung fungierten.

Innerhalb der Deckenkonstruktionen sind einzelne Entwicklungslinien erkennbar. Angefangen von einlagig bewehrten Querschnitten nach dem Monier-Patent, mit mittig im Querschnitt positionierter Bewehrung mit kleinem Durchmesser, passten Wayss und Koenen die jeweilige Konstruktion so an, dass die Bewehrung nun am unteren Rand des Querschnitts verlief. Ein Großteil dieser frühen Deckenkonstruktionen wies eine kreuzweise verlegte Bewehrung auf, allerdings verwendete Wayss für die Bewehrungseisen in Haupttragrichtung etwas größere Querschnitte (ø 6 bis 9mm) und für die in Nebentragrichtung etwas kleinere (ø 4 bis 6 mm) – eine Differenzierung, die in Kombination mit der optimierten Positionierung von einem deutlich besseren Verständnis der inneren Zusammenhänge im Querschnitt zeugt.

Für ebene Decken wurde im Rahmen der Untersuchung keine noch existierende, originale Konstruktion gefunden. Beispielhaft sei daher auf einen Archivfund in den Akten der **Bötzow-Brauerei** verwiesen.[373] Im Rahmen der Erweiterungsarbeiten ab 1890 ist ein statischer Nachweis für eine bewehrte, ebene Platte überliefert, der von M. Koenen, Actien-Gesellschaft für Monierbauten, vorm. G. A. Wayss & Co., unterschrieben wurde (siehe Abbildung 33 und Anhang A3).

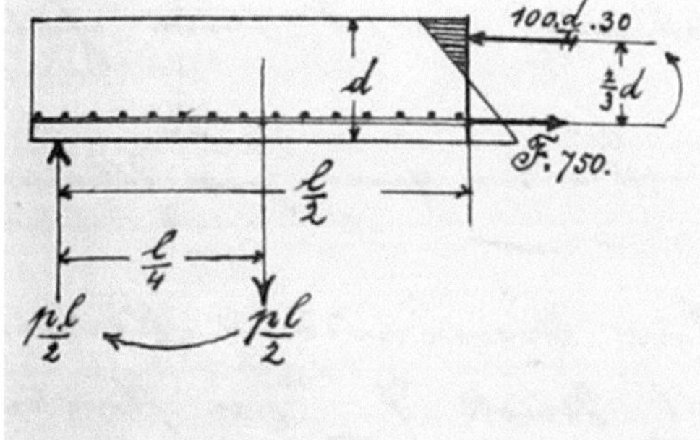

Abbildung 33: Bötzow-Brauerei Deckenbewehrungsdetail aus der bauzeitlichen Statik von 1891 (Städtische Baupolizeiverwaltung (1892b), S. o. A.).

[373] Die ersten Anwendungen von Eisenbeton in den Gebäuden der Bötzow Brauerei datieren in die Zeit um 1891. Die Baugenehmigungsunterlagen in Städtische Baupolizeiverwaltung (1892b) belegen die Ausführung von bewehrten Decken. Die Decken selbst sind nicht mehr vorhanden. Sie sind als Bestandteil der Bötzow Brauerei zugleich Teil der Objektliste. Für weitere Quellen siehe auch die Angaben zu den Behältern auf S. 137.

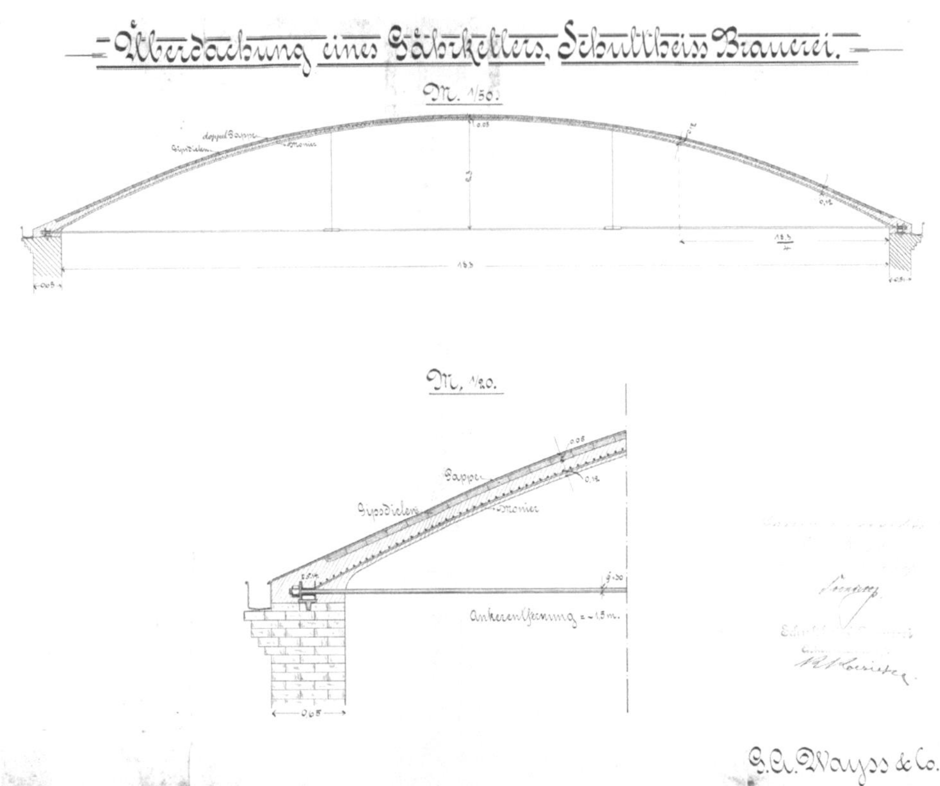

Abbildung 34: Konstruktionszeichnung der Gärhausdecke (Städtische Baupolizeiverwaltung (1890), S. o. A.).

Der Nachweis entspricht im Detail dem Nachweis für eine **gewölbte Deckenplatte**, die in der **Schultheiss-Brauerei**[374] von derselben Firma etwa zur gleichen Zeit realisiert wurde und den ebenfalls Koenen führte (siehe Kapitel 4.2.1). In Abbildung 34 ist die Konstruktionszeichnung der Decke der Schultheiss-Brauerei im Schnitt abgebildet. Die Deckenkonstruktion wurde nur gut ein Jahr nach Veröffentlichung der Monier-Broschüre realisiert und ist noch heute, fast unverändert erhalten.

Die Schultheiss-Brauerei, ähnlich der Bötzow-Brauerei, entwickelte sich an ihrem Standort über einen längeren Zeitraum, wobei es im Rahmen von Aus- oder Umbauten immer wieder zur Anwendung von Eisenbeton kam, so auch beim Gärhaus. Für Brauerei-Kellergebäude bildete sich keine explizite eigene Bauform heraus. Die darin untergebrachten Funktionseinheiten – Kühlschiff, Gär- und Lagerkeller – wurden üblicherweise in übereinanderliegenden Etagen untergebracht.[375]

Bei der Gärhausdecke als oberem Gebäudeabschluss mussten keine erhöhten Deckenlasten angesetzt werden. Ihre Ausführung gehörte in ihrer Bauzeit zum Standard und war vermutlich kostengünstiger als Alternativen. So wird beispielweise bei Christophe (1905) die Art der Decke als eine typische Hallenüberdeckung mit einer Spannweite von bis zu 20m aufgeführt, wie sie

374 Ähnlich der Bötzow Brauerei hat auch die Schultheiss Brauerei eine lange Geschichte in Berlin, siehe Gympel et al. (2001) oder auch Rieseler (2003). Für Details aus den historischen Baugenehmigungsunterlagen siehe Städtische Baupolizeiverwaltung (1890, 1893, 1926). Die Deckenkonstruktionen der Schultheiss-Brauerei werden im Anhang A3 als Fallbeispiel ausführlich beschrieben. Sie sind Teil der Objektliste.

375 Rieseler (2003), S. 65.

von der Aktien-Gesellschaft für Beton- und Monierbau in Berlin mehrfach realisiert wurde. Heute ist die Gärhausdecke eines der wenigen noch original erhaltenen Eisenbetondeckentragwerke aus frühester Anwendung des Baustoffes.
Sowohl für die ebenen als auch für die einfach gekrümmten Deckenplatten gab es von Beginn an Bemessungstafeln, die zu einer Standardisierung der Ausführung mit Blick auf die Spannweiten und den Einsatz der Bewehrung führten.[376] Innerhalb der ebenen Deckenkonstruktionen kam es zu weiteren Ausführungsvarianten. Die konsolartige Ausbildung der Balken- bzw. Deckenenden beispielsweise fand gegen 1900 Eingang in Konstruktionen.[377] Erste Ausführungen mit konsolartig ausgeformten Balkenenden nach dem System Hennebique fanden sich um 1896 in Belgien.[378] Erinnert sei ebenfalls an die Koenen'sche Voutenplatte[379], deren Deckenenden am Übergang zur Wand gevoutet ausgeführt wurden, um so eine bessere Lastübertragung zu ermöglichen (siehe Abbildung 35).[380] Bei beiden Konstruktionen ermöglichte die Formgebung eine bessere Verteilung der Bewehrung zur Übertragung der Schubkräfte und für den Wechsel der Zugzone im Querschnitt im Bereich der mittleren Auflager.

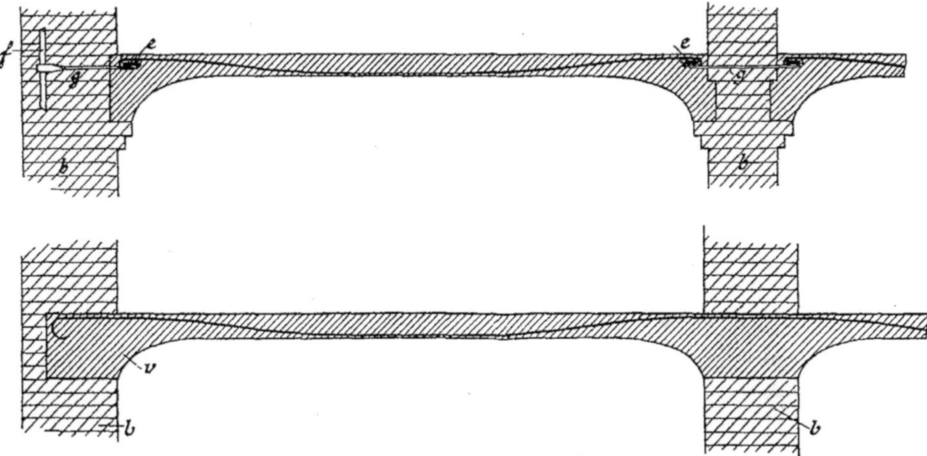

Abbildung 35: Ein Teil der Deckenkonstruktionen nach dem Patent der Koenen'schen Voutenplatte (Koenen (1897), siehe dazu auch Anhang C3).

Eine weitere Ausführungsvariante von Deckenkonstruktionen in Eisenbeton war ein **Ziergewölbe** über dem **Restaurantsaal der Schultheiss-Brauerei** (Baujahr 1892).[381] Die Decke hatte bis auf den Abtrag der Eigenlasten keine zusätzliche lastabtragende Wirkung, ähnlich den Ausführungsbeispielen in der Monier-Broschüre, in der die Konstruktionsart mit „unbelastete Gewölbe als dekorative Raumabschlüsse“[382] bereits detaillierter beschrieben wurde.

---

376 Wayss (1887b), S. 68–72.
377 Siehe das Patent von Koenen (1897).
378 Hellebois (2013b), S. 73 beschreibt ausführlich die Veränderung des Systems Hennebique auf Grund wachsender Erfahrungen.
379 Nach Koenen (1897).
380 Dazu finden sind einige Beispiele auch in der Objektliste, z.B. das Amtsgericht in Charlottenburg.
381 Zur Quellenlage für die Bauten der Schultheiss-Brauerei siehe S. 142.
382 Wayss (1887b), S. 83.

Abbildung 36: Innenansicht des Restaurantsaals der Schultheiss-Brauerei (Gympel et al. (2001), S. 54).

Diese Scheingewölbe kamen vor allem bei großen Saalbauten oder in Kirchen auch außerhalb Berlins mehrfach zur Anwendung. So führte das Unternehmen Lolat-Eisenbeton noch um 1904 bei zwei Kirchenneubauten in Köln-Kalk (siehe Abbildung 37) und in Bois-du-Luc, Belgien[383] Kreuzgratgewölbe in ähnlichen Dimensionen aus (siehe Abbildung 38 und Abbildung 39). Ähnlich den abgehängten Decken von Rabitz, dienten diese der Innenraumgestaltung und waren nicht Teil des Tragwerks. Allerdings wurden hier im Gegensatz zum Rabitz-System keine Abhängungen benötigt. Abbildung 37 gibt einen Einblick in die Baustelle der Hospitalkirche in Köln-Kalk. Dort ist deutlich zu erkennen, dass für die Gewölbezwickel und die Grate Bewehrung auf einer Schalung positioniert wurde, während die Umfassungsmauern aus Ziegelmauerwerk errichtet wurden.

[383] Der Hinweis auf die Ausführung in Bois du Luc erfolgte durch Karima Haoudi, ehemalige Kuratorin im Écomusée du Bois-du-Luc-Site minier du Bois-du-Luc, Weltkulturerbestätte. Ihr sei an dieser Stelle noch einmal ausdrücklich für ihre Unterstützung gedankt.

Abbildung 37: Während der Bauarbeiten der Hospitalkirche in Köln-Kalk (Lolat-Eisenbeton (1904), S. 136).

Die Kirche in Bois du Luc weist einen dreischiffigen Grundriss auf, wobei das Mittelschiff, ähnlich einer Basilika, erhöht ausgeführt wurde. Der Bau ist weniger gut dokumentiert, es handelt sich bei der Ausführung aber anscheinend um eine mit der Kirche in Köln-Kalk vergleichbare Konstruktion. Die tragenden Wände bestehen auch hier aus Mauerwerk, nur das innenliegende Gewölbe wurde aus Eisenbeton errichtet (siehe Abbildung 38 und Abbildung 39). Auf Grund des Bauzustandes war eine genauere Untersuchung nicht möglich, aber es ist anzunehmen, dass auch hier ein ähnlich dichtes Bewehrungsnetz ausgeführt wurde.

Diesen drei frühen Anwendungsarten: den ebenen und gewölbten Deckenplatten sowie den Scheingewölben, war gemeinsam, dass bei der Wahl der Baumaterialien zwischen der Deckenebene und den umgebenden Wänden unterschieden wurde. Während die Deckenkonstruktion aus Eisenbeton hergestellt wurde, waren die tragenden Wände aus Mauerwerk.[384] Die Verbindung zwischen Deckenelementen und Wänden erfolgte mechanisch, beispielsweise durch separate Mauerwerksanker.

[384] Zu den Beschränkungen zum Einsatz von Eisenbeton bei massiven Wänden siehe Kapitel 2.6.2 sowie 4.1.

Abbildung 38: Untersicht des Mittelschiffs der Kirche St. Barbe in Bois-du-Luc (Foto: Wibault 2018).

Abbildung 39: Aufsicht auf die Eisenbetongewölbe über dem Mittelschiff der Kirche St. Barbe in Bois-du-Luc (Foto: Wibault 2018).

In Weiterentwicklung der Deckenplatten entstanden Plattenbalken. Zur Verringerung der Spannweiten wurden Decken zuerst durch zusätzliche, separate Balken unterstützt, bevor man sie statisch und konstruktiv als ein Element – als Plattenbalken – verstand. Hierbei wurden die

Deckenplatten mit den darunterliegenden Balken zu einem monolithischen Element verbunden. Diese Konstruktionsart wurde über die Zeit entwickelt und erhielt durch die Anwendungen nach dem System Hennebique ab 1892 internationale Bekanntheit. Vor allem zwischen Stützen gespannte Träger mit gevouteten Enden waren dafür kennzeichnend.
Nachweislich ab 1895 entstanden im Deutschen Reich mehrgeschossiger Rahmentragwerke als monolithische Konstruktion aus Eisenbeton (siehe Kapitel 4.2.3). Gebaute Beispiele von Plattenbalkendecken, die monolithisch mit Stützen ausgeführt wurden, lassen sich für Berlin erst nach 1903 nachweisen. Die Konstruktion eines Lagergebäudes der **Mälzerei Gregory in Spandau** (siehe Abbildung 40) gilt als eines der ersten.[385]

Abbildung 40: Innenansicht Mälzerei Gregory (Verein Deutscher Portland-Zement-Fabrikanten (1982), S. 149).

Die 1. Behördlichen Bestimmungen zum Bauen mit Eisenbeton gaben ab 1904 den Rahmen für größere, mehrgeschossige Eisenbetonbauten, die ohne Systemzuordnung ausgeführt werden konnten, vor. Zwei vergleichsweise gut dokumentierte Beispiele dafür sind der **Hermannshof in der Hermannstraße**[386] und das **Kaufhaus Jandorf am Kottbusser Damm**[387]. Abbildung 41 zeigt eine Innenraumaufnahme des dritten Obergeschosses des Hermannhofes kurz nach seiner Fertigstellung.

---

[385] Es finden sich kaum Informationen zu dem Gebäude. Baugenehmigungsunterlagen zu der Eisenbetonkonstruktion in dem Gebäude der Mälzerei sind in den archivierten Bauakten im Bezirksamt Spandau nicht enthalten. Ebenso finden sich keine bauzeitlichen Publikationen, ausgenommen einen kurzen Verweis in Verein Deutscher Portland-Zement-Fabrikanten (1982), S. 149. Das Gebäude selbst ist nicht überliefert.

[386] Zu dem Gebäude Hermannshof hat sich neben einer bauzeitlichen Beschreibung durch Sachs (1906) auch noch die Bauakte mit den Baugenehmigungsunterlagen in Königliches Polizei-Präsidium Bauinspektion Rixdorf (1904) erhalten. Detaillierte Informationen zu Entwurf und Konstruktion finden sich in Anhang A3. Das Gebäude ist Teil der Objektliste.

[387] Informationen zu Bauwerk und Konstruktion gab es bereits bauzeitlich in Sandor (1908), Neubauer (1909) oder auch Wiener (1912). Stürzebecher (1979) hat das Thema der Berliner Warenhäuser hinsichtlich Bautypus, Element der Stadtorganisation und Raumspähre der Warenwelt untersucht. Das Objekt ist Teil der Objektliste.

Abbildung 41: Innenansicht im 3. Obergeschoss Hermannshof (Sachs (1906), S. 93).

Während der Hermannshof als Fabrikgebäude in einem Hinterhof realisiert wurde, stand das Kaufhaus Jandorf prominent an einer Straßenkreuzung und wies eine künstlerisch aufwändige Innenraum- und Fassadengestaltung auf (siehe Abbildung 42 bis Abbildung 44). Der architektonische Entwurf wurde durch Franz Ahrens[388] verantwortet, einem zu der Zeit sehr bekannten Berliner Architekten. Die unregelmäßige Grundrissgestaltung nahm die angrenzenden Straßenverläufe auf und konzentrierte sich auf einen mittig eingefügten Lichthof.

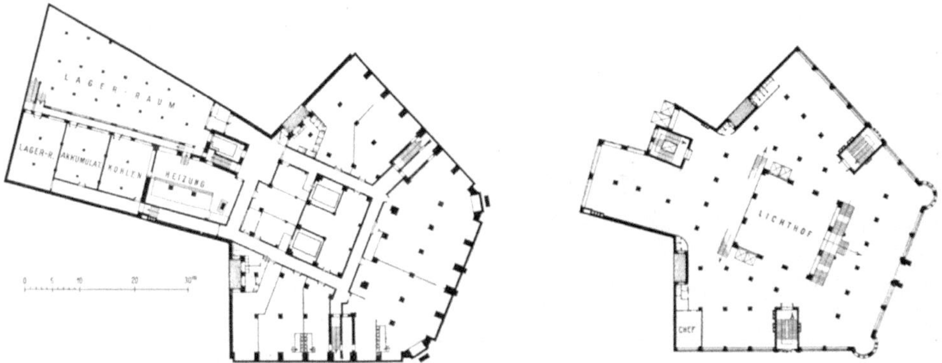

Abbildung 42: Grundriss Keller (links) und Obergeschosse (rechts) Kaufhaus Jandorf (Sandor (1908), S. 37).

[388] Franz Ahrens (1858–1937) studierte zwischen 1877 und 1881 an der Bauakademie und der Technischen Hochschule Charlottenburg. Ab 1881 arbeitete er als Regierungsbaurat, später als Regierungsbaumeister und ab 1895 als Postbauinspektor für die Reichspost in Berlin. Bereits 1884 wurde er Mitglied im AIV Berlin. Ab 1904 war er technischer Direktor der Berliner Terrain und Bau AG. Gleichzeitig arbeitete er in einem eigenen Büro als Architekt und Bauleiter. Unter seiner Führung entstanden ab 1906 einige bemerkenswerte komplexe Eisenbetonkonstruktionen. Siehe ausführlich dazu bei Reher (2003).

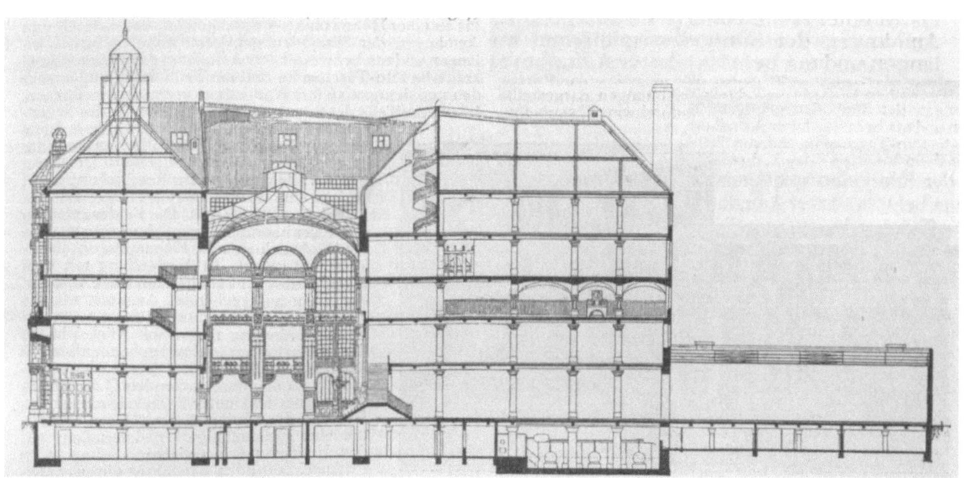

Abbildung 43: Längsschnitt Kaufhaus Jandorf (Sandor (1908), S. 37).

Abbildung 44: Innenraum Kaufhaus Jandorf (Sandor (1908), S. 37).

Bei beiden Gebäuden war das Bauunternehmen M. Czarnikow & Co. (siehe Kapitel 3.5.1) mit der Ausführung des Eisenbetons beauftragt. Die Arbeiten zum Kaufhaus Jandorf erfolgten im Winter 1905/1906 erst einige Monate nach der Fertigstellung des Rohbaus des Hermannshofs. Der prominente Standort direkt an der Straße und die Beteiligung des Architekten Ahrens führten in Folge vermutlich dazu, dass das Kaufhaus Jandorf größere Bekanntheit als der Hermanshof erlangte. Ein Vergleich der konstruktiven Charakteristika zeigt, dass die Gebäude zahlreiche Gemeinsamkeiten aufweisen (siehe Tabelle 16), sodass in einer bautechnikgeschichtlichen Analyse eher dem Hermannshof mit der früheren Bauzeit eine Vorreiterrolle zuzuordnen wäre. Die Konstruktion weist zwar optisch Übereinstimmungen mit der Bauweise Hennebique bzw. den Voutendecken von Koenen auf, allerdings war die ausführende Firma nach aktuellem Kenntnisstand keine Lizenznehmerin der genannten Systeme. Die Bemessung der Konstruktion erfolgte noch vor Veröffentlichung der 1. Behördlichen Bestimmungen, beinhaltete aber schon einen Großteil der Annahmen und Nachweise, die dann später in den Bestimmungen gefordert wurden. Der Nachweis der Decken erfolgte ohne Ansatz von Einspannmomenten über den Stützen. Darüber hinaus ist auch die Bewehrung, trotz eigener Sonderformteile zur Bewehrungspositionierung, in Form und Positionierung Zeugnis einer sich baupraktisch vereinheitlichenden Bauweise.[389]

In der Zeit zwischen 1894 und 1904 waren verschiedenste Deckensysteme in Berlin erhältlich. Mit Einführung der 1. Behördlichen Bestimmungen von 1904 wurde diese Bandbreite deutlich verkleinert und vereinheitlicht. Der Hermannshof zeugt noch heute von dieser ersten Phase der Vereinheitlichung.

Vergleichspunkt	**Hermannshof**	**Kaufhaus Jandorf**[390]
Nutzfläche	1800m² Kellergeschoss 1000m² Normalgeschoss	2000m² alle Geschosse
Anzahl Stockwerke	7 (inkl. Keller und Dach)	7 (inkl. Keller und Dach)
Lastannahmen für Normalgeschosse Hof-/ Durchfahrten	 Nutzlasten 750 kg/m² Nutzlasten 1600 kg/m² (Hof)	 Nutzlasten 500 kg/m² K. A.
zul. σ_{Decken} = zul. $\sigma_{Säulen}$ =	30 kg/cm² 30 kg/cm²	46 kg/cm² 30 kg/cm²
Stützen	Versch. Querschnittsformen (rund, quadratisch, rechteckig), mit Vouten	Quadratisch, ohne Vouten Ausbildung Stützenkopf, bzw. Stoß nach Patent Becher 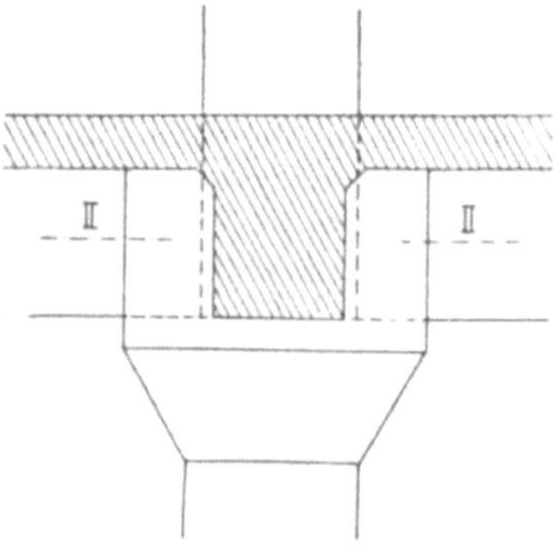 II II Schnitt II-II

[389] Der Vergleich bezieht sich auf die in den Bauakten angegeben Bewehrungsdetails, siehe Königliches Polizei-Präsidium Bauinspektion Rixdorf (1904).

[390] Sämtliche Angaben stammen aus Sandor (1908). Einzig die Angabe der Nutzlasten ist Neubauer (1924b) entnommen.

Vergleichspunkt	Hermannshof	Kaufhaus Jandorf[390]
		I I aus Sandor (1908)
Statisches Model	Stützen und freiaufliegende Balken, mit zwischen den Balken Gespannte Decken	Stützen und freiaufliegende Balken, mit zwischen den Balken Gespannte Decken
Bewehrungsführung	Rundeisen in größeren Durchmessern und abgebogen Enden Abstandhalter System Lolat	Rundeisen in größeren Durchmessern und abgebogen Enden
Qualitätssicherung	Probebelastung mit 5*(p+g)	Probebelastung mit 3p + 1,5g

Tabelle 16: Vergleichende Übersicht zu den konstruktiven Charakteristika des Hermannshofes und des Kaufhauses Jandorf.

Im internationalen Vergleich mit den großen Lagerhauskomplexen, die in Straßburg bereits um 1900[391], oder auch den Hochhäusern, die ab 1902 in den USA errichtet wurden, ist die Konstruktion des Hermannshofs vergleichsweise klein. Dennoch: In anderen Ländern, wie den Niederlanden und Belgien, wurden diese Dimensionen in Eisenbeton damals noch nicht erreicht. Die Entwicklungen in Berlin sind also nicht unbedingt Vorreiter, aber doch Zeugen einer soliden ersten Ausführung. Einerseits kann das Tragwerk des Hermannhofs beispielhaft für die Entlehnung der Formen aus dem Holzbau gelesen werden.[392] Gerade die verschiedenen Ebenen der Rippen und Unterzüge erinnern stark an traditionelle Holzbalkendecken. Andererseits ist das Gebäude aber auch ein Beispiel für den Abschluss einer Phase innerhalb der Entwicklung der statischen Bemessung.

Nach den zuvor genannten unterschiedlichen Konstruktionsarten bildeten die Plattenbalken vorerst einen Abschluss in der Entwicklung der Deckenkonstruktionen in Berlin. Dies schließt auch Konstruktionen mit Kahneisenbewehrung (siehe auch Anhang A7) ein, deren Bewehrungsform sich zwar deutlich von den im Allgemeinen verwendeten Rundeisenstäben unterscheidet, aber deren konstruktiver Gedanke damit vergleichbar ist.[393] Entwicklungen wie beispielsweise Pilzkopfdecken oder auch bestimmte Bewehrungszulagen wie Drillbewehrung fanden erst nach dem Untersuchungszeitraum Eingang in die Berliner Baupraxis. Die Weiterentwicklung der monolithisch bemessenen und entsprechend bewehrten Verbindung von Stützen und Balken hin

[391] Wayss und Mörsch (1902), S. 34, 35 und 39.

[392] Mecenseffy (1911), S. 78.

[393] Die Kahneisenbewehrung geht auf ein US-amerikanisches Patent von Julius Kahn zurück, vgl. Kahn (1903). Dabei ist die Bügelbewehrung flügelartig, direkt mit den Längsbewehrungseisen verbunden.

zu Rahmentragwerken nahm noch einige Zeit mehr, bis etwa 1915 in Anspruch. Diese Konstruktionen werden im folgenden Kapitel behandelt.

4.2.3 Stockwerksrahmen

Die Ausbildung einer baulich und rechnerisch monolithischen Verbindung zwischen Stützen und Balken führte zur Entwicklung von Stockwerksrahmen. Die durchlaufenden Decken und Balkensysteme bildeten dabei ein geschlossenes Tragwerk, und es entstand ein feuerfestes Gebäude mit hohen Deckenlasten, großen, freien Arbeits- bzw. Lagerflächen, so wenigen Stützen wie möglich und über mehrere Etagen reichend. Neben Kaufhäusern und Fabrikanlagen hatte so auch der Bau von Lager- und Speichergebäude insgesamt einen immensen Einfluss auf die Entwicklungen im europäischen Eisenbetonbau. Gerade die durch die Firma Hennebique bzw. ihre Patentnehmer ab 1890 errichteten Lager- und Speichergebäude sind als frühe Ausführungen fest in der Entwicklungsgeschichte des Eisenbetonbaus verankert[394].

Für Berlin zeigt die Untersuchung, dass von den erfassten Tragwerken in der Objektliste 17 als mehrgeschossiges Rahmentragwerk beschrieben wurden. Darunter finden sich Waren- und Geschäftshauskonstruktionen ebenso wie Speichergebäude oder auch Fabrikanlagen im gesamten Stadtgebiet (siehe Anlage C).

Für Deutschland insgesamt symbolisiert die Entwicklung von Stockwerksrahmen wohl am ehesten das umfangreich publizierte, achtstöckige Lagerhaus im Rheinhafen in Straßburg. Bereits 1899 errichtete das Unternehmen Wayss & Freytag AG in Kooperation mit Eduard Züblin eines der ersten großen, mehrgeschossigen Verbundspeichergebäude in Eisenbeton im deutschsprachigen Raum (siehe Abbildung 45).[395] Es gibt nachweislich bereits frühere Ausführungen von Stockwerksrahmenbauten, diese waren aber deutlich kleiner dimensioniert und wurden bauzeitlich weniger umfangreich in Publikationen beschrieben[396].

[394] Siehe Delhumeau (1999) für Beispiele in Frankreich und Hellebois (2013b) für realisierte Tragwerke in Belgien.

[395] Zur genauen Ausführung und der dabei verwendeten Bauweisen finden sich Details in Wayss und Mörsch (1902), Wayss & Freytag AG (1906b), Becker (1931), Kierdorf (2009) sowie Ramm (2012).

[396] So wurde beispielsweise 1898 in Leipzig durch den Hennebique Lizenznehmer Max Pommer ein mehrstöckiges Rahmentragwerk als Erweiterungsbau für die Notendruckerei C. G. Röder realisiert. Ausführliche Details zur Konstruktion sowie zur Firmengeschichte des Unternehmens von Max Pommer finden sich bei Adam et al. (2015). Weiterhin gibt es als Erweiterung einer Mälzerei in Lahr-Dinglingen ein mehrstöckiges Rahmentragwerk aus dem Jahr 1895, das ebenfalls nach dem Hennebique-Patent realisiert wurde. Eine Publikation von Geraldine Buchenau und der Verfasserin über die Konstruktion, die auch deren Entstehungsprozess aufgreift, ist dem Tagungsband der Construction History Society 2021 zu entnehmen.

Abbildung 45: Baustellenfoto des Speichergebäudes in Straßburg, vermutlich 1899 (Wayss und Mörsch (1902), S. 32).

Diesen Stellenwert kann der **Viktoriaspeicher** (Baujahr 1911) für Berlin nur bedingt einnehmen.[397] In Auswertung der Recherche war der Viktoriaspeicher anscheinend der erste große Verbundspeicher innerhalb der Eisenbetonlagerhäuser in Berlin. Mit der Ausführung von mehrgeschossigen Stockwerksrahmen ist er einer der wenigen noch unverändert vorhandenen Bauten aus dieser Zeit (siehe Anhang A4).

Abbildung 46: Ansicht der Längsfassade des Viktoriaspeichers (Baupolizei Berlin (1909), S. o. A).

[397] Für den Viktoriaspeicher sind sowohl die Baugenehmigungsunterlagen inklusive Entwurfszeichnungen und statischer Bemessung sowie Unterlagen über notwendige Wiederaufbauarbeiten nach dem Zweiten Weltkrieg archivalisch dokumentiert, siehe dazu Baupolizei Berlin (1909) und Senatsverwaltung für Wirtschaft und Ernährung (1947). Zudem sind mit O. A. (1880) und R. (1909) zwei Berichte zu den Vorgängerbauten erhalten.

Den architektonischen Entwurf verantwortete Franz Ahrens und die Bauarbeiten wurden durch die Firma M. Czarnikow & Co. ausgeführt. Nach den Erfahrungen beim Bau des Kaufhauses Jandorf am Kottbusser Damm (1905, siehe Kapitel 4.2.2) und des Passage-Kaufhauses der **Friedrichstraßen-Passage** (1907, siehe Anhang A4) war dies ein weiteres Projekt, das in Zusammenarbeit zwischen Franz Ahrens und der Firma M. Czarnikow & Co. entstand[398]. Während die beiden Kaufhäuser eine durchaus repräsentative Architektur aufweisen, ist der Viktoriaspeicher eher als schmuckloses Industriegebäude anzusehen. Von außen deutlich sichtbar ist das Tragwerk aus Stockwerksrahmen.

Entgegen dem äußeren Eindruck zeigt die Analyse der Statik, dass die geschossweise Bemessung aus Balken und separaten Stützen erfolgte.[399] Dies war zu der Zeit das maßgebende statische Konzept. Die Bewehrungsführung wurde als eine Art Vorform der monolithischen Eckbewehrung ausgeführt, sodass zu vermuten ist, dass zumindest eine geringe Einspannwirkung vorliegt. Genau dieser, der Bauweise immanente Vorteil beförderte die „Emanzipation des Stahlbetonbaus vom Stahlbau [bei] Rahmentragwerke[n]“[400]. Die Herstellung des Eisenbetons aus einem Guss beinhaltete vielfach statisch unbestimmte Verbindungen innerhalb eines Tragwerks und den Vorteil, durch die Einspannung der Trägerenden das Feldmoment signifikant zu reduzieren. Zusätzlich zu den statischen Kenntnissen war also ein sehr gutes Verständnis des Lastflusses innerhalb bewehrter Betonquerschnitte erforderlich, um die Anteile an Zug- und Druckkräften den jeweiligen Bewehrungsstäben zuzuweisen und eine entsprechende Dimensionierung vorzugeben. Der Viktoriaspeicher belegt einerseits die Anwendung traditioneller statischer Nachweismethoden, wobei andererseits die Bewehrungsführung bereits über das traditionelle Verständnis hinausgeht. Außerhalb Berlins erlangte der Viktoriaspeicher nur begrenzte Bekanntheit. Wie bereits erwähnt, sind dessen Dimensionen im Vergleich zu den Speichergebäuden in Straßburg oder auch zum nur wenige Jahre später in Dresden erbauten „Erlweinspeicher“[401] eher gering.

Im internationalen Vergleich für Stockwerksrahmen sei noch einmal auf die ersten Hochhäuser verwiesen, die in den Vereinigten Staaten von Amerika ab 1902 realisiert wurden. Das Ingall's Building in Cincinnati, Ohio war mit über 16 Geschossen zur Bauzeit das höchste Eisenbetongebäude weltweit. Bei der Ausführung fällt auf, dass, im Gegensatz zur bereits vereinheitlichten Bewehrungspositionierung und -form in Berlin, dort offenbar eine große Vielzahl an verschiedenen Systemen verwendet wurde.

> „They used Ransom's reinforcing system in the large monolithic beams and slabs with tensile reinforcement. The two-way slabs used the Monier and Wayss systems, while bent stir-

[398] Das Leben und Wirken von Franz Ahrens wurde im Rahmen einer Masterarbeit untersucht, siehe dazu Reher (2003). Zudem finden sich in den bauzeitlichen Baugenehmigungsunterlagen zum Viktoriaspeicher Namensverweise auf Ahrens und die Firma Czarnikow &Co., die eine direkte Zusammenarbeit dokumentieren, siehe Baupolizei Berlin (1909). Weitere Informationen finden sich in den Publikationen zu den einzelnen Gebäuden. Das Kaufhaus Jandorf wird ausführlich bei Sandor (1908) beschrieben. Bei Ahrens (1909) und Müller (1909) finden sich entsprechende Querverweise für die Friedrichstraßen-Passage.

[399] Die Balken wurden dabei als Durchlaufträger mit Anrechnung der Einspannmomente über den Stützen modelliert. Die umfangreiche bauzeitliche Statik ist in mehreren Bänden dokumentiert, die jedoch nicht einheitlich durchnummeriert wurden; vgl. Baupolizei Berlin (1909).

[400] Kurrer (2016), S. 697.

[401] Der „Erlweinspeicher“, benannt nach dem Architekten Hans Erlwein, wurde 1913/14 als städtisches Lagerhaus am Ufer der Elbe in Dresden durch die Firma Wayss & Freytag realisiert. Er ist mit seiner Kubatur (36 x 76m) und seiner Höhe von knapp 40m fast doppelt so groß wie der Viktoriaspeicher (Ramm (2007), S. 69).

rups came from Hennebiqeu's [sic] systems. In addition, they also used the reinforcement ideas of Hyatt and Considere."[402]

Es bleibt unklar, wie genau die statischen Berechnungen aussahen und auch, wie die unterschiedlichen Bewehrungseisen miteinander kombiniert wurden. Dennoch wurde das Gebäude wegweisend für spätere Hochhausbauten und damit auch für die Weiterentwicklung der Stockwerksrahmen.

Björnstad veröffentlichte 1909 eine der ersten umfassenden theoretischen Arbeiten zu statisch unbestimmten Rahmentragwerken (siehe Kapitel 2.4.2), die in der Folgezeit die Anwendung von Eisenbeton stark beeinflusste, allerdings musste sich die Bemessung für Eisenbetontragwerke erst in der Baupraxis durchsetzen.[403] Die Publikation erschien zwar während der Planungsphase zum Viktoriaspeicher, doch ein Einfluss auf die dortigen Bemessungen lässt sich nach Analyse der statischen Berechnung nicht nachweisen.

Im Gegensatz zum Viktoriaspeicher beinhaltet der Neubau des **Aquariums am Zoo** einen Stockwerksrahmen, der tatsächlich auch mit Eckeinspannmomenten bemessen wurde.[404] Zu Beginn als klassische Stützen-Balken-Konstruktion konzipiert, wurden der Entwurf und die Bemessung offenbar maßgeblich durch die Beteiligung des Unternehmens Eisenbetonbau Konrad Schwartz GmbH beeinflusst. Dieses verantwortete die Nachtragsstatik, die neben den Rahmenkonstruktionen einige weitere Änderungen beinhaltet, die von einem guten Verständnis für die Eisenbetonbauweise zeugen.[405] So wurden beispielsweise die in der ersten Statik noch mehrfach erwähnten Flacheisenbügel offenbar nicht eingebaut.[406] Insgesamt erscheint die konstruktive Ausarbeitung des Entwurfs im Nachtrag einheitlicher. Die Veränderung des Tragwerks im Einzelnen und auch das Konzept der mehrgeschossigen Stockwerksrahmen (siehe Abbildung 47) erscheinen schlüssig, vor allem, da die Bauweise genau für so einen Fall – der monolithischen Verbindung von horizontalen und vertikalen Tragwerksgliedern – ihre Vorteile hat. Erstaunlich bleibt, dass das Ingenieurverständnis zur Ausarbeitung der Statik zur damaligen Zeit offensichtlich deutlich stärker ausgeprägt war als die praktischen Fertigkeiten auf der Baustelle.

---

[402] Jahren und Sui (2018), S. 160.

[403] Siehe Björnstad (1909) und auch Kurrer (2016).

[404] Während Sch. (1913) eher allgemeine Informationen zum Neubau des Aquariums beschreibt, konzentriert sich O. A. (1914b) auf die Anwendung von Eisenbeton beim Neubau des Aquariums. Darüber hinaus haben sich die bauzeitlichen Baugenehmigungsunterlagen erhalten, siehe Königliches Polizei-Präsidium (1912). Schließlich beschreibt Fiesinger (1953) konstruktive Details, die durch Kriegsschäden bzw. dem Wiederaufbau nach 1945 zutage getreten sind.

[405] Siehe dazu die genauen Beschreibungen im Katalogeintrag im Anhang.

[406] Zum einen beschreibt dies bereits Fiesinger (1953) in seinem Bericht zum Wiederaufbau. Zum anderen sind im Untergeschoss einige Stellen sichtbar, an denen die Bewehrung offenliegt.

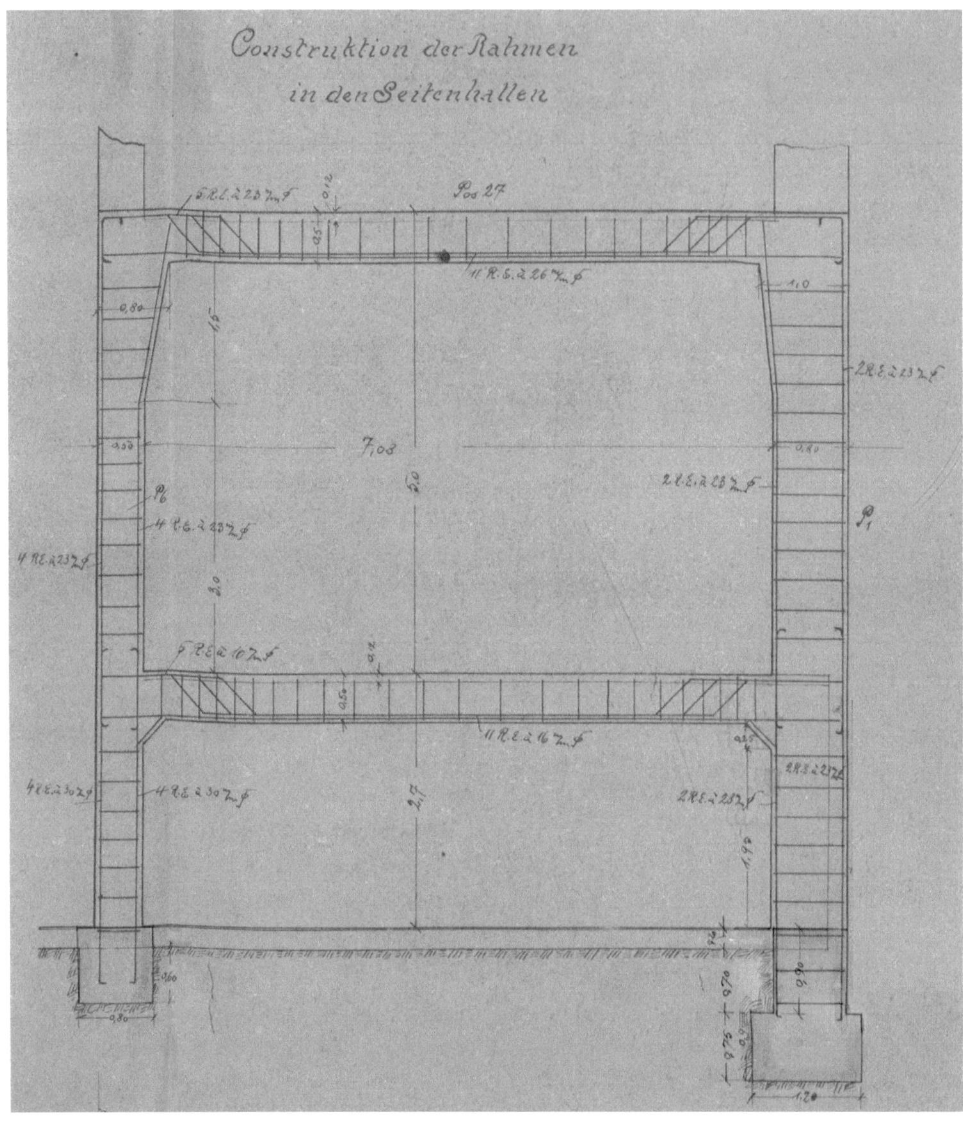

Abbildung 47: Bewehrungszeichnung der Hallenrahmenkonstruktion (Königliches Polizei-Präsidium (1912), S. o. A).

Grundsätzlich lässt sich eine hohe Übereinstimmung der äußeren Geometrie mit der Planung nachweisen. Stützen, Balken, Wände und Decken sind in den Maßen ausgeführt, wie sie in der Bemessung angesetzt wurden. Problematisch war offenbar die Betonmischung. So wies diese einen zu hohen Feinkornanteil auf, und es kam zu gravierenden Abweichungen zwischen geplanter und ausgeführter Bewehrung. Zu diesem Ergebnis kommt eine Untersuchung im Rahmen von Sanierungsmaßnahmen in den 1950er Jahren. Unter anderem „fiel auf, daß in den Säulen und Unterzügen so gut wie keine Bügel, in den Unterzügen nur eine ungenügende Schubbewehrung und in den Decken wenig Aufbiegungen und keine Verteileisen vorhanden waren“[407]. Vor allem bei den Unterzügen der Erdgeschossdecke „zeigte es sich, daß in den De-

[407] Fiesinger (1953), S. 216.

ckenbalken nur etwa 60% der in der alten statischen Berechnung ermittelten Rundstahlbewehrung vorhanden war, ein schwerer Ausführungsfehler!“[408] Weiterhin führten konstruktive Mängel dazu, dass „die Unterzüge [im Erdgeschoss] an allen End-Einspannstellen durchgerissen sind“[409].

Die Regulierung in Form der behördlichen Bestimmungen hatte zu dieser Zeit offenbar doch noch nicht zu einer ganzheitlichen Standardisierung im Bauen mit Eisenbeton geführt. Abhängig von den jeweils ausführenden Bauunternehmen und den verantwortlichen Statikern gab es durchaus deutliche Qualitätsunterschiede. Die Beispiele verdeutlichen die Bandbreite an bautechnischer Qualität bzw. bautechnischen Mängeln. Weiterhin zeigen die beiden gewählten Fallstudien – der Viktoriaspeicher und das Aquarium – im Vergleich, dass trotz der doch sehr unterschiedlichen statischen Modellannahmen deutliche Übereinstimmungen in der Bewehrungsführung vorliegen. Aber was im Viktoriaspeicher zumindest handwerklich und baulich realisiert wurde, fand erst beim Aquarium die rechnerische Bestätigung.

Die Praxis war hier der Gesetzgebung voraus. Bedingt durch die unterschiedlich langen Zeitphasen, in denen die behördlichen Vorschriften aktualisiert wurden, waren sie in Bezug auf neue Erkenntnisse in der Statik zeitweise schon veraltet. Beispielsweise beinhaltete erst die drei Jahre nach Fertigstellung des Aquariums überarbeitete Ausgabe der behördlichen Bestimmungen auch Rahmentragwerke.[410]

Mit Blick auf den Brandschutz und die hohen Deckenlasten, die übertragen werden sollten, war Eisenbeton das ideale Baumaterial für die großen, mehrstöckigen Speichergebäude und Industrieanlagen. So wurden auch in Berlin Stockwerksrahmen in Eisenbeton realisiert. Frühe Ausführungen weisen dabei noch Stützenquerschnitte und Bewehrungsverteilungen auf, die eher an schwach bewehrte Stampfbetonkonstruktionen erinnern. Das Aquarium kann im Ergebnis der Auswertung ingenieurtechnisch als ein Vorreiterbau angesehen werden. Zwar sind auch hier die Stützenquerschnitte vergleichsweise groß dimensioniert, aber die statische Modellierung als steifer Rahmen war eine Neuigkeit.

Auf den ersten Blick erscheinen die Konstruktionen in Berlin im Vergleich mit anderen Orten wie Antwerpen, Brüssel, Gent[411] oder Straßburg zeitlich deutlich später. Allerdings wurden die dortigen Speichergebäude nach dem System Hennebique vermutlich noch nicht als Stockwerksrahmen bemessen. In der Literatur sind weitere Hinweise auf Berliner Stockwerksrahmen aus der Zeit bis 1918 dokumentiert[412], aber nur eine genaue Analyse der bauzeitlichen Statik kann zeigen, welches statische Modell tatsächlich gewählt wurde bzw. ausschlaggebend für die Berechnung und Bewehrungsdimensionierung war. Eine Einordnung, wie sich der Entwicklungsfortschritt bei den Bemessungsmethoden zu den tatsächlich ausgeführten Konstruktionen, denen oft eher konservative statische Modellannahmen zugrunde lagen, insgesamt verhielt, bleibt nachfolgenden Untersuchungen vorbehalten.

[408] Fiesinger (1953), S. 216.
[409] Ebd.
[410] Vgl. Ministerium der öffentlichen Arbeiten (13.01.1916).
[411] Der Vergleich bezieht sich auf Angaben aus Wouters et al. (2018).
[412] Siehe dazu die Einträge in der Objektliste bzw. den dazu recherchierten Literaturangaben.

4.2.4 Hallenrahmen

In Folge der Industrialisierung nahm die Entwicklung von großen Hallentragwerken ihren Anfang im Eisenbau des 19. Jahrhunderts[413]. Die Übersetzung in Eisenbeton bedurfte einiger Anpassungen und erweiterter theoretischer Kenntnisse, wobei die statischen Nachweise sowohl im Eisen- als auch im Eisenbetonbau auf der Grundlage elastischen Materialverhaltens erfolgten[414]. Wie bereits ansatzweise in Kapitel 2.4.2 erläutert, begann eine intensive Auseinandersetzung mit den theoretischen Grundlagen für Rahmentragwerke aus Eisenbeton um 1910, in deren Folge zahlreiche Publikationen zum Thema erschienen.[415] Gerade die für den Eisenbetonbau typische Herstellung mit möglichst wenig Trennfugen zwischen den einzelnen Elementen – Balken, Stützen und Decken – führte im Ergebnis zu statisch vielfach unbestimmten Tragwerken, deren Berechnung deutlich komplizierter war.

Die Tragwerke der Hallenrahmen erinnern in ihrer Konstruktion an aus dem Mauerwerksbau entlehnte Zweigelenkbogenbinder oder aber an aus dem Eisenbau übernommene eingespannte Rahmentragwerke. Im Vergleich zu den mehrgeschossigen Stockwerksrahmen sind für Berlin im Untersuchungszeitraum kaum Hallenrahmen aus Eisenbeton überliefert. Lediglich bei sieben Objekten konnten Hinweise auf die Ausführung von Hallenrahmenkonstruktionen recherchiert werden (Anhang C1).

Ein erstes Beispiel für eine Hallenrahmenkonstruktion war der **Saal der Bötzow-Brauerei** mit einer Spannweite von knapp 16m.[416] Der Eigentümer der Brauerei, Julius Bötzow, beauftragte 1909 das in Berlin ansässige Unternehmen Keppich Eisenbeton GmbH (siehe Kapitel 3.5.1) mit der Ausführung.[417] Der Architekt und der verantwortliche Ingenieur sind nicht dokumentiert.

Die den Restaurantsaal (siehe Abbildung 48) überspannenden Rahmenbinder wurden als korbbogenförmige Zweigelenkbinder ausgeführt.[418]

---

[413] Zum Bauen mit Eisen in Berlin bis 1850 siehe Lorenz (1995), wobei sich weitgespannte Hallentragwerke in Berlin erst in der zweiten Hälfte des 19. Jahrhunderts finden, folglich Prokop (2012). Zur allgemeinen Einordnung der Entwicklung von Hallentragwerken siehe zudem Kurrer (2016).

[414] Siehe Kurrer (2016), S. 696.

[415] Die Entwicklung von Stahlbetonrahmen hat Kurrer (2016), S. 697–699 mit Blick auf die Entwicklungsschritte in der statischen Bemessung anhand historischer Publikationen nachvollzogen und passenderweise als „Emanzipation von Stahlbau" bezeichnet.

[416] Maßgebende Informationen zur Geschichte der Bötzow Brauerei finden sich in Dittrich (1886), H. (1893) und O. A. (verm. 1939); konstruktive Details sind aus den Baugenehmigungsunterlagen in Städtische Baupolizeiverwaltung (1909) entnommen.

[417] Siehe dazu die Dokumentation der Baugenehmigung in Städtische Baupolizeiverwaltung (1909).

[418] Zum Vergleich, obwohl die Formgebung der nur wenige Jahre später beim Bau des Leipziger Hauptbahnhofs (1912) ausgeführten 32m weit spannenden Hallenbinder den Eindruck von monolithischen Hallenrahmen vermitteln, wurden sie nach Gehler (1912), S. 226 konstruktiv als Balken auf zwei Stützen modelliert.

Abbildung 48: Festsaal der Bötzow-Brauerei bei der Eröffnungsfeier, vermutlich 1910 (O. A. (verm. 1939), S. 20).

In einer Weiterentwicklung der zu Beginn vielfach realisierten tonnenförmigen Decken wurden hier die Binder als eine Art Gewölbegurt innenraumsichtig mit den dazwischen gespannten Decken unmittelbar verbunden. Diese direkte, monolithische Verbindung (für Details siehe Anhang A5) hatte sich für langgestreckte, rechteckige Grundrisse bewährt und wurde bei Veranstaltungssälen sehr dekorativ zur Ausführung gebracht. Während die dazwischen gespannten Decken nur Eigenlasten abtrugen, übernahmen die Binder planmäßig zusätzliche Lasten aus der Dachkonstruktion, da die Hauptgespärre des Dachtragwerks in den Binderachsen positioniert waren.

Entgegen den auch ausgeführten Scheingewölben oder abgehängten Rabitzdecken, die nur Eigenlasten übertrugen und in ihrer Form eher bekannte Mauerwerksformen aufgriffen, war die Konstruktion im Saalbau der Bötzow-Brauerei in ihrer Ausführung vielmehr mit den späteren, kurzen Tonnenschalen, beispielsweise von Eugène Freyssinet[419], vergleichbar, die durch obenliegende Rippen ausgesteift wurden. Es ist zu vermuten, dass sich durch die Geometrie und Bewehrungsführung in den Decken eine Art Membrantragverhalten einstellte, das rechnerisch noch nicht erfasst werden konnte.

Ebenfalls im Jahr 1909 entstand auf dem Gelände des **Hauptdepots der Berliner Straßenreinigung in der Persiusstraße** ein Rahmentragwerk[420], das eher den aus dem Eisenbau bekannten Formen entsprach (siehe Abbildung 49 bis Abbildung 51 sowie Anhang A5). Für die Ausführung wurde die Aktiengesellschaft für Hoch- und Tiefbauten aus Frankfurt am Main[421] beauftragt. Den statischen Entwurf verantwortete Dipl.-Ing. H. Deimling, der kurz zuvor ein ähnliches

[419] Eugène Freyssinet (1879–1962) war ein französischer Bauingenieur, der zu Beginn seiner Karriere zahlreiche Brücken in Eisenbeton errichtete und später als Erfinder des Spannbetons bekannt wurde. Seine Arbeiten zum Bauen mit Eisenbeton waren zahlreich und mitunter revolutionär; siehe Günschel (1966) und Kurrer (2016), S. 976 sowie zur Bedeutung seines Beitrages in der Entwicklung des Spannbetons May und Espion (2020).

[420] Eine genaue Beschreibung der Konstruktion mit detaillierten Plandarstellungen liefert Szalla (1910). Das Tragwerk ist Bestandteil der Objektliste.

[421] Das Unternehmen war zuvor unter dem Namen Gebrüder Helfmann bekannt und agierte seit den 1870er Jahren als Bauunternehmen im Raum Frankfurt am Main. Das Nachfolgeunternehmen, die Hochtief AG, existiert bis heute, vgl. Pohl und Siekmann (2000).

Projekt, eine Umladehalle für die Eisenbahndirektion Berlin, in Wustermark, am Rande von Spandau, heute Bahnhof Elstal, verantwortete (siehe Abbildung 52 bis Abbildung 54).[422]
Beide Konstruktionen zeigen deutliche Übereinstimmungen sowohl in der Planung als auch in der Ausführung. Die genauen statischen Berechnungen sind nicht überliefert, aber allein die dokumentierten Zeichnungen (siehe folgende Abbildungen) lassen erkennen, dass offenbar planmäßig eine nennenswerte Einspannwirkung der Rahmenecken angesetzt wurde. So weist die Eckbewehrung (siehe Abbildung 51 bzw. Abbildung 54 und im Vergleich dazu Abbildung 145) zusätzlich zu der mehrfach übergreifenden, um die Ecke geführten Längsbewehrung und der konstruktiven Bügelbewehrung zusätzliche Verstärkungsformteile im Eckbereich auf. Beide Tragwerke machen einen fast identischen Eindruck und lassen vermuten, dass es sich dabei eventuell sogar um eine Typenentwicklung handelte. Lediglich die unterschiedlichen Baugrundbedingungen führten wohl zu einer voneinander abweichenden Ausführung der Rahmenfußpunkte.

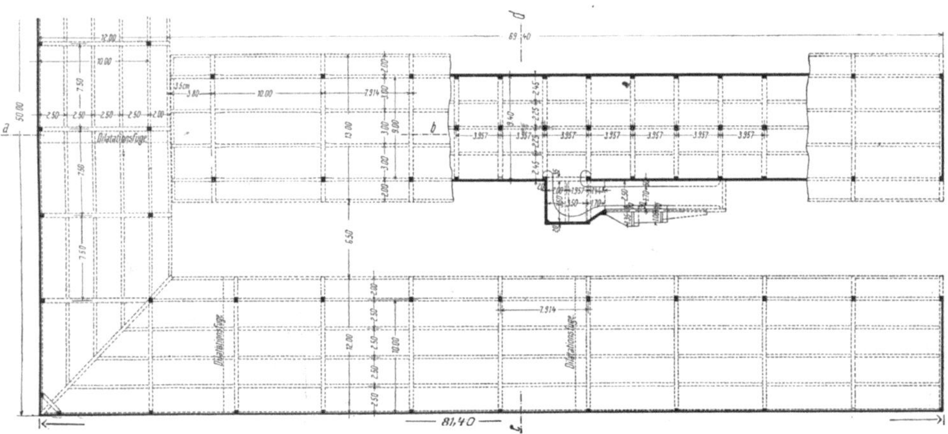

Abbildung 49: Grundrissausschnitt des Fahrzeugdepots in der Persiusstraße in Berlin, nicht genordet (Szalla (1910), S. 60).

[422] Deimling selbst hat zu Konstruktion und Tragwerk einen ausführlichen Bericht publiziert, siehe Deimling (1909). Die Halle in Wustermark ist nicht Bestandteil der Objektliste, doch aufgrund der Vergleichbarkeit der Konstruktion sei sie dennoch erwähnt.

Abbildung 50: Mittelhalle Persiusstraße nach dem Ausschalen, Spannweite 9m (Szalla (1910), S. 61).

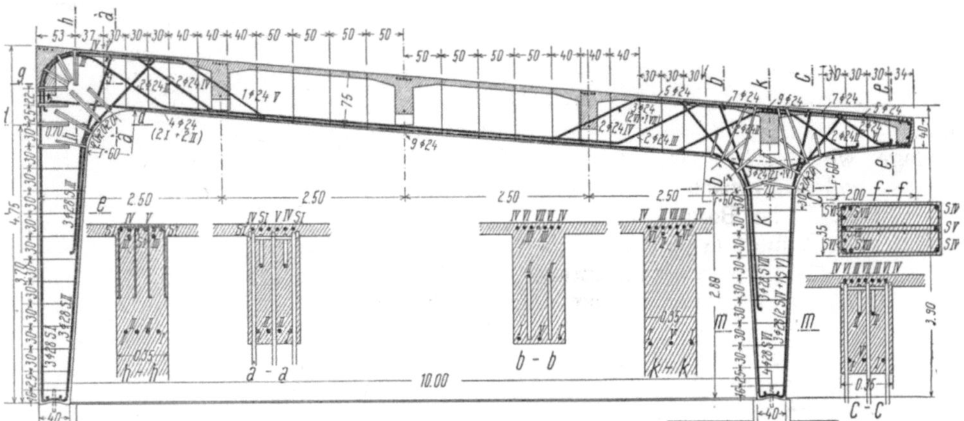

Abbildung 51: Ausschnitt Bewehrungszeichnung für den Rahmenbinder der Außenhalle Persiusstraße (Szalla (1910), S. 62).

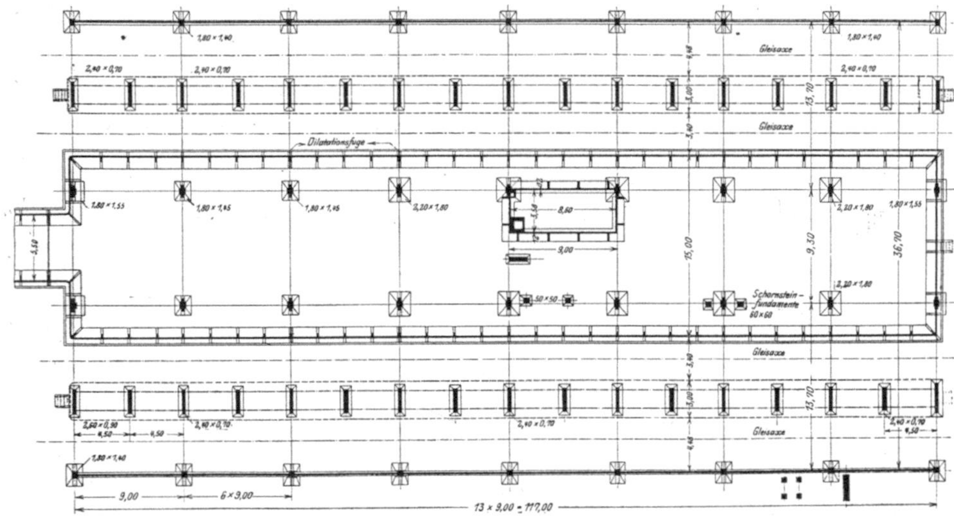

Abbildung 52: Fundamentplan der Umladehalle Wustermark, nicht genordet (Deimling (1909), S. 505).

Abbildung 53: Ostansicht der Umladehalle Wustermark, im Vordergrund die Laderampe (Deimling (1909), S. 507).

Insgesamt wurden bei beiden Konstruktionen Rundeisen und Bandeisen als Bewehrung verwendet, deren Positionierung und Form sich erstaunlich ähneln. Weiterhin wurden zwischen den Rahmenbindern Plattenbalkendecken angeordnet, durch die eine entsprechende Aussteifung in Längsrichtung ermöglicht wurde (siehe Schnittzeichnungen in Abbildung 51 und Abbildung 54). Eine weitere Gemeinsamkeit waren die aus C-Profilen gebildeten Gleitlager in den Dehnungsfugen zwischen den Rahmenbindern.[423] Damit war im Temperaturlastfall eine freie Bewegung bis zu 2cm zwischen den einzelnen Tragwerksbereichen möglich. Während das Fahrzeugdepot in der Persiusstraße nicht mehr vorhanden ist, existiert die Umladehalle des Bahnhofs Wustermark, heute Elstal, noch und steht unter Denkmalschutz. Damit hat sich zumindest im unmittelbaren Berliner Umland eines der frühesten Eisenbetonhallenrahmentragwerke erhalten.

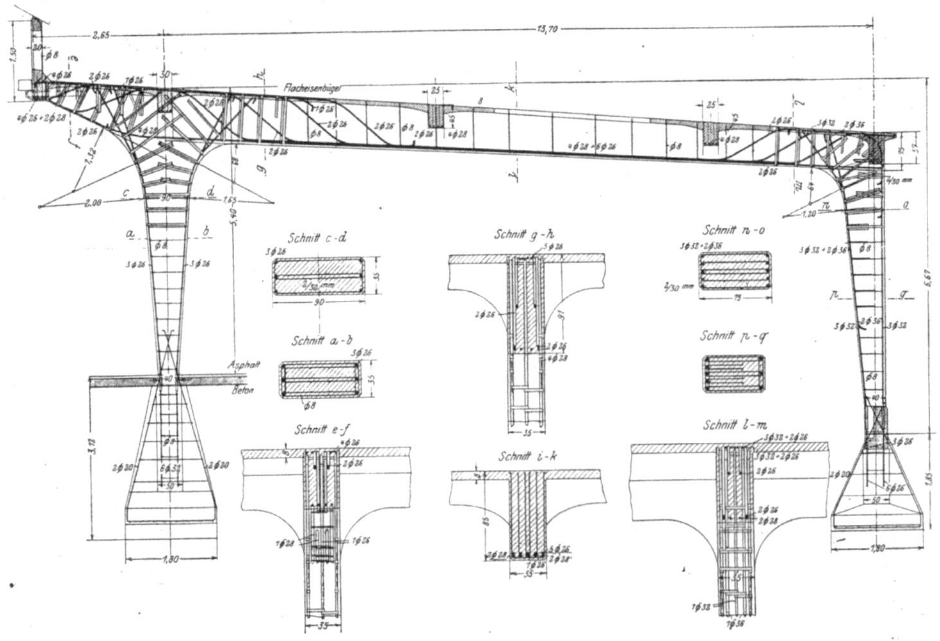

Abbildung 54: Bewehrungszeichnung für den seitlichen Rahmenbinder der Umladehalle in Wustermark (Deimling (1909), S. 509).

[423] Detaillierte Beschreibungen in Deimling (1909), S. 513 und Szalla (1910), Tafel III.

Nicht nur die Berliner Hallenrahmenkonstruktionen aus Eisenbeton blieben in ihren Dimensionen hinter den in Eisen ausgeführten zurück. Ab einer bestimmten Spannweite wurde Eisenbeton unwirtschaftlich bzw. waren dann die Grenzen des Materials erreicht.
Entgegen den bisher betrachteten Konstruktionen vereinen die 1918 fertiggestellten **Flugzeughallen in Karlshorst** in ihrer Konstruktion verschiedene aus Eisenbeton hergestellte Bindertypen.[424] Die vom Militär-Neubauamt Berlin-Friedrichsfelde, Intendantur Luftstreitkräfte in Auftrag gegebene Planung und Ausführung erfolgte durch das Münchener Bauunternehmen Gebrüder Rank (siehe Kapitel 3.5.1)[425].
Das Tragwerk der einzelnen Flugzeughallen – eine Halle besteht aus jeweils drei Hangars – sollte mehrfach ausgeführt werden, sodass sie nach einer Art Modulbauweise zusammengefügte Einzelelemente aufwiesen. Die Hallen beinhalteten zum einen über den Toröffnungen positionierte Vierendeelträger und zum anderen quer dazu verlaufende Hallenrahmenbinder mit einer Spannweite von 22m[426]. In Abstimmung mit den statisch-konstruktiven Anforderungen wurden hier zudem spezielle Bindertypen gewählt, die in ihrer Kombination eine effiziente und kluge Lösung darstellten.
Zwar sind die Flugzeughallen vor allem für die nach Art bewehrter Steineisendecken ausgebildeten Kuppelkonstruktionen, über die bereits mehrfach berichtet wurde[427], noch heute bekannt, aber auch die Verwendung der Vierendeelträger ist beachtenswert.
Der Vierendeelträger wurde zuerst im Eisenbrückenbau verwendet. Arthur Vierendeel entwickelte den Träger um 1897 in Belgien[428]. Die Konstruktion lässt sich als ein Pfostensystem ohne Diagonalen beschreiben, deren Ausführung in Eisenbeton zwar die Vorteile einer Einspannwirkung der Stäbe an den Knotenpunkten und vergleichsweise einfach zu betonierenden geraden, senkrechten Pfosten aufweist, allerdings verhinderte die „hohe innere statische Unbestimmtheit [zunächst] eine zuverlässige baustatische Analyse“[429]. Konstruktiv hat sich die Ausführung in Eisenbeton dann aber durchgesetzt, sodass ein zeitgenössisches Handbuch den Vierendeelträger auch unter der Rubrik Eisenbetonfachwerkbrücken aufführt[430].
Ursprünglich für den Brückenhochbau entwickelt, findet sich mit den Vierendeelträgern für eine Spannweite von 22m, wie im Fall der Flugzeughallen, eine ideale, stützenfreie Überbrückung. Heute sind die Hallen „[a]ls einzige Beispiele dieser Art für Flugzeughallen aus dem Ende des Ersten Weltkrieges […] eine bau- und konstruktionsgeschichtliche Rarität. Als letzte Bauten des Militärflugplatzes Friedrichsfelde sind sie darüber hinaus wichtige Zeugen aus den Anfangsjahren der Berliner Fluggeschichte“[431].

---

424 Das Landesdenkmalamt Berlin hat zu den Hallen bereits im Jahr 2000 eine Bestandsdokumentation erarbeiten lassen. Weitere Untersuchungen fanden 2018/2019 statt. Historisch findet sich eine erste Erwähnung und Abbildung in Mecenseffy (1922), S. 275. Pichler und Schmidt (2004) sowie Czymay (2014, 2018) haben die Konstruktion im aktuellen Zustand beschrieben. Zudem findet sich eine Erwähnung in der von Basiner et al. (2012) verfassten Firmenchronik der Gebrüder Rank. Ein Teil des Firmenarchives konnte ergänzend eingesehen werden, vgl. Gebrüder Rank (1919). Die Hallen sind Bestandteil der Objektliste und genauer in Anhang A5 beschrieben.
425 Siehe Basiner et al. (2012) sowie Gebrüder Rank (1919).
426 Pichler und Schmidt (2004), S. 687.
427 Siehe hierzu Pichler und Schmidt (2004) und Czymay (2018).
428 Conzett (2016).
429 Kurrer (2016), S. 699.
430 Akademischer Verein Hütte e.V. (1911), S. 311.
431 Pichler und Schmidt (2004), S. 691.

In Karlshorst stehen nicht nur die Kuppelkonstruktionen der Hallen für die Besonderheit der Konstruktion. Vielmehr ist es die Kombination von auf den jeweiligen Einsatzzweck ausgelegten Tragwerkselementen (Vierendeelbinder und Rahmenbinder), deren Gesamtkomposition in sich schlüssig und überzeugend ist (siehe Anhang A5)
Die Verwendung von Vierendeelträgern im allgemeinen Hochbau hat sich bis heute nicht wirklich durchgesetzt, umso erstaunlicher erscheint diese frühe Verwendung bei den Flugzeughallen. Allein die Konstruktion der Vierendeelträger hat für Berlin einen Seltenheitswert und zeugt noch immer von den sehr guten Statikkenntnissen des Konstrukteurs.
Hinsichtlich der Konstruktion waren die Flugzeughallen in Karlshorst keine Vorbilder, vielmehr ist zu vermuten, dass durch die Vorläuferbauten im Bauprogramm der Gebrüder Rank[432] bereits bestimmte Konstruktionen getestet wurden und die Hallen in Berlin eher als Ergebnis eines längeren Prozesses zu interpretieren sind. Trotz des geringen zeitlichen Abstands zur Einführung der motorisierten Luftfahrt gab es national weitere Flugzeughallen und Hangars, sodass die Konstruktion an sich bauzeitlich nicht außergewöhnlich war. Im internationalen Vergleich erscheinen die Bauten verhältnismäßig klein. Beispielhaft sei auf die Flugzeughallen von Eugène Freyssinet in Avord, Frankreich verwiesen, die als eine Aneinanderreihung kurzer Tonnenschalen eine Länge von 60m in einer Breite von etwa 46m überspannen.[433]
Im Vergleich mit Ländern wie Frankreich[434] oder den USA[435] überzeugen die in Berlin ausgeführten Hallenrahmen nicht unbedingt durch ihre Größe, wohl aber durch ihren Entwurf und, soweit bekannt, auch in ihrer Ausführung durch kenntnisreiche Anwendung des Eisenbetons.
Die in Berlin realisierten Beispiele sind durchaus vielfältig (siehe dazu auch die Objektliste im Anhang C). Einmal gibt es Hallenrahmen, die tatsächlich nur einen großen Raum überspannen und in der Geometrie der Rahmenstiele und -riegel gemäßigte Dimensionen aufweisen. Des Weiteren gibt es Hallenrahmen, die mehrschiffig aufgebaut sind und in den Kontaktbereichen über Gelenke verbunden sind. Vor allem bei großen Spannweiten und mehrschiffigen Hallenanlagen war eine durchdachte konstruktive Ausbildung von Gelenken notwendig. Teilweise wurden, ähnlich dem Brückenbau, Gelenkkörper entwickelt, die als Gussstück eingesetzt wurden. Darüber hinaus gab es Eisenprofilträger, die direkt mit der Bewehrung verbunden wurden und von außen nicht sichtbar waren, wie beispielsweise in dem Fahrzeugdepot in der Persiusstraße. Das umfangreiche Thema der Gelenke im Eisenbeton muss einer späteren Untersuchung vorbehalten bleiben.

4.2.5 Gewölbte Dachtragwerke

Der Beginn des Bauens mit Eisenbeton in Berlin ist unmittelbar mit einer ersten gewölbten Konstruktion verbunden, dem Musikpavillon auf der Rennbahn in Hoppegarten.[436] Für die Zeit

---

[432] Siehe Basiner et al. (2012).

[433] Espion (2018), S. 200.

[434] Für gebaute Eisenbetonkonstruktionen in Frankreich siehe u.a. Linse (1903), Badovici (1927), Birkenstock (28.02.1928), bzw. mit rückblickender, historischer Einordnung Delhumeau (1992) und auch Giedion (2000).

[435] Franz Widmann, Inhaber der Firma Dyckerhoff & Widmann, hat zum Bauen mit Eisenbeton in den USA auf einem Treffen des Deutschen Beton-Vereins berichtet, siehe Widmann (1911).

[436] Für die Auswahl wurde der geografische Rahmen (Hoppegarten war immer eigenständig und gehört auch heute noch zum Land Brandenburg) etwas erweitert, da einerseits die Ausführung durch ein Berliner Unternehmen in unmittelbarer Nähe erfolgte und andererseits die Konstruktion einen wichtigen Aspekt der generellen Entwicklung darstellt. Eine detaillierte bauzeitliche Beschreibung inklusive Zeichnungen findet sich in Wayss (1887b). Weitere bauzeitliche Unterlagen zum Gelände der Rennbahn sind im Bauaktenarchiv Hoppegarten dokumentiert. Kurze Zeit nach Fertigstel-

bis 1918 konnten zwölf weitere gewölbte Dachtragwerke recherchiert werden (siehe Anhang C1).

Ganz in der Tradition von Monier wurde beim **Musikpavillon** die Konstruktion flächig im Verbund ausgeführt, die in der realisierten Form einzigartig war. Das Fehlen einer maßgebenden Bemessungstheorie lässt vermuten, dass es sich mehr um ein Experiment gehandelt haben wird als um eine nachweisbar statisch bemessene Konstruktion. Dafür könnte auch die vergleichsweise kleine Dimensionierung sprechen. So bleibt bei einer Fläche von knapp 50m² nicht wirklich viel Platz für eine größere Anzahl von Musikern und deren Instrumenten. Ein rechnerischer Nachweis ist nicht überliefert, dieser kann aber nur annäherungsweise die inneren Kräfte auf Bewehrung und Beton verteilt haben. Soweit bekannt, gab es keinen Vorgängerbau in Eisenbeton, der dafür als Vorbild gedient haben könnte. Vielmehr war der Pavillon anscheinend selbst das Vorbild (siehe Anhang A6). Es war ein wegweisendes Tragwerk, das die Möglichkeiten des Eisenbetons, bzw. des späteren Stahlbetons ausgelotet hat.[437] Die Ausführung blieb lange Zeit ohne Nachfolger (siehe Abbildung 55). Sicherlich gab es gewölbte Konstruktionen in Form einfacher Tonnengewölbe oder auch Kreuzgratgewölbe, allerdings war dabei der Eisenbeton nur raumabschließendes Element (siehe Anhang A3). Außer den Eigenlasten sollten diese Ausführungen keine weiteren Lasten abtragen.

Abbildung 55: Bauzeitliche Darstellung der Konstruktion des Musikpavillons (Wayss (1887b), S. 100).

lung wurde die Konstruktion bei Durm et al. (1891), S. 306 als Ausführungsbeispiel für Monierwände beschrieben. Schließlich nennt Huberti (1964) den Pavillon in Bezug auf die Geschichte des Stahlbeton in Deutschland als ein sehr frühes Beispiel. Einen atmosphärischen Einblick in das Rennbahn-Geschäft gibt Kleffel (1967). Zuletzt hat Fritsche (2018) die Baugeschichte des Rennbahngeländes Hoppegarten untersucht. Der Pavillon wird im Katalog ausführlich beschrieben und ist Bestandteil der Objektliste.

437 Huberti (1964), S. 56.

Bei den gewölbten Dachtragwerken ermöglichte der Einsatz von Eisenbeton wegweisende Konstruktionen. Mit dem Musikpavillon in Hoppegarten entstand ein erster experimenteller Bau, dessen Form und Konzeption erst in den Schalentragwerken von Dischinger[438] rund 40 Jahre später wieder aufgegriffen wurden. Der wegweisende Charakter dieses Bauwerks wurde in der Einführungszeit vielfach übersehen.

Die Verwendung von Eisenbeton als lastabtragendes Baumaterial für monolithische, gewölbte Dachtragwerke in Berlin wurde erst wieder mit der 1907 fertigstellten **Kuppelhalle** der **Friedrichstraßen-Passage** belegt (siehe Abbildung 56 sowie Anhang C1).[439]

---

[438] Franz Dischinger (1887–1953) war ein deutscher Bauingenieur und wegweisend im Konstruieren von Schalentragwerken. Zur weiteren Einordnung und der Entwicklung der theoretischen Grundlagen siehe die Publikationen von Dischinger selbst, beginnend mit seiner Dissertationsschrift, die als Artikelfolge erschienen ist, siehe Dischinger (1929). Im Weiteren empfiehlt sich überblickshaft Specht (1987) sowie, mit Fokus auf seinen Beitrag zur Entwicklung der Statik, Kurrer (2016), S. 726 ff. Zudem siehe auch Ricken (1993) und May (2012).

[439] Bauzeitliche Genehmigungsunterlagen sind nicht dokumentiert, jedoch finden sich detaillierte bauzeitliche Publikationen. Beginnend mit einem kurzen Bericht (O. A. (1908b)), hat Architekt Ahrens seinen Entwurf ausführlich in Ahrens (1909) beschrieben. Die statische Bemessung der Kuppel hat Müller (1909) erläutert. Darauf Bezug nehmen sowohl Dischinger (1928) als auch Neubauer (1924a) bzw. Neubauer (1924b). Allgemein zu Passagen als Bautyp schreibt Geist (1969). Zuletzt hat Schöne (1999) die Kuppel in der Entwicklungsgeschichte von Massivkuppeln verortet. Die Friedrichstraßen-Passage ist Teil der Objektliste und im Katalog ausführlich beschrieben.

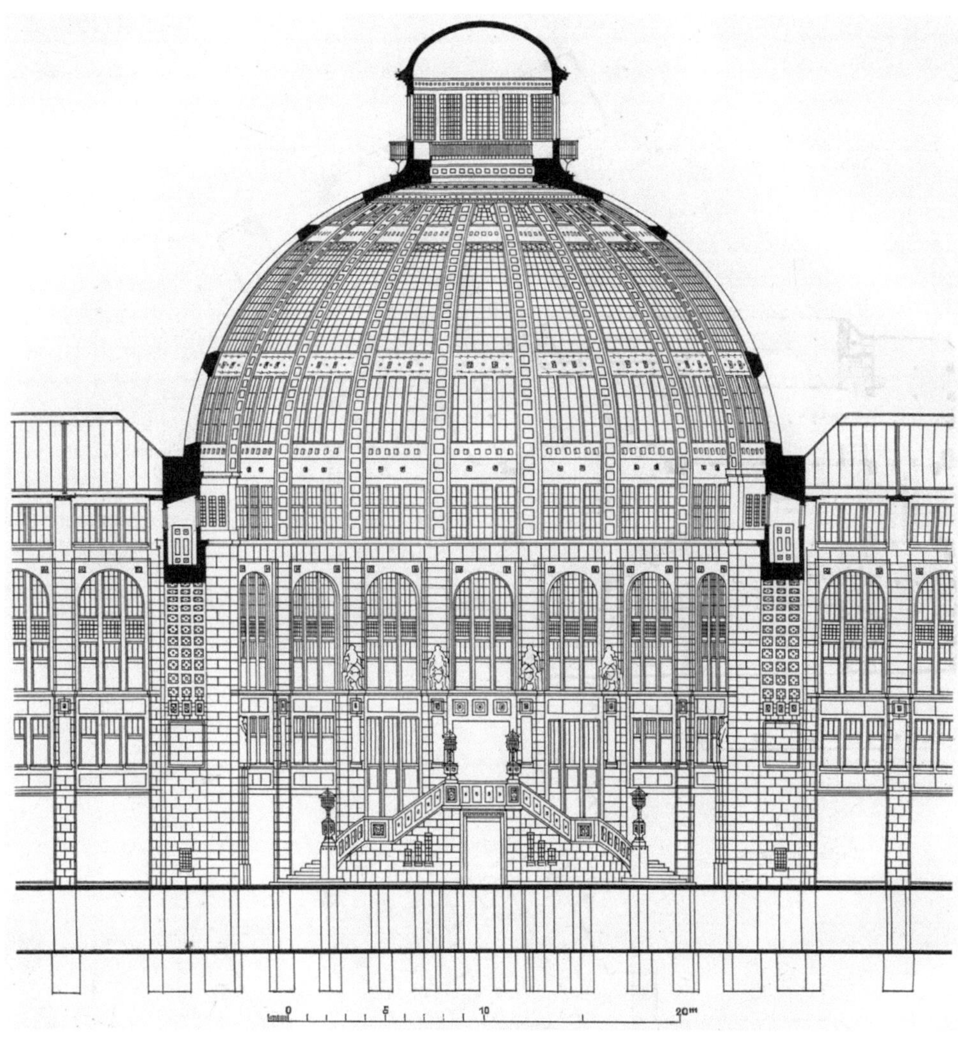

Abbildung 56: Querschnitt durch die Kuppelhalle der Friedrichstraßen-Passage (Ahrens (1909), S. 24).

Hinsichtlich ihrer Ausdehnung, Anlage und Dimensionierung findet die Friedrichstraßen-Passage im Eisenbetonbau keinen direkten Vorgänger, vielmehr kann sie als Neuinterpretation der 1867 eröffneten Passage Galleria Vittorio Emmanuele II in Mailand gesehen werden. Nicht nur die Zusammenführung von zwei Passagen in einen zentralen Kuppelraum wurde hier kopiert, auch die Ausdehnung der tatsächlichen Passagen mit gut 13m ist fast identisch.[440] Während das Dachtragwerk der Mailänder Passage ganz im Eisenbau des 19. Jahrhunderts verhaftet war, konnte nun in Berlin ein ähnlich imposantes Bauwerk unter Benutzung des neuen Baustoffes des 20. Jahrhunderts realisiert werden. Die Ausführung der etwa 30m überspannenden Rippenkuppel war einzigartig. Neben der Kuppel des Petersdoms in Rom und der Hauptkuppel der Hagia Sophia in Istanbul galt sie zeitgenössisch als eine der größten der Welt. „Als Eisenbetonbauwerk gehört die Passagekuppel zu den größten Eisenbetongewölben in Hochbauten; als

[440] In Geist (1969), S. 229 ist für die Gangbreite der Passage in Mailand das Maß von 14,50m angegeben.

durchbrochene, in Rippen aufgelöste Kuppel steht sie ihrer Spannweite nach an der Spitze bisheriger Ausführungen."[441] Dieser Bau wurde schnell über die Grenzen von Berlin hinaus bekannt. Bisherige gewölbte Dachtragwerke auf Grundlage des Monier-Patents wurden meist mehrschalig mit dazwischenliegenden Verstärkungsrippen ausgeführt. So zum Beispiel die Ausführung der Kuppel für das Grabmal Kaiser Friedrich III. in Potsdam (Baujahr 1889, Spannweite 8,80m)[442] und im Armeemuseum in München (Baujahr 1903, Spannweite 16m)[443]. Dabei ist das Auflager der Kuppel entweder direkt auf den aufgehenden Wänden, wie bei der Kuppel in Potsdam (siehe Abbildung 57), oder auf einem dazwischen angeordneten Zugring angeordnet.
Bei der Konstruktion im Armeemuseum kommt noch eine Besonderheit hinzu. Diese Konstruktion wurde offenbar von Emil Mörsch als Schalentragwerk berechnet. Allerdings sind in der Statik keine Zeichnungen oder Vorgaben für die Bewehrungsführung angegeben. Es bleibt somit unklar, inwieweit die Bewehrungsführung dem statischen Modell einer Schalenkonstruktion entspricht, vor allem, da die Bewehrung aus „gekoppelte[n] Winkel-Eisen"[444] besteht und nicht aus einem flächigen Bewehrungsnetz. Es ist wohl eher davon auszugehen, dass durch die verwendeten Bewehrungseisen die Kuppel, entgegen den statischen Annahmen, als Rippenkuppel trägt. Dafür spricht auch der räumliche Eindruck eines „Schirmgewölbes", den Pogacnik beschreibt.[445] Dies erinnert an eine mit Beton ummantelte Schwedlerkuppel, bei der ebenfalls eiserne Meridan- und Parallelringe die räumliche Struktur bilden.[446]

441 Müller (1909), S. 166.
442 Siehe Christophe (1905), S. 152.
443 Für die Kuppel in München gab es verschiedene Entwürfe. Relevante Erkenntnisse zur Entwicklung des Bauprojektes und zu den Bedingungen in München stellte zuletzt Pogacnik (2009) zusammen. Eine bereits 1897 in München errichtete Kuppel soll hier nur kurz Erwähnung finden, da die Konstruktion unbewehrt ausgeführt wurde, siehe Rehm (2018).
444 Pogacnik (2009), S. 348.
445 Ebd.
446 Zur Entwicklung der Schwedler-Kuppel siehe Kurrer (2016), S. 641–642 oder auch Prokop (2012).

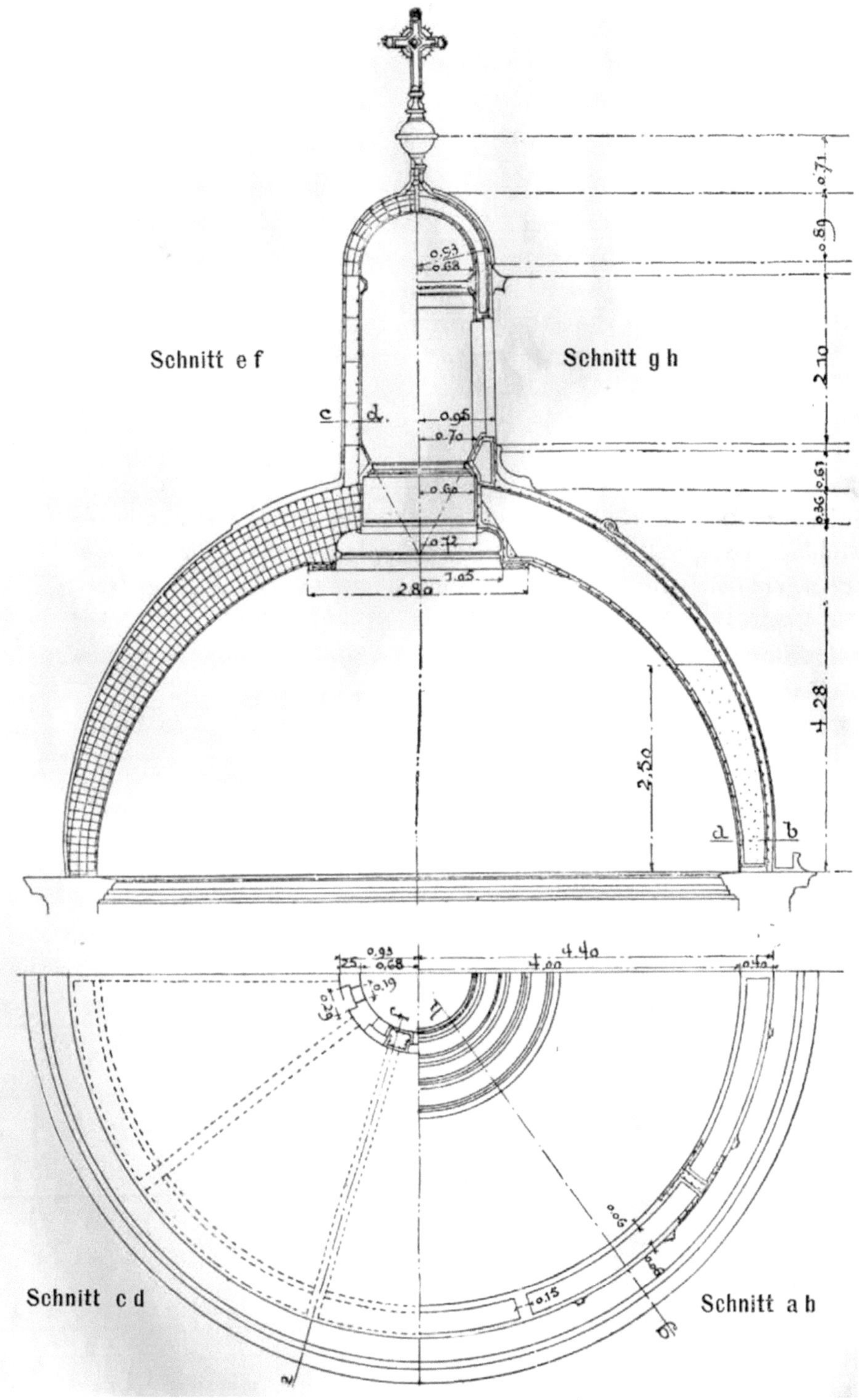

Abbildung 57: Schnitt durch die Kuppel des Kaiser Friedrich III. Grabmals in Potsdam (Christophe (1905), S. 152).

Ausführungen von gewölbten Dachtragwerken oder Kuppeln nach dem System Hennebique sind für Berlin, wie auch für den deutschsprachigen Raum in der Zeit um 1907, nicht überliefert.

Allerdings lässt im internationalen Vergleich das Kuppeltragwerk im Bankhaus Brunner in Brüssel (Bauzeit vermutlich 1909[447], Spannweite etwa 7,60m) einige Rückschlüsse in dieser Hinsicht zu (siehe Abbildung 58). Während die Kuppel selbst „nicht wesentlich von der Monier-Kuppel ab[weicht]“[448], ist die Lagerung doch unterschiedlich. Der Übergang zwischen der Kuppel und den aufgehenden Wänden wird hier durch eine flache Deckenplatte gewährleistet, die mit entsprechenden Rippen verstärkt ist. Dadurch entsteht ein achteckiger Ringzugbalken, der die Kräfte an die vier aufgehenden Wände weiterleitet. Zusätzlich dazu wird die Platte auf Biegung beansprucht. In etwa entspricht das sich daraus ergebene Tragwerk dem der Kuppel im Apollotheater in Bochum (Bauzeit 1907, Spannweite 10,3m), nur dass hier die Deckenplatte mit den Verstärkungsrippen gewölbt ausgeführt wurde (siehe Anhang A6). Konstruktiv vergleichbar, aber erst 1910 gebaut, ist damit auch die sehr flache Kuppelkonstruktion mit einem Durchmesser von 34m im Dom in Sankt Blasien.[449] Geplant und realisiert von Dyckerhoff & Widmann, besteht die Konstruktion in der unteren Hälfte aus radial angeordneten Rippen als Haupttraggliedern, ausgesteift mit Querriegeln. In den Feldern dazwischen und in der oberen Hälfte, der kreisrunden zentralen Mitte, wurde jeweils eine 8 bis 12cm dünne bewehrte Eisenbetondecke ausgeführt.

[447] Für die Bauzeit gibt es in Christophe (1905) keine Angabe. Nach Auskunft des digitalen Hennebique-Archivs ist ein Bauvorhaben unter dem Namen Brunner für 1909 überliefert. Es bleibt offen, ob die von Christophe gezeigten Abbildungen gegebenenfalls nur Entwurfs- und keine Ausführungszeichnungen waren.

[448] Christophe (1905), S. 155.

[449] Nach einem Feuer im Jahr 1874 wurde 1910 für den Dom eine neue, zweischalige Kuppel konstruiert, siehe Spangenberg (1912) und auch Ramm (2007), S. 91–92.

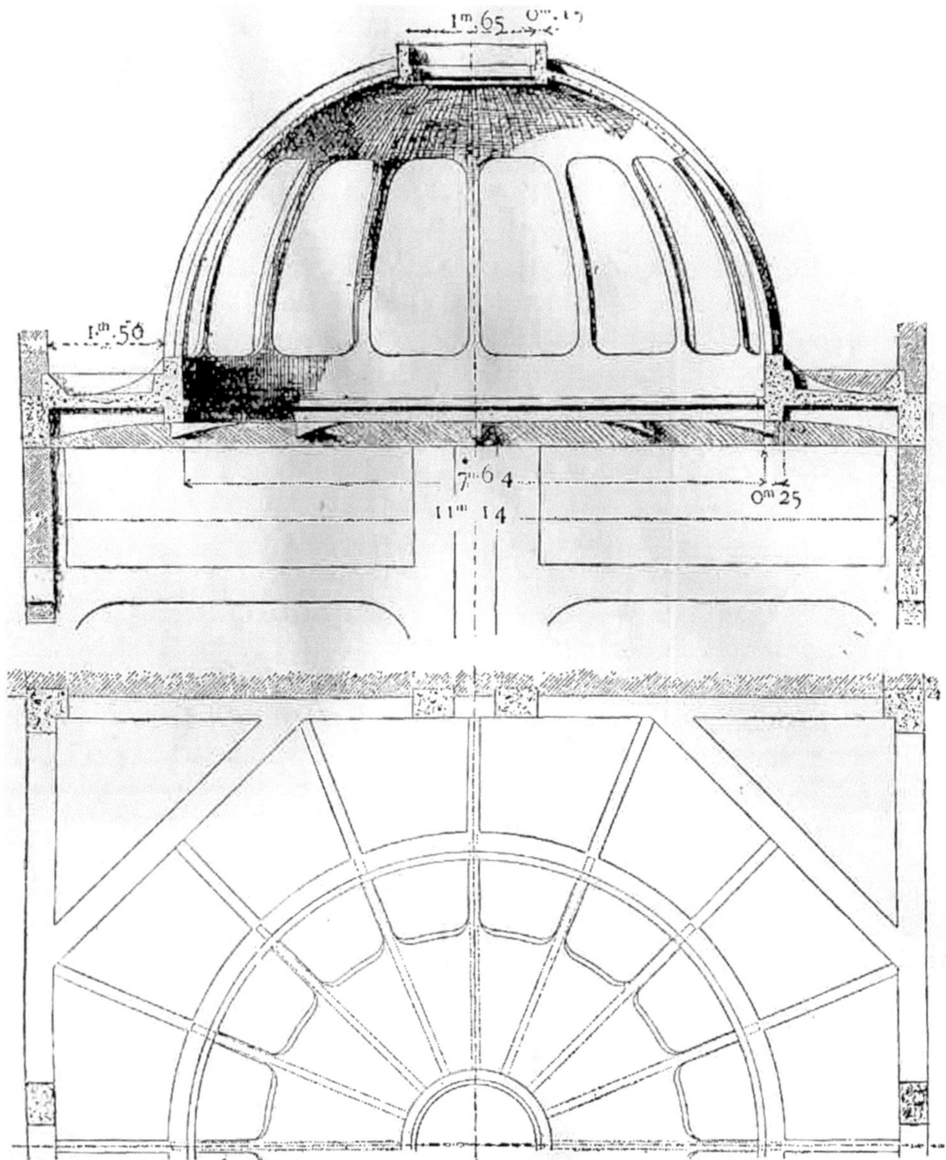

Abbildung 58: Schnitt und Aufsicht Rippenkuppel im Bankhaus Brunner, Brüssel nach dem System Hennebique (Christophe (1905), S. 156).

Wie bereits erwähnt, gab es nach zeitgenössischem Kenntnisstand um 1907 deutschlandweit nur in München vergleichbare Kuppeltragwerke. In der Zeit von 1905 bis 1912 verzeichnete München als bayerische Hauptstadt einen „enormen Wachstumsschub"[450]. Es kann vermutet werden, dass hier imposante Konstruktionen, in Konkurrenz zur preußischen Hauptstadt, errichtet werden sollten (siehe ausführlich in Kapitel 5.2.2). In einem Vortrag für den Deutschen Beton-Verein erläuterte Karl Mautner 1909 verschiedene Massivkuppelkonstruktionen, die unter ande-

[450] Schmidt (2015), S. 30.

rem in Bochum und Düsseldorf entstanden waren. In seinen Ausführungen verweist er mehrfach auf den positiven Einfluss von Rippen und querverlaufenden Ringen.[451] Umso deutlicher steht die Leistung in Berlin hervor. Die Ausführung als Rippenkuppel mit monolithisch verbundenen, bewehrten Rippen gilt als eine der ersten überhaupt. Es gab keine mehrschaligen räumlichen Überdeckungen mehr. Die Rippen als Tragwerk waren auch zum Innenraum hin deutlich sichtbar. Die Zusammenarbeit mit einem externen, ingenieurwissenschaftlich ausgebildeten Statiker war ausschlaggebend für den Entwurf des Tragwerks (Näheres dazu in Anhang A6). Dessen statisches Konzept wurde direkt von der Firma Czarnikow & Co. umgesetzt, deren Mitarbeiter selbst erst wenige Jahre Erfahrung mit Eisenbeton gesammelt hatten.[452] Die Friedrichstraßen-Passage war eine der ersten tatsächlich durchkonstruierten Eisenbetonrippenkuppeln, durch die das bisherige Repertoire der Mauerwerks- oder Eisenkuppelkonstruktionen um eine eigene Form erweitert wurde. Die Konstruktion überzeugt als eine der ersten Anwendungen von Eisenbeton in einer neuen, dem Material eigenen Bauform. In der Entwicklung der Kuppeltragwerke ist sie zudem eines der wenigen, das seine Tragstruktur deutlich nach außen sichtbar werden lässt. Die Rippen und Ringe werden nicht durch eine Zwischenebene verdeckt. So steht das Tragwerk nicht nur für den Eisenbeton in Berlin am Anfang einer Reihe von Rippenkuppeln, die in der Folgezeit ausgeführt wurden (siehe Kapitel 4.2.5).

Die Konstruktion bedingte eine vom Eisenbau abweichende statische Bemessung, da Eckmomente übertragen werden konnten und demnach keine Diagonalen mehr notwendig waren.[453] Die Friedrichstraßen-Passage war zu ihrer Bauzeit einzigartig und ihre Realisierung legte die Grundlagen für spätere Kuppel- und Schalenkonstruktionen. Sie kann durchaus auch als Inspiration für Bauten wie die Jahrhunderthalle in Breslau, Polen oder auch die State Library in Melbourne, Australien verstanden werden. Weiterhin war dies, abgesehen von eventueller Bemalung oder werksteinmäßiger Überarbeitung der Flächen, eines der ersten Gebäude, bei dem, zumindest in Teilbereichen, Eisenbeton bewusst sichtbar eingesetzt wurde. Es bleibt unklar, warum, im Vergleich zur Klarheit der Kuppel, die Kuppelhalle und die angrenzenden Räume des Passage-Kaufhauses so deutlich dem Historismus verschrieben waren. Gerade in späteren Rezeptionen wurde die Überschwänglichkeit der Ausgestaltung in Kombination mit dem Raumkonzept kritisch gesehen.[454]

In Berlin entstanden in der Folgezeit noch weitere Kuppeltragwerke, die im Stadtbild mehr oder weniger sichtbar waren.[455] Erwähnt seien hier die Kuppeln der **Synagoge in der Fasanenstraße** in Charlottenburg (siehe Abbildung 59), die als erste außerhalb des historischen Berlins ab 1910 erbaut wurde.[456]

---

[451] Mautner (1909).

[452] Wie in Kapitel 3.5.1 beschrieben, ist anzunehmen, dass mit der Übernahme durch den Sohn ab 1890 das Geschäftsfeld über die Herstellung von Zementkunststeinen hinaus erweitert wurde. Spätestens 1902, mit Einstellung des Bauingenieurs Heinrich Becher, konnten eigene Eisenbetonprojekte nicht nur ausgeführt, sondern auch rechnerisch bemessen werden.

[453] Mautner (1911), S. 1.

[454] Ohne Anerkennung der technischen Bauleistungen und der noch ungewohnten Verwendung von Eisenbeton, spricht Geist in seinem Standardwerk zu Passagen von „[...] überwältigender Sinnlosigkeit [...] und großer Leere [...]" (Geist (1969), S. 145).

[455] Im Rahmen der Objektrecherche konnten insgesamt neun Kuppeltragwerke für Berlin recherchiert werden, Dabei handelt es sich um sechs Tragwerke mit flächiger Ausbildung der Kuppel und drei Rippenkuppeln.

[456] Die Bauausführung dauerte insgesamt zwei Jahre. Für weitere Details siehe O. A. (1913b) sowie Bendt und Bothe (1983), S. 129 ff und 177 ff. Es findet sich noch eine weitere bauzeitliche Beschreibung in O. A. (1910b), allerdings

Abbildung 59: Längsschnitt durch den Hauptraum der Synagoge Fasanenstraße Charlottenburg (Lesser (1913), S. 294).

Eine zweite **Rippenkuppel** wurde in Berlin 1913 über dem **Lesesaal der Königlichen Bibliothek** realisiert (siehe Abbildung 60). Beide Beispiele wurden von Czarnikow & Co. ausgeführt. Während die Konstruktion der Synagoge nur lückenhaft überliefert ist, erlaubt eine bebilderte Beschreibung der Bibliothekskuppel einen direkten Vergleich.[457] Hierbei ist eine deutliche Weiterentwicklung im Sinne einer effizienteren Lastübertragung festzustellen. So weisen die im Querschnitt I-förmigen Rippen nicht nur eine verbesserte Formgebung auf, das untere Rollenlager belegt auch ein besseres Verständnis des inneren Lastflusses, ähnlich der Kuppel der Jahrhunderthalle in Breslau (Bauzeit 1911 bis 1913), bei der die Rippen ebenfalls auf Rollenlagern auflagern (siehe Abbildung 61).[458]

weist die Synagoge hier nur einen zentralen Kuppelraum auf. Die Abweichung zu den dann realisierten drei Kuppeln bleibt unklar. Die Geschichte der Gemeindesynagogen in Berlin wird seit 2016 in einem eigenständigen Dissertationsprojekt an der TU Berlin durch Konstantin Wächter untersucht. Zur Synagoge siehe Lesser (1913). Die Synagoge ist Teil der Objektliste.

457 Für bauzeitliche Informationen zum Kuppelbau über dem Lesesaal der Bibliothek siehe Königliches Ministerium der öffentlichen Arbeiten (1913) und Ihne (1914). In seiner Zusammenstellung hat Ihlow (2013) den Bauablauf und die daran beteiligten Gewerke archivalisch im Detail rekonstruiert. Zuletzt erschien mit Richter (2020) eine Monografie mit detaillierter Aufarbeitung der Baugeschichte. Die Bibliothek ist Teil der Objektliste.

458 Die Konstruktion der Jahrhunderthalle konnte 2013 im Rahmen eines Besuches der Autorin in Augenschein genommen werden. Vor Ort wurden zudem detaillierte Informationen in einer anschaulichen Ausstellung präsentiert und mit Trauer und Gehler (1914) existiert eine ausführliche, bauzeitliche Beschreibung des Tragwerks.

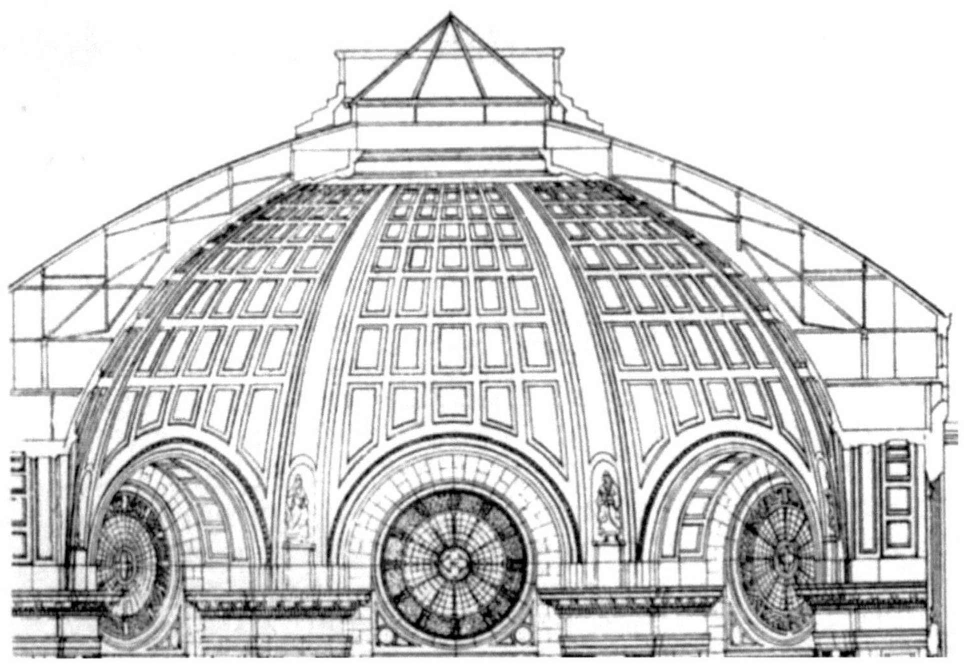

Abbildung 60: Teilschnitt durch den Kuppelsaal der Königlichen Bibliothek Berlin (Ihne (1914), S. 335).

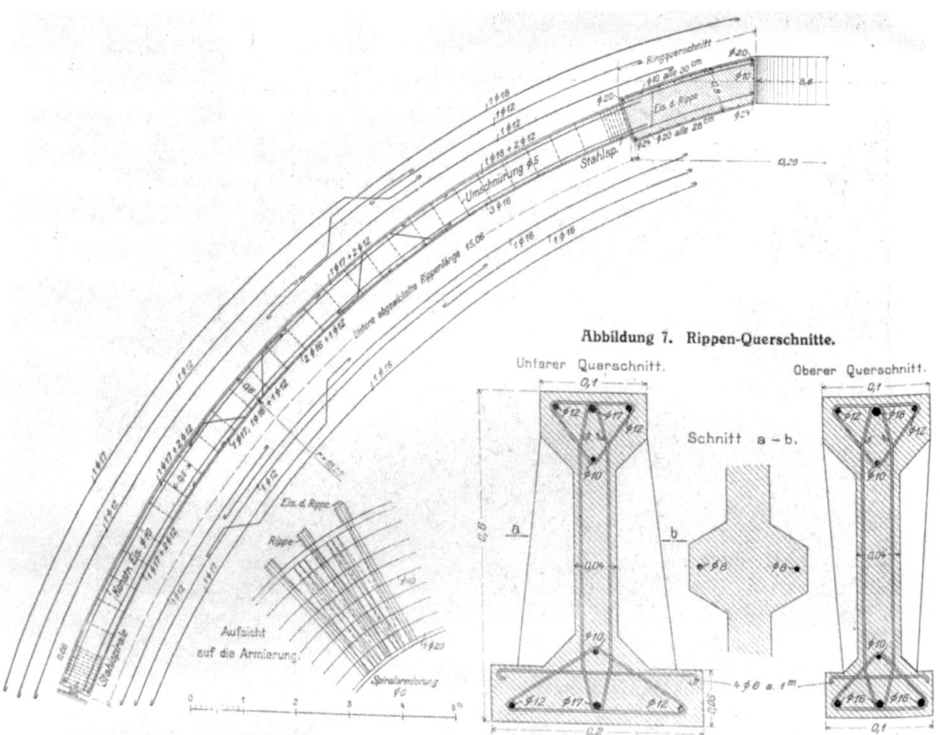

Abbildung 61: Bewehrungszeichnung einer Rippe der Rippenkuppel der Königlichen Bibliothek Berlin (Ihne (1914), S. 370).

Während für die Rippenkuppeln um 1910 ein brauchbares und anwendungspraktisches Berechnungsverfahren erarbeitet war[459], dauerte die Präzisierung der baustatischen Schalentheorie, maßgeblich vorangetrieben durch Franz Dischinger, noch bis etwa 1925.[460] Als ein erstes Berliner Tragwerk, das zu den Schalen gerechnet werden kann, gilt die sogenannte **Opel-Reparaturhalle in Schöneberg**[461], die kurz nach Kriegsende 1919 fertiggestellt wurde (siehe Abbildung 62).[462] Nach aktuellem Kenntnisstand könnte es sich dabei sogar um einen ersten Versuchsbau Dischingers gehandelt haben, da die Firma Dyckerhoff & Widmann mit der Ausführung betraut war.[463] Die Unterlagen sind nur lückenhaft dokumentiert, und gerade die baustatischen Berechnungen sind, soweit bekannt, nicht überliefert.[464]

Abbildung 62: Südöstliche Ansicht der Opel-Reparaturhalle heute. Links zurück gesetzt sind die Reste der, mit Tonnenschalen überwölbten Seitenschiffe erkennbar (Foto: Wieczorek 2018).

459 Nach Trauer und Gehler (1914), S. 5 wurden „die endgültigen Berechnungen der Haupttragteile […] im wesentlichen nach den Richtlinien der Bauverwaltung aufgestellt". Dabei ist zu beachten, dass „ungünstig wirkende statische Unbestimmtheiten durch Einfügen von Gelenken, Trennfugen und durch ähnliche Maßnahmen ausgeschaltet" wurden.

460 Zur Entwicklung der Eisenbetonschalen und der Rolle Dischingers siehe Kurrer (2001), S. 728 ff, Schöne (2011) und auch May (2012).

461 Bauzeitliche Genehmigungsunterlagen konnten weder auf Seiten der Genehmigungsbehörde noch auf Seiten des ursprünglichen Eigentümers (OPEL AG) recherchiert werden. In den überlieferten Akten, Baupolizei Berlin-Schöneberg (1918), findet sich der Hinweis, dass es sich bei dem Gebäude um ein kriegsrelevantes Projekt handelte. Eventuell wurden dadurch die Bauunterlagen gesondert archiviert. Das Gebäude ist Teil der Objektliste und wird im Katalog ausführlich beschrieben.

462 Laut den Unterlagen des Bauaktenarchivs wurde bereits 1917 eine Rohbauabnahme für einen Teil der Gebäude beantragt, weitere Abnahmen folgten dann im Verlauf des Jahres 1918. Welche der Räumlichkeiten tatsächlich noch während des Krieges in Benutzung genommen wurden, bleibt unklar.

463 Stegmann (2014), S. 384.

464 Band I des Bestandes Baupolizei Berlin-Schöneberg (1918) umfasst Baugenehmigungsunterlagen aus den Jahren 1918 bis 1952, allerdings sind dort keine Informationen zur Halle enthalten.

Das Fabrikgebäude weist insgesamt einen fünfschiffigen Querschnitt auf, bei dem die äußersten, 13m breiten Seitenschiffe mit nur etwa 11cm dicken, korbbogenförmigen langen Tonnenschalen überspannt sind. Nach dem Zweiten Weltkrieg kam es zu einem teilweisen Rückbau der äußeren, rund 130m langen Seitenschiffe, sodass diese heute nur noch etwa 60m lang sind (siehe Abbildung 62).[465]

Im Vergleich mit den anderen Tragwerkskategorien zeigen gerade die genannten Beispiele den Innovationscharakter der in Berlin tätigen Ingenieure und Bauunternehmer. So wurde zu Beginn im Sinne von Monier eine massive, ausgefüllte Fläche in ein neues Tragwerk überführt, das rechnerisch noch nicht erfassbar war. Die Entwicklung hin zu Rippenkuppeln fand zwar in Berlin nicht unbedingt ihren Anfang in der theoretischen Auseinandersetzung, mündete aber doch in einer stimmigen, baulichen Umsetzung. Die Rippenkuppel der Friedrichstraßen-Passage steht wie kein anderes Bauwerk beispielhaft für die Umsetzung bekannter Formen in den neuen Baustoff Eisenbeton. Die Weiterentwicklung der Tragwerke (auf Rollen gelagerte Rippen) innerhalb der Stadt weist dann den Weg in Richtung der Jahrhunderthalle in Breslau.

Die Schalentragwerke in Schöneberg wiederum sind beispielhaft für die weitere Entwicklung des Eisenbetons zu sehen, der materialtechnisch und in seiner Formgebung seine Grenzen noch nicht erreicht hatte. Die späteren Schalentragwerke wurden hier zumindest vorgedacht und konnten in der Folgezeit zur Vollendung geführt werden.[466]

4.2.6 Brücken

Durch die natürliche Lage Berlins zur Spree waren Straßenbrücken immer Bestandteil des Stadtbildes. Mit Einführung der Eisenbahn und daran anschließend dem Aufbau eines innerstädtischen S- und U-Bahnnetzes kamen weitere Brücken hinzu. Gerade in der Zeit um 1900 wurden große Infrastrukturprojekte realisiert, die nicht nur den innerstädtischen Verkehr verdichteten, sondern auch die Verbindungen zu den Nachbarstädten und -gemeinden verstärkten.

Mit der Einführung von Eisenbeton wurde dieser auch im Berliner Brückenbau verwendet. Innerhalb des Untersuchungszeitraumes wurden in Berlin 34 Brückenkonstruktionen nachweislich unter Verwendung von Eisenbeton realisiert (siehe Anhang C1). Die ersten Anwendungen beschränkten sich dabei auf den Einsatz bewehrter Platten, vergleichbar mit der Ausführung der Straßenbrücke in Alt-Moabit (siehe Abbildung 63).[467]

Ähnlich einer preußischen Kappe wurden bei der Brücke zwischen eisernen Profilträgern gewölbte Eisenbetonplatten eingesetzt und nach obenhin verfüllt. Im Gegensatz zu gemauerten Kappen ließen sich die vorgefertigten, deutlich tragfähigeren Platten sehr viel schneller verlegen. Im Vergleich zeigen sich Übereinstimmungen zur Geometrie und Dimensionierung von Deckenplattenelementen, für die bereits in der Monier-Broschüre Bemessungshilfen formuliert wurden.[468] Solche Platten gehörten offenbar von Beginn an zum Standardrepertoire der Aktien-

---

465 Inwieweit der Rückbau durch Kriegsschäden bedingt war, konnte nicht verifiziert werden.

466 Die Entwicklung von Schalentragwerken (mit europäischem Fokus) ist ausführlich in den folgenden Publikationen nachzulesen: Vischer und Hilberseimer (1928), Dischinger (1929), Specht (1987), Morice und Tottenham (2001), Pogacnik (2009), Schöne (2011), May (2012) und Espion (2018).

467 Eine dort bereits vorhandene Brücke aus Eisen sollte erneuert werden. Die Fertigstellung der neuen Brücke ist mehrfach belegt, siehe dazu O. A. (1893b), O. A. (1893c) und auch Gesztessy (1921), S. 600. Bauzeitliche Genehmigungsunterlagen konnten nicht recherchiert werden.

468 Die Spannweite eines Brückenelementes in Abbildung 63 beträgt etwa 5,50m, wohingegen die Spannweiten der Deckenelementversuchskörper zwischen 4,50m und 8m betrugen, entsprechend den Angaben in Wayss (1887b), S. 39 ff.

Gesellschaft Beton- und Monierbau, die an dem Bau der **Brücke in Alt-Moabit** im Jahr 1891 beteiligt war.[469]

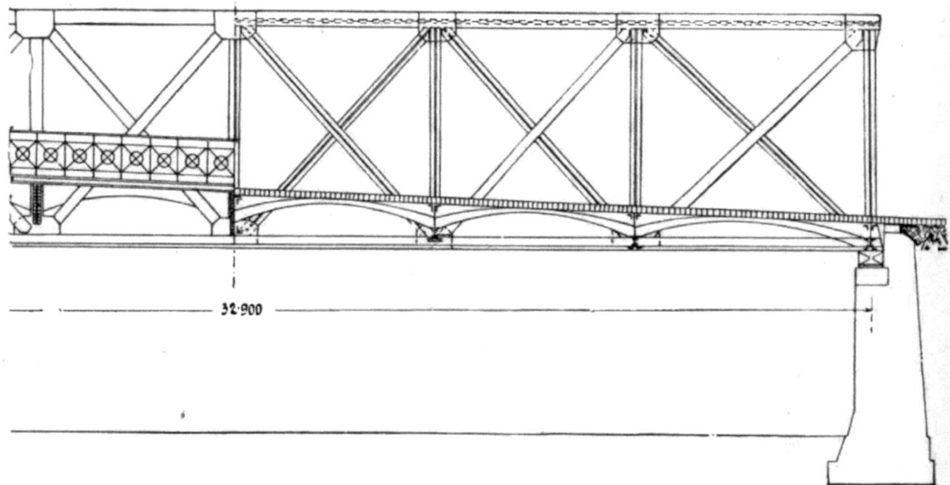

Abbildung 63: Prinzipskizze zur Konstruktion der Straßenbrücke in Alt-Moabit; Eisenbetongewölbeplatten unterhalb der Fahrbahn zwischen eisernen Querträgern (Gesztessy (1921), S. 600).

Die Größe der Platten variierte bei den einzelnen Brückentypen.[470] So wurden bei Brücken mit Spannweiten bis etwa sieben Meter auch Platten hergestellt, die die gesamte Spannweite überdecken konnten[471]. Die Tragkonstruktion war den Deckenkonstruktionen vergleichbar aufgeteilt. Die Fahrbahnplatten lagen auf den Widerlagern und Stützen, die nicht aus Eisenbeton hergestellt waren, auf bzw. waren an diese angebunden, allerdings nicht monolithisch verbunden.

Neben diesen Verbundkonstruktionen gab es zusätzlich auch bogenförmige Brücken ganz im Monier-System ausgeführt. Ein erstes Beispiel ist für Berlin 1898 überliefert.[472] Dabei wurde der Gewölbebogen in der benötigten Spannweite komplett in Eisenbeton ausgeführt und diente insgesamt als Auflager für den Brückenoberbau.

In den Vereinigten Staaten von Amerika findet sich ein Hinweis auf eine, bereits 1890 erbaute Eisenbetonbrücke. Die Fußgängerbrücke in einem öffentlichen Park in San Francisco wurde als Korbbogenbrücke mit einer Spannweite von etwa 6m von Ernest L. Ransome geplant und ausgeführt[473]. Von außen wurde der Beton werksteinmäßig überarbeitet, sodass er als neues Material nicht in Erscheinung trat.

---

469 Rehbein (1894), S. 16.

470 Nach Gesztessy (1921), S. 600 wurde diese neue Verbundkonstruktionsweise bei einer „größeren Anzahl in und um Berlin gelegener weiterer Bauwerke" genutzt, mit unterschiedlicher Grundrissführung und Spannweite. Zu den Vorteilen der Plattenelemente siehe auch Kersten (1907), S. 37 und S. 41 ff, wo die Platten für Brücken denen für Deckenkonstruktionen gleichsetzt werden.

471 Bei Christophe (1905), S.158 und S. 160 wird zwischen „Brückentafeln aus Eisenbeton mit eisernen Tragwerken [und] Plattenbrücken" unterschieden.

472 Entsprechend den Angaben in Ministerium der öffentlichen Arbeiten (03.10.1900) handelte es sich dabei um eine Überführung im heutigen Neukölln, bei der die Gleise der Ringbahn mit zwei flachen Korbbögen überspannt wurden.

473 Ernest Leslie Ransome (1844–1917) war ein US-amerikanischer Bauunternehmer und Ingenieur, der bereits früh mit Eisenbeton gearbeitet hat, siehe dazu Christophe (1905), S. 4 und Jahren und Sui (2018), S. 159.

Zwischen 1887 und 1899 führte allein die Aktien-Gesellschaft für Beton- und Monierbau 320 Brücken nach Monier-System im Deutschen Reich und Österreich-Ungarn aus, wobei die Brücke in Wildegg mit einer Spannweite von 37m eine der bekanntesten war.[474]
Der Berliner Eisenbetonbrückenbau blieb nach aktuellem Kenntnisstand bis 1898 auf den Einsatz von Verbundkonstruktionen beschränkt. Parallel dazu gab es Bogentragwerke aus unbewehrtem Stampfbeton mit verhältnismäßig kleinen Spannweiten.
Das vermutlich letzte noch erhaltene Beispiel für eine bogenförmige Monierbrücke in Berlin ist die sogenannte **Magerviehhofbrücke**, die 1905 als Bogen mit einer Spannweite von etwa 21m auf dem Gelände des Magerviehhofs[475] in Berlin Friedrichsfelde errichtet wurde. Sie sollte den dort mit der Eisenbahn ankommenden Tieren den Weg in die Stallungen kreuzungsfrei ermöglichen und überspannt noch heute die Zufahrtsstraße zum Gelände (siehe Abbildung 64 und Abbildung 65).

Abbildung 64: Historische Ansicht der Magerviehhofbrücke von Süden her, undatiert (O. A. (1924b), S. 13).

[474] Christophe (1905), S. 171.

[475] Auf Magerviehhöfen wurden Nutztiere gehandelt, die u. a. zur Mast oder Zucht verwendet wurden. Der Bau der Magerviehhofanlage wurde 1901 von der Genossenschaft für Viehverwertung in Deutschland initiiert und die Gebäude und Einrichtungen im Jahr 1903 fertiggestellt, siehe Siebert (1933), S. 186. Das Gelände wurde 1995 unter Denkmalschutz gestellt, eine entsprechende Einordnung und Sammlung weiterer Literaturverweise findet sich in Denker (2000). Die konstruktionsgeschichtliche Bedeutung und der bauliche Zustand der Brücke wurden in einem Gutachten im Jahr 2009 von Prof. Dr.-Ing. Werner Lorenz genauer beschrieben. Bis zur Untersuchung im Rahmen dieser Arbeit, wurde die Brücke baulich nicht verändert, sondern lediglich mit Absperrungen und Gitternetzen gesichert. Bauzeitliche Planunterlagen zur Brücke wurden nicht gefunden. Die Brücke ist Teil der Objektliste und genauer im Katalog beschrieben.

Abbildung 65: Nördliche Ansicht der Magerviehhofbrücke (Foto: Kuban 2014).

Bei genauerer Betrachtung zeigt sich, dass die tragende Brückenkonstruktion aus mehreren gewölbten, 30 bis 50cm dicken Eisenbetonbogenelementen besteht (siehe Abbildung 66). Nach oben ist eine Erdaufschüttung aufgebracht, um ein ebenes Straßenniveau zu erreichen. Die Stirnseiten werden durch eine gemauerte Brüstung gefasst. Die Ausführung der Brücke führt noch einmal das ursprüngliche Konstruktionsprinzip des Monier-Systems der bogenförmigen Eisenbetonelemente vor Augen, nun allerdings mit einer deutlich größeren Spannweite. Es ist anzunehmen, dass die Elemente unter Verwendung einer Schalung direkt vor Ort gegossen wurden, gerade die Formgebung zum Gelände des Viehhofs hin spricht dafür. Hier verjüngt sich das Bogenelement von etwa 5,0m im Kämpferbereich auf nur 2,0m im Scheitel, mit einer entsprechenden Randeinfassung der Bewehrungseisen.

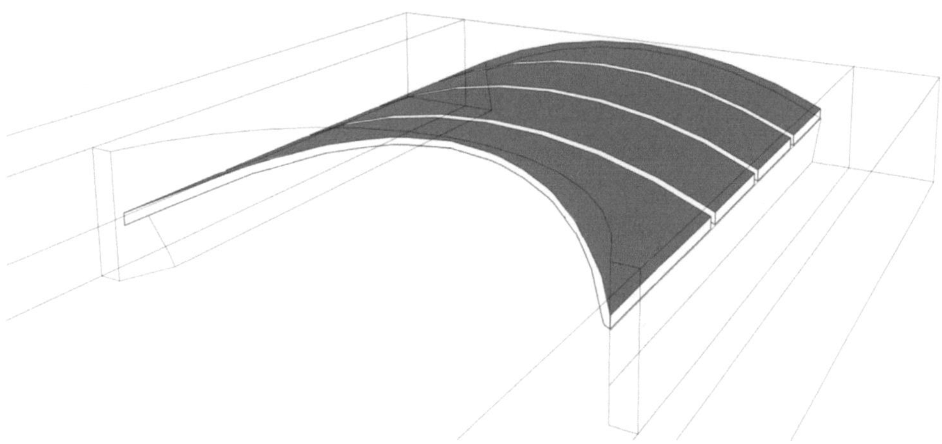

Abbildung 66: Prinzipskizze zum Einsatz von Eisenbetonelementen bei der Magerviehhofbrücke (Zeichnung: Novakovic 2018).

Ähnlich den Kuppelkonstruktionen fand auch die Formgebung der Massivbrücken aus Eisenbeton Vorbilder im Mauerwerksbau. Erste Massivbrückenkonstruktionen in Berlin weisen Halbkreis- und Korbbogenformen auf. Der Nachweis einer Gewölbeform konnte entweder grafisch oder analytisch erfolgen.[476] Nach Einführung der Dreigelenkbogenbrücken durch Maillart und dem Vorhandensein größerer Vorgängerbauten wurden in Berlin auch Massivbrücken, allerdings mit vergleichsweise kleinen Spannweiten konstruiert. So auch die **Prinzregentenbrücke** (siehe Anhang A7), die mit einer Spannweite von 24m im Jahr 1906 als Eisenbahnbrücke errichtet wurde.[477] Die Gelenke wiesen eine Form auf, die ein direktes Einbinden der Bewehrung ermöglichte, sodass, wie in Abbildung 67 zu erkennen ist, die Bewehrung aufrecht stehend betoniert wurde. Ebenfalls in Abbildung 67 dargestellt sind im vorderen Bereich die Gelenkkörper aus Stahlguss.[478]

Abbildung 67: Blick auf die Baustelleneinrichtung und die untere Bewehrungslage des Brückenbogens der Prinzregentenbrücke (Homann (1908), Blatt 21).

Als Dreigelenkbogen war die Brücke zwar statisch einfacher zu berechnen, allerdings blieb die konstruktive Einbindung der Gelenke schwierig. Im Sinne einer dauerhaften Brückenkonstruktion durfte deren Funktionalität nicht beeinträchtigt werden. Die aufwendigere konstruktive Anbindung der Gelenke an die Eisenbetonkonstruktion und die notwendige Nachsorge waren sicherlich Gründe dafür, dass sich diese spezielle Konstruktionsart nicht wirklich durchsetzte.[479]

---

[476] Die Entwicklung der Gewölbetheorien bis zum Ende des 19. Jahrhundert und darüber hinaus wurde zuletzt umfänglich in Kurrer (2016), S. 198 ff beschrieben.

[477] Zum Bau und zur Konstruktion der Prinzregentenbrücke sind zahlreiche Publikationen dokumentiert, siehe dazu Hart (1908), Homann (1908) und auch Petry (1923). Bauzeitliche Konstruktionszeichnungen sind im Zentralarchiv Brücken (IZ-Plan) der DB Netz AG vorhanden, vgl. Zentralarchiv Brücken (IZ-Plan) DB Netz AG (1906). Die Brücke ist Teil der Objektliste und wird in Katalog A7 ausführlich beschrieben.

[478] In Veihelmann (2016), S. 209, 216 wird die Ausführung als Zapfengelenk beschrieben. Diese Gelenkform fand offenbar 1873 erstmals Verwendung im Massivbrückenbau.

[479] Die historische Entwicklung der Verwendung von Gelenken bei Massivbrücken allgemein sowie die Ausbildungsvariation des Zapfengelenkes der Prinzregentenbrücke in Berlin im Detail beschreibt Veihelmann (2016).

Nach Einführung der Plattenbalken im Hochbau wurden ab 1910 auch Brücken mit kleineren Spannweiten als Plattenbalkenbrücken realisiert. Die Übertragung dieses Konstruktionsprinzips in den Brückenbau geschah also nicht unmittelbar. Die **AVUS Brücken** (siehe Anhang A7) zeigen deutlich die Adaptabilität des Konstruktionsprinzips, so wurden bei Spannweiten bis 7,0m Plattenbalken verwendet (siehe Abbildung 68 und Abbildung 69), die nur in eine Richtung spannten. Bei größeren Spannweiten bis zu 12m wurden weiterhin Plattenbalken verwendet, nun allerdings in Kombination mit weiteren, in Nebentragrichtung verlaufenden Balken, die zusammen eine Art Gitterrost erzeugten. Ab 1914 kamen bei Spannweiten bis 30m zusätzlich zu Bogenbrücken auch Rahmenkonstruktionen mit seitlich auskragenden Auslegern zur Reduzierung des Feldmomentes zur Anwendung. Dabei waren die Stirnflächen stets geschlossen.[480]

Abbildung 68: Ansicht einer der AVUS Brücken, verm. Cordesstraße (Gallus (1914a), S. 315).

[480] Für einzelne AVUS Brücken sind die bauzeitlichen Genehmigungsunterlagen inklusive der statischen Nachweisführung erhalten geblieben. Siehe dazu die Unterlagen im Landesarchiv: Berlin Magistrat der Stadt Berlin, Städtische Tiefbaudeputation (1913) und Magistrat der Stadt Berlin, Städtische Tiefbaudeputation (1927). Im Weiteren finden sich Details zu den Konstruktionen in Gallus (1914a) und Gallus (1914b). Bei der Senatsverwaltung für Stadtentwicklung und Umwelt, Abteilung X gibt es zusätzlich Unterlagen zu einzelnen Brücken bzw. daran erfolgten materialtechnischen Untersuchungen (Röntgen). Diese sind jedoch nur lückenhaft dokumentiert. Das dortige Archiv war beim Besuh der Autorin im Sommer 2016 für längere Zeit nur bedingt zugänglich. Die Cordesstraßenbrücke wird beispielhaft in Katalog A7 genauer beschrieben.

Abbildung 69: Untersicht der Cordesstraßenbrücke; Fahrbahnträger der Fahrbahn in Richtung Potsdam, im Vordergrund ist die verschlossene Mittelöffnung und im Hintergrund die Eichkampstraßenbrücke sichtbar (Foto: Kuban 2016).

Generell finden sich in Berlin sehr diverse Brückenkonstruktionen. Von den heute insgesamt über 900 Brücken in Berlin sind zahlreiche aus Mauerwerk, Naturstein oder Eisen bzw. Stahl errichtet worden. Eisenbeton wurde als Baumaterial für Brücken nur als eines von mehreren verwendet und musste sich in der Anfangszeit erst gegen eiserne Brückenkonstruktionen durchsetzen. War zu Beginn der aus dem Mauerwerks- bzw. Natursteinbau entlehnte Bogen das maßgebende Konstruktionsprinzip, ermöglichte ein weiterentwickeltes Verständnis der Bauweise im späteren Verlauf die Einführung eigener Konstruktionsprinzipien. Gerade die Plattenbalken und später die Rahmenbrücken zeigen bildhaft das dem Baustoff ureigene Charakteristikum der Biegetragfähigkeit, das bei einem natürlichen Baumaterial so nicht vorhanden ist.

4.3 Entwicklungen bei der Bemessung der Eisenbetontragwerke

Ein Rückblick auf die Entwicklungen der Bemessung im Eisenbetonbau lässt sich in zwei Unterbereiche aufteilen. Zum einen entwickelte sich die Bestimmung von Bauteilnachweisen bzw. das Finden einer adäquaten Biege- und Schubbemessung nach einer eigenen Chronologie. Zum anderen lässt sich eine dazu versetzte Chronologie der allgemeinen, materialunabhängigen statischen Modellbildung feststellen. Diese zeitabhängigen und nicht unmittelbar parallel verlaufenden Entwicklungen sind ein Kennzeichen der Einführung von Eisenbeton.

Die Entwicklung der Biegebemessung basierte zu großen Teilen auf Material- und Bauteilversuchen. Wegweisend war dabei die Kooperation von Wayss und Koenen in Berlin (siehe Kapitel 2.4). Die daraus gewonnenen Kenntnisse flossen unmittelbar in das praktische Bauen ein. Wie bereits in Kapitel 2.4.2 erwähnt, konzentrierten sich die Eisenbetoningenieure lange Zeit auf den Nachweis von Einzelelementen. Dies waren beispielsweise die zahlreich ausgeführten Deckenkonstruktionen, ähnlich der in der Bötzow-Brauerei oder in der Schultheiss-Brauerei ausgeführten (siehe Kapitel 4.2.2). In den Dimensionen den Bauteilversuchen gleichwertig, konnte damit die Unsicherheit im Umgang mit dem neuen Baumaterial kompensiert werden. Vielleicht war die enge Verknüpfung zwischen Nachweisführung und Bauteilversuchen ein Grund, warum sich die Theoriebildung so lange auf Einzelelemente konzentrierte. Andererseits erscheint dies im Rückblick auch verständlich, da erst einmal alle Unsicherheiten, die das Material selbst mitbrachte, untersucht und verstanden werden sollten.

Der Nachweis von Durchlaufträgern, unter Anrechnung der über den Stützen entstehenden Stützmomente, fand offenbar erst um 1900 Einzug in die Berechnungen. Beispielhaft sei hier auf den Hermannshof (Anhang A3) verwiesen. Unmittelbar vor dem Erlass der 1. Behördlichen Bestimmungen geplant, nimmt die Statik des Hermannshofs bereits einige der dann veröffentlichten Annahmen vorweg.

Die von Christophe veröffentlichte Übersicht zu den einzelnen Systemen beinhaltet gleichzeitig den allgemeinen zeitgenössischen Kenntnisstand.[481] Durch die Veröffentlichung der behördlichen Vorschriften kam es im unmittelbaren Geltungsbereich zu einer Vereinheitlichung. Die in Berlin recherchierten Fallbeispiele, so auch der Hermannshof, sind Zeugen dieser Vereinheitlichung. Es gab auch nach 1900 unterschiedliche Bewehrungssysteme, die am Markt erhältlich waren, allerdings erfolgte die Nachweisführung vereinheitlicht. Noch zum Ende des Untersuchungszeitraums findet sich im Bauprojekt der AVUS Brücken (Baujahr ab 1914) der Nachweis, dass trotz Verwendung eines speziellen Bewehrungssystems, in Form von Kahneisen, ein vereinheitlichter Nachweis geführt wurde.[482]

Etwa ab 1903 begannen erste Versuche zum Schubtragverhalten von Biegeträgern durch Emil Mörsch.[483] Um 1890 ausgeführte Deckenbalken von Wayss wiesen eine dahingehend anrechenbare Bewehrung auf, aber offenbar hatte man eher aus einem statischen Grundverständnis heraus eine in Ansätzen passende Bewehrungsführung gefunden. Spätestens die Ergebnisse der Versuche von Mörsch erbrachten ausreichend Grundlagen für eine Bemessungstheorie, und es erfolgte eine Anpassung der Bewehrungsführung. Wurden zu Beginn der Einführung die Enden der Bewehrungsstäbe nur im Auflager hochgebogen, setzte sich allmählich durch, etwa ein Drittel der Längsbewehrung bereits am Übergang vom Feld zum Auflagerbereich in einem 45° Winkel hochzuführen. Das galt sowohl für Bereiche über Zwischenauflagern als auch bei Endauflagern.[484] Weiterhin wurde die Bedeutung der Bügelposition und -form einmal mehr deutlich. Das Thema der Schubbemessung fand nur verzögert Eingang in die behördlichen Vorschriften und Regelwerke. So sprach Mörsch beispielsweise noch 1907 davon, dass in den verschiedenen Vorschriften über Eisenbeton keine besonderen Angaben über Berechnung und Berücksichtigung der Schub- und Haftspannungen enthalten seien.[485] Während das Thema der Schubbeanspruchungen in der Ausgabe der Behördlichen Vorschriften von 1904 noch nicht erwähnt wurde, gab es bei der Ausgabe von 1907 bereits eine Unterteilung in Bereiche mit und ohne Schubbewehrung.[486]

Mit Blick auf bauzeitliche Patente und die hier gewählten Fallbeispiele lässt sich diese Entwicklung nachvollziehen. Die Konstruktionen von Balken und Decken bis 1900 wiesen kaum Schubbewehrung auf.[487] Im Vergleich dazu erscheinen die 15 Jahre später errichteten Konstruk-

---

[481] Christophe (1905)

[482] Zum Vergleich siehe die bauzeitliche Statik in Magistrat der Stadt Berlin, Städtische Tiefbaudeputation (1913).

[483] Siehe Genaueres dazu bei Jürges (2000), S. 96. Die Auswertung bzw. Veröffentlichung der Versuchsergebnisse erfolgte zeitversetzt, siehe dazu Mörsch (1907).

[484] Vergleiche dazu auch die konstruktiven Ausführungen in Patenten zu Deckenkonstruktionen in Wayss (1898) oder auch Koenen (1897).

[485] Zitiert nach einer Mitschrift eines Vortrages im Deutschen Beton-Verein, siehe Mörsch (1907).

[486] Vergleiche dazu Ministerium der öffentlichen Arbeiten (16.04.1904) mit Ministerium der öffentlichen Arbeiten (24.05.1907).

[487] Einzelne Balkenkonstruktionen konnten im Rahmen der vorliegenden Arbeit nicht genauer untersucht werden. Die in Wayss (1887b) publizierten Konstruktionen weisen zwar eine dahingehend anrechenbare Bewehrung auf, aber eine gesonderte Ermittlung des Bewehrungsquerschnittes wird nicht vorgegeben. Die Deckenkonstruktionen weisen zu-

tionen der Friedrichstraßen-Passage oder des Viktoriaspeichers um einiges ausgereifter (siehe die Ausführungen im Katalog). Dabei ist der deutlich größere Umfang der statischen Nachweise ein weiterer Hinweis auf die erweiterten Berechnungen und die komplexeren Tragwerke.

Ein nächster Schritt in der Entwicklung der Bemessung war der Nachweis von Rahmen. Die Ermittlung von Schnittlasten bei Rahmentragwerken war zwar bereits ab etwa 1890 ein Thema der Baustatik, allerdings setzte sich die Anwendung im Eisenbetonbau erst allmählich nach 1910 durch. Die Bemessung von kontinuierlichen Balken auf Stützen prägte lange die Bemessung von Stockwerksrahmen. Mitunter ist eine Differenzierung zwischen einzeln bemessenen Traggliedern oder als Rahmen bemessene Tragwerke schwierig, da auch hier die Bewehrungsführung der Bemessung voraus war. Nach Auswertung vorhandener historischer Statiken, wie der des Viktoriaspeichers, wurden Tragwerke in Berlin auch 1911 noch traditionell bemessen.[488]

Interessanterweise ist die Planung der Bewehrung beim Viktoriaspeicher (siehe Abbildung 70) mit der des Aquariums (siehe Abbildung 71) auf den ersten Blick vergleichbar. Allerdings wurde die Konstruktion im Aquarium als Rahmen modelliert und bemessen. So wird im Detail deutlich, dass die Ausbildung der Bewehrung gerade im Eckbereich durchgehend verankert ist. Im Vergleich mit den Tragwerken des Viktoriaspeichers und des Aquariums unterscheidet sich die Planung für das Fahrzeugdepot in der Persiusstraße noch deutlicher beispielsweise was die konstruktive Gestaltung und Detaillierung angeht (siehe Abbildung 72). Interessanterweise erfolgte die Realisierung des Fahrzeugdepots noch vor dem Aquarium.[489] Offenbar waren die Kenntnisse und Fertigkeiten in der Bewehrungsführung der am Bau beteiligten Firma aus Frankfurt am Main deutlich ausgeprägter als bei den lokalen Berliner Bauunternehmen. Mit Blick auf die Dokumente zum Depot in Wustermark scheint es innerhalb der Firma offenbar eine Art Typenentwicklung gegeben zu haben.[490]

---

meist eine geringe Querschnittshöhe auf und sind eher flächig bewehrt, vergleichbar der Deckenkonstruktion in der Bötzow Brauerei.

488 Zur Statik des Viktoriaspeichers siehe Baupolizei Berlin (1909).

489 In Szalla (1910) wird für die Errichtung des Depots das Jahr 1909 angegeben, also etwa drei Jahre vor Baubeginn des Aquariums, Königliches Polizei-Präsidium (1912).

490 Vergleiche dazu die Angaben in Deimling (1909).

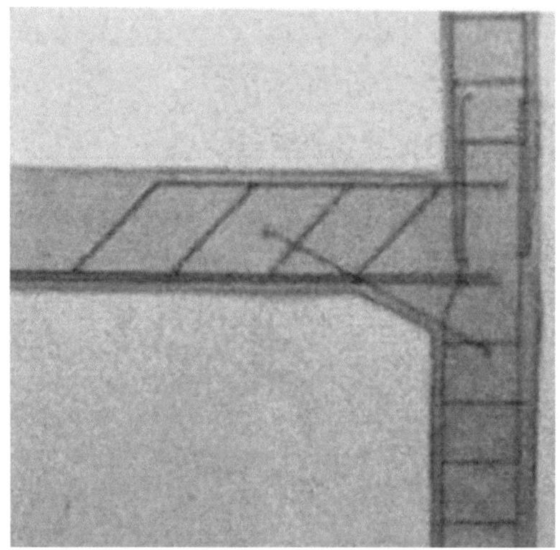

Abbildung 70: Detail der Bewehrungsplanung des Viktoriaspeichers (Baupolizei Berlin (1909), S. o. A.

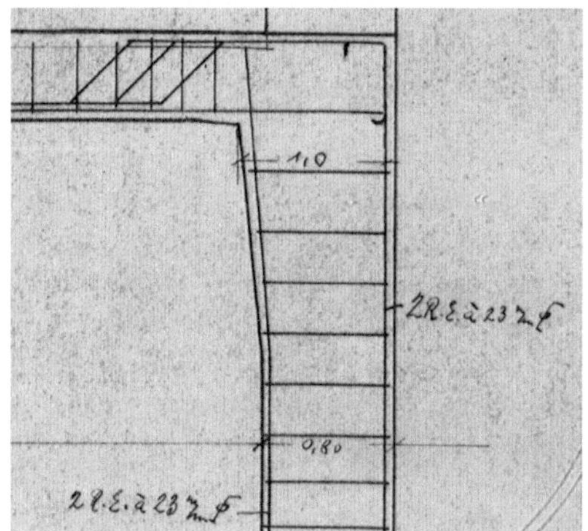

Abbildung 71: Detail aus der Bewehrungszeichnung für den Rahmen im Aquarium (O. A. (1914b), S. o. A.

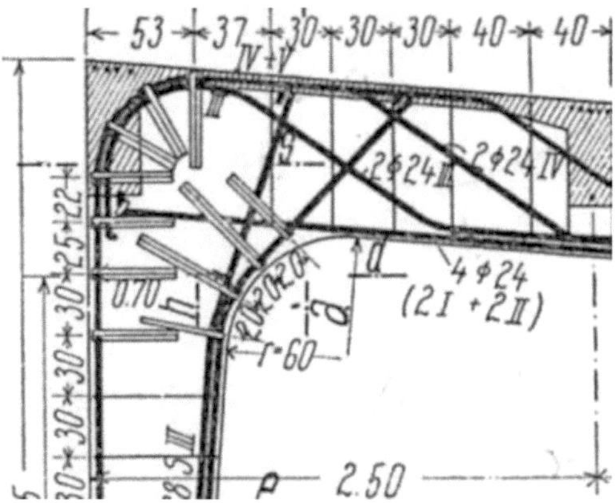

Abbildung 72: Detail des Bewehrungsplans für das Fahrzeugdepot Persiusstraße (Szalla (1910), Tafel III).

Die Planung und Ausführung der Bewehrung hatte einen signifikanten Einfluss auf das Bauen mit Eisenbeton. Bei den ersten Stockwerksrahmen wurden die Eckverbindungen der Durchlaufträger und der Stützen durchaus mit bewehrt, obwohl rechnerisch kein Eckmoment bemessen wurde. Die theoretische Modellbildung entwickelte sich erst schrittweise, wobei die Praxis der Theorie teilweise voraus war. Dies bezeugt auch eines der frühsten Tragwerke, das in Berlin realisiert wurde. Der Musikpavillon in Hoppegarten (siehe Anhang A6) war ein gebautes Experiment und in seiner Form der theoretischen Erfassung der Tragwerke seiner Zeit weit voraus.

Nach Auswertung der Recherchen kam ein maßgeblicher Einfluss für Veränderungen im Bauen mit Eisenbeton immer wieder von außerhalb Berlins, angefangen mit dem Monier-Patent bzw. den Nutzungsrechten, die Wayss 1886 nach Berlin brachte.[491] Obwohl das Monier-Patent bereits 1894 erloschen war[492], beherrschte die Beton- und Monierbau AG bis etwa 1904 den Markt in Berlin. Erst im Zuge der Veröffentlichung der 1. Behördlichen Vorschriften[493] kam es zu einer Öffnung des Marktes, und es etablierten sich Unternehmen zum Teil noch mit individuellen Bewehrungssystemen – Monier-System, Lolat und Kahn –[494], die sich im Verlauf der Vereinheitlichung aber immer weniger voneinander unterschieden. Einige der Fallstudien sind Belege für wichtige, wegweisende Anstöße von außen. Hier ist zum einen die Bemessung der Rippenkuppel der Friedrichstraßen-Passage zu nennen, deren Berechnung Prof. Müller aus Hannover anfertigte.[495] Des Weiteren wurde die Konstruktion des Fahrzeugdepots in der Persiusstraße unter Beteiligung eines in Frankfurt am Main tätigen Bauunternehmens im Vergleich zu anderen Rahmenkonstruktionen deutlich effizienter, fast einem Bausatz ähnlich, konstruiert.[496]

Während sich Bauunternehmen und Ingenieure vom Zeitpunkt der Einführung im Jahr 1886 an mit dem Baustoff beschäftigten, zeigten sich nicht nur die Berliner Architekten verhaltener in seiner Anwendung. Bis zum Ende des Untersuchungszeitraums wurden Eisenbetonbauteile immer wieder verkleidet – beispielsweise beim Aquarium und der Friedrichstraßen-Passage –[497] oder so überarbeitet, dass sie eher an Werkstein erinnern als ihren wahren Charakter zu zeigen.[498] Bei einzelnen, wenig repräsentativen Gebäuden wie dem Viktoriaspeicher war auch von außen ablesbar, dass hier offenbar ein neuer Baustoff Verwendung gefunden hatte. Es bleibt einer späteren Untersuchung vorbehalten, den Einfluss auf das Bauen mit Eisenbeton von Architekten wie Franz Ahrens genauer zu bestimmen. Aus seiner Zusammenarbeit mit der Firma M. Czarnikow & Co. sind einige bemerkenswerte Tragwerke[499] entstanden, die über Berlin hinaus Bedeutung erlangt haben.

---

491 Die Anfänge von Wayss sind in Kapitel 3.4 und 3.5 beschrieben.

492 Im Geschäftsbericht der Beton- und Monierbau A. G. von 1895 wird das Erlöschen des Patentes direkt erwähnt, siehe Actien-Gesellschaft für Monier-Bauten (1889–1975).

493 Die Entwicklung und Ausarbeitung der Vorschriften begründete sich ebenfalls durch Einflüsse von außen (siehe Kapitel 2.6.3)

494 Zu Lolat siehe Kapitel 3.5.1 und Kapitel 4.2.3 sowie den Eintrag zum Hermannshof im Anhang A3. Zur Kahn-Eisengesellschaft siehe Kapitel 3.5.1 und 4.2.6 sowie den Eintrag zu den AVUS Brücken in Anhang 7.

495 Müller (1909).

496 Szalla (1910).

497 Im Aquarium wurden die Rahmenkonstruktionen unter anderem durch abgehängte Decken verdeckt. Für die Ausgestaltung der Innenräume und der Fassadenflächen der Friedrichstraßen-Passage nennt Ahrens (1909) unter anderem bemalte Oberflächen, Wandkacheln und eine Verblendung aus Werkstein.

498 Forty (2012) schreibt, dass vor allem deutsche Bauunternehmen die Oberflächenbearbeitung von Beton so weit perfektioniert hatten, dass er Naturstein zum Verwechseln ähnlich sah.

499 Neben der Friedrichstraßen-Passage und dem Viktoriaspeicher, die beide ausführlich in dieser Arbeit besprochen werden, war Ahrens auch an dem Entwurf und Bau des Kaufhauses Jandorf beteiligt, siehe Sandor (1908). Zum Wirken Ahrens ausführlicher bei Reher (2003).

4.4 Zwischenfazit – Die Etablierung einer neuen Bauweise

Der Eisenbeton in Berlin ist besonders mit den Namen Gustav Adolf Wayss und Matthias Koenen verbunden. Ihr Wirken und ihre Kooperation beherrschten den Berliner Eisenbeton im ersten Jahrzehnt nach der Einführung des neuen Baustoffes deutlich und legten die Grundlagen für die langjährige, erfolgreiche, mit dem Baustoff verbundene Unternehmenstätigkeit. Wie in Kapitel 3.5 ausgeführt, etablierte sich eine deutliche Konkurrenz in Form von kleineren und größeren Bauunternehmen, die ebenfalls Ausführungen in Eisenbeton anboten, erst um 1904.
Die Erarbeitung einer ersten Bemessungstheorie für einfache Eisenbetonquerschnitte hat ihren Ursprung in Berlin mit Koenen und seinem Beitrag in der Monier-Broschüre.[500] Dies kennzeichnet den Beginn der ingenieurtechnischen Auseinandersetzung mit dem Baustoff.
Die Entwicklung von Tragwerken unterschied sich im Einzelnen. Die andernorts deutlich sichtbaren Wasserhochbehälter beispielsweise, kamen in Berlin kaum zur Anwendung, bzw. waren die umgebenden Turmbauten meist in Mauerwerk ausgeführt (siehe Kapitel 4.2). Deutlich im Stadtbild sichtbare Konstruktionen wurden mit größeren Fabrikanlagen realisiert. Ausschlaggebend dafür waren die 1899 in Straßburg durch Wayss & Freytag realisierten Getreidespeicher[501], wobei es in Berlin noch etwa fünf Jahre dauern sollte, bis auch hier solche Eisenbetonskelettkonstruktionen entstanden (siehe Kapitel 4.2.3).
Der Einfluss der Ideen Hennebiques führte langfristig zu einer monolithischen Eckverbindung und einer Optimierung der Bauteilquerschnitte. Heute wird im Allgemeinen eine mathematisch genaue Dimensionierung mit geringen Querschnittsgrößen angestrebt. Das Ideal einer schlanken, hoch ausgenutzten Konstruktion ist offenbar maßgebend. Im Rückblick auf die Anfänge erscheinen die frühen Konstruktionen weniger effizient. Vor allem bei den Querschnittsgrößen früher Eisenbetonstützen erinnern die Dimensionen eher an schwach bewehrte Stampfbetontragwerke.[502] Allerdings hat diese redundante Bemessung und Ausführung anscheinend einen wesentlichen Anteil daran, dass es noch eine Vielzahl an Konstruktionen gibt, die bis heute weitestgehend standsicher erhalten sind.
Insgesamt war Eisenbeton bis weit nach der Jahrhundertwende kaum sichtbar in Berlin. Weder in Form von Bauwerken, noch durch eigene Fabrikanlagen zur Herstellung von Zement- oder Bewehrungseisen. Während sich also im Vergleich für den Mauerwerksbau beispielsweise "das steinerne Berlin" als Markenname für die Verwendung von Ziegelsteinen und die Errichtung der Mietskasernen etabliert hatte, gab es für den Eisenbeton nichts Vergleichbares.[503] Er blieb vorerst anonym.

[500] Zur Rolle von Koenen und der Monier-Broschüre siehe Kapitel 2.4.
[501] Wayss und Mörsch (1902).
[502] Beispielhaft sei hier auf die Ausführung der Mälzerei Gregory verwiesen.
[503] Hegemann (1992).

5 Der frühe Eisenbeton in Berlin und seine Bedeutung in der Bautechnikgeschichte

Ausgangspunkt für das Bauen mit Eisenbeton in Berlin war die Anmeldung eines Patents für das Deutsche Reich durch Josef Monier im Jahr 1880, dessen Ausgabe am 4. August 1881 erfolgte. Die Nutzungsrechte des Patents lagen zuerst bei zwei Firmen im Raum Frankfurt am Main, bevor die für den norddeutschen Raum geltende Konzession an G. A. Wayss übertragen wurde.[504] Diese Vorlaufzeit endete 1886, als Wayss in Berlin eine Firma gründete, um die Nutzungsrechte zu vermarkten. Er legte damit den Grundstein für das Bauen mit Eisenbeton in Berlin und entwickelte in Zusammenarbeit mit Koenen das Monier-System. Die Zeit der Etablierung und Ausdifferenzierung endete 1894, als der Patentschutz und damit auch die Nutzungsrechte für das Monier-Patent erloschen.[505]

Die Ausdifferenzierung des Monier-Patents hin zum Monier-System ist einem Prozess der Aneignung vergleichbar, den der Architekturhistoriker Hermann Schlimme bereits für das Hennebique Patent in Italien untersucht hat. Schlimme argumentiert, „neues praktisches Bauwissen mußte [sic] entstehen, bzw. das vorhandene Wissen der Bauleute vor Ort mußte [sic] mit dem Patent interagieren."[506] Während Schlimme allerdings von einer Interaktion zwischen Patent und Ausführenden ausgeht, bei der es auch Rückkopplungen von der Baustelle zum Patent gibt, war die Entwicklung des Monier-Patents im Deutschen Reich anscheinend stark einseitig verlaufen. Dies lag vermutlich an den Konditionen der jeweiligen Patentnutzung und der vergleichsweisen kurzen Dauer der Unterschutzstellung. Die langfristige Bindung an Hennebique und sein die statischen Berechnungen ausführendes Zentralbüro bedingte immer wieder Kontakt zwischen den Beteiligten. Im Vergleich waren die Konzessionäre von Monier offenbar deutlich freier in der Anwendung, so ist zwischen Monier und Wayss lediglich ein direkter Kontakt (um 1886) überliefert.[507]

In den Jahren bis 1899 gelang es Wayss und Koenen, zahlreiche Eisenbetonkonstruktionen in Berlin und andernorts zu realisieren und das Monier-System bekannt zu machen. In dieser Phase der Weiterentwicklung wurde 1899 der Deutsche Beton-Verein in Berlin gegründet.[508] Erstmals gelang hier eine Zentralisierung der Bemühungen, das Bauen mit Eisenbeton bekannt zu machen. Der Verein wurde zum Sprachrohr der beteiligten Ingenieure und Bauunternehmen und bot als Ort der Kommunikation jährliche Treffen, eine Vereinszeitung und die Arbeit in Ausschüssen.[509] Dadurch kamen beteiligte Akteure in einen intensiven Austausch, der langfristig zu einer positiven Entwicklung der Bauweise führte. Beispielsweise waren Vereinsmitglieder Teil der Expertengruppe, die in gemeinschaftlicher Zusammenarbeit die 1. Behördlichen Regelungen zum Bauen mit Eisenbeton für Preußen ausarbeitete.[510] Diese Reglungen galten schnell im gan-

504 Ramm (2012), S. 341.

505 Siehe dazu auch die Angaben in Kapitel 3.4 und 3.5. Die Angaben zur Übernahme der Patente und Unternehmensgründung sind den Geschäftsberichten der Actien-Gesellschaft für Monier-Bauten entnommen, Actien-Gesellschaft für Monier-Bauten (1889–1975).

506 Schlimme (2014), S. 395.

507 In den Geschäftsberichten der Actien-Gesellschaft für Monier-Bauten (1889–1975) ist ein entsprechender Brief dokumentiert.

508 Siehe O. A. (1899a) und auch F. (1899).

509 Die jährlichen Hauptversammlungen inklusive der Protokolle der einzelnen Diskussionen wurden von Beginn an in Buchform publiziert und geben einen wunderbaren Einblick in die Vereinsarbeit, vgl. O. A. (1899a).

510 O. A. (1904a), S. 71.

zen Deutschen Reich und beförderten eine erste Vereinheitlichung auf Ebene der statischen Bemessung von Eisenbetonkonstruktionen. Auf der Ebene der praktischen Ausführung gab es weiterhin zahlreiche unterschiedliche Systeme, die am Markt erhältlich waren.

Während die Vereinsgründung ein deutliches Zeichen nach außen war, erhielt das Bauen mit Eisenbeton erst durch die Behördlichen Regelungen eine Aufwertung hin zu einer anerkannten Bauweise. Mit dieser Sichtbarkeit und Sicherheit kam es offenbar in der Zeit von 1904 bis 1918 zu einer Blüte der Bauunternehmen in Berlin, die Eisenbetonkonstruktionen ausführten.[511] Der Hauptstadtstatus von Berlin war vermutlich ein Grund dafür, dass sich hier verhältnismäßig viele Unternehmen ansiedelten bzw. einen Firmensitz etablierten. Darüber hinaus bot die Stadt aber vor allem die Möglichkeit eines direkten Austausches zwischen den Akteuren in Industrie, Wissenschaft und Verwaltung. Beispielsweise organisierte der Deutsche Beton-Verein, dessen Jahrestreffen in Berlin stattfanden, und auch der AIV Berlin regelmäßig Besichtigungen von Baustellen und gerade fertiggestellten Bauten in Berlin, bei denen sich die Mitglieder in persönlichen Gesprächen miteinander austauschen konnten.[512] Es gab zusätzlich die Verbreitung begünstigende Ereignisse wie Gewerbeausstellungen, Weltausstellungen, Konferenzen oder auch Unfälle, wodurch die Bauweise immer wieder diskutiert wurde und so auch der Öffentlichkeit im Deutschen Reich und seinen Nachbarstaaten ein Begriff wurde.[513]

Die Zeit bis 1918 war gleichzeitig eine Zeit der Ausdifferenzierung von die Bauweise bestimmenden Faktoren wie Bewehrungsführung, Bewehrungsform, Mischungsverhältnis, Einsatz von technischen Hilfsmitteln und Werkzeugen, Arbeitsabläufen auf der Baustelle, Entwurfsgrundsätzen und so weiter. Im Ergebnis lässt sich die Zeit der Einführung von Eisenbeton in das Baugeschehen in Berlin wie folgt zeitlich unterteilen:

1880 bis 1886 – Vorlaufzeit (Monier-Patent)

1886 bis 1894 – Etablierung und Ausdifferenzierung (Monier-System)

1894 bis 1904 – Weiterentwicklung (Kombination versch. Ansätze)

ab 1904 – Vereinheitlichung (Eisenbeton Bauweise)

Die Unterscheidung der einzelnen zeitlichen Phasen lässt sich auch anhand der ausgewählten Fallstudien belegen (siehe Kapitel 4.2). In der Phase der Etablierung und Ausdifferenzierung kam es verstärkt zur Ausführung von Decken und Behältern. In der Phase der Weiterentwicklung entstanden erste Brücken und Stockwerksrahmen. Ab 1904 kam es dann auch bei der Aus-

---

[511] Siehe Genaueres dazu in Kapitel 3.5.

[512] In den Jahresberichten des Deutschen Beton-Vereins sind beispielsweise die zum Teil sehr lebhaften Diskussionen zwischen den Mitgliedern protokollhaft dokumentiert. Nach E. (1908), S. 539 hatten Mitglieder des AIV zu Berlin die Möglichkeit, die Baustelle der Friedrichstraßen-Passage zu besuchen.

[513] Eine der frühesten Veranstaltungen, bei der Eisenbetontragwerke gezeigt wurden, war die Gewerbeausstellung in Bremen, siehe O. A. (1890a). Die Verwendung von Eisenbeton bei den Bauten für die Gewerbeausstellung 1896 in Berlin kann vermutet werden, allerdings fand sich kein belegbarer Hinweis darauf. Zur Weltausstellung in Paris im Jahr 1900 berichtet Emperger (1901) über neuere Bauweisen aus Eisenbeton. Im Weiteren berichtet beispielsweise auch Zöllner (1905) von Hennebique Konstruktionen, die auf der Deutschen Städteausstellung in Dresden 1905 ausgestellt wurden. Zum Thema der Unfälle siehe auch Kapitel 3.6, zudem auch Emperger (1901), S. 5–6. In der Zeitschrift Beton und Eisen gab es eine entsprechende Rubrik, in der von Bauunfällen berichtet wurde, siehe beispielsweise O. A. (1911a) und auch O. A. (1912a).

führung von komplexeren Tragwerken zu einer Blüte unterschiedlichster Konstruktionen. Im Einzelnen war das Tragwerkskonzept stark von den statischen Fähigkeiten des zuständigen Ingenieurs und den Entwicklungen der Baustatik insgesamt abhängig. Die Möglichkeiten des Eisenbetons wurden noch ausgetestet.

Die ausgeführten Tragwerke beinhalten eine Bandbreite an Konstruktionen in unterschiedlicher Qualität. In der Zeit bis 1918 war die Qualität der Planung und vor allem auch der Ausführung sehr stark abhängig von den Kenntnissen und Fertigkeiten der Bauarbeiter. Während das Bauen mit Eisenbeton bereits seit Anfang des 20. Jahrhunderts Teil der Ausbildung der Bauingenieure und der Architekten war, etablierte sich ein eigener Ausbildungsberuf für Eisenbetonbauer offenbar erst nach 1918.[514] Das notwendige Wissen um die richtige Ausführung der Schalung, die Mischung des Beton mit Wasser, Zuschlägen und Zusatzstoffen, die Bewehrungspositionierung, die Verdichtung oder die Nachbehandlung wurde offenbar in den einzelnen Firmen entwickelt und intern weitergegeben.[515] Die frühen Eisenbetonbauten unterscheiden sich also nicht nur im Entwurf und dem ingenieurtechnischen Tragwerkskonzept voneinander, sondern vor allem auch deutlich in den Details der praktischen Ausführung. Auf der Ebene der praktischen Ausführung kann für die Zeit noch nicht von einer Vereinheitlichung gesprochen werden.

Dies zeigt sich auch im nationalen und internationalen Vergleich. Einige Bauten und Tragwerke wurden bereits in Kapitel 4.2 in die Entwicklungsgeschichte der jeweiligen Tragwerkskategorie eingeordnet. Darüber hinaus werden im Folgenden aber noch einmal konzentriert die Ereignisse in Berlin denen von zwei ausgewählten deutschen Städten (Leipzig und München) und vier Ländern (Frankreich, Belgien, Italien und Russland) gegenübergestellt. Die Auswahl der Städte und Länder erfolgte hauptsächlich quellenbedingt.

In den letzten Jahren erschienen zudem erfreulicherweise diverse Publikationen, die sich auf verschiedene Art mit der Geschichte des Eisenbetons auseinandersetzen. Die Geschichte des Eisenbetons ist erst etwa 150 Jahre alt, und in der Untersuchungszeit standen diverse Kommunikationsmittel wie Bücher, Zeitschriften und Fotographien zur Verfügung. Dennoch werden vielfach Tragwerke wiederentdeckt, die gerade nicht umfangreich publiziert wurden, die vielleicht in einem Hinterhof oder innerhalb eines Industriekomplexes entstanden sind, sodass die Allgemeinheit und auch die Fachkolleginnen und Fachkollegen sie lange Zeit nicht wahrgenommen haben.

Der folgende Vergleich konzentriert sich auf eine überblickshafte Zusammenstellung der realisierten Tragwerke, die für den lokalen Eisenbeton maßgebende Einflüsse beinhalten. Ein weiterer Aspekt ist hierbei verbunden mit der Frage nach den Akteuren, die sich vor Ort besonders hervorgetan haben. Der Vergleich der Entwicklungen bei den Tragwerkskategorien konzentriert sich auf Stockwerksrahmen und Brücken.[516] Die Erweiterung um andere Tragwerkskategorien

[514] Detaillierter zum Eisenbeton in Ausbildung und Lehre siehe im Kapitel 3.2. Zur zeitlichen Entwicklung der Berufsbezeichnung siehe Kapitel 3.1.2.

[515] Informationen über die baupraktischen und handwerklichen Aspekte der Herstellung von Eisenbeton sind in den analysierten Quellen kaum überliefert. In Analyse der vorliegenden Ergebnisse erscheint eine firmeninterne Ausbildung gerade in der Frühzeit vorstellbar. Vor allem, wenn bestimmte Rezepturen oder individuelle Bewehrungen eingesetzt wurden.

[516] Bei Behälter- und Deckenkonstruktionen ist eine vornehmlich auf Quellen basierte Bewertung schwierig, da gerade in der Zeit nach 1900, im Vergleich zu den tatsächlich realisierten Decken, deutlich weniger Bauprojekte Erwähnung fanden. Hallenrahmen und gewölbte Dachtragwerke waren in Berlin eher Nischenanwendungen, vor allem, da für diese Tragwerke lange Zeit auch Eisen als Konstruktionsmaterial verwendet wurde.

bietet natürlich immer die Chance einer anders gewichteten Differenzierung, doch eine solche bleibt einer anderen Bearbeitung vorbehalten.

5.1 Die Bedeutung des Bauens mit Eisenbeton in der Berliner Bautechnikgeschichte

Eine Einschätzung der Bedeutung des Bauens mit Eisenbeton in der Berliner Bautechnikgeschichte bedarf zunächst einer Skizzierung dessen, was die Berliner Bautechnikgeschichte zur Jahrhundertwende 1900 kennzeichnete.

Der Wandlungsprozess Berlins von einer mittelgroßen Residenzstadt Mitte des 19. Jahrhunderts hin zu einer Großstadt und Industriemetropole war um 1900 in vollem Gange. Das Bauen insgesamt hatte daran einen wichtigen Anteil. Es entstanden große Industriekomplexe neben Wohn- und Geschäftshäusern für die in den Fabriken arbeitende Bevölkerung. Zusätzlich dazu wurden neue Verwaltungsgebäude gebaut, Ausbildungsstätten und vor allem auch eine Infrastruktur, durch welche die sich vergrößernden Entfernungen zu den Vorstädten kompensiert werden sollte.

Gleichzeitig hielt die Industrialisierung auch im Bauwesen Einzug. Erst die Produktion von Zement in gleichbleibend hoher Qualität ermöglichte es, den Eisenbeton zu einer nennenswerten Konkurrenz zum Eisenbau zu etablieren. Auch das praktische Bauen unterlag größeren Wandlungsprozessen und umfasste nunmehr nicht nur handwerkliche Tätigkeiten. Der Einsatz neuer Technologien und Maschinen bei der Herstellung von Tragwerken war dabei nur der Anfang, auch der Einfluss einer theoretischen Ausbildung gerade bei Ingenieuren wurde immer wichtiger. Der Eisenbeton hatte dabei eine ambivalente Rolle. Zwar wurden die benötigten Rohstoffe teilweise industriell gefertigt.[517] Allerdings blieb die Arbeit auf der Baustelle noch längere Zeit handwerklich geprägt. Maschinelle Misch- und Stampfmaschinen sowie Hebewerkzeuge wurden erst allmählich entwickelt. Vielfach wurden eher im traditionellen Handwerk übliche Arbeitsweisen angewendet.[518]

5.1.1 Zur Ungleichzeitigkeit der an der Einführung beteiligten Akteure

Das Bauen mit Eisenbeton war im Untersuchungszeitraum keine treibende Kraft in der Technisierung der Baustellen, allerdings erzeugte es einen intensiven Austausch zwischen Industrie, Verwaltung und Wissenschaft. Gerade dieser Austausch gelang in Berlin überaus gut, da hier zentrale Verwaltungseinheiten des preußischen Staates sowie der Landesverwaltung ansässig waren, zahlreiche Firmen eine Niederlassung unterhielten und auch wissenschaftliche Institutionen vorhanden waren. Von Anfang an waren also verschiedene Akteure gefordert, zusammenzuarbeiten. Ihre Zusammenarbeit ermöglichte es erst, dass sich die Bauweise schließlich mit Erfolg gegen den prominenten Eisenbau des 19. Jahrhunderts durchsetzen konnte. In der Einführungszeit wiesen die an der Einführung beteiligten Akteure unterschiedliche Aneignungsgeschwindigkeiten auf. Diese Ungleichzeitigkeit war prägend für die Gesamtentwicklung.[519]

---

[517] Siehe dazu auch Kapitel 3.1.3.

[518] In einer Zusammenschau der zwischen 1901 und 1910 veröffentlichten Eisenbetonliteratur von Hoffmann (1911) finden sich nur einige wenige Verweise auf Artikel mit einem entsprechenden Fokus; siehe auch Kapitel 3.5.3.

[519] Zur allgemeinen Einordnung siehe Heine und Rauhut (2018) und zum Bauen mit Eisenbeton Genaueres bei Gubler (1992), S. 85.

Diese Ungleichzeitigkeit traf auch auf die Verhältnisse in Berlin zu. Während sich in der Anfangszeit hauptsächlich die Bauunternehmen der neuen Bauweise annahmen, waren die Ingenieure spätestens seit 1886 mit deren Entwicklung beschäftigt.[520]
Die Arbeitsgebiete der Ingenieure und Architekten waren bei der Einführung von Eisenbeton bereits deutlich getrennt. Während die Architekten zumeist den künstlerischen und gestalterischen Entwurf einer Baukonstruktion verantworteten, waren die Aufgaben der Ingenieure primär von der Aufstellung einer nachvollziehbaren Statik bestimmt. In einzelnen Bereichen wie dem Brücken- oder dem Wasserbau oblag vermutlich auch den Ingenieuren ein Anteil an der gestalterischen Ausarbeitung.
Während Architekten erst nach 1900 Eisenbeton bewusst als Stilmittel in ihren Entwürfen verwendeten, eröffneten die theoretisch-technologischen Fragestellungen bei der Definition einer ersten Bemessungstheorie den Ingenieuren einen sofortigen, direkten Bezug.[521]

5.1.2 Die Anfänge der statischen Bemessung

Die Beteiligung von Ingenieuren ermöglichte eine abgestimmte Bewehrungsdimensionierung. Bereits zu Beginn der Anwendung von Eisenbeton wurde insgesamt für zwei unterschiedliche Anwendungen bemessen. Zum einen waren dies standardisierte Konstruktionen, die in ihrer Geometrie den in Bauteilversuchen untersuchten Konstruktionen vergleichbar waren und damit auf Grundlage von Bemessungstafeln dimensioniert wurden.[522] Ein zweiter Anwendungsbereich umfasste freie Konstruktionen, die nicht in vorgefertigte Schemata passten, für die es also keine Bemessungstafeln gab. Bei diesen wurde die Bewehrung eher zur Formgebung genutzt.[523] Mit den theoretischen Annahmen zur inneren Spannungsverteilung der Druck- und Zugzonen war es möglich, der eisernen Bewehrung einen mathematisch korrekten Wert an Spannungsbelastung zuzuweisen.
Für Deckenelemente und auch Röhren gab es durch Versuche ermittelte Bemessungstafeln[524], sodass die Anwendung zuverlässig erfolgen und auch den Baupolizeibehörden ein Nachweis über die Tragfähigkeit übermittelt werden konnte. Konstruktionen, die andere Dimensionen oder Formen aufwiesen, mussten im Einzelfall bemessen werden. Neben den in der Monier-Broschüre aufgeführten Verkaufsargumenten, wie beispielweise Rostsicherheit oder Dichtheit, wurden neben der Anwendung im Ingenieurbau zahlreiche weitere Anwendungsbeispiele wie ebene und gewölbte Deckenkonstruktionen, Stützen und Mauern benannt.[525] Diese genaue Zuordnung erwies sich in den ersten fünfzehn Jahren auch als eine Beschränkung der möglichen Anwendungsfälle. In einer knapp zehn Jahre später veröffentlichten Firmenbroschüre der Beton- und Monierbau, die ausgeführte Bauwerke listenartig aufführt, wird die Unterscheidung zwischen Ingenieurbau und anderen Bereichen gar nicht mehr gemacht. Hier beginnt die Aufzählung direkt mit Brückenbauwerken, Tunneln und Röhren gefolgt von Deckenkonstruktionen und anderen Bereichen.[526]

---

520 Siehe Kapitel 2.4.2. zudem auch Peters (1977), S. 74–75.
521 Siehe Gubler (1992).
522 Wie in Kapitel 4.2.2. beschrieben, weist bereits die Monier-Broschüre solche Bemessungstafeln auf.
523 Siehe beispielhaft die Ausführungen zum Musikpavillon in Anhang A6.
524 Wayss (1887b), S. 47 und 50.
525 Wayss (1887b).
526 Vgl. etwa Wayss (1887b) mit Rehbein (1894).

Offenbar gelang es den deutschen und damit auch den Berliner Ingenieuren in Eigeninitiative kaum weitere Anwendungsbereiche zu erschließen. Vielleicht fehlte es den Ingenieuren hierzulande an Kreativität? Vielleicht war aber auch das konservative Sicherheitsdenken der preußischen Behörden der Grund dafür? Vielleicht lag es aber auch an der wirtschaftlich schweren Zeit, die ab 1894 im Bauwesen in Berlin herrschte. Bis etwa 1900 war die Bautätigkeit insgesamt sehr verhalten, es kam zu einem regelrechten Stillstand, sodass der Wegfall des Patentschutzes für das Monierpatent im Jahr 1894 kaum unmittelbare Auswirkungen auf das Bauen mit Eisenbeton in Berlin hatte.[527] Neue, anregende Impulse zur Weiterentwicklung der Bauweise kamen erst wieder von außen, namentlich durch Hennebique bzw. die Anwendung seines Patentes.[528]

5.1.3 Auswirkungen der Behördlichen Regelung

In einem stark reglementierten Staat wie Preußen mit seiner langen Tradition an behördlichen Regelungen und den Erfahrungen der Vereinheitlichung im Zuge der Reichseinigung 1871 war ein besonderer Zugang erforderlich, um Eisenbeton als Baumaterial zu etablieren. Eine erste regellose Zeit fand 1904 mit der Einführung der 1. Behördlichen Regelungen zum Bauen mit Eisenbeton ein Ende.[529] Erst mit Unterstützung praktisch tätiger Bauunternehmer, Ingenieure und weiterer Interessierter, die sich beispielsweise im Deutschen Beton-Verein engagierten, wurden die für den preußischen Staat notwendigen rechtlichen Grundlagen geschaffen. Dieser direkte Einfluss auf die Legislative war ebenfalls kennzeichnend für die Einführung von Eisenbeton. Aus dem Bewusstsein heraus, eine zuverlässige Qualität und Sicherheit für Tragwerke zu gewährleisten, waren es Ingenieure und Bauunternehmer, die bereits ab 1900 verstärkt nach einer stärkeren Reglementierung verlangten. In Zusammenarbeit mit zusätzlichen Ingenieuren und Wissenschaftlern entstanden somit erste behördliche Regelungen, die theoretisch fundiert und anwendungsfreundlich formuliert waren.[530] Die Auswertung historischer Quellen und die Analyse der Fall- und Vergleichsstudien zeigt, dass es gerade in der Zeit nach 1904, also nach Einführung der ersten Bestimmungen zum Bauen mit Eisenbeton, eine größere Vielfalt an auf Eisenbeton spezialisierten Firmen am Berliner Baumarkt gab.

5.1.4 Der Einfluss der lokalen Bauunternehmen

Die Dominanz der Beton- und Monierbau AG (der Nachfolgefirma von G. A. Wayss) wurde durch Veröffentlichung der Bestimmungen zwar etwas eingeschränkt, aber langfristig sollten sich die bereits gewonnenen Erfahrungen sowohl in der Bemessung als auch in der Realisierung als Wettbewerbsvorteil auszahlen.[531]

Bei Bauprojekten, die durch Firmen mit weniger Vorkenntnissen realisiert wurden, ist festzustellen, dass die Qualität der Bemessung von der tatsächlich ausgeführten Bewehrung abweichen konnte.[532] In anderen Fällen ist festzustellen, dass die Qualität der Ausführung auf eine umfas-

---

527 Dieser Eindruck entsteht in Auswertung der Datensammlung.

528 Siehe die Ausführung zur Mälzerei Gregory im Kapitel 4.2.

529 Zur Einführung der ersten ministeriellen Bestimmungen siehe Kapitel 2.6.3 und zu den Bestimmungen selbst Ministerium der öffentlichen Arbeiten (16.04.1904).

530 Siehe dazu Kapitel 2.6.3.

531 Dies gilt wohl am ehesten mit Blick auf die erfolgreiche, langjährige Unternehmenstätigkeit im In- und Ausland, siehe Beton- und Monierbau Aktien-Gesellschaft (1964).

532 Die Ausführung des Aquariums beispielsweise war nachweislich nicht fachgerecht, vgl. Fiesinger (1953). Siehe dazu ausführlicher Anhang A2.

sende Erfahrung hindeutet, die Bemessung aber eher konservativ ausgeführt wurde.[533] Der Grund für diese starken Abweichungen ist sehr wahrscheinlich in der Arbeitsteilung zwischen dem Planungsingenieur und den Arbeitskräften auf der Baustelle zu vermuten. Teilweise sind auch Fälle dokumentiert, in denen externe Fachingenieure an der Aufstellung der Statik beteiligt wurden.[534]

In Auswertung der Liste (siehe Anhang C1) zeigt sich gerade in der Zeit nach 1904 ein sehr diverses Bild von Eisenbetonunternehmen (siehe auch Tabelle 8). Ein maßgeblicher Erfolgsfaktor von Bauunternehmen für die Beteiligung an anspruchsvollen Tragwerken war offenbar die Anstellung eines kompetenten Eisenbetoningenieurs. Neben der anfänglichen Kooperation von Wayss und Koenen kann hier auch auf die Firma M. Czarnikow & Co. verwiesen werden.[535]

Im Vergleich fällt auf, dass die Beteiligung bestimmter ausführender Firmen einen immensen Einfluss auf die Projektierung haben konnte. So erscheinen die Rahmensysteme des Fahrzeugdepots in der Persiusstraße von 1910 deutlich ausgereifter als die des 1912 erbauten Aquariums.[536] Beim Fahrzeugdepot war eine Firma aus Frankfurt am Main beteiligt, die offenbar über umfangreiche Erfahrungen durch eine Art Typenentwicklung für Eisenbahndepots verfügte.[537] Der Neubau des Aquariums wies überhaupt erst im Nachtrag der Statik ein Tragwerksmodell auf, das steife Stockwerksrahmen beinhaltete.[538] Doch auch wenn die Wahl des Rahmentragwerks von Fachkenntnis zeugt, erscheint die hier gefundene Lösung im Vergleich mit den Hallenrahmen des Fahrzeugdepots in der Persiusstraße ziemlich konventionell und wenig wegweisend.[539]

5.2 Bauen mit Eisenbeton in Metropolen jenseits von Berlin

Nachdem nun gezeigt wurde, inwieweit Eisenbeton die Bautechnik im ausgehenden 19. Jahrhundert in Berlin beeinflusst hat, werden im Folgenden vergleichend die Entwicklungen in Berlin denen in anderen Städten und Ländern gegenübergestellt. Die Auswahl der Vergleichsstudien umfasst Leipzig und München sowie Brüssel, Bologna und Sankt Petersburg.[540] Aus-

[533] Diesen Eindruck vermitteln beispielsweise die Bauprojekte Hermannshof (Anhang A3) und Viktoriaspeicher (Anhang A4).

[534] Wie in Anhang A6 ausführlich beschrieben, wurde beispielsweise das Bauprojekt Friedrichstraßen-Passage durch die Firma Czarnikow & Co. realisiert. Die Bemessung des Kuppeltragwerks jedoch erfolgte durch Prof. Müller aus Hannover, siehe Müller (1909).

[535] Die Firma M. Czarnikow & Co. war unter anderen an den Bauprojekten wie dem Kaufhaus Jandorf, der Friedrichstraßen-Passage, dem Viktoriaspeicher, der AEG Turbinenhalle und auch der Synagoge Charlottenburg maßgeblich beteiligt. Zur Entwicklung der Firma siehe Kapitel 3.5.1.

[536] Die Statik für das Depot in der Persiusstraße konnte nicht recherchiert werden, allerdings finden sich in Szalla (1910), S. 60 neben einer detaillierten Beschreibung der Bewehrungsführung auch Hinweise auf die rechnerischen Grundlagen. So wurde die Konstruktion offenbar als Zwei-Gelenkrahmen bemessen. Zur Planungsgeschichte der Rahmenkonstruktion im Aquarium siehe Königliches Polizei-Präsidium (1912) und auch Anhang A4).

[537] Dies wird insofern deutlich, als dass sich für ein Eisenbahndepot in Wustermark (Baujahr 1909) eine vergleichbare konstruktive Ausbildung des Tragwerks erhalten hat.

[538] Siehe dazu ausführlich Anhang A4.

[539] Vergleiche hierzu die grafischen Darstellungen der Bewehrungsführung in Königliches Polizei-Präsidium (1912) und Szalla (1910), siehe weiterhin die Ausführungen in Anhang A4.

[540] Für Brüssel, Bologna und Sankt Petersburg erschien es angemessen, die Untersuchung etwas weiter zu fassen, sodass bei den Vergleichen auch Geschehnisse und Tragwerke auf Landesebene integriert werden konnten.

schlaggebend für die Auswahl sind die in den letzten Jahren publizierten Untersuchungsergebnisse zu den dortigen Anfängen des Bauens mit Eisenbeton.[541]

5.2.1 Leipzig, Königreich Sachsen

Die Stadt Leipzig[542] liegt etwa 200 km südlich von Berlin. Für die Zeit um 1900 ist eine Einwohnerzahl von etwa 500.000 Bewohnern dokumentiert, etwa die Hälfte bis zu einem Drittel der Einwohnerzahl Berlins, zur selben Zeit.

Ausgangspunkt für das Bauen mit Eisenbeton waren auch in Leipzig die Bemühungen eines lokalen Unternehmers. Eigentlich Architekt, fand Max Pommer 1899 keinen Bauunternehmer, der ihm den Entwurf für einen Erweiterungsbau der Notendruckerei C. G. Röder in Eisenbeton ausführen konnte oder wollte. Im Ergebnis wurde Pommer selbst Konzessionär von Hennebique und erweiterte sein Tätigkeitsfeld um die Ausführung von Eisenbetonkonstruktionen. In der Folgezeit kam es zu zahlreichen Ausführungen von Stockwerksrahmenkonstruktionen, die auf dem Hennebique-Patent basierten. Denn obwohl die Patentansprüche von Hennebique ab 1901 rechtlich nicht mehr geltend gemacht werden konnten, arbeitete Pommer weiterhin mit Hennebique zusammen, da durch dessen Zentralbüro in Paris die Berechnungen erfolgten.[543]

In den nächsten zehn Jahren veränderten sich die Verhältnisse in Leipzig langsam, aber spätestens ab 1913, mit dem Gewerbehofkomplex Kroch, den Fundamenten für das Völkerschlachtdenkmal und auch der Konstruktion der Haupthalle des Leipziger Hauptbahnhofs[544] hatte sich neben dem Unternehmen Max Pommer starke Konkurrenz (C. Brömme, Dyckerhoff & Widman, Kell & Löser, Eduard Steyer, Alban Vetterlein & Co., Rudolf Wolle)[545] etabliert. Die genaue Zahl an realisierten Tragwerken ist nicht bekannt, bezogen auf die Größe der Stadt und den Stadtkontext erscheint die Anzahl jedoch vermutlich vergleichbar mit Berlin.

5.2.2 München, Königreich Bayern

Die Stadt München[546] liegt im Süden Deutschlands, rund 600 km entfernt von Berlin. Ähnlich wie Leipzig, wies auch München um 1900 eine Einwohnerzahl von etwa 500.000 Bewohnern

---

541 Die Untersuchung zu Sankt Petersburg, besser gesagt: zum Bauen mit Eisenbeton in Russland insgesamt, wird aktuell im Dissertationsvorhaben von Vladimir Korensky (ebenfalls an der BTU C-S) bearbeitet. Eine Publikation der Ergebnisse steht noch aus. Die hier aufgeführten Informationen entstammen der gemeinsamen Organisation eines Workshops mit dem Titel „Früher Eisenbeton: Vergleich der Entwicklung in Deutschland, Russland und Indien“, der am 27. Januar 2016 in Cottbus ausgerichtet wurde, sowie zahlreichen Gesprächen und Diskussionen während der gemeinsamen Arbeit am Graduiertenkolleg 1913 „Kulturelle und Technische Werte historischer Bauten“ und am Lehrstuhl Bautechnikgeschichte und Tragwerkserhaltung in Cottbus.

542 Ausschlaggebend für die Wahl von Leipzig war die mehrfach publizierte Aufarbeitung der Firmengeschichte von Max Pommer, einem der wenigen anscheinend über längere Zeit erfolgreichen Hennebique Konzessionäre im Deutschen Reich. Die Entwicklung der Firma ist in Krieg (2009), Adam et al. (2015) und Krieg (2017) beschrieben.

543 Sowohl bei Kierdorf (2009), Adam et al. (2015) und auch bei Krieg (2017) ist diese Arbeitsweise, dass Berechnungen im Zentralbüro von Hennebique ausgeführt wurden, mehrfach beschrieben.

544 Der Entwurf der Querbahnsteighalle i. e. die Haupthalle mit einer Spannweite von 32m stammt von der Dyckerhoff & Widmann AG Für die Realisierung wurden drei Bauabschnitte definiert. Der erste Bauabschnitt umfasste die preußische Hälfte und wurde von Dyckerhoff & Widmann AG ausgeführt. Den zweiten Bauabschnitt verantwortete Max Pommer und der dritte wurde durch Rudolf Wolle realisiert (Gehler (1912), S. 222).

545 Die Zusammenstellung der konkurrierenden Firmen entstammt Krieg (2017), S. 178 ff.

546 Die Auswahl der Stadt München erfolgte ebenfalls quellenbedingt. Grundlagen des Vergleichs liefern unter anderen Pogacnik (2009), Basiner et al. (2012), Füßl et al. (2015) und Rehm (2018). An der Technischen Universität München bearbeitet zurzeit Jörg Rehm ein Dissertationsprojekt zum Thema „Die Anwendung von Eisenbeton im Hochbau – Dokumentation und Analyse realisierter Skelettbauten in München bis 1918“.

auf. Darüber hinaus war München ähnlich wie Leipzig und Berlin Verwaltungssitz, Hochschulstandort und verfügte über eine umfangreiche Zahl an Industrie- und Handwerksbetrieben.
Die für München frühesten Eisenbetonkonstruktionen, zwei nach dem Monier-System ausgeführte Bogenbrücken mit einer Spannweite von jeweils 38m, einmal über den Nymphenburger Kanal (Baujahr 1892) und ferner über den sogenannten „Kabelsteg" über die Kleine Isar (Baujahr 1898), realisierte die Beton- und Monierbau Aktiengesellschaft[547] aus Berlin.
„Im Gegensatz zu Berlin, wo bis 1905 keine bedeutenden Bauten aus Eisenbeton entstanden, war es der Berliner Actien-Gesellschaft für Monierbauten gelungen, in München bereits zwei Brücken zu erbauen."[548] Dieses Urteil lässt die Menge der Konstruktionen, die in Berlin in den ersten zwanzig Jahren nach der Firmengründung von Wayss entstanden, außer Acht.[549] Vielleicht waren die Spannweiten dabei nicht `bedeutend´ genug, allerdings erscheint allein die Anzahl der Konstruktionen deutlich höher als in München. Nicht zuletzt sammelte das Unternehmen Beton- und Monierbau AG notwendige Erfahrungen in Berlin, um die Tragwerke in München überhaupt ausführen zu können.
Lokale Konkurrenz entwickelte sich in München erst mit der Zeit. Zum einen war dies die Firma Heilmann & Littmann, ein lokales Unternehmen, das sowohl Architektenleistungen, als auch Eisenbeton ausführte. Die Anfänge des Unternehmens in München gehen in das Jahr 1871 zurück. Erste Erfahrungen mit dem Monier-System sind in der Konstruktion der Saaldecke im Hofbräuhaus im Jahr 1896/97 dokumentiert[550]. Dabei handelte es sich vermutlich um eine Variante der in Berlin bereits um 1892 ausgeführten Scheingewölbe im Saal der Schultheiss-Brauerei (siehe Kapitel 4.2.2).
Zum Zweiten war das die Firma Wayss & Freytag. Wie bereits in Kapitel 3.4 beschrieben, verließ Wayss 1891 die Actien-Gesellschaft für Monier-Bauten in Berlin und gründete 1894 zusammen mit Conrad Freytag das Unternehmen Wayss & Freytag mit dem Hauptsitz in Neustadt an der Haardt, im Südwesten Deutschlands. Wayss hatte zwar bereits aus seiner Berliner Zeit Kontakte nach München, zusätzlich zu den Versuchen zur Monier-Broschüre ließ er 1887 durch Bauschinger[551] jedoch weitere Bauteilversuche ausführen.[552] Allerdings entschied er, bzw. offenbar das Unternehmen Wayss & Freytag, mit einem lokalen Münchner Unternehmen zu kooperieren, um dadurch einen besseren Zugang zum Markt zu erhalten. 1903 schlossen sich Heilmann & Littmann und Wayss & Freytag zur „Deutschen Eisenbetongesellschaft" zusammen und führten bis 1905 zahlreiche Eisenbetonkonstruktionen gemeinschaftlich aus. Dabei wurde von Anfang an festgelegt, dass der Tätigkeitsbereich des Unternehmens auf 30km um München herum beschränkt war. Als Direktor wurde Ludwig Zöllner berufen. Er hatte bereits Erfahrun-

[547] Zur Zeit der Ausführung der ersten Brücke 1892 firmierte das Unternehmen noch unter dem Namen „Aktien-Gesellschaft für Monierbau"; die Namensänderung wurde 1895 rechtskräftig. Entgegen der Interpretation von Schmidt (2015), S. 12 f war G. A. Wayss bei beiden Unternehmen offenbar nicht mehr direkt beteiligt, da er bereits 1891 das Unternehmen verlassen hatte; vgl. Actien-Gesellschaft für Monier-Bauten (1889–1975).

[548] Schmidt (2015), S. 16.

[549] Entsprechend den Einträgen in der Objektliste (Anhang C1) wurden in Berlin bereits vor 1905 zahlreiche Eisenbetonkonstruktionen ausgeführt, darunter auch Brücken.

[550] Schmidt (2015), S. 18.

[551] Johann Bauschinger (1834–1893) war seit 1868 Professor für Technische Mechanik und Graphische Statik und gründete bereits 1870 eine Materialprüf- und Versuchsanstalt, vgl. Schmidt (2015), S. 14–15.

[552] Bauschinger (1887).

gen beim Bau des großen Speichergebäudes in Straßburg[553] gesammelt und war zu der Zeit Leiter der Münchner Niederlassung von Wayss & Freytag.[554]
Ein drittes Unternehmen, das in München Eisenbetonkonstruktionen ausführte, war die Firma Gebrüder Rank (siehe Kapitel 3.5.1). Die Unternehmensanfänge als Zimmereibetrieb gingen in das Jahr 1862 zurück. Durch einen Generationswechsel in der Geschäftsleitung 1899 erweiterte das Unternehmen sein Angebot um Architekten- und allgemeine Bauleistungen.[555] Seit 1901 war die Firma Patentnehmer von Hennebique und etablierte sich als Eisenbetonunternehmen, mit Bauprojekten im ganzen Deutschen Reich (siehe Kapitel 3.5.1).
Nach aktuellem Kenntnisstand kam es auch in München erst um 1904 zur Ausführung größerer Tragwerke[556]. Das Kaufhaus Tietz, gebaut 1904, gilt als erster Skelettbau in München (siehe Abbildung 73). Erste Rahmenkonstruktionen entstanden auch in München erst um 1910. Insgesamt war die Entwicklung ähnlich der in Berlin. Besonders erwähnenswert sind im Vergleich die Kuppelkonstruktionen, die das Münchener Stadtbild ab 1903 prägten.[557]

Abbildung 73: Die Straßenfassade des Warenhauses Tietz in München (H. (1905), S. 326).

In der Entwicklung ergab sich eine weitere Parallele zwischen Leipzig und München. Die dort jeweils ansässigen Hennebique Konzessionäre, in Leipzig Max Pommer und in München die Gebrüder Rank, realisierten zum Ende des Untersuchungszeitraumes eigene Bauprojekte in Berlin. Während Max Pommer am Bau ein großes Speichergebäudes im Berliner Westhafen

553 Siehe Kapitel 4.2.3.
554 Pogacnik (2009), S. 344.
555 Basiner et al. (2012).
556 Grundlage der Angaben ist ein Vortrag von Jörg Rehm, im Rahmen eines Workshops zu dem Thema „Früher Eisenbeton: Vergleichende Studie der Entwicklung von Eisenbetonkonstruktionen in Berlin und München". Der Workshop fand am 22.07.2016 an der BTU Cottbus-Senftenberg statt, siehe Rehm (22.07.2016). Im Sommer 2019 wurde die Forschungsarbeit von Jörg Rehm publiziert, vgl. Rehm (2019).
557 Pogacnik (2009) und Rehm (2019).

(siehe Abbildung 74) beteiligt war, realisierte die Firma Gebrüder Rank im Auftrag des Militär-Neubauamtes Berlin-Friedrichsfelde bzw. der Intendantur der Luftstreitkräfte Flugzeughallen mit bemerkenswerten Kuppelkonstruktionen (siehe Anhang A5).[558]

Abbildung 74: Entwurfsansicht des Westhafengeländes, der Speicher ist rechts zu sehen (O. A. (1914a), S. 65).

5.2.3 Brüssel, Belgien

François Hennebique, einem Maurer und Bauunternehmer[559] aus Brüssel, gelang es dank einer ausgeklügelten Organisation mit zahlreichen Konzessionären, die sein System in die Praxis umsetzten und eine umfangreiche Werbekampagne durchführten, ein internationales Monopol zu etablieren[560]. Die Firma Hennebqiue mit ihrem Hauptsitz in Brüssel und später in Paris und die mit ihr verbundenen Konzessionäre waren in Belgien und Frankreich sehr aktiv bei der Realisierung von Eisenbetonprojekten, wodurch sich ein fast schon vereinheitlichter Eisenbeton etablierte, und zwar sowohl auf der Ebene der Bemessung als auch auf der Ebene der Ausführung. Die Grundlage für den späteren Erfolg war das 1892 in Belgien und weiteren Ländern eingereichte Patent für bewehrte Balken.[561] Dadurch gab es einen nennenswerten Aufschwung im Bauen mit Eisenbeton inklusive neuer Anwendungsmöglichkeiten im Hochbau. Parallel zu Hennebique gab es auch in Belgien verschiedene Systeme[562] und Akteure beim Bauen mit Eisenbeton. Es waren aber die Henneqique'schen Konstruktionen, denen die größte Beachtung zuteilwurde.

Erste weiterspannende mehrstöckige Stockwerksrahmenkonstruktionen entstanden zeitgleich in Belgien und Frankreich, wie zum Beispiel ein dreigeschossiges Speichergebäude mit einer 18m langen Fassade und planmäßig angesetzten Verkehrslasten von bis zu 1500 kg/m².[563] In der Zeit

---

558 Basiner et al. (2012).

559 Weitere Details zur Firma Hennebique, der Entstehung und der Situation in Belgien gibt es bei Van de Voorde (2010) und auch Hellebois (2013b).

560 Van de Voorde (2010), S. 28–29.

561 Hellebois (2013b) hat die Entwicklung der Patente von Hennebique untersucht und beschrieben.

562 In ihrer Arbeit zur Geschichte des Eisenbetons in Belgien hat Hellebois (2013b), S. 33 die in Belgien angemeldeten Patente mit Bezug auf Eisenbeton recherchiert und analysiert. Um 1892, der Einführungszeit des Hennebique Patents, gab es zusätzlich in ganz Belgien etwa 15 verschiedene, konkurrierende Patentanmeldungen.

563 Wouters et al. (2018), S. 1384.

bis 1902 wurden weitere Konstruktionen für Wohngebäude, Hotels, Schulen, Brücken und Industriegebäude entworfen, aber nur teilweise ausgeführt. Darunter fällt vermutlich auch eine der ersten bekannteren Konstruktionen in Brüssel, die Rippenkuppel im Bankhaus Brunner (siehe Kapitel 4.2.5.

Ähnlich der Entwicklung vom Monier-Patent hin zum Monier-System entwickelte sich auch das Hennebique System im Rahmen der Entwurfsplanungen und Ausführungen weiter. So wurden beispielsweise Position, Form und Anzahl Bewehrungseisen verändert. Innerhalb von zehn Jahren war es dann möglich, die 1894 ausgeführten Spannweiten von 3,6m auf 8m zu vergrößern.[564]

Eine erste Brücke nach dem Hennebique System wurde 1899 in der Nähe von Gent ausgeführt. Die als eingespannter Bogen konstruierte Brücke wies eine Spannweite von 22m auf. 1908, nicht einmal zehn Jahre später, wurde in Hermalle-sous-Huy eine Bogenbrücke mit einer Spannweite von 51m realisiert. Dieses Maß wurde 1913 durch den Bau einer Vierendeelbrücke in La Louvière mit einer Spannweite von 56m übertroffen.[565]

Offenbar gab es neben Hennebique noch andere Ingenieure und Unternehmer, die Eisenbeton anboten. Zu einer der bekannteren ausführenden Baufirmen ist zuletzt eine Firmengeschichte publiziert worden. Demnach führte die Firma Blaton, die seit 1865 mit Zement und Betonsteinen handelte, nach einem Generationenwechsel in der Geschäftsleitung ab 1897 auch bewehrte Konstruktionen aus.[566]

Während die Baupraxis in Belgien durchaus mit den Entwicklungen in anderen Ländern mithalten konnte, so war der Beitrag auf der theoretischen Ebene, abgesehen von Christophe (siehe Kapitel 2.4), vergleichsweise gering.

> „In comparison to the international scene, th[e] scientific knowhow developed rather late in Belgium. […] Belgium contributed little to the scientification of reinforced concrete before World War I and Belgian practice relied mostly on knowledge developed abroad."[567]

Bei der gesetzlichen Regelung formulierten die belgischen Behörden lange Zeit kaum Regelungen, erst 1923 wurden sogenannte ‚Instruktionen' erlassen, die das Bauen mit Eisenbeton reglementierten (siehe Kapitel 2.6.3).

5.2.4 Bologna, Italien

Die Entwicklungen in Italien im Zeitalter der Industrialisierung verliefen zeitversetzt zu denen in anderen europäischen Ländern. Italien war im Vergleich mit anderen europäischen Ländern demnach sozio-politisch zergliedert, technologisch rückständig, und es herrschte Rohstoffknappheit. Innerhalb Italiens gab es zudem große Unterschiede in der Entwicklung, so gilt der Norden noch heute als Zentrum der Industrie, während der Süden eher landwirtschaftlich geprägt blieb.[568]

Erste Ingenieurschulen wurden in den Jahren nach 1860 gegründet, und die Eisen- und Stahlindustrie begann sich ab 1870 in nennenswertem Umfang zu vergrößern.[569] Die Einführung von Zement ist zwar für das Jahr 1858 überliefert, allerdings fehlte ein wissenschaftliches und tech-

---

564 Wouters et al. (2018), S. 1390.
565 Baes (1931), S. 766 ff.
566 Culot et al. (2018), S. 51.
567 Van de Voorde und Devos (2012), S. 638.
568 Mochi und Predari (2012), S. 32, aus dem Italienischen übersetzt durch die Verfasserin dieser Arbeit.
569 Mochi und Predari (2012), S. 32.

nologisches Interesse daran, das Baumaterial weiterzuentwickeln. Im Fokus der italienischen Bauakteure stand vielmehr die Perfektionierung der Ziegeltechnologie, der in Italien traditionellen Bauweise.[570]

In dieser Situation kam es dennoch ab „1889 in Triest, Brescia und Venedig"[571] zur Ausführung von Eisenbeton nach in Italien zugelassenen Patenten. Die italienische Geschichte des Eisenbetons war aber ebenfalls von der Firma Hennebique geprägt. Gleichzeitig mit den Patentanmeldungen in Frankreich und Belgien sowie im Deutschen Reich fand das Hennebique Patent auch Eingang in Italien. Seit 1892 existierte eine Generalagentur dafür unter der Leitung des Ingenieurs Narici mit Sitz in Neapel.[572]

Zwei Jahre später ging die Nutzungslizenz für die Regionen Piemont, Ligurien, Lombardei und Venetien an den Bauunternehmer Giovanni Antonio Porcheddu über. Ab 1896 wurde Porcheddu Generalvertreter für ganz Norditalien, mit Hauptsitz des Unternehmens in Turin. Zu dieser Zeit hatte Porcheddu bereits eine beeindruckende Selbstständigkeit entwickelt. Nicht nur, dass die Informationen aus dem Zentralbüro in Brüssel bzw. Paris ausgewertet und verarbeitet wurden, Porcheddu entwickelte ebenfalls eine Methode zur Verkürzung und Verknappung der umfangreichen Unterlagen für die Verwendung derselben auf der Baustelle und führte bald selbst eigene statische Berechnungen aus. Die Vertretung für Mittelitalien übernahm 1897 der mit Porcheddu zusammenarbeitende Ingenieur Attilio Muggia mit einem Büro in Bologna.[573]

Darüber hinaus gab es auch in Italien eine gewisse Anzahl an lokalen Bauunternehmen, die ohne eine Verbindung zu Hennebique Eisenbeton ausführten.[574]

Neben den Unternehmen, die als Konzessionäre für Unternehmen wie Hennebique tätig waren, gab es offenbar auch in Bologna, ähnlich wie in den deutschen Städten, eine diverse lokale Konkurrenz von Eisenbetonunternehmen, die sich durch die Verwertung einheimischer Patente selbständig etablieren konnte.

Mit dem frühen Eisenbeton in Italien sind bisher vor allem Hennebique Konstruktionen verbunden, beispielweise die Getreidespeicheranlagen im Hafen von Genua (1898)[575] und die Risorgimento-Brücke (1911)[576] über den Tiber in Rom. Der Getreidespeicher ist eine mehrgeschossige Stockwerksrahmenkonstruktion mit einer Fassadenlänge von 220m. Die Straßenbrücke in Rom (siehe Abbildung 75) ist eine beidseitig eingespannte Bogenbrücke, die mit 100m Spannweite zu ihrer Bauzeit die längste Massivbrücke weltweit war. Im Inneren besteht sie aus einem bogenförmigen Hohlkasten, der in Längs- und Querrichtung vielfach unterteilt ist. Diese Großbauten wurden im Übrigen weiterhin vom Zentralbüro in Paris konstruktiv ausgearbeitet.

[570] Mochi und Predari (2012). Selvafolta (1992), S. 26–27 beschreibt die Situation in Italien mit Fokus auf Mailand, aber auch sie erläutert, dass 1881 zwar 28 Zementfabriken an der Nationalen Ausstellung in Mailand teilnahmen, diese Unternehmungen jedoch zu einem großen Anteil erst kürzlich gegründet worden waren. Ein erster umfassender Artikel zum Bauen mit Eisenbeton erschien 1897 in „Il Monitore Tecnico", und die auf das Bauen mit Eisenbeton spezialisierte Zeitschrift „Il cemento" wurde erst 1904 ins Leben gerufen.

[571] Schlimme (2014), S. 395.

[572] Iori (2001), S. 18.

[573] Mochi und Predari (2012), S. 74.

[574] Mochi und Predari (2012), S. 75.

[575] Hoffmann (1916), S. 23 ff. sowie Schlimme (2012a).

[576] Marcus (1912) beschreibt die Konstruktion. Zur allgemeinen Einordnung der Bedeutung der Brücke siehe auch Courtenay (2011).

Abbildung 75: Ansicht der Risorgimento Brücke bei einem Belastungstest (Marcus (1912), S. 295).

Aber auch in Bologna war Eisenbeton ein Thema. Zum einen, wie bereits erwähnt, durch das Büro von Porcheddu bzw. den lokalen Vertreter Attilio Muggia (1861–1936)[577], der neben einer Lehrtätigkeit an der lokalen Hochschule auch praktische Ausführungen nach dem Hennebique Patent realisierte.

Zum anderen verkörperte aber auch die Person Silvio Canevazzi (1852–1918) den Eisenbeton in Bologna. Nach dem Studium der Mathematik und des Bauingenieurwesens an den Universitäten in Modena, Milan, Rom und Liège unterrichtete er ab 1877 an der Ingenieurschule – „Scuola di applicazione per ingegneri" – in Bologna. Ab 1880 stand er gleichzeitig dem Fachgebiet Brückenbau vor.[578] In dieser Funktion war er maßgeblich an der Verbreitung der theoretischen Bemessungsgrundlagen für Eisenbeton in Italien beteiligt. So veröffentlichte er früh verschiedene Fachpublikationen in italienischer Sprache und hatte einen direkten Einfluss auf nachfolgende Ingenieurgenerationen. Weiterhin arbeitete er als Brückenprüfer und war beispielsweise an den Belastungstests für die aus Eisenbeton errichtete Brücke über den Reno bei Alberino, ausgeführt von der Firma Marchello, beteiligt.[579]

Bald galt die kostenpflichtige Nutzung des Hennebique Patents als ein zu enges Korsett, das unweigerlich ein Hindernis in der weiteren Entwicklung darstellte und wirtschaftlich gesehen ein Nachteil war, sodass bereits um 1914 die Zahl der Niederlassungen von Hennebique Konzessionären und direkten Vertretern deutlich reduziert war. Nur Porcheddu verblieb mit vier Büros als Konzessionär auf dem italienischen Festland.[580]

In dieser Zeit hatten die italienischen Ingenieure und Bauunternehmen hinsichtlich ihrer Profession so weit aufgeholt, dass sie auch ohne direkten Einfluss von außen tätig werden konnten. Die theoretische Ausbildung an den Hochschulen war vergleichbar mit der in anderen europäi-

577 Detaillierte Informationen zur Person und Schaffen haben Mochi und Predari (2012), S. 259 ff. zusammengestellt.

578 Informationen zum Leben und Schaffen von Silvio Canevazzi gibt es bei Mochi und Predari (2012), S. 249 ff.

579 Iori (2001), S. 77.

580 Mochi und Predari (2012), S. 74.

schen Ländern, und die Kenntnisse und Fähigkeiten hatten auch in Italien ein hohes Niveau erreicht.[581] So machte in der Praxis „die zunehmende Erfahrung der Bauleute mit

> dem Stahlbeton und die Tatsache, daß [sic] dieselben Arbeiter und Baustofflieferanten in einer Art offenem Netzwerk immer wieder zusammenarbeiteten und sich persönlich kannten, viele anfänglich erforderliche Informationen für die Bauausführung zunehmend überflüssig."[582]

In der Zeit bis 1915 entstanden in Bologna einige weitere bemerkenswerte Tragwerke aus Eisenbeton, wie beispielsweise Theater-, Restaurant-, Veranstaltungs- und Geschäftsgebäude.[583] Für einen genaueren Vergleich derselben fehlen jedoch die konkreten Angaben dazu. Es hat den Anschein, dass Bologna, was das Bauvolumen angeht, eher mit Leipzig zu vergleichen ist als mit Berlin, zumal auch hier die Anfänge der Bauweise eindeutig beim Hennebique Patent lagen. Bologna nahm bei der Ausbildung der Ingenieure anscheinend eine Sonderstellung in Italien ein. So studierte unter anderem Pier Luigi Nervi (1891–1979) unter Canevazzi in Bologna bis 1913 Bauingenieurwesen und machte in späteren Jahren durch seine kreative und fast künstlerische Verwendung von Stahlbeton das italienische Bauingenieurwesen weltweit bekannt.[584]

5.2.5 Sankt Petersburg, Russland

Bei einem Vergleich mit Sankt Petersburg sollte unbedingt auch Moskau Erwähnung finden, da hier die tatsächlichen Ursprünge des russischen Eisenbetons liegen. Ähnlich wie in Deutschland erfolgte zuerst die Patentanmeldung durch Monier, wobei die Anerkennung nach einem zweijährigen Prozess bereits 1880 erfolgreich war, etwa ein Jahr vor der deutschen Patentzulassung. Interessanterweise umfasst der russische Patentantrag deutlich mehr Konstruktionen und Darstellungen für mögliche Anwendungen (vergleiche Abbildung 2 und Abbildung 3 mit Abbildung 76).[585] Warum beim deutschen Patent nur eine vergleichsweise knappe Beschreibung enthalten ist, bleibt unklar.

Die Idee Moniers fand in Russland allerdings keine Verwendung, sodass nach fünf Jahren ohne entsprechende Ausführung die Patentrechte erloschen.[586] Für das Jahr 1886 sind lediglich Bauteilversuche in Sankt Petersburg dokumentiert, die durch den Ingenieur R. P. Sablin und den Architekten A. L. Ober in Moskau durchgeführt wurden.[587]

Eine Zeitlang gab es zwischen Berlin und Moskau direkte Kontakte in Form einer 1890 vereinbarten „[…] commanditarisch[en] [sic] [Beteiligung der Actien-Gesellschaft für Monier-Bauten an] der Firma Julius Hueck & Co. […]", die aber bereits 1895 auf Grund unzureichender finanzieller Gewinne wieder verkauft wurde.[588] In den Folgejahren kam es in Moskau zur Ausführung

---

581 Mochi und Predari (2012), S. 236.

582 Schlimme (2014), S. 422.

583 Siehe dazu Genaueres in Mochi und Predari (2012).

584 Iori (2006) sowie Iori und Poretti (2018).

585 Die Abbildungen sind den dokumentierten Patentanträgen entnommen, für Deutschland aus Monier (1880) und für Russland aus Monier (1878).

586 Zalivako (2012), S. 172.

587 Die Versuche fanden wohl in Vorbereitung auf die Errichtung eines Schlachthofes statt. Genauere Informationen zu den Personen oder den Tragwerken sind nicht bekannt. Offenbar gab es Übereinstimmungen zu den Versuchskörpern, die in Berlin bei den durch Wayss veranlassten Versuchen untersucht wurden (O. A. (1891a), S. 7–11).

588 Actien-Gesellschaft für Monier-Bauten (1889–1975), o. A.

von Flachdecken beim Bau eines Verwaltungsgebäudes und zu einem bewehrten Gewölbe in einem Synagogenneubau.[589]
In Moskau machte sich die Eisenbetonabteilung der Julius Hueck & Co. unter dem Namen AG für Beton und andere Bauarbeiten selbstständig. In späteren Jahren arbeitete dort unter anderem der Bauingenieur Artur Lolejt, der 1907 in der Nähe von Moskau die erste Pilzdecke Russlands realisierte.[590]
Zu dieser Zeit hatte dann auch die Firma Wayss & Freytag ein Büro vor Ort. Der lokale Büroleiter war Jakob Wyrsch (1882–1941), ein junger Bauingenieur, ursprünglich aus der Schweiz.[591] Unter seiner Leitung entstand 1908/09 mit dem Warenhaus der ökonomischen Gesellschaft ein erstes komplexes Tragwerk aus Eisenbeton in Sankt Petersburg.[592] Dabei handelt es sich um eine mehrheitlich sechsgeschossige Anlage, deren zentraler Innenhof im vierten Zwischengeschoss eine Glaselementdecke aufweist, die zwischen Eisenbetonrippen (Spannweite 12m) verläuft. Das tatsächliche Dachtragwerk über dem sechsten Geschoss wurde aus eisernen Dachbindern hergestellt. Architektonisch der Friedrichstraßen-Passage in Berlin ähnlich, bleibt offen, wie die statische Modellierung der Rahmenecken erfolgte. Offenbar kam es hier zu einer Mischung des Monier-Systems mit spiralbewehrten Stützen nach dem Patent von Considère.[593]

---

589 Der Hinweis auf die genannten Beispiele entstammt einem Vortrag von Korensky (28.01.2016). Zalivako (2012) führt weitere Beispiele von Bauprojekten auf, beispielsweise die Verbindungsbrücken im GUM (Gosudar'stvennyj Universa/'nyj Magazin), einem Warenhaus von 1892 oder die Schokoladenfabrik „Roter Oktober“ von 1893, beide in Moskau. Es bleibt jedoch unklar, inwieweit tatsächlich Eisenbeton zur Anwendung kam, da für die Beschreibungen begrifflich sowohl Beton als auch Stahlbeton genutzt wird. Weitere Beispiele aus dem Jahr 1896 wären demnach eine Brücke zur Industrieausstellung in Nižnij Nowgorod und eine Gewölbedecke über der Zarenloge im Bolšoj Theater.

590 Siehe allgemein zu Lolejt Kurrer (2016), S. 707. Zur Entwicklung der Pilzdecken siehe Kierdorf (2006) sowie Thuy und Rinke (2018).

591 Kirikova (2005), S. 72.

592 Jagmetti (1941), S. 24. und Korensky (2017).

593 Das Gebäude wurde 2015 von der Verfasserin dieser Arbeit besichtigt; ergänzende Angaben stammen aus Korensky (28.01.2016).

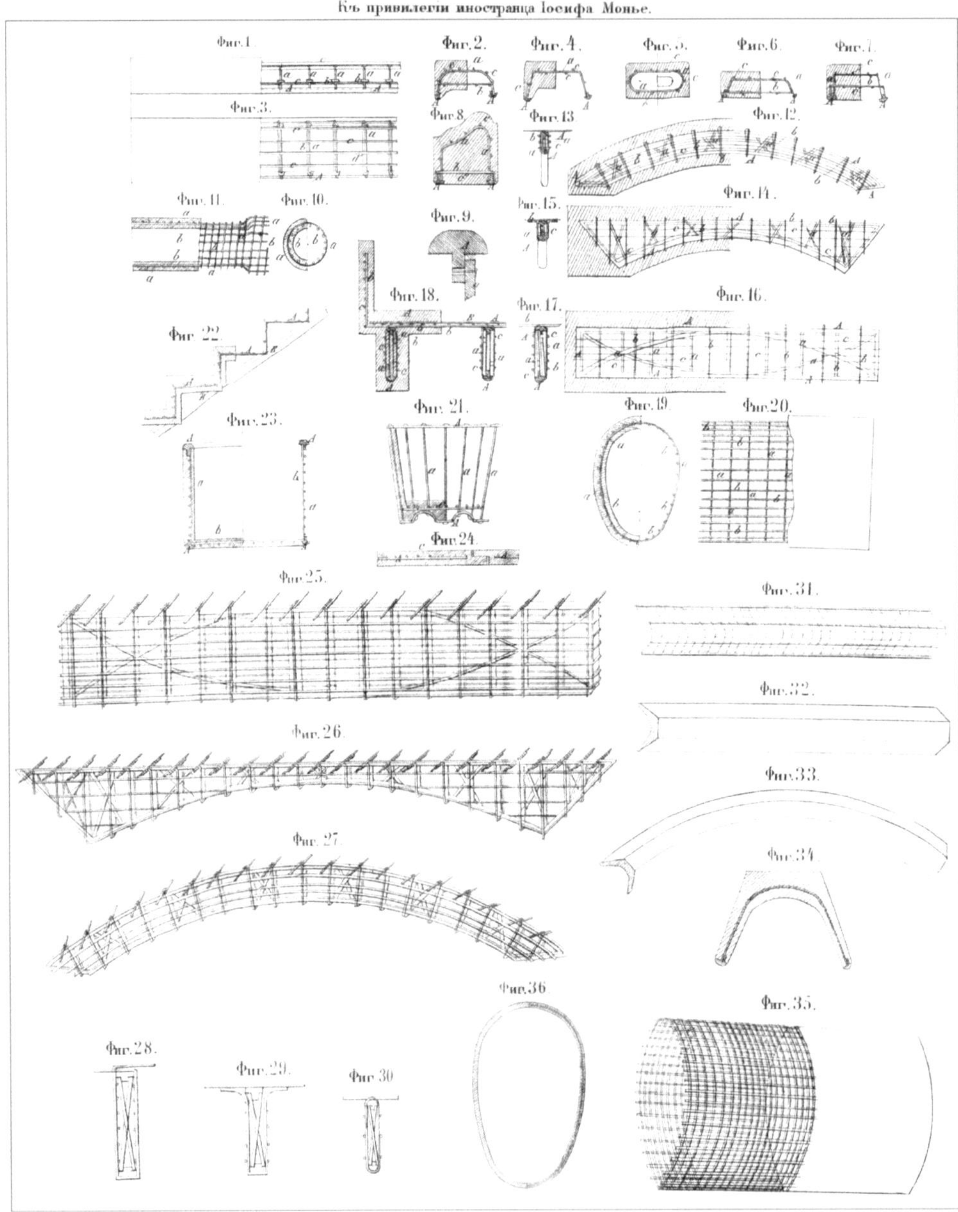

Abbildung 76: Abbildungen des russischen Patentantrages von Josef Monier (Monier (1878) Blatt 1).

Während das Monier-System seit 1898 ohne besondere behördliche Genehmigung angewendet werden konnte,[594] war die Verwendung konkurrierender Patente und Systeme deutlich komplizierter. Dies betraf auch die Konzessionäre für das Hennebique Patent, deren Aktivitäten sich auf den Südwesten des Landes beschränkten. Erste Bauten entstanden beispielsweise 1899 in

[594] O. A. (1901).

Ekaterinoslav – heute Dnipropetrowsk, Ukraine – im Zuge des Ausbaus des Verkehrswegenetzes.[595]

Somit begründet sich der russische Eisenbeton auf der Idee Moniers. Eine genaue Untersuchung der Verhältnisse für Sankt Petersburg steht zwar noch aus, aber für ein erstes vorläufiges Fazit lässt sich behaupten, dass die allgemeine Entwicklung offenbar der in Berlin ähnlich war. Angefangen mit Bauteilversuchen und der Ausführung von daran abgeleiteten, kleineren bewehrten Deckenelementen, entstanden auch hier erst mit der Zeit komplexe Tragwerke. In Auswertung der vorliegenden Quellen gab es offenbar einen starken Einfluss durch europäische und vor allem deutschsprachige Ingenieure sowie Publikationen. So basierten die 1908 erlassenen russischen Vorschriften zu großen Teilen auf den 1. Behördlichen Bestimmungen zum Bauen mit Eisenbeton in Preußen. Nicht zuletzt erweiterte mit Robert Maillart, einem Schweizer Bauingenieur, ein deutschsprachiger Eisenbetonbauer bis 1917 die Bandbreite der russischen Eisenbetonkonstruktionen maßgeblich.[596]

5.3 Berlin – Experimentierfeld für den späteren Erfolg

Der Vergleich mit anderen nationalen und internationalen Städten zeigt umso deutlicher die herausragende Stellung Berlins zu Beginn der Einführung der Bauweise Eisenbeton. Der hier ansässige Bauunternehmer G. A. Wayss verstand es wie kein zweiter, der Bauweise ein statisch-theoretisches Fundament zu verschaffen. Sein erstes wissenschaftlich aufbereitetes Versuchsprogramm, das öffentlichkeitswirksam publiziert wurde, war zwar hauptsächlich in wirtschaftlichen Aspekten begründet, aber es gab dennoch den notwendigen Anstoß, dass sich auch andere Fachleute mit der Bauweise beschäftigten. Kennzeichnend für Berlin waren zum einen die ingenieurtheoretisch vorgebildeten Bauunternehmer sowie deren Zusammenarbeit mit wissenschaftlich arbeitenden Ingenieuren. Mit dem Deutschen Beton-Verein gab es zudem einen institutionellen Rahmen, durch den ein Austausch gefördert wurde und der die Bemühungen zur Etablierung zentralisierte.

Der Berliner Eisenbeton war geprägt von der Idee Moniers und dem von Wayss weiter entwickelten Monier-System. Der in Kapitel 2.2 beschriebene Prozess der Vereinheitlichung hin zur Eisenbetonbauweise nahm hier seinen Anfang.

In der weiteren Entwicklung nahm Berlin trotz des Hauptstadtstatus keine Vorreiterrolle mehr ein. Zwar wurden hier 1904 die 1. Behördlichen Bestimmungen zum Bauen mit Eisenbeton erlassen, allerdings wurden auch an anderen Orten erste komplexe monolithische Tragwerke aus Eisenbeton geschaffen. Vermutlich ist das der stärkste kennzeichnende Aspekt der Geschichte des Bauens mit Eisenbeton. Es herrschte ein intensiver Austausch zwischen Ingenieuren und Bauunternehmen über Ländergrenzen hinweg, der im Ergebnis dazu führte, dass an verschiedenen Orten gleichzeitig mit dem neuen Baustoff experimentiert und gebaut wurde.

Bereits vor 1900 wurden an unterschiedlichen Orten beispielsweise große Stockwerksrahmenkonstruktionen nach der Idee von Hennebique realisiert.[597] Die Anwendung von Eisenbeton und die Vielfalt der Ausführungen vor Ort waren vor allem abhängig von den lokalen Bauunterneh-

[595] Nach Korensky (28.01.2016).

[596] Kirikova (2005) und Korensky (2017).

[597] Siehe Kapitel 4.2.3. Eine der frühesten mehrstöckigen Konstruktionen nach dem System Hennebique ist die Malzfabrik in Dinglingen bei Lahr. In Zusammenarbeit mit Geraldine Buchenau plant die Verfasserin eine Publikation über das Tragwerk inklusive einer Baubeschreibung und einer bautechnikgeschichtlichen Vorortung bei der Tagung der Construction History Society 2021.

men und deren Arbeitserfahrung. Vielfach waren es die im Deutschen Reich und auch international tätigen Unternehmen, die neue Ideen ausprobierten und umsetzten. Somit ist es wohl sinnvoll, die Unterscheidung zwischen den einzelnen Firmen und weniger zwischen den Ländern oder Städten zu treffen.

Natürlich ist die lokale Baugesetzgebung mit einem mehr oder weniger direkten Einfluss auf das Bauen nicht zu vernachlässigen, aber das Argument, an anderer Stelle bereits ein vergleichbares Tragwerk realisiert zu haben, hat vermutlich noch jeden Baubeamten überzeugt. Zumal in anderen Ländern, außer Preußen, die liberalere politische Grundhaltung weniger restriktive Gesetze hervorbrachte.

Vielmehr waren es die praktischen Erfahrungen im Bauen mit Eisenbeton und die Weiterentwicklung der statischen Bemessung, die den Erfolg eines Unternehmens maßgeblich beeinflusst haben. Hennebique mag ein Unternehmensmonopol geführt haben, aber das Unglück auf der Baustelle des Hotels „Zum Bären“ in Basel[598] und auch das Beispiel der italienischen Konzessionäre zeigen deutlich die der Anwendung des monopolistischen Systems innewohnenden Freiheiten.[599]

Nicht zuletzt zeigt die vorliegende Analyse, dass lokale Bauunternehmen nicht nur in Berlin durchaus zahlreich vorhanden waren und damit einen spürbaren Einfluss auf das lokale Bauen hatten. Für Berlin und München lässt sich der Einfluss der behördlichen Regelung mehr oder weniger deutlich in einer gesteigerten Anzahl an Eisenbeton ausführenden Unternehmen belegen. In anderen Städten ist dieser Umstand zwar weniger deutlich nachweisbar, aber auch hier deuten vorliegende Untersuchungen auf eine nennenswerte Zahl relevanter Bauunternehmen hin.[600] Der Einfluss der Unternehmen umfasste dabei die tatsächliche Realisierung der Tragwerke, die Dimensionierung einzelner statischer Elemente, die Bewehrungsführung und auch die Mischung des Betons. Es gibt keine nachweisbare einheitliche Entwicklung für die einzelnen Einflussgrößen. Entscheidungen über den Einsatz bestimmter Materialien oder auch Maschinen wurden meist wirtschaftlich begründet. Und das praktische Bauen auf der Baustelle beinhaltete vielfach Versuche und Experimente, nicht nur in Berlin.

5.4 Ausblick

Das Bauen mit Eisenbeton veränderte das Berliner Bauwesen um 1900 und prägte es langfristig. Gerade die Untersuchung der Anfänge birgt den Reiz, sich mit den Grundlagen einer Bauweise auseinanderzusetzen, die heute deutlich stärker akzentuiert eingesetzt wird. Die frühen Beispiele zeigen vielfach noch Merkmale der Suche nach einer neuen Form oder einem neuen Tragwerkstypus, und doch sind gerade diese Tragwerke heute kaum im allgemeinen Bewusstsein verankert.

---

[598] Siehe dazu die Angaben in Kapitel 2.6.2. bzw. Emperger (1902).

[599] Folglich Kapitel 3.6. und Kapitel 5.2.4.

[600] Wie unter anderem in Kapitel 1.2 und auch im vorherigen Kapitel 5.2 ausgeführt, fehlt es an Vergleichsstudien mit städtischem Fokus, sowohl für Deutschland als auch im ausländischem Kontext. Maßgebliche Untersuchungen zu Leipzig stammen von Krieg (2017) und sind zu München bei Rehm (2019) erschienen. An dieser Stelle sei ergänzend auf eine Artikelserie zum Bauen mit Beton bzw. Eisenbeton in Baden-Württemberg verwiesen. Beginnend mit Buchenau (2017a) wurden bisher insgesamt vier Artikel publiziert, siehe auch Buchenau (2017b, 2017c, 2018). Ein Abschlussbericht zu diesem Forschungsprojekt ist in Planung. Inwieweit sich hier eine detailliertere, städtische Studie erarbeiten lässt, bleibt allerdings fraglich.

Die Objektdatensammlung, die im Rahmen dieser Arbeit entstand, ist nicht vollständig, aber ein ausführlicher Anfang und kann fortlaufend um weitere Konstruktionen und Tragwerke ergänzt werden. Dadurch wird es vielleicht in Zukunft auch möglich sein, genauere Vergleiche mit anderen Orten auszuarbeiten.

> "Finally, of the total of 1,623 legally protected, or inscribed, properties recorded in the inventory in the Brussels region (updated in December 2011, Directorate of Monuments and Sites), only 23 match with occurrences in the database of RC applications. This figure is comparable to that for the city of Paris, where 19 RC buildings (no engineering works are recorded) dating before 1914 have so far been listed (based on a search using only the keyword "concrete") [...]. Moreover, in the case of Brussels, the reason underlying the protection rarely makes reference to the innovative use of RC. Nevertheless, the majority of the decisions for protection in Brussels and Paris were taken in the last 20 years (there were only 8 records in 1985 for Paris [...]), which indicates recent enthusiasm for the RC heritage and the technical aspects in general [...]."[601]

Die Zahlenangaben zu ausgeführten Tragwerken sollten allerdings kritisch hinterfragt werden. Konstruktionen aus der Zeit vor 1914 sind generell kaum erfasst, obwohl es sie noch gibt. Vielfach werden sie bei Sanierungs- oder Instandsetzungsmaßnahmen wiederentdeckt, und lösen Erstaunen über die gefundenen Tragwerkslösungen oder auch die Ausführungsqualität aus.

Bei der Aufarbeitung des Themas sind Fragen offen geblieben, die einer späteren Untersuchung vorbehalten bleiben. Ein Themenkomplex umfasst beispielsweise die preußische Bauverwaltung. In der vorliegenden Arbeit sind zwar einige relevante Aspekte dazu beleuchtet, allerdings steht eine detaillierte Aufarbeitung ihrer Geschichte noch aus. Ebenso wie eine Analyse der Rolle der praktisch tätigen Regierungsbauführer und deren Einfluss auf Verwaltungsentscheidungen, oder auch der Einfluss von Bauunternehmen bei der Formulierung der ersten behördlichen Bestimmungen zum Bauen mit Eisenbeton. Es bleibt vorerst unbeantwortet inwieweit sich daraus vielleicht weitere Anregungen für die Einschätzung der Entwicklung der Berliner Bautechnikgeschichte ziehen lassen.

Eine eher praktisch-konstruktive Fragestellung umfasst das Thema der Betongelenke. Wie lässt sich deren Entwicklung charakterisieren? Was waren die genauen Entwicklungsschritte dorthin und inwieweit gab es vielleicht einen Wissenstransfer mit dem im Grunde doch tatsächlich konkurrierenden Stahlbau?

Darüber hinaus sind die bisherigen Informationen zu den Bauunternehmen insgesamt sehr lückenhaft. Wie waren die einzelnen Arbeitsabläufe in den Büros? Welche Ausbildung hatten die Mitarbeiter? Wie wurde Wissen weitergegeben? Wie gestaltete sich die Kommunikation zwischen Büro und Baustelle? Waren die damaligen Bedingungen mit den heutigen vergleichbar?

Auch angesichts der noch offenen, höchst interessanten Fragen dieses Ausblicks präsentiert die vorliegende Arbeit bereits einen spannenden Einblick in die frühe Entwicklungsgeschichte des Eisenbetons. Der Blick auf die Anfänge der Bauweise erweist sich insgesamt als sehr komplex. Im Ergebnis zeigt sich ein buntes Spektrum von realisierten Tragwerken in Berlin und ihren mitunter sehr differenzierten Konstruktionen, gefundenen Bewehrungsdetails oder auch der Vorfertigungsgrad. Der Anhang beinhaltet die detaillierten Fallstudien dazu.

[601] Hellebois (2013b), S. 68.

Anhänge

Anhang A – Die Fallstudien

A1.Einführung in den Katalog

Für die Analyse der Hochbaukonstruktionen wurden sechs Tragwerkskategorien (siehe Tabelle 17, erste Spalte) definiert, deren Entwicklung im Einzelnen anhand von Fallstudien untersucht wird. Die Fallstudien wurden jeweils in einem gewissen zeitlichen Abstand voneinander realisiert. Allerdings unterscheiden sich die zeitlichen Phasen der Entwicklung bei dem Vergleich der Tragwerkskategorien, daher ist für die „frühen“ und „späten“ Fallstudien kein expliziter Zeitraum angegeben.

Tragwerkskategorie	**Fallstudie (früh)**	**Fallstudie (spät)**
Behälter	x	x
Deckenkonstruktionen	x	x
Stockwerksrahmen	x	x
Hallenrahmen	x	x
Gewölbte Dachtragwerke	x	x
Brücken	x	x

Tabelle 17: Schema zum Aufbau der Analyse der Fallstudien.

Die Analyse zeigt, dass es innerhalb einer Fallstudie mitunter zur Ausführung unterschiedlicher Tragwerke kam, beispielsweise wurde beim Aquarium neben Behältern auch ein Rahmentragwerk konstruiert. Die Beschreibungen konzentrieren sich auf die gewählte Tragwerkskategorie. Um unnötige Wiederholungen zu vermeiden, wurden entsprechende Querverweise eingearbeitet. Neben einer textlichen Beschreibung der Rechercheergebnisse beinhalten die Katalogbeiträge eine Vielzahl an dokumentierten Zeichnungen, Plänen und Fotografien. Gerade die in bauzeitlichen Fachzeitschriften und in Firmenpublikationen abgedruckten Fotografien zeigen mitunter nicht nur das fertige Bauwerke, sondern vielmehr auch Einblicke in den Bauprozess und die Bedingungen der jeweiligen Baustelle.[602] Eine Analyse dieser Bilder kann beispielsweise die Ausführungen zum Bauablauf sinnvoll ergänzen.

Die Einordnung der Fallstudien in die generelle Entwicklung in Berlin und im europäischen Kontext behandeln Kapitel 4.2 bzw. Kapitel 5.2.

[602] Zur Entstehung und Bedeutung der „Baustellenfotografie“ siehe Weiss (2015) oder auch Bertels (2016).

A2. Tragwerkskategorie 1 – Behälterkonstruktionen

Behälter im Sinne dieser Untersuchung dienen der Aufbewahrung von Flüssigkeiten. Silo-Anlagen werden nicht betrachtet. Hinweise auf ausgeführte Behälter finden sich hauptsächlich mit Bezug auf städtische Versorgungseinrichtungen (Gas- und Wasserwerke) sowie Bahnhofsanlagen.

Bötzow-Brauerei, Pankow

Abbildung 77: Ostansicht Gebäude Bötzow-Brauerei (heute Haus 3), in dessen Keller sich die Behälter befinden (Foto: Kuban 2015).

Tragwerksdaten

Baujahr	Verm. 1909
Aktueller Zustand	Teilweise erhalten
Ort, Adresse	Prenzlauer Allee 242–247, Berlin
Bauherr	Julius Bötzow
Architekt	k. A.
Ingenieur	k. A.
Bauunternehmen	k. A.
Baumaterialien	Eisenbeton, unprofilierte Rundstabeisen

Relevante Literatur

O. A. (1881), Dittrich (1886), O. A. (1889), O. A. (1890b), H. (1893), O. A. (verm. 1939)

Relevante Quellen

Aktiengesellschaft Malzfabrik Pirna, Städtische Baupolizeiverwaltung (1892b), Städtische Baupolizeiverwaltung (1909)

Verortung

Das Gelände der ehemaligen Bötzow-Brauerei befindet sich zwischen der Prenzlauer Allee und der Saarbrücker Straße in Berlin Pankow (siehe Abbildung 78). Innerhalb des Komplexes und zu unterschiedlichen Zeiten während der Nutzung kam es zur Ausführung von verschiedenen Eisenbetonkonstruktionen. In den Quellen finden sich Hinweise auf ein „Bassin“[603], ebene Deckenplatten, Behälter und die Rahmenkonstruktion für einen Saalbau. Die im Fokus stehenden Behälter befinden sich in einem Keller unterhalb der zentralen Brauereigebäude.

Planungsidee, Anlass

Ab 1884 entstand der Hauptsitz der später größten Privatbrauerei Berlins, bei der eine bereits bestehende Kelleranlage in die Neubauten integriert wurde. „Der vorhandene Gährraum hat bei der neuen Anlage als Lagerkeller Verwendung gefunden. Derselbe war von vornherein derartig fundiert, daß die neu errichteten Gebäudetheile ohne weiteres auf die vorhandene Konstruktion aufgesetzt werden konnten.“[604].

Der Civilingenieur J. Ph. Lipps (?–1894) aus Dresden hat sowohl die Planungen für die Neubauten aus dem Jahr 1886 als auch die Erweiterungen des Jahres 1890 verantwortet. Lipps entwarf ein einheitliches Ensemble mit abgestimmten Proportionen sowie Schmuck- und Stilelementen, dessen Architektur von farbigen Ziegeln, Rundbogenfenstern und die Fassaden gliedernden Lisenen gekennzeichnet war und noch heute prägend ist (siehe Abbildung 77).

Im Rahmen weiterer Baumaßnahmen erfolgte unter anderem 1890 der Einbau „ebener Platten in Eisengerippe und Cementbeton“[605], siehe auch Kapitel 4.2.2. Eine separate Entwurfsplanung von 1891 beinhaltete den Ausbau des Dachgeschosses im neuen Lager- und Gärkellergebäude. Hier sollten Aufenthaltsräume für die Beschäftigten entstehen. In einer Entwurfszeichnung sind Monierwände verzeichnet, die eine entsprechende Raumaufteilung gewährleisten sollten. Allerdings kam es nicht zur Ausführung, da die Baugenehmigungsbehörde mit Verweis auf §37 der Baupolizeiverordnung von Berlin dem Antrag nicht zustimmte. Unter anderem waren nach Meinung der Behörde die Wände für Räume, die dem Aufenthalt von Menschen dienen sollten, nicht massiv genug, um dem geforderten Feuerwiderstand gerecht zu werden.[606]

In der Zeit bis 1900 entstanden verschiedene Neu-, Um-, und Anbauten auf dem Gelände zwischen der Prenzlauer Allee und der Saarbrücker Straße. Nach Auswertung vorhandener Quellen hat die Firma G. A. Wayss & Co. im Auftrag der Bötzow-Brauerei zwischen 1886 und 1889 ein Bassin errichtet.[607] Dessen genaue Position und Verwendung konnte nicht recherchiert werden, da einige der ursprünglich von der Baupolizeiverwaltung angelegten Ordner fehlen.

---

603 O. A. (1889), S. 14.

604 Dittrich (1886), S. 870. In einem Bericht aus dem Jahr 1893 werden die betrachteten Räume immer noch als Lagerkeller ausgewiesen, nach H. (1893).

605 Städtische Baupolizeiverwaltung (1892b).

606 Ebd.

607 O. A. (1889).

Eine weitere, größere Bauphase erfolgte in den Jahren 1909 bis 1910. Dabei entstanden unter anderem ein neues Böttcherei-Gebäude und ein Saalbau. Dieser Saalbau (15,8m x 32m im Grundriss) beinhaltete eine größere Eisenbetonkonstruktion aus Rahmenbindern und gewölbten Deckenplatten. Die Entwurfsplanung für den Saalneubau hat Otto Carl, königlicher Hof-Maurer- und Zimmermeister aus Berlin, verantwortet. Eine genauere Beschreibung erfolgt in Anhang A5.

Erst nach dem Ersten Weltkrieg in den 1920er Jahren fanden dann wieder umfangreichere Modernisierungen statt. Die Bauakten aus dieser Zeit sind aber ebenfalls nur lückenhaft dokumentiert.

Bau- und Tragwerksbeschreibung

Die untersuchten Behälter befinden sich in der Kelleranlage aus der ersten Bauphase ab 1864. Insgesamt sind noch vier Kellerräume vorhanden, von denen zwei nachträglich eingebaute Behälter aus Eisenbeton aufweisen (siehe Abbildung 79). Wann genau der Einbau erfolgte, konnte nicht recherchiert werden. In den Quellen finden sich nur wenig konkrete Hinweise, sodass auf eine genauere Datierung verzichtet wird.

Die die Behälter umgebende Kelleranlage wurde aus Mauerwerk im Reichsformat errichtet. Einzelne Ziegel weisen den Ziegeleistempel „Barnewitz Rathenow“[608] auf. Die Keller und Behälter waren und sind über verschiedene Rohrleitungen, Öffnungen und Treppenanlagen miteinander und mit den aufgehenden Gebäuden verbunden. Dadurch wurden auch die ursprünglichen Brau-, Gär- und Abfüllprozesse optimal verbunden. Teilweise sind diese Einrichtungen, Öffnungen und Leitungen heute erkennbar oder sogar noch vorhanden.

Die genauere Untersuchung der bewehrten Behälter erfolgte beispielhaft in einem Kellerraum, da zu vermuten ist, dass die gesamte Errichtung zeitgleich mit identischen Mitteln und unter gleichen Voraussetzungen erfolgte.

Den Kellerraum selbst kennzeichnet ein langgestreckter rechteckiger Grundriss mit den Maßen 7,80 x 25,6m. Er wird von einem auf der Innenseite verputzen Tonnengewölbe aus Mauerziegeln überspannt. Im Eingangsbereich befindet sich links eine zweiläufige, gewinkelte Treppe, die auf eine erhöhte, im Grundriss T-förmige Lauf- bzw. Galerieebene führt. Direkt gegenüber der Eingangstür sind zwei Stützen sichtbar, die jeweils als Auflager für die Galerieebene dienen. Bei der Untersuchung wurde festgestellt, dass auch die Treppenanlage, die Stützen und die Galerie aus Eisenbeton erstellt wurden.

Die symmetrisch angelegten 4,0m bzw. 8,0m langen und 3,3m breiten Behälter erstrecken sich entlang der linken und rechten Kellerlängswand. Das Fassungsvermögen beträgt zwischen 42 und $55m.^3$ Unterhalb der Behälter verlaufen niedrige Stampfbetonwände und -pfeiler, die als Auflager dienen. Die Galerieebene verläuft im vorderen Bereich des Raumes über die gesamte Breite der Behälter und mittig zwischen den Behältern bis zur Rückwand des Kellerraumes. Der Höhenunterschied zwischen Galerieebene und Behälteroberkante liegt bei 1,05m. Die Galerie ist als ebene Platte ausgeführt und findet ihr Auflager einerseits auf zwei Stützen und in den Kel-

[608] Der Name Barnewitz steht einerseits für den Familiennamen eines Ziegeleibesitzers, andererseits für einen Ort, an dem mehrere Ziegeleien ansässig waren. Eine Eingrenzung der zeitlichen Verwendung der Ziegel erbrachte kein eindeutiges Ergebnis.

lerwänden sowie andererseits direkt in den Behälterwänden. In Längsrichtung bindet die Galerie beidseitig in die Behälterwände ein.

Beschreibung der statischen Bemessung

Vor bzw. im Jahr 1889 wurde durch die Firma G. A. Wayss & Co. „Bassins und dergl." in der Bötzow-Brauerei ausgeführt.[609] Genauere Angaben finden sich in dieser Quelle nicht, die dafür maßgebenden Bauakten sind nicht überliefert.
In den dokumentierten Baugenehmigungsakten gibt es keinen Hinweis auf den Einbau der untersuchten Behälter. Eine detaillierte Auseinandersetzung mit einem statischen Entwurf ist demnach nicht möglich.

Bauausführung

Die Anlage der Behälter, der Galerieebene sowie der Treppenanlage erscheint sehr einheitlich. Die Verwendung eines bestimmten Bewehrungssystems lässt sich nicht nachweisen. Die Anlage der Behälter ist symmetrisch, wobei die Behälter links und rechts an den Kellerlängswänden ausgerichtet sind. Insgesamt wurden in einem Kellerraum acht Behälter ausgeführt, wovon vier eine Länge von jeweils 4m und vier eine Länge von 8m aufweisen. Die Behälterwände nehmen zum Gewölbe hin die Krümmung des Gewölbes auf, alle anderen wurden senkrecht erbaut und weisen eine Stärke von rund 20cm auf. Die Behälterwände wurden mehrschalig ausgeführt: Zwischen zwei bewehrten Eisenbetonplatten (5 und 12,5cm stark) findet sich eine etwa 2,5cm breite Dämmschicht[610]. Bedingt durch die Lagerung von Flüssigkeiten in den Behältern wurden diese offenbar mit einer Abdichtung bzw. einem dichtenden Anstrich ausgekleidet. Dieser wurde auch auf die Oberseite der Behälterwände aufgebracht und ist heute noch erhalten. In den Bereichen, in denen zwei Behälter aneinanderstoßen, weist die Abdichtung einen Riss entlang der Stoßfuge auf. Es ist anzunehmen, dass die Behälter einzeln hergestellt wurden. Ein weiterer, fast durchgängiger Riss an allen Behältern zeigt sich entlang der Behälteroberseite in Längsrichtung. Hier wurde ein Stahlprofil zur Eckverstärkung eingebaut. Die äußeren Behälteroberflächen bieten keine Anhaltspunkte für Schalungsarbeiten oder einen bestimmten Arbeitsablauf. Auch hier überdeckt eine zusätzliche Oberflächenschicht (ein Anstrich) die originale Betonoberfläche. Es ist anzunehmen, dass die Beschichtung erneuert wurde, aber darüber hinaus weist das geschlossene System der Behälter keine Spuren nachträglicher Verstärkungen auf.
Die Behälter haben eine Tiefe von 2m, wobei die Behälteroberkante nur etwa 1,05m über der Galerieebene liegt. Diese Galerie- bzw. Laufebene wurde als bewehrte, ebene Platte ausgeführt und zusammen mit den Behältern errichtet, da die Platte direkt in die Behälterwände einbindet. Es gibt unterseitig nur zwei Stützen für die Galerieebene, diese sind direkt gegenüber der Eingangstür im Kopfbereich der Anlage positioniert (siehe Abbildung 81). Die Behälter selbst stehen in Längsrichtung auf durchgehenden Stampfbetonwänden und in Querrichtung auf Stampfbetonpfeilern auf.

---

[609] O. A. (1889), S. 14.

[610] Die Art des Materials wurde nicht genauer untersucht. Einem ersten Anschein nach könnte es sich um Koksasche handeln. Koksasche war in der Untersuchungszeit ein bewährtes Dämmmaterial. Hinweise auf die Verwendung finden sich auch beispielsweise bereits bei Projekten der G. A. Wayss & Co. Bei der Errichtung eines Eiskellers für die Charité um 1889 findet sich in den Zeichnungen die konkrete Angabe, Zwischenräume zwischen Eisenbetonplatten und -scheiben mit Koksasche auszufüllen Böttger (15.01.1892).

Aktuell zeigen einige Bereiche, vor allem unterhalb der Galerie, Abplatzungen der Betondeckung. Bis auf die bereits erwähnten Risse finden sich größere Zerstörungen an den Behältern lediglich in einem Eckbereich am oberen Behälterrand.
Ergänzend zu den offensichtlichen Befunden wurden die Behälter mit einem Profometer 5+ der Firma Proceq untersucht. Insgesamt wurden glatte Rundeisen mit Durchmessern von 6 bis 8mm verwendet, deren Enden bei Bedarf aufgebogen wurden. Die Betondeckung der Behälterwände liegt im Mittel bei 1,5 bis 2cm. Die Konstruktion gibt keinen Hinweis auf die Verwendung von Abstandhaltern, ebenso finden sich keine Reste von Bindedraht oder Ähnlichem.
Die einzelnen Platten der Behälterwände sind beide bewehrt (siehe Detailzeichnung der Konstruktiven Bestandsaufnahme). Eine Verbindung zwischen den beiden Wandplatten konnte nicht nachgewiesen werden. Die 5cm starke Platte weist eine Bewehrungslage mit Rundeisen ø 8mm in vertikaler und horizontaler Richtung auf, die auf der Seite der Dämmschicht positioniert wurde. Die 12cm starke Wandplatte weist zwei Bewehrungslagen mit Rundeisen ø 6mm in horizontaler und ø 8mm in vertikaler Richtung auf. Die innere Bewehrungslage ist ebenfalls direkt vor der Dämmschicht positioniert. Die vertikalen Bewehrungseisen weisen im unteren Bereich einen mittleren Abstand von 7,5cm und im oberen Bereich einen Abstand von 18cm auf. Die Eisen sind an beiden Enden abgebogen, wobei zu vermuten ist, dass sie im Fußbereich noch weit in die Behälterbodenplatte hineinreichen. Die horizontal verlegten Bewehrungseisen weisen mit 30cm bzw. 60cm einen deutlich höheren Abstand auf und wurden im Eckbereich der Behälterwand in mehreren Lagen, die mehrfach ineinander übergreifen, verlegt. Kurze, schräge Endstücke weisen im Eckbereich darauf hin, dass die innere Bewehrungslage bis nach außen geführt wurde. Die Betondeckung der äußeren Behälterwand beträgt rund 2cm.
An den Behälterwänden sind keine Bearbeitungs- oder Schalungsspuren zu erkennen. Auch ist in Bereichen, in denen die Bewehrung frei liegt, eine typische Schichtung, die durch das Einstampfen von erdfeuchtem Beton entsteht, nicht zu erkennen. Der Beton weist in den sichtbaren Bereichen eine abgestimmte Korngrößenverteilung auf.

Bauzeitliche Kritik

Die Publikation von G. A. Wayss erwähnt die Ausführung eines Bassins nur sehr knapp in einer Art Auflistung ohne weitere Details. Die untersuchte Behälterkonstruktion findet sich in keiner bauzeitlichen Publikation wieder.
Der Schwerpunkt der Auseinandersetzungen lag meist auf der gut durchdachten Planung für die Brauerei, den Brauanlagen und einem die beiden verbindenden effizienten Arbeitsprozess. Die untersuchten Gär- bzw. Lagerbehälter werden erst in einer Publikation von 1939 erwähnt, allerdings auch hier nicht im Detail erläutert.

Nutzungsgeschichte

Julius Bötzow eröffnete 1864 eine Brauerei in der Alten Schönhauser Allee in Berlin. Die Gär- und Lagerkeller dieser Brauerei wurden aber auf einem Gelände auf dem sogenannten Windmühlenberg an der Prenzlauer Allee angelegt, der sich seit 1826 in Familienbesitz befand.[611] Ab

[611] Das sogenannte „Kellerei Grundstück“ wies um 1880 noch eine Zufahrt von der Metzer Straße 19 auf. Die zu dieser Adresse im BAA Pankow-Prenzlauer Berg dokumentierten Bauakten beginnen erst um 1900 mit einer Wohnbebau-

1884 entstand dort dann der Hauptsitz unter Einbeziehung der vorhandenen Kelleranlagen. Im weiteren Verlauf wurden zahlreiche weitere Baumaßnahmen auf dem Gelände zwischen Prenzlauer Allee und Saarbrücker Straße realisiert. Weithin bekannt wurde beispielsweise das Gartenlokal mit Platz für bis zu 6000 Gäste oder auch das private Wohnhaus der Familie Bötzow. Zu Beginn des 20. Jahrhunderts gründet die Brauerei Niederlassungen in Steglitz, Köpenick sowie an mehreren Standorten im östlichen Brandenburg.
Der Firmengründer Julius Bötzow starb nach längerer Krankheit am 9. Juli 1914 kurz vor Beginn des Ersten Weltkrieges, und die Eigentümerschaft ging an seine Witwe und seine Kinder über.[612] Die Brauereigebäude am Standort Prenzlauer Allee/Saarbrücker Straße wurden im Ersten Weltkrieg kaum beschädigt. Dennoch musste auch dieses Unternehmen mit den strengen Rohstoffzuteilungen, der Einberufung wehrfähiger Männer und anderen kriegsbedingten Einschränkungen umgehen. In der Zeit nach 1920 kam es zu einer Modernisierung und Produktionssteigerung.
Im Zweiten Weltkrieg wurden die Brauereigebäude teilweise zerstört, die Produktion wurde vorerst eingestellt. Das Unternehmen firmierte ab 1949 als „Treuhandbetrieb Berliner Brauereien GmbH, Abteilung Bötzow", ohne eigenständigen Brauereibetrieb. Aktuell finden auf dem Gelände der Brauerei Bauarbeiten statt. Das Unternehmen Otto Bock hat das Gelände 2011 erworben und errichtet in Zusammenarbeit mit dem Architekturbüro Chipperfield dort unter anderem Büro- und Geschäftsräume.

Heutiger Zustand

Die Behälter sind heute noch vorhanden (siehe Abbildung 80), allerdings weisen sie unterschiedlich große Bereiche mit freiliegender Bewehrung auf (siehe die Dokumentation der Konstruktiven Bestandsaufnahme). Sie werden aktuell nicht zur Aufbewahrung von Flüssigkeiten genutzt.

Bedeutung des Tragwerks

Die vorliegenden Informationen sind zu ungenau um daraus auf die Bauzeit der Behälter zu schließen. Die Konstruktion selbst lässt auch keine eindeutige Datierung zu. Die Verwendung von glatten Rundstählen[613] mit Durchmessergrößen von 6 bis 8mm und einer sehr geringen Betondeckung von rund 1,5cm spricht eher für eine frühere Ausführung. Weiterhin sind die in Stampfbeton errichteten Behälterfundamente zu erwähnen. Die Unterscheidung der eingesetzten Baumaterialien spricht ebenfalls für eine frühere Bauzeit. Dementgegen steht der Eindruck einer gesamtheitlich konzipierten Anlage aus Treppe, Galerie und Behälter, die den Eindruck vermittelt, als sei sie sozusagen in einem Guss entstanden. Die direkte Einbindung der Galerieebene in die Behälterwände bietet auf Grund der geringen Spannweite keinen direkten Rückschluss auf die Entstehungszeit. Für eine spätere Ausführungszeit sprechen weiterhin das Fehlen einer typischen horizontalen Schichtung bei frühen Betonkonstruktionen, die durch die lagenweise Ein-

ung. Im Landesarchiv sind keine Unterlagen zur Metzer Straße 19 dokumentiert. Die genaue Anlage und Konstruktion der Keller konnte nicht bestimmt werden.

612 O. A. (verm. 1939).

613 Der Einsatz profilierter Bewehrungsstähle hat sich in Deutschland erst um 1950 durchgesetzt, siehe Bindseil und Schmitt (2002).

bringung des Betons entsteht sowie die augenscheinlich sehr ausgewogene Zusammensetzung des Betons. Offenbar erfolgte die Verarbeitung nicht mehr durch lagenweises einstampfen, sondern durch einbringen einer eher flüssigen Mischung. Dadurch war offenbar auch die Mischung der Gesteinskörnung besser abgestimmt.

Abbildungen

Lageplan:

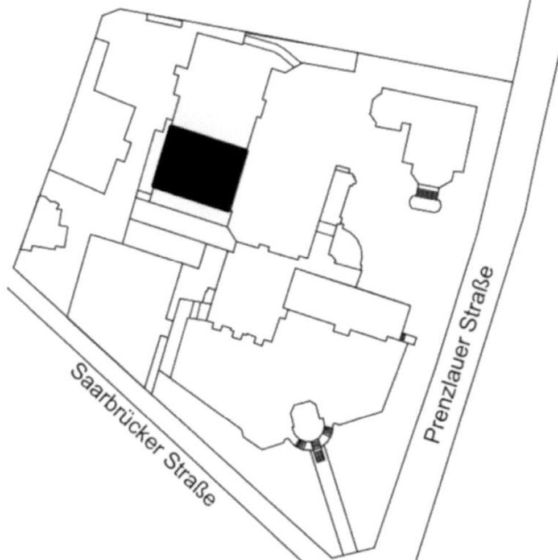

Abbildung 78: Lageplan des Grundstücks der Bötzow-Brauerei um 1910. Schwarz markiert ist das Gärhaus mit den Behälterkonstruktionen im Keller (Zeichnung: Novakovic 2018).

Tragwerkskategorie 1 – Behälterkonstruktionen, Bötzow Brauerei

Abbildungen der Tragwerke in Publikationen:

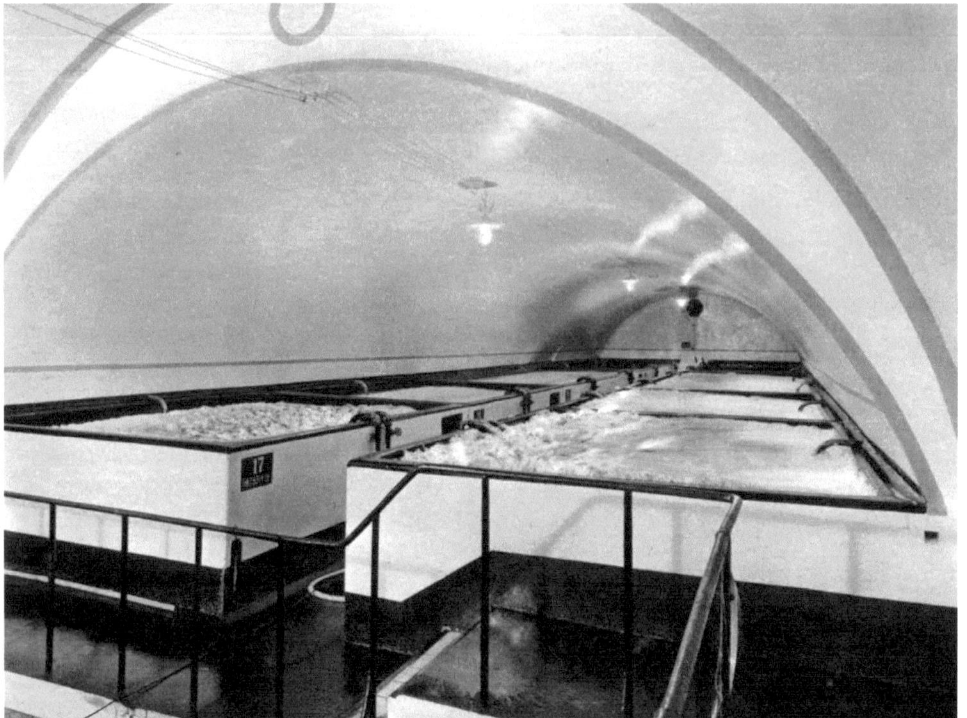

Abbildung 79: Die Gärbehälter der Bötzow-Brauerei um 1939, O. A. (verm. 1939), S. 47.

Dokumentation der Konstruktiven Bestandsaufnahme:

Abbildung 80: Ansicht Gärbehälter Bötzow Brauerei links (Foto: Kuban 2016).

Abbildung 81: Ansicht der Galerieebene vom Eingang aus, im Hintergrund die Behälter der Bötzow-Brauerei (Foto: Kuban 2016).

Tragwerkskategorie 1 – Behälterkonstruktionen, Bötzow Brauerei

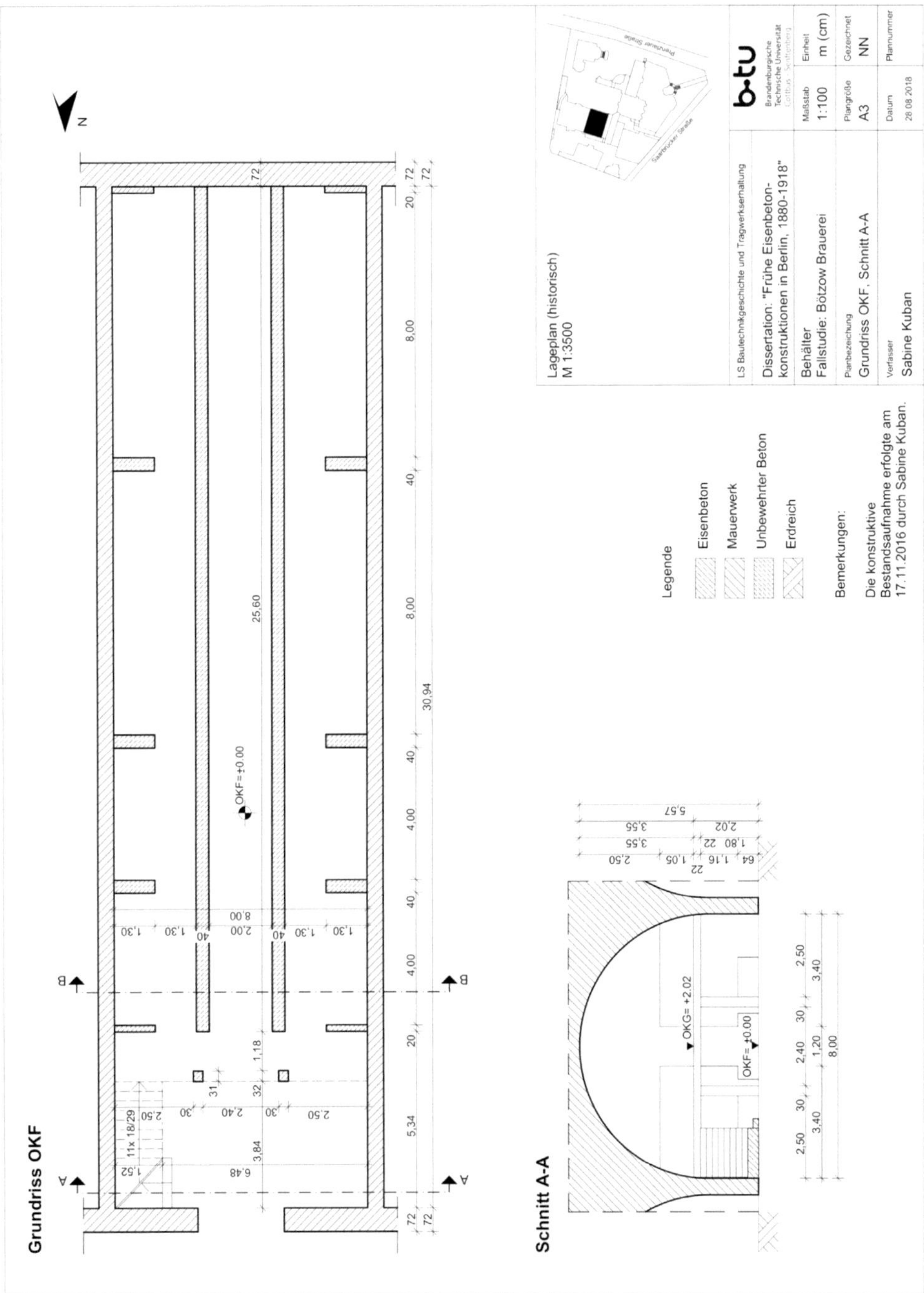

Abbildung 82: Bötzow-Brauerei, Grundriss der Behälter Oberkante Fußboden, Plandarstellung der KBA (Zeichnung: Novakovic 2018).

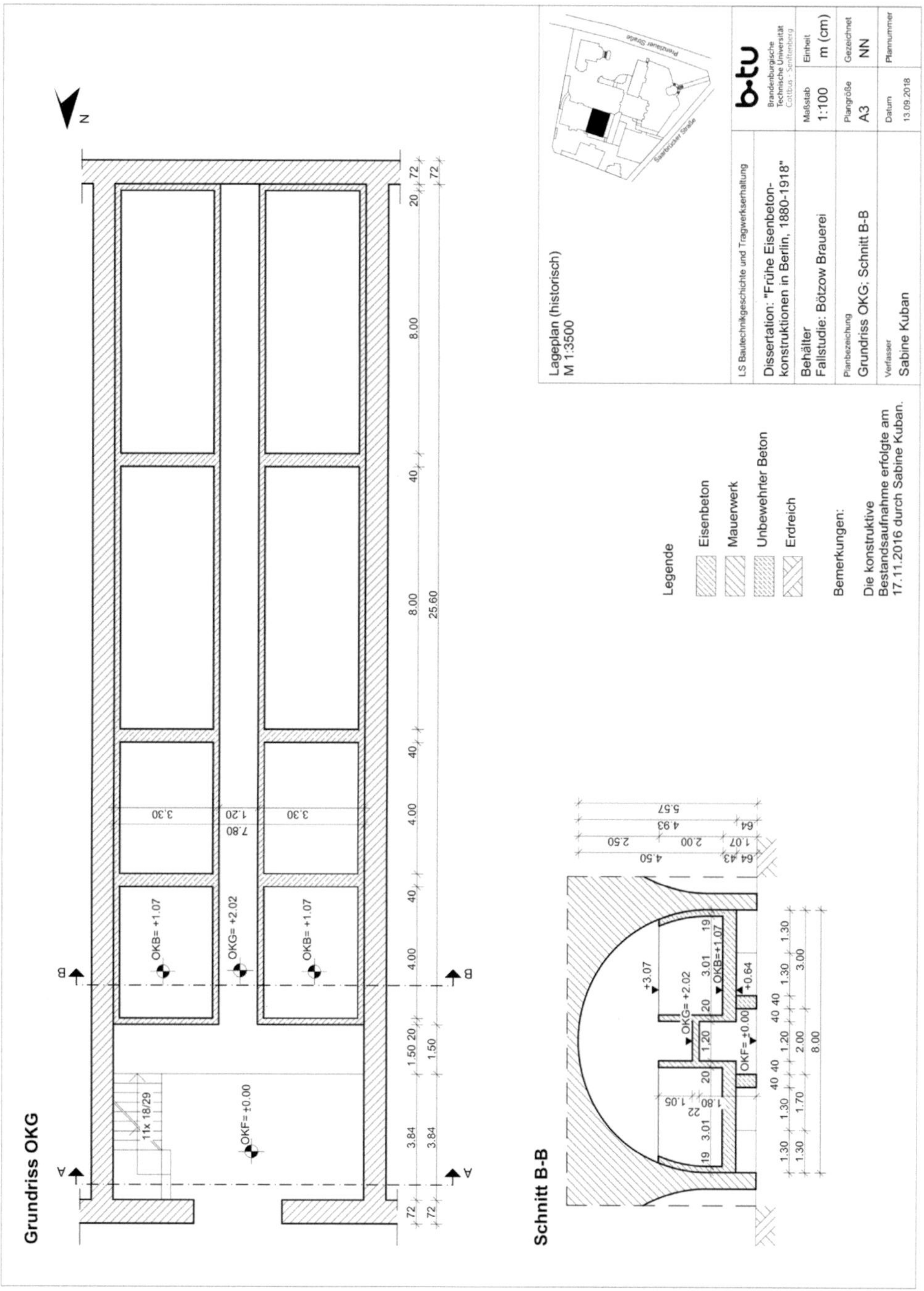

Abbildung 83: Bötzow-Brauerei, Grundriss der Behälter Oberkante Galerie, Plandarstellung der KBA (Zeichnung: Novakovic 2018).

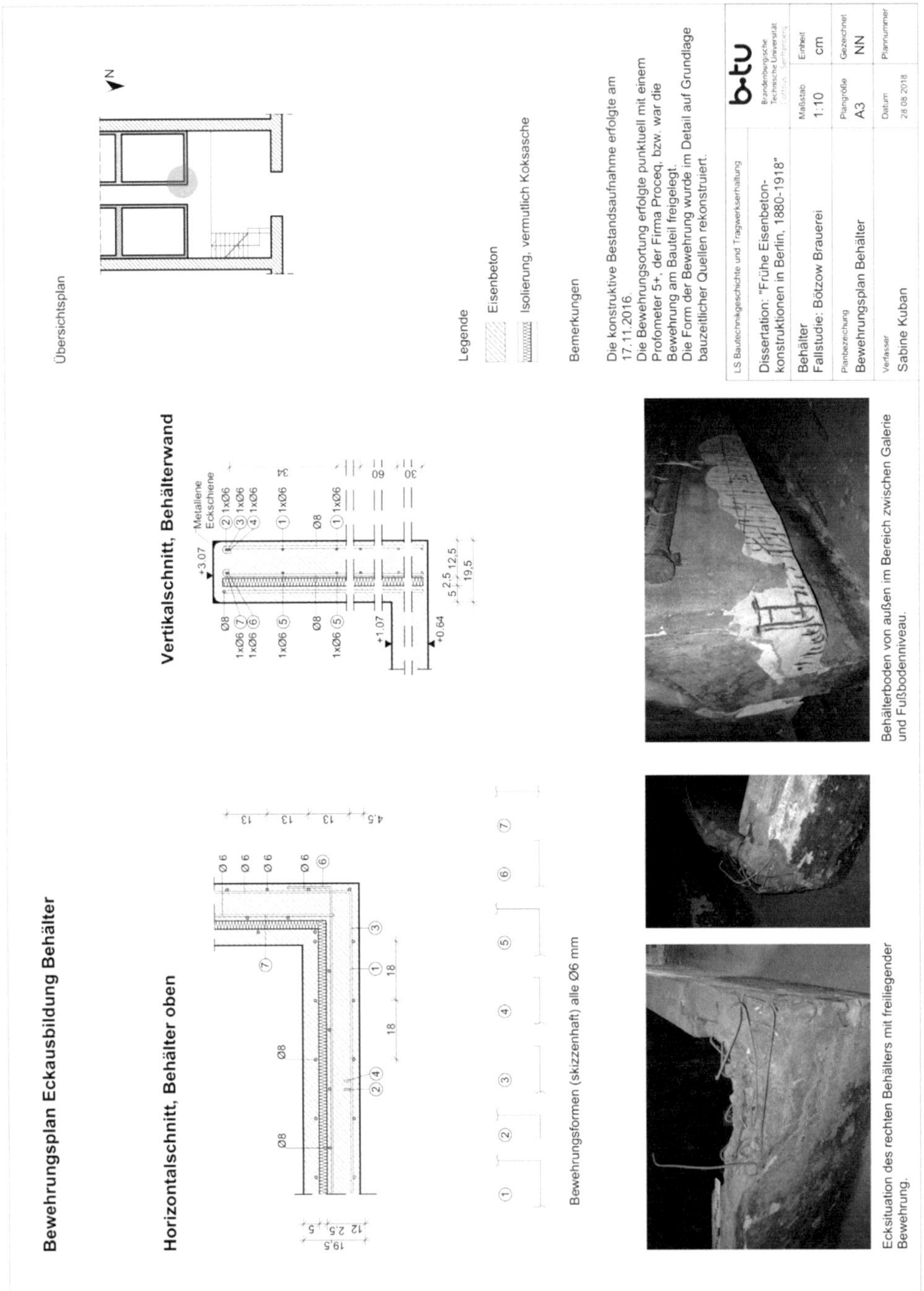

Abbildung 84: Bötzow-Brauerei, Bewehrungsdetails der Behälter, Plandarstellung der KBA (Zeichnung: Novakovic 2018).

Aquarium, Tiergarten

Abbildung 85: Ansicht Südfassade Aquarium, die Behälter befinden sich im Kellergeschoß (Foto: Wieczorek 2018).

Tragwerksdaten

Baujahr	1912
Aktueller Zustand	Teilweise erhalten
Ort, Adresse	Budapester Straße 32, Berlin
Bauherr	Actien-Verein des Zoologischen Gartens zu Berlin Bauleitung: Paul Mebes Regierungsbaumeister a. D. Oberaufsicht, Plangestaltung und künstlerische Durchbildung: Ministerialdirektor Dr.-Ing. Hinckeldeyn, Baurat Reimarus
Architekt	Architekten Zaar & Vahl
Ingenieur	O. Leitholf, Ingenieurbüro Großbeerenstr. 56d, Berlin SW 47
Bauunternehmen	Eisenbetonbau Konrad Schwartz GmbH., Berlin Charlottenburg
Baumaterialien	„Mittels Steinbrecher und Lokomobile zerkleinertes Abbruchmaterial des Vorgängerbaus wurde als Steinschotter-Zuschlag für den Beton verwendet.“[614] „Flusskies, Rüdersdorfer Portland Cement im Mischungsverhältnis 1:3, Druckfestigkeit 396 kg/cm²“[615]

[614] O. A. (1914b), S. 168.
[615] Königliches Polizei-Präsidium (1912), S. o. A.

Tragwerkskategorie 1 – Behälterkonstruktionen, Aquarium

Relevante Literatur

Akademischer Verein Hütte e.V. (1911), Sch. (1913), O. A. (1914), Fiesinger (1952), Klös et al. (1990)

Relevante Quellen

Königliches Polizei-Präsidium (1912)

Verortung

Das Gebäude des Aquariums im Zoologischen Garten Berlin befindet sich direkt neben dem Eingang zum Zoologischen Garten an der Budapester Straße (siehe Abbildung 86).

Planungsidee, Anlass

Ursprünglich war das Aquarium in Berlin weder organisatorisch noch geografisch mit dem Zoologischen Garten verbunden. Erst „1910 [nach Schließung des innerstädtischen Aquariums] eröffnete Ludwig Heck der Stadt, der Zoo wolle selber ein Aquarium errichten“[616]. Der spätere Direktor des Aquariums, Oskar Heinroth erarbeitete zusammen mit den Architekten Zaar & Vahl einen übersichtlichen und klar strukturierten Neubaukomplex, der am 18. August 1913 eröffnet wurde.

Bau- und Tragwerksbeschreibung[617]

Das Gebäude lässt sich von West nach Ost in drei größere Abschnitte unterteilen: ein Wohngebäude, einen Mittel- und einen Hallenbau (siehe Abbildung 87 und Abbildung 88). Die Behälter befinden sich in dem Kellergeschoss unter dem Mittel- und Hallenbau. Hier sind weitere technische Anlagen, unter anderem zur Wasserspeicherung und -aufbereitung, angeordnet.
„Mit Ausnahme der Umfassungsmauern, einiger Zwischenwände und des Daches“[618] sind alle anderen Elemente aus Eisenbeton hergestellt. Charakteristisch sind dabei die zweigeschossigen Stockwerksrahmen der nördlichen und südlichen Seitenhalle, die Bodenplatte des Krokodilbassins im Erdgeschoss und die Behälter zur Wasserspeicherung im Kellergeschoss. Dabei handelt es sich insgesamt um sieben unterschiedlich große Behälter zur Wasserspeicherung. Die drei westlichen Behälter weisen eine Länge von 21m, eine Breite von 3,0 bzw. 3,1m und eine Höhe von 3,0m auf. Das Fassungsvermögen der einzelnen Behälter beträgt somit etwa 190m³. Im östlichen Bereich sind vier weitere, jeweils 5,1m lange und 1,75m bzw. 2,5m breite Behälter angeordnet. Aus den Behälterwänden gehen im als Randbalken gearbeiteten Kopfbereich zum einen Stützen hervor, die der Bodenplatte des Krokodilbassins als Auflager dienen. Zum anderen sind in den Achsen der Stützen zusätzlich in Querrichtung verlaufende Balken angeordnet, die so die Behälterwände regelmäßig stützen. Die Behälter im Kellergeschoss sind durch eine mit doppelter Asphaltpappe ausgekleidete Fuge vom umgebenden Gebäude getrennt und separat

[616] Klös et al. (1990), S. 163.

[617] Die Beschreibung der Konstruktion und des Tragwerks erfolgt in Auswertung mehrerer Quellen. Die Benennung einzelner Tragwerksglieder kann unter Umständen von einzelnen Quellen abweichen, da sich über die Zeit die Verwendung bestimmter Begriffe verändert hat. Es wurde versucht, eine einheitliche, heute verständliche Benennung zu finden. Königliches Polizei-Präsidium (1912); O. A. (1914b), Sch. (1913, 1913), O. A. (1914b); Fiesinger (1953); Klös et al. (1990).

[618] O. A. (1914b), S. 166.

durch die Sohlplatte gegründet. Unterhalb der Sohlplatte sind eine Bitumendichtung und eine Unterbetonschicht ausgeführt.

Beschreibung der statischen Bemessung

Die Behälter werden in der Statik zuerst als eine im Fußpunkt eingespannte Wandkonstruktion bemessen. Im Nachtrag werden dann in Höhe der Wandköpfe und in einem Abstand von 6m querverteilende Balken eingeplant, die als horizontales Lager für die Behälterwände dienen. Ergänzt werden die Berechnungen im Nachtrag von zwei Skizzenblättern mit Angaben zur Geometrie, Lastverteilung und Bewehrungsführung ausgewählter Positionen. Im Vergleich mit der Statik weist die Nachtragsrechnung weitere Unterschiede auf, die in der folgenden Tabelle 18 kursiv aufgeführt werden.

Übersicht zu den statischen Berechnungen im Bauprojekt Aquarium, Behälter inkl. geä*nderter Angaben laut Nachtrag*	
Randbedingungen:	Wanddicke der Behälter d = 30cm *Wanddicke der Behälter d = 20cm, sowie zusätzlich seitliche Dämmung und Beton insgesamt je 5cm, insgesamt d = 30cm* Die Lasten auf die Behälterwände werden direkt beim Fundamentnachweis angesetzt. Betondeckung = 3cm; *Betondeckung = 2,5cm* *Betondruckfestigkeit 396 kg/cm²*
Lastannahmen:	Seewasser γ = 1,03t/m³
Ermittlung der Schnittkräfte:	Ansatz eines Moments aus Wasserdruck gegen einen 1m breiten Streifen in h/2 der Bodenplatte (d=36cm)
Statische Modellannahmen des Tragwerks:	Am Fußpunkt eingespannt *Im Kopfbereich horizontales Lager durch Querbalken*
Bauteilnachweise:	Keine genauen Angaben, Grundlage waren die behördlichen Vorschriften von 1907, verschiedentlich Verweise auf Boerner (1910)
Grad der Ausnutzung:	Die zulässigen Spannungen von σ_E = 1000 kg/cm² und σ_B = 34 kg/cm² werden den vorhandenen Spannungen nicht gegenübergestellt. *Im Nachtrag gesonderte Angabe der vorhandenen Spannungen:* *σ_E = 974 kg/cm²* *σ_B = 39 kg/cm²*
Details zur Bewehrung:	Ermittlung der erforderlichen Querschnittsgröße mit Tabellen aus Boerner (1910) zu „gew. 14 Eisen ø 13“ Für die Anordnung der Bewehrungseisen wird eine Vorgabe gemacht: „Bei den Umfassungswänden sind die Eisen nächst Innenseite zu verlegen. Die Scheidewände dagegen

Übersicht zu den statischen Berechnungen im Bauprojekt Aquarium, Behälter inkl. *geänderter Angaben laut Nachtrag*	
	erfordern wegen der Möglichkeit wechselnder Belastungsweise beiderseitige Bewehrungen“[619] *Behälterwände:* *Zugarmierung: 11 Rundeisen ø 13* *Druckarmierung: 11 Rundeisen ø 13* *Umfassungswände erhalten eine einfache Armierung, gewählt 12 Rundeisen ø 13*

Tabelle 18: Übersicht der statischen Bemessung der Behälter im Aquarium. Die Angaben der Nachtragsstatik erscheinen kursiv.

Insgesamt machen die Statik und die Nachtragsstatik einen einheitlichen, klar strukturierten Eindruck, wobei erst der Nachtrag eine detailliertere Durchplanung der Eisenbetonelemente aufweist.

Bauausführung

Für die Verwendung von bestimmten Baumaterialien findet sich ein Hinweis auf die Wiederverwendung von Abbruchmaterial aus dem Vorgängerbau.[620] Weiterhin findet sich in der Nachtragsstatik folgende Anmerkung zum verwendeten Beton: So besteht dieser aus „Flusskies [und] Rüdersdorfer Portland Cement im Mischungsverhältnis 1:3“ und weist eine „Druckfestigkeit [von] 396 kg/cm²“ auf.[621] Über die verwendeten Bewehrungseisen finden sich keine genauen Angaben, ebenso wenig wie Hinweise auf ein möglicherweise verwendetes System. Bei den Bügelbewehrungen gibt es in der ersten Statik die Vorgabe, Flacheisenbügel einzusetzen.
Bedingt durch eine vom restlichen Gebäude getrennte Gründung der Behälter, entstanden diese erst nach der Errichtung der umgebenden Gebäudeteile (siehe Abbildung 89 und Abbildung 90). Im Rahmen einer Konstruktiven Bestandsaufnahme konnten die Behälter näher in Augenschein genommen werden. Es wurden Bereiche ausgewählt, die nicht durch Kriegsschäden beeinträchtigt und durch die spätere Sanierung zu stark verändert wurden. Die Behälter sind in ihrer bauzeitlichen Form noch vorhanden, werden aber nicht mehr zur Aufbewahrung von Flüssigkeiten genutzt. Die derzeitige Nutzung als Lager-, Werkstatt- und Aufzuchtraum und die einseitige Betonverstärkung um 15cm beeinträchtigen den freien Zugang zu den bauzeitlichen Wandflächen. Die untersuchten Bereiche der Behälter befinden sich daher nur in folgenden Bereichen: Achse A-B/V, G-H/V und G-H/VI[622].
Grundsätzlich lässt sich eine hohe Übereinstimmung der äußeren Geometrie belegen. Im Gegensatz dazu zeigt die Untersuchung der Bewehrung einige Abweichungen:

- Die Behälterwände stimmen in ihrer äußeren Geometrie mit den Vorgaben der Nachtragsstatik überein (siehe Abbildung 91). Die ermittelte Betondeckung von 6cm erscheint

[619] Königliches Polizei-Präsidium (1912), S. o. A.
[620] O. A. (1914b).
[621] Königliches Polizei-Präsidium (1912), S. o. A.
[622] Die Angabe der Achsen korrespondiert mit den Plandarstellungen der Konstruktiven Bestandsaufnahme.

etwas zu gering. Nach Vorgabe der Statik sollte diese eher 8,5cm betragen. Die vorhandenen Stabdurchmesser von 13 bis 25mm sprechen eher für eine planmäßige Ausführung. Vorgegeben war eine Bewehrung von 11 bzw. 12 Rundeisen Ø13 je Meter, ohne eine genaue Angabe des Abstands der Einzelstäbe. Die Untersuchung vor Ort zeigt, dass die Längsbewehrung in einem Abstand von 15 bis 20cm positioniert wurde. Dies entspricht einer Bewehrung von etwa 7 Rundeisen pro Meter, also nur etwa die Hälfte der geplanten Bewehrung. Es bleibt fraglich, ob die Verwendung von größeren Durchmessern planmäßig in einen größeren Abstand resultierte.

- Die für die Behälterwände als horizontales Auflager eingeplanten Querbalken wurden ausgeführt, allerdings in einem deutlich engeren Raster. So ist anscheinend in jeder Stützen- bzw. Pfeilerachse ein Querbalken eingebaut worden. Damit hat sich die Anzahl der Balken mehr als verdoppelt.
- Die von den Behälterwänden aufgehenden Stützen haben einen Querschnitt von 30x50cm. Entsprechend der ersten Statik sollten diese Stützen als Bewehrung bis zu zwei I-22 Profile erhalten. In der Nachtragsstatik wird diese Position nicht noch einmal behandelt. In Auswertung des Instandsetzungsberichts von 1953 weisen diese Stützen abweichend von der Statik eine Rundstahlbewehrung auf.[623]

Die Abweichungen zwischen geplanter und ausgeführter Bewehrung wurden bereits im Rahmen einer Sanierungsmaßnahme in den 1950er Jahren bemerkt. Da nach einem Bombentreffer im Zweiten Weltkrieg eine Reparatur und Instandsetzung notwendig wurde. Allerdings wurden dabei nur die aufgehenden Tragwerksglieder genauer untersucht, da die Behälter durch den Bombentreffer nicht beschädigt wurden. Im Ergebnis scheint auch die bei den Behältern ausgeführte Bewehrung von der geplanten Bewehrungsmenge abzuweichen.

Bauzeitliche Kritik

In Auswertung der vorhandenen Unterlagen fällt auf, dass bauzeitliche Publikationen wie O. A. (1914b) und Sch. (1913) – verschiedene Versionen von Grundrissen und Schnitten enthalten, die von denen der Baugenehmigung und auch vom realisierten Bauwerk selbst abweichen. In einem weiteren Artikel sind in den Schnitten die Bewehrungsführung und die Durchmesser der einzelnen Eisen mit entsprechender Formgebung (Endaufbiegung etc.) sowie die Konstruktion der Behälter und der Bodenplatte des Krokodilbassins detailliert angegeben. Ergänzt mit bauzeitlichen Fotografien der Bauarbeiten werden hier die Charakteristika des Tragwerks ausführlich beschrieben[624].

Im Fokus steht dabei immer das Aquarium an sich und weniger die Behälter. Diese sind lediglich als Bestandteil der Ausstattung aufgeführt.

Nutzungsgeschichte

Das Aquarium wird grundsätzlich noch immer in seiner ursprünglichen Form genutzt. Während des Zweiten Weltkrieges kam es im November 1943 zu größeren Zerstörungen, die zu einer

[623] Fiesinger (1953), S. 216 gibt dazu nicht nur eine Detailskizze, sondern auch die Beschreibung an, dass „an den Bruchstellen […] die senkrechten Rundstahleinlagen schleifenförmig herausgebogen" waren.

[624] O. A. (1914b).

temporären Schließung führten[625]. Erst nach Beseitigung der Schäden wurde die Anlage schrittweise wiedereröffnet. Bedingt durch neue Nutzeranforderungen und den Einbau moderner technischer Anlagen um 1980 kam es zu einem Umbau der Behälter, die dann nicht mehr als Speicherbecken genutzt wurden.

Heutiger Zustand

In Folge des Bombentreffers 1943 waren Reparatur- und Instandsetzungsarbeiten notwendig, die um 1953 durchgeführt wurden. Schwerpunktmäßig konzentrierten sich diese auf die Südostecke des Gebäudes und den Unterbau der Bodenplatte des Krokodilbeckens. Die darunter befindlichen Behälter waren „vollkommen unbeschädigt" geblieben.[626] Die Behälter sind heute noch vorhanden (siehe Abbildung 93 und Abbildung 94 sowie Dokumentation der Konstruktiven Bestandaufnahme). Durch nachträglich in die Behälterwände eingebaute Öffnungen sind sie ebenerdig begehbar und als Lager- und Abstellraum nutzbar.

Bedeutung des Tragwerks

Der Gebäudetyp des Aquariums war um 1900 noch neu. Der Einbau größerer Behälter war naheliegend, um notwendiges Wasser zwischenspeichern und aufbereiten zu können. Vor allem bei der Verwendung von natürlichem Seewasser, das „aus der Nordsee bei Helgoland in Kahntanken bis in den Tiergartenkanal geschafft und in das Gebäude gepumpt"[627] wurde. Zur Wahl der Größe und Anordnung der Behälter sind keine genauen Angaben überliefert. Ebenso fehlen detailliertere Informationen zum konstruktiven Entwurf. Den Behältern, als Teil der technischen Ausstattung im Kellergeschoss untergebracht, wurde selbst wenig Aufmerksamkeit geschenkt. Es war vielmehr die konstruktive Verbindung über Querriegel und aufgehende Stützen in Verbindung mit der Bodenplatte des Krokodilbassins, die das Tragwerk außergewöhnlich gemacht hat. Im Rahmen der Untersuchung wurde keine vergleichbare Konstruktion in Berlin gefunden.

---

[625] Dabei sei betont, dass es nur zu lokal begrenzten Schäden im Gebäude kam und nicht wie in Klös et al. (1990), S. 226 beschrieben zur „Zerstörung […] des Aquariums" an sich.

[626] Fiesinger (1953), S. 216.

[627] Sch. (1913), S. 480.

Abbildungen

Lageplan:

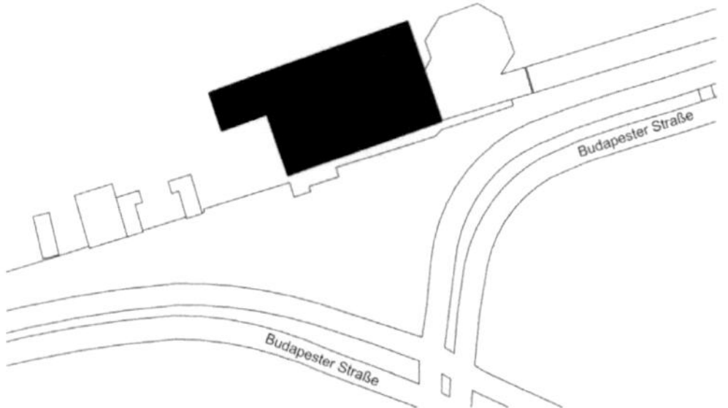

Abbildung 86: Lageplan des Aquariums mit der Erweiterung von 1978 (Zeichnung: Novakovic 2018).

Abbildungen des Tragwerks in Publikationen:

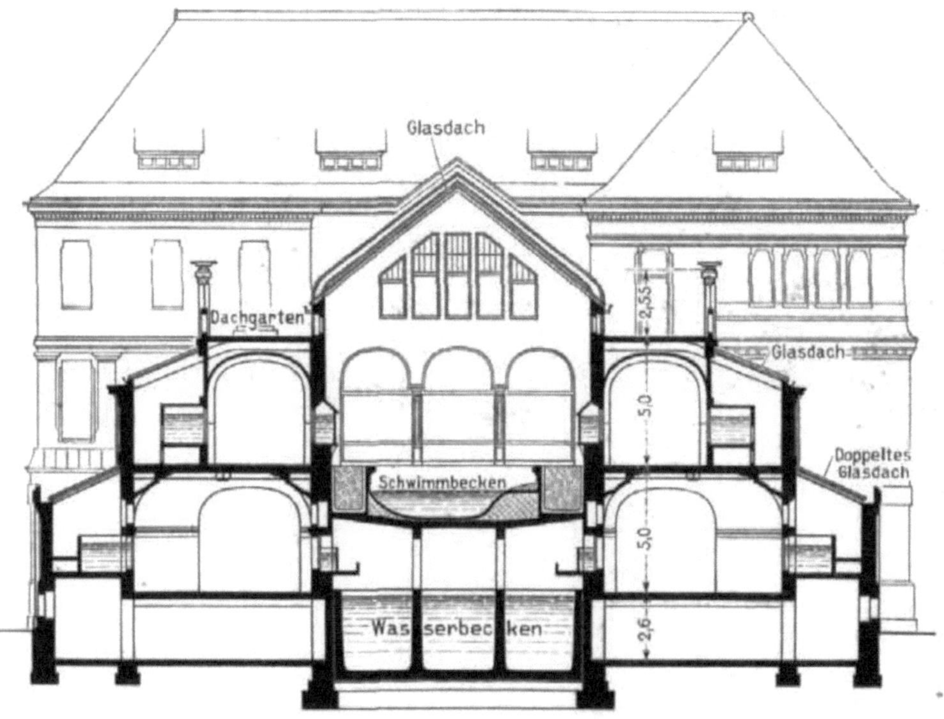

Abbildung 87: Querschnitt durch den Hallenbau des Aquariums, im Hintergrund Ansicht des Mittelbaus, Sch. (1913), S. 480.

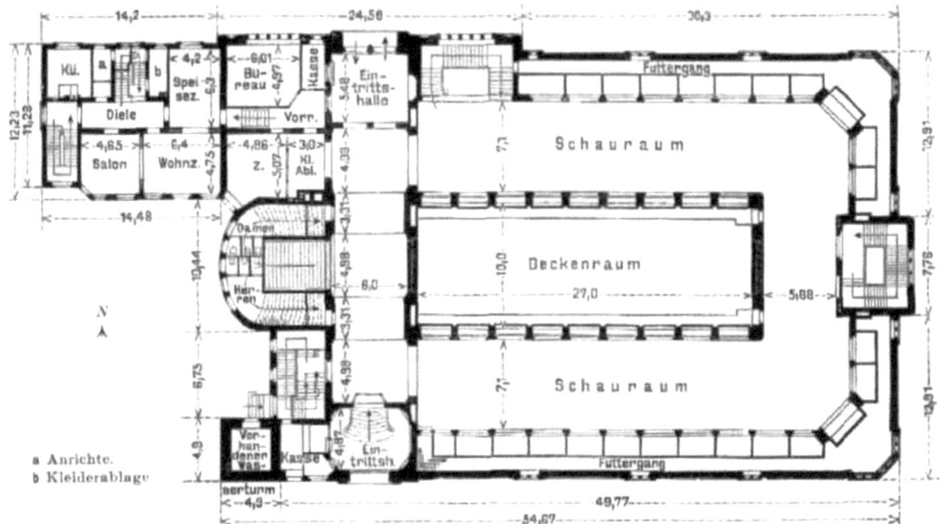

Abbildung 88: Grundriss Erdgeschoss Aquarium, Sch. (1913), S. 178.

Abbildung 89: Blick in die Behälter im Kellergeschoss während der Bauzeit des Aquariums, O. A. (1914b), S. 167.

Abbildung 90: Blick in die Zwischenebene unterhalb des späteren Krokodilbassins während der Bauzeit des Aquariums, O. A. (1914b), S. 167.

Abbildungen aus der Baugenehmigungsplanung, Nachtragsstatik:

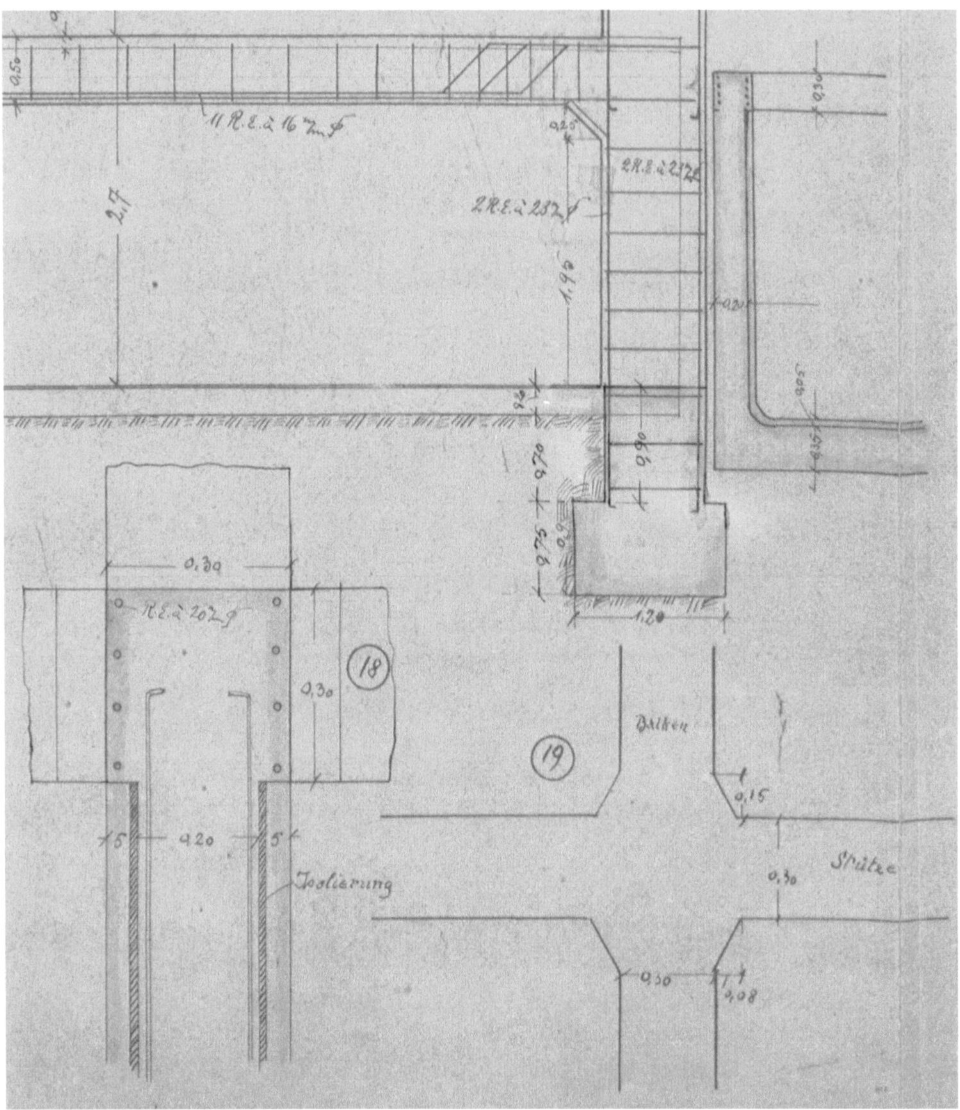

Abbildung 91: Ergänzende Zeichnungen zur Bewehrung der Behälterwände laut Nachtragsstatik des Aquariums, Königliches Polizei-Präsidium (1912), S. o. A.

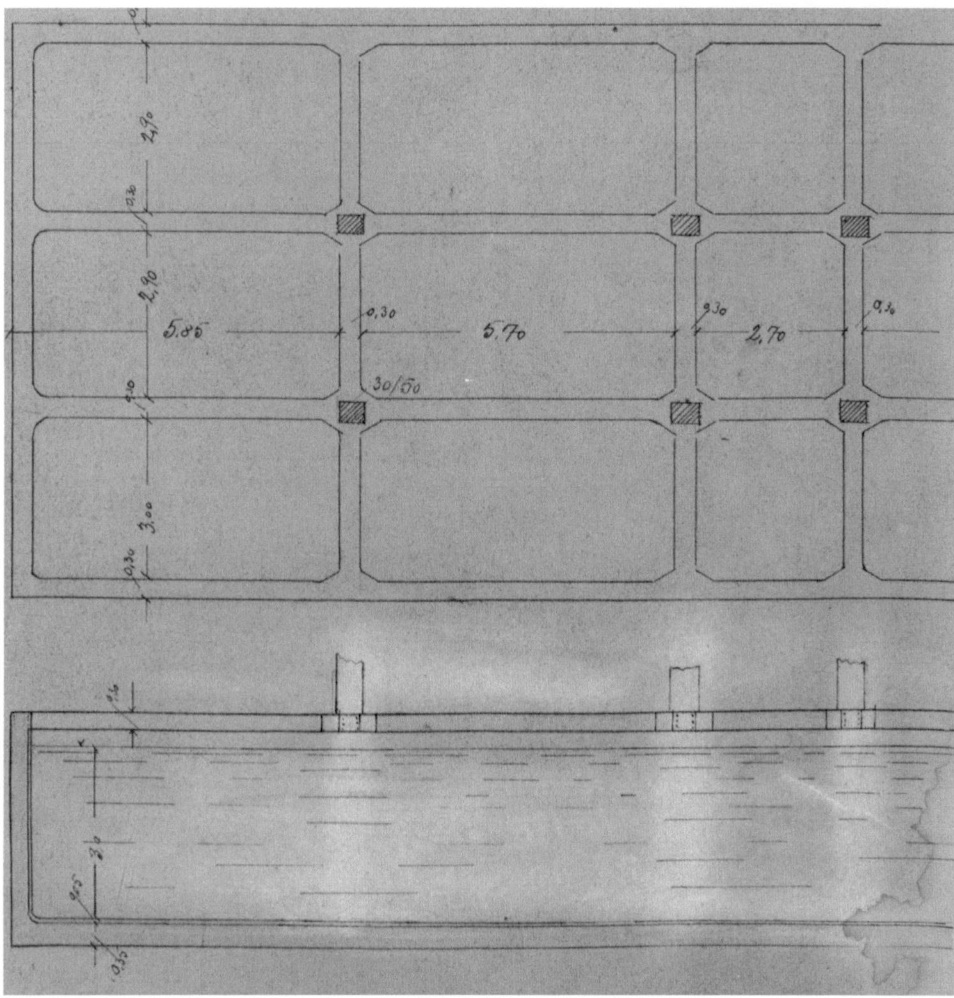

Abbildung 92: Ergänzende Zeichnung laut Nachtragsstatik zu den Behälterkonstruktionen des Aquariums mit Anschluss der Stützen unterhalb des Krokodilbeckens, Königliches Polizei-Präsidium (1912), S. o. A.

Tragwerkskategorie 1 – Behälterkonstruktionen, Aquarium

Dokumentation der Konstruktiven Bestandsaufnahme:

Abbildung 93: Anblick auf die Behälterwand links im Kellergeschoss des Aquariums (Foto: Kuban 2017).

Abbildung 94: Blick auf eine Behälterwand, heute Durchgangsbereich im Kellergeschoss Aquarium (Foto: Kuban 2017).

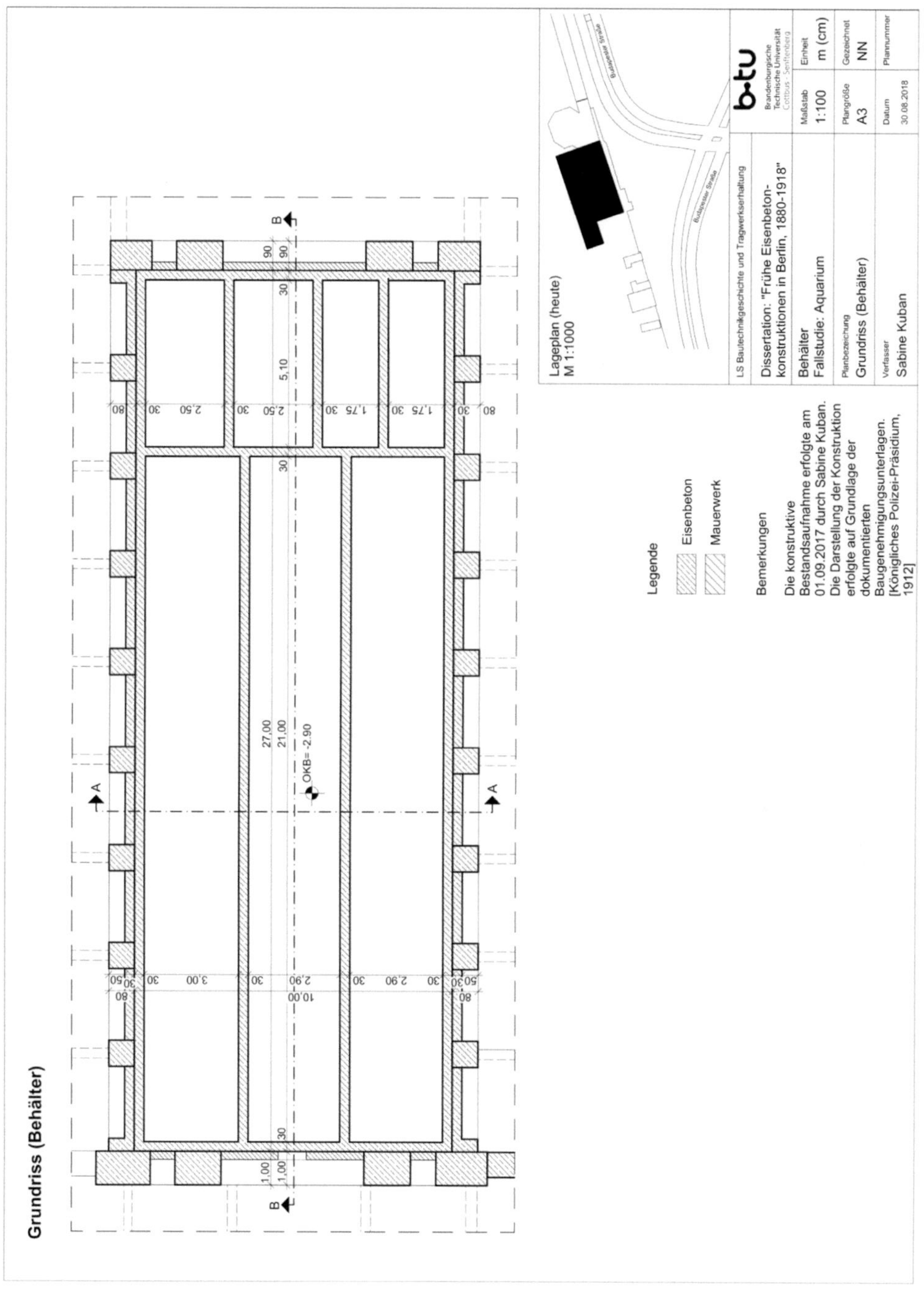

Abbildung 95: Aquarium, Grundriss der Behälter, Plandarstellung der KBA (Zeichnung: Novakovic 2018).

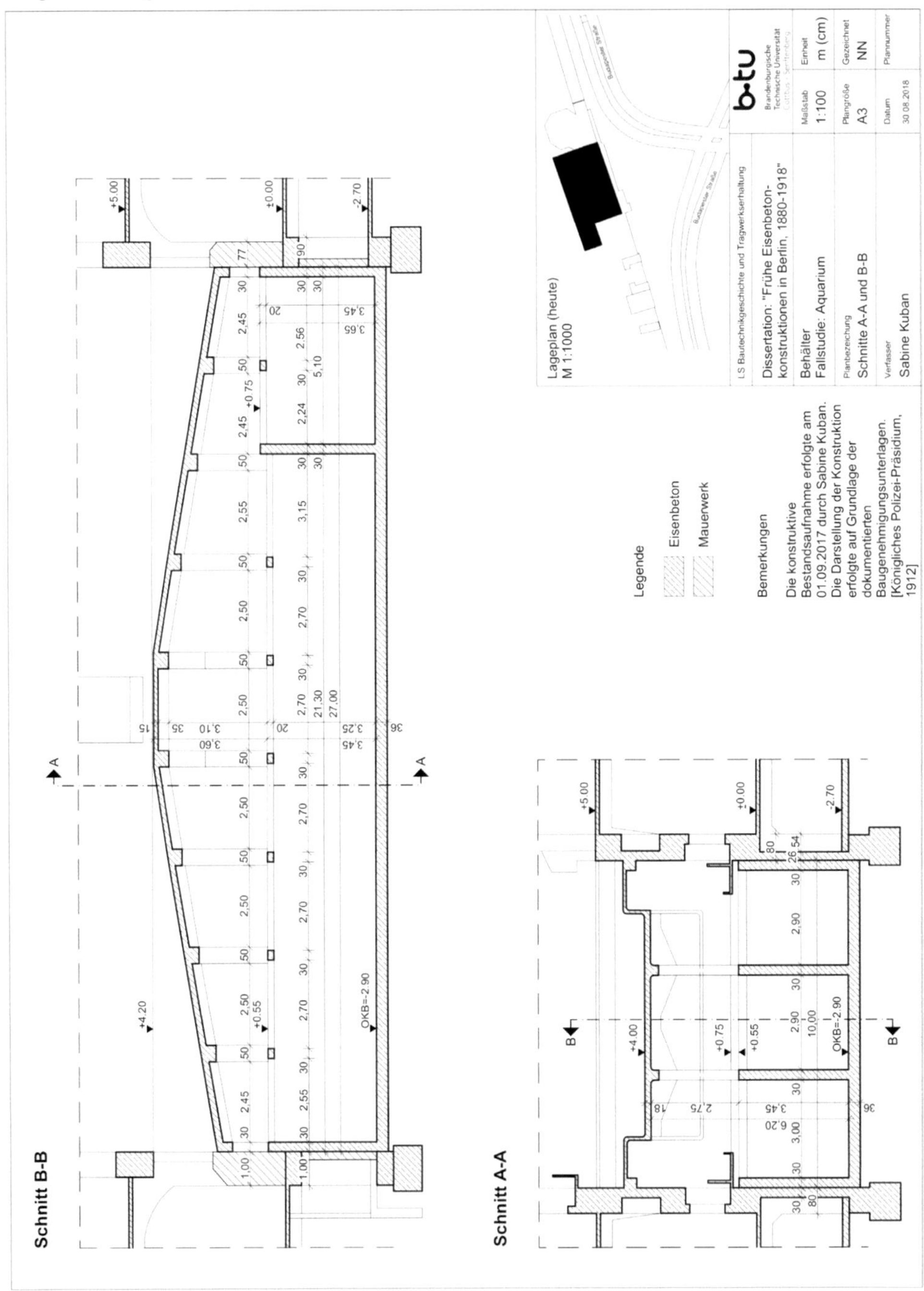

Abbildung 96: Aquarium, Schnitt durch die Behälter, Plandarstellung der KBA (Zeichnung: Novakovic 2018).

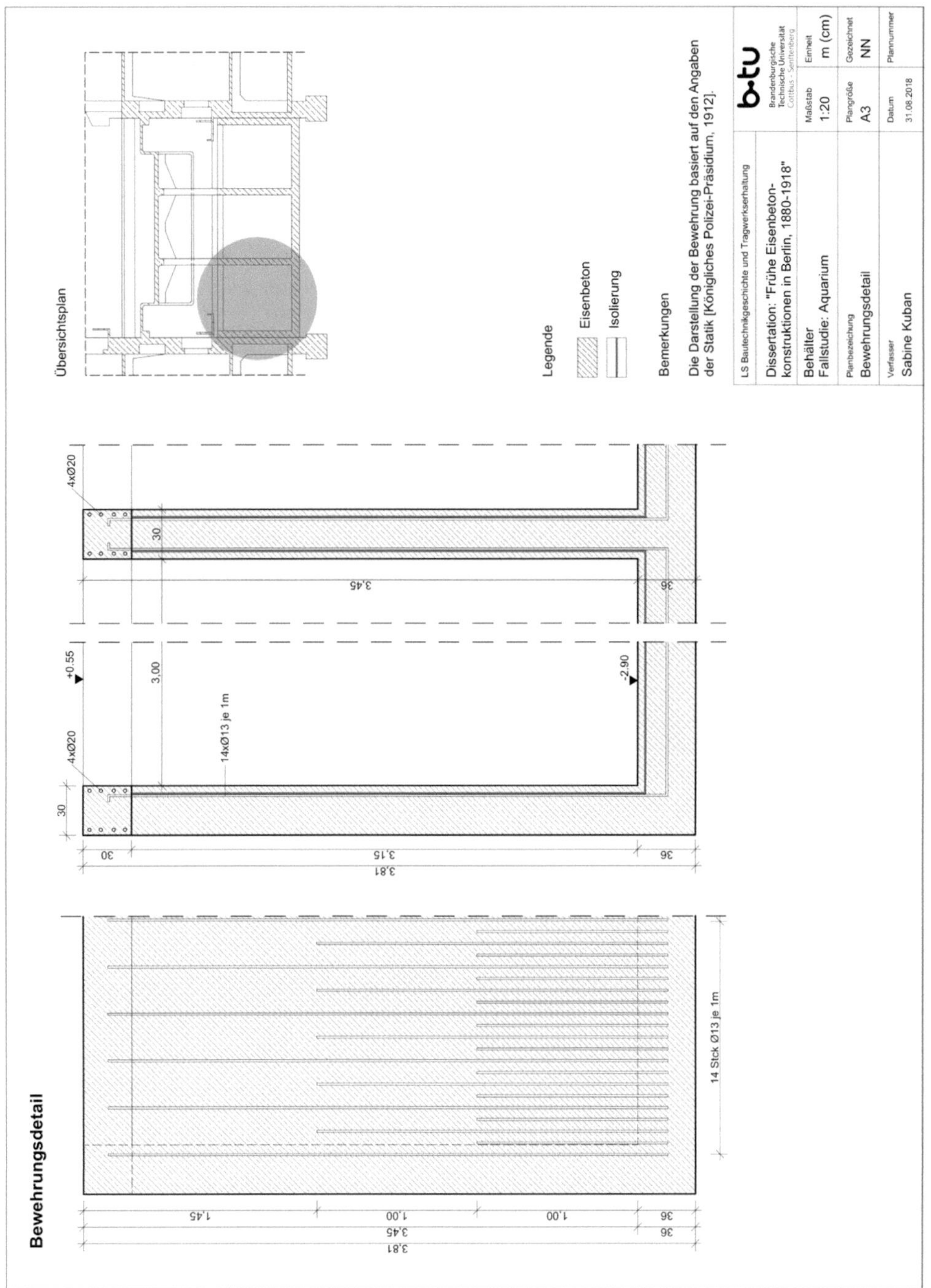

Abbildung 97: Aquarium, Bewehrungsdetails der Behälter, Plandarstellung der KBA (Zeichnung: Novakovic 2018).

A3. Tragwerkskategorie 2 – Deckenkonstruktionen

Schultheiss-Brauerei, Prenzlauer Berg[628]

Abbildung 98: Südansicht Gärhaus der Schultheiss-Brauerei, Sredzkistraße (Foto: Wieczorek 2018).

Tragwerksdaten

Baujahr	1889; 1892
Aktueller Zustand	Erhalten
Ort, Adresse	Sredzkistraße 1-17, Berlin Prenzlauer Berg
Bauherr	Schultheiss-Brauerei
Architekt	Franz Heinrich Schwechten
Ingenieur	M. Koenen
Bauunternehmen	G. A. Wayss & Co.; Maurermeister Francke
Baumaterialien	k. A.

Relevante Literatur

Christophe (1905), Gympel et al. (2001), Streich (2005)

[628] Im Rahmen der Voruntersuchung entstand 2015 eine Bachelorarbeit durch Maximillian Schubert, BTU Cottbus-Senftenberg.

Relevante Quellen

Schultheiss-Brauerei (1889), Städtische Baupolizeiverwaltung (1890), Städtische Baupolizeiverwaltung (1893), Städtische Baupolizeiverwaltung (1926)

Verortung

Die Südfassade des Gebäudes erstreckt sich entlang der Sredzkistraße auf dem Gelände der ehemaligen Schultheiss-Brauerei, das zwischen den Straßen Schönhauser Allee 36-39B, Knaackstraße 76/97 und Sredzkistraße 1/17 gelegen ist (für den Lageplan siehe Abbildung 99). Das Restaurantgebäude (Kreuzgratgewölbe) befindet sich auf demselben Gelände an der Ecke Sredzkistraße/Schönhauser Allee.

Planungsidee, Anlass

Die Ursprünge der Schultheiss-Brauerei gehen auf August Heinrich Prell zurück, der 1842 eine Braustätte in Berlin-Mitte gründete. In der Zeit bis 1887 gab es mehrere Eigentümerwechsel und eine Standortverlagerung an den Standort Schönhauser Allee 36-39B.[629] Durch die Vergrößerung des Geländes an der Schönhauser Allee um 1887 entstanden in einer zweiten Bauphase[630] mehrere Neu- und Umbauten auf dem Gelände, die durch den Architekten Franz Heinrich Schwechten[631] verantwortet wurden. Er entwarf einen Gebäudekomplex für das inzwischen rund 20.000m² umfassende Firmengelände, inklusive Lagerflächen und Schankwirtschaft. Die äußere Architektur der Gebäude zeichnet sich durch einen einheitlichen neoromanischen Stil aus, dessen bestimmendes Element gelbe Back- und Sandsteine sind. Die Einheitlichkeit des Gebäudeensembles kennzeichnet diesen Industriekomplex bis heute (siehe Abbildung 98). Im Rahmen der Hochbauarbeiten der zweiten Bauphase wurde die Firma G. A. Wayss & Co. beauftragt, in einigen Gebäuden die Decken im System Monier auf verschiedene Arten auszuführen.

Bau- und Tragwerksbeschreibung

Insgesamt konnten drei verschiedene Deckenarten recherchiert werden, die in den Gebäuden der Schultheiss-Brauerei zur Ausführung kamen. Zudem gibt es Hinweise auf ein sogenanntes Monier-Isoliergewölbe.[632] Allerdings sind dazu keine genauen Details überliefert. Weiterhin beinhalten die im Bauaktenarchiv überlieferten Akten die Bemessung für eine gewölbte Monier-Decke über dem Gärhaus und ein Kreuzgratgewölbe über einem Saalbau.

Für die Gärhausdecke ist die handschriftliche Statik von Koenen (siehe Anhang) und eine Konstruktionszeichnung (Abbildung 101) überliefert.[633] Beide Archivalien sind mit einem Stempel

---

[629] Rieseler (2003).

[630] Nach Rieseler (2003) gab es insgesamt vier verschiedene Bauphasen der Schultheiss-Brauerei: Bauphase I: 1868–1876; Bauphase II: 1887–1895; Bauphase III: 1898–1908; Bauphase IV: 1925–1928.

[631] Das Werk von Franz Heinrich Schwechten (1841–1924) hatte einen bedeutenden Einfluss auf die Entwicklungen der Architektur in der zweiten Hälfte des 19. Jahrhunderts. Detailliertere Informationen zu seinem Leben und eine Gesamteinordnung der Bauten von Schwechten liefert Streich (2005).

[632] Der Eintrag bei O. A. (1889) bezieht sich auf die Brauerei Königsstadt, die etwas weiter südlich an der Schönhauser Allee ihren Standort hatte. Auf dokumentierten Konstruktionszeichnungen, die im Landesarchiv Berlin archiviert sind, wird ein Isoliergewölbe erwähnt. Es ist zu vermuten, dass die genannte Monier-Isolierdecke, die in der Brauerei Königstadt zur Ausführung gekommen ist, auch in der Schultheiss-Brauerei Anwendung fand. Bedingt durch die Nutzung waren die Anforderungen an die isolierenden Eigenschaften der Decken identisch.

[633] Städtische Baupolizeiverwaltung (1890), S. o. A.

der Firma G. A. Wayss & Co. versehen. Die Konstruktion lässt sich als Segmentbogen eines Tonnengewölbes mit einer Spannweite von 18,3m beschreiben. Die Bauteilhöhe der Deckenplatte variiert von 5cm im Scheitel bis zu etwa 20cm im Bereich der Wandauflager. Als „Dachkonstruktion über dem Obergeschoss des Gärkellers der Schultheiss Brauerei“[634], geplant, war die Decke von oben mit Gipsdielen abgedeckt, die wiederum mit einer Doppellage vermutlich bituminierter Pappe abgedeckt waren. Die Decke weist eine kreuzweise eingelegte Bewehrung auf, deren Dimension in der Konstruktionszeichnung nicht vermasst wurde. Zur Aufnahme der durch den Gewölbeschub hervorgerufenen Horizontalkräfte wurden im Kämpferbereich horizontale, eiserne Anker eingeplant, die über die gesamte Länge zwei Abhängungen von der Decke aufweisen. Durch den trapezförmigen Grundriss der Decke ergibt sich auf einer Seite für den Abschluss an der Fassadenseite ein etwa 5m langer Bereich, für den es fraglich bleibt, inwieweit dort horizontale Zuganker eingebaut wurden. Der Bereich war bei der Vorort-Untersuchung von innen her nicht einsehbar, und von außen gibt es keine Spuren typischer Ankerkreuze.

Für das Kreuzgratgewölbe ist ebenfalls der statische Nachweis dokumentiert, allerdings ohne zusätzliche Konstruktionszeichnungen.[635] Die Gewölbedecke sollte ausschließlich Dekorationszwecken dienen und hatte keine lastabtragende Wirkung.[636]

Beschreibung der statischen Bemessung

Der statische Bauteilnachweis der Gärhausdecke ist kurz. Als Eigenlast wurden 230 kg/m² inkl. einer Gipsdielenlage und einer doppelten Pappe angesetzt[637]. Die Verkehrslasten wurden nur zu 100 kg/m² gewählt, da es sich bei der Konstruktion um eine raumabschließende Decke nach außen handelte. Nach Ermittlung der lotrecht einwirkenden Lasten bemisst Koenen den maximal angreifenden Horizontalschub im Scheitel an der Stelle der geringsten Querschnittshöhe (d = 5cm) unter gleichmäßiger Auflast (Eigengewicht und Verkehrslast). Die dadurch entstehenden Druckspannungen werden angegeben, aber nicht weiter kommentiert. Mit Verweis auf die zu den Auflagern hin größer werdende Plattendicke wird kein weiterer Nachweis geführt. Im Weiteren erfolgt der Nachweis bei einseitig wirkender Verkehrslast im Viertelspunkt der Spannweite und einer dortigen Querschnittshöhe von d = 12cm. Hierbei werden der Horizontalschub und das anstehende Biegemoment berechnet. Die dadurch entstehenden Spannungen werden zu einer Gesamtspannung addiert bzw. subtrahiert. Sowohl die Druck- als auch die Zugspannungen liegen unter den genannten Vergleichswerten für die zulässigen Spannungen. Damit ist nach Koenen der Nachweis des Querschnitts erbracht.

Für die zulässige Betondruckspannung wird auf die damals gültige Baupolizeiverordnung verwiesen, die einen Wert von 30 kg/cm² vorgibt. Die zulässige Zugspannung des Schmiedeeisens wird auf 750 kg/cm² festgelegt. Als ein weiterer Materialparameter wird in der Statik das Mischungsverhältnis für den Zementbeton mit 1:3 vorgegeben[638]. Für die Bemessung der notwendigen Eisenquerschnitte bediente sich Koenen im Abschluss der Formel für einen ebenen, ein-

---

[634] Ebd.

[635] Städtische Baupolizeiverwaltung (1893), S. o. A.

[636] Ebd.

[637] Im Vergleich dazu gibt Bargmann (2008), S. 66 330 kg/m² für Monierdecken an, wobei diese Konstruktion eine Schlackeauffüllung und eine zusätzliche Estrichschicht beinhaltet.

[638] Städtische Baupolizeiverwaltung (1890), S. o. A.

fach bewehrten Plattenquerschnitt. Die der Statik beigefügte Skizze definiert den Hebelarm der inneren Kräfte zu 2/3d und die Spannungsnulllinie in Querschnittsmitte. Im Ergebnis wird die notwendige Hauptbewehrung zu ø 10mm im Abstand von 7cm ermittelt. Die Ermittlung der Bewehrungsmenge in Nebentragrichtung wird nicht separat nachgewiesen. Hier wählte Koenen offenbar konstruktiv eine Bewehrung von ø 5mm im Abstand von 7cm.

Übersicht zu den statischen Berechnungen der Gärhausdecke, Schultheiss-Brauerei	
Randbedingungen:	Mit Verweis auf die Baupolizeiverordnung: zulässige Betondruckspannung zu 30 kg/m² zulässige Eisenzugspannung = 750 kg/m²
Lastannahmen:	Spannweite l = 18,3m, Pfeilhöhe h = 2,30m Gewölbestärke: im Scheitel d_o = 5 cm; bei l/4 d = 12 cm Belastung pro m²: - mobile Belastung aus Schnee und Wind = 100 kg - $\gamma_{\text{Monierkappe}}$ = 22 kg pro m² je cm Gewölbestärke bei 9 cm mittlere Stärke 9*22 = 198 kg - $\gamma_{\text{Gipsdielen und Pappe, 5 cm}}$ = 32 kg Insgesamt = 330 kg/m²
Ermittlung der Schnittkräfte:	Volle, gleichmäßig verteilte Belastung: Koenen gibt in der Statik die Gewölbeform nicht genau an, er wählt den vereinfachten Nachweis für einen Parabelbogen und weist die Betondruckspannungen im Scheitel unter Vernachlässigung der Bewehrung nach. Einseitig verteilte Belastung: Der Nachweis der Betondruckspannungen erfolgt bei einseitig erhöhter Belastung. Der gewählte Eisenquerschnitt ist etwa doppelt so groß. Die Querbewehrung wird nicht separat bemessen.
Statische Modellannahmen des Tragwerks:	Ein Bogen mit zwei festen Auflagern. Die horizontalen Anker konstruktiv modelliert.

Übersicht zu den statischen Berechnungen der Gärhausdecke, Schultheiss-Brauerei	
Bauteilnachweise:	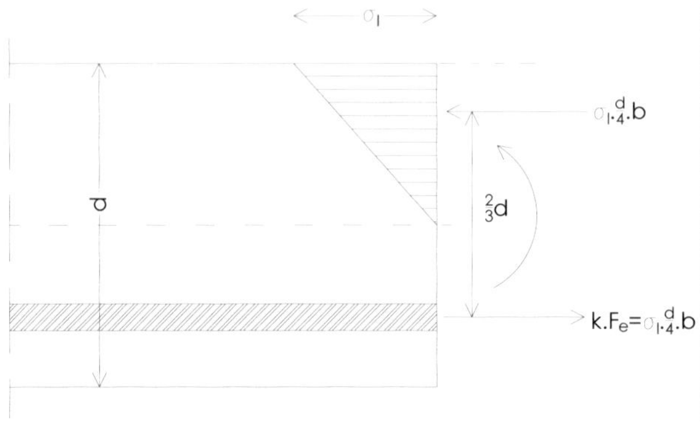 σ_I; $\sigma_I \cdot \frac{d}{4} \cdot b$; d; $\frac{2}{3}d$; $k.F_e = \sigma_I \cdot \frac{d}{4} \cdot b$ Hebelarm der inneren Kräfte = $\frac{2}{3}\,d$ Lage der Spannungsnullinie = $\frac{1}{2}\,d$
Details zur Bewehrung:	Hauptbewehrung Ø10mm alle 7cm Querbewehrung, konstruktiv Ø5mm alle 7cm

Tabelle 19: Zusammenstellung der Vorgaben und Annahmen im statischen Nachweis der Gärhausdecke der Schultheiss-Brauerei, Städtische Baupolizeiverwaltung (1890).

Die statischen Nachweise des Kreuzrippengewölbes sind ebenfalls kurz. Eine erste dokumentierte Bemessung umfasst einen „Stabilitätsnachweis der Außenmauern gegen den Gewölbeschub“[639] und datiert auf den 31.07.1891. Die Berechnung ist unterschrieben von „Fr. Schumacher“, aber außer einem Stempel vom „Atelier für Architektur Fr. Schwechten“ findet sich kein weiterer Firmenstempel. Demnach bleibt unklar, ob es sich bei Schumacher um einen Ingenieur handelte und zu welchem Unternehmen er gehörte. Der von der Baupolizei eingeforderte Nachtrag zur Dicke der Gurtbögen (vom 08.01.1892) weist die Unterschrift von „J.A. Perl“ auf. Dabei handelte es sich offenbar um einen Ingenieur der Firma Actien-Gesellschaft für Beton- und Monierbau[640].

Übersicht zu den statischen Berechnungen im Bauprojekt Schultheiss-Brauerei, Monier-Kreuzgewölbes inkl. geä*nderter Angaben laut Nachtrag*	
Randbedingungen:	σ_B = 30 kg/cm²
Lastannahmen:	Gurtbögen und Kappen aus Monier-Konstruktion mit γ = 2300 kg/cm² Entsprechend der Geometrie werden die vorhandenen Eigenlasten angenommen zu $g_{Gewölbe}$ = 2250 kg; $g_{Gurtbogen}$ = 600 kg,

[639] Städtische Baupolizeiverwaltung (1893), S. o. A.

[640] Städtische Baupolizeiverwaltung (1892b), S. o. A.

Übersicht zu den statischen Berechnungen im Bauprojekt Schultheiss-Brauerei, Monier-Kreuzgewölbes inkl. ge*änderter Angaben laut Nachtrag*	
Ermittlung der Schnittkräfte:	horizontale Belastung von H = 1350 kg Außermittigkeit = 0,118 m; max. Kantenpressung = 8 kg/cm² *H = 1065 kg; H_1 = 393 kg (im Gurtbogen)* *Die Verteilung des Horizontalschubs auf die Kappe ergibt eine Beanspruchung von = 0,5 kg/cm²* *Beanspruchung im Kämpfer des Gurtbogens = 1146 kg*
Statische Modellannahmen des Tragwerks:	Gewölbebogen mit festem Auflager, *quadratischer Grundriss*
Bauteilnachweise:	*Querschnitt des Gurtbogens = 10x10cm* *Vorh. Beanspruchung 11,5 kg/cm²* *Form der Kappe und Gurtbögen stimmen mit Stützlinie überein, keine Biegemomente*
Grad der Ausnutzung:	*Beton: 11,5 kg/cm² << 30 kg/cm²* *Eisen: K. A.*
Details zur Bewehrung:	*Eiseneinlage in der Kappe gewählt: 5mm alle 10cm* *Eiseneinlage für Gurtbögen: 7mm Stäbe, siehe Skizze* 10cm.

Tabelle 20: Zusammenfassung der statischen Bemessung der Kreuzgratgewölbe der Schultheiss-Brauerei. Die Änderungen laut Nachtragsstatik erscheinen kursiv.

Bauausführung

Die Gärhausdecke, in Form des Segmentbogens eines Tonnengewölbes, überspannt auf einer Länge von 18,3m den ehemaligen Gärkeller. Im Grundriss ist dieser trapezförmig angelegt. Die Form der Gärhausdecke ist deutlich in der Fassade erkennbar (siehe Abbildung 98). Zur tatsächlichen Konstruktion, Schalungsposition oder Bewehrungsführung sind keine Informationen überliefert. Es ist zu vermuten, dass für die Decke eine Schalung aufgebaut wurde, in die zuerst eine Schicht Beton, dann das Bewehrungsnetz und dann weiterer Beton eingebracht wurden. Für die Betondeckung findet sich keine genaue Vorgabe. In Auswertung der Konstruktionszeichnung, wurde die Biege- und Querbewehrung (14Stck ø 10mm; 14Stck ø 5mm) im unteren Drittel der Kappe eingelegt. Die Abdeckung mit Gipsdielen bzw. Bitumen wies planmäßig eine Dicke von insgesamt 5cm auf. Auf Grund der Formgebung variiert die tatsächliche Kappendicke zwischen 5cm im Scheitel bis zu etwa 20cm im Bereich der Wandauflager. Für das Traufdetail

im Übergang der Decke zum Mauerwerk und die direkte Einbindung der vertikalen Zuganker wurde eine Detailskizze erstellt. Demnach binden die Anker in 2 C-Profile Nr. 14 ein, die über einen Keil im Mauerwerk lagegesichert sind. Dieser Knoten ist mittig auf der 65cm starken Wand positioniert und umseitig von Beton eingeschlossen (siehe Abbildung 101). Die Decke konnte im Rahmen der Recherche nur von unten untersucht werden. Dabei zeigte sich, dass offenbar in beide Richtungen mehr Bewehrung eingelegt wurde als geplant. Die Überdeckung mit etwa 3cm inklusive einer Putzschicht, entspricht den üblichen Werten der Bauzeit.
Zur Bauausführung des Kreuzgratgewölbes wurden im Rahmen der Recherchen keine Informationen gefunden. Die Konstruktion erscheint mit einer Kappenstärke von nur 3cm sehr filigran und erinnert eher an ein sogenanntes Rabitzgewölbe. Von unten wurde die Decke vermutlich zusätzlich verputzt und dann bemalt (siehe Abbildung 100).

Bauzeitliche Kritik

In den historischen Bauzeitschriften finden sich keine Beschreibungen der Eisenbetontragwerke der Schultheiss-Brauerei.

Nutzungsgeschichte

Der Standort an der Schönhauser Allee wurde bis 1967 von der Schultheiss-Brauerei genutzt. Danach standen die Gebäude kurze Zeit leer, bevor ein Möbelhandel einen Teil der Gebäude in Benutzung nahm. 1990 wurde der Standort von der Treuhand übernommen. In Zusammenarbeit mit dem Architekten Stefan Weiß entstand ein neues Nutzungskonzept, das nach umfangreichen Instandsetzungsarbeiten zwischen 1998 und 2000 unter dem Namen „Kulturbrauerei" bekannt wurde.
Im Gärhaus ist heute ein Kino mit mehreren Sälen untergebracht. Das Restaurantgebäude wird heute für Veranstaltungen und Konzerte genutzt.

Heutiger Zustand

Die Gärkellerdecke ist in ihrer ursprünglichen Form noch erhalten, allerdings ohne die horizontalen Zuganker. Diese wurden im Rahmen der Instandsetzungsarbeiten 1998 auf Grund starker Korrosionsschäden ausgebaut. Die Bestandskonstruktion wurde an eine neue, über der Bestandsdecke positionierte Stahlbetondecke angehängt (siehe Abbildung 102). Die Konterplatten der Abhängung sind in einem Raster von etwa 1,50m über die Decke verteilt von unten sichtbar (siehe Abbildung 103 und Abbildung 104). Das Kreuzgratgewölbe im Restaurantsaal ist heute nicht mehr vorhanden. Es wurde bereits 1926 bei Umbaumaßnahmen durch eine neue Stahlbetondecke ersetzt[641].

Bedeutung des Tragwerks

Die Informationen zur Monier-Isolierdecke sind nicht sehr umfangreich und lassen kaum gesicherte Rückschlüsse zu. Das Unternehmen G. A. Wayss & Co. hat eine Vielzahl an verschiedenen Deckenkonstruktionen ausgeführt, bei denen unterschiedliche Isolierwerkstoffe zur Anwendung kamen. Inwieweit andere Unternehmen diese spezielle Anwendung von Isolierdecken zur

[641] Städtische Baupolizeiverwaltung (1926), S. o. A.

Ausführung brachten, ist unklar. In späteren Überblickswerken wie Christophe (1905) oder Marsh (1904) finden sich dazu keine Angaben.

Bei der Gärhausdecke handelt es sich um eine einfach gekrümmte, flache Deckenkonstruktion, die mit rund 18m Spannweite deutlich über den Dimensionen der Bauteilversuche von 1887 und den vertafelten Deckenspannweiten der Monier-Broschüre (maximal 12m) liegt. Zur Bauzeit löste sich Koenen von den gesicherten Versuchsergebnissen der Monier-Broschüre und fand für seine Bemessungstheorie eine neue Anwendungsbreite. Angefangen bei den Lastannahmen war der Detaillierungsgrad in der Handstatik zwar höher als in der Monier-Broschüre, dennoch gab es weiterhin Unklarheiten. Beispielsweise ist eine Angabe zur Bogenform der Gärhausdecke nicht eindeutig überliefert. Von Koenen wurde ein Parabelbogen bemessen, wobei nach Auswertung der Konstruktionszeichnung eher eine Kreisbogenform vorliegen müsste. Welche Form letztendlich ausgeführt wurde, konnte im Rahmen der Untersuchung nicht eindeutig bestimmt werden. Es bleibt fraglich, inwieweit Koenen von seinen eigenen Vorgaben in der Monier-Broschüre abgewichen ist, in der er umfangreich den Einfluss der Bogenform thematisiert hat.

Weiterhin variiert Koenen die statische Höhe. Während in der Monier-Broschüre noch 3/4 der Querschnittshöhe maßgebend sind, reduziert sich dieser Wert in der Rechnung von 1889 auf 2/3, ohne dass eine Anpassung der Spannungsverteilung erfolgt. Koenen skizzierte die resultierende Betondruckkraft weiterhin im Drittelspunkt des Spannungsdreiecks angreifend und geht dabei auch weiterhin von einem linearen Spannungsverlauf im Betonquerschnitt aus. Es ist anzunehmen, dass er die Betondeckung entsprechend erhöhte, allerdings findet sich dazu keine genaue Vorgabe. In der Literatur wird die Deckenkonstruktion des Gärhauses auch als „flache Tonnenschale mit Zugband“[642] beschrieben. Es bleibt fraglich, inwieweit das Tragverhalten tatsächlich dem einer Schale entspricht.[643] Die Bemessung der Zuganker findet sich nicht in den Archivunterlagen wieder. Deren Abstand ist in der Konstruktionszeichnung zwar angegeben, aber sowohl der Querschnitt als auch der Abstand wurden anscheinend rein konstruktiv gewählt.

Das Kreuzgratgewölbe war als unbelasteter, oberer Raumabschluss mit Schmuckcharakter konzipiert. Zwar erstaunt diese Art der Verwendung rückblickend, da ja gerade die Robustheit des Materials und die kraftvollen Querschnitte vielfach in den Vordergrund gestellt wurden, dennoch hat nicht nur die G. A. Wayss & Co. eine Vielzahl unterschiedlicher Schmuckgewölbe zur Ausführung gebracht[644]. Offenbar waren diese Scheingewölbe sehr beliebt als Teil der Raumausstattung von großen Restaurant- und Festsälen (siehe Kapitel 4.2.5).

Das Gärhaus ist eines von mehreren oberirdisch angelegten Kellergebäuden auf dem Gelände der Schultheiss-Brauerei, und die Gärhausdecke ist eines der letzten verbliebenen Beispiele für eine sehr frühe Anwendung des Eisenbetonbaus in Berlin. Das Vorliegen der bauzeitlichen Statik erlaubt einen direkten Vergleich mit der ersten Bemessungstheorie, die Koenen kaum zwei Jahre zuvor in der Monier-Broschüre veröffentlicht hat. Die vergleichende Analyse zeigt, dass Koenen, offenbar mit gewachsener Erfahrung, seine theoretischen Bemessungsannahmen veränderte. So wurden nicht nur die Eingangswerte neu benannt, sondern auch bei den Festlegungen zur statischen Höhe kam es zu Anpassungen.

642 Streich (2005), S. 148.

643 Zur Entwicklung von Eisenbetonschalen und den konstruktiven Anforderungen siehe detaillierter bei Schöne (2011).

644 O. A. (1889).

Tragwerkskategorie 2 – Deckenkonstruktionen, Schultheiss-Brauerei

Abbildungen

Lageplan:

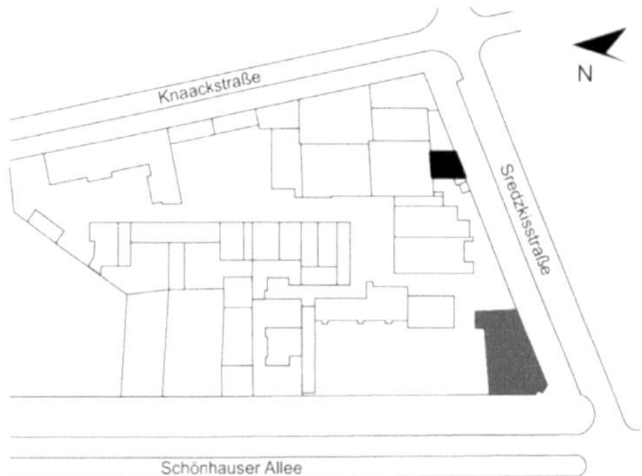

Abbildung 99: Lageplan des Geländes (das Restaurationsgebäude ist grau und das Gärhaus schwarz schraffiert) der Schultheiss-Brauerei um 1890 (Zeichnung: Novakovic 2018).

Abbildungen der Tragwerke in Publikationen:

Abbildung 100: Innenansicht des Restaurantsaals der Schultheiss-Brauerei, Gympel et al. (2001), S. 54.

Abbildungen aus der Baugenehmigungsplanung:

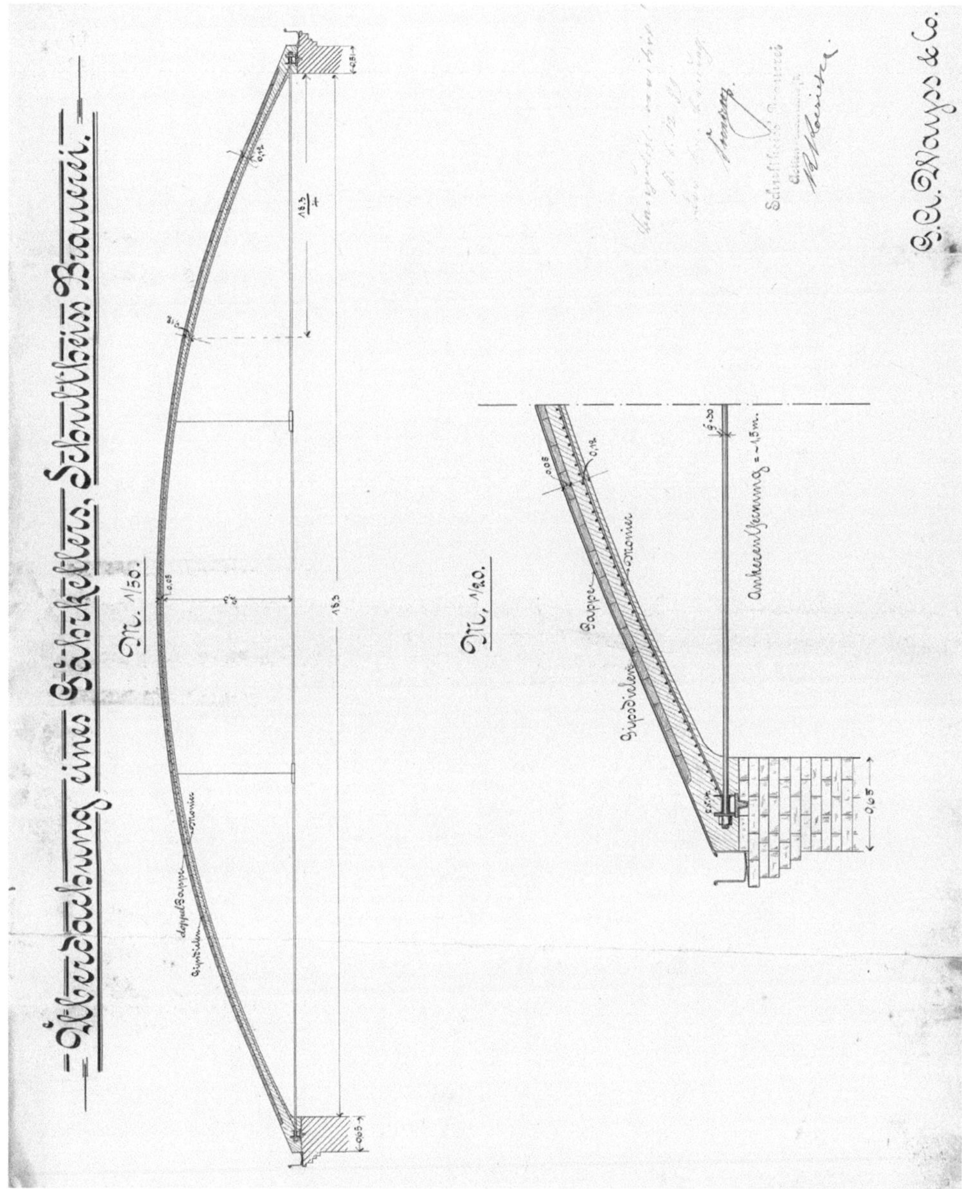

Abbildung 101: Konstruktionszeichnung der Gärhausdecke der Schultheiss-Brauerei, Städtische Baupolizeiverwaltung (1890), S. o. A.

Tragwerkskategorie 2 – Deckenkonstruktionen, Schultheiss-Brauerei

Ergänzende Abbildungen:

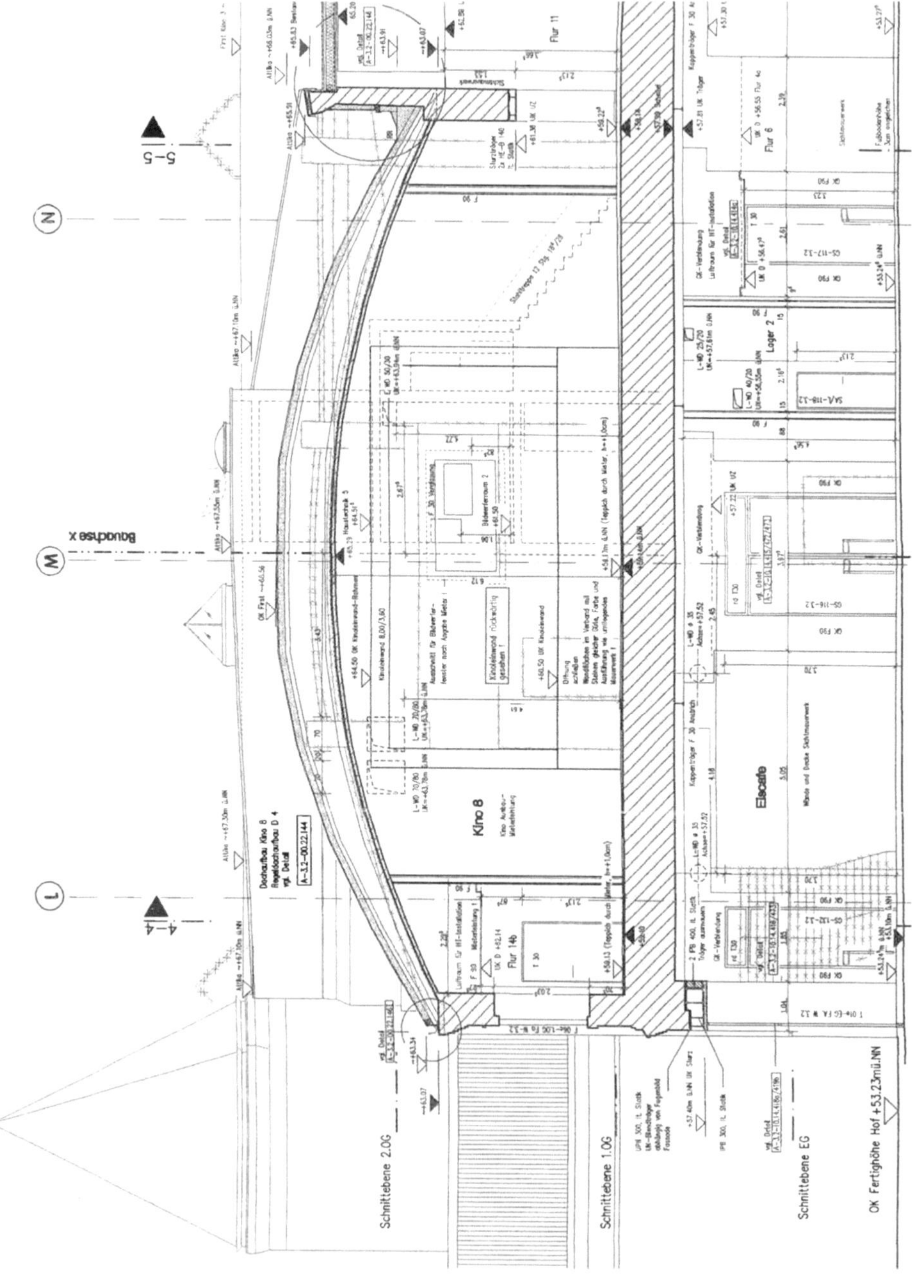

Abbildung 102: Schnitt durch das Gärhaus bzw. die Gärhausdecke der Schultheiss-Brauerei nach der Sanierung, Märschenz (1998).

Dokumentation der Konstruktiven Bestandsaufnahme, August 2015:

Die Inaugenscheinnahme der Räumlichkeiten war schwierig, da der Gärraum mittlerweile unterteilt wurde. Die nachträglich eingebauten Zwischenwände eines kleinen Kinosaals (siehe Abbildung 103) verhindern die Dokumentation der Gesamtsituation.

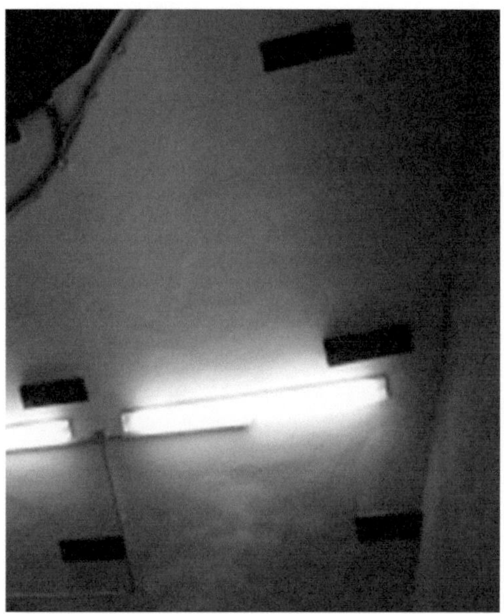

Abbildung 103: Untersicht der Gärhausdecke der Schultheiss-Brauerei mit den deutlich sichtbaren Abhängungen (Foto: Kuban 2015).

Abbildung 104: Heutige Ecksituation der Gärhausdecke der Schultheiss-Brauerei (Foto: Kuban 2015).

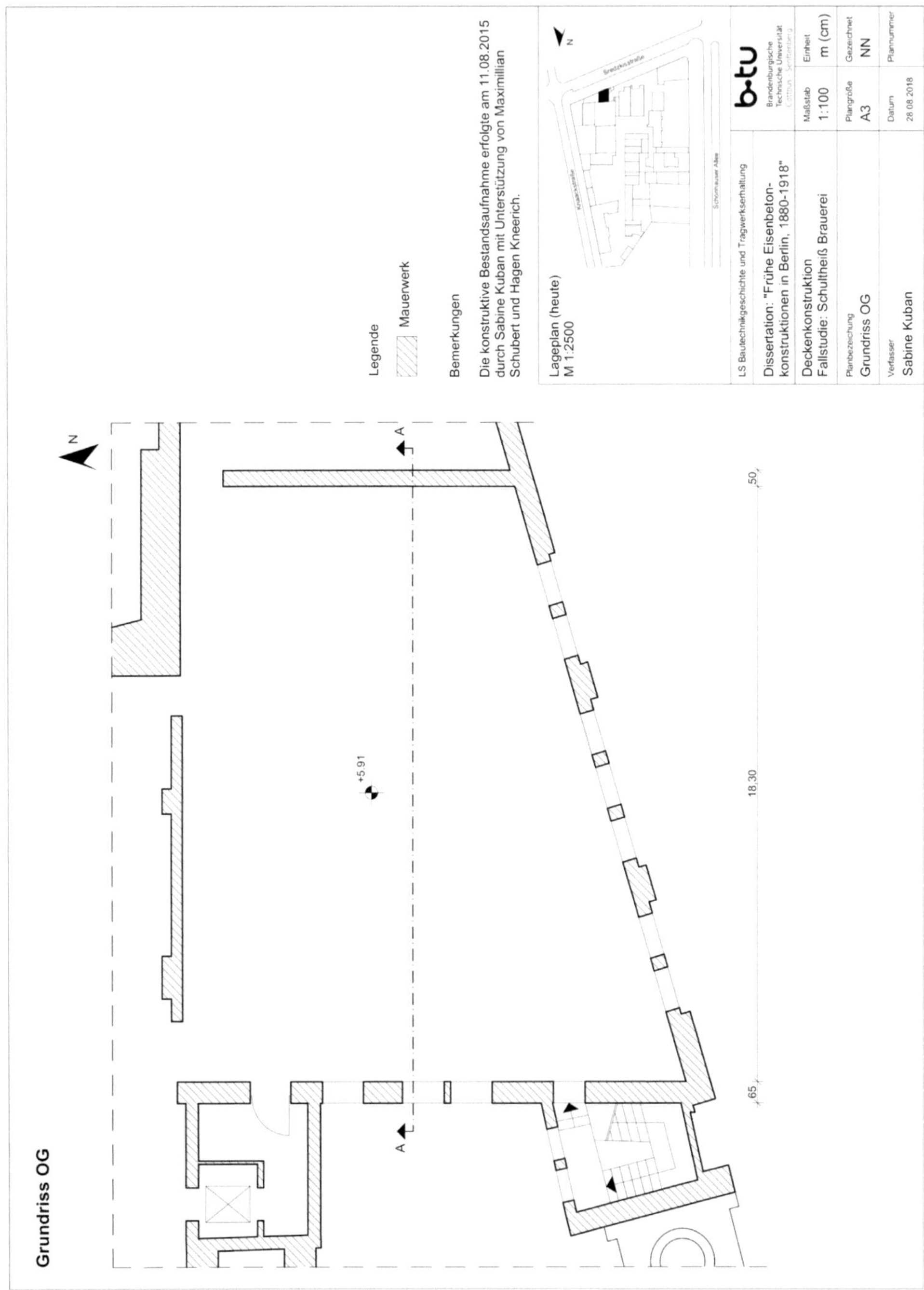

Abbildung 105: Schultheiss-Brauerei, Grundriss des Gärhauses, Plandarstellung der KBA (Zeichnung: Novakovic 2018).

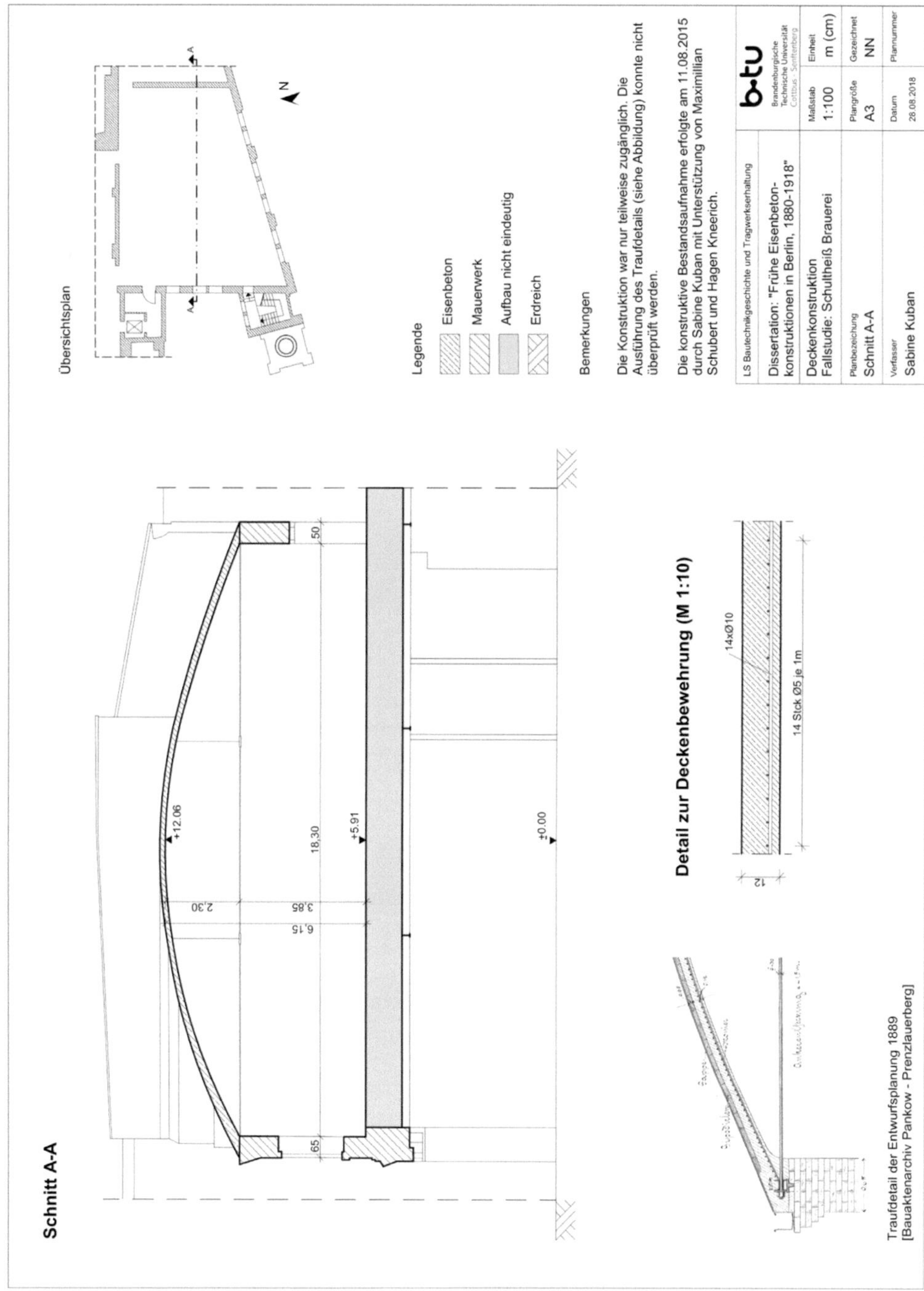

Abbildung 106: Schultheiss-Brauerei, Schnitt durch das Gärhaus mit Bewehrungsdetails, Plandarstellung der KBA (Zeichnung: Novakovic 2018).

Hermannshof, Neukölln

Abbildung 107: Ansicht der Ostfassade des Hermannshofs (Foto: Wieczorek 2018).

Tragwerksdaten

Baujahr	1905
Aktueller Zustand	Erhalten
Ort, Adresse	Hermannstraße 48, 12049 Berlin
Bauherr	Albert Arendt
Architekt	k. A.
Ingenieur	Gottschalk; Willy Opitz; verm. Arnold Casper; Dr.-Ing. Sachs
Bauunternehmen	Lolat Eisenbeton Büro Berlin; Baugeschäft für Lolat-Eisenbeton GmbH Baubüro Rixdorf
Baumaterialien	k. A.

Relevante Literatur

Sachs (1906)

Relevante Quellen

Königliches Polizei-Präsidium Bauinspektion Rixdorf (1901), Königliches Polizei-Präsidium Bauinspektion Rixdorf (1904)

Verortung

Das Gebäude (siehe Abbildung 107) steht im Hinterhof der Hermannstraße 48 im Berliner Stadtteil Neukölln (ehemals Rixdorf). Eine Zufahrt ist zusätzlich über eine Einfahrt in der Herrfurthstraße möglich.

Planungsidee, Anlass

Der Eigentümer Albert Arendt[645] besaß entlang der Hermannstraße in Rixdorf verschiedene Grundstücke. Das Vorderhaus Nr. 48 wurde bereits 1901 durch den Maurermeister W. Gensch geplant und errichtet. Die Planung für das Hinterhaus begann vermutlich ein Jahr später ebenfalls durch Maurermeister Gensch, da ein Lageplan vom Juni 1902 einen zu der Zeit geplanten Grundriss beinhaltet[646]. Es kam aber nicht zur Ausführung. Die Gründe dafür sind in den Baugenehmigungsakten nicht überliefert.
Die nächsten Entwurfspläne stammen vom 28.09.1904 und tragen den Stempel der Baugesellschaft für Lolat-Eisenbeton GmbH. Ein Verweis auf einen Architekten findet sich nicht. Das letztlich ausgeführte Fabrikgebäude (siehe Abbildung 109) war für Gewerbeeinheiten mit einer Personenzahl von 700 bis 800 Personen ausgelegt. Einer der Mieter war beispielsweise Erich Brandes, der hier mit etwa 50 Angestellten Konzert-Pianinos produzierte.[647]

Bau- und Tragwerksbeschreibung

Das Gebäude umfasst fünf Vollgeschosse (siehe Abbildung 109) sowie ein Dach- und ein Kellergeschoss und erstreckt sich über ein längsrechteckiges Hauptgebäude mit einem mittig und einem jeweils an den Seiten angeordneten Seitenflügel (siehe Abbildung 111 bis Abbildung 113). Dadurch entstehen zwei Innenhöfe auf der Rückseite des Gebäudes. Das Kellergeschoss weist insgesamt eine Fläche von 20,5 x 54,3m auf, da sowohl die Gebäude als auch die Höfe und ein Teil des Hofes zum Vorderhaus unterkellert sind. Die Traufhöhe beträgt rund 18,5m.
Die vordere Fassade ist in dreizehn Achsen gegliedert, wobei in der Mittelachse der Eingangsbereich zur zentralen Erschließung durch ein Treppenhaus und einen Fahrstuhl angeordnet ist. Die hinteren Seitenflügel weisen jeweils ein zweites Treppenhaus auf. Zwei Achsen links von der Mittelachse entfernt befindet sich eine Durchfahrt in den linken Innenhof. Dieser ist außerdem noch über eine Zufahrt von der Herrfurthstraße aus erreichbar. Zwischen dem mittleren Seitenflügel und der dahinter liegenden Grundstücksgrenze befindet sich eine Durchfahrt in den rechten Innenhof.
Die Fassade des Hermannhofs ist durch vertikale Werksteinbänder gegliedert (siehe Abbildung 110). Im Erdgeschoss fand Granit und in den darüber liegenden Geschossen Sandstein Verwendung.[648] Zwischen den horizontalen Bändern befinden sich großflächige Fensterbereiche, die nach unten durch eine hellgraue Ziegelsteinbrüstung und auf Deckenebene durch ein Band aus Werksteinen begrenzt werden. Im obersten Geschoss weisen die vertikalen Werksteinbänder eine künstlerische Ausarbeitung auf. Die Gliederung der Fassade findet sich auch auf der Rück-

---

645 Nähere Informationen zur Person und zum Anlass des Baus des Gebäudes konnten im Rahmen der Arbeit nicht recherchiert werden.
646 Königliches Polizei-Präsidium Bauinspektion Rixdorf (1901), S. o. A.
647 Königliches Polizei-Präsidium Bauinspektion Rixdorf (1904), S. o. A.
648 Sachs (1906), S. 94.

seite entlang der Fassaden der Seitenflügel wieder. Das realisierte Eisenbetontragwerk aus Stützen und Rippendecken ist von außen nicht sichtbar.
Die „Umfassungswände bestehen im Kellergeschoss sämtlich aus Stampfbeton, in allen übrigen Stockwerken sind die Giebelwände aus gewöhnlichem Mauerwerk ausgeführt. [...] Sämtliche Decken, Rippen (Unterzüge) und Stützen sind aus Eisenbeton hergestellt".[649] Sowohl die Außenwände, als auch die Stützen verjüngen sich nach oben hin. Die Stützen stehen im gesamten Gebäude übereinander, es gibt keine Versprünge. Die Querschnittsfläche der Mittelstützen wird nach unten hin immer größer, von im Durchmesser 42cm bis zu einem Rechteckquerschnitt von 67cm x 1,0m im Kellergeschoss. Der Übergang von runden auf rechteckige Querschnitte erfolgt zwischen dem Erd- und dem 1. Obergeschoss. Die Stützen in den Außenwänden der aufgehenden Geschosse weisen überwiegend unregelmäßige, mehreckige Querschnitte auf, die im Kellergeschoss ebenfalls am größten sind.
Die Windlasten aus dem Dachgeschoss werden durch das in der obersten Geschossdecke eingelassene Zugband aufgenommen. Weitere horizontale Windlasten wurden den Giebelwänden und dem zentralen Treppenhaus mit anschließender Brandmauer zugerechnet. Des Weiteren wird in der Statik ausgeführt, dass die Stützen-Rippenkonstruktionen in jedem Stockwerk als „Steifrahmen" betrachtet werden, die eine seitliche Verschiebung des Mauerwerks verhindern[650].

Beschreibung der statischen Bemessung

Die Statik vom 18. März 1905 ist offenbar die grundlegende Statik für das später realisierte Tragwerk. Die Angaben für die Dachkonstruktion und die Decken sind in sich schlüssig und weisen nur wenige Korrekturanmerkungen durch die Prüfbehörde auf. Hauptpunkt sind dabei die Vorgaben bzw. Annahmen zur Betonfestigkeit und eine ausreichende Bewehrungsmenge. So werden beispielsweise wiederholt die Eiseneinlagen in Querrichtung in den Decken eingefordert. Die Bemessung der Stützen ist ohne weitere Erklärung gänzlich durchgestrichen, mit der Bemerkung „siehe Nachtrag!" [651]

Übersicht zu den statischen Berechnungen im Bauprojekt Hermannshof	
Randbedingungen:	k. A.
Lastannahmen:	Eigenlast: 2400 kg/cm² Eisenbeton Verkehrslasten: 750 kg/cm² für Fabrikgebäude 1600 kg/cm² für Hof- und Durchfahrten Im Verlauf des Projektes wurden Materialproben des Betons genommen. Ergebnis der Untersuchungen war eine mittlere >28-Tage Druckfestigkeit von 296 kg/cm² bzw. 163 kg/cm². Letzteres Resultat gab Anlass zu einem intensiven Austausch zwischen Baubehörde, Lolat-Eisenbeton und der Prüfanstalt, der im Ergebnis dazu führte, dass Pro-

[649] Nach Sachs (1906), S. 93 war dies bzw. der zeitliche Aspekte eines längeren Genehmigungsverfahrens der Grund, warum im Hermannshof die Umfassungswände des Kellergeschosses in Stampfbeton und die aufgehenden Giebelwände in Mauerwerk ausgeführt wurden.
[650] Königliches Polizei-Präsidium Bauinspektion Rixdorf (1904), S. o. A.
[651] Ebd.

Übersicht zu den statischen Berechnungen im Bauprojekt Hermannshof	
	ben grundsätzlich genässt werden sollten. Schließlich wurde als zulässige Betondruckfestigkeit 30 kg/cm² angenommen. Weiterhin kam es zur Probebelastung eines Teilbereichs des linken Seitenflügels.[652] Die zulässige Beanspruchung des Eisens lag bei 1200 kg/cm².
Ermittlung der Schnittkräfte:	Die Decken wurden als kontinuierliche Träger, mit vermindertem Feldmoment, und Unterzüge sowie Stützen statisch bestimmt modelliert.
Statische Modellannahmen des Tragwerks:	Dachgeschoss: gelenklose, parabelförmige Rippen, im Fußpunkt über ein in der obersten Geschossecke integriertes Zugband horizontal gehalten Normalgeschosse und Keller: frei auf Rippen aufliegende durchlaufende Decken, durch die Rippen belastete Unterzüge bzw. Balken, vertikale Lasten werden über Stützen in die Einzelfundamente weitergeleitet
Bauteilnachweise:	Die Bauteilnachweise beziehen sich direkt auf die Vorgaben aus den behördlichen Bestimmungen von 1904.
Details zur Bewehrung:	Eine Bewehrungszeichnung im Grundriss und Schnitt hat sich für das Deckensystem erhalten, sonst im Querschnitt dargestellt.

Tabelle 21: Zusammenstellung der Vorgaben und Annahmen in den statischen Nachweisen zum Hermannshof, Königliches Polizei-Präsidium Bauinspektion Rixdorf (1904).

Die statischen Berechnungen sind gut nachvollziehbar, ergänzend haben sich Positionspläne und ein Bewehrungsplan für die Deckenkonstruktion der Normalgeschosse erhalten (siehe Abbildung 111 und Abbildung 112). Entgegen der in den einführenden Anmerkungen genannten „Steifrahmen" handelt es sich bei der berechneten Konstruktion um ein Tragwerk, das sich aus durchlaufenden Deckenfeldern, Einfeldträgern und Stützen zusammensetzt. Die Decken tragen einachsig und finden ihr Auflager in den Rippen (siehe Abbildung 114). Diese spannen als Einfeldträger zwischen den Unterzügen und leiten dort, als Punktlast angesetzt, die Deckenlasten weiter. Die Unterzüge spannen ebenfalls als Einfeldträger zwischen den Stützen. Sie weisen zwar über den Stützen eine obere Bewehrung auf, allerdings soll diese einer besseren Anbindung der Decken dienen und offenbar nicht die negativen Momente aus einer Durchlaufträgerwirkung kompensieren. In der Statik wird dies als „Konsolbewehrung" bezeichnet.[653]

[652] Laut Sachs (1906) betrug die Probelastung das 5-fache der angesetzten Lasten, obwohl gesetzlich lediglich 1,5g + 3p (g=Eigenlast, p=Verkehrslast) vorgeschrieben waren. In den Archivunterlagen findet sich dazu kein Hinweis.

[653] Königliches Polizei-Präsidium Bauinspektion Rixdorf (1904), S. o. A.

Die Unterzüge, die auf den Außenwänden liegen, werden als „Rahmbalken“[654] bezeichnet. Die Wortwahl orientiert sich hier jedoch weniger an einer statischen Relevanz, vielmehr bilden diese Unterzüge den äußeren `Rahmen´ der Deckenkonstruktion.

Nach Auswertung der dokumentierten Unterlagen waren in der Planungsphase mindestens drei Ingenieure am Entwurf des statischen Konzeptes beteiligt (siehe Anhang C2). Der individuelle Kenntnisstand der einzelnen Ingenieure ist nicht überliefert, aber insgesamt erscheint es erstaunlich, welche Konstruktion im Ergebnis entstanden ist. Ingenieur Sachs hat im Jahr 1906 einen Artikel im ZBBv veröffentlicht, der einen Nachweis der Decken als beidseitig eingespannte Balken sowie einen Nachweis der Unterzüge als Durchlaufträger beschreibt[655]. Diese Angaben decken sich mit den „Erläuterungen zur statischen Berechnung“ vom 14. März 1905. Die tatsächliche Statik wurde aber erst vier Tage später fertiggestellt und beinhaltet davon abweichende statische Systeme (siehe Anhang C2). Weiterhin fällt auf, dass für die Rippen und Unterzüge kein Nachweis der Schubspannung erfolgte. Es findet sich zwar kein direkter Verweis auf die Bewehrungsführung, aber es ist anzunehmen, dass diese in Form und Ausbildung als ausreichend angesehen wurde.

Überzeugen die Beispielbauten der Baugesellschaft in Breslau durch eine überaus schlanke Konstruktion (siehe Kapitel 3.5.1), so wirken die Elemente im Hermannshof eher kompakt und massiv. Während die Decken traditionell mit 10,5cm bis 20cm relativ dünn ausgeführt wurden, zeigen der Balkenrost, also die Rippen und Unterzüge, sowie die Stützen eine deutlich konservativere Dimensionierung. Dies erklärt sich aus der statische Modellierung der Unterzüge als Einfeldträger. Der positive Effekt von Durchlaufträgern kommt hier nicht zur Anwendung. Insgesamt bleiben die Querschnittsgrößen konstant bzw. werden größer, bedingt durch den Nachweis der Betondruckspannung.

Mit Stützendurchmessern von über 70cm und Abständen zwischen Bewehrungsstäben von über 40cm erinnert die Konstruktion eher an eine schwach bewehrte Stampfbetonkonstruktion. Die verhältnismäßig großen Querschnitte der Stützen begründen sich rückblickend durch die Schwierigkeiten beim Nachweis der zulässigen Betonbeanspruchung. Sind die Stützen im ersten Entwurf noch deutlich kleiner, so wachsen die Querschnittsgrößen mit jedem Nachtrag an. Zum Ende der Projektbearbeitung wurde in Abstimmung mit der Genehmigungsbehörde die maximal zulässige Betonbeanspruchung auf 30 kg/cm² festgelegt. Die zu der Zeit bereits ausgeführten Stützendimensionen weisen demnach stellenweise nur eine sechzigprozentige Auslastung der Druckbeanspruchung auf. Vor Inbetriebnahme des Gebäudes wurde eine Probebelastung mit dem 5-fachen der Verkehrs- und Eigenlasten durchgeführt[656].

Bauausführung

Detaillierte Informationen zur Ausführung der Eisenbetonkonstruktion sind nicht bekannt. Bedingt durch die Wahl des ausführenden Unternehmens kam das System Lolat zur Anwendung. Dies umfasst weniger spezifische Bewehrungseisenquerschnitte oder -formen als vielmehr zusätzliche Formteile zur Lagesicherung der Bewehrung oder zur Anbindung der Bewehrung an die umgebenden Mauerwerkswände (siehe auch Anhang C3). In dem Artikel von Sachs (1906)

---

654 Ebd.
655 Siehe dazu Sachs (1906), S. 93.
656 Sachs (1906), S. 94.

sind einige wenige Ausführungsdetails beschrieben. Beispielsweise bestehen die „Umfassungswände […] im Kellergeschoss sämtlich aus Stampfbeton [sowie] [b]ei der […] Konstruktion der Kellerdecken ist bemerkenswert die Anordnung des zickzackförmigen Typenbleches D.R.P. 151093 […]"[657]. Des Weiteren gab es bei der Ausführung der Fassadenstützen eine Besonderheit. So ist „vom Erdgeschoss bis zum dritten Stockwerk eine 2cm starke Außenschicht der Pfeiler an der Fassade aus einer besonderen Mischung vorgestampft. Die Außenschicht wurde gleichzeitig mit dem eigentlichen Betonpfeiler hochgestampft. Nach dem Erhärten und Ausschalen haftete die Kunststein-Außenschicht so fest an den Pfeilern, daß sie wie natürliches Gestein bearbeitet werden konnte"[658]. Die Konstruktion im Inneren wurde offen sichtbar ausgeführt, noch heute sind Spuren der Schalung an der Unterseite der Decken erkennbar.

Soweit erkennbar, stimmt die realisierte Konstruktion mit dem dokumentierten Entwurf überein. Eine exemplarische Prüfung der Geometrie und der Querschnittsdimensionen im rechten Erdgeschoss ergab eine große Übereinstimmung. Ein Vergleich der geplanten und realisierten Bewehrungsmenge ist in der folgenden Übersicht dargestellt, die Angaben beziehen sich jeweils auf die untere Bewehrungslage.

Position	**Geplante Bewehrungsmenge**	**Vorh. Bewehrung**
Decke EG	8 Stck ø 9mm je m; 8 Stck ø 9mm Konsolbew. (über UZ)	10 Stck ø 9mm; 7 Stck ø 9mm als Querbew.
Pos. 20 (Rippen)	4 Stck ø 24mm	3 Stck ø 24mm, 2. Bewehrungslage nicht ermittelbar; max. $s_{Bü}$=10 cm, enger am Auflager
Pos. 21 (UZ)	5 Stck ø 32mm	5 Stck ø 32mm max. $s_{Bü}$=12 cm, enger am Auflager
Pos. 51 (Stütze)	8 Stck ø 28mm	8 Stck ø 30mm horizontale Bewehrung a=25cm

Tabelle 22: Vergleichende Zusammenstellung der geplanten und vorhandenen Bewehrung in der Erdgeschoss-Decke, Hermannshof.

Die Überprüfung der Betondeckung in den Balken ergab ein maximales Maß von 2cm. An den Stützen wurde ein Abstand der Bewehrung zur Oberfläche bis zu 5cm gemessen. Gerade bei den Bügeln in den Balken und auch für die horizontale Bewehrung der Stützen ist nicht klar, welche Form – Rundeisen oder Flachbügel – zur Anwendung kam.

Bauzeitliche Kritik

Aus der Bauzeit sind neben dem bereits besprochenen Artikel von Sachs zwei weitere aus der Zeitschrift BuE bzw. dem Beton-Kalender von 1907 dokumentiert. Die letztgenannten Artikel sind vergleichsweise kurz und beinhalten weniger detaillierte Informationen.

[657] Sachs (1906), S. 93.
[658] Ebd.

Darüber hinaus findet sich noch ein Kommentar im ZBBv zur Ausführung der Decken als Plattenbalken, deren wirtschaftliche Ausführung trotz querbewehrter Decken vorbildhaften Charakter habe[659].

Nutzungsgeschichte

Das Gebäude wird noch genutzt und das Tragwerk wurde, soweit bekannt, nicht verändert.

Heutiger Zustand

Das Gebäude wird heute zu einem großen Teil immer noch für gewerbliche Zwecke genutzt. Inzwischen gibt es aber auch Teilbereiche, die zu Wohnzwecken genutzt werden. Die Konstruktion macht noch immer einen überaus tragfähigen Eindruck. Auffällig sind im untersuchten Bereich im Erdgeschoss lediglich einige Risse, die sich an der Unterseite der Decke zeigen. Vermutlich kam es nach Fertigstellung der Konstruktion zu einer Lastumlagerung. Die Risse sind augenscheinlich nicht neu. In der Dokumentation der Befunde fällt auf, dass zahlreiche Risse in Deckenspannrichtung etwa 1,0m neben den Unterzügen verlaufen. Eventuell ist dies ein Hinweis auf eine zu kurz gewählte Balken- bzw. die bereits erwähnte Konsolbewehrung zur Anbindung der Deckenplatten an die Balken.

Bedeutung des Tragwerks

Der Hermannshof ist ein Zeugnis der sich erweiternden Großstadt Berlin, die auch in den Nachbarstädten zu einer Verdichtung und Ansiedlung von Kleinindustrie führte. Im Hinterhof errichtet, war das Gebäude von der Straße aus nicht zu sehen. Umso erstaunlicher mutet die kunstvolle und doch klar strukturierte Fassadengestaltung an. Die großen Fensterflächen sollten einen größtmöglichen Tageslichteinfall gewährleisten, der in Zeiten noch fehlender Versorgung mit Elektrizität umso wichtiger war. Das Tragwerkskonzept des Skelettbaus ließ größtmögliche Freiheit für die Aufteilung der Grundrissflächen. Die Realisierung erfolgte in Eisenbeton und war damit feuerfest und hoch belastbar.

Das Tragwerkskonzept entstand in einer Zeit des Umbruchs. Die 1. Behördlichen Bestimmungen zum Bauen mit Eisenbeton wurden während der Projektbearbeitung veröffentlicht. Die ausführende Firma hatte zwar durchaus großes Erfahrungswissen im Umgang mit Eisenbeton, allerdings bleibt fraglich, wie groß das theoretische Verständnis der Bauweise war. Statisch-konstrukiv handelt es sich bei dem ausgeführten Tragwerk um einen traditionellen, aus dem Holzbau entlehnten Skelettbau, der sich aus Stützen und Balken zusammensetzt. Die monolithische Verbindung von Rahmen bzw. die Ausbildung von Rahmenecken war zur Zeit der Ausführung noch zu unsicher in der Anwendung bzw. zu wenig bekannt in der Bemessung.

Nach der Zusammenstellung realisierter Bauten in Lolat-Eisenbeton (1904) ist davon auszugehen, dass der Hermannshof nicht das erste Gebäude in Berlin war, das durch das Unternehmen in Eisenbeton realisiert wurde, allerdings war es das bis dahin höchste. Die Zusammenstellung zeigt vergleichbare Gebäude außerhalb Berlins mit deutlich schlankeren Dimensionen, die meist aber nur mit einer maximalen Verkehrslast von 1000 kg/cm² belastet wurden und selten fünf Vollgeschosse umfassten. In Zusammenarbeit mit den preußischen Behörden kam es in Berlin

---

659 Schleusner (1907), S. 240.

im Ergebnis zu einer eher konservativeren Ausführung mit sehr großen Stützenquerschnitten. Dennoch bleibt zu betonen, dass der Hermannshof eines der ersten mehrstöckigen Gebäude in Berlin überhaupt war, dessen Tragwerk gänzlich aus Eisenbeton bestand. Er stellte eines der ersten Zeugnisse der veränderten behördlichen Reglementierung und den Startpunkt des Eisenbetonhochbaus in Berlin dar (siehe zudem Kapitel 4.2.2).

Abbildungen

Lageplan:

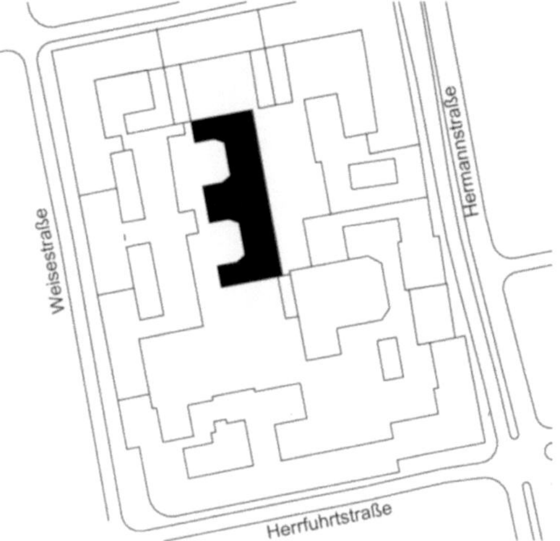

Abbildung 108: Situationsplan zum Hermannhof (Zeichnung: Novakovic 2018).

Tragwerkskategorie 2 – Deckenkonstruktionen, Hermannshof

Abbildungen des Tragwerks in Publikationen:

Abbildung 109: Innenansicht des vierten Stocks des Hermannshofs, verm. 1905, Sachs (1906), S. 93.

Dokumentation der Konstruktiven Bestandsaufnahme:

Eine Analyse des realisierten Tragwerkes war nur bedingt möglich. Ein Teilbereich des Erdgeschosses konnte näher untersucht werden und bildet die Grundlage für die zeichnerische Dokumentation.

Abbildungen aus der Baugenehmigungsplanung:

Abbildung 110: Fassadenabwicklung der Baugenehmigungsplanung Hermannshof, Königliches Polizei-Präsidium Bauinspektion Rixdorf (1904), S. o. A.

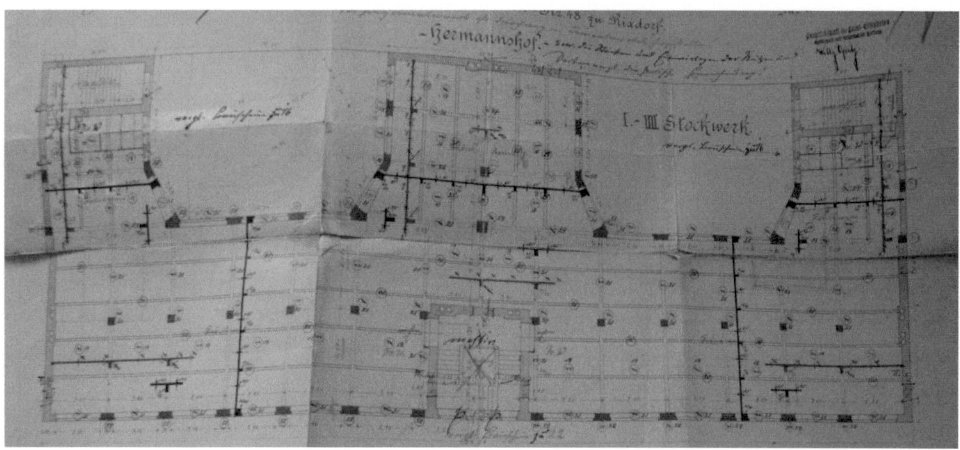

Abbildung 111: Positionsplan Grundriss der oberen Geschosse Hermannshof als Teil der Baugenehmigungsplanung, Königliches Polizei-Präsidium Bauinspektion Rixdorf (1904), S. o. A.

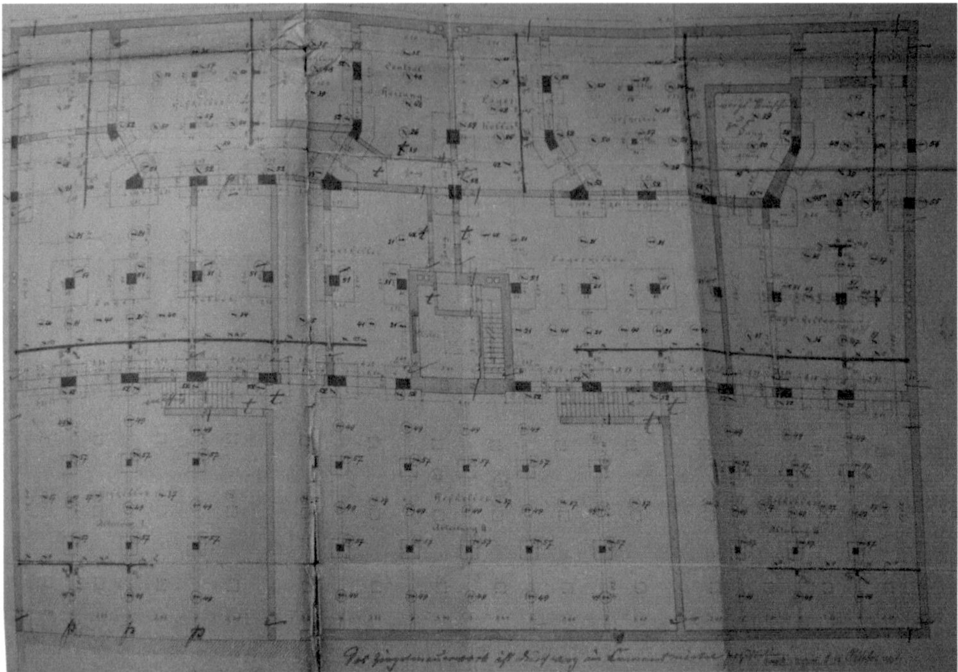

Abbildung 112: Positionsplan Kellergeschoss Hermannshof als Teil der Baugenehmigungsplanung, Königliches Polizei-Präsidium Bauinspektion Rixdorf (1904).

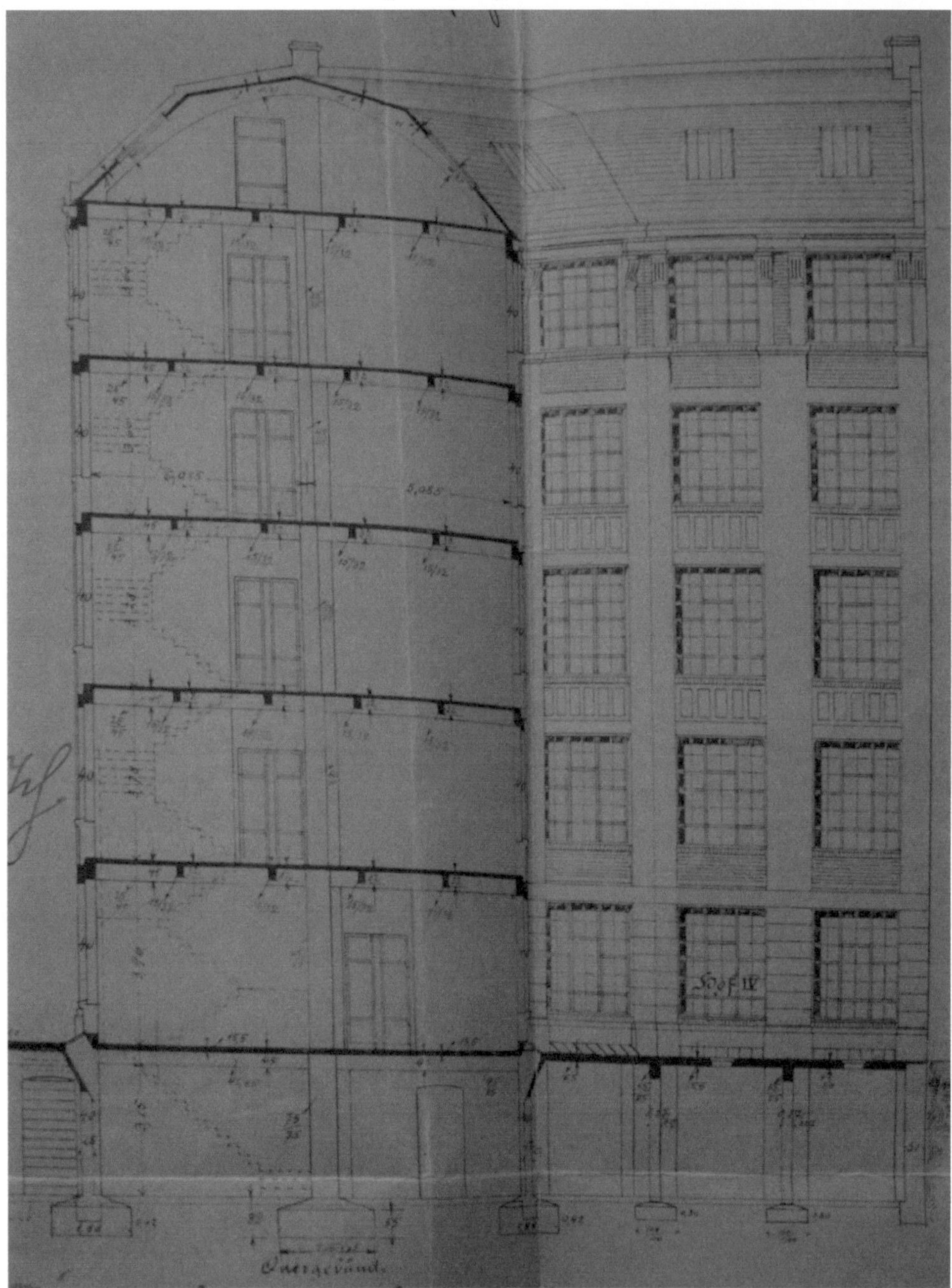

Abbildung 113: Schnitt durch das Hauptgebäude des Hermannshofs mit Ansicht der nördlichen Fassade des mittleren Seitenflügels als Teil der Baugenehmigungsplanung, Königliches Polizei-Präsidium Bauinspektion Rixdorf (1904), S. o. A.

Tragwerkskategorie 2 – Deckenkonstruktionen, Hermannshof

Abbildungen aus der Baugenehmigungsplanung, Bewehrungspläne:

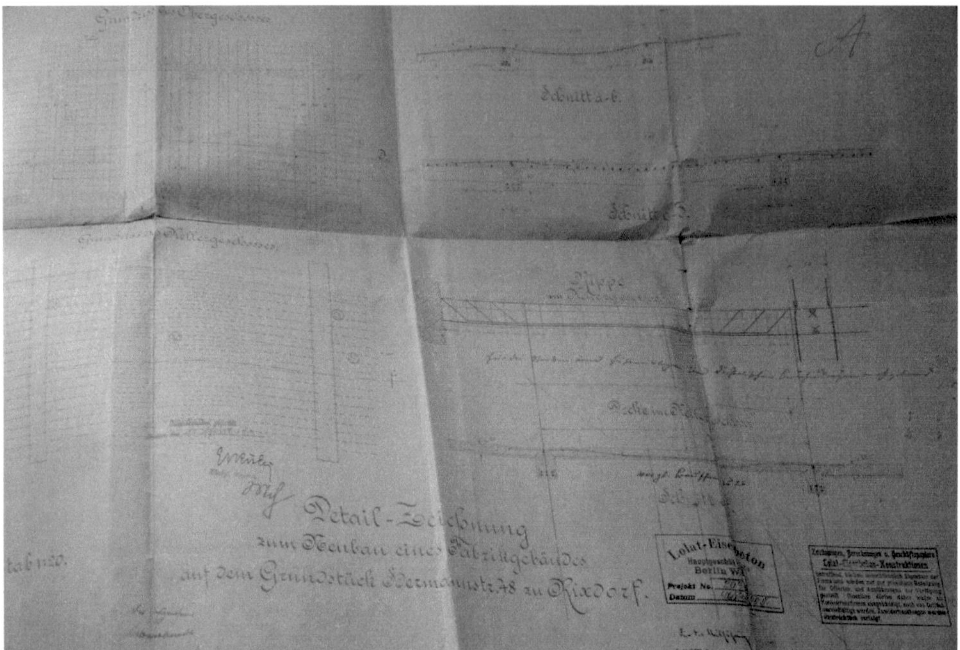

Abbildung 114: Konstruktionszeichnung zur Deckenbewehrung im Hermannshof, Königliches Polizei-Präsidium Bauinspektion Rixdorf (1904), S. o. A.

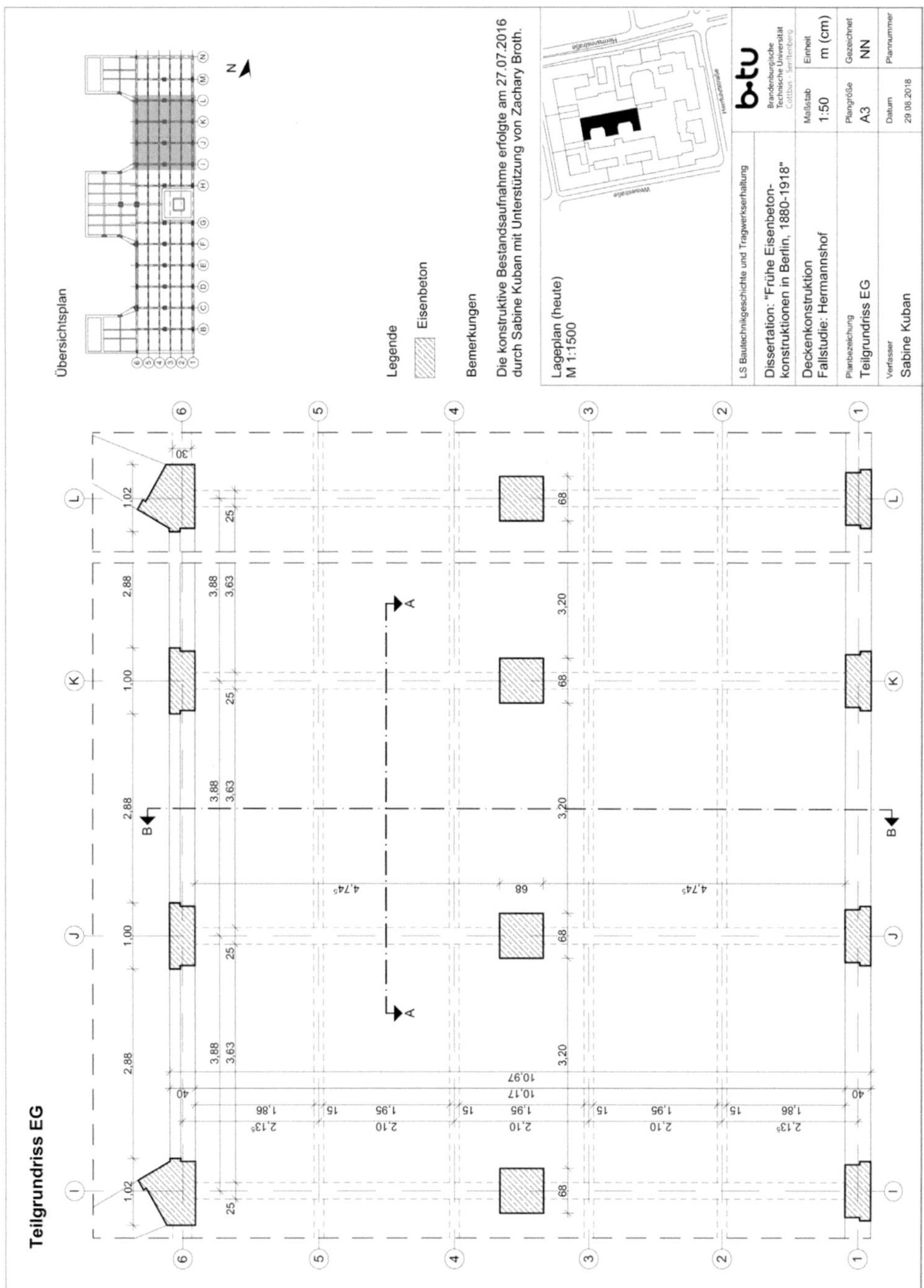

Abbildung 115: Hermannshof, Teilgrundriss Erdgeschoß, Plandarstellung der KBA (Zeichnung: Novakovic 2018).

Tragwerkskategorie 2 – Deckenkonstruktionen, Hermannshof

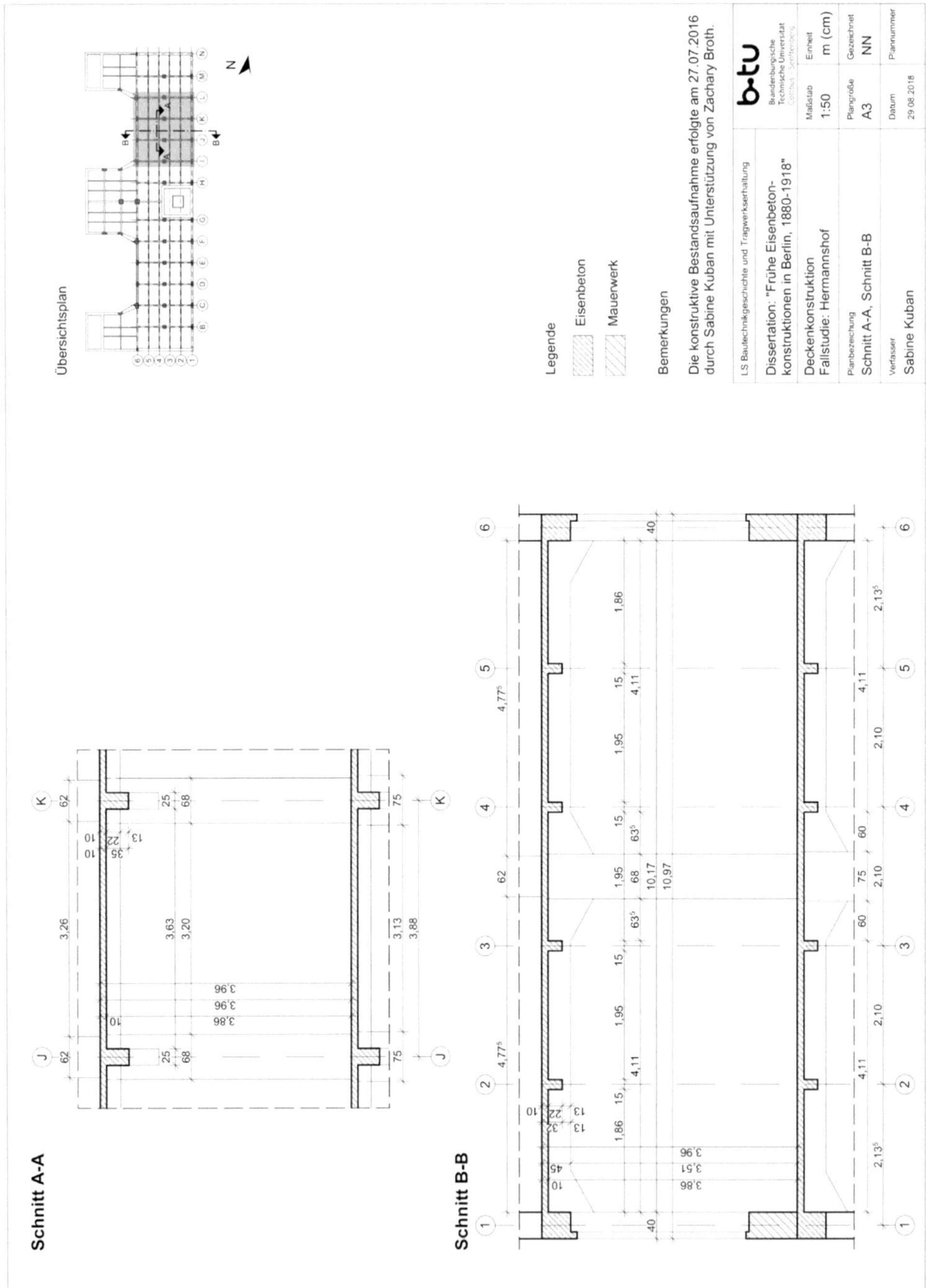

Abbildung 116: : Hermannshof, Teilschnitt Erdgeschoß, Plandarstellung der KBA (Zeichnung: Novakovic 2018).

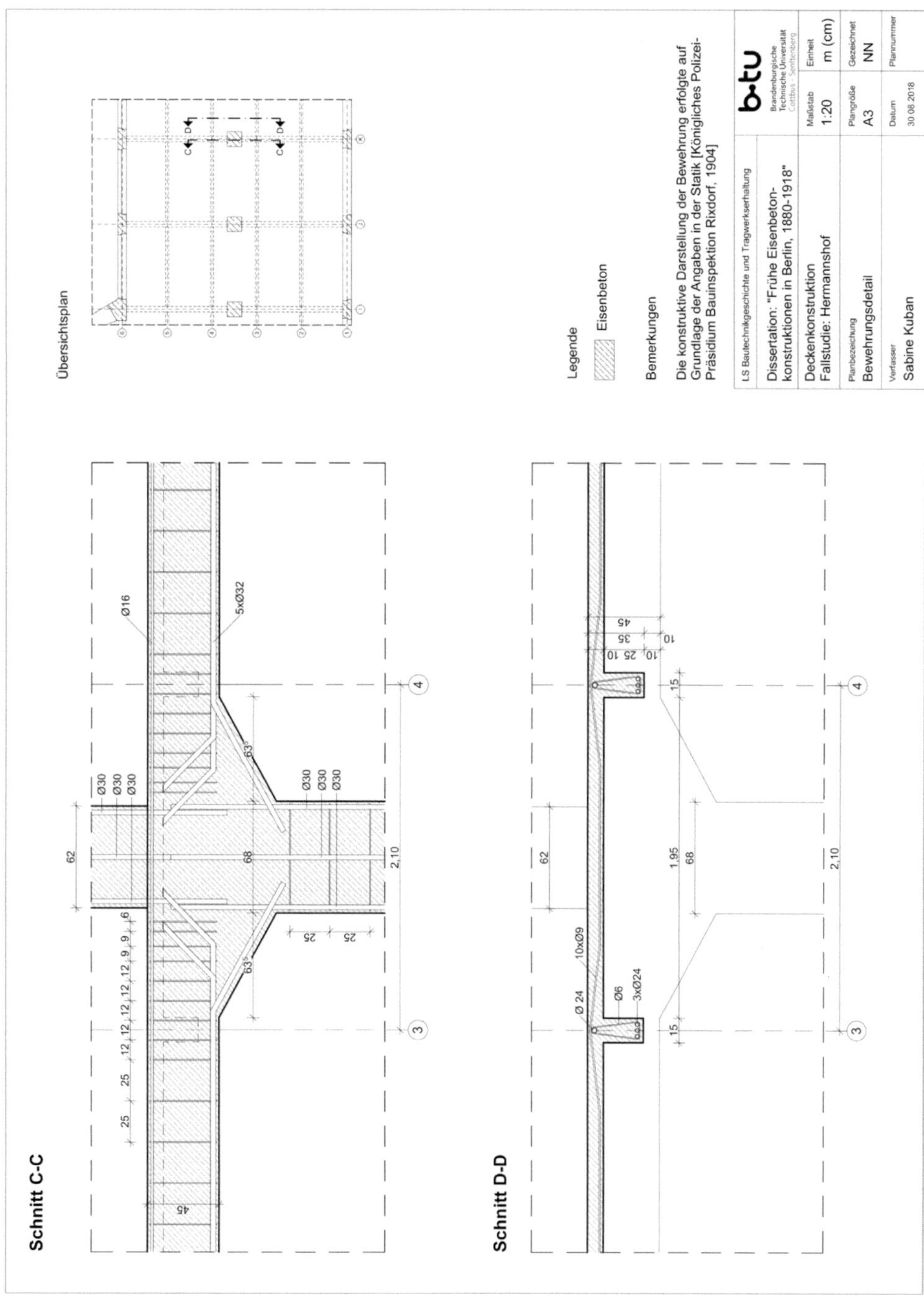

Abbildung 117: Hermannshof, Bewehrungsdetails, Plandarstellung der KBA (Zeichnung: Novakovic 2018).

A4. Tragwerkskategorie 3 – Stockwerksrahmen

Viktoriaspeicher, Kreuzberg[660]

Abbildung 118: Nordostansicht Viktoriaspeicher (Foto: Wieczorek 2018).

Tragwerksdaten

Baujahr	1911
Aktueller Zustand	Erhalten
Ort, Adresse	Köpenicker Straße 22, 10997 Berlin
Bauherr	Allgemeine Berliner Omnibus Actien-Gesellschaft
Architekt	Franz Ahrens
Ingenieur	R. Mesmer
Bauunternehmen	M. Czarnikow & Co.
Baumaterialien	Zement, Kies

Relevante Literatur

O. A. (1880), Rehbein (1894), R. (1909)

Relevante Quellen

Baupolizei Berlin (1909), Senatsverwaltung für Wirtschaft und Ernährung (1947)

[660] Im Rahmen der Voruntersuchung entstand 2016 eine Bachelorarbeit von Matthias Kubiczek, BTU Cottbus-Senftenberg.

Verortung

Der Viktoriaspeicher (nach alter Schreibweise auch Victoriaspeicher) befindet sich auf einem Gelände zwischen der Köpenicker Straße und der Spree im nord-östlichen Kreuzberg (siehe Abbildung 119).

Planungsidee, Anlass

Bereits 1879/1880 entstanden auf dem Grundstück verschiedene Speichergebäude, die unter dem Namen Victoria-Speicher bekannt wurden und der Getreidelagerung dienten (siehe Abbildung 127)[661]. Hier konnte das gesamte für Berlin bestimmte Getreide auf Speicherböden gelagert und bearbeitet werden. Um 1890 kam es zum Einbau einer feuer- und diebessicheren Tresoranlage durch die Beton- und Monierbau AG[662]. Genauere Details dazu sind nicht überliefert.
Nach einem Eigentümerwechsel im Jahr 1905 wurde das Speichergelände zum zentralen Betriebshof für die Omnibusse der Allgemeinen Berliner Omnibus Actien-Gesellschaft (ABOAG) umgenutzt. [663] Der Gebäudebestand umfasste fünf sogenannte Blöcke, von denen Block fünf an der Stelle des späteren Victoriaspeichers 1, heute Viktoriaspeicher, stand. Bei einem Brand 1907 (siehe Abbildung 128)[664] wurden die Gebäude teilweise zerstört und man entschied sich, vermutlich im Zuge des Ausbaus des unweit am nördlichen Spreeufer gelegenen Osthafens, wieder Getreidespeicheranlagen zu bauen. Das Gelände wurde also zweifach genutzt, einmal als Betriebshof für Omnibusse und zusätzlich dazu als mietbarer Lade- und Speicherbetrieb auf Rechnung für externe Kunden.
Für die Planung des neuen Speichergebäudes wurde der in Berlin bekannte Architekt Franz Ahrens beauftragt (siehe auch Anhang A6). Er entwarf einen mehrgeschossigen Verbundspeicher, der sowohl einen Bodenspeicher- als auch einen Silospeicherbereich aufweist[665].

Bau- und Tragwerksbeschreibung

Das Gebäude besitzt einen in Nord-Süd Richtung ausgerichteten rechteckigen Grundriss von etwa 20x60m und steht giebelständig unmittelbar am Spreeufer. Die Traufhöhe beträgt etwa 20m, die Gebäudehöhe etwa 28m. Insgesamt hat das Gebäude acht Geschosse (inklusive Keller- und Dachgeschoss), wobei das Erdgeschoss mit mehr als 4,0m die größte Geschosshöhe aufweist. Die darüber liegenden fünf Normalgeschosse weisen eine Geschosshöhe von nur jeweils 2,75m auf. Die Erschließung erfolgt über zwei Treppenhäuser und zwei Lastenaufzüge.
Charakteristisch ist das in der Fassade sichtbare Eisenbetonskelett, das von den Randträgern der Decken und den durchgehenden Stützen gebildet wird. Die Ausbildung der Gefache untergliedert die Fassaden in zwei Bereiche. Etwa 1/5 ist komplett verputzt, hier befinden sich auf der

---

[661] O. A. (1880).
[662] Rehbein (1894).
[663] Die Geschichte der ABOAG wurde bisher nicht publizistisch aufgearbeitet. Die Informationen entstammen der Webseite: http://www.berliner-verkehrsseiten.de/bus/Geschichte/ABOAG/ABOAG_Fz/body_aboag_fz.html (Stand September 2021).
[664] In dem Artikel wird darauf verwiesen, dass bereits die Erdgeschossdecke des teilweise zerstörten Speichers aus Eisenbeton bestand, allerdings fanden sich dazu in den dokumentierten Bauakten keinerlei Hinweise. Laut der ursprünglichen Baubeschreibung nach O. A. (1880), S. 257 handelte es sich bei allen Decken um „Holzböden auf eisernen Trägern".
[665] Hoffmann (1916).

Innenseite die mehrgeschossigen Silozellen. Etwa 4/5 sind mit unverputztem Ziegelmauerwerk im Reichsformat ausgemauert. Dahinter befinden sich das Treppenhaus und die Speicherböden, die durch in die Gefache eingelassene Segmentbogenfenster belichtet werden. Darüber hinaus gibt es weitere rechteckige Öffnungen, die heute zum Teil ausgemauert oder durch Holzverschalungen verschlossen sind.

Im Bereich des Bodenspeichers weist das Gebäude in Querrichtung eine vierschiffige Aufteilung auf. Der Abstand der Fassadenstützen der Längsfassaden zu den äußersten Innenstützen beträgt 5,03m und zu den Innenstützen der nördlichen Giebelwand 4,64m. Die Innenstützen selbst stehen längs in einem Abstand von 4,44m und quer von 4,84m zueinander. Die Stützenquerschnitte verjüngen sich von 84x84cm im Kellergeschoss auf 25x25cm im Dachgeschoss.[666] Sie weisen über alle Geschosse hinweg jeweils umseitig vier Vertiefungen mit einer Breite und Tiefe von 4cm auf, die sich an den Stützen bis etwa 1,50m Höhe erstrecken (siehe Abbildung 126). Vermutlich wurden für die Unterteilung der Speicherbodenfläche dort Schiebeelemente eingeführt.

Zwischen den Stützen spannen gevoutete Unterzüge in Längs- und Querrichtung, deren Konstruktionshöhe in Querrichtung 60cm und in Längsrichtung 35cm beträgt (siehe Abbildung 124). Im Bereich des Silospeichers ist das Stützenraster etwas kleiner (3,0m x 3,30m). Insgesamt gibt es 18 Speicherzellen, von denen 2 deutlich kleiner sind, um Platz für einen Aufzug zu schaffen. Die Stützenquerschnitte sind im Erd- und Kellergeschoss denen im Bodenspeicherbereich vergleichbar. In den oberen Geschossen reduziert sich ihr Querschnitt jedoch erheblich durch die Einbindung in die Silowände. Die Silos sind im Erdgeschoss nach unten trichterförmig mit einer Öffnung von 30x30cm ausgebildet (siehe Abbildung 125). Nach oben erstrecken sie sich, bis auf die Höhe der Bodenplatte des Dachgeschosses, insgesamt über etwa 18,50m.

Das Dach weist heute äußerlich eine unregelmäßige Konstruktion auf und wird von einem langgestreckten Gaubenband bestimmt, das unterhalb des Firstes ausgebildet ist und von zwei Aufbauten unterbrochen wird. Die Dachdeckung besteht aus Wellblech.

Die für die Nutzung als Getreidespeicher notwendigen technischen Ausrüstungen sind heute, soweit bekannt, nicht mehr vorhanden.

Beschreibung der statischen Bemessung

Für die statischen Nachweise der Eisenbetonelemente des Viktoriaspeichers sind vier Bücher dokumentiert. Während das erste auf über 100 Seiten die Elemente im Dach und Dachgeschoss sowie das fünfte Obergeschoss behandelt, beinhaltet das zweite Buch die Geschosse zwischen dem Erdgeschoss und dem vierten Obergeschoss, die Laderampe, das Silo und die über alle Geschosse durchgehenden Stützen (insgesamt 94 Seiten). Buch Nummer drei beinhaltet einen 30-seitigen Nachtrag zu verschiedenen Positionen im gesamten Tragwerk. Zuletzt wurden im vierten Buch auf rund acht Seiten die Treppenanlagen bemessen.

Die Bücher sind nicht mit einem Erstellungsdatum versehen, sie dokumentieren lediglich das jeweilige Prüfdatum durch die Baupolizeibehörde. Mit der Aufstellung der Statik wurde vermutlich im Winter 1909/1910 begonnen. Baurat Ahrens hat auf dem jeweiligen Deckblatt unter-

[666] Die Maßangaben beziehen sich auf vor Ort gemessene Werte. Es ist zu beachten, dass in der bauzeitlichen Statik, enthalten in Baupolizei Berlin (1909), abweichende Maße angegeben sind, vermutlich wurde im Rahmen des Entwurfs- und Ausführungsprozess die Geometrie noch angepasst.

schrieben, zusätzlich dazu wird die ABOAG als Eigentümer des Victoriaspeichers genannt. Für die Ausführenden findet sich auf dem ersten Buch nur die Unterschrift M. Czarnikow & Co. Erst auf dem zweiten und den dann folgenden Büchern wird dies durch die Unterschrift „i.A. Mesmer“[667] genauer angegeben. Dabei handelt es sich vermutlich um den Oberingenieur R. Mesmer, der als Vertreter des Unternehmens 1908 an der Hauptversammlung des Deutschen Beton-Vereins teilgenommen hatte (siehe auch Kapitel 3.5.1).
Die Statik kennzeichnet ein sehr klarer, fast standardisierter Aufbau, dem Lastfluss von oben nach unten folgend. Die Berechnungen in Maschinenschrift werden durch kleine Darstellungen ergänzt. Neben händischen Skizzen zu speziellen Laststellungen finden sich auch Abbildungen zur Bewehrungsverteilung und Betondeckung, für die offenbar vereinheitlichte Stempel benutzt wurden (siehe Tabelle 23). Diese lassen vermuten, dass in dem Unternehmen routinemäßig statische Berechnungen für Eisenbeton erstellt wurden. Als ein weiteres Indiz für die fachliche Qualifizierung kann die geringe Zahl der Grüneinträge durch die Prüfbehörde interpretiert werden. In Kombination mit den dokumentierten Positions- und Ausführungsplänen lässt sich die Konstruktion heute insgesamt gut rekonstruieren. Allein die Ausführungen zum Dach sind lückenhaft. Nachweise für Elemente, die nicht in Eisenbeton geplant wurden, finden sich in den vier Büchern nicht.

Übersicht der statischen Berechnungen für das Bauprojekt Viktoriaspeicher	
Randbedingungen:	Grundlage sind die behördlichen Bestimmungen vom 24. Mai 1907. Darüber hinaus wird das Mischungsverhältnis für den Beton zu 1 Teil Zement auf 5 Teile Kies angegeben und die Druckfestigkeit auf 240 kg/cm² bzw. zul. σ_B = 40 kg/cm² festgelegt, zul. σ_E = 1000 kg/cm².
Lastannahmen:	γ_{Beton} = 2400 kgm² $\gamma_{Getreide}$ = 750 kgm² (26° als max. Böschungswinkel) Schnee = 75 kg/cm², Wind = 50 kg/cm² Dachdeckung: Dachziegel in Mörtelbett Nutzlast 310 kg/cm² für Decke über Silozellen, sonst Nutzlast in allen Etagen 1000 kg/cm²
Ermittlung der Schnittkräfte:	Die Ermittlung der Momente erfolgte nach den Tabellen von Weese[668] bzw. der Unterzüge unter Ansatz der Momentengleichungen nach Clapeyron für mehrfeldrige Balken.
Statische Modellannahmen des Tragwerks:	Dachträger durchgehend über mehrere Stützen (Trägerzug), Decke und Träger kontinuierlich über mehrere Felder, Stützen je Stockwerk (nicht durchgehend)
Bauteilnachweise:	Schubspannung < 4,5 kg/cm² Der Nachweis der doppelten Bewehrung der Balken in Abweichung von den Bestimmungen erfolgte vermutlich nach Turley (1909).

667 Baupolizei Berlin (1909), S. o. A.

668 Die Form der Tabellen, auf die in der Statik verwiesen wird, ist nicht genau angegeben; einen Eindruck gibt Weese (1916).

Übersicht der statischen Berechnungen für das Bauprojekt Viktoriaspeicher	
Details zur Bewehrung:	Betondeckung bei Balken 3-5cm (siehe untere beispielhafte Darstellung aus der Statik), bei Decken 1,5cm 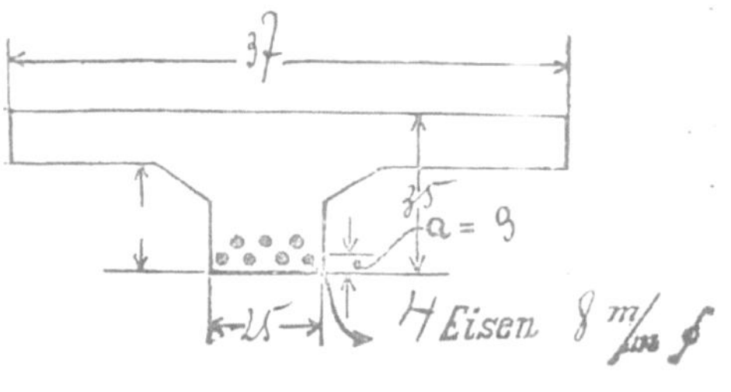 In Bereichen negativer Momente, Bewehrung der Druckzone. Bei Überschreitung der Schubspannung von max. 4,5 kg/cm² wird die Einlage von Bügeln vorgegeben. Über die Form und Positionierung sind keine Details dokumentiert.

Tabelle 23: Übersicht zu den statischen Berechnungen für den Viktoriaspeicher, Baupolizei Berlin (1909), S. o. A.

Die Berechnung des Bodenspeichers erfolgt hier in Form von Nachweisen für kontinuierlich verlaufende Decken, kontinuierlich längslaufende Deckenträger und die zwischen den Stützen in Querrichtung des Gebäudes verlaufenden Unterzüge. Letztere werden ebenfalls als kontinuierliche Träger modelliert. Für alle Positionen werden entsprechend auch die negativen Momente über den Stützen berechnet und die dort notwendige obere Bewehrung angegeben. In Bereichen, in denen die Schubspannung größer als 4,5 kg/cm² ist, wird die Bewehrung mit Bügeln vorgegeben. Allerdings finden sich weder in der Statik noch in den Ausführungsplänen detaillierte Vorgaben zu Form oder Positionierung der Bügel.

Die Bemessung der Stützen erfolgt geschossweise. Eine Einspannwirkung durch die anschließenden Quer- und Längsträger wird nicht in Anrechnung gebracht. Die Stützenquerschnitte variieren von 35 x 35cm im Dachgeschoss bis zu 65 x 75cm im Kellergeschoss, sind aber grundsätzlich nur mit jeweils 4 Eisen in den Ecken bewehrt. Maßgeblich für die Querschnittswahl war der Nachweis der Betondruckspannungen, Angaben zu einer Bügelbewehrung finden sich nicht.

Für die Berechnung des Silospeichers erfolgt eine Unterteilung in die einzelnen Silozellen mit einer jeweiligen Grundfläche von 3,03 x 3,29m und einer Höhe von 14m. Die aufgeführte Berechnung orientiert sich zum einen an Emperger (1907) und den Arbeiten von Mörsch[669]. Die Wanddicke der Silozellen wird konstant mit 26cm, die Betondeckung mit 2cm vorgegeben. Nach unten enden die Silos in trichterförmigen Auslässen, die jeweils eine 30x30cm große Öffnung nach unten aufweisen. Unter Ansatz des Böschungs- und des Reibungswinkels des Getreides wird zuerst die Position und der Betrag des höchsten Seitendruckes bestimmt. Dieser liegt bei rund 6,30m von der Oberkante aus, ab dort wird ein konstanter Seitendruck bis nach unten auf die Höhe der Auslässe angesetzt. Das aus dem jeweiligen Seitendruck resultierende Moment wird für die Bestimmung der kreuzweisen Bewehrung verwendet, die nach oben entsprechend gestaffelt bemessen wird. Unter Ansatz des maximalen Bodendruckes werden die Trichterböden

[669] Unter anderem publiziert in Mörsch (1903).

ebenfalls kreuzweise armiert, wobei sich hier das maximale Moment unter Anrechnung einer Einspannwirkung ergibt. Die Silo- bzw. Trichterzellen sind über die Höhe zusätzlich in unter den Silowänden befindliche Quer- und Längsträger, die durchgehenden Stützen und die im Übergang zum Bodenspeicher in Geschossdeckenhöhe ausgeführten Unterzüge eingespannt.
Der erste Nachtrag beinhaltet kleinere Anpassungen und Korrekturen sowie die Nachweise für sogenannte Abfangeträger in den Treppenhäusern. Diese haben keinen Einfluss auf die grundlegende Wahl des Tragwerks. Der Nachweis der Träger beinhaltet nur die Mauerwerkswände der Treppenhäuser, nicht jedoch die einzelnen Treppenläufe oder Podeste. Diese sind, neben erneuten Korrekturen zu Positionen im Dachgeschoss, erst im zweiten Nachtrag enthalten. Für sämtliche Treppen des Viktoriaspeichers werden insgesamt nur zwei Positionen (Lauf und Podest) bemessen. Die genaue Ausführung der Bewehrung ist weder in der Statik noch in den Ausführungsplänen dokumentiert.
Das Aussteifungskonzept des Tragwerks wird in den analysierten statischen Berechnungen nicht genauer erwähnt. Bei den Nachweisen für die Dachkonstruktion werden Wind- und Schneelasten angesetzt, darüber hinaus findet sich aber kein weiterer Ansatz von Windlasten. Vermutlich wurde der Bereich des Silospeichers als ausreichend steif angesehen, sodass auf einen weiteren Nachweis verzichtet wurde. Das Gebäude wird über Einzelfundamente unter den Stützen und Streifenfundamente unter den Kelleraußenwänden gegründet.

Bauausführung

Für die Ausführung der Eisenbetonarbeiten wurde das Unternehmen M. Czarnikow & Co. beauftragt (siehe auch Kapitel 3.5.1). In den Bauakten sind wenig detaillierte Angaben zur tatsächlichen Ausführung überliefert. Allerdings findet sich ein Hinweis auf die eingesetzte Baustellenausstattung, der zum Beispiel eine motorbetriebene Betonmischmaschine und einen mit dem gleichen Motor betriebenen Materialaufzug erwähnt. Der als Holzfachwerk konstruierte Aufzug diente dem vereinfachten Materialtransport, gerade in die oberen Geschosse.
Die Untersuchung eines Teilbereichs im 3. Obergeschoss zeigt, dass die Gebäudegeometrie in etwa den Entwurfsplänen entspricht. Die Abweichungen betragen nur 1 bis 2cm, vermutlich bedingt durch zusätzliche Putz- bzw. Farbschichten, die über die Zeit aufgetragen wurden. Einzig die Fensteröffnungen in den Mauerwerksausfachungen sind mit etwa 15cm heute deutlich breiter (vermutlich durch den Austausch der Fenster).
An den Oberflächen zeigen sich stellenweise noch immer die Spuren der bauzeitlichen Schalung. Die Ausführungsqualität des Betons lässt sich indirekt über die Ermittlung der Betonfestigkeit mittels eines Schidt-Hammers analysieren. Dabei ergibt sich ein Festigkeitsunterschied zwischen den Stützen (max. 42 N/mm^2) und den anderen Bauteilen (min. 28 N/mm^2). Es ist zu vermuten, dass die Stützen sorgfältiger verdichtet wurden oder gegebenenfalls auch eine andere Betonmischung für die Stützen verwendet wurde.
Sichtbare Hinweise auf die Position und Form der Bewehrung gibt es im zugänglichen Untersuchungsbereich nicht. Dieser umfasst ein Randfeld im 3. Obergeschoss; eine Untersuchung der Bauteile im Außenbereich war hingegen nicht möglich. Die Stützen weisen des Weiteren eine Vertiefung auf, in der eine metallene Schiene eingelassen ist. Dadurch liegt die Betondeckung im Mittel bei 10cm. In dieser Tiefe sind die Untersuchungsergebnisse des Profometers für die Stützen nur bedingt aussagekräftig. Genaue Durchmesserangaben oder auch Angaben zu individuellen Abständen sind nicht mehr möglich.

Tragwerkskategorie 3 – Stockwerksrahmen, Viktoriaspeicher

Die Deckenkonstruktion wurde stichprobenartig untersucht. Tabelle 24 zeigt ausschnitthaft einen Vergleich der in den statischen Berechnungen gewählten Bewehrungsmengen mit den vor Ort mit dem Profometer ermittelten Ergebnissen. Dabei ist allerdings zu beachten, dass bei der Untersuchung mit dem Profometer doppelte Bewehrungslagen nicht erfasst werden konnten und somit nur die unterste Bewehrungslage als Vergleichswert zur Verfügung steht. Zudem war es nicht möglich, den Untersuchungsbereich auch von oben, also im 4. Obergeschoss zu untersuchen. Somit können keine Aussagen zu oberen Bewehrungslagen getroffen werden.

Positionen	**Bewehrung**	
	Laut Statik	**Gemessen**
Deckenfeld 1 (Randfeld)		
Feldbewehrung	ø 8, alle 6,5cm	ø < 20mm, alle 6cm
Querbewehrung	Kein NW	ø < 20mm, alle ~15cm
Deckenfeld 2		
Feldbewehrung	ø 8, alle 7cm	ø < 20mm, alle 7cm
Querbewehrung	Kein NW	ø < 20mm, alle ~15cm
Deckenträger 18a (Rand)		
Untere Bewehrung	5 Stck. ø 15mm	3 Stck. ø <20mm (Innenraumseite)
Obere Bewehrung	4 Stck. ø 19mm	
Bügel	Kein NW	ø <20mm (im Bereich der Voute)
Deckenträger 3 (Feld)		
Untere Bewehrung	5 Stck. ø 19mm	4 Stck. ø <20mm
Obere Bewehrung	4 Stck. ø 18mm	
Bügel	Kein NW	ø <20mm (im Bereich der Voute)
Deckenträger 8 (zwischen Stützen)		
Untere Bewehrung	4 Stck. ø 22mm	2 Stck. ø 21mm
Obere Bewehrung	Kein NW	
Bügel	Kein NW	ø <20mm, alle 10cm in Auflagernähe und 20cm im Feld
Unterzug Pos. 23		
Untere Bew.	7 Stck. ø 26mm	4 Stck. ø <30mm
Obere Bewehrung	Kein NW	
Bügel	5 Stck.	ø <20mm, alle 15cm
Stützensäule II		
Längsbewehrung	4 Stck. ø 28mm	4 Stck., ø nicht messbar
Bügel	Kein NW	ø nicht messbar, Abstand zw. 40-65cm

Tabelle 24: Übersicht zur bauzeitlich geplanten und tatsächlich realisierten Bewehrungsmenge im Viktoriaspeicher.

Ergänzend seien im Folgenden noch zwei Auszüge aus §15 Absatz 4 und 6 aus den zur Bauzeit geltenden behördlichen Genehmigungen zitiert. Die darin enthaltenden Angaben ergänzen die gewählten Bewehrungsmengen der Statik in Form von Bügeln zur Aufnahme von Schubspannungen in balkenartigen Bauteilen (§15 Absatz 4) sowie die Bügelbewehrung von Stützen (§15 Absatz 6).

> „4. Schubspannungen sind nachzuweisen, wenn Form und Ausbildung der Bauteile ihre Unschädlichkeit nicht ohne weiteres erkennen lassen. Sie müssen, wenn zu ihrer Aufnahme keine Mittel in der Anordnung der Bauteile selbst gegeben sind, durch entsprechend gestaltete Eiseneinlagen aufgenommen werden. [...]
> 6. Der Abstand dieser Querverbände muß annähernd der kleinsten Abmessung der Stütze entsprechen, darf aber nicht über das Dreißigfache der Stärke der Längsstäbe hinausgehen.“[670]

Im Ergebnis und in Anbetracht der erwähnten Einschränkungen bei der Untersuchung zeigt sich eine gute Übereinstimmung zwischen der bauzeitlichen Planung und dem tatsächlich realisierten Bauwerk.

Ergänzend zu den Untersuchungen vor Ort zeigen die dokumentierten Bewehrungspläne (siehe Abbildung 122 und Abbildung 123) eine differenzierte Ausführung der Eckbewehrung im Bereich der Anbindung der Deckenträger an die Stützen. Dabei handelt es sich zwar nicht um monolithische Verbindungen, wie sie im heutigen Stahlbetonbau üblich sind, aber um eine vereinfachte Vorform derselben. Rechnerisch wurden bauzeitlich keine Einspannmomente erfasst, allerdings ist es wahrscheinlich, dass durch die Art der Bewehrungsführung zumindest eine geringe Einspannwirkung erzielt wird. Das Tragwerk weist somit zusätzlich Redundanzen auf, die das Tragverhalten positiv beeinflussen.

Nach Analyse der dokumentierten Bewehrungszeichnungen sind die Einzelfundamente nur teilbewehrt. Die Kelleraußenwände sowie die darunterliegenden Streifenfundamente sind anscheinend insgesamt aus unbewehrtem Stampfbeton hergestellt worden zu sein.

Bauzeitliche Kritik

Weder aus der Bauzeit noch aus späterer Zeit konnten relevante Publikationen zu dem Bauwerk oder den damit verbunden Bauarbeiten aufgefunden werden.

Nutzungsgeschichte

Der Speicher ging 1929 in den Besitz der Berliner Hafen- und Lagerhaus Aktiengesellschaft, Generaldirektion der Berliner Häfen (BEHALA) über. Diese nutzte das Gebäude bis in die 1990er Jahre hinein unter anderem als Kohlenspeicher. Der 1911 realisierte Skelettbau erwies sich über die Zeit als sehr flexibel. Das ursprüngliche Tragwerk wurde durch nachträgliche Ein- und Umbauten kaum beeinträchtigt.

Die größte Veränderung zeigt sich am Dachaufbau. Wie zahlreiche andere Gebäude in Berlin wurde auch der Viktoriaspeicher während des Zweiten Weltkrieges durch einen Bombeneinschlag beschädigt. Das damalige Ausmaß der Schäden lässt sich heute nur schwer rekonstruieren, offenbar waren diese aber auf die obersten zwei Etagen beschränkt. Auf Grund der Wichtigkeit des Gebäudes als Umschlag- und Speicherplatz forderte der Magistrat bereits 1946 den Wiederaufbau bzw. die Beseitigung von Kriegsschäden[671]. Die Neuplanung der Dachkonstruktion von 1946 ist nicht dokumentiert. Heute werden die Räumlichkeiten von unterschiedlichen

[670] Ministerium der öffentlichen Arbeiten (24.05.1907).
[671] Senatsverwaltung für Wirtschaft und Ernährung (1947), S. o. A.

Mietern immer noch mehrheitlich zur Lagerung genutzt. Die technische Ausrüstung der Anfangszeit, wie beispielsweise Verteilungsrohre, Hebemaschinen oder mobile Unterteilungen, wurde fast gänzlich zurückgebaut.

Heutiger Zustand

Der Viktoriaspeicher zeigt sich heute noch größtenteils in der ursprünglich geplanten Form von 1911. Das Tragwerk ist stabil, und es zeigen sich kaum Beeinträchtigungen. Zu einem großen Teil unverputzt weisen die Eisenbetonelemente im Inneren und Äußeren teilweise noch immer die Spuren der bauzeitlichen Schalung auf.

Bedeutung des Tragwerks

Nach der Zahl der Publikationen zu urteilen wurde dem Viktoriaspeicher keine große Bedeutung im Bauwesen der Stadt Berlin oder gar darüber hinaus zugewiesen. Für eine Zeit, in der bereits weitreichende Erfahrungen mit Eisenbeton gemacht wurden, erscheint der Entwurf eher konservativ.

Das Tragwerkskonzept des Bodenspeichers kann als traditionelle Kombination von Decken, Unterzügen und Stützen beschrieben werden. Eine mögliche Einspannwirkung der Rahmenecken wurde bei der statischen Berechnung nicht planmäßig angesetzt, aber es ist zu vermuten, dass durch die spezifische Bewehrungsführung dennoch ein geringes Einspannmoment entsteht. Die dokumentierten Bewehrungszeichnungen für die Anbindung der Balken an die Stützen können somit als eine Vorform der monolithischen Eckbewehrung gelesen werden.

Das Tragwerkskonzept des Silospeichers entsprach ebenfalls dem zeitlichen Standard (siehe Abbildung 123). Interessanterweise findet sich bereits in der Monier-Broschüre eine erste, der Ausführung beim Viktoriaspeicher vergleichbare Darstellung für die Bewehrungsführung bei Silozellen[672]. Allerdings ist eine tatsächliche Umsetzung dieser Idee erst ab 1902 im deutschsprachigen Raum nachweisbar. Vor allem die Firma Wayss & Freytag hat in dieser Zeit zahlreiche Silobauten ausgeführt[673]. Ergänzend dazu sei auf die direkten Verweise auf vorhergehende theoretische Arbeiten hingewiesen, die sich in den statischen Berechnungen wiederfinden. So heißt es bei den Nachweisen der Silos im zweiten Buch:

> „Die Berechnung geschieht nach den im Handbuch für Eisenbetonbau V. Band 2. Teil 1. Lief. Seite 9 und folgenden gegebenen Grundsätzen und im Besonderen nach den Formeln die aus der Methode Koenen von Prof. Mörsch abgeleitet sind; siehe auch Beton-Kalender 1910 Seite 264 ff. oder Mörsch Eisenbetonbau 3. Aufl. Seite 330.“[674].

Im Vergleich vor allem der Wandungsdicken von Silozellen handelt es sich hier auch eher um eine konservative Ausführung (siehe Abbildung 123).

---

672 Wayss (1887b).

673 Wayss & Freytag AG (1917).

674 Baupolizei Berlin (1909), S. o. A.

Abbildungen

Lageplan:

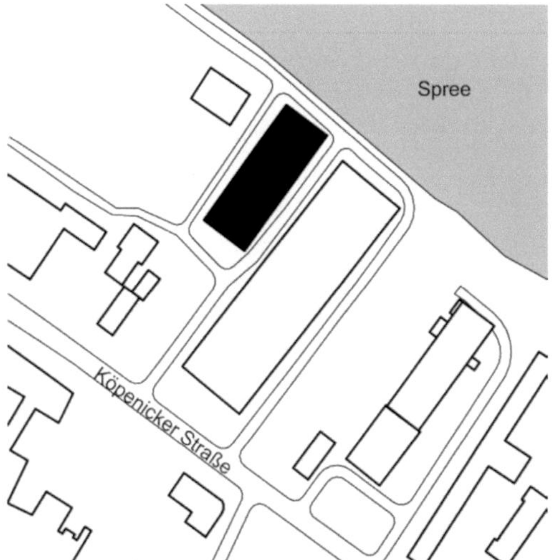

Abbildung 119: Situationsplan des Viktoriaspeichers (Zeichnung: Novakovic 2018).

Abbildungen aus der Baugenehmigungsplanung, Entwurfsplanung:

Abbildung 120: Ansicht der Längsfassade des Viktoriaspeichers, Baupolizei Berlin (1909), S. o. A.

Tragwerkskategorie 3 – Stockwerksrahmen, Viktoriaspeicher

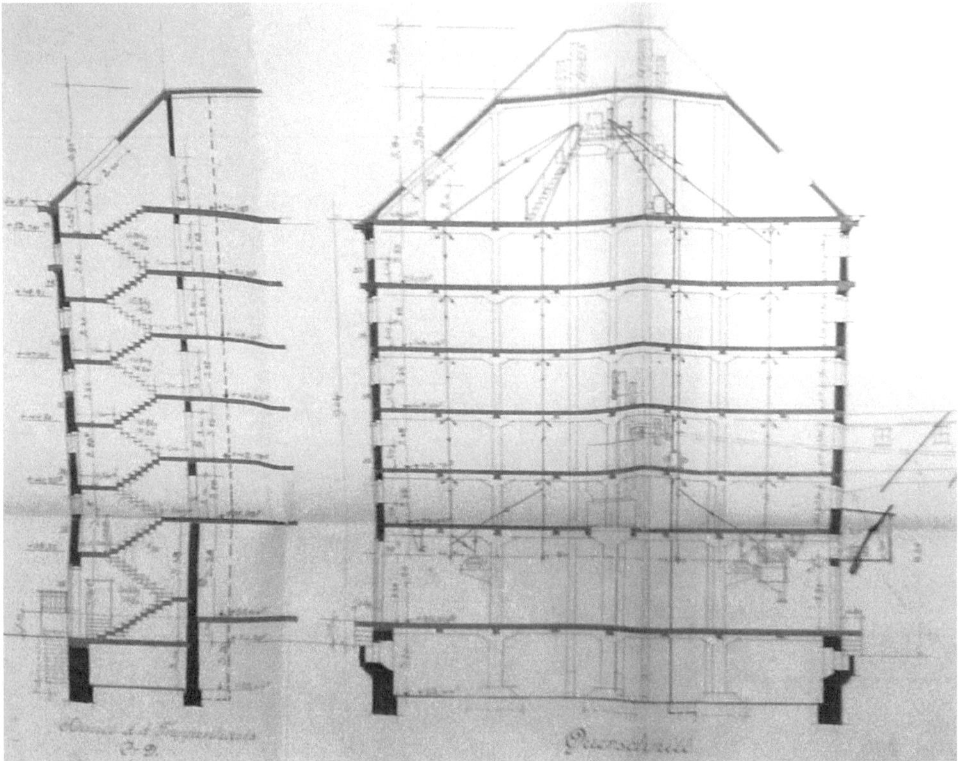

Abbildung 121: Schnitt durch das Treppenhaus und Querschnitt Viktoriaspeicher, Baupolizei Berlin (1909), S. o. A.

Abbildungen aus der Baugenehmigungsplanung, Bewehrungsplanung:

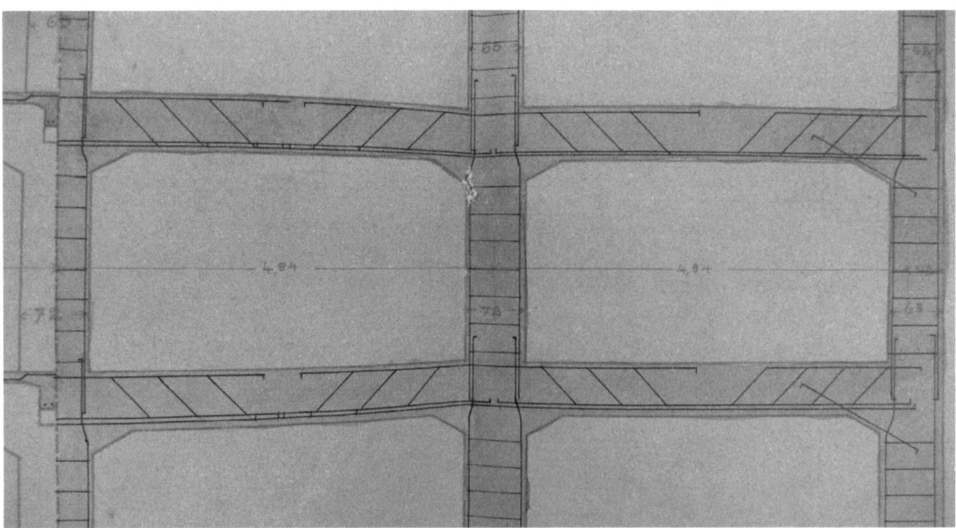

Abbildung 122: Detailausschnitt zur Bewehrungsführung im 3. Obergeschoss des Viktoriaspeichers, Baupolizei Berlin (1909), S. o. A.

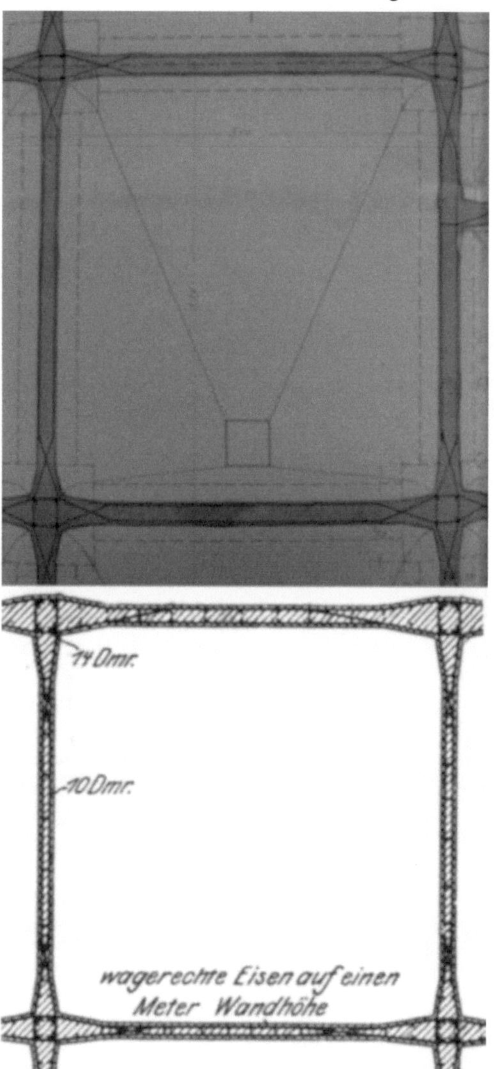

Abbildung 123: Vergleich der Bewehrungsführung der Silozellen im Viktoriaspeicher, Baupolizei Berlin (1909), S. o. A. und rechts des Silos in Itzehoe, 1904 realisiert von Wayss & Freytag, Hoffmann (1916), S. 268.

Tragwerkskategorie 3 – Stockwerksrahmen, Viktoriaspeicher

Dokumentation der Konstruktiven Bestandsaufnahme, April 2015:

Abbildung 124: Innenansicht Erdgeschoss Viktoriaspeicher (Foto: Kubiczek 2015).

Abbildung 125: Untersicht der Silobehälter im Erdgeschoss Viktoriaspeicher (Foto: Kubiczek 2015).

Abbildung 126: Innenansicht 1. Obergeschoss Viktoriaspeicher (Foto: Kubiczek 2015).

Ergänzende Abbildungen:

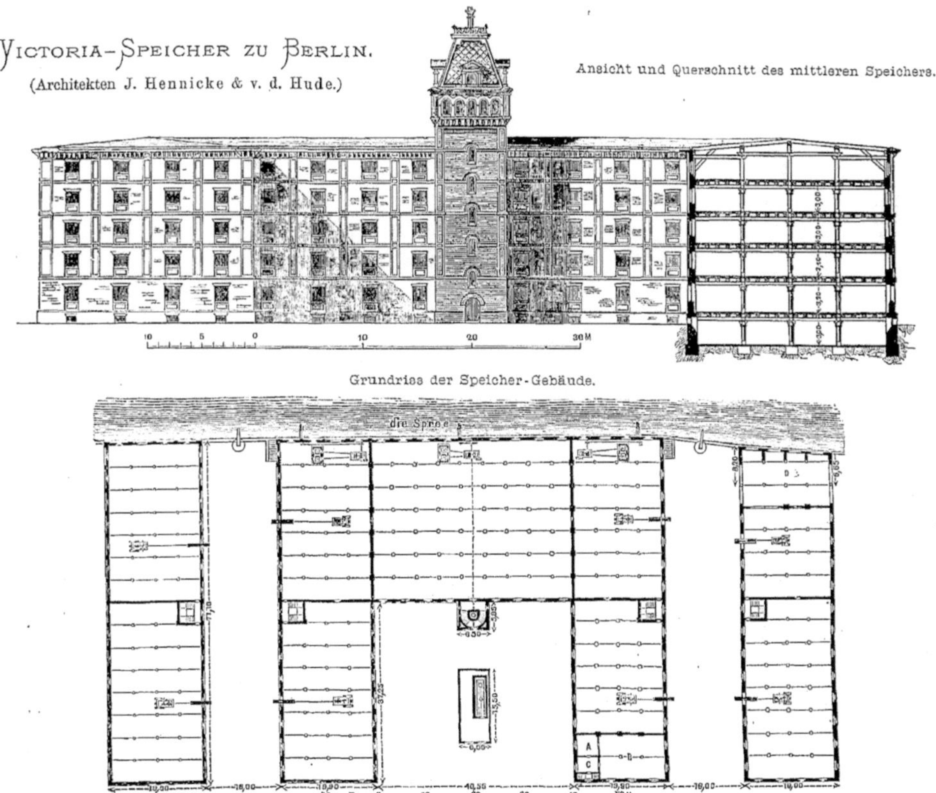

Abbildung 127: Die Victoria-Speicher von 1880, O. A. (1880), S. 261.

Abbildung 128: Blick in das Erdgeschoss eines der Victoria-Speicher nach dem Brand 1907, R. (1909), S. 231.

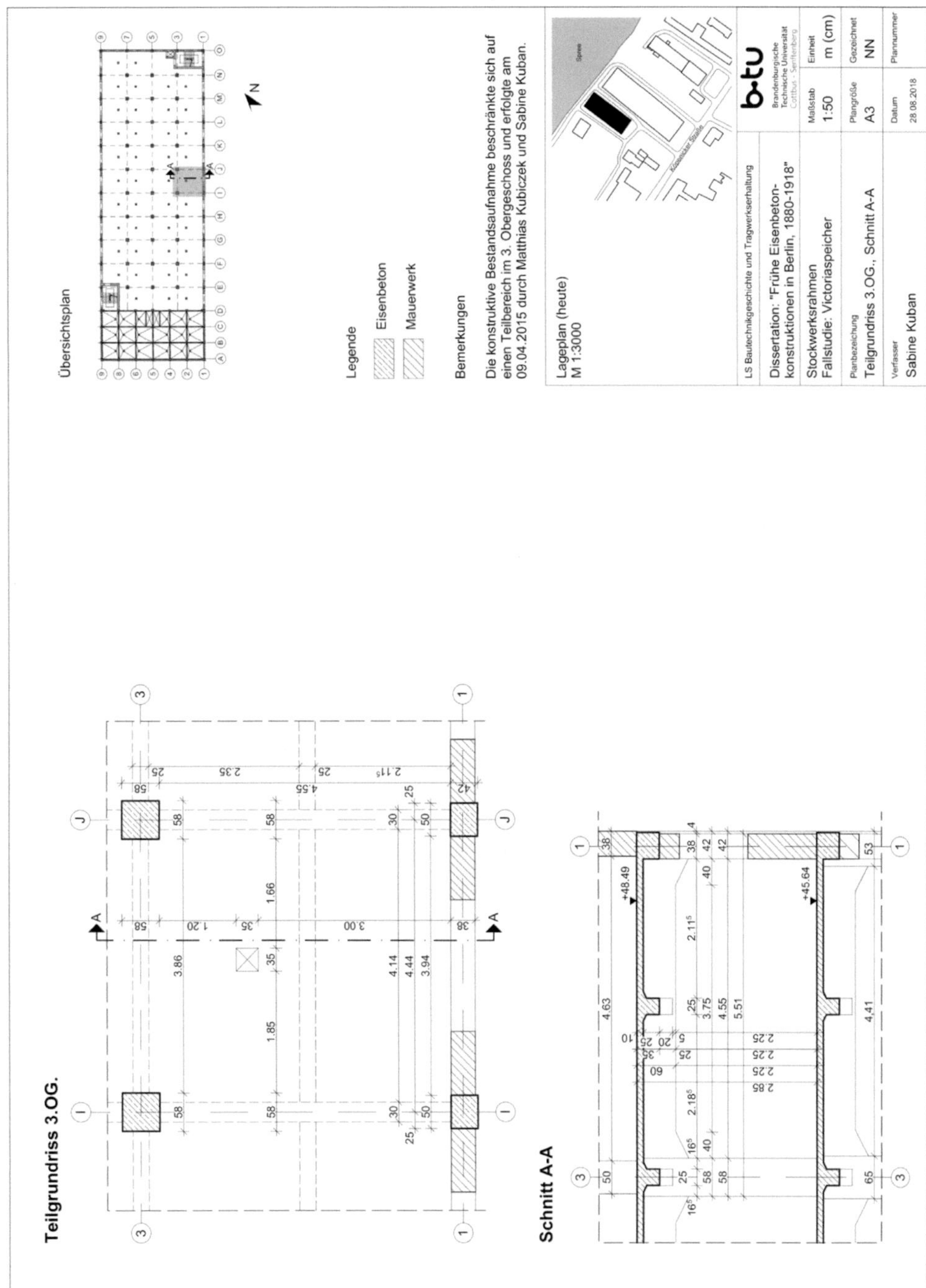

Abbildung 129: Viktoriaspeicher, Teilgrundriss und –schnitt, Plandarstellung der KBA (Zeichnung: Novakovic 2018).

Tragwerkskategorie 3 – Stockwerksrahmen, Viktoriaspeicher

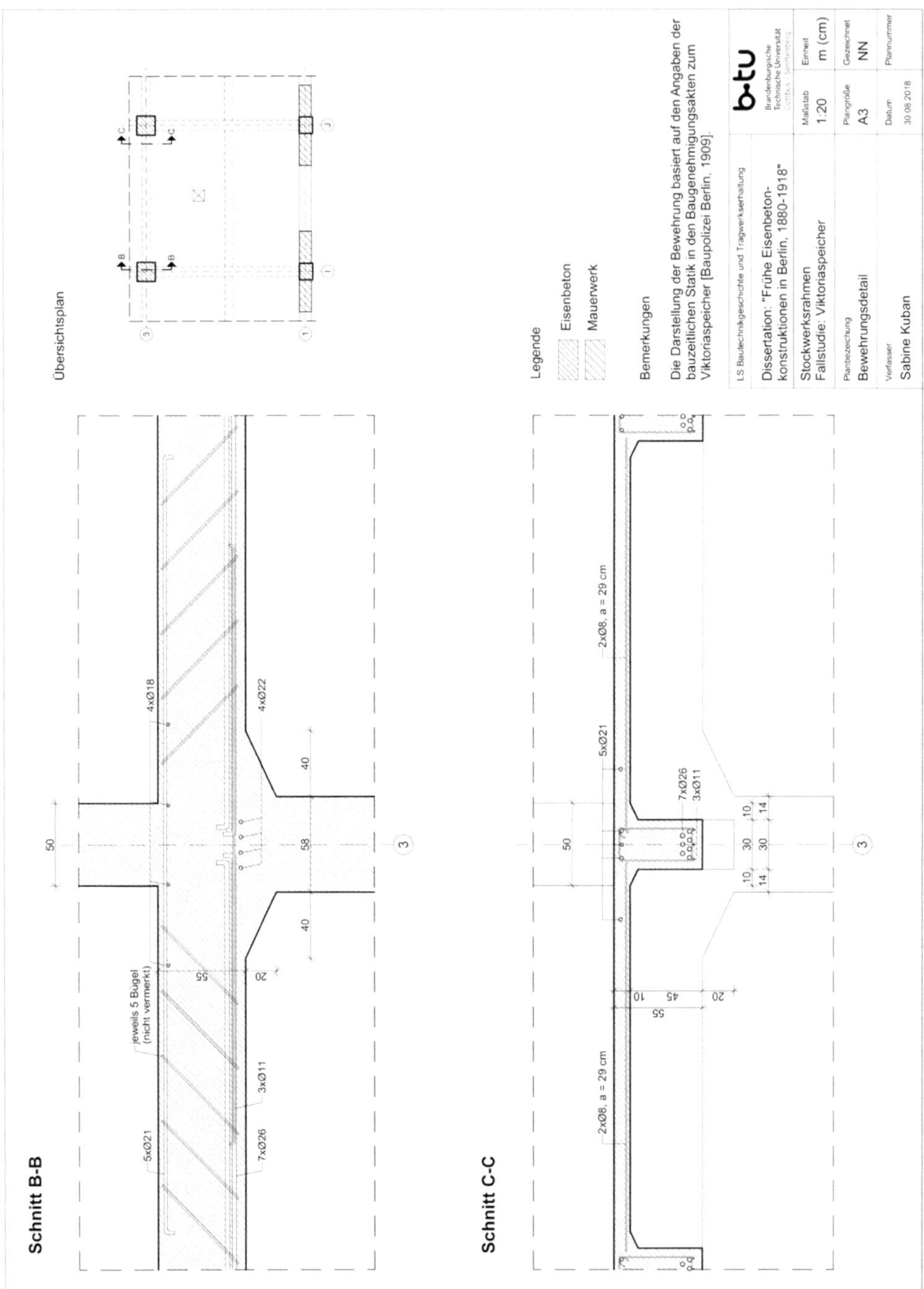

Abbildung 130: Viktoriaspeicher, Bewehrungsdetails, Plandarstellung der KBA (Zeichnung: Novakovic 2018).

Aquarium, Tiergarten

Zu den Aspekten Bauwerksdaten, Relevante Literatur, Relevante Quellen, Verortung, Planungsidee und Anlass siehe Anhang A2.

Bau- und Tragwerksbeschreibung

Das Gebäude lässt sich von West nach Ost in drei größere Abschnitte unterteilen: ein Wohngebäude, einen Mittel- und einen Hallenbau (siehe Abbildung 88). Die zweigelenkigen Stockwerksrahmen sind umlaufend auf drei Seiten (die Nord-, Ost- und Südseite) um die zentrale Krokodilhalle, die sich in der Mitte des Hallenbaus befindet, angeordnet (siehe Abbildung 131). Sie haben eine lichte Weite von etwa 7,10m. Im Kellergeschoss beträgt die Raumhöhe 2,70m und im Erdgeschoss 5,0m. Die Rahmenbalken sind am Übergang zu den Rahmenstielen gevoutet. Gleich einem Plattenbalken verlaufen in Querrichtung zwischen den Rahmenbalken Massivdecken aus Eisenbeton. Die Anordnung der Rahmen gewährleistet eine ausreichende Aussteifung gegen Wind und ermöglicht den Abtrag aller vertikalen Lasten. Die Rahmen sind auf Streifenfundamenten gegründet.

Beschreibung der statischen Bemessung

In der ursprünglichen Statik wurde als erstes Eisenbetonelement der aufgehenden Konstruktion die Erdgeschossdecke als Einfeldträger bemessen.[675] Einführend werden die maßgebenden Eigenlasten zusammengestellt, die mit 500 kg/m² Nutzlast zusätzlich beaufschlagt werden. Im Weiteren ist ein Verweis auf die Schrift Akademischer Verein Hütte e.V. (1911) sowie eine weitere Publikation gegeben.[676] Mit Bezug auf diese beiden Quellen wird die zulässige Beanspruchung für Beton auf 40 kg/cm² und die für Eisen auf 1000 kg/cm² festgelegt.[677]
Die einzelnen Positionen beziehen sich noch auf einfache Balken und Stützensysteme, ohne Rahmenwirkung. Sämtliche Geschossdecken aus Eisenbeton werden als Einfeldträger bemessen. Mit der Vorgabe für die Bügel Flacheisen zu verwenden, werden die Deckenbalken als Plattenbalken bemessen. Es finden sich keine Vorgaben zu Querschnittsabmessungen, Bügelform oder Betondeckung. Allerdings sind grundlegende Maße in Akademischer Verein Hütte e.V. (1911) angegeben. Es kann vermutet werden, dass diese als Grundlage für den Entwurf genutzt wurden. Ergänzend zu den statischen Berechnungen wurden diverse Skizzen angefertigt, die genauer zwischen einzelnen Lasten differenzieren, Hinweise zur Bewehrungsführung geben und auch ergänzende Informationen zur Geometrie bereithalten. Darüber hinaus sind Positionspläne in Grundriss und Schnitt erhalten.

---

[675] Königliches Polizei-Präsidium (1912).

[676] Dabei handelt es sich sehr wahrscheinlich um das Buch „Statische Tabellen“ von Franz Boerner, siehe Boerner (1910). Dieses beinhaltete Belastungsangaben und Formeln zur Aufstellung von Berechnungen für Baukonstruktionen und galt zugleich als Ergänzung und Erweiterung der vom Akademischen Verein Hütte herausgegebenen Publikation. Das Buch erschien ab 1904 in mehreren Auflagen bis in die 1950er Jahre.

[677] Diese Annahmen stimmen mit den Vorgaben aus den zur Bauzeit noch gültigen Preußischen Vorschriften von 1907 überein. Es gab zwar eine Aktualisierung der zulässigen Beanspruchung von Eisen auf 1200 kg/cm² nach Bleich (1915), allerdings galt dies nicht für Bewehrungseisen im Eisenbetonbau. Die geänderten Werte wurden erst in die Bestimmungen von 1916 eingearbeitet (siehe Kapitel 2.6.3).

Tragwerkskategorie 3 – Stockwerksrahmen, Aquarium

Die Grüneinträge der Genehmigungsbehörde beschränken sich in der ersten dokumentierten Statik fast gänzlich auf eine Position. Dabei geht es um den Nachweis für einen Plattenbalken im Erdgeschoss im nordöstlichen Bereich des Hallenbaus. Trotz der geringen Zahl an Bemerkungen durch die Prüfbehörde in der ersten Statik, zeigt der Nachtrag eine detailliertere Durchplanung der Eisenbetonelemente und ist anscheinend in sich stimmiger. Die Erdgeschossdecken werden beispielsweise nun als Durchlaufträger bemessen. Des Weiteren ist die „Berechnung von Pos. 27, Säule P1 und P6 als Zweigelenkrahmen“[678] aufgeführt. Offenbar wurden die zweigeschossigen Stockwerksrahmen in den Seitenhallen für die das Gebäude unter anderem noch heute bekannt ist, erst in der Nachtragsstatik konstruktiv ausgearbeitet.

> „Die statische Berechnung der Rahmen ist nach dem Satze vom Minimum der Formänderungsarbeit für die Grundform des Zweigelenkrahmens mit steifem Querriegel unter Annahme eines konstanten Trägheitsmoments durchgeführt. Von einer besonderen Ausbildung der Bindergelenke wurde abgesehen. Die oberen Rahmenbalken haben eine nutzbare Höhe von 50cm und sind 30cm breit, an der Voute ist der Querschnitt 30/60cm. Die Bewehrung [...] besteht aus 11 Rundeisen von 23mm Durchm., davon wurden 5 Stück zur Aufnahme der Schubspannungen und der Eckmomente in 0,75 m Entfernung von der Mitte des Rahmenständers aufgebogen. Die unteren Rahmenbalken mit den Abmessungen von 30/50cm erhielten als Bewehrung 11 Rundeisen von 16mm Durchm. Mit den entsprechenden Aufbiegungen. Sämtliche zwischen den Rahmenbalken gespannten Eisenbetondecken sind nach der Theorie des kontinuierlichen Balkens, entsprechend den ministeriellen Vorschriften vom 31. Januar 1910 berechnet. Die Nutzlast wurde mit 500 kg/m² in Ansatz gebracht. Die Seitenwände zwischen den Rahmenständern wurden ebenfalls in Eisenbeton ausgeführt.“[679]

Lagerverschiebungen und Temperaturbeanspruchungen blieben unberücksichtigt. Eine Bemessung der Querkraftbügel erfolgte nicht.

Bauausführung

Nach Auswertung bauzeitlicher Quellen begann der Rohbau in den die Krokodilhalle umgebenden Räumen (Abbildung 131).

Im Rahmen einer Konstruktiven Bestandsaufnahme wurden zwei Bereiche im Kellergeschoss, die Behälter und die daran angrenzende Rahmenkonstruktion näher in Augenschein genommen. Es wurden Bereiche ausgewählt, die nicht durch Kriegsschäden beeinträchtigt und durch die spätere Sanierung zu stark verändert wurden. Die Konstruktion ist hier zwar planmäßig nicht durch abgehängte Decken oder Ähnliches verdeckt, dennoch war die Untersuchung zum Teil schwierig, da an Decken und Wänden vielfach Versorgungsleitungen, Kabelbrücken und andere Einrichtungen angebracht wurden. Für die Untersuchung des Rahmens konnten in den Bereichen Achse F-G/III-V, A/V und C/V (die Bezeichnung der Achsen korrespondiert mit der Dokumentation der Konstruktiven Bestandsaufnahme) geeignete Flächen genutzt werden. Zusätzlich dazu fanden sich vor allem in den nördlichen Bereichen (zwischen Achse VIII und XI) einige Bereiche mit freiliegender Bewehrung.

Grundsätzlich lässt sich eine hohe Übereinstimmung der äußeren Geometrie mit der Planung nachweisen. Stützen, Balken, Wände und Decken sind in den Maßen ausgeführt, wie sie in der

[678] Königliches Polizei-Präsidium (1912), S. o. A.

[679] O. A. (1914b), S. 166.

Bemessung angesetzt wurden. Eine Abweichung zwischen geplanter und ausgeführter Bewehrung wurde bereits im Rahmen der Sanierungsmaßnahme in den 1950er Jahren bemerkt: „Es fiel auf, daß in den Säulen und Unterzügen so gut wie keine Bügel, in den Unterzügen nur eine ungenügende Schubbewehrung und in den Decken wenig Aufbiegungen und keine Verteileisen vorhanden waren.“[680] Vor allem bei den Unterzügen der Erdgeschossdecke „zeigte es sich, daß in den Deckenbalken nur etwa 60% der in der alten statischen Berechnung ermittelten Rundstahlbewehrung vorhanden war, ein schwerer Ausführungsfehler!“[681]. Weiterhin führten konstruktive Mängel dazu, dass „die Unterzüge [im Erdgeschoss] an allen End-Einspannstellen durchgerissen sind“[682]. Weiter wurde festgestellt, dass „[d]ie Kornzusammensetzung des Betons [...] einen sehr hohen Gehalt an Feinsand [zeigte]“ sowie konstruktive Mängel dazu führten, dass „die Unterzüge [im Erdgeschoss] an allen End-Einspannstellen durchgerissen sind“[683]. Doch trotz der benannten Mängel überzeugten die Ausführung und die Konstruktion offensichtlich durch ihre Robustheit.

> „Es war erstaunlich, wieder einmal feststellen zu können, wie widerstandsfähig sich [...] die alte Bauart den stärksten Beanspruchungen [Zerstörungen durch Spreng- und Phosphorbomben, Anm. d. V.] gegenüber gezeigt hat und wie sich andererseits hoffnungslos aussehende Bauteile verhältnismäßig einfach und einwandfrei ausbessern und als Neukonstruktionen wieder verwenden ließen.“[684].

Im Gegensatz dazu zeigte die Untersuchung der Bewehrung einige Abweichungen. In den Unterlagen hat sich ein bauzeitlicher Bewehrungsplan für die Rahmenkonstruktion erhalten (siehe Abbildung 132), der mit den Ergebnissen der Vorort-Untersuchung verglichen werden kann:

- Die Rahmenkonstruktion gliedert sich in die Geschossdecke (Plattenbalken) und die Stützen. Während die Decke entsprechend den Vorgaben bewehrt wurde, weist der Balken eine Längsbewehrung von nur ø 12mm auf (laut Statik ø 16mm). Die Bügelbewehrung des Balkens ist mit glatten Rundeisenbügeln ø 7mm im Abstand von 30cm ausgeführt. Die in der Statik genannten Flacheisenbügel wurden offenbar nicht verwendet. Bei den inneren Pfeilern (Achsen V und VIII) sind die geforderten vier Rundeisen ø 23mm in den Ecken positioniert, allerdings ist die Betondeckung mit 4 bis 15cm vergleichsweise hoch. Die Bügel sind mit ø 7mm und einem Abstand von rund 35cm ausgeführt, wobei sich der Bügelabstand im Fußpunkt der Stütze auf rund 15cm verringert. Die Vorgabe war hier, Bügel ø 10mm mit einem Abstand von 60cm einzubauen. Die Form der Bügel weicht offenbar auch von den Vorgaben ab, da nur an den Stirnflächen Bügel geortet werden können. An den Seitenflächen können keine Ergebnisse ermittelt werden.

Zu Abweichungen zwischen geplanter und ausgeführter Bewehrung siehe auch Anhang A2.

---

680 Fiesinger (1953), S. 216.
681 Ebd.
682 Ebd.
683 Ebd.
684 Fiesinger (1953), S. 218.

Tragwerkskategorie 3 – Stockwerksrahmen, Aquarium

Bauzeitliche Kritik

Ergänzend zu den in Anhang A2 bereits beschriebenen bauzeitlichen Publikationen sei an dieser Stelle erwähnt, dass sich auch die Rahmenkonstruktion bis auf den Artikel in BuE[685] nicht wiederfindet. Indirekt könnte dies als ein Hinweis dafür gesehen werden, dass die Konstruktion zu dieser Zeit und in den realisierten Dimensionen keinen Neuigkeitswert mehr hatte.

Nutzungsgeschichte

Siehe Kapitel Anhang A2.

Heutiger Zustand

Im Ergebnis der fast zehn Jahre dauernden Instandsetzung des durch mehrere Bombeneinschläge teilzerstörten Aquariums wurden rund 400.000 DM investiert. Auf Grund der knappen finanziellen Mittel fiel die Entscheidung zu Gunsten einer Wiederherstellung unter Verwendung der vorhandenen Konstruktion und gegen einen Abriss und Neubau aus. Schwerpunktmäßig konzentrierten sich die Arbeiten auf die Südostecke des Gebäudes und den Unterbau der Bodenplatte des Krokodilbeckens. Durch die Instandsetzungs- und Verstärkungsmaßnahmen wurde ein großer Teil der Eisenbetondecken im Erdgeschoss ausgebessert und erneuert sowie geschädigte Unterzüge und Stützen abgebrochen und ersetzt. In einem Bereich von lediglich 10,5 x 15m wiesen die Unterzüge und Stützen unterhalb der Bodenplatte des Krokodilbassins starke Beschädigungen auf und wurden instandgesetzt.[686]

In den Besuchern zugänglichen Räumen wird das Tragwerk durch abgehängte Decken und Putzschichten verdeckt. Eine genaue Zustandsbeschreibung ist daher nicht möglich. Im Kellergeschoss sind die originalen Oberflächen noch sichtbar und zeigen sich kaum durch Korrosionsschäden oder Abplatzungen beeinträchtigt.

Bedeutung des Tragwerks

Das Aquarium in Berlin weist in seiner Konstruktion der zweigelenkigen Stockwerksrahmen eine zu großen Teilen vor allem im Kellergeschoss original erhaltene Eisenbetonkonstruktion auf. Die Analyse eines Reparaturberichtes aus dem Jahr 1953 gibt nachträglich ein klares Bild über die ausgeführte Konstruktion. Es liegt nahe, die niedrige Zahl der bauzeitlichen Publikationen in dem Maße zu interpretieren, dass die Konstruktion nur einen geringen Neuigkeitswert hatte. Dementgegen zeigten sich bei der Instandsetzung nach dem Zweiten Weltkrieg zahlreiche Defizite in der Ausführung: unter anderem die mangelnde Betondeckung, fehlende Verankerungslängen und eine ungenügende Schubbewehrung. Offenbar meinte man, die Bauweise zu beherrschen, aber die Summe der Mängel in der Ausführung lassen daran zweifeln. In der Analyse der konstruktiven Charakteristika des Aquariums zeigt sich ein Tragwerk, dessen Stockwerksrahmenkonstruktion theoretisch nach dem damals neusten Stand ausgearbeitet wurde. Allerdings hat es bei der praktischen Ausführung der Bauweise anscheinend noch Schwierigkeiten gegeben. Es erstaunt, dass eine nur ungenügende Menge an Schubbewehrung verbaut wurde.

685 O. A. (1914b).

686 Fiesinger (1953).

Vor allem, da seit 1902 zum Teil bereits öffentlichkeitswirksame Bauteilversuche zum Schubverhalten bei Plattenbalken und Balken stattfanden[687].

Gerade im Vergleich mit dem zuvor besprochenen Viktoriaspeicher wird deutlich, dass das ausführende Bauunternehmen zwar einerseits über einen offenbar kompetenten Eisenbetoningenieur verfügte, der den Nachweis der statischen Positionen verantwortete, andererseits aber sichtbar weniger Erfahrung mit dem tatsächlichen praktischen Bauen in Eisenbeton hatte.

[687] M. (1911); Mörsch (1907).

Tragwerkskategorie 3 – Stockwerksrahmen, Aquarium

Abbildungen

Abbildungen des Tragwerks in Publikationen:

Abbildung 131: Ausgeschalte Eisenbetonkonstruktion an der Stirnseite des späteren Krokodilbassins im Aquarium, O. A. (1914b), S. 168.

Abbildungen aus der Baugenehmigungsplanung, Bewehrungsplanung:

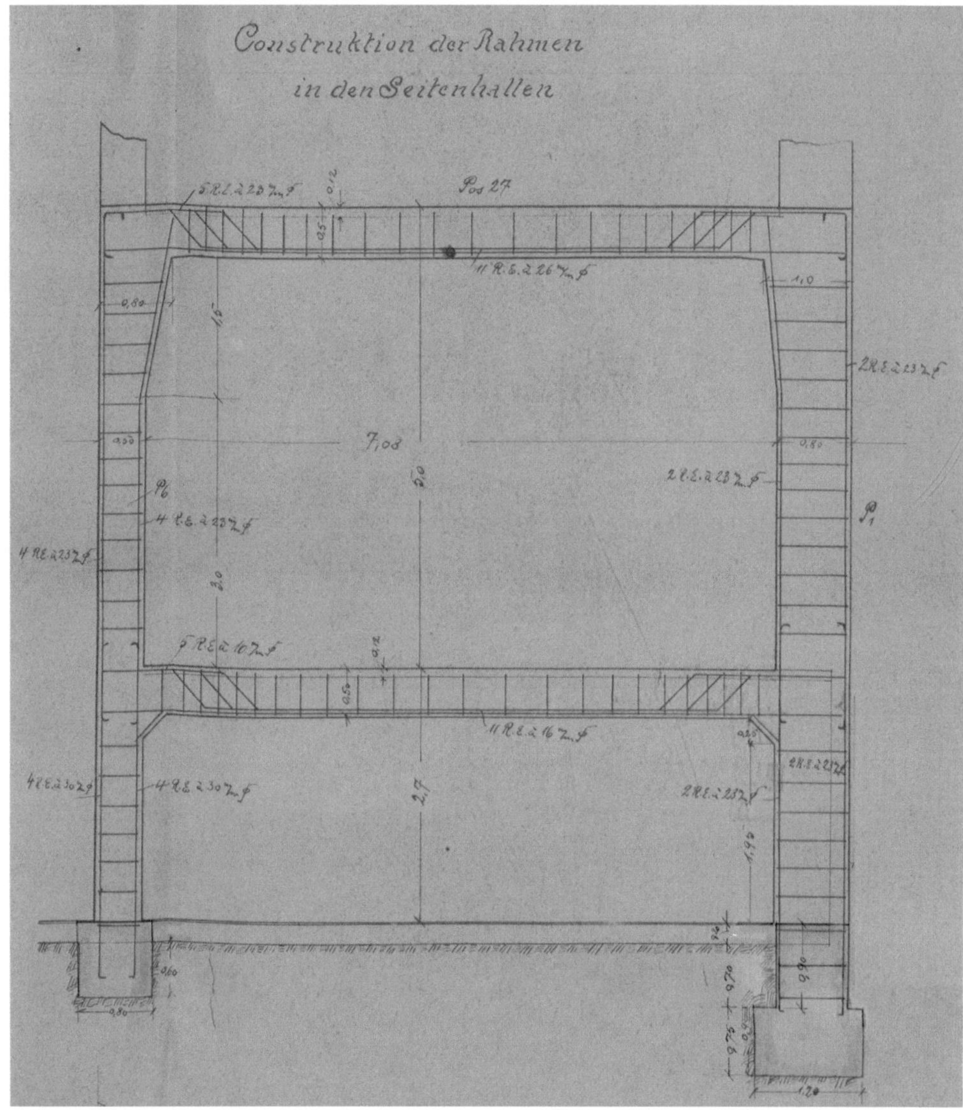

Abbildung 132: Bewehrungszeichnung der Rahmenkonstruktion im Hallenbau des Aquariums, Königliches Polizei-Präsidium (1912), S. o. A.

Tragwerkskategorie 3 – Stockwerksrahmen, Aquarium

Dokumentation der Konstruktiven Bestandsaufnahme, September 2017:

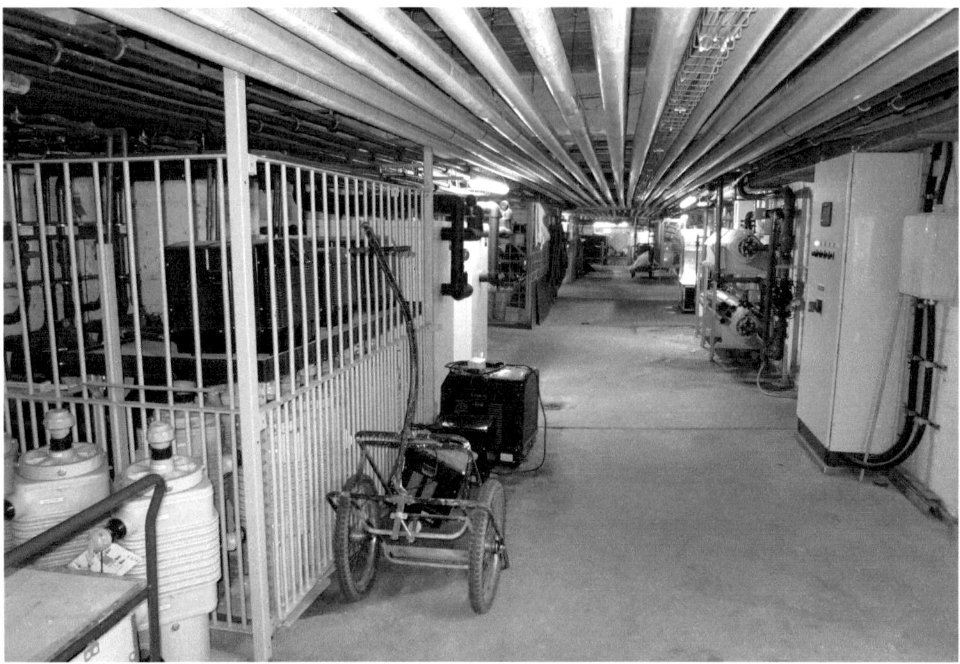

Abbildung 133: Blick in das Kellergeschoss des Aquariums, nachträgliche Einbauten verdecken vielfach die ursprüngliche Rahmenkonstruktion (Foto: Kuban 2016).

Abbildung 134: Blick in das Erdgeschoss des Aquariums; hier verdecken abgehängte Decken die Rahmenkonstruktion (Foto: Kuban 2016).

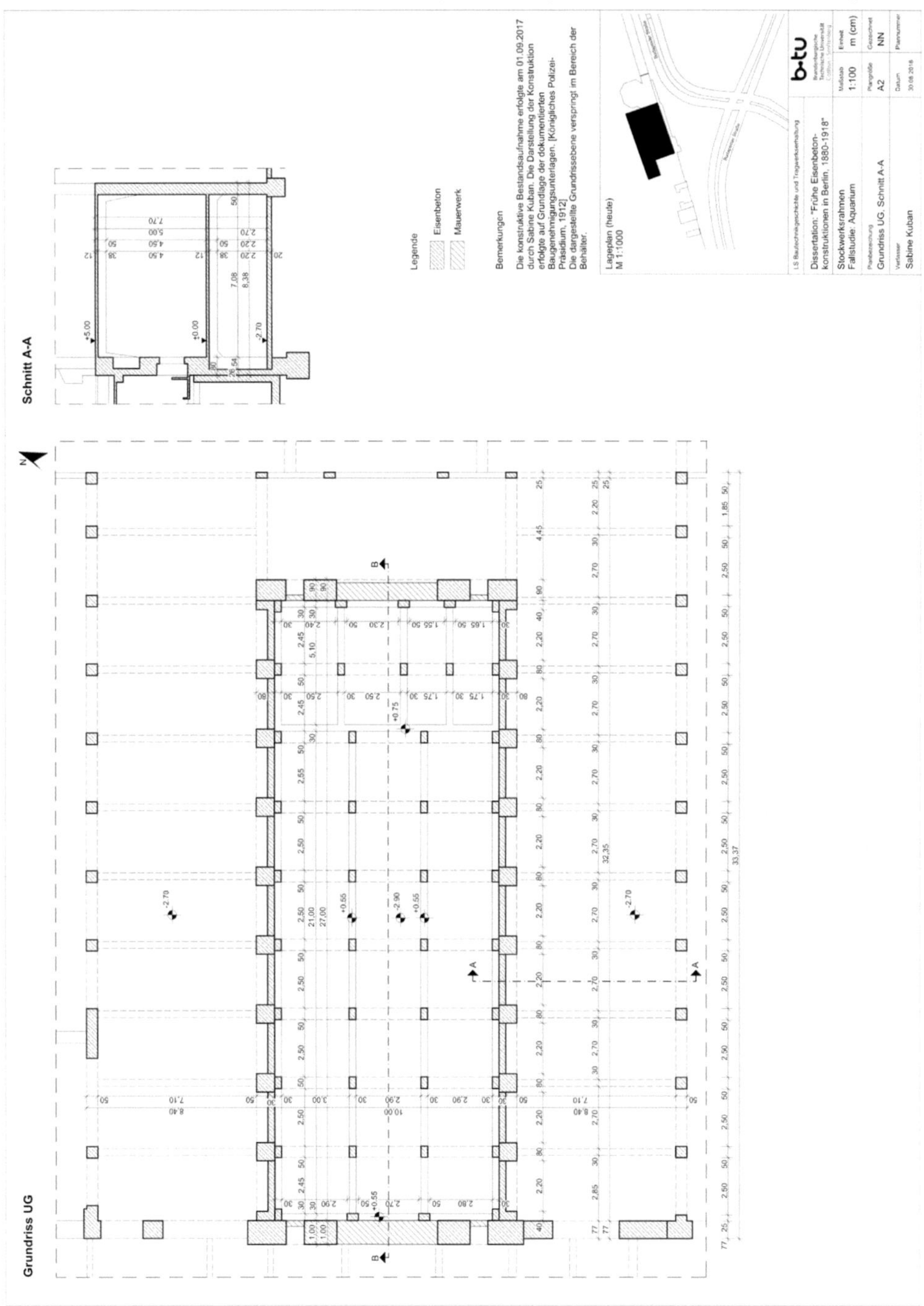

Abbildung 135: Aquarium, Teilgrundriss und –schnitt (Zeichnung: Novakovic 2018).

Tragwerkskategorie 3 – Stockwerksrahmen, Aquarium

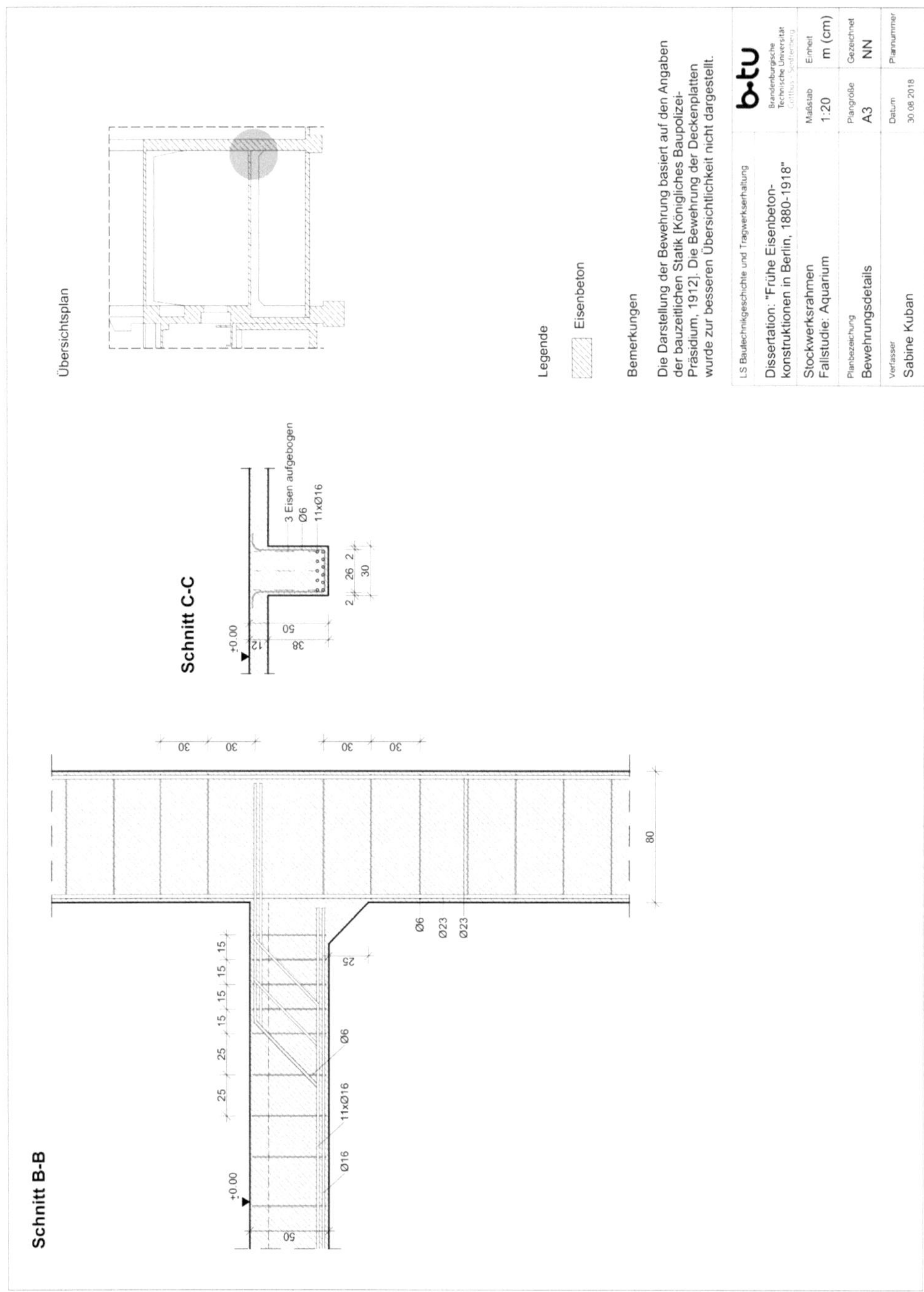

Abbildung 136: Aquarium, Bewehrungsdetails Rahmen (Zeichnung: Novakovic 2018).

A5. Tragwerkskategorie 4 – Hallenrahmen

Saalbau Bötzow-Brauerei, Pankow

Abbildung 137: Historische Fotografie des Geländes der Bötzow-Brauerei um 1900, O. A. (verm. 1939). Der Vorgängerbau vorn links, diente offenbar als Vorlage für die Architektur des Saales.

Tragwerksdaten

Baujahr	1909
Aktueller Zustand	Zerstört
Ort, Adresse	Prenzlauer Allee 242–247, Berlin
Bauherr	Julius Bötzow
Architekt	Königlicher Hof-Maurer- und Zimmermeister Otto Carl
Ingenieur	k.A.
Bauunternehmen	Keppich Eisenbeton GmbH
Baumaterialien	Eisenbeton, unprofilierte Rundstabeisen

Relevante Literatur, Relevante Quellen, Verortung

Siehe Anhang A2.

Planungsidee, Anlass

Siehe Anhang A2.

Tragwerkskategorie 4 – Hallenrahmen, Bötzow-Brauerei

Bau- und Tragwerksbeschreibung

Der Saalneubau aus den Jahren 1909 und 1910 ist nicht mehr vorhanden (siehe Abbildung 138). Die Beschreibung der Konstruktion basiert auf einer Fotografie der Eröffnungsfeier (siehe Abbildung 139) und dokumentierten Bauplänen (Abbildung 140 bis Abbildung 143). Im Grundriss umfasste der Saalbau eine Fläche von 15,8m x 32m und integrierte teilweise bereits bestehende bauliche Anlagen. Durch seine Positionierung auf dem Grundstück ermöglichte er den direkten Zugang der Besucher des Biergartens. Weiterhin gelang eine bauliche Trennung der Zugangs- und Blickrichtungen auf das private Wohnhaus der Familie Bötzow sowie die Anlagen der eigentlichen Brauerei. Das Eisenbetontragwerk aus fünf, mit gewölbten Decken verbundenen Zweigelenkbindern lag einerseits versteckt hinter verputztem Mauerwerk bzw. war direkt verputzt. Der Querschnitt der Binder variierte in der Höhe von 75cm bis zu 2,25m, wohingegen die Breite konstant mit 35cm angegeben ist. Im Fußpunkt waren die Binder gelenkig ausgeführt und in Querrichtung über horizontale Zugstangen miteinander verbunden. Die Aussteifung in Längsrichtung erfolgte über die Decken. Die Formgebung der Binder und Decken erforderte eine hölzerne Dachkonstruktion, die an einen vierfachstehenden Stuhl mit einer mittleren Hängesäule erinnert (siehe Abbildung 142). Die Ausfachungen zwischen den Bindern sowie sämtliche angrenzenden Wände waren aus Mauerwerk.

Beschreibung der statischen Bemessung

Die Eisenbetonkonstruktionen im Saalneubau umfassten insgesamt fünf zweigelenkige Rahmenbinder mit einem Achsabstand von 6,40m und dazwischen eingelassene, gewölbte Decken mit einer Spannweite von 6,10m. Letztere wurden planmäßig für eine Nutzlast von 100 kg/m² berechnet.[688] Die Decken liegen nicht auf den Balken auf, sondern sind direkt mit den Rahmenbalken etwas oberhalb der unteren Balkenlängsbewehrung verbunden. In der Statik heißt es dazu: „Da die Platte unten am Binder angehängt wird, so trägt sie nicht zur Aufnahme der Druckspannungen bei.“[689] Nach Auswertung der Statik der Lehrgerüste, wurden die Decken zeitgleich mit den Bindern hergestellt.
Die Ermittlung der Binder- und Rahmenmomente erfolgte mit Hilfe der Clapeyron‘schen Gleichungen. Für die Bewehrung wurde das firmeneigene System gewählt: „Die Armierung der Decken geschieht nach dem System Keppich-Eisenbeton, wo der Übergang der Eiseneinlagen von der unteren nach der oberen Zone unter Biegung in Blitzform geschieht.“.[690] Die Binder und Decken wurden monolithisch bewehrt und ausgeführt. Im Fußpunkt lagerten die Binder gelenkig auf den darunter verlaufenden Mauerwerkswänden (siehe Abbildung 144). Außerdem waren sie in Querrichtung, zur Aufnahme der horizontalen Lasten, über eiserne Zugstangen, die im Fußboden eingelassen waren, miteinander verbunden.
In Auswertung der dokumentierten statischen Bemessungen zum Saalneubau fallen zahlreiche Verweise auf Fachpublikationen auf, die einerseits beim Nachweis statischer Positionen, aber

[688] Der Ansatz galt für Belastungen durch mögliche Reparaturarbeiten, da die Decken unterhalb des Gebäudedaches angeordnet und somit keinen Wind- und Schneelasten ausgesetzt waren.
[689] Entsprechend den Angaben in der statischen Berechnung für Saalneubau, 20.05.1909, S. 9, in Städtische Baupolizeiverwaltung (1909).
[690] Es sind keine weiteren Details angegeben, welche Spezifikationen das System Keppich umfasst. Städtische Baupolizeiverwaltung (1909).

auch zu Vorgaben für die Ausführung des Eisenbetons angegeben wurden. Zwar waren und sind Verweise in einer Statik auf Standardwerke gängige Praxis, allerdings könnte die Anzahl als Hinweis gelesen werden, dass der Ingenieur[691] selbst wenig Erfahrung mit dem Material hatte und sich so absichern wollte. Des Weiteren kann die im Vergleich zu anderen Statiken hohe Anzahl an Nachträgen für einen kenntnisreichen Baubeamten sprechen.

Interessant ist der Nachweis der Binder mit den monolithisch angebundenen Decken (siehe Abbildung 145). Durch die direkte Einbindung entstand zwar eine räumliche Struktur, die aber als Plattenbalken nachgewiesen wurde. Dabei erscheinen die mit in den Eckbereichen weit über 1m statischer Höhe dimensionierten Binder wenig ökonomisch geplant. Ihre spezifische Formgebung erzeugt ein zusätzliches Eigengewicht, um die Lasten entsprechend nach unten zu führen. Weiterhin wirkt die Form und Positionierung der Bewehrung sehr einfach.

Die Vorgaben für die zulässigen Beanspruchungen variieren sowohl beim Beton (Druckspannung 40 kg/cm² - 45 kg/cm², Scherspannung 4,5 kg/cm²) als auch beim Eisen (1000 kg/cm² - 450 kg/cm²). Der globale Sicherheitsfaktor beträgt im Allgemeinen 6 bzw. 10 bei der Dimensionierung der Betonmischung für die Betongelenke (siehe Abbildung 144). Im Nachtrag vom Oktober 1909 beträgt, mit Verweis auf erfolgte Materialtests, die 28-Tage Festigkeit einer 1:3 Mischung 210 kg/cm². Da gerade in den Betongelenken rechnerisch mit einer höheren Belastung zu rechnen war, wurde eine Mischung 1:2 mit einer 28-Tage Würfelfestigkeit von rund 260 kg/cm² vorgegeben.

Bauausführung

Der Saalbau ist nicht mehr vorhanden und die dokumentierten Planunterlagen sind wenig detailliert. Zum Arbeitsablauf lässt sich vermuten, dass offenbar ein Lehrgerüst für die Binder und Decken gleichzeitig erstellt werden sollte (siehe die Statik zum Lehrgerüst, Kapitel C2). Zur Bewehrungsführung und Betonverarbeitung finden sich keine Hinweise. Eine ungewöhnlich große Betondeckung von 4cm ist nur für die Rückseite der Binder entlang der Ostfassade explizit angegeben, sonst finden sich dazu keine Vorgaben. Zu Art und Mischung des Betons wurden ebenfalls keine direkten Vorgaben gemacht.

Bauzeitliche Kritik

Die beschriebene Rahmenkonstruktion findet sich in keiner bauzeitlichen Publikation wieder. Erst in der Rückschau aus den 1930er Jahren (siehe Literaturangaben in Anhang A2 wird die Konstruktion erwähnt und auch abgebildet, allerdings nicht im Detail erläutert.

Nutzungsgeschichte

Siehe Anhang A2.

Heutiger Zustand

Der Saalbau ist heute nicht mehr vorhanden.

691 In den Plänen ist Dipl.-Ing. B. Bauer als Bearbeiter der Firma Keppich Eisenbeton dokumentiert. Nähere Informationen zu Herkunft, Ausbildung und seinen Erfahrungen mit Eisenbeton konnten im Rahmen der Arbeit nicht recherchiert werden.

Tragwerkskategorie 4 – Hallenrahmen, Bötzow-Brauerei

Bedeutung des Tragwerks

Dieser Tragwerkstyp fand in Berlin eigentlich vor allem im Industriebau und außerhalb Berlins auch bei Bahnhofsbauten Anwendung. Umso interessanter erscheint der Entwurf für einen Saalbau mit einer deutlich repräsentativen Architektur, gekennzeichnet durch zahlreiche Schmuckelemente, große Fensterflächen und einem Walmdach. Die sieben-achsige Fassadengliederung mittels Lisenen findet sich im Inneren fast vollständig in der Position der Binder wieder. Durch die, im Bodenniveau angeordneten Zugstangen blieb der Innenraum frei. Es entstand ein großer Saal, der für verschiedene Zwecke genutzt werden konnte. Die Analyse einer bauzeitlichen Fotografie zeigt bemalte Deckenflächen, vermutlich auf einer Putzschicht, sodass nicht unbedingt sichtbar war, welches Baumaterial zum Einsatz gekommen war. Das Tragwerk wurde hinter Mauerwerkswänden und –pfeilern versteckt. Informationen über die Firma Keppich-Eisenbeton, die den statischen Entwurf verantwortete, sind kaum überliefert (siehe dazu Kapitel 3.5.1). In bauzeitlichen Publikationen konnten zwei Verweise auf weitere Bauten gefunden werden (siehe Anhang A2). Der Saalbau entstand demnach etwa zwei Jahre nach Firmengründung. Die Dimensionierung der Querschnitte und die Bewehrungsführung fügen sich in das Wissen der damaligen Zeit ein. Hier wurde nicht experimentiert, sondern bekanntes Wissen umgesetzt.

Abbildungen

Lageplan

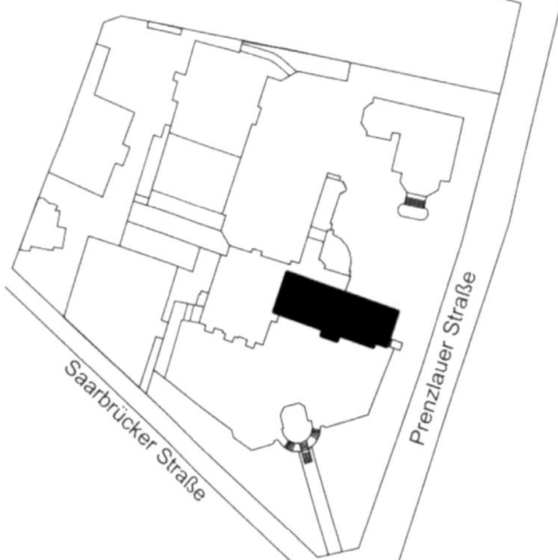

Abbildung 138: Lageplan des Grundstücks der Bötzow-Brauerei um 1910 (Zeichnung: Novakovic 2018).

Abbildungen des Tragwerks in Publikationen:

Abbildung 139: Festsaal der Bötzow-Brauerei bei der Eröffnungsfeier, vermutlich 1910, O. A. (verm. 1939), S. 20.

Abbildungen aus der Baugenehmigungsplanung, Entwurfsplanung:

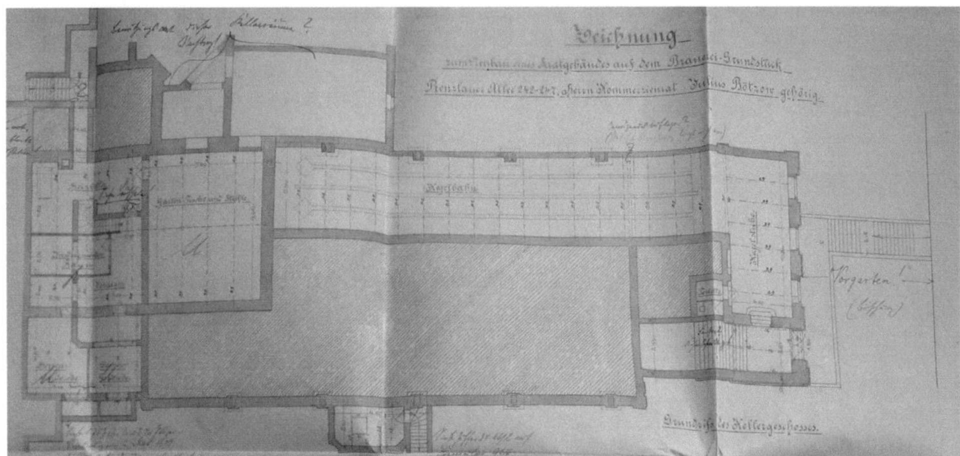

Abbildung 140: Grundriss Kellergeschoss Saalneubau Bötzow-Brauerei, Entwurfsplanung, Städtische Baupolizeiverwaltung (1909), S. o. A.

Tragwerkskategorie 4 – Hallenrahmen, Bötzow-Brauerei

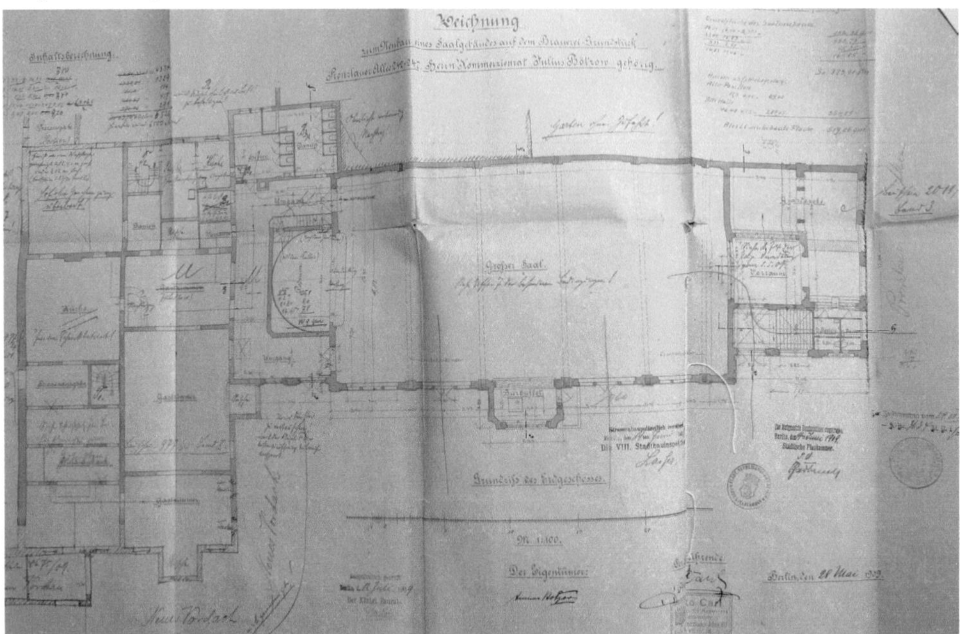

Abbildung 141: Teilgrundriss Erdgeschoss Saalneubau Bötzow-Brauerei, Entwurfsplanung, Städtische Baupolizeiverwaltung (1909), S. o. A.

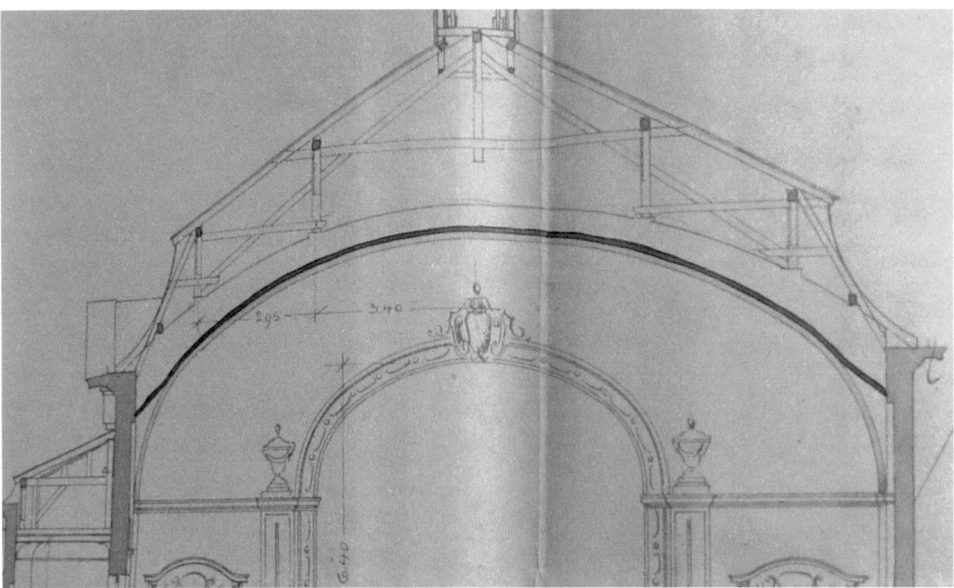

Abbildung 142: Teilquerschnitt durch den Saalneubau Bötzow-Brauerei, Entwurfsplanung, Städtische Baupolizeiverwaltung (1909), S. o. A.

Abbildung 143: Fassadenansicht und Längsschnitt Saalneubau Bötzow-Brauerei, Entwurfsplanung, Städtische Baupolizeiverwaltung (1909), S. o. A.

Tragwerkskategorie 4 – Hallenrahmen, Bötzow-Brauerei

Abbildungen aus der Baugenehmigungsplanung, Bewehrungspläne:

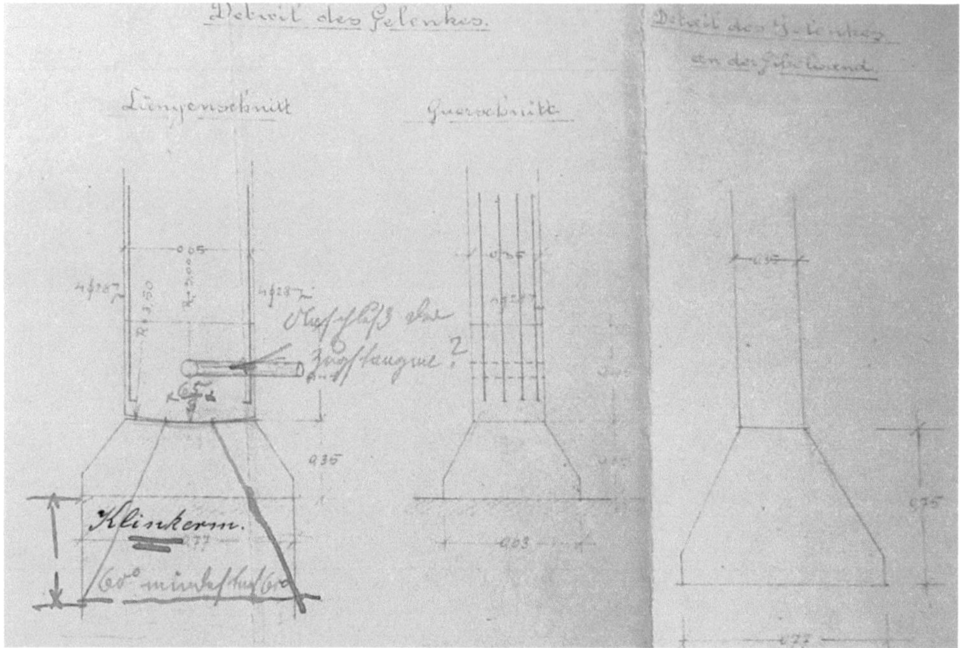

Abbildung 144: Binderfußpunkt als Betongelenk, Entwurfsplanung Bötzow-Brauerei, Städtische Baupolizeiverwaltung (1909), S. o. A.

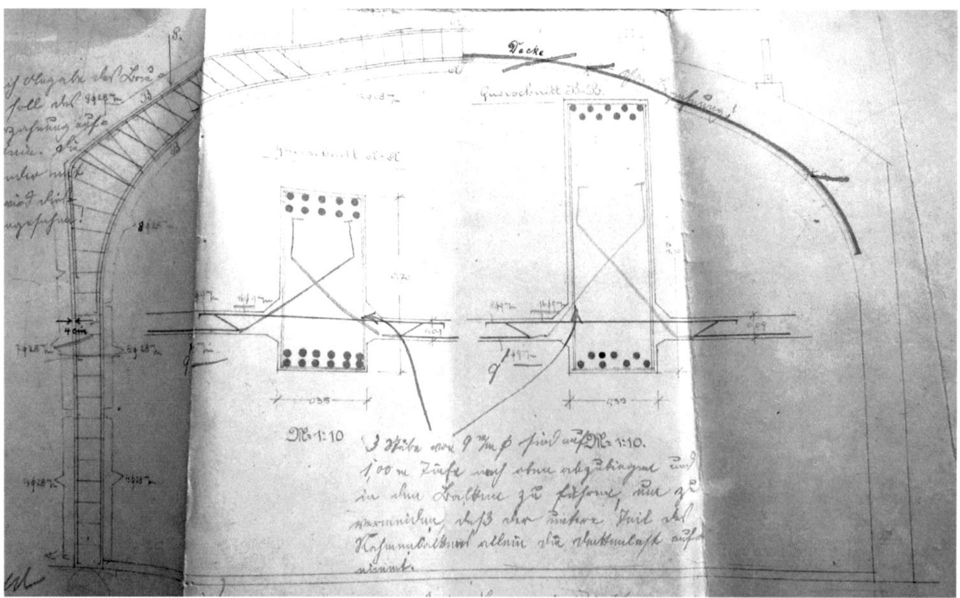

Abbildung 145: Bewehrungszeichnung zum Rahmenbinder des Saalneubaus der Bötzow-Brauerei, Städtische Baupolizeiverwaltung (1909), S. o. A.

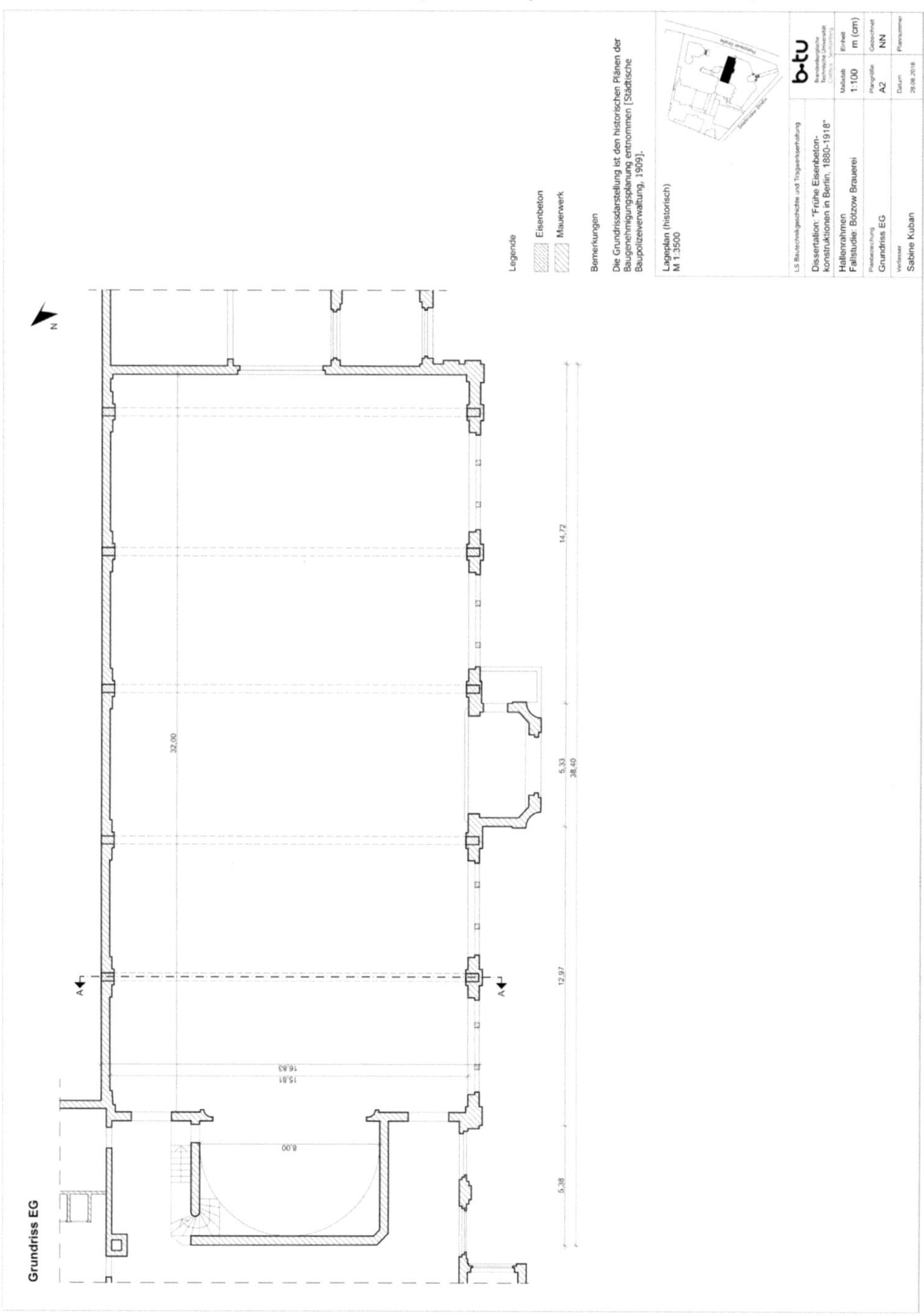

Abbildung 146: Bötzow-Brauerei, Grundriss Veranstaltungssaal (Zeichnung: Novakovic 2018).

Tragwerkskategorie 4 – Hallenrahmen, Bötzow-Brauerei

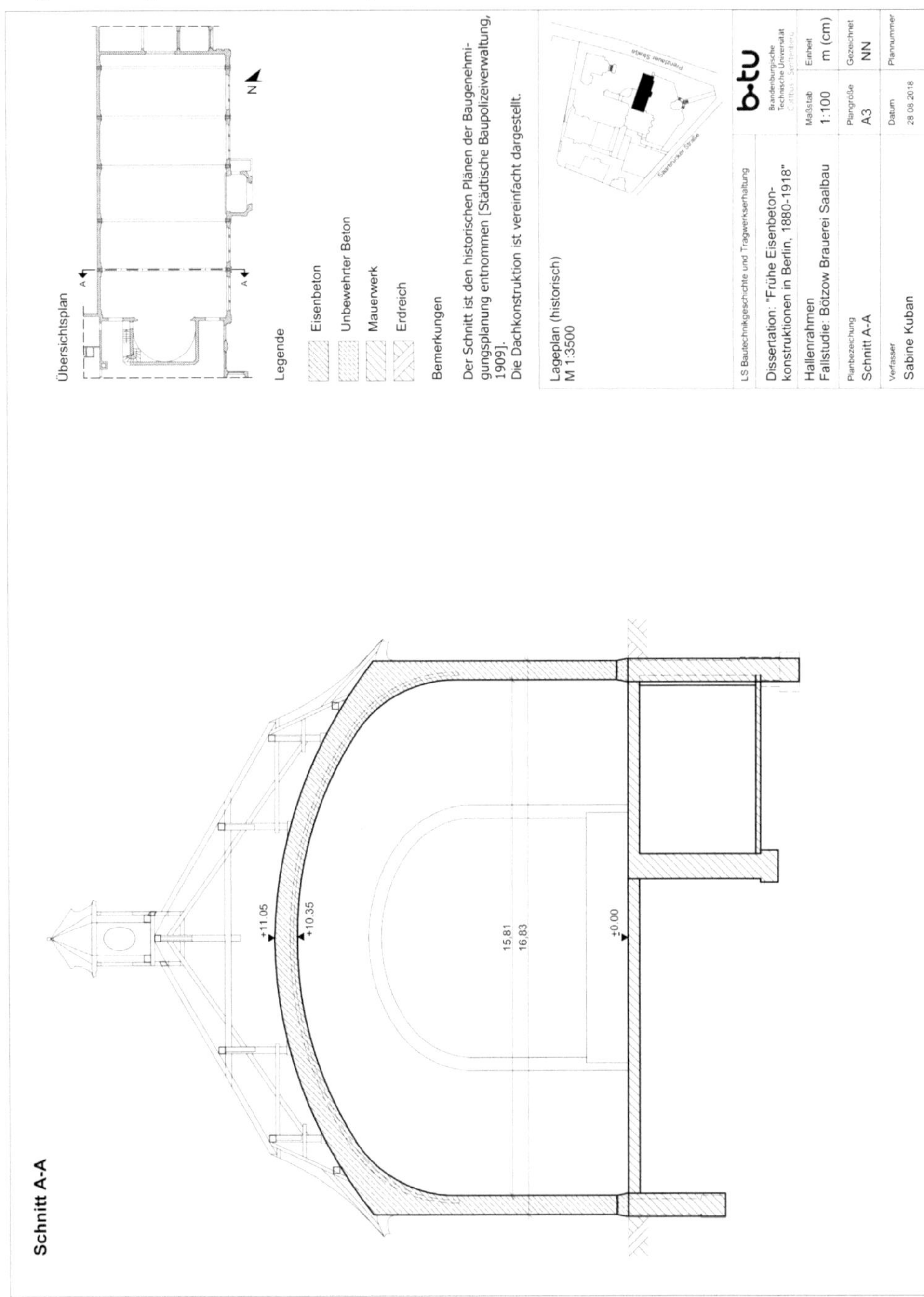

Abbildung 147: Bötzow-Brauerei, Schnitt Veranstaltungssaal (Zeichnung: Novakovic 2018).

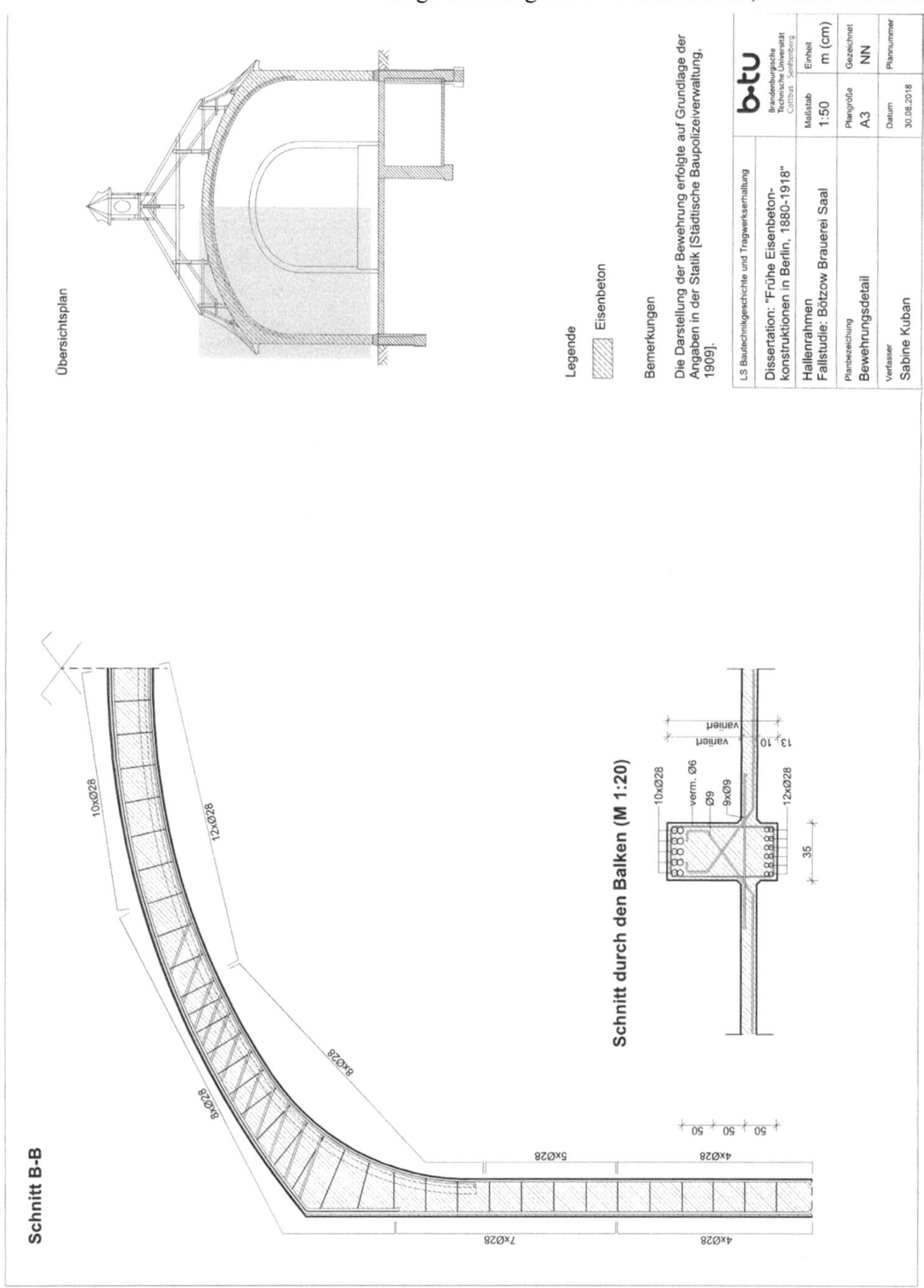

Abbildung 148: Bötzow-Brauerei, Bewehrungsdetails Veranstaltungssaal (Zeichnung: Novakovic 2018).

Flugzeughallen, Karlshorst

Abbildung 149: Westfassade der Flugzeughallen Karlshorst (Foto: Heres 2017)

Tragwerksdaten

Baujahr	1917
Aktueller Zustand	Erhalten
Ort, Adresse	Köpenicker Allee 165, 10318 Berlin Friedrichsfelde/ Karlshorst
Bauherr	Militär-Neubauamt Berlin-Friedrichsfelde, Intendantur Luftstreitkräfte
Architekt	Vermutlich Franz Rank
Ingenieur	Manger-Spengler
Bauunternehmen	Gebrüder Rank, Oberbauführer K. Hehenberger, Bauführer Isner
Baumaterialien	k. A.

Relevante Literatur

Brandl (2013)

Relevante Quellen

Gebrüder Rank (1919), Basiner et al. (2012), Landesdenkmalamt Berlin (2017)

Verortung

Das Gelände des ehemaligen Flughafens Karlshorst liegt im Süden von Berlin und gehörte ursprünglich zur Gemeinde Friedrichsfelde. Heute gehört das Gelände zum Stadtteil Lichtenberg.

Planungsidee, Anlass

In unmittelbarer Nähe von Karlshorst hatte Werner von Siemens bereits 1887 das Rittergut Biesdorf käuflich erworben. Dort entstand ab 1907 eine Luftschiffhalle als Bauwerft und zur Unterbringung von Luftschiffen, die die Siemens-Schuckert-Werke bis 1912 herstellten. Ab 1909 und vor allem mit Beginn des Ersten Weltkrieges konzentrierten sich die Bemühungen des Unternehmens allerdings auf den Flugzeug- und Flugmotorenbau. Mit steigendem Erfolg wurden Flugzeuge hergestellt, die sich innerhalb weniger Jahre zu einer wichtigen Waffengattung beim kaiserlichen Militär entwickelten. Die Kapazitäten des bis dahin genutzten Motorflugplatzes in Johannisthal sollten demgemäß erweitert werden. Das weiträumige Gelände um die bestehende, nicht mehr genutzte Luftschiffhalle in Biesdorf versprach entsprechende Entwicklungsmöglichkeiten, zumal die Bevölkerung von Friedrichsfelde den Wunsch geäußert hatte, in einer Garnisonsstadt leben zu wollen Im Ergebnis wurde ab 1916 das Gelände der Siemens-Schuckert-Werke in Biesdorf deutlich erweitert und für die Nutzung als Flugplatz vorbereitet. Im Rahmen der Bauarbeiten entstanden ab Juli 1917 die Flugzeughallen (siehe auch Abbildung 150). Der Entwurf und die Realisierung erfolgten unter Beteiligung des Eisenbetonunternehmens Gebrüder Rank aus München. Neben umfangreichen Erfahrungen mit Eisenbeton hatte das Unternehmen zusätzlich auch einige Flugzeughallen und Flughafengebäude u. a. in Fürth-Atzenhof und München-Schleißheim gebaut. Gerade das letzte Bauprojekt gab wohl den Anlass dazu, ein Konzept für im Taktverfahren hergestellte Eisenbetonflugzeughallen zu erarbeiten und der Intendantur für Luftstreitkräfte vorzustellen. Nach längeren Verhandlungen wurde im März 1917 die Erlaubnis erteilt, die ersten vier Hangars zu errichten. Dabei gab es einige entwurfsbestimmende Randbedingungen, die zu beachten waren: Die Hallen dienten vor allem zur Unterstellung der Flugzeuge, wobei sie gleichsam genug Platz bieten sollten, um Wartungs- und Reparaturgerätschaften unterzustellen. Die Hallen sollten nicht zu hoch sein, um Starts und Landungen auf dem Flugfeld nicht zu beeinträchtigen. Des Weiteren sollten sich die Toröffnungen zum Flugfeld hin, entlang der ganzen Breite der Fassade öffnen lassen, um Beschädigungen an den Flugzeugen zu verhindern. Schließlich sah der Entwurf mehrere Einheiten mit gleichen Dimensionen vor, um eine rationelle Verwendung der Schalung zu gewährleisten.[692]

Bau- und Tragwerksbeschreibung

Insgesamt wurden sechs Hangars errichtet. Jeder bestand aus drei kleineren, im Grundriss quadratischen (etwa 22x22m) Hallen, die jeweils mit einer Kuppel überdeckt sind (siehe Abbildung 151 und Abbildung 152). Damit ergibt sich die Grundrissgeometrie für die Hangars zu einer Gesamtlänge von jeweils 66,5m und einer Breite von 22m (siehe auch Abbildung 159). Während die Kuppeln als flache Kugelkalotte in bewehrtem Hohlsteinmauerwerk ausgeführt wurden, besteht das umgebende lastabtragende Tragwerk hauptsächlich aus Eisenbeton.

---

[692] Pichler und Schmidt (2004).

Zwischen den drei Kuppeln eines Hangars (in Querrichtung) sind jeweils zwei Zweigelenkrahmen mit einem im Erdboden eingelassenem Zugband aufgestellt (siehe Abbildung 154). Die Rahmen haben eine Spannweite von etwa 20m und eine Höhe von 7,60m. Die Obergurte und Stege ragen somit teilweise über die Kuppeln, deren Scheitelpunkt etwa 9,70m über dem Bodenniveau liegt, hinaus. Die Gebäudeabschlusswände in Querrichtung sind aus Mauerwerk. Die Kuppeln liegen in Querrichtung auf den Zweigelenkrahmen und den Umfassungswänden auf.
In Längsrichtung befinden sich auf der Seite zum Flugfeld 2,60m hohe Vierendeelträger (siehe Abbildung 153), die die großen Toröffnungen überspannen. Mittig sind in die Träger jeweils vier Fensteröffnungen eingelassen. Auf der dem Flugfeld abgewandten Seite sind in Traufhöhe Eisenbetonbalken ausgeführt, die ihr Auflager in darunterliegenden Mauerwerkswänden und -pfeilern finden. Auch auf der dem Flugfeld abgewandten Seite sind in die Längswände Fensteröffnungen eingelassen. Die Lasten der Kuppeln werden in Längsrichtung im Bereich der Fenster direkt in den Steg der Vierendeelträger bzw. den Eisenbetonbalken eingeleitet. Im Eckbereich zwischen Vierendeel- und Rahmenträgern bzw. den Umfassungswänden ist über Eck jeweils ein Eisenbetonbalken eingearbeitet, der den Kuppeln als Auflager dient. Diese Eckversteifung unterstützt vermutlich auch die horizontale Aussteifung in Längsrichtung. Zur Ausführung der Fundamente gibt es keine Informationen.

Beschreibung der statischen Bemessung

Die statische Berechnung für die Rahmen ist nicht dokumentiert. Ein Verweis auf die Bearbeitung der Statik und Konstruktion in den Abrechnungsunterlagen führt den Namen Manger-Spengler auf[693].

Bauausführung

Das Unternehmen Gebrüder Rank war für die Bauausführung verantwortlich. Die Bauarbeiten, inklusive der Beräumung des Baufeldes, fanden in der Zeit von April 1917 bis Mai 1919 statt. Die dokumentierten Unterlagen umfassen mehrheitlich die Abrechnung von Material, eingesetztem Personal und Gerätschaften. Darüber hinaus ist aber auch ein persönlicher Bericht vorhanden. Diese Ergänzung beinhaltet weitere Informationen, die zu einem besseren Verständnis der Vorgänge und des Ablaufes des Bauprojektes beitragen. So wird zum Beispiel deutlich, dass die abgerechnete Menge Sand nicht mit den tatsächlich verbauten Mengen entsprechend dem Mischungsverhältnis übereinstimmt. Laut dieser Unterlagen wurde nämlich beim Aushub der Fundamente „weicher, gelber Sand“ ausgehoben, der „zum Mauern und Putzen verwendbar“ war. Weiterhin wurden die abgerechneten Mengen Kies aus unterschiedlichen Quellen (Werk Klein Bestum der Vereinigter Kies-Produzenten GmbH, Trebbin, Mittenwalde) bezogen, da es kriegsbedingt zu Lieferschwierigkeiten kam. Informationen zur Entwurfsplanung sind nicht dokumentiert.[694]
Die Unterlagen zur Nachkalkulation geben auch einen Einblick in die Bedingungen der Bauarbeiten. So war auf Grund eines fehlenden Gleisanschlusses die Versorgung der Baustelle äußerst schwierig, und der Transport dauerte länger als geplant. Der Einsatz von Arbeitern sowie deren Unterbringung und Verpflegung war stark durch den Krieg beeinflusst.

[693] Gebrüder Rank (1919).
[694] Ebd.

> „Durch die andauernden Einberufungen zum Militärdienst war die Haltung einer für die Fertigstellung der Bauarbeiten notwendigen größeren Arbeiterzahl unmöglich. […] Auch Gefangene mussten beschäftigt werden. […] Die Unterkunft erfolgte […] in errichteten Baracken. […] Verpflegung erhielten die Arbeiter in der Gemeinde-Küche. Auch war die Zuweisung von Lebensmitteln äußerst gering. Später musste sogar eine eigene Kantine errichtet werden“[695].

Zusätzlich dazu war der Winter 1917/18 sehr kalt, sodass „das Betonieren der zweiten Halle während große[r] Kälte“ erfolgte und die „Arbeiten […] infolge Witterungsunbilden häufig eingestellt [wurden]“[696].

Konstruktive Informationen sind nur sehr spärlich dokumentiert. Zum einen gibt es einen Vermerk, dass die Quer- und Längsbalken bogenförmig mit einer Überhöhung von 5cm betoniert wurden, die nach dem Ausschalen auf 2 bis 3cm zurückging. Die Eisenbetonkonstruktionen wurden als Gussbeton auf der Baustelle hergestellt.

Vor dem Hintergrund einer möglichen Instandsetzung kam es 1984 zu einer ersten Begehung der Gebäude und einem Zustandsbericht. Unter anderem findet sich ein Hinweis auf die Ausführungsqualität des Betons. So ist „das Betongefüge […] feinkörnig mit hohem Sandanteil. Es sind wenige, sehr große Kieskörnungen zu erkennen“[697].

Bei einer Untersuchung 2016 wurden weitere Proben genommen, dabei konnte für die Querträger der verbliebenen Halle 6 eine mittlere Betonfestigkeit von 33,5 [N/mm²] und eine Zugfestigkeit der Bewehrung von mindestens 413 [N/mm²] festgestellt werden. Die gemessene Betonüberdeckung variiert zwischen etwa 10mm bei Bügeln und mehr als 20mm bei der Längsbewehrung (siehe Abbildung 160).

Bauzeitliche Kritik

Die Bauarbeiten für die Gebäude in Karlshorst fanden während des Krieges statt und waren erst nach Kriegsende 1919 abgeschlossen. Die militärische Nutzung der Hangars verhinderte vermutlich eine genauere Beschreibung der Konstruktionen in den bauzeitlichen Zeitschriften. Dies änderte sich erst nach dem Ende der militärischen Nutzung in den 1990er Jahren.

Nutzungsgeschichte

Die Hallen wurden bereits im August 1918 in Benutzung genommen. Mit dem Kriegsende im November 1918 wurde der Flugplatzbetrieb eingestellt. Ein Teil des Flugplatzgeländes wurde in eine Kleingartenanlage umgewandelt, und entsprechend des Versailler Vertrages wurden einige der Gebäude demontiert bzw. die Tore der Flugzeughallen zugemauert. Zwischen 1935 und 1938 kam es zu Um- und Neubauten auf dem Gelände, und der Flughafen wurde wieder militärisch genutzt. Dies umfasste zu großen Teilen auch die vier Hangars. Während des Zweiten Weltkrieges wurde ein Hangar teilweise zerstört, hier existiert nur noch eine Kuppelhalle. Die anderen drei Hangars sind noch komplett erhalten. Die Nutzung der Bauten nach 1945 war unterschiedlich. Eine Halle wurde als Modellhalle der „Preußischen Versuchsanstalt für Wasserbau und Schifffahrt“ (heute Bundesanstalt für Wasserbau) genutzt. Die anderen Hangars

---

695 Gebrüder Rank (1919), Blatt 71.

696 Gebrüder Rank (1919), Blatt 72.

697 Landesdenkmalamt Berlin (2017), S. o. A.

wurden von den sowjetischen Besatzungstruppen bis in die 1990er Jahre hinein genutzt. Danach standen sie bis in die Gegenwart hinein leer. Es gibt zwar seit 2012 einen neuen Besitzer, allerdings sind die Abstimmungen zur Umnutzung der Gebäude bzw. des Geländes noch nicht abgeschlossen. Zuletzt hat das Landesdenkmalamt eine erneute Untersuchung und Begutachtung der Gebäudesubstanz in Auftrag gegeben.
Modernisierungen sind, soweit bekannt, nicht erfolgt. Es ist zwar eine Stellungnahme mit Ausführungsempfehlungen „zum Korrosionszustand des Kugelschalen-Bauwerks“[698] der von der Versuchsanstalt für Wasserbau genutzten Halle dokumentiert, jedoch wurden die darin empfohlenen Instandsetzungsarbeiten nicht ausgeführt. In der Zwischenzeit sind weitere Gutachten und Stellungnahmen entstanden, ebenfalls ohne eine Umsetzung der empfohlenen Maßnahmen.

Heutiger Zustand

Hangar 6 besteht nur noch aus einer Halle, die beiden anderen existieren nicht mehr. Die anderen drei Hangars (Hangar 3 bis 5) sind mit jeweils drei Hallen noch komplett erhalten (siehe Abbildung 153 bis Abbildung 158). Im Jahr 2012 hat ein privater Investor das Gelände mit den denkmalgeschützten Gebäuden gekauft, um diese für Wohneinheiten zu nutzen. Die dazu notwendigen Umbauarbeiten stehen noch aus. Zuletzt hat das Landesdenkmalamt 2018 eine erneute Begutachtung der Standsicherheit der Konstruktionen in Auftrag gegeben.

Bedeutung des Tragwerks

Die Flugzeughallen in Karlshorst überzeugen durch ihren schlichten, an die Nutzung angepassten Entwurf und die fachgerechte Ausführung. Sie waren eines der wenigen Berliner Bauprojekte des überwiegend im süddeutschen Raum tätigen Unternehmens Gebrüder Rank. Zwar wurden in der Vergangenheit vor allem die Kuppelkonstruktionen aus bewehrtem Hohlsteinmauerwerk in verschiedenen Artikeln behandelt, aber auch die lastabtragende Konstruktion der Vierendeelbinder und Hallenrahmen aus Eisenbeton verdient Beachtung. Gerade in der Kombination ist sie zumindest im Berliner Raum selten.
Im Gegensatz zu den eher filigran anmutenden Deckenkonstruktionen wirken die Rahmenbinder deutlich kompakter. Die Dimensionierung der Rahmenbinder erscheint angepasst an die vorhandenen Lasten. Bei der Bewehrungsführung ist zu vermuten, dass diese im Vergleich zum Saalbau der Bötzow Brauerei oder auch wie in Abbildung 160 dargestellt, doch deutlich komplexer war.
Das Gesamtprojekt der Hangars und die einzelnen Konstruktionen überzeugen durch die mehrfache Verwendung von gleichen Elementen und dienen damit gleichzeitig als Nachweis für die Entwicklung von Typenbauten durch die Firma Rank. Ausschlaggebend war, eine möglichst modulhafte Ausführung zu konzipieren, die unter Wiederverwendung von Schalung und anderen Gerätschaften ein kostengünstiges und dennoch auf die geplante Nutzung hin ausgerichtetes Bauprogramm ermöglichte. Dies war umso wichtiger, da gerade in Kriegszeiten mit Material- und Personalknappheit zu rechnen war. Die Bemessung und Ausführung der Rahmenbinder entspricht dem Kenntnisstand der Zeit. Nutzungsanforderungen bei einem Flugzeughangar sind bestimmt von großen Freiflächen, weiten Öffnungen und einer geringen Raumhöhe. Die Ver-

[698] Landesdenkmalamt Berlin (2017), S. o. A.

wendung der Rahmen als Überzug zwischen den Kuppelhallen zeugt von einem schlüssigen Konzept für die gestellten Anforderungen und demgemäß von einem kenntnisreichen Konstrukteur.

Abbildungen

Lageplan

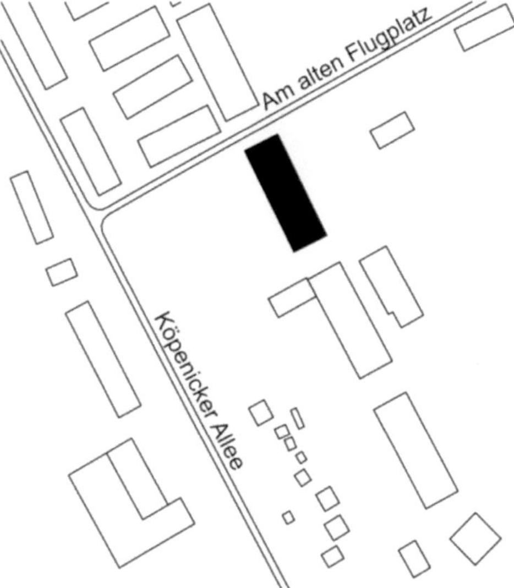

Abbildung 150: Situationsplan der Flugzeughallen Berlin-Friedrichsfelde/Karlshorst. Schwarz markiert ist Hangar 3 (Zeichnung: Novakovic 2018).

Tragwerkskategorie 4 – Hallenrahmen, Flugzeughallen Karlshorst

Abbildungen der Tragwerke in Publikationen:

Abbildung 151: Die Hallen in Karlshorst nach ihrer Fertigstellung 1918, Deutsches Museum München[699].

Abbildung 152: Innenansicht der Flugzeughallen Karlshorst 1918, Deutsches Museum München[700].

[699] Entnommen aus Gebrüder Rank (1919).
[700] Ebd.

Dokumentation der Konstruktiven Bestandsaufnahme:

Abbildung 153: Vorderansicht des südlichen, teilzerstörten Hangar 6 der Flugzeughallen Karlshort (Foto: Heres 2017).

Abbildung 154: Ansicht des Rahmenbinders des teilzerstörten, südlichen Hangar 6 der Flugzeughallen Karlshort (Foto: Heres 2017).

Abbildung 155: Vorderansichten des mittleren Hangars 5 der Flugzeughallen Karlshort (Foto: Heres 2017).

Abbildung 156: Rückansicht der mittleren Hangars 5 der Flugzeughallen Karlshort (Foto: Heres 2017).

Abbildung 157: Teilansicht der Rückwand von Hangar 5 der Flugzeughallen Karlshort, freiliegende Bewehrung der Stütze des Rahmenbinders (Foto: Heres 2017).

Abbildung 158: Unteransicht der Ecksituation zwischen Vierendeelbalken und Rahmenbinder im Hangar 5 der Flugzeughallen Karlshort (Foto: Heres 2017).

Tragwerkskategorie 4 – Hallenrahmen, Flugzeughallen Karlshorst

Ergänzende Abbildungen:

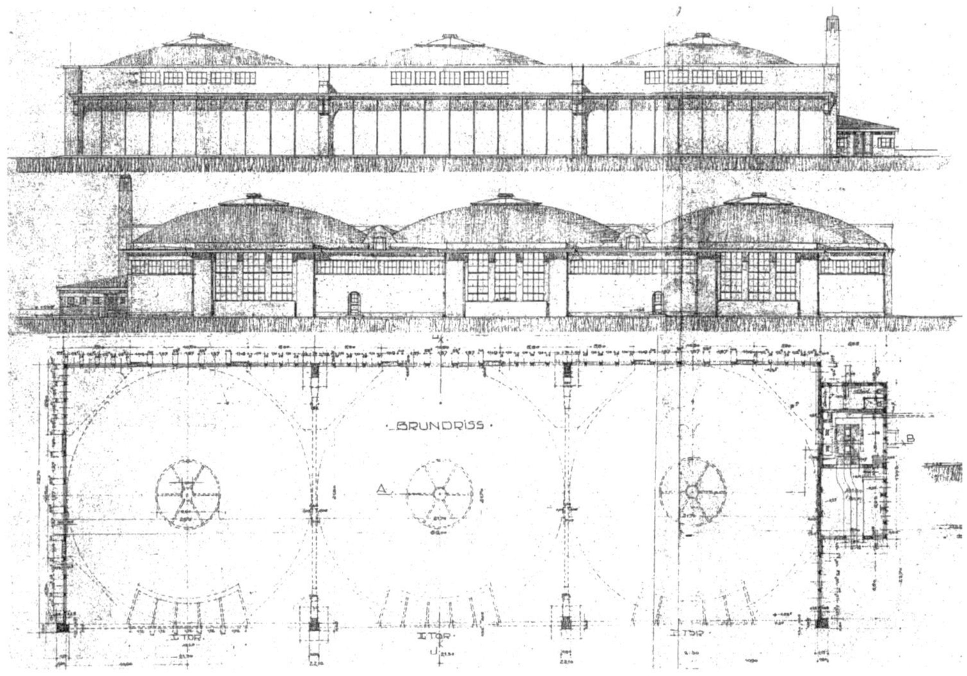

Abbildung 159: Vorder- und Rückansicht sowie Aufsicht auf einen der Flugzeughangars Karlshorst, Gebrüder Rank (1919).

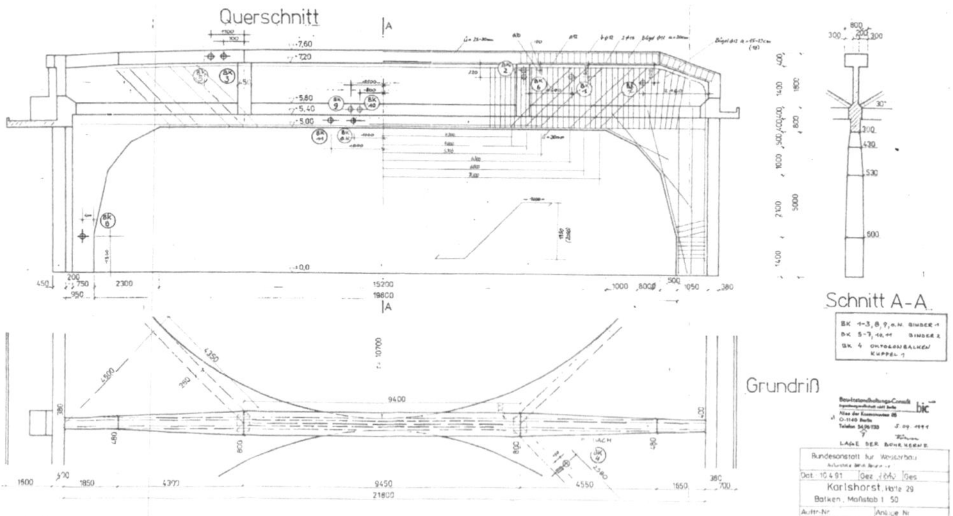

Abbildung 160: Bewehrungszeichnung nach einer Untersuchung der Hallenbinder der Flugzeughallen Karlshorst im Jahr 1991, Landesdenkmalamt Berlin (2017)[701].

701 Abbildung zugleich publiziert in Pichler und Schmidt (2004), S. 688.

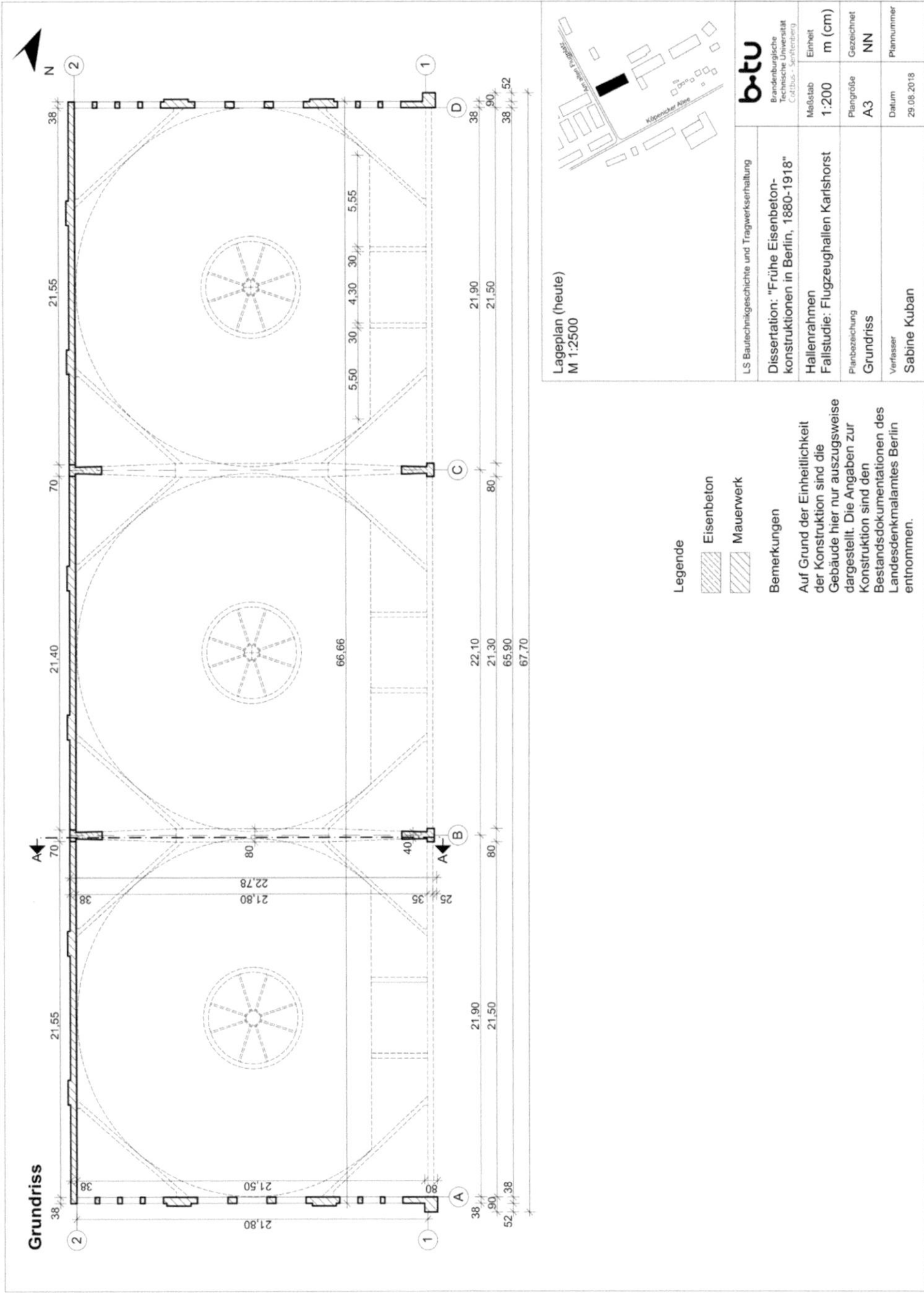

Abbildung 161: Flugzeughallen Karlshorst, Grundriss (Zeichnung: Novakovic 2018).

Tragwerkskategorie 4 – Hallenrahmen, Flugzeughallen Karlshorst

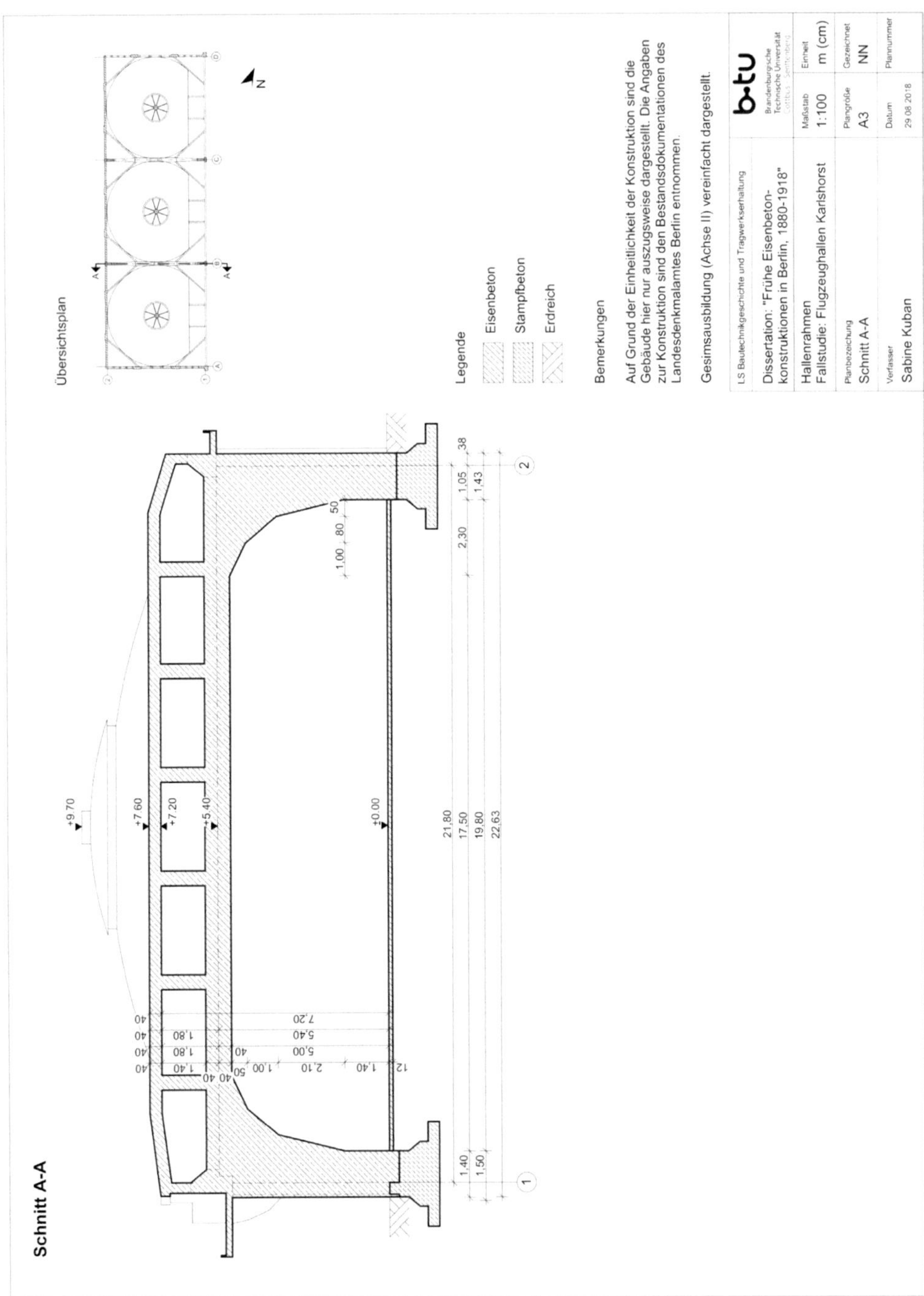

Abbildung 162: Flugzeughallen Karlshorst, Schnitt Rahmen (Zeichnung: Novakovic 2018).

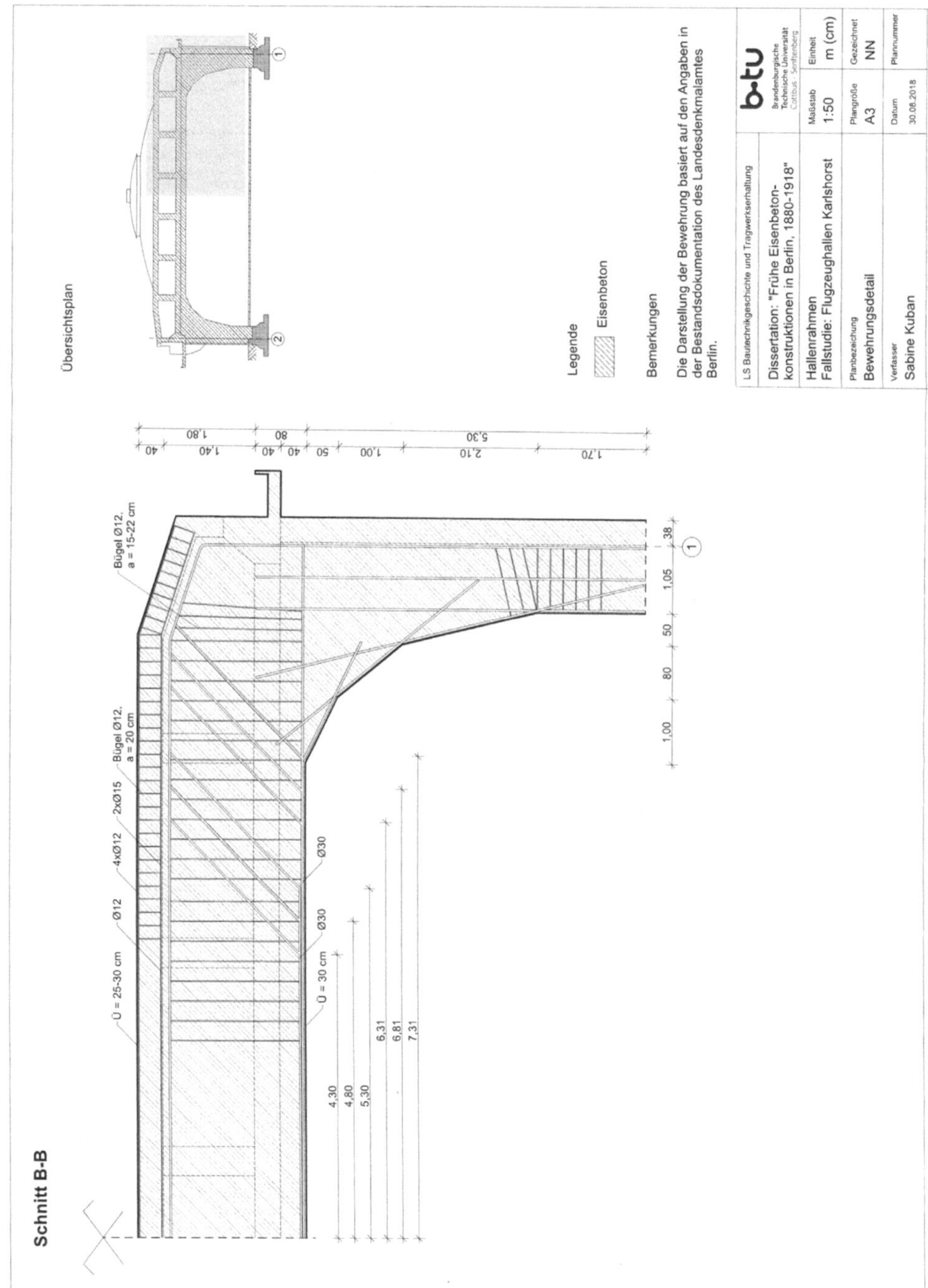

Abbildung 163: Flugzeughallen Karlshorst, Bewehrungsdetails (Zeichnung: Novakovic 2018).

A6. Tragwerkskategorie 5 – Gewölbte Dachtragwerke

Musikpavillon, Hoppegarten

Abbildung 164: Ansicht des Musikpavillons undatiert, verm. 1900, O. A. (1900).

Tragwerksdaten

Baujahr	1887
Aktueller Zustand	Zerstört
Ort, Adresse	Rennbahn
Bauherr	Union-Club
Architekt	Ferdinand Friedrich Heinrich Ludolff, Hannover
Ingenieur	k. A.
Bauunternehmen	G. A. Wayss & Co.
Baumaterialien	Eisenbeton

Relevante Literatur

Wayss (1887b), Huberti (1964), Kleffel (1967), Fritsche (2018)

Relevante Quellen

O. A. (1900)

Verortung

Der Musikpavillon befand sich auf dem Rennbahngelände des Union-Klubs Hoppegarten (siehe Abbildung 165). Hoppegarten ist kein Stadtteil von Berlin, allerdings nur rund 15km östlich gelegen und mit einem S-Bahn Anschluss direkt mit Berlin verbunden.[702]

Planungsidee, Anlass

Der Union-Klub wurde 1867 in Berlin als eine Vereinigung zur Organisation und Systematisierung des deutschen Pferderennwesens gegründet[703]. 1875 kaufte der Verein das Gelände in Hoppegarten von der Aktiengesellschaft Union-Gestüt und ersetzte die bis dahin eher provisorischen Rennbahngebäude zwischen 1886 und 1888 durch Neubauten. Darunter war auch der Musikpavillon.

Im Allgemeinen ist ein Musikpavillon dadurch gekennzeichnet, dass eine erhöhte Bühnenkonstruktion baulich so eingerahmt wird, dass zum einen die Musiker witterungsgeschützt spielen können und zum anderen der Schall idealerweise so reflektiert wird, dass die Zuhörer, die vor dem Pavillon sitzen oder stehen, die Musik besonders deutlich hören können. Angefangen von sogenannten kleinen „Musik-Muscheln" bis hin zu großen Bauten, die zusätzlich auch das Publikum beherbergen, gibt es bis heute unterschiedlichste Ausführungsvarianten. Die Aufarbeitung der Entwicklungsgeschichte dieses Bautyps ist noch ein Desiderat der Forschung, dennoch sei an dieser Stelle erwähnt, dass erste Ausführungen in Deutschland und Großbritannien ab Mitte des 19. Jahrhunderts nachweisbar sind. Gerade im Deutschen Reich wurden solche Musikpavillons bevorzugt in größeren Parkanlagen von Kurorten (z. B. Bansin oder Wiesbaden) errichtet.

Den Entwurf für die Neubauten, die zwischen 1886 und 1888 in Hoppegarten entstanden sind, verantwortete ein Architekt aus Hannover, Ferdinand Friedrich Heinrich Ludolff (1846–1906).[704] Neben dem Musikpavillon wurden weitere pavillonartige Gebäude mit tonnenförmig gewölbten Eisenbetondecken nach dem System Monier auf dem Rennbahngelände ausgeführt[705].

Bau- und Tragwerksbeschreibung

Für die tragende Konstruktion wurde sowohl Mauerwerk als auch Eisenbeton verwendet. Im Gegensatz zu gänzlich gemauerten Pavillonbauten erhoffte man sich eine bessere Resonanz durch die Anwendung „dünner, elastischer und organisch gefügter einheitlicher Wandflächen [...] wie es die aus Eisenrippen mit Cementumhüllung sind"[706].

Der Musikpavillon ist durch zwei Bereiche gekennzeichnet: zum einen durch ein gemauertes Sockelgeschoss, das gleichzeitig als Garderobe diente und über eine Treppe mit der Bühne ver-

[702] Bei Huberti (1964) wird der Pavillon als „eines der ersten Eisenbetonbauwerke in Berlin" bezeichnet, allerdings war Hoppegarten immer eigenständig und gehört auch heute noch zum Land Brandenburg. Für die Auswahl dieses Fallbeispiels wurde der geografische Rahmen etwas erweitert, da einerseits die Ausführung durch ein Berliner Unternehmen in unmittelbarer Nähe erfolgte und andererseits die Konstruktion einen wichtigen Aspekt der generellen Entwicklung darstellt. Weiterhin handelte es sich unzweifelhaft um eine „großstädtische" Nutzung des Geländes.

[703] Kleffel (1967).

[704] Ferdinand Ludolff hat in Hannover bei Conrad Wilhelm Hase studiert. Ein genaues Werkverzeichnis konnte nicht recherchiert werden, aber ein kleiner Teil, der von ihm entworfenen Wohn- und Geschäftsbauten findet sich noch heute in Hannover. Detailliertere Informationen zu den Gebäuden in Hannover unter http://www.glass-portal.privat.t-online.de/hs/g-l/ludolff_ferdinand.htm (Stand September 2021).

[705] Näheres dazu findet sich bei Fritsche (2018).

[706] Wayss (1887b), S. 100.

bunden war (siehe Abbildung 166). Zum zweiten bestand der Pavillon aus einer Eisenbetonkonstruktion, die sich als eine Viertelkuppel auf einem halbkreisförmigen Unterbau beschreiben lässt. Bei der Kuppel handelte es sich um eine außen vieleckige, durch acht Rippen verstärkte und innen runde Apsiden-Schale, die nach vorn in einer fein ausgestalteten Stirnfront endete. Die künstlerische Formgebung der Stirnfront kennzeichnete auch den Unterbau unterhalb der Kuppel.

Die Form der Kuppel beschrieb in der Ansicht einen Halbkreis, der sich vom Scheitel bis zur Oberkante der Bühne als gedachter Vollkreis mit einem Radius von 4m fortsetzte. Bei einer Gesamthöhe von 11m betrug die Mauerwerkssockelhöhe etwa 3m. Die Bauteildicke der Kuppel variierte vermutlich zwischen 10cm an der schmalsten sowie rund 20cm an der stärksten Stelle (ohne Rippe). Die Gesamtbreite des Pavillons betrug 8m. Angaben zu den Fundamenten oder zur Aussteifung gegenüber Windkräften, die bei halboffenen Konstruktionen nicht zu vernachlässigen sind, konnten nicht gefunden werden.

Beschreibung der statischen Bemessung

Die Bemessung der Konstruktion ist nicht überliefert.[707] In der Monier-Broschüre wurde unter anderem die Bemessung für ein Kuppelgewölbe veröffentlicht. Mit dem Hinweis auf Schwedler sollten „[d]ie Rundeisenstäbe [...] nach Richtungen der Trajektorien der Hauptspannungen eingelegt [werden], folgen also (nach der Schwedler'schen Theorie) den Meridianen und Parallelkreisen“[708]. Die Bemessung einer Viertelkugel kann auf Grundlage dieser theoretischen Ansätze allerdings nicht durchgeführt worden sein, weist sie doch deutliche Unterschiede auf. So bedingt die Öffnung des Querschnitts nicht nur eine andere Lastverteilung. Vielmehr entstehen durch die Öffnung in der Kuppel zusätzliche Winddruck- und -sogkräfte, die bei einer Bemessung hätten berücksichtigt werden müssen. Zum Ende des 19. Jahrhunderts gab es jedoch noch keine Bemessungstheorie für Eisenbetonkuppeln, vielmehr war das „Thema Kuppeln in den Raum der Sonderbetrachtungen [verwiesen]“[709]. Erst mit den Schalenkonstruktionen nach dem System Zeiss-Dywidag ab 1922, also etwa 30 Jahre später, wurden die „theoretisch-wissenschaftlich und die empirisch-konstruktiven Aspekte [einer Bemessungstheorie für Schalen] innovativ verschmolzen“[710].

Bauausführung

Auf Grundlage der spärlichen Angaben in den bauzeitlichen Publikationen ist es schwierig, die genaue Ausführung der Bewehrungsführung nachzuvollziehen. Die Bewehrung wurde vermutlich in Richtung der Hauptspannungstrajektorien, also in Richtung der Meridiane und Parallelkreise eingelegt[711]. An den Kreuzungsstellen wurden die vertikalen Eisen mit den horizontal verlaufenden Eisen mittels Bindedraht verbunden, wobei die horizontal verlaufende Bewehrung in Abständen lagenweise eingebaut wurde. Der genaue horizontale Abstand zwischen den Be-

---

[707] Es ist zu vermuten, dass Koenen an der Bemessung beteiligt war. Die Kooperation mit Wayss begann bereits 1887 und nicht einmal ein halbes Jahr nach Fertigstellung des Pavillons wurde er zum Vorstand des technischen Büros, der zum 1. Juni 1888 neugegründeten G. A. Wayss & Co. berufen (Details zur Firmengeschichte in Kapitel 3.5.1).

[708] Wayss (1887b), S. 31.

[709] Schöne (2011), S. 3.

[710] Ebd. S. 101.

[711] Wayss (1887b).

wehrungslagen ist nicht überliefert. Um die horizontalen Rundstäbe an der Stirnfront zu verankern, wurden zwei Flacheisen eingeplant, die, zusammen mit einem Abstandhalter, miteinander vernietet waren. Durch den Abstandhalter entstand ein Zwischenraum zwischen den Flacheisen, durch den die Bewehrungseisen durchgeführt und mit aufgebogenen Enden verankert werden konnten. Vor allem im Bereich der oberen Stirnfront ist zu vermuten, dass ein Teil der vertikalen Bewehrung über die Höhe verteilt bereits vor der Stirnfront geendet hat. Damit reduzierte sich die Anzahl an Bewehrungseisen, und es musste nur ein geringer Anteil der Stäbe durch die Flacheisen hindurchgeführt und verankert werden. Bei der Erstellung der Rekonstruktion wurde deutlich, dass auf Grundlage der dokumentierten Details die Form des Tragwerks so nicht realisierbar gewesen sein kann. Es ist zu vermuten, dass vor Ort die Bewehrungsführung ausgehend von den Bewehrungszeichnungen noch einmal angepasst wurde, um so eine optimale Geometrie zu erzeugen. Eine Auswertung historischer Fotografien zur Oberflächengestaltung der inneren und äußeren Kuppeloberfläche hat sich bisher jedoch als schwierig erwiesen, da die Aufnahmen entweder nicht detailreich genug, zu weit entfernt oder aber die Auflösungen zu grobkörnig sind.

Bauzeitliche Kritik

Die einzige bauzeitliche[712] Publikation über die Gebäude auf dem Rennbahngelände wurde von der ausführenden Firma veröffentlicht. In der Monier-Broschüre wird der Musikpavillon als Beispiel für Bauausführungen bzw. „einer selbstständigen in sich geschlossenen Wand- und Deckenbildung aus einem Stück“[713] zusammen mit einer Abbildung genannt (siehe Abbildung 166). Kurze Zeit später findet sich im „Handbuch der Architektur“, einem vielbändigen, enzyklopädischen Werk zur Architektur, Baugeschichte und Bautechnik bis zum Ende des 19. Jahrhunderts unter dem Eintrag „Wände aus Mörtel mit Einlagen von Eisenstäben oder Eisendrähten“ ein Hinweis auf den Musikpavillon und die dort ausgeführte Konstruktion unter Verwendung eines Ausschnitts der Wayss'schen Bewehrungszeichnung.[714]

Gut 75 Jahre später greift Huberti den Musik-Pavillon als ein frühes Beispiel der „Wayss-Koenschen“ Zusammenarbeit, an dem bereits erkennbar war, wohin sich der Eisenbeton noch entwickeln sollte, noch einmal auf[715].

Nutzungsgeschichte

Die Fertigstellung des Pavillons erfolgte vermutlich 1887. Es ist nicht klar, ob und wann der Pavillon abgerissen wurde. Auf Lageplänen aus dem Jahr 1906 ist der Pavillon bereits nicht mehr vorhanden, somit ist von einer vergleichsweise kurzen, etwa 20 Jahre dauernden Nutzungszeit auszugehen. Für diese Zeit sind keine Änderungen oder Reparaturen an dem Bauwerk dokumentiert. Zur Baugeschichte der früheren und späteren Gebäude auf der Rennbahn[716]. Erwähnung findet hier die Neugestaltung durch Johannes Seiffert um 1921. Diese Gebäude sind noch heute vorhanden und überzeugen durch einen ganz eigenen Stil, der einerseits die vorhan-

712 Die Monier-Broschüre wurde sogar noch vor der Realisierung publiziert, so heißt es dort „die Ausführung […] soll im Frühjahr 1887 erfolgen.“ Wayss (1887b).

713 Wayss (1887b), S. 100.

714 Marx (1891).

715 Huberti (1964), S. 56

716 Siehe auch Fritsche (2018).

denen Formen aufnahm und diese andererseits mit neuen expressionistischen Formen (Backsteinexpressionismus) kombinierte.

Heutiger Zustand

Das Tragwerk ist nicht mehr vorhanden.

Bedeutung des Tragwerks

Der Bautyp des Musikpavillons ist nicht eindeutig definiert. Bauzeitlich gab es unterschiedliche Ausführungsvarianten in Holz und Mauerwerk, wobei im Entwurfsansatz die Materialwahl, den Pavillon in Eisenbeton zu realisieren, mit einer besseren Akustik begründet wurde. Es ist nicht überliefert, ob dies wirklich einen positiven Effekt für die Zuhörer hatte. Bei der Konstruktion handelt es sich im Grunde um ein Schalentragwerk, dessen tatsächliches Tragverhalten erst rund 40 Jahre später theoretisch verstanden wurde. Die zu der Zeit fehlenden behördlichen Regelungen waren dabei vermutlich ein Vorteil, der eine bauliche Umsetzung überhaupt erst ermöglicht hat. Es bleibt fraglich, inwieweit Koenen an der Bemessung bzw. der Ausführung des Musikpavillons in Hoppegarten beteiligt war. Ebenso kann nicht nachgewiesen werden, inwieweit die Bewehrung zur planmäßigen Kraftaufnahme positioniert wurde, oder ob nicht vielmehr die Formgebung aus optischen Gründen die Bewehrungsführung definiert hat. Dieses Tragwerk stellte sowohl im Werk des Architekten Ludolff als auch des ausführenden Unternehmens G. A. Wayss eine Besonderheit dar. Ein detaillierter Vergleich mit anderen Rennbahngebäuden in Deutschland und Europa steht noch aus, da ein Grundlagenwerk zu diesen Bautypen noch nicht vorliegt. Soweit ist der Musikpavillon anscheinend ein Vorgängerbau, der zumindest in Hannover auf dem Gelände der kleinen Bult in Form und Größe zitiert wurde[717]. Rückblickend betrachtet handelt es sich vermutlich um einen Experimentalbau, der insgesamt und besonders auch aus dem Rahmen des Bauprogrammes auf dem Rennbahngelände hervorstand.

[717] Fritsche (2018).

Abbildungen

Lageplan:

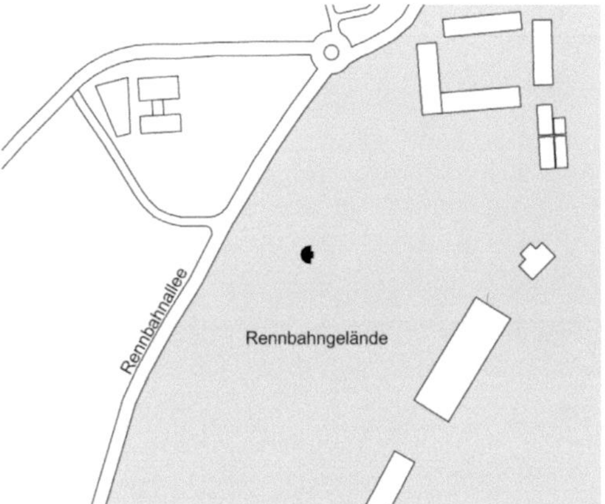

Abbildung 165: Lageplan des Rennbahngeländes mit Verortung des Musikpavillon (Zeichnúng: Novakovic 2018).

Abbildungen des Tragwerks in Publikationen:

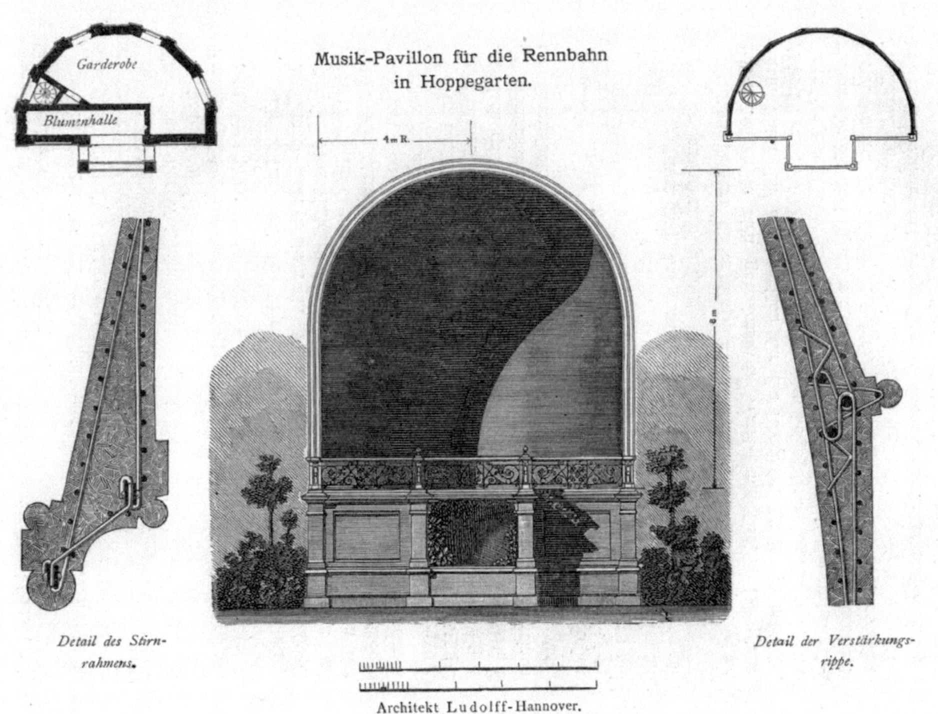

Abbildung 166: Bauzeitliche Abbildung des Musikpavillons, Wayss (1887b).

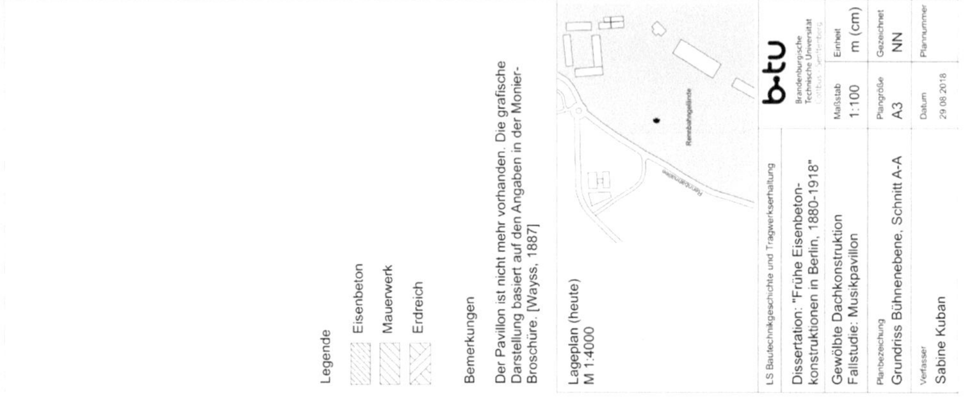

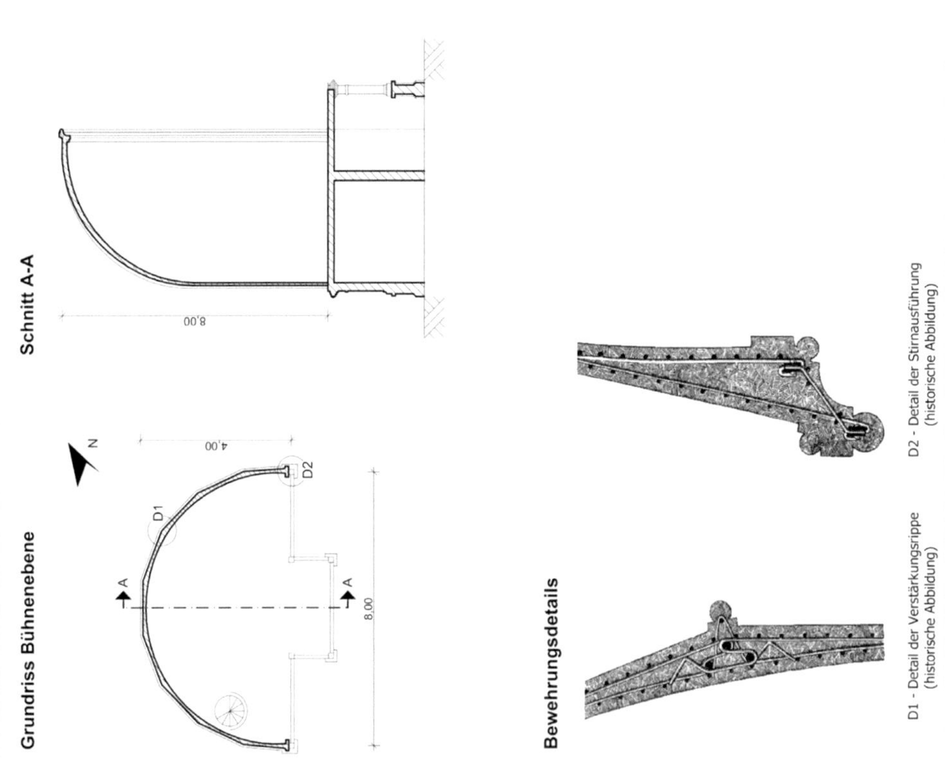

Abbildung 167: Musikpavillon, Grundriss und Schnitt entwickelt auf Grundlage der Angaben in Wayss (1887b) (Zeichnung: Novakovic 2018).

Friedrichstraßen-Passage, Mitte

Abbildung 168: Ansicht der Friedrichstraßen-Passage von der Oranienburgerstraße aus (Foto: Wieczorek 2018).

Tragwerksdaten

Baujahr	1907
Aktueller Zustand	Teilweise erhalten
Ort, Adresse	Oranienburger Straße 54-56a, 10117 Berlin
Bauherr	Berliner Passage-Bau-Aktiengesellschaft
Architekt	Franz Ahrens
Ingenieur	Heinrich Becher
Bauunternehmen	Czarnikow & Co., Berliner Terrain und Bau Aktiengesellschaft
Baumaterialien	k. A.

Relevante Literatur

O. A. (um 1908), Ahrens (1909), Müller (1909), Neubauer (1924a), Neubauer (1924b), Schöne (1999)

Relevante Quellen

Die dokumentierten Akten im Bauaktenarchiv Berlin Mitte und im Landesarchiv Berlin umfassen nicht den Untersuchungszeitraum.

Verortung

Die Friedrichstraßen-Passage befand sich nahe dem Kreuzungsbereich, an dem die Oranienburger- in die Friedrichstraße einmündet (siehe Abbildung 169). Der noch bestehende Gebäudeabschnitt hat heute nur noch eine Straßenfassade entlang der Oranienburger Straße 54-56a (siehe Abbildung 168).

Planungsidee, Anlass

Um 1906, im Zuge der Weiterentwicklung des Berliner Nordens, entstand die Idee, unweit des Bahnhofs Friedrichstraße ein Kaufhaus zu erbauen, das nicht nur den örtlichen Einzelhandel unterstützen, sondern auch die Funktion eines Verkehrsknotenpunktes übernehmen sollte. Somit beherbergte die daraufhin geplante Friedrichstraßen-Passage nicht nur das Passage-Kaufhaus, sondern hatte in der Position und städtebaulichen Anbindung Relevanz für die Erschließung des Berliner Nordens mit dem öffentlichen Nahverkehr.

Ursprünglich als klassisches Warenhaus gedacht, sollte das Passage-Kaufhaus am Ende der Planungsphase etwa 100 verschiedene Spezialgeschäfte unter einem Dach vereinen und dem Kunden den Einkauf soweit erleichtern, dass er an zentraler Stelle entweder die Einkäufe abholen und mit nach Hause nehmen oder aber sich diese extra zustellen lassen konnte. In Konkurrenz zu den teilweise unter Beteiligung der Berliner Terrain und Bau Aktiengesellschaft zuvor errichteten Berliner Warenhäusern sollte es den mittelständischen Händlern ermöglicht werden, bessere Geschäfte zu machen. Eine maßgebende Grundlage war dabei die Zentralisierung verschiedener Unterhaltungs- und Versorgungsfunktionen der Geschäfte, deren Kosten anteilig über den Mietpreis abgegolten wurden[718].

Die Funktion als Verkehrsknotenpunkt ergab sich durch die Nähe zu den größeren Bahnhöfen Friedrichstraße, Lehrter und Stettiner Bahnhof sowie Börse, der Anbindung an verschiedene Straßenbahn- und Buslinien und einen direkten Anschluss an die nord-südliche U-Bahn, deren Ausgang direkt in der Passage mündete. Damit funktionierte die Friedrichstraßen-Passage zusätzlich als Durchgang und zur besseren Verteilung der Verkehrsteilnehmer.

Bau- und Tragwerksbeschreibung

Die Friedrichstraßen-Passage war ursprünglich etwa 170m lang und im Grundriss gekennzeichnet durch zwei langgestreckte rechteckige Baukörper, die als Verbindung zwischen der Friedrichstraße und der Oranienburgerstraße fungierten. Die Straßenfassaden waren durch hohe Portale und eine einheitliche Gestaltung gekennzeichnet (siehe Abbildung 170 bis Abbildung 172). Die Baukörper trafen im Grundriss in einem stumpfen Winkel aufeinander. Die Passagen waren 13,2m breit, zweigeschossig angelegt und nach oben hin durch Zeltdächer begrenzt. Den Kreuzungspunkt der rechteckigen Baukörper überspannte eine Kuppel mit einem Durchmesser von 30m (siehe Abbildung 175). Die Laternenspitze der Kuppel befand sich 48m über dem Bodenniveau und war damit noch höher als die angrenzenden Zeltdächer. Während der Kuppelraum nach oben hin offen einsehbar war, wurde der Bereich der Passagen durch eine Decke mit Glasbausteinelementen begrenzt. Die Normalgeschosse links und rechts der Passagen waren durch

[718] O. A. (um 1908).

ein regelmäßiges Stützenraster mit dazwischen spannenden Deckenträgern gekennzeichnet (siehe
Abbildung 173). Das Dachgeschoss wies mit sich aus der Zeltdachform ergebenden, trapezförmigen Rahmenbindern eine ungewöhnliche Formgebung auf.

Insgesamt sind im Grundriss acht verschiedene Höfe angeordnet, die eine Belüftung und Belichtung der fünf Stockwerke hohen Gebäude ermöglichen. Außer im Kellergeschoss befanden sich auf allen Stockwerken Verkaufsräume des Passage-Kaufhauses, die über verschiedene Treppenanlagen und 23 Aufzüge zu erreichen waren. Für das Kaufhaus wurde eine hochwertige Haustechnik installiert, die den Betrieb erleichterte. Beispielsweise wurden eine pneumatische, dem Rohrpostsystem ähnliche Kassenanlage und eine mit Laufbändern ausgestattete Transportanlage zur Beförderung der Einkaufspakete installiert. Im Kellergeschoss befanden sich neben Lagerräumen und der zentralen Sammelstelle der Transportanlage auch zentrale Pausen- und Waschräume zur Versorgung der in den Verkaufsräumen beschäftigten Angestellten.

Kennzeichnend für die Friedrichstraßen-Passage war der zentrale Kuppelbau. Ausschlaggebend für den Entwurf einer Rippenkuppel waren die Anforderungen an die Belichtung der darunterliegenden Passage. Die Kuppel bestand aus 20 Rippen, während die Kuppelhalle aus 16 kreisförmig, symmetrisch angeordneten Pfeilern bestand. Bei den Pfeilern lagen zwei unterschiedliche Ausführungen vor. Zum einen wiesen sogenannte Zwischenpfeiler einen Abstand von 4,44m und eine Breite von 1,2m auf. Zum anderen befanden sich im Übergang zu den Passagen jeweils zwei Portalpfeiler, die deutlich massiver ausgeführt waren. Während die Zwischenpfeiler durch jeweils eine Rippe beansprucht wurden, bildeten die Portalpfeiler das Auflager für jeweils zwei Rippen (siehe Abbildung 176). Für die Weiterleitung der Rippenlasten im Bereich der Portale wurde zuerst ein zwischen den Pfeilern spannender Portalrippenträger beansprucht, bevor die Lasten in die Pfeiler eingeleitet wurden. Die beiden Portalrippenträger waren Teil eines umlaufenden Kranzträgers am Übergang zwischen Kuppelober- und Kuppelunterbau. Weiterhin waren zwischen den Rippen in unterschiedlichen Höhen insgesamt vier Kuppelringe angeordnet, von denen zwei auf Zug und zwei auf Druck belastet wurden. Eine Auflösung der Wand unterhalb der Kuppel in einzelne Pfeiler sollte eine möglichst große Schaufenster- und Lichtfläche für die Passagenräume ermöglichen. Die Pfeiler begannen am Fundament und gingen dann in dem halbkugelförmigen Kuppelgewölbe auf. Der Scheitel der Kuppel war offen und gab Einblick in die Laterne. Die Form der Laterne lässt sich als ein Zylinder, abgedeckt mit einer Flachkuppel beschreiben. Die Konstruktion musste so leicht wie möglich ausgeführt werden und bestand daher nicht aus Eisenbeton.

Beschreibung der statischen Bemessung

Die Ausarbeitung der statischen Berechnungen erfolgte durch Heinrich Becher, den Oberingenieur des Unternehmens Czarnikow & Co., in Zusammenarbeit mit Professor Siegmund Müller von der Technischen Hochschule Charlottenburg. Letzterer konzentrierte sich hauptsächlich auf die Bemessung der Kuppelhalle[719]. Die tatsächliche statische Berechnung im Rahmen der Baugenehmigungsplanung ist nicht dokumentiert.

---

719 Müller (1909).

Allerdings hat Müller eine detaillierte Zusammenstellung seines statischen Bemessungskonzeptes für den Kuppelbau im ZBBv veröffentlicht. Darin erläutert er seinen grundlegenden Ansatz, die Kuppelrippen einzeln als gebogene, eingespannte Kragträger zu bemessen, die zusätzlich drei Auflagerpunkte durch die Ringträger aufwiesen. Weiterhin differenzierte er zwischen der Kuppel als Überbau und den Pfeilern inklusive der Fundamente als Unterbau.

Nach Müller „stellen die Kuppelrippen biegungsfeste vollwandige Bögen dar; ihre Fußquerschnitte wirken infolge ihrer konstruktiven Durchbildung als Einspannungen. Der Kopfring und die beiden Zwischenringe sind in ihrer statischen Wirkung als gelenkige Stabzüge [angesetzt]“[720]. Die Ermittlung der Stabkräfte erfolgte ähnlich dem Verschiebungsgrößen-Verfahren unter Einführung verschiedener, sogenannter Kraftgruppen an Stelle der Auflagerpunkte. Der Elastizitätsmodul wurde als konstant angenommen und die Trägheitsmodule entsprechend der sich verändernden Rippenquerschnitte im Verhältnis 1:3:5 angerechnet. Als Belastung wurden Eigenlasten, Wind und Einwirkungen durch Temperatur angesetzt. Die Normalkräfte aus Temperatureinwirkung in den Rippen waren so gering, dass sie vernachlässigt wurden. Die Windkräfte sollten innerhalb des Kuppelbaus in die Fundamente geleitet werden. Auf Grund des starken Neigungswinkels der Kuppel wurden Schneelasten vernachlässigt. Bedingt durch die Bewehrungsanordnung waren die Rippenbögen tangential zur Kuppelfläche nicht biegesteif.

Die Lastannahmen für die Kuppel wurden wie folgt getroffen: Beton 2400 kg/m^2; Bleiabdeckung 6 kg/m^2 (zur äußeren Abdeckung); Glaseindeckung 35 kg/m^2 (zwischen den Kuppelrippen eingesetzt); Winddruck 150 kg/m^2 (ggf. verändert bei nicht lotrechten Flächen).

Die Ermittlung der Belastung aus Wind erfolgte für einen gesamten Bogen der Kuppel, sowohl für die direkt getroffene Fläche als auch für die windabgewandte Seite. Die separat berechneten Windlasten aus der Laterne wurden gleichmäßig auf die Anzahl der Rippen verteilt. Für den Nachweis der Einwirkungen aus Temperaturveränderung wurden zwei Grenzfälle untersucht. Zum einen wurde eine ungleichmäßige Erwärmung durch einseitige Sonneneinstrahlung untersucht und zum zweiten der Einfluss einer zur Innentemperatur veränderten Außentemperatur. Insgesamt wurden die Biegemomente und die dazugehörigen Normalkräfte alle 2m entlang der Rippenlänge berechnet. Der Nachweis der vorhandenen Spannungen im Querschnitt erfolgte nach den Formeln für exzentrisch belastete Stützen der geltenden ministeriellen Bestimmungen. Die im Kopfbereich der Rippen angeordneten Druckringe wurden beide aus mit Beton ummantelten Eisenkonstruktionen hergestellt. Dabei sollte der Beton lediglich die innenliegende Konstruktion schützen und rechnerisch keine Lasten übernehmen. Die beiden unteren Zugringe wurden aus bewehrtem Beton hergestellt. Beide wiesen zusätzlich externe Zuganker aus Eisen auf.

Der Unterbau setzte sich aus 16 Pfeilern zusammen, die sämtliche Lasten aus der Kuppel trugen und in die Fundamente weiterleiteten. Die an die Kuppelhalle angrenzenden Decken der Passage wurden rechnerisch nicht zur Aufnahme der Windlasten dimensioniert. Der positive Einfluss der Unterzüge und Decken kam beim Knicknachweis in Form reduzierter Knicklängen in Anrechnung. Weiterhin kamen bei der Lastübertragung der vertikalen Lasten in die Pfeiler zu den Eigenlasten der Rippenkuppel noch die Eigen- und Verkehrslasten der in die Pfeiler einbindenden Decken und Träger aus der Passage dazu. Insgesamt ergaben sich für den exemplarischen

720 Müller (1909), S. 167.

Nachweis eines Pfeilers drei maßgebende Belastungsfälle. Einmal der Ansatz der Rippenkräfte der Hauptwindseite und größte Unterzugslasten, dann die Rippenkräfte der windabgewandten Seite und größte Unterzugslasten sowie drittens Rippenkräfte der Hauptwindseite und kleinste Unterzugslasten. Entsprechend den gesetzlichen Vorschriften erfolgten der Nachweis der Druckspannung in den Pfeilern mit 10-facher und der Nachweis der Biegespannungen mit 5-facher Sicherheit.

In einem weiteren Bericht über das Bauwerk finden sich zusätzliche Informationen zu den Decken der Passagen: „Unter Zugrundelegung der älteren Ministerialbestimmungen von 1904 [...] wurden [...] enge Trägerteilungen gewählt. [...] Deckenträger in Abständen von etwa 2 m“[721]. Allerdings kam es im Bauprozess zu Anpassungen, so erschienen während der Fertigstellung des Kellergeschosses die neuen ministeriellen Bestimmungen, nach denen auf die Deckennebenträger verzichtet wurde. Die Decken in den oberen Geschossen wiesen Spannweiten von 5m auf. Die Dachdecken wurden kontinuierlich und die Dachbinder als Zweigelenkbogen mit Zugstangen berechnet. In Bereichen von Dachfenstern erfolgte der Nachweis der Dachdecken als konsolartige Auskragung.

Bauausführung

„In Eisenbeton sind die Gründungen, sämtliche Innensäulen, Unterzüge und Deckenträger, [...] die Kuppel, welche aus 20 Rippen besteht, die sich auf 16 Pfeiler aufsetzen, und schließlich das gesamte Dach.“[722]. Weiterhin wurden die Treppen teilweise in Eisenbeton und teilweise als Eisenbetonwangenträger mit dazwischen eingelegten Kunststeinstufen ausgeführt. Der Verbindungstunnel zum Bahnhof der Untergrundbahn wurde ebenfalls in Eisenbeton realisiert.

Die Wahl von Eisenbeton als Konstruktionsmaterial für die Kuppel hatte mehrere Gründe. Zum einen sollte ein architektonisch einheitlicher Baukörper geschaffen werden, „der gewaltige Wölbeindruck der ganzen Kuppelhalle [sollte nicht] durch das leichte, unruhige Gitterwerk doppelwandiger Wölbrippen aus Eisenkonstruktion in Frage gestellt werden“[723]. Weitere Gründe waren die im Vergleich zum Stahlbau günstigeren Unterhaltungskosten und die unmittelbare Feuersicherheit der Konstruktion. Gerade für die Feuersicherheit von Warenhäusern galt in Preußen eine strenge Verordnung des Ministeriums für öffentliche Arbeiten, die „zum Teil doch so scharf präzisiert [war], daß dem Entwerfenden kein großer Spielraum [...] blieb“[724].

In den Fundamenten der Pfeiler waren sogenannte Einspannkörbe eingesetzt (siehe Abbildung 177). Diese Bewehrungskörbe sollten gewährleisten, dass die Pfeiler biegesteif einbanden und gleichzeitig eine entsprechende Einbindetiefe und Übergreifungslänge vorhanden war.

Bei der Ausführung der Portal- und Zwischenpfeiler wurden zwei verschiedene Betonmischungen verwendet, um auf die über den Querschnitt verteilten, unterschiedlich hohen Lasten zu reagieren. Ausgehend vom Innenraum der Kuppelhalle kam auf der gesamten Pfeilerbreite und bis in eine Tiefe von 35cm (Hauptdruckzone) eine Mischung von 1:3 mit Zusatz von Granit zur Ausführung, der restliche Pfeilerquerschnitt wurde mit einer Mischung von 1:4 ausgeführt. Dabei galt die Vorgabe der Bruchfestigkeit für die Mischung 1:3 von 350 kg/cm² und für die

[721] Neubauer (1924a), S. 143–144.
[722] Ebd.
[723] Müller (1909), S. 166.
[724] Wiener (1912), S. 35.

Mischung 1:4 von 250 kg/cm². Inwieweit dies tatsächlich umgesetzt wurde, bleibt allerdings fraglich. Vermutlich wurde im Sinne einer effektiven Ausführung auf der Baustelle über die gesamte Querschnittsbreite eine Mischung von 1:3 verwendet[725].

Die Längsbewehrung (Rundeisen ø 34mm) der Zwischenpfeiler erfolgte ein- und zweilagig, wobei die aufgehenden Eisen bis zu 1m über das Geschossniveau hinausgingen und die Anfängereisen 10cm unterhalb des Geschossniveaus anfingen, um eine entsprechende Übergreifung zu gewährleisten. In Bereichen der Übergreifung waren so insgesamt 18 Eisen zu platzieren. Die Bügelbewehrung (Rundeisen ø 7mm) sollte alle 25 cm positioniert werden. Bei Einbindung von Unterzügen wurde deren Längsbewehrung bis zu 30cm in die Pfeiler geführt. Weiterhin wurden spezielle Zuganker in die obere Zugzone eingelegt, die sämtliche Stützenlängsbewehrung umschließen sollte.

Der Übergang der Pfeiler in die Kuppelrippen erfolgte fast überall direkt. Einzig zwischen den Portalpfeilern banden jeweils zwei Rippen in zwischen den Portalpfeilern querverlaufenden Portalrippenträger ein (siehe Abbildung 176). Die Portalrippenträger waren U-förmig ausgebildet, außer in den Bereichen, in denen die Rippen einbanden. Hier ermöglichte eine Querwand die direkte Einbindung bzw. eine Querversteifung des U-förmigen Querschnitts. Zur Querverteilung der Lasten zwischen den Pfeilern schloss sich an den Portalrippenträger zusätzlich ein Kranzträger an.

Die Rippen wiesen eine ähnliche Bewehrungsanordnung auf wie die Pfeiler, daher konnte die oberste Pfeilerbewehrung direkt in die Rippe weitergeführt werden (siehe Abbildung 178). Die maximale Länge der Bewehrungseisen in den Kuppeln betrug 8m. Mögliche Stöße waren auf einzelne Bewehrungslagen begrenzt und in einem Abstand von 1,50m angeordnet. Die Verankerungslänge betrug 1m. In einer Diskussion im DBV nachfolgend auf einen Vortrag über neuere Eisenbetonkonstruktionen gab Müller einen Einblick in die Bewehrungsführung der Rippen im Kuppelbau. Ausgangspunkt der Diskussion war die Art der Bewehrungsführung bei auf Zug beanspruchten Bauteilen und demgemäß die Realisierung einer ausreichenden Übergreifungslänge. Müllers Vorschlag, so wie er wohl auch bei der Friedrichstraßen-Passage umgesetzt wurde, beinhaltete, die Bewehrungseisen in versetzten Stößen einzubauen sowie bei fehlender Querschnittsbreite die Eisen nach innen zu biegen[726].

Für die Querbewehrung der Rippen wurden wie bei den Pfeilern ebenfalls Bügel benutzt, allerdings mit einem größeren Abstand von 35cm im Fußbereich bis zu 30cm im Kopfbereich der Rippe. Zusätzlich dazu wurden diagonal zwischen den Längseisen verlaufende Rundeisen (Ø 5mm) angeordnet (siehe Abbildung 178).

Die Rippen der Kuppel und deren Querverbindungen waren von außen mit Blei abgedeckt und die Zwischenräume mit Glasbausteinen ausgefüllt. Die in Rippenebene einbindenden beiden oberen Druckringe und unteren Zugringe waren ebenfalls bewehrt. Der unterste Zugring wurde zusätzlich durch einen extern verlaufenden, von außen aufgesetzten Stabzug aus 60mm dicken Zugstangen ergänzt. Im Sinne einer senkrechten Lasteinleitung wurden die Ankerpunkte aus Eisenprofilen gebildet. Der obere Zugring war als umgedrehtes T-Profil ausgebildet und wies einen separaten Ringanker aus zwei 50mm Rundeisen auf. Diese verliefen umlaufend, da in den

725 Nach Müller (1909).

726 Heim (1908).

Rippen entsprechende Hülsen eingelegt waren. Der Ring diente zugleich als Träger für die Lasten der Glasbausteine und zur Übertragung der Windlasten.
Der nächsthöhere Ring war als Druckring ausgebildet. Auf Grund architektonischer Vorgaben zu Breite und Höhe wies er im Inneren eine aus T- und L- Profilen zusammengesetzte eiserne Konstruktion auf. Diese Konstruktion sollte sämtliche Druckkräfte aufnehmen, während der umgebende Beton lediglich als Schutzschicht gedacht war. Für die Durchführung der Bewehrungseisen der Rippen wurden die fraglichen Eisenprofile gelocht eingebaut.
Im Übergang zur Laterne war der zweite, obere Druckring angeordnet. Dieser sollte so leicht wie möglich ausgeführt werden. Er wies daher ebenfalls eine Konstruktion aus eisernen Profilen auf und war nur in Beton eingebettet. Im Übergang zum Inneren der Laterne bzw. der Kuppel wurde die Konstruktion durch eine Rabitzkonstruktion abgedeckt.
Die Laternenstiele, ebenfalls als mit Beton umhüllte Eisenprofile ausgeführt, wurden über Laschen an den Obergurt des Druckringes angeschlossen. Die Flachkuppel der Laterne bestand aus zwei Ebenen: einer gewölbten, 5cm dicken Eisenbetondecke und einer äußeren Holzschalung, die mit Blei abgedeckt war.

Bauzeitliche Kritik

Das allgemeine Interesse an dem Gebäude war überaus groß. Neben zahlreichen Artikeln in den bauzeitlichen Bauzeitschriften veröffentlichte der Eigentümer darüber hinaus eine eigene Publikation[727]. Außerdem bestanden bereits während der Bauzeit und nach Fertigstellung Möglichkeiten, die Baustelle bzw. das Gebäude zu besichtigen[728]. So wurden verschiedene Führungen für Mitglieder der Presse, des AIV sowie für die Baupolizei auf Einladung des ausführenden Unternehmens, der Terrain- und Bau-Aktiengesellschaft Berlin, veranstaltet[729]. Dabei präsentierte der Architekt Franz Ahrens seine Eisenbetonarchitektur unter Verwendung von Fotografien und führte daran anschließend zusammen mit dem verantwortlichen Ingenieur Heinrich Becher durch das Gebäude. Weiterhin gab es eine rund 30 Seiten umfassende Publikation der Terrain- und Bau-Aktiengesellschaft, die vermutlich kurz nach Fertigstellung des Gebäudes veröffentlicht wurde. Schwerpunkt der Auseinandersetzungen waren dabei meist die architektonische Gestaltung der Innenräume und die Konstruktion der Rippenkuppel. Interessanterweise zeigen einige Artikel Fotografien der Baustelle, gehen aber im Text nicht auf die Ausführungsdetails ein. So auch bei Mecenseffy (1911), der sich auf die Vorzüge der Oberflächengestaltung in Form von bemalten Stützen konzentriert.
Statisch-konstruktiv gab die Kuppel offenbar die Veranlassung für Karl Walter Mautner[730], sich mit dem Thema der Bemessung von Rippenkuppeln im Eisenbetonbau zu beschäftigen. So

[727] O. A. (um 1908).
[728] O. A. (1907c).
[729] E. (1908).
[730] Karl Walter Mautner (1881–1949) war ein ursprünglich aus Österreich stammender Bauingenieur, der 1906 an der TU Wien im Brückenbau promovierte und ab 1907 für die Baufirma Carl Brandt in Düsseldorf (Hennebique Lizenznehmerin) arbeitete. Größere Bekanntheit erlangte er vermutlich durch seine Habilitationsschrift zur Rippenkuppel im Eisenbetonbau (siehe Mautner (1911)) sowie seine daran anschließende Tätigkeit als Privatdozent an der Technischen Hochschule Aachen. Hauptberuflich arbeitete er ab 1915 für Wayss & Freytag AG und wurde dort 1928 Vorstandsmitglied. Mautner blieb weiterhin interessiert an den Neuerungen im Brückenbau so beispielsweise dem Spannbetonbau. Bedingt durch seine jüdische Herkunft wurde er 1938 inhaftiert und in das KZ Buchenwald verschleppt. Wegen Überbelegung konnte er dieses nach kurzer Zeit wieder verlassen und emigrierte 1939 mit Hilfe englischer Kollegen

erschien 1911 seine Habilitation mit direktem Verweis auf die Publikation von Müller. In seiner Habilitationsschrift geht Mautner auf Unzulänglichkeiten der bisherigen Bemessungen, u. a. die statischen Modellannahmen und auch die Vernachlässigung der Formänderung von Rippen und Ringen bei Belastung ein. Er präsentiert gleichzeitig Lösungsansätze sowie auf seinen Berechnungen basierende vertafelte Einflusswerte für die Ringbiegungen. Der praktische Nutzen bleibt jedoch fraglich, da Mautner selbst zusammenfassend argumentiert, dass es weiterhin dem Konstrukteur überlassen bleibe, sich möglicher Fehlerquellen zu vergewissern und seine Annahmen entsprechend anzupassen[731].

Abschließend sei noch erwähnt, dass neben den deutlich sichtbaren ingenieurtechnischen und architektonischen Charakteristika im Inneren zusätzliche technische und haustechnische Besonderheiten verborgen waren, die bereits zur Bauzeit auf ein deutliches Interesse stießen: „Nach Bauweise und Betriebs-Einrichtung kennzeichnet sich also der Bau als einer der modernsten in Groß-Berlin“[732].

Nutzungsgeschichte

Die tatsächliche Nutzung als Passage-Kaufhaus währte nur für etwa ein halbes Jahr. Bereits 1909 eröffnete der Komplex als Wertheim Kaufhaus neu und blieb bis 1914 demgemäß in Benutzung. Für die Zeit bis 1928 ist die Art der Nutzung nicht bekannt. 1928 richtete die AEG in dem dann als ‚Haus der Technik‘ bekannten Komplex eine Fabrik und Räume für die Kundenberatung ein. In den 1930er Jahren wurde der Komplex zunehmend von Dienststellen der NSDAP genutzt. Größere Schäden durch den Zweiten Weltkrieg blieben aus, sodass der Gebäudekomplex zu großen Teilen bis in die 1980er Jahre durch verschiedene Mieter genutzt werden konnte. Trotz der intensiven Nutzung kam es zu keinen größeren Reparatur- oder Instandsetzungsarbeiten, sodass in den 1980er Jahren ein Teilabriss beschlossen wurde. Erst 1982 wurde die noch erhaltene Kuppelhalle gesprengt. Durch das Engagement der Künstlerinitiative Tacheles konnte der noch heute existierende Gebäudeteil erhalten werden.

Heutiger Zustand

Der Großteil des Gebäudekomplexes inklusive der Kuppelhalle wurde zerstört. Bis in das Jahr 2012 wurden die verbliebenden, unter Denkmalschutz stehenden und als ‚Kunsthaus Tacheles‘ bekannten Gebäudeteile für Ausstellungen und andere Veranstaltungen genutzt. Nach vier Jahren Leerstand entstehen seit 2016 auf dem Gelände der ehemaligen Friedrichstraßen-Passage sowie den daran angrenzenden Grundstücken zahlreiche neue Gebäude. Das Konzept sieht vor, die Reste der ehemaligen Friedrichstraßen-Passage zu erhalten und in die Neubauten zu integrieren. Nach aktuellem Stand der Planung findet sich die Form der Kuppelhalle im Grundriss bzw. der Platzgestaltung an dieser Stelle wieder. Die Kuppelhalle selbst soll nicht rekonstruiert werden.

---

zusammen mit seiner Frau sowie zahlreichen, teilweise unveröffentlichten Forschungsberichten zum Spannbetonbau nach England, siehe auch Kurrer (2016), S. 758.

[731] Mautner (1911).

[732] E. (1908), S. 540.

Bedeutung des Tragwerks

Die Ausführung der Rippenkuppel bzw. der Kuppelhalle in Eisenbeton war nicht nur für Berlin eine große Neuheit. Bisherige Kuppeltragwerke in der Stadt waren klassischerweise aus Mauerwerk, Holz oder vor allem im 19. Jahrhundert eher aus Eisen (nicht zuletzt die sogenannten Schwedlerkuppeln). Im Vergleich zu den gleichgroßen Kuppeltragwerken, die etwa zur selben Zeit in München entstanden, handelte es sich bei der Ausführung um ein tatsächliches Eisenbetontragwerk[733]. Einerseits war das Tragwerk der Friedrichstraßen-Passage gänzlich aus Eisenbeton erstellt, von den Fundamenten bis hin zur Dachdeckung. Andererseits überzeugt der theoretische Ansatz zur Berechnung einer mehrfach statisch unbestimmten Rippenkuppel, die eine Verbundwirkung von Beton und Eisen in Ansatz bringt. Vor allem die Berechnung als Rippenkuppel zeugt von einem sehr guten Verständnis der statischen Zusammenhänge und der Vorteile des Materials. Mit den Erfahrungen aus Bauteilversuchen mit bewehrten Balken und Stützen konnten die Rippen der Kuppel annähernd genau bemessen werden. Um 1910 enthielt die Theorie der Rippenkuppel praktisch anwendbare Simulationsmodelle und war ausreichend anwenderfreundlich ausgearbeitet[734]. Die Kuppel der Friedrichstraßen-Passage bildet somit den Auftakt einer Zahl von Rippenkuppeln, die im Deutschen Reich bis in die 1920er Jahre realisiert wurden. Fast zeitgleich entstand in Bochum beim Bau des Apollotheaters ebenfalls eine Kuppel mit knapp 29m Spannweite[735]. Die Kuppel wurde als vollwandiger Korbbogen ausgeführt, der im unteren Bereich in jeweils zwei Doppelrippen aufgelöst wurde, die sämtliche Lasten an acht Pfeiler weitergeben. Der Unterbau unterhalb der Kuppel erinnert in seinem Entwurf an einen Vorläufer der Jahrhunderthalle in Breslau (Bauzeit 1911–1913, Spannweite 65m).

Der im Schalenbau beheimatete Franz Dischinger beschreibt 1928 noch einmal die Bemessungsgrundlagen der Friedrichstraßen-Passagen-Kuppel mit dem Hinweis, dass durch die vier horizontalen Ringe der Betrag der Momente in den Rippen verhältnismäßig klein sei. Dies gelte vor allem auch bei Rippen, die, wie im beschriebenen Beispiel, nicht nach der Stützlinie geformt wurden. Insgesamt sollte nach seiner Meinung bei solchen Tragwerken statisch bestimmt gerechnet werden, wobei Dischinger die entsprechenden Vergleichswerte direkt mit angibt[736]. Sein Plädoyer gilt im Ergebnis aber den Schalentragwerken, die mit deutlich weniger Material auskommen.[737]

Die Ausführung selbst zeugt offenbar auch vom Beginn einer Spezialisierung des Unternehmens Czarnikow & Co. Die Firma realisierte später weitere Kuppel- und Rippenkuppeltragwerke in Berlin, beispielsweise bei der königlichen Bibliothek Unter den Linden und beim Neubau der Synagoge in Charlottenburg. Zur weiteren Einordnung der Entwicklung siehe auch Kapitel 4.2.5.

---

[733] Pogacnik (2009).

[734] Schöne (1999).

[735] Mautner (1909).

[736] Dischinger (1928).

[737] Zur Einordnung von Franz Dischinger und der Entwicklung der theoretischen Grundlagen siehe auch Kurrer (2016), S.726 ff.

Tragwerkskategorie 5 – Gewölbte Dachtragwerke, Friedrichstraßen-Passage

Abbildungen

Lageplan:

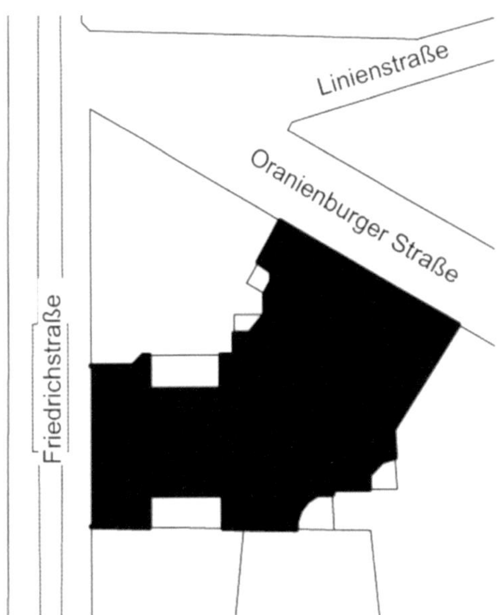

Abbildung 169: Lageplan der Friedrichstraßen-Passage (Zeichnung: Novakovic 2018).

Dokumentation der Objektbesichtigung, Juli 2016:

Abbildung 170: Ansicht der Friedrichstraßen-Passage, mit Blick auf den Eingang von der Oranienburgerstraße (Foto: Kuban 2016).

Abbildung 171: Detailansicht Eingang Friedrichstraßen-Passage von der Oranienburgerstraße (Foto: Kuban 2016).

Abbildung 172: Fassadendetail Erdgeschoss, Eingangsbogen entlang der Oranienburgerstraße, Friedrichstraßen-Passage (Foto: Kuban 2016).

Abbildung 173: Ansicht der Friedrichstraßen-Passage von Süden, rechts Durchgang der ehemaligen Passage und links Einblick in das Tragwerk des ehemaligen Passage-Kaufhauses (Foto: Kuban 2016).

Ergänzende Abbildungen:

Abbildung 174: Ansicht der inneren Schalung der Kuppelrippen; die Anschlusseisen aus den Pfeilern sind im unteren Bereich der Rippen zu erkennen, Friedrichstraßen-Passage, Ahrens (1909), S. 42.

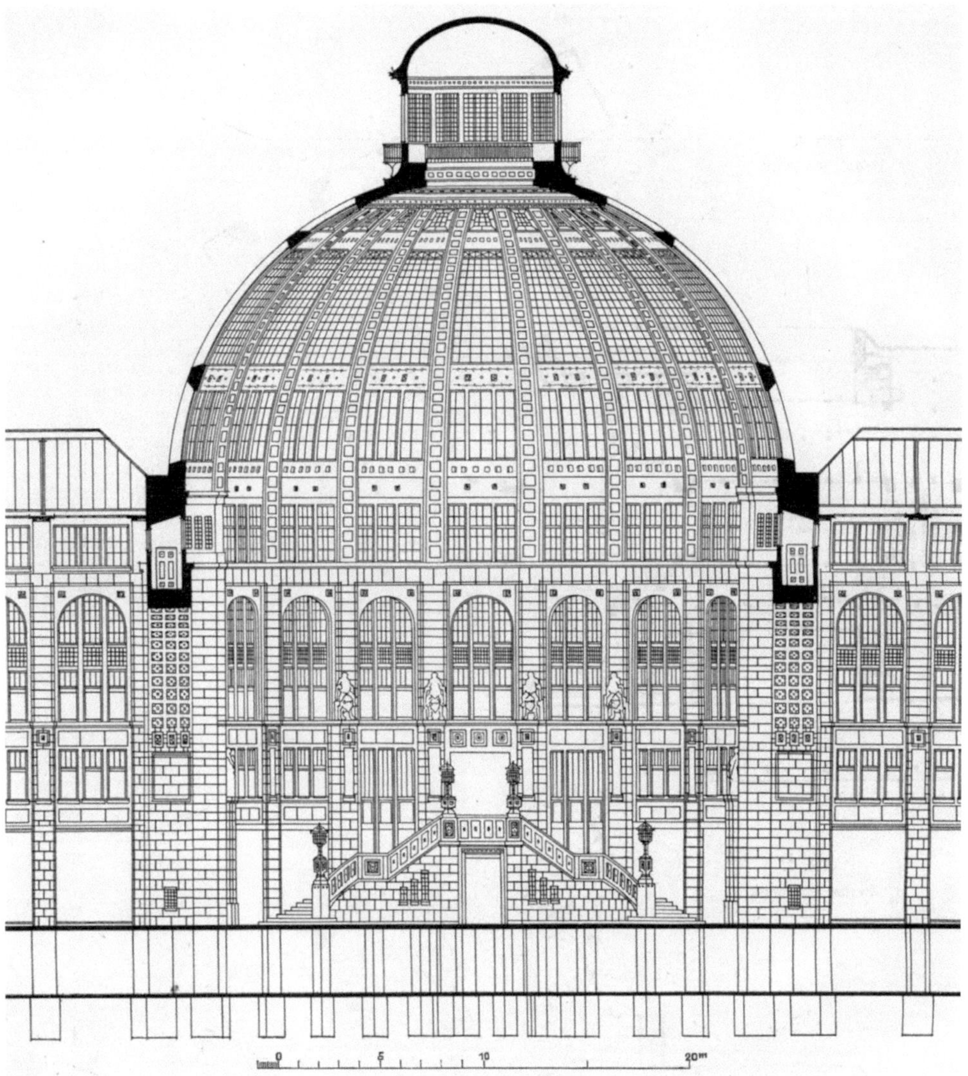

Abbildung 175: Querschnitt durch die Kuppelhalle der Friedrichstraßen-Passage, Ahrens (1909), S. 24.

Abbildung 176: Ansicht der ausgebauten Kuppelhalle, Friedrichstraßen-Passage, Schliepmann (1909), S. 325.

Abbildung 177: Pfeilerfundamente mit Einspannkorb im Bauzustand, Friedrichstraßen-Passage, Müller (1909), S. xv–xvi.

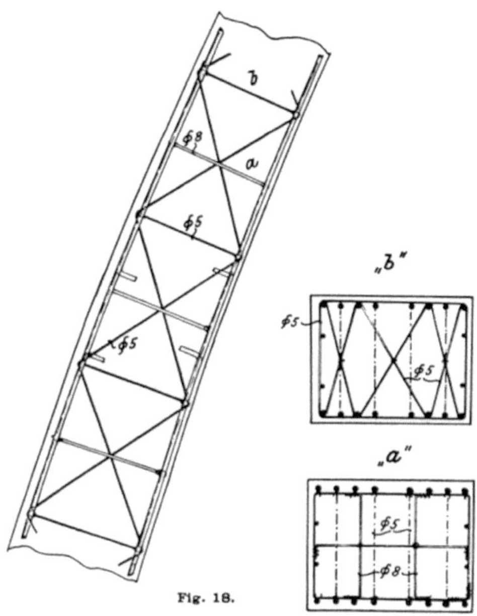

Abbildung 178: Ausschnitthafte Bewehrungszeichnung im Längs- und Querschnitt durch eine Rippe der Kuppel der Friedrichstraßen-Passage, Müller (1909), S. 19.

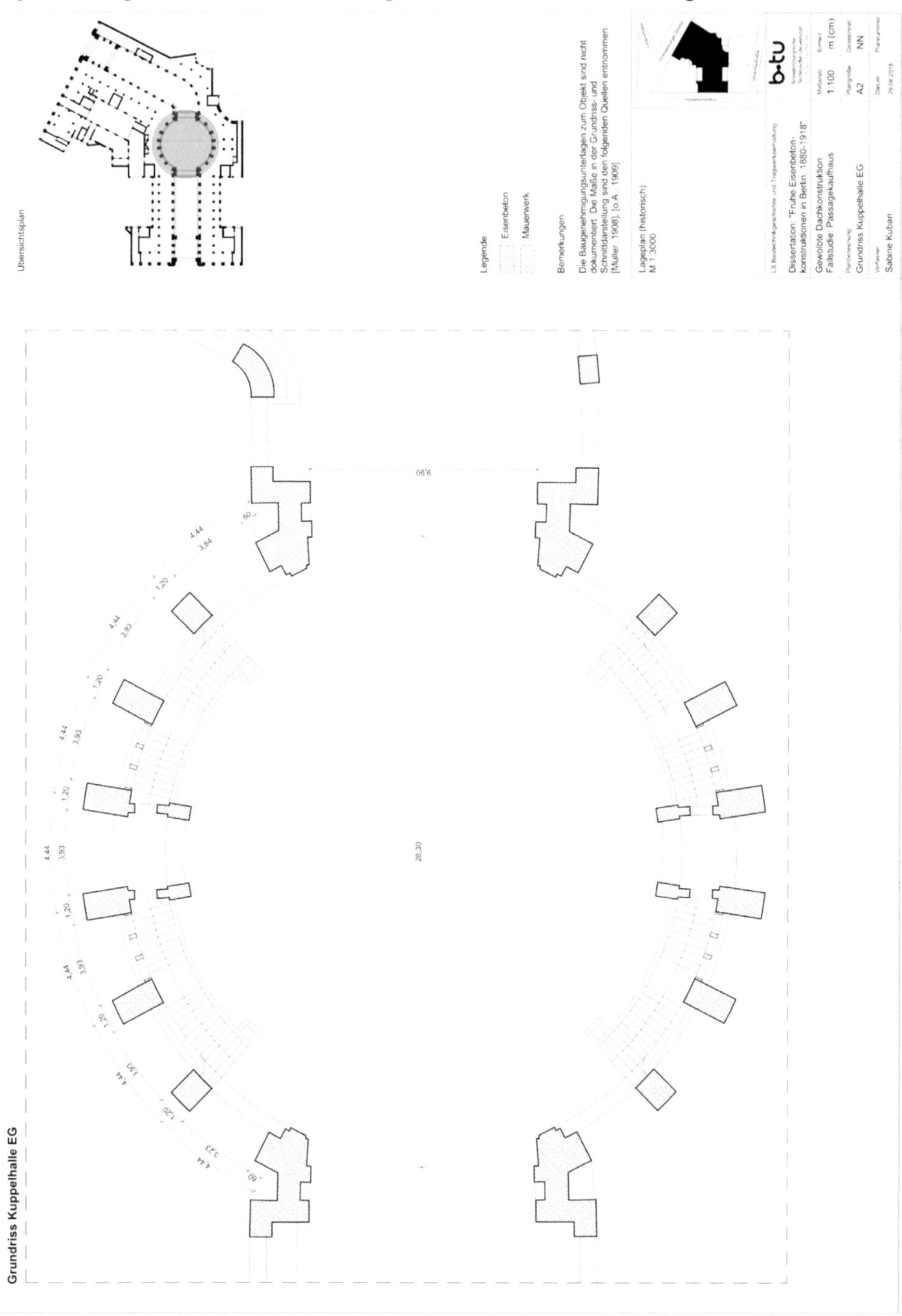

Abbildung 179: Friedrichstraßen-Passage, Teilgrundriss der Kuppelhalle (Zeichnung: Novakovic 2018).

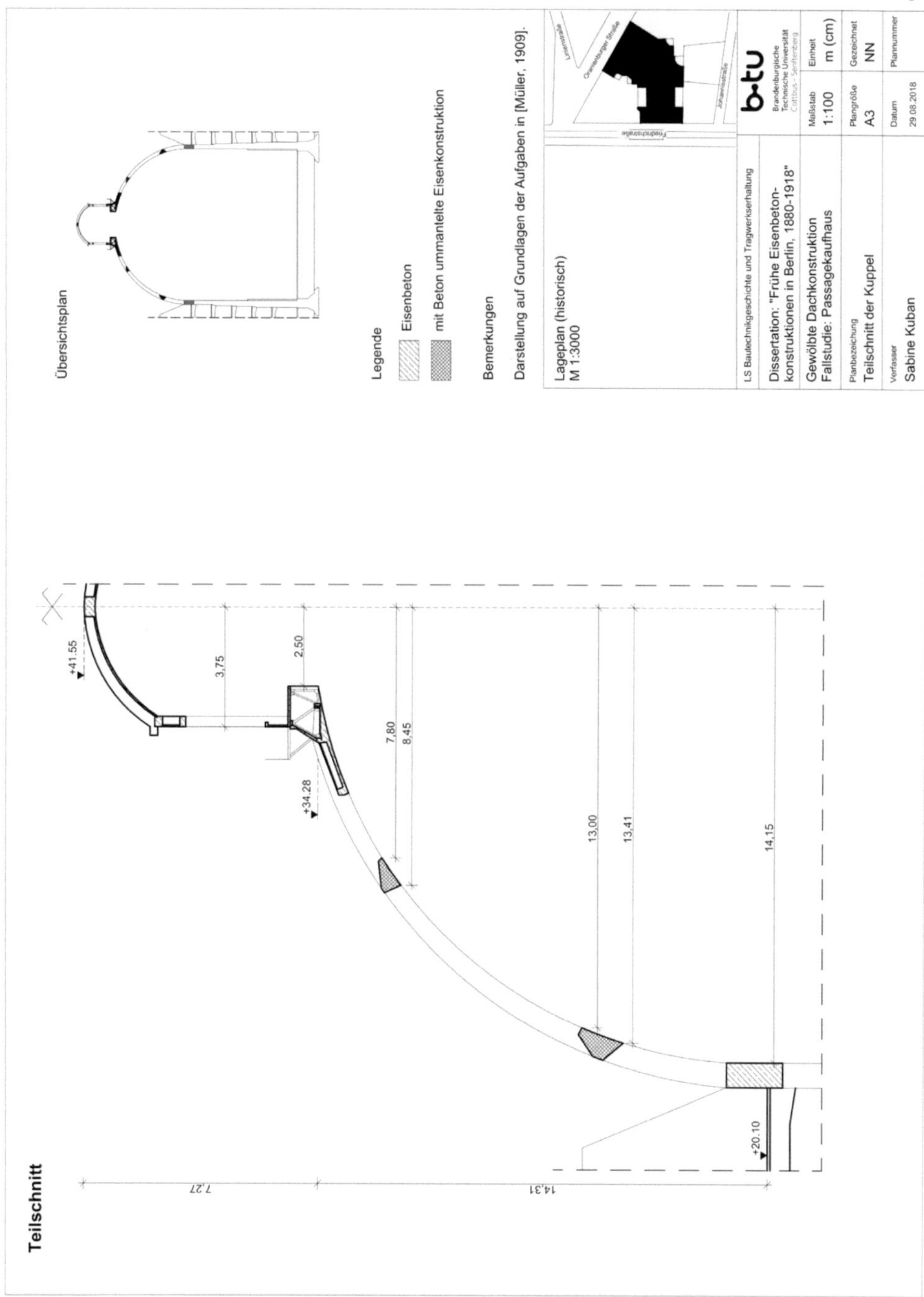

Abbildung 180: Friedrichstraßen-Passage, Teilschnitt der Kuppelhalle (Zeichnung: Novakovic 2018).

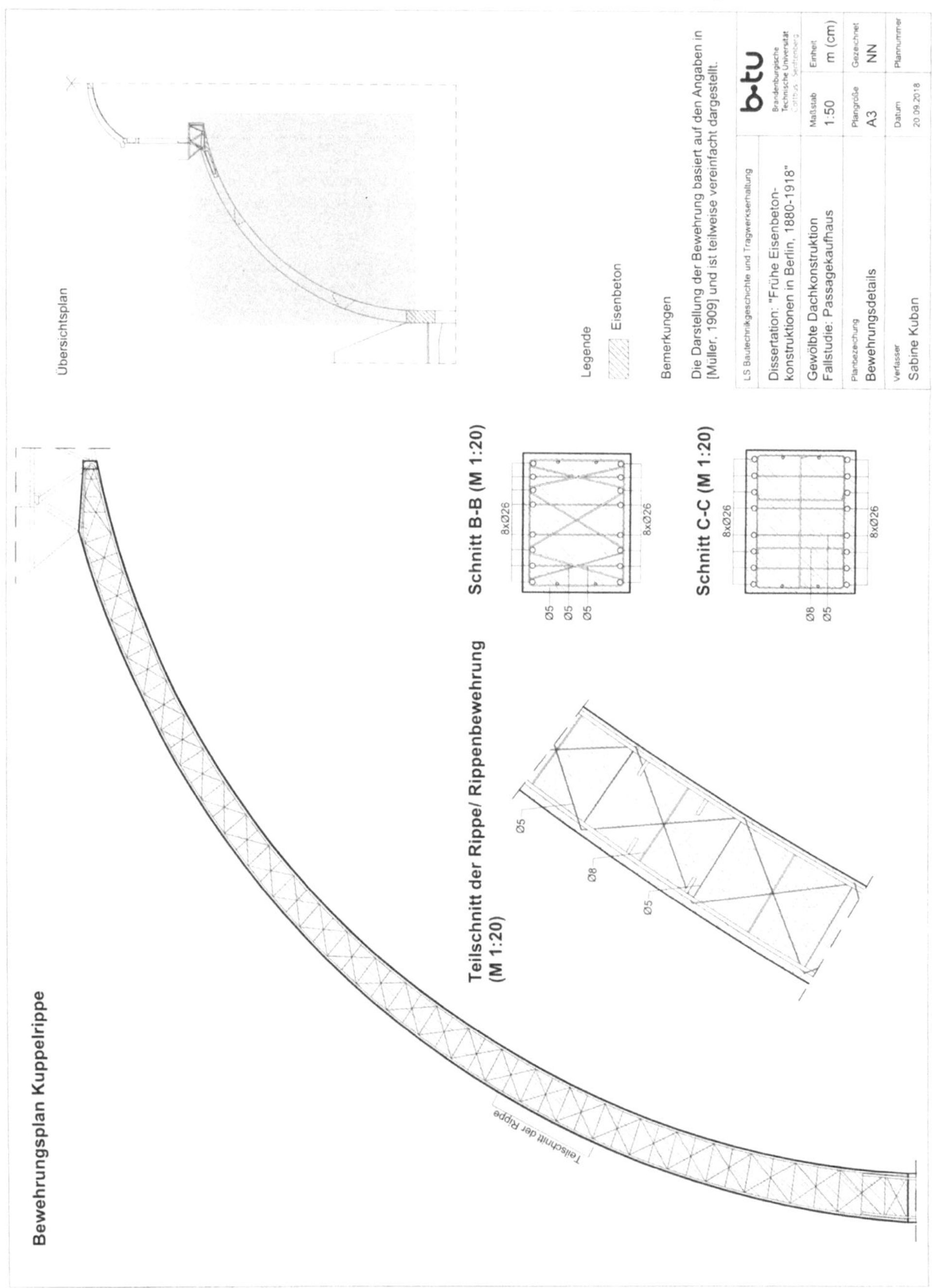

Abbildung 181: Friedrichstraßen-Passage, Bewehrungsdetails der Kuppelrippen (Zeichnung: Novakovic 2018).

A7. Tragwerkskategorie 6 – Brückentragwerke

Prinzregentenbrücke, Wilmersdorf

Abbildung 182: Südliche Ansicht der Prinzregentenbrücke (Foto: Wieczorek/Kuban 2018).

Tragwerksdaten

Brückentyp	Bogenbrücke (Eisenbahn)
Baujahr	1906
Aktueller Zustand	Vorhanden, nicht mehr in Benutzung
Ort, Adresse	Prinzregentenstraße, Handjierystraße Berlin Wilmersdorf
Bauherr	Königliche Eisenbahndirektion
Architekt	k. A.
Ingenieur	AG für Beton- und Monierbau: Regierungsbaumeister Koenen, Oberingenieur Hart Eisenbahndirektion: Regierungs- und Baurat Labes, Regierungsbaumeister Homann, Bauleitung vor Ort: Regierungsbaumeister Lehmann
Bauunternehmen	Actien-Gesellschaft für Beton- und Monierbau (Ausführung, Bemessung und Anordnung der Bewehrung)
Baumaterialien	Zement – Hannoverscher Portlandcement Misburg, Marke Pferd Zuschläge – Kiessand aus Trebbin, Porphyrkleinschlag aus den Gimritzer Porphyrwerken Eisen – k. A. Weitere: Muschelkalkmehl der Firma Schwenk, Ulm

Relevante Literatur

Mörsch (1904), Hart (1908), Homann (1908), Petry (1923)

Relevante Quellen

Zentralarchiv Brücken (IZ-Plan) DB Netz AG (1906)

Verortung

Die Brücke spannt heute über die Prinzregenten- bzw. Handjierystraße in Berlin Wilmersdorf (siehe Abbildung 183). Sie ist eine von insgesamt fünf nebeneinander angeordneten Brücken, die an dieser Stelle die Straße überbrücken.

Planungsidee, Anlass

Im Rahmen der Erweiterung des S-Bahnhofs Wilmersdorf (Ringbahn) und der Verbreiterung der Prinzregentenstraße von 15 auf 24m (geänderte landespolizeiliche Vorschriften) wurde 1906 ein Neubau der Brücke notwendig. Zuerst wurde ein einheitliches Bauwerk mit insgesamt 40m Breite geplant. Eisen als Baumaterial wurde schnell als zu kostspielig ausgeschlossen. Weitere Gründe, sich gegen eine Eisen- bzw. Stahlbrücke zu entscheiden, waren eine fehlende Flexibilität für die geplante Gleisanlage und eine zu große Bauhöhe. Die Vorgaben für die Neuanlage der Straße beinhalteten einen freien Straßenraum über die Breite der beiden Fahrwege. Somit konnte nur je eine Stütze an den Straßenrändern eingeplant werden. Der bei einer solchen Spannweite notwendige Überbau aus Eisen wurde als zu hoch in der Querschnittshöhe eingeschätzt.
Ursprünglich sollte der Neubau durch die Eisenbahndirektion und die an den Bahnhof angrenzenden Gemeinden Friedenau und Wilmersdorf finanziert werden. Allerdings führten die Verhandlungen über die Details der Beteiligung der beiden Gemeinden zu keinem Ergebnis, sodass die Eisenbahndirektion die Bauaufgabe abänderte. Die damals noch vorhandenen zwei Bogenbrücken aus Mauerwerk (Baujahr 1890) blieben bestehen und wurden durch drei neue Brückenbauwerke ergänzt[738], sodass insgesamt die Straße in einer Länge von 40m überbrückt wurde. Die drei neuen Brücken wurden dann in Eisenbeton jeweils als Bogenbrücken ausgeführt.

Bau- und Tragwerksbeschreibung

Bei der bauzeitlichen Entwurfsplanung wurde die Möglichkeit einer eingespannten Bogenbrücke abgelehnt, da Berechnungen zeigten, dass durch die geringe Bauhöhe des Oberbaus bei Temperatureinwirkungen zu große Spannungen im Querschnitt entstehen würden. Entworfen wurde dann ein Dreigelenkbogen, der als ein System, das statisch in der zur damaligen Zeit genauesten Weise bestimmt werden konnte, die beteiligten Planer überzeugte. Die Wahl von Eisenbeton wurde damit begründet, dass eine Ausführung in unbewehrtem Beton zu große Querschnitte erzeugen würde.
Das Tragwerk der Brücke ist ein flacher Dreigelenkbogen, der sich zwischen zwei Widerlager spannt (siehe Abbildung 182). Zu einer zusätzlichen Fundamentierung der Widerlager finden sich keine Informationen. Die lichte Weite der Bögen zwischen den Widerlagern beträgt 30m. Die Spannweite zwischen den Gelenken beläuft sich auf 24,40m. Die theoretische Pfeilhöhe beträgt 2,06m, dies entspricht einem sehr flachen Stich von nur 1/12. Die Bogenbreite beträgt 6,25m. Vermutlich bedingt durch die Dimensionierung mit Hilfe von Stützlinien weisen die Bögen eine variable Höhe über ihre Länge auf. In der Ansicht von Süden weist die Brücke eine

---

738 Hart (1908).

gleichmäßige, zu den Widerlagern hin breiter werdende Bogenlinie auf. Hier wurde eine den tragenden Bögen vorgesetzte Stirnmauer werksteinartig durch Steinmetze überarbeitet.
Die Gelenke sind als Bolzengelenke ausgeführt, wobei die Gelenkkörper aus Gusseisen und die Bolzen aus Stahl (ø 80mm) gefertigt sind. Die Gelenkkörper weisen oben und unten Flanschbleche auf, die den Verbund mit dem Beton verbessern sollten. Weiterhin sind sie auf der dem Bolzen gegenüberliegenden Seite an der Rückwand so ausgearbeitet, dass dort die obere Bewehrung direkt angeschlossen werden konnte.
Nach Homann (1908) wurden die Eiseneinlagen für die Aufnahme sämtlicher Zugspannungen bemessen. Als obere und untere Lage wurden jeweils 8 Stäbe mit ø 23mm pro Meter eingeplant. Im Bereich der Bruchfuge (jeweilige Bogenmitte) wurden Zulagen von je 2 Stck. ø 23mm über eine Länge von etwa 6m eingeplant. Im Bereich der Gelenke greifen die Bewehrungseisen die Geometrie der Bogenform auf und werden nach innen abgebogen. Vermutlich zur Verstärkung im Bereich der Verjüngung wurden zusätzlich Flacheisen, in Form eines Bügels bzw. einer Klammer, eingebaut. Die obere und untere Bewehrungslage sollte mit Rundeisen ø 5mm zu einem „Bewehrungsträger“[739] zusammengebunden werden. Je Gelenkkörper waren vier solcher Bewehrungsträger.
Im Rahmen einer konstruktiven Bestandsaufnahme im August 2016 wurde der aktuelle Zustand der Brücke untersucht. Die Brücke befindet sich im Straßenraum der Stadt Berlin und ist somit frei zugänglich. Augenscheinlich weist die Brücke zahlreiche Schäden auf. So sind Dekorelemente an der Straßenfassade teilweise abgebrochen, es zeigt sich ein umfangreiches Rissbild, und an der Unterseite der Brücke finden sich zahlreiche Stellen, an denen die Bewehrung sichtbar ist.
Die Geometrie der Brücke stimmt mit den Angaben aus den Konstruktionszeichnungen überein. Ein Vergleich mit den vorliegenden Konstruktionsplänen zeigt ein deutlich dichteres Bewehrungsnetz der Längsbewehrung. Grundsätzlich stimmen die Durchmesser und auch die Betondeckung mit den Vorgaben aus der bauzeitlichen Planung überein. Allerdings weisen die sichtbaren Längseisen an der Unterseite der Brücke mit 10cm einen deutlich geringeren Abstand auf (geplant war ein Abstand von 20cm). In Auswertung der vorhandenen Fotografien des Bauprozesses (siehe Abbildung 185) handelt es sich anscheinend nicht um sogenannte Bewehrungsträger, sondern lediglich um einfache Rundeisen, die in die Zwischenräume eingelegt wurden, vermutlich als konstruktive Bewehrung.

Beschreibung der statischen Bemessung

In der Zeit der Projektierung (Februar 1906) der Brücke wurden die „Vorläufigen Bestimmungen für das Entwerfen und die Ausführung von Ingenieurbauten in Eisenbeton“ der preußischen Eisenbahndirektion ausgearbeitet[740]. Grundlegende Annahmen zur Spannungsverteilung und Zugfestigkeit von Beton sind dort vorgegeben[741]. Letzteres vor allem um der Gefahr von Rissen vorzubeugen. Es ist anzunehmen, dass diese bei der Bemessung Beachtung fanden. Die bauzeitliche Statik selbst ist bis auf einige grafische Skizzen auf den Entwurfsplänen nicht dokumen-

[739] Homann (1908), S. 62.
[740] Der am Bau der Prinzregentenbrücke beteiligte Ingenieur der Königlichen Eisenbahndirektion Labes hat dazu im ZBBv einen Artikel verfasst, indem auch die Vorläufigen Vorschriften abgedruckt sind, siehe dazu Labes (1906).
[741] Labes (1906).

tiert. Die Bemessung der Widerlager und der Bögen erfolgte unter Anwendung des Stützlinien-Verfahrens.[742]

Die genaue Bemessung der Eiseneinlagen ist nicht überliefert. Für das Eigengewicht des Betons wurden 2000 kg/cm³ angesetzt. Zusätzlich dazu betrug die Annahme für das Eigengewicht der Bewehrungseisen 45 kg/m². Die anzusetzenden Verkehrslasten entsprachen den üblichen Annahmen für Eisenbahnbrücken, die vorhandene Betondruckspannung betrug 45,5 kg/cm² und die Betonzugspannung 7,7 kg/cm². Der rechnerische Ansatz einer Zugspannung im Beton war durch die Vorschriften möglich, wobei die zulässige Zugspannung mit höchstens 10 kg/cm² angesetzt werden durfte. Dies entsprach der 2,5-fachen Sicherheit einer zulässigen Biegezugfestigkeit von 25 kg/cm². Durch den Ansatz einer planmäßigen Zugspannung im Beton war die Zugbeanspruchung in der Bewehrung mit 76 kg/cm² vergleichsweise gering. Den Bau und die Fertigstellung begleiteten verschiedene Versuche, deren Auswertung deutliche Tragreserven offenbarte, eine Nachrechnung auf Grundlage von Bauteilversuchen an 58 Tage alten, unbewehrten Balken erbrachte eine 5-fache Sicherheit für die angesetzten Betonzugspannungen[743]. Im Rahmen der Qualitätssicherung wurden für verschiedene Betonmischungen Probewürfel mit einer jeweiligen Kantenlänge von 30cm hergestellt und im Materialprüfungsamt Lichterfelde untersucht (siehe folgende Tabelle 25).

Mischung	**Dauer der Lagerung**	**Betondruckfestigkeit**
1:6:6	76 Tagefestigkeit	137 kg/cm²
1:5:5	132 Tagefestigkeit	115 kg/cm²
1:3:3	69 Tagefestigkeit	225 kg/cm²
1:2,5:2,5	64 Tagefestigkeit	322 kg/cm²

Tabelle 25: Ergebnisse der Qualitätsprüfung für Betonmischungen im Bauvorhaben Prinzregentenbrücke.

Bauausführung

Die Ausführung des Brückenbauwerks (die Bewehrungszeichnungen sind auf Oktober 1906 datiert) erfolgte bei laufendem Verkehr auf den benachbarten Brückenbauwerken, mit Zugfolgen von etwa fünf Minuten. Dies hatte unmittelbar Einfluss auf die Baugrubensicherung, die installiert wurde, und auch auf die Planung der einzelnen Arbeitsschritte während der Herstellung des Tragwerks. Die Aufstellung des Leergerüsts erfolgte unter Beachtung des beidseitigen Durchgangsstraßenverkehrs mit Fuhrwerken. Die mit dem Zug angelieferten Baumaterialien wurden auf dem Lehrgerüst zwischengelagert, sodass sich dieses bereits senken konnte. Im Scheitel wurde eine Überhöhung von 15cm eingeplant, die sich nach der Fertigstellung (mit entsprechender Auflast) ausgleichen sollte. Zur Baustelleneinrichtung gehörte weiterhin eine Maschine zur Betonbereitung auf der Baustelle. Diese Mischmaschine wurde ursprünglich von der Allgemeinen Baumaschinen-Bedarfs-Gesellschaft Leipzig entwickelt und ermöglichte, bei geringerem Personaleinsatz eine gleichbleibende Qualität des Ortbetons[744].

Die Widerlager gründeten direkt auf dem Baugrund (aufgefüllter Sand mit Lehmbeimengung in den oberen Schichten und ab etwa 50cm Tiefe fester Lehm). Sie wurden zuerst betoniert, dabei

---

742 Entsprechend den Angaben in Zentralarchiv Brücken (IZ-Plan) DB Netz AG (1906).

743 Hart (1908), S. 113.

744 Hart (1908).

wurden von unten nach oben verschiedene Mischungen des Betons eingesetzt. Für einen verbesserten Anschluss der seitlichen Gelenke an die Widerlager und Brückenbögen wurden die Gelenkgussteile mit Flanschen verstärkt. Dadurch sollte gleichzeitig die Sicherheit gegen Abscheren erhöht werden. Die Bewehrung wurde vor dem Einstampfen des Betons zu einem Bewehrungsträger zusammengefügt. Entsprechend des Betonierfortschritts wurde ein Teil der Querstäbe erst nach und nach und dann abschließend die oberen Zwischenstäbe eingelegt, so konnte eine eindeutige Positionierung der Bewehrung gewährleistet werden (siehe Abbildung 184 bis Abbildung 187). Die Aufstellung und Zusammenführung der Bewehrung erfolgte innerhalb von vier Tagen. Der Beton wurde innerhalb von 36 Stunden in einer Tag- und Nachtschicht eingebracht. Bei der Ausführung der Bögen wurden, ähnlich wie bei den Widerlagern, ebenfalls verschiedene Betonmischungen eingebracht.
Direkt nach dem Ausschalen betrug die Absenkung der Konstruktion im Scheitel 4mm. Nach sechs Monaten war die Differenz mit 8,3 cm deutlich größer. Hierbei ist anzumerken, dass zusätzlich zu den Lasten aus dem Überbau und den Verkehrslasten auch Temperaturdehnungen eine Rolle spielten, da die zweite Messung im Dezember erfolgte.
Für die architektonische Gestaltung wurde an der südlichen Bauwerksfassade beim Betonieren die äußere Schicht (6cm breit) in einem Mischungsverhältnis Zement zu Muschelkalkmehl von 1:3 ausgeführt. Hier sollte die Oberfläche nach dem Ausschalen steinmetzmäßig nachbearbeitet werden. Die Fertigstellung bzw. Verkehrsübergabe der Brücke erfolgte vermutlich im Frühjahr 1907.

Bauzeitliche Kritik

Verweise auf die Konstruktion finden sich zahlreich sowohl in bauzeitlichen Publikationen als auch in etwas späteren Übersichtsdarstellungen zum Brückenbau allgemein und dem Eisenbetonbrückenbau im Speziellen. Dabei wurden das Bauwerk und seine Konstruktion durchaus unterschiedlich betrachtet. Ein kritisches Argument, das mehrfach angesprochen wurde, war, dass die Verbindung der Stirnmauern mit dem Gewölbe eine klare Gewölbetragwirkung verhindert[745]. Es ist denkbar, dass die Stirnmauer wie ein Randbalken bei einer kurzen Tonnenschale wirkt, allerdings bleibt die Klärung dieses Sachverhalts einer weiteren Untersuchung vorbehalten. Weiterhin wurde die Positionierung der Gelenke hinterfragt und auch eine Ausführung ohne Eiseneinlage diskutiert.
Karl Mautner[746] beispielsweise hob hingegen deutlich die Vorzüge des Eisenbetons hervor, ohne den die Ausführung als Dreigelenkbogen wohl nicht möglich gewesen wäre.

Nutzungsgeschichte

Heute ist neben der Prinzregentenbrücke auch noch eine der Brücken von 1889 erhalten, deren Mauerwerkskonstruktion direkt an die Prinzregentenbrücke anschließt und im Straßenraum deutlich hervorsteht. Alle anderen Brückenbauwerke sind 1990 durch moderne Stahlbetonausführungen ersetzt worden. Das ursprünglich über die Brücke gelegte Gleis, später als Zugang zum Güterbahnhof Wilmersdorf genutzt, wurde nach 2006 zurückgebaut. Somit hat die Brücke

[745] Homann (1908).
[746] Zur Einordnung der Person Karl Mautner, einem ursprünglich aus Österreich stammenden Bauingenieur (siehe Anhang A6).

heute keine Funktion mehr und wird durch die Deutsche Bahn, die heutige Eigentümerin, nicht mehr genutzt.

Heutiger Zustand

Nach Auswertung der bauzeitlichen Pläne ist die Brücke nahezu vollständig in ihrem originalen Zustand erhalten geblieben, allerdings in einem sehr schlechten Zustand. Die Bewehrung ist entlang der Bogeninnenseite teilweise sichtbar und in größeren Bereichen ist es zur Abplatzung der Betondeckung gekommen. Einzelne Schmuckelemente der Stirnfassade sind lose bzw. fehlen bereits ganz (siehe Abbildung 188 bis Abbildung 192).

Bedeutung des Tragwerks

Die Brücke gilt als erste Eisenbetonbahnbrücke im Wirkungsbereich der Preußischen Staatseisenbahnverwaltung. Im Vorlauf der bzw. parallel zu den Bauarbeiten wurden zahlreiche Material- und Bauteilversuche durchgeführt, die den planmäßigen Ansatz einer Betonzugfestigkeit zur Folge hatten.

Bei dieser Gelenkbogenbrücke kam es fast lehrbuchhaft zu einer der ersten Anwendungen von Eisenbeton in Kombination mit eisernen Gussgelenkkörpern in Berlin. Ausschlaggebend dafür waren vermutlich Vorteile wie statische Bestimmtheit, Ausnutzung der Betondruckfestigkeit sowie von Temperatur und Lagersenkung unabhängige Gewölbespannungen. Gleichzeitig beinhaltet der Entwurf mit einer zum Scheitel hin abnehmenden Gewölbestärke eine angepasste Formgebung, um zu starke Sollbruchfugen (wenn die Stützlinie den Kernquerschnitt verlässt) zu vermeiden. Die Gelenkkörper sind in ihrer Dimensionierung so entworfen, dass sie auf der Baustelle ohne größeren technischen Aufwand versetzt werden konnten, und die Bewehrungsführung überzeugt mit einer auf die spezielle Anwendung hin orientierten Lage und Dimensionierung. Möglichen Nachteilen, die aus der gewählten Konstruktion hätten entstehen können wurde somit bereits im Entwurf entgegengearbeitet. Für den innerstädtischen Kontext ist vor allem noch die künstlerische Ausführung der Stirnfront zu erwähnen.

Zusammenfassende Wertung

Die erste Konstruktion mit einem Dreigelenkträger überhaupt geht zurück auf eine Eisenkonstruktion von Johann Wilhelm Schwedler (1823–1894) um 1885 bei einem Hochbauprojekt in Berlin. In Weiterentwicklung seiner ursprünglichen Überlegungen zum statisch-konstruktiven System fand der Dreigelenkbogen so auch im Brückenbau, als eine Weiterentwicklung klassischer Bogenbrücken, Anwendung.

Bei der Suche nach Vorbildern oder beispielgebenden Konstruktionen im Eisenbetonbrückenbau kann international Robert Maillarts Straßenbrücke in Zuoz in der Schweiz mit einer Spannweite von 30m als Vorbild gelten.[747] Diese wurde als Dreigelenkbogen mit einer aufgesetzten Hohlkastenkonstruktion als Unterbau der Fahrbahn ausgeführt. Inwieweit die Brücke von Maillart tatsächlich als Vorbild für die Prinzregentenbrücke gedient hat, konnte nicht geklärt werden.

Als ein nationales Vorbild erscheint die von Emil Mörsch im Jahr 1903 projektierte Grünwaldbrücke über die Isar, in der Nähe von München, naheliegender. Dabei ist vor allem das gewählte

[747] Von 1899 bis 1902 arbeitete Maillart im Ingenieurbüro Froté & Westermann in Zürich. In dieser Zeit, 1901 entstand auch die Innbrücke in Zuoz. Kurrer (2016), S. 1004.

statische System der Bögen grundlegend vergleichbar – beides sind Dreigelenkbogenbrücken. Obgleich die Bögen bei der Grünwaldbrücke mit jeweils 70m Spannweite deutlich größer dimensioniert sind und als Belastung normalen Verkehr und keine Eisenbahnlasten aufzunehmen hatten. In der weiteren Betrachtung erscheint die Brückenkonstruktion von Mörsch sehr viel stärker in der Übergangsphase zwischen Stampfbeton- und Eisenbetonbrückenkonstruktionen verortet zu sein. Die für den Vergleich ausschlaggebenden Bögen sind hier ebenfalls nur konstruktiv bewehrt bzw. als leichtbewehrte Stampfbetonbögen konstruiert. Ein Vergleich der Gelenkausführung zeigt auch eher Unterschiede als Gemeinsamkeiten. So sind die Gelenkkörper selbst aus Stahlguss und nach Mörsch (1904) sollten zwischen Bogen und Gelenk eingelassene Bleiplatten die Kräfte direkt an „stärker armierte Betonquader“[748] übertragen. Wie die Einbindung dieser „stärker armierten Betonquader“ genau ausgeführt wurde, bleibt unklar. Insgesamt wurden die Gelenkkörper im Gegensatz zur Prinzregentenbrücke nicht direkt an die Bogenbewehrung angeschlossen, sondern separat positioniert und durch die Bleiplatten vom restlichen Bauwerk getrennt.

Die Ausführung in Berlin beinhaltete gusseiserne Gelenke, die sich in der späteren Entwicklung der Massivbrücken nicht wirklich durchgesetzt haben. Hauptkritikpunkt war vermutlich der Anschluss der Bogensegmente an die Gelenke, vor allem im Hinblick auf eine dauerhafte Witterungsbeständigkeit. In einer Übersicht möglicher Anwendungsgebiete von Eisenbeton von 1911 findet sich der Hinweis zu Eisenbetongelenkbrücken „noch wenig ausgeführt“[749]. Hier wird immer noch direkt auf die Prinzregentenbrücke in Berlin als Beispiel verwiesen, obwohl seit deren Fertigstellung fast fünf Jahre vergangen waren. Umso wichtiger ist der Erhalt der Brücke in Berlin. Zum einen als eine der frühen Eisenbetonbrücken in der Stadt und vor allem als eines der wenigen noch erhaltenen Beispiele der Gelenkbogenbrücken, die in der Genealogie des Massivbrückenbaus durchaus eine wichtige Rolle einnehmen. Zum anderen aber auch, da sich die Brücke bisher in Übersichten zum Brückenbestand der Stadt Berlin kaum wiederfindet[750]. Zur genaueren Einordnung der Entwicklung siehe Kapitel 4.2.6.

[748] Mörsch (1904), S. 265.
[749] Akademischer Verein Hütte e.V. (1911), S. 316.
[750] Thiemann et al. (2003).

Tragwerkskategorie 6 – Brückentragwerke, Prinzregentenbrücke

Abbildungen

Lageplan:

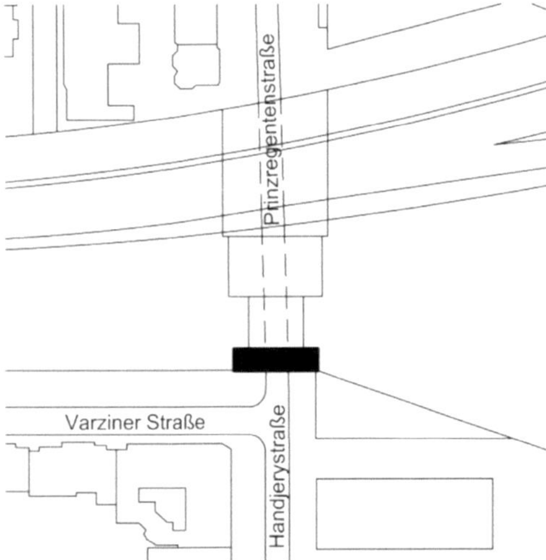

Abbildung 183: Lageplan der Prinzregentenbrücke (Zeichnung: Novakovic 2018).

Abbildungen des Tragwerks in Publikationen:

Abbildung 184: Südansicht der Prinzregentenbrücke von 1889 bzw. des westlichen Widerlagers während der Bauarbeiten, Homann (1908), Blatt 21.

Abbildung 185: Blick auf die Baustelleneinrichtung und die untere Bewehrungslage des Brückenbogens der Prinzregentenbrücke, Homann (1908), Blatt 21.

Abbildung 186: Blick nach Osten, die untere Lage Beton wurde eingebracht; im Hintergrund ist der während der Bauzeit der Prinzregentenbrücke aktive Ringbahn-Bahnhof Friedenau zu sehen, Homann (1908), Blatt 22.

Abbildung 187: Blick nach Süden, Einbringung von Beton beim Bau der Prinzregentenbrücke, Homann (1908), Blatt 22.

Eine Abbildung der Brückenkonstruktion entsprechend der Baugenehmigungs- bzw. Entwurfsplanung ist aus rechtlichen Gründen nicht möglich.

Dokumentation der Konstruktiven Bestandsaufnahme, Juli 2016:

Abbildung 188: Detailaufnahme Randbereich mit freiliegender Bewehrung, Prinzregentenbrücke (Foto: Kuban 2016).

Abbildung 189: Detail Brückenuntersicht im Bereich freiliegender Bewehrung, Prinzregentenbrücke (Foto: Kuban 2016).

Abbildung 190: Eckbereich der Brücke im Bereich des östlichen Widerlagers, Prinzregentenbrücke (Foto: Kuban 2016).

Abbildung 191: Scheitelgelenk der Brücke im Detail, Prinzregentenbrücke (Foto: Kuban 2016).

Abbildung 192: Brückenuntersicht Richtung Westen, Prinzregentenbrücke (Foto: Kuban 2016).

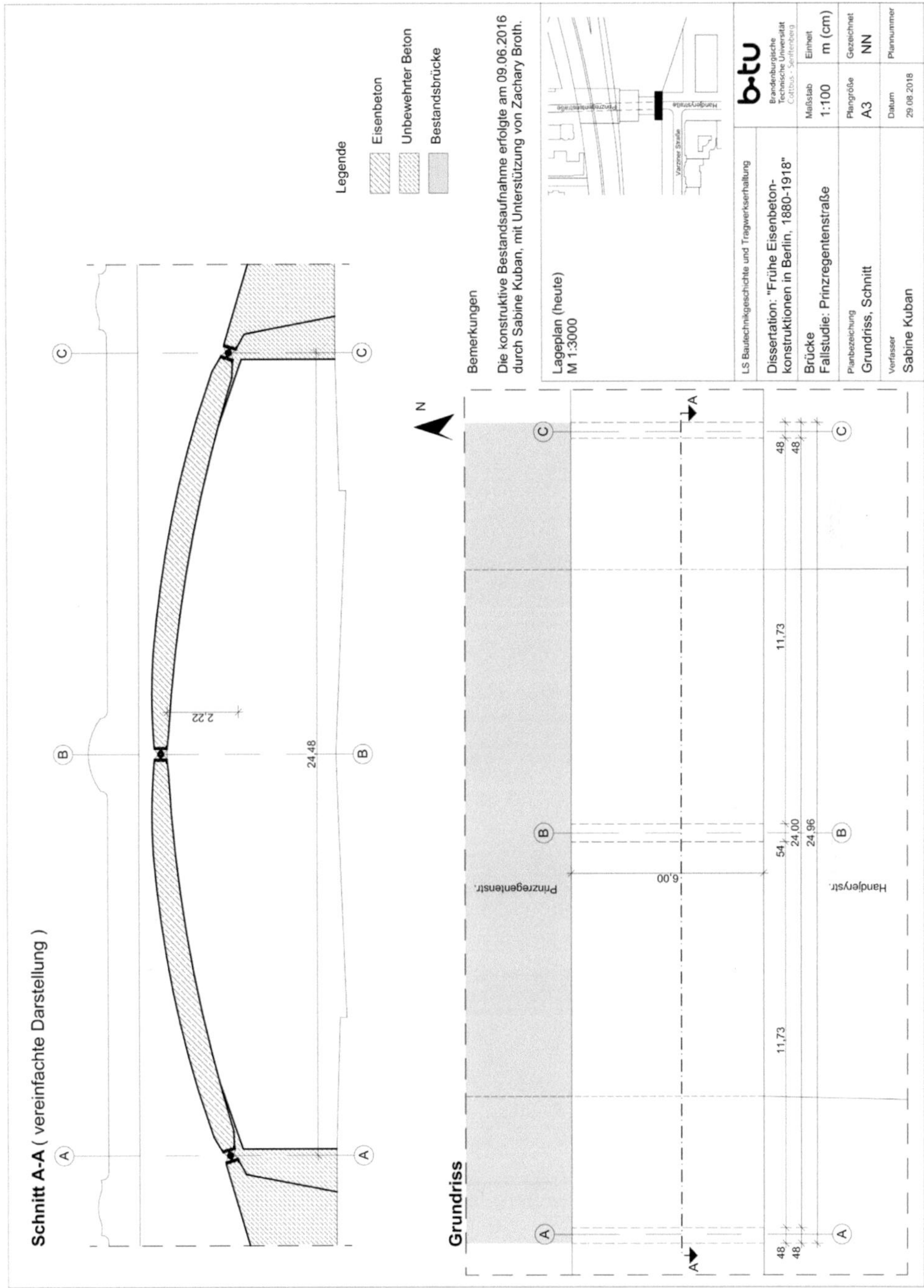

Abbildung 193: Prinzregentenbrücke, Grundriss und Schnitt, Plandarstellung der KBA (Zeichnung: Novakovic 2018).

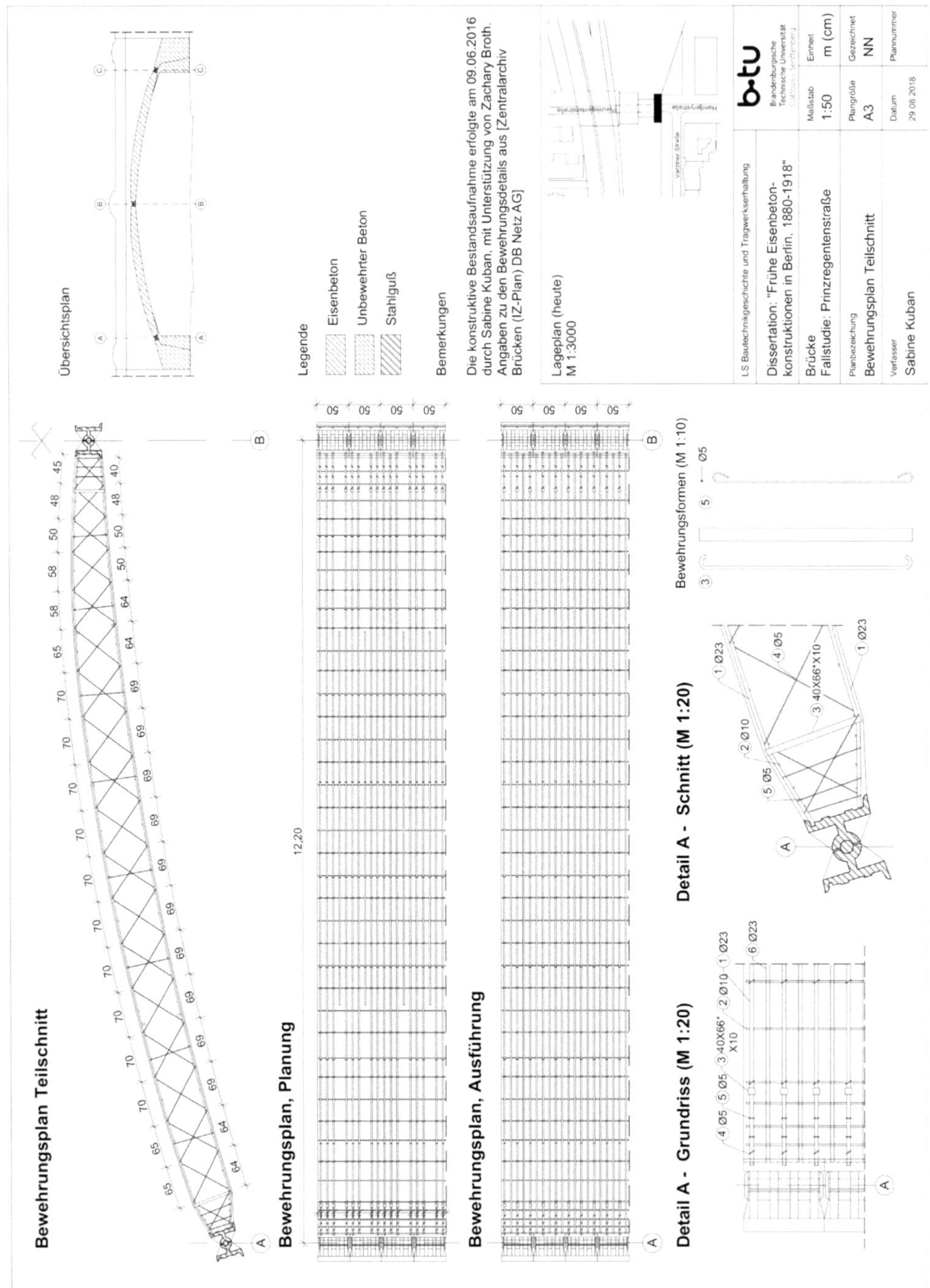

Abbildung 194: Prinzregentenbrücke, Bewehrungsdetails, Plandarstellung der KBA (Zeichnung: Novakovic 2018).

Avusbrücke Cordesstraße, Charlottenburg

Abbildung 195: Nordwestliche Ansicht der Cordesstraßenbrücke (Foto: Kuban 2016).

Tragwerksdaten

Brückentyp	Balkenbrücke (Automobil)
Baujahr	1914
Aktueller Zustand	Teilweise erhalten
Ort, Adresse	Cordesstraße, 14055 Berlin
Bauherr	Automobil-Verkehrs-und Übungs-Straße AG
Architekt	Paul Schultze-Naumburg
Ingenieur	Vermutlich Dipl.-Ing. E. Morgenstern, Oberingenieur der Deutschen Kahneisen-Gesellschaft Jordahl & Co. (Berlin)
Bauunternehmen	Philipp Holzmann & Co. GmbH
Baumaterialien	Kahneisen Mischungsverhältnis für den Beton: 1:4,5

Relevante Literatur

Gallus (1914a), Gallus (1914b), Kirchner (2008)

Relevante Quellen

Magistrat der Stadt Berlin, Städtische Tiefbaudeputation (1913), Magistrat der Stadt Berlin, Städtische Tiefbaudeputation (1927)

Verortung

Die Cordesstraße verläuft quer zur Automobil-Übungs- und Versuchsstrecke (AVUS)[751] bzw. der heutigen Autobahn 115, in unmittelbarer Nähe des S-Bahnhofs Messe Süd (ehemals Eichkamp). Die Brücke ist damit Teil der am westlichen Rand von Berlin gelegenen Ausfallstraße in Richtung Potsdam (siehe Abbildung 196).

Planungsidee, Anlass

Die Planungen für die AVUS gehen auf eine Initiative von Kaiser Wilhelm II. zurück. Bereits vor 1899 wurde der Deutsche Automobil Club gegründet und es fanden, gerade im Raum Berlin, verschiedene Zuverlässigkeits- und Geschwindigkeitsfahrten statt. Im europäischen Vergleich war der Kraftwagenbestand im Deutschen Reich aber noch relativ gering. Um der Automobilindustrie einen Aufschwung zu verschaffen, galten Autorennen als bewährte Methode, die Akzeptanz des Automobils zu erhöhen. 1907 wurde auf kaiserliche Initiative hin ein Gremium einberufen, das ein Straßenbauprojekt vorbereiten sollte, bei dem die Straße „sowohl dem Sport als auch dem Verkehr und der Ausbildung nützen sollte“[752]. Langfristig sollte so auch die deutsche Automobilindustrie gefördert werden. Die Gründung der Automobil-Verkehrs- und Übungsstraße GmbH erfolgte 1909 mit einem zuvor gesammelten, privaten Startkapital von 500.000 Mark. Die Geschäfte der GmbH führte zu Beginn ein ehrenamtlich tätiger Geschäftsführer, Konsul Carl Otto Fritsch. Er hatte sehr klare Vorstellungen, was die Anlage der Straßenführung betraf, das „Grundprinzip[…] einer Parallelstraße mit langen Geraden und zweier Kurvenverbindungen“[753] sollte maßgebend für die zu projektierende Straße sein. Nach anfänglichen Schwierigkeiten bei der Bereitstellung der Grundstücke zwischen Grunewald und Wannsee konnte am 3. Juni 1913 mit den ersten Bauarbeiten durch die Firma Philipp Holzmann & Co. begonnen werden. Das Finanzierungskonzept sah vor, die Kosten der Bauarbeiten über Kredite zu finanzieren, die im Nachhinein durch „Wegegelder für die private Nutzung der Straße sowie durch Vermietung für Rennveranstaltungen“[754] gegenfinanziert werden sollten.
Auf Grund bereits vorhandener Straßen und Wege, die auf den insgesamt 10km von Charlottenburg nach Nikolassee überbrückt werden mussten, entstanden entlang dem ersten Abschnitt der neuen Automobilstraße insgesamt neun Brücken. Die ursprüngliche Planung sah zehn Brücken vor, allerdings wurde die Brücke VI nur „projektiert, jedoch nicht ausgeführt“[755] die Gründe für die Planabweichung sind nicht dokumentiert. Die Bauarbeiten kamen anfänglich gut voran, bereits im ersten Jahr konnten allein fünf der zehn Brücken fertiggestellt werden. Planmäßig sollte die Straße bereits im September 1914 eröffnet werden, dieser Termin war jedoch durch den Beginn des Ersten Weltkrieges und der damit verbundenen Einberufung von Arbeitskräften sowie der starken Reglementierung von Baumaterialien nicht zu halten. Mit deutlicher Verzögerung konnten erst 1921 alle Bauarbeiten beendet werden, sodass im September 1921 das erste Automobilrennen auf der AVUS stattfand[756].

[751] Die Abkürzung AVUS steht heute synonym für diesen Abschnitt der Autobahn.
[752] Kirchner (2008), S. 8.
[753] Ebd.
[754] Ebd. S. 10.
[755] Magistrat der Stadt Berlin, Städtische Tiefbaudeputation (1927), S. o. A.
[756] Gallus (1914b).

Bau- und Tragwerksbeschreibung

Der Straßenquerschnitt der AVUS war durch jeweils zwei 8m breite Fahrbahnen bestimmt, die durch einen ebenfalls 8m breiten Grünstreifen getrennt wurden. Seitlich der Fahrbahnen verlief ebenfalls auf jeweils 8m ein begrünter Randstreifen. Im Bereich von Brücken wurde der mittlere Grünstreifen ausgespart und die dadurch entstehende Öffnung mit Brüstungen eingefasst. Dadurch waren die Unterführungen mittig durch Tageslicht beleuchtet. Bei der Konstruktion der Brücken unterschied man drei Spannweitenbereiche (6m, 7 bis 12m und 19m), die durch verschiedene Tragwerkslösungen charakterisiert waren. Die lichten Höhen variierten zwischen 3 und 4,40m. Die Brücke über die Cordesstraße weist eine Spannweite von 6m und eine Höhe von etwa 3,40m auf.

Im Bereich der Überführungen waren die Fahrbahnen auf 9m erweitert und zum Randstreifen hin ebenfalls mit Brüstungen begrenzt. Diese wurden über den Bereich der Überführung noch erweitert und liefen bogenförmig aus. Alle Brücken waren aus Eisenbeton hergestellt. Die rund 25m langen Widerlagerwände wurden als Winkelstützwände mit jeweils zwei Trennfugen (zur Rissvermeidung) ausgeführt. Die Wände unterhalb der Fahrbahnen wurden zusätzlich mit ins Erdreich hineinreichenden vertikalen Rippen ausgesteift, die Wände unterhalb der Mittelöffnungen waren glatt ausgeführt. Alle Rückwände wurden mit einem wasserdichten Anstrich und die Oberflächen mit einem, mit Antaquid[757] versetzten Putz versehen. Der obere Abschluss bis zur Fahrbahndecke war mehrlagig mit einer Schicht Ausgleichsbeton sowie abschließend einer Schicht rauem Walzasphalt ausgeführt.[758]

Beschreibung der statischen Bemessung

Unter Beachtung der verschiedenen Spannweiten wurden drei statische Modelle für die Berechnung zu Grunde gelegt. Brücken mit einer Spannweite von 6m, wie die über die Cordesstraße, waren als einfache Plattenbalken, die auf den Widerlagerwänden auflagen, ausgeführt. Der Abstand der Balken war dabei mit 1,0m angegeben.

Bei den Brücken mit größeren Spannweiten wurden zusätzlich Auskragungen und Rahmentragwirkungen eingeplant (siehe Tabelle 26 und Abbildung 209). Die Abstände der Balken bei den Brücken mit Spannweiten zwischen 7,0 und 12,0m lag bei 1,80m. Zusätzlich dazu waren in gleicher Ebene liegende Querbalken vorgesehen, um das Tragverhalten der Fahrbahnplatte zu unterstützen.

Durch die auskragenden Balkenenden der Brücken mit größeren Spannweiten wurde das Feldmoment positiv beeinflusst, und die Stärke der Fahrbahnplatte konnte relativ gering ausfallen.

[757] Antaquid war ein von der Deutschen Kahneisen GmbH genutztes chemisches Mittel zur Erhöhung der Wasserdichtigkeit von Putzen und Betonbauteilen, nach Grün (1926), S.140.

[758] Gallus (1914b).

Spannweite	Beschreibung	Statisches Modell
6m	Einfacher Balken bzw. Plattenbalken	
7 bis 12m	Plattenbalken in Querrichtung als Einfeldträger mit beidseitiger Auskragung, ähnlich einem Gitterrost; Gelenkiger Anschluss an die Widerlagerwände	
19m	Zweigelenkrahmen mit beidseitiger Auskragung des oberen Riegels, kein Auflager auf den Widerlagerwänden	

Tabelle 26: Übersicht der Modellannahmen für die statische Berechnung der AVUS Brücken nach, Gallus (1914a).

In den dokumentierten Unterlagen im LAB finden sich unterschiedliche Informationen zu den Brücken, auszugsweise werden diese zur besseren Übersicht in der folgenden Tabelle 27 dargestellt.[759] Für die Cordesstraßenbrücke bzw. eine vergleichbare Brücke ist eine bauzeitliche Statik nicht dokumentiert. Da für die Ausführung der Brücken aber das gleiche Bewehrungssystem Kahn verwendet wurde, kann angenommen werden, dass bestimmte Berechnungen für unterschiedliche Brückenbauwerke dennoch ähnlich ausgeführt wurden. In jeder Statik findet sich eingangs eine Übersicht zu den unterschiedlichen Kahneisen-Profilen, deren Querschnittsgrößen und Bügellängen. Die Besonderheit des Systems ist zum einen die Querschnittform der Längseisen, die mehreckig und nicht rund ausgeführt wird. Eine weitere Besonderheit der Kahneisen besteht darin, dass an den maschinell gewalzten Längseisen die Bügel direkt anschließen. Die Bügel werden als eine Art Flügel bereits im Werk von den Längseisenprofilen abgeschnitten und auf der Baustelle hochgebogen. Somit sind die grundsätzlich oben offenen Bügel beim System Kahn fest mit den Zugeisen verbunden.

[759] Ergänzend dazu gibt es weitere Unterlagen im Archiv des Senats der Stadt Berlin, allerdings beinhalten diese eher Unterlagen über den Erhalt der Brücken und weniger die ursprünglichen Baugenehmigungsunterlagen.

Bezeichnung(en)	**l [m]**	**Archivalien LAB**	**Ergänzende Angaben**
Brücke I, Nr. 911	12,0m	Plan, undatiert	Keine
Brücke II, IIa „Cordesstraße“	6,0m	Positionsplan, 4.7.1913	Vermerk: berechnet Nb
Brücke III	6,0m	Plan, undatiert	Keine
Brücke IV	6,0m	Plan, undatiert	Keine
Brücke V, „Bhf. Grunewald“	8,0m	Plan, undatiert	Keine
Brücke VI	Nicht ausgeführt		
Brücke VII, „Am Großen Stern“	19,0m	Statik Nr.445 Statik und Pläne, 13.10.1913 geprüft: 25.10.1913	Seitennr. 75-102, gez. Morgenstern
Brücke VIII	10,0m	Statik Nr.439 Statik und Pläne, 26.9.1913 geprüft: 10.11.1913	Seitennr. 64-74, gez. Morgenstern
Brücke IX, „Fischerhütte“			
Brücke X, „Havelchaussee“	7,0m	Statik Nr.461 Statik und Pläne, 9.12.1913 geprüft: 12.3.1914	Seitennr. 103-112, gez. Morgenstern

Tabelle 27: Übersicht der im LAB dokumentierten Informationen zu den Brückenbauwerken der AVUS. Die dazu relevanten Quellenangaben stehen im Text.

Grundsätzlich machen die statischen Berechnungen einen einheitlichen Eindruck. Mit Blick auf die Seitenzahlen wurde für die Berechnung der Brücken anscheinend ursprünglich ein zusammenhängendes Dokument erstellt. Dafür spricht im Weiteren nicht nur die Unterschrift des Ingenieurs Morgenstern, der offenbar sämtliche Berechnungen, wenn nicht selbst aufgestellt, so doch aber zumindest abschließend kontrolliert hat. Weiterhin lassen auch die zeitlichen Abstände der Einreichung eine aufeinanderfolgende kontinuierliche Bearbeitung vermuten. Nicht zuletzt wird in den Statiken selbst aufeinander Bezug genommen. So findet sich in der Statik zu den Brücken VIII bzw. IX der Hinweis, dass die „Berechnung genau so [sic] wie bei Brücke V und Brücke I durchgeführt“[760] wurde. Entsprechend wurden die Einflussgrößen und Charakteristika (siehe Tabelle 28) bei allen Brückenbauwerken gleich angenommen.

[760] Magistrat der Stadt Berlin, Städtische Tiefbaudeputation (1913), S. o. A.

Übersicht der statischen Berechnungen für die AVUS Brücken	
Randbedingungen:	Mischungsverhältnis für den Beton 1:4,5 zul.σ_B = 40 kg/cm² zul.σ_E = 1200 kg/cm²
Lastannahmen:	γ_{Beton} = 2,4 t/cm³ $\gamma_{Fahrbahn\ Belag}$ = 2,2 t/cm³ $\gamma_{Erdreich}$ = 1,8 t/cm³ Nutzlasten 500 kg/m² Dampfwalze mit 23t, in der jeweils ungünstigsten Stellung, Unterscheidung in Lenk- und Triebwalze (P_1 bzw. P_2)
Ermittlung der Schnittkräfte:	Ohne weitere Bemerkungen, zum Teil nicht überliefert
Statische Modellannahmen:	Siehe Tabelle 26
Bauteilnachweise:	Biegebemessung nach dem n-Verfahren (n=15) Schubspannung < 4,5 kg/cm²
Grad der Ausnutzung:	Im Schnitt etwa 95% Ausnutzung, sowohl des Betons als auch des Eisens
Details zur Bewehrung:	Angabe der einzelnen Profile, entsprechend der Übersicht, Betondeckung im Allgemeinen etwa 2,5cm

Tabelle 28: Übersicht der Annahmen für die statischen Nachweise zu den AVUS Brücken, Magistrat der Stadt Berlin, Städtische Tiefbaudeputation (1913), S. o. A.

In den dokumentierten Unterlagen findet sich kein Verweis auf eventuell zu Grunde gelegte Bemessungshilfen. Insgesamt erscheinen die Berechnungen konform mit den Vorgaben der damals noch gültigen behördlichen Bestimmungen von 1907. Dies vereinfacht und vereinheitlicht die statischen Berechnungen, die nun einen fast schemahaften Eindruck machen. Für die Bauteile wurden einfache statische Modelle gewählt, wodurch auch die Ermittlung der Einwirkungen relativ kurz gefasst ist. Die Bauteilnachweise und die Ermittlung der erforderlichen Bewehrungen erfolgen an den maßgebenden Stellen (in Bauteilmitte und im Auflagerbereich). Durch die standardisierten Bewehrungsprofile wird offenbar auf eine genauere Darstellung der Verteilung verzichtet. Die Kahneisen-Profile decken die Anforderungen der erforderlichen Bewehrungsquerschnitte für die untere und die obere Längs- sowie die Bügelbewehrung ab, zusätzliche Rundeiseneinlagen werden nicht nachgewiesen[761].
Insgesamt sind in den dokumentierten statischen Nachweisen kaum Grüneinträge zu finden. Es gibt zwar nachträgliche Eintragungen und Veränderungen, allerdings stammen diese sehr wahrscheinlich aus den Nachrechnungen der Tragfähigkeit um 1929[762].

Bauausführung

Die ersten Bauarbeiten, wie beispielsweise die Beräumung des Baufeldes, erfolgten 1913. Die Straße selbst sollte auf einem bis zu 4m hohen Damm verlaufen. Die dafür notwendigen Erdarbeiten erfolgten schrittweise, sodass die Planungen zur Ausführung des ersten Fahrbelags mögliche Absenkungen der Fahrbahn beinhalteten, die in den ersten Jahren der Nutzung durch nach-

[761] Magistrat der Stadt Berlin, Städtische Tiefbaudeputation (1913).
[762] Magistrat der Stadt Berlin, Städtische Tiefbaudeputation (1927).

trägliche Bodenverfestigung hätten entstehen können. Es wurde zuerst ein kostengünstiger Belag gewählt, der im späteren Verlauf dann durch einen höherwertigeren ersetzt werden sollte[763]. Im weiteren Verlauf der Baustelleneinrichtung wurde neben dem Straßenverlauf eine Schmalspurbahn zur Versorgung der Baustelle errichtet (siehe Abbildung 208). In Auswertung der statischen Berechnungen ist zu vermuten, dass die Cordesstraßenbrücke als eine der ersten Brücken realisiert wurde. Abbildung 197 bis Abbildung 200 zeigen beispielhaft den Verlauf der Bauarbeiten. Zur tatsächlichen Ausführung und den dabei eingesetzten Maschinen sind keine genauen Informationen dokumentiert.

In Abbildung 201 bis Abbildung 204 ist die Entwurfsplanung des Brückentyps in Schnitt und Grundriss dargestellt, der auch bei der Cordesstraßenbrücke Anwendung fand.

Die Inaugenscheinnahme der Cordesstraßenbrücke zeigt, dass die untere Bewehrungslage der Balken offenbar wie in der Statik angegeben verlegt wurde und dass auch die Betondeckung in etwa den bauzeitlichen Vorgaben entspricht. Gleichwohl erscheinen die Abstände zwischen den Bewehrungseisen sehr gering und auch die Betondeckung mit etwa 2,5cm ist deutlich geringer als heute üblich (siehe Abbildung 207). Schalungspuren sind an der Unterseite der Brücke nicht mehr zu erkennen, da in der Zwischenzeit eine Art Spritzputz aufgetragen wurde.

Bauzeitliche Kritik

Bis auf die Brücke „Zum Großen Stern“ (heute Hüttenweg) finden sich zu den einzelnen Brückenbauwerken keine expliziten bauzeitlichen Beschreibungen (siehe Abbildung 209). Insgesamt wurde die Anlage der Straße positiv aufgenommen, dies galt allerdings weniger den konstruktiven Ausführungen als vielmehr dem Straßenprojekt und den damit verbunden wirtschaftlichen Auswirkungen. Die gewählte Konstruktionsart durch die Kahneisen-Gesellschaft fand zwar Erwähnung[764], gab aber keinen Anlass, darüber explizit zu berichten.

Nutzungsgeschichte

Die Bauarbeiten für das Straßenprojekt mussten während des Ersten Weltkrieges unterbrochen werden. Ein großer Teil war zwar fast fertiggestellt, aber es fehlte unter anderem noch die oberste Fahrbahndecke. Während der Kriegszeit wurde die Baustelle vernachlässigt, und es senkten sich Bereiche der Straße ab. Im Rahmen der Fertigstellung der Bauarbeiten wurde ein neues Planum und die Teerdecke bzw. ein fester Teer-Split-Belag ausgeführt.

Bereits 1929 kam es zu einer Untersuchung der Tragfähigkeit unter der Fragstellung, ob die Brücken einem Schwerlastverkehr standhalten würden und somit in die Brückenklasse I einzuordnen waren. Im Ergebnis wurde deutlich, dass sowohl die Ober- als auch die Unterbauten dafür nicht ausreichend tragfähig waren. In den Unterlagen des LAB findet sich ein Hinweis auf die erneute Beteiligung der Philipp Holzmann AG, allerdings bleibt unklar, inwieweit es tatsächlich zu Rückbaumaßnahmen gekommen ist.

Nach dem Zweiten Weltkrieg kam es 1954 im Rahmen der Wiederaufbauarbeiten zu einer erneuten Untersuchung einzelner Brückenbauwerke. Dabei wurde für drei Brücken (Bhf. Grundwald, Hüttenweg, Fischerhüttenweg) die Betondruckfestigkeit, die Zugfestigkeit der Kahneisen-Bewehrung sowie eine Bewehrungsermittlung mittels Röntgen direkt vor Ort bzw. mittels Mate-

[763] Gallus (1914b).
[764] Gallus (1914a).

rialproben im Labor untersucht. Offenbar wurden sämtliche Berichte ohne die erklärenden Anlagen dokumentiert; damit reduziert sich die Verwertbarkeit der Ergebnisse deutlich. Tabelle 29 zeigt die Ergebnisse der Zugfestigkeitsuntersuchung für drei Proben der Kahneisen-Bewehrung. Insgesamt konnte für die Bewehrung eine Güte vergleichbar dem Betonstahl II (zulässige Stahlspannung von 200 MN/m²)[765] nachgewiesen werden.

Zugprobe	**Streck-grenze**	**Zugfestig.**	**Verhältnis**	**Bruchdehnung**		**Bruchein-schnürung**
Nr.	σ_s	σ_B	σ_s/σ_B	δ_5	δ_{10}	
	[kg/mm²]	[kg/mm²]	%	%	%	%
1	39,0	60,3	65	23,6	19,2	42
2	39,2	59,8	66	23,8	19,3	42
3	35,5	53,4	67	27,9	22,9	56

Tabelle 29: Ermittlung der Festigkeitseigenschaften für die Kahneisen-Bewehrung der AVUS Brücken, Versuchsdurchführung nach DIN 50146.

Für die Untersuchung mittels Röntgen fehlen die erklärenden Zeichnungen, in die entsprechende Untersuchungsergebnisse eingetragen wurden. Für die Untersuchung der Betondruckfestigkeit ist nur die Untersuchungsmethode dokumentiert. Die ausgewählten Brücken wurden demnach mit einer Art der Kugelschlagprobe, einem sogenannten Federschlaghammer nach Gaede aus Hannover untersucht.

Heutiger Zustand

Entgegen dem allgemeinen Kenntnisstand, dass alle der hier betrachteten AVUS Brücken erneuert wurden, ist die Brücke über die Cordesstraße offenbar noch zu großen Teilen original erhalten.[766] Ein Abgleich mit historischen Planunterlagen zeigt deutliche Übereinstimmungen. Dabei sind nicht nur die Zahl der Querträger oder die Ausführung der Randbalken identisch (siehe Abbildung 205 und Abbildung 206). Die Plattenbalken unter der Fahrbahn sind teilweise durch korrosionsbedingte Betonabplatzungen beeinträchtigt, wodurch die originalen Kahneisen-Bewehrungen sichtbar (siehe Abbildung 207) sind. Einzig die frühere Öffnung im Mittelbereich ist heute verschlossen, und die Ausführung der Geländer wurde verändert.

Bedeutung des Bauwerks

Die Cordesstraßenbrücke als Teil der AVUS Brücken steht sinnbildlich für die Entwicklung des Eisenbetons in Berlin. Ganz so wie die Brücke zwischen Berlin und Potsdam den Verkehrsstrom verbindet, findet sich in der Ausführung die Verbindung der über die behördlichen Bestimmungen vereinheitlichten Eisenbetonausführungen mit einem speziellen, patentierten Bewehrungssystem. Gerade in Berlin, mit seiner langen Geschichte von Rundeisenprofilen, die bereits Monier in seinen ersten Ausführungen verwendet hat, sticht die Ausführung der Kahneisen-Gesellschaft hervor. Befördert durch die vereinheitlichten Bestimmungen ging die allgemeine

[765] Nach Bargmann (2008), S. 542.

[766] Dies ist auch der Grund der Auswahl. Alle anderen Brücken wurden über die Zeit zurückgebaut. Nur hier ist noch die originale Kahneisen-Bewehrung vorhanden.

Entwicklung nicht nur in Berlin in Richtung standardisierter Rundeisenprofile. Aber vielleicht bot gerade der Brückenbau, als Teilgebiet des Hochbaus, die Möglichkeit, weiterhin spezialisierte Systeme anzuwenden.

Die Brücke selbst ist ingenieurtechnisch wenig kompliziert. Das gewählte System der Plattenbalken, die in Querrichtung als Einfeldträger die Lasten direkt an die Widerlagerwände abgeben, ist ein sehr einfaches statisches System. Die Anwendung der verschiedenen statischen Systeme bei den anderen Brücken und darüber hinaus die konstruktive Durchbildung der Plattenbalken für die unterschiedlichen Spannweiten ist fast lehrbuchhaft. Die Bemessung erscheint routiniert und annähernd schemahaft.

Zusammenfassende Wertung

Die Brücken der AVUS insgesamt zählen zu den wenigen dokumentierten Bauprojekten in Berlin, bei denen das System der Kahneisen-Bewehrung angewendet wurde. Die Kahneisen-Gesellschaft hatte erst um 1907 in Berlin etabliert.

Als eine Gruppe von Brücken mit unterschiedlichen Spannweiten zeigen diese, wie flexibel die Bauweise zur Anwendung gebracht werden konnte. Vor allem steht die Cordesstraßenbrücke bzw. stehen die Brücken mit Spannweiten von 6,0m beispielhaft für die Entwicklung vom Bogen hin zur Balkenbrücke, gerade bei Massivbrücken mit kleineren Spannweiten. Fand der Bogen, ursprünglich aus den Mauerwerks- bzw. Natursteinkonstruktionen entlehnt, vor allem in der Anfangszeit des Eisenbetons zahlreiche Verwendung, so zeigt die Balkenbrücke eine deutliche Entwicklung im Verständnis der Bauweise. Bei Balkenbrücken sind die Vorteile der Verbundkonstruktion direkt in der Ausführung sichtbar. Die Wahl des Tragwerks (auskragende Balkenenden) zeigt zudem ein besseres statisches Verständnis, das durch die Auskragungen reduzierte Feldmoment ermöglicht deutlich geringere Plattenstärken der Fahrbahn.

Abbildungen

Lageplan:

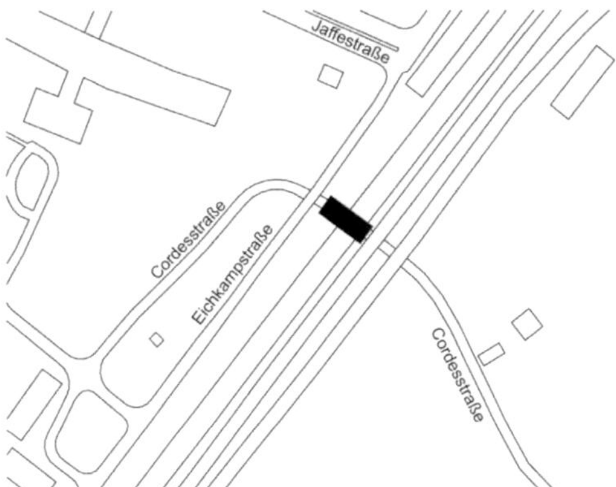

Abbildung 196: Lageplan der Cordesstraßenbrücke (Zeichnung: Novakovic 2018).

Tragwerkskategorie 6 – Brückentragwerke, Avusbrücke Cordesstraße

Abbildungen des Tragwerks in Publikationen:

Abbildung 197: Baustellenfoto einer der AVUS Brücken; untere Schalung und erste Bewehrungslagen sind sichtbar, Gallus (1914a), S. 315.

Abbildung 198: Baustellenfoto einer der AVUS Brücken; Schalung und Bewehrung der Flügelmauern der Widerlager sind sichtbar, Gallus (1914a), S. 315.

Abbildung 199: Eine der AVUS Brücken im Bau; rechts sind die Flügelwände der Widerlager sichtbar, Gallus (1914a), S. 315.

Abbildung 200: Ansicht einer der AVUS Brücken, verm. Cordesstraße, Gallus (1914a), S. 315.

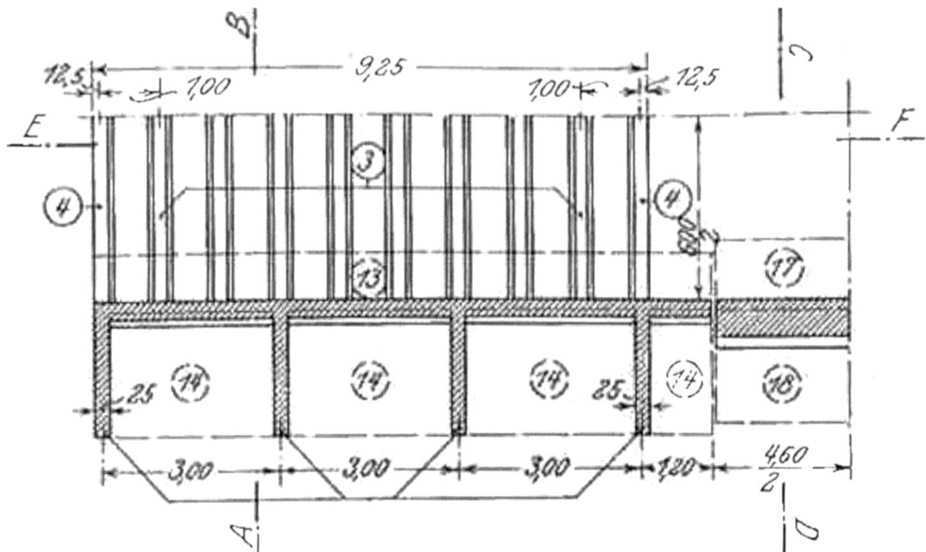

Abbildung 201: Grundriss des Brückentyps, der bei der Cordesstraße Anwendung fand, Gallus (1914a), Tafel 17.

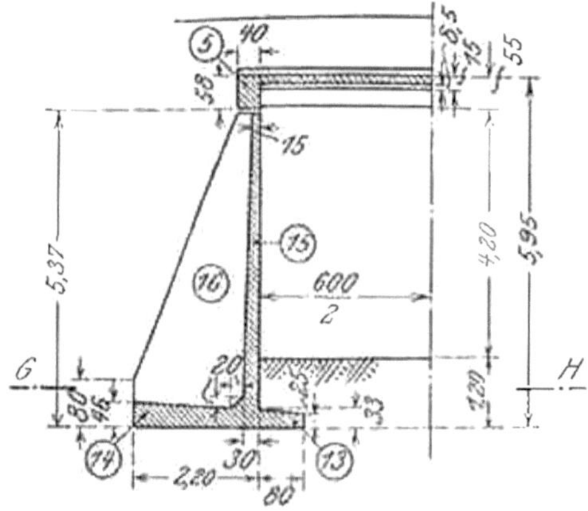

Abbildung 202: Detailschnitt a-b für eine AVUS Brücke mit einer Spannweite von 6m, Gallus (1914a), Tafel 17.

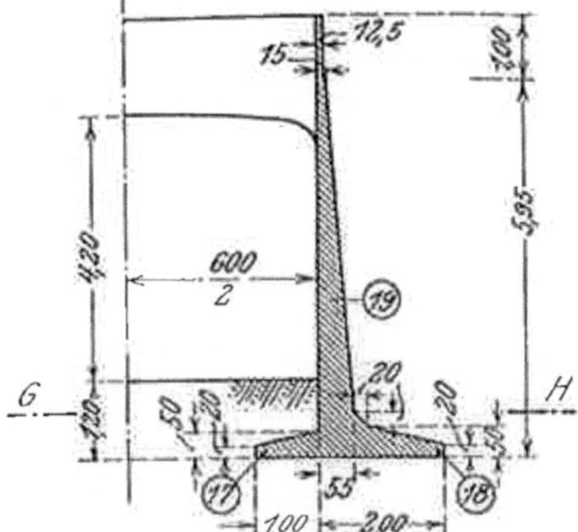

Abbildung 203: Detailschnitt c-d für eine AVUS Brücke mit einer Spannweite von 6m, Gallus (1914a), Tafel 17.

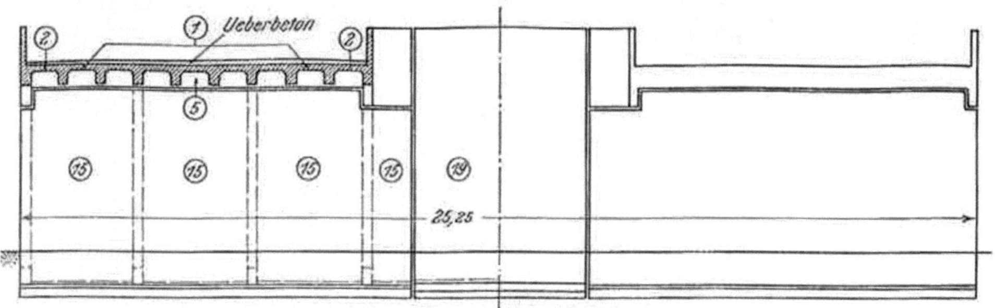

Abbildung 204: Detailschnitt e-f für eine AVUS Brücke mit einer Spannweite von 6m, Gallus (1914a), Tafel 17.

Tragwerkskategorie 6 – Brückentragwerke, Avusbrücke Cordesstraße

Dokumentation der Konstruktiven Bestandsaufnahme, August 2016:

Abbildung 205: Untersicht der Cordesstraßenbrücke; Fahrbahnträger der Fahrbahn in Richtung Potsdam, im Vordergrund ist die verschlossene Mittelöffnung und im Hintergrund die Eichkampstraßenbrücke sichtbar (Foto: Kuban 2016).

Abbildung 206: An- bzw. Untersicht der Cordesstraßenbrücke; Fahrbahnträger der Fahrbahn in Richtung Berlin (Foto: Kuban 2016).

Abbildung 207: Untersicht Fahrbahnträger Richtung Potsdam mit freiliegender Bewehrung (Foto: Kuban 2016).

Ergänzende Abbildungen:

Abbildung 208: Die AVUS Baustelleneinrichtung beinhaltete einen Transportzug, Gallus (1914b), S. 697.

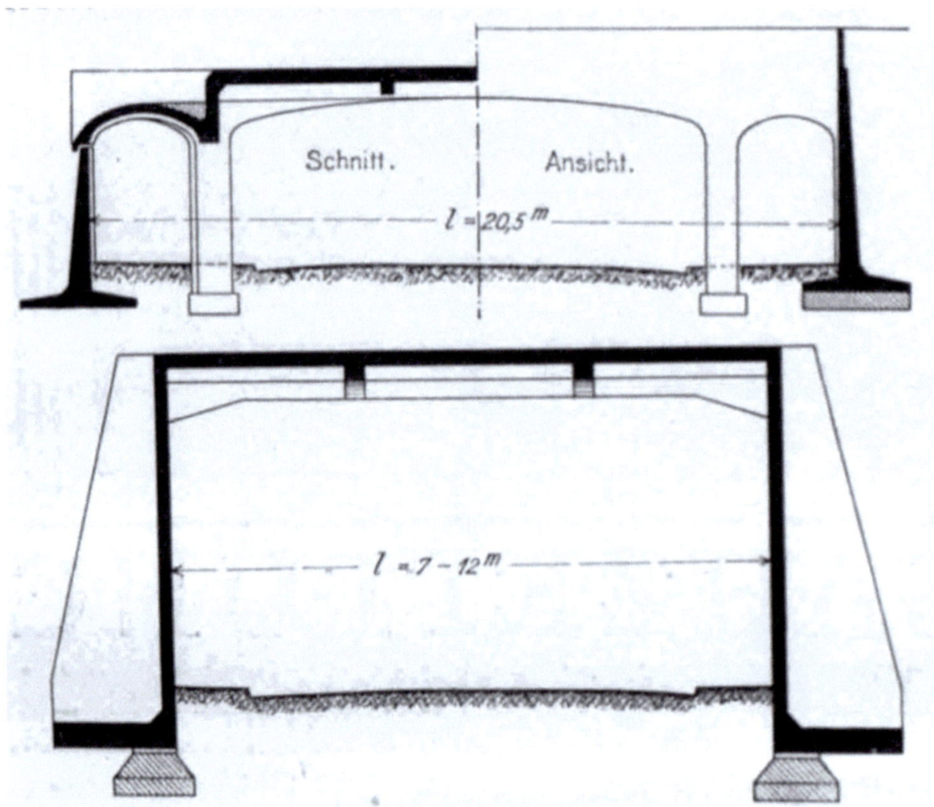

Abbildung 209: Schematischer Querschnitt durch die Konstruktion der Brücke „Am Großen Stern“ (oben) und der Brücken mit Spannweiten zwischen 7 und 12m (unten), Gallus (1914b), S. 704.

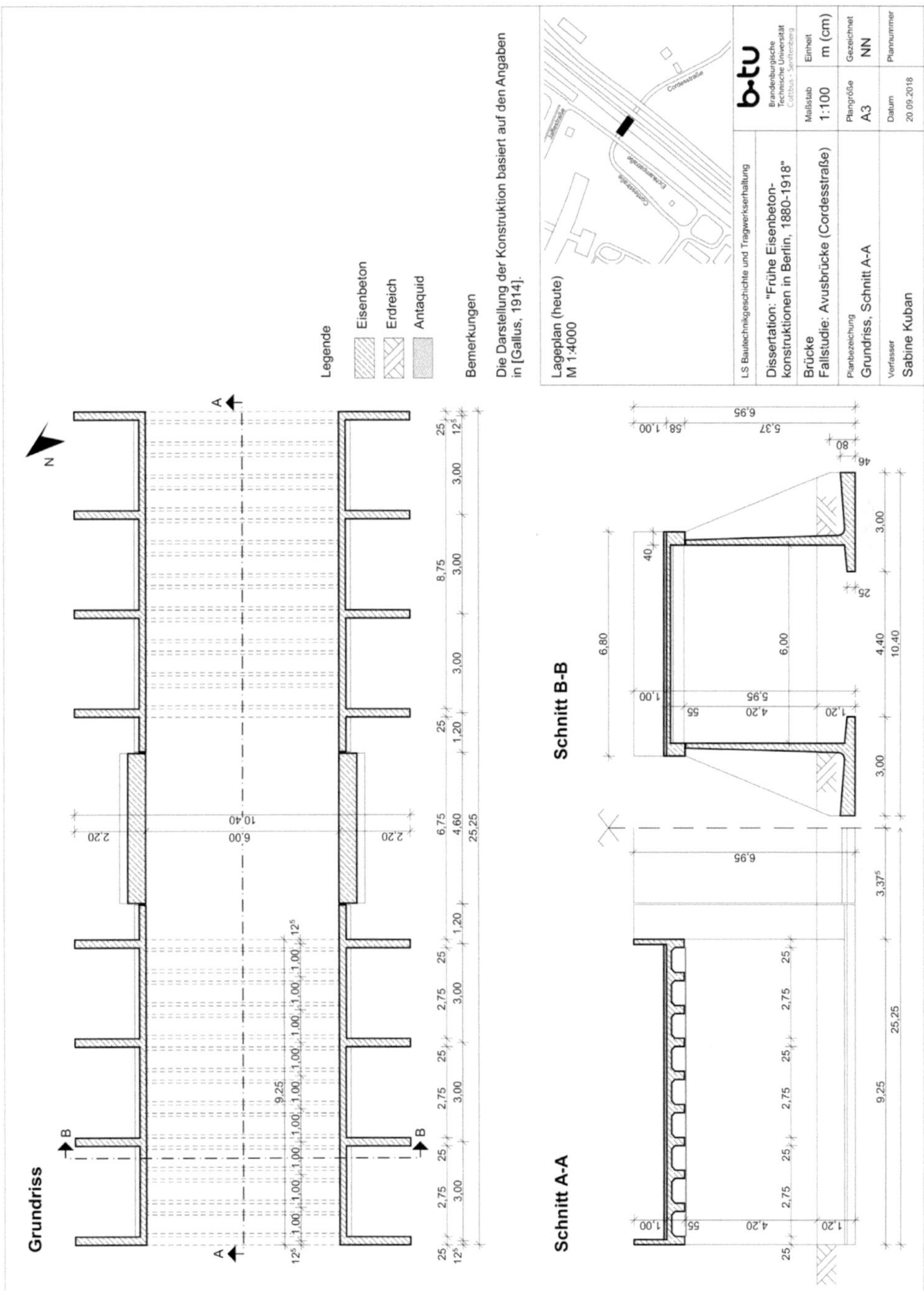

Abbildung 210: Cordesstraßenbrücke, Grundriss und Schnitt, Plandarstellung der KBA (Zeichnung: Novakovic 2018).

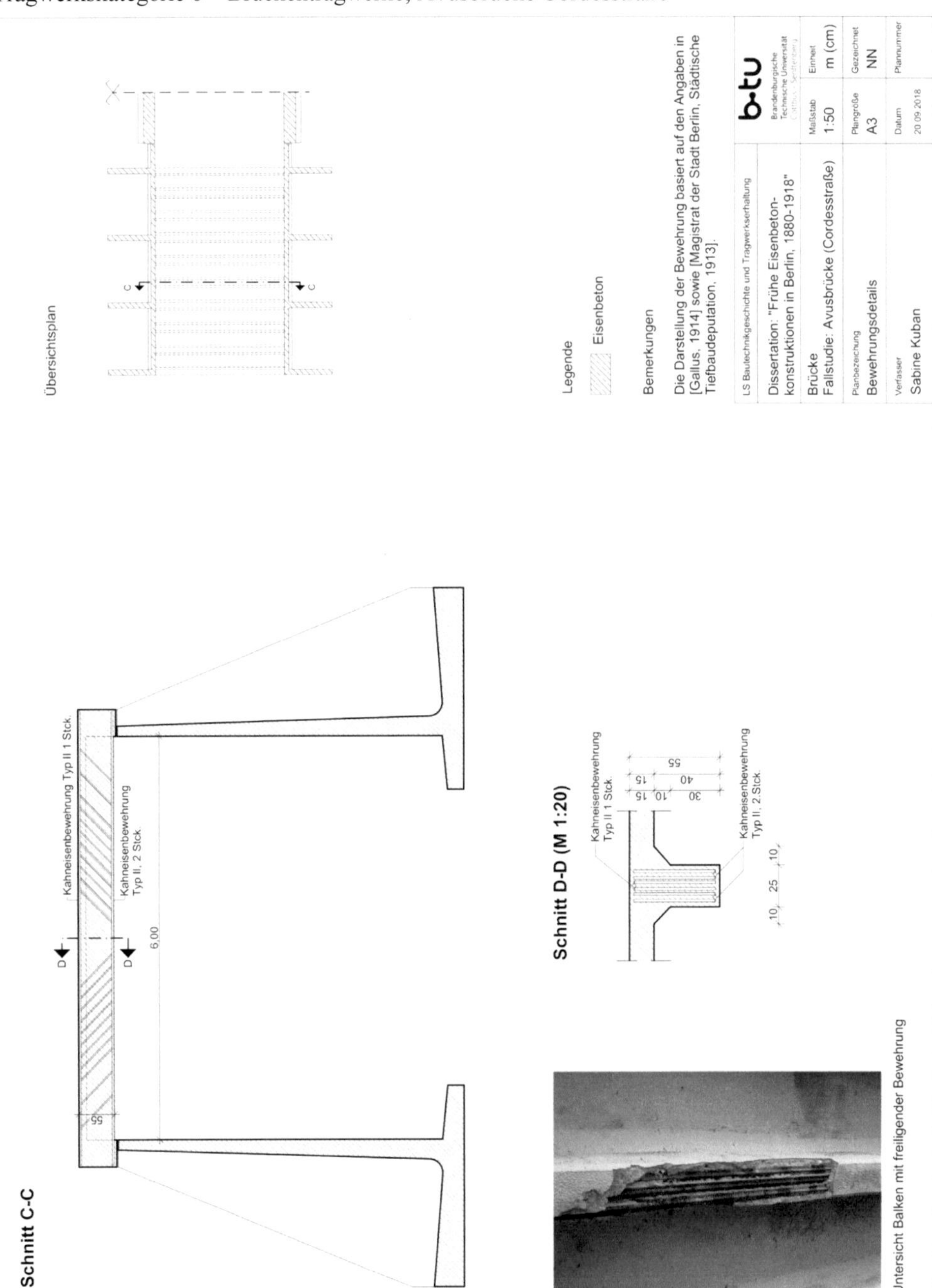

Abbildung 211: Cordesstraßenbrücke, Bewehrungsdetails, Plandarstellung der KBA (Zeichnung: Novakovic 2018).

Anhang B – Quellen- und Abbildungsverzeichnis

Die Informationen zu Quellen- und Literaturnachweisen wurden so übernommen wie sie auf den jeweiligen Dokumenten vermerkt sind. Teilweise sind die Namen der Autoren gar nicht oder nur unvollständig überliefert, dadurch ensteht mitunter ein uneinheitlicher Eindruck.
Weiterhin sind die Signaturvorgaben in den verschiedenen Archiven sehr unterschiedlich ausgeprägt. Teilweise umfassen einzelne Signaturnummern tatsächlich nur ein Dokument, mitunter umfasst eine Signatur aber auch mehrere Dokumente oder Hefte. Selten wurde eine einheitliche Nummerierung einzelner Bestandteile in den, zu einem Bauwerk gehörenden Archivalien aufgefunden. Es wurde versucht alle Angaben originalgetreu wiederzugeben. Auf eine eigene Nummerierung von Dokumenten wurde verzichtet.

B1. Literaturverzeichnis

Actien-Gesellschaft für Monier-Bauten (1889–1975), Geschäftsberichte. Rheinisch-Westfälisches Wirtschaftsarchiv Köln, Abt. 79, Nr. 1, Fasz. 1-9. Geschäftsberichte von 1889–1975.

Adam, Thomas; Krieg, Stefan W.; Müller, Anett; Pommer, Dieter; Töpel, Veronique; Pommer, Max (2015), Max Pommer. Architekt und Betonpionier. 1. Auflage. Beucha: Sax-Verlag.

Ahrens, Franz (1909), Die Friedrichstraßen-Passage in Berlin. In: *Zeitschrift für Bauwesen* Jahrgang 59 (Heft 1), S. 18-42.

Akademischer Verein Hütte e.V. [Hg.] (1911), Hütte des Bauingenieurs. Sonderausgabe des III. Bandes der "Hütte", des Ingenieurs Taschenbuch. 21. Aufl. Berlin: Ernst & Sohn Verlag (Reihentitel: Hütte des Bauingenieurs).

Aktiengesellschaft Malzfabrik Pirna, AG Malzfabrik Pirna, J. Ph. Lipps. Sächsisches Hauptstaatsarchiv Dresden, 10736 Ministerium des Inneren Nr. 22946. Auszug aus zwei Geschäftsberichten.

Andrä, Hans-Peter; Bögle, Annette; Knippers, Jan; Schlaich, Jörg (2012), Der Fernsehturm Stuttgart. 3. Aufl. Berlin: Bundesingenieurkammer (Historische Wahrzeichen der Ingenieurbaukunst in Deutschland, 3).

Architekten- und Ingenieur-Verein zu Berlin [Hg.] (2006), Berlin und seine Bauten. Teil X, Band A (2) Stadttechnik. Petersberg: Michael Imhof Verlag.

Ast, Feodor (1907), Der Beton und seine Anwendung. Berlin: Verlag Tonindustrie Zeitung.

Atlas Portland Cement Company (1907), Reinforced Concrete in Factory Construction. New York: Selbstverlag.

Badovici, Jean (1927), Grandes constructions. béton armé - acier - verre. Paris: Verlag Moran`ce.

Baes, Louis (1931), Le Béton armé : quelques notes sur les débuts : quelques notes actuelles. Bruxelles: F Van Buggenhoudt.

Baier, Christof (2005), Die Organisation der Neuköllner Bauverwaltung seit 1875. In: Bezirksamt Neukölln von Berlin Abteilung Bauwesen [Hg.]: 100 Jahre Bauen für Neukölln. Eine kommunale Baugeschichte. Berlin.

Baker, A. L. L. (1956), The Growth of the Concrete Industry. In: *The Engineer* Jahrgang 100, S. 179–184.

Baltz, Constanz (1910), Preußisches Baupolizeirecht : unter besonderer Berücksichtigung des Baupolizeirechts für den Landespolizeibezirk Berlin. Berlin: Verlag Heymanns.

Bargmann, Horst (2008), Historische Bautabellen. Normen und Konstruktionshinweise 1870-1960. 4. Auflage. Köln: Werner Verlag.

Basiner, Paul; Basiner, Katrin; Wimmer, Franz (2012), 150 Jahre Rank. Fünf Generationen 1862 - 2012 ; [eine Dokumentation zur Geschichte der Baufirma Rank]. Koethen: Druckhaus Koethen.

Baupolizei Berlin (1909), Baugenehmigungsakten Viktoriaspeicher. Bauaktenkammer / Plankammer Friedrichshain - Kreuzberg, Köpenicker Straße 24-26a.

Baupolizei Berlin-Schöneberg (1918), Fabrikneubau Bessemer Straße 28-36. Bauarchiv Stadtentwicklungsamt Tempelhof-Schöneberg.

Bauschinger, J. (1887), Bericht des Herrn Professor Bauschinger in München über Versuche an verschiedenen nach dem System "Monier" hergestellten Objekten. Berlin, München.

Becher, Heinrich (1903), Fabrikmäßig hergestellte Betonsäule mit Eiseneinlagen. Angemeldet durch Becher, Heinrich am 25.11.1903. Anmeldenr: 20967B.

Becher, Heinrich (1904), Betonsäule mit Eiseneinlagen. Angemeldet durch Becher, Heinrich am 04.01.1904. Anmeldenr: 30156.

Becher, Heinrich; Czarnikow, Carl (1903), Concrete column with ball bearing. Angemeldet durch Becher, Heinrich; Czarnikow, Carl am 24.02.1903. Anmeldenr: 731743.

Becker, Fritz (1931), Die Industrialisierung im Eisenbetonbau. Dissertation. Technische Universität Karlsruhe, Karlsruhe.

Becker, Josef (1949), Von der Bauakademie zur Technischen Universität : 150 Jahre technisches Unterrichtswesen in Berlin. Berlin-Charlottenburg: o. A.

Bendt, Veronika; Bothe, Rolf (1983), Synagogen in Berlin : zur Geschichte einer zerstörten Architektur. [Ausstellung Synagogen in Berlin, Berlin Museum, 26. Jan. bis 20. März 1983]. Teil 1. 1 Band. Berlin: Verlag Willmuth Arenhövel.

Benevolo, Leonardo (1964), Geschichte der Architektur des 19. und 20. Jahrhunderts. Band 1. 2 Bände. München: Callwey Verlag.

Bernhardt, Christoph (1998), Bauplatz Groß-Berlin. Wohnungsmärkte, Terraingewerbe und Kommunalpolitik im Städtewachstum der Hochindustrialisierung (1871-1918). Berlin: Verlag W. de Gruyter (Veröffentlichungen der Historischen Kommission zu Berlin, Bd. 93).

Bertels, Inge (2016), Picturing Construction. Photographical documentation of Belgian construction sites by late nineteenth and early twentieth–century contractors. In: James W. P. Campbell, Nicholas Bill, Yiting Pan und David Yeomans [Hg.]: FURTHER STUDIES IN THE HISTORY OF CONSTRUCTION. The proceedings of the third annual conference of the construction history society. Annual conference of the construction history society. Cambridge, 8.-10.4.2016. 1 Band. Cambridge: Construction History Society, S. 25-35.

Beton- und Monierbau Aktien-Gesellschaft (1935), 25 Jahre Beton- und Monierbau AG Innsbruck. Rheinisch-Westfälisches Wirtschaftsarchiv Köln, XIVe 12764. Werbeschrift.

Beton- und Monierbau Aktien-Gesellschaft (1964), Beton- und Monierbau Aktien-Gesellschaft 1889-1964. Rheinisch-Westfälisches Wirtschaftsarchiv zu Köln, XIVe 4701. Werbeschrift zum 75. Firmenjubiläum.

DIN EN - 13791: 2018, Bewertung der Druckfestigkeit von Beton in Bauwerken oder in Bauwerksteilen.

Billington, David P. (1979), Robert Maillart's bridges. The art of engineering. Princeton, NY: Princeton University Press.

Billington, David P. (1990), Robert Maillart and the art of reinforced concrete. New York, NY: The Architectural History Foundation.

Bindseil, Peter; Schmitt, Mirco (2002), Betonstähle. Vom Beginn des Stahlbetonbaus bis zur Gegenwart ; Datensammlung mit Suchfunktion. Berlin: Verlag Bauwesen.

Birkenstock, Otto (1928), Der Eisenbetonbau in Frankreich. Sonderdruck aus "Zement" Nr. 11-13. Jahrgang XVII. 1928. Deutsche Gesellschaft für Bauingenieurwesen. Berlin, 28.02.1928.

Björnstad, Ejnar (1909), Die Berechnung von Steifrahmen nebst anderen statisch unbestimmten Systemen. Berlin, Heidelberg: Springer Berlin Heidelberg.

Bleich, Friedrich (1915), Formeln und Tabellen für den Eisenbau. Nebst den wichtigsten Hochbauvorschriften und Brückenverordnungen Preussens und Österreichs. Wien: Verlag Eduard Hölzel.

Boberg, Jochen; Fichter, Tilman; Gillen, Eckhart [Hg.] (1984), Exerzierfeld der Moderne. Industriekultur in Berlin im 19. Jahrhundert. 2 Bände. München: Verlag C.H. Beck (Industriekultur deutscher Städte und Regionen).

Böckh, Richard [Hg.] (1888), Statistisches Jahrbuch der Stadt Berlin. Dreizehnter Jahrgang. Statistik des Jahres 1885. Statistisches Amt Stadt Berlin. Berlin: P. Stankiewicz Buchdruckerei GmbH.

Böckh, Richard [Hg.] (1893), Statistisches Jahrbuch der Stadt Berlin. Doppel-Jahrgang XVI, XVII. Statistik der Jahre 1889 und 1890. Statistisches Amt Stadt Berlin. Berlin: P. Stankiewicz Buchdruckerei GmbH.

Böckh, Richard [Hg.] (1898), Statistisches Jahrbuch der Stadt Berlin. Dreiundzwanzigster Jahrgang. Statistik des Jahres 1896. Statistisches Amt Stadt Berlin. Berlin: P. Stankiewicz Buchdruckerei GmbH.

Böckh, Richard [Hg.] (1902), Statistisches Jahrbuch der Stadt Berlin. Sechsundzwanzigster Jahrgang. enthaltend die Statistik des Jahres 1899 nebst Theilen von 1900. Statistisches Amt Stadt Berlin. Berlin: P. Stankiewicz Buchdruckerei GmbH.

Boerner, Frank (1910), Vorschriften und Formeln für die Berechnung von Massivkonstruktionen (Beton-, Eisenbeton- und Steineisenkonstruktionen). Berlin: Wilhelm Ernst & Sohn Verlag.

Bolenz, Eckhard (1991), Vom Baubeamten zum freiberuflichen Architekten. Technische Berufe im Bauwesen (Preussen/Deutschland, 1799-1931). Frankfurt am Main, New York: Verlag Peter Lang (Europäische Hochschulschriften. Reihe III, Geschichte und ihre Hilfswissenschaften, 488).

Boost, Hermann (1920), Der Beton- und Eisenbetonbau. Ein kurz gefaßter Abriß über Theorie, Ausführung und Anwendung dieser Bauweisen für Lehrende und Lernende. Darmstadt: Verlag Sadowsky.

Bornemann, Erich (1979), Koenen, Matthias Bauingenieur. In: Historische Kommission bei der Bayerischen Akademie der Wissenschaften [Hg.]: Neue deutsche Biographie. Kleinhans - Kreling, Bd. 12. Berlin: Verlag Duncker & Humblot, S. 330–331.

Bosc, Jean-Louis (2001), Joseph Monier et la naissance du ciment armé. Paris: Éd. du Linteau.

Böttger, P. (15.01.1892), Konstruktionszeichnung Eiskellergebäude und Kohlenschuppen Charité. Landesarchiv Berlin, F Rep. 270, Nr. 3001, Blatt 15. (Konstruktionsplan mit vier Darstellungen).

Bowley, Marian (1966), The British Building Industry. Four studies in response and resistance to change. Cambridge: Cambridge University Press.

Brabandt (1912), Ölzusatz bei Beton und Mörtel. In: *Zentralblatt der Bauverwaltung* Jahrgang 32 (Heft 28), S. 178.

Brandl, Martin (2013), 150 Jahre Baufirma Gebr. Rank: Talent für Kunst, Technik und Baudenkmäler. In: Bayrisches Landesamt für Denkmalpflege [Hg.]: Denkmalpflege Information, Bd. 155. Forstinning: Fa. Kastner & Callwey Medien.

Brunsch, Thomas (2006), Die historische Verwendung zementgebundener Kunststeine im Außenraum. im 19. und frühen 20. Jahrhundert unter besonderer Berücksichtigung Berlins und Brandenburgs. Dissertation. Technische Universität Berlin, Berlin.

Buchenau, Geraldine (2017a), Beton und seine wachsende Rolle in der Denkmalpflege. Frühe Betonbauten in Baden-Württemberg. Gestampft bis geschüttet. Denkmalpflege in Baden-Württemberg – Nachrichtenblatt der Landesdenkmalpflege (Denkmalpflege in Baden-Württemberg – Nachrichtenblatt der Landesdenkmalpflege).

Buchenau, Geraldine (2017b), Beton und seine wachsende Rolle in der Denkmalpflege. Teil 2. Hochbauten aus Eisenbeton in Baden-Württemberg bis in die Goldenen Zwanziger. Denkmalpflege in Baden-Württemberg – Nachrichtenblatt der Landesdenkmalpflege (Denkmalpflege in Baden-Württemberg – Nachrichtenblatt der Landesdenkmalpflege).

Buchenau, Geraldine (2017c), Beton und seine wachsende Rolle in der Denkmalpflege. Teil 3. Über 100 Jahre Sichtbeton im Hochbau in Baden-Württemberg. Denkmalpflege in Baden-Württemberg – Nachrichtenblatt der Landesdenkmalpflege (Denkmalpflege in Baden-Württemberg – Nachrichtenblatt der Landesdenkmalpflege).

Buchenau, Geraldine (2018), Beton und seine wachsende Rolle in der Denkmalpflege. Teil 4. Frühe Betonfertigteile für Kunststeinfassaden in Baden-Württemberg. Denkmalpflege in Baden-Württemberg – Nachrichtenblatt der Landesdenkmalpflege (Denkmalpflege in Baden-Württemberg – Nachrichtenblatt der Landesdenkmalpflege).

Büsing, F. W.; Schumann, C. (1892), Der Portland-Cement und seine Anwendung im Bauwesen. 2. umgearbeitete und vermehrte Auflage. Berlin: Verlag Ernst Toeche.

Christophe, Paul (1905), Der Eisen=Beton. und seine Anwendung im Bauwesen. Übersetzung der zweiten Auflage des Werkes "Le béton armé et ses applications". Berlin: Verlag Tonindustrie Zeitung.

Coignet, Edmond; Tédesco, Napoléon de (1894), Du calcul des ouvrages en ciment avec ossature métallique. o. A.: Societe des Ingenieurs Civils de France.

Colby, Albert Ladd (1909), Reinforced Concrete in Europe. Easton: The Chemical Publishing Co.

Collins, Peter (2004), Concrete. The vision of a new architecture. 2nd edition. Montreal, Quebec: McGill-Queen's University Press.

Conzett, Jürg (2016), Du treillis à la poutre Vierendeel. In: Franz Graf, Yvan Delemontey und Pier Luigi Nervi [Hg.]: La sauvegarde des grandes œuvres de l'ingénierie du XXe siècle. Lausanne: Presses polytechniques et universitaires romandes (Cahiers du TSAM, 1), S. 142–157.

Courtenay, Todd (2011), The 1911 International Exposition in Rome: architecture, archaeology, and international identity. In: Felix Driver und Graeme Wynn [Hg.]: Journal of Historical Geography (37), S. 440–459.

Culot, Maurice; Devos, Rika; Espion, Bernard; Hellebois, Armande; Provost, Michel; van de Maele, Jens (2018), Blaton. Une dynastie de constructeurs : een dynastie van bouwers. Bruxelles: Éditions AAM.

Curbach, Manfred; Steinbock, Oliver; Hänseroth, Thomas [Hg.] (2018), Willy Gehler, Versuch einer Einordnung, 11.04.217. Technische Universität Dresden, Lehrstuhl für Technik- und Technikwissenschaftsgeschichte und Institut für Massivbau. Dresden: addprint AG.

Czymay, Christina (2014), Flugzeughallen aus dem Ersten Weltkrieg in Berlin-Karlshorst. Beiträge des Workshops Altes Konstruktionswissen, alte Konstruktionen: Rekonstruieren der Prozesse – Entsorgen der Produkte?, 31.10. bis 1.11.2014. Gesellschaft für Bautechnikgeschichte. Schlosskapelle Dresden.

Czymay, Christina (2018), Oldest surviving hangars with shallow domes (1918). In: Ine Wouters, Stephanie Van de Voorde, Inge Bertels, Bernard Espion, Krista de Jonge und Denis Zastavni [Hg.]: Building knowledge, constructing histories. Proceedings of the sixth International Congress on Construction History (6ICCH), Brussels, Belgium, 9-13 July 2018, Bd. 1. Boca Raton: CRC Press, Taylor & Francis Group, S. 191–198.

Damm, Paul Friedrich (1899), Die Technischen Hochschulen in Preussen. Eine Darstellung ihrer Geschichte und Organisation. Berlin: Ernst Siegfried Mittler und Sohn.

Dartsch, Bernhard (1984), Jahrhundertbaustoff Stahlbeton. Kritisches Protokoll einer Entwicklung. Düsseldorf: Beton-Verlag (Das Bauthema, 4).

Deimling, H. (1909), Umladehalle auf dem Verschiebebahnhof Wustermark bei Spandau. In: *Armierter Beton* Jahrgang 2 (Heft 12), S. 505–513.

Delhumeau, Gwenael (1992), Hennebique and Building in Reinforced Concrete around 1900. In: Vittorio Gregotti [Hg.]: Reinforced Concrete, S. 15–25.

Delhumeau, Gwenael (1999), L'invention du béton armé. Hennebique 1890-1914. Paris: Edition Norma.

Delhumeau, Gwenael; Gubler, Jacques; Legault, Réjean; Simonet, Cyrille (1993), Le béton en représentation. La mémoire photographique de l'entreprise Hennebique, 1890-1930. Unter Mitarbeit von Anne Bert, Audrey Chenu und Claude Parent. Paris: Hazan Verlag; Institut français de l'architecture.

Denker, Anja Franziska (2000), Der Magerviehhof Friedrichsfelde. In: Bezirksamt Marzahn von Berlin und Untere Denkmalschutzbehörde [Hg.]: Die Denkmale in Berlin, Bezirk Marzahn. Ortsteile Biesdorf, Friedrichsfelde Ost und Marzahn. 1. Aufl., Bearb.-Stand Juli 2000. Berlin, S. 134–151.

Deutscher Ausschuss für Stahlbeton [Hg.] (1918), Schriften des Deutschen Ausschuss für Stahlbeton. Berlin: Ernst & Sohn Verlag.

Deutscher Ausschuss für Stahlbeton [Hg.] (1922), Schriften des Deutschen Ausschuss für Stahlbeton. Berlin: Ernst & Sohn Verlag.

Deutscher Beton-Verein; Verband deutscher Architekten- und Ingenieur-Vereine (1904), Vorläufige Leitsätze für die Vorbereitung, Ausführung und Prüfung von Eisenbetonbauten. In: *Beton und Eisen* Jahrgang 3 (Heft 2), S. 83–88.

Di Calandra Roccolino, Giacomo (2017), Die Grossmarkthalle Hamburg. 1. Auflage. Berlin: Bundesingenieurkammer (Historische Wahrzeichen der Ingenieurbaukunst in Deutschland, Band 20).

Dicleli, Cengiz (2020), Die Nibelungenbrücke Worms. 1. Aufl. Berlin: Bundesingenieurkammer (Historische Wahrzeichen der Ingenieurbaukunst in Deutschland, 27).

Dischinger, Franz (1928), Rippenkuppeln. Die Friedrichstraßen-Passage in Berlin. In: Fritz Edler von Emperger [Hg.]: Handbuch für Eisenbetonbau. 3. neubearbeitete Auflage. 14 Bände. Berlin: Wilhelm Ernst & Sohn Verlag (Band 12.2).

Dischinger, Franz (1929), Die Theorie der Vieleckkuppeln und die Zusammenhänge mit den einbeschriebenen Rotationsschalen. In: *Beton und Eisen* Jahrgang 30 (Hefte 5, 6, 8, 9), versch.

Dittrich, Elke (1990), Die Entwicklung des Stahlbetonbaus im Hochbau bis zum Ersten Weltkrieg. unter besonderer Berücksichtigung der Berliner Situation. unv. Diplomarbeit. Technische Universität Berlin, Berlin.

Dittrich, G. (1886), Brauerei und Gähranlage des Herrn J. Bötzow, Berlin. In: *Baugewerkszeitung* Jahrgang 18 (Heft 87 und 89), S. 870–871.

Dobbels, Jelena; Bertels, Inge; Wouters, Ine (2017), The general contractor, the architect and the engineer. The contractors' path to become professional building practitioners in Belgium (1870-1960). In: James W. P. Campbell [Hg.]: Building histories. The proceedings of the Fourth Annual Construction History Society Conference : Queens' College, University of Cambridge, 7-9th April 2017. Construction History Society Conference. Cambridge, 7.-9.04.2017. Construction History Society. First edition. Cambridge: Construction History Society, S. 19–38.

Dorka, Karl (1929), Die deutsche Portlandzement-Industrie im Lichte ihrer Bilanzen. Eine konjunkturmäßige Betrachtung, die Jahre 1880 bis 1913 umfassend. In: F. Schmidt [Hg.]: Betriebs- und finanzwirtschaftliche Forschungen, Heft 45. Berlin: Industrieverlag Spaeth&Linde (II. Serie).

Durm, Josef; Ende, Hermann; Schmitt, Eduard; Wagner, Heinrich [Hg.] (1891), Handbuch der Architektur. 3 Bände. Darmstadt: Verlag Arnold Bergsträsser.

Dyckerhoff-und-Widmann-Aktiengesellschaft (verschieden datiert), Beschreibung der Zementherstellung, Referenzprojekte. Deutsches Museum München, FS 958/17 a - 22a.

E. (1907), Neue Firmen. In: *Tonindustriezeitung* Jahrgang 31 (Heft 7), S. 63.

E., Fr. (1908), Vereine. Architekten-Verein zu Berlin und Vereinigung Berliner Architekten. In: *Deutsche Bauzeitung* Jahrgang 42 (Heft 78), 539–540.

Ehrlich, Heinz (1933), Die Berliner Bauordnungen, ihre wichtigsten Bauvorschriften und deren Einfluß auf den Wohnungsbau der Stadt Berlin. : mit einer Einleitung: Der Wohnhausbau der Stadt Berlin im Mittelalter, in der Zeit vor Erlaß der ersten Bauordnung. Berlin: Robert Kiepert Verlag.

Emperger, Fritz Edler von (1901), Neuere Bauweisen und Bauwerke aus Beton und Eisen. nach dem Stande bei der Pariser Weltausstellung 1900. In: *Beton und Eisen* Jahrgang 1 (Heft 1, Februar), S. 1–31.

Emperger, Fritz Edler von (1902), Der Expertenbericht über den Hauseinsturz in Basel. In: *Beton und Eisen* (3), S. 15–19.

Emperger, Fritz Edler von [Hg.] (1907), Handbuch für Eisenbetonbau. 4 Bände. Berlin: Wilhelm Ernst & Sohn Verlag (Band 2).

Emperger, Fritz Edler von [Hg.] (1908), Handbuch für Eisenbetonbau. 4 Bände. Berlin: Wilhelm Ernst & Sohn Verlag (Band 1).

Emperger, Fritz Edler von [Hg.] (1911), Handbuch für Eisenbeton. 2. Auflage. 12 Bände. Berlin: Wilhelm Ernst & Sohn Verlag (Band 2).

Engels, Wolfram (1979), 75 Jahre HUTA-HEGERFELD AG. Hg. v. HUTA-HEGERFELD Aktiengesellschaft. Essen.

Erbe, Michael (1987), Berlin im Kaiserreich (1871-1918). In: Wolfgang Ribbe [Hg.]: Geschichte Berlins. [eine Veröffentlichung der Historischen Kommission zu Berlin]. Von der Märzrevolution bis zur Gegenwart, Bd. 2. 2 Bände. München: Verlag C.H. Beck (Berlin-Forschungen der Historischen Kommission zu Berlin), 693 ff.

Erenz, Benedikt (2018), Eine Schweinebande. Kaum zu glauben, aber 1918 hatten die Deutschen endlich genug von ihren Fürsten und jagten sie davon. Die Majestäten waren empört, nahmen übel - und hielten die Hand auf. Ein Abschiedspanorama. In: *Die Zeit* Jahrgang 2018 (Heft 2), S. 18–20.

Espion, Bernard (2018), Thin concrete shells by Eugène Freyssinet. In: Ine Wouters, Stephanie Van de Voorde, Inge Bertels, Bernard Espion, Krista de Jonge und Denis Zastavni [Hg.]: Building knowledge, constructing histories. Proceedings of the sixth International Congress on Construction History (6ICCH), Brussels, Belgium, 9-13 July 2018, Bd. 1. Boca Raton: CRC Press, Taylor & Francis Group, S. 199–206.

Espion, Bernard; Hellebois, Armande (2013), The role of the Belgian engineer Paul Christophe on the development of reinforced concrete at the turn of the 20th century. In: *Beton- und Stahlbetonbau* Jahrgang 108 (Heft 12), S. 888–897.

Espion, Bernard; Hellebois, Armande; Wouters, Ine (2016), Les concurrents de la compagnie Hennebique. Etude des cahiers des charges de la Ville de Bruxelles. In: Laurent Baridon, François Fleury, Antonella Mastrorilli, Rémy Mouterde und Nicolas Reveyron [Hg.]: Actes du Deuxième Congrès Francophone d'Histoire de la Construction. 29.-31.01.2014 Lyon. Paris: Picard Verlag.

Espion, Bernard; Provost, Michel; Wibaut, Romain; Wouters, Ine [Hg.] (2018), Patrimoines de fonte, fer et acier. Architectures et ouvrages d'art. Bruxelles: Comité Patrimoine et Histoire de la FABI.

F. (1871), Über einige Arten der Verwendung von Zement. In: *Deutsche Bauzeitung* Jahrgang 5 (Heft 30), S. 235–238.

F. (1897), Die neue Baupolizeiordnung für den Stadtkreis Berlin. In: *Deutsche Bauzeitung* Jahrgang 31 (Heft 72), S. 449 ff.

F. (1899), Gründung Beton-Verein. In: *Zeitschrift für Architektur und Ingenieurwesen* 45 (3), S. 46.

Favre, A. (1895), Einiges über den "Béton armé" nach dem System Hennebique. In: *Schweizerische Bauzeitung* Heft 25 und 26 (Heft 5).

Fiesinger, Hans (1953), Erfahrungen aus der Zerstörung und beim Wiederaufbau des Berliner Aquariums. In: *Beton- und Stahlbetonbau* Jahrgang 48 (Heft 9), S. 215–219.

Fingerloos, Frank (2008), Bauen im Bestand – Zuordnung historischer Betonfestigkeiten. In: *Beton- und Stahlbetonbau* Jahrgang 103 (Heft 4), S. 214–220.

Fischer, Michael (2008), Steineisendecken im Deutschen Reich. 1892-1925. Dissertation. Brandenburgische Technische Universität Cottbus, Cottbus.

Förster, Max (1908a), Betrachtungen über den Studiengang der Bauingenieure an den deutschen Technischen Hochschulen. In: *Armierter Beton* Jahrgang 1 (Heft 1), S. 23-28.

Förster, Max (1908b), Die Grundzüge der geschichtlichen Entwicklung des Eisenbetonbaues. In: Fritz Edler von Emperger [Hg.]: Handbuch für Eisenbetonbau. 4 Bände. Berlin: Wilhelm Ernst & Sohn Verlag (Band 1), S. 1-52.

Förster, Max (1929), Mathias Koenen, Der geistige Vater des Eisenbetonbaues. Ein Beitrag zur Geschichte des Verbundbaues. In: *Der Bauingenieur* 10. Jahrgang (48), S. 853–860.

Forty, Adrian (2012), Concrete and culture. A material history. London: Reaktion Books.

Frank, Wilhelm (1910), Eisenbetonbau. Stuttgart: Verlag Konrad Wittwer.

Frank, Wilhelm (1914), Eisenbetonbau. Kurzgefasstes Lehrbuch unter besonderer Berücksichtigung der Bedürfnisse der Praxis. 2. vermehrte und vollständig umgearbeitete Auflage. Stuttgart: Verlag Konrad Wittwer.

Fritsche, Astrid (2018), Die Baugeschichte der Rennbahn Hoppegarten 1867–1937. Berlin: Verlag Laserline GmbH.

Füßl, Wilhelm; Hashagen, Ulf; Kernbach, Ulrich; Trischler, Helmuth [Hg.] (2015), Museum aus gegossenem Stein. Betonbaugeschichte im Deutschen Museum. München, Münster: Deutsches Museum Verlag; Edition MV-Wissenschaft (Deutsches Museum Studies, Band 1).

Gallus, Johannes (1914a), Die Brücken der neuen Automobilstraße bei Berlin. In: *Beton und Eisen* Jahrgang 13 (Heft 14 und 15), S. 315 f.

Gallus, Johannes (1914b), Die neue Automobil-Straße bei Berlin. In: *Deutsche Bauzeitung* Jahrgang 13 (Heft 78 und 80), S. 696–698, 703–704.

Gebrüder Rank (1919), Firmenarchiv. Firmenarchiv Gebrüder Rank, Friedrichsfelde, Flugzeughallen Karlshorst. Unsortierte Blattsammlung mit Unterlagen zum Bauprojekt Flugzeughallen Karlshorst.

Gehler, Willy (1912), Querbahnsteighalle Leipzig. In: Bericht über die XV Hauptversammlung des Deutschen Beton-Vereins. Tonindustrie-Zeitung GmbH. Berlin, S. 219–254.

Geist, Johann Friedrich (1969), Passagen. ein Bautyp des 19. Jahrhunderts. Dissertation. München: Prestel Verlag (Studien zur Kunst des neunzehnten Jahrhunderts, 5).

Gesztessy, Theodor (1910), Unterricht im Eisenbetonbau. In: *Zement und Beton* Jahrgang 9 (Heft 39), S. 608–609.

Gesztessy, Theodor (1921), Beton und Eisenbeton im Eisenbrückenbau. In: Fritz Edler von Emperger [Hg.]: Handbuch für Eisenbetonbau, Bd. 7. 3. neubearbeitete Auflage. 14 Bände. Berlin: Wilhelm Ernst & Sohn Verlag (Band 7), S. 600.

Giedion, Sigfried [Hg.] (2000), Bauen in Frankreich, Bauen in Eisen, Bauen in Eisenbeton. Neuausgabe. Berlin: Mann Verlag.

Glaser, L. (1899), Patentschutz im In- und Auslande. Für den praktischen Gebrauch erläutert. Berlin: Georg Siemens Verlag.

Goebel, Benedikt (2003), Der Umbau Alt-Berlins zum modernen Stadtzentrum. Planungs-, Bau-, und Besitzgeschichte des historischen Berliner Stadtkerns im 19. und 20. Jahrhundert. Berlin: Verlagshaus Braun (Schriftenreihe des Landesarchiv Berlin, 6).

Gottheiner (1906), Die Berliner Bauverwaltung. In: A. Herzberg und D. Meyer [Hg.]: Ingenieurwerke in und bei Berlin. Festschrift zum 50jährigen Bestehen des Vereins Deutscher Ingenieure. Berliner Bezirksverein Deutscher Ingenieure. Berlin, S. 120–122.

Gregotti, Vittorio [Hg.] (1992), (Reinforced Concrete: Ideologies and Forms from Hennebique to Hilberseimer). Beton als Gestalter. Unter Mitarbeit von Luciana Ravanel, Maurice Culot und Gwenael Delhumeau. Institut Francais d'Architecture. Bologna: Tipografia Compositori srl. (Band 49).

Grün, Richard (1926), Der Beton. Herstellung, Gefüge und Widerstandsfähigkeit gegen physikalische und chemische Einwirkungen. Berlin, Heidelberg: Imprint Verlag; Springer Verlag.

Grün & Bilfinger AG (1910), Grün & Bilfinger AG. Unternehmensarchiv Bilfinger SE, Mannheim, k. A. Fotografie Büro Grün & Bilfinger AG.

Grünert, Eberhard (1983), Die Preußische Bau- und Finanzdirektion in Berlin. Berlin: Grote Verlag (Studien zur Geschichte Preußens, 36).

Gubler, Jacues (1992), The Beauty of Reinforced Concrete. In: Vittorio Gregotti [Hg.]: (Reinforced Concrete: Ideologies and Forms from Hennebique to Hilberseimer). Beton als Gestalter. Unter Mitarbeit von Luciana Ravanel, Maurice Culot und Gwenael Delhumeau. Bologna: Tipografia Compositori srl. (Band 49), S. 84–88.

Günschel, Günter (1966), Große Konstrukteure 1. Freyssinet, Maillart, Dischinger, Finsterwalder. Berlin: Ullstein (Bauwelt Fundamente, 1).

Gympel, Jan; Streich, Wolfgang Jürgen; Wagner, Volker [Hg.] (2001), Die KulturBrauerei im Prenzlauer Berg. Berlin: be.bra-Verlag.

H. (1893), Neue Gähr- und Kelleranlage der Brauerei des Kgl. Hoflieferanten Julius Boetzow in Berlin. In: *Baugewerkszeitung* (Heft 3), S. 154–155.

H. (1905), Die beiden neuen Warenhäuser in München. In: *Deutsche Bauzeitung* 35 (54), S. 325–328.

Hart (1908), Die Eisenbeton-Eisenbahnbrücke in Wilmersdorf unter Vorführung von Lichtbildern. In: Bericht über die XI Haupt-Versammlung des Deutschen Beton-Vereins. am 28. und 29. Februar. Tonindustrie-Zeitung GmbH. Berlin, S. 109–126.

Hart (1909), Bemerkenswerte Bauwerke in Eisenbeton. In: *Armierter Beton* 2 (3), S. 107–120.

Hassler, Uta; Schmidt, Hartwig [Hg.] (2004), Häuser aus Beton. [vom Stampfbeton zum Grosstafelbau]. Universität (Dortmund). Tübingen [u.a.]: Verlag Ernst Wasmuth.

Hegemann, Werner (1992), Das steinerne Berlin, 1930. Geschichte der größten Mietskasernenstadt der Welt. 4. Aufl., [Nachdr.]. Braunschweig: Vieweg (Bauwelt-Fundamente, 3).

Heim, Rudolf (1908), Die Eisenbetonkonstruktion am Neubau der Markthalle II in Breslau. unter Vorführung von Lichtbildern. In: Bericht über die XI Haupt-Versammlung des Deutschen Beton-Vereins. am 28. und 29. Februar. Tonindustrie-Zeitung GmbH. Berlin, S. 158–168.

Heine, Eike-Christian; Rauhut, Christoph (2018), Producing non-simultaneity. Construction sites as places of progressiveness and continuity. Abingdon, Oxon, New York, NY: Verlag Routledge.

Heinemann, Herdis A. (2009), Concrete in the Netherlands: Historic Use of Componets and Conservation. In: Karl-Eugen Kurrer, Werner Lorenz und Volker Wetzk [Hg.]: Proceedings of the Third International Congress on Construction History, Bd. 2. International Congress on Construction History. Cottbus, 20.-24.5.2009. Brandenburgische Technische Universität Cottbus. 3 Bände. Berlin: Neunplus1 Verlag, S. 791 ff.

Hellebois, Armande (2013a), 100 Year Old Hennebique Concrete: From Composition to Performance. In: *Construction and Building Materials* (Heft 44), S. 149–160.

Hellebois, Armande (2013b), Theoretical and Experimental Studies on Early Reinforced Concrete Structures. Contribution to the analysis of the bearing capacity of the Hennebique System. Dissertation. Université libre de Bruxelles, Brüssel. Building, Architecture and Town Planning Department.

Herzog, Max (1999), 150 Jahre Stahlbeton (1848-1998). In: Ernst & Sohn Verlag [Hg.]: Max Herzog. 150 Jahre Stahlbeton (1848-1998). Bautechnik. Berlin: Ernst & Sohn Verlag.

Hess, Ludwig (1908), Leitfaden für die Berechnung und Ausführung von Eisenbeton-Konstruktionen. Wien: Bautechniker Verlag.

Hilse, Karl (1897), Das deutsche Baurecht von 1900 ab. In: *Deutsche Bauzeitung* (Heft 55), S. 346 ff.

Hirth, Karl (1911), Die deutsche Zementindustrie. Inaugural Dissertation zur Erlangung der Doktorwürde der Hohen philosophischen Fakultät der Universität Leipzig. Dissertation. Universität Leipzig, Leipzig. philosophisch-historische Sektion.

Hoffmann, J. F. (1916), Die Getreidespeicher. 1. Aufl. 2 Bände. Berlin: Verlag Paul Parey.

Hoffmann, Richard (1911), Die Eisenbetonliteratur bis Ende 1910. Berlin: Ernst & Sohn Verlag.

Hohorst, Gerd; Kocka, Jürgen; Ritter, Gerhard A. [Hg.] (1974), Sozialgeschichtliches Arbeitsbuch II. Materialien zur Statistik des Kaiserreichs 1870-1914. Zweite, durchgesehene Auflage. 4 Bände. München: Verlag C.H. Beck (Band 2).

Homann (1908), Die neue Eisenbahnbrücke über die Prinzregentenstraße in Wilmersdorf bei Berlin. In: *Zeitschrift für Bauwesen* Jahrgang 58 (Heft 1 und 3, Atlas), S. 60–66, 19–22.

Huberti, Günter [Hg.] (1964), Vom Caementum zum Spannbeton. Beiträge zur Geschichte des Betons. Unter Mitarbeit von Gustav Hägermann und Johann Martin Deinhard. 2 Bände. Wiesbaden: Bauverlag.

Hyatt, Thaddeus (1877), An Account on Some Experiments with Portland-Cement-Concrete Combined with Iron as a Building Material.

Ihlow, Gerhard (2013), Die Gebäude der Kurfürstlichen Bibliothek, der Königlichen Bibliothek sowie der Preussischen Staatsbibliothek zu Berlin im Spiegel ihrer Zeit 1652 bis 1940. Eine dokumentierte Baugeschichte. Berlin: Staatsbibliothek zu Berlin, Preussischer Kulturbesitz (Beiträge aus der Staatsbibliothek zu Berlin--Preussischer Kulturbesitz, Band 41).

Ihne, Ernst von (1914), Das neue Gebäude für die königliche Bibliothek und die Akademie der Wissenschaften in Berlin. In: *Deutsche Bauzeitung* Jahrgang 48 (Hefte 33, 34, 35, 36, 37, 38 und 41), S. 317–322, 325–330, 333–335, 345–346, 353–354, 365–371, 391–394.

Iori, Tullia (2001), Il Cemento Armato In Italia. Dalle origini alla Seconda Guerra Mondiale. Rom: EDILSTAMPA.

Iori, Tullia (2006), Engineers in Italian Architecture: the Role of Reinforced Concrete in the First Half of the Twentieth Century. In: Malcom Dunkeld, James W. P. Campbell, Hentie Louw, Michael Tutton, Bill Addis und Robert Thorne [Hg.]: Proceedings of the Second International Congress on Construction History, Queen's College, Cambridge University 29th March - 2nd April 2006. International Congress on Construction History. Cambridge, 29.3.-2.4.-2006. 3 Bände. 1. Aufl. Exeter, England: Construction History Society, S. 1981–1995.

Iori, Tullia; Poretti, Sergio (2018), The Rise and Decline of the Italian School of Engineering. In: Construction History International Journal of the Construction History Society. Cambridge (2), S. 85–108.

Jagmetti, R. (1941), Jakob Wyrsch. In: *Schweizerische Bauzeitung* 117 (2), S. 23–25.

Jahren, Per; Sui, Tongbo (2018), History of concrete. A very old and modern material. Singapore: World Scientific Publishing.

Jürges, Thomas (2000), Die Entwicklung der Biege-, Schub-, und Verformungsbemessung im Stahlbetonbau und ihre Anwendung in der Tragwerkslehre. Dissertation. Rheinisch-Westfälische Technische Hochschule, Aachen. Fakultät für Architektur.

Kahn, Julius (1906), Eisenbetoneinlage beliebigen Querschnitts mit seitlich angewalzten oder vebindenden Stegem. Angemeldet durch Kahn,, Julius. Anmeldenr: 173118.

Kaiserliches Statistisches Amt [Hg.] (1897), Statistik des Deutschen Reichs. Neue Folge, Band 107. Kaiserliches Statistisches Amt. Berlin: Puttkammer & Mühlbrecht Verlag (Band 107).

Kaiserliches Statistisches Amt [Hg.] (1898), Berufs- und Gewerbezählung vom 14. Juni 1895. Gewerbe-Statistik der Großstädte. Statistik des Deutschen Reichs. Neue Folge, Band 116. Berlin: Puttkammer & Mühlbrecht Verlag.

Kaiserliches Statistisches Amt [Hg.] (1899), Statistik des Deutschen Reichs. Neue Folge, Band 111. Berlin: Puttkammer & Mühlbrecht Verlag (111).

Kaiserliches Statistisches Amt [Hg.] (1910a), Statistik des Deutschen Reichs, Band 207. Berufs- und Betriebszählungen vom 12. Juni 1907. Berlin: Puttkammer & Mühlbrecht Verlag (207).

Kaiserliches Statistisches Amt [Hg.] (1910b), Statistik des Deutschen Reichs, Band 217, Gewerbliche Betriebsstatistik. Berufs- und Betriebszählung vom 12. Juni 1907. Kaiserliches Statistisches Amt. Berlin: Puttkammer & Mühlbrecht Verlag (Band 217).

Kersten, Carl (1907), Teil I: Platten- und Balkenbrücken. Ein Leitfaden für Schule und Praxis. 1. Aufl. 3 Bände. Berlin: Ernst & Sohn Verlag (Brücken in Eisenbeton).

Kersten, Carl (1908), Teil II Bogenbrücken. 2. Aufl. 3 Bände. Berlin: Wilhelm Ernst & Sohn Verlag (Brücken in Eisenbeton).

Kersten, Carl (1911), Eisenbetonbau. In: Akademischer Verein Hütte e.V. [Hg.]: Hütte des Bauingenieurs. Sonderausgabe des III. Bandes der "Hütte", des Ingenieurs Taschenbuch. 21. Aufl. Berlin: Ernst & Sohn Verlag (Reihentitel: Hütte des Bauingenieurs), S. 265–319.

Kierdorf, Alexander (2006), Early Mushroom Slab Construction in Switzerland, Russia and the U.S.A. - A Study in Parallel Technological Development. In: Malcom Dunkeld, James W. P. Campbell, Hentie Louw, Michael Tutton, Bill Addis und Robert Thorne [Hg.]: Proceedings of the Second International Congress on Construction History, Queen's College, Cambridge University 29th March - 2nd April 2006. International Congress on Construction History. Cambridge, 29.3.-2.4.-2006. 3 Bände. 1. Aufl. Exeter, England: Construction History Society, S. 1793 ff.

Kierdorf, Alexander (2007), 100 Jahre "Handbuch für Eisenbetonbau". Vom publizistischen Kraftakt zum literarischen Monument einer neuen Bauweise. In: *Beton- und Stahlbetonbau* Jahrgang 102 (Heft 10), S. 725–732.

Kierdorf, Alexander (2009), Why Hennebique Failed in Germany. Strategies and Obstacles in the Introduction of a New Construction Technology. In: Karl-Eugen Kurrer, Werner Lorenz und Volker Wetzk [Hg.]: Proceedings of the Third International Congress on Construction History, Band 2. International Congress on Construction History. Cottbus, 20.-24.5.2009. Brandenburgische Technische Universität Cottbus. 3 Bände. Berlin: Neunplus1 Verlag, S. 897–901.

Kirchner, Axel (2008), DIE AVUS. Deutschlands legendäre Rennstrecke - Acht Jahrzehnte Motorsport. 1. Auflage. Bielefeld: Verlag Delius Klasing.

Kirikova, Olga (2005), Robert Maillart in St. Petersburg. In: *Werk, Bauen + Wohnen (Schweizer Ausgabe)* 92 (4), S. 70–72.

KIT Archiv (o. A.), Portrait Emil Heinrich Probst. Karlsruher Institut für Technologie (KIT) Archiv, 28010, I/2723. Fotografie.

Kleffel, Walther F. (1967), Eine geschlossene Gesellschaft von Gentlemen. 100 Jahre Union-Klub. In: *Die Zeit* (34).

Kleinlogel, A. (1910), Eisenbeton und umschnürter Beton (Beton Fretté) in den einfachen Anwendungsformen. Kurze praktische Anleitung mit 88 Abbildungen und mehreren Tabellen. 1. Auflage. Leipzig: Carl Scholtze Verlag.

Klös, Ursula; Strehlow, Harro; Synakiewicz, Werner; Klös, Heinz-Georg (1990), Der Berliner Zoo im Spiegel seiner Bauten, 1841-1989. Eine baugeschichtliche und denkmalpflegerische Dokumentation über den Zoologischen Garten Berlin. 2. Auflage. Berlin: Heenemann Verlag.

Knoche, Matthias (2013), Von den Anfängen des Eisenbetonbau an der Technischen Hochschule Charlottenburg bis zum Massivbau an der Technischen Universität. Diplomarbeit. Technische Universität Berlin, Berlin.

Koenen, Matthias (1878), Mitgliedsantrag AIV Berlin. Architekten- und Ingenieur-Verein zu Berlin, Signatur 2637. Handschriftlicher Brief.

Koenen, Matthias (1886), Für die Berechnung der Stärke der Monierschen Cementplatten. In: *Zentralblatt der Bauverwaltung* Jahrgang 6 (Heft 47), S. 462.

Koenen, Matthias (1903), Patent für Eingespannte Voutenplatte für Decken, Brücken o. dgl. Angemeldet durch Koenen, Matthias. Veröffentlichungsnr.: 141745.

Koenen, Matthias (1911), Grundzüge für die statische Berechnung der Beton- und Eisenbetonbauten. 4. neubearbeitete und erweiterte Auflage. Berlin: Wilhelm Ernst & Sohn Verlag.

Koenen, Matthias (1921), Zur Entwicklungsgeschichte des Eisenbeton. In: *Der Bauingenieur* (Heft 13), S. 347-349.

König, Wolfgang (2006), Vom Staatsdiener zum Industrieangestellten: Die Ingenieure in Frankreich und Deutschland. 1750-1945. In: Walter Kaiser und Wolfgang König [Hg.]: Geschichte des Ingenieurs. Ein Beruf in sechs Jahrtausenden. 1 Band. München: Carl Hanser Verlag, S. 178–231.

Königliche Eisenbahn Direktion (25.10.1898), Arbeitsbescheinigung für Heinrich Becher. Leo-Baeck-Institute, AR 25123 / MF 891, Series 1, Folder 2.

Königliches Ministerium der öffentlichen Arbeiten (1913), Kuppel der Kgl. Bibliothek Berlin. Geheimes Staatsarchiv Preußischer Kulturbesitz, I.HA Rep 76 2-23 LITT. B 43.

Königliches Polizei-Präsidium (1912), Bauakte Aquarium. Landesarchiv Berlin, A Rep. 010-02, Nr. 31615.

Königliches Polizei-Präsidium Bauinspektion Rixdorf (1901), Bauakte Hermannstraße 48. Bauaktenarchiv Neukölln.

Königliches Polizei-Präsidium Bauinspektion Rixdorf (1904), Bauakte Hermannstraße 48. Bauaktenarchiv Neukölln.

Korensky, Vladimir (2016), Early RC in the Russian Empire. Introduction of a new Building Technology at the Turn of 20th Century. Brandenburgische Technische Universität Cottbus. DFG-Graduiertenkolleg 1913 "Kulturelle und technische Werte historischer Bauten". Cottbus, 28.01.2016.

Korensky, Vladimir (2017), Eisenbetonbau in Russland: Einführung einer neuen Bauweise zu Anfang des 20. Jahrhunderts. In: Alltag und Veränderung. Praktiken des Bauens und Konstruierens : Tagungsband der Zweiten Jahrestagung der Gesellschaft für Bautechnikgeschichte vom 23. bis 25. April 2015 in Innsbruck, Bd. 1. Gesellschaft für Bautechnikgeschichte; w.e.b. Universitätsverlag/ Buchhandel Eckhard Richter & Co. OHG; Jahrestagung der Gesellschaft für Bautechnikgeschichte. Dresden: Thelem Universitätsverlag- und Buchhandlung GmbH & Co. KG (Schriftenreihe der Gesellschaft für Bautechnikgeschichte, Band 1), S. 277–279.

Kraft Sachistal (1954), 50 Jahre HUTA 1904 - 1954 HUTA HOCH- UND TIEFBAU-AKTIENGESELLSCHAFT. Hannover, Berlin, Dortmund, Frankfurt am Main, Bonn. Hannover.

Krieg, Stefan W. (2009), Max Pommer and the Oldest known Hennebique-Construction in Germany: A Printer's Shop in Leipzig. In: Karl-Eugen Kurrer, Werner Lorenz und Volker Wetzk [Hg.]: Proceedings of the Third International Congress on Construction History, Band 2. International Congress on Construction History. Cottbus, 20.-24.5.2009. Brandenburgische Technische Universität Cottbus. 3 Bände. Berlin: Neunplus1 Verlag, S. 911–918.

Krieg, Stefan W. (2017), Frühe Eisenbetonbauten in Leipzig. In: Landesamt für Denkmalpflege Sachsen [Hg.]: Technische Denkmale in Sachsen. Unter Mitarbeit von Michael Streetz und Corinna Wobbe. 1. Auflage. Dresden: Sandstein Verlag (Arbeitsheft / Landesamt für Denkmalpflege Sachsen, 27), S. 173.

Kuban, Sabine (2015), Innovation and Standstill - Early Application and Development of the "Monier-System" in Berlin. In: Brian Bowen, Thomas Leslie, John Allen Ochsendorf und Donald Friedman [Hg.]: Proceedings of the Fifth International Congress on Construction History. June 2015, Chicago, Illinois. International Congress on

Construction History. Chicago, June 2015. 3 Bände. Atlanta: Construction History Society of America, S. 431–438.

Kühn, Günther (1927), Die Zementindustrie. Ihre wirtschaftliche und organisatorische Struktur. Jena: Verlag von Gustav Fischer.

Kurrer, Karl-Eugen (2001), 100 Jahre Zeitschrift "Beton- und Stahlbetonbau". In: *Beton- und Stahlbetonbau* 96 (4), S. 212–222.

Kurrer, Karl-Eugen (2003), 100 Jahre Normen im Stahlbetonbau. In: *Beton- und Stahlbetonbau* 98 (12), S. 794–808.

Kurrer, Karl-Eugen (2016), Geschichte der Baustatik. Auf der Suche nach dem Gleichgewicht. 2. stark erweiterte Auflage. Berlin: Ernst & Sohn Verlag.

Kux (1905), Neuere Ausführungen von Beton- und Eisenbetonbauten. In: Bericht über die IX Haupt-Versammlung des Deutschen Beton-Vereins. am 24. und 25. Februar 1905. Tonindustrie-Zeitung GmbH. Berlin, S. 120–129.

Labes, John (1906), Wie kann die Anwendung des Eisenbetons in der Eisenbahnverwaltung wesentlich gefördert werden? In: *Zentralblatt der Bauverwaltung* Jahrgang 26 (Heft 52), S. 327–333.

Landesdenkmalamt Berlin (2017), Flugzeughallen Berlin Friedrichsfelde/Karlshorst. Projektakte.

Leonhardt, Fritz [Hg.] (1975), 100 Jahre Wayss & Freytag, 100 Jahre Firmengründung. Frankfurt a.M.: Brönners Druckerei Breidenstein.

Lesser, Willy (1913), Die neue Synagoge in der Fasanen-Straße zu Charlottenburg. In: *Deutsche Bauzeitung* Jahrgang 47 (Heft 4), S. 293 ff, 306 ff.

Linse, W. (1903), Der eisenverstärkte Beton. In: *Stahl und Eisen* Jahrgang 23 (Hefte 1, 2, 3, 4, 5 und 6), S. 42–46, 123–130, 190–205, 265–278, 312–325, 391–399.

Lohauß, Peter (2012), 150 Jahre amtliche Statistik in Berlin. In: *Zeitschrift für amtliche Statistik* 6 (1, 2), S. 4–17.

Lohmeyer, E. (1951), Georg Ernst. In: *Die Bautechnik* 28 (2), S. 25.

Lolat-Eisenbeton [Hg.] (1904), Lolat-Eisenbeton. 4. Auflage. Berlin.

Lorenz, Werner (1995), Konstruktion als Kunstwerk. Bauen mit Eisen in Berlin und Potsdam 1797-1850. Berlin: Gebrüder Mann Verlag (Die Bauwerke und Kunstdenkmäler von Berlin. Beiheft, 25).

Lorenz, Werner; May, Roland; Stritzke, Jürgen (2013), Die Großmarkthalle Leipzig. 1. Aufl. Berlin: Bundesingenieurkammer (Historische Wahrzeichen der Ingenieurbaukunst in Deutschland, 14).

Ludwig, Matthias; Liess, Johannes; Fromm, Asko; Schätzke, Andreas; Diebermann, Antje (2018), Der Teepott in Rostock-Warnemünde. 1. Auflage. Berlin: Bundesingenieurkammer (Historische Wahrzeichen der Ingenieurbaukunst in Deutschland, Band 23).

M., L. (1911), Versuche mit Eisenbetonbalken zur Ermittlung der Widerstandsfähigkeit verschiedener Bewehrungen gegen Schubkräfte. In: *Zentralblatt der Bauverwaltung* Jahrgang 30 (Heft 79), S. 492.

Madelung, Ernst (1913), Die Entwicklung der Deutschen Portland-Zement-Industrie. Von ihren Anfängen bis zur Gegenwart mit besonderer Berücksichtigung der Kartelle. Dissertation. Kgl. Bayr. Ludwig-Maximilians-Universität zu München, München. Hohe staatswirtschaftliche Fakultät.

Magens (1908), Sind neue Beobachtungen und Erfahrungen bei Beton- und Eisenbetonbauten und Zementarbeiten gemacht? In: Bericht über die XI Haupt-Versammlung des Deutschen Beton-Vereins. am 28. und 29. Februar. Tonindustrie-Zeitung GmbH. Berlin, S. 189-192.

Magistrat der Stadt Berlin, Städtische Tiefbaudeputation (1913), Statische Berechnung der AVUS Brücken VIII und IX. Landesarchiv Berlin, A Rep. 010-01-02 Nr. 3274.

Magistrat der Stadt Berlin, Städtische Tiefbaudeputation (1927), AVUS Brücke 911. Landesarchiv Berlin, A Rep. 010-01-02, Nr. 3278.

Marcus, H. (1912), Die Risorgimento-Brücke über den Tiber in Rom. Kritische Betrachtungen über ihre konstruktive Ausbildung und ihre statische Berechnung. In: *Armierter Beton* Jahrgang 5 (Hefte 8, 9, 10, 11 und 12), S. 294–303, 341–360, 378–384, 416–419, 470.

Marrey, Bernard [Hg.] (2000), Écrits d'ingénieurs. Paris: Éditions du Linteau.

Märschenz, S. (1998), Schnitt der Gärkellerdecke Schultheiss-Brauerei Umbauplanung. Ingenieurbüro Märschenz.

Marsh, Charles Fleming (1904), Reinforced Concrete. New York: D. Van Nostrand Company.

Marx, Erwin (1891), Wände und Wand-Öffnungen. In: Josef Durm, Hermann Ende, Eduard Schmitt und Heinrich Wagner [Hg.]: Handbuch der Architektur, Band 2. 3 Bände. Darmstadt: Verlag Arnold Bergsträsser, Heft 1.

Mautner, Karl Walter (1909), Eisenbetonkuppel- und Wölbekonstruktionen. In: Bericht über die XII. Haupt-Versammlung des Deutschen Beton-Vereins. am 10., 11. und 12. März 1909. Tonindustrie-Zeitung GmbH. Berlin, S. 298–313.

Mautner, Karl Walter (1911), Beitrag zur Theorie der im Eisenbetonbau gebräuchlichen Form der Rippenkuppel. Berlin: Wilhelm Ernst & Sohn Verlag.

Max Hamann Baugeschäft (1923), Max Hamann. Technik-Museum Berlin, VI.2.D.025. Fotomappe.

Max Hamann Baugeschäft (1929), Max Hamann. Technik-Museum Berlin, III.2 03799 3848. Firmenschrift zu ausgeführten Bauprojekten in und um Berlin, undatiert.

May, Roland (2012), Schalenkrieg. Ein Bauingenieur-Drama in neun Akten. In: *Beton- und Stahlbetonbau* 107 (10), S. 700–712.

May, Roland; Espion, Bernard (2020), Two Distinct Approaches to External Prestressing Germany and Belgium, 1930s to 1950s. In: Roland May, Volker Wetzk, Sabine Kuban, Clara Jiva Schulte, Michael Maria Bastgen und Bernhard Heres [Hg.]: Konstruktionssprachen = Languages of construction. Eine Hommage an Werner Lorenz. Basel: Birkhäuser Verlag AG (Kulturelle Überlegungen zur Periodisierung von Bautechnikgeschichte und technische Werte historischer Bauten, 5), S. 181–212.

Mecenseffy, Emil von (1911), Die Künstlerische Gestaltung der Eisenbetonbauten. Erster Ergänzungsband. Berlin: Wilhelm Ernst & Sohn Verlag (Handbuch für Eisenbetonbau).

Mecenseffy, Emil von (1922), Die künstlerische Gestaltung der Eisenbetonbauten. 3. neubearbeitete Auflage. Berlin: Wilhelm Ernst & Sohn Verlag (Handbuch für Eisenbetonbau, 10).

Meisenhelder (1907), Eisenbetonbau oder Eisenbau ? In: *Armierter Beton* (7), S. 271–276.

Merkl, Gerhard; Baur, Albert; Gockel, Bernd; Mevius, Walter (1985), Historische Wassertürme. Beitr. zur Technikgeschichte von Wasserspeicherung u. Wasserversorgung. München: Verlag Oldenbourg.

Mertens, W. (1919), Über Technische Baupolizeibestimmungen und die Möglichkeit und Notwendigkeit ihrer Vereinheitlichung. Dissertation. Technische Hochschule Dresden, Dresden.

Ministerium der öffentlichen Arbeiten (03.10.1900), Monierbauten zum Erlaß vom 12. Januar 1898. Geheimes Staatsarchiv Preußischer Kulturbesitz, I.HA Rep 93 E Nr. 3051.

Ministerium der öffentlichen Arbeiten (16.04.1904), Bestimmungen für die Ausführung von Konstruktionen aus Eisenbeton bei Hochbauten.

Ministerium der öffentlichen Arbeiten (24.05.1907), Bestimmungen für die Ausführung von Konstruktionen aus Eisenbeton bei Hochbauten. In: *Zentralblatt der Bauverwaltung* (46), S. 301–310.

Ministerium der öffentlichen Arbeiten (13.01.1916), Bestimmungen für Ausführungen von Bauwerken aus Eisenbeton.

Mochi, Giovanni; Predari, Giorgia (2012), La Costruzione Moderna a Bologna: 1875-1915. ragione scientifica e sapere tecnico nella pratica del costruire in cemento armato. Milano: Verlag B. Mondadori (Saggi di architettura).

Monier, Joseph (1878), Osobaja sistema ustrojstva trub, poperečin, mostov, lestnic i proč. (dt.: Patent für eine besondere Methode zur Herstellung von Röhren, Eisenbahnschwellen, Brücken, Treppen usw.). Angemeldet durch Monier, Joseph am 11.12.1878.

Monier, Joseph (1880), Patent für Verfahren zur Herstellung von Gegenständen verschiedener Art aus einer Verbindung von Metallgerippen mit Cement. Angemeldet durch Monier, Joseph am 22.12.1880. Veröffentlichungsnr.: 14673.

Morice, Peter; Tottenham, Hugh (2001), The early development of reinforced concrete shells. In: James Sutherland, Dawn Humm und Mike Chrimes [Hg.]: Historic concrete. Background to appraisal. London: Verlag Thomas Telford, S. 165–175.

Mörsch, Emil (1903), Theorie der Betoneisenkonstruktionen. 2. Sitzung: Sonnabend, den 21. Februar, Vormittags 10 Uhr. In: Deutscher Beton-Verein [Hg.]: Bericht über die VI Haupt-Versammlung des Deutschen Beton-Vereins. am 20. und 21. Februar 1903. Thonindustrie-Zeitung. Berlin, S. 105 ff.

Mörsch, Emil (1904), Die Isarbrücke bei Grünwald. In: *Schweizerische Bauzeitung* Jahrgang 43 und 44 (Heft 23), S. 263–267, 279–283.

Mörsch, Emil (1907), Versuche über die Schubwirkung bei Eisenbeton. In: Bericht über die X Hauptversammlung des Deutschen Beton-Vereins. am 22. und 23. Februar 1907. Thonindustrie-Zeitung. Berlin, S. 129 ff.

Mouchel, L. G. (1904), Monolithic Constructions in Hennebique's Ferro-Concrete. In: *Journal of the Royal Institute of British Architects* (12), S. 57, 59.

Müller, Siegmund (1907a), Eisenbetonunterzüge als Plattenbalken. In: *Zentralblatt der Bauverwaltung* 27 (17), S. 116–118.

Müller, Siegmund (1907b), Zur Berechnung mehrfach statisch unbestimmter Tragwerke. In: *Zentralblatt der Bauverwaltung* 27 (4; 38), S. 23–27; 255.

Müller, Siegmund (1908), Verwendung von Eisenbeton bei Wasserbauten. In: Internationaler Ständiger Verband der Schiffahrts-Kongresse [Hg.]: Mitteilung. 11. Internationaler Schifffahrts-Kongress, St. Petersburg 1908. 11. Internationaler Schifffahrts-Kongress. Sankt Petersburg. Brüssel: Buchdruckerei der Öffentlichen Arbeiten, S. 1–21.

Müller, Siegmund (1909), Die Eisenbetonkuppel der Friedrichstrassenpassage in Berlin. Berlin, Heidelberg: Springer Verlag.

Münchgesang, F. (1904), Das Bauwesen. Staatsbauverwaltung - Baurecht - Baupolizei. Berlin: Springer Verlag.

Nakonz (1925), Matthias Koenen. In: *Zentralblatt der Bauverwaltung* Jahrgang 45 (Heft 2), S. 18–19.

Naudascher, Eduard; Dimitrov, Dimitar S. (2007), Geschichte des Betonbaus in Bulgarien. In: *Beton- und Stahlbetonbau* Jahrgang 102 (Heft 8), S. 564–567.

Neubauer, O. (1909), Waren- und Geschäftshäuser. In: Fritz Edler von Emperger [Hg.]: Handbuch für Eisenbetonbau, Band 4.2. 4 Bände. Berlin: Wilhelm Ernst & Sohn Verlag (Band 4.2).

Neubauer, O. (1924a), Passagekaufhaus. In: Fritz Edler von Emperger [Hg.]: Handbuch für Eisenbetonbau. 3. neubearbeitete Auflage. 14 Bände. Berlin: Wilhelm Ernst & Sohn Verlag (Band 13), S. 60, 73, 74, 142, 145.

Neubauer, O. (1924b), Warenhaus am Kottbusser Damm in Berlin. In: Fritz Edler von Emperger [Hg.]: Handbuch für Eisenbetonbau. 3. neubearbeitete Auflage. 14 Bände. Berlin: Wilhelm Ernst & Sohn Verlag (Band 13), S. 133–134.

Newby, Frank [Hg.] (2001a), Early reinforced concrete. Aldershot: Ashgate Verlag.

Newby, Frank (2001b), The innovative uses of concrete by engineers and architects. In: James Sutherland, Dawn Humm und Mike Chrimes [Hg.]: Historic concrete. Background to appraisal. London: Verlag Thomas Telford, S. 11–44.

O. A. (undatiert), Nachruf auf Heinrich Becher. Leo-Baeck-Institute, AR 25123 / MF 891, Series 1, Folder 2.

O. A. (1880), Berliner Neubauten. 2. Die Berliner Victoria-Speicher, Köpenicker Strasse 24/26. In: *Deutsche Bauzeitung* (Heft 49), S. 257, 261.

O. A. (1881), Siebenundvierzigster Jahresbericht der Kinderheilanstalt zu Dresden. Hg. v. Krauß, Kunze und Hirschberg. Dresden.

O. A. (1886a), Ausführungen in Rabitz'schem Patentputz und solche nach dem Monier-System. In: *Deutsche Bauzeitung* (Heft 70), S. 420.

O. A. (1886b), Zementarbeiten nach System Monier und Rabitz'scher Patentputz. In: *Deutsche Bauzeitung* (Heft 86), S. 528.

O. A. (1889), Verzeichnis ausgeführter Arbeiten nach dem System Monier und in Stampfbeton. (Hrsg.) G. A. Wayss. Berlin: Becker & Hornberg Verlag.

O. A. (1890a), Bericht: Gewerbeausstellung Bremen. In: *Deutsche Bauzeitung* (78, 79), S. 476, 480.

O. A. [Hg.] (1890b), Wohnungs- und Geschäfts-Handbuch der königlichen Residenz- und Hauptstadt Dresden. 1. Teil, 1. Abschnitt. Dresden: Verlag Schönfeld (36).

O. A. (1890c), Zerlegbare Treppen im Monier-System. In: *Thonindustrie Zeitung* 14 (51), S. 785.

O. A. (1891a), Akcionernoe obščestvo dlja proizvodstva betonnych i drugich stroitel'nych rabot: Sistema Monier (beton s železnym ostovom) v ee primenenii k stroitelnomu iskusstvu dt. Moskau: Tipografija T. I. Gagen.

O. A. (1891b), Belastungsprobe von Monierröhren. In: *Thonindustrie Zeitung* 15 (42), S. 815.

O. A. (1892a), Bericht: Monierbauweise, Deutsche Bank Erweiterungsbau. In: *Deutsche Bauzeitung* (69), S. 413.

O. A. (1892b), Monier- und Rabitz-Patent. In: *Thonindustrie Zeitung* Jahrgang 16 (Heft 50), S. 1177.

O. A. (1893a), Statistische Nachweisungen, betreffen die im Jahre 1891 vollendeten und abgerechneten, beziehungsweise nur vollendeten preußischen Staatsbauten aus dem Gebiete des Hochbaues. VII. bis X. Gebäude, welche der Kunst und Wissenschaft, dem Fachunterricht und der Gesundheitspflege gewidmet sind. In: *Zeitschrift für Bauwesen* (43), S. 78–81.

O. A. (1893b), Straßen - Ueberführung in Monierbau. In: *Zentralblatt der Bauverwaltung* (42), S. 444.

O. A. (1893c), Straßenüberführung in Monierbau. In: *Thonindustrie Zeitung* 17 (48), S. 1233.

O. A. (1899a), Bericht über die constituierende Hauptversammlung des Deutschen Beton-Vereins am 5. und 6. Dezember 1898. Hg. v. Deutscher Beton-Verein. Berlin.

O. A. (1899b), Präsenzliste. In: Deutscher Beton-Verein [Hg.]: Bericht über die constituierende Hauptversammlung des Deutschen Beton-Vereins am 5. und 6. Dezember 1898. Berlin.

O. A. (1900), Historische Unterlagen zum Rennbahngelände Hoppegarten. Kulturverein Grünes Tor Hoppegarten. Loseblattsammlung, verschiedene Fotografien.

O. A. (1901), Žurnal Inženernogo Soveta № 277 1898g. Po voprosu o dopuščenii železobetonnych sooruženij sistemy Monier na železnych i šosejnych dorogach vedomstva putej soobščenija. Sankt Petersburg: Tipografija Ministerstva Putej Soobščenija.

O. A. (1904a), Bericht über die VII Haupt-Versammlung des Deutschen Beton-Vereins. Am 26. und 27. Februar 1904. Tonindustrie-Zeitung GmbH. Berlin.

O. A. (1904b), Provisorische Normen für die Projektierung, Ausführung und Kontrolle von Bauten in armiertem Beton. Schweizerischer Ingenieur- und Architekten-Verein. In: *Schweizerische Bauzeitung* Jahrgang 43 (Heft 1), S. 15–16.

O. A. (1904c), Vorlage der von dem gemeinsamen Ausschuß des Verbandes deutscher Architekten- und Ingenieurvereine und des Deutschen Betonvereins aufgestellten vorläufigen Leitsätze für die Vorbereitung, Ausführung und Prüfung von Eisenbetonbauten und Antrag des Vorstandes. Zur Annahme dieser vorläufigen Leitsätze seitens der Hauptversammlung. In: Bericht über die VII Haupt-Versammlung des Deutschen Beton-Vereins. Am 26. und 27. Februar 1904. Tonindustrie-Zeitung GmbH. Berlin, S. 71–104.

O. A. (1905a), Bericht über die IX Haupt-Versammlung des Deutschen Beton-Vereins. am 24. und 25. Februar 1905. Tonindustrie-Zeitung GmbH. Berlin.

O. A. (1905b), BOIS-DU-LUC Une agglomération qui se transforme. Kirchenarchiv Sainte-Barbe, Bois du Luc. Auszüge aus einem Zeitschriftenartikel, der zur Einweihung der Kirche 1905 veröffentlicht wurde, Name der Zeitschrift unbekannt.

O. A. (1907a), An welchen deutschen Lehranstalten wird der Eisenbetonbau gelehrt? In: *Zement und Beton* Jahrgang 6 (Heft 26), S. 426–428.

O. A. (1907b), Bestimmungen für die Ausführung von Konstruktionen aus Eisenbeton bei Hochbauten. In: *Beton und Eisen* (Heft 7), S. 186–187.

O. A. (1907c), Ein neuer großer Eisenbetonbau in Berlin. In: *Zement und Beton* Jahrgang 6 (Heft 29), S. 471–472.

O. A. (1907d), Ein neues Armatureisen. In: *Beton und Eisen* (Heft 2), S. 55.

O. A. (1907e), Projet de circulaire pour l'envoi du réglement des constructions en béton de ciment armé. In: Ministère des travaux publics. Des dostes et des Télégraphes [Hg.]: Experiences, rapports & Propositions Instructions Ministérielles relatives à l'emploi du Béton Armé. Commission Du Ciment Armé. Paris: H. Dunot et E. Pinat Verlag, S. 443–463.

O. A. (1908a), Berliner Jahrbuch für Handel und Industrie. Bericht der Ältesten der Kaufmannschaft von Berlin. Jahrgang 1907. Band 1. 2 Bände. Berlin: Georg Reimer Verlag.

O. A. (1908b), Die Friedrichstraßen-Passage in Berlin. In: *Zement und Beton* 7 (38), S. 599–601.

O. A. (um 1908), Friedrichstrassen-Passage. Bauausführungen der Berliner Terrain und Bau Aktiengesellschaft. Berlin: Haußmann Verlag.

O. A. (1910a), Eisenbetonkursus. In: *Zement und Beton* Jahrgang 9 (Heft 38), S. 595.

O. A. (1910b), Kuppelbauten. In: *Die Bauwelt* (22), S. 9–11.

O. A. (1910c), Kurse über Beton- und Eisenbetonbau. In: *Zement und Beton* Jahrgang 9 (45).

O. A. (1911a), Bauunfälle. In: *Beton und Eisen* (15), S. 333.

O. A. (1911b), Inhaltsverzeichnis der Wochenschrift des Architektenvereins zu Berlin. In: *Wochenschrift des Architektenvereins zu Berlin*, S. 6.

O. A. (1912a), Bauunfälle. In: *Beton und Eisen* (14), S. 316.

O. A. (1912b), Bericht über die XV Hauptversammlung des Deutschen Beton-Vereins. Tonindustrie-Zeitung GmbH. Berlin.

O. A. (1912c), Die städtischen Gaswerke zu Charlottenburg in den ersten fünfzig Jahren ihres Bestehens 1861-1911. Berlin: Verlag R. Boll.

O. A. (1912d), Les Transformations des Bureaux de la Maison HENNEBIQUE à Paris. In: *Le Béton Armé* 15 (172), S. 131–141.

O. A. (1913a), Berliner Jahrbuch für Handel und Industrie. Bericht der Ältesten der Kaufmannschaft von Berlin. Jahrgang 1912. Band 1. 2 Bände. Berlin: Georg Reimer Verlag.

O. A. (1913b), Die neue Synagoge in der Fasanen-Straße zu Charlottenburg. In: *Deutsche Bauzeitung* (4), S. 293–297; 304–307.

O. A. (1914a), Der Entwurf zu einem Westhafen in Berlin. In: *Deutsche Bauzeitung* 48 (6), S. 65–67, 76–78.

O. A. (1914b), Die Anwendung des Eisenbetons beim Neubau des Aquariums im Zoologischen Garten zu Berlin. In: *Beton und Eisen* Jahrgang 13 (Heft 8), S. 167 ff.

O. A. (1924a), Spezial-Baugeschäft für Beton- und Monierbau F. S. Reincke & Co. In: Architektenverein zu Berlin [Hg.]: Hundert Jahre Architekten Verein zu Berlin. 1824 - 1924. Berlin: Verlag des Architektenvereins zu Berlin, S. 45.

O. A. (1924b), Denkschrift anläßlich des 25jährigen Bestehens der Viehcentrale GmbH Berlin-Friedrichsfelde, Magerviehhof. Hg. v. Viehcentrale GmbH Berlin-Friedrichsfelde Magerviehhof. Berlin.

O. A. [Hg.] (1925), Statistik des Deutschen Reichs Band 415, 2a. Gewerbliche Betriebszählung Berlin und Provinz Brandenburg. Volks-, Berufs-, und Betriebszählung vom 16. Juni 1925. Berlin: Verlag von Reimar Hobbing (415).

O. A. (verm. 1939), Julius Bötzow Brauerei. 1864-1939. Berlin: Verlag Hoppenstedt & Co. (Band 23).

O. A. (1952), BM AG. Beton- und Monierbau Aktien-Gesellschaft. Ausgabe Frühjahr 1952. Düsseldorf: o. A.

O. A. (1954), 50 Jahre Max Hamann Bauunternehmung. Hg. v. Max Hamann Baugeschäft. Berlin.

O. A. (1956), Beton- und Monierbau Aktien-Gesellschaft. Ausgabe Mai 1956. Düsseldorf.

O. A. (1966), Jubiläum der Favre & Cie. AG. In: *Schweizerische Bauzeitung* Jahrgang 84 (Heft 39), S. 697.

Pauser, Alfred (1994), Eisenbeton 1850 - 1950 : Idee - Versuch - Bemessung - Realisierung. Unter Berücksichtigung des Hochbaus in Östereich. Wien: Mainz Verlag.

Peters, Tom F. (1977), Bauen und Technologie 1820 - 1914. : die Entstehung der modernen Bauprozesses. Dissertation. Eidgenössische Technische Hochschule, Zürich.

Petry, Wilhelm (1923), Der Beton- und Eisenbetonbau 1898-1923. Obercassel/Siegkreis: Selbstverlag des Deutschen Beton-Vereins.

Pfammatter, Ulrich (1997), Die Erfindung des modernen Architekten. Ursprung und Entwicklung seiner wissenschaftlich-industriellen Ausbildung. Basel: Birkhäuser Verlag.

Pfarr, Karlheinz (1983), Geschichte der Bauwirtschaft. Essen: Deutscher Consulting Verlag.

Pichler, Gerhard; Schmidt, Hartwig (2004), Die Flugzeughallen des ehemaligen Militärflughafens Berlin-Friedrichsfelde. In: *Beton- und Stahlbetonbau* Jahrgang 99 (Heft 8), S. 686–692.

Pinkenburg, G. (1898), Das Bauwesen der Stadt Berlin. In: *Zeitschrift für Architektur und Ingenieurwesen* 44 (Hefte 4, 5, 6, 7, 8, 10 und 13), S. 55–59; 72–77; 81–86; 105–108; 129–134; 177–180; 233–238.

Pogacnik, Marco (2009), Zwei Kuppeln in München: Armeemuseum und Anatomie (1903–1905) – Die ersten Betonschalen Europas. In: *Bautechnik* Jahrgang 86 (Heft 6), S. 342–356.

Pohl, Manfred; Siekmann, Birgit (2000), Hochtief und seine Geschichte. Von den Brüdern Helfmann bis ins 21. Jahrhundert. München: Piper Verlag.

Powell, Christopher (2003), Who did what: Division of labour among construction-related firms. In: Santiago Huerta [Hg.]: Proceedings of the First International Congress on Construction History. Madrid, 20th - 24th January 2003, Bd. 3. First International Congress on Construction History. Madrid, 20.-24. Januar 2003. Madrid: Instituto Juan de Herrera Ecuela Técnica Superior de Arquitectura, S. 1649–1655.

Probst, Emil (1908), Der Heutige Stand von Theorie und Pracis des armierten Betons. In: *Armierter Beton* (1), S. 1–5.

Probst, Emil (1912), Amerikanische Vorschriften für Eisenbetonbauten. In: *Armierter Beton* 5 (3), S. 119–121.

Probst, Emil (1917), Vorlesungen über Eisenbeton. Berlin: Springer Verlag.

Prokop, Ines (2012), Vom Eisenbau zum Stahlbau. Tragwerke und ihre Protagonisten in Berlin 1850 – 1925. Berlin: Mensch und Buch Verlag.

Przesdzing, Christina (2016), Von Ingenieurschulen zur Hochschule. Die Geschichte der Beuth Hochschule für Technik Berlin. Beuth Hochschule für Technik Berlin. Berlin.

Quietmeyer, Friedrich (1910), Zur Geschichte der Erfindung des Portlandzementes. Dissertation. Königliche Technische Hochschule Hannover, Hannover.

R., C. W. (1909), Neue Ausführungen nach der Bauweise Leschinsky. In: *Beton und Eisen* Jahrgang 8 (Heft 10), S. 229–231.

Ramm, Wieland (2007), Über die faszinierende Geschichte des Betonbaus vom Beginn bis zur Zeit nach dem 2. Weltkrieg. In: Manfred Curbach [Hg.]: Gebaute Visionen. 100 Jahre Deutscher Ausschuss für Stahlbeton ; 1907 - 2007. 1. Aufl. Berlin: Beuth, S. 27–130.

Ramm, Wieland (2010), Über die Wiege des Eisenbetonbaus in Deutschland. In: *Der Prüfingenieur* (Oktober), S. 17-29.

Ramm, Wieland (2012), Über die Anfänge des Eisenbetonbaus in Deutschland und die Pioniere der ersten Jahre. In: *Beton- und Stahlbetonbau* Jahrgang 107 (Heft 5), S. 335–356.

Rauhut, Christoph (2017), Die Praxis der Baustelle um 1900: Das Zürcher Stadthaus Fraumünsteramt. Dissertation. Unter Mitarbeit von Uta Hassler. Zürich: Chronos Verlag.

Rehbein, F. (1894), Monier- und Beton-Bauwerke. Strassen- und Eisenbahnbrücken - Hochbauten, Silos, Futtermauern, Kanäle u.s.w nach den Ausführungen der Actien-Gesellschaft für Monierbauten. Berlin: o. A. (2. vermehrte Auflage).

Reher, Christian (2003), Der kaiserliche Baurat Franz Ahrens - Aufbruch in die Moderne. Masterarbeit. Technische Universität, Cottbus. Lehrstuhl Bautechnikgeschichte und Tragwerkserhaltung.

Rehm, Jörg (2016), Vortrag zu Eisenbeton im Hochbau – Skelettbauten in München bis 1918. Brandenburgische Technische Universität Cottbus. Lehrstuhl Bautechnikgeschichte und Tragwerkserhaltung. Cottbus, 22.07.2016.

Rehm, Jörg (2018), The first concrete dome in Germany? A church building using modern techniques. In: Ine Wouters, Stephanie Van de Voorde, Inge Bertels, Bernard Espion, Krista de Jonge und Denis Zastavni [Hg.]: Building knowledge, constructing histories. Proceedings of the sixth International Congress on Construction History (6ICCH), Brussels, Belgium, 9-13 July 2018, Bd. 1. Boca Raton: CRC Press, Taylor & Francis Group, S. 175–182.

Rehm, Jörg (2019), Eisenbeton im Hochbau bis 1918. Dokumentation und Analyse realisierter Bauwerke im Raum München. München.

Reich, Emmy (1918), Das Groß Berliner Baugewerbe. In: E. Leyser [Hg.]: Handbuch Groß Berliner Wohnungspolitik. Berlin: Carl Heymanns Verlag (Handbuch Groß Berliner Wohnungspolitik).

Reichsmilitärgericht Lietzensee in Charlottenburg (undatiert), Kurzvita Heinrich Becher. Leo-Baeck-Institute, AR 25123 / MF 891, Series 1, Folder 2.

Ribbe, Wolfgang [Hg.] (1987), Geschichte Berlins. [eine Veröffentlichung der Historischen Kommission zu Berlin]. Von der Märzrevolution bis zur Gegenwart. 2 Bände. München: Verlag C.H. Beck (Berlin-Forschungen der Historischen Kommission zu Berlin).

Richter, Elke (2020), Die königliche Hofbibliothek in Berlin 1774-1970. Ein Bauwerk zwischen Tradition und Transformation (Die Bauwerke und Kunstdenkmäler von Berlin. Beihefte).

Ricken, H. (1993), Erinnerungen an Franz Dischinger. In: *Bautechnik* 70 (4), S. 234–237.

Riechert, Ursula (1987), Von St. Nikolai zum Reichstag. 500 Jahre Bauen in Berlin. Berlin: Bauverlag.

Riepert, Peter Hans [Hg.] (1927), Die Deutsche Zement Industrie. Berlin: Zement Verlag.

Rieseler, Klaus (2003), Frühe Großbrauereien in Deutschland. Die Brauereiarchitektur zwischen 1870 und 1930 in den Städten Dortmund, Kulmbach und Berlin. Dissertation. Technische Universität, Berlin. Architektur, Umwelt, Gesellschaft.

Rings, Frederick (1910), Reinforced Concrete. Theory and Practice. 1. Auflage. 1 Band. London: Verlag B. T. Batsford.

Ritter, Wilhelm (1899a), Die Bauweise Hennebique. In: *Schweizerische Bauzeitung* Jahrgang 33 und 34 (Heft 5), S. 41–43.

Ritter, Wilhelm (1899b), Die Bauweise Hennebique. In: *Schweizerische Bauzeitung* Jahrgang 33 und 34 (Heft 6), S. 49–52.

Ritter, Wilhelm (1899c), Die Bauweise Hennebique. In: *Schweizerische Bauzeitung* Jahrgang 33 und 34 (Heft 7), S. 59–61.

Rüdersdorfer Zement GmbH [Hg.] (2004), 750 Jahre Kalksteinbergbau in Rüdersdorf. Kalksteingewinnung und -bearbeitung prägen eine Region.

Rürup, Reinhard [Hg.] (1979), Wissenschaft und Gesellschaft. Beiträge zur Geschichte der Technischen Universität Berlin 1879-1979. Berlin: Springer Verlag.

Sachs, L. (1906), Fabrikbau Hermannshof in Rixdorf. In: *Zentralblatt der Bauverwaltung* (Heft 14), S. 93–94.

Saliger, Rudolf (1948), Ingenieur Gustav Adolf Wayss. Ein Bahnbrecher des Stahlbetons. In: Forschungsinstitut für Technikgeschichte in Wien [Hg.]: Blätter für Technikgeschichte. Wien: Springer Verlag (10), S. 63–76.

Salomonsen, M. (1912), Berechnung von Silowänden. In: *Armierter Beton* Jahrgang 5 (Heft 2), S. 65–66.

Sandor, Edmund (1908), Warenhaus Kottbuser Damm in Berlin. Mitteilungen über Zement, Beton- und Eisenbetonbau. In: *Deutsche Bauzeitung* Jahrgang 42 (Heft 5), S. 33–34.

Sarrazin, O. (1908), Eisenbeton oder Betoneisen. In: *Zentralblatt der Bauverwaltung* (Heft 25), S. 184.

Sch. (1913), Das neue "Aquarium" des Zoologischen Gartens in Berlin. In: *Zentralblatt der Bauverwaltung* Jahrgang 33 (Heft 73), S. 477–481.

Schick (1913), Erhöhung der zulässigen Betoneisen-Beanspruchung auf 1200 kg/cm² in Preussen. In: *Zeitschrift für Betonbau* Jahrgang 1 (Heft 2), S. 46–47.

Schleusner (1907), Eisenbetonunterzüge als Plattenbalken. In: *Zentralblatt der Bauverwaltung* Jahrgang 27 (Heft 35), S. 239–240.

Schliepmann, Hans (1909), Edles Material und Grossstädtische Bauentwicklung. In: *Berliner Architekturwelt* (Heft 9), S. 324–331.

Schlimme, Hermann (2012a), Das internationale Hennebique-Patent zur Herstellung von Stahlbetonbauten und seine Anwendung in Italien Der Mercato Orientale in Genua von Giovanni Antonio Porcheddu (1896-99). Ein Beitrag zur Wissensgeschichte der Architektur. In: Bibliotheca Hertziana (Rom) [Hg.]: Römisches Jahrbuch der Bibliotheca Hertziana (2009/10), Bd. 39. Tübingen: Wasmuth (39), S. 391–426.

Schlimme, Hermann (2012b), François Hennebique's Patents as Applied on the Building Site: The Mercato Orientale in Genoa [1896-1899] and the Creation of a Local Construction Network. In: Robert Carvais, André Guillerme, Valérie Nègre und Joël Sakarovitch [Hg.]: Nuts & Bolts of Construction History. Culture, Technology and Society : Fourth International Congress on Construction History, Paris,, Bd. 2. International Congress on Construction History. Paris, 3.-7.7.2012. 3 Bände. Paris: Picard Verlag, S. 573–582.

Schlimme, Hermann (2014), DAS INTERNATIONALE HENNEBIQUE-PATENT ZUR HERSTELLUNG VON STAHLBETONBAUTEN UND SEINE ANWENDUNG IN ITALIEN. In: Hermann Schlimme, Jürgen Renn und Wilhelm Osthues [Hg.]: Wissensgeschichte der Architektur. Band III. Vom Mittelalter bis zur Frühen Neuzeit, Band 3. s.l.: Edition Open Access, S. 392-426.

Schlüter, Hans (1921), Das Beton-Spritzverfahren. In: Bericht über die XXIV Haupt-Versammlung des Deutschen Beton-Vereins (E.V.). am 9., 10. und 11. März 1921. Berlin.

Schmidt, Hartwig [Hg.] (1999), Zur Geschichte des Stahlbetonbaus. Die Anfänge in Deutschland 1850 bis 1910. *Beton- und Stahlbetonbau*. Berlin: Ernst & Sohn Verlag.

Schmidt, Hartwig (2015), Vom Hofbräuhaus zum Deutschen Museum. Münchner Bauten aus Eisenbeton 1890 bis 1914. In: Wilhelm Füßl, Ulf Hashagen, Ulrich Kernbach und Helmuth Trischler [Hg.]: Museum aus gegossenem Stein. Betonbaugeschichte im Deutschen Museum. München, Münster: Deutsches Museum Verlag; Edition MV-Wissenschaft (Deutsches Museum Studies, Band 1), S. 10–47.

Schöne, Lutz (1999), Kuppelschale und Rippenkuppel - Zur Entwicklung von zwei frühen Eisenbeton-Konstruktionsarten. In: Hartwig Schmidt [Hg.]: Zur Geschichte des Stahlbetonbaus. Die Anfänge in Deutschland 1850 bis 1910. Beton- und Stahlbetonbau. Berlin: Ernst & Sohn Verlag, S. 66–74.

Schöne, Lutz (2011), Eisenbetonschalen zwischen 1898 und 1928. Zugl.: Berlin, Universität der Künste, Dissertation, 2010. Aachen: Shaker Verlag (Berichte aus dem Bauwesen).

Schüle, F. (1904), Provisorische Normen für die Projektierung, Ausführung und Kontrolle von Bauten in armiertem Beton. Schweizerischer Ingenieur- und Architekten-Verein. In: *Schweizerische Bauzeitung* Jahrgang 43 (Heft 12), S. 150–153.

Schultheiss-Brauerei (1889), Konstruktionspläne. Landesarchiv Berlin, F Rep. 270, Nr. 5769. (verschiedenformatige Grundriss-, Schnitt- und Lagepläne).

Seelhofer-Schilling, Birgit (2008), Umschnürte Stahlbetonstützen: Geschichtliche Entwicklung. Dissertation. Eidgenössische Technische Hochschule, Zürich. Institut für Baustatik und Konstruktion.

Seidl, Tobias (2011), Probst, Emil Heinrich. In: Fred Ludwig Sepaintner und Bernd Ottnad [Hg.]: Badische Biographien - Neue Folge: W. Kohlhammer (VI), S. 306–309.

Selvafolta, Ornella (1992), Engineers, Concrete and Companies in Milan at the Turn of the Century. In: Vittorio Gregotti [Hg.]: (Reinforced Concrete: Ideologies and Forms from Hennebique to Hilberseimer). Beton als Gestalter. Unter Mitarbeit von Luciana Ravanel, Maurice Culot und Gwenael Delhumeau. Bologna: Tipografia Compositori srl. (Band 49), S. 26–36.

Senatsverwaltung für Wirtschaft und Ernährung (1947), Wiederaufbau Viktoriaspeicher. Landesarchiv Berlin, B Rep. 010-02, Nr. 567 (Film Nr. B 927, 928).

Siebert, R. (1933), Der Magerviehof. In: *Karlshorster Lokal-Anzeiger*, S. 183–189.

Silbergeleit, H. [Hg.] (1909), Statistisches Jahrbuch der Stadt Berlin. 31. Jahrgang. Statistisches Amt Stadt Berlin. Berlin: P. Stankiewicz Buchdruckerei GmbH.

Silbergeleit, H. [Hg.] (1913), Statistisches Jahrbuch der Stadt Berlin. 32. Jahrgang enthaltend die Statistik der Jahre 1908 bis 1911. Statistisches Amt Stadt Berlin. Berlin: P. Stankiewicz Buchdruckerei GmbH.

Silbergeleit, H. [Hg.] (1920), Statistisches Jahrbuch der Stadt Berlin. 34. Jahrgang enthaltend die Statistik der Jahre 1915 bis 1919. Statistisches Amt Stadt Berlin. Berlin: P. Stankiewicz Buchdruckerei GmbH.

Simonet, Cyrille (1992), The Origins of Reinforced Concrete. In: Vittorio Gregotti [Hg.]: (Reinforced Concrete: Ideologies and Forms from Hennebique to Hilberseimer). Beton als Gestalter, Band 49. Unter Mitarbeit von Luciana Ravanel, Maurice Culot und Gwenael Delhumeau. Bologna: Tipografia Compositori srl. (Band 49), S. 6–14.

Simonet, Cyrille (2005), Le béton. Histoire d´un matériau ; économie, technique, architecture. Marseille: Éd. Parenthèses.

Spangenberg, Heinrich Julius (1912), Eine Eisenbetonkuppel von 34m Spannweite. In: Bericht über die XV Hauptversammlung des Deutschen Beton-Vereins. Tonindustrie-Zeitung GmbH. Berlin, S. 254 ff.

Specht, Manfred (1987), Spannweite der Gedanken. Zur 100. Wiederkehr des Geburtstages von Franz Dischinger. Berlin, Heidelberg: Springer Verlag.

Spitzer, Josef Anton (1903), Gustav Adolf Wayss. In: *Beton und Eisen* 2 (3 (Juli)), S. 142–144.

Städtische Baupolizeiverwaltung (1890), Bauakte Schönhauser Allee 36/39 (Schultheiss-Brauerei). Bauaktenarchiv Pankow-Prenzlauer Berg, Schönhauser Allee 36/39.

Städtische Baupolizeiverwaltung (1892a), Bauakte Fabrikneubau Julius Pintsch (Andreasstraße 31). Landesarchiv Berlin, A Rep. 010-02, Nr. 31703.

Städtische Baupolizeiverwaltung (1892b), Bauakte Prenzlauer Allee 242/247 (Bötzow Brauerei). Bauaktenarchiv Pankow-Prenzlauer Berg. Baupolizeiakte.

Städtische Baupolizeiverwaltung (1893), Bauakte Schönhauser Allee 36/39 (Schultheiss-Brauerei). Bauaktenarchiv Pankow-Prenzlauer Berg, Schönhauser Allee 36/39.

Städtische Baupolizeiverwaltung (1909), Bauakte Prenzlauer Allee 242/247 (Bötzow Brauerei). Bauaktenarchiv Pankow-Prenzlauer Berg. Baupolizeiakte.

Städtische Baupolizeiverwaltung (1926), Bauakte Schönhauser Allee 36/39 (Schultheiss-Brauerei). Bauaktenarchiv Pankow-Prenzlauer Berg, Schönhauser Allee 36/39.

Stegmann, Knut (2014), Das Bauunternehmen Dyckerhoff & Widmann. Zu den Anfängen des Betonbaus in Deutschland 1865–1918. Eidgenöss. Techn. Hochschule, Dissertation Zürich, 2010. Tübingen: Verlag Ernst Wasmuth.

Stegmann, Knut; Kuban, Sabine (2017), „Ruhelos und unsteten Sinnes" – Zur Bedeutung des Stahlbetonpioniers Gustav Adolf Wayss (1851–1917). In: *Beton- und Stahlbetonbau* Jahrgang 112 (Heft 8), S. 545–555.

Steiger, Richard W. (1995), The history of concrete. Part 2: From portland cement to structural concrete. Hg. v. www.theconcreteproducer.com.

Stier, Bernhard; Krauss, Martin (2005), Drei Wurzeln - ein Unternehmen. 125 Jahre Bilfinger Berger AG. Heidelberg: Institut für Unternehmensgeschichte.

Stöckle, Gustav (1913), Der Eisenbau - Eine volkswirtschaftliche Studie. Darmstadt: Heedt & Ganss Verlag.

Streich, Wolfgang Jürgen (2005), Franz Heinrich Schwechten 1841-1924. Bauten für Berlin. Petersberg: Michael Imhof Verlag.

Stürzebecher, Peter (1979), Das Berliner Warenhaus. Bautypus, Element der Stadtorganisation, Raumsphäre der Warenwelt. Berlin: Verlag Archibook.

Szalla (1910), Fahrzeugdepot "Persiusstraße" Berlin. In: *Beton und Eisen* Jahrgang 9 (Heft 3), S. 60 ff.

Tag, Kirsten; Voy, Klaus (2012), Volkszählungen in Berlin seit Bestehen des Statistischen Amtes der Stadt Berlin. In: *Zeitschrift für amtliche Statistik* Jahrgang 6 (Heft 1 und 2), S. 36–56.

Tappin, Stuart (2001), Reinforced Concrete in India. Unveröffentlichte Masterarbeit. University of London, London. The School of Oriental and African Studies.

Technisches Museum Wien (o. A.), Portrait Gustaf Adolf Wayss. Technisches Museum Wien Archiv. SW-Fotografie (Fotopositiv) eines Gemäldes.

Thiemann, Eckhard; Desczyk, Dieter; Metzing, Horstpeter (2003), Berlin und seine Brücken. Mit einem einleitenden Beitrag von Prof. Laurenz Demps. Berlin: Jaron Verlag.

Thompson, Henry S. (1903), Vorschriften für den Gebrauch von Eisenbeton in der Stadt New York. In: *Beton und Eisen* Jahrgang 2 (Heft 5), S. 295–296.

Thuy, Andreas; Rinke, Mario (2018), The mushroom column: Origins, concepts and differences. In: Ine Wouters, Stephanie Van de Voorde, Inge Bertels, Bernard Espion, Krista de Jonge und Denis Zastavni [Hg.]: Building knowledge, constructing histories. Proceedings of the sixth International Congress on Construction History (6ICCH), Brussels, Belgium, 9-13 July 2018, Bd. 2. Boca Raton: CRC Press, Taylor & Francis Group, S. 1271–1278.

Trauer, Günter; Gehler, Willy (1914), Die Jahrhunderthalle in Breslau. Berlin: Springer Verlag; Springer Berlin Heidelberg.

Turley, Erich (1909), Der Eisenbeton. Formeln und Tabellen. 2. bearbeitete. Berlin: Verlag Tonindustrie Zeitung.

Ullrich, August (1922), Stahlbeton, ein wirtschaftlicher Baustoff von größter Bedeutung. In: *Beton und Eisen* (Heft 9), S. 130–131.

Van de Voorde, Stephanie (2009), Hennebique's Journal le Béton Armé. A Close Reading of the Genesis of Concrete Construction in Belgium. In: Karl-Eugen Kurrer, Werner Lorenz und Volker Wetzk [Hg.]: Proceedings of the Third International Congress on Construction History. International Congress on Construction History. Cottbus, 20.-24.5.2009. Brandenburgische Technische Universität Cottbus. 3 Bände. Berlin: Neunplus1 Verlag, S. 1453–1461.

Van de Voorde, Stephanie (2010), Bouwen in Beton in Belgie (1890-1975). Samenspel van Kennis, experiment en innovatie. Dissertation. Universität Gent, Gent. Faculteit Inegenieurswetenschappen & Architectuur.

Van de Voorde, Stephanie; Devos, Rika (2012), The 'Scientification' of Reinforced Concrete in Belgium during the Interwar Period: Development and Dissemination of Scientific, Theoretical and Technical Knowledge. In: Robert Carvais, André Guillerme, Valérie Nègre und Joël Sakarovitch [Hg.]: Nuts & Bolts of Construction History. Culture, Technology and Society : Fourth International Congress on Construction History, Paris,. International Congress on Construction History. Paris, 3.-7.7.2012. 3 Bände. Paris: Picard Verlag, S. 637–645.

Van de Voorde, Stephanie; Kuban, Sabine; Yeomans, David (2017), Early Regulations and Guidelines on Reinforced Concrete in Europe (1900-1950). Towards an International Comparison. In: James W. P. Campbell [Hg.]: Building histories. The proceedings of the Fourth Annual Construction History Society Conference : Queens' College, University of Cambridge, 7-9th April 2017. Construction History Society Conference. Cambridge, 7.-9.04.2017. Construction History Society. First edition. Cambridge: Construction History Society, S. 345–356.

Veihelmann, Karen (2016), Gewölbte Brücken des 19. Jahrhunderts. Vom Mauerwerk zum Stampfbeton. Dissertation. Universität der Bundeswehr, München. Fakultät für Bauingenieurwesen und Umweltwissenschaften.

Verein Deutscher Portland-Zement-Fabrikanten (1982), Deutsche Portland-Cement- und Beton-Industrie auf der Düsseldorfer Ausstellung 1902. Nachdruck der Ausgabe Berlin 1902. Düsseldorf: Beton Verlag GmbH.

Verein Deutscher Zementwerke (2002), 125 Jahre Forschung für Qualität und Fortschritt. Verein Deutscher Zementwerke e.V. (Hrsg.). Düsseldorf: Bau+Technik Verlag.

Vischer, Julius; Hilberseimer, Ludwig (1928), Beton als Gestalter. Stuttgart: Julius Hoffmann.

Voormann, Friedmar (2009), Historische Hohlsteindecken. Entwicklungsgeschichte und statisch-konstruktive Analysen. Zugleich Karlsruhe, Universität, Dissertation, 2008. Tönning: Der Andere Verlag.

Walz, Kurt (1977), Festigkeitsentwicklung von Beton bis zum Alter von 30 und 50 Jahren. In: Kurt Walz [Hg.]: Betontechnische Berichte 1976. Düsseldorf: Beton-Verlag (Betontechnische Berichte, 17), S. 57–78.

Wasserwerk der Stadt Köpenick (1906), Wasserwerk Müggelberge. Berliner Wasserbetriebe, Reinwasserbehälter Wasserwerk Köpenick. Konstruktionspläne.

Wayss, G. A. (1885), Bericht: Monierbauweise. In: *Deutsche Bauzeitung* 19 (95, 96), S. 576, 592.

Wayss, G. A. (1886a), Belastungsproben an Konstruktionen nach System Monier. In: *Deutsche Bauzeitung* (20), S. 92.

Wayss, G. A. (1886b), Gründungsunterlagen zum Unternehmen G. A. Wayss. Rheinisch-Westfälisches Wirtschaftsarchiv zu Köln, Abt. 79, Nr. 2, Fasz. 1, 2, 3, 7-10. Unterlagen zur Gründung.

Wayss, G. A. (1886c), Zement-Arbeiten nach System Monier und Rabitzscher Patentputz. In: *Deutsche Bauzeitung* (72), S. 428.

Wayss, G. A. (1887a), Bericht: Monierbauweise. In: *Deutsche Bauzeitung* (15), S. 92.

Wayss, G. A. [Hg.] (1887b), Das System Monier. In seiner Anwendung auf das gesammte Bauwesen. Eisengerippe mit Cementumhüllung. 10.000. Aufl. Unter Mitarbeit von Matthias Koenen. Berlin.

Wayss, G. A. (1898), Patent für Eisenbetonkonstruktion mit gegliederten Einlagen am 19.04.1898. Veröffentlichungsnr.: 109964.

Wayss, G. A.; Mörsch, Emil (1902), Der Betoneisenbau, seine Anwendung und Theorie. Hg. v. Wayss & Freytag AG. Neustadt an der Haardt.

Wayss & Freytag AG [Hg.] (1906a), Der Eisenbetonbau. Seine Theorie und Anwendung. Unter Mitarbeit von Emil Mörsch. 2. vermehrte und verbesserte Auflage. Band 1. Stuttgart: Verlag Konrad Wittwer.

Wayss & Freytag AG (1906b), Neuere Ausführungen in Hoch- und Tiefbau. Hg. v. Wayss & Freytag AG. München.

Wayss & Freytag AG (1917), Silobauten. Hg. v. Wayss & Freytag AG. Neustadt an der Haardt.

Weder, Reinhard (1906), Leitfaden des Eisenbetonbaues für Baugewerk- und Tiefbauschulen. sowie zum Gebrauch für den praktischen Techniker und Baugewerksmeister. Leipzig: Verlag Wilhelm Engelmann.

Weese, Ernst (1916), Eisenbeton Zahlentafeln. 3. Auflage. Berlin: R.F. Funcke Verlag.

Weidmann, Carl (1910), Eisenbetondecken, Eisensteindecken und Kunststeinstufen. Bestimmungen und Berechnungsverfahren nebst Zahlentafeln, zahlreichen Berechnungsbeispielen und Belastungsangaben. Berlin: Julius Springer Verlag.

Weidner, Heinrich (1905), Die handwerksmäßige Ausbildung der Betonarbeiter. In: Bericht über die IX Haupt-Versammlung des Deutschen Beton-Vereins. am 24. und 25. Februar 1905. Tonindustrie-Zeitung GmbH. Berlin, S. 118–125.

Weiss, Sean (2015), Frozen Assets: Photography, Time, and Labor on the Construction Site. In: Brian Bowen, Thomas Leslie, John Allen Ochsendorf und Donald Friedman [Hg.]: Proceedings of the Fifth International Congress on Construction History. June 2015, Chicago, Illinois, Bd. 3. International Congress on Construction History. Chicago, June 2015. 3 Bände. Atlanta: Construction History Society of America, S. 577–584.

Wermiel, Sara E. (2009), California Concrete, 1876-1906: Jackson, Percy and the Beginnings of Reinforced Concrete Construction in the United States. In: Karl-Eugen Kurrer, Werner Lorenz und Volker Wetzk [Hg.]: Proceedings of the Third International Congress on Construction History, Bd. 3. International Congress on Construction History. Cottbus, 20.-24.5.2009. Brandenburgische Technische Universität Cottbus. 3 Bände. Berlin: Neunplus1 Verlag, S. 1509–1516.

Widmann (1911), Beton- und Eisenbetonbauten in den Vereinigten Staaten von Amerika. In: Bericht über die XIV Haupt-Versammlung des Deutschen Beton-Vereins. Thonindustrie-Zeitung. Berlin, S. 288 ff.

Wiener, Alfred [Hg.] (1912), Das Warenhaus. Kauf-, Geschäfts-, Büro Haus. 2. Aufl. Berlin: Verlag Ernst Wasmuth A.-G.

Wouters, Ine; Leus, Maria (2009), Refurbishment of Industrial Buildings in Early Reinforced Concrete. In: Karl-Eugen Kurrer, Werner Lorenz und Volker Wetzk [Hg.]: Proceedings of the Third International Congress on Construction History, Bd. 3. International Congress on Construction History. Cottbus, 20.-24.5.2009. Brandenburgische Technische Universität Cottbus. 3 Bände. Berlin: Neunplus1 Verlag, S. 1517–1524.

Wouters, Ine; Van de Voorde, Stephanie; Fossé, Marianne de; Bertels, Inge (2018), Built to stock. Versatility of Hennebique`s urban warehouses in Belgium (1892-1914). In: Ine Wouters, Stephanie Van de Voorde, Inge Bertels, Bernard Espion, Krista de Jonge und Denis Zastavni [Hg.]: Building knowledge, constructing histories. Proceedings of the sixth International Congress on Construction History (6ICCH), Brussels, Belgium, 9-13 July 2018. Boca Raton: CRC Press, Taylor & Francis Group, S. 1383–1391.

Zalivako, Anke (2012), Die Bauten des Konstruktivistmus (Moskau 1919-32). Baumaterial, Baukonstruktion, Erhaltung. Petersberg: Michael Imhof Verlag.

Zentralarchiv Brücken (IZ-Plan) DB Netz AG (1906), Bauplanung Prinzregentenbrücke. DB Netz AG. Planzeichnungen, Details und Bemessung.

Zöllner (1905), Neuere Ausführungen von Eisenbetonbauten und den Eisenbetonbau in Beziehung zur Architektur. In: Bericht über die IX Haupt-Versammlung des Deutschen Beton-Vereins. am 24. und 25. Februar 1905. Tonindustrie-Zeitung GmbH. Berlin, S. 125 ff.

B2. Abbildungen

Einige der fotografischen Abbildungen haben Kolleginnen und Kollegen zur Verfügung gestellt. Diese sind im Haupttext im Einzelnen entsprechend der Zitationsvorgaben nur mit dem Nachnamen kenntlich gemacht. An dieser Stelle sei Bernhard Heres, Mathias Kubiczek, Romain Wibault und Roland Wieczorek ausdrücklich für Ihre Unterstützung und die Erlaubnis zur Nutzung der Abbildungen gedankt.

Sämtliche Plandarstellungen der Konstruktiven Bestandsaufnahmen der Fallstudien sind in Zusammenarbeit mit Natasha Novakovic entstanden. Auch ihr sei an dieser Stelle ausdrücklich gedankt.

Abbildung 1: Konstruktive Details des Hennebique Patents von 1892 aus Christophe (1905), S. 78. 17

Abbildung 2: Blatt I der Abbildungen im deutschen Monierpatent von 1880, Monier (1880), S. 3-4. 22

Abbildung 3: Blatt II der Abbildungen im deutschen Monierpatent von 1880, Monier (1880), S. 5-6. 22

Abbildung 4: Zusammenstellung ausgeführter Bahnbrücken, nach Baumaterial und Baujahr unterschieden; Stöckle (1913), S. 104 26

Abbildung 5: Probebelastung nach Fertigstellung, Fabrikgebäude in Aachen, Lolat Eisenbeton (1904), S. 118. 31

Abbildung 6: Übersicht zur Einführung von Eisenbetonvorschriften und deren Geltungscharakter. 47

Abbildung 7: Vergleich der Beschäftigungsentwicklung der fünf zahlenmäßig größten Industriezweige in Berlin in den Jahren 1895 und 1907. 54

Abbildung 8: Vergleich der Beschäftigungsentwicklung der fünf zahlenmäßig größten Industriezweige in Berlin in den Jahren 1917 und 1925. 55

Abbildung 9: Vergleichende Übersicht der Beschäftigtenzahlen im Bauwesen in Berlin und dem Umland. 56

Abbildung 10: Vergleichende Übersicht der Beschäftigtenzahlen ausgewählter Handwerksberufe für Berlin und das Umland. 58

Abbildung 11: Vergleichende Übersicht der Beschäftigtenzahlen von Architekten und Ingenieuren für Berlin und das Umland. 58

Abbildung 12: Teilübersicht zu Örtlichkeiten mit Eisenbauanstalten, Stöckle (1913), Anhang VI. 60

Abbildung 13: Absatz von Eisenprodukten im Deutschen Reich in Mark, Stöckle (1913), Anhang I. 61

Abbildung 14: Übersicht zum Transport ausgewählter Baumaterialien nach Berlin per Schiff und Eisenbahn. 62

Abbildung 15: Zusammenfassende Übersicht zum Transportumfang ausgewählter Baumaterialien nach Berlin per Schiff und Bahn. 63

Abbildung 16: Übersicht der Verwaltungs- und Rechtskompetenzen der preußischen Bauverwaltung nach Bolenz (1991), S. 387 f. 68

Abbildung 17: Vereinfachte Übersicht der Zuständigkeiten (mit Berufsbezeichnungen) der Bauverwaltung und Baupolizeibehörden in Berlin um 1906. 69
Abbildung 18: Das technische Büro der Grün & Bilfinger AG um 1910, Grün & Bilfinger AG (1910). 85
Abbildung 19: Erstellung von Planzeichnungen im Pariser Hennebique Büro um 1912, O. A. (1912d), S. 135. 86
Abbildung 20: Baustelle der Firma Lolat in Bullay an der Mosel, Lolat Eisenbeton (1904), S. 87. 104
Abbildung 21: Bauarbeiter der Firma Lolat in Breslau bei der Positionierung der Deckenbewehrung (Lolat Eisenbeton (1904), S. 80). 105
Abbildung 22: Positionierung der Bewehrung, Baustelle Zossener Brücke in Berlin (Max Hamann Baugeschäft (1929), S. 64). 105
Abbildung 23: Reservoir durch Monier errichtet, Bougival Frankreich 1872. (Bosc (2001), S. 83). 117
Abbildung 24: Grundriss Erdgeschoss Reservoirturmgebäude der Gasanstalt II in Charlottenburg, O. A. (1912c). 118
Abbildung 25: Links der Reservoirturm der ehemaligen Gasanstalt II in Charlottenburg (Foto: Wieczorek 2018); rechts Detailschnitt des Reservoirturmes und der darin enthaltene Monier-Behälter, Rehbein (1894), S. 14. 119
Abbildung 26: Ausschnitt der Konstruktionszeichnung in Grundriss und Schnitt für einen Eiskeller des Instituts für Infektionskrankheiten der Charité; vgl. Böttger (15.01.1892). 120
Abbildung 27: Querschnitt durch den Erdhochbehälter im Wasserwerk Müggelberge (Wasserwerk der Stadt Köpenick (1906), o. A). 121
Abbildung 28: Längsschnitt durch den Erdhochbehälter im Wasserwerk Müggelberge (Wasserwerk der Stadt Köpenick (1906), o. A). 122
Abbildung 29: Übersicht zur Ermittlung der Stützlinien (Wasserwerk der Stadt Köpenick (1906), o. A). 122
Abbildung 30: Ein Teil der Gärbehälter der Bötzow-Brauerei um 1939 (O. A. (verm. 1939), S. 47). 123
Abbildung 31: Querschnitt Aquarium (Sch. (1913), S. 480). 124
Abbildung 32: Blick in die Zwischenebene unterhalb des späteren Krokodilbassins während der Bauzeit. Der Mann rechts steht auf dem Wandkopf einer Behälterzwischenwand (O. A. (1914b), S. 167). 125
Abbildung 33: Bötzow-Brauerei Deckenbewehrungsdetail aus der bauzeitlichen Statik von 1891 (Städtische Baupolizeiverwaltung (1892b), o. A). 127
Abbildung 34: Konstruktionszeichnung der Gärhausdecke (Städtische Baupolizeiverwaltung (1890), S. o. A). 128
Abbildung 35: Ein Teil der Deckenkonstruktionen nach dem Patent der Koenen'schen Voutenplatte (Koenen (1897) siehe dazu auch Anhang C3). 129
Abbildung 36: Innenansicht des Restaurantsaals der Schultheiss-Brauerei (Gympel et al. (2001), S. 54). 130
Abbildung 37: Während der Bauarbeiten der Hospitalkirche in Köln-Kalk (Lolat Eisenbeton (1904), S. 136). 131

Abbildung 38: Untersicht des Mittelschiffs der Kirche St. Barbe in Bois-du-Luc (Foto: Wibault 2018). 132
Abbildung 39: Aufsicht auf die Eisenbetongewölbe über dem Mittelschiff der Kirche St. Barbe in Bois-du-Luc (Foto: Wibault 2018). 132
Abbildung 40: Innenansicht Mälzerei Gregory (Verein Deutscher Portland-Zement-Fabrikanten (1982), S. 149). 133
Abbildung 41: Innenansicht im 3. Obergeschoss Hermannshof (Sachs (1906), S. 93). 134
Abbildung 42: Grundriss Keller (links) und Obergeschosse (rechts) Kaufhaus Jandorf (Sandor (1908), S. 37). 134
Abbildung 43: Längsschnitt Kaufhaus Jandorf (Sandor (1908), S. 37). 135
Abbildung 44: Innenraum Kaufhaus Jandorf (Sandor (1908), S. 37). 135
Abbildung 45: Baustellenfoto des Speichergebäudes in Straßburg, vermutlich 1899 (Wayss und Mörsch (1902), S. 32). 139
Abbildung 46: Ansicht der Längsfassade des Viktoriaspeichers (Baupolizei Berlin (1909), S. o. A). 139
Abbildung 47: Bewehrungszeichnung der Rahmenkonstruktion im Hallenbau (Königliches Polizei-Präsidium (1912), S. o. A). 142
Abbildung 48: Festsaal der Bötzow-Brauerei bei der Eröffnungsfeier, vermutlich 1910 (O. A. (verm. 1939), S. 20). 145
Abbildung 49: Grundrissausschnitt des Fahrzeugdepots in der Persiusstraße in Berlin, nicht genordet (Szalla (1910), S. 60). 146
Abbildung 50: Mittelhalle Persiusstraße nach dem Ausschalen, Spannweite 9m (Szalla (1910), S. 61). 147
Abbildung 51: Ausschnitt Bewehrungszeichnung für den Rahmenbinder der Außenhalle Persiusstraße (Szalla (1910), S. 62). 147
Abbildung 52: Fundamentplan der Umladehalle Wustermark, nicht genordet (Deimling (1909), S. 505). 147
Abbildung 53: Ostansicht der Umladehalle Wustermark, im Vordergrund die Laderampe (Deimling (1909), S. 507). 148
Abbildung 54: Bewehrungszeichnung für den seitlichen Rahmenbinder der Umladehalle in Wustermark (Deimling (1909), S. 509). 148
Abbildung 55: Bauzeitliche Darstellung der Konstruktion des Musikpavillons (Wayss (1887b), S. 100). 151
Abbildung 56: Querschnitt durch die Kuppelhalle der Friedrichstraßen-Passage (Ahrens (1909), S. 24). 153
Abbildung 57: Schnitt durch die Kuppel des Kaiser Friedrich III. Grabmals in Potsdam (Christophe (1905), S. 152). 155
Abbildung 58: Schnitt und Aufsicht Rippenkuppel im Bankhaus Brunner, Brüssel nach dem System Hennebique (Christophe (1905), S. 156). 157
Abbildung 59: Längsschnitt durch den Hauptraum der Synagoge Fasanenstraße Charlottenburg (Lesser (1913), S. 294). 159
Abbildung 60: Teilschnitt durch den Kuppelsaal der Königlichen Bibliothek Berlin, Ihne (1914), S. 335. 160

Abbildung 61: Bewehrungszeichnung einer Rippe der Rippenkuppel der Königlichen Bibliothek Berlin (Ihne (1914), S. 370). 160
Abbildung 62: Südöstliche Ansicht der Opel-Reparaturhalle heute. Links zurück gesetzt sind die Reste der, mit Tonnenschalen überwölbten Seitenschiffe erkennbar (Foto: Wieczorek 2018). 161
Abbildung 63: Prinzipskizze zur Konstruktion der Straßenbrücke in Alt-Moabit; Eisenbetongewölbeplatten unterhalb der Fahrbahn zwischen eisernen Querträgern (Gesztessy (1921), S. 600). 163
Abbildung 64: Historische Ansicht der Magerviehhofbrücke von Süden her, undatiert (O. A. (1924b), S. 13). 164
Abbildung 65: Nördliche Ansicht der Magerviehhofbrücke (Foto: Kuban 2014). 165
Abbildung 66: Prinzipskizze zum Einsatz von Eisenbetonelementen bei der Magerviehhofbrücke (Zeichnung: Novakovic 2018). 165
Abbildung 67: Blick auf die Baustelleneinrichtung und die untere Bewehrungslage des Brückenbogens der Prinzregentenbrücke (Homann (1908), Blatt 21). 166
Abbildung 68: Ansicht einer der AVUS Brücken, verm. Cordesstraße (Gallus (1914a), S. 315). 167
Abbildung 69: Untersicht der Cordesstraßenbrücke; Fahrbahnträger der Fahrbahn in Richtung Potsdam, im Vordergrund ist die verschlossene Mittelöffnung und im Hintergrund die Eichkampstraßenbrücke sichtbar (Foto: Kuban 2016). 168
Abbildung 70: Detail der Bewehrungsplanung des Viktoriaspeichers (Baupolizei Berlin (1909), o.A). 171
Abbildung 71: Detail aus der Bewehrungszeichnung für den Rahmen im Aquarium (O. A. (1914b), o.A. 171
Abbildung 72: Detail des Bewehrungsplans für das Fahrzeugdepot Persiusstraße (Szalla (1910), Tafel III). 171
Abbildung 73: Die Straßenfassade des Warenhauses Tietz in München (H. (1905), S. 326). 183
Abbildung 74: Entwurfsansicht des Westhafengeländes, der Speicher ist rechts zu sehen (O. A. (1914a), S. 65). 184
Abbildung 75: Ansicht der Risorgimento Brücke bei einem Belastungstest (Marcus (1912), S. 295). 187
Abbildung 76: Abbildungen des russischen Patentantrages von Josef Monier (Monier (1878) Blatt 1). 190
Abbildung 77: Ostansicht Gebäude Bötzow-Brauerei (heute Haus 3), in dessen Keller sich die Behälter befinden (Foto: Kuban 2015). 3
Abbildung 78: Lageplan des Grundstücks der Bötzow-Brauerei um 1910. Schwarz markiert ist das Gärhaus mit den Behälterkonstruktionen im Keller (Zeichnung: Novakovic 2018). 9
Abbildung 79: Die Gärbehälter der Bötzow-Brauerei um 1939, O. A. (verm. 1939), S. 47. 10
Abbildung 80: Ansicht Gärbehälter Bötzow Brauerei links (Foto: Kuban 2016). 11
Abbildung 81: Ansicht der Galerieebene vom Eingang aus, im Hintergrund die Behälter der Bötzow-Brauerei (Foto: Kuban 2016). 11
Abbildung 82: Bötzow-Brauerei, Grundriss der Behälter Oberkante Fußboden, Plandarstellung der KBA 12

Abbildung 83: Bötzow-Brauerei, Grundriss der Behälter Oberkante Galerie, Plandarstellung der KBA. 13
Abbildung 84: Bötzow-Brauerei, Bewehrungsdetails der Behälter, Plandarstellung der KBA.. 14
Abbildung 85: Ansicht Südfassade Aquarium, die Behälter befinden sich im Kellergeschoß (Foto: Wieczorek 2018). 15
Abbildung 86: Lageplan des Aquariums mit der Erweiterung von 1978 (Zeichnung: Novakovic 2018). 21
Abbildung 87: Querschnitt durch den Hallenbau des Aquariums, im Hintergrund Ansicht des Mittelbaus, Sch. (1913), S. 480. 21
Abbildung 88: Grundriss Erdgeschoss Aquarium, Sch. (1913), S. 178. 22
Abbildung 89: Blick in die Behälter im Kellergeschoss während der Bauzeit des Aquariums, O. A. (1914b), S. 167. 22
Abbildung 90: Blick in die Zwischenebene unterhalb des späteren Krokodilbassins während der Bauzeit des Aquariums, O. A. (1914b), S. 167. 23
Abbildung 91: Ergänzende Zeichnungen zur Bewehrung der Behälterwände laut Nachtragsstatik des Aquariums, Königliches Polizei-Präsidium (1912), o. A. 24
Abbildung 92: Ergänzende Zeichnung laut Nachtragsstatik zu den Behälterkonstruktionen des Aquariums mit Anschluss der Stützen unterhalb des Krokodilbeckens, Königliches Polizei-Präsidium (1912), o. A. 25
Abbildung 93: Anblick auf die Behälterwand links im Kellergeschoss des Aquariums (Foto: Kuban 2017). 26
Abbildung 94: Blick auf eine Behälterwand, heute Durchgangsbereich im Kellergeschoss Aquarium (Foto: Kuban 2017). 26
Abbildung 95: Aquarium, Grundriss der Behälter, Plandarstellung der KBA. 27
Abbildung 96: Aquarium, Schnitt durch die Behälter, Plandarstellung der KBA. 28
Abbildung 97: Aquarium, Bewehrungsdetails der Behälter, Plandarstellung der KBA. 29
Abbildung 98: Südansicht Gärhaus der Schultheiss-Brauerei, Sredzkistraße (Foto: Wieczorek 2018). 30
Abbildung 99: Lageplan des Geländes (das Restaurationsgebäude ist grau und das Gärhaus schwarz schraffiert) der Schultheiss-Brauerei um 1890 (Zeichnung: Novakovic 2018). 38
Abbildung 100: Innenansicht des Restaurantsaals der Schultheiss-Brauerei, Gympel et al. (2001), S. 54. 38
Abbildung 101: Konstruktionszeichnung der Gärhausdecke der Schultheiss-Brauerei, Städtische Baupolizeiverwaltung (1890), S. o. A. 39
Abbildung 102: Schnitt durch das Gärhaus bzw. die Gärhausdecke der Schultheiss-Brauerei nach der Sanierung, Märschenz (1998). 40
Abbildung 103: Untersicht der Gärhausdecke der Schultheiss-Brauerei mit den deutlich sichtbaren Abhängungen (Foto: Kuban 2015). 41
Abbildung 104: Heutige Ecksituation der Gärhausdecke der Schultheiss-Brauerei (Foto: Kuban 2015). 41
Abbildung 105: Schultheiss-Brauerei, Grundriss des Gärhauses, Plandarstellung der KBA. 42
Abbildung 106: Schultheiss-Brauerei, Schnitt durch das Gärhaus mit Bewehrungsdetails, Plandarstellung der KBA. 43

Abbildung 107: Ansicht der Ostfassade des Hermannshofs (Foto: Wieczorek 2018). 44
Abbildung 108: Situationsplan zum Hermannhof (Zeichnung: Novakovic 2018).......................51
Abbildung 109: Innenansicht des vierten Stocks des Hermannshofs, verm. 1905, Sachs (1906), S. 93. 52
Abbildung 110: Fassadenabwicklung der Baugenehmigungsplanung Hermannshof, Königliches Polizei-Präsidium Bauinspektion Rixdorf (1904), S. o. A. 53
Abbildung 111: Positionsplan Grundriss der oberen Geschosse Hermannshof als Teil der Baugenehmigungsplanung, Königliches Polizei-Präsidium Bauinspektion Rixdorf (1904), S. o. A. 53
Abbildung 112: Positionsplan Kellergeschoss Hermannshof als Teil der Baugenehmigungsplanung, Königliches Polizei-Präsidium Bauinspektion Rixdorf (1904). 54
Abbildung 113: Schnitt durch das Hauptgebäude des Hermannshofs mit Ansicht der nördlichen Fassade des mittleren Seitenflügels als Teil der Baugenehmigungsplanung, Königliches Polizei-Präsidium Bauinspektion Rixdorf (1904), S. o. A. 55
Abbildung 114: Konstruktionszeichnung zur Deckenbewehrung im Hermannshof, Königliches Polizei-Präsidium Bauinspektion Rixdorf (1904), S. o. A. 56
Abbildung 115: Hermannshof, Teilgrundriss Erdgeschoß, Plandarstellung der KBA................57
Abbildung 116: : Hermannshof, Teilschnitt Erdgeschoß, Plandarstellung der KBA..................58
Abbildung 117: Hermannshof, Bewehrungsdetails, Plandarstellung der KBA. 59
Abbildung 118: Nordostansicht Viktoriaspeicher (Foto: Wieczorek 2018)................................60
Abbildung 119: Situationsplan des Viktoriaspeichers (Zeichnung: Novakovic 2018). 69
Abbildung 120: Ansicht der Längsfassade des Viktoriaspeichers, Baupolizei Berlin (1909), S. o. A. 69
Abbildung 121: Schnitt durch das Treppenhaus und Querschnitt Viktoriaspeicher, Baupolizei Berlin (1909), S. o. A...70
Abbildung 122: Detailausschnitt zur Bewehrungsführung im 3. Obergeschoss des Viktoriaspeichers, Baupolizei Berlin (1909), S. o. A..70
Abbildung 123: Vergleich der Bewehrungsführung der Silozellen im Viktoriaspeicher, Baupolizei Berlin (1909), S. o. A. und rechts des Silos in Itzehoe, 1904 realisiert von Wayss & Freytag, Hoffmann (1916), S. 268. 71
Abbildung 124: Innenansicht Erdgeschoss Viktoriaspeicher (Foto: Kubiczek 2015). 72
Abbildung 125: Untersicht der Silobehälter im Erdgeschoss Viktoriaspeicher (Foto: Kubiczek 2015)..72
Abbildung 126: Innenansicht 1. Obergeschoss Viktoriaspeicher (Foto: Kubiczek 2015). 73
Abbildung 127: Die Victoria-Speicher von 1880, O. A. (1880), S. 261....................................73
Abbildung 128: Blick in das Erdgeschoss eines der Victoria-Speicher nach dem Brand 1907, R. (1909), S. 231. 74
Abbildung 129: Viktoriaspeicher, Teilgrundriss und –schnitt, Plandarstellung der KBA. 75
Abbildung 130: Viktoriaspeicher, Bewehrungsdetails, Plandarstellung der KBA. 76
Abbildung 131: Ausgeschalte Eisenbetonkonstruktion an der Stirnseite des späteren Krokodilbassins im Aquarium, O. A. (1914b), S. 168. 82
Abbildung 132: Bewehrungszeichnung der Rahmenkonstruktion im Hallenbau des Aquariums, Königliches Polizei-Präsidium (1912), S. o. A. 83

Abbildung 133: Blick in das Kellergeschoss des Aquariums, nachträgliche Einbauten verdecken vielfach die ursprüngliche Rahmenkonstruktion. (Foto: Kuban 2016) 84
Abbildung 134: Blick in das Erdgeschoss des Aquariums; hier verdecken abgehängte Decken die Rahmenkonstruktion. (Foto: Kuban 2016) 84
Abbildung 135: Aquarium, Teilgrundriss und –schnitt, Plandarstellung der KBA. 85
Abbildung 136: Aquarium, Bewehrungsdetails Rahmen, Plandarstellung der KBA. 86
Abbildung 137: Historische Fotografie des Geländes der Bötzow-Brauerei um 1900, O. A. (verm. 1939). Der Vorgängerbau vorn links, diente offenbar als Vorlage für die Architektur des Saales 87
Abbildung 138: Lageplan des Grundstücks der Bötzow-Brauerei um 1910 (Zeichnung: Novakovic 2018) 90
Abbildung 139: Festsaal der Bötzow-Brauerei bei der Eröffnungsfeier, vermutlich 1910, O. A. (verm. 1939), S. 20. 91
Abbildung 140: Grundriss Kellergeschoss Saalneubau Bötzow-Brauerei, Entwurfsplanung, Städtische Baupolizeiverwaltung (1909), S. o. A. 91
Abbildung 141: Teilgrundriss Erdgeschoss Saalneubau Bötzow-Brauerei, Entwurfsplanung, Städtische Baupolizeiverwaltung (1909), S. o. A. 92
Abbildung 142: Teilquerschnitt durch den Saalneubau Bötzow-Brauerei, Entwurfsplanung, Städtische Baupolizeiverwaltung (1909), S. o. A. 92
Abbildung 143: Fassadenansicht und Längsschnitt Saalneubau Bötzow-Brauerei, Entwurfsplanung, Städtische Baupolizeiverwaltung (1909), S. o. A. 93
Abbildung 144: Binderfußpunkt als Betongelenk, Entwurfsplanung Bötzow-Brauerei, Städtische Baupolizeiverwaltung (1909), S. o. A. 94
Abbildung 145: Bewehrungszeichnung zum Rahmenbinder des Saalneubaus der Bötzow-Brauerei, Städtische Baupolizeiverwaltung (1909), S. o. A. 94
Abbildung 146: Bötzow-Brauerei, Grundriss Veranstaltungssaal, Plandarstellung der KBA. ... 95
Abbildung 147: Bötzow-Brauerei, Schnitt Veranstaltungssaal, Plandarstellung der KBA. 96
Abbildung 148: Bötzow-Brauerei, Bewehrungsdetails Veranstaltungssaal, Plandarstellung der KBA. 97
Abbildung 149: Westfassade der Flugzeughallen Karlshorst (Foto: Heres 2017) 98
Abbildung 150: Situationsplan der Flugzeughallen Berlin-Friedrichsfelde/Karlshorst. Schwarz markiert ist Hangar 3 (Zeichnung: Novakovic 2018). 103
Abbildung 151: Die Hallen in Karlshorst nach ihrer Fertigstellung 1918, Deutsches Museum München. 104
Abbildung 152: Innenansicht der Flugzeughallen Karlshorst 1918, Deutsches Museum München. 104
Abbildung 153: Vorderansicht des südlichen, teilzerstörten Hangar 6 der Flugzeughallen Karlshort (Foto: Heres 2017). 105
Abbildung 154: Ansicht des Rahmenbinders des teilzerstörten, südlichen Hangar 6 der Flugzeughallen Karlshort (Foto: Heres 2017) 105
Abbildung 155: Vorderansichten des mittleren Hangars 5 der Flugzeughallen Karlshort (Foto: Heres 2017) 106
Abbildung 156: Rückansicht der mittleren Hangars 5 der Flugzeughallen Karlshort (Foto: Heres 2017). 106

Abbildung 157: Teilansicht der Rückwand von Hangar 5 der Flugzeughallen Karlshort, freiliegende Bewehrung der Stütze des Rahmenbinders (Foto: Heres 2017)....107
Abbildung 158: Unteransicht der Ecksituation zwischen Vierendeelbalken und Rahmenbinder im Hangar 5 der Flugzeughallen Karlshort (Foto: Heres 2017).......................107
Abbildung 159: Vorder- und Rückansicht sowie Aufsicht auf einen der Flugzeughangars Karlshorst, Gebrüder Rank (1919)..108
Abbildung 160: Bewehrungszeichnung nach einer Untersuchung der Hallenbinder der Flugzeughallen Karlshorst im Jahr 1991, Landesdenkmalamt Berlin (2017)...108
Abbildung 161: Flugzeughallen Karlshorst, Grundriss, Plandarstellung der KBA. 109
Abbildung 162: Flugzeughallen Karlshorst, Schnitt Rahmen, Plandarstellung der KBA..........110
Abbildung 163: Flugzeughallen Karlshorst, Bewehrungsdetails, Plandarstellung der KBA.....111
Abbildung 164: Ansicht des Musikpavillons undatiert, verm. 1900, O. A. (1900). 112
Abbildung 165: Lageplan des Rennbahngeländes mit Verortung des Musikpavillon (Zeichnúng: Novakovic 2018). 117
Abbildung 166: Bauzeitliche Abbildung des Musikpavillons, Wayss (1887b). 117
Abbildung 167: Musikpavillon, Grundriss und Schnitt sowie Bewehrungsdetails, Plandarstellung der KBA. 118
Abbildung 168: Ansicht der Friedrichstraßen-Passage von der Oranienburgerstraße aus (Foto: Wieczorek 2018)..119
Abbildung 169: Lageplan der Friedrichstraßen-Passage (Zeichnung: Novakovic 2018). 128
Abbildung 170: Ansicht der Friedrichstraßen-Passage, mit Blick auf den Eingang von der Oranienburgerstraße (Foto: Kuban 2016)..128
Abbildung 171: Detailansicht Eingang Friedrichstraßen-Passage von der Oranienburgerstraße (Foto: Kuban 2016)..129
Abbildung 172: Fassadendetail Erdgeschoss, Eingangsbogen entlang der Oranienburgerstraße, Friedrichstraßen-Passage (Foto: Kuban 2016)................................129
Abbildung 173: Ansicht der Friedrichstraßen-Passage von Süden, rechts Durchgang der ehemaligen Passage und links Einblick in das Tragwerk des ehemaligen Passage-Kaufhauses (Foto: Kuban 2016). 130
Abbildung 174: Ansicht der inneren Schalung der Kuppelrippen; die Anschlusseisen aus den Pfeilern sind im unteren Bereich der Rippen zu erkennen, Friedrichstraßen-Passage, Ahrens (1909), S. 42. 130
Abbildung 175: Querschnitt durch die Kuppelhalle der Friedrichstraßen-Passage, Ahrens (1909), S. 24...131
Abbildung 176: Ansicht der ausgebauten Kuppelhalle, Friedrichstraßen-Passage, Schliepmann (1909), S. 325. 132
Abbildung 177: Pfeilerfundamente mit Einspannkorb im Bauzustand, Friedrichstraßen-Passage, Müller (1909), S. xv–xvi. 133
Abbildung 178: Ausschnitthafte Bewehrungszeichnung im Längs- und Querschnitt durch eine Rippe der Kuppel der Friedrichstraßen-Passage, Müller (1909), S. 19............133
Abbildung 179: Friedrichstraßen-Passage, Teilgrundriss der Kuppelhalle, Plandarstellung der KBA...134
Abbildung 180: Friedrichstraßen-Passage, Teilschnitt der Kuppelhalle, Plandarstellung der KBA...135

Abbildung 181: Friedrichstraßen-Passage, Bewehrungsdetails der Kuppelrippen, Plandarstellung der KBA. 136
Abbildung 182: Südliche Ansicht der Prinzregentenbrücke (Foto: Wieczorek/Kuban 2018). . 137
Abbildung 183: Lageplan der Prinzregentenbrücke (Zeichnung: Novakovic 2018). 144
Abbildung 184: Südansicht der Prinzregentenbrücke von 1889 bzw. des westlichen Widerlagers während der Bauarbeiten, Homann (1908), Blatt 21. 144
Abbildung 185: Blick auf die Baustelleneinrichtung und die untere Bewehrungslage des Brückenbogens der Prinzregentenbrücke, Homann (1908), Blatt 21. 145
Abbildung 186: Blick nach Osten, die untere Lage Beton wurde eingebracht; im Hintergrund ist der während der Bauzeit der Prinzregentenbrücke aktive Ringbahn-Bahnhof Friedenau zu sehen, Homann (1908), Blatt 22. 145
Abbildung 187: Blick nach Süden, Einbringung von Beton beim Bau der Prinzregentenbrücke, Homann (1908), Blatt 22. 146
Abbildung 188: Detailaufnahme Randbereich mit freiliegender Bewehrung, Prinzregentenbrücke (Foto: Kuban 2016). 146
Abbildung 189: Detail Brückenuntersicht im Bereich freiliegender Bewehrung, Prinzregentenbrücke (Foto: Kuban 2016). 147
Abbildung 190: Eckbereich der Brücke im Bereich des östlichen Widerlagers, Prinzregentenbrücke (Foto: Kuban 2016). 147
Abbildung 191: Scheitelgelenk der Brücke im Detail, Prinzregentenbrücke (Foto: Kuban 2016). 148
Abbildung 192: Brückenuntersicht Richtung Westen, Prinzregentenbrücke (Foto: Kuban 2016). 148
Abbildung 193: Prinzregentenbrücke, Grundriss und Schnitt, Plandarstellung der KBA. 149
Abbildung 194: Prinzregentenbrücke, Bewehrungsdetails, Plandarstellung der KBA. 150
Abbildung 195: Nordwestliche Ansicht der Cordesstraßenbrücke (Foto: Kuban 2016). 151
Abbildung 196: Lageplan der Cordesstraßenbrücke (Zeichnung: Novakovic 2018). 159
Abbildung 197: Baustellenfoto einer der AVUS Brücken; untere Schalung und erste Bewehrungslagen sind sichtbar, Gallus (1914a), S. 315. 160
Abbildung 198: Baustellenfoto einer der AVUS Brücken; Schalung und Bewehrung der Flügelmauern der Widerlager sind sichtbar, Gallus (1914a), S. 315. 160
Abbildung 199: Eine der AVUS Brücken im Bau; rechts sind die Flügelwände der Widerlager sichtbar, Gallus (1914a), S. 315. 161
Abbildung 200: Ansicht einer der AVUS Brücken, verm. Cordesstraße, Gallus (1914a), S. 315. 161
Abbildung 201: Grundriss des Brückentyps, der bei der Cordesstraße Anwendung fand, Gallus (1914a), Tafel 17. 162
Abbildung 202: Detailschnitt a-b für eine AVUS Brücke mit einer Spannweite von 6m, Gallus (1914a), Tafel 17. 162
Abbildung 203: Detailschnitt c-d für eine AVUS Brücke mit einer Spannweite von 6m, Gallus (1914a), Tafel 17. 163
Abbildung 204: Detailschnitt e-f für eine AVUS Brücke mit einer Spannweite von 6m, Gallus (1914a), Tafel 17. 163

Abbildung 205: Untersicht der Cordesstraßenbrücke; Fahrbahnträger der Fahrbahn in Richtung Potsdam, im Vordergrund ist die verschlossene Mittelöffnung und im Hintergrund die Eichkampstraßenbrücke sichtbar (Foto: Kuban 2016)............164
Abbildung 206: An- bzw. Untersicht der Cordesstraßenbrücke; Fahrbahnträger der Fahrbahn in Richtung Berlin (Foto: Kuban 2016). 164
Abbildung 207: Untersicht Fahrbahnträger Richtung Potsdam mit freiliegender Bewehrung (Foto: Kuban 2016)..165
Abbildung 208: Die AVUS Baustelleneinrichtung beinhaltete einen Transportzug, Gallus (1914b), S. 697. 166
Abbildung 209: Schematischer Querschnitt durch die Konstruktion der Brücke „Am Großen Stern" (oben) und der Brücken mit Spannweiten zwischen 7 und 12m (unten), Gallus (1914b), S. 704. 166
Abbildung 210: Cordesstraßenbrücke, Grundriss und Schnitt, Plandarstellung der KBA.........167
Abbildung 211: Cordesstraßenbrücke, Bewehrungsdetails, Plandarstellung der KBA. 168

Anhang C

C1. Die Objektliste

Im Folgenden wurden in Berlin realisierte Tragwerke aus Eisenbeton zusammengestellt. Wie in Kapitel 1.4 beschrieben, erfolgte die Auswahl der Bauwerke in Auswertung bauzeitlicher Zeitschriften und Publikationen. Es besteht kein Anspruch auf absolute Vollständigkeit, da vielfach die Baubeschreibungen nicht detailliert genug formuliert aufgefunden wurden. Beispielsweise finden sich zahlreiche Artikel, in denen Bauprojekte beschrieben werden, aber nicht genau zwischen den eingesetzten Materialien differenziert wird. Ob und wann die Anwendung von Eisenbeton Erwähnung fand, war sehr individuell. Es gab auch Fälle, in denen die Baubeschreibung zwar auf die eingesetzten Materialien eingeht, aus der Beschreibung aber nicht ganz klar wird, ob es sich tatsächlich um Eisenbeton handelte. So war stellenweise von „Stahlträgerbewehrung" die Rede, dabei ist aber zu vermuten, dass es sich nicht um Eisenbeton handelte, sondern vielmehr um Stahlträger, die lediglich mit Beton ummantelt wurden. Insgesamt orientiert sich die Sortierung der Objekte an den Jahren ihrer Realisierung, sofern überliefert. Wenn insgesamt nur das Baujahr des Objektes recherchiert werden konnte, so ist dieses angegeben.
Die Zusammenstellung zeigt die recherchierten Informationen zum jeweiligen Tragwerk. Dies umfasst Informationen zur Ausführung (Architekt, Ingenieur und Bauunternehmen), charakterisiert das Tragwerk und führt gegebenenfalls kurze Beschreibungen desselben auf. Darüber hinaus finden sich Hinweise auf in Archiven gefundene Unterlagen zur Entwurf- und Ausführungsplanung. Quellenbedingt sind die Angaben vielfach lückenhaft, dennoch bieten sie einen aufschlussreichen Überblick und einen guten Startpunkt für weiterführende Untersuchungen.

Lfd. Nr.: 1

Baujahr: unbekannt

Objektname: **Gärbehälter Brauerei Schultheiß & Patzenhofer**

Adresse: Niederschöneweide, Berlin, Treptow
Bauherr: Brauerei Schultheiß & Patzenhofer; Architekt: nicht überliefert; Ingenieur: nicht überliefert; Bauunternehmen: Wayss & Freytag AG (Berlin)
Bautyp: Industriebauten; Kategorie: Behälter
Tragwerk: keine Angaben
Beschreibung: keine Angaben
Literaturverweise: Akte im HWA: Abt.164, Nr. 607. Inhalt: undatierte Fotos und anderes.

Lfd. Nr.: 2

Baujahr: unbekannt

Objektname: **Putlitzbrücke**

Adresse: Putlitzbrücke Westhafen, Berlin Mitte, Moabit
Bauherr: unbekannt; Architekt: unbekannt; Ingenieur: unbekannt; Bauunternehmen: Johannes Mueller, Marx & Co.
Bautyp: Verkehrsbau; Kategorie: Brücke (Straße)
Tragwerk: Balken
Beschreibung: keine Angaben
Literaturverweise: o.A. : "Johannes Mueller, Marx & Co." In: Architektenverein zu Berlin [Hg.]: Hundert Jahre Architekten Verein zu Berlin 1824–1924. Verlag des Architektenvereins zu Berlin, Berlin 1924, S. 34.

Lfd. Nr.: 3

Baujahr: unbekannt

Objektname: **Stützmauer**

Adresse: Tempelhofer Feld, Berlin, Neukölln
Bauherr: unbekannt; Architekt: unbekannt; Ingenieur: unbekannt; Bauunternehmen: Spezial-Baugeschäft für Beton und Monierbau F. S. Reincke & Co.
Bautyp: Verkehrsbau; Kategorie: Uferbefestigung; System: Monier
Tragwerk: Scheibe
Beschreibung: Eisenbeton Stützmauer (532 m lang).
Literaturverweise: o.A. : "Spezial-Baugeschäft für Beton- und Monierbau F.S. Reincke & Co." In: Architektenverein zu Berlin [Hg.]: Hundert Jahre Architekten Verein zu Berlin 1824–1924. Verlag des Architektenvereins zu Berlin, Berlin 1924, S. 45.

Lfd. Nr.: 4

Baujahr: unbekannt

Objektname: **Aufbereitungsanlage und Kalkwäsche Rüdersdorf**

Adresse: Rüdersdorf, Berlin
Bauherr: Kgl. Bergwerks-Inspektion; Architekt: unbekannt; Ingenieur: unbekannt; Bauunternehmen: Cementbau-Actiengesellschaft Hannover
Bautyp: Industriebauten; Kategorie: Fabrik
Tragwerk: keine Angaben
Beschreibung: "Das gesamte Gebäude einschl. der Außenwände ist in Eisenbeton hergestellt. Durch die Rührwerke entstehen außerordentlich starke Erschütterungen. Die Spitzkästen außerhalb sowie sämtliche Taschen und Behälter des Gebäudes sind auch in Eisenbeton ausgeführt." (CAG 1921).
Literaturverweise: Archiv Deutsches Museum: FS 506192/1 (Firmenschrift "Cementbau-Actien-Gesellschaft Hannover Hochbauten" 1921, Blatt 14).

Lfd. Nr.: 5

Baujahr: unbekannt

Objektname: **Schicklerhof**

Adresse: keine Angabe
Bauherr: unbekannt; Architekt: unbekannt; Ingenieur: unbekannt; Bauunternehmen: Cementbau-Actiengesellschaft, Hannover
Bautyp: Handel- und Gewerbebauten; Kategorie: Wohn- und Geschäftshaus
Tragwerk: keine Angaben
Beschreibung: keine Angaben
Literaturverweise: Archiv Deutsches Museum: FS 506192/1 (Firmenschrift "Cementbau-Actien-Gesellschaft Hannover Hochbauten" 1921, Blatt 26).

Lfd. Nr.: 6

Baujahr: unbekannt

Objektname: **Geschäftshaus Otto Schloß**

Adresse: Berlin
Bauherr: Otto Schloß; Architekt: unbekannt; Ingenieur: unbekannt; Bauunternehmen: Cementbau-Actiengesellschaft Hannover
Bautyp: Handel- und Gewerbebauten; Kategorie: Bürogebäude
Tragwerk: keine Angaben
Beschreibung: "Otto Schloß, Berlin; Geschäftshausneubau in Generalunternehmung" (CAG 1921).
Literaturverweise: Archiv Deutsches Museum: FS 506192/3 (Firmenschrift "Cementbau-Actien-Gesellschaft Hannover" 1921, S. 5).

Lfd. Nr.: 7

Baujahr: unbekannt

Objektname: **Warenhaus Porcher**

Adresse: Berlin
Bauherr: unbekannt; Architekt: Architekten Hiller&Kuhlmann; Ingenieur: unbekannt; Bauunternehmen: Cementbau-Actiengesellschaft Hannover
Bautyp: Handel- und Gewerbebauten; Kategorie: Kaufhaus
Tragwerk: keine Angaben
Beschreibung: "Eisenbeton" (CAG 1921).
Literaturverweise: Archiv Deutsches Museum: FS 506192/3 (Firmenschrift "Cementbau-Actien-Gesellschaft Hannover" 1921, S. 5).

Lfd. Nr.: 8

Baujahr: unbekannt

Objektname: **Warenhaus Molling**

Adresse: Berlin
Bauherr: unbekannt; Architekt: Architekten Hiller&Kuhlmann; Ingenieur: unbekannt; Bauunternehmen: Cementbau-Actiengesellschaft Hannover
Bautyp: Handel- und Gewerbebauten; Kategorie: Kaufhaus
Tragwerk: keine Angaben
Beschreibung: "Eisenbeton" (CAG 1921).
Literaturverweise: Archiv Deutsches Museum: FS 506192/3 (Firmenschrift "Cementbau-Actien-Gesellschaft Hannover" 1921, S. 5).

Lfd. Nr.: 9

Baujahr: unbekannt

Objektname: **Warenhaus Kaufmann**

Adresse: Berlin
Bauherr: unbekannt; Architekt: Architekten Hiller&Kuhlmann; Ingenieur: unbekannt; Bauunternehmen: Cementbau-Actiengesellschaft Hannover
Bautyp: Handel- und Gewerbebauten; Kategorie: Kaufhaus
Tragwerk: keine Angaben
Beschreibung: "Eisenbeton" (CAG 1921).
Literaturverweise: Archiv Deutsches Museum: FS 506192/3 (Firmenschrift "Cementbau-Actien-Gesellschaft Hannover" 1921, S. 5).

Lfd. Nr.: 10

Baujahr: unbekannt

Objektname: **Warenhaus Katz**

Adresse: Berlin
Bauherr: unbekannt; Architekt: Architekten Hiller&Kuhlmann; Ingenieur: unbekannt; Bauunternehmen: Cementbau-Actiengesellschaft Hannover
Bautyp: Handel- und Gewerbebauten; Kategorie: Kaufhaus
Tragwerk: keine Angaben
Beschreibung: "Eisenbeton" (CAG 1921).
Literaturverweise: Archiv Deutsches Museum: FS 506192/3 (Firmenschrift "Cementbau-Actien-Gesellschaft Hannover" 1921, S.5).

Lfd. Nr.: 11

Baujahr: unbekannt

Objektname: **Radrennbahn**

Adresse: Berlin, Steglitz
Bauherr: Radrennbahnbesitzer Knorr, Steglitz; Architekt: unbekannt; Ingenieur: unbekannt; Bauunternehmen: Cementbau-Actiengesellschaft Hannover

Bautyp: Kultur- und Sportbauten; Kategorie: Stadion
Tragwerk: keine Angaben
Beschreibung: "Radrennbahnbesitzer Knorr, Steglitz b. Berlin Radrennbahn in Eisenbeton mit überhöhten Kurven" (CAG 1921).
Literaturverweise: Archiv Deutsches Museum: FS 506192/3 (Firmenschrift "Cementbau-Actien-Gesellschaft Hannover" 1921, S. 6).

Lfd. Nr.: 12

Baujahr: unbekannt

Objektname: **Kranunterbau Tempelhof**

Adresse: Teltowkanal Tempelhof, Berlin
Bauherr: Wayss & Freytag AG; Architekt: unbekannt; Ingenieur: unbekannt; Bauunternehmen: Wayss & Freytag AG (Berlin)
Bautyp: Ver- und Entsorgungsbauten; Kategorie: keine Angabe
Tragwerk: Rahmenskelett, mehrgesch.
Beschreibung: keine Angaben
Literaturverweise: Archiv Deutsches Museum: Wayss & Freytag AG (Firmenschrift "Wayss&Freytag A.G., München Spiralarmierter Beton (Béton fretté). Neuere Beton- und Eisenbetonbauten." 1909, S. 69 f).

Lfd. Nr.: 13

Baujahr: unbekannt

Objektname: **Turnhalle Gymnasium Groß-Lichterfelde**

Adresse: Groß-Lichterfelde, Berlin
Bauherr: unbekannt; Architekt: unbekannt; Ingenieur: unbekannt; Bauunternehmen: Allgemeine Beton- und Eisenbetongesellschaft
Bautyp: Kultur- und Sportbauten; Kategorie: Schule
Tragwerk: 2-seitig gelag. Platte, eben
Beschreibung: Eggert-Decke mit 13m weit gespannten Unterzügen.
Literaturverweise: Bastine, P.: "Innerer Ausbau. Die Decken" In: Fritz Edler von Emperger [Hg.]: Handbuch für Eisenbeton. Bd. 11, 3. neubearb. Auflage, Berlin 1923, S. 40.

Lfd. Nr.: 14

Baujahr: unbekannt

Objektname: **Kaufhaus "Alte Post"**

Adresse: keine Angaben
Bauherr: unbekannt; Architekt: unbekannt; Ingenieur: unbekannt; Bauunternehmen: unbekannt
Bautyp: Handel- und Gewerbebauten; Kategorie: Kaufhaus
Tragwerk: 2-seitig gelag. Platte, eben
Beschreibung: Koensche Voutendecken mit einer Nutzlast von 500kg/m² und einer durchschnittlichen Spannweite von 4,50m.
Literaturverweise: Bastine, P.: "Innerer Ausbau. Die Decken" In: Fritz Edler von Emperger [Hg.]: Handbuch für Eisenbeton. Bd. 11, 3. neubearb. Auflage, Berlin 1923, S. 44.

Lfd. Nr.: 15

Baujahr: unbekannt

Objektname: **Speicher Paul Möbius**

Adresse: Kaiserin-Augusta-Allee 8, Berlin, Charlottenburg
Bauherr: Paul Möbius; Architekt: unbekannt; Ingenieur: unbekannt; Bauunternehmen: Aktiengesellschaft für Beton- und Monierbau Berlin
Bautyp: Industriebauten; Kategorie: Lager
Tragwerk: 2-seitig gelag. Platte, eben
Beschreibung: Plattenbalkendecken mit einer Nutzlast von 1200kg/m², Eigengewicht beträgt 400kg/m², Abstand der Nebenträger 1,30m, Stärke der Deckenplatte 13cm mit einer Zugeiseneinlage von 13 Stäben 7mm/m Balken 18cm Höhe, 43cm Breite je 11 Rundeisen 10mm, Stützweite 3,80m.
Literaturverweise: Bastine, P.: "Innerer Ausbau. Die Decken" In: Fritz Edler von Emperger [Hg.]: Handbuch für Eisenbeton. Bd. 11, 3. neubearb. Auflage, Berlin 1923, S. 199 ff.

Lfd. Nr.: 16

Baujahr: unbekannt

Objektname: **Aschinger Haus**

Adresse: Friedrichstraße 97, Berlin, Mitte
Bauherr: unbekannt; Architekt: unbekannt; Ingenieur: unbekannt; Bauunternehmen: unbekannt
Bautyp: Handel- und Gewerbebauten; Kategorie: Lager
Tragwerk: keine Angaben
Beschreibung: Nachträglicher Einbau eines Tiefkellers.
Literaturverweise: Colberg, O.: "Umbauten, Unterfangungen, Verstärkungen, Ausbesserungen" In: Fritz Edler von Emperger [Hg.]: Handbuch für Eisenbeton. Bd. 3,3. neubearb. Auflage, Berlin 1922, S. 164.

Lfd. Nr.: 17

Baujahr: unbekannt

Objektname: **Kirche Berlin-Neukölln**

Adresse: Berlin, Neuköln
Bauherr: unbekannt; Architekt: unbekannt; Ingenieur: unbekannt; Bauunternehmen: Beton- und Tiefbaugesellschaft 'Mast' m.b.H.
Bautyp: Sakralbau; Kategorie: Kirche; System: Mast
Tragwerk: keine Angaben
Beschreibung: Eisenbeton-Schwellenrost mit 'Mast'-Pfählen.
Literaturverweise: Colberg, O.: "Umbauten, Unterfangungen, Verstärkungen, Ausbesserungen" In: Fritz Edler von Emperger [Hg.]: Handbuch für Eisenbeton. Bd. 3, 3. neubearb. Auflage, Berlin 1922, S. 307 ff.

Lfd. Nr.: 18

Baujahr: unbekannt

Objektname: **Wasserwerk Berlin-Pankow**

Adresse: Berlin, Pankow
Bauherr: unbekannt; Architekt: unbekannt; Ingenieur: unbekannt; Bauunternehmen: Beton- und Tiefbaugesellschaft m.b.H.
Bautyp: Ver- und Entsorgungsbauten; Kategorie: Kraftwerk
Tragwerk: keine Angaben
Beschreibung: Pfahlgründung System 'Mast'.
Literaturverweise: Colberg, O.: "Umbauten, Unterfangungen, Verstärkungen, Ausbesserungen" In: Fritz Edler von Emperger [Hg.]: Handbuch für Eisenbeton. Bd. 3, 3. neubearb. Auflage, Berlin 1922, S. 307 ff.

Lfd. Nr.: 19

Baujahr: unbekannt

Objektname: **Fahrdamm Siemensstraße**

Adresse: Siemensstraße Berlin, Oberschöneweide
Bauherr: unbekannt; Architekt: unbekannt; Ingenieur: unbekannt; Bauunternehmen: Beton- und Tiefbauunternehmen "Mast" m.b.H.
Bautyp: Verkehrsbau; Kategorie: keine Angabe
Tragwerk: keine Angaben
Beschreibung: keine Angaben
Literaturverweise: Colberg, O.: "Umbauten, Unterfangungen, Verstärkungen, Ausbesserungen" In: Fritz Edler von Emperger [Hg.]: Handbuch für Eisenbeton. Bd. 3, 3. neubearb. Auflage, Berlin 1922, S. 311.

Lfd. Nr.: 20

Baujahr: unbekannt

Objektname: **Geschäftshaus**

Adresse: Augustastraße, Strelitzsche Straße, Berlin, Wilmersdorf
Bauherr: unbekannt; Architekt: unbekannt; Ingenieur: unbekannt; Bauunternehmen: Beton- und Tiefbaugesellschaft m.b.H.

Bautyp: Handel- und Gewerbebauten; Kategorie: Bürogebäude
Tragwerk: keine Angaben
Beschreibung: keine Angaben
Literaturverweise: Colberg, O.: "Umbauten, Unterfangungen, Verstärkungen, Ausbesserungen" In: Fritz Edler von Emperger [Hg.]: Handbuch für Eisenbeton. Bd. 3, 3. neubearb. Auflage, Berlin 1922, S. 311.

Lfd. Nr.: 21

Baujahr: 1882

Objektname: **Neubau Deutsche Bank**

Adresse: Mauerstraße 30/32, Berlin, Mitte
Bauherr: unbekannt; Architekt: Wilhelm Martens; Ingenieur: unbekannt; Bauunternehmen: G. A. Wayss; Actien-Gesellschaft für Bauausführungen, Genthinerstraße
Bautyp: Handel- und Gewerbebauten; Kategorie: Bank; System: Monier
Tragwerk: 2-seitig gelag. Platte, eben
Beschreibung: Ebene Monierdecken, Moniergewölbe nicht tragend für Dach, 1800m², Haupttreppe in Monierkonstruktion, Schutz der gemauerten Gewölbe durch feuer- und diebessichere Moniergewölbe. Bauzeit von 1882–1896, laut Rehbein Einbau Monier vor 1889 (Rehbein 1894).
Literaturverweise: Rehbein, F.: "Ausgewählte Monier- und Betonbauwerke" 2. vermehrte Auflage, Julius Becker Verlag, Berlin 1894.

Lfd. Nr.: 22

Baujahr: 1883

Objektname: **Ulanenkaserne**

Adresse: Invalienstraße auf Höhe Claire-Waldoff-Promenade (ehem. Invalidenstraße / Seydlitzstraße) Berlin, Moabit
Bauherr: unbekannt; Architekt: unbekannt; Ingenieur: unbekannt; Bauunternehmen: G. A. Wayss
Bautyp: Militärische Gebäude; Kategorie: Kaserne; System: Monier
Tragwerk: 2-seitig gelag. Platte, eben; Kreiszylinderschale
Beschreibung: Monierdecken, Dächer, Gewölbe, Dunstschlote, vor 1889 (Rehbein 1894).
Literaturverweise: Rehbein, F.: "Ausgewählte Monier- und Betonbauwerke" 2. vermehrte Auflage, Julius Becker Verlag, Berlin 1894.

Lfd. Nr.: 23

Baujahr: 1884

Objektname: **Fabrik G. Böhme**

Adresse: Neuendorferstraße 14a, Spandau, Berlin
Bauherr: unbekannt; Architekt: unbekannt; Ingenieur: unbekannt; Bauunternehmen: unbekannt
Bautyp: Industriebauten; Kategorie: Fabrik;
Tragwerk: 2-seitig gelag. Platte, eben
Beschreibung: Eisenbetondecken nach (Mislin 2002).
Literaturverweise: Mislin, Miron: "Industriearchitektur in Berlin 1840–1910" Ernst Wasmuth Verlag, Tübingen-Berlin 2002, S. 185.

Lfd. Nr.: 24

Baujahr: 1884

Objektname: **Bank des Berliner Kassenvereins**

Adresse: Oberwallstraße 3(?), Berlin, Mitte
Bauherr: unbekannt; Architekt: unbekannt; Ingenieur: unbekannt; Bauunternehmen: G. A. Wayss
Bautyp: Handel- und Gewerbebauten; Kategorie: Bank; System: Monier
Tragwerk: 2-seitig gelag. Platte, eben; Scheibe
Beschreibung: Feuer- und diebessichere Tresoranlagen, sowie feuer- und diebessichere Wände und Decken der Kassenräume.
Literaturverweise: Rehbein, F.: "Ausgewählte Monier- und Betonbauwerke" 2. vermehrte Auflage, Julius Becker Verlag, Berlin 1894; LAB: A Rep. 010-02 Nr. 4831.

Lfd. Nr.: 25

Baujahr: 1886

Objektname: **Speichergebäude**

Adresse: Neue Friedrichstraße (heute Anna-Louisa-Karsch-Straße und Littenstraße), Berlin, Mitte
Bauherr: unbekannt; Architekt: unbekannt; Ingenieur: unbekannt; Bauunternehmen: G. A. Wayss
Bautyp: Industriebauten; Kategorie: Lager; System: Monier
Tragwerk: 2-seitig gelag. Platte, gewölbt
Beschreibung: 850m² Moniergewölbe, Spannweiten 4,46m, Nutzlast 600kg, 2 Treppen in Monierkonstruktion.
Literaturverweise: Rehbein, F.: "Ausgewählte Monier- und Betonbauwerke" 2. vermehrte Auflage, Julius Becker Verlag, Berlin 1894.

Lfd. Nr.: 26

Baujahr: 1887

Objektname: **Kinderkrankenhaus, Charité**

Adresse: Alexander Ufer, Charité Gelände, Berlin Mitte bzw. Moabit
Bauherr: unbekannt; Architekt: unbekannt; Ingenieur: unbekannt; Bauunternehmen: G. A. Wayss & Co., Berlin, AG für Beton- und Monierbauten
Bautyp: Gesundheitsbauten; Kategorie: Krankenhaus; System: Monier
Tragwerk: 2-seitig gelag. Platte, eben; Scheibe
Beschreibung: Zweischalige Außenwand: eine Schale aus Monierwänden; Monierdecken mit spezieller Heizungsanlage; "Sämtliche Fussböden, freitragend auf Pfeilern aufliegend und heizbar, Isolier- und Scheidewände, Ventilations- und Heizkanäle (1750qm)" (Wayss 1889); "1750qm Fußböden, freitragend auf Pfeilern aufliegend und heizbar, Isolier- und Scheidewände, Ventilations- und Heizkanäle" (GStPK).
Literaturverweise: o.A. : "Neubau eines Kinderkrankenhauses für ansteckende Krankheiten bei der Königl. Charité in Berlin" In: *Zentralblatt der Bauverwaltung*, Nr. 5, 1888; GStPK: I.HA Rep 93 E Nr. 3051 – Ministerium der öffentlichen Arbeiten, Actien-Gesellschaft für Monier-Bauten vorm. G. A. Wayss & Comp., Ausführungen im Bereiche der übrigen Königlich Preußischen und anderer Staatsbehörden; Betrag rund 350.000 Mark, ohne Datierung; G. A. Wayss & Co. [Hg.]: "Verzeichnis ausgeführter Arbeiten nach dem System Monier", ohne Verlagsangabe, Berlin 1889; Klutmann, H. : "Betriebsergebnisse einer Fußbodenheizung" In: *Zentralblatt der Bauverwaltung* Nr. 48A, 1889, S. 463-464.

Lfd. Nr.: 27

Baujahr: 1887

Objektname: **Moniergewölbe Zaar & Vahl**

Adresse: Spandauer Straße, Berlin, Mitte
Bauherr: unbekannt; Architekt: unbekannt; Ingenieur: unbekannt; Bauunternehmen: G. A. Wayss & Co., Berlin
Bautyp: Industriebauten; Kategorie: Fabrik; System: Monier
Tragwerk: 2-seitig gelag. Platte, eben
Beschreibung: 500m² Moniergewölbe mit Spannweiten von 2,50-6,00m.
Literaturverweise: Rehbein, F.: "Ausgewählte Monier- und Betonbauwerke" 2. vermehrte Auflage, Julius Becker Verlag, Berlin 1894.

Lfd. Nr.: 28

Baujahr: 1887

Objektname: **Fabrikneubau**

Adresse: Brandenburgerstraße (ehem. Grainerstr.), Berlin
Bauherr: unbekannt; Architekt: unbekannt; Ingenieur: unbekannt; Bauunternehmen: G. A. Wayss & Co., Berlin
Bautyp: Industriebauten; Kategorie: Fabrik; System: Monier
Tragwerk: 2-seitig gelag. Platte, eben
Beschreibung: 450m² Monierböden mit einer Spannweite von 0,90m, Nutzlast 1500kg.
Literaturverweise: Rehbein, F.: "Ausgewählte Monier- und Betonbauwerke" 2. vermehrte Auflage, Julius Becker Verlag, Berlin 1894.

Lfd. Nr.: 29

Baujahr: 1887

Objektname: **Rennbahngelände Hoppegarten Union-Club**

Adresse: Rennbahn Hoppegarten, Dahlwitz-Hoppegarten, Brandenburg
Bauherr: Union-Klub; Architekt: Architekt Ludolff (Hannover); Ingenieur: unbekannt;
Bauunternehmen: G. A. Wayss & Co., Berlin
Bautyp: Kultur- und Sportbauten; Kategorie: Stadion; System: Monier
Tragwerk: Balken2-seitig gelag. Platte, eben; Schalenkuppel
Beschreibung: Eisenbeton, Rennbahn Tribüne besteht aus steigenden Moniergewölben mit ausbetonierten Stufen. "Rennbahn-Tribühnen, Totalisator, Kaiserpavillon und Musikpavillon in Hoppegarten und Hannover (über 5000qm)." (Wayss 1889); Musikpavillon als Schalenkuppel konstruiert.
Literaturverweise: G. A. Wayss & Co. [Hg.]: "Verzeichnis ausgeführter Arbeiten nach dem System Monier", ohne Verlagsangabe, Berlin 1889; Rehbein, F.: "Ausgewählte Monier- und Betonbauwerke", 2. vermehrte Auflage, Julius Becker Verlag, Berlin 1894; Huberti, G.: "Vom Caementum zum Spannbeton, Teil B", Bd. 2, Bauverlag, Wiesbaden 1964; LAB: A Pr.Br.Rep. 030 Nr. 12786; A Rep. 010-02 Nr. 16421; F Rep. 270 Nr. 4014, 12035; F Rep. 290 (05) Nr. II962; F Rep. 290-09-03 Nr. 66-4939, 66-5530 bis 66-5532; Archiv Kulturverein "Grünes Tor Hoppegarten".

Lfd. Nr.: 30

Baujahr: 1887

Objektname: **Königlicher Packhof**

Adresse: keine Angaben
Bauherr: unbekannt; Architekt: unbekannt; Ingenieur: unbekannt; Bauunternehmen: G. A. Wayss & Co., Berlin
Bautyp: Industriebauten; Kategorie: Lager; System: Monier
Tragwerk: Balken
Beschreibung: "Glutsichere Ummantelung sämtlicher Säulen, Unterzüge und Träger (rd. 4000qm)" (Wayss 1894); "4000qm glutsichere Ummantelung der eisernen Säulen, Unterzüge und Träger" (GStPK 1890).
Literaturverweise: G. A. Wayss & Co. [Hg.]: "Verzeichnis ausgeführter Arbeiten nach dem System Monier", ohne Verlagsangabe, Berlin 1889; GStPK: I.HA Rep 93 E Nr. 3051 – Ministerium der öffentlichen Arbeiten, Actien-Gesellschaft für Monier-Bauten vorm. G. A. Wayss & Comp., Ausführungen im Bereiche der übrigen Königlich Preußischen und anderer Staatsbehörden. Betrag rund 350000 Mark, Datierung 16.12.1890.

Lfd. Nr.: 31

Baujahr: 1887

Objektname: **Physikalisch-technische Reichsanstalt, Charlottenburg**

Adresse: Abbestraße 2, 10587 Berlin, Charlottenburg
Bauherr: Kaiserliche Reichsbehörden, Ministerium der öffentlichen Arbeiten;
Architekt: unbekannt; Ingenieur: unbekannt; Bauunternehmen: G. A. Wayss & Co., Berlin
Bautyp: Bildungsgebäude; Kategorie: Forschungsanstalt; System: Monier
Tragwerk: 2-seitig gelag. Platte, eben; Scheibe
Beschreibung: "Monierdecken aus Einschubplatten zwischen den Trägern, Monierdachfläche für Holzcementabdeckung, Wände, wasserdichte Böden u.s.w. (rd. 1000qm)" (Wayss, 1889); "1000qm Monierdecken aus Einschubplatten zwischen den Trägern, Monierdachfläche für Holzcementabdeckung, Wände, wasserdichte Böden u.f.m., Kanäle zur Unterbringung von Dampfleitungen gg. für 1500 kg [...]" (GStPK 1890).
Literaturverweise: G. A. Wayss & Co. [Hg.]: "Verzeichnis ausgeführter Arbeiten nach dem System Monier" ohne Verlagsangabe, Berlin 1889; GStPK: I.HA Rep 93 E Nr. 3051 – Ministerium der öffentlichen Arbeiten, Actien-Gesellschaft für Monier-Bauten vorm. G. A. Wayss & Comp., Ausführungen im Bereiche der Kaiserlichen Reichsbehörden. Betrag rund 100000 Mark, Datierung 16.12.1890.

Lfd. Nr.: 32

Baujahr: 1887

Objektname: **Kaiserliche Reitbahn**

Adresse: keine Angabe
Bauherr: unbekannt; Architekt: Königliche Schlossbau-Commission; Ingenieur: unbekannt; Bauunternehmen: G. A. Wayss & Co., Berlin
Bautyp: Kultur- und Sportbauten; Kategorie: Stadion; System: Monier
Tragwerk: 2-seitig gelag. Platte, gewölbt
Beschreibung: "Kaiserliche Reitbahn mit Monierdachgewölben 16m Spannweite. (In Ausführung)" (Wayss 1889).
Literaturverweise: G. A. Wayss & Co. [Hg.]: "Verzeichnis ausgeführter Arbeiten nach dem System Monier", ohne Verlagsangabe, Berlin 1889.

Lfd. Nr.: 33

Baujahr: 1887

Objektname: **Dienstgebäude des Königlichen Staatsministeriums**

Adresse: Leipziger Platz 11, Berlin, Mitte
Bauherr: unbekannt; Architekt: unbekannt; Ingenieur: unbekannt; Bauunternehmen: G. A. Wayss & Co., Berlin
Bautyp: Verwaltungsgebäude; Kategorie: Bürogebäude; System: Monier
Tragwerk: 2-seitig gelag. Platte, eben; Scheibe
Beschreibung: "Ebene Monierböden und Monierwände. Ausserdem: Gipsdielen-Deckenbekleidung." (Wayss 1889); "Ebene Monierböden und Monierwände, außerdem Gipsdielendeckenbekleidung." (GStPK 1890).
Literaturverweise: G. A. Wayss & Co. [Hg.]: "Verzeichnis ausgeführter Arbeiten nach dem System Monier", ohne Verlagsangabe, Berlin 1889; GStPK: I.HA Rep 93 E Nr. 3051 – Ministerium der öffentlichen Arbeiten, Actien-Gesellschaft für Monier-Bauten vorm. G. A. Wayss & Comp., Ausführungen im Bereiche der übrigen Königlich Preußischen und anderer Staatsbehörden. Betrag rund 350000 Mark, Datierung 16.12.1890.

Lfd. Nr.: 34

Baujahr: 1887

Objektname: **Weingrosshandlung J.H.D. Beckers & Söhne, Hoflieferanten**

Adresse: Krausenstrasse 41, Berlin, Mitte
Bauherr: J. H. D. Beckers & Söhne; Architekt: unbekannt; Ingenieur: unbekannt; Bauunternehmen: G. A. Wayss & Co., Berlin (Herren Baumeister Dietrich und Techow)
Bautyp: Handel- und Gewerbebauten; Kategorie: Wohn- und Geschäftshaus
System: Monier
Tragwerk: Stütze; Kreuzgratgewölbe; Kreiszylinderschale
Beschreibung: "Kreuz- und Sterngewölbe, Monier-Säulen und Säulen-Ummantelungen, Wände, ein Bassin u.s.w." (Wayss 1889).
Literaturverweise: G. A. Wayss & Co. [Hg.]: "Verzeichnis ausgeführter Arbeiten nach dem System Monier", ohne Verlagsangabe, Berlin 1889, LAB: F Rep. 290 (01) s/w Negativ Straßenansicht 1892.

Lfd. Nr.: 35

Baujahr: 1887

Objektname: **Neubau des Freiherrn von Tucher, Nürnberg**

Adresse: Friedrichstrasse 180, Ecke Taubenstrasse, Berlin, Mitte
Bauherr: unbekannt; Architekt: unbekannt; Ingenieur: unbekannt; Bauunternehmen: G. A. Wayss & Co., Berlin
Bautyp: Wohnungsbau; Kategorie: Wohn- und Geschäftshaus; System: Monier
Tragwerk: 2-seitig gelag. Platte, eben; Scheibe
Beschreibung: "Monier-Kellergewölbe mit Gipsisolierung, Monierböden über eisernen Trägern in sämtlichen Geschossen, zahlreiche Wände, Kellerdichtung (rd. 4000qm)" (Wayss 1889).
Literaturverweise: G. A. Wayss & Co. [Hg.]: "Verzeichnis ausgeführter Arbeiten nach dem System Monier", ohne Verlagsangabe, Berlin 1889; LAB: A Rep. 010-02 Nr. 5675 – Grundstücksbauakten 1780–1889.

Lfd. Nr.: 36

Baujahr: 1887

Objektname: **Buntpapierfabrik Albrecht & Meister**

Adresse: Kurfürstenstrasse 125, Berlin, Tiergarten
Bauherr: Buntpapierfabrik Albrecht & Meister; Architekt: unbekannt; Ingenieur: unbekannt; Bauunternehmen: G. A. Wayss & Co., Berlin
Bautyp: Industriebauten; Kategorie: Fabrik; System: Monier
Tragwerk: 2-seitig gelag. Platte, eben; Scheibe; Kreiszylinderschale
Beschreibung: "Feuersichere Monierdecken aus Einschubplatten (rd. 2400qm). Waschtröge und Wände nach System Monier" (Wayss 1889).
Literaturverweise: G. A. Wayss & Co. [Hg.]: "Verzeichnis ausgeführter Arbeiten nach dem System Monier", ohne Verlagsangabe, Berlin 1889; LAB: A Rep. 010-02 Nr. 3943 – Grundstücksbauakten 1884–1904.

Lfd. Nr.: 37

Baujahr: 1887

Objektname: **Brauerei Reichenkron**

Adresse: Richard-Wagner-Straße, Wintersteinstraße (ehem. Spreestrasse), Berlin, Charlottenburg
Bauherr: Brauerei Reichenkron; Architekt: unbekannt; Ingenieur: unbekannt; Bauunternehmen: G. A. Wayss & Co., Berlin
Bautyp: Industriebauten; Kategorie: Brauerei; System: Monier
Tragwerk: 2-seitig gelag. Platte, eben; Scheibe
Beschreibung: "Monierboden des Gährkellers, Rinne und Wände (rd. 600qm)" (Wayss 1889).
Literaturverweise: G. A. Wayss & Co. [Hg.]: "Verzeichnis ausgeführter Arbeiten nach dem System Monier", ohne Verlagsangabe, Berlin 1889.

Lfd. Nr.: 38

Baujahr: 1887

Objektname: **Krankenhaus Paul-Gerhardt-Stift**

Adresse: Müllerstraße 56, Berlin, Wedding
Bauherr: unbekannt; Architekt: unbekannt; Ingenieur: unbekannt; Bauunternehmen: G. A. Wayss & Co., Berlin
Bautyp: Gesundheitsbauten; Kategorie: Krankenhaus; System: Monier
Tragwerk: 2-seitig gelag. Platte, gewölbt
Beschreibung: "Moniergewölbe für 750 kg pro qm Belastung" (Wayss 1889).
Literaturverweise: G. A. Wayss & Co. [Hg.]: "Verzeichnis ausgeführter Arbeiten nach dem System Monier", ohne Verlagsangabe, Berlin 1889.

Lfd. Nr.: 39

Baujahr: 1887

Objektname: **Monopol-Hotel**

Adresse: Friedrichstrasse 100, Berlin, Mitte
Bauherr: unbekannt; Architekt: unbekannt; Ingenieur: unbekannt; Bauunternehmen: G. A. Wayss & Co., Berlin, (Herr Baumeister Heim)
Bautyp: Wohnungsbau; Kategorie: Hotel; System: Monier
Tragwerk: 2-seitig gelag. Platte, eben; Kreuzgratgewölbe
Beschreibung: "Monierböden über I-Trägern (rd. 1400qm). Kreuzgewölbe, Monierwände, Luft- und Heizkanäle, Kessel-Bassins und Eiskammern (rd. 1500qm). Kellerdichtung bei vollständig sumpfigem Terrain unter 3 m Wasserdruck (rd. 4000qm) (insgesamt rd. 6900qm)." (Wayss 1889).
Literaturverweise: G. A. Wayss & Co. [Hg.]: "Verzeichnis ausgeführter Arbeiten nach dem System Monier", ohne Verlagsangabe, Berlin 1889.

Lfd. Nr.: 40

Baujahr: 1887

Objektname: **Werkstätten-Neubau der Herren A. & W. Schultze Sattlerwarenfabrik**

Adresse: Wilhelmstrasse 30/31, Berlin, Kreuzberg
Bauherr: Herren A. & W. Schultze Sattlerwarenfabrik; Architekt: unbekannt; Ingenieur: unbekannt;
Bauunternehmen: G. A. Wayss & Co., Berlin (Herr Baumeister G. Reimarus)
Bautyp: Industriebauten; Kategorie: Werkstatt; System: Monier
Tragwerk: 2-seitig gelag. Platte, gewölbt
Beschreibung: "In Ausführung: Moniergewölbe 3,00m Spannweite in sämtlichen Geschossen (rd. 1500qm)" (Wayss 1889).
Literaturverweise: G. A. Wayss & Co. [Hg.]: "Verzeichnis ausgeführter Arbeiten nach dem System Monier", ohne Verlagsangabe, Berlin 1889.

Lfd. Nr.: 41

Baujahr: 1887

Objektname: **Fabrik-Neubau**

Adresse: Bernauer Strasse 79, Berlin, vermutlich Mitte, Gesundbrunnen

Bauherr: unbekannt; Architekt: unbekannt; Ingenieur: unbekannt; Bauunternehmen: G. A. Wayss & Co., Berlin
Bautyp: Industriebauten; Kategorie: Fabrik; System: Monier
Tragwerk: 2-seitig gelag. Platte, eben
Beschreibung: "Monier-Gewölbe, 3m Spannweite, 850 ko pro qm Belastung" (Wayss 1889).
Literaturverweise: G. A. Wayss & Co. [Hg.]: "Verzeichnis ausgeführter Arbeiten nach dem System Monier", ohne Verlagsangabe, Berlin 1889.

Lfd. Nr.: 42

Baujahr: 1887

Objektname: **Admiralsgartenbad**

Adresse: Alexander-Platz 3, Berlin, Mitte
Bauherr: unbekannt; Architekt: Regierungsbaumeister F. & C. Gause; Ingenieur: unbekannt;
Bauunternehmen: G. A. Wayss & Co., Berlin
Bautyp: Kultur- und Sportbauten; Kategorie: Badeanstalt; System: Monier
Tragwerk: 2-seitig gelag. Platte, gewölbte Kreiszylinderschale
Beschreibung: "Monierkuppel und Wände. (Herr David Grove) Vier grosse Heisswasser-Reservoire" (Wayss 1889).
Literaturverweise: G. A. Wayss & Co. [Hg.]: "Verzeichnis ausgeführter Arbeiten nach dem System Monier", ohne Verlagsangabe, Berlin 1889.

Lfd. Nr.: 43

Baujahr: 1887

Objektname: **Kellerabdichtung Händelstraße**

Adresse: Händelstraße 7, Berlin, Mahlsdorf
Bauherr: unbekannt; Architekt: Herren Architekten Zaar & Vahl; Ingenieur: unbekannt; Bauunternehmen: G. A. Wayss & Co., Berlin
Bautyp: keine Angaben; Kategorie: keine Angaben; System: Monier
Tragwerk: 2-seitig gelag. Platte, eben
Beschreibung: "Monier-Kellerdichtung" (Wayss 1889).
Literaturverweise: G. A. Wayss & Co. [Hg.]: "Verzeichnis ausgeführter Arbeiten nach dem System Monier" ohne Verlagsangabe, Berlin 1889.

Lfd. Nr.: 44

Baujahr: 1887

Objektname: **Kellerabdichtung Potsdamer Straße 69**

Adresse: Potsdamer Straße 69, Berlin, Tiergarten
Bauherr: unbekannt; Architekt: Herren Architekten Lachmann & Zauber; Ingenieur: unbekannt;
Bauunternehmen: G. A. Wayss & Co., Berlin
Bautyp: keine Angaben; Kategorie: keine Angaben; System: Monier
Tragwerk: 2-seitig gelag. Platte, eben; Scheibe
Beschreibung: "Monier-Kellerdichtung und Wände (rd. 1050 qm)" (Wayss 1889).
Literaturverweise: G. A. Wayss & Co. [Hg.]: "Verzeichnis ausgeführter Arbeiten nach dem System Monier", ohne Verlagsangabe, Berlin 1889.

Lfd. Nr.: 45

Baujahr: 1887

Objektname: **Kellerabdichtung Wilhelm-Straße**

Adresse: Wilhelm-Strasse 56, Berlin, Mitte
Bauherr: unbekannt; Architekt: unbekannt; Ingenieur: unbekannt; Bauunternehmen: G. A. Wayss & Co., Berlin (Herr Maurermeister W. Jeffke)
Bautyp: keine Angaben; Kategorie: keine Angaben; System: Monier
Tragwerk: 2-seitig gelag. Platte, eben
Beschreibung: "Monier-Kellerdichtung" (Wayss 1889).
Literaturverweise: G. A. Wayss & Co. [Hg.]: "Verzeichnis ausgeführter Arbeiten nach dem System Monier", ohne Verlagsangabe, Berlin 1889.

Lfd. Nr.: 46

Baujahr: 1887

Objektname: **Kellerabdichtung Potsdamer Straße 74**

Adresse: Potsdamer Straße 74, Berlin, Tiergarten
Bauherr: Kaufmann Emil Knack; Architekt: unbekannt; Ingenieur: unbekannt; Bauunternehmen: G. A. Wayss & Co., Berlin
Bautyp: keine Angaben; Kategorie: keine Angaben; System: Monier
Tragwerk: 2-seitig gelag. Platte, eben
Beschreibung: "(Herr Kaufmann Emil Knack) Monier-Kellerdichtung" (Wayss 1889).
Literaturverweise: G. A. Wayss & Co. [Hg.]: "Verzeichnis ausgeführter Arbeiten nach dem System Monier" ohne Verlagsangabe, Berlin 1889; LAB: B Rep. 202 Nr. 4559 Bauakte 1878–1967.

Lfd. Nr.: 47

Baujahr: 1887

Objektname: **Berliner Philharmonie**

Adresse: Bernburgerstraße 22a und 23, Köthenerstraße 32, Tiergarten
Bauherr: unbekannt; Architekt: Kgl. Baurath L. Heim; Ingenieur: Ing. R. Cramer; Bauunternehmen: G. A. Wayss & Co. und Held & Franke
Bautyp: Kultur- und Sportbauten; Kategorie: Theater; System: Monier
Tragwerk: 2-seitig gelag. Platte, eben; Scheibe; Kreuzgratgewölbe
Beschreibung: "Freistehendes Dachgewölbe, ca. 8,00 m Spannweite, und Kreuzgewölbe, Monierwände (rd. 500qm)" (Wayss 1889).
Literaturverweise: G. A. Wayss & Co. [Hg.]: "Verzeichnis ausgeführter Arbeiten nach dem System Monier" ohne Verlagsangabe, Berlin 1889.

Lfd. Nr.: 48

Baujahr: 1887

Objektname: **Neubau Mauerstraße 35**

Adresse: Mauerstraße 35, Berlin, Mitte
Bauherr: unbekannt; Architekt: Königliche Bauräthe Kyllmann & Heyden; Ingenieur: unbekannt;
Bauunternehmen: G. A. Wayss & Co., Berlin
Bautyp: keine Angaben; Kategorie: keine Angaben; System: Monier
Tragwerk: 2-seitig gelag. Platte, eben
Beschreibung: "Moniergewölbe über dem Kellergeschoss und ebene Böden" (Wayss 1889).
Literaturverweise: Rehbein, F.: "Ausgewählte Monier- und Betonbauwerke", 2. vermehrte Auflage, Julius Becker Verlag, Berlin 1894; G. A. Wayss & Co. [Hg.]: "Verzeichnis ausgeführter Arbeiten nach dem System Monier", ohne Verlagsangabe, Berlin 1889; LAB: A Rep. 010-02 Nr. 4406 – Grundstücksbauakte 1765–1888.

Lfd. Nr.: 49

Baujahr: 1887

Objektname: **Neubau Brunnenstraße**

Adresse: Brunnenstraße 117, Berlin, Gesundbrunnen
Bauherr: unbekannt; Architekt: unbekannt; Ingenieur: unbekannt; Bauunternehmen: G. A. Wayss & Co., Berlin (Herr Maurermeister C. Koeppen)
Bautyp: keine Angaben; Kategorie: keine Angaben; System: Monier
Tragwerk: 2-seitig gelag. Platte, gewölbt
Beschreibung: Gleicher Wortlaut bei (Wayss 1889) und (Rehbein 1894): "Moniergewölbe über dem Kellergeschoss, Spannweite 3-5m".
Literaturverweise: Rehbein, F.: "Ausgewählte Monier- und Betonbauwerke", 2. vermehrte Auflage, Julius Becker Verlag, Berlin 1894; G. A. Wayss & Co. [Hg.]: "Verzeichnis ausgeführter Arbeiten nach dem System Monier", ohne Verlagsangabe, Berlin 1889.

Lfd. Nr.: 50

Baujahr: 1887

Objektname: **Bankgeschäft Hermann Paasch**

Adresse: Breitestrasse 12 (Köllnischer Fischmarkt 4), Berlin, Mitte
Bauherr: Hermann Paasch; Architekt: unbekannt; Ingenieur: unbekannt; Bauunternehmen: G. A. Wayss & Co., Berlin (Herr Baumeister W. Martens)
Bautyp: Handel- und Gewerbebauten; Kategorie: Bank; System: Monier
Tragwerk: keine Angaben
Beschreibung: "Feuerfeste und diebessichere Tresoranlage" (Wayss 1889).
Literaturverweise: Rehbein, F.: "Ausgewählte Monier- und Betonbauwerke" 2. vermehrte Auflage, Julius Becker Verlag, Berlin 1894; G. A. Wayss & Co. [Hg.]: "Verzeichnis ausgeführter Arbeiten nach dem System Monier", ohne Verlagsangabe, Berlin 1889.

Lfd. Nr.: 51

Baujahr: 1888

Objektname: **Reichstagsdecken**

Adresse: Platz der Republik 1,11011 Berlin, Mitte
Bauherr: Kaiserliche Reichsbehörden, Ministerium der öffentlichen Arbeiten;
Architekt: Prof. Paul Wallot; Ingenieur: Matthias Koenen Bauleitung; Bauunternehmen: G. A. Wayss & Co., Berlin
Bautyp: Verwaltungsgebäude; Kategorie: Bürogebäude; System: Monier
Tragwerk: 2-seitig gelag. Platte, eben; Scheibe
Beschreibung: "[...] im Frühjahr 1888, die tragende Deckenplatte auf Trägerunterflansch in den Fluren des obersten Stockwerks des Reichstagsgebäudes in einer Ausdehnung von etwa 1500 Quadratmeter einzuführen." (Koenen 1921); "Feuerfeste Ummantelungen, Rinnen u.s.w. nach System Monier" (Wayss 1889); "Feuerfeste Ummantelungen, Rinnen u.f.m. nach System Monier" (GStPK).
Literaturverweise: Knoche, Matthias: "Von den Anfängen des Eisenbetonbaus an der Technischen Hochschule Charlottenburg bis zum Massivbau an der Technischen Universität Berlin", unveröff. Diplomarbeit 2012 (Lehrstuhl M. Schlaich TU Berlin); Koenen, M.: "Zur Entwicklungsgeschichte des Eisenbetons" In: *Der Bauingenieur*, Heft 13, 1921, S. 347–349; G. A. Wayss & Co. [Hg.]: "Verzeichnis ausgeführter Arbeiten nach dem System Monier", ohne Verlagsangabe, Berlin 1889; LAB: F Rep. 270 Nr. 4307; F Rep. 290 (02) Nr. 11501; E Rep. 200-46 (1.1) Nr. 0074924 (zum Bau des Reichstags); GStPK: I.HA Rep 93 E Nr. 3051 – Ministerium der öffentlichen Arbeiten, Actien-Gesellschaft für Monier-Bauten vorm. G. A. Wayss & Comp., Ausführungen im Bereiche der Kaiserlichen Reichsbehörden. Betrag rund 100.000 Mark, Datierung 16.12.1890.

Lfd. Nr.: 52

Baujahr: 1888

Objektname: **Dresdner Bank**

Adresse: Behrensstraße 36-39, Berlin, Mitte
Bauherr: unbekannt; Architekt: Kgl. Geh. Hofbaurat Ludwig Heim; Ingenieur: unbekannt; Bauunternehmen: G. A. Wayss & Co., Berlin; Wittling & Güldner Baugeschäft
Bautyp: Handel- und Gewerbebauten; Kategorie: Bank; System: Monier
Tragwerk: 2-seitig gelag. Platte, gewölbt; Kreuzgratgewölbe
Beschreibung: "Die Decken über dem Untergeschoß, Erdgeschoß und ersten Stockwerk sind massiv hergestellt und zwar ist die erstere gewölbt, die beiden anderen sind doppelte Monierdecken zwischen eisernen Trägern. Auf die oberhalb der Träger liegende Monierabdeckung werden unmittelbar die eichenen Stabböden in Asphalt verlegt. [...] Monierdoppeldecke mit Zwischenfüllung von Koks; Kreuzgewölbe (rd. 1200qm)" (Wayss 1889).
Literaturverweise: Rehbein, F.: "Ausgewählte Monier- und Betonbauwerke", 2. vermehrte Auflage, Julius Becker Verlag, Berlin 1894; Heim: "Der Neubau vom Bankgebäude der Dresdner Bank am Opernhausplatze in Berlin" In: *Zentralblatt der Bauverwaltung*, 1888, Nr. 48, S. 505–507; G. A. Wayss & Co. [Hg.]: "Verzeichnis ausgeführter Arbeiten nach dem System Monier" ohne Verlagsangabe, Berlin 1889; O. A.: "Wittling & Güldner." In: Architektenverein zu Berlin [Hg.]: Hundert Jahre Architekten Verein zu Berlin 1824–1924. Verlag des Architektenvereins zu Berlin, Berlin, 1924, S. 22.

Lfd. Nr.: 53

Baujahr: 1888

Objektname: **Königliches Schauspielhaus**

Adresse: Gendarmenmarkt, Berlin, Mitte
Bauherr: unbekannt; Architekt: Ziviling. Richard Edmund Otto Cramer; Ingenieur: unbekannt; Bauunternehmen: G. A. Wayss & Co., Berlin
Bautyp: Kultur- und Sportbauten; Kategorie: Theater; System: Monier
Tragwerk: 2-seitig gelagerte Platte, eben; Scheibe
Beschreibung: Treppenpodest in Monierkonstruktion im Bühnenhaus-Raum, Monierplatten als Fußboden in den Galerien und im Schnürboden "Bühnenhausumbau Monierdachfläche für Kupfereindeckung, Schnürbodenplatten, Belag der Galerien, Wände, glutsichere Ummantelung der eisernen Säulen, Unterzüge und Träger, Treppenpodeste u.s.w. (rd. 3500

qm) " (Wayss 1889); "3500qm Monierdachfläche für Kupfereindeckung, Schnürbodenplatten, Belag der Galerien, Wände, glutsichere Ummantelung der eisernen Säulen, Unterzüge und Träger u.f.m." (GStPK).
Literaturverweise: Rehbein, F.: "Ausgewählte Monier- und Betonbauwerke", 2. vermehrte Auflage, Julius Becker Verlag, Berlin 1894; GStPK: I.HA Rep 93 E Nr. 3051 – Ministerium der öffentlichen Arbeiten, Actien-Gesellschaft für Monier-Bauten vorm. G. A. Wayss & Comp., Ausführungen im Bereiche der übrigen Königlich Preußischen und anderer Staatsbehörden. Betrag rund 350000 Mark, ohne Datierung; O. A. " Der Umbau vom Bühnenhause des Königlichen Schauspielhauses in Berlin" In: *Zentralblatt der Bauverwaltung*, 1888, Nr.18, S. 199; G. A. Wayss & Co. [Hg.]: "Verzeichnis ausgeführter Arbeiten nach dem System Monier", ohne Verlagsangabe, Berlin 1889; LAB: A Pr.Br.Rep. 030-05 Nr. 612-617; Heydemann, A.: "Der Bühnenumbau des königlichen Schauspielhauses in Berlin" In: *Zeitschrift für Bauwesen*, 1892, Heft 10–12, S. 484–511.

Lfd. Nr.: 54

Baujahr: 1888

Objektname: **Milchcuranstalt F. Grub**

Adresse: Kreuzbergstraße 27–28, Viktoriapark, Berlin, Kreuzberg
Bauherr: unbekannt; Architekt: Emil Johann Gottlieb Streichert; Ingenieur: unbekannt; Bauunternehmen: unbekannt
Bautyp: Handel- und Gewerbebauten; Kategorie: Wohn- und Geschäftshaus; System: Monier
Tragwerk: Scheibe
Beschreibung: Wand und Futterschächte im Kuhstall aus Monieranwendung.
Literaturverweise: Streichert : "Milchcuranstalt am Victoriapark in Berlin" In: *Zentralblatt der Bauverwaltung*, Nr. 42, 1888; Bauaktenkammer / Plankammer Friedrichshain – Kreuzberg: Kreuzbergstraße 28, Bd. 1 und 2.

Lfd. Nr.: 55

Baujahr: 1888

Objektname: **Königliches Museum für Naturkunde**

Adresse: Invalidenstraße 43, Berlin, Mitte, Moabit
Bauherr: unbekannt; Architekt: Ziviling. Richard Edmund Otto Cramer; Ingenieur: unbekannt; Bauunternehmen: G. A. Wayss & Co., Berlin
Bautyp: Kultur- und Sportbauten; Kategorie: Ausstellungsgebäude; System: Monier
Tragwerk: 2-seitig gelag. Platte, eben; Scheibe; Kreiszylinderschale
Beschreibung: "Monierböden, Podeste, und verschiedene Monierbassins. Ausserdem: Betondecken" (Wayss 1889); "Monierböden, Podeste und verschiedene Monierbassins, außerdem Betondecken" (GStPK).
Literaturverweise: G. A. Wayss & Co. [Hg.]: "Verzeichnis ausgeführter Arbeiten nach dem System Monier", ohne Verlagsangabe, Berlin 1889; GStPK: I.HA Rep 93 E Nr. 3051 – Ministerium der öffentlichen Arbeiten, Actien-Gesellschaft für Monier-Bauten vorm. G. A. Wayss & Comp., Ausführungen im Bereiche der übrigen Königlich Preußischen und anderer Staatsbehörden. Betrag rund 350000 Mark, ohne Datierung.

Lfd. Nr.: 56

Baujahr: 1889

Objektname: **Schultheiss-Brauerei Brauerei Königstadt**

Adresse: Schönhauser Allee 36-39B, Knaackstr.76/97, Sredzkistraße 1/17, 10435 Berlin, Prenzlauer Berg
Bauherr: Schultheiss-Brauerei; Architekt: Franz Heinrich Schwechten; Ingenieur: unbekannt; Bauunternehmen: G. A. Wayss & Co., AG für Beton- und Monierbauten
Bautyp: Industriebauten; Kategorie: Brauerei; System: Monier
Tragwerk: 2-seitig gelag. Platte, gewölbt; Kreuzgratgewölbe
Beschreibung: Kreuz- und Tonnengewölbe in Monierbauweise mit bis zu 14m Spannweite (Rehbein 1894); "Brauerei Königstadt. (Herr Rathsmaurermeister A. Rohmer.) Monier-Isoliergewölbe 6,50m Spannweite, 4 1/2 cm stark (rd. 1000qm)" (Wayss 1889).
Literaturverweise: Berlin und seine Bauten (1896) Teil I, S. 439 f; Rehbein, F.: "Ausgewählte Monier- und Betonbauwerke", 2. vermehrte Auflage, Julius Becker Verlag, Berlin, 1894; Zietz, Peer: "Franz Heinrich Schwechten" Edition Axel Menges, Stuttgart/London, 1999; G. A. Wayss & Co. [Hg.]: "Verzeichnis ausgeführter Arbeiten nach dem System Monier", ohne Verlagsangabe, Berlin 1889; LAB: F Rep. 270 Nr.4136, 5769; A Rep. 250-04-07 Nr. 180; Bauakte BAA Prenzlauer Berg-Pankow: Schönhauser Allee 36-39B, Band 12 und 14; Streich, Wolfgang Jürgen: "Franz Heinrich Schwechten. 1841–1924", Michael Imhof Verlag, Petersberg 2005.

Lfd. Nr.: 57

Baujahr: 1889

Objektname: **Albuminfabrik**

Adresse: Central-Viehhof, Berlin, Pankow, Prenzlauer Berg
Bauherr: unbekannt; Architekt: Stadtbaurat Hermann Blankenstein; Ingenieur: unbekannt; Bauunternehmen: AG für Beton- und Monierbauten
Bautyp: Industriebauten; Kategorie: Fabrik; System: Monier
Tragwerk: 2-seitig gelag. Platte, gewölbt
Beschreibung: "1000m² Monierkappen" (Rehbein 1894); "ca. 900 qm Moniergewölbe und ebene Decken" (GStPK).
Literaturverweise: Rehbein, F.: "Ausgewählte Monier- und Betonbauwerke", 2. vermehrte Auflage, Julius Becker Verlag, Berlin 1894; O. A. "Der Central-Vieh- und Schlachthof in Berlin" In: *Zentralblatt der Bauverwaltung* 1885, Nr. 30-32, S. 311 ff, 328 ff, 338 ff; LAB: A Rep. 258 (Karten) Nr. 53; A Rep. 013-02-02 Nr. 6, 34, 52; A Rep. 005-03-01 Nr. 19; GStPK: I.HA Rep 93 E Nr. 3051 – Ministerium der öffentlichen Arbeiten, Actien-Gesellschaft für Monier-Bauten vorm. G. A. Wayss & Comp., Ausführungen im Bereiche von Provinzial- und Communal- Behörden. Betrag rund 925000 Mark, Datierung 16.12.1890.

Lfd. Nr.: 58

Baujahr: 1889

Objektname: **Haus "Zum Hausvoigt"**

Adresse: Hausvoigteiplatz 8-9/ Mohrenstraße 39-41, Berlin, Mitte
Bauherr: unbekannt; Architekt: Entwurf Otto March (Reg.-Baumstr. Charlottenburg); Ingenieur: unbekannt; Bauunternehmen: Held & Franke, Berlin; AG für Beton- und Monierbauten
Bautyp: Handel- und Gewerbebauten; Kategorie: Wohn- und Geschäftshaus; System: Monier
Tragwerk: 2-seitig gelag. Platte, gewölbt
Beschreibung: 5500m² Monierkappen auf Walzträgern, Nutzlast 800 kg/m², Spannweite 4m; "ein mit 660 Reichsmark pro m2 gebauter Fläche seinerzeit höchst aufwendiger Bau nach den Plänen Otto Marchs, dessen „unverbrennliche“ Moniergewölbe mit nur 5 cm Scheiteldicke für 500 kg Nutzlast ausgelegt und im September 1890 unter den Augen der Baupolizei verschiedenen Probebelastungen unterworfen werden" (Lorenz 2001).
Literaturverweise: Berlin und seine Bauten (1896) Teil I S. 439, Abb. 560 und Teil III S. 67 f; O. A. :"Berliner Neubauten. 53. Das Geschäftshaus 'Zum Hausvoigt'" In: *Deutsche Bauzeitung*, 1891, Heft 9, S. 49 f; Hahn, Sonja; Oehmig, Christiane: "Bauten für Wirtschaft und Politik" In: Zwischen Brandenburger Tor und Alexanderplatz. Denkmale in Berlin Mitte. Beiträge zur Denkmalpflege in Berlin, Heft 2, 1. Aufl. 1994, S. 22; Rehbein, F. : "Ausgewählte Monier- und Betonbauwerke", 2. vermehrte Auflage, Julius Becker Verlag, Berlin 1894; Lorenz, Werner: "Von den Mühen des Alltags" Vortrag 2001.

Lfd. Nr.: 59

Baujahr: 1889

Objektname: **Geschäftshaus "Gebrüder Manheimer"**

Adresse: Jerusalemer Straße 17, Berlin, Mitte
Bauherr: unbekannt; Architekt: Albert Bohm; Ingenieur: unbekannt; Bauunternehmen: unbekannt
Bautyp: Handel- und Gewerbebauten; Kategorie: Kaufhaus; System: Monier
Tragwerk: 2-seitig gelag. Platte, eben
Beschreibung: Zweischalige Dachhaut – äußere Monierschale und innere Gipsschale.
Literaturverweise: Hübner, V.; Oehmig, C.: "Konfektionshaus Manheimer. Bauhistorische Untersuchung und Dokumentation" 1995, S. 14 f; Baugewerkszeitung 22 (1890), S. 795.

Lfd. Nr.: 60

Baujahr: 1889

Objektname: **Ehem. Konfektions- und Geschäftshaus Valentin Manheimer**

Adresse: Jägerstraße 33 (Oberwallstraße 6–7) Berlin, Mitte
Bauherr: unbekannt; Architekt: Albert Bohm; Ingenieur: unbekannt; Bauunternehmen: G. A. Wayss & Co., Berlin
Bautyp: Handel- und Gewerbebauten; Kategorie: Kaufhaus; System: Monier
Tragwerk: 2-seitig gelag. Platte, gewölbt
Beschreibung: Dachstuhl als Eisenbetonschale oder zweischalige Dachhaut – äußere Monierschale und innere Gipsschale "Monierdach mit Gipsisolierung (rd.600qm)" (Wayss 1889).
Literaturverweise: Hübner, V.; Oehmig, C.: "Konfektionshaus Manheimer. Bauhistorische Untersuchung und Dokumentation" 1995, S. 14 f; Lorenz, Werner: "Von den Mühen des Alltags - Ein Eisenbeton-Skelett von 1911 in Berlin-Mitte" In:

Hassler, Uta; Schmidt, Hartwig [Hg.]: Häuser aus Beton - Vom Stampfbeton zum Grosstafelbau. Ernst Wasmuth Verlag, Tübingen + Berlin, 2004; G. A. Wayss & Co. [Hg.]: "Verzeichnis ausgeführter Arbeiten nach dem System Monier" ohne Verlagsangabe, Berlin 1889; LAB: A Pr.Br.Rep. 030 Nr. 11740; A Rep. 342-02 Nr. 42116, 42587; A Rep. 010-02 Nr. 3219 (Akte bis 1895 datiert, Pläne nur bis 1882); Lorenz, Werner: "Ehem. Konfektions- und Geschäftshaus Valentin Manheimer. Berlin- Mitte – Oberwallstraße 6–7. Bau- und technikgeschichtliche Bewertung des historischen Dachtragwerks über dem Vorderhaus sowie Empfehlungen für den weiteren Umgang", 1997; Die Architektur des 20. Jahrhunderts 9 (1909), S. 37; Neudeutsche Bauzeitung 5 (1909), S. 417–427; Topographie Mitte/Mitte, 2003, S. 330 f; Haberlandt 18 (1908).

Lfd. Nr.: 61

Baujahr: 1889

Objektname: **Eisenlager Jacob Ravené Söhne & Co.**

Adresse: Wallstraße 5–8, Berlin, Mitte
Bauherr: Jacob Ravené Söhne & Co.; Architekt: Entwurf Ende & Böckmann; Ingenieur: unbekannt; Bauunternehmen: AG für Beton- und Monierbauten
Bautyp: Industriebauten; Kategorie: Lager; System: Monier
Tragwerk: 2-seitig gelag. Platte, gewölbt
Beschreibung: 10.000m² Monierkappen auf Walzträgern, Nutzlast 3000 kg/m², Spannweite 2,8-3,2 m.
Literaturverweise: Berlin und seine Bauten (1896) Teil I S. 439 f und Teil III; Rehbein, F.: "Ausgewählte Monier- und Betonbauwerke", 2. vermehrte Auflage, Julius Becker Verlag, Berlin 1894; LAB: A Rep. 000-02-01 Nr. 1013F; o.A. :"Berliner Neubauten. 73. Das Geschäftshaus der Firma Jacob Ravené Söhne & Co., Wallstr. 5–8" In: *Deutsche Bauzeitung* 1896, Heft 8, S. 45 f.

Lfd. Nr.: 62

Baujahr: 1889

Objektname: **Zirkus Renz**

Adresse: Schiffbauerdamm Ecke Karlstraße (heute Reinhardtstraße), Moabit
Bauherr: unbekannt; Architekt: Hr. Bmstr. Paul Vogt; Ingenieur: unbekannt; Bauunternehmen: AG für Beton- und Monierbauten
Bautyp: Kultur- und Sportbauten; Kategorie: keine Angabe; System: Monier
Tragwerk: 2-seitig gelag. Platte, eben; Scheibe
Beschreibung: Zementarbeiten nach Monier Art bei Umbau einer Markthalle, Monierboden über der Durchfahrt bzw. unter der Manege; "Monierboden über der Durchfahrt bezw. Unter der Manege, sämtliche Sitzkonstruktionen und sämtliche Abschluss- und Scheidewände im Reitergang, in den Ankleideräumen u.s.w. (rd. 6000qm)" (Wayss 1889).
Literaturverweise: O. A.: *Deutsche Bauzeitung* No. 68, 1889, S. 413; Rehbein, F.: "Ausgewählte Monier- und Betonbauwerke", 2. vermehrte Auflage, Julius Becker Verlag, Berlin 1894; G. A. Wayss & Co. [Hg.]: "Verzeichnis ausgeführter Arbeiten nach dem System Monier", ohne Verlagsangabe, Berlin 1889; LAB: F Rep. 270, Nr.4136 – Zirkus Renz 2 (Ausschnitt Lageplan, ungültig gekennzeichnet).

Lfd. Nr.: 63

Baujahr: 1889

Objektname: **Brauerei Julius Bötzow AG**

Adresse: Prenzlauer Allee 242–247, Metzer Straße, Straßburger Straße und Saarbrücker Straße, 10405 Berlin, Pankow
Bauherr: Brauerei Bötzow; Architekt: unbekannt; Ingenieur: Matthias Koenen; Bauunternehmen: AG für Beton- und Monierbauten
Bautyp: Industriebauten; Kategorie: Brauerei; System: Monier
Tragwerk: 2-seitig gelag. Platte, eben; Scheibe; Rahmen
Beschreibung: "Ebene Monierdächer, Monierwände, insgesamt 3000m²" (Rehbein 1894); "Ferner viele 1000qm Monier-Wände, Decken, Böden u.s.w. unter andern für: […] Bötzows Brauerei. Bassin. […]" (Wayss 1889 S. 14); 1909 Erweiterung auf dem Gelände, dabei Neubau Festsaal mit Hallenrahmen und vermutlich auch der rechteckigen Gärbehälter im Keller.
Literaturverweise: Rehbein, F.: "Ausgewählte Monier- und Betonbauwerke", 2. vermehrte Auflage, Julius Becker Verlag, Berlin 1894; G. A. Wayss & Co. [Hg.]: "Verzeichnis ausgeführter Arbeiten nach dem System Monier", ohne Verlagsangabe, Berlin 1889; LAB: A Rep. 250-04-04 (versch. Personalakten); BAA Pan-Pre: Bd.1, 4, 13–16 fehlen; Bd. 5–7 beinhalten einige Unterlagen von der AG für Beton- und Monierbauten zu Monierwänden und Decken.

Lfd. Nr.: 64

Baujahr: 1889

Objektname: **Teltower Kreishaus**

Adresse: Viktoriastraße 17–18, Berlin, Tempelhof-Schöneberg, Tempelhof Bauherr: unbekannt; Architekt: Franz Heinrich Schwechten; Ingenieur: unbekannt; Bauunternehmen: AG für Beton- und Monierbauten, Held & Franke
Bautyp: Verwaltungsgebäude; Kategorie: Bürogebäude; System: Monier
Tragwerk: 2-seitig gelag. Platte, gewölbt
Beschreibung: "450m² Moniergewölbe" (Rehbein 1894); "rd. 312 qm Moniergewölbe von 2,50-3,00m Spannweite" (GStPK).
Literaturverweise: Rehbein, F.: "Ausgewählte Monier- und Betonbauwerke", 2. vermehrte Auflage, Julius Becker Verlag, Berlin 1894; Zietz, Peer: "Franz Heinrich Schwechten", Edition Axel Menges, Stuttgart/London 1999, S. 55, 77; GStPK: I.HA Rep 93 E Nr. 3051 – Ministerium der öffentlichen Arbeiten, Actien-Gesellschaft für Monier-Bauten vorm. G. A. Wayss & Comp., Ausführungen im Bereiche von Provinzial- und Communal- Behörden. Betrag rund 925000 Mark, Datierung 16.12.1890; LAB: A Pr. Br. Rep. 030-07 Nr. 953 – Bauakten (allerdings ohne Verweis auf G. A. Wayss & Co.); Berlin und seine Bauten (1896) Teil IIII, S. 134–135.

Lfd. Nr.: 65

Baujahr: 1889

Objektname: **Wohn- und Geschäftshaus Kunheim & Co.**

Adresse: Dorotheenstraße 32, 10117 Berlin, Mitte
Bauherr: unbekannt; Architekt: Franz Heinrich Schwechten; Ingenieur: unbekannt; Bauunternehmen: AG für Beton- und Monierbauten
Bautyp: Handel- und Gewerbebauten; Kategorie: Wohn- und Geschäftshaus; System: Monier
Tragwerk: keine Angaben
Beschreibung: Feuer- und diebessichere Tresoranlage.
Literaturverweise: Rehbein, F.: "Ausgewählte Monier- und Betonbauwerke", 2. vermehrte Auflage, Julius Becker Verlag, Berlin 1894.

Lfd. Nr.: 66

Baujahr: 1889

Objektname: **Ludwig Loewe Gewehrfabrik**

Adresse: Kaiserin Augusta-Allee, Martinikenfelde, Berlin, Moabit oder Charlottenburg
Bauherr: Ludwig Loewe Gewehrfabrik; Architekt: unbekannt; Ingenieur: unbekannt; Bauunternehmen: AG für Beton- und Monierbauten
Bautyp: Industriebauten; Kategorie: Fabrik; System: Monier
Tragwerk: 2-seitig gelag. Platte, gewölbt
Beschreibung: Monierkappen mit 3m Spannweite auf eisernen Trägern, Nutzlast 1500 kg/m², insgesamt 8400m² Monierkappen bis 3,0m Spannweite und 1500 kg Nutzlast, sämtliche Podeste aus 8cm starken ebenen Monierdecken; "12000qm Monierdecken" (Thonindustrie-Zeitung 1891).
Literaturverweise: Berlin und seine Bauten (1896) Teil I S. 439 f; Rehbein, F.: "Ausgewählte Monier- und Betonbauwerke", 2. vermehrte Auflage, Julius Becker Verlag, Berlin 1894; O. A. : "Protokoll der 14. General-Versammlung des Vereins Deutscher Portland-Cement Fabrikanten" In: *Thonindustrie-Zeitung* 1891, Nr. 45; LAB: A Rep.250-01-18(K), Nr. 2.

Lfd. Nr.: 67

Baujahr: 1889

Objektname: **Glasfabrik Evert & Neumann**

Adresse: Rummelsburger Bucht, Stralau, Friedrichshain
Bauherr: Glasfabrik Evert & Neumann; Architekt: Ziviling. Robert Dralle; Ingenieur: unbekannt; Bauunternehmen: AG für Beton- und Monierbauten
Bautyp: Industriebauten; Kategorie: Fabrik; System: Monier
Tragwerk: 2-seitig gelag. Platte, eben; Scheibe
Beschreibung: Gemengehaus: 3 stöckig mit massiven Umfassungswänden, Zwischenwänden und Decken in Monierbauweise bis 5000 kg Nutzlast, Monier- Dachgewölbe bis 16m Spannweite, Treppen in Monierbauweise. Hüttengebäude: Monier-Gewölbe, -dach, -umfassungswände.

Literaturverweise: *Deutsche Bauzeitung* No. 52, 1891, S. 315; Rehbein, F.: "Ausgewählte Monier- und Betonbauwerke" 2. vermehrte Auflage, Julius Becker Verlag, Berlin 1894; LAB: A Rep. 010-02 (Bauakte); A Rep. 31711, 31712 (Bauakte Wanne IV um 1929); F Rep. 290(03) Nr. 0202017.

Lfd. Nr.: 68

Baujahr: 1889

Objektname: **Kaiserliches (Reichs-) Patentamt**

Adresse: Luisenstraße 32-34, Berlin, Moabit
Bauherr: Kaiserliche Reichsbehörden, Ministerium der öffentlichen Arbeiten;
Architekt: Ziviling. Richard Edmund Otto Cramer; Ingenieur: unbekannt; Bauunternehmen: AG für Beton- und Monierbauten
Bautyp: Verwaltungsgebäude; Kategorie: Bürogebäude; System: Monier
Tragwerk: 2-seitig gelag. Platte, eben
Beschreibung: "Zwischenböden aus Monierdecken und leichtem Eisen-Rahmenwerk, Feuersichere Decken und Dächer in Monierkonstruktion für die Bibliothek, 400m² Monierplatten für Heizkanäle" (Rehbein 1894). "1500qm Moniergewölbe für die Etagen und das Dach von 3,50m Spannweite, Abdeckung der Heizkanäle mit Monierplatten von 2,20m Spannweite" (GStPK 1890).
Literaturverweise: *Deutsche Bauzeitung* No. 77, 1890, S. 467; Rehbein, F.: "Ausgewählte Monier- und Betonbauwerke", 2. vermehrte Auflage, Julius Becker Verlag, Berlin 1894; GStPK: I. HA Rep. 210, Nr.15, 32, 58 – Akademie des Bauwesens, Entwurf zum Neubau; GStPK: I.HA Rep 93 E Nr. 3051 – Ministerium der öffentlichen Arbeiten, Actien-Gesellschaft für Monier-Bauten vorm. G. A. Wayss & Comp., Ausführungen im Bereiche der Kaiserlichen Reichsbehörden. Betrag rund 100000 Mark, Datierung 16.12.1890.

Lfd. Nr.: 69

Baujahr: 1889

Objektname: **Kraftwerk Allgemeine Electricitäts-Gesellschaft**

Adresse: Markgrafenstraße 44, Berlin, Mitte
Bauherr: unbekannt; Architekt: unbekannt; Ingenieur: unbekannt; Bauunternehmen: G. A. Wayss & Co. Aktiengesellschaft für Bauausführungen
Bautyp: Ver- und Entsorgungsbauten; Kategorie: Kraftwerk; System: Monier
Tragwerk: 2-seitig gelag. Platte, gewölbt
Beschreibung: "Moniergewölbe der Durchfahrt für 5000 kp Raddruck. [...] Monierdeckelkanäle für elektrische Leitungen." (Wayss 1889).
Literaturverweise: Rehbein, F.: "Ausgewählte Monier- und Betonbauwerke", 2. vermehrte Auflage, Julius Becker Verlag, Berlin 1894; G. A. Wayss & Co. [Hg.]: "Verzeichnis ausgeführter Arbeiten nach dem System Monier", ohne Verlagsangabe, Berlin 1889; LAB: A Rep. 010-02 Nr. 7583 – nicht relevant.

Lfd. Nr.: 70

Baujahr: 1889

Objektname: **Königliches Proviant Amt**

Adresse: Köpenicker Straße 16–17, Berlin, Kreuzberg
Bauherr: Ministerium der öffentlichen Arbeiten, Königliches Kriegsministerium Preußen; Architekt: Architekten Kneister, Arenberg und Böhm; Ingenieur: unbekannt; Bauunternehmen: AG für Beton- und Monierbauten
Bautyp: Militärische Gebäude; Kategorie: Bürogebäude; System: Monier
Tragwerk: 2-seitig gelag. Platte, gewölbt
Beschreibung: "Nebentreppen im großen Beamtenwohnhaus, bestehend aus ebenen Monierplatten mit aufbetonierten Stufen (75 Stufen), 8 Podeste bestehend aus Moniergewölben mit Überbetonierung, Feuer- und diebessichere Tresoranlage" (Rehbein 1894); "Treppenanlagen im großen Beamtenwohnhaus nach System Monier" (GStPK).
Literaturverweise: Rehbein, F.: "Ausgewählte Monier- und Betonbauwerke", 2. vermehrte Auflage, Julius Becker Verlag, Berlin 1894; GSTA.PK: I.HA Rep 93 E Nr. 3051 – Ministerium der öffentlichen Arbeiten, Actien-Gesellschaft für Monier-Bauten vorm. G. A. Wayss & Comp., Ausführungen im Bereiche der Königlichen Kriegsministerien für Preußen, Bayern und Sachsen, Betrag rund 1,750000 Mark.

Lfd. Nr.: 71

Baujahr: 1889

Objektname: **Eiskeller**

Adresse: Alexander Ufer, Charité Institut für Infektions-Krankheiten, Krankenabteilung, Berlin, Moabit
Bauherr: unbekannt; Architekt: Baubeamter Paul Böttger; Ingenieur: unbekannt; Bauunternehmen: AG für Beton- und Monierbauten
Bautyp: Industriebauten; Kategorie: Kühlhaus; System: Monier
Tragwerk: 2-seitig gelag. Platte, eben; Scheibe; Schalenkuppel
Beschreibung: Unterirdische Eiskeller mit doppelten Umfassungswänden aus Monier, sowie Monierboden und Monierkuppeldach.
Literaturverweise: Rehbein, F.: "Ausgewählte Monier- und Betonbauwerke", 2. vermehrte Auflage, Julius Becker Verlag, Berlin 1894; o.A. : "Statistische Nachweisungen, betreffen die im Jahre 1891 vollendeten und abgerechneten, beziehungsweise nur vollendeten preußischen Staatsbauten aus dem Gebiete des Hochbaues" In: *Zeitschrift für Bauwesen* 1893, Jg. 43, S. 78–81; LAB: F Rep. 270 Nr. 3001, 3043; A Rep. 010-02 Nr.16391; Plansammlung Architekturmuseum TU Berlin.

Lfd. Nr.: 72

Baujahr: 1889

Objektname: **Geschäftshaus "Mey & Endlich"**

Adresse: Friedrichstraße 179/ Taubenstraße, Berlin, Mitte
Bauherr: unbekannt; Architekt: Entwurf Albert Bohm; Ingenieur: unbekannt; Bauunternehmen: AG für Beton- und Monierbauten
Bautyp: Handel- und Gewerbebauten; Kategorie: Kaufhaus; System: Monier
Tragwerk: 2-seitig gelag. Platte, eben
Beschreibung: Monierdecken auf Unterflanschen von Walzträgern, 1400m² ebene Monierböden für Decken.
Literaturverweise: Berlin und seine Bauten (1896) Teil I S. 439 f; Deutsches Baugewerksblatt 52 (1892), S. 52 f; Hübner, V.; Oehmig, C.: "Konfektionshaus Manheimer. Bauhistorische Untersuchung und Dokumentation" In: Senatsverwaltung für Stadtentwicklung und Umweltschutz, Referat Öffentlichkeitsarbeit, Lindenstraße 20–25, 10958 Berlin [Hg.] Zwischen Brandenburger Tor und Alexanderplatz. Denkmale in Berlin-Mitte. 1995, S. 16 f; Rehbein, F.: "Ausgewählte Monier- und Betonbauwerke", 2. vermehrte Auflage, Julius Becker Verlag, Berlin 1894; Plansammlung im Architekturmuseum TU Berlin.

Lfd. Nr.: 73

Baujahr: 1889

Objektname: **Neubau Gummifabrik Carl Schwanitz & Co.**

Adresse: Müllerstraße 192b, Berlin, Mitte, Wedding
Bauherr: unbekannt; Architekt: unbekannt; Ingenieur: unbekannt; Bauunternehmen: AG für Beton- und Monierbauten
Bautyp: Industriebauten; Kategorie: Fabrik; System: Monier
Tragwerk: 2-seitig gelag. Platte, eben
Beschreibung: 500m² ebenes Monierdach.
Literaturverweise: Rehbein, F.: "Ausgewählte Monier- und Betonbauwerke", 2. vermehrte Auflage, Julius Becker Verlag, Berlin 1894.

Lfd. Nr.: 74

Baujahr: 1889

Objektname: **Concordia Theater**

Adresse: Friedrichstraße 218, Berlin, Kreuzberg
Bauherr: unbekannt; Architekt: Gustav Ebe; Ingenieur: unbekannt; Bauunternehmen: AG für Beton- und Monierbauten
Bautyp: Kultur- und Sportbauten; Kategorie: Theater; System: Monier
Tragwerk: 2-seitig gelag. Platte, eben
Beschreibung: Hofkellerdecke
Literaturverweise: Rehbein, F.: "Ausgewählte Monier- und Betonbauwerke", 2. vermehrte Auflage, Julius Becker Verlag, Berlin 1894.

Lfd. Nr.: 75

Baujahr: 1889

Objektname: **Erweiterungsbau der IV. Gemeinde-Schule**

Adresse: Alte Jacobstraße 127, Berlin, Kreuzberg
Bauherr: unbekannt; Architekt: unbekannt; Ingenieur: unbekannt; Bauunternehmen: G. A. Wayss & Co., Berlin

Bautyp: Bildungsgebäude; Kategorie: Schule; System: Monier
Tragwerk: 2-seitig gelag. Platte, eben
Beschreibung: "IV. Stadt-Bau-Inspection. (In Ausführung): Abdeckung der Zu- und Abluft Kanäle nach System Monier." (Wayss 1889); "Abdeckung der Zu- und Abluftkanäle" (GStPK).
Literaturverweise: G. A. Wayss & Co. [Hg.]: "Verzeichnis ausgeführter Arbeiten nach dem System Monier", ohne Verlagsangabe, Berlin 1889; GStPK: I.HA Rep 93 E Nr. 3051 – Ministerium der öffentlichen Arbeiten, Actien-Gesellschaft für Monier-Bauten vorm. G. A. Wayss & Comp., Ausführungen im Bereiche von Provinzial- und Communal-Behörden. Betrag rund 925000 Mark, Datierung 16.12.1890.

Lfd. Nr.: 76

Baujahr: 1889

Objektname: **Neubau der 37. Gemeinde-Schule**

Adresse: Bethaniendamm 27 (ehem. Mariannenufer 1a), Berlin, Kreuzberg
Bauherr: unbekannt; Architekt: unbekannt; Ingenieur: unbekannt; Bauunternehmen: G. A. Wayss & Co., Berlin
Bautyp: Bildungsgebäude; Kategorie: Schule; System: Monier
Tragwerk: 2-seitig gelag. Platte, eben
Beschreibung: "IV. Stadt-Bau-Inspection. (In Ausführung): Abdeckung der Zu- und
Abluft-Kanäle nach System Monier." (Wayss 1889). "Abdeckung der Zu- und Abluftkanäle" (GStPK).
Literaturverweise: G. A. Wayss & Co. [Hg.]: "Verzeichnis ausgeführter Arbeiten nach dem System Monier" ohne Verlagsangabe, Berlin 1889GStPK: I.HA Rep 93 E Nr. 3051 - Ministerium der öffentlichen Arbeiten, Actien-Gesellschaft für Monier-Bauten vorm. G. A. Wayss & Comp., Ausführungen im Bereiche von Provinzial- und Communal-Behörden. Betrag rund 925000 Mark, Datierung 16.12.1890.

Lfd. Nr.: 77

Baujahr: 1889

Objektname: **Deutsche Allgemeine Ausstellung für Unfallverhütung**

Adresse: keine Angaben
Bauherr: unbekannt; Architekt: unbekannt; Ingenieur: unbekannt; Bauunternehmen: G. A. Wayss & Co., Berlin
Bautyp: Kultur- und Sportbauten; Kategorie: Ausstellungsgebäude; System: Monier
Tragwerk: 2-seitig gelag. Platte, eben
Beschreibung: "(in Ausführung): Feuerfester Schnürboden- und Galerienbelag nach System Monier im Muster-Theater, […]" (Wayss 1889).
Literaturverweise: G. A. Wayss & Co. [Hg.]: "Verzeichnis ausgeführter Arbeiten nach dem System Monier", ohne Verlagsangabe, Berlin 1889.

Lfd. Nr.: 78

Baujahr: 1889

Objektname: **Reservoirturm Gaswerk II Charlottenburg**

Adresse: Gaußstraße 11, 10589 Berlin, Charlottenburg-Wilmersdorf
Bauherr: unbekannt; Architekt: unbekannt; Ingenieur: Paul Bratring; Bauunternehmen: AG für Beton- und Monierbauten
Bautyp: Ver- und Entsorgungsbauten; Kategorie: Behälter; System: Monier
Tragwerk: 2-seitig gelag. Platte, gewölbt; Kreiszylinderschale
Beschreibung: Reservoirturm mit vier grossen Reservoiren in Monierbauweise bis 7,20m Spannweite und 3m Höhe auf Monierkuppelgewölben; "[...] fünfgeschossiger Rundturm mit zwei Anbauten für Treppenhaus und Rohrschacht, durch mehrere Gesimse gegliedert, kleine Rundbogenfenster, flaches Kuppeldach, Geschoßdecken aus Eisen-Zement-Kuppelgewölbe. [...] H(Turmgesims) 27,61m" (Bärthel 2006 S. 327); "4 übereinanderstehende Bassins von je 100 cbm Inhalt auf Monierkappengewölben im Wasserturme" (GStPK).
Literaturverweise: Rehbein, F.: "Ausgewählte Monier- und Betonbauwerke", 2. vermehrte Auflage, Julius Becker Verlag, Berlin 1894; Bärthel, H.: "Anlagen und Bauten der Gasversorgung" In: Berlin und seine Bauten. Teil X Band A (2) Stadttechnik, Michael Imhof Verlag, Petersberg 2006, S. 49 und 327; O. A.: "Die städtischen Gaswerke zu Charlottenburg in den ersten fünfzig Jahren ihres Bestehens 1861–1911", Verlag R. Boll Berlin, 1912, S. 31 und Zeichnungen; Akten im Bauaktenarchiv Charlottenburg-Wilmersdorf sind unvollständig, Ordner 1–14 fehlen bzw. sind nicht im Regal abgelegt; GStPK: I.HA Rep 93 E Nr. 3051 – Ministerium der öffentlichen Arbeiten, Actien-Gesellschaft für Monier-Bauten vorm. G. A. Wayss & Comp., Ausführungen im Bereiche von Provinzial- und Communal-Behörden. Betrag rund 925000 Mark, Datierung 16.12.1890; Pfudel, Karl: Die Charlottenburger Gasanstalten. In: Herzberg, A.; Meyer, D. [Hg.]: Ingenieurwerke in und bei Berlin. Festschrift zum 50jährigen Bestehen des Vereins Deutscher Ingenieure. Berlin, Julius Sittenfeld, 1906, S. 311–327.

Lfd. Nr.: 79

Baujahr: 1889

Objektname: **Stallgebäude**

Adresse: Pferdebahn Lichtenberg, Berlin
Bauherr: unbekannt; Architekt: unbekannt; Ingenieur: unbekannt; Bauunternehmen: AG für Beton- und Monierbauten
Bautyp: Industriebauten; Kategorie: Tierhaltung; System: Monier
Tragwerk: 2-seitig gelag. Platte, gewölbt
Beschreibung: 1500m² Moniergewölbe, 700 kg Nutzlast.
Literaturverweise: Rehbein, F.: "Ausgewählte Monier- und Betonbauwerke", 2. vermehrte Auflage, Julius Becker Verlag, Berlin 1894.

Lfd. Nr.: 80

Baujahr: 1889

Objektname: **Geschäftshaus der Kur- und Neum. Ritterschaft**

Adresse: Mohrenstraße 66, Berlin, Mitte
Bauherr: unbekannt; Architekt: unbekannt; Ingenieur: unbekannt; Bauunternehmen: AG für Beton- und Monierbauten
Bautyp: Verwaltungsgebäude; Kategorie: Bürogebäude; System: Monier
Tragwerk: 2-seitig gelag. Platte, gewölbt
Beschreibung: 6000m² Monierdach.
Literaturverweise: Rehbein, F.: "Ausgewählte Monier- und Betonbauwerke" 2. vermehrte Auflage, Julius Becker Verlag, Berlin 1894.

Lfd. Nr.: 81

Baujahr: 1889

Objektname: **Tribünen Trabrennbahn Westend**

Adresse: Reichsstraße, Berlin, Westend
Bauherr: unbekannt; Architekt: unbekannt; Ingenieur: unbekannt; Bauunternehmen: AG für Beton- und Monierbauten
Bautyp: Kultur- und Sportbauten; Kategorie: Stadion; System: Monier
Tragwerk: 2-seitig gelag. Platte, gewölbt
Beschreibung: Tribünen bestehen aus steigenden Moniergewölben mit aufbetonierten Stufen.
Literaturverweise: Rehbein, F.: "Ausgewählte Monier- und Betonbauwerke", 2. vermehrte Auflage, Julius Becker Verlag, Berlin 1894.

Lfd. Nr.: 82

Baujahr: 1889

Objektname: **Städt. Gasanstalt Schöneberg**

Adresse: Torgauer Straße 12-15, Berlin, Schöneberg
Bauherr: unbekannt; Architekt: Alfred Messel; Ingenieur: Richard Cramer; Bauunternehmen: AG für Beton- und Monierbauten
Bautyp: Ver- und Entsorgungsbauten; Kategorie: Kraftwerk; System: Monier
Tragwerk: 2-seitig gelag. Platte, gewölbt
Beschreibung: 400m² Monierkappen mit 3,1m Spannweite, Monierwände.
Literaturverweise: Rehbein, F.: "Ausgewählte Monier- und Betonbauwerke", 2. vermehrte Auflage, Julius Becker Verlag, Berlin 1894; Lepiorz, Stephan: "Das Gaswerk Schöneberg in der Torgauer Straße" Bezirksamt Tempelhof-Schöneberg von Berlin [Hg.], Berlin 2005.

Lfd. Nr.: 83

Baujahr: 1889

Objektname: **Reichskanzleramt**

Adresse: Wilhelmstraße 74 (heute Nr. 84/85), Berlin, Mitte, Friedrichstadt
Bauherr: Kaiserliche Reichsbehörden, Ministerium der öffentlichen Arbeiten;
Architekt: unbekannt; Ingenieur: unbekannt; Bauunternehmen: G. A. Wayss & Co., Berlin
Bautyp: Verwaltungsgebäude; Kategorie: Bürogebäude; System: Monier
Tragwerk: 2-seitig gelag. Platte, eben

Beschreibung: "Wasserdichte Decke mit Voute und Gesimsen im Arbeitszimmer Sr. Durchlaut des Fürsten Bismarck" (Wayss 1890); "Wasserdichte Decken mit Vouten und Gesimsen im Arbeitszimmer des Herrn Reichskanzler" (GStPK). Literaturverweise: G. A. Wayss & Co. [Hg.]: "Verzeichnis ausgeführter Arbeiten nach dem System Monier", ohne Verlagsangabe, Berlin 1889; GStPK: I.HA Rep 93 E Nr. 3051 – Ministerium der öffentlichen Arbeiten, Actien-Gesellschaft für Monier-Bauten vorm. G. A. Wayss & Comp., Ausführungen im Bereiche der Kaiserlichen Reichsbehörden. Betrag rund 100000 Mark, Datierung 16.12.1890.

Lfd. Nr.: 84

Baujahr: 1889

Objektname: **Papierfabrik Damcke & Co.**

Adresse: Charlottenburg, Charlottenburg-Wilmersdorf, Charlottenburg
Bauherr: unbekannt; Architekt: unbekannt; Ingenieur: unbekannt; Bauunternehmen: AG für Beton- und Monierbauten
Bautyp: Industriebauten; Kategorie: Fabrik; System: Monier
Tragwerk: 2-seitig gelag. Platte, gewölbt
Beschreibung: 700m² Moniergewölbe von 2,0 bis 4,7m Spannweite.
Literaturverweise: Rehbein, F.: "Ausgewählte Monier- und Betonbauwerke", 2. vermehrte Auflage, Julius Becker Verlag, Berlin 1894; Bartels, K.: "Papierherstellung in Deutschland", Berlin Brandenburgischer Wissenschaftsverlag, Berlin 2011.

Lfd. Nr.: 85

Baujahr: 1889

Objektname: **A. Winkler**

Adresse: Prinzessinnenstraße, Berlin, Kreuzberg
Bauherr: unbekannt; Architekt: unbekannt; Ingenieur: unbekannt; Bauunternehmen: AG für Beton- und Monierbauten
Bautyp: Handel- und Gewerbebauten; Kategorie: keine Angaben; System: Monier
Tragwerk: 2-seitig gelag. Platte, gewölbt
Beschreibung: 1500m² Monierkappen mit und ohne Unterbetonierung.
Literaturverweise: Rehbein, F.: "Ausgewählte Monier- und Betonbauwerke", 2. vermehrte Auflage, Julius Becker Verlag, Berlin 1894.

Lfd. Nr.: 86

Baujahr: 1889

Objektname: **Neubau Böckhstraße**

Adresse: Böckhstraße 10, Berlin, Kreuzberg
Bauherr: unbekannt; Architekt: unbekannt; Ingenieur: unbekannt; Bauunternehmen: AG für Beton- und Monierbauten
Bautyp: keine Angaben; Kategorie: keine Angaben; System: Monier
Tragwerk: 2-seitig gelag. Platte, gewölbt
Beschreibung: 2200m² Moniergewölbe mit 4,55m Spannweite.
Literaturverweise: Rehbein, F.: "Ausgewählte Monier- und Betonbauwerke" 2. vermehrte Auflage, Julius Becker Verlag, Berlin.

Lfd. Nr.: 87

Baujahr: 1889

Objektname: **Vereinsbrauerei Rixdorf**

Adresse: Hermannstraße 214 / Rollbergstraße, Berlin Rixdorf, Neukölln
Bauherr: unbekannt; Architekt: unbekannt; Ingenieur: unbekannt; Bauunternehmen: AG für Beton- und Monierbauten
Bautyp: Industriebauten; Kategorie: Brauerei; System: Monier
Tragwerk: 2-seitig gelag. Platte, gewölbt
Beschreibung: 500m² Moniergewölbe mit Spannweite 3,80m.
Literaturverweise: Rehbein, F.: "Ausgewählte Monier- und Betonbauwerke", 2. vermehrte Auflage, Julius Becker Verlag, Berlin 1894; Rieseler, K. : "Frühe Großbrauereien in Deutschland", unveröffentlichte Dissertation TU Berlin 2003.

Lfd. Nr.: 88

Baujahr: 1889

Objektname: **Neubau**

Adresse: Leipziger Straße 19, Berlin, Mitte

Bauherr: unbekannt; Architekt: unbekannt; Ingenieur: unbekannt; Bauunternehmen: AG für Beton- und Monierbauten
Bautyp: unbekannt; Kategorie: unbekannt; System: Monier
Tragwerk: 2-seitig gelag. Platte, gewölbt
Beschreibung: 300m² Monierkappen, Spannweite 3,80m.
Literaturverweise: Rehbein, F.: "Ausgewählte Monier- und Betonbauwerke", 2. vermehrte Auflage, Julius Becker Verlag, Berlin 1894.

Lfd. Nr.: 89

Baujahr: 1889

Objektname: **Fabrikneubau**

Adresse: verm. Nennhauser Damm/Staaken (ehem.Königstr.), Berlin, Spandau
Bauherr: unbekannt; Architekt: unbekannt; Ingenieur: unbekannt; Bauunternehmen: AG für Beton- und Monierbauten
Bautyp: Industriebauten; Kategorie: Fabrik; System: Monier
Tragwerk: 2-seitig gelag. Platte, eben
Beschreibung: 1600m² ebene Monierböden, 1,5m freitragend.
Literaturverweise: Rehbein, F.: "Ausgewählte Monier- und Betonbauwerke", 2. vermehrte Auflage, Julius Becker Verlag, Berlin 1894.

Lfd. Nr.: 90

Baujahr: 1889

Objektname: **Neubau**

Adresse: Chausseestraße 103, Berlin, Mitte
Bauherr: unbekannt; Architekt: unbekannt; Ingenieur: unbekannt; Bauunternehmen: AG für Beton- und Monierbauten
Bautyp: unbekannt; Kategorie: unbekannt; System: Monier
Tragwerk: 2-seitig gelag. Platte, eben; Scheibe
Beschreibung: Monierkappen, Decken, Wände.
Literaturverweise: Rehbein, F.: "Ausgewählte Monier- und Betonbauwerke", 2. vermehrte Auflage, Julius Becker Verlag, Berlin 1894.

Lfd. Nr.: 91

Baujahr: 1889

Objektname: **Neubau**

Adresse: Hussitenstraße 66, Berlin, Mitte, Gesundbrunnen
Bauherr: unbekannt; Architekt: unbekannt; Ingenieur: unbekannt; Bauunternehmen: AG für Beton- und Monierbauten
Bautyp: unbekannt; Kategorie: unbekannt; System: Monier
Tragwerk: 2-seitig gelag. Platte, gewölbt
Beschreibung: 3500m² Moniergewölbe bis 4,20m Spannweite, 1500 kg Nutzlast.
Literaturverweise: Rehbein, F.: "Ausgewählte Monier- und Betonbauwerke", 2. vermehrte Auflage, Julius Becker Verlag, Berlin 1894.

Lfd. Nr.: 92

Baujahr: 1889

Objektname: **Neubau des Provinzial Verbandes Provinz Brandenburg**

Adresse: Berlin, Charlottenburg
Bauherr: unbekannt; Architekt: unbekannt; Ingenieur: unbekannt; Bauunternehmen: AG für Beton- und Monierbauten
Bautyp: Verwaltungsgebäude; Kategorie: Bürogebäude; System: Monier
Tragwerk: 2-seitig gelag. Platte, eben
Beschreibung: Ebene Monierböden mit 1,0m Spannweite, 1000 kg Nutzlast, Moniergewölbe mit 4,5m Spannweite.
Literaturverweise: Rehbein, F.: "Ausgewählte Monier- und Betonbauwerke", 2. vermehrte Auflage, Julius Becker Verlag, Berlin 1894; Brandenburgisches Landeshauptarchiv (BLHA), 55 Provinzialverband V K 2747B.

Lfd. Nr.: 93

Baujahr: 1889

Objektname: **Neubau Oberwallstr.**

Adresse: Oberwallstraße, Berlin, Mitte
Bauherr: unbekannt; Architekt: unbekannt; Ingenieur: unbekannt; Bauunternehmen: AG für Beton- und Monierbauten
Bautyp: keine Angabe; Kategorie: keine Angabe; System: Monier
Tragwerk: 2-seitig gelag. Platte, gewölbt
Beschreibung: 300m² Moniergewölbe.
Literaturverweise: Rehbein, F.: "Ausgewählte Monier- und Betonbauwerke", 2. vermehrte Auflage, Julius Becker Verlag, Berlin 1894.

Lfd. Nr.: 94

Baujahr: 1889

Objektname: **Neubau Wilhelmstraße 38**

Adresse: Wilhelmstraße 38, Berlin, Mitte
Bauherr: unbekannt; Architekt: unbekannt; Ingenieur: unbekannt; Bauunternehmen: AG für Beton- und Monierbauten
Bautyp: keine Angabe; Kategorie: keine Angabe; System: Monier
Tragwerk: 2-seitig gelag. Platte, gewölbt
Beschreibung: 300m² Monierkappen bis 5,0m Spannweite.
Literaturverweise: Rehbein, F.: "Ausgewählte Monier- und Betonbauwerke", 2. vermehrte Auflage, Julius Becker Verlag, Berlin 1894.

Lfd. Nr.: 95

Baujahr: 1889

Objektname: **Statistisches Reichsamt**

Adresse: Lützowstraße 48 (ehem. Dörnbergstraße 6a), Berlin, Mitte, Tiergarten
Bauherr: unbekannt; Architekt: unbekannt; Ingenieur: unbekannt; Bauunternehmen: AG für Beton- und Monierbauten
Bautyp: Verwaltungsgebäude; Kategorie: Bürogebäude; System: Monier
Tragwerk: 2-seitig gelag. Platte, eben
Beschreibung: 7000m² Monierböden eben bis 2,0m Spannweite.
Literaturverweise: Rehbein, F.: "Ausgewählte Monier- und Betonbauwerke", 2. vermehrte Auflage, Julius Becker Verlag, Berlin 1894LAB: A Rep. 202 Nr. 4352 – Bauakten 1865–1964.

Lfd. Nr.: 96

Baujahr: 1889

Objektname: **Fabrikneubau**

Adresse: Alexanderstraße, Berlin, Mitte
Bauherr: unbekannt; Architekt: unbekannt; Ingenieur: unbekannt; Bauunternehmen: AG für Beton- und Monierbauten
Bautyp: Industriebauten; Kategorie: Fabrik; System: Monier
Tragwerk: 2-seitig gelag. Platte, gewölbt
Beschreibung: 2000m² Moniergewölbe mit 4,7m Spannweite.
Literaturverweise: Rehbein, F.: "Ausgewählte Monier- und Betonbauwerke", 2. vermehrte Auflage, Julius Becker Verlag, Berlin 1894.

Lfd. Nr.: 97

Baujahr: 1889

Objektname: **Königliche Universität**

Adresse: Berlin, Mitte
Bauherr: unbekannt; Architekt: unbekannt; Ingenieur: unbekannt; Bauunternehmen: AG für Beton- und Monierbauten
Bautyp: Bildungsgebäude; Kategorie: Hochschule; System: Monier
Tragwerk: 2-seitig gelag. Platte, gewölbt
Beschreibung: "Monierkappen, Monierböden, 700m², Treppenanlage in Monierkonstruktion, Feuersichere Archivanlage" (Rehbein 1894); "ca. 1000qm gewölbte und ebene Monierdecken der Korridore, Treppenanlagen, Monierwände, Moniertreppenanlagen und Gipsdielenwände" (GStPK).
Literaturverweise: Rehbein, F.: "Ausgewählte Monier- und Betonbauwerke", 2. vermehrte Auflage, Julius Becker Verlag, Berlin 1894; GStPK: I.HA Rep 93 E Nr. 3051 - Ministerium der öffentlichen Arbeiten, Actien-Gesellschaft für Monier-Bauten vorm. G. A. Wayss & Comp., Ausführungen im Bereiche der übrigen Königlich Preußischen und anderer Staatsbehörden. Betrag rund 350000 Mark, Datierung 16.12.1890.

Lfd. Nr.: 98

Baujahr: 1889

Objektname: **Fabrikneubau**

Adresse: Königsbergerstraße (heute Fredersdorfer Straße), Berlin, Friedrichshain
Bauherr: unbekannt; Architekt: unbekannt; Ingenieur: unbekannt; Bauunternehmen: AG für Beton- und Monierbauten
Bautyp: Industriebauten; Kategorie: Fabrik; System: Monier
Tragwerk: 2-seitig gelag. Platte, eben
Beschreibung: 2108m² ebene Monierböden bis 1,5m Spannweite.
Literaturverweise: Rehbein, F.: "Ausgewählte Monier- und Betonbauwerke", 2. vermehrte Auflage, Julius Becker Verlag, Berlin 1894.

Lfd. Nr.: 99

Baujahr: 1889

Objektname: **Schießstände Hasenhaide**

Adresse: Hasenheide, Berlin, Neukölln
Bauherr: unbekannt; Architekt: unbekannt; Ingenieur: unbekannt; Bauunternehmen: AG für Beton- und Monierbauten
Bautyp: Militärische Gebäude; Kategorie: Schießstand; System: Monier
Tragwerk: 2-seitig gelag. Platte, gewölbt
Beschreibung: Moniergewölbe, Wände, Anzeigerdeckung.
Literaturverweise: Rehbein, F.: "Ausgewählte Monier- und Betonbauwerke", 2. vermehrte Auflage, Julius Becker Verlag, Berlin 1894.

Lfd. Nr.: 100

Baujahr: 1889

Objektname: **Fabrikbau**

Adresse: Krautstraße 36, Berlin, Friedrichshain
Bauherr: unbekannt; Architekt: unbekannt; Ingenieur: unbekannt; Bauunternehmen: AG für Beton- und Monierbauten
Bautyp: Industriebauten; Kategorie: Fabrik; System: Monier
Tragwerk: 2-seitig gelag. Platte, gewölbt
Beschreibung: 1000m² Monierkappen bis 2,85m Spannweite, Nutzlast 2500 kg.
Literaturverweise: Rehbein, F.: "Ausgewählte Monier- und Betonbauwerke", 2. vermehrte Auflage, Julius Becker Verlag, Berlin 1894; LAB: A Rep. 010-02 Nr. 3878, 9693 – Bauakten 1879–1922.

Lfd. Nr.: 101

Baujahr: 1889

Objektname: **Fabrikbau**

Adresse: Langestraße Berlin, Friedrichshain
Bauherr: unbekannt; Architekt: unbekannt; Ingenieur: unbekannt; Bauunternehmen: AG für Beton- und Monierbauten
Bautyp: Industriebauten; Kategorie: Fabrik; System: Monier
Tragwerk: 2-seitig gelag. Platte, gewölbt
Beschreibung: 300m² Monierkappen, mit 2,25m Spannweite.
Literaturverweise: Rehbein, F.: "Ausgewählte Monier- und Betonbauwerke", 2. vermehrte Auflage, Julius Becker Verlag, Berlin 1894.

Lfd. Nr.: 102

Baujahr: 1889

Objektname: **Neubau Thaerstr. 54**

Adresse: Thaerstraße 54, Berlin, Friedrichshain
Bauherr: unbekannt; Architekt: Herr Architekt H. Richard; Ingenieur: unbekannt; Bauunternehmen: G. A. Wayss & Co., Berlin
Bautyp: Handel- und Gewerbebauten; Kategorie: keine Angabe; System: Monier
Tragwerk: 2-seitig gelag. Platte, gewölbt
Beschreibung: "Gewölbe der Durchfahrt und Hofkellergewölbe" (Rehbein 1894); "Monierböden, Wände, Gewölbe der Durchfahrt, Hofkellergewölbe u.s.w." (Wayss 1889).

Literaturverweise: Rehbein, F.: "Ausgewählte Monier- und Betonbauwerke", 2. vermehrte Auflage, Julius Becker Verlag, Berlin 1894; G. A. Wayss & Co. [Hg.]: "Verzeichnis ausgeführter Arbeiten nach dem System Monier", ohne Verlagsangabe, Berlin 1889; LAB: A Rep. 010-02 Nr. 10097 – Grundstücksbauakte 1882–1937.

Lfd. Nr.: 103

Baujahr: 1889

Objektname: **Fabrik Julius Pintsch**

Adresse: Andreasstraße 71-73, Berlin, Friedrichshain
Bauherr: Julius Pintsch; Architekt: Kgl. Geh. Bauräte Cremer und Wolffenstein; Ingenieur: unbekannt; Bauunternehmen: AG für Beton- und Monierbauten, Wittling & Güldner Baugeschäft
Bautyp: Industriebauten; Kategorie: Fabrik; System: Monier
Tragwerk: 2-seitig gelag. Platte, gewölbt
Beschreibung: Hofkellergewölbe, ebene Monierplatten als Decken in der Fabrik, Monierkappen.
Literaturverweise: Rehbein, F.: "Ausgewählte Monier- und Betonbauwerke", 2. vermehrte Auflage, Julius Becker Verlag, Berlin 1894; O. A.: "Wittling & Güldner" In: Architektenverein zu Berlin [Hg.]: Hundert Jahre Architekten Verein zu Berlin 1824–1924. Verlag des Architektenvereins zu Berlin, Berlin 1924, S. 23; LAB: A Rep. 010-02 Nr. 31702, 31703 – Bauakten 1889–1896.

Lfd. Nr.: 104

Baujahr: 1889

Objektname: **Höhere Bürgerschule**

Adresse: Skalitzerstraße, Berlin, Kreuzberg
Bauherr: unbekannt; Architekt: unbekannt; Ingenieur: unbekannt; Bauunternehmen: G. A. Wayss & Co., Berlin
Bautyp: Bildungsgebäude; Kategorie: Schule; System: Monier
Tragwerk: 2-seitig gelag. Platte, eben; Scheibe
Beschreibung: "verschiedene Arbeiten, als Wände, Böden, Luft-Kanäle, Springbrunnenbassins u.s.w." (Wayss 1889).
Literaturverweise: G. A. Wayss & Co. [Hg.]: "Verzeichnis ausgeführter Arbeiten nach dem System Monier", ohne Verlagsangabe, Berlin 1889.

Lfd. Nr.: 105

Baujahr: 1889

Objektname: **Lessing-Gymnasium**

Adresse: Pankstr., Berlin, Mitte, Gesundbrunnen
Bauherr: unbekannt; Architekt: unbekannt; Ingenieur: unbekannt; Bauunternehmen: G. A. Wayss & Co., Berlin
Bautyp: Bildungsgebäude; Kategorie: Schule; System: Monier
Tragwerk: 2-seitig gelag. Platte, eben; Scheibe
Beschreibung: "verschiedene Arbeiten, als Wände, Böden, Luft-Kanäle, Springbrunnenbassins u.s.w." (Wayss 1889).
Literaturverweise: G. A. Wayss & Co. [Hg.]: "Verzeichnis ausgeführter Arbeiten nach dem System Monier", ohne Verlagsangabe, Berlin 1889.

Lfd. Nr.: 106

Baujahr: 1889

Objektname: **Schule**

Adresse: Alexandrinenstr., Berlin, Kreuzberg
Bauherr: unbekannt; Architekt: unbekannt; Ingenieur: unbekannt; Bauunternehmen: G. A. Wayss & Co., Berlin
Bautyp: Bildungsgebäude; Kategorie: Schule; System: Monier
Tragwerk: 2-seitig gelag. Platte, eben; Scheibe
Beschreibung: "verschiedene Arbeiten, als Wände, Böden, Luft-Kanäle, Springbrunnenbassins u.s.w." (Wayss 1889).
Literaturverweise: G. A. Wayss & Co. [Hg.]: "Verzeichnis ausgeführter Arbeiten nach dem System Monier", ohne Verlagsangabe, Berlin 1889.

Lfd. Nr.: 107

Baujahr: 1889

Objektname: **Luisenstädtisches Gymnasium (heute Heinrich-Schliemann-Oberschule)**

Adresse: Dunckerstraße 64 (ehem. Brandenburgstr.), Berlin, Pankow
Bauherr: unbekannt; Architekt: unbekannt; Ingenieur: unbekannt; Bauunternehmen: G. A. Wayss & Co., Berlin
Bautyp: Bildungsgebäude; Kategorie: Schule; System: Monier
Tragwerk: 2-seitig gelag. Platte, eben; Scheibe
Beschreibung: "verschiedene Arbeiten, als Wände, Böden, Luft-Kanäle, Springbrunnenbassins u.s.w." (Wayss 1889).
Literaturverweise: G. A. Wayss & Co. [Hg.]: "Verzeichnis ausgeführter Arbeiten nach dem System Monier" ohne Verlagsangabe, Berlin 1889.

Lfd. Nr.: 108

Baujahr: 1889

Objektname: **Gemeindeschule**

Adresse: Köpenickerstr., Berlin
Bauherr: unbekannt; Architekt: unbekannt; Ingenieur: unbekannt; Bauunternehmen: G. A. Wayss & Co., Berlin
Bautyp: Bildungsgebäude; Kategorie: Schule; System: Monier
Tragwerk: 2-seitig gelag. Platte, gewölbt
Beschreibung: "verschiedene Arbeiten, als Wände, Böden, Luft-Kanäle, Springbrunnenbassins u.s.w." (Wayss 1889).
Literaturverweise: G. A. Wayss & Co. [Hg.]: "Verzeichnis ausgeführter Arbeiten nach dem System Monier", ohne Verlagsangabe, Berlin 1889.

Lfd. Nr.: 109

Baujahr: 1889

Objektname: **Städtisches Krankenhaus am Friedrichshain**

Adresse: Landsberger Allee, Berlin, Friedrichshain
Bauherr: unbekannt; Architekt: unbekannt; Ingenieur: unbekannt; Bauunternehmen: G. A. Wayss & Co., Berlin
Bautyp: Gesundheitsbauten; Kategorie: Krankenhaus; System: Monier
Tragwerk: 2-seitig gelag. Platte, gewölbt
Beschreibung: "verschiedene Arbeiten, als Wände, Böden, Luft-Kanäle, Springbrunnenbassins u.s.w." (Wayss 1889).
Literaturverweise: G. A. Wayss & Co. [Hg.]: "Verzeichnis ausgeführter Arbeiten nach dem System Monier", ohne Verlagsangabe, Berlin 1889.

Lfd. Nr.: 110

Baujahr: 1889

Objektname: **Städtische Wasserwerke**

Adresse: Melchiorstrasse 20-22, Berlin, Kreuzberg
Bauherr: unbekannt; Architekt: unbekannt; Ingenieur: unbekannt; Bauunternehmen: G. A. Wayss & Co., Berlin
Bautyp: Ver- und Entsorgungsbauten; Kategorie: Behälter; System: Monier
Tragwerk: 2-seitig gelag. Platte, gewölbt
Beschreibung: "verschiedene Arbeiten, als Wände, Böden, Luft-Kanäle, Springbrunnenbassins u.s.w." (Wayss 1889).
Literaturverweise: G. A. Wayss & Co. [Hg.]: "Verzeichnis ausgeführter Arbeiten nach dem System Monier", ohne Verlagsangabe, Berlin 1889.

Lfd. Nr.: 111

Baujahr: 1889

Objektname: **Lagerhaus**

Adresse: Berlin
Bauherr: unbekannt; Architekt: unbekannt; Ingenieur: Karl Bernhard; Bauunternehmen: unbekannt
Bautyp: Industriebauten; Kategorie: Lager
Tragwerk: keine Angabe
Beschreibung: Größerer Lagerhausbau mit Eisenbetondecken.
Literaturverweise: Bernhard, Karl: Diskussion über "Würfelprobe oder Kontrollbalken" In: *Armierter Beton* 4. Jahrgang (1911) Heft 5, S. 151–153.

Lfd. Nr.: 112

Baujahr: 1890

Objektname: **Berliner Elektrizitätswerke (heute Bewag)**

Adresse: Markgrafenstraße 44, Gendarmenmarkt, Berlin, Mitte
Bauherr: unbekannt; Architekt: unbekannt; Ingenieur: unbekannt; Bauunternehmen: unbekannt
Bautyp: Verwaltungsgebäude; Kategorie: Bürogebäude; System: Monier
Tragwerk: 2-seitig gelag. Platte, gewölbt
Beschreibung: Monierkappen mit 3,9m Spannweite auf eisernen Trägern, Nutzlast 1500 kg/m².
Literaturverweise: Berlin und seine Bauten (1896) Teil I, S. 439 f.

Lfd. Nr.: 113

Baujahr: 1890

Objektname: **Umladeschuppen**

Adresse: Blücherplatz, Berlin, Kreuzberg
Bauherr: unbekannt; Architekt: unbekannt; Ingenieur: unbekannt; Bauunternehmen:
Bautyp: Verkehrsbau; Kategorie: Lager; System: Monier
Tragwerk: 2-seitig gelag. Platte, gewölbt
Beschreibung: Monierkappen mit 5m Spannweite auf eisernen Trägern, Nutzlast 5000 kg/m².
Literaturverweise: Berlin und seine Bauten (1896) Teil I, S. 439 f.

Lfd. Nr.: 114

Baujahr: 1890

Objektname: **Proviant-Amt Moabit**

Adresse: Paulstraße Berlin, Mitte, Moabit
Bauherr: unbekannt; Architekt: R.-B. Koppen, Baubeamter Wilhelm Kneisler; Ingenieur: unbekannt; Bauunternehmen: AG für Beton- und Monierbauten
Bautyp: Verwaltungsgebäude; Kategorie: Bürogebäude; System: Monier
Tragwerk: 2-seitig gelag. Platte, gewölbt
Beschreibung: 1000m² Monierkappen, Böden, Monierdecken im Treppenhaus.
Literaturverweise: Rehbein, F.: "Ausgewählte Monier- und Betonbauwerke", 2. vermehrte Auflage, Julius Becker Verlag, Berlin 1894; O. A.: "Statistische Nachweisungen über bemerkenswerthe, in den Jahren 1890 bis 1894 im deutschen Reiche vollendete Bauten der Garnision-Bauverwaltung" In: *Zeitschrift für Bauwesen* 1897, Jg.47, S. 34–35.

Lfd. Nr.: 115

Baujahr: 1890

Objektname: **Wasserwerk Am Teufelssee, Charlottenburger Wasserwerke**

Adresse: Teufelsseechausee, Berlin, Grunewald
Bauherr: unbekannt; Architekt: unbekannt; Ingenieur: unbekannt; Bauunternehmen: AG für Beton- und Monierbauten, Spezial-Baugeschäft für Beton- und Monierbau F.S. Reincke & Co.
Bautyp: Ver- und Entsorgungsbauten; Kategorie: Kraftwerk; System: Monier
Tragwerk: 2-seitig gelag. Platte, gewölbt; Kreiszylinderschale
Beschreibung: Wasserreservoir 2000m³ Inhalt, zweikammeriges Hochreservoir, Stampfbetonwände mit Überdeckung aus Moniergewölben mit 5m Spannweite.
Literaturverweise: Rehbein, F.: "Ausgewählte Monier- und Betonbauwerke", 2. vermehrte Auflage, Julius Becker Verlag, Berlin 1894; O. A.: "Spezial-Baugeschäft für Beton- und Monierbau F.S. Reincke & Co." In: Architektenverein zu Berlin [Hg.]: Hundert Jahre Architekten Verein zu Berlin 1824–1924. Verlag des Architektenvereins zu Berlin, Berlin 1924, S. 45.

Lfd. Nr.: 116

Baujahr: 1890

Objektname: **Haferspeicher Nr. II des Proviantamtes**

Adresse: Ringbahnstraße 126/134 und Schöneberger Straße 11–15, Magazin Anlage Berlin Tempelhof
Bauherr: Ministerium der öffentlichen Arbeiten, Königliches Kriegsministerium Preußen; Architekt: unbekannt; Ingenieur: unbekannt; Bauunternehmen: A.-G. für Beton- und Monierbauten

Bautyp: Militärische Gebäude; Kategorie: Lager; System: Monier
Tragwerk: 2-seitig gelag. Platte, gewölbt; Kreiszylinderschale
Beschreibung: "K.[appen] im wesentlichen Monier-[...]gewölbe, 2 Monier-Wasserbehälter" (o.A. 1902); "2 Monierbassins a 4,5 qcbm Inhalt und Monierdecken zwischen I-Trägern, Isolierung der Bassins rund 5cm starke Gipsdielen" (GStPK).
Literaturverweise: O. A.: "Statistische Nachweisungen über bemerkenswerthe, in den Jahren 1890 bis 1899 vollendete Hochbauten der preußischen Garnision-Bauverwaltung.V. Proviants-Bauten, VI. Dienstbauten" In: *Zeitschrift für Bauwesen* 1902, Jg.52, S. 76 f; GStPK: I.HA Rep 93 E Nr. 3051 – Ministerium der öffentlichen Arbeiten, Actien-Gesellschaft für Monier-Bauten vorm. G. A. Wayss & Comp., Ausführungen im Bereiche der Königlichen Kriegsministerien für Preußen, Bayern und Sachsen, Betrag rund 1750000 Mark; LAB: F Rep. 270 Nr. 7926, enthält Grundrisse und Schnitte in 1:100 und 1:200.

Lfd. Nr.: 117

Baujahr: 1890

Objektname: **Kaiser-Alexander-Regiment**

Adresse: Columbiadamm / Hasenheide, Berlin, Tempelhof
Bauherr: Ministerium der öffentlichen Arbeiten, Königliches Kriegsministerium Preußen; Architekt: unbekannt; Ingenieur: unbekannt; Bauunternehmen: AG für Beton- und Monierbauten
Bautyp: Militärische Gebäude; Kategorie: Kaserne; System: Monier
Tragwerk: Scheibe
Beschreibung: "Freistehende Monierabschlußwand im Offiziersgarten, 12,0m hoch" (Rehbein 1894); "Trennungswand nach dem Nachbargrundstück 8,00m hoch und 9,00m lang" (GSTPK).
Literaturverweise: Rehbein, F.: "Ausgewählte Monier- und Betonbauwerke", 2. vermehrte Auflage, Julius Becker Verlag, Berlin 1894; GStPK: I.HA Rep 93 E Nr. 3051 – Ministerium der öffentlichen Arbeiten, Actien-Gesellschaft für Monier-Bauten vorm. G. A. Wayss & Comp., Ausführungen im Bereiche der Königlichen Kriegsministerien für Preußen, Bayern und Sachsen, Betrag rund 1750000 Mark, Datierung 16.12.1890.

Lfd. Nr.: 118

Baujahr: 1890

Objektname: **Thiergarten-Reitbahn-Actien-Gesellschaft**

Adresse: Königin-Augusta-Straße 39a, Berlin Tiergarten, Tempelhof
Bauherr: unbekannt; Architekt: unbekannt; Ingenieur: unbekannt; Bauunternehmen: AG für Beton- und Monierbauten
Bautyp: Verwaltungsgebäude; Kategorie: Bürogebäude; System: Monier
Tragwerk: 2-seitig gelag. Platte, gewölbt
Beschreibung: Monierkappen, Böden und Wände, insg. 500m².
Literaturverweise: Rehbein, F.: "Ausgewählte Monier- und Betonbauwerke", 2. vermehrte Auflage, Julius Becker Verlag, Berlin 1894; LAB: A Rep. 010-02 Nr. 3583 – Grundstücksbauakten 1890–1911.

Lfd. Nr.: 119

Baujahr: 1890

Objektname: **Garnison-Lazarett**

Adresse: Metzstraße 2, Berlin, Tempelhof
Bauherr: Ministerium der öffentlichen Arbeiten, Königliches Kriegsministerium Preußen; Architekt: unbekannt; Ingenieur: unbekannt; Bauunternehmen: AG für Beton- und Monierbauten
Bautyp: Gesundheitsbauten; Kategorie: Krankenhaus; System: Monier
Tragwerk: 2-seitig gelag. Platte, gewölbt
Beschreibung: "2 Treppenanlagen im Magazin des Lazaret bestehen aus überbetonierten Moniergewölben, ebene Monierböden" (Rehbein 1894); "2 Treppenanlagen (78 lfdm) nach System Monier, doppelter ebener Monierboden als Treppenpodeste und Monierdecke als Treppenhausdecke. (In Ausführung)" (GStPK).
Literaturverweise: Rehbein, F.: "Ausgewählte Monier- und Betonbauwerke", 2. vermehrte Auflage, Julius Becker Verlag, Berlin 1894; GStPK: I.HA Rep 93 E Nr. 3051 – Ministerium der öffentlichen Arbeiten, Actien-Gesellschaft für Monier-Bauten vorm. G. A. Wayss & Comp., Ausführungen im Bereiche der Königlichen Kriegsministerien für Preußen, Bayern und Sachsen, Betrag rund 1750000 Mark, Datierung 16.12.1890.

Lfd. Nr.: 120

Baujahr: 1890

Objektname: **Königliche Pulverfabrik**

Adresse: Spandau
Bauherr: Ministerium der öffentlichen Arbeiten, Königliches Kriegsministerium Preußen; Architekt: unbekannt; Ingenieur: unbekannt; Bauunternehmen: AG für Beton- und Monierbauten
Bautyp: Militärische Gebäude; Kategorie: Fabrik; System: Monier
Tragwerk: Scheibe
Beschreibung: "Monierrohre mit 0,5 bis 1,0m Lichtweite, rund 200m" (Rehbein 1894); "[...] ferner vollständige Gebäude mit Monier-Umfassungswänden und Gipsdielenbedachungen, zusammen ca. 7000 qm Wand- und Deckenflächen [...]" (GStPK).
Literaturverweise: Rehbein, F.: "Ausgewählte Monier- und Betonbauwerke", 2. vermehrte Auflage, Julius Becker Verlag, Berlin 1894; GStPK: I.HA Rep 93 E Nr. 3051 – Ministerium der öffentlichen Arbeiten, Actien-Gesellschaft für Monier-Bauten vorm. G. A. Wayss & Comp., Ausführungen im Bereiche der Königlichen Kriegsministerien für Preußen, Bayern und Sachsen, Betrag rund 1750000 Mark, Datierung 16.12.1890.

Lfd. Nr.: 121

Baujahr: 1890

Objektname: **Erweiterungsbau des Königlichen Kriegs-Ministeriums**

Adresse: Wilhelmstraße 82, Berlin
Bauherr: Ministerium der öffentlichen Arbeiten, Königliches Kriegsministerium Preußen; Architekt: unbekannt; Ingenieur: unbekannt; Bauunternehmen: AG für Beton- und Monierbauten
Bautyp: Militärische Gebäude; Kategorie: Bürogebäude; System: Monier
Tragwerk: 2-seitig gelag. Platte, gewölbt
Beschreibung: "ca. 500 qm Moniergewölbe von 3,00m Spannweite" (GStPK).
Literaturverweise: GStPK: I.HA Rep 93 E Nr. 3051 – Ministerium der öffentlichen Arbeiten, Actien-Gesellschaft für Monier-Bauten vorm. G. A. Wayss & Comp., Ausführungen im Bereiche der Königlichen Kriegsministerien für Preußen, Bayern und Sachsen, Betrag rund 1750000 Mark, Datierung 16.12.1890.

Lfd. Nr.: 122

Baujahr: 1890

Objektname: **Artillerie-Schießschule**

Adresse: Scharnhorststraße 23–31, Berlin
Bauherr: Ministerium der öffentlichen Arbeiten, Königliches Kriegsministerium Preußen; Architekt: unbekannt; Ingenieur: unbekannt; Bauunternehmen: AG für Beton- und Monierbauten
Bautyp: Militärische Gebäude; Kategorie: Schule; System: Monier
Tragwerk: 2-seitig gelag. Platte, gewölbt
Beschreibung: "550 qm Moniergewölbe der Pferdeställe von 5-6 m Spannweite; ferner Säulenummantelungen; Dunstschlote, Wände [...]" (GStPK).
Literaturverweise: GStPK: I.HA Rep 93 E Nr. 3051 – Ministerium der öffentlichen Arbeiten, Actien-Gesellschaft für Monier-Bauten vorm. G. A. Wayss & Comp., Ausführungen im Bereiche der Königlichen Kriegsministerien für Preußen, Bayern und Sachsen, Betrag rund 1750000 Mark, Datierung 16.12.1890.

Lfd. Nr.: 123

Baujahr: 1890

Objektname: **Gebäude der Landesaufnahme**

Adresse: Moltkestraße 5, Berlin
Bauherr: Ministerium der öffentlichen Arbeiten, Königliches Kriegsministerium Preußen; Architekt: unbekannt; Ingenieur: unbekannt; Bauunternehmen: AG für Beton- und Monierbauten
Bautyp: Militärische Gebäude; Kategorie: Bürogebäude; System: Monier
Tragwerk: 2-seitig gelag. Platte, eben
Beschreibung: "ca. 80 qm Monierabluftwände im Treppenhaus; ca. 105 qm böhmische Kappen und ebene Monierdecken über I-Trägern und Holzbalken" (GStPK).
Literaturverweise: GStPK: I.HA Rep 93 E Nr. 3051 – Ministerium der öffentlichen Arbeiten, Actien-Gesellschaft für Monier-Bauten vorm. G. A. Wayss & Comp., Ausführungen im Bereiche der Königlichen Kriegsministerien für Preußen, Bayern und Sachsen, Betrag rund 1,750000 Mark, Datierung 16.12.1890.

Lfd. Nr.: 124

Baujahr: 1890

Objektname: **Gewehr-Prüfungskommission**

Adresse: Ruhleben bei Spandau, Berlin
Bauherr: Ministerium der öffentlichen Arbeiten, Königliches Kriegsministerium Preußen; Architekt: unbekannt; Ingenieur: unbekannt; Bauunternehmen: AG für Beton- und Monierbauten
Bautyp: Militärische Gebäude; Kategorie: Bürogebäude; System: Monier
Tragwerk: 2-seitig gelag. Platte, gewölbt
Beschreibung: "ca. 155 qm Moniergewölbe bis 5,74m Spannweite im Erdgeschoß" (GStPK).
Literaturverweise: GStPK: I.HA Rep 93 E Nr. 3051 – Ministerium der öffentlichen Arbeiten, Actien-Gesellschaft für Monier-Bauten vorm. G. A. Wayss & Comp., Ausführungen im Bereiche der Königlichen Kriegsministerien für Preußen, Bayern und Sachsen, Betrag rund 1750000 Mark, Datierung 16.12.1890.

Lfd. Nr.: 125

Baujahr: 1890

Objektname: **Ober-Post-Direktion**

Adresse: Französische Straße, Berlin, Mitte
Bauherr: Kaiserliche Reichsbehörden, Ministerium der öffentlichen Arbeiten; Architekt: unbekannt; Ingenieur: unbekannt; Bauunternehmen: AG für Beton- und Monierbauten
Bautyp: Verwaltungsgebäude; Kategorie: Bürogebäude; System: Monier
Tragwerk: 2-seitig gelag. Platte, eben
Beschreibung: "Ebene Monierböden" (GStPK)
Literaturverweise: GStPK: I.HA Rep 93 E Nr. 3051 – Ministerium der öffentlichen Arbeiten, Actien-Gesellschaft für Monier-Bauten vorm. G. A. Wayss & Comp., Ausführungen im Bereiche der Kaiserlichen Reichsbehörden. Betrag rund 100000 Mark, Datierung 16.12.1890.

Lfd. Nr.: 126

Baujahr: 1890

Objektname: **Provinzial-Irrenanstalt**

Adresse: Kreuzberg, Berlin
Bauherr: Provinzial Behörde; Architekt: unbekannt; Ingenieur: unbekannt; Bauunternehmen: AG für Beton- und Monierbauten
Bautyp: Gesundheitsbauten; Kategorie: Krankenhaus; System: Monier
Tragwerk: 2-seitig gelag. Platte, gewölbt
Beschreibung: "Monierarbeiten [...] Stalldecken" (GStP).
Literaturverweise: GStPK: I.HA Rep 93 E Nr. 3051 – Ministerium der öffentlichen Arbeiten, Actien-Gesellschaft für Monier-Bauten vorm. G. A. Wayss & Comp., Ausführungen im Bereiche von Provinzial- und Communal-Behörden. Betrag rund 925000 Mark, Datierung 16.12.1890.

Lfd. Nr.: 127

Baujahr: 1890

Objektname: **Städtisches Asyl für Obdachlose**

Adresse: Berlin
Bauherr: unbekannt; Architekt: unbekannt; Ingenieur: unbekannt; Bauunternehmen: AG für Beton- und Monierbauten
Bautyp: Verwaltungsgebäude; Kategorie: Wohnhaus; System: Monier
Tragwerk: 2-seitig gelag. Platte, eben; Scheibe
Beschreibung: "Feuerfeste Wände und Decken, Cemmentböden" (GStPK).
Literaturverweise: GStPK: I.HA Rep 93 E Nr. 3051 – Ministerium der öffentlichen Arbeiten, Actien-Gesellschaft für Monier-Bauten vorm. G. A. Wayss & Comp., Ausführungen im Bereiche von Provinzial- und Communal-Behörden. Betrag rund 925000 Mark, Datierung 16.12.1890.

Lfd. Nr.: 128

Baujahr: 1890

Objektname: **Arbeitshaus Rummelsburg**

Adresse: Rummelsburg, Berlin
Bauherr: unbekannt; Architekt: unbekannt; Ingenieur: unbekannt; Bauunternehmen: AG für Beton- und Monierbauten
Bautyp: Verwaltungsgebäude; Kategorie: Bürogebäude; System: Monier
Tragwerk: Scheibe
Beschreibung: "rd. 500qm Wände" (GStPK).

Literaturverweise: GStPK: I.HA Rep 93 E Nr. 3051 – Ministerium der öffentlichen Arbeiten, Actien-Gesellschaft für Monier-Bauten vorm. G. A. Wayss & Comp., Ausführungen im Bereiche von Provinzial- und Communal-Behörden. Betrag rund 925000 Mark, Datierung 16.12.1890.

Lfd. Nr.: 129

Baujahr: 1890

Objektname: **Städtisches Hospital- und Siechenhaus**

Adresse: keine Angabe
Bauherr: unbekannt; Architekt: unbekannt; Ingenieur: unbekannt; Bauunternehmen: AG für Beton- und Monierbauten
Bautyp: Gesundheitsbauten; Kategorie: Krankenhaus; System: Monier
Tragwerk: 2-seitig gelag. Platte, gewölbt
Beschreibung: "Treppenhausdecken, Ventilationschlote, Ummantelungen, Wände und Decken für Trockenkammern" (GStPK).
Literaturverweise: GStPK: I.HA Rep 93 E Nr. 3051 – Ministerium der öffentlichen Arbeiten, Actien-Gesellschaft für Monier-Bauten vorm. G. A. Wayss & Comp., Ausführungen im Bereiche von Provinzial- und Communal- Behörden. Betrag rund 925000 Mark, Datierung 16.12.1890.

Lfd. Nr.: 130

Baujahr: 1890

Objektname: **Städtisches Krankenhaus Am Urban**

Adresse: Am Urban, Berlin
Bauherr: unbekannt; Architekt: unbekannt; Ingenieur: unbekannt; Bauunternehmen: AG für Beton- und Monierbauten
Bautyp: Gesundheitsbauten; Kategorie: Krankenhaus; System: Monier
Tragwerk: 2-seitig gelag. Platte, eben
Beschreibung: "rd. 5000qm Zu- und Abluftkanäle für 10 Pavillons. Abdeckplatten, Fußböden, [...] u.f.m." (GStPK).
Literaturverweise: GStPK: I.HA Rep 93 E Nr. 3051 – Ministerium der öffentlichen Arbeiten, Actien-Gesellschaft für Monier-Bauten vorm. G. A. Wayss & Comp., Ausführungen im Bereiche von Provinzial- und Communal-Behörden. Betrag rund 925000 Mark, Datierung 16.12.1890; LAB: div.

Lfd. Nr.: 131

Baujahr: 1890

Objektname: **Dreifache Gemeindeschule**

Adresse: Graefestraße, Berlin
Bauherr: unbekannt; Architekt: unbekannt; Ingenieur: unbekannt; Bauunternehmen: AG für Beton- und Monierbauten
Bautyp: Bildungsgebäude; Kategorie: Schule; System: Monier
Tragwerk: 2-seitig gelag. Platte, eben
Beschreibung: "Abdeckung der Zu- und Abluftkanäle" (GStPK).
Literaturverweise: GStPK: I.HA Rep 93 E Nr. 3051 – Ministerium der öffentlichen Arbeiten, Actien-Gesellschaft für Monier-Bauten vorm. G. A. Wayss & Comp., Ausführungen im Bereiche von Provinzial- und Communal-Behörden. Betrag rund 925000 Mark, Datierung 16.12.1890.

Lfd. Nr.: 132

Baujahr: 1890

Objektname: **Potsdamer Bahnhof**

Adresse: Potsdamer Bahnhof, Berlin
Bauherr: Ministerium der öffentlichen Arbeiten; Architekt: unbekannt; Ingenieur: unbekannt;
Bauunternehmen: AG für Beton- und Monierbauten
Bautyp: Verkehrsbau; Kategorie: Bahnhof; System: Monier
Tragwerk: Kreiszylinderschale
Beschreibung: "Monierbassin auf dem Potsdamer Bahnhof für 2000 Liter Inhalt [...] Der Bottig hat 3,10m lichten Durchmesser und 2,35 lichte Höhe bei 4-7cm starken Wandungen. Der Rauminhalt beträgt 17,0 cbm" (GStPK).
Literaturverweise: GStPK: I.HA Rep 93 E Nr. 3051 – Ministerium der öffentlichen Arbeiten, Actien-Gesellschaft für Monier-Bauten vorm. G. A. Wayss & Comp., Ausführungen im Bereiche des Königlichen Ministeriums der öffentlichen Arbeiten. Betrag rund 70000 Mark, Datierung 16.12.1890.

Lfd. Nr.: 133

Baujahr: 1891

Objektname: **Kartenmagazin der Brandenburgischen Alters- und Invaliditäts-Versicherungsanstalt**

Adresse: Wichmannstraße, Charlottenburg (Neben Landhaus des Provinzial-Verbandes) Berlin, Mitte
Bauherr: unbekannt; Architekt: Theodor Goecke, Architekt Hr. Heiligenstedt; Ingenieur: unbekannt; Bauunternehmen: AG für Beton- und Monierbauten
Bautyp: Verwaltungsgebäude; Kategorie: Bürogebäude; System: Monier
Tragwerk: 2-seitig gelag. Platte, eben
Beschreibung: Monierplatten auf Stahlträgern, ähnl. Konfektionshaus Manheimer, sämtliche Decken in Monierkonstruktion (feuersicher).
Literaturverweise: Berlin und seine Bauten (1896) Teil I, S. 439 f; Rehbein, F.: "Ausgewählte Monier- und Betonbauwerke", 2. vermehrte Auflage, Julius Becker Verlag, Berlin 1894; *Deutsche Bauzeitung* 1892 No. 89, S. 541.

Lfd. Nr.: 134

Baujahr: 1891

Objektname: **Königliches Prinz-Heinrich-Gymnasium Schöneberg**

Adresse: Grunewaldstraße/Akazienstraße 18, Berlin Schöneberg
Bauherr: unbekannt; Architekt: Friedrich Schulze; Ingenieur: unbekannt; Bauunternehmen: unbekannt
Bautyp: Bildungsgebäude; Kategorie: Schule; System: Monier
Tragwerk: 2-seitig gelag. Platte, gewölbt
Beschreibung: Gewölbte Monierdecken; Hinweis am Objekt "Erbaut durch KOEBE und Weißmüller".
Literaturverweise: O. A.: "Das königliche Prinz-Heinrich-Gymnasium in Schöneberg" In: *Zeitschrift für Bauwesen* 1895, Bd. 45, S. 23–25; Atlaso, A.: "Das Königliche West- Gymnasium in Berlin (Schöneberg)." In: *Zentralblatt der Bauverwaltung*, Nr. 20, 1893, Plansammlung im Architekturmuseum TU Berlin.

Lfd. Nr.: 135

Baujahr: 1891

Objektname: **Synagoge Kreuzberg**

Adresse: Lindenstraße 48/50, Berlin, Kreuzberg
Bauherr: Jüdische Gemeinde Berlin; Architekt: Cremer & Wolffenstein; Ingenieur: unbekannt; Bauunternehmen: AG für Beton- und Monierbauten; Held & Franke, Berlin
Bautyp: Sakralbau; Kategorie: Synagoge; System: Monier
Tragwerk: 2-seitig gelag. Platte, gewölbt
Beschreibung: 100m^2 gewölbte Treppenläufe.
Literaturverweise: Rehbein, F.: "Ausgewählte Monier- und Betonbauwerke", 2. vermehrte Auflage, Julius Becker Verlag, Berlin 1894; Zietz, Peer: "Franz Heinrich Schwechten" Edition Axel Menges, Stuttgart/London 1999, S. 60; Bothe, Rolf [Hg.]: "Synagogen in Berlin", Teil 1, Verlag Willmuth Arenhövel, Berlin 1983, S. 104 ff; Plansammlung im Architekturmuseum TU Berlin.

Lfd. Nr.: 136

Baujahr: 1891

Objektname: **Villa**

Adresse: Colonie Grunewald, Wissmann Straße, Berlin, Charlottenburg
Bauherr: unbekannt; Architekt: Regierungsbaumeister Wilhelm Walter; Ingenieur: unbekannt; Bauunternehmen: AG für Beton- und Monierbauten
Bautyp: Wohnungsbau; Kategorie: Privathaus; System: Monier
Tragwerk: 2-seitig gelag. Platte, eben
Beschreibung: Treppe aus ebenen Monierplatten mit aufbetonierten Stufen.
Literaturverweise: Rehbein, F.: "Ausgewählte Monier- und Betonbauwerke", 2. vermehrte Auflage, Julius Becker Verlag, Berlin 1894.

Lfd. Nr.: 137

Baujahr: 1891

Objektname: **Neubau Sternstr.**

Adresse: Sternstraße (heute Schütte-Lanz-Straße) Lichterfelde, Berlin
Bauherr: unbekannt; Architekt: P. Böttcher & G. Lanzendorf; Ingenieur: unbekannt; Bauunternehmen: AG für Beton- und Monierbauten
Bautyp: keine Angaben; Kategorie: keine Angaben; System: Monier
Tragwerk: 2-seitig gelag. Platte, eben
Beschreibung: Eine Treppe in Monierkonstruktion vom Keller bis zur 3. Etage.
Literaturverweise: Rehbein, F.: "Ausgewählte Monier- und Betonbauwerke", 2. vermehrte Auflage, Julius Becker Verlag, Berlin 1894.

Lfd. Nr.: 138

Baujahr: 1891

Objektname: **Brücke Alt Moabit Straße**

Adresse: Straße über die Stadtbahn (Höhe Lüneburger bzw. Emma Herwegh Straße), Moabit, Berlin
Bauherr: Eisenbahndirektion Altona; Architekt: unbekannt; Ingenieur: unbekannt; Bauunternehmen: AG für Beton- und Monierbauten
Bautyp: Verkehrsbau; Kategorie: Brücke (Straße); System: Monier
Tragwerk: 2-seitig gelag. Platte, gewölbt
Beschreibung: Spannweite 4,40m, 4 Öffnungen mit Fahrbahnkonstruktion zwischen den eisernen Trägern, Konstruktionshöhe Kämpfer-Scheitel = 0,525m, Nutzlast = 1 Dampfwalze, schwerstes Fuhrwerk, Fahrbahnhöhe über dem Scheitel 0,22m.
Literaturverweise: Rehbein, F.: "Ausgewählte Monier- und Betonbauwerke", 2. vermehrte Auflage, Julius Becker Verlag, Berlin 1894; O.A.: "Straßen-Überführung in Monierbau" In: *Zentralblatt der Bauverwaltung* 1893, Nr. 42, S. 444; GStPK: I.HA Rep 93 E Nr. 3051 – Ministerium der öffentlichen Arbeiten, Übersicht des Inhaltes der auf den Erlaß vom 4ten April 1896 – I a D2392 – betreffend Monierbauten eingegangenen Berichte der Königl. Eisenbahndirektion [...], Datierung 15.12.1897; Colberg, O.: "Die Anwendungen des Eisenbetons im Eisenbrückenbau" In: Fritz Edler von Emperger [Hg.]: Handbuch für Eisenbeton, Bd. 3.3, Berlin 1908, S. 517; Gesztessy, Theodor: "Beton und Eisenbeton im Eisenbrückenbau" In: Fritz Edler von Emperger [Hg.]: Handbuch für Eisenbeton, Bd. 7, 3. neubearb. Auflage, Berlin 1921, S. 600.

Lfd. Nr.: 139

Baujahr: 1892

Objektname: **Königliche Armee Konservenfabrik**

Adresse: Gartenfelder Straße(?) Berlin, Haselhorst bei Spandau
Bauherr: unbekannt; Architekt: unbekannt; Ingenieur: unbekannt; Bauunternehmen: AG für Beton- und Monierbauten
Bautyp: Industriebauten; Kategorie: Fabrik; System: Monier
Tragwerk: Kreiszylinderschale
Beschreibung: Gasometer-Bassin in Monierkonstruktion, Durchmesser = 7,35m, Höhe = 4,0m; Monierröhren versch. Lichtweiten, rund und eiförmig für Entwässerungszwecke, rd. 1500m.
Literaturverweise: Rehbein, F.: "Ausgewählte Monier- und Betonbauwerke", 2. vermehrte Auflage, Julius Becker Verlag, Berlin 1894.

Lfd. Nr.: 140

Baujahr: 1892

Objektname: **Geschäftshaus am Bullenwinkel**

Adresse: Hausvoigteiplatz 3–4, Berlin, Mitte
Bauherr: unbekannt; Architekt: Entwurf H.A. Krause; Ingenieur: unbekannt; Bauunternehmen: Alterthum & Zadeck
Bautyp: Handel- und Gewerbebauten; Kategorie: Kaufhaus; System: Monier
Tragwerk: 2-seitig gelag. Platte, eben
Beschreibung: Ebene Monierdecken auf Walzträgerunterflanschen.
Literaturverweise: Berlin und seine Bauten (1896) Teil I S. 439, Teil III S. 77 f; Blätter für Architektur und Kunsthandwerk 8 (1895) Nr. 6 Tafel 51; Schweizerische Bauzeitung 34 (1899) Nr. 9 S. 89 f; Hahn, Sonja; Oehmig, Christiane: "Bauten für Wirtschaft und Politik" In: Zwischen Brandenburger Tor und Alexanderplatz. Denkmale in Berlin Mitte. Beiträge zur Denkmalpflege in Berlin, Heft 2, 1. Aufl. 1994; Lorenz, Werner: "Ehem. Konfektions- und Geschäftshaus Valentin Manheimer. Berlin-Mitte – Oberwallstraße 6–7. Bau- und technikgeschichtliche Bewertung des historischen Dachtragwerks über dem Vorderhaus sowie Empfehlungen für den weiteren Umgang", 1997.

Lfd. Nr.: 141

Baujahr: 1892

Objektname: **Meisenbach Höfe**

Adresse: Hauptstrasse 7a, Berlin, Schöneberg
Bauherr: Anstalt für künstlerische Reproduktionsverfahren von Meisenbach Riffarth & Co.; Architekt: Felix Wolf, Zivi-ling. Richard Edmund Otto Cramer; Ingenieur: unbekannt; Bauunternehmen: unbekannt
Bautyp: Handel- und Gewerbebauten; Kategorie: Bürogebäude; System: Monier
Tragwerk: 2-seitig gelag. Platte, gewölbt
Beschreibung: Gewölbte Deckenkappen in Monier System.
Literaturverweise: H.: „Der Neubau der Anstalt für künstlerische Reproduktions-Verfahren von Meisenbach, Riffarth & Co. in Berlin-Schöneberg, Hauptstrasse 7a“ In: *Deutsche Bauzeitung* 1893, No. 104, S. 637 f.

Lfd. Nr.: 142

Baujahr: 1892

Objektname: **Eisenbahn-Brücke**

Adresse: Militärbahn, Spandau
Bauherr: Eisenbahndirektion Altona; Architekt: unbekannt; Ingenieur: unbekannt; Bauunternehmen: AG für Beton- und Monierbauten
Bautyp: Verkehrsbau; Kategorie: Brücke (Bahn); System: Monier
Tragwerk: 2-seitig gelag. Platte, eben
Beschreibung: Spannweite 1,50m, 2 Öffnungen, gerade Platte d=0,25m, Nutzlast = 1 Lokomotive, Gewicht 1,7 kg/m².
Literaturverweise: Rehbein, F.: "Ausgewählte Monier- und Betonbauwerke", 2. vermehrte Auflage, Julius Becker Verlag, Berlin 1894; Christophe, Paul: "Der Eisen=Beton und seine Anwendung im Bauwesen" Tonindustrie Zeitung, Berlin 1905, S. 160.

Lfd. Nr.: 143

Baujahr: 1892

Objektname: **Wohn- und Geschäftshaus gegenüber der Polizeiwache**

Adresse: Dorotheenstraße, Berlin, Mitte,
Bauherr: unbekannt; Architekt: unbekannt; Ingenieur: unbekannt; Bauunternehmen: unbekannt
Bautyp: Handel- und Gewerbebauten; Kategorie: Wohn- und Geschäftshaus
Tragwerk: Stütze
Beschreibung: Eisenbetonstützen und -balken im Keller.
Literaturverweise: *Deutsche Bauzeitung* 1892 No. 94, S. 574.

Lfd. Nr.: 144

Baujahr: 1892

Objektname: **Volksbadeanstalt Moabit**

Adresse: Turmstrasse 66, Am kleinen Tiergarten, Moabit, Berlin, Mitte
Bauherr: unbekannt; Architekt: Stadtbauinspektor Zekeli; Ingenieur: unbekannt; Bauunternehmen: unbekannt
Bautyp: Kultur- und Sportbauten; Kategorie: Badeanstalt; System: Monier
Tragwerk: 2-seitig gelag. Platte, eben; Scheibe
Beschreibung: Monierwände in Brause- und Wannenbädern, eventuell auch Moniergewölbe im UG und EG. "Die Schwimmhallen sind mit Moniergewölben überdeckt" (Matzdorff 1906, S. 383).
Literaturverweise: Matzdorff, Georg: "Die öffentlichen Badeanstalten der Stadt Berlin" In: Herzberg A., Meyer D. [Hg.]: Ingenieurwerke in und bei Berlin. Festschrift des Berliner Bezirksvereins Deutscher Ingenieure 1906. Verlag Julius Sittenfeld, Berlin, 1906.

Lfd. Nr.: 145

Baujahr: 1892

Objektname: **Neubau Humboldtstraße**

Adresse: Humboldtstraße (ehem. Boothstraße), Berlin, Grunewald
Bauherr: unbekannt; Architekt: Baumeister Wilski; Ingenieur: unbekannt; Bauunternehmen: AG für Beton- und Monier-bauten

Bautyp: keine Angaben; Kategorie: keine Angaben; System: Monier
Tragwerk: 2-seitig gelag. Platte, eben
Beschreibung: Eine Treppe in Monierkonstruktion.
Literaturverweise: Rehbein, F.: "Ausgewählte Monier- und Betonbauwerke", 2. vermehrte Auflage, Julius Becker Verlag, Berlin 1894.

Lfd. Nr.: 146

Baujahr: 1892

Objektname: **Wasserturm Bahnhof Moabit**

Adresse: Nähe Beusselbrücke, Berlin Moabit, Stadtgarten Moabit, Mitte
Bauherr: unbekannt; Architekt: Karl Cornelius; Ingenieur: unbekannt; Bauunternehmen: AG für Beton- und Monierbauten
Bautyp: Ver- und Entsorgungsbauten; Kategorie: Behälter; System: Monier
Tragwerk: Kreiszylinderschale
Beschreibung: Monierbassins auf dem Wasserturm.
Literaturverweise: Rehbein, F.: Ausgewählte Monier- und Betonbauwerke", 2. vermehrte Auflage, Julius Becker Verlag, Berlin 1894.

Lfd. Nr.: 147

Baujahr: 1892

Objektname: **Wasserturm**

Adresse: Berlin, Lichtenberg
Bauherr: unbekannt; Architekt: unbekannt; Ingenieur: Oskar(?) Smreker; Bauunternehmen: AG für Beton- und Monierbauten
Bautyp: Ver- und Entsorgungsbauten; Kategorie: Behälter; System: Monier
Tragwerk: Kreiszylinderschale
Beschreibung: Monier Konstruktion
Literaturverweise: Rehbein, F.: "Ausgewählte Monier- und Betonbauwerke", 2. vermehrte Auflage, Julius Becker Verlag, Berlin 1894; Bärthel, H.: "Anlagen und Bauten der Wasserversorgung" In: Berlin und seine Bauten (2006) Teil X Band A (2) Stadttechnik, Michael Imhof Verlag, Petersberg 2006, S. 60.

Lfd. Nr.: 148

Baujahr: 1892

Objektname: **Volksbadeanstalt an der Schillingsbrücke**

Adresse: an der Schillingbrücke, Holzmarktstraße/Michaelkirchstraße, Berlin
Bauherr: unbekannt; Architekt: Ludwig Hoffmann; Ingenieur: unbekannt; Bauunternehmen: unbekannt
Bautyp: Kultur- und Sportbauten; Kategorie: Badeanstalt
Tragwerk: 2-seitig gelag. Platte, gewölbt
Beschreibung: "Die Schwimmhallen sind mit Moniergewölben überdeckt" (Matzdorff 1906, S. 383).
Literaturverweise: Matzdorff, Georg: "Die öffentlichen Badeanstalten der Stadt Berlin" In: Herzberg A., Meyer D. [Hg.]: Ingenieurwerke in und bei Berlin. Festschrift des Berliner Bezirksvereins Deutscher Ingenieure 1906. Verlag Julius Sittenfeld, Berlin, 1906.

Lfd. Nr.: 149

Baujahr: 1893

Objektname: **Gasbehälterbassin**

Adresse: Lehrter Bahnhof, Berlin, Moabit
Bauherr: unbekannt; Architekt: unbekannt; Ingenieur: unbekannt; Bauunternehmen: AG für Beton- und Monierbauten
Bautyp: Ver- und Entsorgungsbauten; Kategorie: Behälter; System: Monier
Tragwerk: Kreiszylinderschale
Beschreibung: Gasbehälterbassin 5m Durchmesser, 4m hoch.
Literaturverweise: Rehbein, F.: "Ausgewählte Monier- und Betonbauwerke", 2. vermehrte Auflage, Julius Becker Verlag, Berlin 1894.

Lfd. Nr.: 150

Baujahr: 1893

Objektname: **Kurfürstendammbrücke Bahnhof Halensee**

Adresse: Kurfürstendamm, Berlin Halensee, Charlottenburg
Bauherr: Kgl. Eisenbahndirektion Berlin; Architekt: unbekannt; Ingenieur: unbekannt; Bauunternehmen: AG für Beton- und Monierbauten
Bautyp: Verkehrsbau; Kategorie: Brücke (Straße); System: Monier
Tragwerk: 2-seitig gelag. Platte, gewölbt
Beschreibung: "Spannweite 3,75m, Konstruktionshöhe von Kämpfer bis Scheitel = 0,43 + 0,08m, Nutzlast = 1 Dampfwalze, Fahrbahnhöhe über dem Scheitel 0,05m. Die Brücke ist 80m lang, Die Moniergewölbe sind zwischen die Träger gespannt. Der Bürgersteig ist aus Monierplatten gebildet." (Rehbein 1894); "Kappen zwischen den eisernen Querträgern der Fahrbahn und Platten zwischen den Trägern der Bürgersteige auf der Kurfürstendammbrücke bei Bahnhof Halensee" (GStPK).
Literaturverweise: Rehbein, F.: "Ausgewählte Monier- und Betonbauwerke", 2. vermehrte Auflage, Julius Becker Verlag, Berlin 1894; GStPK: I.HA Rep 93 E Nr. 3051 – Ministerium der öffentlichen Arbeiten, betrifft: Monierbauten zum Erlaß vom 4. Januar 1901 [...], Datierung 3.10.1906, Geheimer Baurat Schwandt.

Lfd. Nr.: 151

Baujahr: 1893

Objektname: **Straßenbrücke**

Adresse: Köpenick, Berlin, Treptow
Bauherr: Landesdirection; Architekt: unbekannt; Ingenieur: unbekannt; Bauunternehmen: AG für Beton- und Monierbauten
Bautyp: Verkehrsbau; Kategorie: Brücke (Straße); System: Monier
Tragwerk: 2-seitig gelag. Platte, gewölbt
Beschreibung: Spannweite 6,0m, 1 Öffnung, Konstruktionshöhe von Kämpfer bis Scheitel = 2,75 +0,20m, Nutzlast = 1 Dampfwalze, Fahrbahnhöhe über dem Scheitel 0,20m.
Literaturverweise: Rehbein, F.: "Ausgewählte Monier- und Betonbauwerke", 2. vermehrte Auflage, Julius Becker Verlag, Berlin 1894; Gesteschi, Th.: "Beton und Eisenbeton im Eisenbrückenbau" In: Fritz Edler von Emperger [Hg.]: Handbuch für Eisenbeton. Bd. 7, 3. neubearb. Auflage, Berlin 1921, S. 23.

Lfd. Nr.: 152

Baujahr: 1893

Objektname: **Neubau**

Adresse: Hildebrandtstraße 4a, Berlin, Mitte, Tiergarten
Bauherr: unbekannt; Architekt: Architekten Kayser & von Grossheim; Ingenieur: unbekannt; Bauunternehmen: AG für Beton- und Monierbauten
Bautyp: keine Angabe; Kategorie: keine Angabe; System: Monier
Tragwerk: 2-seitig gelag. Platte, eben
Beschreibung: Treppen aus ebenen Monierplatten und aufbetonierten Stufen (950lfdm Stufen und 50m^2 Podeste).
Literaturverweise: Rehbein, F.: "Ausgewählte Monier- und Betonbauwerke", 2. vermehrte Auflage, Julius Becker Verlag, Berlin 1894.

Lfd. Nr.: 153

Baujahr: 1894

Objektname: **Schmidtsches Wohn- und Geschäftshaus**

Adresse: Unter den Linden 16, Berlin, Mitte
Bauherr: Kunstgärtnerei und Blumenbinderei J.C. Schmidt, Erfurt; Architekt: H. Grisebach, G. Dinklage; Ingenieur: unbekannt; Bauunternehmen: unbekannt
Bautyp: Handel- und Gewerbebauten; Kategorie: Wohn- und Geschäftshaus; System: Monier
Tragwerk: 2-seitig gelag. Platte, gewölbt
Beschreibung: Decken der Durchfahrt des Vorderhauses in Moniergewölbe.
Literaturverweise: Hd.: "Wohn- und Geschäftshaus Unter den Linden Nr. 16 in Berlin." In: *Zentralblatt der Bauverwaltung* 1896, Nr. 33, S. 361 f.

Lfd. Nr.: 154

Baujahr: 1894

Objektname: **Berliner Dom**

Adresse: Am Lustgarten, 10178 Berlin, Mitte
Bauherr: unbekannt; Architekt: unbekannt; Ingenieur: unbekannt; Bauunternehmen: unbekannt
Bautyp: Sakralbau; Kategorie: Kirche;
Tragwerk: keine Angaben
Beschreibung: Verwendung von Eisenbeton im Sockel / Fundament, wird nicht genauer angegeben.
Literaturverweise: Klingenburg, Karl Heinz: "Der Berliner Dom" Union-Verlag, Berlin 1987.

Lfd. Nr.: 155

Baujahr: 1894

Objektname: **Bank für Handel und Industrie**

Adresse: Schinkelplatz 3, Berlin, Mitte
Bauherr: unbekannt; Architekt: unbekannt; Ingenieur: unbekannt; Bauunternehmen: AG für Beton- und Monierbauten
Bautyp: Handel- und Gewerbebauten; Kategorie: Bank; System: Monier
Tragwerk: keine Angaben
Beschreibung: Feuerfeste und diebessichere Tresoranlage.
Literaturverweise: Rehbein, F.: "Ausgewählte Monier- und Betonbauwerke", 2. vermehrte Auflage, Julius Becker Verlag, Berlin 1894; Gesztessy, Th.: "Fundierung und Grundwasser-Abdichtung für den Erweiterungsbau der Bank für Handel und Industrie zu Berlin" In: *Beton und Eisen* 1907, Heft 8, S. 194 ff; LAB: A Rep. 010-02 Nr. 5477 – Grundstücksbauakten 1874–1884.

Lfd. Nr.: 156

Baujahr: 1894

Objektname: **Brauerei Lehmann**

Adresse: Belforterstraße 4, Berlin, Pankow, Prenzlauer Berg
Bauherr: unbekannt; Architekt: unbekannt; Ingenieur: Ingenieur Neubronner; Bauunternehmen: AG für Beton- und Monierbauten
Bautyp: Industriebauten; Kategorie: Brauerei; System: Monier
Tragwerk: 2-seitig gelag. Platte, eben
Beschreibung: Eine Treppe in Monierkonstruktion(9m Stufen) nebst zugehörigen Podesten.
Literaturverweise: Rehbein, F.: "Ausgewählte Monier- und Betonbauwerke", 2. vermehrte Auflage, Julius Becker Verlag, Berlin 1894.

Lfd. Nr.: 157

Baujahr: 1894

Objektname: **Neubau Lessingstraße**

Adresse: Lessingstraße 34, Berlin
Bauherr: unbekannt; Architekt: Architect C. Bäsell; Ingenieur: unbekannt; Bauunternehmen: AG für Beton- und Monierbauten
Bautyp: keine Angaben; Kategorie: keine Angaben; System: Monier
Tragwerk: 2-seitig gelag. Platte, eben
Beschreibung: Treppe in Monierkonstruktion, 75lfdm Stufen und 40m² Podests.
Literaturverweise: Rehbein, F.: "Ausgewählte Monier- und Betonbauwerke", 2. vermehrte Auflage, Julius Becker Verlag, Berlin 1894; LAB: B Rep. 202 Nr. 1294 – Bauakten.

Lfd. Nr.: 158

Baujahr: 1894

Objektname: **Treppeneinbau Königgrätzer Straße**

Adresse: Königgrätzer Straße 44 (heute Stresemannstraße, Ebertstr.), Berlin, Kreuzberg
Bauherr: unbekannt; Architekt: Privatbaumeister R. Schönner; Ingenieur: unbekannt; Bauunternehmen: AG für Beton- und Monierbauten
Bautyp: keine Angaben; Kategorie: keine Angaben; System: Monier

Tragwerk: 2-seitig gelag. Platte, eben
Beschreibung: Treppe aus ebenen Monierplatten mit aufbetonierten Stufen (vom 1. bis 4. Stock).
Literaturverweise: Rehbein, F.: "Ausgewählte Monier- und Betonbauwerke", 2. vermehrte Auflage, Julius Becker Verlag, Berlin 1894.

Lfd. Nr.: 159

Baujahr: 1894

Objektname: **Wollspeicher B. Bernhardt**

Adresse: Landsbergerstraße 91, Berlin, Mahlsdorf
Bauherr: unbekannt; Architekt: unbekannt; Ingenieur: unbekannt; Bauunternehmen: AG für Beton- und Monierbauten
Bautyp: Industriebauten; Kategorie: Lager; System: Monier
Tragwerk: 2-seitig gelag. Platte, eben
Beschreibung: 2 Treppen in Monierkonstruktion durch sämtliche Etagen.
Literaturverweise: Rehbein, F.: "Ausgewählte Monier- und Betonbauwerke", 2. vermehrte Auflage, Julius Becker Verlag, Berlin 1894.

Lfd. Nr.: 160

Baujahr: 1894

Objektname: **Kaserne II. Garde Regiment zu Fuß**

Adresse: Friedrichstraße 107, Berlin, Mitte
Bauherr: Ministerium der öffentlichen Arbeiten, Königliches Kriegsministerium
Preußen; Architekt: unbekannt; Ingenieur: unbekannt; Bauunternehmen: AG für Beton- und Monierbauten
Bautyp: Militärische Gebäude; Kategorie: Kaserne; System: Monier
Tragwerk: 2-seitig gelag. Platte, eben
Beschreibung: "Podeste in Monierkonstruktion" (Rehbein 1894); "Treppenpodeste nach System Monier" (GStPK).
Literaturverweise: Rehbein, F.: "Ausgewählte Monier- und Betonbauwerke", 2. vermehrte Auflage, Julius Becker Verlag, Berlin 1894; GStPK: I.HA Rep 93 E Nr. 3051 – Ministerium der öffentlichen Arbeiten, Actien-Gesellschaft für Monier-Bauten vorm. G. A. Wayss & Comp., Ausführungen im Bereiche der Königlichen Kriegsministerien für Preußen, Bayern und Sachsen, Betrag rund 1750000 Mark, Datierung 16.12.1890.

Lfd. Nr.: 161

Baujahr: 1894

Objektname: **Neubau Schmargendorfer Straße**

Adresse: Schmargendorfer Straße 2, Berlin, Friedenau
Bauherr: unbekannt; Architekt: Baumeister Wilski; Ingenieur: unbekannt; Bauunternehmen: AG für Beton- und Monierbauten
Bautyp: keine Angaben; Kategorie: keine Angaben; System: Monier
Tragwerk: 2-seitig gelag. Platte, eben
Beschreibung: 1 Treppe in Monierkonstruktion.
Literaturverweise: Rehbein, F.: "Ausgewählte Monier- und Betonbauwerke", 2. vermehrte Auflage, Julius Becker Verlag, Berlin 1894.

Lfd. Nr.: 162

Baujahr: 1894

Objektname: **Treppenkonstruktion Schleswigerstraße**

Adresse: Schleswigerstraße/ Altonaerstraße, Berlin,
Bauherr: unbekannt; Architekt: Architekt B. Zöllner; Ingenieur: unbekannt; Bauunternehmen: AG für Beton- und Monierbauten
Bautyp: keine Angaben; Kategorie: keine Angaben; System: Monier
Tragwerk: 2-seitig gelag. Platte, eben
Beschreibung: Zwei Vordertreppen und zwei Hintertreppen aus ebenen Monierplatten mit aufbetonierten Stufen rd. 530 lfdm., 140m² Podeste in Monierkonstruktion.
Literaturverweise: Rehbein, F.: "Ausgewählte Monier- und Betonbauwerke", 2. vermehrte Auflage, Julius Becker Verlag, Berlin 1894.

Lfd. Nr.: 163

Baujahr: 1894

Objektname: **Treppenkonstruktion Neue Jacobstraße**

Adresse: Neue Jacobstraße 8, Berlin
Bauherr: unbekannt; Architekt: Architekt G. A. W. Friedrich; Ingenieur: unbekannt; Bauunternehmen: AG für Beton- und Monierbauten
Bautyp: keine Angaben; Kategorie: keine Angaben; System: Monier
Tragwerk: 2-seitig gelag. Platte, eben
Beschreibung: 140 lfdm Stufen in Monierkonstruktion, 40m² Podeste.
Literaturverweise: Rehbein, F.: "Ausgewählte Monier- und Betonbauwerke", 2. vermehrte Auflage, Julius Becker Verlag, Berlin 1894.

Lfd. Nr.: 164

Baujahr: 1894

Objektname: **Treppenkonstruktione Bartningallee**

Adresse: Bartningallee (ehem. Brücken-Allee 40) Berlin
Bauherr: unbekannt; Architekt: Regierungsbaumeister Georg Lewy; Ingenieur: unbekannt; Bauunternehmen: AG für Beton- und Monierbauten
Bautyp: keine Angaben; Kategorie: keine Angaben; System: Monier
Tragwerk: 2-seitig gelag. Platte, eben
Beschreibung: 1 Haupttreppe und 2 Hintertreppen aus ebenen Monierplatten mit aufbetonierten Stufen (350 lfdm Stufen und 120m² Podeste).
Literaturverweise: Rehbein, F.: "Ausgewählte Monier- und Betonbauwerke", 2. vermehrte Auflage, Julius Becker Verlag, Berlin 1894.

Lfd. Nr.: 165

Baujahr: 1894

Objektname: **Treppenkonstruktion Hessische Straße**

Adresse: Hessische Straße, Berlin
Bauherr: unbekannt; Architekt: Architekt Miessner (Louisenplatz); Ingenieur: unbekannt; Bauunternehmen: AG für Beton- und Monierbauten
Bautyp: keine Angaben; Kategorie: keine Angaben; System: Monier
Tragwerk: 2-seitig gelag. Platte, eben
Beschreibung: 2 Treppen aus ebenen Monierplatten und aufbetonierten Stufen, 70m² Podeste.
Literaturverweise: Rehbein, F.: "Ausgewählte Monier- und Betonbauwerke", 2. vermehrte Auflage, Julius Becker Verlag, Berlin 1894.

Lfd. Nr.: 166

Baujahr: 1894

Objektname: **Treppenkonstruktion Charlottenburg**

Adresse: Berlin, Charlottenburg
Bauherr: unbekannt; Architekt: Baumeister Gräf; Ingenieur: unbekannt; Bauunternehmen: AG für Beton- und Monierbauten
Bautyp: keine Angaben; Kategorie: keine Angaben; System: Monier
Tragwerk: 2-seitig gelag. Platte, eben
Beschreibung: 1 Treppe in Monierkonstruktion.
Literaturverweise: Rehbein, F.: "Ausgewählte Monier- und Betonbauwerke", 2. vermehrte Auflage, Julius Becker Verlag, Berlin 1894.

Lfd. Nr.: 167

Baujahr: 1894

Objektname: **Kaiserliches Auswärtiges Amt**

Adresse: Berlin
Bauherr: unbekannt; Architekt: unbekannt; Ingenieur: unbekannt; Bauunternehmen: AG für Beton- und Monierbauten

Bautyp: Verwaltungsgebäude; Kategorie: Bürogebäude; System: Monier
Tragwerk: keine Angaben
Beschreibung: Feuer- und diebessichere Archivanlage.
Literaturverweise: Rehbein, F.: "Ausgewählte Monier- und Betonbauwerke", 2. vermehrte Auflage, Julius Becker Verlag, Berlin 1894.

Lfd. Nr.: 168

Baujahr: 1894

Objektname: **Neue Jacobstraße**

Adresse: Neue Jacobstraße 14, Berlin, Mitte
Bauherr: unbekannt; Architekt: Architecten Bonne & Weidner; Ingenieur: unbekannt; Bauunternehmen: AG für Beton- und Monierbauten
Bautyp: keine Angaben; Kategorie: keine Angaben; System: Monier
Tragwerk: 2-seitig gelag. Platte, eben
Beschreibung: Zwei Hintertreppen und eine Vordertreppe in Monierconstruction (160 Stufen), ferner 60m^2 Monierpodeste.
Literaturverweise: Rehbein, F.: "Ausgewählte Monier- und Betonbauwerke", 2. vermehrte Auflage, Julius Becker Verlag, Berlin 1894; LAB: A Rep. 010-02 Nr. 3122 - Grundstücksbauakten 1886–1892.

Lfd. Nr.: 169

Baujahr: 1894

Objektname: **Falk-Realgymnasium und Charlotten-Töchterschule mit Lehrerwohnhaus und Turnhalle**

Adresse: Lützowstraße 84, Berlin, Mitte, Tiergarten
Bauherr: unbekannt; Architekt: Hermann Blankenstein; Ingenieur: unbekannt; Bauunternehmen: AG für Beton- und Monierbauten; Actien-Gesellschaft für Bausausführungen, Genthinerstraße
Bautyp: Bildungsgebäude; Kategorie: Schule; System: Monier
Tragwerk: 2-seitig gelag. Platte, gewölbt
Beschreibung: Treppenpodeste bestehend aus Moniergewölben mit Überbetonierung.
Literaturverweise: Rehbein, F.: "Ausgewählte Monier- und Betonbauwerke", 2. vermehrte Auflage, Julius Becker Verlag, Berlin 1894; LAB: B Rep. 202 Nr. 6716 - Bauakten 1878–1962.

Lfd. Nr.: 170

Baujahr: 1894

Objektname: **Wasserbassin**

Adresse: Potsdamer Bahnhof, Berlin
Bauherr: unbekannt; Architekt: unbekannt; Ingenieur: unbekannt; Bauunternehmen: AG für Beton- und Monierbauten
Bautyp: Ver- und Entsorgungsbauten; Kategorie: Behälter; System: Monier
Tragwerk: Kreiszylinderschale
Beschreibung: Wasserbassin 17m^3 Inhalt.
Literaturverweise: Rehbein, F.: "Ausgewählte Monier- und Betonbauwerke", 2. vermehrte Auflage, Julius Becker Verlag, Berlin 1894.

Lfd. Nr.: 171

Baujahr: 1894

Objektname: **Moabit Bahnhof**

Adresse: Beusselstraße, Berlin
Bauherr: unbekannt; Architekt: unbekannt; Ingenieur: unbekannt; Bauunternehmen: AG für Beton- und Monierbauten
Bautyp: Verkehrsbau; Kategorie: Behälter; System: Monier
Tragwerk: Kreiszylinderschale
Beschreibung: "2 [Wasserbottiche] auf Bahnhof Moabit" (GStPK).
Literaturverweise: GStPK: I.HA Rep 93 E Nr. 3051 – Ministerium der öffentlichen Arbeiten, Übersicht des Inhaltes der auf den Erlaß vom 4ten April 1896 - I a D2392 – betreffend Monierbauten eingegangenen Berichte der Königl. Eisenbahndirektion [...], Datierung 15.12.1897, Labes.

Lfd. Nr.: 172

Baujahr: 1894

Objektname: **Viktoriaspeicher**

Adresse: Köpenicker Straße 22, 10997 Berlin, Kreuzberg
Bauherr: unbekannt; Architekt: unbekannt; Ingenieur: unbekannt; Bauunternehmen: AG für Beton- und Monierbauten;
Bautyp: Industriebauten; Kategorie: keine Angabe; System: Monier
Tragwerk: 2-seitig gelag. Platte, eben; Scheibe
Beschreibung: Feuer- und diebessichere Tresoranlage vor 1894 von Beton- und Monierbauten AG eingebaut.
Literaturverweise: Rehbein, F.: "Ausgewählte Monier- und Betonbauwerke", 2. vermehrte Auflage, Julius Becker Verlag, Berlin 1894.

Lfd. Nr.: 173

Baujahr: 1894 (1905)

Objektname: **Bahnhofsanlagen Spandau**

Adresse: Berlin, Spandau
Bauherr: unbekannt; Architekt: unbekannt; Ingenieur: unbekannt; Bauunternehmen: unbekannt
Bautyp: Verkehrsbau; Kategorie: Bahnhof; System: Monier
Tragwerk: Pfahlgründung; Kreiszylinderschale
Beschreibung: "Wasserturm auf Bahnhof Spandau, ausgeführt im Jahre 1894" (GStPK); "Eisenbetonpfähle" (Giese 1912).
Literaturverweise: GStPK: I.HA Rep 93 E Nr. 3051 – Ministerium der öffentlichen Arbeiten, betrifft: Monierbauten zum Erlaß vom 4. Januar 1901 [...], Datierung 3.10.1906, Geheimer Baurat Schwandt; Giese, E.: "Umgestaltung der Bahnanlagen bei Spandau und Bau eines Verschiebebahnhofs bei Wustermark" In: *Zeitschrift für Bauwesen* 1912, Jg. 62, S. 107–122, 325–338.

Lfd. Nr.: 174

Baujahr: 1895

Objektname: **Haus "Zur Berolina"**

Adresse: Hausvoigteiplatz 12, Berlin Mitte, Mitte
Bauherr: unbekannt; Architekt: Entwurf H.A. Krause; Ingenieur: unbekannt; Bauunternehmen: Alterthum & Zadeck
Bautyp: Handel- und Gewerbebauten; Kategorie: Kaufhaus; System: Monier
Tragwerk: 2-seitig gelag. Platte, eben
Beschreibung: Ebene Monierdecken.
Literaturverweise: Berlin und seine Bauten (1896) Teil I S. 429, Teil III S. 78; Schweizerische Bauzeitung 35 (1900) Nr. 4, 39f; Hahn, Sonja; Oehmig, Christiane: "Bauten für Wirtschaft und Politik" In: Zwischen Brandenburger Tor und Alexanderplatz. Denkmale in Berlin Mitte. Beiträge zur Denkmalpflege in Berlin, Heft 2, 1. Aufl. 1994; Lorenz, Werner: "Ehem. Konfektions- und Geschäftshaus Valentin Manheimer. Berlin-Mitte – Oberwallstraße 6–7. Bau- und technikgeschichtliche Bewertung des historischen Dachtragwerks über dem Vorderhaus sowie Empfehlungen für den weiteren Umgang" 1997; Hahn, Sonja; Oehmig, Christiane: "Bauten für Wirtschaft und Politik" In: Zwischen Brandenburger Tor und Alexanderplatz. Denkmale in Berlin Mitte. Beiträge zur Denkmalpflege in Berlin, Heft 2, 1. Aufl. 1994, S. 23.

Lfd. Nr.: 175

Baujahr: 1895

Objektname: **Amtsgericht Charlottenburg, Civilgebäude**

Adresse: Kantstraße, Berlin Charlottenburg, Charlottenburg
Bauherr: unbekannt; Architekt: Poetsch & Clasen; Ingenieur: unbekannt; Bauunternehmen: unbekannt
Bautyp: Verwaltungsgebäude; Kategorie: Bürogebäude; System: Monier
Tragwerk: 2-seitig gelag. Platte, eben; Plattenbalken
Beschreibung: Decken der Durchfahrt, Schlusssteine im Gewölbe und Koensche Voutenplatte.
Literaturverweise: O. A.: "Statistische Nachweisungen, betreffen die im Jahre 1897 unter Mitwirkung der Staatsbaubeamten vollendeten Hochbauten. XII. Geschäftsgebäude für Gerichte" In: *Zeitschrift für Bauwesen* 1901, Jg. 51, S. 87.

Lfd. Nr.: 176

Baujahr: 1896

Objektname: **LOEWE Maschinenfabrik „Arnold Voigt Halle“**

Adresse: Huttenstraße 12-16/17-20, Berlin, Moabit
Bauherr: unbekannt; Architekt: Th. Rön Regierungsbaumeister; Ingenieur: unbekannt; Bauunternehmen: AG für Beton- und Monierbauten
Bautyp: Industriebauten; Kategorie: Fabrik; System: Monier
Tragwerk: Plattenbalken
Beschreibung: Eisenbetonrippendecken in den Seitenflügeln.
Literaturverweise: Mislin, Miron: "Industriearchitektur in Berlin 1840–1910" Ernst Wasmuth Verlag, Tübingen-Berlin 2002, S. 185; LAB: A Rep. 250-01-18 (K) Nr. 5, 2; O. A.: „Die Werkzeugmaschinen- und Werkzeugfabrik von Ludw. Loewe & Co. A.-G." In: Herzberg, A.; Meyer, D. [Hg.]: Ingenieurwerke in und bei Berlin. Festschrift zum 50jährigen Bestehen des Vereins Deutscher Ingenieure. Berlin, Julius Sittenfeld, 1906, S. 5.

Lfd. Nr.: 177

Baujahr: 1896

Objektname: **Kaiserliches Gesundheitsamt**

Adresse: Klopstockstraße 19-20, Berlin, Zehlendorf
Bauherr: unbekannt; Architekt: G. Rockstrohen, Kaiserlicher Reg.-rat Hückels, Reg. Baumeister O.Tietze, E. Körner; Ingenieur: unbekannt; Bauunternehmen: unbekannt
Bautyp: Verwaltungsgebäude; Kategorie: Bürogebäude; System: Monier
Tragwerk: 2-seitig gelag. Platte, eben
Beschreibung: Zwischendecken im Verwaltungsgebäude in Moniersystem.
Literaturverweise: Hückels, J.: "Der Neubau des Kaiserlichen Gesundheitsamtes in Berlin" In: *Zeitschrift für Bauwesen* 1900, Bd. 50, Heft I-III, S. 19–39, sowie Atlas Blatt 6–11; Plansammlung im Architekturmuseum TU Berlin.

Lfd. Nr.: 178

Baujahr: 1896

Objektname: **Geschäftsgebäude der Kgl. Eisenbahndirektion Berlin**

Adresse: Schöneberger Ufer, Berlin, Mitte, Tiergarten
Bauherr: unbekannt; Architekt: unbekannt; Ingenieur: unbekannt; Bauunternehmen: unbekannt
Bautyp: Verwaltungsgebäude; Kategorie: Bürogebäude; System: Monier
Tragwerk: 2-seitig gelag. Platte, eben
Beschreibung: Teile eines Treppenhauses und Flurhallendecken mit Stampfbeton in Monierbauweise hergestellt.
Literaturverweise: Wegner, A.: "Das Geschäftsgebäude der Königlichen Eisenbahndirection Berlin" In: *Zentralblatt der Bauverwaltung* 1896, Nr. 31.

Lfd. Nr.: 179

Baujahr: 1896

Objektname: **Sammlungsgebäude f. d. Pathologische Institut der Charité in Berlin**

Adresse: Berlin, Mitte
Bauherr: unbekannt; Architekt: unbekannt; Ingenieur: unbekannt; Bauunternehmen: unbekannt
Bautyp: Bildungsgebäude; Kategorie: Forschungsanstalt; System: Monier
Tragwerk: 2-seitig gelag. Platte, eben; Plattenbalken
Beschreibung: Koensche Voutenplattendecken z.T. auf eisernen Unterzügen, Unterbau der ansteigenden Sitzreihen im Hörsaal in Monierbauweise.
Literaturverweise: O. A.: "Statistische Nachweisungen, betreffen die im Jahre 1898 und 1899 unter der Mitwirkung der Staatsbaubeamten vollendeten Hochbauten" In: *Zeitschrift für Bauwesen* 1903, Jg.53, S. 51; O. A.: "Das neue Sammlungsgebäude des Pathologischen Instituts der Universität Berlin" In: *Zentralblatt der Bauverwaltung* 1900, Nr. 35.

Lfd. Nr.: 180

Baujahr: 1896

Objektname: **Land- und Amtsgericht I (ab 1906 Amtsgericht Berlin-Mitte)**

Adresse: Littenstraße 12–17 (vor 1945: Neue Friedrichstraße 12/17) Ecke Grunerstraße, Berlin, Mitte
Bauherr: unbekannt; Architekt: Baurat O. Schmalz; Ingenieur: unbekannt; Bauunternehmen: AG für Beton- und Monierbauten, Gottlieb Tesch Bauunternehmung
Bautyp: Verwaltungsgebäude; Kategorie: Bürogebäude; System: Koenen
Tragwerk: 2-seitig gelag. Platte, eben; Plattenbalken

Beschreibung: feuersichere Betondecken (Koensche Voutenplattendecke), Betongründungsarbeiten, Schlusssteine in den Deckengewölben der Eingangshalle.
Literaturverweise: Schmalz: "Das neue Land- und Amtsgericht Berlin-Mitte" In: *Zeitschrift für Bauwesen* 1906, Jg. 56, S. 398–420, weitere Beschreibung in ZfB Jg. 55, 1905, S. 202–226 und 468–500; LAB: A Pr.Br.Rep. 042 Nr. 772, 830; E Rep. 200-96 Nr. 74; o.A.: "Gottlieb Tesch, Bauunternehmung" In: Architektenverein zu Berlin [Hg.]: Hundert Jahre Architekten Verein zu Berlin 1824–1924. Verlag des Architektenvereins zu Berlin, Berlin, 1924, S.23; Hart, S.: "Die Koenen'sche Voutenplatte" In: *Beton und Eisen* 1903, Heft III, S. 154–155; Goebel, Benedikt: "Der Umbau Alt-Berlins zum modernen Stadtzentrum" Bd. 6, Schriftenreihe des Landesarchivs Berlin, Jürgen Wetzel [Hg.], Verlagshaus Braun Berlin 2003.

Lfd. Nr.: 181

Baujahr: 1896

Objektname: **Brücke Militärtechnische Institute Spandau**

Adresse: Spandau, Berlin
Bauherr: unbekannt; Architekt: unbekannt; Ingenieur: unbekannt; Bauunternehmen: unbekannt
Bautyp: Verkehrsbau; Kategorie: Brücke (Straße); System: Monier
Tragwerk: keine Angaben
Beschreibung: "Eisenbahnüberführung über die Gleise der Anschlußbahn an die Militärtechnischen Institute in Spandau über eine Schmalspurbahn" (GStPK).
Literaturverweise: GStPK: I.HA Rep 93 E Nr. 3051 – Ministerium der öffentlichen Arbeiten, Übersicht des Inhaltes der auf den Erlaß vom 4ten April 1896 – I a D2392 – betreffend Monierbauten eigenen Berichte der Königl. Eisenbahndirektion [...], Datierung 15.12.1897, Labes.

Lfd. Nr.: 182

Baujahr: 1896

Objektname: **Bahnhof Westend**

Adresse: Berlin
Bauherr: unbekannt; Architekt: unbekannt; Ingenieur: unbekannt; Bauunternehmen: unbekannt
Bautyp: Verkehrsbau; Kategorie: Bahnhof; System: Monier
Tragwerk: Platte, eben (Lagerung unklar)
Beschreibung: "Decke im Vestibül des Stationsgebäudes Westend" (GStPK).
Literaturverweise: GStPK: I.HA Rep 93 E Nr. 3051 – Ministerium der öffentlichen Arbeiten, betrifft: Monierbauten zum Erlaß vom 4. Januar 1901 [...], Datierung 3.10.1906, Geheimer Baurat Schwandt

Lfd. Nr.: 183

Baujahr: 1896

Objektname: **Güterschuppen, Güterbahnhof Charlottenburg**

Adresse: Berlin
Bauherr: unbekannt; Architekt: unbekannt; Ingenieur: unbekannt; Bauunternehmen: unbekannt
Bautyp: Verkehrsbau; Kategorie: Bahnhof; System: Monier
Tragwerk: Platte, eben (Lagerung unklar)
Beschreibung: "Decke über den Kellerräumen des Güterschuppens auf Güterbahnhof Charlottenburg" (GStPK).
Literaturverweise: GStPK: I.HA Rep 93 E Nr. 3051 – Ministerium der öffentlichen Arbeiten, betrifft: Monierbauten zum Erlaß vom 4. Januar 1901 [...], Datierung 3.10.1906 Geheimer Baurat Schwandt.

Lfd. Nr.: 184

Baujahr: 1897

Objektname: **Bahnhof Charlottenburg**

Adresse: Berlin, Charlottenburg
Bauherr: unbekannt; Architekt: unbekannt; Ingenieur: unbekannt; Bauunternehmen: unbekannt
Bautyp: Verkehrsbau; Kategorie: Bahnhof; System: Monier
Tragwerk: 2-seitig gelag. Platte, eben
Beschreibung: "Universaldachdeckung auf Monierdecken" (O. A. 906). "Zwischendecke und Treppe im Aufenthaltsraum für Wagenputzer und Rangierer auf Bahnhof Charlottenburg im Jahre 1897 ausgeführt [...] Fußbodendecken im neuen westlichen Fahrkartenraum auf Bahnhof Charlottenburg, im neuen Abort des westlichen Personentunnels auf Bahnhof Charlottenburg. [...] in den Jahren 1904 und 1905 ausgeführt [...]" (GStPK).

Literaturverweise: O. A.: "Statistische Nachweisungen über die in den Jahren 1897 - 1900 vollendeten Hochbauten der preußischen Staats-Eisenbahnverwaltung" In: *Zeitschrift für Bauwesen* 1906, Jg.56, S. 50; GStPK: I.HA Rep 93 E Nr. 3051 – Ministerium der öffentlichen Arbeiten, betrifft: Monierbauten zum Erlaß vom 4. Januar 1901 [...], Datierung 3.10.1906 Geheimer Baurat Schwandt.

Lfd. Nr.: 185

Baujahr: 1897

Objektname: **Landhaus Kieschke**

Adresse: Wangenheimstraße, Berlin Grunewald
Bauherr: unbekannt; Architekt: unbekannt; Ingenieur: unbekannt; Bauunternehmen: unbekannt
Bautyp: Wohnungsbau; Kategorie: Privathaus; System: Monier
Tragwerk: 2-seitig gelag. Platte, eben
Beschreibung: Monierdecken im EG.
Literaturverweise: O. A.: "Die Villencolonie Grunewald bei Berlin" In: *Zentralblatt der Bauverwaltung* 1897 Nr. 23.

Lfd. Nr.: 186

Baujahr: 1897

Objektname: **Rieselergebäude, Wasserwerk Spandau**

Adresse: Rohrdamm, Berlin, Spandau
Bauherr: unbekannt; Architekt: unbekannt; Ingenieur: Zivilingenieur Walter Pfeffer; Bauunternehmen: Dyckerhoff & Widmann
Bautyp: Ver- und Entsorgungsbauten; Kategorie: Behälter
Tragwerk: Bogen
Beschreibung: "[...] Alle Gebäude mit Ausnahme des Rieselers waren in der damals für Industriebauten üblichen historischen Backsteinarchitektur erbaut. Für das Rieselergebäude wurde wegen der Korrosionsgefahr erstmalig eine offensichtlich überdimensionierte Stahlbetonkonstruktion gewählt." (Bärthel 2006, S. 76); "Rieselergebäude für das Wasserwerk der Stadt Spandau, 1906" (Dyckerhoff & Widmann o.D.).
Literaturverweise: Bärthel, H.: "Anlagen und Bauten der Wasserversorgung" In: Berlin und seine Bauten (2006) Teil X Band A (2) Stadttechnik, Michael Imhof Verlag, Petersberg 2006, S. 75 f; Archiv Deutsches Museum München: FS 000 959/8 (Firmenschrift "Dyckerhoff & Widmann Aktiengesellschaft, Behälterbauten 1920", S. 18).

Lfd. Nr.: 187

Baujahr: 1897

Objektname: **Bahnhof Grunewald**

Adresse: Berlin
Bauherr: unbekannt; Architekt: unbekannt; Ingenieur: unbekannt; Bauunternehmen: unbekannt
Bautyp: Verkehrsbau; Kategorie: Bahnhof; System: Monier
Tragwerk: Platte, eben (Lagerung unklar)
Beschreibung: "Decke in der Brausebadeanstalt in Grunewald im Jahre 1897 hergestellt. [...] Fußbodendecken im Abortgebäude auf Bahnsteig A in Grunewald und im Abortgebäude beim Lokomotivschuppen II auf Bahnhof Grunewald, in den Jahren 1904 und 1905 ausgeführt, [...]" (GStPK).
Literaturverweise: GStPK: I.HA Rep 93 E Nr. 3051 – Ministerium der öffentlichen Arbeiten, betrifft: Monierbauten zum Erlaß vom 4. Januar 1901 [...], Datierung 3.10.1906 Geheimer Baurat Schwandt.

Lfd. Nr.: 188

Baujahr: 1898

Objektname: **Gewerbehof**

Adresse: Cuvrystraße 16, Berlin Kreuzberg, Kreuzberg
Bauherr: unbekannt; Architekt: unbekannt; Ingenieur: unbekannt; Bauunternehmen: unbekannt
Bautyp: Handel- und Gewerbebauten; Kategorie: Wohn- und Geschäftshaus
Tragwerk: 2-seitig gelag. Platte, eben
Beschreibung: Eisenbetondach, Eisenbetondecken.
Literaturverweise: Mislin, Miron: "Industriearchitektur in Berlin 1840–1910", Ernst Wasmuth Verlag, Tübingen-Berlin 2002.

Lfd. Nr.: 189

Baujahr: 1898

Objektname: **Warenhaus A. Wertheim**

Adresse: Leipziger Straße 132–133, Berlin, Mitte
Bauherr: unbekannt; Architekt: Alfred Messel; Ingenieur: unbekannt; Bauunternehmen: AG für Beton- und Monierbauten, Joseph Fraenkel Baugeschäft
Bautyp: Handel- und Gewerbebauten; Kategorie: Kaufhaus
Tragwerk: 2-seitig gelag. Platte, eben
Beschreibung: Massivdecken, Kahneisen (?).
Literaturverweise: *Deutsche Bauzeitung* No. 35, 1898, S. 217 ff.; *Deutsche Bauzeitung* No.37, 1898, S. 227; O. A.: "Joseph Fraenkel, Baugeschäft AG" In: Architektenverein zu Berlin [Hg.]: Hundert Jahre Architekten Verein zu Berlin 1824–1924. Verlag des Architektenvereins zu Berlin, Berlin 1924, S. 14–18; O. A.: "Die Grundwasser-Isolierungen beim Warenhaus A. Wertheim in Berlin" In: *Beton und Eisen* 1911, Heft 6, S. 132–133; Morgenstern, E.: "Eisenbetonbauten mit Kahneisen-Bewehrung im Deutschen Reiche" In: *Beton und Eisen* 1911, Heft 17, S. 363 ff; LAB: A Rep. 010-02 Nr. 4132 – Grundstücksbauakten 1780–1896 und Nr. 7491 – Grundstücksbauakten Warenhaus A. Wertheim.

Lfd. Nr.: 190

Baujahr: 1898

Objektname: **Bücherschuppen der Königlichen Bibliothek in Berlin**

Adresse: Berlin
Bauherr: unbekannt; Architekt: unbekannt; Ingenieur: unbekannt; Bauunternehmen: unbekannt
Bautyp: Verwaltungsgebäude; Kategorie: Bürogebäude; System: Monier
Tragwerk: 2-seitig gelag. Platte, eben; Plattenbalken
Beschreibung: Koensche Voutendecke auf schmiedeeiserenen Trägern und Stützen, Haupttreppen mit Monierplatten als Stufen zwischen eisernen Trägern
Literaturverweise: O. A.: "Statistische Nachweisungen, betreffen die im Jahre 1898 und 1899 unter der Mitwirkung der Staatsbaubeamten vollendeten Hochbauten" In: *Zeitschrift für Bauwesen* 1903, Jg. 53, S. 65.

Lfd. Nr.: 191

Baujahr: 1898

Objektname: **Volkbadeanstalt Bärwaldstraße**

Adresse: Bärwaldstraße 64–67,10961 Berlin, Kreuzberg
Bauherr: unbekannt; Architekt: Ludwig Hoffmann; Ingenieur: unbekannt; Bauunternehmen: unbekannt
Bautyp: Kultur- und Sportbauten; Kategorie: Badeanstalt
Tragwerk: 2-seitig gelag. Platte, gewölbt
Beschreibung: "Die Schwimmhallen sind mit Moniergewölben überdeckt" (Matzdorff 1906, S. 383).
Literaturverweise: Matzdorff, Georg: "Die öffentlichen Badeanstalten der Stadt Berlin" In: Herzberg A., Meyer D. [Hg]: Ingenieurwerke in und bei Berlin. Festschrift des Berliner Bezirksvereins Deutscher Ingenieure 1906. Julius Sittenfeld Berlin, 1906; Döhl, Dörte: "Ludwig Hoffmann. Bauen für Berlin 1896–1924" Ernst Wasmuth Verlag, Kempten 2004, S. 233 f; LAB: F Rep. 270 Nr. 6875 – Grundrisse und Schnitte.

Lfd. Nr.: 192

Baujahr: 1898

Objektname: **Volksbadeanstalt Dennewitzstraße**

Adresse: Dennewitzstraße 24a, 10783 Berlin, Schöneberg
Bauherr: unbekannt; Architekt: Ludwig Hoffmann; Ingenieur: unbekannt; Bauunternehmen: unbekannt
Bautyp: Kultur- und Sportbauten; Kategorie: Badeanstalt
Tragwerk: 2-seitig gelag. Platte, gewölbt
Beschreibung: "Die Schwimmhallen sind mit Moniergewölben überdeckt" (Matzdorff 1906, S. 383).
Literaturverweise: Matzdorff, Georg: "Die öffentlichen Badeanstalten der Stadt Berlin" In: Herzberg A., Meyer D. [Hg.]: Ingenieurwerke in und bei Berlin. Festschrift des Berliner Bezirksvereins Deutscher Ingenieure 1906. Julius Sittenfeld, Berlin, 1906; Döhl, Dörte: "Ludwig Hoffmann. Bauen für Berlin 1896–1924" Ernst Wasmuth Verlag, Kempten 2004, S. 235 f.

Lfd. Nr.: 193

Baujahr: 1898

Objektname: **Brücke Hermannstraße**

Adresse: Hermannstraße bei Rixdorf, Berlin, Neukölln
Bauherr: unbekannt; Architekt: unbekannt; Ingenieur: unbekannt; Bauunternehmen: unbekannt
Bautyp: Verkehrsbau; Kategorie: Brücke (Straße); System: Monier
Tragwerk: keine Angaben
Beschreibung: "Überführung der Hermannstraße bei Rixdorf über die Gleise der Ringbahn, 2 je 26,5m weite Öffnungen mit flachen Korbbögen überspannt, ausgeführt 1898" (GStPK).
Literaturverweise: GStPK: I.HA Rep 93 E Nr. 3051 – Ministerium der öffentlichen Arbeiten, betrifft: Monierbauten zum Erlaß vom 12. Januar 1898 [...], Datierung 3.10.1900; LAB: A Rep 080 (Karten) Nr. 1121 – Grundrisse, Schnitte, Details.

Lfd. Nr.: 194

Baujahr: 1898

Objektname: **Bahnhof Jannowitzbrücke**

Adresse: Berlin, Mitte
Bauherr: unbekannt; Architekt: unbekannt; Ingenieur: unbekannt; Bauunternehmen: unbekannt
Bautyp: Verkehrsbau; Kategorie: Bahnhof; System: Monier
Tragwerk: Platte, eben (Lagerung unklar)
Beschreibung: "Decke für den Fußbodenbelag des Verbindungsganges auf Station Jannowitzbrücke im Jahre 1898 ausgeführt." (Rehbein 1894).
Literaturverweise: GStPK: I.HA Rep 93 E Nr. 3051 – Ministerium der öffentlichen Arbeiten, betrifft: Monierbauten zum Erlaß vom 4. Januar 1901 [...], Datierung 3.10.1906 Geheimer Baurat Schwandt.

Lfd. Nr.: 195

Baujahr: 1899

Objektname: **Dienstgebäude Preußisches Staatsministerium**

Adresse: Wilhelmstraße 83, Berlin, Spandau, Wilhelmstadt
Bauherr: unbekannt; Architekt: unbekannt; Ingenieur: unbekannt; Bauunternehmen: unbekannt
Bautyp: Verwaltungsgebäude; Kategorie: Bürogebäude; System: Monier
Tragwerk: 2-seitig gelag. Platte, eben; Plattenbalken
Beschreibung: Monier- und Koenschedecken
Literaturverweise: o.A.: "Das neue Dienstgebäude für das preußische Staatsministerium in Berlin" In: *Zentralblatt für Bauverwaltung* 1903, Nr. 17.

Lfd. Nr.: 196

Baujahr: 1899

Objektname: **Volksbadeanstalt Oderberger Straße**

Adresse: Oderberger Straße, Berlin, Prenzlauer Berg
Bauherr: unbekannt; Architekt: Ludwig Hoffmann; Ingenieur: unbekannt; Bauunternehmen: unbekannt
Bautyp: Kultur- und Sportbauten; Kategorie: Badeanstalt
Tragwerk: 2-seitig gelag. Platte, gewölbt
Beschreibung: "Die Schwimmhallen sind mit Moniergewölben überdeckt" (Matzdorff 1906, S. 383).
Literaturverweise: Matzdorff, Georg: "Die öffentlichen Badeanstalten der Stadt Berlin" In: Herzberg A., Meyer D. [Hg.]: Ingenieurwerke in und bei Berlin. Festschrift des Berliner Bezirksvereins Deutscher Ingenieure 1906. Julius Sittenfeld Berlin, 1906; Döhl, Dörte: "Ludwig Hoffmann. Bauen für Berlin 1896–1924" Ernst Wasmuth Verlag, Kempten 2004, S. 250 f.

Lfd. Nr.: 197

Baujahr: 1899

Objektname: **Brücke Straßenüberführung km 12,7 Nordbahn**

Adresse: Berlin
Bauherr: unbekannt; Architekt: unbekannt; Ingenieur: unbekannt; Bauunternehmen: unbekannt
Bautyp: Verkehrsbau; Kategorie: Brücke (Bahn); System: Monier

Tragwerk: keine Angaben
Beschreibung: "Straßenüberführung in km 12,7 der Nordbahn im Jahre 1899 erbaut" (GStPK).
Literaturverweise: GStPK: I.HA Rep 93 E Nr. 3051 – Ministerium der öffentlichen Arbeiten, betrifft: Monierbauten zum Erlaß vom 4. Januar 1901 [...], Datierung 3.10.1906 Geheimer Baurat Schwandt.

Lfd. Nr.: 198

Baujahr: 1899

Objektname: **Optische Fabrik C. P. Goerz**

Adresse: Berlin, Friedenau
Bauherr: C. P. Goerz; Architekt: Kallmann und Schäfer; Ingenieur: Technisches Büro Hennebique in Frankfurt; Bauunternehmen: Kallmann und Schäfer
Bautyp: Industriebauten; Kategorie: Fabrik; System: Hennebique
Tragwerk: Plattenbalken
Beschreibung: keine Angaben
Literaturverweise: https://archiwebture.citedelarchitecture.fr/ (Stand Juli 2021).

Lfd. Nr.: 199

Baujahr: 1899

Objektname: **Eisengießerei M. Jachmann**

Adresse: Huttenstraße 41–44, Berlin
Bauherr: M. Jachmann; Architekt: Kallmann und Schäfer; Ingenieur: Technisches Büro Hennebique, Frankfurt am Main; Bauunternehmen: Kallmann und Schäfer
Bautyp: Industriebauten; Kategorie: Fabrik; System: Hennebique
Tragwerk: Plattenbalken
Beschreibung: keine Angaben
Literaturverweise: https://archiwebture.citedelarchitecture.fr/ (Stand Juli 2021).

Lfd. Nr.: 200

Baujahr: 1899

Objektname: **Gericht und Gefängnisgebäude Rixdorf (Amtsgericht Neukölln)**

Adresse: Karl-Marx-Straße 77 & 79, 12043 Berlin, Rixdorf
Bauherr: Königliche Bauinspektion; Architekt: Karber; Ingenieur: Technisches Büro Hennebique, Frankfurt am Main; Bauunternehmen: Kallmann und Schäfer
Bautyp: Verwaltungsgebäude; Kategorie: Bürogebäude; System: Hennebique
Tragwerk: Plattenbalken
Beschreibung: keine Angaben
Literaturverweise: https://archiwebture.citedelarchitecture.fr/ (Stand Juli 2021).

Lfd. Nr.: 201

Baujahr: 1899

Objektname: **Musik- und Kunstschule**

Adresse: Berlin
Bauherr: Stadt Berlin; Architekt: Adam; Ingenieur: Technisches Büro Hennebique, Frankfurt am Main; Bauunternehmen: Kallmann und Schäfer
Bautyp: Bildungsgebäude; Kategorie: Schule; System: Hennebique
Tragwerk: Plattenbalken
Beschreibung: keine Angaben
Literaturverweise: https://archiwebture.citedelarchitecture.fr/ (Stand Juli 2021).

Lfd. Nr.: 202

Baujahr: 1899

Objektname: **Lagerhaus S. Meyer**

Adresse: Haidestraße, Berlin

Bauherr: S. Meyer; Architekt: unbekannt; Ingenieur: Technisches Büro Hennebique, Frankfurt am Main; Bauunternehmen: Kallmann und Schäfer
Bautyp: Industriebauten; Kategorie: Lager; System: Hennebique
Tragwerk: Plattenbalken
Beschreibung: keine Angaben
Literaturverweise: https://archiwebture.citedelarchitecture.fr/ (Stand Juli 2021).

Lfd. Nr.: 203

Baujahr: 1899

Objektname: **Geschäftshaus M. Marsicwiez**

Adresse: Berlin,
Bauherr: M. Marsicwiez; Architekt: Fr. Hoppe; Ingenieur: Technisches Büro Hennebique, Frankfurt am Main; Bauunternehmen: Kallmann und Schäfer
Bautyp: Handel- und Gewerbebauten; Kategorie: Bürogebäude; System: Hennebique
Tragwerk: Plattenbalken
Beschreibung: keine Angaben
Literaturverweise: https://archiwebture.citedelarchitecture.fr/ (Stand Juli 2021).

Lfd. Nr.: 204

Baujahr: 1899

Objektname: **Fabrik Kallmann und Schäfer**

Adresse: Berlin
Bauherr: Kallmann und Schäfer; Architekt: Kallmann und Schäfer; Ingenieur: Technisches Büro Hennebique, Frankfurt am Main; Bauunternehmen: Kallmann und Schäfer
Bautyp: Industriebauten; Kategorie: Fabrik; System: Hennebique
Tragwerk: Plattenbalken
Beschreibung: keine Angaben
Literaturverweise: https://archiwebture.citedelarchitecture.fr/ (Stand Juli 2021).

Lfd. Nr.: 205

Baujahr: 1900

Objektname: **Mälzerei C. Gregory**

Adresse: Schönwalder Straße 55/57, Berlin, Spandau
Bauherr: unbekannt; Architekt: unbekannt; Ingenieur: unbekannt; Bauunternehmen: unbekannt
Bautyp: Industriebauten; Kategorie: Fabrik
Tragwerk: Stütze; Plattenbalken
Beschreibung: Stützen, Deckenträger und Decken aus Eisenbeton.
Literaturverweise: Dittrich, Elke: "Die Entwicklungen des Stahlbetonbaus im Hochbau bis zum Ersten Weltkrieg", unveröffentlichte Diplomarbeit TU Berlin, 1990; O. A.: "Verein Deutscher Portland-Zement-Fabrikanten" 1982, Nachdruck der Ausgabe Berlin 1902, S. 149; Archiv Ludewig, Heimatarchiv Spandau, Signaturen 136a, 138 und 339; Bauakte Bezirksamt Spandau.

Lfd. Nr.: 206

Baujahr: 1900

Objektname: **Peek & Cloppenburg Geschäftshaus**

Adresse: Gertraudenstraße/ Roßstraße 26–27, Berlin, Mitte
Bauherr: unbekannt; Architekt: unbekannt; Ingenieur: unbekannt; Bauunternehmen: unbekannt
Bautyp: Handel- und Gewerbebauten; Kategorie: Bürogebäude
Tragwerk: 2-seitig gelag. Platte, eben
Beschreibung: Begehbares Glasbetondach, System Luxfer (betrifft die Glasbausteine)
Literaturverweise: O. A.: "Neues Bauen in Eisenbeton" Deutscher Beton Verein [Hg.], Zementverlag, Berlin 1937; LAB: A Rep. 010-02 Nr. 2749 – Bauakte Gertraudenstr. 26.

Lfd. Nr.: 207

Baujahr: 1900

Objektname: **Spreekanal Uferbefestigung und Bollwerke**

Adresse: entlang des Spreekanals, ab oberhalb der Stadtschleuse, Berlin
Bauherr: unbekannt; Architekt: unbekannt; Ingenieur: unbekannt; Bauunternehmen: AG für Beton- und Monierbauten
Bautyp: Verkehrsbau; Kategorie: Uferbefestigung; System: Monier
Tragwerk: Scheibe
Beschreibung: "neue Uferschalung in Eisen-Monierbauweise" (Haesler 1904); "Uferbekleidung am Spreekanal nach System Monier" (GStPK).
Literaturverweise: Haesler: "Die Erneuerung der Uferbefestigung am Spreekanal in Berlin mit eisernen Ständern und Monierplatten" In: *Zeitschrift für Bauwesen* 1904, Jg. 54, S. 609–619; GStPK: I.HA Rep 93 E Nr. 3051 – Ministerium der öffentlichen Arbeiten, Actien-Gesellschaft für Monier-Bauten vorm. G. A. Wayss & Comp., Ausführungen im Bereiche der übrigen Königlich Preußischen und anderer Staatsbehörden. Betrag rund 350000 Mark, Datierung 16.12.1890; Müller, Siegmund: "Verwendung des Eisenbetons bei Wasserbauten" In: XI. Internationaler Schifffahrtskongress St. Petersburg 1908. Bericht über die Arbeiten des Kongresses, Verlag Brüssel, 1908, S. 9 f; Christophe, Paul: "Der Eisen=Beton und seine Anwendung im Bauwesen" Tonindustrie Zeitung, Berlin 1905, S. 215; Schulze, Otto: "Uferbefestigungen" In: Fritz Edler von Emperger [Hg.]: Handbuch für Eisenbeton. Bd. 4, 2. neubearb. Auflage, Berlin 1910, S. 79 ff.

Lfd. Nr.: 208

Baujahr: 1900

Objektname: **Gaswerk Mariendorf**

Adresse: Lankwitzer Straße, 12107 Berlin
Bauherr: unbekannt; Architekt: unbekannt; Ingenieur: Karl Bernhard; Bauunternehmen: Th. Möbus G.m.b.H. Charlottenburg
Bautyp: Ver- und Entsorgungsbauten; Kategorie: Kraftwerk
Tragwerk: keine Angaben
Beschreibung: keine Angaben
Literaturverweise: Bernhard, Karl:"Stützmauer und Fundamente der westlichen Portalkranschiene im Gaswerk Mariendorf" In: *Armierter Beton* 1910, Heft 8, S. 309 ff; LAB: A Rep. 259-01 Nr. 12 – Grundrisse, Schnitte, Bauakten.

Lfd. Nr.: 209

Baujahr: 1900

Objektname: **Germaniastraßenbrücke**

Adresse: Oberlandstraße 92, 12099 Berlin, Tempelhof
Bauherr: unbekannt; Architekt: unbekannt; Ingenieur: unbekannt; Bauunternehmen: AG für Beton- und Monierbauten
Bautyp: Verkehrsbau; Kategorie: Brücke (Straße); System: Monier
Tragwerk: Plattenbalken
Beschreibung: keine Angaben
Literaturverweise: Kersten, C.: "Brücken in Eisenbeton" Teil I, Verlag Wilhem Ernst & Sohn, Berlin 1907; Hart: "Bemerkenswerte Bauwerke in Eisenbeton" In: *Armierter Beton*, Heft 3, 1909, S. 107 ff; Gehler, Willy: "Balkenbrücken" In: Fritz Edler von Emperger [Hg.]: Handbuch für Eisenbeton. Bd. 6, 3. neubearb. Auflage, Berlin 1931.

Lfd. Nr.: 210

Baujahr: 1900

Objektname: **Ministerium**

Adresse: Berlin
Bauherr: unbekannt; Architekt: unbekannt; Ingenieur: Technisches Büro Hennebique, Frankfurt am Main; Bauunternehmen: Kallmann und Schäfer
Bautyp: Verwaltungsgebäude; Kategorie: Bürogebäude; System: Hennebique
Tragwerk: Plattenbalken
Beschreibung: keine Angaben
Literaturverweise: https://archiwebture.citedelarchitecture.fr/ (Stand Juli 2021).

Lfd. Nr.: 211

Baujahr: 1900

Objektname: **Halle**

Adresse: Berlin
Bauherr: unbekannt; Architekt: unbekannt; Ingenieur: Technisches Büro Hennebique, Frankfurt am Main; Bauunternehmen: Kallmann und Schäfer
Bautyp: Industriebauten; Kategorie: keine Angabe; System: Hennebique
Tragwerk: keine Angabe
Beschreibung: keine Angabe
Literaturverweise: https://archiwebture.citedelarchitecture.fr/ (Stand Juli 2021).

Lfd. Nr.: 212

Baujahr: 1901

Objektname: **Kasernenanlage für das Telegraphen-Bataillon Nr. 1**

Adresse: Berlin, Treptow
Bauherr: unbekannt; Architekt: unbekannt; Ingenieur: unbekannt; Bauunternehmen: unbekannt
Bautyp: Militärische Gebäude; Kategorie: Kaserne; System: Monier
Tragwerk: 2-seitig gelag. Platte, eben
Beschreibung: Monierdecke über Keller.
Literaturverweise: O. A.: "Statistische Nachweisungen über bemerkenswerte in den Jahren 1901 bis 1907 vollendete Hochbauten der preußischen Heeresbauverwaltung" In: *Zeitschrift für Bauwesen* 1912, Jg. 62, S. 29.

Lfd. Nr.: 213

Baujahr: 1901

Objektname: **Königliches Landgericht III, Bauabschnitt 1**

Adresse: Herschel Str./Osnabrücker Str., Berlin, Charlottenburg
Bauherr: unbekannt; Architekt: unbekannt; Ingenieur: unbekannt; Bauunternehmen: Lolat Eisenbetonbau
Bautyp: Verwaltungsgebäude; Kategorie: Bürogebäude; System: Lolat
Tragwerk: 2-seitig gelag. Platte, eben
Beschreibung: Tragende Eisenbetondecken, davon abgehängte Decken als Tonnengewölbe, Eisenbetondecken durch eiserne Träger unterstützt. "Centralgespannte Decken" (Lolat 1904).
Literaturverweise: O. A.:"Königliches Landgericht III in Berlin" In: *Zeitschrift für Bauwesen* 1916, Bd. 66, S. 1–10; O. A.: "Lolat Eisenbeton" 4. Auflage, ohne Verlagsangabe, Berlin 1904.

Lfd. Nr.: 214

Baujahr: 1901

Objektname: **Portland-Cement Haus**

Adresse: Dönhoffstraße 38, Berlin Karlshorst
Bauherr: unbekannt; Architekt: unbekannt; Ingenieur: unbekannt; Bauunternehmen: unbekannt
Bautyp: Handel- und Gewerbebauten; Kategorie: Bürogebäude
Tragwerk: 2-seitig gelag. Platte, eben; Scheibe
Beschreibung: Cement, Eisen.
Literaturverweise: Lange, A.: "Das Portlandcement-Haus in Berlin-Karlshorst" In: *Beton- und Stahlbetonbau* 2008.

Lfd. Nr.: 215

Baujahr: 1901

Objektname: **Fußgängerbrücke Bahnhof Pankow**

Adresse: Berlin
Bauherr: unbekannt; Architekt: unbekannt; Ingenieur: unbekannt; Bauunternehmen: unbekannt
Bautyp: Verkehrsbau; Kategorie: Brücke (Bahn); System: Monier
Tragwerk: keine Angaben
Beschreibung: "Fußgängerüberführung auf Bahnhof Pankow- Rangierbahnhof, im Jahre 1901 erbaut" (GStPK).
Literaturverweise: GStPK: I.HA Rep 93 E Nr. 3051 – Ministerium der öffentlichen Arbeiten, betrifft: Monierbauten zum Erlaß vom 4. Januar 1901 [...], Datierung 3.10.1906, Geheimer Baurat Schwandt.

Lfd. Nr.: 216

Baujahr: 1901

Objektname: **Uferbefestigung Charlottenburger Schleuse**

Adresse: unterhalb Siemensdamm, Nonnendamm Berlin, Charlottenburg
Bauherr: unbekannt; Architekt: unbekannt; Ingenieur: unbekannt; Bauunternehmen: unbekannt
Bautyp: Verkehrsbau; Kategorie: Uferbefestigung; System: Rabitz
Tragwerk: Platte, eben (Lagerung unklar)
Beschreibung: "Im Jahre 1901 ist in der Spree-Oder-Wasserstrasse dicht unterhalb der Charlottenburger Schleuse eine Uferbefestigung mit Rabitzdeckung ausgeführt worden über deren Bewährung Beobachtungen vorliegen. Im Jahre 1903 war die Deckung an mehreren Stellen ganz durchgebrochen; die Befestigung hat sich trotz ihrer hohen Kosten nicht bewährt."; genauere Verortung/ Koordinaten: 52° 31′ 51,8″ N, 13° 17′ 10,4″ O
Literaturverweise: Müller, Siegmund: "Verwendung des Eisenbetons bei Wasserbauten" In: XI. Internationaler Schifffahrtskongress St. Petersburg 1908. Bericht über die Arbeiten des Kongresses, Verlag Brüssel, 1908, S. 6–7.

Lfd. Nr.: 217

Baujahr: 1902

Objektname: **Kuhstall**

Adresse: Berlin, Biesdorf
Bauherr: unbekannt; Architekt: unbekannt; Ingenieur: unbekannt; Bauunternehmen: unbekannt
Bautyp: Industriebauten; Kategorie: Tierhaltung
Tragwerk: 2-seitig gelag. Platte, eben
Beschreibung: Abgehängte Koensche Decken.
Literaturverweise: keine, Vortragshinweis.

Lfd. Nr.: 218

Baujahr: 1902

Objektname: **Altes Stadthaus**

Adresse: Jüdenstraße 34–42, Klosterstraße 47, Stralauerstr. 15–22, Berlin, Mitte
Bauherr: unbekannt; Architekt: Geheimer Baurat Dr.-Ing. Ludwig Hoffmann; Ingenieur: unbekannt; Bauunternehmen: Max Elias, Berlin
Bautyp: Verwaltungsgebäude; Kategorie: Bürogebäude; System: Monier
Tragwerk: Plattenfundament
Beschreibung: Bodenplatte mit Eisen bewehrt
Literaturverweise: Döhl, Dörte: "Ludwig Hoffmann. Bauen für Berlin 1896–1924" Ernst Wasmuth Verlag Kempten 2004, S. 272 f; LAB: F Rep. 290 (2) – s/w Negativ der Straßenansicht; Hansen, Antje: "Ludwig Hoffmanns Stadthaus in Berlin" In: Berlin in Geschichte und Gegenwart. Jahrbuch des Landesarchivs Berlin 1996, S. 75–101; Schäche, Wolfgang [Hg.]: "Das Stadthaus. Geschichte, Bestand und Wandel eines Baudenkmals", Jovis Verlag, Berlin 2000.

Lfd. Nr.: 219

Baujahr: 1902

Objektname: **Sandfang, Pumpschacht**

Adresse: Berlin, Mariendorf
Bauherr: Gemeinde Mariendorf; Architekt: unbekannt; Ingenieur: unbekannt; Bauunternehmen: Dyckerhoff & Widmann
Bautyp: Ver- und Entsorgungsbauten; Kategorie: Kanalisation
Tragwerk: Kreiszylinderschale
Beschreibung: Eisenbeton, Durchmesser Sandfang 15m, 3,85m tief; Pumpendurchmesser 5m, 3,5m tief.
Literaturverweise: Stegmann, Knut: "Das Bauunternehmen Dyckerhoff&Widmann", Ernst Wasmuth Verlag, Berlin 2014, S. 294.

Lfd. Nr.: 220

Baujahr: 1902

Objektname: **Gasanstalt VI Tegel-Wittenau**

Adresse: Bernauer Straße bzw. Spandauer Weg, Berlin (Dalldorf), Tegel

Bauherr: unbekannt; Architekt: unbekannt; Ingenieur: unbekannt; Bauunternehmen: Lolat Eisenbeton; Wayss & Freytag AG (Berlin)
Bautyp: Ver- und Entsorgungsbauten; Kategorie: Kraftwerk; System: Lolat
Tragwerk: 2-seitig gelag. Platte, eben
Beschreibung: Umfangreiche Eisenbetonkonstruktionen.
Literaturverweise: O. A.: "Lolat Eisenbeton" 4. Auflage, ohne Verlagsangabe, Berlin 1904; Sor, S.: "Einige neuere Siloausführungen der Wayss & Freytag A.-G., Berlin" In: *Beton und Eisen* 1911, Heft 14, S. 409 ff; O. A.: Die Berliner städtischen Gaswerke. In: Herzberg, A.; Meyer, D. [Hg.]: Ingenieurwerke in und bei Berlin. Festschrift zum 50jährigen Bestehen des Vereins Deutscher Ingenieure. Berlin, Julius Sittenfeld, 1906, S. 287–310.

Lfd. Nr.: 221

Baujahr: 1902

Objektname: **Wasserbehälter der Stadt Berlin in Lichtenberg**

Adresse: Berlin
Bauherr: Stadt Berlin; Architekt: unbekannt; Ingenieur: unbekannt; Bauunternehmen: Dyckerhoff & Widmann
Bautyp: Ver- und Entsorgungsbauten; Kategorie: Behälter
Tragwerk: Kreiszylinderschale
Beschreibung: "Fassungsraum 18500cbm bei 5600 qm Grundfläche und 4,12m Wasserstand" (Dyckerhoff & Widmann o.D.).
Literaturverweise: Archiv Deutsches Museum München: FS 000 959/8 (Firmenschrift "Dyckerhoff & Widmann Aktiengesellschaft, Behälterbauten o. D.", S. 13).

Lfd. Nr.: 222

Baujahr: 1902

Objektname: **Bahnhof Lichtenberg**

Adresse: Berlin
Bauherr: unbekannt; Architekt: unbekannt; Ingenieur: unbekannt; Bauunternehmen: unbekannt
Bautyp: Verkehrsbau; Kategorie: Bahnhof; System: Monier
Tragwerk: keine Angaben
Beschreibung: "Fußbodendecken im Übernachtungsgebäude für Zugpersonal, im Dienstgebäude für Stationsbeamte, im Dienstgebäude der Betriebswerkmeisterei und im Empfangsgebäude auf Bahnhof Lichtenberg-Friedrichsfelde, im Jahre 1902 ausgeführt" (GStPK).
Literaturverweise: GStPK: I.HA Rep 93 E Nr. 3051 – Ministerium der öffentlichen Arbeiten, betrifft: Monierbauten zum Erlaß vom 4. Januar 1901 [...], Datierung 3.10.1906, Geheimer Baurat Schwandt.

Lfd. Nr.: 223

Baujahr: 1903

Objektname: **Stadtbahn Bahnsteigerhöhung**

Adresse: Stadtbahn Berlin
Bauherr: Stadtban; Architekt: unbekannt; Ingenieur: Matthias Koenen; Bauunternehmen: AG für Beton- und Monierbauten
Bautyp: Verkehrsbau; Kategorie: Bahnhof; System: Monier
Tragwerk: 2-seitig gelag. Platte, eben
Beschreibung: "[…] Zunächst sollen im März nur die Bahnsteige der Stadtbahnhöfe: Charlottenburg, Savignyplatz, Zoologischer Garten, Tiergarten, Bellevue, Lehrter Bahnhos, Friedrichstraße, Börse, Alexanderplatz, Jannowitzbrücke, Schlesischer Bahnhof erhöht werden; Der Bahnhof Warschauer Straße wird in diesem Jahr umgebaut, Grunewald und Eichkamp folgen dann. Auf der Ringbahn [...] zwischen Ostern und Pfingsten [...]" (Platt 1903). Erhöhung um 53 cm durch Bänke und darauf ruhende Platten (Kleinlogel, 1922).
Literaturverweise: Platt: "Die Erhöhung der Bahnsteige auf der Berliner Stadtbahn" In: *Zentralblatt der Bauverwaltung* 1903, Nr. 9, S. 61–64; Christophe, Paul: "Der Eisen=Beton und seine Anwendung im Bauwesen" Übersetzung der 2. Auflage Tonindustrie-Zeitung Berlin 1905, S. 281 f; Kleinlogel, A.: "Sonstige Anwendungen des Eisenbetons im Eisenbahnwesen" In: Fritz Edler von Emperger [Hg.]:Handbuch für Eisenbeton. Bd. 8, 3. neubearb. Auflage, Berlin 1922.

Lfd. Nr.: 224

Baujahr: 1903

Objektname: **Gasanstalt Rixdorf**

Adresse: Neben der Ringbahn, mittig zwischen Bahnhof Treptow und Rixdorf, Berlin, Neukölln
Bauherr: unbekannt; Architekt: unbekannt; Ingenieur: Karl Bernhard; Bauunternehmen: unbekannt
Bautyp: Ver- und Entsorgungsbauten; Kategorie: Kraftwerk
Tragwerk: 4-seitig gelag. Platte
Beschreibung: Ringplatte aus Beton und Eiseneinlagen.
Literaturverweise: Bernhard, K[arl]: "Der Behälterturm auf der neuen städtischen Gasanstalt in Rixdorf" In: *Zentralblatt der Bauverwaltung* 1904, Nr. 16, S. 97–99; Althans, Dieter; Sonnenberg, Jan: "Architekten und Pioniere. Persönlichkeiten des Neuköllner Kommunalbaus zwischen 1890 und 1918" In: Bezirksamt Neukölln von Berlin Abteilung Bauwesen [Hg.]: 100 Jahre Bauen für Neukölln. Berlin 2005, S. 12.

Lfd. Nr.: 225

Baujahr: 1903

Objektname: **Magerviehhof, Große Rinderhalle**

Adresse: Hohenschönhauserweg (Alte Börse Marzahn), Berlin, Friedrichsfelde
Bauherr: Genossenschaft für Viehverwertung; Architekt: unbekannt; Ingenieur: unbekannt; Bauunternehmen: Lolat Eisenbeton
Bautyp: Industriebauten; Kategorie: Tierhaltung; System: Lolat
Tragwerk: Stütze2-seitig gelag. Platte, gewölbt
Beschreibung: Decken zu den Rindviehstallungen, Zementhautdächer, massive Scheune, Stützen, Unterzüge, Bedachung, Magerviehhof-Brücke.
Literaturverweise: Dittrich, Elke: "Die Entwicklungen des Stahlbetonbaus im Hochbau bis zum Ersten Weltkrieg", unveröffentlichte Diplomarbeit TU Berlin, 1990; o.A.: "Lolat Eisenbeton" 4. Auflage, ohne Verlagsangabe, Berlin 1904, S. 144–146, 165; LAB: A Rep. 080 Nr. 3251, 3252, 3253, 4711; A Rep. 080 (Karten) Nr. 345; Siebert, R.: "Der Magerviehhof" In: Arbeitsgemeinschaft für Heimatkunde Karlshorst [Hg.]: Vor den Toren Berlins : Friedrichsfelde, Karlshorst u. Umgebung. Karlshorst, 1933; Schlieper, Fritz: "Denkschrift anläßlich des 25jährigen Bestehens der Viehcentrale G.m.b.H. Berlin-Friedrichsfelde, Magerviehhof, Datierung 13.9.1924, Berlin 1924.

Lfd. Nr.: 226

Baujahr: 1904

Objektname: **Warenhaus Tietz**

Adresse: Alexanderstraße 69–70, Ecke Königsgraben, Berlin, Mitte
Bauherr: unbekannt; Architekt: Cremer & Wolffenstein; Ingenieur: unbekannt; Bauunternehmen: unbekannt
Bautyp: Handel- und Gewerbebauten; Kategorie: Kaufhaus
Tragwerk: Plattenbalken
Beschreibung: Massive Zwischendecken.
Literaturverweise: Güttler, Peter: "Liste der vor 1945 erbauten Warenhäuser" In: Berlin und seine Bauten. Teil VIII Bauten für Handel und Gewerbe, Band A Handel, Verlag Wilhelm Ernst & Sohn, Berlin 1978.

Lfd. Nr.: 227

Baujahr: 1904

Objektname: **Wohnhaus Hennig & Hoyer**

Adresse: Berlin,
Bauherr: unbekannt; Architekt: unbekannt; Ingenieur: unbekannt; Bauunternehmen: Lolat Eisenbeton
Bautyp: Wohnungsbau; Kategorie: Wohnhaus; System: Lolat
Tragwerk: 2-seitig gelag. Platte, eben
Beschreibung: keine Angaben
Literaturverweise: O. A.: "Lolat Eisenbeton", 4. Auflage, ohne Verlagsangabe, Berlin 1904.

Lfd. Nr.: 228

Baujahr: 1904

Objektname: **Villa Wollenhaupt**

Adresse: Berlin, Grunewald
Bauherr: unbekannt; Architekt: unbekannt; Ingenieur: unbekannt; Bauunternehmen: Lolat Eisenbeton
Bautyp: Wohnungsbau; Kategorie: Privathaus; System: Lolat
Tragwerk: 2-seitig gelag. Platte, eben
Beschreibung: Wände, Decke, Treppen aus Eisenbeton.
Literaturverweise: O. A.: "Lolat Eisenbeton", 4. Auflage, ohne Verlagsangabe, Berlin 1904.

Lfd. Nr.: 229

Baujahr: 1904

Objektname: **Swinemünder Brücke**

Adresse: Bahnhof Gesundbrunnen, Berlin
Bauherr: Magistrat Berlin; Architekt: unbekannt; Ingenieur: unbekannt; Bauunternehmen: Wayss & Freytag AG (Berlin)
Bautyp: Verkehrsbau; Kategorie: Brücke (Straße)
Tragwerk: keine Angaben
Beschreibung: Material nicht genau definiert (Könnte auch Stampfbeton sein).
Literaturverweise: Archiv Deutsches Museum, Wayss & Freytag AG (Firmenschrift "Wayss&Freytag A.G., Beton- und Eisenbetonbauten, Hoch- und Tiefbauten, Cementwaren-Fabriken, Brückenbauten", 1913).

Lfd. Nr.: 230

Baujahr: 1904

Objektname: **Schlesischer Bahnhof**

Adresse: Ostbahnhof, Friedrichshain, Berlin
Bauherr: unbekannt; Architekt: unbekannt; Ingenieur: unbekannt; Bauunternehmen: unbekannt
Bautyp: Verkehrsbau; Kategorie: Bahnhof; System: Monier
Tragwerk: Platte, eben (Lagerung unklar)
Beschreibung: "Fußbodendecken im Abort am neuen Stellwerk Wht auf dem Schlesischen Bahnhofe in Berlin [...] in den Jahren 1904 und 1905 ausgeführt" (GStPK).
Literaturverweise: GStPK: I.HA Rep 93 E Nr. 3051 – Ministerium der öffentlichen Arbeiten, betrifft: Monierbauten zum Erlaß vom 4. Januar 1901 [...], Datierung 3.10.1906 Geheimer Baurat Schwandt.

Lfd. Nr.: 231

Baujahr: 1905

Objektname: **Brücke Central-/ Magerviehhof**

Adresse: Magerviehhof Berlin (Teil des Central-Viehhof), Berlin, Friedrichsfelde
Bauherr: unbekannt; Architekt: unbekannt; Ingenieur: unbekannt; Bauunternehmen: unbekannt
Bautyp: Verkehrsbau; Kategorie: Brücke (Straße)
Tragwerk: 2-seitig gelag. Platte, eben
Beschreibung: Bogen aus einzelnen Eisenbetonelementen
Literaturverweise: siehe Viehställe Magerviehhof; Landesdenkmalamt, Gutachten Büro Lorenz.

Lfd. Nr.: 232

Baujahr: 1905

Objektname: **Institut für chemische Technologie**

Adresse: Fasanenstraße/ Gartenufer, Berlin, Charlottenburg
Bauherr: unbekannt; Architekt: unbekannt; Ingenieur: unbekannt; Bauunternehmen: unbekannt
Bautyp: Bildungsgebäude; Kategorie: Forschungsanstalt
Tragwerk: 2-seitig gelag. Platte, eben
Beschreibung: Eisenbetonpodest
Literaturverweise: O. A.: "Das neue Institut für chemische Technologie der Technischen Hochschule Charlottenburg" In: *Zentralblatt der Bauverwaltung* 1905, Nr. 56.

Lfd. Nr.: 233

Baujahr: 1905

Objektname: **Kaufhaus Jandorf**

Adresse: Kottbusser Damm 1/ Planufer 96/97/ Graefestraße 89/96, Berlin, Kreuzberg
Bauherr: A. Jandorf & Co.; Architekt: Franz Ahrens (Kaiserlicher Baurat); Ingenieur: Heinrich Becher; Bauunternehmen: M. Czarnikow & Co.
Bautyp: Handel- und Gewerbebauten; Kategorie: Kaufhaus
Tragwerk: Streifenfundament; 2-seitig gelag. Platte, eben; Rahmenskelett, mehrgesch.
Beschreibung: Skelettkonstruktion: Pfeiler, Träger, Fundamente, Unterzüge, Decken aus Eisenbeton.
Literaturverweise: Reher, C.: "Der Kaiserliche Baurat Franz Ahrens – Aufbruch in die Moderne", unveröffentlichte Masterarbeit am Lehrstuhl Bautechnikgeschichte und Tragwerkserhaltung BTU Cottbus, 2003; Stürzebecher, Peter: "Das

Berliner Warenhaus - Bautypus, Element der Stadtorganisation, Raumspähre der Warenwelt" Archibook Verlag Berlin 1979; Wiener, Alfred [Hg]: "Das Warenhaus - Kauf-, Geschäfts-und Büro-Haus" 2. Auflage, Verlag Ernst Wasmuth A.-G., Berlin 1912; Sandor, Edmund: "Warenhaus Cottbuser Damm in Berlin" In: *Mitteilungen über Zement, Beton- und Eisenbetonbau Deutsche Bauzeitung*, Heft 5, 1908, S. 33–34; Zeitschrift Profanbau 1907, S. 325–333; AIV: Berlin und seine Bauten Teil VIII A 1964-84, S. 17 und 72; Neubauer, O.: "Ausgeführte Warenhäuser" In: Fritz Edler von Emperger [Hg.]: Handbuch für Eisenbeton, Bd. 4.2, Berlin 1909, S. 600 f; Grimm, Georg: "Kauf- und Warenhäuser aus aller Welt" 4. Auflage, ohne Verlagsangabe, Berlin 1928, S. 28; LAB: A Rep. 010-02 Nr. 3807 – zeitlich nicht relevant; Neubauer, O.: "Warenhaus am Kottbusser Damm in Berlin" In: Fritz Edler von Emperger [Hg.]: Handbuch für Eisenbeton, Bd. 13, 3. neubearb. Auflage, Berlin 1924, S. 133 f.

Lfd. Nr.: 234

Baujahr: 1905

Objektname: **Gewerbehof "Hermannshof"**

Adresse: Hermannstraße 48, 12049 Berlin, Neukölln
Bauherr: Albert Arendt; Architekt: Ernst Stoll; Ingenieur: Paul Stolte; Bauunternehmen: Lolat Eisenbeton
Bautyp: Handel- und Gewerbebauten; Kategorie: Kaufhaus; System: Lolat
Tragwerk: Stütze; 2-seitig gelag. Platte, eben; Plattenbalken
Beschreibung: Eisenbeton Rundstützen, Haupt- und Nebenrippen der Decken und Geschossdecken.
Literaturverweise: Sachs: "Fabrikbau Hermannshof in Rixdorf" In: *Zentralblatt der Bauverwaltung* 1906, Nr. 14, S. 93–94; Dittrich, Elke: "Die Entwicklungen des Stahlbetonbaus im Hochbau bis zum Ersten Weltkrieg" unveröffentlichte Diplomarbeit TU Berlin, 1990; Hildebrandt, Werner; Lemburg, Peter; Wewel, Jörg: "Historische Bauwerke der Berliner Industrie" Verwaltungsdruckerei, Berlin 1988, S. 49, 60; LAB: A Rep. 124; Bezirksamt Neukölln - BAA: Hermannstr. 48, Bd.1 (Monierdecke im Vorderhaus), Bd. 2 (Statik und Ausführungspläne zum Fabrikgebäude); Mecenseffy, E. von : "Die künstlerische Gestaltung der Eisenbetonbauten. Erster Ergänzungsband des Handbuches für Eisenbetonbau. Zur 1. und 2. Auflage" In: Fritz Edler von Emperger [Hg.]: Handbuch für Eisenbetonbau. Verlag Wilhelm Ernst & Sohn, Berlin 1911, S. 74; Mecenseffy, E.v.: "Die künstlerische Gestaltung der Eisenbetonbauten" In: Fritz Edler von Emperger [Hg.]: Handbuch für Eisenbetonbau. Bd. 10, 3. neubearbeitete Auflage, Berlin, 1922, S. 124.

Lfd. Nr.: 235

Baujahr: 1905

Objektname: **Kohlenspeicher, Städtisches Gaswerk VI**

Adresse: Bernauer Straße 2–96, Spandauer Weg (heute Holzhauser Straße), Witteweg (heute Wittestraße), Berlin, Tegel
Bauherr: Städtisches Gaswerk Berlin; Architekt: Georg Schimming; Ingenieur: Ernst Meier; Bauunternehmen: Mölders & Cie., Hildesheim
Bautyp: Ver- und Entsorgungsbauten; Kategorie: Behälter
Tragwerk: Kreiszylinderschale
Beschreibung: "Kohlenspeicher, 1905–08. Eisenbetonsilo mit seitlichen Stahlskelett-Tragwerk für Überdachung, verblendet mit Ziegelmauerwerk; Fronten gegliedert durch gereihte Wandpfeiler, dazwischen Stichbogenarkaden in der Sockelzone und hohe Spitzbogen in der oberen Wandzone [...]" (Bärthel 2006, S. 335).
Literaturverweise: Bärthel, H. : "Anlagen und Bauten der Gasversorgung" In: Berlin und seine Bauten (2006) Teil X Band A (2) Stadttechnik, Michael Imhof Verlag, Petersberg 2006, S. 335; Meier, Ernst: "Kohlenspeicher der Berliner städtischen Gaswerke in Tegel" In: *Beton und Eisen* 1908, Heft 14, S. 335 ff; Sor, S.: "Gebäude für besondere Zwecke" In: Fritz Edler von Emperger [Hg.]:Handbuch für Eisenbetonbau. Bd. 4.2, Berlin 1909, S. 72 ff; Dörr, Heinrich: "Silos und Landwirtschaftliche Bauten" In: Fritz Edler von Emperger [Hg.]: Handbuch für Eisenbeton. Bd. 14, 3. neubearbeitete Auflage, Berlin 1924, S. 92.

Lfd. Nr.: 236

Baujahr: 1905

Objektname: **Volksbadeanstalt Gerichtsstraße**

Adresse: Gerichtstraße, Berlin, Wedding
Bauherr: unbekannt; Architekt: Ludwig Hoffmann; Ingenieur: unbekannt; Bauunternehmen: unbekannt
Bautyp: Kultur- und Sportbauten; Kategorie: Badeanstalt
Tragwerk: 2-seitig gelag. Platte, gewölbt
Beschreibung: "Die Schwimmhallen sind mit Moniergewölben überdeckt" (Matzdorff 1906, S. 383).
Literaturverweise: Matzdorff, Georg: "Die öffentlichen Badeanstalten der Stadt Berlin" In: Herzberg A., Meyer D. [Hg.]: Ingenieurwerke in und bei Berlin. Festschrift des Berliner Bezirksvereins Deutscher Ingenieure 1906. Verlag Julius Sittenfeld, Berlin, 1906; Döhl, Dörte: "Ludwig Hoffmann. Bauen für Berlin 1896–1924" Ernst Wasmuth Verlag, Kempten 2004, S. 294 f.

Lfd. Nr.: 237

Baujahr: 1905

Objektname: **Technische Hochschule Charlottenburg**

Adresse: Berlin, Charlottenburg
Bauherr: unbekannt; Architekt: unbekannt; Ingenieur: unbekannt; Bauunternehmen: Aktiengesellschaft für Beton- und Monierbauten
Bautyp: Bildungsgebäude; Kategorie: Hochschule
Tragwerk: 2-seitig gelag. Platte, gewölbt
Beschreibung: Koensche Plandecke.
Literaturverweise: Christophe, Paul "Der Eisen-Beton und seine Anwendung im Bauwesen", Verlag Tonindustrie-Zeitung, Berlin 1905, S. 68.

Lfd. Nr.: 238

Baujahr: 1905

Objektname: **Straßenbrücke Britz**

Adresse: Berlin, Britz
Bauherr: unbekannt; Architekt: unbekannt; Ingenieur: unbekannt; Bauunternehmen: unbekannt
Bautyp: Verkehrsbau; Kategorie: Brücke (Straße)
Tragwerk: Bogen
Beschreibung: "[...] die drei Gelenke besitzt, geschah die Ausführung der Gewölbe so, daß nach Fertigstellung der Rüstung zuerst die Gelenksteine auf die Schalung gebracht und genau verlegt wurden. Dann wurde die Wälzfuge des Gelenkes gegen Eindringen von Schmutz und Feuchtigkeit mittels Putzwolle sorgfältig abgedeckt. Sodann wurde die Betonierung des eigentlichen Gewölbes in einzelnen, durch Zwischenräume getrennten Streifen, entsprechend den einzelnen Wölbsteinschichten bei Quaderbrücken, symmetrisch zum Scheitelgelenk in Angriff genommen [...] " (Gesteschi 1921)
Literaturverweise: Gesteschi, Th.: "Beton und Eisenbeton im Eisenbrückenbau" In: Fritz Edler von Emperger [Hg.]: Handbuch für Eisenbeton. Bd. 7, 3. neubearb. Auflage, Berlin 1921, S. 20.

Lfd. Nr.: 239

Baujahr: 1906

Objektname: **Prinzregentenbrücke**

Adresse: Prinzregentenstraße, Handjierystraße, Berlin, Wilmersdorf
Bauherr: Brückenbaudezernat der Eisenbahndirektion Berlin; Architekt: unbekannt; Ingenieur: Matthias Koenen; Bauunternehmen: AG für Beton- und Monierbauten
Bautyp: Verkehrsbau; Kategorie: Brücke (Bahn); System: Monier
Tragwerk: 2-seitig gelag. Platte, gewölbt
Beschreibung: 30m weiter 3 Gelenkbogen, Pfeilhöhe 2,06m, System Monier, außen mit 6cm Muschelkalk verkleidet. Die Gelenke sind vermutlich Stahlguss.
Literaturverweise: Petry, W.: "Der Beton- und Eisenbetonbau. 1898 - 1923" Selbstverlag des Deutschen Beton-Vereins, Oberkassel 1923, S. 100 f; Homann : "Die neue Eisenbahnbrücke über die Prinzregentenstraße in Wilmersdorf bei Berlin" In. *Zeitschrift für Bauwesen* 1908, Jg. 58, S. 60–66, sowie Atlas Blatt 19–22; Hart: "Die Eisenbeton-Eisenbahnbrücke in Wilmersdorf unter Vorführung von Lichtbildern" Vortragabdruck In: Bericht über die 11. Haupt-Versammlung des Deutschen Beton-Vereins 1908, Berlin. Verlag Tonindustrie-Zeitung, Berlin 1908, S. 109–126; Zentralarchiv Brücken (IZ-Plan) DB Netz AG Regionalbereich Ost Berlin Ostkreuz; Gesteschi, Th.: "Beton und Eisenbeton im Eisenbrückenbau" In: Fritz Edler von Emperger [Hg.]: Handbuch für Eisenbeton. Bd. 7, 3. neubearb. Auflage, Berlin 1921, S. 104, 106, 116, 314; Spitzer, Josef Anton; Nowak, August: "Brückenbau und Eisenbahnbau. VI Eisenbahnbogenbrücken" In: Fritz Edler von Emperger [Hg.]: Handbuch für Eisenbeton. Bd. 3.3, Berlin 1908, S. 214–215; Lorenz, Werner; May, Roland; Staroste, Hubert: Ingenieurbauführer Berlin" Michael Imhof Verlag, Berlin 2020, S. 78f.

Lfd. Nr.: 240

Baujahr: 1906

Objektname: **Ritterhof**

Adresse: Ritterstraße 11, Berlin, Friedrichshain-Kreuzberg, Kreuzberg
Bauherr: unbekannt; Architekt: Schilbach & Schweitzer Architekten; Ingenieur: unbekannt; Bauunternehmen: unbekannt
Bautyp: Handel- und Gewerbebauten; Kategorie: Kaufhaus
Tragwerk: 2-seitig gelag. Platte, eben
Beschreibung: Hofflügelbauten in Eisenbeton(?), Decken in Eisenbeton.

Literaturverweise: Hildebrandt, Werner; Lemburg, Peter; Wewel, Jörg: "Historische Bauwerke der Berliner Industrie" Verwaltungsdruckerei Berlin 1988, S. 62; Dittrich, Elke: "Die Entwicklungen des Stahlbetonbaus im Hochbau bis zum Ersten Weltkrieg", unveröffentlichte Diplomarbeit TU Berlin, 1990; LAB: A Rep. 010-02 Nr. 5162 - Bauakte Ritterstr. 11, 1903–1906.

Lfd. Nr.: 241

Baujahr: 1906

Objektname: **Kaufhaus des Westens**

Adresse: Tauentzienstraße 21–24 / Ansbachstraße 26 (früher 12–14) / Passauerstraße 41–43, Berlin, Schöneberg
Bauherr: A. Jandorf & Co.; Architekt: Johann Emil Schaudt; Ingenieur: A. Jandorf & Co.; Bauunternehmen: A. Jandorf & Co.
Bautyp: Handel- und Gewerbebauten; Kategorie: Kaufhaus
Tragwerk: Stütze 2-seitig gelag. Platte, eben
Beschreibung: 5–geschossiger Eisenbetonbau, Eisenbetondecken.
Literaturverweise: Stürzebecher, Peter: "Das Berliner Warenhaus - Bautypus, Element der Stadtorganisation, Raumspähre der Warenwelt" Archibook Verlag, Berlin 1979; Güttler, Peter: "Liste der vor 1945 erbauten Warenhäuser" In: Berlin und seine Bauten. Teil VIII Bauten für Handel und Gewerbe, Band A Handel, Verlag Wilhelm Ernst & Sohn, Berlin 1978; Wiener, Alfred [Hg.] "Das Warenhaus - Kauf-, Geschäfts-und Büro-Haus" Zweite Auflage, Verlag Ernst Wasmuth A.–G., Berlin 1912.

Lfd. Nr.: 242

Baujahr: 1906

Objektname: **Geschäftshaus**

Adresse: Wilhelmstraße 45, Berlin, Spandau
Bauherr: unbekannt; Architekt: unbekannt; Ingenieur: unbekannt; Bauunternehmen: unbekannt
Bautyp: Handel- und Gewerbebauten; Kategorie: Bürogebäude
Tragwerk: Balken; 2-seitig gelag. Platte, eben
Beschreibung: Eisenbeton Decken und Balken.
Literaturverweise: Dittrich, Elke: "Die Entwicklungen des Stahlbetonbaus im Hochbau bis zum Ersten Weltkrieg", unveröffentlichte Diplomarbeit TU Berlin, 1990.

Lfd. Nr.: 243

Baujahr: 1906

Objektname: **Fabrikgebäude Gasglühlichtgesellschaft**

Adresse: Ehrenbergstraße 11, Berlin, Friedrichshain
Bauherr: unbekannt; Architekt: Regierungsbaumeister Walter; Ingenieur: unbekannt; Bauunternehmen: AG für Beton- und Monierbauten, Lolat Eisenbeton
Bautyp: Industriebauten; Kategorie: Fabrik
Tragwerk: 2-seitig gelag. Platte, eben; Plattenbalken
Beschreibung: Koensche Voutendecken mit Traglast bis zu 500 kg Nutzlast, Treppenhaus in sich geschlossen separat von Arbeitsräumen.
Literaturverweise: O. A.: "Verschiedenes Berlin[…]." In: *Zement und Beton* 1906, Nr. 15, S. 239.

Lfd. Nr.: 244

Baujahr: 1906

Objektname: **Königliches Oberverwaltungsgericht**

Adresse: Hardenbergstraße, Berlin, Charlottenburg
Bauherr: unbekannt; Architekt: unbekannt; Ingenieur: unbekannt; Bauunternehmen: Held & Franke AG, Georg Dassel-Anlagen, Rabitz
Bautyp: Verwaltungsgebäude; Kategorie: Bürogebäude
Tragwerk: Stütze; 2-seitig gelag. Platte, eben
Beschreibung: Eisenbeton Decken und Stützen.
Literaturverweise: O. A. "Das neue Dienstgebäude für das Königliche Oberverwaltungsgericht in Berlin" In: *Zeitschrift für Bauwesen* 1909, Jg. 59, S. 41–56; GStPK: I. HA Rep. 184, Präsidial-Registratur Nr. 426; Kostenvoranschläge für die Ausführung der Rabitzarbeiten; LAB: F Rep. 290 (03) Nr. II317 – s/w Negativ.

Lfd. Nr.: 245

Baujahr: 1906

Objektname: **Stubenrauchbrücke**

Adresse: Siemensstraße, Karlhorster Straße, Berlin, Niederschöneweide
Bauherr: unbekannt; Architekt: unbekannt; Ingenieur: Karl Bernhard; Bauunternehmen: unbekannt
Bautyp: Verkehrsbau; Kategorie: Brücke (Straße)
Tragwerk: 2-seitig gelag. Platte, gewölbt
Beschreibung: Die Seitengewölbe sind aus Stahlbeton.
Literaturverweise: Donath, Matthias: "Denkmaltopographie Bundesrepublik Deutschland. Denkmale in Berlin. Bezirk Treptow-Köpenick, Ortsteile Nieder- und Oberschöneweide" Landesdenkmalamt Berlin [Hg.], Michael Imhof Verlag, Petersberg 2003; Mecenseffy, E. von: "Die künstlerische Gestaltung der Eisenbetonbauten. Erster Ergänzungsband des Handbuches für Eisenbetonbau. Zur 1. und 2. Auflage" In: Fritz Edler von Emperger [Hg.]: Handbuch für Eisenbetonbau. Verlag Wilhelm Ernst & Sohn, Berlin 1911; LAB: F Rep. 270 Nr. 7738 – Ansichten, Grundrisse, Schnitte; Mecenseffy, E. v.: "Die künstlerische Gestaltung der Eisenbetonbauten" In: Fritz Edler von Emperger [Hg.]: Handbuch für Eisenbetonbau. Bd. 10, 3. neubearbeitete Auflage, Berlin, 1922, S. 307 f.

Lfd. Nr.: 246

Baujahr: 1906

Objektname: **Gerstensilo Kaisers Kaffeegeschäft, Spandau**

Adresse: Brunsbütteler Damm 132–142 (ehem. Hamburger Straße), Berlin, Spandau
Bauherr: unbekannt; Architekt: Paul Tropp, Richard Schubert; Ingenieur: unbekannt; Bauunternehmen: Wayss & Freytag AG (Berlin)
Bautyp: Handel- und Gewerbebauten; Kategorie: Lager
Tragwerk: keine Angaben
Beschreibung: keine Angaben
Literaturverweise: Sor, S.: "Einige neuere Siloausführungen der Wayss & Freytag AG, Berlin" In: *Beton und Eisen* 1911, Heft 14, S. 409 ff; O. A.: "Neue Gesichtspunkte im Industriebau" In: *Bauwelt* 1911, Heft 120, S. 43–46; Neukam, Ch.: "Aufstockung eines Lagergebäudes" In: *Der Stahlbau* 1935, Heft 17, S. 135–136; Dörr, Heinrich:" Silos und Landwirtschaftliche Bauten" In: Fritz Edler von Emperger [Hg.]: Handbuch für Eisenbeton. Bd. 14, 3. neubearbeitete Auflage, Berlin 1924, S. 124; Wayss & Freytag AG [Hg.]: "Silobauten" Pfälzische Verlagsanstalt Neustadt an der Haardt 1917, S. 80.

Lfd. Nr.: 247

Baujahr: 1906

Objektname: **Getreidespeicher**

Adresse: Kaiserin-Augusta-Allee 101–106, Berlin, Moabit
Bauherr: Carl Donner; Architekt: unbekannt; Ingenieur: Aktiengesellschaft für Monierbau, Berlin; Bauunternehmen: Aktiengesellschaft für Monierbau
Bautyp: Industriebauten; Kategorie: Lager
Tragwerk: keine Angaben
Beschreibung: keine Angaben
Literaturverweise: Sor, S.: "Gebäude für besondere Zwecke" In: Fritz Edler von Emperger [Hg.]: Handbuch für Eisenbetonbau. Berlin, 1909, S. 128.

Lfd. Nr.: 248

Baujahr: 1907

Objektname: **Betriebshof für Pferdebusse**

Adresse: Schwedenstraße 14–15, Berlin, Wedding
Bauherr: unbekannt; Architekt: Franz Ahrens (Kaiserlicher Baurat); Ingenieur: unbekannt; Bauunternehmen: unbekannt
Bautyp: Verkehrsbau; Kategorie: Abstellhalle
Tragwerk: 2-seitig gelag. Platte, eben
Beschreibung: Mauerwerksbau mit Eisenbetondecken sowohl im Wohnhaustrakt, als auch beim Betriebshof.
Literaturverweise: Reher, C.: "Der Kaiserliche Baurat Franz Ahrens – Aufbruch in die Moderne", unveröffentlichte Masterarbeit, TU-Cottbus, 2003; LAB: F Rep. 270 Nr. 7174 – verschiedene Pläne u. a. Grundrisse.

Lfd. Nr.: 249

Baujahr: 1907

Objektname: **Wohnhaus**

Adresse: Schwedenstraße 14–15, Berlin, Wedding
Bauherr: unbekannt; Architekt: Franz Ahrens (Kaiserlicher Baurat); Ingenieur: unbekannt; Bauunternehmen: unbekannt
Bautyp: Wohnungsbau; Kategorie: Wohnhaus
Tragwerk: 2-seitig gelag. Platte, eben
Beschreibung: Eisenbetondecken, Blockrandbebauung.
Literaturverweise: Reher, C.: "Der Kaiserliche Baurat Franz Ahrens - Aufbruch in die Moderne", unveröffentlichte Masterarbeit, TU-Cottbus, 2003.

Lfd. Nr.: 250

Baujahr: 1907

Objektname: **Polizeipräsidium**

Adresse: Kaiserdamm/ Sophie Charlotte Platz, Berlin, Charlottenburg
Bauherr: unbekannt; Architekt: Gustav Langen (Mitarbeit); Ingenieur: unbekannt; Bauunternehmen: Gottlieb Tesch Bauunternehmung
Bautyp: Verwaltungsgebäude; Kategorie: Bürogebäude
Tragwerk: Pfahlgründung
Beschreibung: Gründungspfähle aus Eisenbeton.
Literaturverweise: O. A.: "Die Gründung auf Eisenbetonpfählen beim Bau des Polizeidienstgebäudes in Charlottenburg" In: *Zentralblatt der Bauverwaltung* 1907, Nr.81; O. A.: "Gottlieb Tesch Bauunternehmung" In: Architektenverein zu Berlin [Hg.] Hundert Jahre Architekten Verein zu Berlin 1824–1924. Verlag des Architektenvereins zu Berlin, Berlin 1924, S. 34; LAB: F Rep. 290 (03) – s/w Negativ Straßenansicht.

Lfd. Nr.: 251

Baujahr: 1907

Objektname: **Friedrichstraßen Passage, Passage Kaufhaus**

Adresse: Oranienburger Straße 54–56a, 10117 Berlin, Mitte
Bauherr: Berliner Terrain- und Bau AG; Architekt: Franz Ahrens (Kaiserlicher Baurat); Ingenieur: Heinrich Becher; Bauunternehmen: M. Czarnikow & Co.
Bautyp: Handel- und Gewerbebauten; Kategorie: Kaufhaus
Tragwerk: Stütze; 2-seitig gelag. Platte, eben; Rippenkuppel
Beschreibung: 5-geschossiger Stahlbetonbau, unterkellert mit halbkreisförmiger Rippenkuppel aus Eisenbeton, dazwischenliegende Mantelfläche verglast, lichte Weite 28,4m, Stichhöhe 14,20m, 20 gleichmäßig angeordnete Rippen ruhen auf 16 Pfeilern sowie auf zwei die Passage überspannende Portalträger, an beiden Enden der Rippen Zugringe, der untere durch Schlösser nachstellbar.
Literaturverweise: Geist, J. F.: "Passagen, ein Bautyp des 19. Jahrhunderts", 4. Auflage, Prestel-Verlag München 1982; Mecenseffy, E. von: "Die künstlerische Gestaltung der Eisenbetonbauten. Erster Ergänzungsband des Handbuches für Eisenbetonbau. Zur 1. und 2. Auflage" In: F: von Emperger [Hg.]: Handbuch für Eisenbetonbau, Verlag Wilhelm Ernst & Sohn, Berlin 1911, S. 113; Reher, C.: "Der Kaiserliche Baurat Franz Ahrens - Aufbruch in die Moderne" unveröffentlichte Masterarbeit, TU-Cottbus, 2003; Ahmadi, Ditta: "Liste der Passagen, Ladenzeilen und Einkaufszentren im Kaiserreich" In: Berlin und seine Bauten (1978) Teil VIII Bauten für Handel und Gewerbe, Band A Handel, Verlag Wilhelm Ernst & Sohn, Berlin 1978; Wiener, Alfred [Hg.]: "Das Warenhaus - Kauf-, Geschäfts-und Büro-Haus" Zweite Auflage, Verlag Ernst Wasmuth A.-G., Berlin 1912; Schöne, Lutz: "Kuppelschale und Rippenkuppel" In: Hartwig Schmidt [Hg.] „Beton- und Stahlbetonbau Spezialausgabe“ 1999; Müller, Siegmund: "Die Eisenbetonkuppel der Friedrichstraßenpassage Berlin" In: *Armierter Beton* 1909, Heft 3–6, S. 123–124, S. 161–171, S. 208–212, S. 246–253; BAA Mitte: Bauakten beginnen erst 1950; LAB: A Rep. 010-02 Nr. 4850 bis 4852 – zeitlich nicht relevant; Neubauer, O.: "Ausgeführte Warenhäuser und Passagen" In: Fritz Edler von Emperger [Hg.]: Handbuch für Eisenbeton. Bd. 4.2, Berlin 1908, S. 607 ff.

Lfd. Nr.: 252

Baujahr: 1907

Objektname: **Fabrikanlage Siemens und Halske**

Adresse: Siemensstadt Nonnendamm Berlin, Spandau (Siemensstadt)
Bauherr: Siemens & Halske; Architekt: unbekannt; Ingenieur: unbekannt; Bauunternehmen: Cementbau- Actiengesellschaft Hannover

Bautyp: Industriebauten; Kategorie: Fabrik
Tragwerk: Stütze; 2-seitig gelag. Platte, eben
Beschreibung: Stampfbetonfundamente, Gießereigebäude als Eisenbetonskelettbau mit Mauerwerksausfachung. "Decken des Verwaltungsgebäudes" (FS 506192/3 CAG 1921, S. 7); "Tischlereigebäude" (FS 506192/3 CAG 1921, S. 13); "Fundamentplatten in Eisenbeton für Fabrikgebäude" (FS 506192/3 CAG 1921, S. 24).
Literaturverweise: Dittrich, Elke: "Die Entwicklungen des Stahlbetonbaus im Hochbau bis zum Ersten Weltkrieg" unveröffentlichte Diplomarbeit TU Berlin, 1990; Emperger, Friedrich v.: "Handbuch für Eisenbetonbau" Bd. XI 2. Auflage, Berlin 1912–1915, S. 373–376; Mecenseffy, E. von: "Die künstlerische Gestaltung der Eisenbetonbauten. Erster Ergänzungsband des Handbuches für Eisenbetonbau. Zur 1. und 2. Auflage" In: Fritz Edler von Emperger [Hg.]: Handbuch für Eisenbetonbau. Verlag Wilhelm Ernst & Sohn, Berlin 1911, S. 105; Sturmann, H.: "Gießereigebäude in Eisenbeton der Siemens & Halske A.-G. am Nonnendamm bei Berlin" In: *Beton und Eisen* 1908, Heft 9, S. 211 ff; Archiv Deutsches Museum: FS 506192/1 (Firmenschrift "Cementbau-Actien-Gesellschaft Hannover Hochbauten" 1921, Blatt 25) Archiv Deutsches Museum: FS 506192/3 (Firmenschrift "Cementbau-Actien-Gesellschaft Hannover" 1921); Boerner, F.; Lange, F.: "Gießereigebäude der Siemens u. Halske A.-G. am Nonnendamm in Berlin" In: Fritz Edler von Emperger [Hg.]: Handbuch für Eisenbeton. Bd. 13, 3. neubearb. Auflage, Berlin 1924, S. 448 f; Lorenz, Werner; May, Roland; Staroste, Hubert: Ingenieurbauführer Berlin“ Michael Imhof Verlag, Berlin 2020, S. 160 f.

Lfd. Nr.: 253

Baujahr: 1907

Objektname: **Speichergebäude**

Adresse: Tempelhofer Hafen, Berlin, Tempelhof
Bauherr: unbekannt; Architekt: Entwurf Firma Havestadt und Contag (Teltowkanal); Ingenieur: unbekannt; Bauunternehmen: AG für Beton- und Monierbauten; Holzmann & Co.
Bautyp: Industriebauten; Kategorie: Lager
Tragwerk: keine Angaben
Beschreibung: Alle tragenden Teile aus Eisenbeton.
Literaturverweise: Dittrich, Elke: "Die Entwicklungen des Stahlbetonbaus im Hochbau bis zum Ersten Weltkrieg", unveröffentlichte Diplomarbeit TU Berlin, 1990; Wiig : "Teltowkanalspeicher am Tempelhofer Hafen" In: *Zeitschrift für Bauwesen*, Jg. 58, 1908, S. 650–674, +Atlas; Sor, S.: "Gebäude für besondere Zwecke" In: Fritz Edler von Emperger [Hg.]: Handbuch für Eisenbetonbau. Bd. 4.2, Berlin 1909, S. 105–118; Emperger, Friedrich v.:"Handbuch für Eisenbetonbau" I. Ergänzungsband zur 1. und 2. Auflage, Berlin 1911, S. 57; Wiig : "Eisenbetonspeicher im Tempelhofer Hafen am Teltowkanal" In: *Beton und Eisen* 1908, Heft 12 und 13, S. 294 ff bzw. 314 ff; Mecenseffy, E.v.: "Die künstlerische Gestaltung der Eisenbetonbauten" In: Fritz Edler von Emperger [Hg.]: Handbuch für Eisenbetonbau. Bd. 10, 3. neubearbeitete Auflage, Berlin, 1922, S. 103 und 105; Dörr, Heinrich:" Silos und Landwirtschaftliche Bauten" In: Fritz Edler von Emperger [Hg.]: Handbuch für Eisenbeton, Bd. 14, 3. neubearbeitete Auflage, Berlin 1924, S. 141.

Lfd. Nr.: 254

Baujahr: 1907

Objektname: **Erdhochbehälter Wasserwerk Müggelberge**

Adresse: zwischen Müggelbergen und Langer See, Berlin, Köpenick
Bauherr: unbekannt; Architekt: Flächsner; Ingenieur: unbekannt; Bauunternehmen: Dyckerhoff & Widmann
Bautyp: Ver- und Entsorgungsbauten; Kategorie: Behälter
Tragwerk: Pfahlgründung; 2-seitig gelag. Platte, eben; Tonnenschale
Beschreibung: "[...] kein Wasserturm notwendig. Die Firma Dyckerhoff & Widmann baute in nur 350 m Entfernung in den Müggelbergen einen Erdhochbehälter aus Stahlbeton mit 1930 m^3 Inhalt. [...]" (Bärthel 2006, S. 81 ff); "[...] Betonbehälter aus zwei Kammern[...]" (Bärthel 2006, S. 355); Laut Unterlagen des Wasseramtes sind nur Decken im Turmhochbau aus bewehrtem Beton, die Behälter sind nicht explizit erwähnt.
Literaturverweise: Bärthel, H.: "Anlagen und Bauten der Wasserversorgung" In: Berlin und seine Bauten. Teil X Band A (2) Stadttechnik, Michael Imhof Verlag, Petersberg 2006, S. 81 f; Archiv Berliner Wasserbetriebe: Planunterlagen zum Reinwasserbehälter ohne weitere Angaben.

Lfd. Nr.: 255

Baujahr: 1907

Objektname: **Höhere Mädchenschule Friedenau**

Adresse: Goßlerstraße 13–15, Berlin, Friedenau
Bauherr: unbekannt; Architekt: Johannes Duntz, Hans Altmann; Ingenieur: unbekannt; Bauunternehmen: unbekannt
Bautyp: Bildungsgebäude; Kategorie: Schule
Tragwerk: Rahmen
Beschreibung: Eisenbetontrapezrahmen mit gebogenem Riegel.

Literaturverweise: Riepert, Hans Peter: "Die Deutsche Zement Industrie", Zementverlag, Berlin 1927.

Lfd. Nr.: 256

Baujahr: 1908

Objektname: **Frohnauer Brücke**

Adresse: Frohnau, Reinickendorf, Frohnau
Bauherr: unbekannt; Architekt: unbekannt; Ingenieur: unbekannt; Bauunternehmen: unbekannt
Bautyp: Verkehrsbau; Kategorie: Brücke (Straße)
Tragwerk: Plattenbalken
Beschreibung: "Das Bauwerk besteht aus einem durchlaufenden mehrstegigen Plattenbalken über drei Felder. Die Stützweiten betragen zwischen 9,00 und 10,56 m. In Längsrichtung sind 14 Plattenbalken mit Querträgern in den Drittelpunkten und über den Stützen angeordnet. [...] Die Endwiderlager wurden in aufgelöster Bauweise ebenfalls aus 'Eisenbeton' hergestellt; die Mittelunterstützungen bestehen aus Stampfbeton mit Sparöffnungen." (Specht, Furche 1989).
Literaturverweise: Furche, H.; Specht, M.: "Instandsetzung und Verstärkung der historischen Frohnauer Brücke in Berlin-Reinickendorf." In: *Beton- und Stahlbetonbau* 1989, Heft 7, S. 169–175.

Lfd. Nr.: 257

Baujahr: 1908

Objektname: **Hafenanlage Spandau**

Adresse: Charlottenburger Chaussee, Berlin, Spandau
Bauherr: unbekannt; Architekt: unbekannt; Ingenieur: Oberleitung Stadtbaurat Paul und Stadtbauinspektor Stubbe; Bauunternehmen: Drenckhahn & Sudhop, Braunschweig
Bautyp: Verkehrsbau; Kategorie: Uferbefestigung
Tragwerk: Scheibe
Beschreibung: Eisenbetonspundwände durch Drenckhahn & Sudhop, Eisenbetonkanäle, eventuell noch Güter- und Lagerschuppen.
Literaturverweise: Schulze, Otto: "Uferbefestigungen" In: Fritz Edler von Emperger [Hg.]: Handbuch für Eisenbeton. 2. neubearb. Auflage, Bd. 4, Berlin 1910, S. 104.

Lfd. Nr.: 258

Baujahr: 1908

Objektname: **Kriminalgericht Berlin-Moabit**

Adresse: Rathenower/ Turmstraße, Berlin, Moabit
Bauherr: unbekannt; Architekt: unbekannt; Ingenieur: unbekannt; Bauunternehmen: Held & Franke AG, Berlin; AG für Beton- und Monierbauten
Bautyp: Verwaltungsgebäude; Kategorie: Bürogebäude; System: Monier
Tragwerk: keine Angaben
Beschreibung: keine Angaben
Literaturverweise: Vohl, C.: "Das neue Kriminalgericht in Berlin Moabit" In: *Zeitschrift für Bauwesen* 1908, S. 330–360, S. 548–573.

Lfd. Nr.: 259

Baujahr: 1908

Objektname: **Erweiterungsbau des Kunstgewerbemuseum**

Adresse: Prinz-Albrecht-Straße, Berlin, Mitte oder Kreuzberg
Bauherr: unbekannt; Architekt: unbekannt; Ingenieur: unbekannt; Bauunternehmen: unbekannt
Bautyp: Kultur- und Sportbauten; Kategorie: Ausstellungsgebäude
Tragwerk: keine Angaben
Beschreibung: keine Angaben
Literaturverweise: Büttner: "Der Erweiterungsbau des Königlichen Kunstgewerbemuseums in Berlin" In: *Zeitschrift für Bauwesen* 1908, S. 510–528.

Lfd. Nr.: 260

Baujahr: 1908

Objektname: **Havel- und Stößenseebrücke**

Adresse: Heerstraße, Berlin, Spandau
Bauherr: unbekannt; Architekt: unbekannt; Ingenieur: Karl Bernhard; Bauunternehmen: unbekannt
Bautyp: Verkehrsbau; Kategorie: Brücke (Straße); System: Monier
Tragwerk: Platte, eben (Lagerung unklar)
Beschreibung: Gehwegplatten aus Eisenbeton.
Literaturverweise: Bernhard, Karl: "Stößensee- und Havelbrücke im Zuge der Döberitzer Heerstraße" In: *Zeitschrift für Bauwesen* 1911, S. 322–358; Lorenz, Werner; May, Roland; Staroste, Hubert: Ingenieurbauführer Berlin", Michael Imhof Verlag, Berlin 2020, S. 80 f.

Lfd. Nr.: 261

Baujahr: 1908

Objektname: **Gartenstadt Frohnau**

Adresse: Berlin, Reinickendorf, Frohnau
Bauherr: unbekannt; Architekt: unbekannt; Ingenieur: unbekannt; Bauunternehmen: unbekannt
Bautyp: Wohnungsbau; Kategorie: Wohnhaus
Tragwerk: keine Angaben
Beschreibung: Städtebaulicher Entwurf von Joseph Brix und Felix Genzmer für die Gartenstadt Frohnau, beinhaltet verschiedene Bauwerke in Eisenbeton: Treppen, Brüstungen.
Literaturverweise: Dittrich, Elke: "Die Entwicklungen des Stahlbetonbaus im Hochbau bis zum Ersten Weltkrieg", unveröffentlichte Diplomarbeit TU Berlin, 1990.

Lfd. Nr.: 262

Baujahr: 1908

Objektname: **Wasserturm Hermsdorf**

Adresse: Frohnauer Straße 112–122 (Gelände des Friedhofs Hermsdorf), Berlin, Frohnau
Bauherr: unbekannt; Architekt: Carl Francke (Bremen); Ingenieur: unbekannt; Bauunternehmen: unbekannt
Bautyp: Ver- und Entsorgungsbauten; Kategorie: Behälter
Tragwerk: 4-seitig gelag. Platte
Beschreibung: "[...] Runder Mauerwerksturm [...] oberhalb Eisenbetondecke [...]" (Bärthel 2006, S. 82, 355).
Literaturverweise: Bärthel, H.: "Anlagen und Bauten der Wasserversorgung" In: Berlin und seine Bauten. Teil X Band A (2) Stadttechnik, Michael Imhof Verlag, Petersberg 2006, S. 355.

Lfd. Nr.: 263

Baujahr: 1908

Objektname: **Haltestelle Schönhauser Allee**

Adresse: keine Angaben
Bauherr: unbekannt; Architekt: unbekannt; Ingenieur: unbekannt; Bauunternehmen: Steffens & Nölle
Bautyp: Verkehrsbau; Kategorie: Bahnhof
Tragwerk: 2-seitig gelag. Platte, eben
Beschreibung: Verwendung von Bulbeisen.
Literaturverweise: Kaufmann, G.: "Neuere Ausführungen der Bulbeisendecke im Hochbau und Ingenieurbauwesen" In: *Beton und Eisen* 1914, S. 30 ff.

Lfd. Nr.: 264

Baujahr: 1908

Objektname: **Haltestelle Friedrichstraße**

Adresse: keine Angaben
Bauherr: unbekannt; Architekt: unbekannt; Ingenieur: unbekannt; Bauunternehmen: Steffens & Nölle
Bautyp: Verkehrsbau; Kategorie: Bahnhof
Tragwerk: 2-seitig gelag. Platte, eben
Beschreibung: Verwendung von Bulbeisen.

Literaturverweise: Kaufmann, G.: "Neuere Ausführungen der Bulbeisendecke im Hochbau und Ingenieurbauwesen" In: *Beton und Eisen* 1914, S. 30 ff.

Lfd. Nr.: 265

Baujahr: 1908

Objektname: **Villa Hirschfeld Uferbefestigung Wannsee**

Adresse: Kleine Seestrasse 7, Am Kleinen Wannsee, Berlin, Zehlendorf
Bauherr: unbekannt; Architekt: unbekannt; Ingenieur: Dipl.-Ing. M. Hoffmann; Bauunternehmen: Bauunternehmung Th. Möbus, Berlin Charlottenburg
Bautyp: Verkehrsbau; Kategorie: Uferbefestigung
Tragwerk: Scheibe
Beschreibung: keine Angaben
Literaturverweise: BAA Zehlendorf: Bauakte Kleine Seestrasse 7, Band 1.

Lfd. Nr.: 266

Baujahr: 1909

Objektname: **Straßenbrücke**

Adresse: Bahnhof Olympiastadion (ehem. Rennbahn Straße 10), Berlin, Charlottenburg
Bauherr: unbekannt; Architekt: unbekannt; Ingenieur: unbekannt; Bauunternehmen: unbekannt
Bautyp: Verkehrsbau; Kategorie: Brücke (Straße)
Tragwerk: 2-seitig gelag. Platte, gewölbt
Beschreibung: keine Angaben
Literaturverweise: Giese: "Der neue Bahnhof Rennbahn im Grunewald bei Berlin" In: *Zentralblatt der Bauverwaltung*, 1910, Nr. 83, S. 537–542 und Nr. 85 S. 553–557.

Lfd. Nr.: 267

Baujahr: 1909

Objektname: **Königliche Landesturnanstalt**

Adresse: Radelandstraße, Berlin, Spandau
Bauherr: unbekannt; Architekt: Entwurf Geheimer Oberbaurat Delius, Bauleitung Regierungsbaumeister O. Lucht; Ingenieur: unbekannt; Bauunternehmen: unbekannt
Bautyp: Bildungsgebäude; Kategorie: Schule
Tragwerk: keine Angaben
Beschreibung: Unter eisernen Dachbindern sind Eisenbeton-Rabitzdecken angeordnet.
Literaturverweise: O. A.:"Der Neubau der Königlichen Landesturnanstalt in Spandau" In: *Zeitschrift für Bauwesen* 1913, Bd. 63, S. 11–26.

Lfd. Nr.: 268

Baujahr: 1909

Objektname: **Kammergericht Berlin**

Adresse: Elsholz Straße / Grunewaldstraße, Eingang über Potsdamer Straße, Berlin, Schöneberg
Bauherr: unbekannt; Architekt: unbekannt; Ingenieur: O. Leitholf; Bauunternehmen: Cementbau-Aktiengesellschaft Hannover
Bautyp: Verwaltungsgebäude; Kategorie: Bürogebäude
Tragwerk: 2-seitig gelag. Platte, eben
Beschreibung: "Nur an wenigen Stellen, wo bei großen Raumweiten die Widerlager fehlten und dennoch auf eine architektonisch wirksame Gewölbeform nicht verzichtet werden konnte, wurde von Drahtputzkonstruktionon unterhalb waagerechter Stein- oder Eisenbetondecken Gebrauch gemacht, so u. a. in der Haupteingangshalle und den Wartehallen des obersten Geschosses." (Vohl 1915); "Neubau Kammergericht Berlin, Deckenkonstruktion" (CAG 1921).
Literaturverweise: Vohl, C.: "Der Neubau des Kammergericht in Berlin" In: *Zeitschrift für Bauwesen* 1915, Bd. 65, S. 263–277; Archiv Deutsches Museum: FS 506192/3 (Firmenschrift "Cementbau-Actien-Gesellschaft Hannover" 1921, S. 7).

Lfd. Nr.: 269

Baujahr: 1909

Objektname: **Geschäftshaus Lembke**

Adresse: Münzstraße 18, Berlin, Mitte
Bauherr: unbekannt; Architekt: unbekannt; Ingenieur: unbekannt; Bauunternehmen: unbekannt
Bautyp: Handel- und Gewerbebauten; Kategorie: Kaufhaus
Tragwerk: Stütze; 2-seitig gelag. Platte, eben
Beschreibung: Eisenbetonskelettbau
Literaturverweise: Dittrich, Elke: "Die Entwicklungen des Stahlbetonbaus im Hochbau bis zum Ersten Weltkrieg" unveröffentlichte Diplomarbeit TU Berlin, 1990; Emperger, Fritz Edler von [Hg.]: „Handbuch für Eisenbetonbau" Bd. 4, Berlin 1907–1909, S. 576–578; Neubauer, O.: "Ausgeführte Warenhäuser und Passage" In: Fritz Edler von Emperger [Hg.]: Handbuch für Eisenbeton. Bd. 4.2, Berlin 1908, S. 576 ff; Mecenseffy, E.v.: "Die künstlerische Gestaltung der Eisenbetonbauten" In: Fritz Edler von Emperger [Hg.]: Handbuch für Eisenbetonbau. Bd. 10, 3. neubearbeitete Auflage, Berlin, 1922, S. 74 und 82.

Lfd. Nr.: 270

Baujahr: 1909

Objektname: **Blücherhof**

Adresse: Blücherstraße 31a, Berlin, Kreuzberg
Bauherr: unbekannt; Architekt: unbekannt; Ingenieur: unbekannt; Bauunternehmen: unbekannt
Bautyp: Handel- und Gewerbebauten; Kategorie: Kaufhaus
Tragwerk: keine Angaben
Beschreibung: Eisenbetonbau
Literaturverweise: Dittrich, Elke: "Die Entwicklungen des Stahlbetonbaus im Hochbau bis zum Ersten Weltkrieg" unveröffentlichte Diplomarbeit TU Berlin, 1990; Neubauer, O.: "Geschäftshaus Lembke, Berlin Münzstraße" In: Fritz Edler von Emperger [Hg.]: Handbuch für Eisenbeton. Bd. 13, 3. neubearb. Auflage, Berlin 1924, S. 99 f.

Lfd. Nr.: 271

Baujahr: 1909

Objektname: **AEG-Turbinenhalle**

Adresse: Huttenstraße 12–19, Berlin, Mitte
Bauherr: unbekannt; Architekt: Peter Behrens; Ingenieur: Karl Bernhard; Bauunternehmen: Czarnikow & Co.
Bautyp: Industriebauten; Kategorie: Fabrik
Tragwerk: Streifenfundament2-seitig gelag. Platte, eben; Scheibe
Beschreibung: Stahlskelettbau mit Eisenbetonfundamenten.
Literaturverweise: Bernhard, Karl: "Die neue Halle der Turbinenfabrik der Allgemeinen Elektrizitäts-Gesellschaft in Berlin" In: *Zentralblatt der Bauverwaltung* 1910, Nr. 5, S. 25 ff; Huberti, G.: "Vom Caementum zum Spannbeton, Teil B" Bauverlag, Wiesbaden 1964; Zeitschrift des Vereins Deutscher Ingenieure, 1911, Band 55, Nr. 39, S. 1625; Lorenz, Werner; May, Roland; Staroste, Hubert: Ingenieurbauführer Berlin“ Michael Imhof Verlag, Berlin 2020, S. 116 ff.

Lfd. Nr.: 272

Baujahr: 1909

Objektname: **Fahrzeugdepot**

Adresse: Persiusstraße, Berlin, Friedrichshain
Bauherr: unbekannt; Architekt: unbekannt; Ingenieur: Dipl.-Ing. H. Deimling; Bauunternehmen: Aktiengesellschaft für Hoch- und Tiefbauten, Geb. Helfmann, Frankfurt am Main, Bauleitung Carl Denicke
Bautyp: Verkehrsbau; Kategorie: Abstellhalle
Tragwerk: Rahmen
Beschreibung: Eisenbetonbau, Zweigelenkrahmen-Binderkonstruktion.
Literaturverweise: Dittrich, Elke: "Die Entwicklungen des Stahlbetonbaus im Hochbau bis zum Ersten Weltkrieg", unveröffentlichte Diplomarbeit TU Berlin, 1990; Szalla:"Fahrzeugdepot 'Persiusstraße' Berlin" In: *Beton und Eisen* 1910, Heft 3, S. 60-62; Kraus, H. J.: "Dachbauten" In: Fritz Edler von Emperger [Hg.]: Handbuch für Eisenbetonbau. Bd. 12.2, 3. neubearbeitet. Auflage, Berlin, 1928, S. 88, 135.

Lfd. Nr.: 273

Baujahr: 1909

Objektname: **Hebbeltheater**

Adresse: Stresemannstraße 29, Berlin, Kreuzberg
Bauherr: unbekannt; Architekt: Oskar Kaufmann; Ingenieur: unbekannt; Bauunternehmen: unbekannt
Bautyp: Kultur- und Sportbauten; Kategorie: Theater
Tragwerk: keine Angaben
Beschreibung: keine Angaben
Literaturverweise: keine Angaben

Lfd. Nr.: 274

Baujahr: 1909

Objektname: **Geschäftsgebäude**

Adresse: Dessauer Straße 28/29, Potsdamer Tor, Berlin
Bauherr: Haus Dessau GmbH; Architekt: Lachmann und Zauber Baumeister, unter Mitwirkung Johannes Kraatz; Ingenieur: unbekannt; Bauunternehmen: unbekannt
Bautyp: Handel- und Gewerbebauten; Kategorie: Kaufhaus
Tragwerk: keine Angaben
Beschreibung: Geschäftshaus: 1. Vorderhaus 41,09m lang, zirka 23,00m tief und durchschnittlich 18,75m hoch; 2. Mittelflügel ca. 22,00m i/M. lang. 14,60 tief und 19,55m hoch; 3. vorderes Quergebäude 33,90m lang, 14,00m tief und 19,55m hoch; 4. rechter Seitenflügel am Hof V 10,59m lang, 7,50 m tief 19,55m hoch; 5. hinteres Quergebäude ca. 18,80m lang, 14,00m tief und 19,55m hoch (nach LAB A Rep.010-02 Nr. 31813).
Literaturverweise: Wiener, Alfred [Hg.]: "Das Warenhaus - Kauf-, Geschäfts- und Büro-Haus", 2. Auflage, Verlag Ernst Wasmuth AG, Berlin 1912; LAB: A Rep. 010-02 Nr. 31813 – Grundstücksbauakten bis 1910, Erteilung Bauschein, Festlegungen zur Bauflucht.

Lfd. Nr.: 275

Baujahr: 1909

Objektname: **Rennbahn Grunewald**

Adresse: Olympiastadion Berlin, Charlottenburg
Bauherr: Unionsclub, Verein für Hindernisrennen; Architekt: Otto March (Entwurf, Bauleitung); Ingenieur: Redlich & Krämer Heinrich Becher (Tribühnen); Bauunternehmen: Czarnikow & Co.
Bautyp: Kultur- und Sportbauten; Kategorie: Stadion
Tragwerk: Balken; Platte, eben (Lagerung unklar)
Beschreibung: "An größeren Bauwerken wurden auf der Bahn aufgeführt drei Tribünen, ein großes Restaurationsgebäude, ein Betriebsgebäude, eine umfangreiche Stallanlage mit Dienstwohnungen, der Kaiserpavillon, sowie die Tunnel zu dem geplanten Stadion. [...] teilweise in Eisenbeton, teilweise auch in reiner Eisenkonstruktion [...]" (DB 84); " Die dritte Tribüne, auf deren Ausbildung hier nicht näher eingegangen werden soll, [...] ist ganz in Eisenbeton erbaut." (DB 85).
Literaturverweise: O. A.: "Die Konstruktion der Tribünen auf der Rennbahn Grunewald-Berlin" In: *Deutsche Bauzeitung* 1909, Heft 84, S. 575–579 und Heft 85 S. 582–586.

Lfd. Nr.: 276

Baujahr: 1909

Objektname: **Postabfertigungsgebäude Schlesischer Bahnhof**

Adresse: Berlin
Bauherr: unbekannt; Architekt: unbekannt; Ingenieur: unbekannt; Bauunternehmen: Wayss & Freytag AG (Berlin)
Bautyp: Verkehrsbau; Kategorie: Bahnhof
Tragwerk: Bogen; 2-seitig gelag. Platte, eben
Beschreibung: "[...] sehr weitgespannte im Grundriß noch gebogene Hallenkonstruktion in dem Neubau des Postabfertigungsgebäudes am Schlesischen Bahnhof in Berlin. Die Bogen spannen sich hier 20m weit, der Seitenschub wird durch Zugstangen aufgenommen. Die darunterliegenden Decken, über welche hinweg die Eisenbahnwagen fahren, sind in ebener Plattenbalkenkonstruktion ausgeführt." (Wayss & Freytag 1909).
Literaturverweise: Archiv Deutsches Museum: Wayss & Freytag AG (Firmenschrift "Wayss&Freytag A.G., Strassburg Unternehmung für Beton- und Eisenbetonbauten, Hoch- und Tiefbauten. Bauausführungen im Hoch- und Tiefbau Ausgabe 1910"); Archiv Deutsches Museum: Wayss & Freytag AG (Firmenschrift "Wayss&Freytag A.G., München Spiralarmierter Beton (Béton fretté). Neuere Beton- und Eisenbetonbauten.", 1909, S. 76.

Lfd. Nr.: 277

Baujahr: 1909

Objektname: **Wasserturm Oberschöneweide**

Adresse: Berlin, Oberschöneweide
Bauherr: unbekannt; Architekt: unbekannt; Ingenieur: unbekannt; Bauunternehmen: Wayss & Freytag AG (Berlin)
Bautyp: Ver- und Entsorgungsbauten; Kategorie: Behälter
Tragwerk: Kreiszylinderschale, Rahmen
Beschreibung: "Einen im Eisenbetongerippe fertigen Turm in Oberschöneweide bei Berlin, der eine Höhe von ca. 30m besitzt, zeigt Modell Abb. 85. In der Mittelachse führt ein Eisenbetonrohr von 1,00m Durchmesser empor, das eine Bedienungsleiter, sowie sämtliche Rohrleitungen aufnimmt und sie gegen Kältewirkung schützt. Das Gerippe ist nur bis zum ersten Podest ausgemauert und bildet hier einen zu Lagerzwecken nutzbaren Raum." (Wayss & Freytag 1909).
Literaturverweise: Archiv Deutsches Museum: Wayss & Freytag AG (Firmenschrift "Wayss&Freytag A.G., München Spiralarmierter Beton (Béton fretté). Neuere Beton- und Eisenbetonbauten." 1909, S. 64 ff; Archiv Technik Museum Berlin: III.2 02095 2125 (Firmenschrift Wayss & Freytag AG, Bauausführungen im Hoch- und Tiefbau 1910, S. 49).

Lfd. Nr.: 278

Baujahr: 1909

Objektname: **Synagoge Schöneberg**

Adresse: Münchener Straße 37, Berlin, Schöneberg
Bauherr: Synagogenverein Schöneberg; Architekt: Max Fraenkel; Ingenieur: unbekannt; Bauunternehmen: unbekannt
Bautyp: Industriebauten; Kategorie: Synagoge
Tragwerk: Balken; 2-seitig gelag. Platte, eben; Schalenkuppel
Beschreibung: „ Die Synagoge war ein zweigeschossiger, nahezu quadratischer Kuppelbau, fast gänzlich aus Eisenbeton errichtet [...]" (Bothe 1983).
Literaturverweise: Bothe, Rolf [Hg.]: "Synagogen in Berlin", Teil 2, Verlag Willmuth Arenhövel, Berlin 1983, S. 34 ff.

Lfd. Nr.: 279

Baujahr: 1910

Objektname: **Nordbücke über den Spandauer-Schifffahrtskanal**

Adresse: Seestraße, Plötzensee, Berlin, Mitte
Bauherr: Kgl. Bauamt I Berlin; Architekt: Regierungsbauführer W. Nakonz; Ingenieur: unbekannt; Bauunternehmen: Dyckerhoff & Widmann
Bautyp: Verkehrsbau; Kategorie: Brücke (Straße)
Tragwerk: 2-seitig gelag. Platte, gewölbt
Beschreibung: Eisenbeton 3-Gelenkbogenbrücke mit 48m Spannweite zwischen den Gelenken und 5m Pfeil, 18m Breite. ""Eisenbeton-Dreigelenkbogen-Brücken (im Zuge der Seestraße über den Großschiffahrtskanal) von 19m Breite und 45,3 bis 48m Spannweite." (Dyckerhoff & Widmann 1928).
Literaturverweise: Stegmann, Knut: "Das Bauunternehmen Dyckerhoff&Widmann" Ernst Wasmuth Verlag, Berlin 2014, S. 342; Nakonz, Walter: "Schiefe Dreigelenkbogenbrücken aus Eisenbeton" In: *Zeitschrift für Bauwesen* 1913, Bd. 63, S. 636–644; Archiv Deutsches Museum München: FS 000 966 (Firmenschrift "Verzeichnis bemerkenswerter Tiefbauausführungen DYWIDAG Dyckerhoff & Widmann A.G., 1928", S. IX. 2).

Lfd. Nr.: 280

Baujahr: 1910

Objektname: **Rosenhain Passage**

Adresse: keine Angaben
Bauherr: unbekannt; Architekt: unbekannt; Ingenieur: unbekannt; Bauunternehmen: unbekannt
Bautyp: Handel- und Gewerbebauten; Kategorie: Kaufhaus
Tragwerk: Platte, eben (Lagerung unklar)
Beschreibung: Eisenbetondach
Literaturverweise: Dittrich, Elke: "Die Entwicklungen des Stahlbetonbaus im Hochbau bis zum Ersten Weltkrieg", unveröffentlichte Diplomarbeit TU Berlin, 1990.

Lfd. Nr.: 281

Baujahr: 1910

Objektname: **Fuggerhaus**

Adresse: Linkstraße 25, Reichpietschufer (Königin-Augusta-Straße), Berlin, Mitte
Bauherr: unbekannt; Architekt: Curt Leschnitzer; Ingenieur: unbekannt; Bauunternehmen: unbekannt
Bautyp: Verwaltungsgebäude; Kategorie: Bürogebäude
Tragwerk: 2-seitig gelag. Platte, eben; Plattenbalken
Beschreibung: Eisenbetonbau außen verkleidet, Koensche Plandecken.
Literaturverweise: Dittrich, Elke: "Die Entwicklungen des Stahlbetonbaus im Hochbau bis zum Ersten Weltkrieg" unveröffentlichte Diplomarbeit TU Berlin, 1990; Wiener, Alfred [Hg.]: "Das Warenhaus - Kauf-, Geschäfts-und Büro-Haus", 2. Auflage, Verlag Ernst Wasmuth AG, Berlin, 1912; LAB: A Rep. 010-02 Nr.4275 – Grundstücksbauakten 1853–1911; Abbildungen 219–225, In: *Berliner Architekturwelt* 1909, Heft 4, S. 154 ff.

Lfd. Nr.: 282

Baujahr: 1910

Objektname: **ABOAG Werkstattgebäude**

Adresse: Usedomer Straße 24, Berlin, Wedding
Bauherr: unbekannt; Architekt: Franz Ahrens (Kaiserlicher Baurat); Ingenieur: unbekannt; Bauunternehmen: unbekannt
Bautyp: Industriebauten; Kategorie: Werkstatt
Tragwerk: 2-seitig gelag. Platte, eben
Beschreibung: Eisenbetondecken
Literaturverweise: Reher, C.: "Der Kaiserliche Baurat Franz Ahrens - Aufbruch in die Moderne", unveröffentlichte Masterarbeit, TU-Cottbus, 2003.

Lfd. Nr.: 283

Baujahr: 1910

Objektname: **Synagoge Charlottenburg**

Adresse: Fasanenstraße 79-80, Berlin, Tiergarten
Bauherr: unbekannt; Architekt: Ehrenfried Hessel; Ingenieur: Heinrich Becher; Bauunternehmen: Czarnikow & Co.; Joseph Fraenkel Baugeschäft
Bautyp: Sakralbau; Kategorie: Synagoge
Tragwerk: Schalenkuppel
Beschreibung: Eisenbetonkuppeln; "Besondere Beachtung verdient auch die konstruktive Ausführung des Bauwerkes, das ganz in Eisenbetonkonstruktion hergestellt ist." (Bothe 1983).
Literaturverweise: Dittrich, Elke: "Die Entwicklungen des Stahlbetonbaus im Hochbau bis zum Ersten Weltkrieg" unveröffentlichte Diplomarbeit TU Berlin, 1990; LAB: F Rep. 270 Nr. 3981f; B Rep. 207 Nr. 0137ff Bauakte; F Rep. 290 (05) Nr. 0071817 ff, Entwurfspläne; O. A.: "Joseph Fraenkel, Baugeschäft A.G." In: Architektenverein zu Berlin [Hg.]: Hundert Jahre Architekten Verein zu Berlin 1824–1924. Verlag des Architektenvereins zu Berlin, Berlin 1924, S. 14–18; Lesser, Willy: "Die neue Synagoge in der Fasanen-Straße zu Charlottenburg" In: *Deutsche Bauzeitung* 47 (1913), Heft 4, S. 293 ff, 306 ff; Bothe, Rolf [Hg.]: "Synagogen in Berlin" Teil 1, Verlag Willmuth Arenhövel, Berlin 1983, S. 129 ff.

Lfd. Nr.: 284

Baujahr: 1910

Objektname: **Röntgenbrücke**

Adresse: Röntgen/ Darwinstraße, Berlin, Charlottenburg
Bauherr: unbekannt; Architekt: August Bredtschneider und Heinrich Seeling; Ingenieur: Stadtbaurat Bredtschneider; Bauunternehmen: ggf. O. Friese
Bautyp: Verkehrsbau; Kategorie: Brücke (Straße)
Tragwerk: Platte, eben (Lagerung unklar)
Beschreibung: Der Bürgersteig besteht aus Eisenbetonplatten.
Literaturverweise: Zangemeister: "Der Neubau der Röntgenbrücke in Charlottenburg" In: *Zeitschrift für Bauwesen* 1911, Jg. 61, S. 441–450.

Lfd. Nr.: 285

Baujahr: 1910

Objektname: **Rütgershaus**

Adresse: Lützowstraße 33–36, Genthiner Straße, Berlin, Tiergarten
Bauherr: unbekannt; Architekt: Regierungsbaumeister Hermann Dernburg; Ingenieur: unbekannt; Bauunternehmen: unbekannt
Bautyp: Handel- und Gewerbebauten; Kategorie: Kaufhaus;
Tragwerk: Stütze
Beschreibung: Eisenbetonstützen im Raster, Dach aus Stahl, nach außen verkleidet.
Literaturverweise: Dittrich, Elke: "Die Entwicklungen des Stahlbetonbaus im Hochbau bis zum Ersten Weltkrieg", unveröffentlichte Diplomarbeit TU Berlin, 1990; Wiener, Alfred [Hg.]: "Das Warenhaus - Kauf-, Geschäfts- und Büro-Haus", 2. Auflage, Verlag Ernst Wasmuth AG, Berlin 1912.

Lfd. Nr.: 286

Baujahr: 1910

Objektname: **Polizeidienstgebäude**

Adresse: Magazinstraße 3–5, Berlin, Mitte
Bauherr: unbekannt; Architekt: unbekannt; Ingenieur: unbekannt; Bauunternehmen: unbekannt
Bautyp: Verwaltungsgebäude; Kategorie: Bürogebäude
Tragwerk: 2-seitig gelag. Platte, eben
Beschreibung: Treppe aus Eisenbeton, eventuell noch mehr Tragwerkselemente aus Eisenbeton.
Literaturverweise: O. A.: "Das neue Dienstgebäude für die Baupolizei in Berlin" In: *Zentralblatt der Bauverwaltung* 1910, Nr. 15; LAB: A Pr. Br. Rep. 042 (Karten) 604ff – Plansammlung zum Neubau.

Lfd. Nr.: 287

Baujahr: 1910

Objektname: **Wertheim Königstraße**

Adresse: Königstraße 31/32/ Neue Friedrichstraße 18–20/ Grunerstraße 7–9, Berlin, Mitte
Bauherr: Wertheim ; Architekt: Heinrich Kayser & von Großheim und Ernst Rentsch; Ingenieur: unbekannt; Bauunternehmen: Cementbau-Actiengesellschaft Hannover
Bautyp: Handel- und Gewerbebauten; Kategorie: Kaufhaus
Tragwerk: Stütze, 2-seitig gelag. Platte, eben
Beschreibung: Gründung, Pfeiler im KG, Decken in Eisenbeton. "Baugesellschaft Neue Friedrichstraße G.m.b.H., Berlin Eisenbetonkonstruktion für Geschäftshausblock" (Cementbau-Actien-Gesellschaft Hannover 1921).
Literaturverweise: Stürzebecher, Peter: "Das Berliner Warenhaus - Bautypus, Element der Stadtorganisation, Raumspähre der Warenwelt" Archibook Verlag, Berlin 1979; Güttler, Peter: "Liste der vor 1945 erbauten Warenhäuser" In: Berlin und seine Bauten. Teil VIII Bauten für Handel und Gewerbe, Band A Handel, Verlag Wilhelm Ernst & Sohn, Berlin 1978; Archiv Deutsches Museum: FS 506192/3 (Firmenschrift "Cementbau-Actien-Gesellschaft Hannover" 1921, S. 7).

Lfd. Nr.: 288

Baujahr: 1910

Objektname: **Geschäftshaus**

Adresse: Oranienstraße 161, Berlin, Mitte
Bauherr: unbekannt; Architekt: unbekannt; Ingenieur: unbekannt; Bauunternehmen: unbekannt
Bautyp: Handel- und Gewerbebauten; Kategorie: Bürogebäude
Tragwerk: Rahmenskelett, mehrgesch.
Beschreibung: Eisenbetonskelettbau mit verkleideter Fassade.
Literaturverweise: Dittrich, Elke: "Die Entwicklungen des Stahlbetonbaus im Hochbau bis zum Ersten Weltkrieg", unveröffentlichte Diplomarbeit TU Berlin, 1990; LAB: A Rep. 010-02 Nr. 4874 – Bauakte 1863–1910.

Lfd. Nr.: 289

Baujahr: 1910

Objektname: **Geschäftshaus mit Restaurant "Grand Gala"**

Adresse: Potsdamer Straße 141, Berlin, Mitte

Bauherr: unbekannt; Architekt: unbekannt; Ingenieur: unbekannt; Bauunternehmen: unbekannt
Bautyp: Handel- und Gewerbebauten; Kategorie: Bürogebäude
Tragwerk: Rahmenskelett, mehrgesch.
Beschreibung: Eisenbetonskelettbau beidseitig verkleidet.
Literaturverweise: Dittrich, Elke: "Die Entwicklungen des Stahlbetonbaus im Hochbau bis zum Ersten Weltkrieg", unveröffentlichte Diplomarbeit TU Berlin, 1990.

Lfd. Nr.: 290

Baujahr: 1910

Objektname: **Sternwarte Oberrealschule Friedenau**

Adresse: Berlin
Bauherr: unbekannt; Architekt: unbekannt; Ingenieur: unbekannt; Bauunternehmen: unbekannt
Bautyp: Bildungsgebäude; Kategorie: Forschungsanstalt
Tragwerk: Kreiszylinderschale
Beschreibung: Eisenbetonturm
Literaturverweise: Berlowitz: "Sternwarte der Oberrealschule zu Friedenau" In: *Eisenbeton* Heft 16, 1910.

Lfd. Nr.: 291

Baujahr: 1910

Objektname: **Zollernhof Büro- und Geschäftshaus**

Adresse: Unter den Linden 38, Mittelstraße 47/48, Mitte
Bauherr: unbekannt; Architekt: Kurt Berndt, Bruno Paul, Henry Groß; Ingenieur: unbekannt; Bauunternehmen: unbekannt
Bautyp: Handel- und Gewerbebauten; Kategorie: Kaufhaus
Tragwerk: Rahmenskelett, mehrgesch.
Beschreibung: 5-geschossiger Eisenbetonbau.
Literaturverweise: Dittrich, Elke: "Die Entwicklungen des Stahlbetonbaus im Hochbau bis zum Ersten Weltkrieg", unveröffentlichte Diplomarbeit, TU Berlin, 1990; Platz, Gustav Adolf: "Die Baukunst der Neusten Zeit" Prophyläen Verlag, Berlin 1927; Wiener, Alfred [Hg.]: "Das Warenhaus - Kauf-, Geschäfts- und Büro-Haus" Zweite Auflage, Verlag Ernst Wasmuth AG, Berlin 1912; Stark, Hans-Joachim: "Untersuchung über die Entwicklung von Bürogebäuden der privaten Wirtschaft in Berlin von 1890–1965", unveröffentlichte Dissertation, TU Berlin 1968; Abbildungen 656–667 In: *Berliner Architekturwelt* 1912, Heft 12.

Lfd. Nr.: 292

Baujahr: 1910

Objektname: **AEG Hochspannungsfabrik**

Adresse: Hussitenstraße, Voltastraße, Brunnenstraße, Berlin, Wedding
Bauherr: unbekannt; Architekt: Peter Behrens; Ingenieur: unbekannt; Bauunternehmen: unbekannt
Bautyp: Industriebauten; Kategorie: Fabrik
Tragwerk: keine Angaben
Beschreibung: Verwendung von Eisenbeton in den Fundamenten und Kelleranlagen.
Literaturverweise: Rave, Rolf; Knöfel, Hans-Joachim: "Bauen seit 1900 in Berlin", 6. unveränderte Auflage, Kiepert Verlag, Berlin 1987, S. 214; Platz, Gustav Adolf: "Die Baukunst der Neusten Zeit", Prophyläen Verlag Berlin 1927.

Lfd. Nr.: 293

Baujahr: 1910

Objektname: **Büro- und Geschäftshaus "Charlottenhof"**

Adresse: Berlin
Bauherr: unbekannt; Architekt: Architekten Hiller und Kuhlmann; Ingenieur: unbekannt; Bauunternehmen: Cementbau-Actiengesellschaft Hannover
Bautyp: Wohnungsbau; Kategorie: Wohn- und Geschäftshaus
Tragwerk: Platte, eben (Lagerung unklar)
Beschreibung: "Deckenkonstruktion" (CAG 1921).
Literaturverweise: Wiener, Alfred [Hg.]: "Das Warenhaus - Kauf-, Geschäfts- und Büro-Haus", Zweite Auflage, Verlag Ernst Wasmuth AG, Berlin 1912; Archiv Deutsches Museum: FS 506192/3 (Firmenschrift "Cementbau-Actien-Gesellschaft Hannover" 1921, S. 6).

Lfd. Nr.: 294

Baujahr: 1910

Objektname: **Viktoriaspeicher**

Adresse: Köpenicker Straße 22, Berlin, Kreuzberg
Bauherr: unbekannt; Architekt: Franz Ahrens (Ksl.Baurat); Ingenieur: R. Mesmer, M. Czarnikow & Co.; Bauunternehmen: M. Czarnikow & Co.
Bautyp: Industriebauten; Kategorie: Lager
Tragwerk: Stütze; 2-seitig gelag. Platte, eben; Scheibe
Beschreibung: Viktoriaspeicher I Eisenbetonskelettkonstruktion, Gefache ausgemauert.
Literaturverweise: Bauakten-/Plankammer Friedrichshain – Kreuzberg: Köpenicker Straße 22, Band 18 – 22; Reher, C.: "Der Kaiserliche Baurat Franz Ahrens - Aufbruch in die Moderne", unveröffentlichte Masterarbeit, TU-Cottbus 2003; LAB: F Rep. 270 Nr. 7680, 10287; R.: "Neue Ausführungen nach der Bauweise Leschinsky." In: *Beton und Eisen* 1909, Heft 10, S. 229 ff; Lorenz, Werner; May, Roland; Staroste, Hubert: Ingenieurbauführer Berlin“ Michael Imhof Verlag, Berlin 2020, S. 252 f.

Lfd. Nr.: 295

Baujahr: 1910

Objektname: **Kraftwerk Neukölln**

Adresse: Weigandufer 45-49, Thiemannstraße 37-46, Berlin, Neukölln
Bauherr: unbekannt; Architekt: Reinhold Kiehl, Mitarb. Robert Götze; Ingenieur: unbekannt; Bauunternehmen: unbekannt
Bautyp: Ver- und Entsorgungsbauten; Kategorie: Kraftwerk
Tragwerk: Balken2-seitig gelag. Platte, eben; 2-seitig gelag. Platte, eben; Scheibe
Beschreibung: "[...] Maschinen- und Kesselhaus. Viergeschossiger gestaffelter Eisenbetonbau, verputzt [...] Kohlenlager. Unterirdische Eisenbetonhalle." (Bärthel 2006).
Literaturverweise: Bärthel, H.: "Anlagen und Bauten der Elektrizitätserzeugung" In: Berlin und seine Bauten. Teil X Band A (2) Stadttechnik, Michael Imhof Verlag, Petersberg 2006, S. 379; Althans, Dieter; Sonnenberg, Jan: "Architekten und Pioniere. Persönlichkeiten des Neuköllner Kommunalbaus zwischen 1890 und 1918" In: Bezirksamt Neukölln von Berlin Abteilung Bauwesen [Hg.]: 100 Jahre Bauen für Neukölln. Berlin 2005, S. 11–34.

Lfd. Nr.: 296

Baujahr: 1910

Objektname: **Koksbunker Städtische Gasanstalt IV**

Adresse: Danziger 61, Berlin, Prenzlauer Berg
Bauherr: Städtisches Gaswerke; Architekt: unbekannt; Ingenieur: kein Vermerk in der Statik; Bauunternehmen: unbekannt
Bautyp: Ver- und Entsorgungsbauten; Kategorie: keine Angabe
Tragwerk: Balken
Beschreibung: "Bau eines Koksbunkers aus Eisenbeton im Gaswerk Danziger Straße [...]" (LAB 421); "[...] Bau 1. eines Kohlenbunkers aus Eisenbeton 8,20m lang, 8,20m breit, 6,57m hoch, 2. eines Anschlußgleises an die vorhandene Koksbahn [...]" (LABA Rep. 259 Nr. 587).
Literaturverweise: LAB: A Rep. 259 Nr. 587 – Akte mit Bauschein, statischer Berechnung und Bauabnahmeschein; LAB: A Rep. 259 (Karten), Nr. 1-3 Da 3 /-/857 4121 III 5, Indexnummer 421 – Grundrisse, statische Berechnungen; o.A.: Die Berliner städtischen Gaswerke. In Herzberg, A.; Meyer, D. [Hg.]: Ingenieurwerke in und bei Berlin. Festschrift zum 50jährigen Bestehen des Vereins Deutscher Ingenieure., Berlin, Julius Sittenfeld, 1906, S. 287–310.

Lfd. Nr.: 297

Baujahr: 1910

Objektname: **Getreidesilo, Klostermühle Schulze & Hoppe**

Adresse: Carl-Schurz-Straße 12, Berlin, Spandau
Bauherr: unbekannt; Architekt: unbekannt; Ingenieur: unbekannt; Bauunternehmen: Wayss & Freytag AG (Berlin)
Bautyp: Handel- und Gewerbebauten; Kategorie: Lager
Tragwerk: keine Anngaben
Beschreibung: keine Angaben
Literaturverweise: Sor, S.: "Einige neuere Siloausführungen der Wayss & Freytag AG, Berlin" In: *Beton und Eisen* 1911, Heft 14, S. 409 ff; Dörr, Heinrich:" Silos und Landwirtschaftliche Bauten" In: Fritz Edler von Emperger [Hg.]: Handbuch für Eisenbeton. Bd. 14, 3. neubearbeitete Auflage, Berlin 1924, S. 125; Wayss & Freytag AG [Hg.]: "Silobauten" Pfälzische Verlagsanstalt Neustadt an der Haardt 1917, S. 80.

Lfd. Nr.: 298

Baujahr: 1910

Objektname: **Neubau Stein**

Adresse: Charlottenstraße 7/8, Berlin,
Bauherr: Gustav Stein; Architekt: unbekannt; Ingenieur: unbekannt; Bauunternehmen: Cementbau-Actiengesellschaft Hannover
Bautyp: Handel- und Gewerbebauten; Kategorie: Wohn- und Geschäftshaus
Tragwerk: keine Angaben
Beschreibung: "Geschäftshausblock Charlottenstr. 7/8 in Eisenbeton in Generalunternehmung" (CAG 1921)
Literaturverweise: Archiv Deutsches Museum: FS 506192/1 (Firmenschrift "Cementbau-Actien-Gesellschaft Hannover Hochbauten", 1921, Blatt 27); Archiv Deutsches Museum: FS 506192/3 (Firmenschrift "Cementbau-Actien-Gesellschaft Hannover", 1921, S. 4); LAB: A Rep. 010-02 Nr. 2110 – Grundstücksbauakten 1905–1910.

Lfd. Nr.: 299

Baujahr: 1910

Objektname: **Kunstauktionshaushaus Lepke**

Adresse: Berlin
Bauherr: unbekannt; Architekt: unbekannt; Ingenieur: unbekannt; Bauunternehmen: AG für Beton- und Monierbau
Bautyp: Handel- und Gewerbebauten; Kategorie: Ausstellungsgebäude
Tragwerk: keine Angaben
Beschreibung: Fundament aus Eisenbeton.
Literaturverweise: Colberg, O.: "Umbauten, Unterfangungen, Verstärkungen, Ausbesserungen" In: Fritz Edler von Emperger [Hg.]: Handbuch für Eisenbeton. Bd. 3, 3. neubearb. Auflage, Berlin 1922, S. 53.

Lfd. Nr.: 300

Baujahr: 1910

Objektname: **Kohlenbunker für das Retortenhaus des Gaswerks Tegel**

Adresse: Berlin
Bauherr: unbekannt; Architekt: unbekannt; Ingenieur: unbekannt; Bauunternehmen: Wayss & Freytag AG
Bautyp: Industriebauten; Kategorie: Behälter
Tragwerk: keine Angaben
Beschreibung: keine Angaben
Literaturverweise: Wayss & Freytag AG [Hg.]: "Silobauten" Pfälzische Verlagsanstalt Neustadt an der Haardt 1917, S. 82.

Lfd. Nr.: 301

Baujahr: 1910

Objektname: **Zossener Brücke**

Adresse: Zossener Straße, über den Landwehrkanal, Berlin
Bauherr: unbekannt; Architekt: Friedrich Kraus und William Müller; Ingenieur: unbekannt; Bauunternehmen: Max Hamann Bauunternehmung
Bautyp: Verkehrsbau; Kategorie: Brücke (Straße)
Tragwerk: keine Angbaen
Beschreibung: 3-Gelenk Eisenbetonbogenbrücke, Stützweite 20m.
Literaturverweise: Max Hamann [Hg.]: "25 Jahre Max Hamann Bauunternehmung" Sternfeld &. Co., Berlin, 1929, S. 63 und 64; Max Hamann [Hg.]: "50 Jahre Max Hamann Bauunternehmung" Berlin-Lichterfelde-West, Berlin, 1954, S. 32.

Lfd. Nr.: 302

Baujahr: 1911

Objektname: **Straßenbücken der Seestraße über den Spandauer-Schifffahrtskanal**

Adresse: Berlin, Plötzensee, parallel zur heutigen Seestraße, Mitte
Bauherr: unbekannt; Architekt: unbekannt; Ingenieur: unbekannt; Bauunternehmen: Dyckerhoff & Widmann
Bautyp: Verkehrsbau; Kategorie: Brücke (Straße)
Tragwerk: 2-seitig gelag. Platte, gewölbt

Beschreibung: Eisenbeton 3-Gelenkbogenbrücke mit 45,2m Spannweite zwischen den Gelenken und 4,5m Pfeilhöhe, 18m Breite, 13° Achsenschnittwinkel.
Literaturverweise: Stegmann, Knut: "Das Bauunternehmen Dyckerhoff&Widmann" Ernst Wasmuth Verlag, Berlin 2014, S. 342; Nakonz, Walter: "Schiefe Dreigelenkbogenbrücken aus Eisenbeton" In: *Zeitschrift für Bauwesen* 1913, Bd. 63, S. 636–644.

Lfd. Nr.: 303

Baujahr: 1911

Objektname: **Werkstatt- und Personalgebäude**

Adresse: Jasmunder Straße 2–2a, Berlin, Gesundbrunnen
Bauherr: unbekannt; Architekt: Franz Ahrens (Kaiserlicher Baurat); Ingenieur: unbekannt; Bauunternehmen: unbekannt
Bautyp: Industriebauten; Kategorie: Werkstatt
Tragwerk: 2-seitig gelag. Platte, eben
Beschreibung: Eisenbetondecken
Literaturverweise: Reher, C.: "Der Kaiserliche Baurat Franz Ahrens - Aufbruch in die Moderne", unveröffentlichte Masterarbeit, TU-Cottbus, 2003.

Lfd. Nr.: 304

Baujahr: 1911

Objektname: **Bankgebäude**

Adresse: Kronenstraße 11, Berlin, Mitte
Bauherr: unbekannt; Architekt: Regierungsbaumeister Heilbrun & Seiden; Ingenieur: unbekannt; Bauunternehmen: unbekannt
Bautyp: Handel- und Gewerbebauten; Kategorie: Bank
Tragwerk: Balken
Beschreibung: Eisenbetonbalken, Rahmen.
Literaturverweise: Gutachten Büro Lorenz &. Co. zum Dachumbau.

Lfd. Nr.: 305

Baujahr: 1911

Objektname: **Wagenhalle Bahnhof Rummelsburg**

Adresse: Rummelsburg, Berlin, Lichtenberg
Bauherr: unbekannt; Architekt: unbekannt; Ingenieur: unbekannt; Bauunternehmen: AG für Beton- und Monierbauten
Bautyp: Verkehrsbau; Kategorie: Bahnhof; System: Monier
Tragwerk: 2-seitig gelag. Platte, eben; Scheibe
Beschreibung: Wagenhalle und Lokomotivschuppen aus Eisenbeton.
Literaturverweise: Vischer, Julius; Hilbersheimer, Ludwig: "Beton als Gestalter", 5. Band der Baubücher, Verlag Julius Hoffmann, Stuttgart 1928, S. 22; Dittrich, Elke: "Die Entwicklungen des Stahlbetonbaus im Hochbau bis zum Ersten Weltkrieg", unveröffentlichte Diplomarbeit TU Berlin, 1990.

Lfd. Nr.: 306

Baujahr: 1911

Objektname: **Admiralspalast**

Adresse: Friedrichstraße, Berlin, Mitte
Bauherr: unbekannt; Architekt: Architekten Schweitzer und Ahrens; Ingenieur: Heinrich Becher; Bauunternehmen: Joseph Fraenkel Baugeschäft AG
Bautyp: Kultur- und Sportbauten; Kategorie: Theater
Tragwerk: keine Angaben
Beschreibung: Einzelne Eisenbetonkonstruktionsteile, andere vermutlich aus Mauerwerk.
Literaturverweise: Dittrich, Elke: "Die Entwicklungen des Stahlbetonbaus im Hochbau bis zum Ersten Weltkrieg", unveröffentlichte Diplomarbeit TU Berlin, 1990; O. A.: "Joseph Fraenkel, Baugeschäft A.G." In: Architektenverein zu Berlin [Hg.]: Hundert Jahre Architekten Verein zu Berlin 1824–1924. Verlag des Architektenvereins zu Berlin, Berlin 1924, S. 14–18.

Lfd. Nr.: 307

Baujahr: 1911

Objektname: **Kaufmannshaus**

Adresse: Hallesches Ufer, Berlin, Kreuzberg
Bauherr: unbekannt; Architekt: A. Wollenberg, E. Schuster; Ingenieur: unbekannt; Bauunternehmen: unbekannt
Bautyp: Handel- und Gewerbebauten; Kategorie: Bürogebäude
Tragwerk: keine Angaben
Beschreibung: keine Angaben
Literaturverweise: Wiener, Alfred [Hg.]: "Das Warenhaus - Kauf-, Geschäfts- und Büro-Haus", 2. Auflage, Verlag Ernst Wasmuth AG, Berlin 1912.

Lfd. Nr.: 308

Baujahr: 1911

Objektname: **Berliner Wäschefabrik AG vorm. Gebr. Ritter**

Adresse: Gerichtstraße 27, 13347 Berlin, Mitte
Bauherr: unbekannt; Architekt: unbekannt; Ingenieur: unbekannt; Bauunternehmen: Dyckerhoff & Widmann
Bautyp: Industriebauten; Kategorie: Fabrik
Tragwerk: Rahmenskelett, mehrgesch.
Beschreibung: 7-geschossiges Fabrikgebäude, 2.100m² Grundfläche; "Sechsgeschossiger Fabrikbau mit 16200 qm Dach und Decken nebst Säulen und Treppen. Umfassungen in Eisenbeton mit Vorsatzbeton in den Ansichtsflächen." (Dyckerhoff & Widmann 1920).
Literaturverweise: Stegmann, Knut: "Das Bauunternehmen Dyckerhoff&Widmann", Ernst Wasmuth Verlag, Berlin 2014, S. 226; Archiv Deutsches Museum München: FS 000 959/7 (Firmenschrift "Dyckerhoff & Widmann Aktiengesellschaft, Industriebauten 1920", S. 13).

Lfd. Nr.: 309

Baujahr: 1911

Objektname: **Kraftwerk Wilmersdorf, Elektrizitätswerk Südwest**

Adresse: Forckenbeckstraße, Wilmersdorf
Bauherr: Gesellschaft für elektrische Unternehmungen in Berlin; Architekt: unbekannt; Ingenieur: unbekannt; Bauunternehmen: Wayss & Freytag AG (Berlin); AG für Beton- und Monierbauten
Bautyp: Ver- und Entsorgungsbauten; Kategorie: Kraftwerk
Tragwerk: Scheibe; Kreiszylinderschale
Beschreibung: Kohlenbunker, Aschensilo, Kühltürme aus Eisenbeton.
Literaturverweise: Dittrich, Elke: "Die Entwicklungen des Stahlbetonbaus im Hochbau bis zum Ersten Weltkrieg", unveröffentlichte Diplomarbeit TU Berlin, 1990; HWA Darmstadt: Abt.164, Nr. 321 "Mittheilungen der Firma Wayss & Freytag A.G., 1914" (Werbeblatt mit Foto und Baubeschreibung); Sor, S.: "Einige neuere Siloausführungen der Wayss & Freytag A.-G., Berlin" In: *Beton und Eisen* 1911, Heft 14, S. 409 ff; Boesig, A.: "Kaminkühleranlage und Aschensilo der Kraftstation Wilmersdorf" In: *Beton und Eisen* 1912, Heft 17, S. 381 ff; Löser, B.: "Kaminkühler in Wilmersdorf" In: Fritz Edler von Emperger [Hg.]: Handbuch für Eisenbeton. Bd. 5, 3. neubearb. Auflage, Berlin 1923, S. 257; Dörr, Heinrich:" Silos und Landwirtschaftliche Bauten" In: Fritz Edler von Emperger [Hg.]: Handbuch für Eisenbeton. Bd. 14, 3. neubearbeitete Auflage, Berlin 1924, S. 85; Wayss & Freytag AG [Hg.]: "Silobauten", Pfälzische Verlagsanstalt Neustadt an der Haardt 1917, S. 80.

Lfd. Nr.: 310

Baujahr: 1911

Objektname: **Aquarium, Zoologischer Garten**

Adresse: Budapester Str. 32, 10787 Berlin, Mitte, Tiergarten
Bauherr: Actien-Verein des zoologischen Gartens zu Berlin; Architekt: Architekten Zaar & Vahl; Ingenieur: O. Leitholf; Bauunternehmen: Eisenbetonbaugesellschaft Konrad Schwartz G.m.b.H., Held & Franke Aktiengesellschaft
Bautyp: Kultur- und Sportbauten; Kategorie: Behälter
Tragwerk: Balken; 2-seitig gelag. Platte, eben; Scheibe; Rahmenskelett, mehrgesch.
Beschreibung: Eisenbetonbehälter, Bauwerk, Bogenbrücke.
Literaturverweise: Dittrich, Elke: "Die Entwicklungen des Stahlbetonbaus im Hochbau bis zum Ersten Weltkrieg", unveröffentlichte Diplomarbeit TU Berlin, 1990; O. A.: "Die Anwendung des Eisenbetons beim Neubau des Aquariums im Zoologischen Garten zu Berlin" In: *Beton und Eisen* 1914, 13. Jg., Heft 8, S. 165–168; LAB: A Rep. 010-02 Nr. 31615 – Grundstücksbauakten Aquarium; Klös, Heinz-Georg; Klös, Ursula: "Der Berliner Zoo im Spiegel seiner Bauten 1841–

1989" verbesserte und ergänzte 3. Auflage Heenemann, Berlin 1990; Fiesinger, Hans: "Erfahrungen aus der Zerstörung und beim Wiederaufbau des Berliner Aquariums. In: *Beton- und Stahlbetonbau*, 1953, 48. Jg., Heft 9, S. 215–219.

Lfd. Nr.: 311

Baujahr: 1911

Objektname: **Zierbrunnen Rüdesheimer Platz**

Adresse: Berlin, Wilmersdorf
Bauherr: Berliner Bodengesellschaft AG; Architekt: unbekannt; Ingenieur: unbekannt; Bauunternehmen: Dyckerhoff & Widmann
Bautyp: Kultur- und Sportbauten; Kategorie: Behälter
Tragwerk: keine Angaben
Beschreibung: Material fraglich, Zierbrunnen; "Wasserdichter Behälter und Treppenanlage, 300 qm Grundfläche" (Dyckerhoff & Widmann o. A.).
Literaturverweise: Archiv Deutsches Museum München: FS 000 959/8 (Firmenschrift "Dyckerhoff & Widmann Aktiengesellschaft, Behälterbauten 1920", S. 35).

Lfd. Nr.: 312

Baujahr: 1911

Objektname: **Pergamonmuseum**

Adresse: Museumsinsel, Berlin, Mitte
Bauherr: unbekannt; Architekt: Alfred Messel, Ludwig Hoffmann; Ingenieur: Stadtbaurat Wilhelm Wille, Zivilingenieur Otto Leitholf; Bauunternehmen: unbekannt
Bautyp: Kultur- und Sportbauten; Kategorie: Ausstellungsgebäude
Tragwerk: keine Angaben
Beschreibung: Kolkbrücke als Teil der Fundamentarbeiten, Eisenbetonrippenkonstruktion
Literaturverweise: Oehmig, Christiane; Hübner, Volker; Häfner, Bettina: "Pergamonmuseum: Historische Baukonstruktionen" In: Firmitas. Bd. 2, Geymüller Verlag für Architektur, Berlin, 2017.

Lfd. Nr.: 313

Baujahr: 1912

Objektname: **Geschäftshaus Lindenstraße**

Adresse: Lindenstraße 32/34/ Feilnerstraße, Berlin, Kreuzberg
Bauherr: unbekannt; Architekt: Curt Leschnitzer; Ingenieur: unbekannt; Bauunternehmen: unbekannt
Bautyp: Handel- und Gewerbebauten; Kategorie: Bürogebäude
Tragwerk: Rahmenskelett, mehrgesch.
Beschreibung: Eisenbetonskelettbau.
Literaturverweise: Dittrich, Elke: "Die Entwicklungen des Stahlbetonbaus im Hochbau bis zum Ersten Weltkrieg", unveröffentlichte Diplomarbeit TU Berlin, 1990; Kleihues, Josef Paul [Hg.]: "Schriftenreihe zur Internationalen Bauausstellung Berlin 1984/87", Bd. 3, Südliche Friedrichstadt, Stuttgart 1987, S. 272, Abbildungen 160"164 In: *Berliner Architekturwelt* 1914, Heft 3, S. 119 ff.

Lfd. Nr.: 314

Baujahr: 1912

Objektname: **Königliches Landgericht III, Bauabschnitt 2**

Adresse: Herschel Straße/Osnabrücker Straße, Berlin, Charlottenburg
Bauherr: unbekannt; Architekt: unbekannt; Ingenieur: unbekannt; Bauunternehmen: unbekannt
Bautyp: Verwaltungsgebäude; Kategorie: Bürogebäude
Tragwerk: Balken
Beschreibung: Eisenbetonbalken als Auflager für Steineisendecken.
Literaturverweise: O. A.: "Königliches Landgericht III in Berlin" In: *Zeitschrift für Bauwesen* 1916, Bd. 66, S. 169–180; LAB: B Rep. 009 (Karten) Nr. 104 – enthält Ansichten und Bestandszeichnungen.

Lfd. Nr.: 315

Baujahr: 1912

Objektname: **Schwimmbad Spandau**

Adresse: Hohenzollernring Spandau, Berlin, Spandau
Bauherr: Magistrat Spandau; Architekt: unbekannt; Ingenieur: unbekannt; Bauunternehmen: Fa. Betonwerke Biesenthal, Berlin
Bautyp: Kultur- und Sportbauten; Kategorie: Badeanstalt
Tragwerk: Kreiszylinderschale
Beschreibung: Schwimm- und Speicherbecken in Eisenbeton.
Literaturverweise: Dittrich, Elke: "Die Entwicklungen des Stahlbetonbaus im Hochbau bis zum Ersten Weltkrieg" unveröffentlichte Diplomarbeit TU Berlin, 1990; Rössle, Karl: "Schwimmbassin mit darunterliegendem Speicherbassin" In: *Beton und Eisen* 1912, Heft 9, S. 208 ff; Löser, B.: "Schwimmbecken im Hallenschwimmbad in Spandau" In: Fritz Edler von Emperger [Hg.]: Handbuch für Eisenbeton. Bd. 5, 3. neubearb. Auflage, Berlin 1923, S. 275.

Lfd. Nr.: 316

Baujahr: 1912

Objektname: **Wertheim Moritzplatz**

Adresse: Prinzenstraße 35–38 / Ecke Moritzplatz / Ecke Oranienstraße, Berlin, Kreuzberg
Bauherr: unbekannt; Architekt: Prof. Eugen Schmohl; Ingenieur: unbekannt; Bauunternehmen: unbekannt
Bautyp: Handel- und Gewerbebauten; Kategorie: Kaufhaus
Tragwerk: 2-seitig gelag. Platte, eben
Beschreibung: Eisenbetondecken
Literaturverweise: Stürzebecher, Peter: "Das Berliner Warenhaus - Bautypus, Element der Stadtorganisation, Raumsphäre der Warenwelt", Archibook Verlag, Berlin 1979.

Lfd. Nr.: 317

Baujahr: 1912

Objektname: **Hafenspeicher Osthafen**

Adresse: Osthafen Berlin, Berlin, Friedrichshain
Bauherr: Stadt Berlin; Architekt: Königlicher Geheimer Baurat Krause; Ingenieur: unbekannt; Bauunternehmen: AG für Beton- und Monierbauten
Bautyp: Industriebauten; Kategorie: Lager
Tragwerk: 2-seitig gelag. Platte, eben
Beschreibung: Decken und Dach aus Eisenbeton.
Literaturverweise: Dittrich, Elke: "Die Entwicklungen des Stahlbetonbaus im Hochbau bis zum Ersten Weltkrieg", unveröffentlichte Diplomarbeit TU Berlin, 1990; Petry, W.: "Prüfung von Balken und Würfeln zu Kontrollversuchen. Hergestellt auf Baustellen" In: Schriften des Deutschen Ausschusses für Stahlbeton. Heft 50, Ernst & Sohn Verlag, Berlin 1922; St., H.: "Das Eisenbetondach des Städtischen Speichers am Osthafen in Berlin" In: *Beton und Eisen* 1912, 9 Heft, S. 90 ff; LAB: A Rep. 010-01-02 Nr. 1764 – Hafenanlagen Osthafen Speicher; Kraus, H. J.: "Dach des Städtischen Speichers am Osthafen, Berlin" In: Fritz Edler von Emperger [Hg.]: Handbuch für Eisenbetonbau. Bd. 12.2, 3. neubearbeitete Auflage, Berlin, 1928.

Lfd. Nr.: 318

Baujahr: 1912

Objektname: **Warenhaus Tietz, Erweiterungsbau Leipziger Straße**

Adresse: Leipziger Straße 50/50a / Jeruslaemer Straße / Krausenstraße, Berlin, Mitte
Bauherr: unbekannt; Architekt: Cremer & Wolffenstein; Ingenieur: unbekannt; Bauunternehmen: unbekannt
Bautyp: Handel- und Gewerbebauten; Kategorie: Kaufhaus
Tragwerk: Balken
Beschreibung: Kombinierte Steineisenbetondecken (Betonplatten mit eisenarmierten Rippen, Hohlsteine).
Literaturverweise: Güttler, Peter: "Liste der vor 1945 erbauten Warenhäuser" In: Berlin und seine Bauten. Teil VIII Bauten für Handel und Gewerbe, Band A Handel, Verlag Wilhelm Ernst & Sohn, Berlin 1978; LAB: F Rep. 290 (03) Nr. 0276581 (Foto).

Lfd. Nr.: 319

Baujahr: 1912

Objektname: **Schokoladenfabrik Sarotti**

Adresse: Teilestraße, Berlin, Tempelhof
Bauherr: Sarotti-Chocolade- &. Cacao Industrie A.-G. Berlin; Architekt: Hermann Dernburg; Ingenieur: unbekannt; Bauunternehmen: Wayss & Freytag AG
Bautyp: Industriebauten; Kategorie: Fabrik
Tragwerk: Stütze
Beschreibung: Tiefbunker für Kohle, Cacaosilo (1913).
Literaturverweise: Deutscher Beton Verein [Hg.] "Neues Bauen in Eisenbeton", Zementverlag, Berlin 1937, Bild 39; Hildebrandt, Werner; Lemburg, Peter; Wewel, Jörg: "Historische Bauwerke der Berliner Industrie" Verwaltungsdruckerei, Berlin 1988, S. 118; Dittrich, Elke: "Die Entwicklungen des Stahlbetonbaus im Hochbau bis zum Ersten Weltkrieg", unveröffentlichte Diplomarbeit TU Berlin, 1990; O. A.: "60 Jahre Sarotti 1868 - 1928" Berlin 1928, S. 65–69; o.A.:"Die Wiederherstellung des Sarottibaues" In: *Beton und Eisen* 1922 Heft 20, S. 286, Abbildungen 495, 496, 498 In: *Berliner Architekturwelt* 1916, Heft 11–12, S. 495 ff.

Lfd. Nr.: 320

Baujahr: 1912

Objektname: **Lindenhaus**

Adresse: Lindenstraße 38, Oranienstraße 98–98a, Berlin, Kreuzberg
Bauherr: unbekannt; Architekt: Otto Salvisberg; Ingenieur: unbekannt; Bauunternehmen: unbekannt
Bautyp: Wohnungsbau; Kategorie: Wohn- und Geschäftshaus
Tragwerk: Rahmenskelett, mehrgesch.
Beschreibung: Eisenbetonskelettbau mit Betonfassade.
Literaturverweise: Dittrich, Elke: "Die Entwicklungen des Stahlbetonbaus im Hochbau bis zum Ersten Weltkrieg", unveröffentlichte Diplomarbeit TU Berlin, 1990; LAB: A Rep. 010-02 Nr. 4195 - Grundstücksbauakten 1889–1912.

Lfd. Nr.: 321

Baujahr: 1912

Objektname: **Bavariahaus und Kino**

Adresse: Friedrichstraße 180/ Taubenstraße 11–13, Berlin, Mitte
Bauherr: unbekannt; Architekt: Ernst Moritz Lesser; Ingenieur: unbekannt; Bauunternehmen: unbekannt
Bautyp: Kultur- und Sportbauten; Kategorie: Theater; System: Kahn
Tragwerk: Rahmen
Beschreibung: Eisenbetonfachwerk in Kahneisensystem.
Literaturverweise: Dittrich, Elke: "Die Entwicklungen des Stahlbetonbaus im Hochbau bis zum Ersten Weltkrieg", unveröffentlichte Diplomarbeit TU Berlin, 1990; Thumb, R.: "Bavariahaus in Berlin" In: Fritz Edler von Emperger [Hg.]: Handbuch für Eisenbeton, Bd. 13, 3. neubearb. Auflage, Berlin 1924, S. 371 ff.

Lfd. Nr.: 322

Baujahr: 1912

Objektname: **Union-Palast und Café des Westens**

Adresse: Kurfüstendamm 26, Berlin, Charlottenburg
Bauherr: unbekannt; Architekt: Nentwich & Simon; Ingenieur: unbekannt; Bauunternehmen: unbekannt
Bautyp: Kultur- und Sportbauten; Kategorie: Theater
Tragwerk: keine Angaben
Beschreibung: Einige Eisenbetonbauteile innen.
Literaturverweise: Dittrich, Elke: "Die Entwicklungen des Stahlbetonbaus im Hochbau bis zum Ersten Weltkrieg", unveröffentlichte Diplomarbeit TU Berlin, 1990; In: *Berliner Architekturwelt* 1916, Heft 1, S. 18 ff Abbildungen 16–27.

Lfd. Nr.: 323

Baujahr: 1912

Objektname: **Zierbrunnenanlage**

Adresse: Rüdersheimer Platz, Berlin, Wilmersdorf
Bauherr: unbekannt; Architekt: Emil Cauer; Ingenieur: unbekannt; Bauunternehmen: Dyckerhoff & Widmann

Bautyp: Ver- und Entsorgungsbauten; Kategorie: Brunnen
Tragwerk: Kreiszylinderschale
Beschreibung: Wasserdichter Behälter und Treppenanlage.
Literaturverweise: Stegmann, Knut: "Das Bauunternehmen Dyckerhoff&Widmann", Ernst Wasmuth Verlag, Berlin 2014, S. 357.

Lfd. Nr.: 324

Baujahr: 1912

Objektname: **Geschäftshaus Prächtel**

Adresse: Berlin
Bauherr: unbekannt; Architekt: Otto Rudolf Salvisberg; Ingenieur: unbekannt; Bauunternehmen: unbekannt
Bautyp: Handel- und Gewerbebauten; Kategorie: Bürogebäude
Tragwerk: keine Angaben
Beschreibung: keine Angaben
Literaturverweise: Müller Wulckow, Walter: "Bauten der Arbeit und des Verkehrs aus deutscher Gegenwart" Karl Robert Langwiesche Verlag, Königstein im Taunus & Leipzig 1925; Platz, Gustav Adolf: "Die Baukunst der Neusten Zeit", Prophyläen Verlag, Berlin 1927.

Lfd. Nr.: 325

Baujahr: 1912

Objektname: **Flughafengebäude**

Adresse: Johannisthal/Adlershof, Berlin, Adlershof
Bauherr: unbekannt; Architekt: unbekannt; Ingenieur: unbekannt; Bauunternehmen: unbekannt
Bautyp: Verkehrsbau; Kategorie: Abstellhalle
Tragwerk: keine Angaben
Beschreibung: keine Angaben
Literaturverweise: Müller, Anke: "Beeindruckende Bauwerke erinnern an Aufbruch in der Luftfahrttechnik" In: *Handelsblatt* 1996.

Lfd. Nr.: 326

Baujahr: 1912

Objektname: **Johannesstift Schwimmbecken**

Adresse: Berlin, Spandau
Bauherr: unbekannt; Architekt: unbekannt; Ingenieur: unbekannt; Bauunternehmen: unbekannt
Bautyp: Kultur- und Sportbauten; Kategorie: Badeanstalt
Tragwerk: keine Angaben
Beschreibung: keine Angaben
Literaturverweise: O. A.: "Schwimmbecken aus Eisenbeton des Johannesstifts in Spandau" In: *Deutsche Bauzeitung* 1912, Nr. 104, Mitteilung Nr. 24.

Lfd. Nr.: 327

Baujahr: 1912

Objektname: **Bedürfnisanstalt Marchstraße**

Adresse: Marchstraße/Berliner Straße, Berlin, Charlottenburg
Bauherr: Tiefbauverwaltung Charlottenburg; Architekt: unbekannt; Ingenieur: unbekannt; Bauunternehmen: Firma Littwitz
Bautyp: Ver- und Entsorgungsbauten
Tragwerk: keine Angaben
Beschreibung: keine Angaben
Literaturverweise: Zangemeister: "Betonkonstruktionen der unterirdischen Bedürfnisanstalten in Charlottenburg" In: *Beton und Eisen* 1912, 4 Heft, S. 83 ff; Mecenseffy, E.v.: "Die künstlerische Gestaltung der Eisenbetonbauten" In: Fritz Edler von Emperger [Hg.]: Handbuch für Eisenbetonbau. Bd. 10, 3. neubearbeitete Auflage, Berlin, 1922, S. 275 f.

Lfd. Nr.: 328

Baujahr: 1912

Objektname: **Bedürfnisanstalt Bismarckstraße**

Adresse: Bismarck- und Sesenheimer Straße, Berlin, Charlottenburg
Bauherr: Tiefbauverwaltung Charlottenburg; Architekt: unbekannt; Ingenieur: unbekannt; Bauunternehmen: AG für Beton- und Monierbauten
Bautyp: Ver- und Entsorgungsbauten
Tragwerk: keine Angaben
Beschreibung: keine Angaben
Literaturverweise: Zangemeister: "Betonkonstruktionen der unterirdischen Bedürfnisanstalten in Charlottenburg" In: *Beton und Eisen* 1912, 4 Heft, S. 83 ff.

Lfd. Nr.: 329

Baujahr: 1912

Objektname: **Bedürfnisanstalt Dovestraße**

Adresse: Dovestraße, Berlin, Charlottenburg
Bauherr: Tiefbauverwaltung Charlottenburg; Architekt: unbekannt; Ingenieur: unbekannt;
Bauunternehmen: Windschild u. Langelott, Cossebaude, Dresden
Bautyp: Ver- und Entsorgungsbauten
Tragwerk: keine Angaben
Beschreibung: keine Angaben
Literaturverweise: Zangemeister: "Betonkonstruktionen der unterirdischen Bedürfnisanstalten in Charlottenburg" In: *Beton und Eisen* 1912, 4 Heft, S. 83 ff.

Lfd. Nr.: 330

Baujahr: 1912

Objektname: **Hauptwassersammler Lichtenberg**

Adresse: Frankfurter Chaussee, Lichtenberg
Bauherr: unbekannt; Architekt: unbekannt; Ingenieur: E. Schlotterer, Max Rüdiger; Bauunternehmen: AG für Betonbau Diss. & Co., Berlin
Bautyp: Ver- und Entsorgungsbauten; Kategorie: Kanalisation
Tragwerk: Rahmen
Beschreibung: keine Angaben
Literaturverweise: Schlotterer, E.; Rüdiger, Max: "Eisenbetonkanal des Hauptwassersammlers zu Lichtenberg". In: *Beton und Eisen* 1912, Heft 14, S. 305 ff.

Lfd. Nr.: 331

Baujahr: 1913

Objektname: **Nordstern Versicherungs Aktiengesellschaft**

Adresse: Badensche Straße 2/Ecke Salzburger Straße 21–25, Berlin, Schöneberg
Bauherr: unbekannt; Architekt: Paul Mebes; Ingenieur: unbekannt; Bauunternehmen: Held & Franke, AG für Beton- und Monierbauten
Bautyp: Verwaltungsgebäude; Kategorie: Bürogebäude
Tragwerk: Rahmenskelett, mehrgesch.
Beschreibung: 5-geschossiger Eisenbetonskelettbau, Stahlbetonrippendecken.
Literaturverweise: Stark, Hans-Joachim: "Untersuchung über die Entwicklung von Bürogebäuden der privaten Wirtschaft in Berlin von 1890–1965", unveröffentlichte Diss. TU Berlin 1968; Dittrich, Elke: "Die Entwicklungen des Stahlbetonbaus im Hochbau bis zum Ersten Weltkrieg", unveröffentlichte Diplomarbeit TU Berlin, 1990; Platz, Gustav Adolf: "Die Baukunst der Neusten Zeit", Prophyläen Verlag, Berlin 1927; Althans, Dieter; Sonnenberg, Jan: "Architekten und Pioniere. Persönlichkeiten des Neuköllner Kommunalbaus zwischen 1890 und 1918" In: Bezirksamt Neukölln von Berlin Abteilung Bauwesen [Hg.]: 100 Jahre Bauen für Neukölln. Berlin 2005, S. 22.

Lfd. Nr.: 332

Baujahr: 1913

Objektname: **Geschäftshaus Mehringdamm**

Adresse: Mehringdamm 32/34, Berlin, Kreuzberg
Bauherr: unbekannt; Architekt: unbekannt; Ingenieur: unbekannt; Bauunternehmen: unbekannt
Bautyp: Handel- und Gewerbebauten; Kategorie: Bürogebäude
Tragwerk: 2-seitig gelag. Platte, eben; Rippenplatte
Beschreibung: Eisenbetonrippendecken, Dachkonstruktion und Dachhaut aus Eisenbeton.
Literaturverweise: Dittrich, Elke: "Die Entwicklungen des Stahlbetonbaus im Hochbau bis zum Ersten Weltkrieg", unveröffentlichte Diplomarbeit TU Berlin, 1990.

Lfd. Nr.: 333

Baujahr: 1913

Objektname: **Hochhaus**

Adresse: Friedrichstraße, Berlin, Mitte
Bauherr: unbekannt; Architekt: unbekannt; Ingenieur: unbekannt; Bauunternehmen: unbekannt
Bautyp: Verwaltungsgebäude; Kategorie: Bürogebäude
Tragwerk: keine Angaben
Beschreibung: keine Angaben
Literaturverweise: Vortragshinweis.

Lfd. Nr.: 334

Baujahr: 1913

Objektname: **Optische Anstalt C. P. Goerz**

Adresse: Rheinstraße 45, Berlin, Friedenau
Bauherr: Optische Anstalt C. P. Goerz AG; Architekt: Waldemar Wendt, Paul Egeling; Ingenieur: unbekannt; Bauunternehmen: AG für Beton- und Monierbauten
Bautyp: Industriebauten; Kategorie: Fabrik
Tragwerk: 2-seitig gelag. Platte, eben; Rahmenskelett, mehrgesch.
Beschreibung: Eisenbetonskelettkonstruktion.
Literaturverweise: Dittrich, Elke: "Die Entwicklungen des Stahlbetonbaus im Hochbau bis zum Ersten Weltkrieg", unveröffentlichte Diplomarbeit TU Berlin, 1990; Föhl, Axel: "Bauten der Industrie und Technik" Schriftenreihe des DNK Bd.47; Huhn, O.: "Geschäfts- und Fabrikbau der Optischen Anstalt C.P. Goerz A.-G., Berlin-Friedenau" In: *Beton und Eisen* 1914, Heft 4, S. 72 ff; Lange, F.: "Fabrikbau für die Optische Anstalt C.P. Goerz A.-G. Berlin" In: Fritz Edler von Emperger [Hg.]: Handbuch für Eisenbeton. Bd. 13, 3. neubearb. Auflage, Berlin 1924, S. 458 ff.

Lfd. Nr.: 335

Baujahr: 1913

Objektname: **Gaswerk Gemeinde Friedrichsfelde**

Adresse: Friedrichsfelde, Berlin
Bauherr: unbekannt; Architekt: Bauleitung Direktor Poppe; Ingenieur: unbekannt; Bauunternehmen: Actien-Gesellschaft für Bauausführungen
Bautyp: Ver- und Entsorgungsbauten; Kategorie: Kraftwerk
Tragwerk: keine Angaben
Beschreibung: keine Angaben
Literaturverweise: Archiv Technik Museum Berlin: III.2.06716 (Firmenschrift Actien-Gesellschaft für Bausausführungen).

Lfd. Nr.: 336

Baujahr: 1913

Objektname: **Spreetunnel Inselspeicher**

Adresse: Höhe Museumsinsel (Inselspeicher), Berlin, Mitte
Bauherr: unbekannt; Architekt: unbekannt; Ingenieur: unbekannt; Bauunternehmen: unbekannt
Bautyp: Verkehrsbau; Kategorie: Tunnel
Tragwerk: Scheibe
Beschreibung: Eisenbetontunnelwände
Literaturverweise: Petry, W.: "Der Beton- und Eisenbetonbau. 1898 - 1923", Selbstverlag des Deutschen Beton-Vereins, Oberkassel 1923, S. 146 ff; Kemann: "Der Spreetunnel der Hoch- und Untergrundbahn Berlin" In: *Zentralblatt der Bauverwaltung* 1913, Heft 43, S. 283–287; Probst, Emil: "Vorlesungen über Eisenbeton" Springer Verlag, Berlin 1917.

Lfd. Nr.: 337

Baujahr: 1913

Objektname: **Königliche Bibliothek Berlin**

Adresse: Unter den Linden 8, Berlin, Mitte
Bauherr: Königliche Bauverwaltung; Architekt: Ernst von Ihne; Ingenieur: Heinrich Becher; Bauunternehmen: Czarnikow & Co.
Bautyp: Bildungsgebäude; Kategorie: Forschungsanstalt
Tragwerk: Rippenkuppel
Beschreibung: Eisenbetonrippenkuppel
Literaturverweise: Adams: "Betonwerkstein- und Eisenbetonarbeiten beim Neubau der Kuppel über dem Lesesaal der Königlichen Bibliothek in Berlin" In: Bericht über die 17. Haupt-Versammlung des Deutschen Beton-Vereins 1914. Berlin Tonindustrie-Zeitung G.m.b.H. 1914; GStA PK: I.HA Rep 76 2-23 LITT. B, 43 Bd. 11 – Kultusministerium, S. 143 ff; O. A.: "Das Gebäude für die königliche Bibliothek und die Akademie der Wissenschaft in Berlin" In: *Deutsche Bauzeitung* 48 (1914) Heft 34, S. 324 ff; Mecenseffy, E.v.: "Die künstlerische Gestaltung der Eisenbetonbauten" In: Fritz Edler von Emperger [Hg.]: Handbuch für Eisenbetonbau. Bd. 10, 3. neubearbeitete Auflage, Berlin, 1922, S. 13.

Lfd. Nr.: 338

Baujahr: 1913

Objektname: **Deutsches Stadion**

Adresse: Döberitzer Heerstraße, Rennbahn Grunewald, Berlin, Grunewald
Bauherr: Union-Club; Architekt: Otto March; Ingenieur: unbekannt; Bauunternehmen: unbekannt
Bautyp: Kultur- und Sportbauten; Kategorie: Stadion
Tragwerk: keine Angaben
Beschreibung: keine Angaben
Literaturverweise: P.: "Das deutsche Stadion im Grunewald bei Berlin" In: *Zentralblatt der Bauverwaltung* 1913, Heft 47, S. 310–312; O. A.: "Das deutsche Stadion, Grunewald bei Berlin. Allgemeine Beschreibung der ganz aus Beton und Eisenbeton erstellten Sportanlage" In: *Illustrierte Tonindustrie Zeitung* Jahrgang 13, Nr. 69.

Lfd. Nr.: 339

Baujahr: 1913

Objektname: **Kohlensilo für die Kgl. Eisenbahnhauptwerkstätte**

Adresse: Berlin, Tempelhof
Bauherr: unbekannt; Architekt: unbekannt; Ingenieur: unbekannt; Bauunternehmen: Wayss & Freytag AG
Bautyp: Industriebauten; Kategorie: Behälter
Tragwerk: keine Angaben
Beschreibung: keine Angaben
Literaturverweise: Wayss & Freytag AG [Hg.]: "Silobauten" Pfälzische Verlagsanstalt Neustadt an der Haardt 1917, S. 82.

Lfd. Nr.: 340

Baujahr: 1914

Objektname: **Ludwig Loewe & Co. Fräs- und Bohrmaschinenfabrik**

Adresse: Wiebestraße 42–45, Berlin, Moabit
Bauherr: unbekannt; Architekt: Alfred Grenander; Ingenieur: unbekannt; Bauunternehmen: unbekannt
Bautyp: Industriebauten; Kategorie: Fabrik
Tragwerk: Stütze
Beschreibung: Eisenbetonbau mit zwei innenliegenden Stützenreihen, außen verklinkert.
Literaturverweise: Hildebrandt, Werner; Lemburg, Peter; Wewel, Jörg: "Historische Bauwerke der Berliner Industrie", Verwaltungsdruckerei, Berlin 1988, S. 141.

Lfd. Nr.: 341

Baujahr: 1914

Objektname: **Koks-Silo für Gas-, Wasser-, Elektrizitätswerke**

Adresse: Berlin, Lichtenberg
Bauherr: Städt. Gas-, Wasser- und Elektrizitätswerke Berlin Lichtenberg; Architekt: unbekannt; Ingenieur: unbekannt; Bauunternehmen: Dyckerhoff & Widmann
Bautyp: Ver- und Entsorgungsbauten; Kategorie: Lager
Tragwerk: Kreiszylinderschale
Beschreibung: Eisenbeton, 7 Zellen, 650m³ Volumen. "7 Zellen, Fassungsraum 650cbm." (Dyckerhoff & Widmann 1930).
Literaturverweise: Stegmann, Knut: "Das Bauunternehmen Dyckerhoff&Widmann", Ernst Wasmuth Verlag, Berlin 2014, S. 368; LAB: A Rep. 259 Nr. 690, 730,742,743, 777 – Neubau des Gaswerks Lichtenberg, Angebote und Grundrisse; Archiv Deutsches Museum München: FS 000 967 (Firmenschrift "Verzeichnis bemerkenswerter Hochbauausführungen DYWIDAG Dyckerhoff & Widmann A.G., 1930", S. IV. 10).

Lfd. Nr.: 342

Baujahr: 1914

Objektname: **Avusbrücke Cordesstraße (Brücke II, IIa)**

Adresse: Cordesstraße, Berlin, Nikolassee
Bauherr: Automobil- Verkehrs- und Uebungs-Straßen AG; Architekt: Paul Schultze-Naumburg; Ingenieur: Deutsche Kahneisen-Gesellschaft Jordal & Co. Berlin; Bauunternehmen: Kahneisen-Gesellschaft Jordahl & Co., Berlin, Ph. Holzmann & Cie., Frankfurt am Main und Berlin
Bautyp: Verkehrsbau; Kategorie: Brücke (Straße); System: Kahn
Tragwerk: Plattenbalken; Rahmen
Beschreibung: Spannweite = 6m; "Die für die einzelnen Brücken gewählten Systeme sind verschieden. Die kleinen Brücken von 6 m lichter Weite sind einfache Balken, die auf den Widerlagern ruhen, diese sind Winkelstützwände mit vertikalen Rippen zur Aufnahme der vertikalen Lasten [...]. Die größeren Brücken von 7, 8, 9, 10, und 12 m Lichtweite zeigen ein anderes System [...]. Die Berechnung erfolgte als Balken mit beiderseitiger Auskragung. Die als Winkelstützmauern ausgebildeten Widerlager wirken durch die Anordnung der Gelenke [...] als Kragbalken. [...]" (Gallus, 1914).
Literaturverweise: Gallus, Johannes: "Die Brücken der neuen Automobilstraße bei Berlin" In: *Beton und Eisen* 1914, Heft 14/15, S. 315 f; Frey: "Verkehrs- und Übungsstraße für Kraftwagen von Berlin nach Potsdam" In: *Zentralblatt der Bauverwaltung* 1915, Nr. 92, S. 605 f; Gallus, Johannes: "Die neue Automobil-Straße bei Berlin" In: *Deutsche Bauzeitung* 48 (1914) Heft 78 S. 696 ff.

Lfd. Nr.: 343

Baujahr: 1914

Objektname: **Maschinensaal Physikalisch-Technische Reichsanstalt, Charlottenburg**

Adresse: Berlin, Charlottenburg
Bauherr: unbekannt; Architekt: unbekannt; Ingenieur: unbekannt; Bauunternehmen: Steffens & Nölle, Berlin
Bautyp: Bildungsgebäude; Kategorie: Forschungsanstalt
Tragwerk: 2-seitig gelag. Platte, eben
Beschreibung: Kreuzweise bewehrte Fundamentplatte; Verwendung von Bulbeisen.
Literaturverweise: Kaufmann, G.: "Neuere Ausführungen der Bulbeisendecke im Hochbau und Ingenieurbauwesen" In: *Beton und Eisen* 1914, S. 30 ff.

Lfd. Nr.: 344

Baujahr: 1914

Objektname: **Ufermauer Wirtschaftshof - Schloss Schönhausen**

Adresse: Tschaikowskistraße 1, Berlin, Pankow
Bauherr: Hochbauamt Pankow; Architekt: unbekannt; Ingenieur: unbekannt; Bauunternehmen: W. Barczynski & Co. Berlin-Grunewald
Bautyp: Verkehrsbau; Kategorie: Kanalisation
Tragwerk: 2-seitig gelag. Platte, eben
Beschreibung: keine Angaben
Literaturverweise: Krauß, Richard: "Ufermauer aus Eisenbeton" In: *Beton und Eisen* 1914, Heft 5, S. 111 ff.

Lfd. Nr.: 345

Baujahr: 1914

Objektname: **versch. Gebäude Schultheiss Brauerei**

Adresse: Berlin
Bauherr: Schultheiss-Brauerei A.-G. Berlin; Architekt: unbekannt; Ingenieur: unbekannt; Bauunternehmen: Wayss & Freytag AG
Bautyp: Industriebauten; Kategorie: Fabrik
Tragwerk: keine Angaben
Beschreibung: Kohlen- und Aschebunker, Gersten- und Malzsilo.
Literaturverweise: Wayss & Freytag AG [Hg.]: "Silobauten" Pfälzische Verlagsanstalt Neustadt an der Haardt 1917, S. 82.

Lfd. Nr.: 346

Baujahr: 1914

Objektname: **Avusbrücke (Brücke I)**

Adresse: zwischen Grunewald und Nikolassee, Berlin, Nikolassee
Bauherr: Automobil- Verkehrs- und Uebungs-Straßen, AG; Architekt: Paul Schultze-Naumburg; Ingenieur: Deutsche Kahneisen-Gesellschaft Jordal & Co. Berlin; Bauunternehmen: Kahneisen-Gesellschaft Jordahl & Co., Berlin, Ph. Holzmann & Cie., Frankfurt am Main und Berlin
Bautyp: Verkehrsbau; Kategorie: Brücke (Straße); System: Kahn
Tragwerk: Plattenbalken
Beschreibung: Spannweite = 12m; "Die für die einzelnen Brücken gewählten Systeme sind verschieden. Die kleinen Brücken von 6 m lichter Weite sind einfache Balken, die auf den Widerlagern ruhen, diese sind Winkelstützwände mit vertikalen Rippen zur Aufnahme der vertikalen Lasten [...]. Die größeren Brücken von 7, 8, 9, 10, und 12m Lichtweite zeigen ein anderes System [...]. Die Berechnung erfolgte als Balken mit beiderseitiger Auskragung. Die als Winkelstützmauern ausgebildeten Widerlager wirken durch die Anordnung der Gelenke [...] als Kragbalken. [...]" (Gallus, 1914).
Literaturverweise: Gallus, Johannes: "Die Brücken der neuen Automobilstraße bei Berlin" In: *Beton und Eisen* 1914, Heft 14/15, S. 315 f; Frey: "Verkehrs- und Übungsstraße für Kraftwagen von Berlin nach Potsdam" In: *Zentralblatt der Bauverwaltung* 1915, Nr. 92, S. 605 f; Gallus, Johannes: "Die neue Automobil-Straße bei Berlin" In: *Deutsche Bauzeitung* 48 (1914) Heft 78, S. 696 ff.

Lfd. Nr.: 347

Baujahr: 1914

Objektname: **Avusbrücke (Brücke III)**

Adresse: Avus zwischen Grunewald und Nikolassee, Berlin, Grunewald
Bauherr: Automobil- Verkehrs- und Uebungs-Straßen AG; Architekt: Paul Schultze- Naumburg; Ingenieur: Deutsche Kahneisen-Gesellschaft Jordal & Co. Berlin; Bauunternehmen: Kahneisen-Gesellschaft Jordahl & Co., Berlin, Ph. Holzmann & Cie., Frankfurt a. M. und Berlin
Bautyp: Verkehrsbau; Kategorie: Brücke (Straße); System: Kahn
Tragwerk: Plattenbalken
Beschreibung: Spannweite = 6m; "Die für die einzelnen Brücken gewählten Systeme sind verschieden. Die kleinen Brücken von 6m lichter Weite sind einfache Balken, die auf den Widerlagern ruhen, diese sind Winkelstützwände mit vertikalen Rippen zur Aufnahme der vertikalen Lasten [...]. Die größeren Brücken von 7, 8, 9, 10, und 12m Lichtweite zeigen ein anderes System [...]. Die Berechnung erfolgte als Balken mit beiderseitiger Auskragung. Die als Winkelstützmauern ausgebildeten Widerlager wirken durch die Anordnung der Gelenke [...] als Kragbalken. [...]" (Gallus, 1914).
Literaturverweise: Gallus, Johannes: "Die Brücken der neuen Automobilstraße bei Berlin" In: *Beton und Eisen* 1914, Heft 14/15, S. 315 f; Frey: "Verkehrs- und Übungsstraße für Kraftwagen von Berlin nach Potsdam" In: *Zentralblatt der Bauverwaltung* 1915, Nr. 92, S. 605 f; Gallus, Johannes: "Die neue Automobil-Straße bei Berlin" In: *Deutsche Bauzeitung* 48 (1914) Heft 78, S. 696 ff.

Lfd. Nr.: 348

Baujahr: 1914

Objektname: **Avusbrücke (Brücke IV)**

Adresse: Avus zwischen Grunewald und Nikolassee, Berlin, Nikolassee
Bauherr: Automobil-Verkehrs- und Uebungs-Straßen AG; Architekt: Paul Schultze-Naumburg; Ingenieur: Deutsche Kahneisen-Gesellschaft Jordal & Co. Berlin; Bauunternehmen: Kahneisen-Gesellschaft Jordahl & Co., Berlin, Ph. Holzmann & Cie., Frankfurt a. M. und Berlin
Bautyp: Verkehrsbau; Kategorie: Brücke (Straße); System: Kahn
Tragwerk: Plattenbalken
Beschreibung: Spannweite = 6m; "Die für die einzelnen Brücken gewählten Systeme sind verschieden. Die kleinen Brücken von 6 m lichter Weite sind einfache Balken, die auf den Widerlagern ruhen, diese sind Winkelstützwände mit vertikalen Rippen zur Aufnahme der vertikalen Lasten [...]. Die größeren Brücken von 7, 8, 9, 10, und 12m Lichtweite

zeigen ein anderes System [...]. Die Berechnung erfolgte als Balken mit beiderseitiger Auskragung. Die als Winkelstützmauern ausgebildeten Widerlager wirken durch die Anordnung der Gelenke [...] als Kragbalken. [...]" (Gallus, 1914).
Literaturverweise: Gallus, Johannes: "Die Brücken der neuen Automobilstraße bei Berlin" In: *Beton und Eisen* 1914, Heft 14/15, S. 315 f; Frey: "Verkehrs- und Übungsstraße für Kraftwagen von Berlin nach Potsdam" In: *Zentralblatt der Bauverwaltung* 1915, Nr. 92, S. 605 f; Gallus, Johannes: "Die neue Automobil-Straße bei Berlin" In: *Deutsche Bauzeitung* 48 (1914) Heft 78, S. 696 ff.

Lfd. Nr.: 349

Baujahr: 1914

Objektname: **Avusbrücke Bahnhof Grunewald (Brücke V)**

Adresse: Bahnhof Grunewald, Avus zwischen Grunewald und Nikolassee, Berlin, Grunewald
Bauherr: Automobil- Verkehrs- und Uebungs-Straßen AG; Architekt: Paul Schultze-Naumburg; Ingenieur: Deutsche Kahneisen-Gesellschaft Jordal & Co. Berlin; Bauunternehmen: Kahneisen-Gesellschaft Jordahl & Co., Berlin, Ph. Holzmann & Cie., Frankfurt a. M. und Berlin
Bautyp: Verkehrsbau; Kategorie: Brücke (Straße); System: Kahn
Tragwerk: Plattenbalken
Beschreibung: Spannweite = 8m; "Die für die einzelnen Brücken gewählten Systeme sind verschieden. Die kleinen Brücken von 6m lichter Weite sind einfache Balken, die auf den Widerlagern ruhen, diese sind Winkelstützwände mit vertikalen Rippen zur Aufnahme der vertikalen Lasten [...]. Die größeren Brücken von 7, 8, 9, 10, und 12m Lichtweite zeigen ein anderes System [...]. Die Berechnung erfolgte als Balken mit beiderseitiger Auskragung. Die als Winkelstützmauern ausgebildeten Widerlager wirken durch die Anordnung der Gelenke [...] als Kragbalken. [...]" (Gallus, 1914).
Literaturverweise: Gallus, Johannes: "Die Brücken der neuen Automobilstraße bei Berlin" In: *Beton und Eisen* 1914, Heft 14/15, S. 315 f; Frey: "Verkehrs- und Übungsstraße für Kraftwagen von Berlin nach Potsdam" In: *Zentralblatt der Bauverwaltung* 1915, Nr. 92, S. 605 f; Gallus, Johannes: "Die neue Automobil-Straße bei Berlin" In: *Deutsche Bauzeitung* 48 (1914) Heft 78, S. 696 ff.

Lfd. Nr.: 350

Baujahr: 1914

Objektname: **Avusbrücke "Am Großen Stern" (Brücke VII)**

Adresse: Bahnhof Grunewald, Avus zwischen Grunewald und Nikolassee, Berlin, Grunewald
Bauherr: Automobil- Verkehrs- und Uebungs-Straßen AG; Architekt: Paul Schultze-Naumburg; Ingenieur: Deutsche Kahneisen-Gesellschaft Jordal & Co. Berlin; Bauunternehmen: Kahneisen-Gesellschaft Jordahl & Co., Berlin, Ph. Holzmann & Cie., Frankfurt a. M. und Berlin
Bautyp: Verkehrsbau; Kategorie: Brücke (Straße); System: Kahn
Tragwerk: Plattenbalken; Rahmen
Beschreibung: Spannweite = 19m; "Die für die einzelnen Brücken gewählten Systeme sind verschieden. Die kleinen Brücken von 6m lichter Weite sind einfache Balken, die auf den Widerlagern ruhen, diese sind Winkelstützwände mit vertikalen Rippen zur Aufnahme der vertikalen Lasten [...]. Die größeren Brücken von 7, 8, 9, 10, und 12m Lichtweite zeigen ein anderes System [...]. Die Berechnung erfolgte als Balken mit beiderseitiger Auskragung. Die als Winkelstützmauern ausgebildeten Widerlager wirken durch die Anordnung der Gelenke [...] als Kragbalken. [...]" (Gallus, 1914).
Literaturverweise: Gallus, Johannes: "Die Brücken der neuen Automobilstraße bei Berlin" In: *Beton und Eisen* 1914, Heft 14/15, S. 315 f; Frey: "Verkehrs- und Übungsstraße für Kraftwagen von Berlin nach Potsdam" In: *Zentralblatt der Bauverwaltung* 1915, Nr. 92, S. 605 f; Gallus, Johannes: "Die neue Automobil-Straße bei Berlin" In: *Deutsche Bauzeitung* 48 (1914) Heft 78, S. 696 ff.

Lfd. Nr.: 351

Baujahr: 1914

Objektname: **Avusbrücke (Brücke VIII)**

Adresse: Avus zwischen Grunewald und Nikolassee, Berlin, Nikolassee
Bauherr: Automobil- Verkehrs- und Uebungs-Straßen AG; Architekt: Paul Schultze-Naumburg; Ingenieur: Deutsche Kahneisen-Gesellschaft Jordal & Co. Berlin; Bauunternehmen: Kahneisen-Gesellschaft Jordahl & Co., Berlin, Ph. Holzmann & Cie., Frankfurt a. M. und Berlin
Bautyp: Verkehrsbau; Kategorie: Brücke (Straße); System: Kahn
Tragwerk: Plattenbalken
Beschreibung: Spannweite = 10m; "Die für die einzelnen Brücken gewählten Systeme sind verschieden. Die kleinen Brücken von 6m lichter Weite sind einfache Balken, die auf den Widerlagern ruhen, diese sind Winkelstützwände mit vertikalen Rippen zur Aufnahme der vertikalen Lasten [...]. Die größeren Brücken von 7, 8, 9, 10, und 12m Lichtweite zeigen ein anderes System [...]. Die Berechnung erfolgte als Balken mit beiderseitiger Auskragung. Die als Winkelstützmauern ausgebildeten Widerlager wirken durch die Anordnung der Gelenke [...] als Kragbalken. [...]" (Gallus, 1914).

Literaturverweise: Gallus, Johannes: "Die Brücken der neuen Automobilstraße bei Berlin" In: *Beton und Eisen* 1914, Heft 14/15, S. 315 f; Frey: "Verkehrs- und Übungsstraße für Kraftwagen von Berlin nach Potsdam" In: *Zentralblatt der Bauverwaltung* 1915, Nr. 92, S. 605 f; Gallus, Johannes: "Die neue Automobil-Straße bei Berlin" In: *Deutsche Bauzeitung* 48 (1914) Heft 78, S.696 ff.

Lfd. Nr.: 352

Baujahr: 1914

Objektname: **Avusbrücke "Fischerhütte" (Brücke IX)**

Adresse: Avus zwischen Grunewald und Nikolassee, Berlin, Grunewald
Bauherr: Automobil- Verkehrs- und Uebungs-Straßen AG; Architekt: Paul Schultze-Naumburg; Ingenieur: Deutsche Kahneisen-Gesellschaft Jordal & Co. Berlin; Bauunternehmen: Kahneisen-Gesellschaft Jordahl & Co., Berlin, Ph. Holzmann & Cie., Frankfurt a. M. und Berlin
Bautyp: Verkehrsbau; Kategorie: Brücke (Straße); System: Kahn
Tragwerk: Plattenbalken
Beschreibung: Spannweite = 10m; "Die für die einzelnen Brücken gewählten Systeme sind verschieden. Die kleinen Brücken von 6m lichter Weite sind einfache Balken, die auf den Widerlagern ruhen, diese sind Winkelstützwände mit vertikalen Rippen zur Aufnahme der vertikalen Lasten [...]. Die größeren Brücken von 7, 8, 9, 10, und 12m Lichtweite zeigen ein anderes System [...]. Die Berechnung erfolgte als Balken mit beiderseitiger Auskragung. Die als Winkelstützmauern ausgebildeten Widerlager wirken durch die Anordnung der Gelenke [...] als Kragbalken. [...]" (Gallus, 1914).
Literaturverweise: Gallus, Johannes: "Die Brücken der neuen Automobilstraße bei Berlin" In: *Beton und Eisen* 1914, Heft 14/15, S. 315 f; Frey: "Verkehrs- und Übungsstraße für Kraftwagen von Berlin nach Potsdam" In: *Zentralblatt der Bauverwaltung* 1915, Nr. 92, S. 605 f; Gallus, Johannes: "Die neue Automobil-Straße bei Berlin" In: *Deutsche Bauzeitung* 48 (1914) Heft 78, S. 696 ff.

Lfd. Nr.: 353

Baujahr: 1914

Objektname: **Avusbrücke "Havelchaussee" (Brücke X)**

Adresse: Avus zwischen Grunewald und Nikolassee, Berlin, Grunewald
Bauherr: Automobil- Verkehrs- und Uebungs-Straßen AG; Architekt: Paul Schultze-Naumburg; Ingenieur: Deutsche Kahneisen-Gesellschaft Jordal & Co. Berlin; Bauunternehmen: Kahneisen-Gesellschaft Jordahl & Co., Berlin, Ph. Holzmann & Cie., Frankfurt a. M. und Berlin
Bautyp: Verkehrsbau; Kategorie: Brücke (Straße); System: Kahn
Tragwerk: Plattenbalken
Beschreibung: Spannweite = 7m; "Die für die einzelnen Brücken gewählten Systeme sind verschieden. Die kleinen Brücken von 6m lichter Weite sind einfache Balken, die auf den Widerlagern ruhen, diese sind Winkelstützwände mit vertikalen Rippen zur Aufnahme der vertikalen Lasten [...]. Die größeren Brücken von 7, 8, 9, 10, und 12m Lichtweite zeigen ein anderes System [...]. Die Berechnung erfolgte als Balken mit beiderseitiger Auskragung. Die als Winkelstützmauern ausgebildeten Widerlager wirken durch die Anordnung der Gelenke [...] als Kragbalken. [...]" (Gallus, 1914).
Literaturverweise: Gallus, Johannes: "Die Brücken der neuen Automobilstraße bei Berlin" In: *Beton und Eisen* 1914, Heft 14/15, S. 315 f; Frey: "Verkehrs- und Übungsstraße für Kraftwagen von Berlin nach Potsdam" In: *Zentralblatt der Bauverwaltung* 1915, Nr. 92, S. 605 f; Gallus, Johannes: "Die neue Automobil-Straße bei Berlin" In: *Deutsche Bauzeitung* 48 (1914) Heft 78, S. 696 ff.

Lfd. Nr.: 354

Baujahr: 1915

Objektname: **Hindenburg Brücke (Bornholmer Straße)**

Adresse: Bornholmer Straße, Berlin, Pankow
Bauherr: unbekannt; Architekt: Geheimer Baurat Wolffenstein; Ingenieur: unbekannt; Bauunternehmen: Johannes Müller, Marx u. Co.
Bautyp: Verkehrsbau; Kategorie: Brücke (Straße)
Tragwerk: Rippenplatte
Beschreibung: Rippendecke "Die mit Holz gepflasterte Fahrbahn ruht auf einer Rippenplatte aus Eisenbeton, die zwischen eisernen Längsträgern eingespannt ist […] Eisenbetonarbeiten an Brückentafel und den Treppenanlagen […] Eisenbeton der Fahrbahn und der Bürgersteige" (AIV Berlin 1924).
Literaturverweise: O. A.: "Die Hindenburgbrücke in Berlin" In: *Zentralblatt der Bauverwaltung* 1915, Nr. 81, S. 531–536; O. A.: "Johannes Maeller, Marx & Co." In: Architektenverein zu Berlin [Hg.]: Hundert Jahre Architekten Verein zu Berlin 1824–1924. Verlag des Architektenvereins zu Berlin, Berlin 1924, S. 34.

Lfd. Nr.: 355

Baujahr: 1915

Objektname: **Stellwerk Lichterfelde Ost**

Adresse: Kranoldplatz, Berlin, Lichterfelde
Bauherr: unbekannt; Architekt: unbekannt; Ingenieur: unbekannt; Bauunternehmen: unbekannt
Bautyp: Verkehrsbau; Kategorie: Bahnhof
Tragwerk:keine Angaben
Beschreibung: Laut BusB ein verklinkerter Eisenbetonbau (?).
Literaturverweise: Archiv Deutsches Museum München: FS 000 959/3 (Firmenschrift "Dyckerhoff & Widmann, Silo- und Speicherbauten", S. 4).

Lfd. Nr.: 356

Baujahr: 1915

Objektname: **Kornversuchsspeicher**

Adresse: Heidestraße 20c, Berlin, Moabit
Bauherr: Landwirtschaftliche Hauptgenossenschaft Berlin; Architekt: unbekannt; Ingenieur: unbekannt; Bauunternehmen: Cementbau-Actiengesellschaft Hannover
Bautyp: Industriebauten; Kategorie: Lager
Tragwerk: Rahmenskelett, mehrgesch.
Beschreibung: Umbau als Eisenbetonskelett. "Eisenbeton-Trichterbodenspeicher für das Versuchs-Kornhaus am Holzhafen der Landwirtschaftl. Hauptgenossenschaft Berlin" (CAG o. D.).
Literaturverweise: Archiv Deutsches Museum: FS 506192/1 (Firmenschrift "Cementbau-Actien-Gesellschaft Hannover Hochbauten" 1921, Blatt 10); Archiv Deutsches Museum: FS 506192/3 (Firmenschrift "Cementbau-Actien-Gesellschaft Hannover" 1921, S. 18); BAA Mitte: Bauakten sind nicht vorhanden, Information Fr. Schnorfeil, 11.4.2016; LAB: B Rep. 202 Nr. 4915-4917 – Akten nicht relevant, da für Eisenbahngelände, Speicher ist nicht aufgeführt; Lorenz, Werner; May, Roland; Staroste, Hubert: Ingenieurbauführer Berlin“ Michael Imhof Verlag, Berlin 2020, S. 308.

Lfd. Nr.: 357

Baujahr: 1915

Objektname: **Königliche Geschoßfabrik Spandau**

Adresse: Berliner Chaussee 2, Berlin, Spandau
Bauherr: unbekannt; Architekt: Militärbauamt IV, Spandau; Ingenieur: unbekannt; Bauunternehmen: Actien-Gesellschaft für Bauausführungen
Bautyp: Industriebauten; Kategorie: Fabrik
Tragwerk: keine Angaben
Beschreibung: Maurer- und Zimmerarbeiten, Eisenbetonfundament.
Literaturverweise: Archiv Technik Museum Berlin: III.2.06716 (Firmenschrift Actien-Gesellschaft für Bausausführungen); LAB: A Pr. Br. Rep. 043-02 – Gewerbeinspektion/Gewerbeaufsichtsamt Spandau.

Lfd. Nr.: 358

Baujahr: 1915

Objektname: **Thielenbrücke**

Adresse: Glogauer-Panierstraße, Berlin, Kreuzberg
Bauherr: unbekannt; Architekt: Siegmund Loebrocks; Ingenieur: unbekannt; Bauunternehmen: Johannes Mueller, Marx & Co.
Bautyp: Verkehrsbau; Kategorie: Brücke (Straße)
Tragwerk: Balken
Beschreibung: keine Angaben
Literaturverweise: o.A.: "Johannes Mueller, Marx & Co." In: Architektenverein zu Berlin [Hg.]: Hundert Jahre Architekten Verein zu Berlin 1824–1924. Verlag des Architektenvereins zu Berlin, Berlin 1924, S. 42; LAB: A Rep. 010-02 Nr. 1304 – Statische Berechnung.

Lfd. Nr.: 359

Baujahr: 1915

Objektname: **Getreidespeicher**

Adresse: Westhafenstraße 1, Berlin, Mitte
Bauherr: unbekannt; Architekt: Max Pommer; Ingenieur: Dipl.-Ing. Emanuel Haimovici; Bauunternehmen: Max Pommer Eisenbetonbau, Leipzig
Bautyp: Ver- und Entsorgungsbauten; Kategorie: Lager; System: Hennebique
Tragwerk: Rahmenskelett, mehrgesch.
Beschreibung: 26.000 m² Lagefläche, Eisenbetonskelettbau.
Literaturverweise: Krieg, Stefan W.; Pommer, Dieter; Sächsisches Wirtschaftarchiv e.V. [Hg.]: "Max Pommer. Architekt und Betonpionier", Sax-Verlag, Beucha 2015, S. 94.

Lfd. Nr.: 360

Baujahr: 1916

Objektname: **Nationale Automobil-Gesellschaft (N.A.G.)**

Adresse: Oberschöneweide, Berlin
Bauherr: unbekannt; Architekt: Prof. Peter Behrens; Ingenieur: unbekannt; Bauunternehmen: Actien-Gesellschaft für Bauausführungen
Bautyp: Verwaltungsgebäude; Kategorie: Bürogebäude
Tragwerk: keine Angaben
Beschreibung: Rohbau-, Eisenbeton- und Ausbauarbeiten ohne Eisenbetonstruktion.
Literaturverweise: Archiv Technik Museum Berlin: III.2.06716 (Firmenschrift Actien-Gesellschaft für Bausausführungen).

Lfd. Nr.: 361

Baujahr: 1916

Objektname: **Königliche Artillerie-Werkstatt Spandau Süd**

Adresse: Berlin, Spandau
Bauherr: unbekannt; Architekt: Militärbauamt IV, Spandau; Ingenieur: unbekannt; Bauunternehmen: Actien-Gesellschaft für Bauausführungen
Bautyp: Industriebauten; Kategorie: Fabrik
Tragwerk: keine Angaben
Beschreibung: Maurer- und Zimmerarbeiten, Eisenbetonfundament.
Literaturverweise: Archiv Technik Museum Berlin: III.2.06716 (Firmenschrift Actien-Gesellschaft für Bausausführungen).

Lfd. Nr.: 362

Baujahr: 1916

Objektname: **SEL Tempelhof, Standard Elektronik Lorenz Fabrik**

Adresse: Lorenzweg 5, Berlin, Tempelhof
Bauherr: unbekannt; Architekt: Karl Stodiek; Ingenieur: unbekannt; Bauunternehmen: Wayss & Freytag AG
Bautyp: Industriebauten; Kategorie: Fabrik
Tragwerk: keine Angaben
Beschreibung: Massive Eisenbetonbauweise, mit roten Klinkern verblendet, Bunker für Kesselkohle.
Literaturverweise: Hildebrandt, Werner; Lemburg, Peter; Wewel, Jörg: "Historische Bauwerke der Berliner Industrie", Verwaltungsdruckerei, Berlin 1988, S. 226; Dittrich, Elke: "Die Entwicklungen des Stahlbetonbaus im Hochbau bis zum Ersten Weltkrieg", unveröffentlichte Diplomarbeit TU Berlin, 1990; Wayss & Freytag AG [Hg.]: "Silobauten" Pfälzische Verlagsanstalt, Neustadt an der Haardt 1917, S. 80.

Lfd. Nr.: 363

Baujahr: 1916

Objektname: **Abteibrücke**

Adresse: Treptower Park, Verbindung zur Insel, Berlin, Treptow
Bauherr: Städt. Verkehrsbauamt Neukölln; Architekt: unbekannt; Ingenieur: Friedrich Ignaz Elder von Emperger; Bauunternehmen: Fa. Ellner & Co. Stettin
Bautyp: Verkehrsbau; Kategorie: Brücke (Straße)
Tragwerk: Bogen
Beschreibung: Gusseisenbeton laut Bauwerksbuch der Senatsabteilung.

Literaturverweise: Knoche, Matthias: "Von den Anfängen des Eisenbetonbaus an der Technischen Hochschule Charlottenburg bis zum Massivbau an der Technischen Universität Berlin", unveröff. Diplomarbeit 2012 TU Berlin, S. 9; Nowak, A.: "Schalung und Rüstung für Wolbtragwerke" In: Fritz Edler von Emperger [Hg.]: Handbuch für Eisenbeton. Bd. 2, 3. neubearbeitete Auflage, Berlin, 1921, S. 401; Lorenz, Werner; May, Roland; Staroste, Hubert: Ingenieurbauführer Berlin“ Michael Imhof Verlag, Berlin 2020, S. 84 f.

Lfd. Nr.: 364

Baujahr: 1916

Objektname: **Wasserwerk Wuhlheide**

Adresse: Berlin, Köpenick
Bauherr: unbekannt; Architekt: unbekannt; Ingenieur: unbekannt; Bauunternehmen: A. Klönne, Dortmund; Gottlieb Tesch Bauunternehmung; AG für Beton- und Monierbauten
Bautyp: Ver- und Entsorgungsbauten; Kategorie: Behälter
Tragwerk: Plattenbalken; Rahmenskelett, mehrgesch.
Beschreibung: "[...] Auch der 44,6 m hohe Wasserturm, den die Firma A. Klönne aus Dortmund baute, hatte seine besonderen technischen Merkmale. Als einziger unter allen jemals gebauten Wassertürmen der öffentlichen Wasserversorgung Berlins war er mit drei übereinander angeordneten Behältern, die mit sehr guter Raumausnutzung in die Stahlbetonkonstruktion des Turms eingefügt waren, projektiert worden. [...]" (Bärthel 2006 S. 69); "[...] Wasserwerke Berlin-Wuhlheide, Gesamtanlage [...] Wasserwerk Wuhlheide, Fundamente für Maschinenhaus, Eisenbetonfundamente 7 Meter unter Wasserspiegel [...] (AIV Berlin 1924).
Literaturverweise: Bärthel, H.: "Anlagen und Bauten der Wasserversorgung" In: Berlin und seine Bauten. Teil X Band A (2) Stadttechnik, Michael Imhof Verlag, Petersberg 2006, S. 69ff; O. A.: "Gottlieb Tesch Bauunternehmung" In: Architektenverein zu Berlin [Hg.]: Hundert Jahre Architekten Verein zu Berlin 1824–1924. Verlag des Architektenvereins zu Berlin, Berlin 1924, S. 34; Archiv Deutsches Museum: FS 402/9 (Firmenschrift "Hoch-, Tief-, Brücken-, Wasser-, u. Eisenbahnbau Beton und Eisenbeton. Beton- und Monierbau Actien-Gesellschaft" 1920); LAB: A Rep. 255 Nr. 88 - Grundstücke und Werke 1914–1923.

Lfd. Nr.: 365

Baujahr: 1917

Objektname: **Flughafengebäude**

Adresse: Köpenicker Allee 165, Berlin, Karlshorst
Bauherr: Militär-Neubauamt Berlin-Friedrichsfelde, Intendantur Luftstreitkräfte; Architekt: Gebrüder Rank, München; Ingenieur: ; Bauunternehmen: Gebrüder Rank, München Cementbau-Actiengesellschaft Hannover
Bautyp: Verkehrsbau; Kategorie: Abstellhalle
Tragwerk: Rahmen
Beschreibung: "Fliegerhallen in Friedrichsfelde mit Kuppelbau" (CAG 1921).
Literaturverweise: Schmidt, H.; Pichler, G.: "Die Flugzeughallen des ehemaligen Militärflughafens Berlin Friedrichsfelde" In: *Beton- und Stahlbetonbau* 2004; Archiv Deutsches Museum: FS 506192/3 (Firmenschrift "Cementbau-Actien-Gesellschaft Hannover (CAG)" 1921, S. 4) Bestandsdokumentation Landesdenkmalamt Berlin, 2000; Mecenseffy, E.v.: "Die künstlerische Gestaltung der Eisenbetonbauten" In: Fritz Edler von Emperger [Hg.]: Handbuch für Eisenbetonbau. Bd. 10, 3. neubearbeitete Auflage, Berlin, 1922, S. 275; Czymay, Christina: "Oldest surviving hangars with shallow domes (1919)" In: Proceedings of the 6th International Congress on Construction History, 9th–13th of July, Brüssel; Lorenz, Werner; May, Roland; Staroste, Hubert: Ingenieurbauführer Berlin“ Michael Imhof Verlag, Berlin 2020, S. 188 f.

Lfd. Nr.: 366

Baujahr: 1917

Objektname: **KFZ Reparaturhalle Adam Opel AG**

Adresse: Bessemerstraße 28/36, Berlin, Schöneberg
Bauherr: Automobil- und Fahrradfabrik Adam Opel, Rüsselsheim a.M.; Architekt: Bruno Buch; Bauunternehmen: Dyckerhoff & Widmann
Bautyp: Verkehrsbau; Kategorie: Abstellhalle
Tragwerk: Tonnenschale
Beschreibung: Betonschalendach, Grundfläche 7000m². "1917–1918 Fabrikneubau in Berlin-Schöneberg: Fünfschiffige Halle mit 7000 qm Grundfläche" (Dyckerhoff & Widmann 1920).
Literaturverweise: May, Roland: "Franz Dischinger und der Frühe Schalenbau" In: Die Großmarkthalle Leipzig. Band 14 Historische Wahrzeichen der Ingenieurbaukunst in Deutschland, 1. Auflage, Berlin 2013, S. 38; Stegmann, Knut: "Das Bauunternehmen Dyckerhoff&Widmann" Ernst Wasmuth Verlag, Berlin 2014, S. 384; O. A.: "Das Berliner Haus der Dywidag" In: Architektenverein zu Berlin [Hg.]: Hundert Jahre Architekten Verein zu Berlin 1824–1924. Verlag des Architektenvereins zu Berlin, Berlin 1924, S. 31; Worbs, Dietrich: "Die Opel-Halle in Berlin-Schöneberg" In: *Bauwelt*

1999, Nr. 28, S. 1536 f; Archiv Deutsches Museum München: FS 000 959/7 (Firmenschrift "Dyckerhoff & Widmann Aktiengesellschaft, Industriebauten 1920", S. 22, 26, 27); Worbs, Dietrich: "Einblicke in die Berliner Denkmal-Landschaft" Gebr. Mann Verlag, Berlin 2002, S. 293; BAA Tempelhof-Schöneberg: die Bauakten beginnen erst 1918 Adam Opel AG, Archiv: "Im Archiv der Adam Opel AG, Rüsselsheim sind keine Akten vorhanden", Auskunft Herr Mertin am 20.4.2016; LAB: B Rep. 211 Nr. 689 – Bauakten 1917–1920, Einbau von Luftschutzanlagen unter dem Hof, Datierung 1936.

Lfd. Nr.: 367

Baujahr: 1917

Objektname: **Munitionsfabrik Spandau**

Adresse: Am Juliusturm 14/38, Berlin, Spandau
Bauherr: Munitionsfabrik Spandau; Architekt: Architekt Moor; Ingenieur: unbekannt; Bauunternehmen: Dyckerhoff & Widmann
Bautyp: Industriebauten; Kategorie: Fabrik
Tragwerk: Pfahlgründung; Rahmenskelett, mehrgesch.
Beschreibung: Straußpfahlgründung, Gesamtgrundfläche 6.800m², Geschosswerkstatt als achtschiffige Halle mit 6.500 m² Grundfläche; "Achtschiffiger Hallenbau mit Jordahl-Schienen zur Aufhängung der Transmissionen, ferner eine Bleidrahtzieherei und ein viergeschossiges Wohlfahrtsgebäude mit zusammen 6800qm Grundfläche. Gründung auf 765 Straußpfählen von 10700m Gesamtlänge." (Dyckerhoff & Widmann 1920).
Literaturverweise: Stegmann, Knut: "Das Bauunternehmen Dyckerhoff&Widmann" Ernst Wasmuth Verlag, Berlin 2014, S. 385; Archiv Deutsches Museum München: FS 000 959/7 (Firmenschrift "Dyckerhoff & Widmann Aktiengesellschaft, Industriebauten 1920", S. 36); Archiv Deutsches Museum München: FS 000 967 (Firmenschrift "Verzeichnis bemerkenswerter Hochbauausführungen DYWIDAG Dyckerhoff & Widmann AG, 1930", S. I. 23); GStPK: X Rep 16 Nr. 267/9 – Geschichte der Deutschen Industriewerke AG Berlin Spandau.

Lfd. Nr.: 368

Baujahr: 1917

Objektname: **Gebr. Siemens &. Co.**

Adresse: Berlin, Lichtenberg
Bauherr: unbekannt; Architekt: unbekannt; Ingenieur: unbekannt; Bauunternehmen: Wayss & Freytag AG
Bautyp: keine Angaben; Kategorie: keine Angaben
Tragwerk: keine Angbaen
Beschreibung: Kohlenbunker
Literaturverweise: Wayss & Freytag AG [Hg.]: "Silobauten" Pfälzische Verlagsanstalt Neustadt an der Haardt 1917, S. 82.

Lfd. Nr.: 369

Baujahr: 1918

Objektname: **Preuß & Temmler, ehem. Norddeutsche Kühlerfabrik**

Adresse: Germaniastraße 65, Berlin, Tempelhof
Bauherr: unbekannt; Architekt: Jean Krämer; Ingenieur: unbekannt; Bauunternehmen: unbekannt
Bautyp: Industriebauten; Kategorie: Fabrik
Tragwerk: Stütze
Beschreibung: Eisenbetonpfeiler tragen Hohlsteindecken.
Literaturverweise: Hildebrandt, Werner; Lemburg, Peter; Wewel, Jörg: "Historische Bauwerke der Berliner Industrie", Verwaltungsdruckerei, Berlin 1988, S. 82.

C2. Bauzeitliche Statiken

In den einzelnen Fallstudien sind die statischen Berechnungen auszugsweise erläutert. Dabei lag der Schwerpunkt auf einem Vergleich zwischen den angewandten Berechnungsmethoden und den bekannten Theorien bzw. den zur damaligen Zeit gültigen Vorschriften. Auf einen Abdruck der Statiken wird verzichtet, da diese im Umfang teilweise über hundert Seiten umfassen. Zur Orientierung wird für die umfangreicheren Statiken im Folgenden ein Inhaltsverzeichnis und bei Bedarf eine zeitliche Übersicht der, im Untersuchungszeitraum bei der Baugenehmigungsbehörde eingereichten relevanten Unterlagen angegeben. Die Informationen wurden projektbezogen auszugsweise zusammengestellt. Die dokumentierten Bauakten beinhalten meist zahlreiche weitere Informationen und können bei Bedarf individuell überprüft werden. Die Einsicht ist im zuständigen Bauaktenarchiv möglich.

Die bauzeitlichen statischen Nachweise weisen vielfach Einheiten auf, die heute nicht mehr in Gebrauch sind. Für eine bessere Vergleichbarkeit wurden die historischen Einheiten nicht umgewandelt. Zur Information werden nachfolgend zwei zeitgenössisch verwendete Einheiten in aktuelle Einheiten umgerechnet, sodass der Leser, die Leserin das Verhältnis besser vor Augen hat.

1 kg/cm² ≈ 10 N/cm² ≈ 100 kN/m²
1 kg/m² ≈ 10 N/m² ≈ 0.01 kN/m²

Bötzow-Brauerei, Pankow

Datum der Einreichung	**Inhalt**	**Bemerkungen**
19. Mai 1909	17 Seiten Statik Saalneubau Unterschrift: Dipl.-Ing. Cannery für Keppich Eisenbeton	
29. Juni 1909	12 Seiten Nachtrag zur statischen Berechnung des Saalneubaues Bötzow Unterschrift: Keppich	
12. Aug. 1909	5 Seiten Statik für Lehrgerüst Unterschrift: Dipl.-Ing. B. Cannery für Keppich Eisenbeton	
6. Sep. 1909	2 Seiten Nachtrag für Lehrgerüst Unterschrift: Dipl.-Ing. B. Cannery für Keppich Eisenbeton	
21. Sept. 1909	Baugenehmigung	
12. Okt.1909	Nachtrag für Zugstangen Binderrahmen Unterschrift: Keppich	

Anhang C Tabelle 1: Kurzzusammenfassung der, für die behördliche Genehmigung notwendigen statischen Berechnungen zum Saalbau der Bötzow-Brauerei, Städtische Baupolizeiverwaltung (1909), S. o. A.

Eine im Rahmen der Baugenehmigung erstellte Statik zu den Behältern in der Bötzow-Brauerei ist nicht dokumentiert. Für die Konstruktion der Hallenrahmen im Restaurationssaal sind verschiedene Unterlagen überliefert, siehe dazu Bauaktenarchiv Pankow-Prenzlauer Berg; Adresse: Prenzlauer Allee 242/247.

Aquarium, Tiergarten

Datum der Einreichung	**Inhalt**	**Bemerkungen**
2. März 1912	177 Seiten Statik Unterschrift: O. Leitholf	Beinhaltet Nachweise für den traditionellen Mauerwerks- und Stahlbau des Wohnhauses bzw. die an die zentrale Halle angrenzenden Gebäudeteile. Weiterhin auch Nachweise für einen Teil der Eisenbetonkonstruktion.
20. April 1912	24 Seiten umfassender Nachtrag zur Statik Unterschrift: O. Leitholf Zugleich ein Firmenstempel „Für die Ausführung Eisenbetonbau Konrad Schwartz G.m.b.H.“.	Konstruktive Beschreibung der Zweigelenkrahmen im Hallenbau. Bemessung der Decken als Durchlaufträger

Anhang C Tabelle 2: Kurzzusammenfassung der, für die behördliche Genehmigung notwendigen statischen Berechnungen zum Aquarium, Königliches Polizei-Präsidium (1912), S. o. A.

Die Statik, als Bestandteil der Baugenehmigung zum Neubau des Aquariums besteht aus zwei Ordnern, siehe dazu Landesarchiv Berlin; Bauakte Aquarium A-Rep. 010-02 Nr. 31615

Schultheiss-Brauerei, Prenzlauer Berg

Datum der Einreichung	**Inhalt**	**Bemerkungen**
30.Aug. 1889	4 Seiten statische Berechnung der Gärhausdecke Unterschrift: M. Koenen für G. A. Wayss & Co.	Alle anderen Zeichnungen und Berechnungen tragen den Firmenstempel „A. Rohmer Rathsmaurermeister“. Die G. A. Wayss & Co. wurde offenbar als Spezialunternehmen nachträglich beauftragt.
10.Dez. 1889	Polizeiliche Genehmigung zum Bau des Gärhauses erteilt	
18.Okt.1890	Rohbauabnahme des Gärhauses	
3. Dez. 1891	2 Seiten statische Berechnungen zu einem Kreuzgewölbe Unterschrift: Fr. Schumacher,	Auf den Unterlagen findet sich nur der Firmenstempel des Architekturbüros Schwechten.
8. Jan.1892	3 Seiten statische Berechnungen für ein „Monier – Kreuzgewölbe“ Unterschrift: J.A. Parl für Actien-Gesellschaft für Monier-Bauten vorm. G. A. Wayss & Co.	Hier erfolgt der Nachweis der Bewehrung der Grate
16. April 1892	Rohbauabnahme des Restaurationsgebäudes	

Anhang C Tabelle 3: Kurzzusammenfassung ausgewählter, im Rahmen der Bauarbeiten des Gärkellers und der Monierdecke im Restaurationsgebäude des Schultheiss-Brauerei eingereichten Unterlagen, Städtische Baupolizeiverwaltung (1890), S. o. A. und Städtische Baupolizeiverwaltung (1893), S. o. A.

Die oben aufgeführten Unterlagen für die Schultheiss-Brauerei umfassen die Statik der Gärkellerdecke, eine Konstruktionszeichnung der Gärkellerdecke und die statischen Nachweise für das Kreuzgratgewölbe, dass im Restaurationssaal ausgeführt wurde. Einsicht der Unterlagen im Bauaktenarchiv Pankow-Prenzlauer Berg; Adresse: Schönhauser Allee 36/39.

Hermannshof, Neukölln

Datum der Einreichung	Inhalt	Bemerkungen
28. Sept. 1904	Anschreiben zur Übersendung einer Statik sowie entsprechender Pläne (interne Projektnr. 2073), Unterschrift: Willy Opitz Baugesellschaft für Lolat-Eisenbeton GmbH	Weder die Statik noch die Zeichnungen sind in der archivierten Bauakte hinterlegt.
14. März 1905	4 Seiten Erläuterungen zur statischen Berechnung der Eisenbetonkonstruktionen, Unterschrift: Gottschalk Direktion Lolat-Eisenbeton	Handschriftliche Erläuterungen zu einer Statik, die in den Akten nicht dokumentiert ist. Das, zu diesem Zeitpunkt geplante Gebäude wies offenbar einen Mittel- und einen Frontflügel auf.
18. März 1905	41 Seiten Statik (interne Projektnr. 2073), Unterschrift: Gottschalk Direktion Lolat-Eisenbeton	Die mit Schreibmaschine geschriebene Statik weist Korrekturen, Ergänzungen und Anmerkungen auf: - Korrekturen bzw. Ergänzungen der Statik mit schwarzem Stift - Klassische Grüneinträge - Bleistift zur Kontrolle der Grüneinträge.
27.März 1905	1 Seite Berechnung der doppelt armierten Platte, Unterschrift: Gottschalk Direktion Lolat-Eisenbeton	Handschriftliche Erläuterung über die Annahmen für eine doppelt bewehrte Platte und das diese mit den Behördlichen Bestimmungen übereinstimmen. Es gibt keinen Bezug zu einer bestimmten Position der Statik vom 18. März 1905.
4. April 1905	20 Seiten Nachtrag zur Statischen Berechnung der Stützen und Unterzüge, Unterschrift: Willy Opitz Baugesellschaft für Lolat-Eisenbeton GmbH	Neuberechnung und -dimensionierung der Mittelstützen zwischen Hauptgebäude und mittlerem Seitenflügel, Anpassung der Lasten in den Fassaden, Nachweis der Stützen im mittleren Seitenflügel
4. April 1905	7 Seiten Statische Berechnung der Treppenanlage und Decken, Unterschrift: Willy Opitz Baugesellschaft für Lolat-Eisenbeton GmbH	Die Konstruktion der Treppenanlage, die sich um einen Fahrstuhlschacht herum nach oben entwickelt besteht aus eisernen

Datum der Einreichung	Inhalt	Bemerkungen
		Trägern mit dazwischen liegenden bewehrten Decken.
13.April 1905	Anschreiben zur Übersendung von 13 Zeichnungen, Unterschrift: Gottschalk für Lolat Eisenbeton und Sachs für Baugesellschaft für Lolat-Eisenbeton Baubüro Rixdorf	
3. Mai 1905	4 Seiten Nachtrag zur statischen Berechnung der Eisenbetonkonstruktionen im Kellergeschoss, Unterschrift: Willy Opitz Baugesellschaft für Lolat-Eisenbeton GmbH	Deutlich höhere Beanspruchung des Betons, jetzt bis zu 500 kg/cm². Nachrechnung der Kellerdecke mit neuer Querschnittshöhe von jetzt 17cm. Bessere Verteilung der Lasten, keine Konsolausbildung in der Decke mehr. Teilweise Reduktion der Querschnittswerte der Bewehrung.
4. Mai 1905	Antrag auf Rohbauabnahme des Kellergeschosses, Unterschrift: (vermutlich) Arnold Casper Baugesellschaft für Lolat-Eisenbeton GmbH	
15. Juli 1905	22 Seiten Nachtrag 3 zur statischen Berechnung der Eisenbetonkonstruktionen, Unterschrift: Dr.-Ing. Sachs und Willy Opitz Baugesellschaft für Lolat-Eisenbeton GmbH	

Anhang C Tabelle 4: Kurzzusammenfassung der, für die behördliche Genehmigung notwendigen statischen Berechnungen zum Hermannshof, Königliches Polizei-Präsidium Bauinspektion Rixdorf (1904), S. o. A.

Die statischen Unterlagen der Baugenehmigung für den Hermannshof können im Bauaktenarchiv Neukölln unter Angabe der Adresse: Hermannstraße 48 eingesehen werden.

Viktoriaspeicher, Kreuzberg

Datum der Prüfung	Inhalt	Bemerkungen
17. Dez. 1909	Baugenehmigungsgesuch der ABOAG zum Wiederaufbau von Block V	
10. März 1910	Statische Berechnung Dach, Dachgeschoss und 5. Stock	Buch 1
12. April 1910	Statische Berechnung 4. Stock bis Erdgeschoss, Säulen und Siloanlage	Buch 2
20. April 1910	Baugenehmigung	
29. Sept. 1910	Nachtrag zur statischen Berechnung	Buch 3
21.Nov.1910	Nachtrag zur Berechnung der Treppen	Buch 4
27. Feb.1911	Nachtrag zum Nachweis von im Dachgeschoss durch zusätzliche Auflast der Transportbandanlage	
29. Mai 1911	Nachtrag zum Einbau einer Bodenmeisterei und eines Sacklagers im Silospeicherbereich im Erdgeschoss.	
3. Juni 1911	Abschluss der Rohbauabnahmeverhandlungen	

Anhang C Tabelle 5: Kurzübersicht der, im Rahmen der Baugenehmigung eingereichten Unterlagen, Baupolizei Berlin (1909), S. o. A.

Im Rahmen der Baugenehmigung wurden 4 Bücher mit statischen Berechnungen erstellt, diese sind im Bauaktenkammer/Plankammer Friedrichshain-Kreuzberg unter der Adresse Köpenicker Straße 24-26a dokumentiert.

Flugzeughallen, Karlshorst

Die statischen Berechnungen sind nicht dokumentiert.

Musikpavillon, Hoppegarten

Die statischen Berechnungen sind nicht dokumentiert.[767]

Friedrichstraßen-Passage, Mitte

Die statischen Berechnungen sind nicht dokumentiert. Allerdings hat der verantwortliche Ingenieur seine Annahmen und Vorgaben in einem Artikel veröffentlicht[768].

Prinzregentenbrücke, Wilmersdorf

Die statischen Berechnungen sind nicht vollständig dokumentiert.[769]

Avusbrücke Cordesstraße, Charlottenburg

Von den Baugenehmigungsunterlagen für den Bau der Cordesstraßenbrücke (Brückentyp II bzw. IIa) haben sich nur zwei Positionspläne erhalten.[770]

---

[767] Ergänzende Angaben siehe Wayss (1887b).

[768] Müller (1909).

[769] Weiterführende Informationen im Zentralarchiv Brücken der DB Netz AG Ost.

[770] Magistrat der Stadt Berlin, Städtische Tiefbaudeputation (1927).

C3.Kurzübersicht der Massivdeckensysteme nach Colby

Ackermann	
Bramigk	In Beton eingelegte Drainageröhren, mit dazwischen liegender Rundeisenbewehrung (in Druck- und Zugzone), d = 20 cm, max. l = 4m
Donath	Zwischen I-Trägern eingelassene gitterartig angeordnete Flacheisen
Habrich	Schraubenförmig gewundene Eiseneinlage
Herbst	Schmale Eisenbetonbalken mit Füllkörpern, Betonabdeckung
Holzer	Zwischen I-Trägern eingelassene Rundeisen, mit einer Rohrmatte als verlorene Schalung, Betonauffüllung
Koenen	Voutendecke mit an Mauerankern befestigten Bewehrungseinlagen, max. l = 6,5m Plandecke, Rippen im Abstand von 25 cm, mit Eiseneinlage
Lilienthal	Zwischen I-Trägern eingelassener, durchhängender Eisendraht, Betonauffüllung
Lolat	Flacheisenanker in den Umfassungswänden werden mit Rundeisenstäben verbunden, kreuzweise Einlagen
Müller	Zwischen I-Trägern eingelassene, netzartig verlegte Bandeisen, Betonauffüllung
Möller	Gurtträgerdecke, externer fischbauchähnlicher Zuggurt, im Auflagerbereich im Beton verankert
Pohlmann	Gelochter Träger (Bulbeisen), mit ringförmigen Schlingen
Stolte	Zementdielen zwischen I-Trägern
Wayss	Rundeiseneinlagen mit gebogenen Enden, mehrere Einzelglieder greifen ineinander; Rohrzellendecke (1909 in Österreich patentiert), über Holzrahmen gespannte Rohrgeflechte werden auf einer Schalung verlegt und mit Beton verfüllt, Zwischenrippen sind bewehrt; sowie Betoneisendecke (1904 in Österreich patentiert), parallel verlegte Formsteine mit bewehrten Zwischenrippen[771]
Zöllner	Rundstäbe mit abgebogenen Enden, eingehakt in Maueranker und I-Träger

Anhang C Tabelle 6: Kurzübersicht zu vorhandenen Massivdeckenarten, Ast (1907)

[771] Pauser (1994).